作者简介

李勇，男，1963年12月出生，成都理工大学二级教授、博士生导师、国家有突出贡献中青年专家。现任成都理工大学地球物理学院院长。1984年毕业于中国地质大学（武汉）地质学系，1987年和1994年分别获成都理工大学地质学硕士学位和地质学博士学位。先后到爱尔兰都柏林大学、美国孟菲斯大学和加拿大里贾纳大学进修和学术访问。1994年破格晋升为副教授，1996年破格晋升为教授，2001年遴选为博士生导师，2010年聘为二级教授。李勇教授先后在青藏高原、龙门山和渤海湾盆地开展区域地质调查、石油地质调查和地质科学研究工作，主持国家自然科学基金项目、国际合作项目、重点科技项目、横向部门重大科技项目等20余项，完成地质调查和地质科学研究报告27部（项），出版专著和教材17部，发表学术论文150余篇。在龙门山造山带与前陆盆地耦合机制、龙门山活动构造与地表过程等方面开展了国际合作研究，具有较高的国际学术影响力，在 *Nature Geoscience*，*Basin Research*，*Tectonic*，*Geology*，*Journal of Geophysics Research*，*Tectonophysics*，*Bulletin of the Seismological Society of America*，*Quaternary International* 等国际地学刊物上发表学术论文30余篇，论文被引频次达2000次，其中2篇为高被引的TOP论文，被引频次在ESI排名中进入1%行列。李勇教授获国家级和省部级科技奖励共20项，其中国家科技进步奖一等奖1项、侯德封青年地质学家奖1项、四川省天府友谊奖1项、四川省国际科技合作奖1项、省部级科技进步奖和教学成果奖16项。李勇教授曾入选国家有突出贡献的中青年专家、国家百千万人才工程国家级人选、国土资源部科技领军人才、教育部优秀青年教师、四川省学术技术带头人、四川省有突出贡献专家、国务院政府特殊津贴专家等。

高等院校地学研究生教学用书

前陆盆地动力学原理与方法

The Dynamics of Foreland Basin from Principles to Methods

李 勇 闫 亮 编著

地质出版社
·北 京·

内容提要

本书系统地介绍了前陆盆地动力学的基本理论、研究方法和典型案例，包括绪论（沉积盆地动力学、前陆盆地动力学、前陆盆地概念的演变与研究历史、前陆盆地动力学的研究进展）、造山带-前陆盆地系统与全球构造动力学、前陆盆地的分类、前陆盆地系统的结构和构造单元、前陆盆地层序地层学、造山带-前陆盆地系统的构造作用与沉积响应、前陆盆地底部不整合面与前缘隆起的标定、前陆盆地碳酸盐缓坡的迁移与造山楔的推进作用、前陆盆地黑色页岩的沉积特征与形成机制、造山带-前陆盆地的源-汇系统、造山带-前陆盆地系统的隆升作用和剥蚀作用、造山带-前陆盆地的古地理古气候重建与原型盆地恢复、造山楔-前陆盆地的耦合机制、岩石圈挠曲作用与前陆盆地挠曲模拟、前陆盆地构造-沉积演化与地层模式、前陆盆地岩石圈与表面过程的相互作用、全球中-新生代造山带-前陆盆地系统、全球古生代造山带-前陆盆地系统、前陆盆地油气系统与成藏动力学、前陆盆地页岩气的富集机制等方面的内容，反映了前陆盆地动力学及相关领域的研究成果，以期对读者有所启发和帮助。

本书适合于具备地质基础理论知识的读者阅读，尤其是系统掌握了沉积学、地质学、板块构造学、石油地质学等知识的读者。本书不仅可作为前陆盆地动力学的入门书籍，而且可为研究前陆盆地动力学提供有用的平台和有益的参考，适合作为地质类院校、石油类院校和综合大学地学类相关专业的沉积盆地分析、前陆盆地分析、前陆盆地动力学、大陆动力学、造山带-前陆盆地耦合关系、前陆盆地油气地质学、前陆盆地页岩气地质学、能源地质学、地理学、地质灾害学、地震地质学等课程的教材和教学参考书；也可作为地质、矿产地质、石油地质、煤田地质、生态环境、农林、交通、水利、测绘等有关科研、生产单位工作者的参考书。

图书在版编目（CIP）数据

前陆盆地动力学原理与方法 / 李勇等编著. — 北京：地质出版社，2021. 10
ISBN 978-7-116-12902-3

Ⅰ. ①前… Ⅱ. ①李… Ⅲ. ①前陆盆地—构造动力学—研究 Ⅳ. ①P541

中国版本图书馆 CIP 数据核字（2021）第 215603 号

QIANLU PENDI DONGLIXUE YUANLI YU FANGFA

责任编辑： 徐 洋
责任校对： 李 玫
出版发行： 地质出版社
社址邮编： 北京市海淀区学院路 31 号，100083
电　　话： （010）66554646（邮购部）；（010）66554582（编辑室）
网　　址： https://www.gph.clmpg.com
印　　刷： 北京印匠彩色印刷有限公司
开　　本： 787mm×1092mm 1/16
印　　张： 52.75
字　　数： 1290 千字
版　　次： 2021 年 10 月北京第 1 版
印　　次： 2021 年 10 月北京第 1 次印刷
定　　价： 356.00 元
书　　号： ISBN 978-7-116-12902-3

前　言

前陆盆地动力学（Dynamics of Foreland Basin）的研究目的是认识前陆盆地的基本地质作用和油气资源形成的动力学过程。要认识前陆盆地从地表到地下几千米深度油气资源的分布和形成机制，就需要对前陆盆地形成的基本地质过程做全面的综合研究。前陆盆地动力学分析的目的不仅在于了解前陆盆地为什么会形成，在哪里形成以及为什么在特定时间发生沉降并形成前陆盆地，而且还在于评价前陆盆地充填物及其所含流体的过程及其相关分布，包括板块构造、地幔对流与前陆盆地的形成、前陆盆地充填和热演化、前陆盆地构造、气候和海平面变化的记录、前陆盆地演化过程中烃类的生成和运移、前陆盆地流体的活动及其运移的化学动力学等方面。前陆盆地动力学的研究涉及三大主题，分别为大陆动力学（造山带-前陆盆地系统）、油气资源（前陆盆地常规油气资源和页岩气资源）和生态环境（全球变化、地震灾害和生态环境）。因此，近半个世纪以来前陆盆地研究始终保持着地学热点地位。

地球科学是自然科学中的六大基础学科之一，是以地球系统（包括大气圈、水圈、岩石圈、生物圈和日地空间）的过程与变化及其相互作用为研究对象的基础学科。板块构造（Plate Tectonics）理论的确立是20世纪地球科学划时代的事件。前人基于板块构造理论将前陆盆地与造山作用紧密地联系起来，并按照板块构造边界的类型对前陆盆地进行了分类（Dickinson，1974）。虽然板块构造理论已取得了巨大的成功，但是并没有解决那些发生在大陆范围的动力学过程，因此近年来又提出了超越板块构造理论的大陆动力学（Continental Dynamics）。大陆动力学是在当代板块构造理论基础上提出的重要科学问题和研究领域。它从大陆尺度研究大陆形成演化和动力学机制等基本问题，其核心是把大陆作为一个独立的动力学系统，通过研究大陆形成过程和演化历史等各种基本问题，阐明大陆与整个地球系统是如何相互作用的。这一概念的提出，主要是基于已获得的资料表明大陆与大洋岩石圈乃至上地幔的结构不同。大陆岩石圈的生成、保存和消失过程要比板块构造所阐明的大洋岩石圈生长和消亡过程复杂得多。因此有必要针对大陆的独特情况和亟待解决的大陆基本科学问题开展研究。美国于1993年开展了“大陆动力学研究国家计划”，其研究内容包括大陆的成因与演化、大陆地幔、地震和板块边界的相互作用、岩浆和火山系统、大陆岩石圈的变形和活动性、地球系统气候和全球变化的历史、沉积盆地、地壳与水圈的相互作用等。随着地幔柱理论、拆沉理论、盆地动力学的提出，人们需要对垂直运动的重要性进行重新认识。大陆动力学和盆-山耦合已成为21世纪地球科学的前沿领域，其中的重要的科学问题之一就是“沉积盆地动力学”（The Dynamics of Sedimentary Basin；Dickinson，1997），注重对大型沉积盆地的成因、演化、资源与环境研究，将盆地研究拓展到盆地形成过程的动力学分析，可以说，沉积盆地动力学是当今沉积盆地理论研究领域的主要趋向。由于前陆盆地和造山带是大陆上最基本的构造单元，造山带与前陆盆地系统为大陆动力学研究提供了依据，因此，前陆盆地和造山带就成为研究大陆动力学和板块构造“登陆”的突破口。显然，新的大陆构造思想的生长点必须是建立在对造山带-前陆盆地系统研究的基础上。前陆盆地位于造山带的毗邻地区，这些前陆盆地在地史期间曾详细地记录了一系列的构造运动与造山带的演化过程，前陆盆地中的沉积记录提供了再造造山带动力学历史独一无二的有力工具，是恢复和反演造山带隆升机制和演化过程的重要依据和方法，前陆盆地便成为研究盆-山耦合关系的首选盆地。因此，前陆盆地动力学就是探索造山带-前陆盆地系统的地球深部层圈是如何运转，并以怎样的地球动力学过程影响地表过程的。大陆造山带隆升机制与前陆盆地沉降机制之间的耦合关系研究，乃是大陆动力学研究中的重点和前沿科学问题之一，其中浅表层过程和深部过程及其物质的分异、调整和运移是盆-山耦合研究的主体内容。板块俯冲与消减、碰撞与拼合以及后造山作用等可导致前陆盆地和造山带的改造和破坏，因此，大陆造山带与前陆盆地的构造原型恢复成为难度较大的科学问题。

油气资源是全球经济社会发展的基础要素之一。前陆盆地是全球常规油气资源最丰富的一类盆地，占世界常规油气总量的45%。在全世界已发现的大油气田中发育于前陆盆地中的油气田不仅数量最多，而且储量也最大。油气勘探的突破加快了前陆盆地的研究进程，不仅促使前陆盆地分析理论和方法的成熟，而且又促进了油气勘探的不断深入，其研究目的是评价前陆盆地充填物及其所含流体的过程及其相关分布、前陆盆地演化过程中烃类的生成和运移、前陆盆地流体的活动及其运移的化学动力学。在前陆盆地中发现的常规油气资源为人类近50年来对能源需求提供了重要保障，最近在前陆盆地中又发现了大量页岩气（非常规油气资源），页岩气必将为人类未来50年能源需求奠定基础。最早发现页岩气的盆地类型即为前陆盆地（1821 年全球第一口商业性页岩气井，阿巴拉契亚前陆盆地），开发页岩气最成功的盆地类型也是前陆盆地（如阿巴拉契亚前陆盆地、沃希托前陆盆地和落基山前陆盆地、加拿大前陆盆地、扬子前陆盆地等）。因此，对前陆盆地页岩气富集机理的研究不仅在于了解前陆盆地为什么会形成，在哪里形成以及为什么在特定时间发生沉降并形成前陆盆地，而且更重要的是在于评价前陆盆地黑色页岩及其所含气体的形成过程及其相关分布。

生态环境也是全球经济社会发展的基础要素之一。造山带-前陆盆地系统也是研究全球变化、地震灾害和人居生态环境的重要载体。在前陆盆地充填中保存了最为完好的古气候、古海洋和其他古环境变化的记录，以及灾变性事件（如地震事件、极端气候事件）。从这些记录中可以获取生物圈、水圈和大气圈在不同时间尺度上的特征。造山带的构造作用、前陆盆地的沉积旋回与大气圈、海洋组成之间的联合研究将随全球规模的生物地球化学建模的进行而发展。从鉴别矿物、造山阶段和流体特征到极其细微程度的痕量元素和同位素分析工具的发展、综合模式的可靠性不断提高、精确数据库的完善将促进生物地球化学模式的发展，使得通过前陆盆地分析可以更好地理解地球岩石圈、气候和生物圈的作用，并能够加强对过去地质作用的解释能力和地表环境变化的预测能力。此外，对于未来前陆盆地动力学研究的挑战还来源于这样一种认识：造山带的演化强烈影响着气候，气候也强烈影响着造山带。因为受气候控制的侵蚀作用的强弱往往取决于发育高地形还是低地形的山链，同时构造作用和气候变化又强烈影响着全球地球化学作用过程。因此，前陆盆地的沉积记录为反演过去地质时期的气候变化奠定了物质基础。

前陆盆地动力学是地质类院校、石油类院校和综合性大学地学类专业的一门专业基础课，是沉积学、地质学、石油地质学等专业的研究生课程之一，也是地学中最为基础的学科之一。因此，本书对前陆盆地动力学的主要方面都进行了概括，具备了全面、系统的前陆盆地动力学的基本知识，为培养从事前陆盆地动力学研究和前陆盆地油气勘探的专门人才提供了平台。本书是在成都理工大学沉积学、地质学、石油地质学专业的研究生试用教材《前陆盆地动力学原理和方法》的基础上修编而成的，在反映前陆盆地动力学本身的科学性、逻辑性和系统性的基础上，力求在体系上、内容上有所创新，并在“基”“新”“广”“深”“实”这五个方面独具特色。

所谓“基”，是指以基础理论、基本知识和基本方法充实本书的教学内容，为学生打下扎实的理论基础，以适应当前地球科学研究和国家油气资源勘探开发的需要。其一，前陆盆地动力学是一门理论性很强的学科，因此，本书注重对基础理论、基本知识和基本方法的介绍，包括沉积盆地动力学、前陆盆地动力学、前陆盆地概念的演变与研究历史、前陆盆地动力学的主要进展、前陆盆地动力学研究内容、造山带-前陆盆地系统与全球构造、前陆盆地的分类、前陆盆地系统的结构和构造单元等基础理论和基本知识。其二，前陆盆地动力学是一门地质基础理论与油气资源勘探实践结合较密切的学科，其在前陆盆地油气勘探的生产实践中有广阔的应用。因此，本书专门介绍了前陆盆地油气系统与成藏动力学、前陆盆地页岩气的富集机制，体现了在前陆盆地演化过程中烃类的生成和运移、流体运移的化学动力学、盆地充填过程中的热演化等方面的内容，为学生开展前陆盆地的油气调查和勘探实践奠定了基础。

所谓“新”，是指以新的知识、新的观点充实本书的教学内容，使学生的知识储备能够面向世界，面向未来，以适应当前科学研究和油气资源开发全球化的需要。本书对前陆盆地的新理论、新方法、新技术、新数据进行了介绍。其一，以新知识和新观点充实内容。在编写过程中，编著者充分学习和吸收了国内外许多在前陆盆地动力学、造山带构造地质学、沉积盆地分析、沉积盆地构造学等方面的教材和专著的优点，并将经典的国外教材内容和学术成果编入本书，如 *Thrust and Nappe Tectonics*（Mclay et al.，1981）、*Foreland Basin*（Allen，1986）、*Foreland Basins and Fold Belts*（Macqueen et al.，1992）、*Sequence Stratigraphy of Foreland Basin Deposits*（Wagoner et al.，1995）、*Stratigraphic Evolution of Foreland Basins*（Gerald et al.，1995）、*Eustatic Versus Tectonic Control on Foreland Basin Fill：Sequence Stratigraphy，Subsidence Analysis，Stratigraphic Modelling，and Reservoir Modelling Applied to the German Molasse Basin*（Zweigel et al.，1998）、*Deformation，Fluid Flow，and Reservoir Appraisal in Foreland Fold and Thrust Belts*（AAPG，2004）、*Thrust Belts and Foreland Basins：from Fold Kinematics to Hydrocarbon Systems*（Laccombe et al.，2007）等。此外，编著者还参考了一些与前陆盆地分析相关的教材和专著，如 *Basin Analysis Principles and Aplications*（Allen et al.，2013）、*Principles of Basin Analysis*（Miall，2000）、*Tectonics of Sedimentary Basins*（Busby et al.，1995）、*Tectonics of Sedimentary Basins Recent Advances*（Busby et al.，2012）、*Sediment Routing Systems：The Fate of*

Sediment from Source to Sink（Allen，2017）。其二，我国学者在我国西部前陆盆地研究方面获得许多新的认识，本书亦有涉及，如《前陆盆地分析》（何登发等，1994）、《前陆盆地分析》（陈发景，2007）、《龙门山冲断带与川西前陆盆地的形成演化》（刘树根，1993）、《龙门山前陆盆地沉积及构造演化》（李勇等，1995）、《前陆冲断带油气勘探》（贾承造等，2000）、《中国中西部前陆盆地冲断带油气勘探论文集》（贾承造，2000）、《前陆盆地油气分布规律》（周新源等，2002）、《前陆盆地天然气成藏理论及应用》（赵靖州等，2003）、《中国中西部前陆盆地油气地质与勘探》（薛良清等，2005）、《鄂尔多斯西缘前陆盆地油气地质》（陈孟晋等，2006）、《中国西部C-型前陆盆地形成演化与油气聚集》（李景明等，2006）、《中国中西部前陆盆地油气储层层序地层学》（吴因业等，2008）、《中国中西部前陆盆地油气分布规律及主控因素》（宋岩等，2008）、《中国中西部前陆盆地构造特征研究》（魏国齐等，2008）等。值得指出的是，编著者对龙门山前陆盆地进行了30年的研究，此次亦将相应的研究成果编入本书。龙门山造山带与前陆盆地是现今青藏高原东缘两个最基本的构造单元，是在统一的构造框架和动力学体制下形成的孪生体，是在青藏高原中-新生代大陆碰撞和印-亚大陆碰撞过程中形成的两个地质体，它们在空间上相互依存，具有盆-山耦合的地质特征。现今青藏高原东缘由原（巴颜喀拉块体，松潘-甘孜褶皱带）-山（龙门山）-盆（四川盆地西部）3个一级构造地貌单元和构造单元组成，显示为原-山-盆体制。虽然这种新生代以来的原-山-盆系统的形成对应于印-亚大陆碰撞及其碰撞后作用，但是目前龙门山造山带-前陆盆地系统仍处于活动状态，变形显著，属于典型的活动造山带与活动前陆盆地系统，受到印-亚大陆碰撞和青藏高原隆升的控制。2008年汶川地震后，这个古老山脉的隆升机制及其孕育的强烈地震机理成为国际地学界关注热点，正在成为地学界新理论、新认识和新发现的重要源区和竞争领域。其三，编著者将前陆盆地动力学研究的新方法、新技术编入本书。新方法、新技术的迅速发展和有效利用，使得前陆盆地动力学中的诸多问题得以解决。现代科学理论和技术为前陆盆地动力学的研究提供了新的机会，将促进我们更好地理解前陆盆地动力学是如何演化的。新一代的前陆盆地研究专家所具备的更加宽广的分析技能、定量分析的能力，掌握数值工具和建模方法的能力，掌握全球数据系统的优势，将持续、改进和振兴前陆盆地动力学领域的研究进程。

所谓“广”，是指本书在体系上、内容上具有全球视野，教学内容能够覆盖全球的前陆盆地，不仅包括中国西部中-新生代陆内造山带-前陆盆地系统，而且包括全球的中-新生代造山带-前陆盆地系统和古生代造山带-前陆盆地系统，并突出了全球前陆盆地动力学和油气勘探方面的最新进展，以启发和培养学生全球视野的科学思维和创新能力。在全球中-新生代造山带与前陆盆地系统中对陆-陆碰撞造山带-前陆盆地系统（阿尔卑斯造山带-前陆盆地系统、扎格罗斯造山带-前陆盆地系统、喜马拉雅造山带-前陆盆地系统）、洋-陆汇聚造山带-弧后前陆盆地系统（北美落基山造山带-前陆盆地系统、南美安第斯山造山带-前陆盆地系统）、弧-陆碰撞造山带-前陆盆地系统（台湾造山带-前陆盆地系统、帝汶岛弧带-前陆盆地系统）和陆内造山带-前陆盆地系统（中国西部天山造山带-前陆盆地系统、龙门山造山带-前陆盆地系统等）的板块构造位置、造山带结构、充填地层序列、沉积-构造演化、油气特征等方面进行了介绍。在全球古生代造山带与前陆盆地系统中对北美板块东缘古生代阿巴拉契亚造山带-前陆盆地系统、北美板块东南缘古生代沃希托造山带-前陆盆地系统、俄罗斯板块古生代乌拉尔造山带-前陆盆地系统、非洲板块南部古生代造山带-前陆盆地系统和扬子板块东缘古生代造山带-前陆盆地系统的板块构造位置、造山带结构、充填地层序列、沉积-构造演化、油气特征等方面进行了介绍。

所谓“深”，主要体现在两个方面：其一，是内容“深”。在对中-新生代各种前陆盆地类型的分类与描述的基础上，更加注重对前陆盆地形成机制方面的介绍。前陆盆地演化与造山带构造作用两者之间的关系是前陆盆地动力学中最根本的科学问题之一，只有将地球内部动力和表面过程结合起来才能得到更好的解释。实际上，前陆盆地演化就是造山带构造负载驱动的挠曲沉降过程与表面过程驱动的剥蚀-充填过程之间持续不断竞争的结果。一百多年来，许多研究者已经提出了很多在不同构造和气候条件下的前陆盆地演化模式，但是，这些模式的不足之处在于，确定造山带逆冲事件的年龄和前陆盆地沉积事件的年龄的能力非常有限，人们还不能检验前陆盆地演化中造山带逆冲作用与前陆盆地沉积作用之间的直接关系。因此，那些无法量化的模式是不准确的，只能作为推测性的概念。因此，本书编著者不仅介绍了前陆盆地构造-沉积演化与地层模式、造山带的隆升作用和剥蚀作用、前陆盆地层序地层学、造山带-前陆盆地系统的构造作用与沉积响应、前陆盆地底部不整合面与前缘隆起的标定等描述性的内容，而且介绍了造山楔-前陆盆地的耦合机制、前陆盆地碳酸盐缓坡的迁移、淹没与造山楔的推进作用等动力机制方面的内容。其二，是研究的空间尺度和时间尺度要“深”（深空、深时），对前陆盆地的动力来源考虑得更“深”一些。虽然前陆盆地沉积物本身是地表沉积作用的产物，但是前陆盆地形成的动力来源不仅仅是地表的剥蚀和沉积负载。因此，本书编著者不仅介绍了如何通过板块构造与前陆盆地关系将前陆盆地动力学和板块运动学结合起来，而且介绍了如何通过前陆盆地动力学与动力地形（dynamic topography）的关系将前陆盆地动力学与地幔对流、地幔流动引起的地球表面垂向变形联系起来。为此，本书增加了岩石圈挠曲作用与前陆盆地挠曲模拟、前陆盆地岩石圈与表面过程的相互作用等方面的内容。

所谓“实”，是本书内容与中国西部前陆盆地的地质实际情况及特殊性相结合，与编著者对前陆盆地的实际研究工作相结合。其一，前陆盆地动力学的内容与中国西部陆内前陆盆地的实际地质特征相结合。我国地处欧亚大陆东南部，为印度板块、太平洋板块所挟持，板块间的相对运动和板内动力作用控制着中国大陆活动断裂和地震的空间展布格局，处于构造活动区域，巨大的活动断裂十分发育，是世界上地震活动强烈和地震灾害严重的国家之一（据统计，世界上约35%的7级以上大陆地震发生在中国），具丰富多彩的活动构造地貌类型，包括活动的高原、活动造山带、活动沉积盆地、活动断裂和活动褶皱，它们都是新生代晚期以来新构造运动和活动构造作用的产物。在中、新生代以来由于中国大陆分别受到东侧的太平洋构造域和西南侧的特提斯构造域的汇聚和挤压，形成了西高东低的地貌特征和西强、东弱的地震活动规律。中国西部处于特提斯-喜马拉雅构造的中段，以构造挤压和构造隆升为特征，发育青藏高原、环绕青藏高原的造山带和前陆盆地，具有典型的原（青藏高原）-山（边缘造山带）-盆（前陆盆地）系统和结构，属于陆内造山带-前陆盆地系统，主要与印-亚大陆碰撞和碰撞后挤压相关，因此不能完全将板块构造理论中的前陆盆地概念应用于中国中西部。国内外学者对中国中西部这一类特殊的前陆盆地给予新的名称，如中国盆地（Chinese basin）或中国型盆地（basins of Chinese type）（Bally，1975）、C型前陆盆地或陆内俯冲型前陆盆地（罗志立等，1982）、前陆山间盆地（foreland intermountain basin）（Ingersoll，1986）、断块活动支配的前渊（foredeeps dominated by block faulting）（Bally et al.，1987）、类前陆盆地（陈发景，1990）、山前盆地或山前坳陷（李德生，1992）、再生前陆盆地（rejuvenated foreland basin）（Lu et al.，1994；刘和甫，

1995）、陆内前陆盆地（李勇等，1995；田作基等，1996）、挠曲类盆地（刘少峰，1995）、碰撞后继盆地（collisional successor basin）（Graham et al.，1993；Hendrix et al.，1992）等。孙肇才（2000）建议统一使用“陆内前陆盆地”等。最近 Carroll 等（2010）将中国西部盆地称为“墙挡盆地”（walled basin）。之所以起这个名字，是因为他们认为中国这些盆地是被造山带像墙一样围堵起来的，盆地内部长期发育陆相沉积物，而且其内部基本没有发生变形。因此本书编著者对中国西部陆内前陆盆地的特殊性进行了充分的说明。其二，编著者将本书的编写内容与编著者对龙门山前陆盆地的研究成果相结合，体现了“科教融合”。本书是编著者 30 多年来对前陆盆地研究成果的结晶，也是编著者对前陆盆地的学习、理解、应用和实践过程的总结。本书编著者之一李勇于 1984 年从武汉地质学院毕业到成都地质学院攻读硕士研究生，开始参加龙门山、大巴山和四川盆地的区域地质调查工作和研究工作，1990 年在曾允孚老师的指导下攻读沉积学博士学位，开始了龙门山前陆盆地的研究工作，通过艰苦努力于 1995 年完成国内第一部前陆盆地研究的学术专著《龙门山前陆盆地沉积构造演化》；2000 年专程到国外跟随国际前陆盆地研究专家 Philip A. Allen 教授学习前陆盆地的新进展，一方面学习了 Allen 教授团队在研究阿尔卑斯前陆盆地的先进经验和前陆盆地模拟的最新进展，另一方面与 Allen 教授合作研究龙门山造山带与前陆盆地耦合机制，并将前陆盆地研究的新理论、新技术和数字盆地模拟方法应用于龙门山前陆盆地的实际研究工作中，于 2003 年在 *Basin Research* 上发表了合作研究的成果 *Evolution of the Longmen Shan Foreland Basin*（*Western Sichuan*，*China*）*during the Late Triassic Indosinian Orogeny*，建立了印支期龙门山造山带与前陆盆地的耦合机制；此后，又先后与美国孟菲斯大学 Ellis 教授、英国 Durham 大学 Densmore 教授、法国巴黎高等师范学校 Julia 教授开展了一系列的国际合作研究，在 *Basin Research*、*Tectonic*、*Geology*、*Tectonophysics*、*Nature Geoscience* 等地学期刊上发表论文 150 篇，其中被 SCI 收录 32 篇，并在 AGU、HKT、IAS、IAEG、IGCP、SinoRock、Sino－US Workshop on Earthquake Science、The Gondwana、The First Joint Scientific Meeting of GSC and GSA（Roof of the World）等国际会议上宣读。在龙门山前陆盆地国际合作的研究过程中，编著者认识到前陆盆地已由描述性的前陆盆地形态学研究转化为前陆盆地成因机制和动力学研究，深感我国尚缺乏这样一本能够反映国际前陆盆地研究现状的教材，于是就开始筹划撰写一本适合中国学生阅读的前陆盆地动力学教材，有利于培养我国从事该领域研究的人才，提高我们的研究水平，尽快与国际同领域研究接轨，推动我国前陆盆地的研究进程。

本书由李勇、闫亮编著，是在多年教学积累和科研成果的基础上，吸收国内外众多研究精华，并参阅大量国内外文献编写而成的。编著者曾为成都理工大学地学类本科生、硕士研究生和博士研究生开设了沉积盆地分析、前陆盆地动力学、前陆盆地油气勘探进展等课程。1994 年编著者撰写的前陆盆地层序地层学等内容被编入陈洪德教授等编著的《层序地层学原理与方法》教材之中。2002 年编著者撰写的前陆盆地分析等内容被编入王成善教授等编著的《沉积盆地分析原理与方法》教材之中。在此基础上，编著者于 2010 年撰写《前陆盆地动力学原理与方法》，作为成都理工大学研究生试用教材，本书是修编的第二版，补充了最近十年在前陆盆地动力学方面的新成果。

本书对前陆盆地动力学的主要研究内容、研究现状、主要进展和发展趋势进行了较为全面的总结和讨论，包括绪论（沉积盆地动力学、前陆盆地动力学、前陆盆地概念的演变与研究历史、前陆盆地动力学的主要进展）、造山带-前陆盆地系统与全球构造动力学、前陆盆地的分类、前陆盆地系统的结构和构造单元、前陆盆地层序地层学、造山带-前陆盆地系统的构造作用与沉积响应、前陆盆地底部不整合面与前缘隆起的标定、前陆盆地碳酸盐缓坡的迁移与造山楔的推进作用、前陆盆地黑色页岩的沉积特征与形成机制、造山带-前陆盆地的源-汇系统、造山带-前陆盆地系统的隆升作用和剥蚀作用、造山带-前陆盆地的古地理古气候重建与原型盆地恢复、造山楔-前陆盆地的耦合机制、岩石圈挠曲作用与前陆盆地挠曲模拟、前陆盆地构造-沉积演化与地层模式、前陆盆地岩石圈与表面过程的相互作用、全球中-新生代造山带-前陆盆地系统、全球古生代造山带-前陆盆地系统、前陆盆地油气系统与成藏动力学、前陆盆地页岩气的富集机制共 20 章的内容。这些内容不仅反映了前陆盆地动力学的基本理论和基本方法，同时也反映了前陆盆地动力学的最新研究进展。此外，在本书中我们还将讨论一系列问题，并以大量实例加以说明，尽可能深入浅出，目的是让读者对前陆盆地动力学中快速发展的各个研究领域能有更全面的了解，提高实际应用能力。

在本书的编写过程中，曾得到曾允孚、刘宝珺、许志琴、殷鸿福、丘东洲、陈智梁、许效松、王成善、张培震、马永生、徐锡伟、刘树根、李海兵、李永昭、王二七、周荣军先生的指导和鼓励。油气藏地质及开发工程国家重点实验室，地质灾害防治与地质环境保护国家重点实验室，成都理工大学研究生院、科技处、国际合作交流处、沉积地质研究院、能源学院、地球物理学院、地球科学学院、环境与土木工程学院等有关部门的大力支持。同时也得到四川省地震局工程地震研究院、四川赛思特科技有限责任公司的领导和专家的支持，在此向他们表示感谢！邓涛、王伟、耿茂宇、姜航等研究生及成都理工大学图书馆数字加工室担负了本书图件的清绘工作。董顺利、颜照坤、邵崇建、赵少泽、赵驰、陈斌、张佳佳、周游、王伟民、李敬波、邹任洲、祝新政、刘颖倩、吕澜清等博士研究生和硕士研究生在资料收集和整理等方面付出了大量的辛勤劳动，在此一并致以谢意。最后，感谢中国国家自然科学基金、四川省科学基金、成都市科学基金、油气藏地质及开发工程国家重点实验室基金、地质灾害防治与地质环境保护国家重点实验室基金、国家有突出贡献中青年专家、国家百千万人才工程、教育部优秀青年教师资助计划、国土资源部科技领军人才培养计划、四川省有突出贡献的优秀专家、四川省学术和技术带头人、青年地质学家基金、国际合作基金、高等学校博士点基金、地震联合基金、国家留学基金、博士后基金、美国国家自然科学基金、英国环境学会和经济与社会研究学会基金、法国自然科学基金、爱尔兰科学基金、瑞士科学基金等给予李勇教授、周荣军研究员、Densmore 教授、Ellis 教授、Allen 教授、Julia 教授及其团队的支持和资助。最后特别感谢国家自然科学基金委员会地球科学部战略研究类项目（前陆盆地动力学未来发展的挑战与机遇；42342027）和四川省自然科学基金项目（青藏高原地形地貌对川渝地区气候影响机制；2022NSFSC0228）对本项研究的支持。

本书得以出版，感谢成都理工大学研究生院将其列为“成都理工大学规划重点教材”；感谢地质出版社对本书出版惠予的大力支持。本书适合于已经具备地质基础理论和知识的读者阅读，尤其是对沉积学、地质学、板块构造学、石油地质学等知识有了系统掌握的地学类研究生阅读。本书也适合我国地质类院校、石油类院校和综合大学地学类相关专业的沉积盆地分析、前陆盆地分析、前陆盆地动力学、大陆动力学、造山带-前陆盆地耦合关系、前陆盆地油气地质学、前陆盆地页岩气地质学、能源地质学、地理学、地质灾害学、地震地质学等课程的教学之用。此外，本书也可以作为地质、矿产地质、石油天然气地质、煤田地质、农林、交通、水利、测绘等有关科研、生产单位工作者的参考书。需要指出的是，虽然本书的整体框架已初步形成，并经多次修订，但由于内容多，涉及面广，尚存不完善之处，例如可能在教学内容、观点、章节安排的合理性方面，或在各章节的论述深度和详略程度方面，亦或在术语的理解、文字表达方面，所有这些问题还需在未来的教学实践过程中进一步完善，恳请地学界老前辈、同仁和读者批评指正。

最后，编著者认为在当今的21世纪前陆盆地动力学研究仍然保持着在地学领域的热点地位，其原因在于，前陆盆地不仅提供了再造地球动力学历史独一无二的有力工具，而且在满足人类对油气资源需求方面也将继续做出更大的贡献。此外，随着人类对环境问题和全球变化的关心和重视，造山带-前陆盆地系统也是固体地球与水圈、大气圈和生物圈相互作用的一个焦点，这些方面将给前陆盆地动力学研究带来新的机遇和挑战。因此，编著者希望本书不仅能够成为广大读者和研究生学习前陆盆地动力学的入门书籍和有用的跳板，而且也希望本书能够为21世纪我国地质学家、石油地质学家开展前陆盆地动力学研究提供一个有用的平台和有益的参考。

编著者

于四川成都理工大学

2020年5月12日

目　　录

第1章　绪　论

20世纪70年代以来，在前陆盆地中油气勘探取得了重大突破，其中所含油气资源占世界油气总量的45%左右，表明前陆盆地是一类重要的含油气盆地。油气勘探的突破加快了前陆盆地的研究进程，不仅促使前陆盆地分析理论和方法的成熟，而且促进了油气勘探的不断深入。对于前陆盆地动力学的研究涉及两大主题，分别为地球科学的基础研究（造山带与前陆盆地系统），维持与支撑人类能源及经济发展（前陆盆地常规油气和页岩气）。近半个世纪以来，前陆盆地研究始终为地学研究热点之一。其原因在于：①前陆盆地中的沉积记录提供了再造造山带动力学历史独一无二的有力工具，现今前陆盆地-造山带是研究全球变化、地震灾害和人居生态环境的重要载体；②能源是社会发展的基础要素之一，而在前陆盆地中发现的常规油气资源为人类近50年来对能源需求提供了重要保障；③最近在前陆盆地中又发现了大量非常规油气资源，最具代表性的就是页岩气，页岩气必将为人类未来50年能源需求奠定基础。

本书对前陆盆地动力学的主要研究内容、研究现状、主要进展和发展趋势进行了较为全面的总结和讨论，这些研究成果表明，前陆盆地研究始终为地学研究热点之一，这不但表现在于过去的半个世纪，也会表现在当今的21世纪。随着人类对环境问题和全球变化的关心和重视，使前陆盆地成为固体地球及其水圈、大气圈和生物圈相互作用研究的一个焦点。更为重要的是，如何将上述各个方面的应用与研究结合起来形成一个综合前陆盆地研究方向，这将是未来前陆盆地动力学研究的主要趋向，也将给前陆盆地动力学研究带来新的机遇和挑战。

1.1　沉积盆地动力学

1.1.1　沉积盆地

沉积盆地（sedimentary basin）是地球表面或岩石圈表面相对长时期沉降的区域，换言之，是基底表面相对于海平面长期洼陷或坳陷（depression）并接受沉积物沉积充填的地区。沉积盆地既可以接受物源区搬运来的沉积物，也可以堆积火山喷出物质，当然也接受原地化学、生物及机械作用形成的盆内沉积物。因此，沉积盆地既可是大洋深海、大陆架，也可以是海岸、山前、山间地带。从构造意义上说，沉积盆地是地表的“负性区”。相反，地表除沉积盆地以外的其他区域都是遭受侵蚀的剥蚀区，即沉积物的物源区，这种剥蚀区是构造上相对隆起的“正性区”。隆起的正性区遭受侵蚀剥蚀，使其剥蚀下来的物质向负性区的沉积盆地迁移，并在盆地中堆积下来，这实际上就是一种均衡调整（或称补偿）作用。

需要指出的是，当我们使用盆地术语时，不一定是指沉积盆地。实际上，盆地有三种类型，包括地貌盆地、构造盆地和沉积盆地。地貌盆地是被高地天然围绕的地表低地区。地貌盆地有陆上的，也有水下的。陆上地貌盆地从封闭洼地（山间平原）到横贯大陆的冲积河谷，前者如我国现今的四川盆地，后者如亚马孙盆地。这些坳陷可以被沉积物或火山喷出物质充满，形成充填盆地（stuffed basin），也可能未被充填满的或者大部分被水和空气充填，形成所谓的饥饿盆地（starved basin）。从均衡观点来看，后者属欠补偿盆地。水下地貌盆地从冰缘、冰核近湖泊到洋盆都有。地貌盆地的存在，对于沉积盆地的形成是必需的。把构造盆地或沉积盆地与地貌盆地区别开来是一个很重要的问题。前者是沉积盆地后期变形和构造破坏的结果。如我国的四川盆地，在现今明显属于地貌盆地，当我们在研究古代沉积物时，很明显它属于构造盆地范畴。对于古老的沉积盆地，保存下来的大都呈构造盆地，甚至有些在板块运动中已消减到岩石圈再循环。所以，盆地研究者曾提出了盆地保存潜力的概念。

1.1.2 沉积盆地分析

沉积盆地分析（sedimentary basin analysis）是以沉积盆地为对象，研究沉积盆地形成演化、沉积充填及其资源形成过程与赋存规律的理论体系和分析方法，简言之，是将沉积盆地视为一个整体进行其地球动力学的综合研究，并解决人类所面临的资源短缺和环境问题。在20世纪，Potter等（1977）编著的《古流与盆地分析》和Conybeare（1979）编著的《沉积盆地岩性地层分析》揭开了盆地分析的序幕，提出了盆地整体分析的思路及其沉积地层系统的编图方法。在21世纪，一系列的著作相继问世，包括《沉积盆地分析原理》（Miall，2000）、《沉积盆地：演化、相和沉积预算》（Einsele，2000）、《盆地分析原理和应用》（Allen et al.，2005，2013）、《沉积盆地分析基本原理》（Wangen，2013）、《盆地分析中的定量方法》（Lerche，1990）等，这些著作系统地构建了沉积盆地分析的理论和方法。

1.1.3 沉积盆地动力学

沉积盆地动力学（dynamics of sedimentary basin；Dickinson，1997）是当今沉积盆地理论研究领域的主要趋向。Dickinson是盆地动力学研究最早的倡导者，早在1993年他在*Basin Research*刊物上以“Basin Geodynamics”为题指出了盆地研究应聚焦的方向。美国地球动力学委员会（USGC）聘请以Dickinson为首席科学家的盆地动力学分组（Panel on the Geodynamics of Sedimentary Basin）编写了《沉积盆地动力学》（*The Dynamics of Sedimentary Basin*；1997），这是对沉积盆地研究具有前瞻性和指导性的一个纲要，将盆地研究拓展到盆地形成过程的动力学分析，其内容十分注意对资源与环境需求的针对性。这一纲要指出当今盆地研究是多学科结合的最理想领域，其目标是对下列问题进行了解和预测：①板块构造和地幔对流格架中盆地的形成；②盆地演化过程中烃类的生成和运移；③现今和古流体的活动及其运移的化学动力学；④与构造环境有关的盆地充填和热演化；⑤地下岩石的孔隙性和渗透性及其时空变化；⑥保存在盆地中的构造、气候和海平面变化的记录。其总体思想是建立一种先进的地球动力学理论、新的观测技术与计算机模拟相结合的研究框架。

近20多年来，许多国际机构相继实施了多个与沉积盆地相关的综合性研究计划，如美国地球科学家提出的为期30年（1990—2020）的“大陆动力学”研究计划，其重要的科学问题之一就是大型沉积盆地的成因和演化（Dickinson，1997）。由IUGS（International Union of Geological Sciences）和IUGG（International Union of Geodesey and Geophysics）实施的国际岩石圈计划（International Lithosphere Program，ILP）设有专门的沉积盆地成因研究小组，其任务是促成学术界和工业界研究机构对沉积盆地开展合作研究，如从区域到纳米尺度、从地球深部到地表过程对沉积盆地及其能源环境效应进行研究。从2005年开始，国际岩石圈计划针对全球范围内各种典型沉积盆地开展研究，如环极地沉积盆地，非洲及其大陆边缘盆地，墨西哥湾及拉丁美洲与环太平洋盆地，中东、亚洲-澳大利亚沉积盆地。2008年欧洲科学基金会设立了TOPOEUROPE大型合作研究计划，该计划设置了10个大型研究课题，开展了大量有关沉积盆地的地球深部与地表过程的研究，如研究山脉隆升与周缘盆地沉降过程的TOPOALPS项目。

此外，欧洲科学基金会还资助了大量与盆地动力学相关的研究计划，如ESF-Integrated Basin Studies、EUROPROBE GeoRift、ESF-EUROMARGINS等。美国国家科学基金会（NSF）于1998年启动大陆边缘研究计划（MARGINS），随后许多国家和区域组织相继建立了各自的大陆边缘科学计划，如欧洲大陆边缘计划（EUOMARGINS）、英国的大陆边缘3D研究、挪威大陆边缘研究网络计划以及澳大利亚大陆边缘计划等，基于这些计划整合，建立了国际大陆边缘科学组织（InterMargins），该组织通过对大陆边缘张裂、沉积过程、俯冲带过程、流体过程及地球化学和微生物等方面的分析，协调和推动国际间和多学科的大陆边缘研究。该计划于2010年结束，由于其对地球科学的发展起到了重要的推动作用，随后于2013年正式启动“裂谷与俯冲边缘的地球动力学过程”［Geodynamic Processes at Rifting and Subducting Margins，简称Geo-PRISMS（地质棱镜计划）］，其主要研究内容包括俯冲带物质循环和变形作用、初始破裂和演化两个方面，前者选择了阿拉斯加大陆边缘、Cascadia大陆边缘和新西兰作为重点研究区域，后者选择了东非裂谷和北美东部大陆边缘作为重点研究区域，研究成果在最近几年的美国地球物理（AGU）年会都进行了专门报告。此外，代表海洋科学最高水平的综合大洋发现计划（IODP）将大陆边缘盆地动力学作为重点研究方向。近几年来，基于Iberia-Newfoundland边缘的洋-陆转换带大量地震和IODP钻探资料以及出露在阿尔卑斯山的中生代特提斯被动陆缘的露头剖面的研究，提出了非岩浆型被动大陆边缘岩石圈张裂的新模式。这些大型研究计划开展了广泛的国际性多学科的综合研究，引领并兴起了一系列研究方向，如深水沉积学、定量层序地层学、强调过程的源-汇（source-to-sink）系统、岩石圈拉伸减薄破裂机制、构造-剥蚀-气候耦合/脱耦机制研究。

近年来国际上出版了一系列介绍盆地动力学研究新进展的著作，如Roure等（2010）的《盆地动力学的进展与挑战》，在总结近20年成就的基础上，重点阐述了具有挑战性的研究领域和应发展的多种新的探测和实验方法以及模拟技术。Allen等（2013）编著的《盆地分析》（第三版）基于地球动力学研究角度，对各种类型盆地形成的物理模型进行了系统的探讨，提出了系列数学计算方程，并从板块构造和地幔深部过程论述了盆地的形成演化（图1.1），是同类专著中理论性较强的著作。有关盆地分析和盆地动力学的系统著作还有多种，如 *Sedimentary Basins：Evolution，Facies and Sediment Budge*（Einsele，2000）、*Principles of Sedimentary Basin Analysis*（Miall，2000）、*Tectonics of Sedimentary Basins Recent Advances*（Busby et al.，2012）的专著。

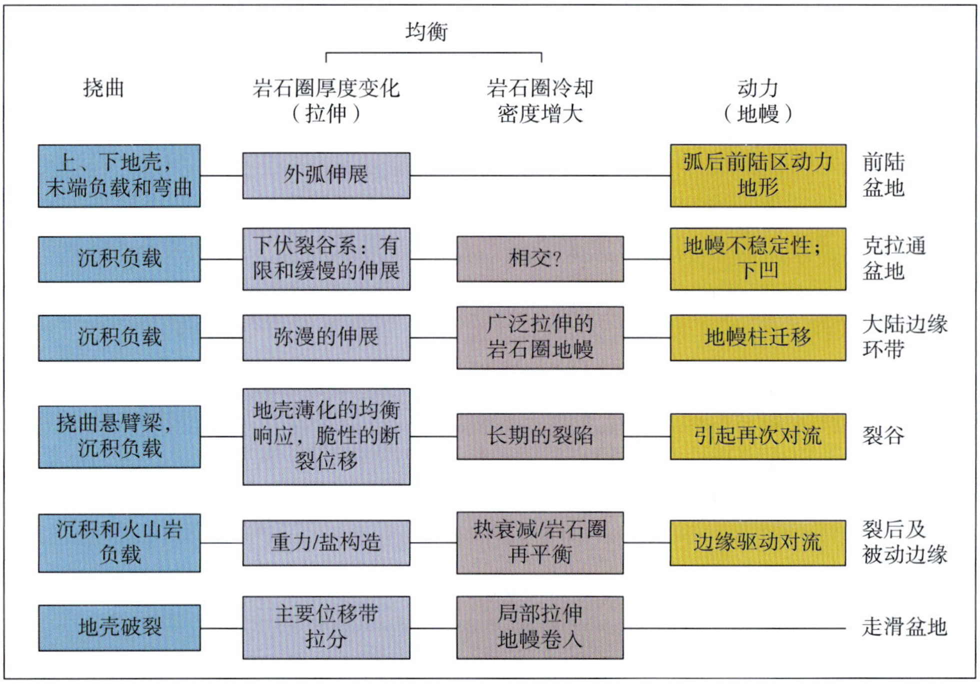

图 1.1　各种盆地类型形成的成因因素

（据 Allen et al.，2013）

我国沉积盆地动力学分析始于 20 世纪 90 年代，其中的代表性成果为《盆地动力学：基本思路与若干研究方法》（李思田，1999），随后许多中国学者针对我国一些有特色的陆相盆地和大型叠合盆地开展了大量综合研究，涌现出一批丰硕的成果，同时也出版了多部与盆地分析相关的本科生和研究生教材（王成善等，2003；李思田等，2004；解习农等，2013；林畅松等，2016）。近年来，我国实施了国家油气重大专项、“深部探测技术与实验研究”国家专项（SinoProbe，简称深部探测计划）、科技部国家重点基础研究发展计划（简称 973 项目）、国家自然科学基金“华北克拉通破坏”和“南海深海过程演变”等重大研究计划，近年推出的国家重点研发计划等，以上研究计划都涉及盆地动力学的研究内容，这些计划的实施大大推动了我国盆地动力学快速发展。李思田（2015）将盆地动力学的主要研究内容归纳为 4 个方面：①盆地沉积充填动力学分析；②盆地构造动力学分析；③盆地形成演化的地球动力学背景分析；④盆地中油气系统演化的动力学分析（表 1.1）。

综上所述，沉积盆地动力学是当今沉积盆地理论研究领域的主要趋向，将盆地研究拓展到盆地形成过程的动力学分析。基于企业界和学术界高度重视和密切关注，盆地分析得到快速发展，使得当今盆地分析也进入盆地动力学研究的新阶段。当代沉积盆地动力学可以理解为研究盆地形成演化、沉积充填和沉积矿产成矿规律的分支学科。它既包括盆地内沉积物和地层流体的充填过程、发育机制及其控制因素分析，也包括直接控制盆地形成演化的地球内、外动力地质作用及其动力学机制分析。盆地动力学研究内容主要包括以沉积学分析为主的盆地充填动力学、以构造地质学分析为主的盆地形成演化动力学和多学科交叉的盆地流体动力学研究等。

表 1.1　沉积盆地动力学研究纲要

研究方向	主要研究内容
盆地沉积充填动力学分析	（1）进行构造地层分析，识别主要的不整合面-古构造运动面；划分构造地层单元和构成叠合盆地的原型序列 （2）在重要研究区，应用层序地层的方法建立高精度等时地层格架 （3）分阶段进行沉积体系研究及源-汇系统分析 （4）编制古环境图（精细时段）和古地理图，分析沉积环境格局的动态演化 （5）成岩作用特别是深埋成岩作用研究 （6）盆地充填序列中的古气候和古环境记录
盆地构造动力学分析	（1）根据盆地的构造样式及动力学机制，确定其形成的动力学类型（伸展、挠曲、走滑或复合机制） （2）盆地的沉降史和热历史分析 （3）根据地震、测井资料，精细编制全盆主要界面的构造图 （4）各原型盆地构造单元划分和整体构造格局研究（隆起、凹陷分布对油气系统至关重要） （5）盆地整体的三维构造格架和原型盆地的演化序列。
盆地形成演化的地球动力学背景分析	（1）盆地基底特征（地壳、岩石圈的物理性质和深层主要界面的起伏） （2）盆地在板块构造、大陆动力学系统中的时空关系 （3）盆地与相邻造山带构造事件的对比研究 （4）应用地球物理方法获得岩石圈深部及地幔的影像 （5）根据岩浆岩的岩石-地球化学参数，判断深部地幔过程及其对盆地演化的影响
盆地中油气系统演化的动力学分析	（1）生烃源岩的性质和分布 （2）富生烃凹陷的识别 （3）储层类型及特征，储集性的决定因素 （4）盆地中的圈闭类型、分布及区带 （5）与生、排烃和聚集相关的能量场研究（压力场、地热场） （6）流体运移及输导系统的动力学特征 （7）油气系统演化的动力学分析及预测

（据李思田，2015）

1.2　前陆盆地动力学

1.2.1　前陆盆地

前陆盆地是在挤压构造背景下形成的一种沉积盆地类型，是介于收缩造山带和相邻克拉通之间，且平行于造山带呈狭长带状展布的不对称冲断挠曲盆地（图 1.2，图 1.3）。前陆盆地地质学已发展了 100 余年，主要体现在前陆（foreland；Suess，1883）、前陆盆地

(foreland basin；Dickinson，1974）、前陆盆地系统（foreland basin system；DeCelles et al.，1996）等概念的提出与发展。前陆在构造地质学上是指克拉通或地台的边缘、与造山带或活动带毗邻的、稳定地壳的大陆部分。只有在被动大陆边缘转化成聚敛大陆边缘时，才形成了真正意义上的前陆盆地。前陆盆地常由 3 部分组成：①褶皱-冲断带构成的活动翼或造山楔；②紧邻活动翼或位于冲断带下盘的深坳陷；③向克拉通方向延伸的稳定的前陆斜坡及前缘隆起。在横剖面上盆地呈明显的不对称形状：靠近盆地的褶皱-冲断带一侧较陡，而远离造山带一侧则较平缓。

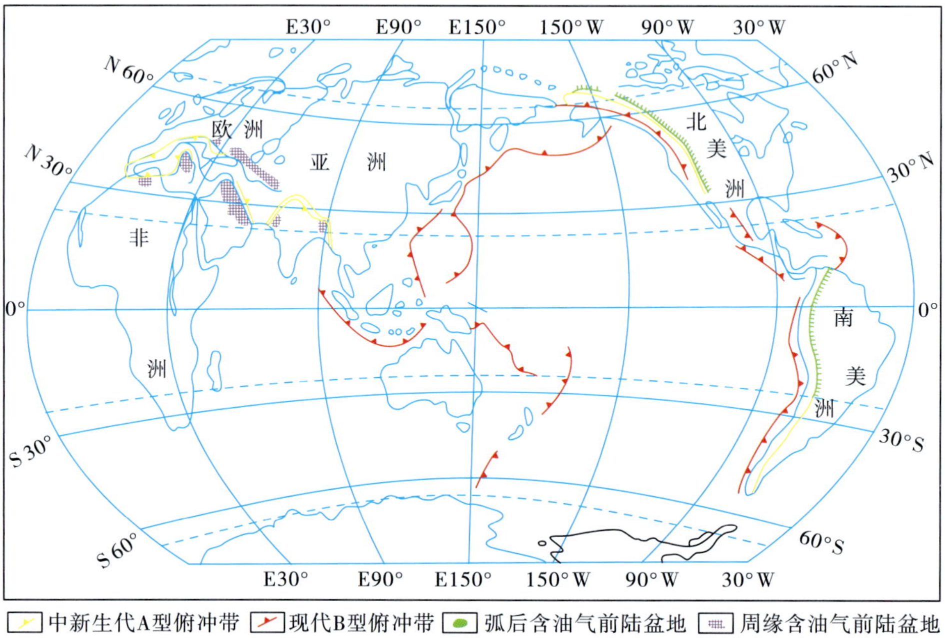

图 1.2　全球 A、B 型俯冲带与前陆盆地的空间分布

（据 Bally et al.，1986）

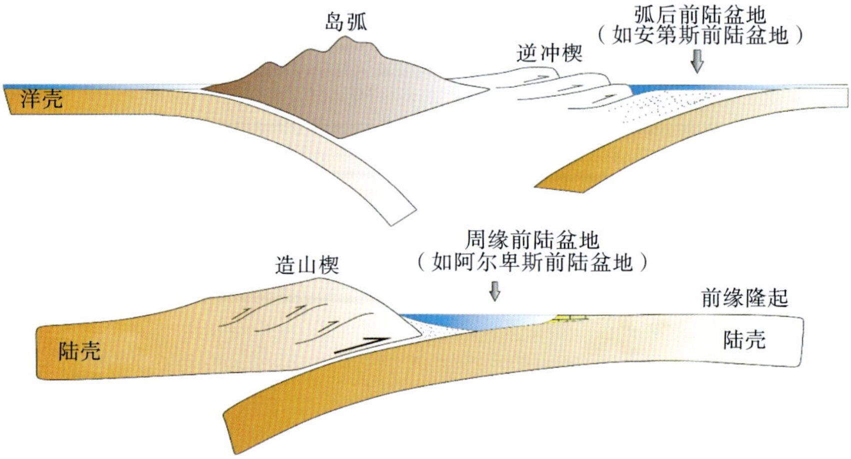

图 1.3　两种类型的前陆盆地

（据 Sayer，1994）

1.2.2 前陆盆地动力学

前陆盆地不仅是地球演化的档案库，还与人类生活密切相关。这不仅仅是因为我们人类很多都生活在现今前陆盆地地区，它直接构建了人类生活环境的地质本底。更为重要的是，其中蕴藏着大量种类繁多的极其重要的矿产资源，如煤、石油、多种金属和非金属矿产及人类急需的水资源。“没有盆地，就没有石油”（Peerodon，1980）这句名言是这个方面最好的写照。因此，从现代地质学诞生起，前陆盆地就一直成为地质学重要的研究内容。

前陆盆地动力学研究目标是认识前陆盆地的地质作用和油气资源形成过程。要认识前陆盆地从地表到地下几千米深度油气资源的分布和形成机制，就需要对前陆盆地形成的地质过程做全面的综合研究。前陆盆地动力学分析的目的不仅在于了解前陆盆地为什么形成，在哪里形成以及为什么在那个时间发生沉降并形成前陆盆地，还在于评价前陆盆地充填物及其所含流体的过程及其相关分布，包括板块构造和地幔对流与前陆盆地的形成、前陆盆地充填和热演化、前陆盆地构造、气候和海平面变化的记录、前陆盆地演化过程中烃类的生成和运移、前陆盆地流体的活动及其运移的化学动力学。

前陆盆地动力学的发展不仅体现在前陆、前陆盆地、前陆盆地系统和盆-山耦合等概念的提出与发展，而且经历了前陆盆地油气（常规）地质学和前陆盆地页岩气（非常规）地质学的建立和发展。因此前陆盆地动力学的研究不仅是国际地学研究的前沿，而且是人类社会发展对前陆盆地能源的需求。主要表现在：其一，当代地球科学界都把前陆盆地和造山带视为研究大陆动力学和板块构造“登陆”的突破口。前陆盆地和造山带是大陆上最基本的构造单元，因此新的大陆构造思想的生长点必须是建立在造山带与沉积盆地精细研究的基础上。前陆盆地因位于造山带的毗邻地区，而成为研究盆-山耦合关系的首选盆地。19 世纪以来对欧洲阿尔卑斯造山带和前陆盆地的研究成果不仅为槽台学说的建立提供了依据，而且所建立的概念（如前陆、前陆盆地、复理石、磨拉石、欠补偿前陆盆地、过补偿前陆盆地、前陆盆地系统、盆-山耦合等）仍是目前最基础的术语和基本概念；20 世纪以来对喜马拉雅造山带与前陆盆地的研究成果不仅为板块构造理论的发展提供了依据，使地学界认识到印-亚大陆碰撞是如何导致喜马拉雅造山带与前陆盆地的形成和青藏高原的隆升，而且所形成的地质模型是目前与板块构造碰撞相关的最基础的地质模型和基本概念（如板状前陆盆地、楔状前陆盆地、逆冲作用、均衡反弹作用等）。其二，20 世纪以来对北美东部阿巴拉契亚前陆盆地和北美西部落基山前陆盆地的基础地质和油气地质的研究成果，不仅使地学界认识到前陆盆地中常规油气是如何富集的，而且为全球前陆盆地常规油气勘探开发奠定了油气地质模型（如冲断带前缘下伏油气、近端找气、远端找油）。其三，近 20 年来在北美东部阿巴拉契亚前陆盆地的页岩气地质的研究成果不仅使地学界认识到前陆盆地中页岩气是如何富集的，而且为全球前陆盆地页岩气勘探开发奠定了页岩气地质模型（如海相前陆盆地页岩发育模式、页岩气成藏模式、页岩气盆地模式、保存条件和评价条件）。

1.3 前陆盆地概念的演变与研究历史

前陆盆地地质学已发展了100余年。前陆盆地概念的演变与发展主要体现在前陆、前陆盆地、前陆盆地系统和盆-山耦合等概念的提出与发展。前陆（foreland）最初是由Suess（1883）提出的，系指与造山带相毗邻的稳定地区，且造山带的岩层向它逆冲或掩覆（图1.3）。一般来说，前陆是地壳的大陆部分，应是克拉通或地台区的边缘。板块构造理论问世后，Price（1973）提出了前陆盆地这一术语，指出前陆盆地是大陆岩石圈受上叠地壳加载引起挠曲变形而形成的边缘坳陷盆地。Dickinson（1974）将前陆盆地划分为周缘前陆盆地（peripheral foreland basin）和弧后前陆盆地（retro-arc foreland basin）。

1.3.1 前陆

前陆（foreland）一词在海洋学、地质学、冰川学和构造地质学中有不同的含义。我们注意的是它在构造地质学中的含义。前陆（foreland）最初是由Suess（1883）提出的，即“前陆是被褶皱带（造山带）向前超越过去”，使用了前陆和后陆这两个概念，用以表达后陆朝着前陆运动的想法，前陆是指与造山带毗邻的稳定的克拉通或地台的边缘地区，且造山带的岩层向它逆冲或掩覆。此定义为后来的地质学家所引用和发展。

前渊（foredeep）是由Suess（1909）定义的，系指“填满了沉积物的狭长的构造深渊或构造洼地，它代表前陆沉降到了现在褶皱带的高度以下”。Stile曾使用“冒地槽”来表示同样的意思。Kay用“外地槽”来代表前渊。前渊曾被描述为由海底的坳陷作用、褶皱作用或坳陷断裂作用形成的一种窄而长的海底洼地。

Bertraud（1897）和Haug（1900）曾将阿尔卑斯山脉的磨拉石作为前陆的沉积物，并认为它是地槽发育晚期的产物。Stille（1936）从变形强度出发，主张前陆是“不再遭受阿尔卑斯式褶皱的大地构造单元，至多不过发生日耳曼型变形的地区”，即指过渡型单元的构造特征。Hills（1940）对前陆的定义为“地槽沉积物变形时向着它运动的稳定地块”；Horberg等（1949）描述的前陆是“……在一系列逆掩片前面的地区”。Kay（1951）更具体地将前陆称为外地槽（exogeosynscline），其同义词为前渊。Eardley（1951）将前陆定义为“在阿尔卑斯，大量的复杂褶皱的地槽沉积物及侵入岩被向北推动了数英里。运动所指向的、北面的稳定陆地，就叫前陆”。Eardley的定义已很接近现今前陆的概念，也是板块构造学说诞生之前被普遍接受的概念。确切地说，前陆是指与造山带（或活动带）相毗邻的、稳定的大陆部分，造山带的岩石向其逆冲或逆掩，即前陆是稳定区（克拉通区）和活动区（地槽或造山带）之间的过渡带。

值得注意的是，在所有国际文献中的前陆，都强调是在克拉通上，因邻近造山带冲断上升形成的沉积区域。而克拉通，是指地球上大范围不活动的部分，包括地盾区和地台区[按美国地质研究院（AGI）的地质词典]。孙肇才（1984）曾用“面朝活动带，背靠稳定区”来概括前陆的构造位置。因此，经典的前陆概念是指位于造山带前缘和相邻克拉通之间的狭长沉积带，可将它与传统大地构造理论中的边缘凹陷、山前凹陷、前渊等术语等同起来，前陆和山前坳陷、边缘坳陷是同义语。汉译“前渊”一词在20世纪50年代前期的大学教案中就已出现，后来被山前坳陷取代了。

当时在国际上流行的观点是，当在毗邻的地槽（区）发生拉张沉降或褶皱回返变为造山带时，克拉通地台的边缘区（前陆）亦同步沉降，或因与隆升的山体均衡而下降，成为与地槽或褶皱山体的走向平行的条带状沉积盆地。可见，前陆原是与槽台学说紧密相关的。槽台学说认为，在地槽活动带与稳定的克拉通地台之间，往往有一个过渡性质的大地构造单元，被称为边缘坳陷（或称前缘坳陷）。这是地槽发育过程中，在其与地台交界地区同时形成的不对称大型带状坳陷。毗邻地槽的一边具有与地槽相当的活动性，沉积厚，褶皱变形强烈，常被褶皱山体逆冲压覆；毗邻地台的一边则相对稳定，接近地台的特征，沉积薄，尖灭超覆现象多，地层产状平缓，变形微弱，磨拉石、可燃有机岩、含膏盐岩是其中的常见建造。按与地槽发育阶段的关系不同，带状坳陷又可分为山前坳陷和边缘盆地。山前坳陷（foredeep）形成于地槽褶皱回返隆升之后，它紧靠山体一侧的基底往往是褶皱基底（宽窄不定）；边缘盆地则是地台边缘与地槽前期沉降同步或基本同步发育的坳陷盆地，以台地型建造为主，磨拉石为其消亡顶盖，造山期后往往在其上继续发育山前坳陷。

在槽台学说的典型模式中，由优地槽向冒地槽方向地槽逐渐迁移，向地台区即出现前陆，前陆受后期地槽回返的影响严重。在一些苏联学者的地槽演化模式中，前陆区位于向斜向地台的一翼，由下部的硬砂岩建造、板岩建造、石灰岩建造和上部的陆屑建造发展成为山前坳陷，或者前陆区是由下部的陆屑建造、石灰岩建造、复理石建造等发展成为边缘坳陷。

1.3.2 前陆盆地

板块构造学说兴起后，根据古陆的开合演变，把目前见到的东非裂谷-红海-大西洋的扩张以及太平洋-地中海-喜马拉雅山脉的大洋收缩消亡过程联合在一起，作为一个从大洋产生到消亡的演化模式，人们称之为威尔逊旋回。其中前三个阶段的板块活动方式是扩张，形成大陆内裂谷、大陆间裂谷、大西洋型被动大陆边缘和深海平原盆地。后三个阶段的板块活动方式是俯冲、碰撞，形成岛弧型、安第斯型、阿尔卑斯型和喜马拉雅造山带以及与它们有关的盆地，如海沟、弧前盆地、弧后盆地、残留洋盆地和不同类型的前陆盆地。

Price（1973）提出了前陆盆地（foreland basin）这一术语，并指出前陆盆地是大陆岩石圈受上叠地壳加载引起挠曲变形而形成的边缘坳陷盆地。Dickinson（1974）将前陆盆地定义为与造山带变形翼部毗连的克拉通边缘前陆环境中形成的盆地，并将前陆盆地划分为周缘前陆盆（peripheral foreland basin）和弧后前陆盆地（retro-arc foreland basin）两种基本类型（图 1.3），其中周缘前陆盆地是在大陆碰撞及其以后，由于板块自身重力作用造成陆内俯冲而形成的岩石圈挠曲，位于造山带外侧，如印度恒河盆地、阿尔卑斯的磨拉石盆地、北美古生代阿巴拉契亚前陆盆地等；弧后前陆盆地位于仰冲板块上，既可以与板块碰撞相联系，也可以形成于洋壳俯冲时期，以北美落基山中-新生代艾伯塔（Alberta）前陆盆地和北美白垩纪锡弗尔（Sevier）前陆盆地为典型代表。Dickinson（1976）又增加一类由基底垒-堑升降形成的破裂前陆盆地，如落基山盆地群（曾称为山间盆地）。

Bally 等（1980）把前陆盆地称作缝合带周缘盆地（perisutural basin），即在大陆岩石圈之上发育的与巨型缝合带有关的盆地，并且认为前陆盆地的形成与 A 型俯冲带有关。

将前陆盆地分为两类，即周缘前陆盆地和弧后前陆盆地（图 1.4），它们分别对应于陆-陆碰撞（A 型俯冲带）和洋壳的俯冲（B 型俯冲带）。周缘前陆盆地指的是形成于大陆壳表面向下拖曳与碰撞造山缝合线带相接之处，相邻造山带逆冲于盆地之上，蛇绿岩缝合线带比岩浆岩带和火山岩带更接近于盆地；弧后前陆盆地形成于大陆壳表面向岛弧造山带的后侧方向向下拖曳处，相邻造山带是遥远地逆冲于这类台地之上，蛇绿岩消减杂岩体比岩浆带和火山岩带更远离这类盆地。有时可能因基底卷入前陆变形作用，造成块状隆起和基底-核部褶皱所分隔的孤立盆地［相当于 Dickinson（1976）提出的破裂前陆盆地］。Bally 将弧后地壳的缩短过程称为 A 型俯冲，是缘于纪念瑞士地质学家 Ampferer 之故，其实，A 型俯冲就是与板块聚敛相关的地槽造山带与克拉通之间的俯冲。与现代的洋-陆碰撞仰冲陆壳上 A 型俯冲带伴生的为弧后前陆盆地，与最新陆-陆碰撞俯冲陆壳上 A 型俯冲带伴生的为周缘前陆盆地。这与 Dickinson 的观点完全相同。但是 Bally 曾指出，应该在周缘前陆盆地中将前渊的磨拉石沉积层序与下伏的地台型层序区分开来，并认为后者不属于前陆层序。此外，Bally 等（1980）用“前渊”这个术语来描述前陆盆地，包括没有（或很少）同期断块作用的“前渊”、有同期断块作用的“前渊”。“前渊”是指基底型凹陷，“前渊”没有地形深度的含义。同时，Bally 也指出，在活动造山带，“前渊”是由大陆岩石圈的俯冲作用所造成的，因此“前渊”的位置是在大陆岩石圈之上，是与 A 型俯冲边界相关的缝合线型周缘盆地。很明显，Bally 利用“前渊”这个术语所描述的前陆盆地仅相当于 Dickinson 的周缘前陆盆地。

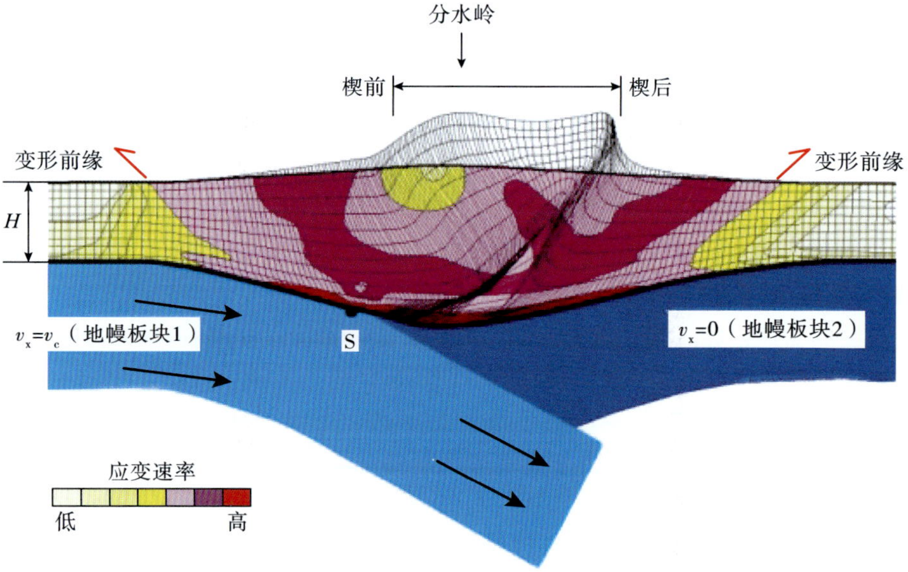

图 1.4　双侧型造山楔-前陆盆地系统的构造作用与剥蚀作用

（据 Schlunegger et al.，1999）

Jordan（1981）将前陆盆地定义为分布在逆冲带前缘的、线形的沉降凹陷，它是造山带的伴生体。Ori 等（1984）提出了在冲断带顶部发育的猪背盆地或背驮盆地（piggyback basin）的概念，其相当于造山带内部的断陷盆地（山间凹陷）。

Reading（1986）认为前陆盆地是在褶皱-冲断带与被逆冲断层所逆冲的克拉通之间的

区域内发育的大型沉积盆地。Allen 等（1986）将前陆盆地定义为处在造山链和克拉通之间的并与大陆碰撞带密切相关的高度不对称盆地。Ricci-Lucchi（1986）划分出 5 种类型的前陆盆地，即简单型、复杂型Ⅰ、复杂型Ⅱ、与背驮盆地有关的类型、与沉积后变形有关的类型。Shannon 等（1989）提出大前陆盆地和小前陆盆地的概念，认为前陆盆地的实际位置取决于拆离面的位置和仰冲板片的厚度。Allen 等（1986）根据盆地发展阶段，将前陆盆地划分为复理石盆地和磨拉石盆地，即早期为海相复理石充填，晚期为陆相磨拉石充填，分别对应欠充填盆地和过充填盆地两个概念。Jordan（1991）认为前陆盆地是由板块碰撞产生的、逆冲的推覆体加载于大陆边缘，并使大陆前缘发生隆起而形成的一种不对称盆地。Miall（1995）将周缘前陆盆地称为碰撞前陆盆地（collislonal foreland basin）。

因此，从板块构造角度来说，前陆盆地是在两板块闭合时大陆壳与大陆壳在相互挤压过程中，在碰撞造山带的边缘地区（山前凹陷）和造山带内部的断陷盆地区（山间凹陷）形成新的沉积区。所以，前陆盆地、前渊、边缘盆地这三个词对于“位于山系前与邻近的克拉通沉积盆地”来说实质上是同义词，均指位于碰撞造山带的边缘盆地（山前凹陷）。而 Ori 等（1984）提出的发育在冲断带顶部的猪背盆地或背驮盆地的概念则相当于造山带内部的断陷盆地（山间凹陷）。

总的来说，20 世纪 70~80 年代至 90 年代，随着板块构造学说的流行和层序地层学理论的兴起，人们对前陆盆地的研究已经在逆冲构造带的构造演化和盆地沉积体系充填层序两方面入手，而层序地层学、计算机技术和盆地模拟技术的飞速发展，使得人们可以将前陆盆地的海平面升降变化和相邻褶皱造山带的构造变形作用、沉降作用等因素结合起来研究前陆盆地整体的演化，这些研究在艾伯塔、落基山、阿巴拉契亚山、阿尔卑斯山北麓都取得了明显的进展，使前陆盆地的定义更为广泛，内容更为丰富。Miall（1995）和 Jordan（1995）以北美西部落基山前陆盆地和东部的阿巴拉契亚山前陆盆地为例，系统总结了周缘前陆盆地和弧背前陆盆地的特征；Allen 等以欧洲阿尔卑斯山前陆盆地为例，提出了非补偿前陆盆地与补偿前陆盆地，总结了造山楔-前陆盆地-前缘隆起系统动力学；Burbank（1992）以喜马拉雅山前陆盆地为例，提出了楔状前陆盆地和板状前陆盆地。此外，根据世界各地前陆盆地发育的差异性，人们又提出了“前陆山间盆地”（foreland intermountain basin；Ingersoll，1986）、“前陆盆地系统”（fordand basin system；DeCelles et al.，1996）、“复合前陆盆地”（composite foreland basin；Munoz-Jimenez，1997）等概念和术语。这一阶段标志性的成果包括：①Mclay 等（1981）主编的 *Thrust and Nappe Tectonics*；②Allen（1986）主编的 *Foreland Basin*；③Allen（1990）主编的 *Basin Analysis Principles and Applications*；④Macqueen 等（1992）主编的 *Foreland Basins and Fold Belts*；⑤Wagoner 等（1995）主编的 *Sequence Stratigraphy of Foreland Basin Deposits*，⑥Gerald 等（1995）编著的 *Stratigraphic Evolution of Foreland Basins*；⑦Zweigel 等（1998）编著的 *Eustatic Versustectonic Control on Foreland Basin Fill：Sequence Stratigraphy，Subsidence Analysis，Stratigraphic Modelling，and Reservoir Modelling Applied to the German Molasse Basin* 等。

综上所述，可以认为前陆盆地邻近造山带，分布于造山带和前陆克拉通之间，其形成机制与伸展盆地有很大不同，它以聚敛性板块活动和挤压挠曲作用为特征。由于这一特点，也可以把它与海沟、弧前盆地、残留洋盆地合在一起，统称为挤压挠曲盆地。近年来，前陆盆地研究又取得了许多重大进展，使前陆盆地的定义更为广泛，内容更为丰富。与传统的前陆盆地概念相比，在盆地的结构样式、组成单元、沉积序列和动力学机制方面都有了全新的认识。在板块构造的体制下，对前陆盆地的理解更加深入，主要体现在以下几个方面：

1）从板块构造角度来说，前陆盆地是在两板块闭合时大陆壳与大陆壳在相互挤压过程中，于碰撞造山带的边缘地区（山前凹陷）和造山带内部的断陷盆地区（山间凹陷）形成新的沉积区。所以，前陆盆地、前渊、边缘盆地这三个词对于“位于山系前与邻近的克拉通沉积盆地”来说实质上是同义词，均指位于碰撞造山带的边缘盆地（山前凹陷）。

2）目前在地球表面分布的中-新生代前陆盆地主要有两个条带状区域：其一，在陆-陆碰撞背景下形成的前陆盆地，位于欧洲阿尔卑斯山褶皱-冲断带前缘、扎格罗斯山褶皱-冲断带前缘和喜马拉雅山褶皱-冲断带前缘，呈近东西向的条带状展布，是非洲板块、印度板块与欧亚板块汇聚的产物，属于周缘前陆盆地。其二，在洋-陆碰撞背景下形成的前陆盆地，属于弧后前陆盆地，位于北美科迪勒拉山褶皱-冲断带前缘和南美科迪勒拉、安第斯山褶皱-冲断带前缘，呈近南北向的条带状展布，是太平洋板块与美洲板块汇聚的产物。其三，在弧-陆碰撞背景下形成的前陆盆地，弧-陆碰撞导致的大陆块体增生是控制地质历史时期陆壳构造和地球化学演化的一个重要过程，如台湾前陆盆地、帝汶前陆盆地等。其四，在大陆板块内还分布着一些陆内前陆盆地，如龙门山前陆盆地、天山前陆盆地（如库车前陆盆地）、昆仑山前陆盆地（如塔西南前陆盆地），它们均与陆内造山带相匹配。

3）前陆盆地位于盆地毗邻的褶皱-冲断带的构造负荷促使盆地弯曲下沉，前陆盆地的成因机制是逆冲构造负载、沉积物负载导致的岩石圈板块挠曲的结果。盆地的横剖面具有明显不对称性。前陆盆地的宽度和深度，与造山带和盆内沉积体规模、形态以及与岩石圈挠曲刚度（flexural rigidity）和岩石圈板块的厚度有关，并且其下沉幅度距造山带距离越远就越小。

4）在板块构造学说的基础上，Dickinson（1974）的分类方案影响较大，将前陆盆地分为周缘前陆盆地、弧后前陆盆地和破裂前陆盆地 3 种类型，其中前两种为其基本类型。在板块构造体制下，前陆是指毗邻活动带的克拉通部分，可以是原来的被动大陆边缘部分，也可以是岛弧后侧。就造山带来说，它可以发生在陆间（或板间），也可以在陆内；前面提到的造山带主要指前者，而陆内造山带是我国学者根据我国地质情况提出的一个概念，陆内造山带前缘的相对稳定区也应该称为前陆。因此，可将前陆定义为与造山带相毗连的构造相对稳定地区，造山带的岩石向着它逆冲或掩覆，造山带可以是陆间（或板间）造山带，也可以是陆内造山带。前陆盆地可分为四种类型，即陆-陆碰撞有关的前陆盆地（周缘前陆盆地、碰撞型前陆盆地）、洋-陆碰撞有关的前陆盆地（弧后前陆盆地、非碰撞型前陆盆地）、与沟-弧碰撞有关的前陆盆地（周缘前陆盆地、碰撞型前陆盆地）、与陆内造山带有关的前陆盆地（陆内前陆盆地）。

5）前陆盆地位于造山带前展布的不对称箕状坳陷，受挤压作用形成的褶皱-冲断带控制。在大地构造位置上，往往位于活动带地槽和稳定带地台之间，即处于通常所说的一个特定时期的被动大陆边缘上。在空间上一般具有性质不同的三种结构位于造山带一侧，以发育冲断褶皱或薄皮构造为特征的活动翼、深盆区、向克拉通方向延伸的前陆斜坡及隆起。沉降曲线具有缓、陡两段，即表现出其沉降速度早期缓慢，晚期较快的特征。沉降速率一般比裂谷和克拉通盆地大，沉降中心和边缘尖灭线，随着盆地的演化和发展往往向克拉通方向迁移。一般为陆源碎屑充填的海盆或内陆盆地，缺乏海相碳酸盐岩沉积物。热流值低，一般为冷盆。缺乏区域性火山活动。构造样式主要为薄皮逆冲断层，具被动双重构造，往克拉通方向发育背冲和对冲的基底卷入型逆冲断层。往往在前陆盆地前缘发育前缘隆起，并在前缘隆起靠近克拉通一侧发育次要的类前陆盆地。

6）在盆地演化期间盆地的靠造山带一翼遭受变形作用。盆地的靠克拉通一翼逐渐与地台层序相合并。一般将前陆盆地分为 3 个带：①褶皱-冲断带（fold-and-thrust belt）（常为薄皮构造，由挤压产生冲断层和褶皱相结合的线性或弧形带；冲断层面的倾斜度随深度减小，该带通常倚造山带的前陆分布）构成的活动翼或造山楔；②紧邻活动翼或位于冲断带下盘的深坳陷；③连接深坳陷进一步向克拉通方向延伸的稳定的前陆斜坡及前缘隆起，前隆分隔前陆盆地与克拉通。

7）识别出了许多古老的前陆盆地，如古生代前陆盆地（北美板块东部的古生代阿巴拉契亚山脉前陆盆地、扬子板块东缘古生代前陆盆地、南非板块南部的古生代前陆盆地、俄罗斯板块的古生代乌拉尔前陆盆地等）。

1.3.3 前陆盆地系统

前陆盆地系统（foreland basin system）的概念是由 DeCelles 等（1996）提出来的（图 1.5）。从传统的前陆盆地定义来看，其范围仅仅包括造山带与前隆间的深坳陷。但 DeCelles 等（1996）指出前陆盆地的范围远比以上定义的大得多：①从现今和古代的前陆区的沉积物看，来自造山带、前隆及克拉通的沉积物以及内部碳酸盐沉积物远远超过上述前陆盆地所定义的范围；②尽管从地貌上说一些“背驮”盆地或“楔顶”盆地有相当长的孤立时间，但有时也与前陆盆地主体充填相关联。因此，DeCelles 等（1996）提出了前陆盆地系统的概念，具体包括：①前陆盆地系统是一个长条状的潜在沉积可容纳空间，形成于大陆壳之上，夹持在收缩造山带和相邻克拉通之间，是对俯冲及其导致的周缘或弧后褶皱-逆冲带动力学过程的响应。②由 4 个相互分离的沉积带组成，即楔顶（wedge top）、前渊（foredeep）、前隆（forebulge）和隆后（back-bulge）。不管哪一个带，它们是否被沉积物充填则主要依赖于沉积时所处的位置，而不受其与褶皱-冲断带之间的几何关系的影响。③纵向上大约与褶皱-逆冲带的长度相当，但不包括残留的深盆地、碰撞裂谷（impactogen）沉积物。楔顶区和褶皱-冲断带组成了造山楔，褶皱-冲断带是造山楔腹地的双重构造带，而楔顶区以薄皮构造为主，前缘发育三角带；楔顶区的发展可使其与前渊发生分离，而成“背驮”盆地；前渊是深坳陷，相当于一般意义上的前陆盆地，与 Flemings 等（1989）的轴部沉积区域盆地对应；隆后区则相当于 Flemings 等（1989）的次级盆地。DeCelles 等（1996）的前陆盆地系统的概念是一种理想化的综合模式。从前陆盆地的挠曲机理来看，隆后区确实是整个前陆系统的组成部分，只是相对于前渊，其规模小得多。但是隆后区的地层往往保存完整，很少卷入变形，其地层发育和不整合面的类型和分布往往能够反映前隆的迁移和近端造山带的构造活动情况。

值得指出的是，DeCelles 等（1996）提出前陆盆地系统的概念（图 1.5），认为传统的前陆盆地概念主要侧重于前渊的沉积物，很少注意前陆隆起和隆后盆地的沉积物，而后两个沉积带对造山作用和盆地演化同样提供了重要信息。其次，在造山带前缘的楔形沉积物与前渊沉积物相连，也应属于前陆盆地的组成单元。DeCelles 等（1996）所提出的前陆盆地系统的概念获得多数学者的认可，使得前陆盆地的概念得以完善。其优点表现在：其一，扩展了前陆盆地的含义，前陆盆地系统由造山楔-前渊-前隆-隆后 4 个构造单元构成，使之成为一个有机整体。其二，将隆后区纳入前陆盆地系统，是对与前陆盆地同期形成的，并位于克拉通一侧的沉积盆地形成机制的新理解，过去将这类盆地归属于克拉通盆地。这类盆地具有以下特点：①隆后区的形成时间与前陆盆地同期，分别位于前隆两侧；②隆后区属于挠曲沉降盆地，但是在隆后区的挠曲沉降幅度小于在前渊的挠曲沉降幅度；③隆后区与前陆盆地水体相连或通过位于前隆上的水道相连，具有相似的海平面升降旋回；④隆后区沉积序列与前陆盆地相似但沉积厚度较小。其三，将楔顶盆地（wedge-top basin）纳入前陆盆地系统，是对与前陆盆地同期形成的，并位于造山楔一侧的沉积盆地形成机制的新理解，是对造山楔上所存在的小型盆地的理论归纳，如前人提出的卫星漂浮盆地、猪背盆地、前陆山间盆地（foreland intermountain basin；Ingersoll，1986）。其四，与传统的前陆盆地概念相比，在盆地的结构样式、组成单元、沉积序列和动力学机制方面都有了全新的认识。主要表现在对前陆盆地沉积充填与毗邻造山带构造加载的动力学关系、前陆盆地海平面升降变化与层序地层学、前陆盆地地层三维模拟与毗邻造山带构造加载、前陆盆地沉降作用与相邻造山带构造变形作用同步演化史、前陆盆地与造山楔的含油气性等方面，体现了在板块构造学说框架下开展造山带-前陆盆地-前陆隆起系统同步演化的研究思路。

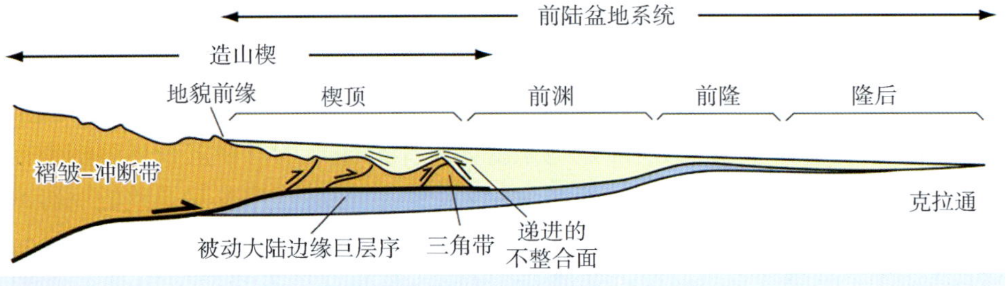

图 1.5　前陆盆地系统的 4 个沉积带
（据 DeCelles et al.，1996）

此外，20 世纪 90 年代中后期以来，国外对前陆盆地研究的进展主要表现在对前陆盆地毗邻造山带和前陆冲断带的构造变形样式、构造和沉积的关系、前陆盆地层序地层学、盆地模拟以及冲断带的含油气性进行了更深入细致的研究。Halvorsen 等（2003）研究了前陆盆地沉积充填的动力学，Golonka 等（2006）研究了喀尔巴阡山及其前陆，Clevis（2003）撰写了关于前陆盆地地层三维模拟的专著，Mccann 等（2003）研究了如何利用沉积记录反演构造变形。这些研究的内容都更加偏重造山带和盆地形成演化动力学过程的模拟，以更好地为油气勘探服务。这一时期理论研究的前沿问题主要体现在以下 3 个方面：①在冲断构造带方面，冲断带中基底卷入构造、先存的张性断层收缩性反转构造的作用，指示褶皱作用时间和机制的断层相关褶皱和生长地层构型的形成机制；②在盆-山耦合方面，构造演化的地表过程与褶皱-冲断带演化的动态相互作用，盆-山转换中流体的活动特征及油气成藏研究，利用盆地沉积记录追索造山带构造变形；③在盆地沉积充填方面，海平面变化和构造作用分别对前陆盆地沉积层序的影响、碳酸盐岩沉积层序、盆地边缘粗碎屑沉积体系对构造作用、气候变化的响应。

1.3.4 前陆盆地油气系统

众所周知，前陆盆地是全球常规油气资源最丰富的一类盆地，其常规油气资源量占世界总量的45%。其油气资源丰富，在全世界已发现的大油气田中发育于前陆盆地当中的油气田不仅数量最多，而且储量也最大。前陆冲断带区仍然有可能取得重大发现，如在美国落基山逆冲断裂带上的大型油气田、东委内瑞拉盆地北部的富里尔油田高产带、哥伦比亚东科迪勒拉山前缘库西亚纳大油田等。中国西部就有15个主要的山前冲断带与前陆盆地，其赋存的油气资源经济价值无法估量。到目前为止，由于盆地结构复杂，虽然投入了相当的工作量，但各盆地之间的收效不一，存在较大勘探风险。

前陆盆地中发育丰富的生油层（富有机质页岩）。多孔隙沉积物被掩埋于逆冲推覆带之下，由于上覆岩体的挤压从孔隙挤出含有很多矿质的流体，被挤出的流体将沿着应力薄弱带流入前陆盆地和克拉通台地的渗透层中，使得这些含矿质、矿液、烃组分及热量的流体进入前陆盆地建造或进入克拉通区沉积层序中。在它们运移过程中，会使前陆盆地建造加热并使之活化，流体中的烃类将停滞在岩性或构造圈闭中形成油气藏。

20世纪70年代以后，国外掀起了研究前陆盆地的热潮，其原因在于前陆盆地中油气勘探取得了重大突破，表明前陆盆地为一类重要的含油气盆地，具有油气生成的物质条件和油气的保存条件。人们认识到前陆盆地是常规油气资源最丰富的一类盆地，常规油气聚集的重要场所，前陆冲断带区仍然有可能取得重大发现。前陆盆地中油气勘探的突破加快了前陆盆地的研究进程。

前陆盆地流体的运动与循环样式直接影响涉及油气与成矿物质运移的方向，因此揭示或重建这一循环体系是研究盆地流体的重要目标。这项研究首先涉及流体的驱动机制：包括重力和地形驱动、压实及超压体系驱动、热驱动、构造应力驱动、地震驱动等多种因素。这些因素在不同类型盆地中有不同的组合样式，如构造应力驱动最常见于前陆逆冲带，超压体系驱动则多见于裂谷等快速沉降盆地。因此前陆盆地流体的研究需要从更为宏观的尺度，即综合考虑造山带-前陆盆地系统。在流体的驱动因素研究中应特别注意异常高压体系。据统计，世界上180个具超压体系的盆地中有160个重要的油气藏。

在北美板块最重要的油气产地和油气资源主要分布在前陆盆地沉积物中。阿巴拉契亚前陆盆地位于美国东部，面积约$28\times10^4\ km^2$，世界上第一口页岩气井（1821年）即在该盆地实施，1871年发现大油田，是美国油气工业的发源地和重要产区。常规油气资源包括两个领域：下伏的被动大陆边缘盆地含油气领域和前陆盆地领域；主要有两种储层类型：碎屑岩型、碳酸盐岩型。Rowan等（1980）通过对流体包裹体的古温度和化学分析研究，证明了在向造山带的方向上热流场的水平热梯度、温度是逐渐增高的，从而形成了前陆盆地常规油气的成藏理论。在阿巴拉契亚地区天然气通常出现在造山带附近，而所有的油气田都分布在碰撞构造带的前陆一侧，油田则离造山带有一定距离。同样，在科迪勒拉造山带地区，天然气藏位于靠近造山带一侧，而油藏区则分布在远离造山带的前陆一侧。这说明构造流体运移机制是形成这些油气田的成因机制之一。Creaney等（1992）研究了前陆盆地的含油气系统，认为仅用油气系统观点考虑前陆盆地是行不通的，前陆盆地的油气系统研究必须着眼于整个盆地，包括前陆盆地下伏的冒地槽-地台型楔体。Howell等（1992）根据美国大陆碰撞和板内挤压构造环境与含油气区域的相互关系，提出了挤压构造环境的油气预测模式。前陆盆地油气（常规）成藏动力学的研究进展主要体现在以下4个方面：

1）该研究方向主要体现在对成山（造山带）-成盆（沉积盆地）-成藏（油气藏）动力学的研究。在研究过程中美国地质调查局借鉴了成矿系统的概念，试图运用系统观和历史观来综合研究复杂的含油气系统，深入认识油气成藏规律。研究内容包括烃类物质来源、流体运移通道、油气富集或成藏场所等一系列地质体、地质现象和地质作用。对能源系统、矿产系统、能源-矿产系统耦合的研究打破了能源和矿产在成因理论上的界限，在成矿系统的共性上为资源评价提供依据。

2）根据美国大陆碰撞和板内挤压构造环境与含油气区域的相互关系，提出了挤压构造环境的油气预测模式，具体包括：①两个油气领域，分别为下伏的被动大陆边缘盆地含油气领域和前陆盆地领域；②两种储层类型，分别为碎屑岩型、碳酸盐岩型（礁滩型和不整合面型）；③三种油气类型，分别为砂岩油（气）、礁滩油（气）和风化壳油（气）。

3）建立了造山带-前陆盆地系统的流体系统。前陆盆地流体的运动与循环样式直接影响涉及油气与成矿物质运移的方向，因此揭示或重建这一循环体系是研究盆地流体的重要目标。流体的驱动机制包括重力和地形驱动、压实及超压体系驱动、热驱动、构造应力驱动、地震驱动等多种因素。

4）通过对流体包裹体的古温度和化学分析研究，证明了热流场在向造山带方向上水平热梯度和温度是逐渐增高的，表明构造流体运移机制是形成这些油气田的成因机制之一。天然气通常出现在造山带附近，而所有的油气田都分布在碰撞构造带的前陆一侧，油田则离造山带有一定距离。

1.3.5 陆内前陆盆地

我国西部发育有众多的中-新生代陆内造山带和前陆盆地系统，其中最具特色的是环绕青藏高原的边缘造山带和前陆盆地系统。如喜马拉雅山、西昆仑山、祁连山、龙门山（图1.6）、贺兰山、天山等造山带和前陆盆地系统。中国中西部前陆盆地的油气资源也十

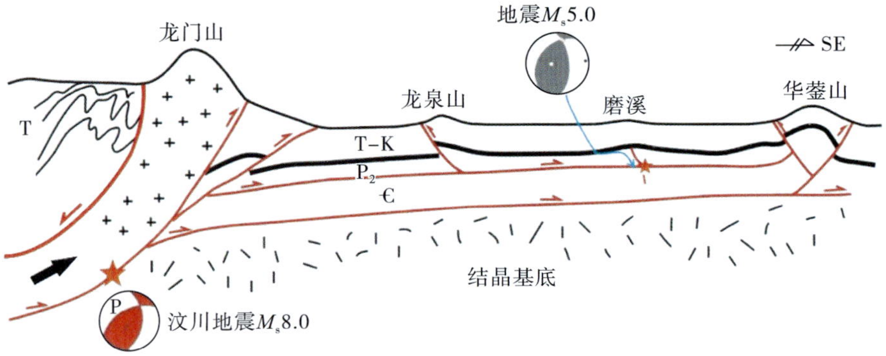

图1.6 龙门山前陆盆地系统的动力模型

（据周荣军等，2009）

分丰富，是中国陆上油气勘探最重要的战略接替区之一。据塔里木盆地西部和库车坳陷、准噶尔盆地西北部和南部、吐哈盆地、柴达木盆地、鄂尔多斯盆地西部、四川盆地西部、祁连山北缘酒泉盆地初步统计，中西部主要前陆盆地石油资源量达 115×10^8 t 以上，天然气资源量为 9×10^{12} m^3 以上。经过几十年的努力，在中西部前陆盆地中已发现了大量油气，仅据柴达木盆地、准噶尔西北缘、准噶尔南缘、吐哈、库车、塔西南等几个前陆盆地初步统计，探明油、气储量分别约为 20×10^8 t 和 6000×10^8 m^3，但探明程度分别只有 17% 和 6.7%，勘探潜力很大，是我国油气勘探的重要领域之一。

1.3.5.1 中国西部陆内前陆盆地的特殊性

我国对前陆盆地的研究起步于 20 世纪 80 年代，在天山北缘、鄂尔多斯盆地西缘、准噶尔盆地西北缘、四川龙门山地区开展了大量油气勘探工作。因不能完全将板块构造学说下的前陆盆地概念［如 Dickinson 等（1974）的分类］应用于中国中西部，许多学者开始思考中国中西部前陆盆地的独特性。一方面，许多国外学者对中国中西部这一类特殊的前陆盆地进行了研究，Bally（1975）提出的“中国盆地（Chinese basin）”或“中国型盆地（basins of Chinese type）”；Ingersoll（1986）提出了“前陆山间盆地（foreland intermountain basin）”，Bally 等（1987）提出的“断块活动支配的前渊（foredeeps dominated by block faulting）”等。另一方面，中国学者也认识到中国中西部前陆盆地的独特性，也相继提出了“C 型前陆盆地”（罗志立等，1982）、“类前陆盆地”（陈发景，1990）、“山前盆地或山前坳陷”（李德生，1992）、“再生前陆盆地（rejuvenated foreland basin）”（Lu et al.，1994）、“再生前陆盆地和分隔前陆盆地”（刘和甫，1995）、“陆内前陆盆地”（李勇等，1995；田作基等，1996）、“挠曲类盆地”（刘少峰，1995）、“陆内俯冲型前陆盆地”（罗志立，2002）等概念。孙肇才（2000）建议统一使用“陆内前陆盆地”。甘克文（1995）根据盆地沉积时的大地构造背景和成因机制将前陆盆地划分为 4 个类型，即边缘弯曲盆地、边缘块断盆地、碰撞前陆盆地和弧后前陆盆地。贾承造等（1995）提出的复合前陆盆地的概念，特指由不同时期不同类型的前陆盆地叠置而成的盆地，如塔西南盆地和库车盆地。虽然中国中西部前陆盆地在总体上具有前陆盆地的特征，但是其在许多特征上是不同于周缘前陆盆地或弧后前陆盆地，表明中国中西部的前陆盆地具有独特性，体现了“小陆拼接、多旋回、陆内构造”的基本特点。

这一时期的代表性成果主要表现在对前陆盆地与毗邻造山带和前陆冲断带的构造变形样式、构造和沉积的关系、前陆盆地层序地层学、盆地模拟以及冲断带的含油气性进行了更深入细致的研究，包括前陆盆地沉积充填的动力学、利用沉积记录反演构造变形、前陆盆地地层三维模拟等方面。

1.3.5.2 中国西部陆内前陆盆地的油气勘探成果

20 世纪 90 年代中期以后，国内掀起了研究前陆盆地的热潮，其原因在于在我国中西部造山带前缘的山前冲断带和前陆盆地中油气勘探取得了重大突破。中国西部山前冲断带数量众多、领域广阔，据初步研究，中国西部有 15 个主要的山前冲断带，有利面积达 50×10^4 km^2。具有十分良好的油气勘探远景，因此，中国中西部山前冲断带将是中国近期的油气勘探热点。如：在天山南侧山前冲断带和库车坳陷、祁连山山前冲断带和酒西盆地、天山北侧山前冲断带和准噶尔盆地南缘、昆仑山山前冲断带和塔西南盆地、祁连山山前柴达木盆地北缘、龙门山山前冲断带和四川盆地西部等山前冲断带都新发现了油气田和高产工业气流井。这些成果主要体现在对成山（陆内造山带）-成盆（陆内前陆盆地）-成藏（油气藏）动力学的研究。

1.3.5.3 中国西部的“盆-山系统”与“盆-山耦合”

中国学者在解决大陆内部地质问题的过程中，伴随着大陆动力学的出炉和盆地动力学概念的提出，中国地质学家首先提出了“盆-山系统”和“盆-山耦合”的概念，李勇等（1998）、刘和甫等（1999）、吴根耀等（2002）、刘树根等（2003）、李继亮等（2003）、王清晨等（2003）、王二七（2004）、李智武（2006）等对“盆-山耦合”概念的形成和发展也有论述。盆-山系统的内涵在于：①造山带和沉积盆地是大陆构造的基本单元；②造山带与沉积盆地是形成于统一的地球动力学系统之中的一对孪生体，它们在空间上相互依存，物质上相互补偿，演化上相互转化，动力上相互转换（盆转山、山控盆、盆定山）；③盆-山系统主要表现为物质的循环系统和能量的交换系统（其媒介主要为流体）；④盆-山耦合关系是揭示大陆动力学机制和过程的关键，包括在垂向上的耦合（造山带的隆升与沉积盆地沉降之间的耦合关系）和在横向上的耦合（盆-山同步演化、物质循环、能量交换和盆-山转换），特别是盆-山系统中的水平运动和垂直运动具有共存性、相关性和转换性，包括造山带楔进作用（wedging）和前陆盆地挠曲沉降、造山带滑脱作用（detachment）、拆沉作用（delmination）与前陆盆地变形作用、造山带的蚀顶作用（deroofing）和盆地充填作用。

1.4 前陆盆地动力学的研究进展

前陆盆地动力学分析的目的不仅在于了解前陆盆地为什么形成，在哪里形成以及为什么在那个时间发生沉降并形成前陆盆地，还在于评价前陆盆地充填物及其所含流体的过程及其相关分布（图 1.7）。

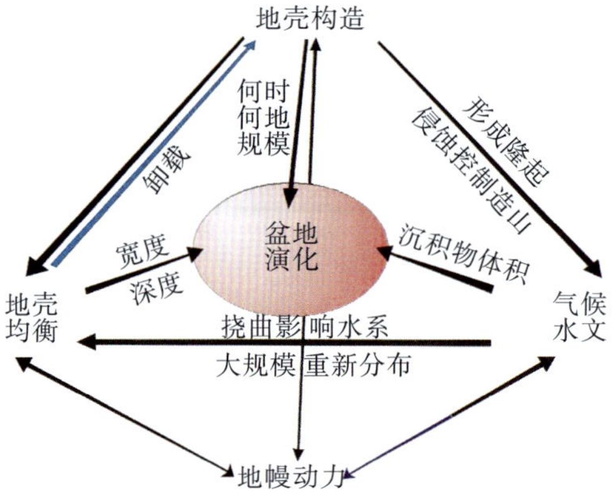

图 1.7 前陆盆地演化的大尺度控制因素及其相互联系

（据 Garcia-Castellanos，2010）

前陆盆地动力学研究的主要内容包括确定前陆盆地的依据、前陆盆地与板块构造、深部地幔对流系统的关系、前陆盆地动力机制、前陆盆地沉积记录与造山带地质历史恢复、造山带-前陆盆地系统与构造-气候相互作用、前陆盆地流体系统与成矿、成藏系统、前陆盆地动力学与页岩气富集等。值得注意的是，在地质历史上适于前陆盆地发育的地球动力学环境在时间和空间上均是相当有限的，因此前陆盆地的确定是开展研究的基本条件。确定前陆盆地的依据主要有：①构造属性；②发育时限；③盆-山耦合；④区域背景；⑤原型盆地；⑥演化过程；⑦沉积响应；⑧纵向分区。在前人研究成果的基础上，本书总结了前陆盆地动力学的主要进展与发展趋势。

1.4.1 造山带-前陆盆地系统与全球构造动力学

1.4.1.1 造山带-前陆盆地系统与全球构造

在19世纪以后近一个世纪中，槽台学说在国际地质学界都占据着统治地位，对大地构造的解释发挥了作用。20世纪50年代魏格纳的大陆漂移说的复活、60年代海底扩张说和板块构造说的提出、90年代大陆动力学的提出均极大地推动了全球构造的研究，使前陆盆地研究与地球动力学的研究结合起来，全球构造与前陆盆地在理论和实践上都有了新发展，对全球构造运动和前陆盆地发育关系的研究又取得了新的进展，如地球物理学家对造山作用与板块运动的研究、地质学家对造山带与前陆盆地的研究、地质年代学家对地壳冷却史的研究等。因此随着新理论和新技术的发展，全球构造与前陆盆地问题又重新回到地球科学研究的重点领域，研究的重点为板块构造、地幔对流与前陆盆地的形成。

在该领域的研究进展主要有3个方面的内容：①造山带-前陆盆地系统与全球构造学说，主要涉及槽台学说、板块构造学说、大陆动力学与造山带-前陆盆地系统的关系；②造山带-前陆盆地系统，主要涉及造山带和前陆盆地耦合关系；③全球中-新生代造山带-前陆盆地系统，主要涉及全球中-新生代造山带-前陆盆地系统的空间展布。

1.4.1.2 全球中-新生代造山带-前陆盆地系统

本书第16章总结了全球中-新生代造山带-前陆盆地系统的主要研究进展，分别对陆-陆碰撞造山带-前陆盆地系统（包括阿尔卑斯造山带-前陆盆地系统、扎格罗斯造山带-前陆盆地系统、喜马拉雅造山带-前陆盆地系统）、洋-陆汇聚造山带-弧后前陆盆地系统（包括北美落基山造山带-前陆盆地系统、南美安第斯山造山带-前陆盆地系统）、弧-陆碰撞造山带-前陆盆地系统（台湾造山带-前陆盆地系统、帝汶岛弧带-前陆盆地系统）和陆内造山带-前陆盆地系统（中国西部天山造山带-前陆盆地系统、龙门山造山带-前陆盆地系统等）的板块构造位置、造山带结构、充填地层序列、沉积-构造演化、油气特征等方面进行了总结和归纳。这些研究成果表明，喜马拉雅造山带-前陆盆地系统是陆-陆碰撞造山带-前陆盆地系统的典型代表，记录了新生代以来的地壳缩短、增厚和低地势腹地的地表隆升历史，为收缩构造和周缘前陆盆地概念提供了实例。科迪勒拉造山带-前陆盆地系统（包括北美落基山、南美安第斯山）是洋-陆汇聚造山带-弧后前陆盆地系统的典型代表，为理解洋-陆汇聚板块边缘俯冲带、岩浆弧、弧后冲断带和弧后前陆盆地提供了实例。台湾造山带-前陆盆地系统是弧-陆碰撞造山带-前陆盆地系统的典型代表，为理解弧-陆汇聚板块边缘俯冲带、岩浆弧、冲断带和前陆盆地提供了实例。中国西部陆内造山带-前陆盆地系统是陆内造山带-前陆盆地系统的典型代表，为理解陆内冲断带和前陆盆地提供了实例。

1.4.1.3 全球古生代造山带-前陆盆地系统

21 世纪以来由于油气勘探技术的提高，在全球识别出了许多古老的前陆盆地。本书第 17 章总结了全球典型的古生代前陆盆地的研究进展，重点阐述了北美板块东缘古生代阿巴拉契亚造山带-前陆盆地系统、北美板块东南缘古生代沃希托造山带-前陆盆地系统、俄罗斯板块古生代乌拉尔造山带-前陆盆地系统、非洲板块南部古生代造山带-前陆盆地系统和扬子板块东缘古生代造山带-前陆盆地系统的板块构造位置、造山带结构、充填地层序列、沉积-构造演化、油气特征等。这些研究成果表明，在古生代前陆盆地演化过程中，盆地本身就以遭受强烈改造为特色。在盆地内部，改造与建造同步、改造和迁移共存。古生代前陆盆地经晚期和后期的强烈改造，其原始面貌已大为改观，甚至面目全非。因此切不可简单地将今当古，简单地标定前陆盆地及其演化过程。所以，剔去后期改造的影响，恢复古生代前陆盆地的原始面貌，是古生代前陆盆地研究不可或缺的内容，包括以下 3 个方面：①古生代前陆盆地的原始沉积边界的标定，特别是邻造山带一侧后期遭到强烈改造的不同时期的盆地沉积边界。②古生代前陆盆地的几何形态与盆地结构恢复，包括原始前陆盆地的展布长度、宽度和基底埋藏深度（即沉积充填物的厚度）及其内部变化和不同时期的演变。应查明是否具明显的不对称结构？不对称结构是相对简单的还是较为复杂的？是何时形成的？沉积建造与盆地结构是否具有协调性？③古生代前陆盆地与相邻造山带和克拉通在结构上是否具有耦合关系？其与相邻造山带规模及特征是否具有匹配性？它们在物源上有何联系？

此外，由于在北美板块东部古生代阿巴拉契亚造山带-前陆盆地系统、北美板块东南缘古生代沃希托造山带-前陆盆地系统、扬子板块东缘古生代造山带-前陆盆地系统中发现了页岩气，本书对这些古生代前陆盆地黑色页岩和页岩气富集机制进行了详细的讨论。

1.4.2 前陆盆地的结构与分类

1.4.2.1 前陆盆地的分类

对许多地质学家来说，前陆盆地的典型实例是磨拉石盆地。磨拉石盆地的陆源沉积物，尤其是它所特有的较粗的碎屑岩相，已经导致了以“磨拉石”命名沉积相，它表示主要为较粗的陆相沉积物。Dickinson（1974）在板块构造的基础上定义了前陆盆地的含义，并且提出了两种成因类型，分别为：①边缘前陆盆地（图 1.8）；②弧后（retro-arc）前陆盆地。Dickinson（1976）又补充了破裂前陆盆地。在此基础上，Bally 等（1980）、John 等（1984）根据具体构造背景将前陆盆地及其相关的褶皱-冲断带进一步分为：①大陆多旋回盆地，包括克拉通边缘复合盆地和增生边缘盆地；②前渊、下伏的地台；③弧后盆地。

此后，很多学者又从不同方面对前陆盆地进行了分类。Ricci-Lucchi（1986）划分出 5 种类型的前陆盆地，分别为简单型、复杂型Ⅰ、复杂型Ⅱ、与背驮盆地有关型和沉积后变形型。Beaumont 等（1987）、Watts（1989）根据流变学将前陆盆地分为弹性板块上的前陆盆地和黏弹性板块上的前陆盆地。Shannon 等（1989）提出了大前陆盆地和小前陆盆地的概念，认为前陆盆地的实际位置取决于拆离面的位置和仰冲板片的厚度。Johnson 等

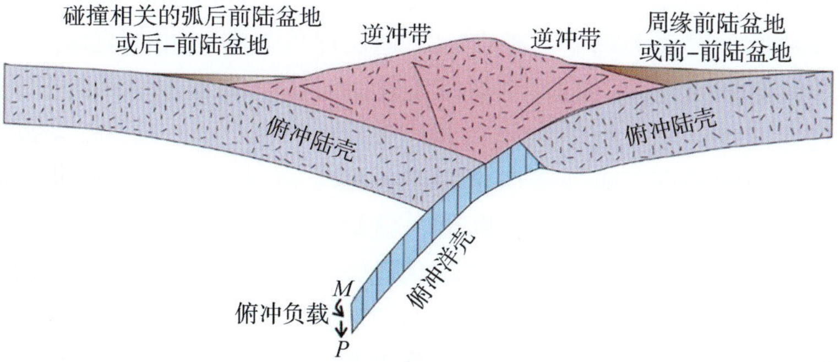

图 1.8　双侧型前陆盆地的形成机制与板块构造

（据 Allen et al.，2005）

显示陆-陆碰撞与前-前陆盆地及与碰撞相关的后-前陆盆地的关系，在前-前陆盆地形成早期由于洋壳俯冲产生的俯冲负载。包括弯曲力矩（*M*）和垂直剪切力（*P*）

（1995）根据前陆盆地在楔形体上的位置划分为前-前陆盆地和后-前陆盆地。Allen 等（1986）根据盆地发展阶段可划分为复理石盆地和磨拉石盆地。甘克文（1992）根据盆地沉积时的大地构造背景和成因机制将前陆盆地划分为 4 个类型，分别为边缘弯曲盆地、边缘块断盆地、碰撞前陆盆地和弧后前陆盆地。刘和甫等（1995）根据中国西部盆地的特点，又分出再生前陆盆地和分隔前陆盆地。值得指出的是，Ingersoll 等（2012）的前陆盆地分类最为完善。该分类方案将与前陆盆地相关的盆地划分为前-前陆盆地、后-前陆盆地、楔顶盆地、碰撞型破裂前陆盆地、陆内盆地、残留洋盆地、后继盆地 7 种类型。

在第 3 章前陆盆地的分类中，将主要阐述前陆盆地分类的研究进展，主要内容包括：①在与前陆盆地有关的盆地分类中，重点列述 Dickinson（1974）的前陆盆地分类、Bally 等（1980）的前陆盆地分类、Ingersoll 等（2012）的盆地分类等 16 种与前陆盆地有关的盆地分类。②对前陆盆地分类和分类原则进行讨论。上述研究成果表明，在前陆盆地的分类研究中仍需要注意以下问题：①前陆盆地分类与动力学机制关系。②前陆盆地的发育时限、再生和叠置。适于前陆盆地发育的时期，一般较为短暂，但其地球动力学意义重要，包括：（a）通常叠加在前期不同类型的盆地之上，使上、下盆地现今总体具有前陆盆地的结构特征；（b）被后期不同类型盆地所叠加，使前陆盆地原始特征遭到不同程度的改造；（c）为不同时期、不同演化阶段前陆盆地的叠合；（d）为不同地区前陆盆地的复合等。注意识别、区别和剔去这几种情况可能产生的影响，确切厘定前陆盆地的发育时限并非易事，因为这是前陆盆地研究的关键内容。

1.4.2.2　前陆盆地的结构与构造单元

第 4 章将介绍前陆盆地的结构与构造单元的研究进展，包括前陆盆地系统的结构、楔顶沉积带（楔顶盆地）、前渊沉积带（前渊）、前缘隆起沉积带（前缘隆起）、隆后沉积带（隆后盆地）、前陆盆地结构的变化与应用 6 个方面。在 DeCelles 等（1996）的前陆盆地系统概念的基础上，将前陆盆地系统的构造单元划分为楔顶盆地、前渊、斜坡带、前缘隆起带和隆后盆地等 5 个构造单元，在其中增加了斜坡带。其原因在于：①前渊是分布在靠近造山带一侧的线性展布的深凹陷，它不仅是前陆盆地的沉降中心和沉积厚度最大区域，也是复理石和磨拉石建造堆积的区域；②斜坡带是介于前渊与前缘隆起之间的缓坡带，显示为缓坡地形，发育上超型不整合面，地层厚度较薄，并向前缘隆起方向减薄、尖灭。在前陆盆地的结构研究中仍需要注意以下问题：①前陆盆地结构的变化。由造山带往克拉通方向，典型前陆盆地系统依次呈楔顶（褶皱-冲断带）、前渊、斜坡带、前隆、隆后沉积带的五元结构的特点。毗邻造山带一侧，遭受挤压构造变形强烈。向克拉通方向，变形强度递减，在克拉通一侧可发育正断层，盆地基底埋深变浅，沉积地层厚度减薄、粒度变细，并逐渐过渡为克拉通层序。②前陆盆地结构的迁移。随造山过程的发展，前陆盆地的剖面五元结构常发生往克拉通方向的横向迁移。所以，前陆盆地的基本结构和主要单元的位置在不同演化阶段是动态变化的；常会出现不同时期各构造单元上下错位叠置的现象。③前陆盆地结构的不完整性。受多种因素的影响，前陆盆地的规模和形态不尽一致，甚至差别较大，致使盆地的剖面五元结构中有的单元发育不完全，特征不典型。如在有的前陆盆地中，斜坡带宽度很窄，使其与前渊（或前隆）难以明显区分，常将其与相邻某一单元合并。

1.4.3 前陆盆地充填序列与沉积充填动力学

1.4.3.1 前陆盆地沉积体系与沉积相

20 世纪 50~80 年代被称之为现代沉积学形成阶段，出现了研究沉积环境和相模式的高潮，并在石油工业刺激下进行了大量古代与现代沉积环境的研究。这一高潮形成的最主要推动力是研究和预测地下油气储层的需要。海洋地质学的进展为此项研究提供了新的驱动力，其中最具创新性的部分是对浊流沉积及碳酸盐沉积环境的研究，沉积学家将浊流成因和沉积环境的解释作为近代沉积学革命的重要标志。60 年代开始的沉积体系研究是前一阶段基础上的更完整的综合，人们在盆地与能源大规模研究中发现自然界各种环境单元，如河流、三角洲、海底扇都是许多沉积相构成单元的三维组合，分析研究各种构成单元的特征及其配置关系可更好地阐明资源分布规律。沉积体系域的概念也由此产生。

前陆盆地是在强烈挤压环境中挠曲沉降，山-盆相邻，隆-降同步，地形高差大且不断发展，并逐步向陆迁移（图 1.9）。故前陆盆地的沉积建造以堆积速度快（过补偿）、厚度大、粒度粗，向克拉通方向递变较快为特征。磨拉石建造为其（近山一侧）常见且具代表性的岩石类型。沉积物源主要来自造山带，也有部分可能源自克拉通；建造以河流三角洲沉积体较为常见，也发育重力流沉积，一般缺乏同期火山建造。

在前陆盆地发育过程中，不同的发育阶段在沉积序列上具明显的差别。在盆地发育早期为深水的海相沉积。在前陆盆地的发育晚期，由于褶皱山系的形成和大规模逆冲构造的发育，丰富的碎屑物向盆地中充填，形成典型的杂色或红色粗屑磨拉石沉积和膏盐的沉积组合。沉积物大小混杂，分选性磨圆度很差，成分成熟度低，岩屑、长石含量丰富。因此，在垂向序列上前陆盆地的沉积物具有反粒序的特点，其形成、发展和消亡的演化历程为一个逐渐水退的过程。早期为非补偿型沉积，中期为近补偿型沉积，晚期则为超补偿型沉积。

前陆盆地在剖面上具明显的不对称性，靠近褶皱山系一侧为陡坡地形，靠近地台一侧为缓坡。由于这种地形上的不对称性，致使前陆盆地中沉积相的平面分布出现不对称性。

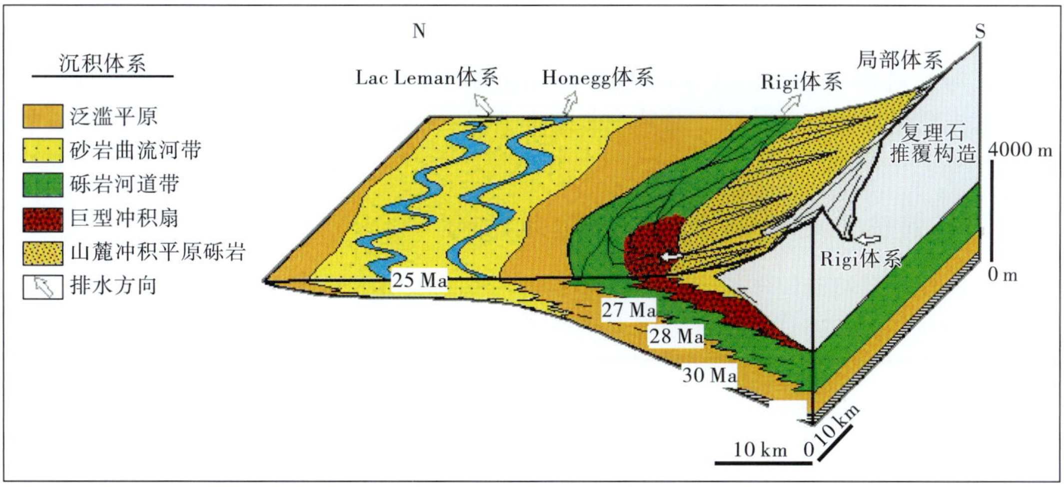

图 1.9　阿尔卑斯磨拉石盆地（25 Ma）的三维地层格架

（据 Schlunegger et al.，1997）

在盆地发育早期（图 1.9），在靠近褶皱-冲断带一侧主要为深海浊积扇，在靠近地台一侧为浅水台地相沉积物。在盆地发育中期，褶皱山系一侧为大陆斜坡相沉积，中间为过渡型沉积，地台一侧为三角洲河流相沉积；在盆地发育晚期（图 1.8），褶皱山系一侧为扇三角洲，地台一侧为河流、冲积扇、沼泽等，中间为湖泊、三角洲沉积，其中以扇三角洲、冲积扇、河流相沉积为主。从整个发展阶段看，前陆盆地沉积序列早期以深海沉积和台地沉积为主，中晚期则以陆相沉积为主，沉积最厚。纵观前陆盆地的形成、发展和演化的特点，可分为两个大的阶段，即盆地发展早期的陆源复理石建造阶段和盆地发育晚期的陆源磨拉石建造阶段。

1.4.3.2　前陆盆地充填序列与沉积充填动力学

前陆盆地以其沉积序列的独特面貌和对造山带构造活动性的响应，使沉积充填动力学研究成为其研究特色和重要的组成部分。构成前陆盆地地层格架实体的三维几何形态及其内部构成分析，尤其是对重要的砂砾岩体的几何形态、规模大小、空间展布规律及其骨架组分的变化研究，在一定程度上更具有重要的构造地质学上的指“相”意义。记录于地层中的这些幕式沉积特征反映了前陆盆地沉积充填过程中所受到的构造活动性大小、方向的控制程度，并可以识别出古地貌形态、基准面的变化、沉积物供给强度、逆冲作用等对沉积作用的重要影响。而沉降中心、沉积中心的迁移及其规律性变化无疑为识别造山带的幕式冲断作用提供了最直接、可靠的证据（李勇等，1995）。

前陆盆地可以发育多个次级变浅旋回。它们反映了造山作用的多幕次活动，而次级沉积旋回在构成上的差异性则揭示了不同幕的构造活动的强度不同。例如，在美国东部的阿巴拉契亚古生代周缘前陆盆地的演化过程中，因受多幕造山活动的影响，发育了 3 个差异明显的沉积楔状体。我国中、西部的前陆盆地因所处的大地构造环境特殊而使其发育更具区域特色，其中以中-新生代与龙门山褶皱-冲断带发育息息相关的四川前陆盆地最为典型，其沉积-构造演化的多阶段性、幕式冲断作用及其与之相对应的沉积记录中的响应

（如岩性、古流向、物源、地层格架、沉积环境、沉积体系等），充分体现了在前陆背景下造山作用-盆地沉降作用之间的联系（李勇等，1995）。总之，前陆盆地的沉积充填是由深水（海）沉积-复理石沉积到海相磨拉石直到陆相磨拉石沉积充填的演化过程，亦是在造山带一侧呈冲断推覆，而在盆地一侧则是下沉、接受沉积，二者相耦合、平行发展的过程。

1.4.3.3 前陆盆地的地层格架与盆地结构

层序地层学及精确定年技术不仅提出了建立等时地层格架、确定盆地中沉积体系三维配置的理论与方法，而且大大推动了沉积充填动力学的研究（图 1.10）。

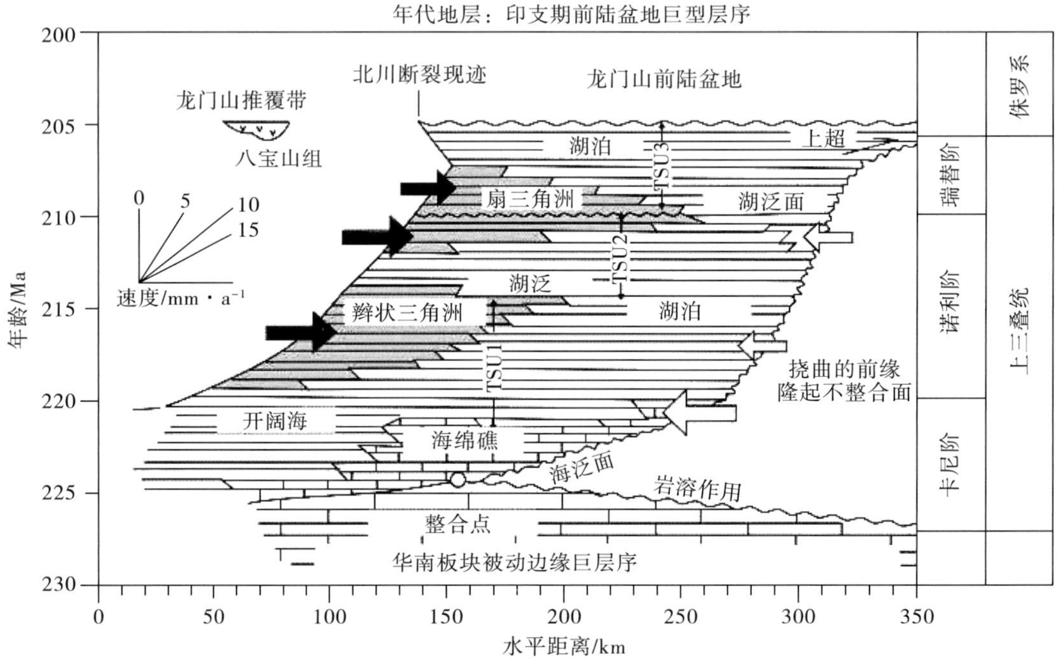

图 1.10 晚三叠世龙门山前陆盆地年代地层格架与构造事件

（据 Li et al.，2003）

目前许多高精度的地球物理技术提供了盆地整体结构的细节，成为研究盆地地层格架和构造格架最必要的基础。近年在油气勘探中最具重要意义的是三维地震及其配套技术（如三维可视化等），三维地震技术正式用于油气勘探虽始于 1975 年，其效果和潜力在近 10 年中逐渐被认识，这一技术已成为正确识别圈闭和储集体的最有力工具。四维地震是在三维地震技术基础上的发展，目前主要用于开发阶段的油藏动态研究和寻找剩余油。多波地震也有重要的发展前景。总之，没有 20 世纪后半期勘探技术的飞跃，就不可能达到当今沉积盆地和能源资源研究的深度。因此需要更高分辨能力的三维地震为主的地球物理技术，以找寻储集层为目标的高精度层序地层学研究。20 世纪最后 10 年中，层序地层学虽达到一定程度的普及，但是高精度系统工作开展的范围还相当局限。今后如果能依靠更高精度的反射地震及可视化技术和大面积连片处理三维地震成果，那么层序地层学方法对储层和烃源岩的研究将达到更高水平，并可望在隐蔽、油藏的找寻上做出重要贡献。

1.4.3.4 前陆盆地层序地层学

近年来，人们已开始将层序地层学的理论和方法应用于前陆盆地分析之中。Swift 等（1987）、Brett（1990）等分别分析了北美科迪勒拉前陆盆地、阿巴拉契亚前陆盆地和安特勒前陆盆地的层序地层。研究表明，前陆盆地居于构造活动区，层序地层复杂多样。影响层序界面和层序模式的因素，不仅有海平面升降，更为重要的是构造沉降和沉积物供给。李勇等（1995）将层序地层学研究方法借鉴于龙门山前陆盆地地层分析之中，其研究表明，影响层序界面和层序结构的主要因素为构造作用和湖平面升降，只有将构造地层学和层序地层学结合起来，才能在前陆盆地分析和研究中产生有特色的成果。

根据前陆盆地的层序地层的研究进展，第 5 章将阐述层序地层学的概念和术语、前陆盆地层序地层学、前陆盆地层序地层的控制因素、前陆盆地可容纳空间的形成机制、前陆盆地层序地层模式与典型案例（17 种）等方面的内容，反映近年来前陆盆地层序地层学研究取得的主要进展。以上成果表明：①前陆盆地层序地层学是将层序地层学理论应用于构造活动区盆地分析的一个特例。虽然前陆盆地层序地层学研究遵循一般层序地层分析的概念体系，但是在应用层序地层学理论作指导来研究前陆盆地沉积地层时不仅要考虑全球海平面的变化，而且要重视构造作用的影响。前陆盆地的层序界面主要为构造作用或构造与海平面变化叠加作用的结果。因此，前陆盆地层序并非受全球统一的海平面变化控制，而是与造山带构造运动、盆内沉积作用和相对海平面变化的联合作用有关，层序界面是相对海平面下降和区域构造隆升的联合作用面。②由于前陆盆地近物源，受源区古地貌、气候、隆升程度、搬运通道与方式、基准面等的控制，故在研究层序特征时，尤其要注意这种特殊环境的制约特性。对不整合面的分析应侧重于其类型、成因及其展布范围，并进行剥蚀量分析，重塑回剥史。③前陆盆地的层序地层模式更多地依赖于区域构造背景及盆地的构造活动、沉积作用和海（湖）平面的变化及其在不同级别的地层旋回中的响应关系。一般情况下，二级构造层序代表了前陆盆地的不同的成盆期；三级层序则是构造运动或其与海（湖）平面相对变化相叠加的产物，代表的是低级别的前陆盆地演化的不同阶段（或造山幕），反映的是一个多旋回、多幕式、沉积-构造相互响应与控制的演化史。

1.4.4 前陆盆地的沉降、迁移与造山楔的推进作用

1.4.4.1 前陆盆地的沉降史与沉降机制

盆地埋藏历史从一个单纯裂谷盆地的热分析到沉积速率、水深史和压实史结合在一起所进行的地史分析（geohistory analysis），这就是被后人所称之为的 Van Hinter 图解（1978）。这个图解重要性在于可以解决盆地分析中遇到的两个问题，其一是随着时间变化沉积物堆积量化计算问题；其二是可以帮助人们了解盆地形成时的构造背景，尤其是在受热沉降机制控制的盆地，它显得更加有用。由于这种方法是在油气勘探中形成的，因此在露头研究中使用并不广泛。

由广泛沉降而形成沉积盆地的首要原因就在岩石圈中，发生地幔物质以热上升射流或板块（后来变冷）引起大陆扩张，在地壳的上层（或地壳下层）重荷导致的弯曲，以及

由冷的岩石圈的底蚀作用引起的下拖等。裂陷-坳陷和大陆边缘盆地的沉降史已得到广泛证实，其组成为初始断层控制的快速沉降及后来的由热收缩和沉积物重荷导致的呈指数递减的沉降。尽管关于初始热，盆地形成事件的详细性质可能还有争论，但对于沉降曲线的指数线段是岩石圈冷却的反映这一点，看来是无疑的。

目前对前陆盆地典型的沉降史已有所了解，主要表现以下两个方面，其一，前陆盆地沉降的幅度随其与造山带的距离增大而减小。其二，前陆盆地开始下降时是相对平缓的，表现为向上凸起的（加速的）沉降曲线。

1.4.4.2 前陆盆地沉降中心的迁移与造山楔的推进作用

前陆盆地的一个常见特征是它的沉积中心和边缘尖灭线的迁移。Ricci Lucchi（1986）描述了亚平宁北部沉积中心及边缘尖灭线移动的开始-停止的形式。亚平宁前陆盆地在渐新世-中新世“复理石”期以 5~10 mm/a 的速度向亚得里亚边缘爬升，而在以后的上新世-更新世的“磨拉石”期，沉积中心和尖灭边缘的迁移不稳定而且速度也降低了。Homewood 等（1986）对瑞士西部欧洲前陆盆地用尖灭归位的方法，推测沉积速率从渐新世的 9 mm/a 逐渐降低到中新世的仅 2 mm/a。在喜马拉雅前陆盆地进行的类似研究得出，在距今 15~0 Ma 中平均速率为 10~15 mm/a。Burbank 等推断，粗砾石相从喜马拉雅山脉向西南方向移动到前陆盆地的速率为 30 mm/a。但是这代表一个瞬时值，如果在时间上外推太久，结果并不可靠。据 Audley-Charles 报道，在中-晚上新世期间，帝汶槽地轴向澳大利亚克拉通方向以惊人的速率 75 mm/a 移动。

1.4.4.3 前陆盆地碳酸盐缓坡的迁移与造山楔的推进作用

碳酸盐缓坡和生物礁是前陆盆地早期的典型的沉积物类型之一。但是目前在国内外关于板块构造和沉积作用的不少论著中，都忽略了板块汇聚过程的各阶段中碳酸盐的沉积作用。在前人研究成果基础上，第 9 章将总结前陆盆地碳酸盐缓坡主要研究进展，包括碳酸盐沉积作用与碳酸盐工厂、前陆盆地碳酸盐缓坡的基本特点、前陆盆地碳酸盐缓坡的典型实例、构造对前陆碳酸盐缓坡的控制作用、海平面变化对前陆碳酸盐缓坡的控制作用、硅质碎屑沉积作用对前陆碳酸盐岩的影响、碳酸盐生长潜力对前陆盆地碳酸盐缓坡的影响、前陆盆地碳酸盐缓坡的迁移、碳酸盐生长条件的演变与板块构造演化 9 个方面，表明在前陆盆地中碳酸盐岩是前陆盆地充填物的一部分，可以利用碳酸盐岩来研究前陆盆地碳酸盐清水环境的先决条件、保持条件和中止消亡条件，判别碳酸盐沉积物与碎屑岩堆积作用之间的关系。这些碳酸盐缓坡和生物礁均被解释为位于克拉通边缘透光带的生物骨架灰岩因挠曲沉降作用被海水淹没的过程，表明了造山楔的逆冲作用与前陆盆地的碳酸盐缓坡的沉积作用之间存在着耦合关系，进而为恢复前陆盆地演化历史、板块构造汇聚和盆-山转换的过程提供依据。

1.4.4.4 前陆盆地底部不整合面与前缘隆起的标定

Jacobi（1981）首次确认了前缘隆起是导致阿巴拉契亚奥陶纪前陆盆地底部不整合面的成因机制。Price 等（1983）认为前缘隆起不整合面可能以时间-海侵的方式（time-transgressive manner）向克拉通方向迁移。Plint 等（1993）确定了艾伯塔前陆盆地中白垩世的前缘隆起，其距艾伯塔变形带的前缘达 300 km。Ettensohn（1994）曾认为挠曲前缘隆起可能从造山带向外传播的距离大于 1300 km。Crampoton 等（1995）研究了阿尔卑斯前陆盆地，认为底部不整合面是前陆盆地的重要组成部分，把在前陆盆地底部形成的不整合面归属于前缘隆起抬升所形成的不整合面，并称之为前陆盆地底部不整合面、前缘隆起不整合面或挠曲不整合面等。目前在国内外发现了许多底部不整合面的实例，包括晚始新世南比利牛斯前陆盆地、科迪勒拉前陆盆地、阿巴拉契亚前陆盆地、北阿尔卑斯前陆盆地、西台湾前陆盆地、龙门山前陆盆地（图 1. 11；Li et al.，2003；李勇等，2010）等，认为前陆盆地底部不整合面是一个典型的挠曲型前缘隆起不整合面。

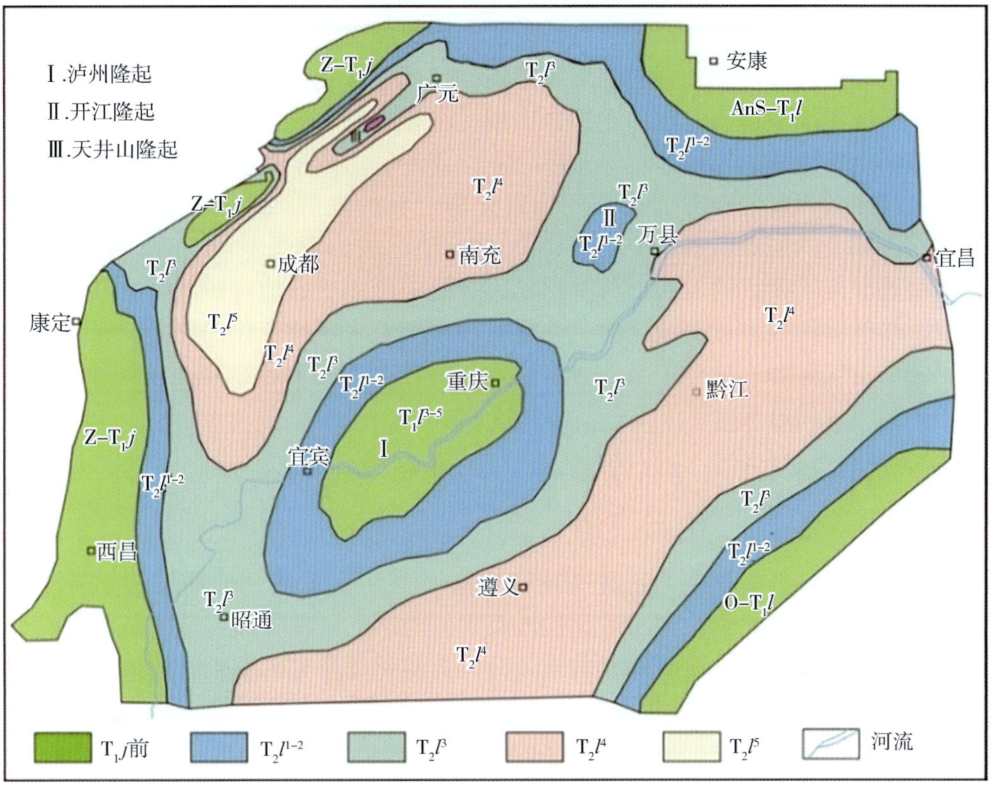

图 1. 11　印支期龙门山前陆盆地前缘隆起的空间展布

（据郭正吾等，1992）

据四川盆地晚三叠世前古地质图推测的前缘隆起的空间展布范围

在前人对前陆盆地底部不整合面的形成机制与挠曲模拟研究成果的基础上，第 7 章将总结前陆盆地的不整合面、前陆盆地底部不整合面的识别标志、前陆盆地底部不整合面的超覆结构与地层上超速率、前陆盆地底部不整合面的分带性、前缘隆起的几何形态与剥蚀速率、前陆盆地底部不整合面的形成机制与挠曲模拟、前缘隆起的挠曲伸展作用、前陆盆地底部不整合面的古岩溶作用与油气成藏 9 个方面。前缘隆起型不整合面是前陆盆地的重要特征，从前陆盆地的近端到远端，显示了从整合面到最大侵蚀区，再到整合面的变化，但是在不同类型的前陆盆地中，前缘隆起型不整合面发育的模式明显不同。

1.4.5 前陆盆地沉积记录与造山带演化过程

1.4.5.1 前陆盆地沉积记录与造山带的演化历史恢复

从造山带本身确定硬碰撞和强造山的确切时期及具体过程困难很多，甚至是不可能的。前陆盆地的形成和其内沉积地层的时代、厚度、物质组成和变形特征等，是碰撞造山作用的结果和响应；同时也记录了碰撞造山作用的时限、过程、阶段和强度等。因此，前陆盆地动力学研究的发展方向是从保存于沉积物内部的古地形记录中获取证据。岩石圈的拆沉、深部物质的折返直接影响到古地形的隆升及地貌形态，也直接控制着侵蚀与剥蚀速率。伴随着山体或高地的抬升，在造山带内部和周边地区形成了许多沉积盆地，山体或高地侵蚀的产物被水或风搬运到盆地中沉积下来。这就允许我们通过盆地充填物与恢复古地形，探讨和了解深部的动力过程。在构造作用、沉积旋回与大气圈、海洋组成之间基本联合的研究将随全球规模生物地球化学建模的进行而发展。由于从鉴别矿物、造山阶段和流体特征到极其细微程度的痕量元素和同位素分析工具的发展，综合模式的可靠性不断提高。例如，为单个碎屑颗粒确定 U/Pb 值和 R/Sr 值已成为常规手段。精确数据库的需求将容许生物地球化学模式的发展，从沉积盆地分析中可以更好地理解调整地球气候和生物圈的作用，并能够加强对过去地质作用的解释和预测地表环境变化的能力。保存在盆地中的沉积记录是古气候和古地理主要的直接信息，并且在运用于烃和其他资源时，这些记录对预测未来状况也具有价值。

1.4.5.2 造山带-前陆盆地系统的构造作用与沉积响应

前陆盆地所在地为盆-山耦合的典型地区，发生深浅不同层次、多种形式的物质交换。深部的物质交换形式复杂，是盆-山形成和耦合的动力来源；表浅层的物质交换相对简单，主要是将山地风化剥蚀物搬运到盆地沉积。对此已从多方面进行了有益的探讨，其中沉积响应研究较多，为盆地沉降和山脉隆升及其演化等研究的基础和约束条件。

根据前人在造山带-前陆盆地系统的构造作用与沉积响应方面的研究进展，第 6 章将阐述前陆盆地的构造-地层序列分析、前陆盆地充填体形态分析、前陆盆地的不整合面分析方法、砾质粗碎屑楔分析法、冲断带-前陆盆地系统的侧向迁移、前陆盆地沉降史分析、物源分析与造山带的脱顶历史分析、碰撞作用的沉积响应 8 个方面的进展，并对未来研究的领域进行讨论。利用沉积响应重塑造山带构造作用的不同尺度的地层标识，主要包括盆地充填体的几何形态、不整合面、构造层序、碎屑楔状体、相及沉降中心的迁移、沉积物特征碎屑组分变化、沉积物通量和沉积速率的增减、河流梯度、前缘隆起，以及放射性测量与裂变径迹年代测定。应用上述不同尺度的地层标识确定造山带冲断变形时间时，一定要注意各种识别标志的综合对比，避免循环推理，避免结论的偶然性。

1.4.5.3 造山带-前陆盆地的古地理、古气候重建与原型盆地恢复

在前陆盆地系统概念里，构造隆升（造山带）、构造沉降（前陆盆地）是控制盆-山系统表面过程和古地理的“源”，而地表水文循环和气候变化（干、湿）只是“流”。对地表水文循环和气候变化的研究只是对构造作用的“补充”。但是多数造山带-前陆盆地

系统位于陆-陆碰撞带、洋-陆碰撞带和岛弧-陆碰撞带，因此对于位于板块边缘的造山带-周缘（或弧后）前陆盆地系统而言，应该在“深时”（百万年尺度）的全球板块构造背景下开展古地理、古气候重建与原型盆地恢复，表达造山带-前陆盆地系统的各种古地理要素及其演化、板块间的陆-陆碰撞、洋-陆碰撞和岛弧-陆碰撞的重建及其动态演化过程、深部地幔活动、大洋板块俯冲及俯冲板片在深部地幔中的运动对地表地形的影响和动力沉降机制。对于陆（板）内造山带-前陆盆地系统而言，应该在“深时”（百万年尺度）岩石圈地壳变形与地表过程之间相互作用的背景下开展古地理、古气候重建与原型盆地恢复，表达陆内造山带的隆升、前陆盆地的沉降及其与岩石圈地壳变形的关系、造山带隆升（剥蚀）区和前陆盆地沉降（沉积）区的关系、盆地原型恢复、造山带与前陆盆地的变形历史。

在此基础上，第 11 章将以晚三叠世全球古地理、古气候为例，对造山带-前陆盆地系统的古地理、古气候和原型盆地进行讨论，内容包括古板块与古地理重建，古气候与古季风重建，晚三叠世全球古大陆、古气候和古海洋重建，晚三叠世特提斯域古板块、古气候与古地理重建，晚三叠世扬子板块西缘的古地理与古气候重建，造山带的复原、复位与构造平衡剖面，造山带-前陆盆地构造变形过程的重建，原型盆地恢复 8 个方面。从目前国内外的研究进展来看，对造山带-前陆盆地系统的古地理研究要注重以下几个问题：①造山带-前陆盆地系统的古地理不仅要表达地球的表层构造、地理演化，更重要的是表达古地理演化与地球动力演化，具有向深时、原位、原型、活动、大数据和动力学的全球方向发展。②既要从全球的角度来看来所研究的造山带-前陆盆地系统在当时全球古大陆与古大洋所在的位置，又要从局部角度看造山带-前陆盆地系统，古板块构造、古气候、古海洋与古洋流重建。③既要研究以“构造隆升、构造沉降”为主的隆升史（造山带）、沉降史（前陆盆地），也要研究包括季风在内的水文循环（气流、洋流、地形雨）和气候变化（时间、空间）。④在原型盆地恢复时，既要研究地球表面（特别是大陆表面）的造山带的复原与复位、板内构造变形，也要研究高地、低地、浅海和深海大洋盆地分布、海相或陆相盆地的古地理重建。⑤在前陆盆地演化过程中，盆地本身就以遭受强烈改造为特色。在盆地内部，改造与建造同步、改造和迁移共存。前期和早期的盆地经晚期和后期的强烈改造，其原始面貌已大为改观甚至面目全非。切不可简单地将今论古来探讨古代前陆盆地及其演化，需剔去后期改造的影响，恢复盆地原始面貌，这是古代前陆盆地研究不可或缺的内容。

1.4.5.4 前陆盆地构造-沉积演化与地层模式

前陆盆地的沉降过程与前陆地区岩石圈对造山带负载的挠曲响应是吻合的，Price（1971）首先将造山带的褶皱-冲断带作为构造负载，并对艾伯塔盆地的形成机制做了定性分析。随后的定量模拟表明，构造侵位的冲断体所造成的岩石圈的挠曲过程可以用来解释前陆盆地的形成和发展。前陆盆地的演化史就是岩石圈的挠曲变形史。盆地的沉降、构造形变、沉积的旋回以及隆升剥蚀都直接受到造山带的控制，并受控于冲断作用所形成的构造加载数量、期次及向克拉通方向的迁移速率和幅度。

在前人研究成果的基础上，第 14 章将对前陆盆地构造-沉积演化与地层模式的进展进行归纳和总结，包括前陆盆地地层模式的研究现状、前陆盆地的连续形成和波浪式发展模式、前陆盆地的稳态发展模式、逆冲楔临界角模型与幕式逆冲的地层模型、欠补偿-过补偿前陆盆地的地层模式、前陆盆地的拆离变形模式、前陆盆地的平面动力模型、弧后前陆盆地的动力沉降模式、板内应力与陆内前陆盆地沉降模式、前陆盆地系统的地层模式10个方面的内容。这些研究成果表明，随着对前陆盆地研究的不断深入，人们越来越注意到构造和沉积两者间的联系性和统一性，因而前陆盆地地层模式分析成为前陆盆地分析的基本内容。这种分析是研究前陆盆地构造作用、沉积作用的控制这两个相互制约、相互关联的领域。前陆盆地沉积演化与造山带的构造演化之间存在着密切联系。前陆盆地的弯曲下沉主要与造山带的逆冲构造负荷和前陆盆地的沉积负荷有关。在造山带每次挤压逆冲作用均导致相应的前缘沉降及沉积充填，造山带的逆冲动力控制了前陆盆地的沉积响应。因此，前陆盆地地层模式与造山带逆冲作用的强度及沉积物物源的变化密切关联。由于前陆盆地岩石圈性质、构造环境、沉积环境等方面的差异，导致不同的前陆盆地的构造-沉积演化和地层模式具有不同的特征，因而不同学者亦从不同的角度提出了前陆盆地地层模式。

1.4.6 造山楔-前陆盆地耦合机制

目前造山楔-前陆盆地系统的耦合机制研究已成为21世纪初地球科学研究的前沿领域。大陆动力学和盆地动力学的提出，使得人们对水平运动、垂直运动及其相互关系的重要性有了新的认识。此外，对于未来造山楔-前陆盆地系统动力学研究的挑战还来源于对构造与气候相互作用的新认识，即不仅造山带的演化强烈影响着气候，气候也强烈影响着造山带。受气候控制的侵蚀作用的强弱往往决定了高地形还是低地形的山链的发育，同时构造作用和气候变化又强烈影响着全球地球化学作用和过程，这就决定了前陆盆地中的沉积记录的特征。

前陆盆地与收缩造山带相伴而生、同步消长、有机耦合。有前陆盆地，必有与之有成因联系的收缩造山带。确定与盆地发育时间相当、位置相邻、有成因联系的收缩造山带及其规模和物质组成等，是确定前陆盆地及其对应特征的必要条件之一。对形成较早的前陆盆地，即使与之相伴的造山带现今可能已荡然无存，也应寻找其曾造山隆升较高或后期较大范围消减的证据。但是有造山带，不一定就有前陆盆地形成。因造山带的成因颇多，除收缩挤压型外，还有拉张断块、走滑隆升、热力作用等类型。即使在收缩造山带也未必一定伴有前陆盆地。因只有（较）强烈挤压、断褶和隆升的造山带，才同生有前陆盆地。中国大部分陆块都较小，在其拼接碰撞时，大多汇聚欠强烈，碰撞不造山，通常并不发育典型的前陆盆地。目前在前陆盆地充填动力学与盆-山耦合关系研究进展主要体现在以下方面：①前陆盆地和造山带是大陆构造的基本单元和孪生体，是形成于统一的地球动力学系统之中的一对孪生体，它们在空间上相互依存、物质上相互补偿、演化上相互转化、动力上相互转换（盆转山、山控盆、盆定山）。②前陆盆地和造山带具有耦合关系，在垂向上显示为造山带的隆升与沉积盆地沉降之间的耦合关系，在横向上显示为盆-山间物质循环的耦合关系（图1.12）。③造山带楔进作用（wedging）与前陆盆地挠曲沉降动力学，利用前陆盆地沉降幅度恢复造山带楔进作用（逆冲作用）。④造山带滑脱作用（detachment）与前陆盆地变形动力学，利用前陆盆地不整合面和运动学标志恢复造山带滑脱作用。⑤造山带的蚀顶作用（deroofing）与前陆盆地充填动力学，以源-汇系统为纽带，利用前陆盆地沉积记录恢复造山带的古地形、古气候。⑥大型楔状前陆盆地与造山带构造负载机制、大型板状前陆盆地与地壳均衡反弹机制、小型楔状前陆盆地与下地壳流机制之间的耦合机制（图 1.12；李勇等，2018）。

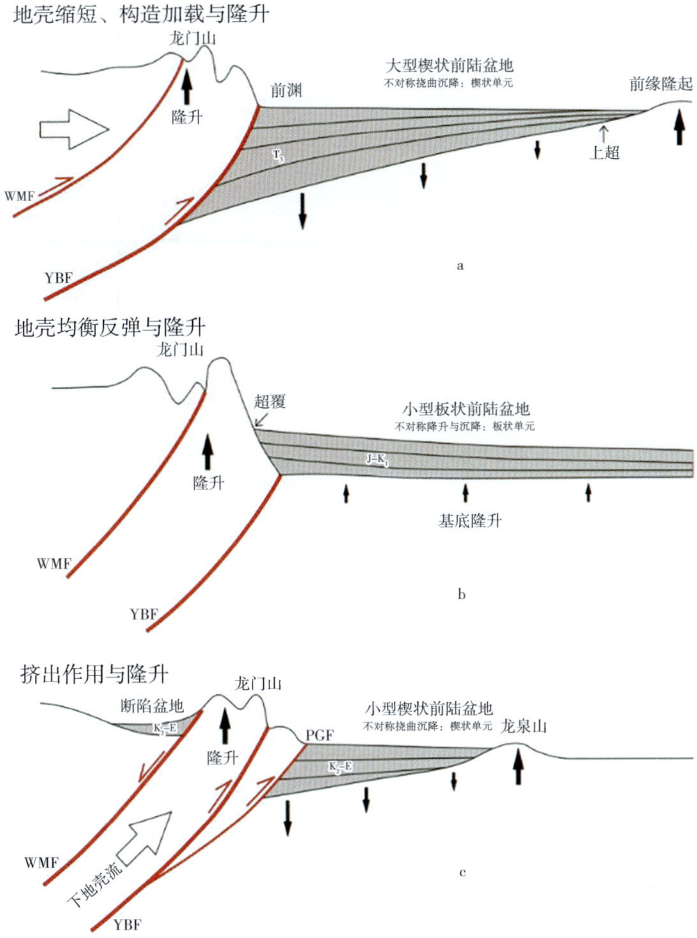

图 1.12　青藏高原东缘盆-山耦合机制

（据李勇等，2018）

a—大型楔状前陆盆地与造山带构造负载机制；b—大型板状前陆盆地与地壳均衡反弹机制；c—小型楔状前陆盆地与下地壳流机制。WMF—汶川-茂汶断裂；YBF—映秀-北川断裂；PGF—彭灌断裂

在前人研究成果的基础上，第 12 章将总结造山楔-前陆盆地系统耦合机制方面的研究进展，具体内容包括造山楔-前陆盆地系统、造山楔的结构、造山楔的构造变形特征、造山楔动力学、逆冲楔-前陆盆地的耦合关系、双向汇聚型逆冲楔与前陆盆地之间的耦合关系、造山楔与楔顶盆地之间的耦合关系、逆冲楔-前陆盆地系统构造作用与表面过程的耦合机制 8 个方面。其目的是加深对逆冲楔-前陆盆地系统耦合机制的理解和认识。

1.4.7　造山带-前陆盆地系统的表面过程与构造-气候相互作用

当盆地沉降时，保存了正在演化的沉积环境中的地球化学、矿物学、沉积学和古生物学记录，因此，从这些记录中可以获取生物圈、水圈和大气圈短期特征（图 1.13）。沉积记录不仅提供过去地球表面气候信息，还反映沉降速率和幅度变化。在盆地充填中保存了古气候、古海洋和其他古环境变化的记录，也包括具灾变性的重要事件。

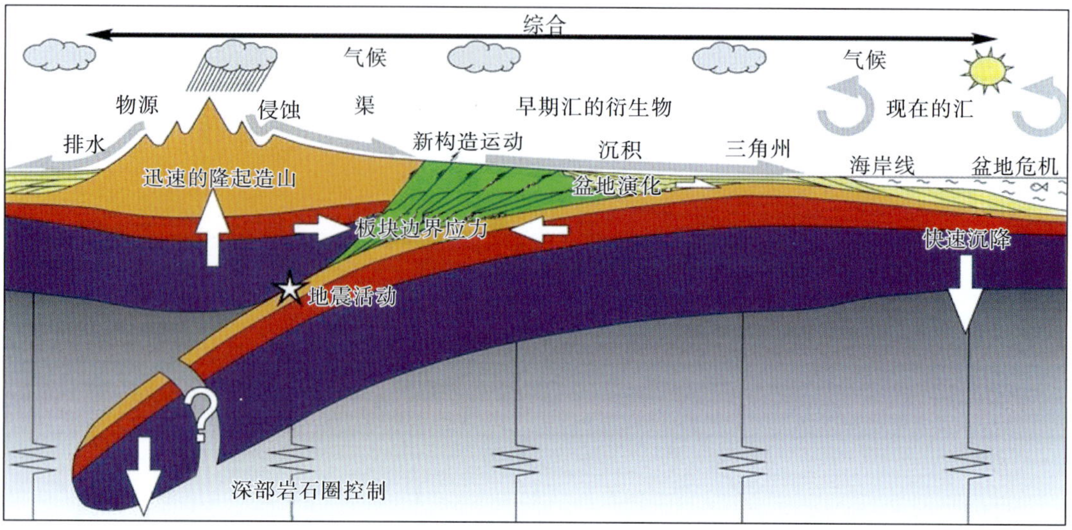

图 1.13 造山带-前陆盆地系统的构造-气候相互作用与源-汇系统

（据 Cloeting et al.，2017）

1.4.7.1 造山带的隆升作用和剥蚀作用

当前，隆升作用与剥蚀作用（或气候）的相互作用过程的研究是近年来大陆岩石圈动力学和地球表面过程研究中最前沿的科学问题，对理解山地的形成和气候长期变化的机理提供了新的线索，具有重要的理论意义（图 1.14）。但实际研究工作中，隆升作用与剥蚀作用（或气候）的相互作用过程也是一个难度极大的科学问题，自从 England 等（1989）提出“鸡与蛋”的问题后，许多研究者在讨论山地隆升问题时均重视了隆升作用

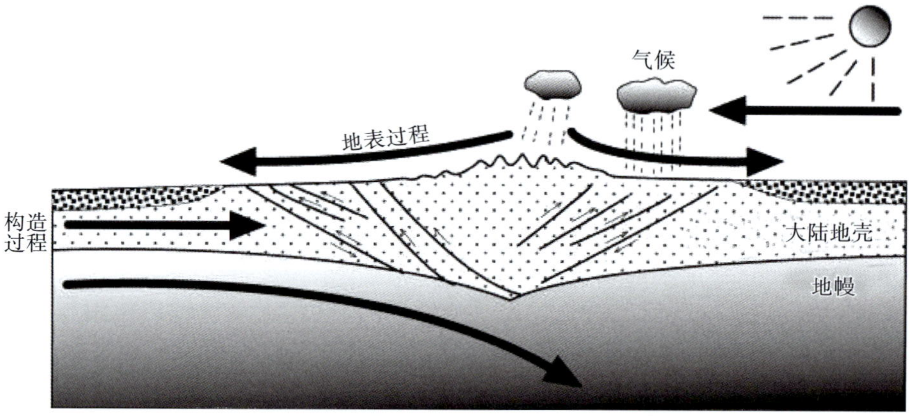

图 1.14 造山带构造-气候-地表过程的相互作用

（据 TOPO-EUROPE Working Group，2007）

与剥蚀作用（或气候）的影响。长期以来，在山脉的隆升研究中如何分辨构造和剥蚀（或气候）各自的作用，仍然没有可靠的技术方法和手段，多是从概念或逻辑推理出发，认定剥蚀（或气候）变化的影响很大，或是主要因素。但是，近年来在研究山脉隆升作用与剥蚀作用的方法方面也有创新，值得我们借鉴和应用。在短周期的隆升作用与剥蚀作用（或气候）的相互作用过程的研究方面，许多科学家在喜马拉雅山南坡通过实际测量年降水量和 GPS 测定的隆升量的变化，精确定量刻画两者之间的关系，得出了一些重要结论，并将这种思路的工作引向天山和其他地区，并在概念上加以发展。在长周期的隆升作用与剥蚀作用（或气候）的相互作用过程的研究方面，以裂变径迹法、宇宙核素法等热年代学数据为主要基础，研究隆升作用与剥蚀作用（或气候）的相互作用过程。

在前人研究成果的基础上，第 10 章将对造山带的隆升作用和剥蚀作用的研究进展进行总结，主要内容包括隆升作用与剥蚀作用及其相互关系、剥蚀速率、构造隆升速率与地表隆升速率、古海拔高度的估算、隆升作用与剥蚀作用的耦合机制、青藏高原及周缘造山带的隆升机制 6 个方面。这些研究成果表明，隆升作用与剥蚀作用的相互作用及其对造山带形成过程控制作用的研究已经成为近年来大陆岩石圈动力学和地球表面过程研究中最前沿的科学问题，对理解造山带的形成和气候长期变化的机理提供了新的线索，具有重要的理论意义。

1.4.7.2 造山带-前陆盆地的源-汇系统

造山带的剥蚀地貌与前陆盆地区的沉积地貌是地球表面的两个基本地貌单元。构造作用、气候及海平面变化不断塑造、改变着地球表层的物质组成和地表形态。这些变化是地球表层动力学过程的表现，包括各种地质营力和多种生物地球化学的循环作用。这些变化从根本是由地球岩石圈动力学过程决定的。造山带（剥蚀地貌）与前陆盆地（沉积地貌）之间的物质迁移和交换是通过沉积物搬运系统或路径来进行的。源-汇系统揭示了从造山带山区形成的物源进入前陆盆地的地表过程（图 1.15）。

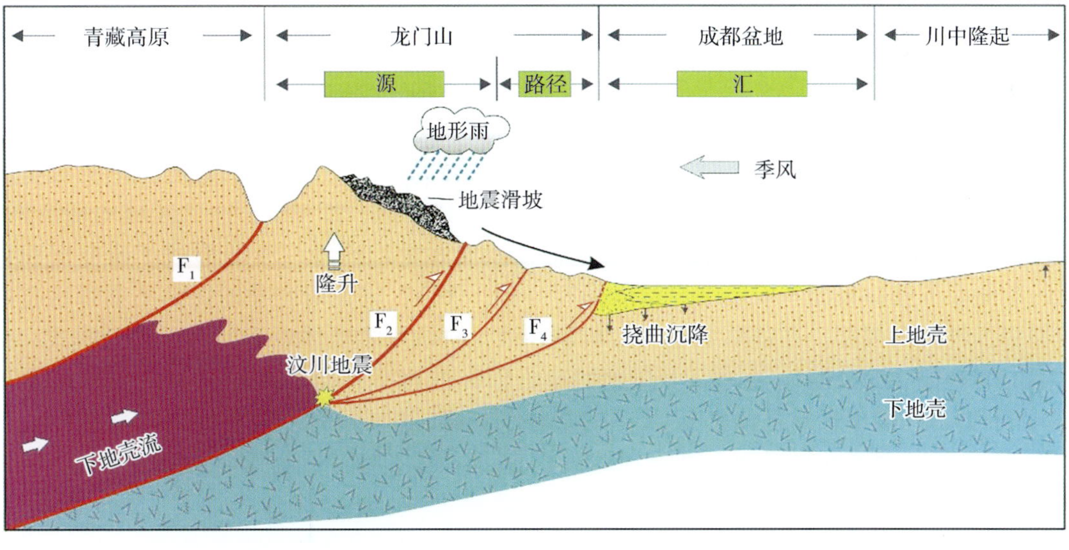

图 1.15　龙门山造山带-前陆盆地的地表物质流系统与构造-气候驱动机制之间的动力模型
（据李勇等，2019）

沉积物从剥蚀（山区剥蚀）到搬运（如河流搬运）到堆积（如沉积在湖泊或海洋汇水盆地）经历了一个复杂的过程，这些沉积物和溶解物质通过一系列相互连接的地貌环境单元，沉积在冲积平原、湖泊、大陆架或深海平原，这套相互连接的环境地貌单元构成了源-汇系统（source-to-sink，简称 S2S）。源-汇系统分析就是揭示沉积物从剥蚀区到沉积区的过程，探讨控制沉积物分散的各种因素及这套相互连接的环境单元的动力学过程及其响应机制。其不仅是复杂的地球系统中的组成部分之一，而且也是当今沉积学领域中的一个新方向。有关“源-汇”的概念提出较早，但系统性的研究工作是近 20 年才开展起来的。

在前人研究成果的基础上，第 9 章将从源-汇系统的研究现状、源-汇系统的概念与术语、源-汇系统的构成单元与几何参数、源-汇系统的分段、源-汇系统的沉积物预算、深时源-汇系统的重建、造山带-前陆盆地之间的源-汇系统、源-汇系统与造山楔动力学 8 个方面总结在造山带-前陆盆地的源-汇系统领域中的研究进展，表明源-汇系统不仅促进了学科的交叉，而且对造山带-前陆盆地系统的研究产生了深刻的影响。源-汇系统由物源区（造山带）、搬运区（斜坡带）和沉积区（前陆盆地）等地貌单元组成，其中的物源连接了母岩区（造山带的构造及气候作用）和沉积区（前陆盆地），显示了在造山带-前陆盆地系统中地貌的演化和表面过程是深部地球动力学演化的直接响应，因此可以用源-汇系统来揭示造山带-前陆盆地之间的表面过程，刻画造山带-前陆盆地系统的构造和气候变量及相互作用，为恢复造山楔-前陆盆地动力学机制提供依据。

1.4.8 前陆盆地动力机制与岩石圈挠曲作用

为了认识盆地的成因及演化过程中的一系列特征，不仅需要了解盆地与板块构造格架的关系，还需要了解其与深部地幔对流系统的关系（图 1.16）。目前天然地震层析、岩浆岩石学地球化学和盆地模拟技术等提供了研究这一重要问题的手段。

在早期的、经典的前陆盆地动力机制中，前陆盆地的沉降主要受两个方面的影响：一是区域上的构造挤压应力；二是地貌负载作用，包括相邻造山带的构造负载及前陆盆地内的沉积物和水体。Price（1973）以加拿大西部前陆盆地和褶皱带为例，定性提出前陆盆地的成因缘于区域均衡沉降，这类均衡沉降是所发育的褶皱-逆冲带引起的上地壳载荷的产物，这种形式的沉降产生了前渊，并成为沉积物聚集地，即 Price 的“区域均衡沉降”假说，其后 Beaumont（1981）使这一理论得以发展并更趋完善，主要形成了研究沉积负荷的单侧临界锥体模型和双侧临界锥体模型（图 1.16），以及研究盆地挠曲的黏弹性挠曲模型和弹性挠曲模型。在前陆盆地动力机制和演化阶段则主要体现为两个阶段的模式，在早期的非补偿型前陆盆地（对应于高速的造山楔推进速率）与晚期的过补偿型前陆盆地（对应于低速的造山楔推进速率）（以阿尔卑斯山前陆盆地为例）或早期的楔状前陆盆地（对应于强烈的地壳缩短机制）和晚期的板状前陆盆地（对应于地壳均衡反弹机制）（以喜马拉雅前陆盆地为例）。

1.4.8.1 双侧前陆盆地与造山模式

对于造山带-前陆盆地之间的盆-山耦合系统，学者们都已不再单独研究其发展，而

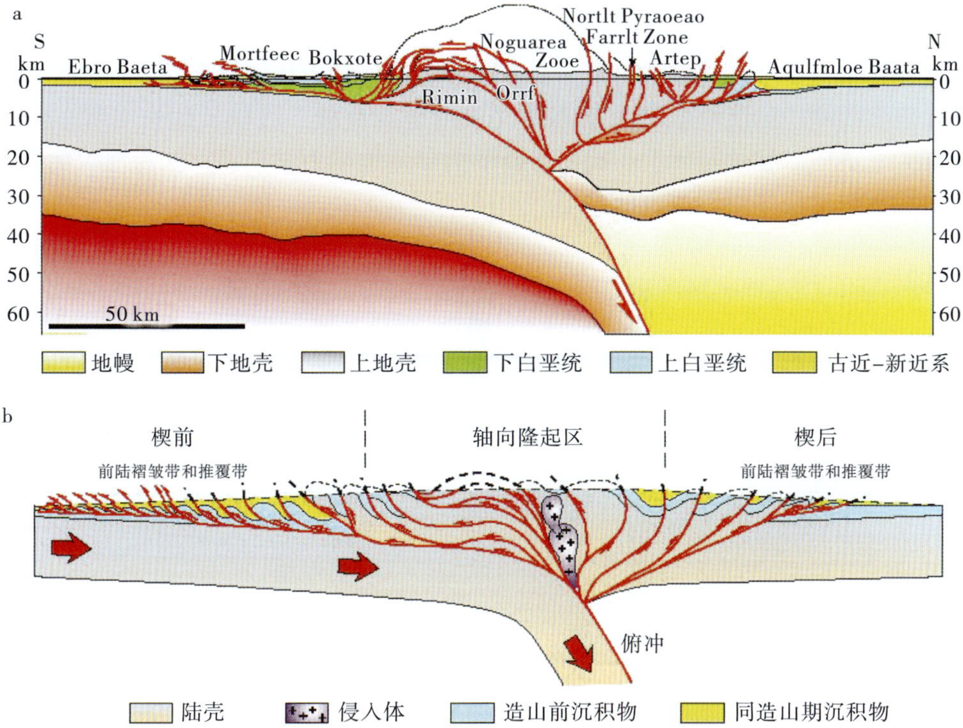

图 1.16　造山带的双侧临界锥体模型

（据 Beaumont，1992；Willett，1993）

a—阿尔卑斯造山带的构造剖面；b—造山带的双侧临界锥体模型

是将其作为一个整体的耦合系统来研究。对于造山带，学者们先后提出了单侧造山模式、双侧造山模式，虽然两者有一定的差异，但是两者均遵循临界楔（critical wedge）理论，从而有了量化公式对其进行模拟和定量评价等（图 1.16，图 1.17）。Willett 等（1993）、Johnson 等（1995）、Beaumont 等（1996）、Naylor 等（2008）修订了 Dickinson（1974）最初命名的前陆盆地，将“弧后前陆盆地（retroarc foreland basin）”简化为后-前陆盆地（retro-foreland basin），将“周缘前陆盆地（peripheral foreland basin）”简化为“前-前陆盆地（pro-foreland basin）”。后-前陆盆地形成于汇聚带的仰冲板块上，前-前陆盆地形成于汇聚带的俯冲板块上（图 1.16）。Ingersoll 等（2012）、Allen 等（2005，2012）均采用了修订后的名称。盆地数值模拟结果表明：在一个碰撞造山带通常在其两侧形成两个前陆盆地。在俯冲板片之上发育了相对活动的前-前陆盆地，在上覆板片之上发育了后-前陆盆地。由于所处构造位置不同，这两个前陆盆地在反演造山带演化方面有不同的作用。随着俯冲板片向造山带方向俯冲，前-前陆盆地也开始向前-造山楔（pro-wedge）推移，因此在前-前陆盆地中保留在前渊的最老的沉积地层并不能反映造山的初始时间，而是大致等于盆地的宽度除以汇聚速率。相反，后-前陆盆地相对稳定，其沉积速率的转变是由造山带活动所控制，保存在前渊中最老的沉积地层也可以记录造山带开始活动的时间。该双侧前陆盆地耦合演化已经被越来越多的研究所证实，并且其经典实例是法国南部的 Ebro 盆地和 Aquitaine 盆地。

1.4.8.2 前陆盆地与动力地形

最近几年来，一些研究者提出了一些新的前陆盆地动力机制（图 1.17）。如一些学者注意到在很多前渊中的沉降幅度比预测的（仅由地貌负载、沉积负载作用所产生的）沉降幅度更大、更广。在此基础上，提出了新的前陆盆地动力学模式，认为地貌负载有时也不足以造成板块的挠曲而形成前陆盆地。

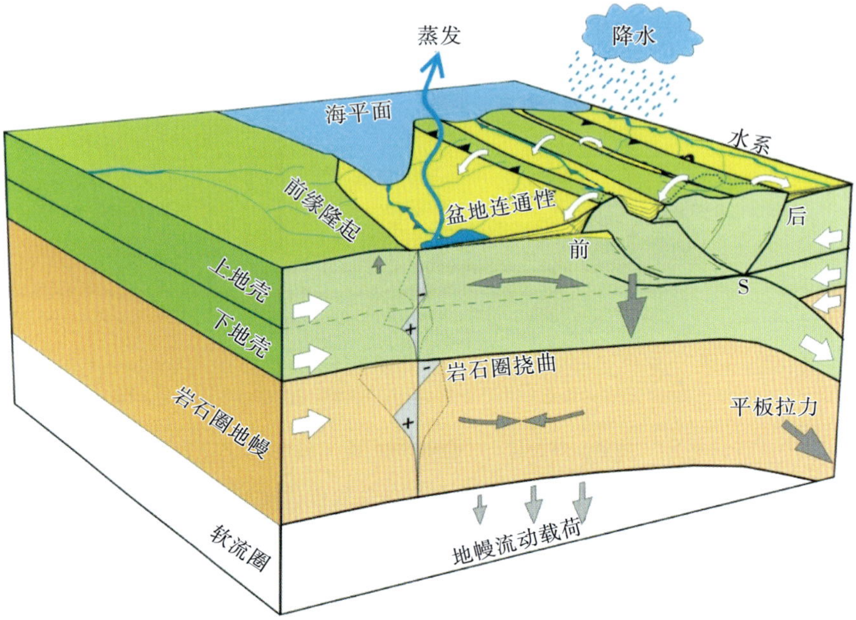

图 1.17　造山带-前陆盆地系统主要的作用力和过程

（据 Garcia-Castellanos，2010）

源于区域的挤压（缩短）构造运动（白色箭头）产生的作用力（灰色箭头）；在前缘隆起之下的应力包络线展示了在一个分层大陆岩石圈的挠曲应力的分布，“+”代表拉伸，“-”代表收缩挤压，这表示了两个解耦层：地壳和岩石圈地幔。前陆盆地的沉降主要受控于地壳和地幔构造，水系和水文连通性对于盆地的发展历史也能发挥巨大的控制作用

Richard 等（1984）将动力地形（dynamic topography）定义为由地幔流动引起的地球表面垂向形变。根据地球物理及模拟数据，Roydan（1989）认为，在周缘前陆盆地中导致岩石圈挠曲沉降的作用还有俯冲负载作用。Mitrovica 等（1989）指出在弧背前陆盆地中动力板块的负载作用对岩石圈挠曲作用有影响。Allen 等（1992）总结了洋-陆俯冲的地幔流变的动力学过程，并将之与前陆盆地地表地形的变化相结合，从深部岩石圈过程探究了地表形变的原因。DeCelles 等（1996，2012）对构造挤压应力、地貌负载作用、动力板块负载作用 3 种机制与岩石圈挠曲作用的关系进行了总结，指出这 3 种作用力对岩石圈挠曲作用的影响不同，但有时表现为相互干扰，并减弱了地貌负载所导致的前陆盆地沉降幅度。因此，最新的前陆盆地动力机制包括了构造挤压应力、地貌负载作用、动力板块负载作用 3 种机制与岩石圈挠曲作用的相互关系。最近，李勇等（2017）提出了 3 个阶段的模式，包括早期的大型楔状前陆盆地（对应于强烈的地壳缩短机制）、中期的大型板状

前陆盆地（对应于地壳均衡反弹机制）和晚期的小型楔状前陆盆地（对应于下地壳流机制）（以龙门山前陆盆地为例；Li et al.，2017）。Garcia-Castellanos（2010）在研究前陆盆地系统时，提出了前陆盆地演化控制因素图和前陆盆地3D立体框图（图1.17）。

1.4.8.3 前陆盆地与地幔对流

目前对板块构造、地幔对流与前陆盆地的研究已经将地球动力学环境和板块运动学序列结合起来（图1.16至图1.18），包括：①各种构造样式、伸展量与收缩量，各种沉积体系和沉降量等，为地球动力学环境的定性与定量提供基本特征和数据；②裂解阶段、俯冲阶段、碰撞阶段及后造山阶段等，为板块运动学序列的定位与定时提供主要信息，将成盆、成烃与成藏动力学作为整体来研究；③Roure等（2010）提出了流变的层状岩石圈变形模式，介绍了岩石圈变形的重要事实和模式，该岩石圈尺度的变形过程发现于被强烈挤压的盆地。

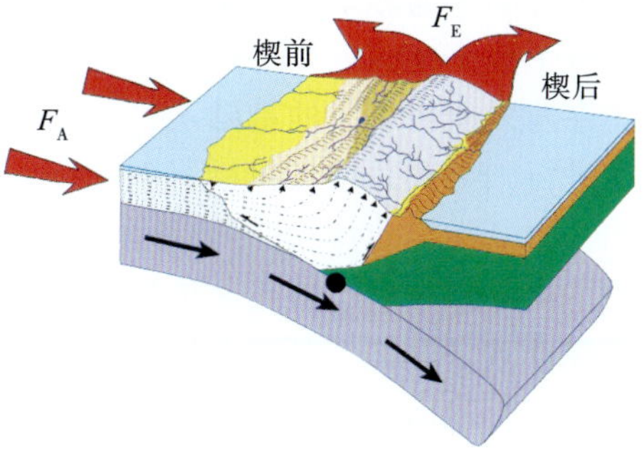

图1.18 双侧型造山楔形成的动力机制
（据Stolar，2006）
F_A—板块俯冲力；F_E—造山楔的蚀顶作用力

1.4.8.4 岩石圈挠曲作用与前陆盆地的挠曲模拟

近年来，前陆盆地的动力学模型也有许多进展，前陆盆地模拟技术发展和成熟起来。Price（1971）首先将造山带中的褶皱-冲断带作为构造负载，并对加拿大艾伯塔盆地的形成机制做了定性分析，认为前陆盆地的沉降过程与前陆岩石圈对造山带负载的挠曲响应是吻合的。随后的定量模拟表明，构造侵位的冲断体所造成的岩石圈的挠曲过程可以用来解释前陆盆地的形成和发展，表明前陆盆地的演化史就是岩石圈的挠曲变形史，直接受到造山带构造负载和岩石圈的挠曲作用的控制，而且冲断作用所形成的构造加载数量、期次及向克拉通方向的迁移速率和幅度控制了前陆盆地的沉降、构造变形、沉积的旋回、隆升剥蚀。前陆盆地模拟的理论模型主要有如下几种类型：①岩石圈模型。根据岩石圈力学性质的差异，分为弹性挠曲模型和黏弹性挠曲模型两大类；根据岩石圈的连续性和均一性，可分为连续岩石圈挠曲模型和中间破裂的岩石圈挠曲模型、均匀的岩石圈挠曲模型和非均匀的岩石圈挠曲模型。②造山带锥体模型。根据造山带的结构特征不同，可分为单侧锥体模型和双侧锥体模型。③垂向（横向）负载模型。根据板内应力作用的差异性，可分为垂向负载模型和垂向与横向负载相结合模型。

目前已提出了前陆盆地形成演化的深部动力学机制，包括：①造山带的构造负载使岩石圈挠曲下弯，形成了接纳沉积物的前渊；②造山带的剥蚀作用为前渊提供了碎屑物的来源。因此，岩石圈将前陆盆地地层与构造负载过程有机地联系在一起，前陆盆地的成因和演化研究必须立足于岩石圈范围才能有更完整的理解。Allen等（2013）总结了对于前陆盆地形成机制的模拟方法，分别是：对于连续板片在点状负载（2D）或线状负载（3D）下的挠曲变形；线状负载下的破碎板片的挠曲变形；连续板片在分散式负载（造山带具有高度和宽度，不同于一点上的构造负载）下的挠曲变形。这一方法为Jordan（1981）

首创，李勇等（2003）在模拟龙门山前陆盆地时即采用了此种方法。Sinclair 等（1992）采用了冲断楔推进速率、冲断楔表面坡度、沉积物搬运系数、弹性厚度 T_e 和挠曲波长等参数对前陆盆地的成因机制和前陆盆地地层格架进行了数字模拟。Crampton 等（1995）采用了冲断体前缘推进速率、剥蚀系数、弹性厚度和地层上超速率等参数对前缘隆起的迁移进行了数字模拟。

在前人研究成果的基础上，第 13 章将对岩石圈挠曲作用与前陆盆地挠曲模拟的研究进展进行归纳和总结，包括岩石圈挠曲作用与前陆盆地挠曲模拟的研究现状、岩石圈挠曲作用、岩石圈挠曲作用的弹性理论模型、岩石圈挠曲作用的几何形态、岩石圈挠曲作用形成的主要盆地类型、前陆盆地挠曲作用的力学机制、前陆盆地的弹性流变模式、前陆盆地的黏弹性流变模式、黏弹性挠曲模型与弹性挠曲模型的差异性 9 个方面的内容。这些研究成果表明，造山带的冲断作用、岩石圈流变和盆地沉积响应是进行前陆盆地演化分析的 3 个基本参数，并且盆地地层潜在地记录了岩石圈流变过程和褶皱-冲断带的构造活动历史。在对造山带冲断作用、岩石圈流变和盆地沉积作用的研究基础上进行模拟计算，既可再现前陆盆地的形成过程，又可检验所确定的造山带和前陆盆地诸方面参数的正确与否。岩石圈弹性和黏弹性流变挠曲模型充分说明造山带的逆冲变形及岩石圈流变特征控制了前陆盆地沉降和沉积。尽管流变特性的差异，但是岩石圈对负荷的响应的初始行为是一致的。由于大陆岩石圈构造的复杂性，在不同地区岩石圈的流变性质可能不同，或者表现为弹性，或者表现为黏弹性。在不同的地质背景下，不同的地质历史时期，大陆岩石圈的力学性质不同，但是，在满足一定的精度条件下，这并不影响用较简化的力学模型去模拟复杂的盆地演化过程。

1.4.8.5 前陆盆地岩石圈与表面过程的相互作用

自 20 世纪 90 年代早期以来，在前陆盆地研究的重要进展之一就是对岩石圈挠曲作用与地表过程（剥蚀、河流搬运）相互作用的研究，其目的是不仅要揭示深部地质作用与地表过程之间的相互关系，而且要揭示岩石圈流变特性、非均质性对地表过程的控制作用（图 1.19）。前陆盆地岩石圈的挠曲作用可能由地形负载与板块拖曳所致，也可能由其他深部过程所导致的（如板块拆沉、岩石圈的拆沉、弯折作用）。其中最重要的方面包括：①岩石圈弹性厚度、岩石圈流变分层与前陆盆地挠曲作用的相互关系；②岩石圈与构造、河流水系、盆地连通性、表层沉积物再分配的相互作用；③岩石圈内部的横向非均质性与前陆盆地演化的相互作用；④根据岩石圈力学性质的差异，分为弹性挠曲模型和黏弹性挠曲模型两大类；⑤根据岩石圈的连续性和均一性，可分为连续岩石圈挠曲模型和中间破裂的岩石圈挠曲模型、均匀的岩石圈挠曲模型和非均匀的岩石圈挠曲模型。

目前针对前陆岩石圈的特点，建立了二维-三维挠曲模型，表明前陆盆地的挠曲机制是前陆盆地动力学成因分析的一个关键，体现在岩石圈物理性质研究上，包括：①有效弹性厚度、视弹性厚度、热厚度、抗挠刚度；②流变学特征、地温场；③前陆盆地的边界条件；④前陆盆地挠曲的实验模型及数据模型。

第 15 章将对前陆盆地岩石圈与表面过程相互作用的主要进展进行总结和讨论，包括岩石圈与表面过程的相互作用、构造作用与地表过程的相互作用、构造作用与表面过程的耦合关系、造山带构造作用与表面过程的耦合关系、造山带的构造作用与表面过程的数字

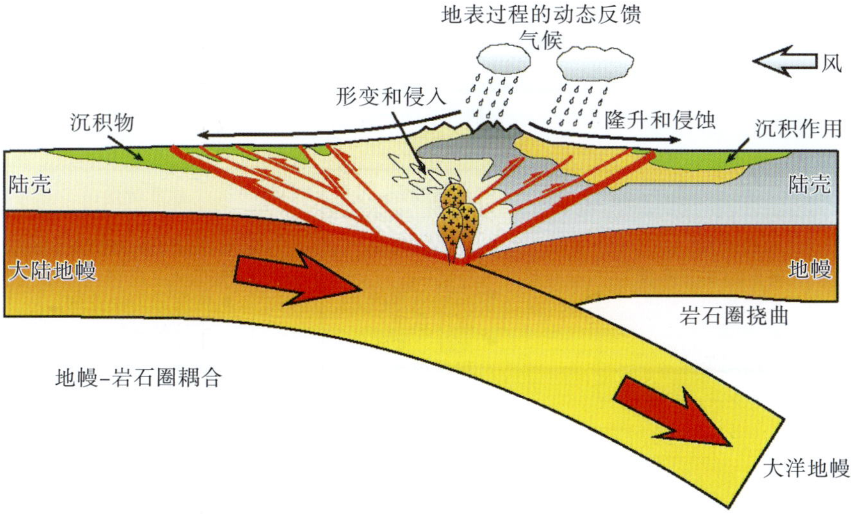

图 1.19　碰撞造山带（collisional orogen）岩石圈与表面过程之间的相互作用
（据 Beaumont et al.，2000）

模型、前陆盆地岩石圈与地表过程的相互作用、碰撞造山带岩石圈与表面过程的耦合关系 7 个方面的内容。这些研究成果表明，岩石圈流变性质的时空变化在前陆盆地的可容纳空间、挠曲前缘隆起的演化、河流袭夺对盆地连通性的改变等方面发挥着关键的控制作用。因此，未来前陆盆地动力学研究主要的挑战在于，探索壳内解耦、下地壳横向流动、岩石圈拆沉作用、地幔拆沉作用等深部构造作用对地表过程的影响，研究在造山过程中地表作用与壳幔（解耦）耦合变形之间的相互作用。

1.4.9　前陆盆地的流体系统与成藏系统

前陆盆地是全球常规油气资源最丰富的一类盆地，占世界常规油气总量的 45%。前陆盆地油气勘探的突破加快了前陆盆地的研究进程，同时前陆盆地研究中的新理论和新方法又促进了油气勘探。此外，近年来我国原油对外依存度逐年增加，几大石油公司的勘探活动也不断向海外扩展，而波斯湾盆地、东委内瑞拉盆地和西加盆地是重要的投标区，在此基础上，我国学者开始了对国外前陆盆地的研究，如中东的波斯湾盆地、南美的东委内瑞拉盆地、俄罗斯乌拉尔前陆盆地等，取得很多重要理论成果和油气勘探开发成果。

1.4.9.1　前陆盆地油气系统与成藏动力学

前陆盆地是煤、油气和放射性矿产形成和赋存的场所，Perrodon（1983）认识到“No basin，No oil”这一简单而又明了的重要关系。

油气系统（petroleum system）的概念和方法体系是近代石油地质学的一项重要发展。其研究内容包括油气成藏基本要素、动态过程和地质背景（图 1.20），提倡用系统论的思维研究油气系统。研究的主要难度在于生排烃、运移和聚集的动态过程，涉及很多流体动力学问题。运移路径（输导系统）的追踪有很大难度，也应列入成藏基本要素，石油地质家用有机地球化学参数与构造结合做了有效的追踪。地球化学家发现更多有效的示踪有机标记化合物的努力正取得重要新进展。上述要素和动态过程都受控于盆地演化的动力背景，又是盆地研究的主要目标，因此应列为盆地动力学研究的重要成部分。

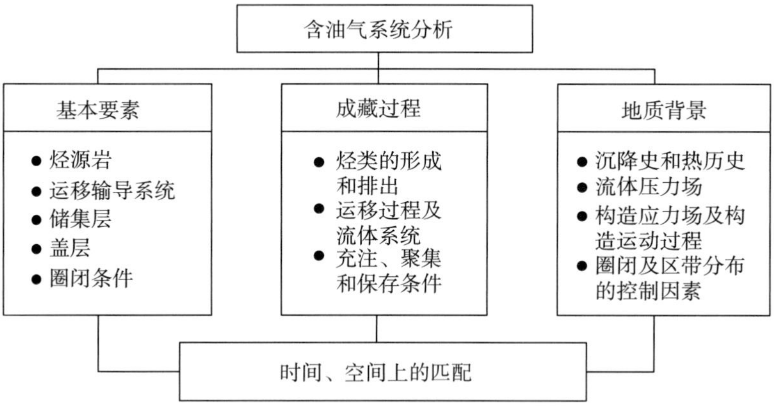

图 1.20　油气系统的研究内容和概念体系框图

（据李思田，2015）

在前人研究成果的基础上，第 18 章将总结前陆盆地油气系统与成藏动力学方面的研究进展，从前陆盆地油气系统与成藏动力学、前陆盆地的含油气性、前陆盆地油气成藏模式、前陆盆地油气系统的类型、前陆盆地系统的构造单元与油气分布、前陆盆地的地层单元与油气分布、前陆盆地的油气成藏特征、前陆盆地油气勘探面临的挑战与勘探前景 8 个方面论述全球前陆盆地的构造、地层演化及其油气分布特征，突出盆地演化过程中烃类的生成和运移、现今和古流体的活动及其运移的化学动力学、地下岩石的孔隙性和渗透性及其时空变化等 3 个方面的成果，以期对前陆盆地的油气勘探有所启示。

1.4.9.2　前陆盆地黑色页岩的沉积特征与形成机制

全球大量潜在的生产性天然气和易开采的页岩气、页岩油的发现，促使人们了解影响页岩储层性能的一些重要的地质特征，为快速了解页岩的地质性质铺平了道路。含气和含油页岩是富含有机质的细粒沉积岩，能够在人工压裂过程中产生大量具有商业价值的碳氢化合物。这些页岩通常作为烃源岩、储层和盖层。由于页岩与“常规”碳酸盐岩相比具有不同的、独特的物理化学、地层学和生产特性，因此形容词“非常规的”已被充分应用于表征其特征。虽然某些特征（如孔隙网络、地质力学特性）确实是不同的，并且正在开发新技术来测量这些差异，但其他特征（如沉积过程、地层特征）是相似的，因此常规方法学可以应用于更好地了解页岩，以满足勘探和生产目标。

在前人研究成果的基础上，第 6 章将对前陆盆地黑色页岩的一些重要的特征进行总结，既包括了黑色页岩的传统知识，也体现了黑色页岩的研究成果和经济价值。包括前陆盆地黑色页岩的研究现状、前陆盆地黑色页岩的岩石学特征、前陆盆地黑色页岩的分类与命名、前陆盆地黑色页岩的沉积特征、前陆盆地黑色页岩的地球化学特征与沉积环境标志、前陆盆地黑色页岩形成的控制因素分析、前陆盆地黑色页岩的形成机制 7 个方面。这些研究成果表明：①黑色页岩的搬运-沉积过程复杂，包括浅水和深水环境中的“下雨”式沉降、高密度流、浊流、风暴流、波浪改造、等深流等沉积机理和相应的沉积物。②黑色页岩中常见的页岩矿物类型多，包括黏土矿物、石英、方解石、白云石、磷灰石、黄铁矿等；有机成分包括孢子、植物体、生物成因的石英和方解石以及砂质有孔虫等。③孔隙度和渗透率都很低，孔径可降至纳米级。④黑色页岩的地球化学特征丰富，可以指示黑色页岩的沉积环境。⑤黑色页岩的岩相叠加模式和层序地层学是研究的难点，是揭示海洋沉积历史的重要方法。⑥虽然前陆盆地黑色页岩的形成机制多样（图 1.21），但是将其可以归纳为两种端元沉积模式，分别为停滞洋模式和氧最小带模式。

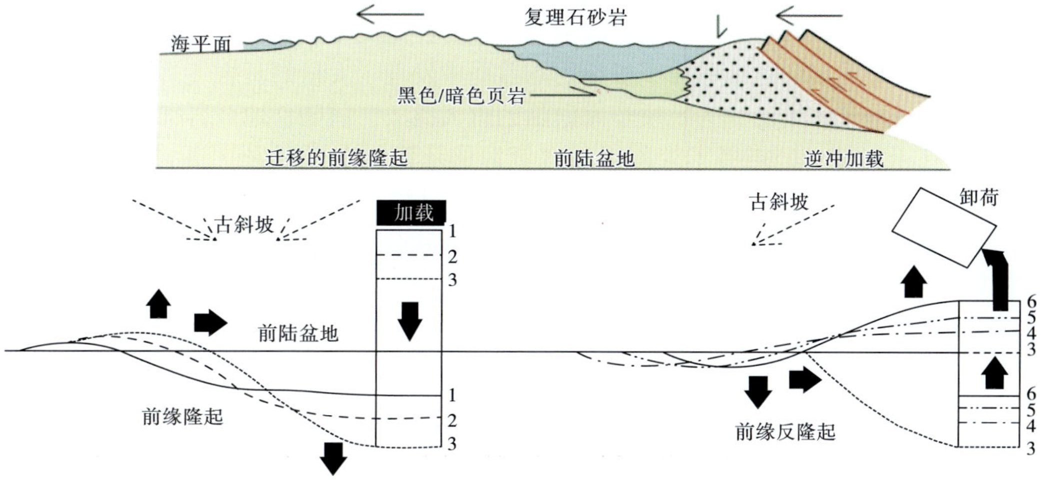

图 1.21　造山楔构造负载导致楔状前陆盆地的快速沉降与黑色页岩沉积物
（据 Ettensohn，1994）

楔状（wedge shaped）前陆盆地是形成富有机质页岩的主要时期；动力机制为造山楔构造负载导致楔状盆地的快速沉降。沉积序列显示为黑色岩系沉积所呈现的相对海侵，被解释为汇聚过程中变形载荷（deformational loading）所导致的盆地基底的快速沉降；而其上覆的总体变浅的沉积序列，则可解释为接踵而至的加载-卸载等阶段的对应沉积

1.4.9.3　前陆盆地页岩气富集机制

虽然黑色页岩可以在很多不同的盆地类型中（如克拉通盆地、裂谷、被动大陆边缘和主动大陆边缘盆地等）形成和发育，但是前陆盆地所具有的特殊地质条件使得黑色页岩不仅能够形成而且能够保存，导致了前陆盆地成为页岩气富集的盆地类型。我们的初步研究成果表明，前陆盆地所具有有利的沉积环境（可形成有机质页岩的环境）、挠曲沉降产生的可容纳空间和持续沉降和埋藏导致的较高的热成熟度，使得前陆盆地不仅具备了形成页岩气藏良好的物质基础，也具备了页岩气富集和保存条件。近年来在前陆盆地发现了大量的页岩气，使得前陆盆地动力学与页岩气富集作用已成为国际地质学家面临的重大挑战。目前地质学家对前陆盆地的构造作用、沉积充填和盆地模拟开展了大量研究，但是对前陆盆地页岩气的关注却刚刚开始，而且目前国内的研究者注重对页岩储层特征的研究，而对前陆盆地页岩的形成作用、保存作用和页岩气的富集作用也常常被忽视。

在前人研究成果的基础上，第 20 章将以阿巴拉契亚前陆盆地、沃希托前陆盆地、落基山前陆盆地和扬子前陆盆地为例，介绍在前陆盆地黑色页岩与页岩气富集机制等方面的研究成果，主要包括前陆盆地页岩气勘探开发现状、前陆盆地页岩气的地质特征、前陆盆地黑色页岩的孔隙类型、前陆盆地页岩气富集机制、前陆盆地页岩气的保存条件、前陆盆地页岩气评价、常规-非常规油气融合的前陆盆地全油气系统理论与方法7个方面。研究表明，前陆盆地所具有的特殊地质条件使得黑色页岩不仅能够形成而且能够保存，导致了前陆盆地成为页岩气富集的盆地类型。其原因在于：其一，位于造山带前缘古地貌条件导致前陆盆地具有封闭-半封闭的缺氧滞留环境使黑色页岩得以形成；其二，造山带构造负载驱动的挠曲沉降导致前陆盆地具有可容纳空间使黑色页岩得以持续沉降和埋藏；其三，坐落于具有一定抗压性（或刚性）的稳定大陆板块边缘的前陆盆地使得黑色页岩能够较好地保存下来。因此前陆盆地不仅是常规油气聚集的盆地类型，而且也是页岩气富集的盆地类型。在北美板块前陆盆地和扬子板块前陆盆地中发现了大量的页岩气，使得前陆盆地动力学与页岩气富集作用已成为地质学家面临的重大挑战。前陆盆地页岩气勘探开发成功的主要贡献在于：其一，拓展了人们对油气资源的认识，在烃源岩（页岩）开发油气，增加了油气资源量［烃源岩中已运移的油气（常规）仅为10%~15%；未运移的或原地的油气（非常规）达85%~90%］，常规油气资源量越高的地区，非常规油气资源量也越高，推动常规-非常规油气整体研究、整体开发。其二，增加了油气供给，延长了油气使用寿命。

第 2 章　造山带-前陆盆地系统与全球构造动力学

在 19 世纪以后近一个世纪中槽台学说在国际地质学界都占据着统治地位，对大地构造解释发挥了作用。20 世纪 50 年代魏格纳的大陆漂移说的"复活"、60 年代海底扩张说和板块构造学说的提出以及 90 年代大陆动力学的提出，均极大地推动了全球构造的研究，使前陆盆地研究与地球动力学的研究结合起来，全球构造与前陆盆地在理论和实践上都有了新发展，对全球构造运动和前陆盆地发育关系的研究又取得了新的进展，如地球物理学家对造山作用与板块运动的研究、地质学家对造山带与前陆盆地的研究、地质年代学家对地壳的冷却史的研究等等。因此随着新理论和新技术的发展，全球构造与前陆盆地问题又重新回到地球科学研究的重点领域中。

本章主要讨论了 3 个方面的内容：①造山带-前陆盆地系统与全球构造学说，主要阐述槽台学说、板块构造学说、大陆动力学与造山带-前陆盆地系统关系；②造山带-前陆盆地系统，主要阐述造山带、前陆盆地、造山带和前陆盆地耦合关系；③全球中-新生代造山带-前陆盆地系统，主要阐述全球中-新生代造山带-前陆盆地系统的空间展布。

2.1　造山带-前陆盆地系统与全球构造学说

全球构造学说主要研究地球的构造演化及其运动变形和发展规律等问题的学科，是研究地球科学的基础理论之一，不仅对深入认识地球发展史和地壳、岩石圈运动史有重要的理论意义，而且对研究成矿条件、地表成因及预测矿产资源等都具有重要的实际意义。板块构造利用地幔对流和板块侧向运动、俯冲碰撞造山给造山带以动力学解释，但是难于解释复杂多样大陆造山带的形成，特别是陆内构造及其动力学。近年来新的研究成果表明：大陆造山带的形成力源是多元多源的，不仅受到地球内部动力因素的制约，同时受到天文因素旋转运动的影响。通过对大陆岩石圈流变学分层、壳内-幔内低速的高导层、地幔对流、超地幔柱、软流圈上侵构造、拆离作用、地幔物质结构和能量不均一性、核-幔和壳-幔的相互作用等大量研究，目前的倾向性认识是大陆造山带动力学首先应放在地幔动力学背景上进行探索研究。

在过去的几十年间，由于受当时的技术与理论水平的限制，在研究造山带-前陆盆地系统与全球构造之间的关系时，有很多疑难点是难以解释的。在 20 世纪 60 年代后期至 70 年代早期，板块构造学说的提出对造山带-前陆盆地系统产生了深远的影响。

其一，造山带-前陆盆地系统与板块构造研究。板块构造模型提供的全球构造大框架对造山带-前陆盆地系统的研究提供了实质性的帮助，表明造山带-前陆盆地系统演化和全球构造之间的关系只有在地球内部动力与表面过程相互联系的背景下才能得到很好的解释，如宏观的全球构造现象与长时期、大尺度造山带-前陆盆地系统之间的相互关系就是目前最关注科学问题。

其二，造山带-前陆盆地系统与圈层作用的研究。在地球系统科学概念的引导下，地质科学的研究越来越重视地球各圈层的演化和相互作用的规律，地球多圈层间的相互运动与作用是21世纪初地质学的前瞻性领域，而构造作用和各种内、外动力耦合作用下形成的地球表层的各种构造地貌是各圈层相互作用的重要场所。因此，造山带-前陆盆地系统研究具有广阔的发展空间。如：①大尺度的造山带-前陆盆地系统的气候、生态效应研究；②造山带-前陆盆地系统与地下深部构造的研究。

2.1.1 槽台学说

19世纪，槽台学说的建立标志着大地构造学真正地独立成为一个新的研究领域。在此后的近一个世纪中槽台学说的学术思想在国际地质学界都占据着统治地位。

2.1.1.1 槽台学说的提出

1859年美国的古生物学家霍尔（Hall C. R.）在进行地层对比时发现，在阿巴拉契亚山整个古生代地层厚度比山外面要厚得多。所以他把它称作大向斜，即地槽（geosyncline）。霍尔认为在大陆上那些地层厚度巨大、岩层强烈变形、呈狭长带状分布的山脉曾经是地壳强烈活动区，称为地槽。与地槽相比，修斯将那些地层厚度小、岩层褶皱平缓、具有一定规则几何外形、地壳上相对稳定的区域称为地台。这是最早利用盆地中沉积物厚度来研究大地构造的例子。随后，众多研究者通过不断研究和探讨，逐渐形成了统治当时整个地学界的理论——槽台学说，并一直持续到20世纪中叶。19世纪后期，霍尔、丹纳和修斯的槽台学说的提出使大地构造学开始成为一个独立的研究领域，这一时期魏格纳的大陆漂移学说也曾有很大影响。在这之后的近100年里，槽台学说几乎统治着整个大地构造学领域。在1951年Kay所著的《北美地槽》一文中，他将地槽分成20多种类型，差不多每一种盆地都代表一种地槽，每种地槽都是一个不同的单元。槽台学说强调了地壳不同区域上沉积岩、岩浆岩以及变质岩的性质、分布以及它们之间的组合，并以此将地壳划分为稳定的地台和活动的地槽。它的基本出发点是固定论，过分注意区域上的相对升降运动却忽视了大规模的水平运动。

20世纪60年代板块构造说诞生以前，槽台学说的地球构造观立足于造山带是地壳内的沉积地槽及其回返成山，着眼于地槽的成因、类型、性质和分布演化的研究，发展了古生物地层对比、沉积岩相与建造学说和造山作用等一系列地槽回返理论。槽台学说认为地壳可分为地槽、地台两种构造单元。地槽是活动区，包括岩浆活动、变质作用、构造运动强烈，沉积不稳定，内生矿产发育。地台是地壳上稳定区，由地槽演变而来，沉积稳定，外生矿产发育。地台底下有地槽阶段产物。槽台学说把大陆地质构造单元划分的一级单元为地槽和地台。地槽进一步划分为优地槽（包括优地背斜和优地向斜）和冒地槽（包括冒地背斜和冒地向斜）；地台进一步划分为地盾、地轴、台背斜（陆背斜）、台向斜（陆向斜）、台褶带和裂陷槽 。

在此期间也是中国大地构造理论的开创和奠基时期。以翁文灏为代表。他按槽台学说将中国大地构造划分为地台区（包括华北地台、塔里木地台、扬子地台、印支地台）、地槽系［即地槽及中间地块，包括天山-兴蒙地槽系、秦祁昆地槽系、滇藏地槽系、华南地槽系、西太平洋地槽系（东北乌苏里、台湾喜马拉雅造山带）］。其中的单元界线为地槽与地台之间的界线，边界断裂为地台（稳定区）和地槽（活动区）之间的界线。因此，槽台学说为中国大地构造研究奠定了基础。这一阶段是中国大地构造理论大发展和百家争鸣的时期。在这一阶段中，不但李四光、黄汲清的学术思想得到了进一步发展，而且涌现了一批新的杰出学者和新的学说，如李四光的地质力学学说、黄汲清的多旋回构造学说、张文佑的断块学说、陈国达的地洼学说、张伯声的波浪镶嵌学说等。

2.1.1.2 槽台学说与前陆

在槽台学说指导下，Suess（1883）提出了前陆（foreland）这一术语，系指与造山带相毗邻的稳定地区，且造山带的岩层向它逆冲或掩覆。一般来说，前陆是地壳的大陆部分，应是克拉通或地台区的边缘。Bertrand（1897）、Haug（1900）曾将阿尔卑斯山脉的磨拉石作为前陆的沉积物，并认为它是地槽发育晚期的产物。

按槽台学说，前陆盆地可以简单地定义为介于造山带前缘及相邻克拉通之间的沉积盆地，它的发育与地槽（或洋盆）回返（或极性反转）为造山带有密切的联系。据地槽学说，造山作用是从较深的内带优地槽（eugeosyncline）向连接前陆的外带冒地槽（miogeosyncline）发展的，而后由于冒地槽回返隆升，在上升的山脉前缘形成坳陷。故也有人称之为前渊（foredeep）、山前坳陷或外地槽（exogeosyncline）（图 2.1）。Kay（1951）将前陆称为外地槽（exogeosyncline），其同义词为前渊（foredeep）。此外还提出了复理石盆地（flysch basin）、磨拉石盆地（molasse basin）等与前陆相关的术语。

2.1.2 地壳均衡学说

根据地震波研究表明，地球是具有同心圈层结构的球体。它的最外层称为地壳，厚度从几千米至几十千米，平均厚约 17 km。地壳下部由莫霍面把它与地幔分开。地幔下部以古登堡-维舍特面分开，为地核。地壳分为两层，上层为花岗岩层，在花岗岩之上许多地方分布着固结和尚未固结的沉积岩层，下层为玄武岩层，在花岗岩层与玄武岩层之间的分界面为康拉德界面。地球表面大部分陆地的地壳都是由花岗岩层和玄武岩层组成的双层结构，称为陆壳，它的厚度一般为 30~50 km，在西藏高原和天山地区最厚可达 70 km 左右。由玄武岩层构成的大洋地壳为单层地壳，又称洋壳，在太平洋中央处厚度只有 5 km，在大西洋和印度洋也只有 15 km。密度较小的固体地壳在熔融状态的地幔之上好似浮在水面上的块体一样，地壳厚的地方，突出地表越高，插入下部地幔越深，称山根；反之，地壳薄的地方，插入下部地幔越浅，地表相对也越低。这样就形成地壳均衡。

2.1.2.1 地壳均衡学说的提出

19 世纪中叶，普拉特（Pratt，1854）和艾利（Airy，1855）对喜马拉雅山的引力进行了研究，用不同的物理模型来解释地壳均衡。普拉特认为地壳的密度是不均一的，密度越小的地块，高出海平面就越多，地势也高；密度越大的地块，地势就低。地壳下是一平面。艾利认为地壳上的山岭好似木块浮在水上，把地壳看成是密度较小而均一的物体，其厚度不同，它浮在一个密度较大的壳的下层中，因而地壳下边是一起伏面，为了保持各段

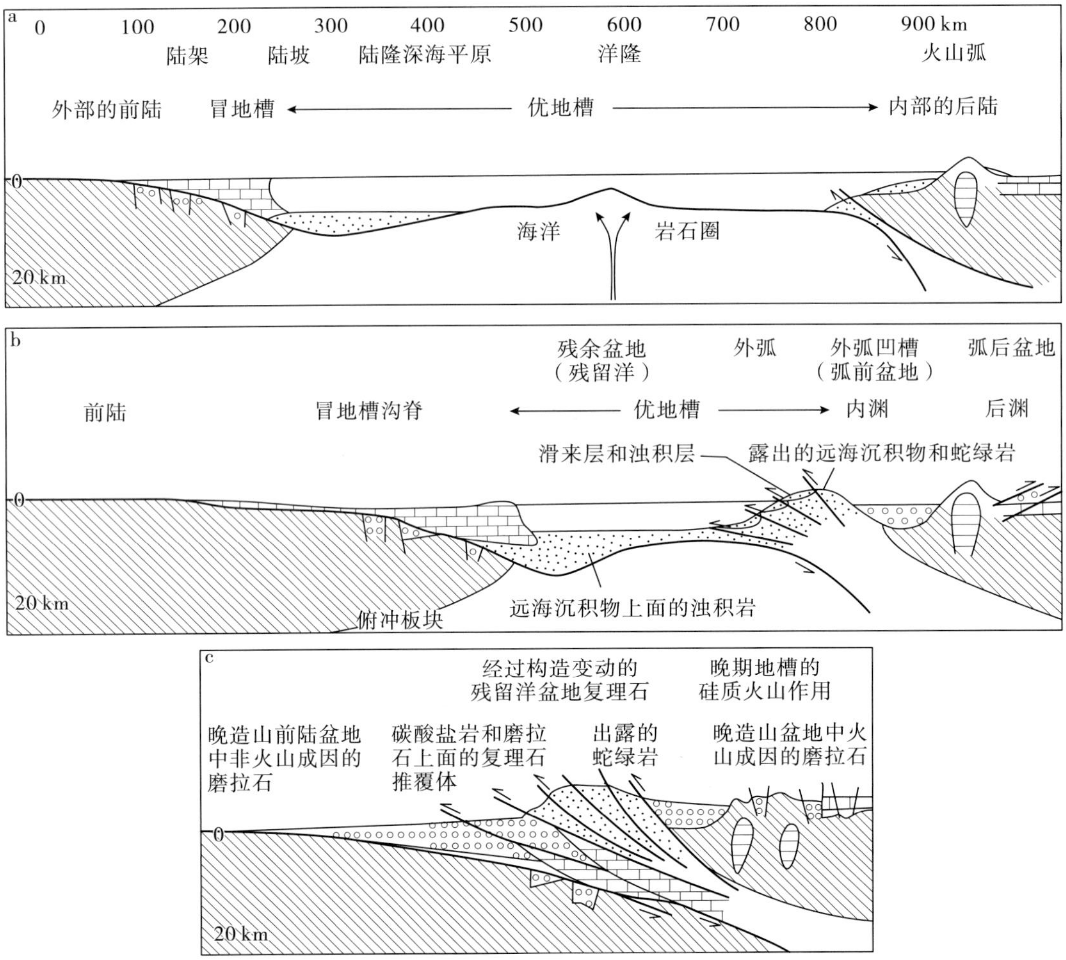

图 2.1　地槽发育阶段的模式

（据 Aubouin，1965）

根据大洋扩张、俯冲和大陆碰撞的威尔逊旋回解释。a—扩张、俯冲作用阶段；b—残留洋盆或造山复理石阶段；c—陆-陆碰撞作用或晚期造山阶段

地块的均衡，就用体积来补偿壳下物质之不足。自从地壳均衡学说问世以来，又进行了许多研究，结果表明，地壳下面的均衡剖面是有起伏的，同时地壳物质厚度又是不均一的。赫斯凯恩（Heiskanen）认为地壳均衡平衡的 63%是按艾利的深部补偿原理来完成的，而 37%由普拉特的密度差来补偿。许多高大的山地和高原区地壳都很厚，平原区地壳较薄。

2.1.2.2　地壳均衡原理

地壳均衡是趋向于抬高大陆的力与趋向于降低大陆的力保持平衡，表现为地壳顶面的升降是岩石圈结构厚度与密度参数的函数。岩石圈结构参数（图 2.2a）包括：海水层、沉积物层、地壳岩石圈层、地幔岩石圈层以及地幔软流圈的顶层。对于缺乏海水和沉积物层的陆地来讲，岩石圈结构参数仅由后三个部分组成（图 2.2b）。

地壳的均衡是位于地幔软流圈上部某一平面承受单位面积重量各处均相同。因此，这

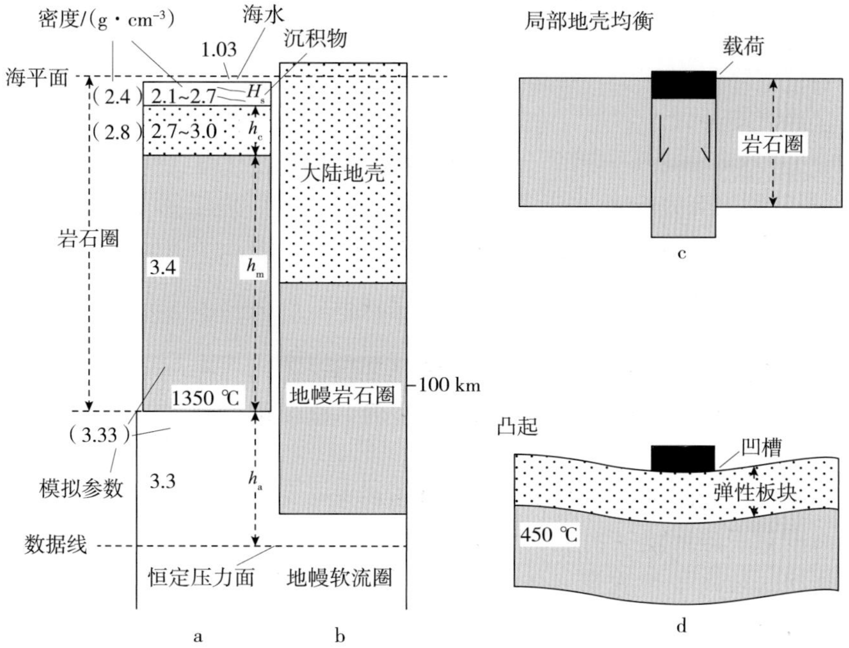

图 2.2 地壳均衡的原理与模式

（据 Einsele，1992）

a—大陆架模式，表示恒定压力以上的岩石圈结构由不同厚度和密度的圈层组成；b—高原模式，比大陆架模式缺少水层和沉积物层；c—岩石圈对载荷的局部地壳均衡响应模式；d—坚硬地的岩石圈对载荷的弹性挠曲响应模式

里假定：①地幔软流圈上部有恒定压力的水平面，这个平面的位置基本不变；②大气圈单位面积总量忽略不计，则有公式（Einsele，1992）：

$$\rho_w h_w + \rho_s h_s + \rho_c h_c + \rho_m h_m + \rho_a h_a = E \quad (2.1)$$

式中：ρ 为所在圈层的密度；h 为所在圈层的厚度；E 为常数。w 表示海水层；s 表示沉积物层；c 表示地壳岩石圈层；m 表示地幔岩石圈层；a 表示地幔软流圈层顶部。

根据上述公式不难得出如下结论：在软流圈恒定压力面之上，地幔岩石圈消耗（减薄）时，地壳岩石圈增厚，从而使陆地表面或海底面上升；反之，地壳岩石圈消耗（减薄）时，地幔岩石圈加厚（图 2.2）。因此，大陆地壳通常高出海平面，而较薄的大洋地壳则要低于海平面几千米。

一般地，新形成的岩石圈出现在海平面以下大约 2.5 km 处，这种变薄的大洋盆地可以近似看作是由于上涌的较高密度的上部地幔物质使大陆地壳变薄，从而部分取代的一种构造沉降作用。这种均衡作用可以表述为：

$$\Delta(\rho_w h_w) + \Delta(\rho_s h_s) + \Delta(\rho_c h_c) + \Delta(\rho_m h_m) + \Delta(\rho_a h_a) = 0 \quad (2.2)$$

这一公式的含义是：软流圈（恒定压力水平面）之上的压力增量为零，即单位面积上的总岩柱体重量不变，尽管各层顶、底可能发生变化。换言之，可用以下公式表达：

$$\Delta h_g + \Delta h_w + \Delta h_s + \Delta h_c + \Delta h_m + \Delta h_a = 0 \quad (2.3)$$

式中：g 表示大气圈层。式（2.3）含义是：恒定压力面之上各层的厚度增量（含大气圈）之和为零，即总厚不变。因此有：构造沉降或隆升量等于大气圈增量、水圈增量及海底沉积物增量之和。公式为：

$$S_i = \Delta h_g + \Delta h_w + \Delta h_s \tag{2.4}$$

式中：S_i 为构造沉降量（正值）或隆升量（负值）。式（2.4）即是在地壳均衡原理基础上所获得的盆地沉降公式。不过，应注意以下两点：①该公式只适用于局部均衡补偿作用（local isostatic compensation）（图 2.2c），与地壳弹性挠曲响应（flexural response）不同（图 2.2d），即目的地壳完全独立于邻近其他岩柱体，对别的任何邻近负荷不产生作用；②平衡条件是软流圈恒定压力面之上的负荷缓慢变化。

2.1.2.3 均衡反弹模式与大陆隆升、剥蚀

近年来，利用地壳均衡原理研究了大陆隆升和剥蚀作用，提出了均衡反弹模式。如东澳大利亚的上升运动被认为是侵蚀导致的均衡上升，而从前则忽视了剥蚀卸载导致的均衡反弹。

均衡反弹模式也适用于大陆内部。虽然目前尚难于估计该模式的意义，但用地球物理方法分析岩石圈对于地形侵蚀的响应无疑是重要的。然而，将假设的侵蚀系统（侵蚀速度与上升成正比）应用于地貌镶嵌体是不适当的。在地势与上升基本吻合的造山带，应用这个假说，可得出合理的最佳近似值。而在被动陆缘镶嵌体上，陡崖的侵蚀作用活跃，典型高原面上则侵蚀作用缓慢，侵蚀速度的差异很大。

2.1.2.4 均衡沉降与沉积盆地

沉积盆地是地球表面或者可以说岩石圈表面相对长时期沉降的区域，换言之，是基底表面相对于海平面长期洼陷或坳陷，并接受沉积物沉积充填的地区。从构造意义上说，沉积盆地是地表的“负性区”。相反，地表除沉积盆地以外的其他区域都是遭受侵蚀的剥蚀区，即沉积物的物源区，这种剥蚀区是构造上相对隆起的“正性区”。隆起的正性区遭受侵蚀剥蚀，使其剥蚀下来的物质向负性的沉积盆地迁移，并在盆地中堆积下来，这实际上就是一种均衡调整（或称补偿）作用。沉积盆地是地球演化的档案库，沉积岩覆盖着大部分地球表面，约占整个地球表面的75%。由此可见，沉积岩仅仅作为一个薄的地壳覆盖着地球。这种覆盖物是不均匀的，巨厚的沉积物堆积在局部地区，我们把它称为沉积盆地。沉积盆地与人类生活密切相关。这不仅仅是因为我们人类大多数都集中生活在现今沉积盆地地区（如世界著名的三角洲大都是大城市所在地），它直接构建了人类生活环境的地质本底。

2.1.2.5 地壳均衡与前陆盆地

造山带的布格重力异常一般表现为大的“重力低”。这种重力低通常从地形的最高点向前陆偏移，有时共生的“重力高”要向上冲的板块方向偏移。开始，人们详细解释布格负异常时，只简单地认为是由于具质量亏损的巨厚地壳引起的，而把正异常归因于深部存在有高密度体。后来，由于利用了板块构造新的观点，认为重力异常是由于板块的汇聚、碰撞及俯冲导致的。Karner 等（1983）用岩石圈的弯曲具体解释有关重力场问题。可以简单地认为，前陆盆地中对布格负异常产生影响的沉积块体是由于板块碰撞引起物质的侧向迁移，导致造山带前缘弯曲下降所形成的。在阿尔卑斯和阿巴拉契亚山脉，由于前

陆盆地的规模和看到的地形负载之间未能很好地吻合，所以 Karner 等（1983）就假设存在有“隐藏的”或在地下的重荷，这是使前陆弯曲和沉降的驱动力。这种隐藏的重荷可能是由于板块碰撞引起的水平方向挤压应力的传递所致，或以岩石圈中密度变化的形式出现。在亚平宁和喀尔巴阡山脉存在有同样的情况，那里的地形重荷本身显然不足以形成所看到的前陆盆地。如果前陆板块早先已扩张过了，并且在逆冲作用之前已有大洋，那么只要有适当的地形表现，就能发展成巨厚的逆冲楔。Stockmal 等（1986）认为，巨厚的逆冲楔足以使地下隐藏有重荷的说法成为多余。在喜马拉雅山，地形（或表层重荷）与观察到的前陆盆地布格异常较密切地对应。可是喜马拉雅山的地形重荷太大了，仅仅靠被掩印度板块的弹性应力是不能支撑它的，这说明有外力系统存在。有人将外力解释为作用在破碎的、软弱的岩石圈的冷却地幔上的重力。

2.1.3 大陆漂移学说

在 20 世纪初，魏格纳（Wegener，1912）提出了大陆漂移学说。根据相隔大洋的两块大陆海岸线的形状、地层、古生物和构造等相似和连续的特点，以及气候、大地测量和地球物理等资料，他认为大陆原是相连的整体，然后才逐渐分开，形成今天地球上海陆分布的形式。由于当时科学技术水平的限制，有些资料说服力不强，因而支持大陆漂移学说和反对大陆漂移学说的争论持续了几十年。到了 20 世纪 50 年代中期，由于地质学和地球物理学的深入研究，发现许多新的证据，大陆漂移学说又重新得到重视并有所发展。支持大陆漂移学说的最新证据有以下几点：

1）地壳水平运动大断层的发现，说明地壳曾经有过较大幅度的水平运动，给大陆漂移说有力的支持。例如我国台湾东海岸、菲律宾、新西兰和美洲西海岸等地区都有巨大的平移断层。美国圣安德烈斯大断层从陆地一直延伸到海洋，在约 1000 万年期间，该断层至少右旋错动了 400~500 km，大洋中的平移断层也很多，如太平洋中的门多新诺断层错动了 1140 km，墨莱断层东端错动了 150 km，西端错动了 680 km。

2）对大陆的拼合做了新的研究，更加说明大陆原先是连在一起的。海岸线的形状受海面变化影响较大，因而在进行大陆拼合时，应以较深的边缘海（大陆坡）为标准。此外，拼合的时候，两块大陆应放在什么相对位置，也应有个标准。因此，布拉德（Bullard）等用电子计算机进行运算，得到大西洋约 1 km 深处的大陆拼合图。可以看出，重叠区和空隙区是很小的，很多重叠地区可以用大陆破裂后的边缘沉积物来解释，例如尼罗河三角洲、巴哈马沙洲和布莱克高原的碳酸盐礁等。

3）古地磁研究的成果为大陆漂移说提供了新的证据。利用同一大陆块上的古地磁资料可以确定古地磁极的位置，但不同地质时期古地磁极的位置不同。按地质年代顺序将这些古地磁极位置连接成一条曲线，叫磁极移动曲线。各大陆磁极移动曲线不同，说明在地质时期各大陆之间发生了相对运动。古地磁研究认为，大约在 1.5 亿年前，南半球的各大陆是连在一起的，称为冈瓦纳古陆。冈瓦纳古陆从寒武纪到中生代的磁极是一致的，以后才分散成现在各大陆的格局。

2.1.4 板块构造学说

过去的 20 世纪对于地球科学来讲，最令人振奋的莫过于板块构造理论的形成。它使整个地质学发生了彻底的革命，这也使前陆盆地分析进入了第二个阶段。板块构造学说的确立是20世纪地球科学划时代的事件，它不仅使得地球科学从分门别类资料搜集、零星式描述性研究转变成为系统阐述和探索机理的全球地质学理论阶段，也使得地质学形成了多个跨学科领域的研究方向，前陆盆地分析就是其中最重要的一个方向。随着板块构造学说的迅速推广，前陆盆地分析逐渐走向成熟和总结阶段。这个阶段实际上也是前陆盆地分析研究系统化的阶段，也是现代前陆盆地动力学形成和发展的阶段。毫不奇怪，对于前陆盆地的分析而言就是板块构造对它的控制，它使得整个前陆盆地的分析研究进入一个理性阶段。

经过地球科学工作者们半个世纪的努力形成了这一作为地球科学革命的代表性理论思潮。很快板块学说对地学各领域，也包括沉积盆地研究带来了深刻影响，人们从板块相互作用的动力学角度重新认识沉积盆地的成因演化及其在板块构造格架中分布的规律性，从而使板块构造背景成为沉积盆地分类的理论基础。对盆地成因、演化的正确认识是进一步揭示油气聚集规律的前提，盆地的成因类型虽不具有直接的资源评价意义，但对认识成藏、成矿背景却具有战略意义，例如世界和中国许多超大型油田都与裂陷类、前陆类盆地有关。盆地与板块构造的关系还具有明显的历史特征，Klemme等（1991）提出世界上60%以上的油气资源来源于晚侏罗世和早白垩世的烃源岩，许多著名的超大型含油气盆地和油气系统的形成，如沙特、伊朗、墨西哥湾、北海、西西伯利亚等，均因有该期的特富生烃凹陷这一首要条件。这与该时期处于地球历史上的突变期有关，这一时期发生了全球规模的裂陷作用，大西洋及特提斯洋张开，并相应形成了广泛分布的大陆边缘裂陷。

2.1.4.1 板块构造学说的提出

20世纪50年代，在大陆漂移学说的基础之上，美国地质学家赫斯提出了海底扩张说，这一学说得以提出的一个重要前提是此前全球海底洋中脊以及转换断层的发现。就在海底扩张学说提出的同一时期，威尔逊、摩根、勒皮雄等人提出了板块构造说。

板块构造说认为地球表层被活动带分割成大小不一的板块，这些岩石圈板块之间存在相互作用，而这些相互作用是大地构造活动的基本原因。地球上部在垂向上可被分为具有刚性的岩石圈和具有塑性的软流圈，岩石圈板块在软流圈表面做相对运动，不同的板块之间存在相互运动，板块在离散边界处的扩张增生与汇聚边界处俯冲消减是完全补偿的。这些板块运动的最终驱动力来源于地幔中热对流。在板块学说建立的初期，全球被划分为六大板块：非洲板块、欧亚板块、印度洋板块、南极洲板块、美洲板块、太平洋板块。板块构造学说也受到许多方面的质疑，尤其是板块构造理论在大陆上的应用和验证上。比如随着人们对地球深部圈层构造进一步认识，地质学家发现软流圈不具有全球性，这就很难解释这些缺失软流圈的区域大陆板块运动问题。没有了得以漂浮的软流圈，板块为何还能运动？这个问题一直困扰着板块构造的支持者。

2.1.4.2 板块构造的含义

板块构造被称之为全球大地构造。所谓板块指的是岩石圈板块，包括整个地壳和莫霍面以下的上地幔顶部，也就是说地壳和软流圈以上的地幔顶部。新全球构造理论认为，不论大陆壳或大洋壳都曾发生并还在继续发生大规模水平运动。但这种水平运动并不像大陆漂移说所设想的，发生在硅铝层和硅镁层之间，而是岩石圈板块整个地幔软流层上像传送带那样移动着。按照板块构造学说的观点，将大陆构造单元做了这样的划分。最大一级单元是岩石圈板块（板块）。板块内部可进一步分为陆壳（大陆）（包括地盾、裂陷槽和古造山带）；过渡壳（大陆边缘）（包括弧前增生楔、弧前盆地、岛弧带、弧间盆地和弧后盆地）、洋壳（残留岩片）[包括洋盆、海山（洋岛）]。

板块构造理论的形成主要基于大陆漂移说、海底扩张说和地幔对流说，其基本原理是，在固体地球的上层，在垂向上可被分为物理性质截然不同的两个圈层——上部刚性岩石圈和下部软流圈。岩石圈在侧向上可以分为若干不同的板块，板块边界包括扩张型、俯冲汇聚型和平移剪切型3种基本类型。岩石圈板块横跨地球表面的大规模水平运动，板块运动驱动力来自地球内部，最可能是地幔物质的对流。岩石圈板块属完全刚性体，大陆板块和大洋板块具有相同的力学性质，板内只有运动而无变形，构造变形作用仅发育于板块边缘。造山带的形成都是从俯冲开始，通过碰撞作用完成的，是复合造山作用的最终结果。板块构造理论的局限性在于，难以解释大陆板块复杂、弥散性构造变形（如大规模的逆冲推覆、走滑剪切和伸展变形）和强烈的地震活动。

20世纪60年代兴起的板块构造认为，造山带是岩石圈板块在其侧向运动中相互作用的结果，是洋与洋或洋壳对陆壳的俯冲和陆与陆碰撞的构造产物，即造山带的形成与演化主要取决于岩石圈板块相对运动及相互作用，是板块间俯冲碰撞造山。提出了陆-陆、弧-陆、洋-陆碰撞造山模式、俯冲-碰撞复合等一系列造山模式。此外，板块构造理论本身也处于不断地发展之中，例如移置地体概念的提出。移置地体的概念和板内大范围岩石圈侧向运动的观点，对理解造山带构造和沉积盆地的关系有很大帮助。

我国最早根据板块理论对中国板块轮廓进行划分的是李春昱先生（1980年），其后许多学者都进行了划分，尽管在细节上（如板块间界线、一些小地块的归属上）有差异，但大格局基本一致。汤耀庆等（1984）将中国划分为7个板块，包括中朝-塔里木板块、华南板块（包括羌塘）、冈底斯-拉萨中间板块、印度板块、哈萨克斯坦中间板块、西伯利亚板块和菲律宾板块。其中，板块间界线位于造山带内部（对接带）。一个板块包括稳定大陆及活动的大陆边缘。中国大地构造的板块学说，对于后来流行的很多中国大地构造理论产生奠定了重要的理论基础。对现在的构造理论思路指明了新的方向。从目前来讲，板块构造学说是中国大地构造理论的主导，但在复杂的大陆构造面前，板块模式的局限性已经日益显露。板块构造学说认为“由地幔对流驱动岩石圈板块，在全球范围内的水平运动主宰着地球表面的运动”。而现在人们越来越认识到地球各圈层的相互作用是改变地球表面运动的重要因素；越来越认识到天体运动对地球运动可能产生的重大影响。

2.1.4.3 板块构造与前陆盆地

板块构造学说兴起后，根据古陆的开合演变，把目前见到的东非裂谷-红海-大西洋的扩张以及太平洋-地中海-喜马拉雅山脉的大洋收缩消亡过程联合在一起，作为一个从大洋产生到消亡的演化模式，人们称之为威尔逊旋回。其中前三个阶段的板块活动方式是扩张，形成大陆内裂谷、大陆间裂谷、大西洋型被动大陆边缘和深海平原盆地。后三个阶段的板块活动方式是俯冲、碰撞，形成岛弧型、安第斯型、阿尔卑斯型和喜马拉雅造山带以及与它们有关的盆地，如海沟、弧前盆地、弧后盆地、残留洋盆地和不同类型的前陆盆地。因此，根据后三个阶段的演化可解释地槽（洋盆）回返为造山带的过程以及盆-山之间的耦合关系。

在板块构造理论的指导下，Price（1973）提出了前陆盆地这一术语，认为前陆盆地分布于造山带和前陆克拉通之间，并指出前陆盆地是大陆岩石圈受上叠地壳加载引起挠曲变形而形成的边缘坳陷盆地。Dickinson（1974）根据的成因和位置将前陆盆地划分为周缘前陆盆（peripheral foreland basin）和弧后前陆盆地（retro-arc foreland basin）。

2.1.5 大陆动力学

随着地质学家对地球深部动力研究的深入，人们对于地球深部的物质运动情况有了进一步认识。在此基础之上，Maruyama（1994）提出了地幔柱构造说，这是关于地球内部物质运动方式和全球动力学的假说。地幔柱构造是地幔中受几个大的、垂直的地幔柱流控制的动力学区域，并认为在南太平洋和非洲地区下部存在两个巨大的热地幔柱，而在中亚和东亚地区下部的外核上部存在由大洋板块聚集、滞留并最终塌落到外核上形成的冷地幔柱。在地幔柱构造中并存的热地幔和冷地幔柱的运动是地球演化的各个历史阶段地幔物质的主要运动形式，导致前寒武纪超级大陆解体以及晚古生代泛大陆的聚合，它驱动着显生宙板块运动，引起地球各个圈层相互作用，特别是地壳和地幔之间的相互作用。

2.1.5.1 大陆动力学的含义

近年来，人们发现大陆与大洋板块之间存在着明显的差异性。当代随着科学技术以及相关新手段和设备的出现，一些新的大地构造现象将会被逐渐发现或进一步认识，地质学家对于全球板块以及地球深部的认识会更加深入，这将有助于人们完善已有的理论并促进新的大地构造理论的提出和发展（表2.1）。

表2.1 全球构造理论的含义及其发展

时期	50~60年代	70年代	80年代	90年代末
研究前沿	地壳大地构造单元划分	古板块再造	岩石圈结构、构造及其对板块作用力的响应	寻求大陆变形的各种不同的动力及其演变
研究内容	阐明大陆隆升和沉降，确定大陆地槽地台的演化历史	阐明大陆板块的运动学历史和板块边界的相互作用，再造区域板块历史	阐明主要构造形迹的变形形式及其几何学和运动学	阐明大陆不同构造层次的结构、构造形成过程及其力源
科学目标	建立地槽地台理论	验证板块构造理论		建立大陆演化新模式
指导思想	地壳动力学（固定论）	地球动力学与岩石圈动力学（岩石圈板块构造理论）（活动论）		板块构造理论框架下
重要进展	划分了地壳各类构造单元，探索了地槽—地台演变历史	识别了大陆威尔逊旋回（蛇绿岩、碰撞作用、俯冲作用、裂谷作用），证实板块构造理论框架适用于大陆	掀起了研究大陆推覆构造、走滑构造、伸展构造学术思潮，提出了大陆碰撞构造、地体构造，发现大陆地质复杂性和板块构造应用的局限性	有可能建立起大陆动力学理论（或大陆板块构造理论）

大洋板块的时间短、年龄新（<2 亿年）、结构简单，以硅镁质成分为主，为薄而冷的刚性块体；而大陆岩石圈板块存在时间长、以硅铝质成分为主，具有不均一的结构、复杂的流变学分层、低的密度、弱的强度以及具有更为复杂的热状态和热力学体制。鉴于大陆与大洋岩石圈板块在成分、结构、强度和流变性质方面存在显著差别，不能用板块构造理论来很好地解释大陆构造，从而提出了大陆动力学概念，试图把整个固体地球当作一个单一的动力学系统看待，通过对大陆地质构造变形和物质成分研究，了解它的形成过程，探索大陆形成演化历史，寻找它的主要驱动力。

Molnar（1988）依据岩石圈结构、性质，建立了大陆岩石圈深度-强度剖面，认为大陆岩石圈流变学分层具“三明治”式结构，由中下地壳塑性层（20~60 km）和由其分割的上地壳、上地幔脆性层组成。

Rannili（1987）从韧性分层角度提出了岩石圈流变学分层模式（图 2.3），认为大陆岩石圈由 20~30 km 和 40~60 km 两个韧性层及由此分割的两个脆性地壳层和一个上地幔脆性层组成岩石圈流变结构和分层是大陆构造的主控圈层，控制了大陆构造的形成演化-大陆动力学。大陆动力学把整个固体地球当作一个单一的动力学系统看待，通过对大陆地

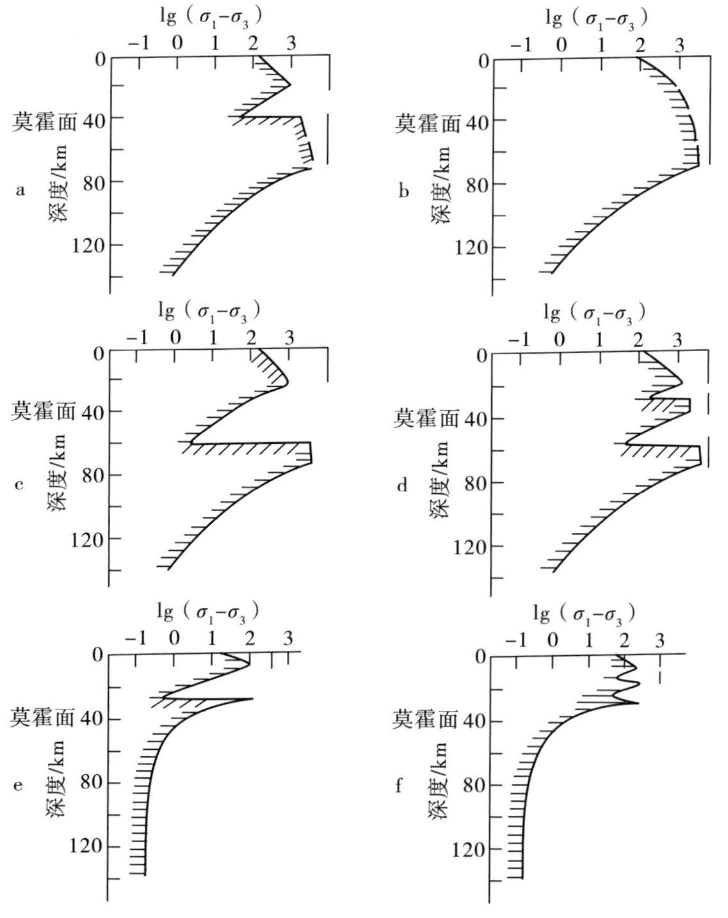

图 2.3　岩石圈的流变学分层剖面（σ_1 与 σ_3 单位为 MPa）

（据 Rannili，1987）

质构造变形和物质成分研究，了解它的形成过程，探索大陆形成演化历史，寻找它的主要驱动力。大陆动力学研究的关键问题主要表现在：

1）大陆软流圈的全球性问题。近些年来，地球物理研究得出的克拉通速度结构、全球层析和区域模型都表明，一些大陆的古老地块下面往往缺失软流圈，或软流圈发育不好，在全球大部分克拉通下面，高地震波速可向下持续到超过200~300 km的深度。表明在很多大陆地区，地壳之下的地幔被牢固地贴在上覆的大陆上，构成一个深深的大陆根。这一发现意味着岩石圈的概念不能未经修改就直接应用到大陆上。

2）非威尔逊旋回演化问题。威尔逊旋回解释不了造山作用的全过程和复杂性，在大陆造山带中非威尔逊旋回造山作用可能起着更重要作用。近年来研究发现，一些裂谷按照正常顺序演化，即从裂谷演化成年轻大洋，然后再演化为成熟的被动大陆边缘，而另一些裂谷在初始阶段就夭折了。经典板块构造理论认为，板块碰撞之后基本上就没什么大的构造作用，只有被风化剥蚀了。20世纪80年代中期以来，在全球造山带中都发现了发生在碰撞之后的后造山作用，而且非常强烈。

3）大陆垂直增生与消减问题。大陆地质研究成果表明，陆壳侧向水平增生不是地壳生长的唯一方式，来自地球深部软流圈或上地幔玄武质岩浆和下地壳底部花岗岩浆的底侵作用也是大陆生长的一种重要方式，即：大陆垂直增生方式。

板块构造学说认为，陆源与远洋沉积物通过俯冲作用是大陆地壳或物质消减的唯一过程。但最近的研究却发现，下地壳的拆沉作用也是与沉积物的俯冲作用同等重要的地壳再循环或消减过程，拆沉作用导致山脉快速隆升和岩石圈减薄。

4）大陆结构的多层性及耦合与非耦合性问题。岩石圈内部的层圈之间存在着相互作用，具有多层的软心结构。根据流变学特点大陆深部可分以下4层：①上地壳，地质尺度上表现为刚性；②流体地壳层，通过流动来减小，释放垂直应力的水平梯度；③固态下地壳，镁铁质，比上部流体层强硬得多；④岩石圈的地幔部分，大大强于流体层。

5）大陆构造变形力源的多元多源性问题。大陆板块内部变形的动力是多元的，也是多源的，除以往板块构造认为的洋脊推力、板片拖力、海沟吸力、碰撞阻力、板块底部拖力、俯冲拖曳力、地幔对流施加给岩石圈板块底部的浮力外，还有地幔柱的上侵力与缺乏软流圈地区的大陆漂移的动力、大陆岩石圈根（壳根）形成和消失引发的动力学作用、岩石圈内部非均质性引起的动力及其效应：岩石圈内部的非均匀性，例如密度差产生的应力或重力，在大陆变形上也是十分重要的不可忽视的力源。

随着大陆动力学概念的提出，大陆板块内部发生广泛弥散性变形，包括不同构造岩块大规模的侧向运移，而叠置在一起，使地壳增厚以至形成巨大的山系。因此大陆造山带的形成与演化，不仅仅是板块俯冲-碰撞造山作用所能完全解释，而是包含了陆内多种不同机制的复合，所以应运而生了多种造山理论和模式，包括陆内造山作用、薄皮板块构造、滑移线场理论、岩石圈拆离造山、地体说、断裂造山、伸展造山、陆内俯冲造山、斜压俯冲-碰撞造山等。

6）大陆的下地壳流。随着青藏高原的隆升，地壳不断增厚，其内部的温度也不断升高，结果导致青藏高原内部物质由弹性向流变性质转变。在推挤压力和重力作用下，高原地壳内部物质向着北、北东、东和南东等方向流动。Clark等（2000）给出了青藏高原东部下地壳流动的运移方向（图2.4），下地壳物质向东运移受到强硬的四川盆地的阻挡后分成三部分，一部分向北东方向运移，一部分向南东方向运移，另外一部分被四川盆地阻挡，在龙门山断裂带附近累积，经过长期的地质过程，高原内部物质的向东流动趋于一种平稳状态。

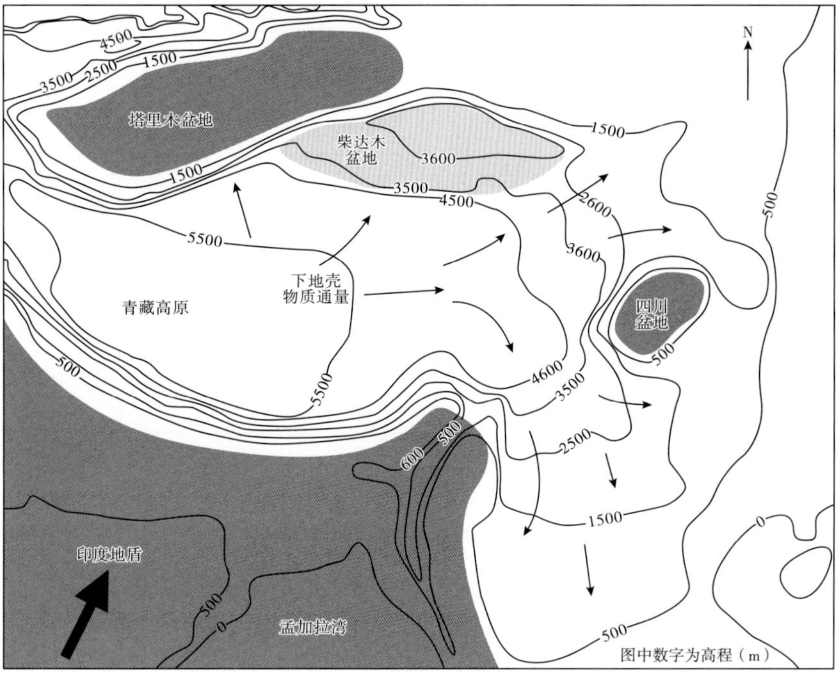

图 2.4 青藏高原东部下地壳流的流动与运移
（据 Clark et al.，2000）

2.1.5.2 大陆动力学与前陆盆地

板块构造理论虽取得了巨大的成功，但许多动力学过程并没有解决，特别是发生在大陆范围的动力学过程，因此提出了大陆动力学问题，美国学者们提出了“大陆动力学研究国家计划”（1993），对大陆动力学的研究特点、必要性和内容做了系统的阐述。

地幔柱理论、拆沉理论、盆地动力学的提出，使得人们对垂直运动的重要性进行了重新认识。超越板块构造理论的大陆动力学和盆-山耦合已成为 21 世纪初地球科学的前沿领域。

虽然前陆盆地构造的研究已经能够说明前陆盆地形成的一般原理、盆地的几何特征、构造驱动力和物质性质，但是将其进一步深入运用又存在很多限制，如在前陆盆地沉积记录中很难区别是由于地壳的垂向运动还是由于地球表面水体变化（海平面变化）引起海平面的相对变化。在造山运动中，垂向运动可能由几种运动共同驱使。例如，与前陆盆地有关的造山带基底的岩石和地壳负载共同影响盆地沉降，但这些作用相对贡献力与强度又很难确定。同样，热沉降和表面应力共同影响被动大陆边缘和克拉通盆地内部的沉降。所以，前陆盆地动力学研究不仅要从巨厚的盆地充填物去研究，未来更为重要的发展方向是从保存于沉积物内部的古地形记录中获取证据，而以前只是着重于古测深的研究。现有的知识储备、超强的计算机手段、GIS 技术和高精度数字高程模式（DEM）的出现，使我们不仅能进行平面二维空间的古地理（古大陆）再造，也允许进行垂向三维空间的岩石圈表面古地理（古地形）变化的重建。岩石圈的拆沉作用、深部物质的折返直接影响到古地形的隆升及地貌形态，也直接控制着侵蚀与剥蚀速率。伴随着山体或高地的抬升，在造山带内部和周边地区形成了许多沉积盆地，山体或高地侵蚀的产物被水或风搬运到盆地中沉积下来。

2.1.5.3 壳-幔体系与前陆盆地

沉积盆地是壳-幔体系应力和应变的显示器。沉积盆地的形成直接受地形控制，地形决定接受沉积物的地表凹陷范围，高地则向沉积盆地提供物源。这一地质过程被称为外动力地质作用，似乎与深部因素关系不大。但是最近研究表明，盆地沉降机制除明显受岩石圈控制外，地形也完全受下伏地壳岩石的厚度和密度状态变化以及全球规模的地幔对流的控制。所以沉积盆地被称之为壳幔体系中应力和应变的显示器。Gurnis 通过对 64 Ma 以来全球隆升和沉降分布模型的计算，揭示出北美的相对隆升和印度尼西亚的相对沉降也是由于地幔对流引起的地形变化。因此，从地幔对流系统进一步认识盆地的形成与演化是未来研究的重要研究方向。沉积盆地是岩石圈变形的产物，岩石圈的伸展产生裂陷盆地，岩石圈挠曲则产生前陆盆地，但是大规模裂陷作用或挠曲变形的发生则需要从地幔对流的动力学来认识。早期人们注意到许多大盆地与莫霍面的镜像关系，进一步探索整个岩石圈的变化和软流层顶界面起伏则缺少手段。事实上岩石圈与地幔对流系统的界面是最活跃、最重要的界面-也就是软流层的顶界面。岩石圈的变形和这一界面的起伏呈耦合关系，并决定着沉积盆地的热状态。

20 世纪 90 年代天然地震层析技术的进步提出了地球深部结构的图像，其精确度虽较差，但在迅速地改进当中。Roure 等（2010）提出了流变的层状岩石圈变形模式（图 2.5），介绍了岩石圈变形的重要事实和模式，该岩石圈尺度的变形过程发现于被强大挤压的盆地。

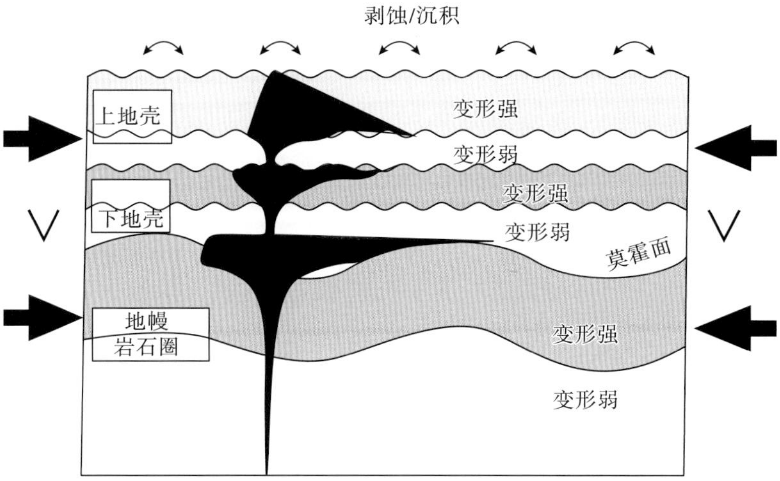

图 2.5　流变的层状岩石圈的变形模式图

（据 Roure et al.，2010）

Roure 等提出了岩石圈变形的重要事实和模式，该岩石圈尺度的变形过程发现于被强大挤压的盆地

2.2 造山带

大陆造山带是地球科学家长期关注的构造带。20 世纪 60~80 年代的板块构造理论，以活动论思想构建了大洋俯冲、弧-弧碰撞、弧-陆碰撞、地体拼贴增生、陆-陆碰撞的造山过程，并被广泛应用于大陆造山带的研究中（图 2.6），把造山带划为俯冲型、仰冲型、碰撞型和陆内型、多岛海造山模式。但是 20 世纪 80 年代以来大陆动力学与大陆造山带研究的新进展、大陆岩石圈结构的多层次性、构造过程的非威尔逊旋回演化、后造山伸展作用与大规模陆内不同方式的构造作用以及宏大的大陆造山带的内部构造和脆性-韧性变形的共存都表明大陆岩石圈不同于刚性的大洋岩石圈，揭示大陆地质并不完全适于板块构造理论。超越板块构造的大陆流变作用和造山作用将成为 21 世纪地球科学，尤其是构造地质学与大地构造学研究的新方向与新领域。

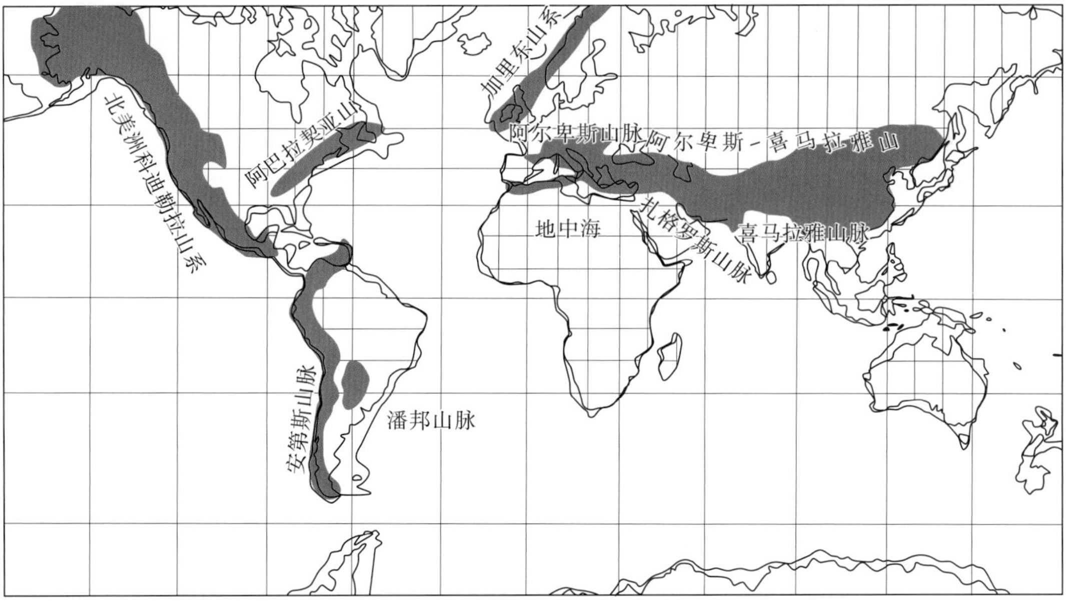

图 2.6 全球主要造山带和前陆盆地的分布

中-新生代前陆盆地主要分布在：北美科迪勒拉山脉褶皱-冲断带前缘；南美科迪勒拉和安第斯山脉褶皱-冲断带前缘；欧洲阿尔卑斯山脉褶皱-冲断带前缘；扎格罗斯山脉褶皱-冲断带前缘；喜马拉雅山脉褶皱-冲断带前缘

造山带-前陆盆地系统是大陆上最为显著的构造地貌类型，也是陆地上最大的一级地貌类型，它们的形成、发展和分布与全球构造有关，尤其是和中生代、新生代的构造运动有着密切关系。收缩造山带和前陆盆地的形成，均需要强度较大、持续时间较长的区域挤压构造环境。造山带的研究内容包括：①造山带的动力学背景；②造山带的持续时间；③造山带的挤压构造作用；④造山带的挤压方向（其与前陆盆地和相邻山系是否近于垂直或呈大角度相交）；⑤造山带的构造样式；⑥造山带的几何学和运动学；⑦造山带的逆冲作用和走滑作用；⑧造山带的演化过程。

2.2.1 造山带的含义及其沿革

2.2.1.1 造山带的含义

Boue（1874）在德语中使用“orogeie”表达形成山脉的构造过程，并称之为造山运动。Gilbert（1890）等把山脉的形成看作是造山作用的副产品，即不十分强调地貌上是否成山。Stille（1919）把造山作用定义为“改变岩石组构即产生各种断层、褶皱和逆冲断层的幕式过程（episodic process）”。Wilson（1990）等认为，在聚合型、离散型和转换型3种板块边界均可以产生造山带变形。Wernicke（1981）把地壳上局部的强烈伸展地带看作是与强烈挤压地带相对应的构造单元，从而提出了“伸展造山作用”（extending orogeny）的概念；他主张把“orogen”限于聚敛性构造，而把局部的强烈伸展的带称为“taphroge”（分裂运动、张陷运动）。目前将造山作用理解为在一定地质时期局限于一个相对狭长的带状区域内的各种构造作用的总和，这些作用是在岩石圈剧烈构造变动的背景下发生的，其间物质与结构重新组建，并可能在后期隆升而成山。

目前对造山带的含义有多种不同的理解，归纳起来有以下3种：①注重山岳地貌形态的造山带，对造山带的定义和分类强调地貌上的具有山岳形态，将造山带定义为“狭长的隆起地带”。Wilson（1990）将“mountain”和“range”的含义做了区分，用“range”表示简单的隆起，而用“mountain”表示褶皱造山带，并提出了隆升造山（range）、剪切造山（mountain）和俯冲造山（mountain）三大类型造山带。②注重地质作用过程的造山带，Sengor（1990）认为“造山带仅发育在汇聚板块边缘，造山带是汇聚板块边缘的一种构造集合体”。③注重地貌-构造综合型的造山带，地槽-地台学说认为造山带是“造山旋回中经受强烈褶皱作用和其他变形的地壳中的狭窄线形地带；造山带发展的前期为活动带或地槽，后期遭受构造变动，并在造山作用之后上升隆起成山脉”。Davis（1984）认为造山带是地壳中一条巨大的、通常呈直线到弧形的构造带，山脉是造山带一种表现形式，并不是所谓造山带的全部。张国伟（1993）认为“可以把造山带广泛理解为呈狭长隆起山脉的由造山作用形成的岩石圈构造变形带”。

2.2.1.2 造山带的分布

世界上高大的造山带大致分为两个大带，一是环绕太平洋沿岸的造山带，主要有北美洲至南美洲的科迪勒拉山系、亚洲和大洋洲太平洋沿岸及边缘海外围的岛屿上的山脉。另一带为呈东西向的横贯亚洲、欧洲南部和非洲北部的山脉带，这一地带自东向西的著名山脉有亚洲南部爪哇岛和苏门答腊岛上的山脉、喜马拉雅山脉、欧洲南部的阿尔卑斯山脉、非洲西北部的阿特拉斯山脉（图2.7）。上述山脉都分布在构造运动活跃和火山、地震活动频繁的地区。

2.2.1.3 造山带的特征

造山带经历不同构造期的作用，它们具有以下一些特征：①时代较老的造山带，山体经受不同时期的挤压而发生复杂的褶皱，山系的走向与构造线不一致，不仅一些加里东、海西和印支等造山作用时期形成的构造形迹发生再变形，新生代地层也发生强烈的褶皱和

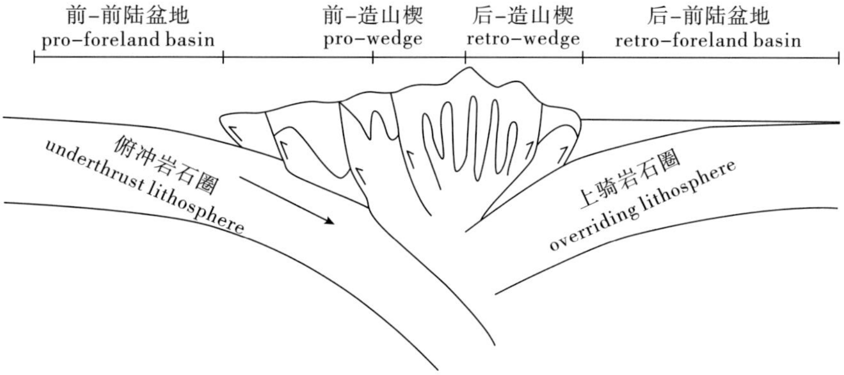

图 2.7　碰撞型造山带两侧的前-前陆盆地和后-前陆盆地示意图
（据 Naylor et al.，2008）

断裂。②山体常有岩浆的侵入和喷出，有些山地有不同时代的多期侵入体。③山体的边缘有大规模的正断层或逆断层边界，断层的一侧形成一些断陷盆地，沉积厚层沉积物，如果将上升山地相对高度和相邻的下沉盆地的沉积厚度加在一起，高差可达 10 多千米。④山地多呈断块抬升或拱断抬升，改变地形特征，水系重组，地貌变形或错位，并能发育多级夷平面。⑤这些山地常是地震活动和火山活动频繁地带。⑥造山带都有很厚的地壳，深部存在山根，如喜马拉雅山体下的地壳厚度达 84 km。

2.2.2　造山带和碰撞带

欧洲与我国很多构造与矿床学者常常喜欢使用“造山带”（orogenic belt）的术语。造山带是在槽台假说中所习惯使用的，指由长期不断凹陷的地槽，经褶皱、断层作用，造成了大规模的花岗质岩浆活动，回返形成山脉地带。不过，如果在碰撞过程中并没有发生大规模的花岗质岩浆岩的侵入，就不一定造成区域性的隆起，即不一定隆升成山，容易沿着区域性断层形成沟谷。

造山带与板块俯冲带和碰撞带，从发育强烈构造变形带这一点来说确实有点相近。但就其形成的基础而言，则是完全不同的。造山带是由长期沉陷的、狭窄的地槽，经褶皱、回返而成的。碰撞带则是古大洋俯冲、消减之后，陆-陆碰撞而形成的，碰撞带内常常是包含着碰撞前各种时代的大洋沉积与洋底玄武岩、超基性侵入体、大陆斜坡滑塌堆积、浅海沉积、岛弧火山岩、大陆地块等的构造残片。因此，碰撞带确实是一个构造混杂带。在碰撞带内发育很多的花岗质侵入体，使碰撞带的整体密度较低，在水平挤压与重力均衡作用的影响下，在碰撞晚期常隆起成山。但是在有的碰撞带却并不形成造山带。

许志琴等（2019）认为板块构造的聚散经历了从板块离散-大洋形成-洋/陆俯冲到陆-陆汇聚和碰撞造山的过程，大部分造山带经历了俯冲-碰撞两个阶段的复杂造山历史。以大陆动力学的视野审视全球造山带，造山带的类型主要分为“俯冲型”和“碰撞型”造山带，将碰撞之后产生的陆内造山系称之为“陆内型”造山带。

2.2.3 造山带与造山楔

Willett 等（1993）提出了“双向挤压造山”（doubly vergent compressional orogens）动力模型，其模型描述了刚性块体向相对静止的楔状块体俯冲的动力过程，这为洋-陆俯冲、陆-陆碰撞模拟研究提供了重要的动力参考模型。其他研究人员在此基础上开发了不同的力学模型，如安第斯造山带是 Nazca 板块向南美大陆俯冲所形成的典型双向挤压造山带。

2.2.4 造山带的类型

DeCelles 等（2012）划分了 3 种不同类型的造山带和前陆盆地，包括：①喜马拉雅型造山带-前缘前陆盆地系统（碰撞造山带，collision orogens）；②安第斯型造山带-后缘前陆盆地系统（碰撞型后缘前陆盆地）；③亚平宁型造山带-前陆盆地（后退型碰撞前陆盆地）。

Garanti（2019）将造山带的类型划分为 3 种类型（图 2.8），包括：①逆冲造山带（Subduction orogens，阿曼）；②单向-沉降的造山带（singly-vergent subsiding orogens，亚平宁山）；③非碰撞造山带（non-collision orogens，安第斯山）。在此基础上，对将现今全球俯冲带划分为两个方向的俯冲带：①向西的俯冲带，显示为低起伏的、薄皮的、单向的、拉张弧（pull-arc）造山带（A. 马里亚纳型洋内弧；B. 北新西兰山型香肠状造山带和棱柱体；C. 亚平宁山型香肠状造山带和棱柱体；D. 喀尔巴阡山型香肠状造山带和棱柱体）。②向东的俯冲带，显示为高起伏的、厚皮的、双向的、挤压弧（push-arc）造山带（E. 安达曼型洋内棱柱体；F. 安第斯山科迪勒拉山型；G. 阿曼型逆冲造山带；H. 阿尔卑斯山型碰撞造山带）。

2.2.5 造山带的构造样式

2.2.5.1 造山带的构造样式

前人曾对造山带的构造样式进行了系统深入的研究。Dahlstrom（1970）提出了逆冲断系统的概念，Boyer 等（1982）、Mitra（1986）、Woodward（1989）等研究了各种逆冲断层和逆冲系统的几何学。Suppe 等（1983）开创了对断层相关褶皱的几何学与运动学的研究，平衡剖面方法也是这一时期成熟起来的。造山带的逆冲系统具有以下含义：

（1）造山带发育广泛的逆冲断层（带）

逆冲断层带与推覆体是相互伴生的，具有一定的力学成因联系。在有些大的推覆体内发育一系列的逆冲断层。在阿巴拉契亚-阿钦塔造山带上，在几百英里长、几十英里宽的推覆体中发育一系列的逆冲断层。

（2）造山带发育区域性的平行断裂带

在造山带常见区域性的、近平行的断裂带。在断裂带附近挤压变形剧烈，紧闭、横卧褶皱发育，部分层位混杂破碎。

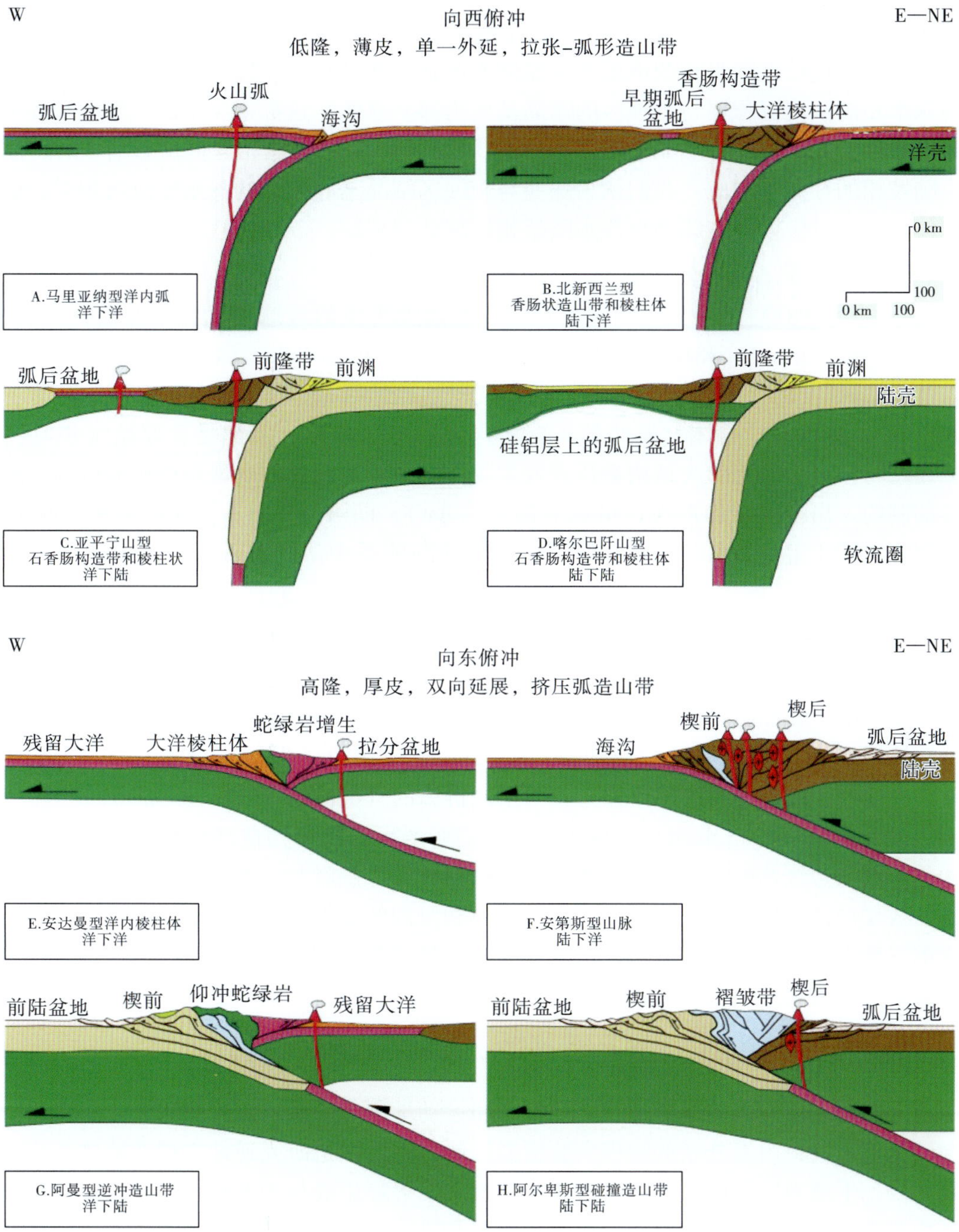

图 2.8　造山带的类型

（据 Garanti，2019）

（3）造山带具有相序的不连续性或地层年代的错位

在某种意义上来说，地质学是一门历史性的科学，任何一门带“史”的学科都必须考虑时间和空间两个变量。在地质学中丹麦人斯坦诺（Nicolas Steno）早在 17 世纪提出的地层层序律（law of superposition）和19世纪德国人瓦尔特（Johannes Walther）提出的瓦尔特相律（Walther's law）就是我们在研究地层和岩相在时空变化时要遵守的基本定律。在逆冲带，时代较老深水相的地层常常在剖面产状上横卧在时代较晚的浅水地层之上，也有些深水相的浊流沉积层与剥蚀区的结晶基底为邻。显然，这都违反了沉积作用和环境变化的有序性。瓦尔特相律告诉我们，在大陆剥蚀区和深海盆地相之间应该存在滨-浅海相、陆坡相的存在。因此。我们认为那些与剥蚀区结晶基底为邻的深水浊流沉积组合就是推覆体，在其下应该存在原地型浅水陆架相碳酸盐岩地层。

（4）逆冲断层、掩冲带、推覆体

Price 等（1981）基于大量的地面地质、以地震为主的地球物理和钻井资料的研究，认为逆冲断层（thrust）和掩冲（或逆掩）断层（overthrust belt）属于同义词。逆冲带与推覆体（nappe）的区别在于：前者是就地沉积的原地（autochthonous）岩体，而后者是外来（allochthonous）岩体。虽然都具有相当大的缩短位移，关键是看原始沉积是当地的，还是与移位后所处的大地构造位置发生变化。由于冲断过程受岩层性质和时间、地点差异的制约，出现复杂的形态，可以有断坪（flat）、断坡（ramp）、双重叠瓦（duplex）等的组合。基于上述含义，在欧洲的阿尔卑斯冲断体系中，既有外来的推覆体（如海尔维带），又有属原地的逆冲带（逆冲的磨拉石带），而在更北的侏罗山，虽然侏罗山是由冲断形成与基底滑离（detached）的箱状褶皱，但是不称为推覆体。

（5）薄皮构造和厚皮构造

薄皮（thin skinned）构造是指在上覆沉积岩层中的冲断和褶皱，厚皮（thick skinned）构造则是与基底一起发生的构造现象。Harding 等（1979）提出了构造样式（structural style）的概念，把上述构造现象称为“与基底拆离的（detached from basement）”和“基底卷入的（basement involved）”两大类。它们所产生的板块构造环境是，前一类包括转换边界、聚敛边缘前陆、造山带主体、海沟的内坡和外侧隆起、离散边缘的坳拉槽和板内裂谷、板块内部；后一类包括聚敛边缘的弧后和海沟的陆缘侧、被动边缘的三角洲、离散边缘的三角洲和板内的衰亡裂谷。由此可知，各种冲断褶皱发生的构造背景具有多样性，并不是某一种盆地类所独有的。

2.2.5.2 造山带的几何学和运动学

前人曾对造山带的构造样式及其几何学和运动学进行了系统深入的研究。从露头、物探、钻井地质资料出发开展的物理实验模拟、计算机模拟是研究逆冲带构造地质学的两大重要手段。平衡地质剖面技术则是检查构造地质学解释正确与否的技术手段。前陆盆地的冲断构造常为台阶状逆断层及相关褶皱、叠瓦构造、双重构造、三角带、构造楔形体等；在平面上，在走滑构造中可以出现双重的走滑构造系统；反转构造则可能是早期被动大陆边缘中的正断层的反转等。另外，对构造变形的几何学、运动学分析内容包括：①确定走滑构造及其走滑的距离；②利用地层增生及其组合样式来确定褶皱作用与断裂作用的速率及序列；③利用断层转折褶皱法恢复逆冲断层的演化以及前陆冲断体系的几何学演化；④确定冲断作用、反转作用的时间、期次、方向等；⑤结合盆内沉积学的响应记录综合分析与比较冲断带构造地质学研究结果的正确与否，厘定前陆盆地的构造沉降、演化幕次与沉降中心、沉积中心的迁移、运动形式、方向的变化之间的联系与规律，突出前陆盆地的构造对沉积作用控制的重要性，确定前陆盆地的类型及成因机制。

2.2.5.3 造山带的逆冲作用和走滑作用

虽然早在20世纪早期与造山带的走向平行的走滑作用就被人们所认识，20世纪60年代地学界普通接受了这种运动，并将它作为造山作用的组成部分，但它在造山带演化中所起的关键作用却被忽视或估计过低。自80年代以来，古地磁和其他证据证明在一些造山带中发生过大规模的走向滑动（如北美科迪勒拉造山带、阿巴拉契亚造山带、喜马拉雅造山带）。Sengor（1992）提出了走滑-挤压造山作用，强调了与造山带平行的走滑断层对造山作用的贡献，板块的斜向俯冲、斜向碰撞是走滑断裂形成的动力机制。在我国发育有众多的造山带，其中最具特色的是环绕青藏高原的造山带。青藏高原隆升、崛起和地壳加厚是晚白垩世以来发生的最重大的构造事件，形成了由若干个造山带及块体所组成的高原，而其周缘的造山带和前陆盆地的研究可为恢复青藏高原隆升和变形过程提供依据。从环绕高原造山带的地壳增厚、缩短和其前缘前陆盆地的形成机制来看，许多研究者突出了大型逆冲作用的首要地位，如喜马拉雅山、西昆仑山、祁连山、龙门山等。虽然在阿尔金断裂和龙门山（李勇等，2000）发现了与造山带的走向平行的走滑作用，但是对其重视的程度不够。因此对走滑作用与逆冲作用相互关系的重新认识是研究高原边缘造山带在碰撞后造山作用与其前陆盆地的成盆作用的关键，这是中国西部大陆地壳运动的特色，也是青藏高原边缘造山带及前陆盆地发育的重要特征，它们控制了我国西部资源的分布，以及地貌、气候、环境等方面的变迁。

2.2.6 造山带的动力环境

2.2.6.1 造山带的成因

造山作用的驱动力来源于板块运动。板块的离散、汇聚和转换边界都可使地形升高（图2.9）。离散边界（大洋中脊和大陆裂谷）因为地壳受热而高出稳定的板块内部，在板块的转换边界也可发生地形显著抬升，但是，真正的造山作用，大面积地区抬升到相当大的高度，多发生在板块汇聚边界，是板块俯冲碰撞的结果。板块俯冲和碰撞激发出的热能和机械能是导致山脉形成的动力，许多造山带分布在现代板块的边缘，也有些造山带分布在早期板块的边缘。

根据我国青藏高原近年来的地球物理和地质研究，自喜马拉雅山脉往北有一系列近东西向山地，它们从南往北依次变老，例如喜马拉雅山脉是新生代构造带，冈底斯山是燕山晚期构造带，喀喇昆仑-唐古拉山是燕山中期构造带，昆仑山是印支和海西构造带。每个构造带是因印度洋板块和欧亚板块中的破碎小块向北漂移并与欧亚板块相撞拼合而成，它们的平行排列和按年代顺序分布，说明很早以前印度洋板块就向北漂移，与欧亚板块相碰撞，产生强大的挤压作用，形成高大的造山带（图2.9）。

板块碰撞造成上冲板块的缩短和抬升，下冲板块的部分熔化形成岩浆，附加到上冲板块中。例如安第斯山开始形成于早侏罗世，当时沿着泛大陆的西缘发生了板块的俯冲作用，伴随俯冲发生了地壳水平缩短和地形的升高。安第斯山的地形和地质由西向东可以分

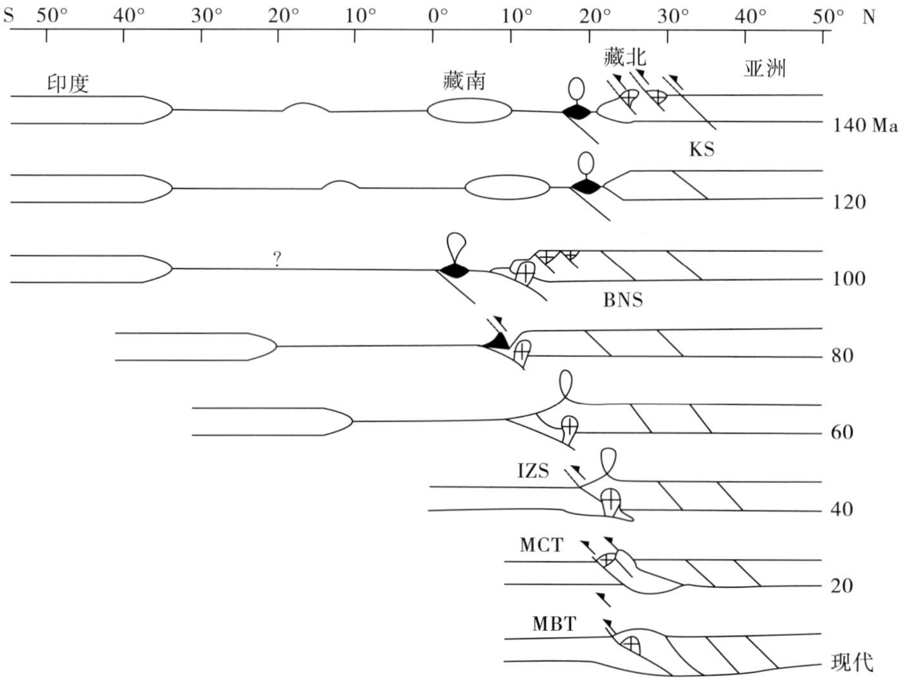

图 2.9　印度板块与欧亚板块碰撞和特提斯洋的闭合

（据 Allegre et al.，1984）

KS—可可西里缝合带；BNS—班公湖-怒江缝合带；IZS—雅鲁藏布江缝合带；

MCT—主中央逆冲带；MBT—主边界逆冲带

为几个部分（图 2.10）。西科迪勒拉山高出太平洋 5000 m，发育很窄的海岸带，东科迪勒拉山高度更大，达到 6000 m 以上，东西科迪勒拉之间为秘鲁和玻利维亚的安第斯山中形成高平原。高平原在距今 60 Ma 时没有高出海面，在 10 Ma 时的高度还不及今天高度的一半。东科迪勒拉山的东侧为低安第斯山区，山麓发育高度为 2000 m 的上新世褶皱-逆冲断层带。

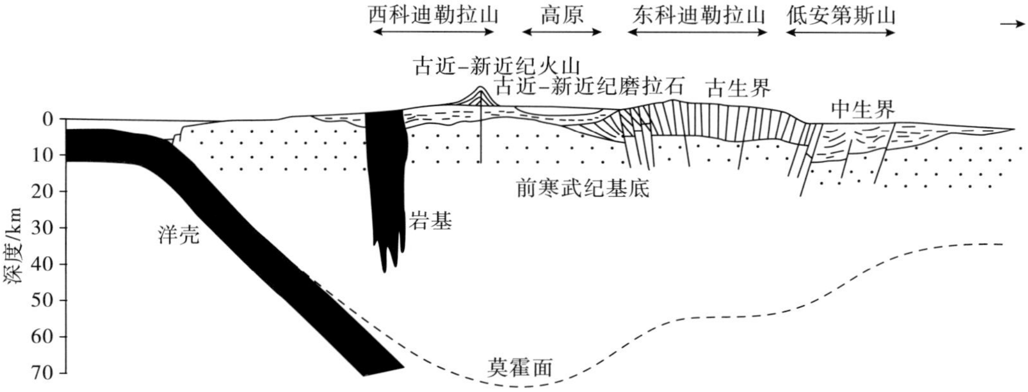

图 2.10　秘鲁安第斯山脉横剖面

（据 Keller et al.，2002）

俯冲带山脉区的抬升作用、火山活动，以及断层活动可以发生在很长的地质历史中。当板块汇聚不再被俯冲吸收时，则发生不同类型的造山作用。例如，在 80 Ma 前，印度大陆和亚洲大陆之间被 4000~5000 km 宽的特提斯洋隔开，印度板块的洋壳俯冲到欧亚板块南缘之下，沿亚洲海岸形成与今天安第斯山类似的山脉，现今 2500 km 长的花岗岩带是当时山脉遭受侵蚀的残留。印度板块向北运动，特提斯洋以 15~20 cm/a 的速度变窄，在 40~50 Ma，特提斯洋关闭，印度板块的陆壳与亚洲板块陆壳连接，陆壳变厚上浮，在随后的 40 Ma，碰撞造成了喜马拉雅山和青藏高原的抬升。

在印度板块与亚洲板块发生碰撞后，汇聚速率下降到 5 cm/a，并一直保持到今天，地壳发生了 2000 km 的缩短，形成区域逆冲断层活动、大陆的挤出和抬升等构造变形。几百千米的运动发生在几个地壳逆冲断层上（喜马拉雅前缘断裂、主边界断裂和主中央断裂），汇聚缩短量的大部分被沿着区域走滑断层系统发生的侧向挤出和抬升所吸纳。

地壳均衡作用是构造山地形成的另一重要因素。洋壳密度（3000 kg/m^3）和陆壳的密度（2700 kg/m^3）小于地幔的密度（3300 kg/m^3），固体地壳在熔融状态的地幔之上好似浮在水面上的块体一样，地壳厚的地方，突出地表愈高，插入下部地幔愈深，称山根；反之，地壳薄的地方，插入下部地幔愈浅，地表相对也低。许多高大的山地和高原地壳都很厚，青藏高原是世界上最高的高原，平均海拔 5000~6000 m，最高峰珠穆朗玛峰为 8848.86 m，地壳平均厚度达 70 km。往东地形高度降低，地壳厚度也逐渐减小，在东部平原地壳平均厚度只有 30~40 km。

剥蚀作用降低山脉高度和地形起伏，由于均衡作用则引起山脉的抬升。在山脉中侵蚀作用不均匀，主要集中在谷底，山脉的高峰孤立于强烈侵蚀的谷地之间，造成起伏度增加。由于岩石圈的刚性，山脉和谷地经历了整体的均匀抬升。在加利福尼亚的内华达，估计第四纪冰川侵蚀的物质量达到均衡作用的抬升量，可能相当于山脉的抬升量的 40%甚至全部。

河流的强烈下切可以起到减弱地壳负载，造成地壳物质的向上均衡运动，如印度河和雅鲁藏布江切过喜马拉雅山，造成地壳迅速向上运动，使地壳进一步加速抬升。山脉的抬升与均衡作用的关系比较复杂，需要考虑到，均衡作用常是区域性的，小范围的抬升不是均衡作用造成的。另外，均衡作用是连续发生的，没有明显的阈值，也不可能引发间歇性抬升。任何局部的载荷不仅受到其下的浮力支撑，而且受到周围大面积的岩石圈的刚性支撑。

2.2.6.2 造山带的动力环境与俯冲作用的类型

造山带的动力学环境与 A 型俯冲、B 型俯冲和 C 型俯冲有关。Bally 等（1980）研究了造山带的动力学环境，将与造山带形成的板块构造动力学环境分为两类，分别为 A 型俯冲和 B 型俯冲；A 型俯冲属于陆-陆碰撞，可以形成造山带和边缘前陆盆地（如新生代印度-恒河盆地、北阿尔卑斯山磨拉石盆地）。B 型俯冲属于洋-陆碰撞，可以在火山弧的后侧形成造山带和弧后前陆盆地（如中-新生代的落基山盆地），并且与大洋岩石圈的俯冲相联系。其后罗志立等（1984）提出了 C 型俯冲，系指陆内俯冲。A 型俯冲、B 型俯冲和 C 型俯冲分别表达了陆-陆碰撞（含弧-陆碰撞）、洋-陆碰撞、陆内缩短的三种造山带的动力学环境。A 型俯冲、B 型俯冲和 C 型俯冲的主要差别表现在：

1）A 型俯冲一般表述的只是阿尔卑斯褶皱山链或拼合古陆内老褶皱山链两侧的扇形剪切冲断的动力学环境，与此相应的是山麓地区出现的各种冲断作用。然而，这种冲断作用不可理解为像 B 型俯冲那样的一个俯冲滑动面，并在此面上出露的下盘形成一个单边凹陷，然后在其中充填磨拉石前陆层序。

2）在 B 型俯冲中，造山带的隆升、仰冲（受洋-陆碰撞的动力驱使）和老褶皱山链的回春、仰冲（陆内拱曲）都比陆块俯冲的阻力小，容易得多。

3）在 A 型俯冲中，陆块俯冲的动力如果也源于壳下的热回流，驱动力显然远低于 B 型俯冲。

4）在 A 型俯冲中，陆块的稳定性远大于相邻的造山带，为消除挤压的影响，在造山带一侧的构造自然要活跃一些。

5）在 A 俯冲两侧的物质组成不像 B 俯冲面两侧那样存在明显的差异性，在近似的物性结构条件下，克拉通一侧的俯冲机制很难得到合理解释。印度陆块向青藏高原的俯冲是现今唯一留存的特例，乃是新特提斯 B 型俯冲的延续。

6）造山带与山前坳陷之间也并不完全是断层接触，有断层时也常常不与磨拉石层序直接接触，而主断层又多发生在磨拉石层序的堆积之后。足见磨拉石堆积的形成只是山体隆升的反映，并非 A 型或 C 型断层俯冲的直接产物。

2.2.7 造山带的演化过程

对大地构造研究而言，通过对造山作用机理建立的碰撞造山带成因模式的比较，为我们了解造山带提供了有效的方法。

2.2.7.1 活动论

王鸿祯早在 20 世纪 80 年代初就指出，研究地壳构造发展的指导思想对全球构造（global tectonics）来说是活动论（mobilism）。所谓活动论是指地表大陆和海洋之地质历史中的发展变化而言，其对立面是固定论。大陆和海洋之地表上的位置变化可能有两个方面。其一是大陆和海洋相对于地极和赤道的位置变化；其二是大陆和海洋相互之间的相对位置变化。承认这两种重要变化曾经发生，就必须承认地壳运动以水平位移为主导形式，这就是活动论。如果我们能真正彻底地抛弃固定论的思维方式，用“就必须承认地壳运动以水平位移为主导形式”的这一活动论思想来看，任何一个大陆边缘造山带，大规模的推覆体存在都是很正常的。

2.2.7.2 造山作用的成因机制

一个造山过程就是洋盆收缩和洋壳消减的过程，最后板块与板块间的挤压碰撞形成山系。这一过程伴随着大洋沉积物的不断的推挤变形，由于消减带空间变小大洋沉积物很容易被推上大陆架，成为同造山期异地推覆体，甚至逆冲到前陆盆地沉积地层之上。换句话说，推覆体是碰撞造山带的必然产物。北美的落基山造山带、阿巴拉契亚-阿钦塔造山带、欧洲的阿尔卑斯造山带、亚洲的喜马拉雅造山带及世界上的所有造山带几乎可以说是无山不碰撞，无山不推覆。除非是被剥蚀掉了，或者我们还没有认识它。一般来说，大规模推覆体并不是简单地在几个野外露头能够确定的。大规模推覆体的发生不是孤立的，必然伴随与其成因联系的地质现象。

2.2.7.3 造山作用的复杂性

造山作用及其控制的前陆沉积盆地演化构造过程具有复杂性，导致了造山带和前陆盆地类型分类的复杂性。关于这种过程及结果我们知道的越多，更多的复杂情况就会变成模型，每个造山带和相应的前陆盆地就会显得越独特。这种结果通常既令人兴奋又令人沮丧。兴奋是由于关于事实和领悟的新发现；沮丧则是由于需要吸收大量的新信息。新模型的出现是伴随着每次做出的具有深刻洞察力的简单化和归纳。观察、模拟和实验的结合是一种反复的、自我调整的过程。

2.2.7.4 造山带演化过程的重建

区分和检验所有造山带和沉积盆地的最终目标是通过对那些盆地的真实模型的应用从而使古构造学和古生物学的重建有所发展。对这些相关特征的识别可以帮助古构造学的重建，包括缝合带、岩浆岛弧、褶皱-逆冲带、变质带。对于大陆边缘推覆构造带的研究来说，各种地球物理方法和钻探是行之有效的。最能够证明和解释巨大推覆构造的直接手段就是钻孔。一个熟练的地质工作者需要整合这些内容以及地球化学、地球物理、石油地质学、古生物学以及其他一系列的学科，以一种互补的方式，把注意力放在那些由沉积记录约束的古构造重建上，推进有关地球演化模型的跨学科发展和试验的进程。

2.2.8 造山带的地表过程

2.2.8.1 造山带隆升的地貌效应

造山带的抬升过程，使地形升高，是地貌营力的一个方面，另一方面的地貌营力是地表侵蚀过程，它们共同作用对山脉形态有重要影响。喜马拉雅山地的抬升具有特殊的地貌效应：深切峡谷的形成、大量沉积物的侵蚀与搬运、季风系统的形成等。该地区的一些大河为先成河，在山系隆起之前即已形成，隆升使这些河流下切侵蚀，形成一系列深切峡谷。抬升的另一个效应是河流搬运大量的沉积物，在河口外形成巨大的堆积扇。另外，大面积抬升引起了区域气候变化，加强了山区的侵蚀作用。抬升形成或者至少加强亚洲季风，与中亚的干旱化的增强也有一定联系，甚至更广泛地影响到全球气候而导致地表过程的改变。

山脉造成迎风面气流的抬升，使降水增加，而在背风面形成雨影区，降水减少，甚至形成沙漠。数字模型模拟侵蚀和构造过程共同作用所揭示的地形雨在山脉地区具有重要作用，不仅影响地表面的侵蚀形态，而且也影响物质流和区域堆积的岩石性质（图 2.11）。这种情形不仅在喜马拉雅山和安第斯山等活动山脉带中有表现，甚至在全球上亿年的古老造山带中也有显现。

气温随着高度增加而降低，因此在高山发育冰川。第四纪期间，冰期与间冰期的气候变化造成了地球上地貌过程的周期性变化，强烈地影响了塑造地貌的过程类型和速率的改变。在同一山脉中，侵蚀速率因地而异，不同山脉的侵蚀速率差别较大。影响侵蚀速率的主要因素是气候，气候状况控制降水的时间和地表温度，从而影响地表过程类型与强度。

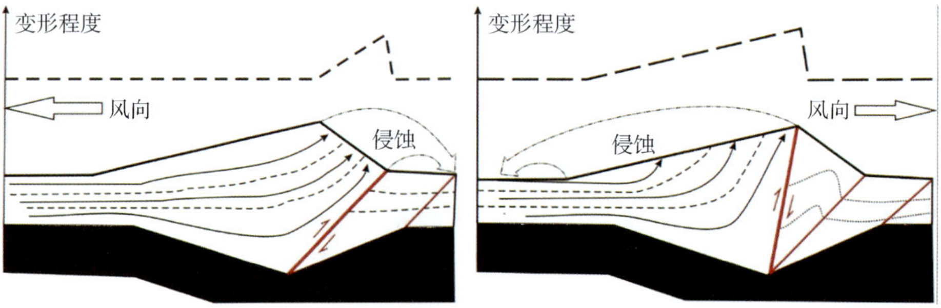

图 2.11 风向对造山带侵蚀作用和构造过程的影响
（据 Willett et al.，1993）

例如在南极的干谷地区，侵蚀速率只有 0.2 m/Ma，甚至中新世的地貌一直保持不变。在年降水量达数千毫米的新西兰南阿尔卑斯山的山脊部位，降雨引起的侵蚀速率可达 11 m/a。

对中纬地区流域盆地研究揭示侵蚀速率与地形起伏度呈线性相关。在新生代造山带大起伏度的流域有高的山峰，也有较陡的谷坡，因而具有较大的重力势能，对高侵蚀速率起重要作用。而在新生代以前的造山带，地形起伏度小，因而剥蚀速率比相同平均高度的新生代造山带的要小。

2.2.8.2 造山带的构造抬升与气候变化

在晚新生代至少从上新世到今天，世界上的一些山脉，特别是欧亚碰撞带的山脉发生了比早期快速的抬升。同时，全球变冷迎来了更新世冰川作用。全球加速抬升和气候变冷的因果关系有两种截然相反的模型。

第一种模型假设构造运动是主要驱动力，晚新生代的造山带的出现引起了气候变化，即构造驱动模型。认为增加的山脉质量，使全球范围硅酸岩风化的平均速率加快，在风化反应中二氧化碳消耗增加。早期支持这种模型的证据来源于古海洋中的锶记录，它指示青藏高原的抬升确实引起化学风化的增加。但是，也有研究对同位素数据与根据其解释的风化历史之间的关系提出了质疑。

第二种模型认为，气候是独立的变量，晚新生代变冷引起全球高山地区侵蚀的增加，引起了山地的抬升。根据这种模型，晚新生代快速抬升速率反映的是岩石的抬升，岩石抬升是物质垂直抬升，包括均衡抬升，而非地表抬升。地表抬升是指地形面真正的抬升，当岩石抬升时，地形可能表现为抬升，也可能表现为下降。真正的岩石抬升包括了构造运动和均衡作用的共同影响。

晚新生代的气候变冷，局部地区伴随降水增加，降低了冰川平衡线的高度，可能导致了高山地区侵蚀作用的明显加强。另外，河流或冰川侵蚀集中在沟谷中，触发广泛区域的均衡抬升，造成山峰增高到侵蚀加速前的高度以上。到底是哪一种模型正确地描绘了晚新生代构造运动和气候变化之间的成因关系？是地壳上升引起气候变化，还是气候变化造成地壳上升，目前没有确定的答案。但是，在造山过程的这一反馈系统中，这种循环不是相互矛盾的，可能是系统本身具有的规律。多个正反馈机制可同时存在，共同促进和放大触发或非触发因素的任何变化。

2.3 前陆盆地

前陆（foreland）一词在板块构造学说提出之前就已广泛使用，意指被褶皱带逆掩的稳定的陆地，也指褶皱-逆冲带物质运动所指的方向，相反的方向则成为后陆或腹陆（hinterland，backland）。由于造山带的隆升，在造山带与稳定克拉通之间，在克拉通基础上通常发育一个深陷的沉积盆地，在地槽学说中被称为前渊（foredeep），意即位于造山带山前的深渊。Dickinson（1974）首先用板块构造理论解释了前渊的形成和演化，用前陆盆地（foreland basin）一词描述这种类型的盆地，并根据前陆盆地在板块构造中的位置将其分为两类：一类是与碰撞造山作用有关的、位于A型俯冲作用带中的俯冲大陆地壳之上并与碰撞造山带（缝合带）毗邻的沉积盆地，称为周缘前陆盆地（peripheral foreland basin），如位于阿尔卑斯北部山前的磨拉石盆地等；另一类是与弧后造山作用有关的、位于陆缘岩浆弧后的沉积盆地，称作弧后前陆盆地或退弧盆地（retro-arc foreland basin），如北美西部大陆边缘的科迪勒拉山脉东侧山前地带的一些盆地。当发育有弧后前陆盆地的大陆板块与另一个大陆板块碰撞后，周缘前陆盆地与弧后-前陆盆地可以分别位于造山带（缝合带）的两侧（图2.12，图2.13）。

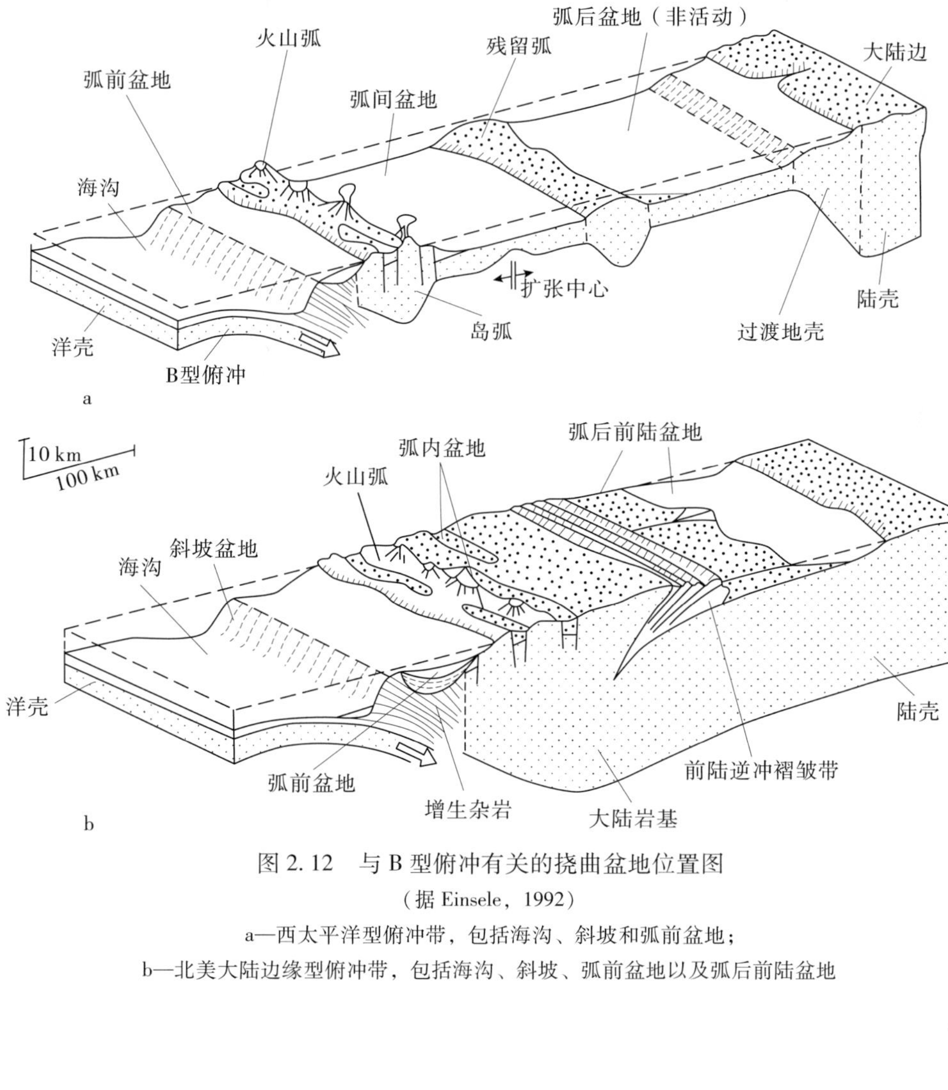

图2.12　与B型俯冲有关的挠曲盆地位置图

（据Einsele，1992）

a—西太平洋型俯冲带，包括海沟、斜坡和弧前盆地；

b—北美大陆边缘型俯冲带，包括海沟、斜坡、弧前盆地以及弧后前陆盆地

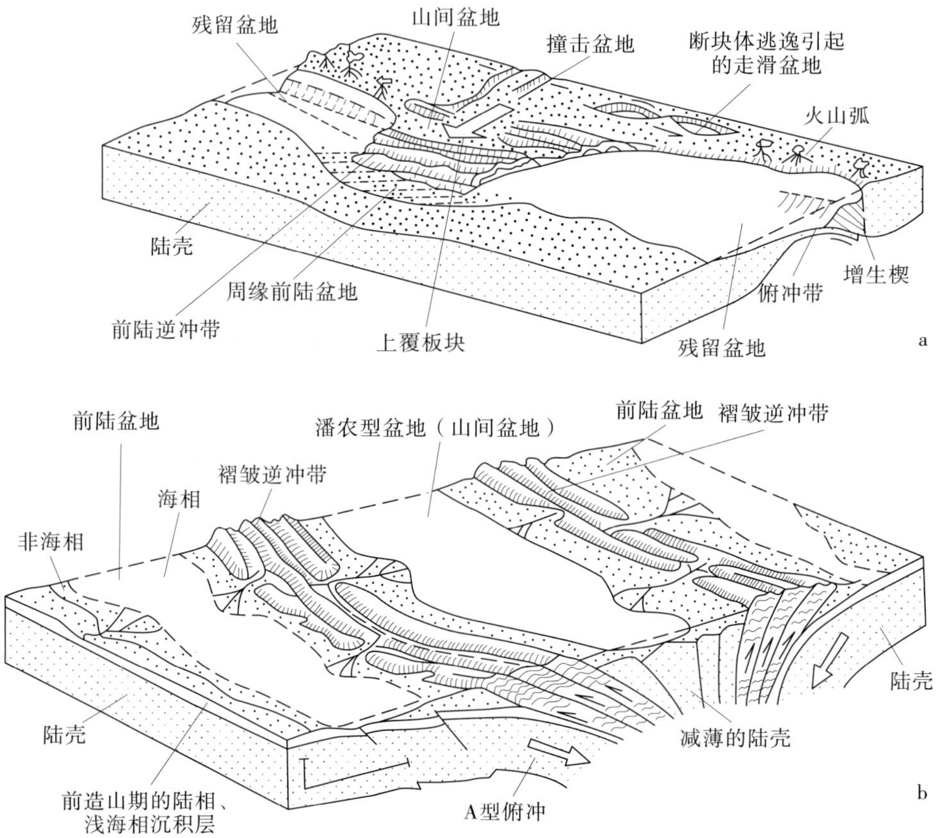

图 2.13　与板块碰撞作用有关的挠曲盆地位置图

（据 Einsele，1992）

a—碰撞造山带沿走向向 B 型俯冲带过渡；

b—碰撞造山带内部是早期的边缘海盆地或裂陷的陆壳，碰撞后形成潘农型盆地

值得指出的是，由于在与碰撞相关的挠曲盆地中有些是短命的，只存在于现代板块构造系统中。例如，与 B 型俯冲有关的海沟、斜坡和弧前盆地以及发育在介于俯冲与碰撞过渡阶段的残留洋盆，随着洋壳在 B 型俯冲带全部消减而成为碰撞造山带。这些盆地多数被卷入造山带中，或被俯冲作用带入地壳深处发生强烈的变形-变质作用。在地壳表面被较好地保存下来的挠曲盆地是那些以“稳定”克拉通为基底的前陆盆地，包括弧后前陆盆地、周缘前陆盆地以及克拉通内部的挠曲盆地，它们的形成都是在挤压作用体制中与大陆地壳的挠曲变形有关。挤压作用所产生的褶皱-冲断层带往往是直接的构造负荷，而挤压作用的动力来源则是与板块碰撞作用（大陆碰撞、岛弧-大陆碰撞或岛弧-岛弧碰撞）和俯冲作用有关。

由于前陆盆地所具有的特殊地质特征，导致了前陆盆地有其自身的复杂性和特殊性，特别在盆地性质、地质背景、形成机制、物源供给等方面均不同于被动大陆边缘盆地，决定了前陆盆地中层序地层模式和控制因素的复杂性和多变性。通过对世界上主要前陆盆地的研究也已表明，前陆盆地一般具有如下地质特征。

2.3.1 前陆盆地的几何形态

前陆盆地一般分布于造山带和前陆隆起之间，并与它们的走向平行；几何形态一般为逆冲断层带控制的不对称坳陷，具不对称结构，沉积物呈楔状，靠近造山带一侧较厚，靠近克拉通一侧较薄；地壳厚度比山脉区薄，比克拉通区厚。如加拿大西部的艾伯塔前陆盆地（图 2.12 至图 2.15）。在地貌上前陆盆地由山系向克拉通地势趋于平缓，虽然盆地的面积差异较大，但盆地的平面形态一般为狭长形态，介于造山带与前缘隆起之间，有时受周缘山系的控制，盆地可呈不规则平面形态。因此，同沉积的盆地几何形态是鉴别前陆盆

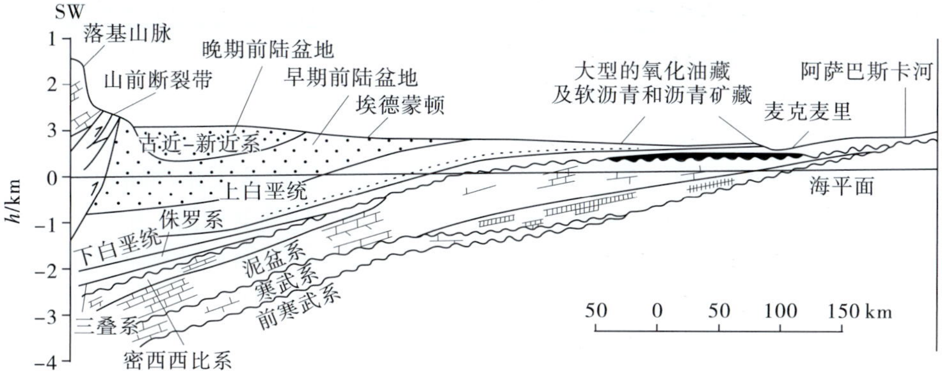

图 2.14 加拿大西部的艾伯塔中-新生代前陆盆地构造横剖面图

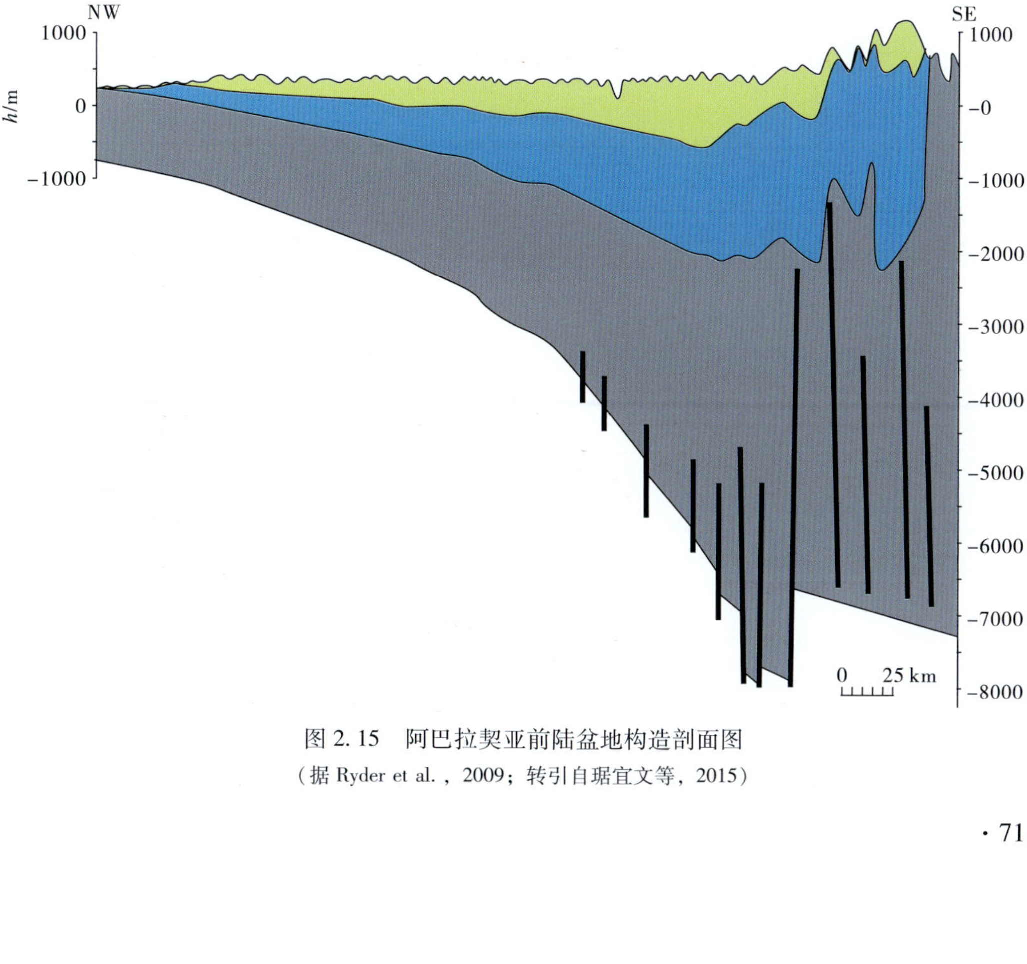

图 2.15 阿巴拉契亚前陆盆地构造剖面图

（据 Ryder et al.，2009；转引自琚宜文等，2015）

地一项非常重要的标志。与周缘和弧后前陆盆地一样，同沉积的前陆盆地的构造几何形态可以是与褶皱-冲断带伴生的单一、大型不对称沉积盆地，也可以是分割成多个复杂的小型不对称盆地，或与小型猪背式盆地伴生的单一、大型不对称盆地。需要指出的是，应当恢复沉积期间和期后的盆地几何形态演化，以确定被研究的盆地是同沉积的陆内前陆盆地，还是被褶皱-冲断层改造的多个被分隔的向斜。

2.3.2 前陆盆地的类型

板块构造学说认为，前陆盆地可分为弧后前陆盆地（retro-arc foreland basin）和周缘前陆盆地（peripheral foreland basin）。当洋壳向陆壳俯冲时，沿陆块边缘形成造山带，弧后前陆盆地发育于弧后的造山带山前；当陆壳与陆壳碰撞时，碰撞带附近形成造山带，周缘前陆盆地发育于俯冲陆块一侧，碰撞相关的弧后前陆盆地（collisional retro-arc foreland basin）发育于仰冲陆块一侧。另外，也提出了前-前陆盆地（pro-foreland basin）和后-前陆盆地（retro-foreland basin）来区分由于陆-陆碰撞而形成的位于俯冲陆块一侧和仰冲陆块一侧的盆地类型，现在这种定义越来越被广泛地应用于前陆盆地研究中。前陆盆地代表一个通过造山负载造成的向下弯曲的前陆板片，展示了一个不对称的楔形形状，向造山带一侧加深。前陆盆地的演化主要受控于迁移的构造负载。在 DeCelles 等（1996）的“前陆盆地系统”一文中，把前陆盆地系统划分为四个沉积区，从造山楔一侧到克拉通方向，依次为楔顶区、前渊、前缘隆起、隆后这 4 个沉积区（图 2.16，图 2.17）。它们随着造山楔的负载侵位或剥蚀卸载而不断地向腹陆或前陆一侧迁移。

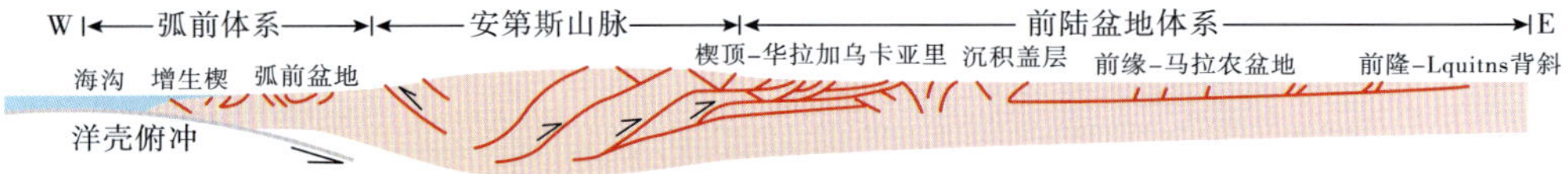

图 2.16 次安第斯前陆盆地西段构造剖面图

（据 Moores et al.，1995；转引自琚宜文等，2015）

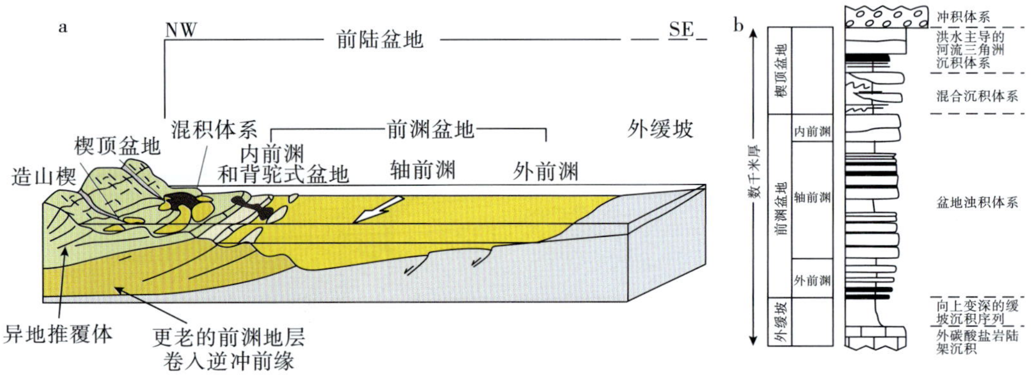

图 2.17 前陆盆地的结构与前渊的垂向地层叠加模式

（据 DeCelles et al.，1996）

a—前陆盆地结构构造和沉积单元；b—理想化前渊的地层叠加模式

在中生代以前的造山带有关的前陆盆地，要区分是周缘前陆盆地还是弧后-前陆盆地有时是很困难的。由于这两种前陆盆地的板块构造位置的不同，它们与岩浆弧俯冲杂岩的关系以及盆地基底的性质可能有所不同。由于板块俯冲，被动大陆边缘被拖向俯冲带杂岩体之下，因而周缘前陆盆地可能更靠近缝合带，并且盆地早期沉积物的水深相对深一些，覆盖在裂陷的被动大陆边缘之上，而作为载荷的造山带则可能是先前与 B 型俯冲有关的增生杂岩和弧前盆地的沉积层。弧后-前陆盆地的演化过程可能更长一些，且靠近陆缘岩浆（火山）弧，因而沉积物中可能有更多的火山碎屑，而作为载荷的逆冲褶皱带则主要是岩浆弧。

除了上述两种前陆盆地外，还有一些与造山带不相邻，但也是大陆地壳压陷-挠曲作用形成的盆地，陈发景（1992）称其为“挠曲类前陆盆地”或“类前陆盆地”，认为类前陆盆地包括三种构造背景：其一是前陆地区的基底拆离（或基底滑移）作用以及伴生的基底卷入式逆冲断层系统的构造负荷作用，使下盘系统形成压陷（挠曲）盆地，例如落基山地区的风河盆地等；其二是由于前陆盆地的前缘隆起进一步受挤压隆升造成的构造负荷作用，使前陆盆地前缘隆起外侧（向克拉通方向）凹陷成为一个相对独立的压陷（挠曲）盆地，这种盆地也被称为“破裂前陆盆地”（broken foreland basin）；其三是早期的克拉通边缘的夭折裂谷在大洋闭合和大陆碰撞造山过程中演化成为坳拉槽，由于坳拉槽层序的构造反转形成褶皱-冲断层带造成的构造负荷作用，使坳拉槽肩部及外侧地带形成挠曲盆地。

2.3.3 前陆盆地的充填序列

通常认为前陆盆地的充填序列包括巨厚的海相至陆相沉积物，一般为陆源碎屑岩，缺乏碳酸盐岩沉积。一般来说，前陆盆地沉积基底是被动大陆边缘上盆地至斜坡、陆棚的沉积物。一般为与造山带同期的陆相冲积扇、河流、湖泊相沉积物，它们上覆在被动大陆边缘的碳酸盐岩或碎屑岩之上。总体呈向上变浅变粗的沉积序列，地层均呈旋回式沉积，并发育粗碎屑楔状体和地层不整合面。通常，可将前陆盆地充填序列分为下部岩系和上部岩系，其间多以角度不整合面为界，其中下部岩系与造山带主造山幕同龄，是碰撞后不久形成的，上部岩系为冲断和抬升的产物。

2.3.4 前陆盆地的不整合面

在前陆盆地中发育多种类型的不整合面，按时间序列可以分为底部不整合面和顶部不整合面等；按空间分布可以分为近端不整合面和远端不整合面。

Cant 等（1989）根据地球动力学模型预测前陆盆地充填序列的第一个碎屑沉积楔为顶底界均被不整合面所限的、向上变粗的、深水相到浅水相的沉积物，其中下部不整合面是由前缘隆起随冲断楔的推进而向前陆迁移形成的；而上部不整合面则是由应力松弛时前缘隆起向造山带迁移或卸载后的均衡作用导致的造陆隆起形成的。后两种作用形成的不整合面在幅度和分布范围上有一定的差异，应力松弛导致的不整合面在前缘隆起处最明显，向盆地的某个部位过渡为整合面接触；而盆地均衡回弹产生的不整合面贯穿全盆地，如果隆起和剥蚀作用足以掩盖应力松弛效果，则盆地的最大剥蚀处在造山带的前缘。此外，Sinclair 等（1991）采用弹性岩石圈模型模拟了北阿尔卑斯前陆盆地瑞士部分上下沉积碎屑楔之间的不整合面，他们认为冲断楔推进速度的改变可导致这种不整合面的产生，无须借助岩石圈的应力松弛特性。在固定的海平面和变化的冲断作用下盆地的近端不整合面和远端不整合面在形成时代上是不一致的，在构造平静期近端剥蚀严重，形成局部近端不整合面；在冲断作用期远端剥蚀强烈，形成区域远端不整合面。

此外，对陆内前陆盆地而言，一个盆地的沉积旋回常常是以正旋回开始和反旋回结束，并以其顶部、底部不整合面与其他沉积层序分开。超覆的正旋回地层特征反映的是克拉通构造环境，退覆的反旋回地层特征反映的是挤压作用形成的陆内前陆盆地背景。从反旋回开始到结束，由于挤压作用在盆地边缘还发育 2~3 期构造运动和造成的不整合面。可以推论有两类不整合面：①第一类不整合面是正旋回地层不整合面广泛地超覆于下伏的另一套反旋回地层之上；②第二类不整合面是反旋回中的上部地层以退覆形式不整合于反旋回中的下部地层。这两类不整合面的构造含义不同。第二类不整合面反映的是陆内前陆盆地与邻近褶皱-冲断带的耦合关系，也即是“盆-山耦合”关系。第一类不整合面则反映从褶皱-冲断带和陆内前陆盆地演化为稳定大陆内坳陷或伸展断陷，也即是“山-盆转换”关系。此外，在陆内前陆盆地磨拉石沉积物内部还发育一种递进的同构造层内角度不整合面，其形成与开始为加速的隆起一侧楔状体呈旋转退覆，而后变为在减速的隆起一侧楔状体呈旋转超覆有关。

2.3.5 前陆盆地与挠曲作用

前陆盆地是一类重要的挠曲盆地，挠曲程度取决于盆地岩石圈的刚度、构造负荷和沉积负载的大小。挠曲模型有弹性模型、黏弹性模型和热挠曲模型等。无论是周缘前陆盆地、弧后前陆盆地还是陆内前陆盆地，它们都具有挠曲盆地的共同特征，与裂谷（或伸展断陷盆地）和被动大陆边缘克拉通内或稳定大陆内坳陷型盆地有着根本的差别。

2.3.6 前陆盆地的物源类型

前陆盆地沉积物一般具有双物源。物源供给形式主要受冲断造山有关的地形起伏的影响。物源区的地层构成和演变决定了前陆盆地沉积碎屑物类型。因此，根据前陆盆地充填序列中出现的不同碎屑类型或特征重矿物组合，可以恢复和确定造山带岩浆岩、变质岩和沉积岩的脱顶次序和年龄，进而可据之推断推覆体前进的次序和年龄。

2.3.7 前陆盆地的演化阶段

前陆盆地地层的几何形态是楔形的，厚的部分靠近造山体，薄的部分在向前陆板块上尖灭。这是从载荷中心到边缘隆起沉降速率逐渐降低的反映。特征是年轻的地层普遍超覆到前陆之上，大多数前陆盆地的地震反射剖面证明了这种简单几何形态的存在。前陆盆地的演化是一个动态过程，具有递进式的演变特征。沉积中心和地层羽状薄边尖灭的移动显示了分布载荷的活动性和岩石圈响应的变化，前陆盆地整体的动态演化，随着造山带的隆升，地形载荷不断加大，地形挠曲逐渐明显，随着造山带前缘推覆体向前陆推进，盆地的沉降中心和前陆隆起逐步向克拉通方向迁移，形成递进式沉积演化序列。控制盆地中沉积作用的主要因素是造山带的抬升、剥蚀和大陆岩石圈的挠曲沉降速率。已识别出的典型前陆盆地沉积物也均指该地带的沉积物。

2.3.8 前陆盆地的构造单元

前陆盆地的构造样式主要为薄皮逆冲断层带、被动双重构造、往克拉通方向发育背冲和对冲的基底卷入型逆冲断层等。

一般地，在平面上由造山带向克拉通方向前陆盆地系统可以划分为冲断带、楔顶、前渊凹陷、前缘斜坡、前缘隆起和隆后盆地等构造单元，它们往往呈带状平行于逆冲造山带的走向分布。其中要特别注意两个构造单元，分别为：①前缘隆起，前缘隆起是前陆盆地的重要组成部分，它是岩石圈受上叠地壳加载于克拉通侧发生均衡挠曲的结果，其向上挠曲幅度与冲断体的规模、前陆盆地沉降中心的下沉幅度成正比；②前陆褶皱-冲断带，造山带褶皱-冲断带是和前陆盆地同时形成的，当挤压应力逐渐增加达到高峰和往盆地方向推进时，前陆盆地沉积物也会遭受挤压和剧烈变形，形成盆地内褶皱-冲断带，如中国准噶尔盆地南缘的 N_2-Q_1 形成的前陆盆地和 Q_1 末形成的褶皱-冲断带（图 2.18）。

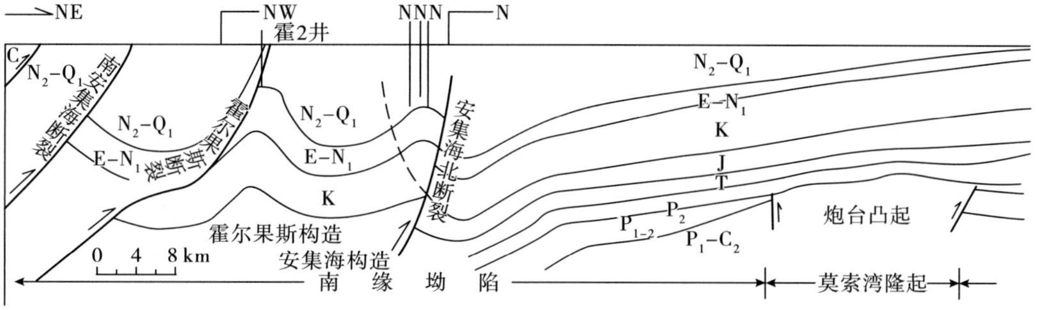

图 2.18 准噶尔盆地南缘晚新生代褶皱-冲断带与前渊

（据吴奇之等，1997）

2.3.9 前陆盆地的沉降速率

前陆盆地的构造沉降曲线为上凸型，一般可分缓、陡两段，早期较缓，晚期较陡。其沉降速率一般比被动大陆边缘、裂谷和克拉通盆地的沉降速率大，并具有自盆地中心向褶皱-冲断带前缘递增的趋势。沉降中心和沉积中心不一致，而且沉降中心一般具有向克拉通方向迁移的特点。

根据 Schwab（1986）统计的资料，前陆盆地沉降速率一般比其他类型盆地要高。由表 2.2 和图 2.19 可以看出，克拉通盆地（如美国密歇根和威林斯顿盆地）显示出最低的沉积速率；在古代冒地槽、现代大陆架、古代优地槽和现代大陆坡-陆隆区均显示出较高的沉积速率，比克拉通盆地要高出 3~4 倍；复合的前陆盆地和典型的优地槽的沉积速率要比上述地区高出 5~30 倍，复合的前陆盆地可以分为早期复理石前陆盆地和晚期磨拉石前陆盆地，其沉积速率非常高；海沟和裂谷、坳拉槽显示出类似前陆盆地的高沉积速率；后继盆地（或称破裂前陆盆地）沉积速率比克拉通盆地、古代冒地槽、现代大陆阶、古代优地槽、现代大陆坡-陆隆区要高，比复合前陆盆地、典型优地槽、复理石沉积、海沟要低。

表 2.2　不同类型沉积盆地的沉积速率

盆地类型	统计数据/个	平均沉积速率 m·Ma^{-1}	沉积速率范围 m·Ma^{-1}	
			最低值	最高值
1. 克拉通盆地（深海平原区、大陆克拉通，如密歇根盆地等）	11	6.6	1	24
2. 古代冒地槽（大陆架）	8	22.0	12	31
3. 现代大陆阶	7	36.0	29	57
4. 古代优地槽（陆隆）	5	34.0	29	37
5. 现代大陆坡-陆隆区	3	28.0	15	44
6. 各种复合的前陆盆地	6	186.0	44	927
7. 典型的优地槽	1	180.0		
8. 前陆盆地中复理石沉积物	4	345.0	150	927
9. 前陆盆地中磨拉石沉积物	3	200.0	100	400
10. 海沟沉积物	6	170.0	1	500
11. 后继盆地	9	113.0	77	200
12. 裂谷和坳拉槽	11	169.0	71	410

（据陈发景等，2001）

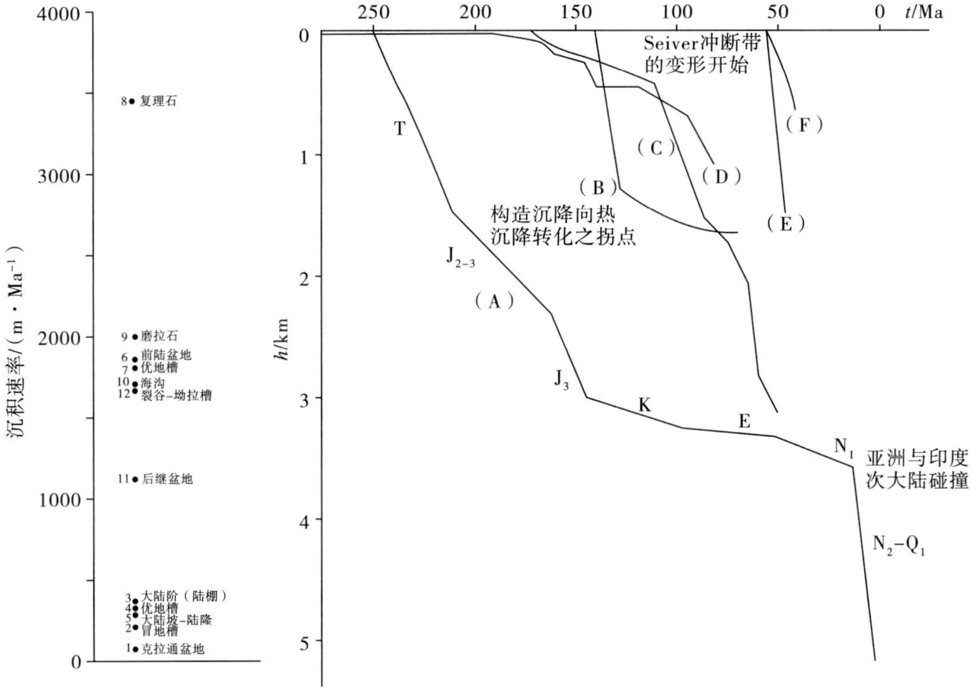

图 2.19　前陆盆地与其他类型盆地的平均沉积速率的对比

（据陈发景等，2001）

左图据 Schwab（1986），右图为不同类型的沉积盆地的构造沉降曲线对比图。（A）中国库车前陆盆地；（B）中国松辽白垩纪伸展盆地；（C）美国落基山 Hoback 白垩纪盆地；（D）加拿大西部的艾伯塔白垩纪前陆盆地；（E）（F）阿尔卑斯古近纪磨拉石盆地前陆盆地的沉积曲线也很有特征，一般为先缓（沉积速率相对较低）后陡（沉积速率相对较高）向上凸的两段式沉降曲线，而伸展断陷-伸展坳陷或稳定大陆内坳陷型盆地则相反，为先陡后缓并向下凹的两段式沉降曲线（图 2.19）。中国库车坳陷和美国西部前陆盆地沉降曲线特征为先缓后陡并向上凸的两段式，其拐点分别代表了亚洲与印度次大陆碰撞期的开始和美国落基山晚白垩世 Seiver 冲断带变形期的开始，而松辽伸展断陷-坳陷盆地沉降曲线的特征显示为先陡后缓并向下凹的两段式，其拐点则代表伸展断陷期的结束和开始进入伸展坳陷期。综上所述，前陆盆地的沉降曲线和沉积速率特征与伸展断陷-坳陷盆地和稳定大陆内坳陷有很大不同。前陆盆地的沉降曲线和沉积速率特征显示为先缓后陡的两段式沉降曲线和由慢变快的沉积速率，而伸展断陷-坳陷型盆地则为由陡变缓两段式沉降曲线和由快变慢的沉积速率。稳定大陆内坳陷的特征则缺乏上述现象，沉降曲线一般平缓，沉积速率也比较慢。

2.3.10 前陆盆地的古热流和古地温特征

前陆盆地一般为冷盆，缺乏区域性火山作用。伸展断陷盆地中常发育火山岩。在与造山有关的伸展垮塌盆地的裂谷期前热拱期和裂谷期，特别发育火山岩。在裂谷期后的弱伸展坳陷中有时也偶尔见到火山岩。与伸展垮塌盆地火山岩伴生的是造山后期和非造山期 A 型火山岩，这类盆地古热流值和古地温梯度值高，而在前陆盆地中见不到火山岩和 A 型花岗岩，古热流值和地温梯度值低。Robert（1988）曾提出 3 类具有不同地温状况的盆地（图 2.20）：①具有正常或近于正常古地温的盆地，这类盆地常常是裂谷期后被动大陆边缘、弱伸展坳陷或稳定大陆内坳陷，地表古热流值平均为 50 mW/m^2；②具有高地温的盆地，这类盆地常常是大陆内裂谷、坳拉槽或弧后裂谷盆地，地表古热流值平均高达 80~85 mW/m^2；③具较低地温的盆地，包括有海沟、弧前盆地和前陆盆地。例如日本海沟、马里亚纳海沟和前陆盆地的地表古热流也是低值，平均低于 50 mW/m^2。

2.4 造山带-前陆盆地耦合系统

大陆上最基本的构造单元为造山带和盆地，造山带是地壳和岩石圈经历了一次或多期次构造运动形成的线性或似线性的强烈变形、变质构造带，是构造-热事件频繁出现和变化最为剧烈的地带之一，也是大陆动力学研究的关键地区。盆地系统和造山带系统作为大陆两个最突出的和最基本的构造单元，是地壳时空演化史上的一对孪生体，故把盆地和造山带作为一个统一的整体进行分析和研究，是研究大陆构造和地球形成演化的一个新窗口。因此，新的大陆构造思想的生长点必须是建立在造山带和沉积盆地精细研究的基础上（李勇等，2000）。由于中国大陆所具有的构造特殊性［小陆拼合、多旋回构造运动、陆内构造活动强烈、岩石圈的圈层结构和高导层（低速层）的不均一性、沉积盆地的“西压东张”、印-亚碰撞对中国大陆变形的巨大影响、油气聚集晚、山脉隆升晚］，中国学者对盆-山耦合机制特别重视，先后开展了前陆盆地及其相邻冲断带研究（20 世纪 70 年代）、沉积盆地及相邻造山带同步演化史研究（80 年代）、造山带-沉积盆地耦合关系研究（90 年代）、成山（造山带）-成盆（沉积盆地）-成藏（油气藏、固体矿藏）动力学研

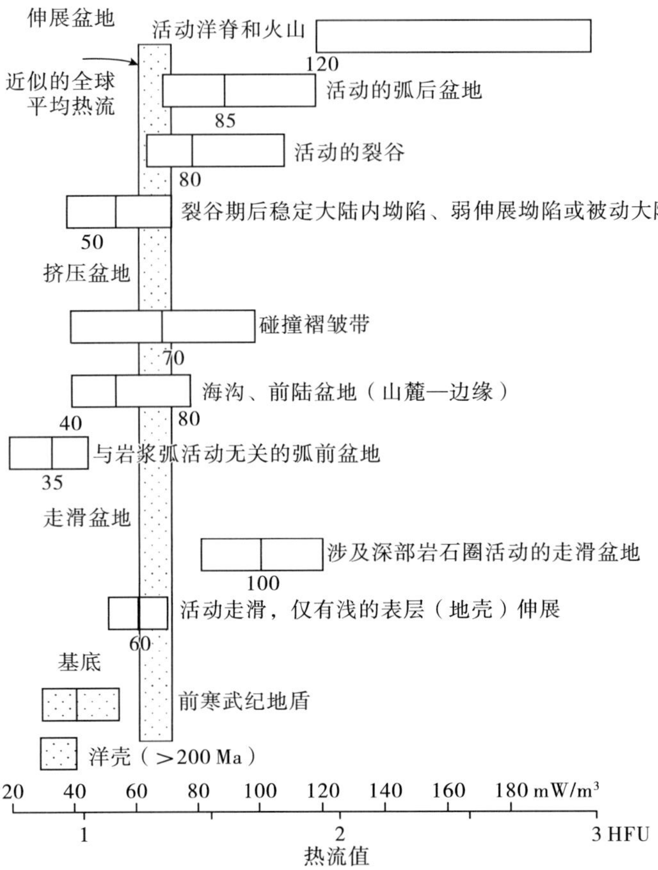

图 2.20　各种沉积盆地类型的热流值

（据 Allen et al.，1990）

究（21 世纪）。

造山带与前陆盆地的耦合关系是当前大陆动力学研究的热点（图 2.21），这既有经济上的动机，也有科学规律的必然，因为对盆地和造山带的对照研究要比分别孤立地研究它们要有效得多。大量的事实表明，造山带和盆地之间存在多重耦合。在一定时期，两者是共同发展、互相依存的。因此，对造山带和沉积盆地的研究，应该注重系统分析、综合分析和同步演化研究。所谓盆-山系统（basin-range system）是指受控于统一的地球动力学系统，而运动方式呈镜像或其他相协调的方式形成的一对耦合关系所反映的实际上是一种成因和运动机制上的联系，统一的地球动力学背景是盆-山耦合的基础，它们是地球内部各圈层相互作用综合调整的结果。它们在空间上相互依存、物质上相互转移，属于相同期次构造运动的产物。

同时性和统一地质作用过程是盆-山耦合的两个重要特点，也是盆-山耦合体系划分的出发点。造山作用和成盆作用之间既存在耦合关系，也存在非耦合关系。盆-山耦合的决定性因素是它们是否形成于统一的地球动力学系统中。成盆作用和造山作用在盆-山耦合中并不具有等同价值，造山作用据主导地位，决定着成盆作用。因此，盆-山耦合关系的类型根据造山作用的特点来划分。盆-山系统的内涵主要表现在：①大陆构造的基本单

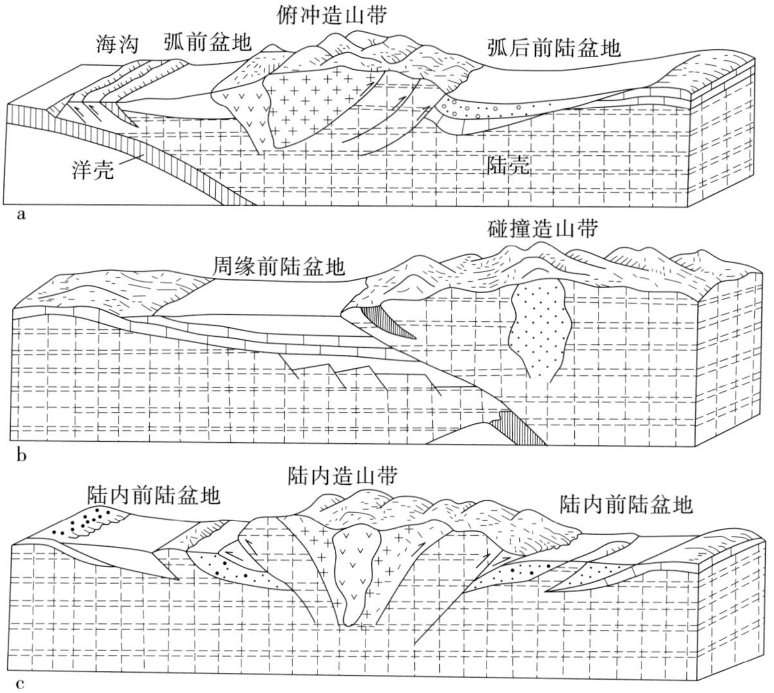

图 2.21 前陆盆地类型与动力机制

（据刘和甫，2001）

a—大洋俯冲造山带与弧后前陆盆地；b—陆缘碰撞造山带与周缘前陆盆地；c—陆内造山带与陆内前陆盆地

元是沉积盆地和造山带；②造山带与沉积盆地是形成于统一的地球动力学系统之中的一对孪生体，它们在空间上相互依存、物质上相互补偿、演化上相互转化、动力上相互转换（盆转山、山控盆、盆定山）；③盆-山系统主要表现为物质的循环系统和能量的交换系统（其媒介主要为流体）；④盆山间的耦合关系是揭示大陆动力学机制和过程的关键。

造山带和前陆盆地是岩石圈动力学作用下两种主要地貌形态和地壳结构，是岩石圈变形的两个侧面。刘和甫（1999）认为盆地与造山带之间的相互联系性主要存在 3 种关系（图 2.20）：①在构造上，盆地与山岭的耦合性主要表现在构造应力场的同一性与空间上的连续性，即挤压造山带与前陆盆地的耦合、伸展造山带与裂陷盆地的耦合、走滑型造山带与走滑盆地的耦合，而连锁断层则为耦合机制的关键；②在节律上，盆地与山岭具有反转性，即早期的大陆边缘盆地反转为造山带，造山带可以伸展塌陷成为盆地，主要表现在时间上的阶段性，为地球体积变化或脉动所产生；③在沉积上，盆地与山脉具有互补性，主要表现为地球均衡性所制约，在浅层呈现为山岭隆升侵蚀与盆地沉降充填，在深层则表现为熔浆迁移、拆沉作用。

盆-山耦合的研究思路主要体现在以下两个方面：①在垂向上的耦合主要表现在造山带的隆升与沉积盆地沉降（隆升）间的耦合关系；②在横向上的耦合，包括：盆山间物质循环的耦合关系、盆山间能量交换的耦合关系、盆-山转换的耦合关系。因此，盆-山耦合研究的主要思路包括：①造山带与沉积盆地在空间分布上相互依存、在物质上相互补偿、在演化上相互转化、在动力上相互转换；②盆-山系统大陆岩石圈各圈层之间有着广泛的能量交换和物质交换，深部地质作用对大陆地壳上部构造的形成和演化起着至关重要的作用；③盆-山系统中固体岩石与其中的流体有着广泛的相互作用，流体是盆-山系统形成演化的重要因素；④盆-山系统中的水平运动和垂直运动具有共存性、相关性和转换性。

2.5 造山带-前陆盆地系统的类型

前陆盆地系统与冲断带联系密切。冲断带可分为三种主要类型：弧后型（retro-arc）、碰撞型（collisional）或周缘型（peripheral）、与后退式碰撞（retreating collisional）俯冲带相关的冲断带类型（图 2.22）。而与转换断层系统相关的局部地壳缩短区则不在考虑范围内。弧后型和碰撞型冲断带形成于真正的板块汇聚构造背景中，在每一个板块上固定参考点均发生相对快速的汇聚运动。后退碰撞型冲断带形成于俯冲速率大于汇聚速率的板块构造背景之下，从而导致上覆板块在冲断带后方区域发育拉张、扭张构造作用。虽然在这些不同构造背景下形成的前陆盆地最终都归因于造山作用地壳增厚形成的负载而引起的挠曲沉降，但在每种构造背景下仍然存在显著的额外负载作用，并且，来源于不同造山带类型的同造山期沉积物在成分上和热体制上也存在差异性，记录了不同的剥露深度和母岩类型。

2.5.1 洋-陆汇聚型造山带-前陆盆地系统

弧后前陆盆地系统沿着科迪勒拉造山带（安第斯山型）内侧发育，位于迅速汇聚的洋-陆俯冲带上部的大陆板块之上（图 2.22a）。然而不是所有的洋-陆汇聚板块边界都是以科迪勒拉型造山带和前陆盆地为特征的，某些情况下以上部板块的弧后扩张为主。最近对控制俯冲带之上大陆板块缩短的众多参数的分析表明，上部板块向海沟方向的快速运动，以及距俯冲板片边缘较长的横向距离对发育强烈的弧后收缩体制具有重要的作用。形成的前陆盆地具有大陆板块级的规模，与紧邻的造山带平行方向延伸近数千千米，垂直造山带方向延伸近几百千米。其现代原型盆地是安第斯山前陆盆地，沿着安第斯山脉冲断带东翼延伸超过 7000 km，在其东侧是南美克拉通（图 2.22a）。

在弧后背景中，上部板块与俯冲的大洋板块之间通过地幔楔形成黏滞性耦合，从而形成的附加负载会影响前陆盆地岩石圈（图 2.23）。这类“动力沉降（dynamic subsidence）”可以向盆地内侧蔓延长达 1000 km，同时作为对地形负载朝海沟方向向下作用的响应，整个挠曲剖面发生倾斜。在这种背景下，前陆盆地将发育并保存完好的前缘隆起带和隆后沉积带。

2.5.2 陆-陆碰撞型造山带-前陆盆地系统

碰撞前陆盆地系统形成于陆-陆碰撞背景下的俯冲板块上。现代的实例有喜马拉雅山、扎格罗斯山和新几内亚前陆盆地系统。现代陆-陆碰撞的缝合带的长度均没有超过约 3000 km，因此，地球上现代碰撞前陆盆地系统规模均没有美国弧后前陆盆地系统那么大。然而，从地中海西部一直延伸到缅甸断续分布的一系列大陆板块碰撞，组成延绵长约

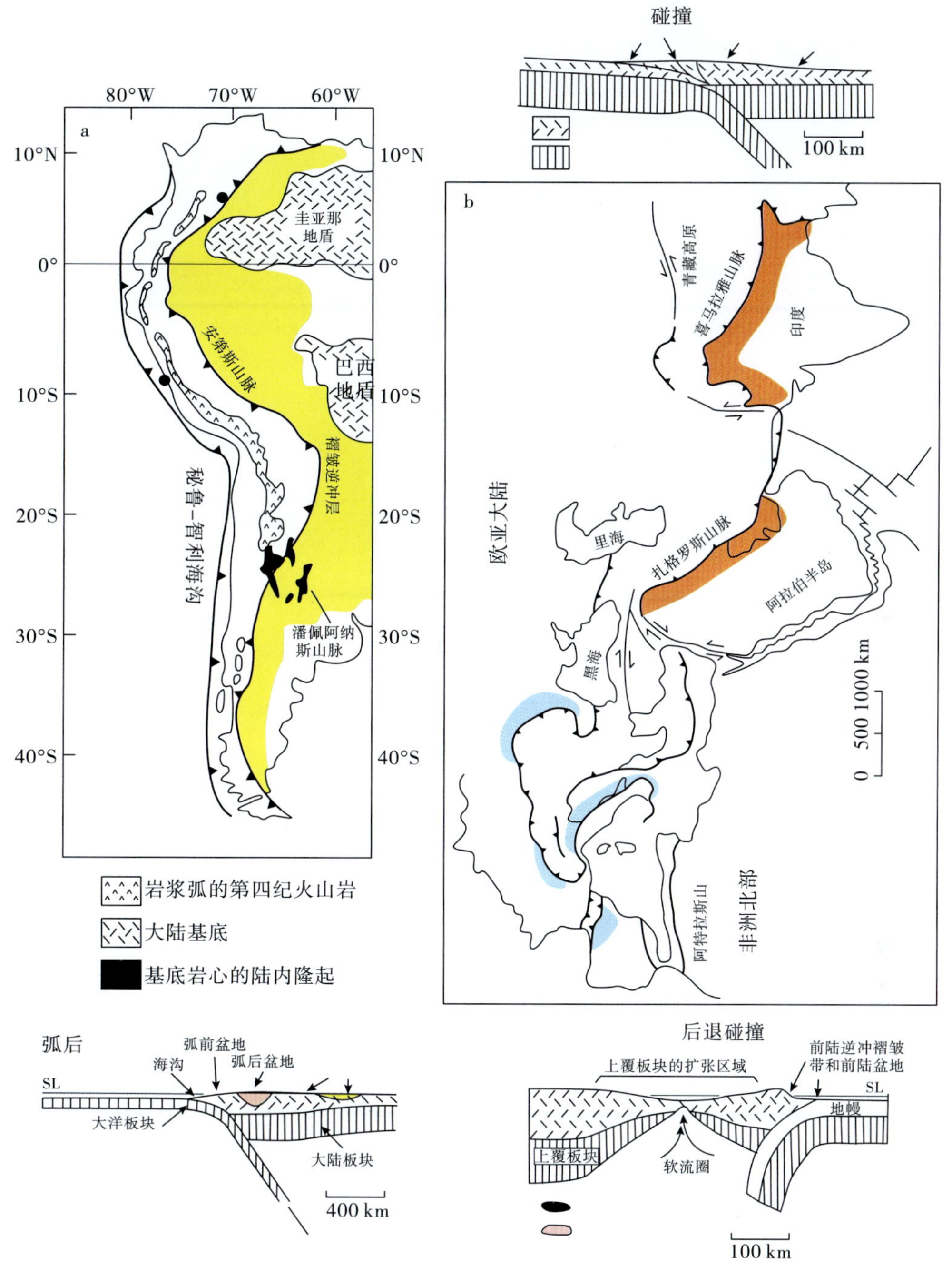

图 2.22　主要前陆盆地系统的构造背景

(据 DeCelles et al.，2012)

a—安第斯山脉弧后冲断带及前陆盆地系统；b—碰撞型（橙色）和后退碰撞型（蓝色）背景下的前陆盆地系统，横切面示意图分别在其上面和下面。典型的碰撞型类型是扎格罗斯山脉和喜马拉雅山脉，典型的后退碰撞型类型是地中海地区。SL—海平面

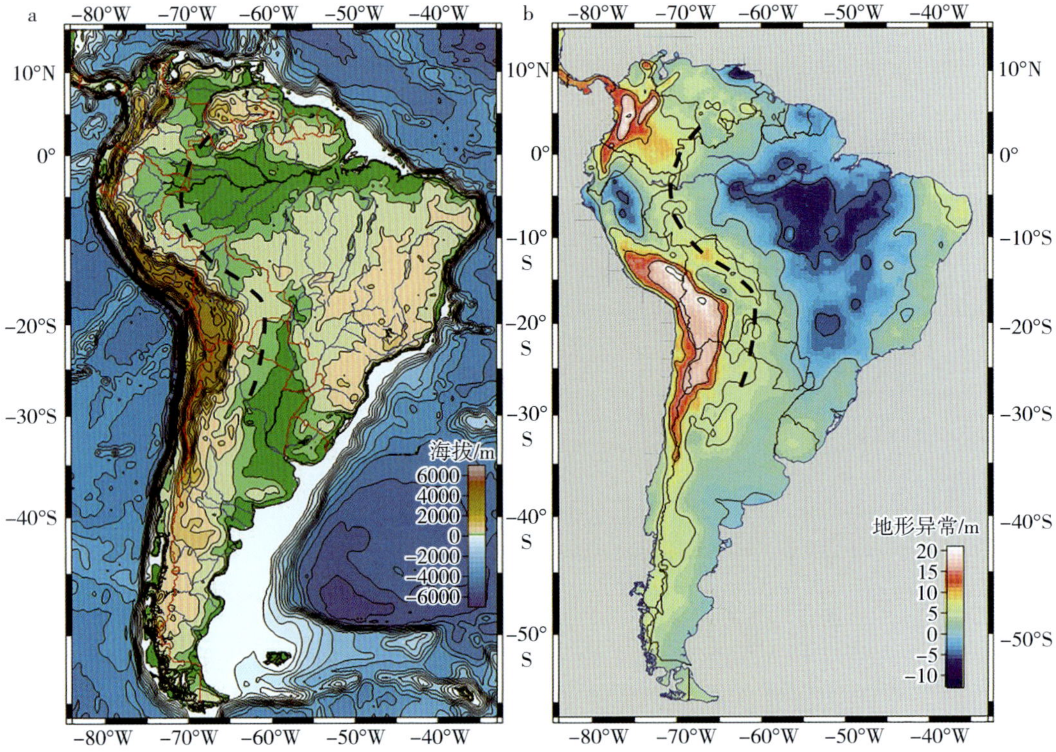

图 2.23　南美洲安第斯山褶皱-冲断带与前陆盆地系统

（据 DeCelles et al.，2012）

a—南美洲地形，粗虚线代表安第斯山脉以东 400～500 km 的地形异常高值，因盆地被填充满，实际上没有前缘隆起的地形显示；b—大地水准面异常图，单位为 m，据 GRACE 数据，前陆地区的前缘隆起带顶峰位置位于沿着粗虚线 5～10 m 异常的范围内

8000 km 的链状碰撞前陆盆地系统。

典型的活动碰撞前陆盆地系统是喜马拉雅山前陆盆地。该盆地系统实际上至少由 3 个前陆盆地系统组成，即中喜马拉雅前陆盆地、孟加拉盆地和印度盆地，但只有喜马拉雅段是真正意义上的碰撞前陆盆地系统；孟加拉盆地和下印度盆地发育在俯冲速率远大于当地板块汇聚速率的岩石圈之上，实际上形成了后退碰撞冲断带和前陆盆地。

喜马拉雅前陆盆地系统宽 400～450 km，长约 2000 km（图 2.24）。在该现代的盆地中具有活动的楔顶沉积带和前渊沉积带。Bilham 等（2003）认为北印度高地是喜马拉雅山脉冲断带前缘的前缘隆起带；Duray 等（1989）的分析表明萨果达山脊是该前缘隆起的延伸，并向北西方向倾伏在印度河前陆地区之下（图 2.24）。北印度前缘隆起带含一个起伏的地形表面，继承了前新生代向上挠曲的地形地貌，并被新生流域切割至活动挠曲的水平面（图 2.24）。向上挠曲的幅度约 400 m，前缘隆起带宽大于 600 km。显著增加的地形起伏是从古生代-中生代印度北部高原继承而来。印度地盾岩石圈的高挠曲刚度和喜马拉雅的高地形负载，形成巨大规模的北部印度前缘隆起带。因此，印度-恒河前陆盆地远远未被轴向的河流沉积系统填充满，该河流系统经过下印度河和孟加拉盆地流出盆地（图 2.24）。

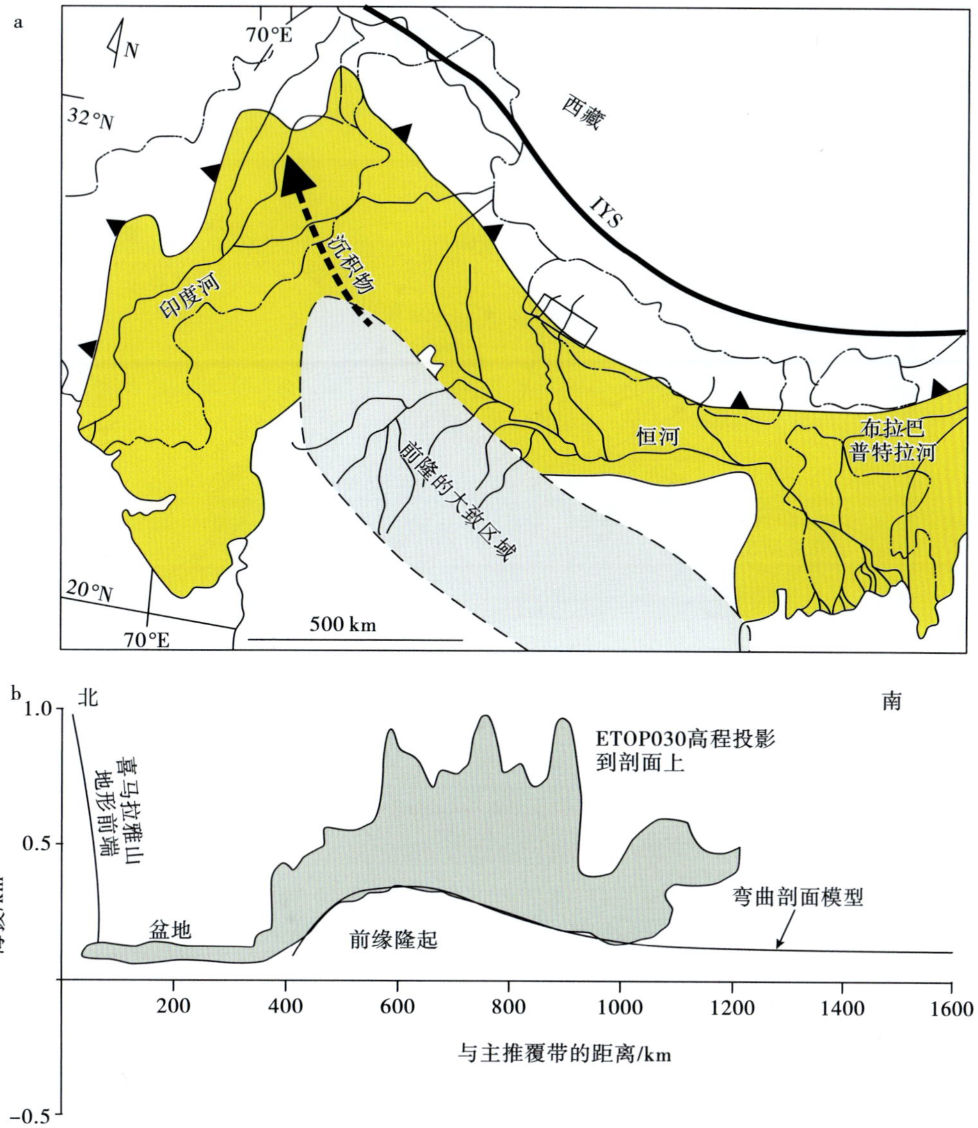

图 2.24 喜马拉雅山前陆盆地系统

（据 DeCelles et al.，2012）

a—巴基斯坦、印度和孟加拉国地区与印度-亚洲陆-陆碰撞有关的碰撞前陆盆地（黄色区域）。其中没有将系统中部的喜马拉雅部分与侧翼及后退碰撞系统有关的印度和孟加拉盆地区分开来。粗实线代表印度-雅鲁缝合线（IYS）带；锯齿实线代表冲断带的前缘；粗虚线代表德里-萨果达脊，Duroy 等（1989）认为是前缘隆起带。印度北部有依据 GRACE 大地水准面数据得出的喜马拉雅挠曲前缘隆起的大致区域。b—沿着 25°和 30°纵剖面的平均高程以及在尼泊尔与喜马拉雅山脉前锋的距离。实线代表模拟的与时间有关的剥蚀面（有效弹性厚度为 105 km），与拉成一个平面的高程数据（灰色区域）的包络线底部拟合较好。Bilham 等（2003）认为，随着印度板块向喜马拉雅山脉冲断带前缘的挠曲前缘隆起爬升，上凸的剥蚀基底是对现代印度高原北部古地形下切的地貌响应

与弧后前陆盆地不同的是，碰撞前陆盆地不受控于远源动力负载的影响。故此，控制挠曲剖面形状和规模的主要因素是造山带负载。如果前陆岩石圈刚性大（如现代喜马拉雅前陆盆地之下和其南部岩石圈），前缘隆起带、隆后沉积带的沉积物将很难被保存下

来；相反，挠曲波的经过将会形成强烈的剥蚀不整合面。另一方面，如果前陆岩石圈仅仅是中等刚性的（如扎格罗斯前陆盆地之下的岩石圈），则隆后沉积带（甚至前缘隆起带）沉积物将会在地层记录中保存下来（图 2. 25）。

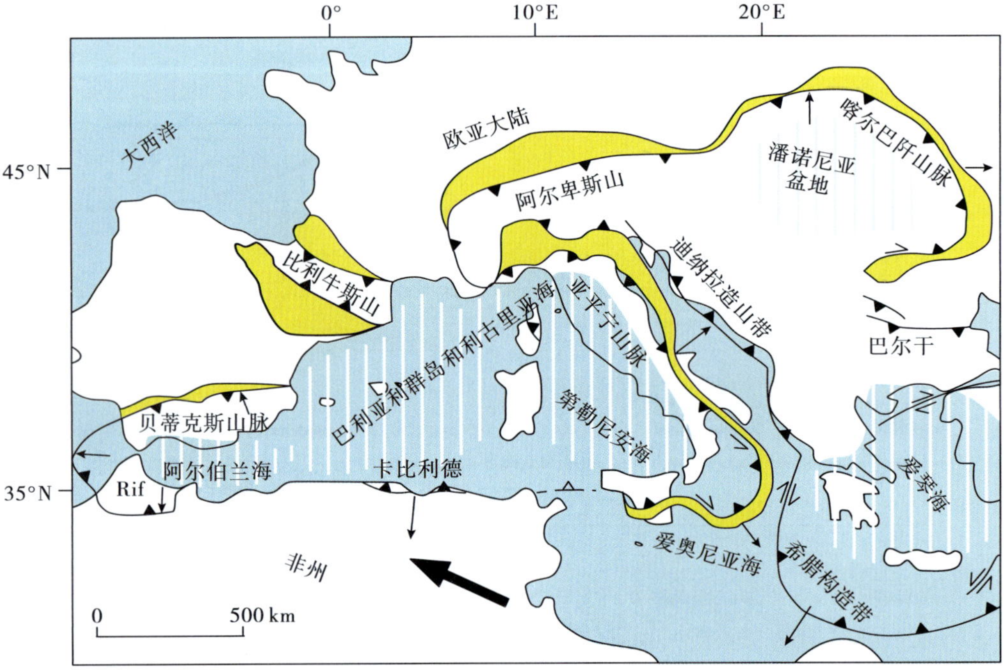

图 2. 25　地中海中西部的构造图

（据 DeCelles et al.，2012）

在高角度弧形的贝蒂克斯裂谷（Betic-Rif）、亚平宁-伊朗-卡比里德（Kabylidean）、喀尔巴阡山脉和希腊褶皱-冲断带前面（锯齿线，小箭头代表俯冲带后退/冲断带前进方向）的后退俯冲系统。黄色为前陆盆地；垂向直纹图为上地壳的地壳拉张区域。大箭头代表现代非洲板块相对欧亚板块的运动方向

2. 5. 3　后退式碰撞型造山带-前陆盆地系统

在板块俯冲速率大于板块汇聚速率的碰撞构造背景下，要维持持续的板块俯冲，需要俯冲板块的枢纽线向后退方向迁移（即与俯冲方向相反方向）。为了补偿板块之间形成的间隙，上部板块将经历拉张减薄作用（图 2. 25）。该类冲断带-前陆盆地系统最著名的实例位于地中海地区。非洲板块北缘的岬角地带（如阿德里亚、阿拉伯）从白垩纪晚期开始与欧亚板块碰撞，在岬角之间的区域形成碰撞造山带和新特提斯洋壳岩石滞留受限板片（strandingaerially restricted slab）（图 2. 25）。尽管岬角之间的碰撞减弱了板块汇聚速率，这些洋壳板片的密度驱动俯冲作用仍持续进行，为了调节持续进行的俯冲作用，俯冲带枢纽线被迫向板块俯冲相反方向后退。上部板块上的褶皱-冲断带继续向前陆方向迁移，但其尾部经历了区域拉张和地壳减薄作用。紧随这些迁移的俯冲带之后可能形成一些小的洋盆，并且在某种情况下，某些微地块从欧亚板块中分离出来并迅速在中地中海中迁移（图 2. 25）。

与碰撞型和弧后型前陆系统相反，后退碰撞系统以形成弧长较短（约 1000 km）、弧

度高（曲率高达180°）和海拔低（小于2 km）的褶皱-冲断带为特征，并以未变质沉积岩为主。年轻的例子有亚平宁山脉、喀尔巴阡山脉、贝蒂克-里夫造山带和可能的北阿尔卑斯山褶皱-冲断带以及与它们相应的前陆盆地；较古老的例子包括安特勒造山带（Antler）（泥盆纪-密西西比期）、沃希托山（Ouachita）（石炭纪）前陆盆地。与后退俯冲带相关的前陆盆地系统，一般包含比按地形负载推测厚度的两倍还厚的前渊沉积物，这也许需俯冲板片负载的作用。例如，位于亚平宁山脉冲断带前缘的前陆盆地，从梅新期（Messinian）开始沉积了一套局部厚度超过7 km的楔顶盆地、前渊沉积物。Royden等认为该极端沉降不能仅仅解释为由相对温和的亚平宁负载形成的挠曲沉降导致，而是俯冲的亚得里亚板片负载促成前陆岩石圈弯曲运动并在沉降中起着主控作用。在喀尔巴阡（Carpathian）前陆盆地也存在类似的情形。

在后退碰撞背景下的前陆盆地系统以波长相对较短、狭窄的前渊（约100 km）和前缘隆起带以及相对不发育的隆后沉积带为特征，而其楔顶沉积却可能非常厚。在前缘隆起沉积带中通常发育碳酸盐岩建造；而在前渊沉积带中则普遍发育浊流沉积物和其他海相沉积物。在后退碰撞系统中，沿着碰撞带俯冲（后退）板片的挠曲刚度和侧向撕裂（lateral tearing）也存在差异，而这些复杂的差异性强烈地分割着前陆盆地系统。

2.5.4 弧-陆碰撞型造山带-前陆盆地系统

Draut等（2012）详细研究了弧-陆碰撞过程中海沟、海沟-陆坡盆地、弧前盆地、弧内盆地和弧后盆地的演化过程。由于在碰撞过程中被迅速抬升和剥蚀，且在侵蚀大陆边缘遭受俯冲侵蚀而逐渐被破坏，海沟-陆坡盆地被保存下来的可能性较低。弧-陆碰撞之后的海沟沉积物和海沟-陆坡盆地偏向于在碰撞之前相当长时间内处于构造增生的大陆边缘得以保存。构造侵蚀边缘弧前盆地底部通常为坚硬的岩石圈，因此很可能在与被动大陆边缘碰撞时得以保存，甚至有时在整个碰撞造山过程中持续沉积。弧内盆地的低挠曲强度使它们更深，如果得以保存，可能有岛弧和碰撞构造活动的长时间记录。弧后盆地则通常遭受俯冲作用，盆内沉积充填不是丢失就是仅作为碎片保存在混杂岩序列中。来自碰撞造山带的大部分沉积物最终都进入到碰撞作用形成的前陆盆地中，并且可能在不遭受构造变形的情况下被大量保存下来。与陆-陆碰撞形成的前陆盆地相比，弧-陆碰撞形成的前陆盆地一般存在的时间较短，并可能在碰撞之后，由于在碰撞带外侧形成新的活动大陆边缘以及造山带的伸展坍塌，而发生局部反转。

在活动的弧-陆碰撞带除了发育“短命”的弧内盆地之外，也可以类似于陆-陆碰撞一样的，因地壳负载而发育前陆盆地。这些盆地形成所涉及的岩石圈通常具有较高的热成熟度（即更冷），能干性最强，因此具有高挠曲强度，从而形成宽阔的盆地。弧-陆碰撞带前陆地区的主要特征是，因为造山运动和随后的坍塌作用十分迅速（5~15 Ma），导致前陆盆地的形成和充填也很迅速；并且随着主动大陆边缘开始形成于造山带外侧，挠曲负载作用减弱，可能会导致盆地发生构造反转。这是因为俯冲作用的重建往往伴随着碰撞造山带的坍塌和快速剥蚀，这两者的结合减少了负载并降低了挠曲程度。澳大利亚与巴布亚新几内亚之间的碰撞导致了前陆盆地的形成，在菲尼斯特雷岭（Finisterre Range）底部的Leron组发育了扇三角洲杂岩。与此类似，Timor-Aru海槽代表了由于澳大利亚大陆边缘与Banda岛弧碰撞产生的挠曲负载而形成的年轻的前陆盆地。由于澳大利亚大陆边缘形成于侏罗纪，与卷入了年轻地壳的岛弧碰撞带相比更成熟和刚硬，因此形成了较为宽广的前陆盆地。

以中国台湾为例，在大多数（即便不是全部）先存岛弧盆地发生反转和消亡之后，前陆盆地挠曲作用的范围和深度也在碰撞作用达到顶点时也达到了最大值。它们被来自造山带沉积物所充填，可能发育向上变浅的陆相和浅海相沉积，之下为造山早期的深海相复理石沉积。

随着倾斜弧-陆碰撞活动带沿着边缘移动，当碰撞作用的挤压构造应力消失时，随着俯冲带极性倒转，碰撞后的造山带逐渐坍塌。造山带坍塌包含了软弱的、较热的造山带地壳的构造伸展，并在恢复沉积作用的位置形成盆地。这些盆地往往在缝合带的附近形成，并不会影响到更宽阔的前陆地区。然而，远离中部建造的物质再分配可减小俯冲的被动大陆边缘上的负载，从而引起板块的部分回弹和前陆盆地的反转。现代台湾北部宜兰平原/冲绳海槽（Ilan plain/Okinawa trough）就是碰撞后期造山带坍塌盆地一个最明显的例子。

台湾碰撞带的最大沉积体位于中国的台湾海峡之下。在该处，前陆盆地（局部沉积厚度大于 5 km）将渐新世南海裂谷沉积埋藏至约 2 km 之下。边缘岩石圈的挠曲强度并不是特别高（$T_e = 8 \sim 13$ km），导致盆地相对狭窄（约 70 km），但具有很大的保存潜力。相反，在吕宋岛弧的弧后盆地（即菲律宾海的 Huatung 盆地），来自海岸山脉的沉积物可能会随着俯冲极性反转而遭受俯冲并消失。

综上所述，弧-陆碰撞通常发生在板块构造旋回过程中并导致造山带的迅速形成和快速坍塌，时间跨度往往只有 5~15 Ma。通过弧-陆碰撞，并伴随着硅质岩浆岩的活动、致密硅镁质下地壳的亏损，实现了大陆增生，被认为是控制陆壳随时间演化的主要过程。弧-陆碰撞带的快速抬升产生了大量沉积物，这些沉积物沿碰撞边缘在碰撞前、碰撞后形成的盆地和前陆地区被搬运。与陆-陆碰撞形成的前陆盆地（如扎格罗斯和喜马拉雅）相比，弧-陆碰撞盆地存在时间短，并可能在碰撞之后，在碰撞带外侧形成新的活动大陆边缘时由于造山带的坍塌而发生局部反转。

第3章　前陆盆地的分类

从理论讲，分类理论是按照自然规律对事物的归类。因此，盆地分类既要揭示盆地演化的内在机制，又要反映它们在自然界的变化。在板块构造理论盛行之前的盆地分类主要依据盆地形状、构造类型、位置（槽、台）等因素。现今的沉积盆地的分类主要是基于板块构造。沉积盆地是沉积作用的主要场所和沉积物堆积的大型空间。沉积盆地分类是一项长期发展的工作，其原因是盆地对多种沉积矿产的赋存起到了最基本的、最重要的控制作用。沉积盆地分类的基础之一是其大地构造属性。商业性油气藏均发现于沉积盆地中，不同类型的沉积盆地具有不同的含油气性。沉积盆地分类涉及地球科学诸多学科，具有很强的综合性、理论性和实践性，关系到对盆地油气资源潜力的评价，日趋受到重视。

自20世纪40年代以来，人们就开始了盆地的分类工作。Kay（1948）利用槽台学说解释了已知的地层、沉积相和构造组合之间的差异。苏联学者哈茵（1951）、布罗德（1957）以槽台学说为基础进行了沉积盆地分类。在板块构造学说问世后，出现了依据板块构造理论的盆地分类。现代的盆地分类是从Halbouty等（1970）开始的，根据地壳结构研究了盆地分类。“盆地”一词开始被广泛使用。Rittenhouse（1972）提出了地层圈闭分类。Klemme（1974）划分出克拉通壳盆地、过渡壳盆地等；Dickinson（1974，1976）将盆地分为“裂谷环境盆地”和“造山环境盆地”，该分类未突出克拉通盆地。Fischer（1975）依照盆地形成机制分为“原生海洋盆地”和“次生盆地”，并指出，沉积盆地的成生并非取决于单因素作用，应将盆地成因分析与运动学分析结合。Bally（1980）强调了盆地与巨型缝合带关系，指出了B型和A型俯冲带的差异性，划分出位于“刚性岩石圈内的盆地”“缝合带边的盆地”和“缝合带上的盆地”。Miall（1990）依据板块边缘将盆地分为“离散边缘盆地”“聚敛边缘盆地”“转换断层和横推断层盆地”“大陆碰撞和缝合期发育的盆地”以及“克拉通盆地”等，并将前4类进一步分出不同的次级类型。此后先后有Klein（1987）、Ingersoll（1988，1995）、Picha（1989）、Allen等（1992）、Mann等（2003）对全球主要盆地进行了研究和类型划分。在20世纪后期，AAPG组织当今世界著名的石油地质学家编写出版了5本论文集，分别论述了离散-被动边缘盆地、克拉通盆地、活动边缘盆地、前陆盆地与褶皱带和裂谷盆地，试图把油气藏（田）的形成及分布与盆地类型联系起来。

在21世纪以来，Ingersoll（2012）、Allen等（2013）等在前期分类方案的基础上，提出了简明的分类方案。在这些分类中，区别不同沉积盆地的准则并不是前后一致的。目前沉积盆地的分类认识主要来自Dickinson（1974）的研究成果，强调了盆地位置与岩石圈类型、与板块边缘的靠近性、与盆地相邻的板块边缘的类型（离散、汇聚和转换）。据此可以通过板块的变化和相互作用来解释某个盆地的演化。因此，盆地分类的一级原则是从板块构造因素和适用因素来考虑的。板块构造因素主要依照：①盆地所处的地壳类型；②盆地所处板块边缘位置；③板块相互作用的类型；④盆地动力学性质。工业用途的盆地分类则着重于构造背景及盆地演化有关的线形特征、对称性、横剖面形态、构造地球化学等。如前所述，考虑不同因素的沉积盆地分类方案有较大的差异。本书选取了与前陆盆地相关的国内外有关的盆地分类方案，并重点讨论了其中的与前陆盆地相关的盆地分类。值得注意的是：①分类方案代表了研究者的学术观点，且使用的方案不同，对沉积矿产的基本控制因素的认识也就不同。因此，深入了解盆地分类的原则和各种方案的差异就成为我们正确使用这些分类的前提。②不同学者使用的盆地分类原则不同，我们要了解清楚这些原则的地质学基础和适用性以及使用它们的目的和意义。③系统掌握主要分类方案，找出不同方案的异同点和各自的优缺点。

值得指出的是，在现今的盆地分类中须注意：①原型盆地与盆地恢复。朱夏先生率先提出了盆地原型的概念，并指出多数大型盆地都是多种原型的叠合。在含油气盆地分析中这一概念有重要的实际意义，油气运-聚过程可以贯穿于不同世代的盆地原型，古生新储、新生古储成为许多含油气盆地中的普遍现象。这一观点也得到国外许多学者的共识。Klemme（1994）曾列举了全球 14 个最著名的含油气盆地，其演化序列都极有利于形成超大型含油气系统，如沙特-伊朗盆地经历了地台-裂谷-坳陷-前陆（P-R-S-F）4 个演化阶段。裂谷阶段有利于优质烃源岩形成，前陆阶段则有利于形成大型构造圈闭。②静态盆地分类与动力学分类。长期以来形成的静态盆地分类应该转向分析盆地的基本形成过程，动力学分析应该是过程分析。盆地演化常常是多重作用和过程，而盆地类型正是这种多重作用的复杂函数。因此，研究盆地演化的动力学过程要优于确定理想化的盆地类型；正如 Dickinson（1997）所指出的那样，现有盆地分类主要是地貌-构造类型，如弧前-弧后、前陆和克拉通等，这使得人们往往根据构造部位确定盆地类型而不是进行地球动力学参数研究。Dickinson（1994）指出许多沉积盆地的形成演化都是多重机制的联合，在盆地的不同演化阶段其主要控制作用各异。因此简单化的盆地分类已不能反映盆地的复杂性。重要的不是研究盆地的分类学而是深入揭示盆地的动力学过程。③盆地的叠合与复合。前陆盆地不会永远保持不变，仍要继续向前发展、演化。或在相当时期内保持前陆盆地的性质，或在较短时期内改变其属性。

本章主要阐述了前陆盆地的分类，包括：①在国内外与前陆盆地有关的盆地分类中，重点列述了 Dickinson（1974）、Bally 等（1980）、Miall（1984）、Allen 等（1986）、DeCelles 等（2012）、Ingersoll 等（2012）的盆地分类等 16 种与前陆盆地有关的盆地分类。②对前陆盆地分类和分类原则进行了讨论。值得指出的是，Ingersoll 等（2012）的前陆盆地分类最为完善，将与前陆盆地相关的盆地划分为前-前陆盆地、后-前陆盆地、楔顶盆地、碰撞型破裂前陆盆地、陆内盆地、残留洋盆地、后继盆地 7 种类型。

3.1 前陆盆地的分类方案

3.1.1 Dickinson（1974）的前陆盆地分类

Dickinson（1974）首次将板块构造学说引入到沉积盆地分类之中，确定了区别沉积盆地的三个准则：地壳类型、盆地接近板块边缘的程度、板块接缝或边界的类型。认为沉积盆地分类的一级标准是：①最近的板块边界类型；②距板块边界的距离；③基底类型。基于标准①和②将盆地类型分为与离散型板块边界相关的盆地、与汇聚板块边界相关的盆地、与转换板块边界相关的盆地、板内盆地等。并根据标准③，如基底类型（海洋地壳、大陆地壳、过渡地壳和异常地壳）、结构、位置、沉积物补给与保存进行进一步分类。

Dickinson（1974）依据盆地相对岩石圈基底类型的位置、地壳类型、盆地相对板块边界的远近及板块边界类型划分出 5 种：洋盆、裂谷大陆边缘、弧-沟体系、缝合带、陆内盆地。在此基础上按照沉降成因和地球动力学形式将盆地分为拉张裂谷型和造山型两大类，并细分为 6 个亚类 16 种盆地（表 3.1）。该分类在我国十分流行，主要原因是其主导思想不但考虑了板块的类型，而且把板块构造的演化与盆地分类较好地统一起来（图 3.1，图 3.2）。当然，该分类也有不尽人意之处，如在该分类中将克拉通盆地置于拉张裂谷型中，缺乏与走滑-转换断层相关的盆地的大类，将转换型盆地分别归于造山型和拉张裂谷型，这与板块的基本活动形式不一致。

表 3.1 Dickinson（1976）的盆地分类方案

类	亚类	种	实例
Ⅰ裂谷型盆地	陆块未完全裂开时形成的盆地	克拉通内部盆地（intracratonic basin）	北海盆地、西西伯利亚盆地
		边缘坳拉谷盆地（marginal aulacogen basin）	贝奴埃盆地、阿德莱尔盆地
	陆块完全裂解后形成的盆地	原洋裂谷盆地（protocenic rift basin）	红海、孟加拉湾
		冒地斜沉积棱柱体（miogeoclinal prism）	北美大西洋沿岸
		大陆堤（continental embankment）	海岸地区
		新生大洋盆地（nascent ocean basin）	大西洋
	与转换断层和汇聚型板块活动有关的混合型盆地	转换拉张性盆地（transtensional basin）	加利福尼亚及其近海古近-新近纪盆地
		弧间盆地（interarc basin）	盆地、地中海
Ⅱ造山型盆地	岛弧造山带海沟一侧与消减带杂岩体有关的盆地	海沟（oceanic trench）	环太平洋海沟
		斜坡盆地（slope basin）	
		弧前盆地（forearc basin）	加利福尼亚大裂谷盆地
	与造山带变形翼部毗邻的克拉通边缘前陆环境形成的盆地	周缘前陆盆地（peripheral foreland basin）	波斯湾盆地
		弧背盆地（retroarc basin）	落基山白垩纪盆地
		弧后盆地（back-arc basin）	拉腊米带
	岛弧和碰撞造山带以外由压缩而形成的盆地	转换挤压性盆地（transpressional basin）	加利福尼亚挽近褶皱
		残留洋盆（remnant ocean basin）	孟加拉湾海底

在与汇聚板块边界相关的盆地中，Dickinson 提出了前陆盆地的概念，并根据成因和位置将前陆盆地划分为周缘前陆盆和弧背前陆盆地两种基本类型，以及破裂前陆盆地。

3.1.1.1 周缘前陆盆地

周缘前陆盆地（peripheral foreland basin）与 A 型俯冲作用有关，形成于造山带前缘

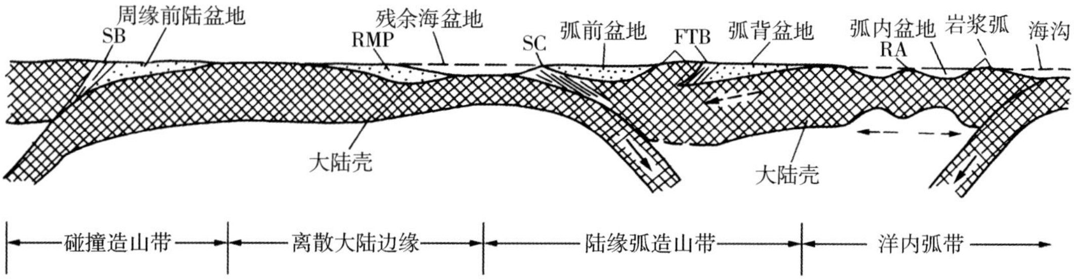

图 3.1　主要盆地类型与板块构造格架的剖面示意图

（据 Dickinson，1980）

RA—后退弧；FTB—前陆逆冲带；SC—俯冲杂岩体；RMP—裂谷边缘沉积体（被动大陆边缘沉积体）；SB—陆内俯冲带

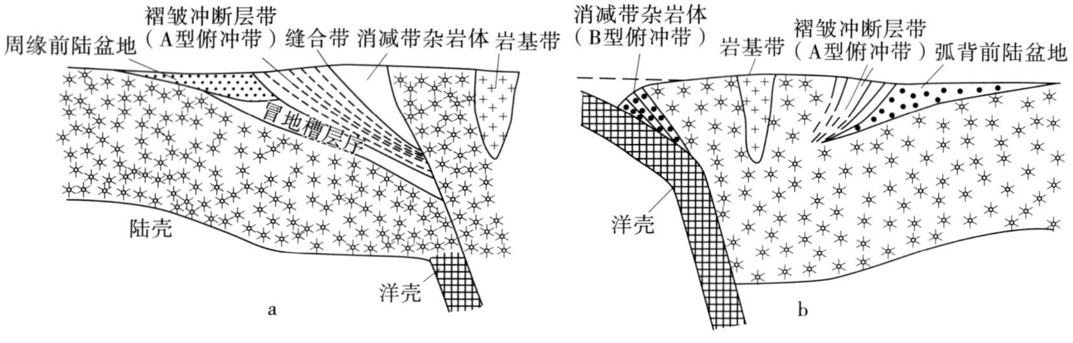

图 3.2　前陆盆地的类型

（据 Dickinson，1974）

a—周缘前陆盆地；b—弧背前陆盆地

的俯冲板块之上，是大陆碰撞及其以后由于板块自身重力作用造成陆内俯冲而形成的岩石圈挠曲盆地。周缘前陆盆地紧靠大陆与大陆碰撞形成的造山带，并平行造山带延伸。它也可在弧-陆碰撞期间在弧前发展起来，是由俯冲带杂岩体及残留在消减板块边缘沉积楔演化而成的，即形成于大陆壳表面向下拖曳与碰撞造山缝合线带相接之处，此时蛇绿岩缝合带比岩基岩浆带和火山岩更靠近盆地。这种盆地类型的实例有喜马拉雅南麓的锡瓦利克盆地、阿尔卑斯山北麓的磨拉石盆地、古生代阿巴拉契亚前陆盆地、扎格罗斯山前的波斯湾盆地。

3.1.1.2　弧背前陆盆地

弧背前陆盆地（retro-arc foreland basin）形成于大陆边缘岩浆弧内侧的仰冲板块之上，与陆内 B 型俯冲作用有关，位于 B 型俯冲带的仰冲板块之上，岛弧（如台湾岛弧）或陆缘山弧（如安第斯山弧）后面濒临大陆板块的地带（图 3.1，图 3.2）。既可与板块碰撞相联系，也可形成于洋壳俯冲作用时期。与 B 型俯冲有关的岩浆、变质及构造作用的分析有助于判断沟-弧环境。弧后前陆盆地一般是在仰冲板块上邻近褶皱-冲断带发展起来的，盆地形成于大陆壳表面向岛弧造山带的后侧方向向下拖曳处，相邻造山带向这类前陆盆地逆冲，蛇绿岩消减杂岩体和火山岩带远离这类盆地。世界上大多数前陆盆地属于此类盆地，如加拿大艾伯塔盆地、安第斯山东侧新生代盆地、中国台湾西部的新近纪盆地等。

3.1.1.3 破裂前陆盆地

除了上述两大成因基本类型外，还有一类挤压性“破裂前陆盆地”（broken foreland basin）。Bally 等（1980）称之为与科罗拉多-怀俄明落基山块断作用有关的盆地（图 3.2 至图 3.4）。典型实例是美国西部落基山中生代盆地的东段绿河、大角、风河等盆地。这类盆地位于美国落基山西段中生代弧后前陆盆地的东侧，它和弧后前陆盆地的区别主要是：①弧后前陆盆地靠近造山带，而破裂前陆盆地稍远离造山带，两者均位于克拉通前陆刚性基底之上，但“破裂前陆盆地”比弧后前陆盆地要靠近克拉通内部；②弧后前陆盆地原来是统一的，主要发育于晚白垩世三冬期、坎潘期与马斯特里赫特期，晚白垩世末拉腊米运动使弧后-前陆盆地受到改造，发育褶皱-冲断带；在弧后-前陆盆地西段为薄皮型褶皱-冲断带，而东段（即所谓的破裂前陆盆地）为基底卷入型厚皮逆冲断块构造，在深层次逆冲断层上盘形成基底块断隆起，下盘为基底断块坳陷。

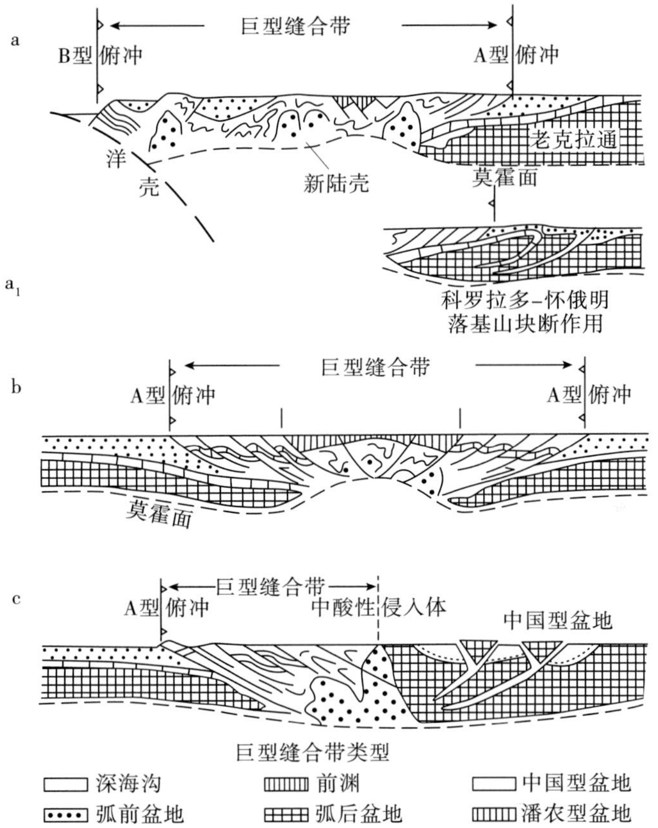

图 3.3 巨型缝合带的类型与沉积盆地

（据 Bally et al.，1980）

a—科迪勒拉山型巨型缝合带，一侧以 B 型俯冲带为界，另一侧以 A 型俯冲带为界，A 型俯冲带边界伴随着上覆沉积盖层的大规模滑脱褶皱作用和广泛的逆冲作用，实例为加拿大西部落基山中生代褶皱带和阿巴拉契亚古生代褶皱带（a_1 为与科罗拉多-怀俄明落基山块断作用有关的盆地）；b—巴尔干型巨型缝合带，两侧都是以 A 型俯冲带为界，地中海为典型实例；c—喜马拉雅型或中国型巨型缝合带，其特征是一侧为 A 型俯冲带，另一侧为中酸性侵入岩，如中国大陆的巨型缝合带

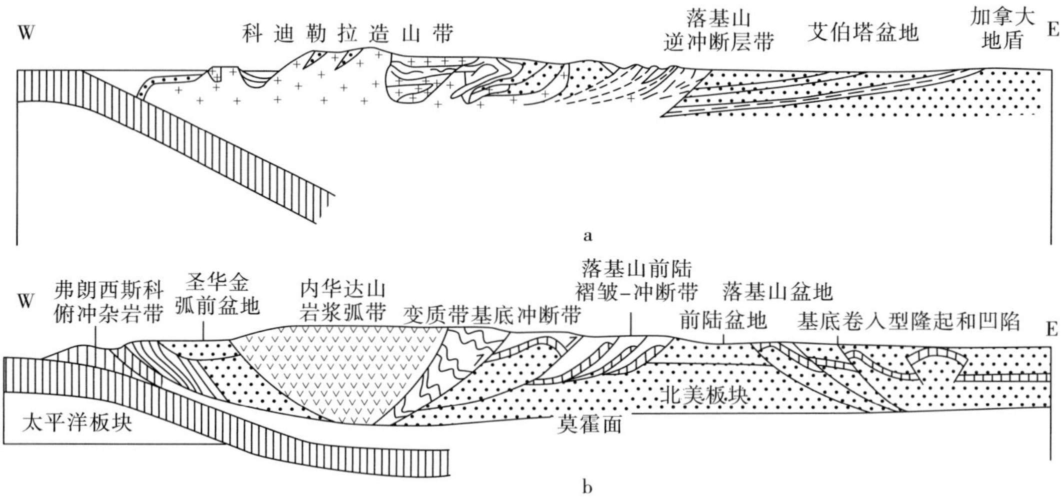

图 3.4　科迪勒拉造山带与弧后前陆盆地、破裂前陆盆地的分布图

（据刘和甫等，2004）

a—加拿大西部科迪勒拉造山带与艾伯塔盆地关系图；b—美国西部科迪斯勒拉造山带与落基山盆地

3.1.2　Bally 等（1980）的前陆盆地分类

Bally 等（1980）按照三大主要构造类型来划分全球沉积盆地（图 3.3，图 3.4；表 3.2）。分类准则包括岩石圈的组分及性质（也包括刚度）、盆地相对于挤压巨缝合线（古老的或现今的消减带）的位置、在大型巨缝合线表层带中出现的表层缝合线盆地以及俯冲消减的类型。这一盆地分类方案在很大程度上依赖于与巨型缝合带（巨型的非刚性造山带）的关系、密切程度、A 型俯冲带与 B 型俯冲带的差异性等方面。其中 A 型俯冲消减涉及大洋板块与大陆岩石圈之间的碰撞，A 型俯冲带是大陆岩石圈的有限俯冲作用产生的。与此相反，B 型俯冲则涉及两个大洋岩石圈板块的碰撞，是大洋岩石圈向大陆俯冲而产生的俯冲带。A 型俯冲带的俯冲速率远低于 B 型俯冲带的俯冲速率。在环太平洋地区，A 型俯冲带在南北美、阿拉斯加都有分布，但在蒙古和中国未发现一个与 B 型俯冲带相对应的 A 型俯冲带，Bally 等（1980）只好用中生代花岗岩分布的西界划出一条相应的边界。Bally 等（1980）的分类主要强调：①盆地与地缝合带（geosuture）的关系；②岩石圈的刚性程度；③板块边缘类型；④盆地与 B 型俯冲带和 A 型俯冲带的关系。在此基础上，将盆地划分为 3 种类型，包括分别为位于刚性岩石圈的盆地、缝合带边的盆地、缝合带上的盆地。①类型 1 为发育于刚性岩石圈与大型缝合带形成无关的盆地，包含与洋壳形成有关的盆地和发育于前中生代陆地岩石圈之上的克拉通盆地，具体包括裂谷、大洋深海平原、“亚特兰大型”被动陆缘、克拉通盆地等。②类型 2 为发育于刚性岩石圈与大型挤压缝合带形成有关的近缝合带盆地，也被称作“近缝合带盆地”，其形成与刚性岩石圈与“巨型缝合带”相联合有关，实例包括深海海沟、毗邻 A 型俯冲大陆边缘陆壳上的前渊、与 A 型俯冲无关而与挤压缝合带末端断块相关的“中国式盆地”。③类型 3 为位于大型挤压缝合带内的缝合带盆地，包含与 B 型俯冲带有关的弧前盆地和弧后盆地、与陆壳俯冲有关且位于 A 型俯冲外侧的弧后-前陆盆地、与大型平移断层系统有关的盆地。

表 3.2　Bally 等（1980）的盆地分类

Ⅰ. 位于坚硬岩石圈之上的盆地，与巨型缝合带的形成无关 1. 与洋壳形成有关的盆地 （1）裂谷 （2）与大洋转换断层有关的盆地 （3）大洋深海平原 （4）大西洋型被动边缘（大陆棚、大陆坡、陆隆），跨越陆壳和洋壳 ①上覆在早期裂谷之上 ②上覆在早期转换断层系之上 ③上覆在早期潘农型和西地中海型弧后盆地之上 2. 位于前中生代大陆岩石圈之上的盆地 克拉通盆地 ①位于早期裂谷之上 ②位于以前的潘农型弧后盆地（back-arc basin）之上
Ⅱ. 位于坚硬岩石圈之上的缝合带边缘盆地，与压性巨缝合带（geosuture）的形成有关 1. 位于洋壳上邻近 B 型俯冲带边缘的深海沟 2. 位于陆壳上邻近 A 型俯冲带边缘的前渊和下伏地台沉积物 （1）具有潜伏地堑而无块断作用的斜坡 （2）以块断作用为主 3. 与压性巨缝合带有关的远端块状断裂的中国型盆地，与 A 型俯冲带无关
Ⅲ. 位于压性巨缝合带之上的缝合带上叠盆地 1. 与 B 型俯冲带有关的 （1）弧前盆地 （2）环太平洋弧后盆地 ①在洋壳之上并与 B 型俯冲带有关的弧后盆地（严格含义为边缘海） ②在洋壳或陆壳之上并与 B 型俯冲带有关的弧后盆地 2. 与大陆碰撞有关的位于 A 型俯冲带凹侧的弧后盆地 （1）在陆壳上的或潘农型盆地 （2）在过渡壳或洋壳上的或西地中海型盆地 3. 在缝合带上与巨型剪切带有关的盆地 （1）大盆地型盆地 （2）加利福尼亚型盆地

当然，该分类也有不尽人意之处，如 Bally 等（1980）将洋壳上和陆壳上的盆地归属于同一大类轻视了岩石圈结构的差异性对盆地的影响。又如，这一方案将褶皱-冲断带排除在盆地概念之外，后来 John（1984）给 Bally 等（1980）分类加入了第 4 和第 5 种类型。第 4 种类型是褶皱-冲断带，第 5 种类型是高原玄武岩。Carmalt 等（1986）将其归纳修改为 A 型前渊、大西洋型被动陆缘、克拉通、弧后盆地、裂谷带、剪切带、冲断带、中国型盆地和 B 型前渊 9 种类型，并结合世界 509 个大型油气田资料，强调了前渊（foredeep）凹陷、褶皱-冲断带是大型油气田的主要场所（占全球大油气田的 49%）。

值得指出的是，Bally 等（1980）对前陆盆地与俯冲带类型进行了讨论，将前陆盆地划分为缝合带周缘盆地（perisutual basin）和缝合带内盆地（episutural basin）两种基本类型，以及含义不太确切的中国型盆地。

3.1.2.1 缝合带周缘盆地

缝合带周缘盆地包括周缘前陆盆地和深海沟。将周缘前陆盆地称为前渊（foredeep），并与深海沟一起归属于缝合带周缘盆地（perisutual basin），它们发育在与挤压巨型缝合带（mega-suture）形成相伴生的刚性岩石圈上面。海沟的形成与洋壳向大陆俯冲的贝尼奥夫俯冲带（简称为B型俯冲带）有关（图3.3，图3.4），而前渊的形成与大陆地壳内部的A型俯冲带有关，即与原先B型俯冲带在后来陆-陆碰撞过程中转化成的A型俯冲带有关。

3.1.2.2 缝合带内的盆地

缝合带内的盆地包括弧前盆地、弧后盆地和弧后前陆盆地（图3.3）。它们位于或大部分包括在挤压巨型缝合带中。弧前盆地和弧后盆地的形成与B型俯冲带有关，而弧后-前陆盆地的形成则和弧-陆碰撞有关，位于与B型俯冲带相对应的A型俯冲带的凹陷一侧。

3.1.2.3 喜马拉雅型或中国型巨型缝合带与中国型盆地

在A型和B型巨型缝合带的基础上，以中国大陆的巨型缝合带为实例，Bally等（1980）提出喜马拉雅型（或中国型）巨型缝合带，以及与之相关的盆地称为中国型盆地。其特征是一侧为A型俯冲带，另一侧为中酸性侵入岩。Bally等认为中国型盆地边界多属基底冲断层或走滑断层，而且主体沉积层序是中-新生代的陆相沉积。此外，Busby等（1995）曾指出，通常分别用backarc和retroarc表示这两类弧后地区和盆地。虽然这两个单词在字面上是同义的，但是弧后（backarc）用于张性和中性弧沟体系；而弧背（retroarc）用于压性弧沟体系。

3.1.3 Miall（1984）的前陆盆地分类

Miall（1984）根据大洋威尔逊旋回和板块边缘性质，在Dickinson（1974）的分类基础上划分出五种沉积盆地类型（表3.3）：离散型板块边缘盆地、汇聚边缘盆地、转换边界盆地、碰撞边界盆地和克拉通盆地。其中，克拉通盆地是唯一的一种与板块边缘构造无关的盆地类型。该方案对Dickinson（1974）和Bally（1980）分类中的许多盆地类型用威尔逊的大洋演化旋回进行了重组，强调了板块边缘性质的意义，并作为分类的主要原则。Miall的分类是忠实于板块构造学说的。但正因如此，在具体应用到那些不适于用威尔逊旋回解释的盆地就遇到了困难。

表3.3 Maill（1984）的盆地分类

盆地背景	盆地类型	
离散边缘盆地	裂谷盆地（rift basin）	裂谷状穹隆盆地
		环形裂谷盆地
	大洋盆地	红海型盆地
		大西洋盆地
	坳拉谷	

盆地背景	盆　地　类　型	
汇聚边缘盆地	海沟和消减作用复合盆地（composite basin）	
	弧前盆地	
	弧间和弧后盆地	
	弧背前陆（retro-arc foreland）盆地	
转换和平移断层盆地	板块边界转换断层盆地	
	离散边界转换断层盆地	网状断层系中的盆地
	汇聚边界转换断层盆地	断层终端盆地
	缝合线带平移断层盆地	雁行断层系中的拉分盆地
大陆碰撞和缝合过程中发育的盆地	前陆（foreland）盆地	
	外缘（前陆）盆地	
	缝合线外的海湾盆地	
	与平移断层同生的盆地	
克拉通盆地	克拉通盆地	

值得指出的是，在该分类方案中，Miall（1984）专门划分出大陆碰撞和缝合过程中发育的盆地，并将其细分为前陆（foreland）盆地、外缘（前陆）盆地、缝合线外的海湾盆地等类型。此外，在汇聚边缘盆地中包括了弧背前陆（retro-arc foreland）盆地。

3.1.4 Lucchi（1986）的前陆盆地分类

Lucchi（1986）根据对亚平宁山脉北部渐新世至近代前陆盆地的地震地质研究，将前陆盆地的剖面几何形态分成四类（图 3.5）：简单的前陆盆地；复杂的前陆盆地；背驮式前陆盆地和变形的（或遭受改造的）前陆盆地。

3.1.4.1 简单的前陆盆地

前陆盆地的构造几何形态一般为褶皱-冲断带控制的不对称箕状缩短挠曲凹陷。

阿尔卑斯山北部磨拉石盆地是简单前陆盆地的实例（图 3.5a），这类盆地的形状为不对称的长条状凹槽，它在挠曲的前陆形成缓坡，而陡坡依赖于逆冲断层带，并随之而变形。由图 3.5 可以看出，中新世前陆盆地受渐新世晚期-末期形成的褶皱-冲断带控制。

可以将这种简单前陆盆地的主要构造几何学特征概括为：①分布于造山带山前地区，一般呈长条形不对称的深凹陷，其中沉积物主要来自褶皱山区的风化剥蚀碎屑物，以粗碎屑物为主，前期由于山脉地形低（在陆上或水下），或者是伸展类型、稳定大陆或克拉通盆地可以出现细粒湖相或海相沉积物，物源主要来自克拉通。②剖面结构的不对称明显，沉积物在山前地区厚度大，远离山前地区的厚度小，为一不对称的沉积物楔形体。③邻近山区的一侧为陡坡，构造活动性大，沉积盖层变形强烈，邻近克拉通的一侧为缓坡，变形微弱。

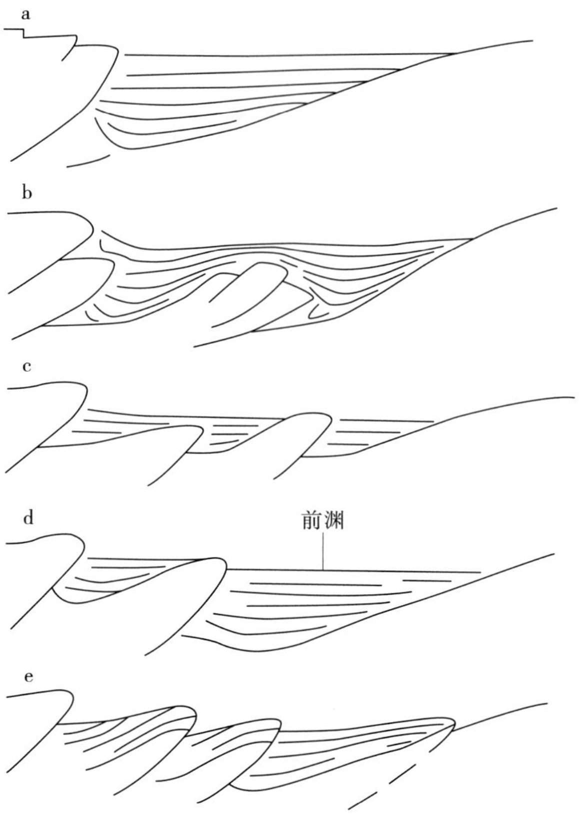

图 3.5　根据意大利亚平宁地区地震记录解释划分的前陆盆地类型
（据 Lucchi，1986）
a—简单的前陆盆地；b—复杂的前陆盆地（与沉积作用同时形成的分割小盆地）；c—复杂的前陆盆地（沉积物在分割成小盆地后进入小盆地）；d—背驮式前陆盆地；e—变形的前陆盆地（沉积物变形在沉积之后）

3.1.4.2　复杂的前陆盆地

这类盆地（图 3.5b，c）有与沉积作用同时形成的小型分割盆地，它们大小相近或具有不同规模。Pandan 盆地和亚得里亚盆地是复杂前陆盆地的实例。

3.1.4.3　背驮式盆地

该术语是由 Ori 等（1984）提出的，认为此类盆地位于前渊的边缘和发育于逆冲断块之上（图 3.5d）。Lucchi（1986）把此类盆地的范围加以扩大，包括与原地逆冲断块和外来逆冲断块有关的小型背驮式盆地（或称卫星盆地）。例如在意大利亚平宁山脉前缘前陆盆地往造山带方向的一侧即分布有这类亚平宁山脉内部的小型背驮式盆地。因此，也可以认为前陆盆地一般为造山带的山前坳陷，而小型背驮式盆地一般为造山带内部的山间坳陷。

3.1.5 Allen 等（1986）的前陆盆地分类

Allen 等（1986）将前陆盆地划分为 3 个沉积演化阶段，分别为欠补偿（underfilled）、补偿（filled）和过补偿（over filled）充填阶段（图 3.6，图 3.7）。在欠补偿阶段，推覆体远低于海平面，加载于极薄的大陆边缘的外缘之下，形成一个深而窄的盆地，沉积速率远小于盆地下降速率，沉积物为陆源的泥和远洋物质。在补偿阶段，推覆体向前推进并出露水面，向盆地提供丰富的物源，使盆地内沉积速率近于沉降速率，沉积物为一套巨厚的陆源碎屑复理石型堆积。在过补偿阶段，大陆汇聚作用进一步加强，推覆体向更老、更厚、更刚性的地区推进，盆地内的沉积速率远大于岩石圈的挠曲下沉速度，盆内处于过补偿状态，来自造山带的沉积物开始越过前陆隆起向隆后盆地迁移，并过渡为陆相磨拉石沉积，在前陆隆起带可形成不整合界面。

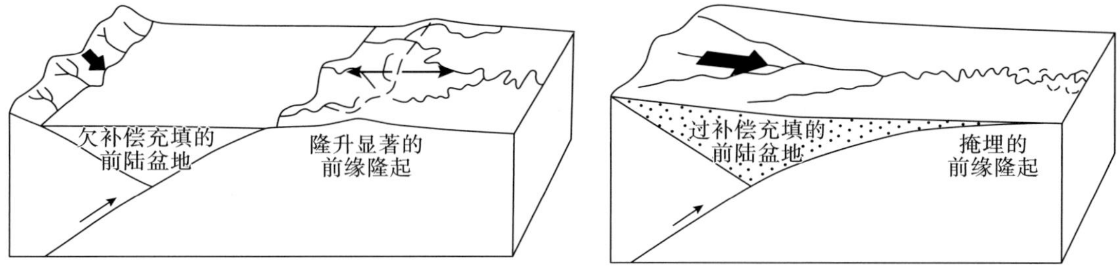

a　　　　　　　　　　　　　　　　b

图 3.6　欠补偿充填前陆盆地（a）和过补偿充填前陆盆地（b）沉积样式的差异性

（据 Crampton et al.，1995）

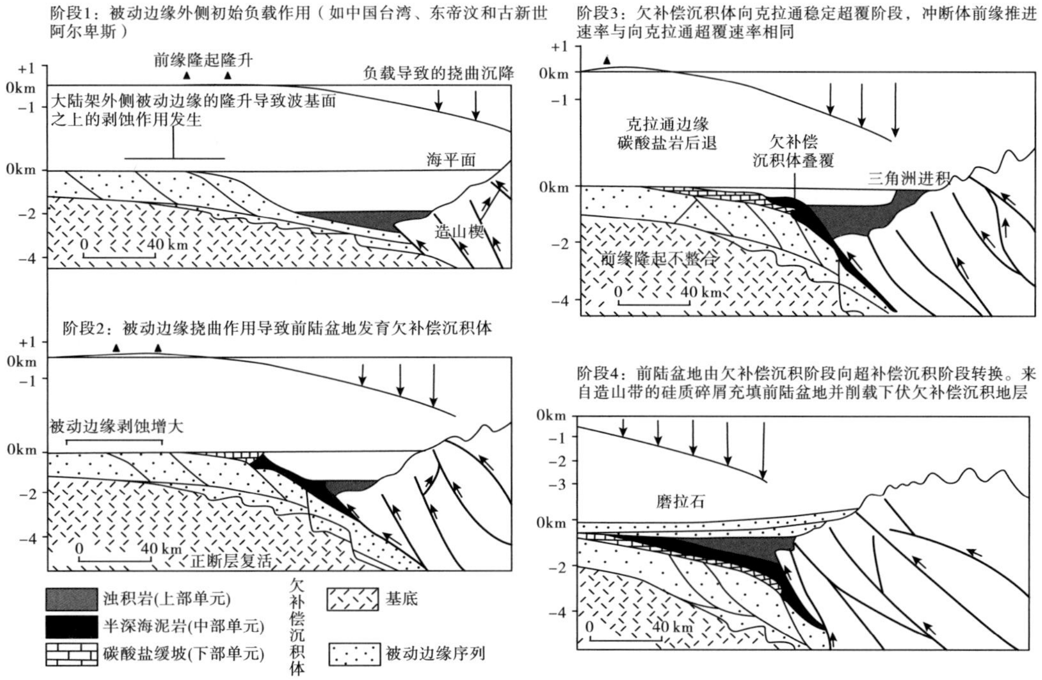

图 3.7　前陆盆地的演化过程

（据 Sinclair，1997）

Crampton 等（1995）进一步将前陆盆地演化划分为两个阶段和两种不同的沉积类型，即欠补偿前陆盆地和过补偿前陆盆地（图 3.6）。Sinclair（1997）又根据造山楔推进速率和前缘隆起迁移等特征将前陆盆地演化区分为 4 个阶段（图 3.7）。

在继承前人的盆地分类方案的优点的基础上，Allen 等（2013）以 Kington 等（1983）盆地分类方案为原型，修订和完善出一个盆地分类（图 3.8）。将盆地类型分为两大类（即大陆岩石圈、大洋岩石圈），然后根据板块构造运动类型（离散型、汇聚型、走滑型）及相对板块的位置（板缘、板内）进行细分。其中将与前陆盆地相关的盆地分为陆内前陆盆地（intracontinental foreland basin）、楔顶（wedge top）盆地、前-前陆盆地（pro-foreland basin）、后-前陆盆地（retro-foreland basin）。其特点在于：①使用陆内前陆盆地以概括在大陆板块内部形成的前陆盆地；②将楔顶盆地单列，并作为大陆板块边缘的一种盆地类型；③采用了 Ingersoll（2012）的前-前陆盆地（pro-foreland basin）、后-前陆盆地（retro-foreland basin）。

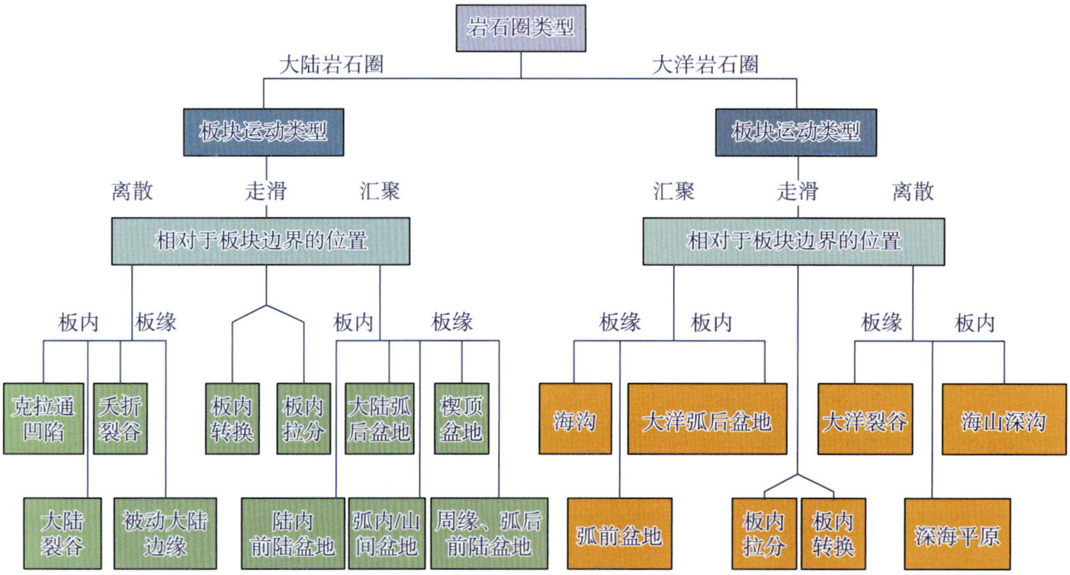

图 3.8 Allen 等（2013）的盆地分类

（据 Allen et al.，2013）

3.1.6 陈发景（1986）的前陆盆地分类

陈发景（1986）的盆地分类主要参考了 Klemme、Dickinson、Bally 等的分类方案，又借用了槽台学说的一些术语，针对中国的实际情况进行了重新组合（表 3.4）。他首先将盆地按照板块运动形式分为三大类，又据所处的大陆部位对与离散板块运动有关的盆地进行了划分，提出了四种沉降机制类型。

在此基础上，陈发景等（1996）根据前陆盆地的板块构造位置、俯冲带类型、构造特征和沉积相等特征，将前陆盆地划分为周缘前陆盆地、弧背前陆盆地和陆内前陆盆地 3 种类型。其特色是在 Dickinson（1974）的周缘前陆盆地、弧背前陆盆地的基础上，增加了陆内前陆盆地，以表征在中国西部所发育的中-新生代板内前陆盆地。陈发景等（2004）认为中国西北地区陆内前陆盆地的主要鉴别标志包括：①不对称山前坳陷的构造几何形态；②先缓后陡的两段式沉降曲线；③反沉积旋回上部磨拉石堆积、强烈构造运动和层内递进型构造角度不整合面类型。

表 3.4　前陆盆地类型与构造特征

盆地类型	周缘前陆盆地	弧后前陆盆地	陆内前陆盆地
板块构造位置	位于靠近缝合带的俯冲板块上	位于仰冲板块上，分布于主动陆缘的岩浆岛弧的后面	远离碰撞带的大陆内部
俯冲带类型	A 型俯冲（由原始的 B 型俯冲带在碰撞过程中转变为 A 型俯冲）	A 型俯冲（B 型俯冲带的对应 A 型俯冲）	C 型俯冲（陆内俯冲，A 型俯冲带的再生和复活）
构造特征	不对称的冲断山前坳陷和前陆滑脱型褶皱-冲断带	不对称的冲断山前坳陷和前陆滑脱型褶皱-冲断带，“破裂前陆盆地”中的基底卷入型褶皱-冲断带	不对称的冲断山前坳陷和前陆滑脱型褶皱-冲断带。有时发育近似对称的弱缩短盆地和基底卷入型冲断断阶带
沉积相	海相到陆相沉积	海相到陆相沉积	陆相沉积

（据陈发景等，1996）

3.1.7　罗志立（1988）的前陆盆地分类

罗志立（1988）根据我国板块构造运动和陆相盆地形成的特点，将我国盆地分为 4 类 10 种。他所使用的原则主要是：①以地壳动力区分为挤压与拉张两大类；②据所处的地壳构造单元进一步划分。在此基础上，将前陆盆地归属于缝合带类盆地，并具体称之为碰撞带后-前陆盆地，后来又称为陆内前陆盆地或 C 型前陆盆地（罗志立等，2001），以表征在中国西部所发育的中-新生代板内前陆盆地。

3.1.8　Shannon 等（1989）的前陆盆地分类

Shannon 等（1989）对前陆盆地进行了专门的分类（图 3.9），将前陆盆地划分为大前陆盆地和小前陆盆地。前陆盆地的确切位置受控于拆离面的位置和冲断片的厚度。拆离面可位于地壳内部（图 3.9a，b，c），也可以处于壳/幔边界（图 3.9a′，b′，c′），其中大前陆盆地相当于周缘前陆盆地，小前陆盆地相当于弧背前陆盆地。

此外，虽然一般的前陆盆地均位于一个造山带的一侧，但 Munoz-Jimenez 等（1997）在对西班牙北部新生代前陆盆地进行研究的基础上，提出了复合型前陆盆地概念，该类前陆盆地夹于两个造山带之间，同时受两侧的造山带构造负载的影响，形成两个对称性分布的前渊沉积带和一个共同的中央前缘隆起带，沉积物同时来自两侧的造山带。李勇等（2000）将复合前陆盆地概念应用于介于金沙江缝合带与班公湖-怒江缝合带之间的羌塘前陆盆地，表明复合型前陆盆地的概念和沉积模式在我国西部中-新生代前陆盆地分析中有很好的应用。

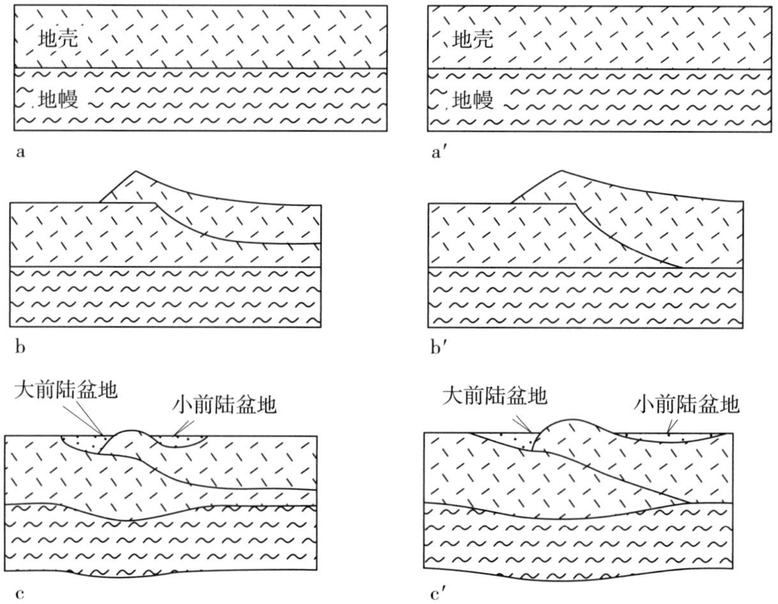

图 3.9　双侧前陆盆地：大前陆盆地和小前陆盆地

（据 Shannon et al.，1989）

冲断与地壳挠曲响应形成的两种前陆盆地；拆离面可位于地壳内部（a、b、c），也可以处于壳/幔边界（a′、b′、c′），前陆盆地的确切位置受控于拆离面的位置和冲断片的厚度；其中大前陆盆地相当于周缘前陆盆地，小前陆盆地相当于弧背前陆盆地

3.1.9　Burbank 等（1992）的前陆盆地分类

Burbank 等（1992）提出了楔状前陆盆地与板状前陆盆地（图 3.10）。一般来说，前陆盆地充填体的空间形态为楔状体，即靠近盆地近端（造山带一侧）沉积物厚度最大，向克拉通方向逐渐减小；但是 Burbank 等（1992）在研究喜马拉雅前陆盆地时把前陆盆地沉积充填体的几何形态分为楔状体和板状体，Jordan（1995）又将其称为楔状体和透镜体。其中楔状体对应于前陆盆地早期逆冲作用发育的时期，板状体对应于前陆盆地晚期逆冲作用不发育的时期。

Burbank 等（1992）提出了两种山脉抬升的模式，一个是构造缩短导致的山脉抬升，一个是剥蚀作用导致的地壳均衡反弹，这两个模式可用于预测盆地沉积的几何形态。在这些模式中山脉与弹性地壳逆冲形成的前陆盆地相关（图 3.10），并由于逆冲作用导致前陆盆地的地壳发生弹性挠曲。该模式表明，即使缺乏山体抬升和剥蚀的直接数据，我们也可以根据是否存在不对称沉降、沉积地层是板状的还是楔状的、前陆盆地内是纵向水流还是横向水流为主，来判断山脉抬升的控制因素是构造挤压还是剥蚀卸载（图 3.10）。

3.1.10　甘克文等（1992）的前陆盆地分类

甘克文等（1992）按大地构造位置和动力学机制以及时代，把盆地分为三大类：克拉通内部盆地、克拉通边缘盆地和活动带盆地。但认为活动带盆地只在中-新生代才有，

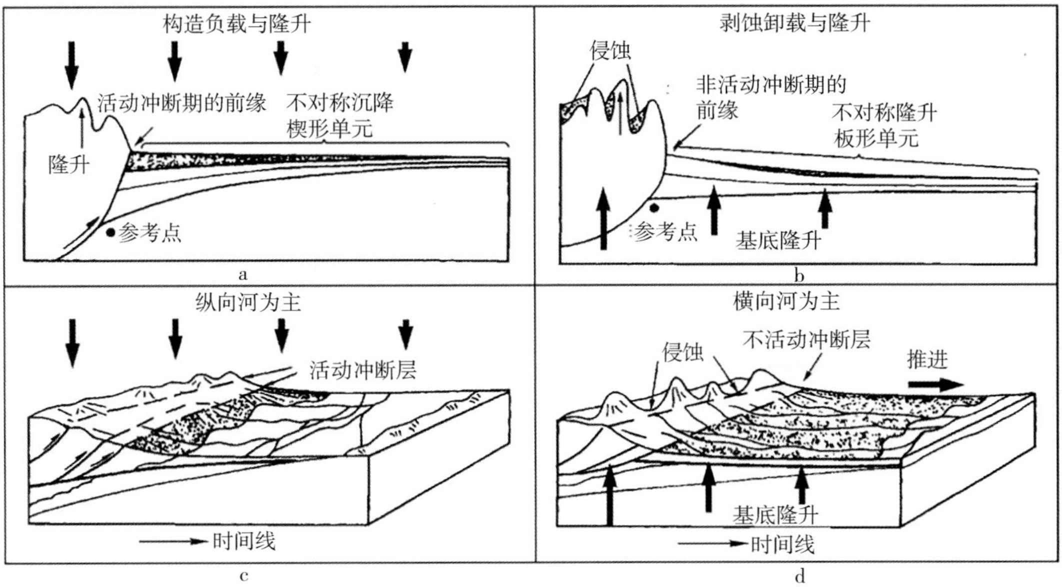

图 3.10　山脉的构造负载和剥蚀卸载两种机制形成的前陆盆地在沉降和沉积样式的对比
（据 Burbank et al.，1992）

古生代只发育在加里东褶皱带上，现均为残存盆地，因而归入中间地块盆地。在此基础上，甘克文（2006）认为全球沉积盆地应以联合大陆的形成和分解划分成两个世代，并且进一步分为早、晚古生代和中、新生代四个时期。认为当前国际上共识的前陆盆地概念实际上包含了造山前的外大陆架深海沉积向陆一侧的块断边缘或宽大陆架边缘的地台型沉积期，后来由于深海沉积逆转成为造山带，从而出现陆源沉积的碰撞前渊。中国型盆地或当前国内出现的类前陆盆地则多数是造山带复活上升出现的造山后的断裂盆地，所以两者既有相似又有区别，不宜等同。

3.1.11　刘和甫（1993）的前陆盆地分类

刘和甫（1993）讨论了地球动力学和盆地分类，认为沉积盆地分类和构造样式分析应从几何学、运动学、动力学和时间 4 个方面进行研究。刘和甫（1995）将前陆盆地划分为 4 种类型，包括周缘前陆盆地、弧后前陆盆地、再生前陆盆地（reactivated foreland basin）和分割前陆盆地（partitioned foreland basin）（图 3.11）。

值得指出的是，其中的破裂前陆盆地或破裂（肢解）和分割（partitioned）前陆盆地来源于破裂前陆盆地（broken foreland basin），在前陆盆地形成演化过程中，基底卷入前陆变形。由于盆地结构复杂和变形改造强烈，断褶隆起的基底，可将前陆盆地的部分地区分隔成相对孤立的构造凹地。

3.1.12　Johnson 等（1995）的前陆盆地分类

Johnson 等（1995）根据前陆盆地与造山带的相对位置提出了前-前陆盆地与后-前陆盆地的术语（图 3.12），将造山带构造作用、地表地质作用、岩石圈挠曲和海平面变化等

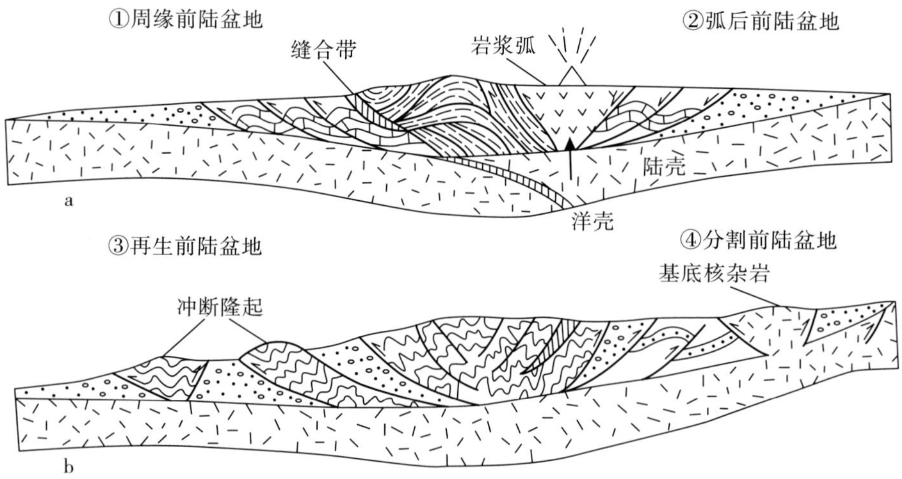

图 3.11　四类前陆盆地的横剖面对比图

（据刘和甫，1995）

a—周缘前陆盆地与弧后前陆盆地；b—再生前陆盆地与分割前陆盆地

因素综合起来，提出了一种前陆盆地平面动力模型。在该模型中，将造山带确定为双侧锥体，即前侧锥体（pro-wedge）和后侧锥体（retro-wedge）。与前侧锥体相邻的为前-前陆盆地（pro-foreland basin），与后侧锥体相邻的为后-前陆盆地（retro-foreland basin）（图 3.12）。前侧锥体位于俯冲岩石圈之上，而后侧锥体位于稳定岩石圈之上。

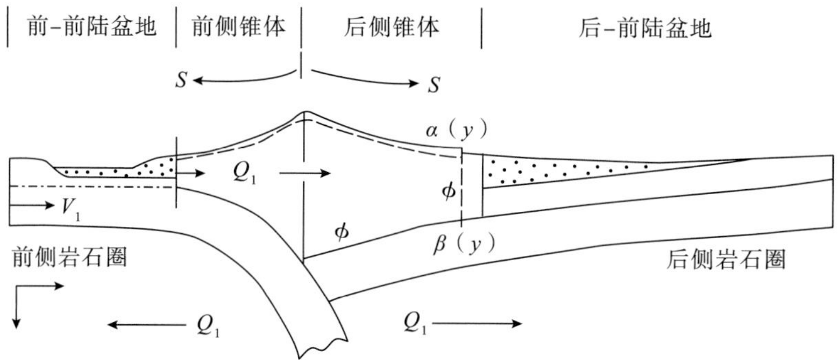

图 3.12　双侧型造山楔-前陆盆地的地质模型

（据 Johnson et al.，1995）

3.1.13　陈书平等（2001）的前陆盆地分类

陈书平等（2001）将造山带分为陆间（或板间）造山带和陆内造山带，将前陆分为 3 种类型，包括曾为被动型大陆边缘的（Ⅰ型）、曾与沟-弧系有关的（Ⅱ型）和陆内造山带前方的（Ⅲ型）（表 3.5）。在此基础上，将前陆盆地可分为周缘前陆盆地、弧后前陆盆地和陆内前陆盆地或再生前陆盆地三类，它们分别对应三种前陆类型，也分别对应于 A 型俯冲、B 型俯冲和 C 型俯冲。

表 3.5　陈书平等（2001）的前陆盆地分类

<table>
<tr><td rowspan="4">前陆</td><td>类型</td><td rowspan="4">前陆盆地</td><td colspan="2">前陆盆地类型</td><td>现今位置</td><td>发育时间</td><td>地层层序</td><td>典型实例</td></tr>
<tr><td>Ⅰ型，曾为被动大陆边缘</td><td>周缘前陆盆地</td><td rowspan="3">破裂前陆盆地或复杂型前陆盆地</td><td>A 型俯冲带，靠近缝合线的俯冲板块上</td><td>大陆碰撞过程中或其后</td><td>海相到陆相的二元型</td><td>准噶尔前陆盆地，川西前陆盆地，美国阿科马盆地，北阿尔卑斯盆地</td></tr>
<tr><td>Ⅱ型，沟-弧系弧后</td><td>弧后前陆盆地</td><td>与 B 型俯冲带相伴，仰冲板块的弧后</td><td>洋壳俯冲期间至大规模大陆碰撞前</td><td>海相到陆相的二元型</td><td>新西兰旺努阿依盆地，南非开罗盆地，塔里木西南缘，东秦岭-大别盆地群，西加拿大盆地</td></tr>
<tr><td>Ⅲ型，陆内造山带前缘</td><td>陆内前陆盆地</td><td>与 C 型俯冲有关</td><td>大陆碰撞后很长时间</td><td>陆相</td><td>阿瓦提盆地，库车盆地，川西盆地</td></tr>
</table>

3.1.14　金之钧等（2004）的前陆盆地分类

金之钧等（2004）认为对于前陆盆地的分类而言，在力学挠曲机制相似的基础上强调两个因素，即大地构造位置（造山带类型）和构造演化阶段，并以此将前陆盆地归纳为陆缘前陆盆地和陆内前陆盆地（表 3.6），它们在前陆盆地的发展演化、剖面结构、层序关系和生储盖组合等方面具有明显的区别。其中陆缘前陆盆地包括周缘前陆盆地和弧后前陆盆地，分别与 B 型俯冲和 A 型俯冲有关。中国西部中-新生代以来发育的前陆盆地属于陆内型前陆盆地，构造上位于陆内造山带附近。其主要特点是盆地发育与陆缘造山作用无关，而与陆内造山带的发展演化密切相关。这里提出陆内前陆盆地概念，除了考虑它的大地构造位置和构造演化阶段外，主要是将其与陆缘前陆盆地概念并列。

表 3.6　金之钧等（2004）的前陆盆地分类

主要特征	陆缘前陆盆地		陆内前陆盆地
	弧后前陆盆地	周缘前陆盆地	
地球动力学背景	与板块构造理论的地幔对流有关的挤压环境		与板块碰撞传递“远程应力”有关的挤压环境
大地构造位置	主动大陆边缘；位于仰冲大陆板块之上	被动大陆边缘，位于缝合线附近的俯冲大洋板块之上	大陆内部
构造演化过程	B 型俯冲；深水裂陷槽及火山作用-弧后扩张；弧后洋盆-盆地反转；原始造山带和前渊-弧后前陆盆地	A 型俯冲；大陆裂解-大陆漂移洋盆-板块俯冲-残留盆地与周缘前陆盆地	大陆碰撞造山带剥蚀夷平-局部伸展-C 型俯冲-陆内前陆盆地
构造演化阶段	威尔逊造山旋回早期阶段；弧-陆碰撞	威尔逊造山旋回晚期阶段；陆-陆碰撞	后威尔逊造山旋回；陆内碰撞
盆地规模	大	大	小
沉积环境	海-陆相沉积	海-陆相沉积	以陆相沉积为主；偶见局部海相沉积

续表

主要特征	陆缘前陆盆地		陆内前陆盆地
	弧后前陆盆地	周缘前陆盆地	
沉积地层序列	从海相复理石-磨拉石到陆相磨拉石	从海相复理石-磨拉石到陆相磨拉石	陆相磨拉石
典型实例	西加拿大盆地	扎格罗斯山前盆地	库车坳陷

3.1.15 DeCelles 等（2012）的前陆盆地分类

DeCelles 等（2012）认为前陆盆地系统与冲断带联系密切，并将冲断带可分为三种主要类型，包括：①弧后型（retro-arc）；②碰撞型（collisional）或周缘型（peripheral）；③后退式碰撞（retreating collisional）俯冲带相关的冲断带类型。其中弧后型和碰撞型冲断带形成于真正的板块汇聚构造背景中，在每个板块上的固定参考点均发生相对快速的汇聚运动。后退碰撞型冲断带形成于俯冲速率大于汇聚速率的板块构造背景之下，从而导致上覆板块在冲断带后方区域发育拉张或扭张的构造作用。在此基础上，将造山带-前陆盆地系统分为 3 类：①弧后型前陆盆地系统；②碰撞型前陆盆地系统；③后退碰撞型前陆盆地系统。

3.1.16 Ingersoll 等（2012）的前陆盆地分类

3.1.16.1 盆地分类的原则

Ingersoll（2012）的盆地分类方案是在 Dickinson（1974，1976）盆地分类方案基础上发展的（表 3.7，表 3.8；图 3.13 至图 3.16）。其基本原则以沉积盆地构造的分类来进行沉积盆地的分类。沉积盆地的分类和命名主要是基于沉积盆地在板块构造过程中的特点，包括最终位置、起始位置、构造环境、沉积盆地演化过程。此外。板块的水平运动、热量随着时间变化、拉伸和缩短地壳、均衡调整、地幔动力学、地表过程，甚至外星事件都会影响沉积盆地的划分。在此基础上，将盆地类型分为 5 个大类（包括离散型、板内型、聚敛型、转换型、混杂及混合型）和 36 个小类。其中与聚敛型相关的前陆盆地有 5 个［包括前-前陆盆地、后-前陆盆地（3 个小类，分别为弧后前陆盆地、碰撞型后-前陆盆地、破裂型后前陆盆地）、残余洋盆地、楔顶盆地、内陆盆地］，与混杂及混合型相关的前陆盆地有 2 个（包括碰撞破裂的前陆盆地、后继盆地）（表 3.7）。

表 3.7 前陆盆地分类（含现代和古代实例）

背景	盆地类型	定义	现代实例	古代实例
聚敛型	前-前陆盆地 （pro-foreland basin）	形成于俯冲消减板块一部分的大陆壳之上，在大陆或者岛弧碰撞期的盆地	波斯湾	中-新生代瑞士磨拉石盆地

续表

背景	盆地类型		定义	现代实例	古代实例
聚敛型	后-前陆盆地（retro-foreland basins）	弧背前陆盆地（retro-arc foreland basin）	在靠近大陆一边的大陆边缘岛弧-海沟体系的前陆盆地	安第斯山脉	白垩纪美国滨岸山脉塞维尔前陆
		碰撞的后-前陆盆地（collisional retro-foreland basin）	形成于板块碰撞的上覆板块（可能含有后弧的前体部分）的盆地	塔里木的西部盆地（中国）	三叠纪-侏罗纪鄂尔多斯盆地（中国）
		破裂的后-前陆盆地（broken-retro-foreland basin）	形成于后前陆单元中的基底抬升的盆地	Sierras Pampeanas 盆地（阿根廷）	晚白垩世-古近纪美国海滨山脉拉腊米盆地
	残留洋盆地（remnant ocean basin）		萎缩的大洋盆地介于正碰撞的大陆边缘或岛弧-海沟体系之间，并且最终的俯冲消减或者在缝合带内变形	孟加拉湾	宾夕法尼亚纪-二叠纪沃希托盆地
	楔顶盆地（wedgetop basin）		形成及持续于移动的逆冲席上的盆地	白沙瓦盆地（巴基斯坦）	新近纪亚平宁山脉（意大利）
	内陆盆地（hinterland basin）		形成于前陆逆冲带之后的变厚的大陆地壳上的盆地	上升的高原台地（玻利维亚）	新近纪札达盆地（中国西藏）
混杂及混合型	碰撞型破裂前陆盆地（collisional broken-foreland basin）		由于远程碰撞作用使得地壳变形形成的各种类型的盆地	柴达木盆地（中国）	美国滨岸山脉的宾夕法尼亚纪-二叠纪由原始的岩石组成的山脉盆地
	后继盆地（successor basin）		山间的构造单元随着断裂作用和造山运动的终止形成的盆地	南部的盆地和山脉（亚利桑那州）	古近纪 Sustut 盆地（?）（不列颠哥伦比亚）

（据 Ingersoll，2012）

1）板块构造模型是理解沉积盆地的构造最好的基础。沉积盆地分类的一级标准是：①最近的板块边界类型；②板块边界的距离；③基底类型。因此，基于一级分类标准①可将沉积盆地划分为分离的、板内的、汇聚的和转换的 4 种基本类型，以及其他类型。在这些基本类型中仍有许多变化和变量，形成不同的次级类型，这取决于基底类型（如海洋地壳、大陆地壳、过渡型地壳和异常地壳等）、地壳结构、构造位置和沉积物补给与保存等方面。

2）沉积盆地的沉降机制和保存潜力。地表沉积物的沉降取决于以下作用：①伸展、侵蚀或者岩浆喷出都会导致地壳减薄；②在冷却过程中地幔岩石圈的加厚；③沉积岩或火山岩载荷（局部地壳均衡或区域岩石圈挠曲）；④地壳和岩石圈的构造载荷；⑤地壳和岩石圈的壳下载荷；⑥软流圈流动的动力作用；⑦地壳密度的增大。表 3.8 阐述了地壳减薄控制着早期阶段的扩张（如裂谷和张扭盆地）和由大洋扩张引起的地幔-岩石圈增厚（裂谷向漂移的转换过渡阶段和离散型大陆边缘向内陆板块边缘演化阶段）。大陆板块-大洋板块边缘的沉积作用主要由河流和三角洲提供物源（如大陆堤和残余洋盆地）。构造运动控制的盆地类型与地壳消减控制的盆地类型一致（如海沟和前陆盆地）。通常，其他 3 类沉降机制是次要的。

表 3.8　沉积盆地的沉降机制

地壳减薄	伸展、抬升过程中的侵蚀以及岩浆的侵入
岩石圈变厚	在冷却过程中加厚的岩石圈
沉积岩或火山岩的载荷	局部地壳均衡或局部地壳褶皱
地壳和岩石圈的构造载荷	局部地壳均衡或局部地壳褶皱
地壳和岩石圈的壳下载荷	板块底部岩石圈密度变化过程中的岩石圈变形
软流圈流动	软流圈流动的动力影响作用，通常由地壳俯冲导致地壳下冲或者汇聚引起
地壳密度增大	由温度、压力条件变化，或者高密度的熔融物冲入低密度的地壳中引起地壳密度增加

（据 Ingersoll，2012）

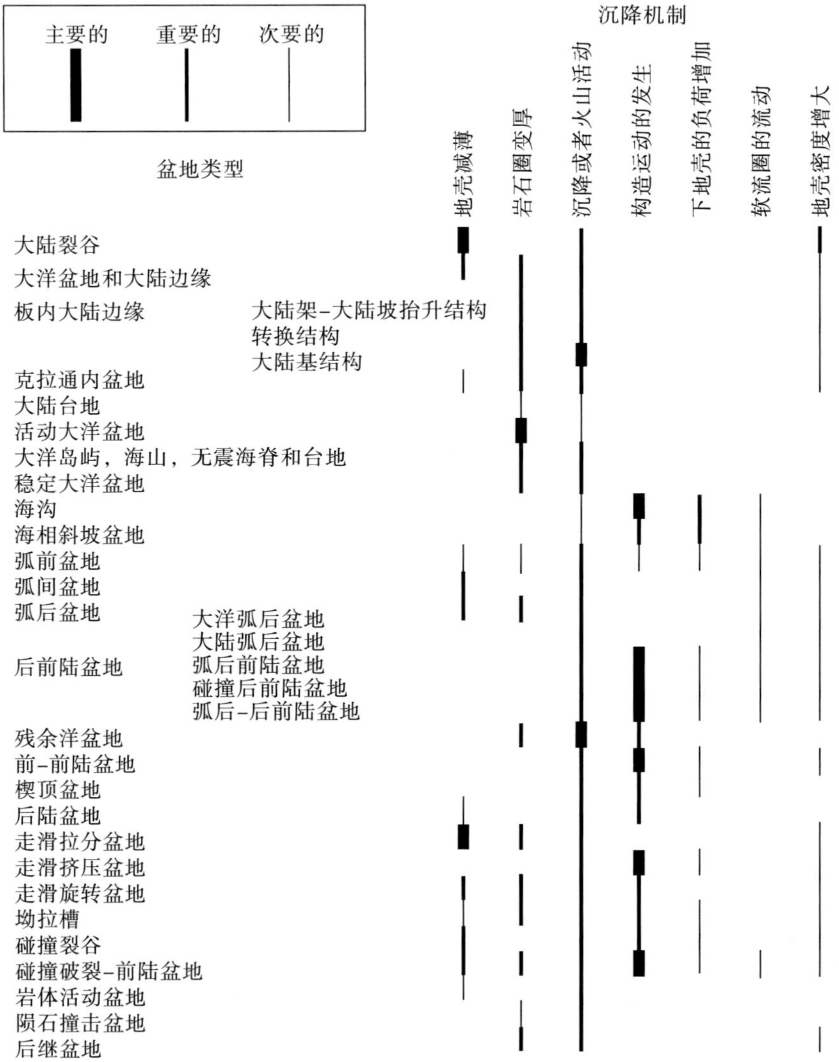

图 3.13　沉积盆地的沉降机制

（据 Ingersoll，2012）

多种构造类型的沉积盆地一般在大小、演化周期和保存潜力上有很大的不同。大多数沉积盆地在沉积后较短的时期内被破坏（比如大多数位于洋壳或者快速抬升的造山运动中的盆地）。

3）沉积盆地分类的最终目标是让所有类型的沉积盆地在古构造和古地理重建中发挥重要的作用。通过对盆地演化的现实模型的研究和跨学科研究，测试和定义这些盆地模型将有助于提高我们对地球演化历史的了解和认识。

4）由于沉积盆地类型多样，演化时间跨度大，沉积盆地和充填层序的保存潜力有很大不同。一般来说，短期的沉积盆地通常形成于活动的构造环境，特别是洋壳，其地层层序常常保存的不完整；而长期的盆地通常形成于板块内部，地层层序的保存性很好。因此原型盆地恢复是沉积盆地分析的重要内容。

5）沉积盆地的分类和命名基于当时的沉积物特征，是指任何地层沉积岩或火山岩堆积物。

3.1.16.2 前陆盆地的类型

在 Ingersoll 等（2012）的沉积盆地分类中，将与前陆盆地相关的盆地划分为前-前陆盆地、后-前陆盆地、楔顶盆地、碰撞型破裂前陆盆地、陆内盆地、残留洋盆地、后继盆地 7 种类型。

（1）前-前陆盆地（pro-foreland basin）

当大陆碰撞发生在拉张大陆边缘与消减的弧-沟系统之间时，导致了构造负载加载于被动大陆边缘（拉张的边缘）。最初的构造负载位于海平面之下，后来的构造负载则处于暴露状态。前-前陆盆地形成于动力负载加载于弹性岩石圈之上。动力负载体前缘的逆断层和前缘隆起的隆升是动力负载的挠曲的初始响应。虽然区别古代的前-前陆盆地和碰撞型后-前陆盆地（图 3.14）是很困难的，但是可以利用以下特征予以区分：①岩浆弧的极性；②洋壳俯冲复合体的存在是与前-前陆盆地的最早阶段相关联的；③在前-前陆盆地发育巨型的深水阶段（前渊阶段）；④非对称性缝合带（靠近前-前陆盆地）；⑤后-前陆盆地（retroforeland）具有延长的发展（长周期的弧演化），而前-前陆盆地是单独的发展（没有前兆的最终大洋闭合）；⑥火山碎屑可以输入早期发展的后-前陆盆地，而很少有火山碎屑输入前-前陆盆地。

（2）后-前陆盆地（retro-foreland basin）

由于大陆地壳部分俯冲于弧造山带之下，在挤压型的沟-弧系统中普遍在弧后发育前陆盆地。Dickinson（1974）提出了“弧背前陆盆地（retroarc foreland basin）”这个术语，用来描述在挤压弧的后侧形成的前陆盆地，而与之不同的周缘前陆盆地则形成于在大陆碰撞时的俯冲板块。虽然“弧后（backarc）”和“弧背（retroarc）”在词意是相近的，前者用于伸展和中性的沟-弧系统，而后者用于挤压的沟-弧系统。Willett 等（1993）、Johnson 等（1995）、Beaumont 等（1996）、Naylor 等（2008）曾修订了 Dickinson（1974）最初命名的前陆盆地，将“弧后-前陆盆地（retroarc foreland basin）”简化为后-前陆盆地（retro-foreland basins），将“周缘前陆盆地（peripheral foreland basin）”简化为“前-前陆盆地（pro-foreland basins）”。Ingersoll 等（2012）也所采用了修订后的名称，后-前陆盆地形

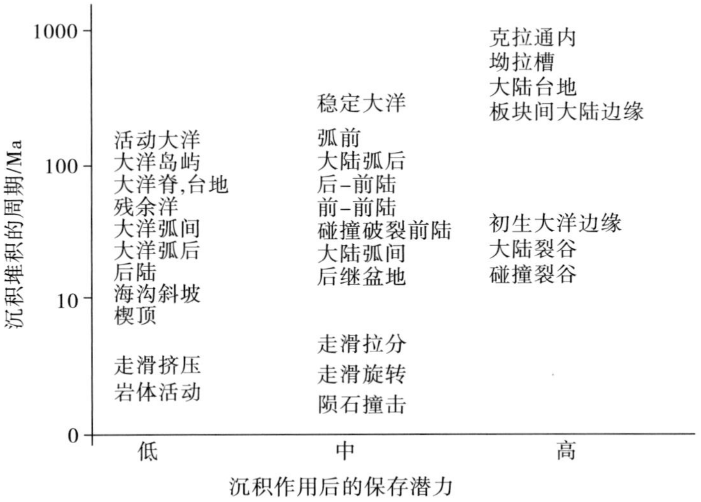

图 3.14　典型沉积盆地的沉积堆积周期与沉积后的保存潜力

（据 Ingersoll，2012）

在沉积期间盆地不会被抬升和侵蚀的平均时间间隔。沉积物或者火山物质在盆地被破坏期间或者之后以增大的复合方式保存（对于大洋盆地的沉积地层尤其是如此）。在保持基底稳定的情况下大陆边缘盆地有很高的保存潜力，但是在缝合带内很容易发生变形和变质作用，就很难和古构造类型区分

成于汇聚带的仰冲板块上，前-前陆盆地形成于汇聚带的俯冲板块上。与前-前陆盆地相比，后-前陆盆地具有较长的历史。后-前陆盆地在海洋岩石圈俯冲时期就开始出现，而前-前陆盆地只有在浮动的大陆地壳进入俯冲带（导致碰撞）才开始出现。为了澄清这些区别，Ingersoll 等（2012）建议将后-前陆盆地划分为弧背前陆盆地（retroarc foreland basin）（形成于大陆边缘弧的后侧，如安第斯山脉）和碰撞型后-前陆盆地（collisional retroforeland basin）（形成于两个大陆碰撞过程中的上覆的大陆板块上，如南阿尔卑斯前陆盆地）。因此，一般可将“后-前陆盆地”的术语用于在汇聚边缘的上覆板块所形成的前陆盆地。而被限定的术语则被用于洋壳或陆壳俯冲于对面的造山带之下。大约 1/3 的活动的岩浆弧与弧后-前陆盆地相关，而在前-前陆盆地和碰撞型后-前陆盆地发育时，岩浆弧的活动性将停止。

A. 弧后前陆盆地（retro-arc foreland basin）

Jordan（1995）分析了美国北部白垩纪弧后前陆盆地，对全新世南美的弧后前陆盆地进行了综合分析，并提出了弧后前陆盆地的一般模型。

B. 碰撞型后-前陆盆地（collisional retroforeland basin）

随着欧洲板块下插到亚德里亚（Adria）板块之下，南阿尔卑斯碰撞型后-前陆盆地与阿尔卑斯造山运动同步发育（图 3.15）。该前陆在晚白垩世开始演化为弧后背景，与阿尔卑斯造山运动同步并发展成为碰撞型后-前陆盆地，与其同时发育的还有北阿尔卑斯前-前陆盆地（磨拉石盆地）。

C. 破裂的后-前陆盆地（broken-retroforeland basin）

低角度俯冲于挤压挠曲系统之下可能会导致弧后前陆盆地的基底卷入变形（图

3.15d）。美国西部的落基山地区就是著名的这种古代变形样式的例子，其类似于现代安第斯前陆盆地的记录。

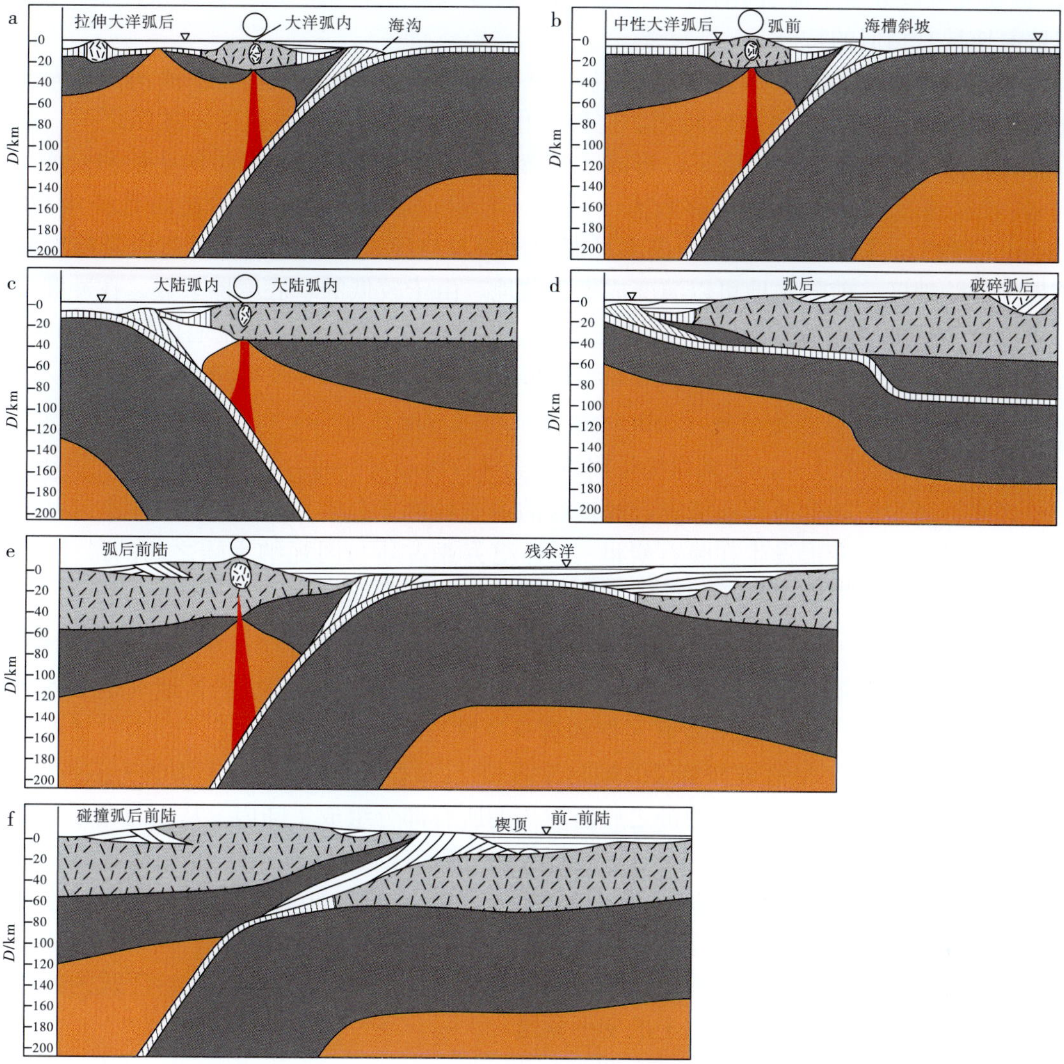

图 3.15　汇聚型沉积盆地的模型

（据 Ingersoll，2012）

一个残余的岛弧在图 a 的左边被展示出来。海沟、海沟斜坡和弧前盆地只在图 a 和图 b 中被标记出来，但是它们伴生于所有类型的岛弧-海沟体系。弧间盆地伴生于任何类型的岩浆岛弧，它们更普遍更可能的存在于伸展和中性类型中（图 a，b，c）。弧后盆地形成于受挤压的岛弧-海沟体系中（图 d，e），或者形成于碰撞的系统中（图 f）。残余洋盆地形成于任意的碰撞地壳边缘；图 e 中受挤压的岛弧-海沟体系体现了板块内边缘的汇聚。楔形盆地可以在任何受挤压类型中形成，图 f 是一个前-前陆盆地实例。如果中性的大陆型岛弧-海沟体系（图 c）变为伸展性的，它会演化为伸展性大洋系统（图 a）。红色为板块活动引起的岩石熔化

（3）楔顶盆地（wedgetop basin）

Ori 等（1984）定义的“背驮式盆地”，其是在移动的逆冲席上形成和充填的盆地。DeCelles 等（1996）建议“楔顶”作为一个更普通的描述性的术语，它包括了“猪背盆

地（piggyback）”和“逆冲体顶部盆地（thrust-top）”。楔顶盆地属于沉积物的聚集的动力环境，主要的沉积物来自相关的褶皱-冲断带，少量沉积物来自岛弧和基底地体。褶皱-冲断带可以分布于前-前陆盆地、后-前陆盆地或转换背景。此外，楔顶盆地与海沟-斜坡盆地具有相似的特点。

中国台湾南部的海底环境表明了由吕宋岛弧西侧的弧前-海沟-斜坡-海沟环境向台湾碰撞带的造山楔-楔顶-前渊的转化。这种转化表现在由洋壳俯冲的吕宋岛弧之下，演变为洋壳俯冲在亚洲大陆地壳之下，形成了台湾缝合带。由于活动冲断带的生长和发展，海沟-斜坡盆地和楔顶盆地均保存较差。因此，它们一般只能在年轻的造山系统中找到。Jordan（1995）、Miall（1995）等提出了楔顶盆地与挤压过程的关系，当造山带前缘断裂扩展到前陆地区，前陆盆地可以演变成楔顶盆地。由于较低的基底摩擦系数，在冲断带前缘可以发生这种“雪橇式运动”的推进作用，导致了在大部分前陆盆地均发育不同类型的楔顶盆地。在收缩背景下，楔顶盆地可以形成于薄皮构造和厚皮构造。

（4）碰撞型破裂前陆盆地（collisional broken-foreland basin）

具有不同形状和大小的大陆碰撞作用通常会导致极端复杂的古造山带及相关沉积盆地。

碰撞型破裂前陆盆地和前缘隆起的良好的古老的例子是宾夕法尼亚-二叠纪落基山造山带。落基山构造变形发生在晚石炭世-二叠纪劳亚古陆与冈瓦纳大陆之间的最终缝合。具有走滑挤压、走滑伸展性质的前陆盆地、伸展盆地、毗邻的基底卷入型隆起均有发育。

（5）陆内盆地（hinterland basin）

Horton（2012）描述了两类陆内盆地：非碰撞的弧后造山带形成的盆地（例如安第斯山脉）和碰撞性造山带形成的盆地（例如喜马拉雅与青藏高原）。由于“陆内”涉及造山带“内在”的部分，与褶皱和断层的倾向方向相反，这个词是指相对于褶皱-逆冲带的方向。在字面意思上，在褶皱逆冲带之后造山带的所有部分组成了陆内，从而忽略了它最初的起源；例如，在双侧造山带中，后侧前陆是前侧前陆和反嵌入式陆内盆地的一部分（阿尔卑斯山脉和比利牛斯山脉）。Horton（2012）定义的“陆内盆地”在更严格限制意义上的造山带盆地。

Horton（2012）描述了两种演化模式的陆内盆地：①发展为新的开始活跃的断层盆地；②叠覆于之前的前陆盆地之上的变形盆地。

（6）残留洋盆地（remnant ocean basin）

残留洋盆地是位于汇聚边缘的收缩型盆地，盆地中沉积了巨厚的浊积岩，碎屑一般来自相邻缝合带。

在缝合带当漂浮的大陆或岩浆弧地壳俯冲时将导致强烈的变形。缝合带可以发生在拉张的大陆边缘、大陆边缘岩浆弧（大洋盆地的最终闭合）或岛弧和大陆的各种组合（图3.16至图3.18）。碰撞板块的形态往往是不规则的，导致了碰撞时间、构造变形、沉积物分散模式、保存性等沿缝合带走向的变化。

孟加拉湾被认为是现代残留洋盆地的典型代表，盆地中沉积了世界上最大的碎屑沉积体系——孟加拉扇，但它在横向上过渡为介于喜马拉雅山脉与印度大陆之间的前陆盆地，显示了两种盆地类型在形成时间上具有继承性，在空间分布上具有过渡性。显然这类盆地与前陆盆地均是两个板块碰撞后期形成的，两者具有成因联系。

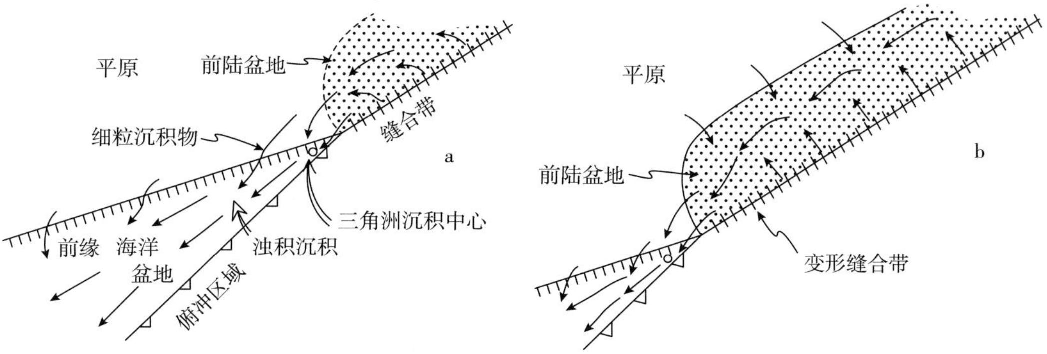

图 3.16 前陆盆地与残留洋盆的演化过程

(据 Graham et al., 1975)

与碰撞造山带相关的缝合带的演化与残留洋盆地的渐进式关闭。a—早期缝合阶段，前陆盆地对应于缝合带，残留洋盆对应于俯冲带；b—晚期缝合阶段

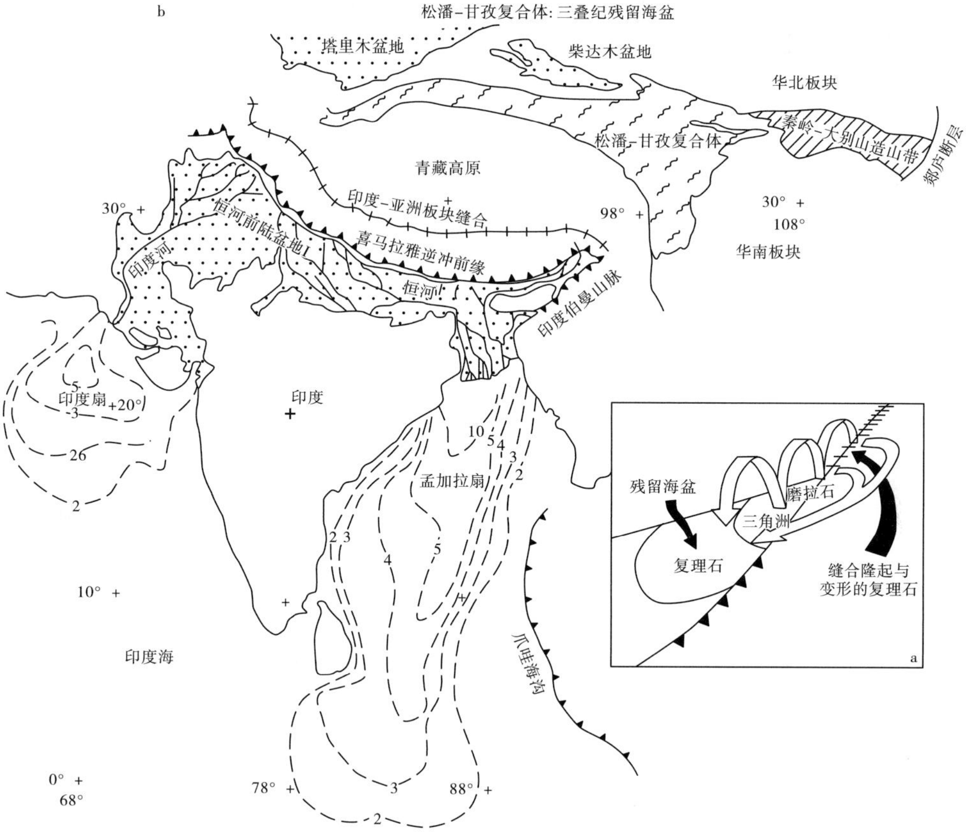

图 3.17 南亚地区的地质、地理简图

(据 Graham et al., 1975; Ray, 1982)

a—侧重于隆升的喜马拉雅碰撞造山带系统与造山带沉积物向孟加拉水下扇和印度水下扇的分散样式；b—将三叠纪松潘-甘孜（SGC）类比于孟加拉水下扇和印度水下扇的分散样式，但其面积已被碰撞挤压作用缩小了；水下扇沉积物的厚度单位为 km

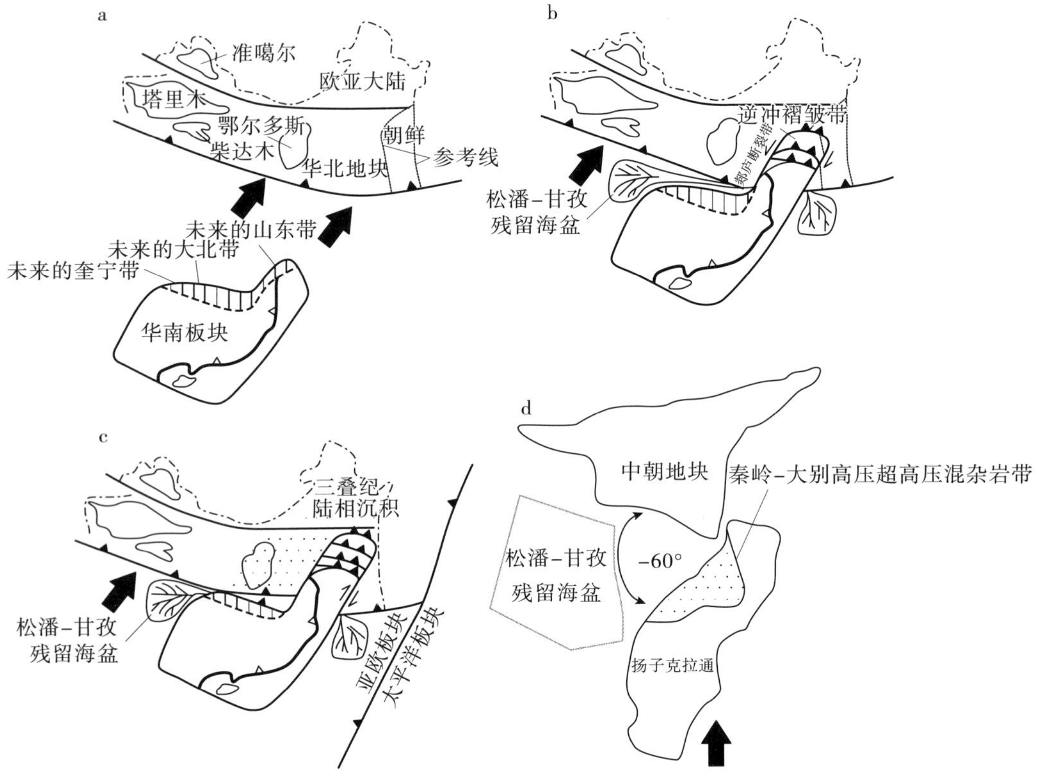

图 3.18　松潘-甘孜残留洋盆地的古地理和古构造重建

（据 Yin et al.，1993；Zhou et al.，1995）

古生代-早中生代松潘-甘孜残留洋盆地演化和穿时性关闭的机制。a—晚石炭世—早二叠世（320～258 Ma）；b—早-中三叠世（248～231 Ma）；c—晚三叠世（231～213 Ma）；d—晚石炭世—早二叠世

Dickinson（1974）提出了前陆盆地与残留洋盆地渐进转换的演化模式。Graham 等（1975）的残留洋盆地的一般模式应用了缝合带渐进关闭的概念，并提出了随造山带缝合过程的沉积物分散的通用模型。随着缝合带关闭，缝合带上隆升的造山带也随之顺着走向迁移，并向其前缘的盆地提供碎屑物质，从而形成了沿缝合带关闭方向依次出现的磨拉石、三角洲和复理石沉积。大部分沉积物从大陆碰撞形成的造山高地沿纵向形成通过三角洲复合体进入残留洋盆，形成浊积岩，随后碰撞缝合线加长，这些沉积物变形并卷入造山带。虽然很多研究者认为复理石和磨拉石具有不同的构造背景，但是这种模式解释了与缝合带相关的同造山期的复理石和磨拉石。古代典型实例之一为中生代松潘-甘孜残留洋盆地沉积（图 3.18），该残留洋盆地发育于扬子板块与华北板块碰撞期间形成的残留洋，在松潘-甘孜三角带堆积了巨厚的复理石建造，而物源则来自其东侧的秦岭造山带。

（7）后继盆地（successor basin）

后继盆地（King，1966）的原始定义为“与有限的火山作用、窄的隆起、上覆的变形和侵入的优地槽有关的深沉降的地槽”。在板块构造的框架下，后继盆地主要形成于不活动的褶皱-冲断带顶部的山间盆地、缝合带、转换带、非克拉通的古裂谷。后继盆地的存在表明造山带或断裂活动的结束。因此，它们的年龄可以用来约束缝合作用、变形作用、裂谷的时间。因此，它们在“地体分析”中具有特殊意义，它们所代表的超覆组合提供了地体加积的最小年限。

目前尚没有后继盆地的实际模型，Eisbacher（1974）总结加拿大科迪勒拉古代盆地的基础上提出了一种模式。该模式可能反映后继盆地与构造环境的多样性。从某种意义上说，所有的盆地都是后继盆地，因为它们形成于盆地基底的造山作用和断裂事件之后。现代使用的术语“后继盆地”应该被限定在于造山后和造山后裂陷盆地，它们不属于板块构造框架下的任何其他类型。

此外，Graham 等（1993）把中国西北地区三叠纪、侏罗纪、白垩纪和古近-新近纪盆地的形成和演化与塔里木碰撞（290~250 Ma）、羌塘碰撞（230~200 Ma）、拉萨碰撞（125~45 Ma）、科希斯坦碰撞（80~70 Ma）和喜马拉雅碰撞（45 Ma 至今）事件联系起来，也容易被误认为是完全与碰撞作用有关的缩短挠曲盆地（图 3.19，图 3.20）。实际上，在碰撞过程中既可以产生与碰撞作用同时的陆内前陆盆地，也可以在碰撞后应力松弛

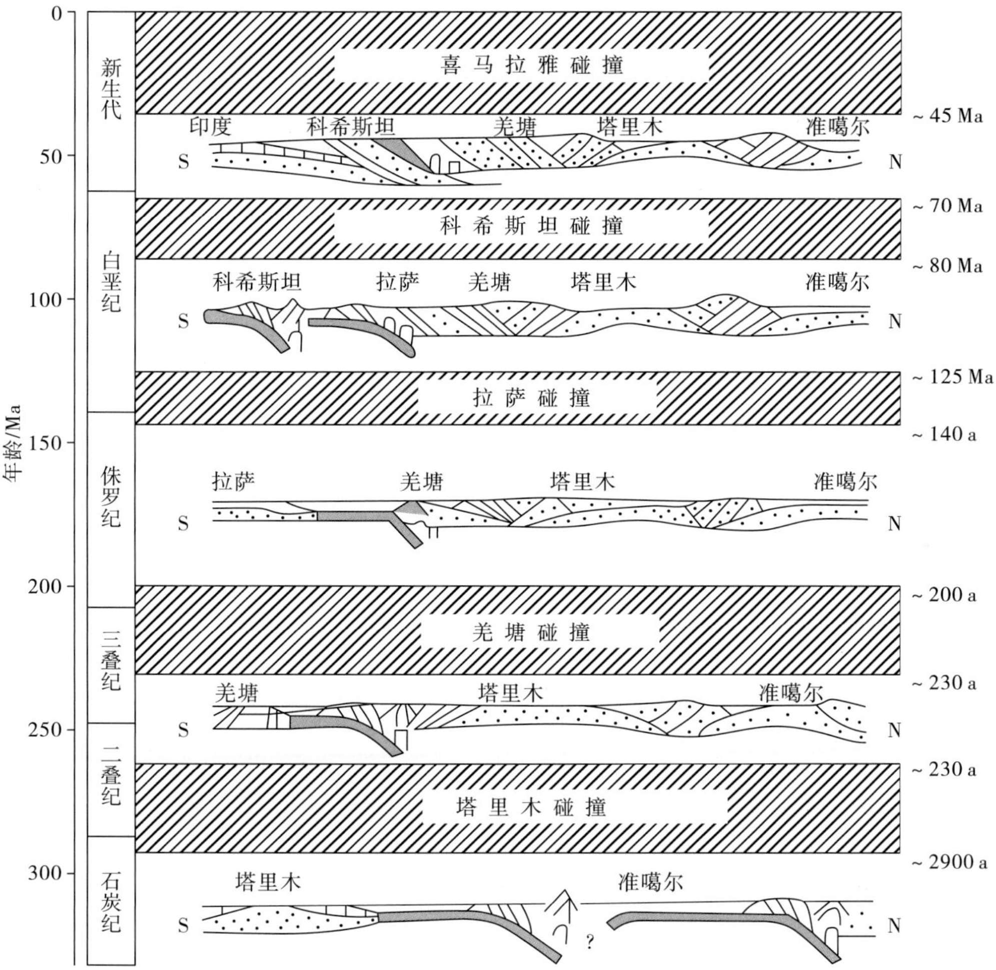

图 3.19　中国西部碰撞带的构造演化过程

（据 Graham et al.，1993）

由于亚洲南部边缘不同地体增生产生的拼贴块体的基底、地体边界以及后来的构造再活动形成的隆起和伴生的沉积盆地，推测准噶尔和塔里木盆地为新近纪碰撞后继盆地

时产生碰撞后伸展断陷盆地、弱伸展坳陷或稳定大陆内坳陷盆地。例如，在晚侏罗世-晚侏罗世末拉萨碰撞时，可产生与碰撞作用同时的晚侏罗世陆内前陆盆地，而当碰撞后则产生早白垩世伸展断陷或弱伸展坳陷盆地。为此，建议采用陆内前陆盆地这一术语，该术语能确切地表达这一类在时间上远离造山碰撞期和空间上远离缝合带的陆内挤压盆地。陆内前陆盆地的几何形态与周缘或弧后-前陆盆地相似，一般为不对称的山前逆冲断陷盆地，它们为强烈挤压和挠曲作用造成。但如果挤压作用较弱，造山带地形很低，有时也可见到略呈不对称或对称的碟状弱缩短盆地（或称褶陷盆地）。如盆地遭破坏剥蚀，无法恢复其原型为不对称的山前逆冲断陷盆地成近似对称的褶陷盆地，可以笼统地称之为陆内缩短盆地。

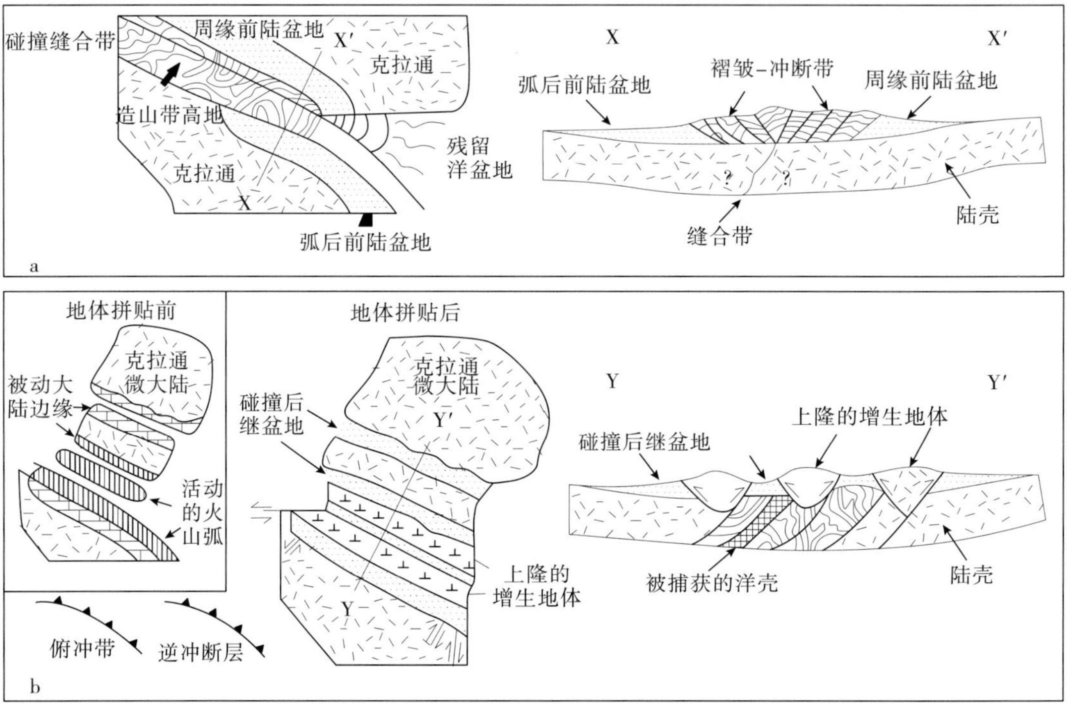

图 3.20　汇聚边缘和碰撞带的沉积盆地的成因类型和构造格架

（据 Graham et al.，1993）

a—“典型”前陆盆地，周缘前陆盆地和弧后前陆盆地的位置；b—碰撞后继盆地，左图表示地体拼贴前的各类地体（洋、被动大陆边缘、活动的火山岛弧），中间图和右图表示碰撞后继盆地、上隆的增生地体、各类地体拼贴后所组成的基底

3.2　对前陆盆地分类和分类原则的讨论

3.2.1　前陆盆地的含义及其变化

对许多地质学家来说，前陆盆地的典型实例是磨拉石盆地。磨拉石盆地的陆源沉积物，尤其是它所特有的较粗的碎屑岩相，已经导致了以“磨拉石”命名沉积相，它表示

较粗的，主要是陆相沉积物。从19世纪开始“磨拉石”这个概念已与造山作用晚期相联系，并引用到以后的各种地槽学说和板块构造学说中。在过去，“磨拉石”及其相应的名词“复理石”曾出现过许多混乱，之所以这样，是因为它们既用于岩石相又用于构造相。

Dickinson（1974）在板块构造的基础上定义了前陆盆地的含义，并且提出了两种成因类型，分别为：①周缘前陆盆地；②弧后前陆盆地。Dickinson（1976）又补充了破裂前陆盆地。在此基础上，Bally等（1980）、John等（1984）进一步分为：①大陆多旋回盆地，包括克拉通边缘复合盆地和增生边缘盆地；②前渊、下伏的地台；③弧后盆地。后来Beaumont等（1987）、Watts（1989）根据流变学将前陆盆地分为弹性板块上的前陆盆地和黏弹性板块上的前陆盆地。

3.2.1.1 陆内前陆盆地

中国属于欧亚大陆的重要组成部分，由若干大小不一的古陆核经长期发展、增生和不同形式的对接、消减及后期不同地质作用叠加而成。中国诸多沉积盆地问题难以用一般性的板块构造观点解释。基于此，中国的沉积盆地分类与世界较为流行的分类方案也有所区别。

20世纪70年代以来，随着我国石油勘探事业的发展，我国石油地质学家先后提出了以板块构造学说为基础的盆地分类方案，吸取了国外盆地分类的精华，先后利用板块构造观点进行中国沉积盆地或含油气盆地分类。着重考虑了我国大陆和沿海地区实际情况，分类各具特色，在油气等矿产勘探中具有重要的指导意义。

朱夏（1965，1983，1986）开创性地以“两个世代、两种体制”的思想对古生代、中-新生代盆地进行了“双重分类”。将古生代盆地分为6种原型，中-新生代盆地分为7种原型，指出一个大型盆地常是由几种原型组合而成，在多旋回盆地中，中-新生代盆地同古生代盆地多有叠加。此分类与中国大多数地区中三叠世以来地质现象的巨大变化相吻合。叶连俊等（1980）从时间差异和时间顺序讨论了盆地分类；刘和甫（1983，1992，1996）则从系统论角度定性、定时、定量分析了沉积盆地，依据地球动力学特征划分出“裂陷盆地”“压陷盆地”和“走滑盆地”3大序列12种类型；田在艺等（1996）认为，应遵循盆地所处的地壳类型、盆地在板块构造中的位置、盆地的地球动力学环境和盆地发育的地质时代“四项原则”，将盆地分为“裂陷构造环境盆地”“聚敛构造环境盆地”“走滑断裂构造环境盆地”和“克拉通构造环境盆地”4类16亚类。甘克文（1982，1992）所编制的《世界含油气盆地图集》中按“两种世代”的观点划分了“古生代盆地”“中-新生代盆地”，进而划分出2大类13亚类。

值得指出的是，在中国西部新近纪-第四纪发育一类陆内前陆盆地，这类盆地与Dickinson（1974，1976）的周缘前陆盆地和弧后前陆盆地既有相同点，也有很大的差异。其相同点是它们均邻近造山带，位于造山带与克拉通之间，属于在造山带活动前缘受到挤压挠曲作用形成的前陆盆地。不同点则是中国西部地区的新纪近-第四纪前陆盆地在时间上不是发生在紧接古生代洋壳消亡和陆-陆或弧-陆碰撞之后，而是在碰撞后间隔了较长时间由于造山带再活动产生的；在空间上这类盆地不是位于喜马拉雅期缝合带的附近，而是位于远离喜马拉雅期缝合带的大陆内部。由于这种相似和不同，中国地质学家将其称为类前陆盆地（陈发景等，1996）、再生前陆盆地（Lu et al.，1994）或陆内前陆盆地（孙肇才等，2001；罗志立等，2001）。类前陆盆地是一种通俗的称谓，只是说它与上述典型前陆盆地的类似和不同，并无实质性的含义。再生前陆盆地表示二叠纪-三叠纪形成的前陆盆地到新近纪-第四纪才生成。陆内前陆盆地一般为不对称的山前逆冲断陷盆地，它们为强烈挤压和挠曲作用造成。Bally 等（1980）称之为中国型盆地。Graham 等（1993）、Hendrix 等（1992，1994，2000）称之为碰撞后继盆地，其特征是发育有高度变化的砂岩成分，反映了碰撞前历史可能为多个小地体的增生-拼贴。每期远距离的陆-陆（或弧-陆）碰撞效应使前期已拼贴的老地体的边界再活动并保持盆-山体系。这类碰撞事件包括塔里木碰撞（290~250 Ma）、羌塘碰撞（230~200 Ma）、拉萨碰撞（140~125 Ma）、科希斯坦碰撞（80~70 Ma）和喜马拉雅碰撞（45 Ma 至今）。碰撞后继盆地这一术语尽管反映了碰撞前老地体拼贴后组成的基底特征，颇具新意，但仍不能说明盆地形成的地球动力学背景。Carroll 等（2010）又给中国西部盆地起了个名字“墙挡”（walled）盆地。之所以起这个名字，是因为他们认为中国这些盆地一直是被造山带像墙一样围起来，盆地内部长期发育陆相沉积物，而且内部基本没有变形。Carroll 等（2010）认为盆地内部没有变形，但其实中国西部盆地的许多边缘相带都已经随着周围造山带的不断隆升被抬升和剥蚀了。中国西部是褶皱带集中分布的地区，也是山前坳陷最集中的地区。但这些山前坳陷都不是经典型的，而是在板块拼合形成古陆以后间隔了长短不等的时间，伴随着老褶皱山的块断隆升而形成的。其中大部分具有前陆盆地的基本属性，但又有别于经典型。

3.2.1.2　中-新生代前陆盆地的分类

目前的中-新生代前陆盆地的概念为：形成于收缩造山带与相邻克拉通之间，平行于造山带呈狭长带状展布的、不对称的冲断挠曲盆地。此定义包含了前陆盆地的分布位置和地壳性质、动力学机制与发育时限、平面展布、剖面结构以及相应的沉积建造等主要特征。但前陆盆地的基本结构和主要单元的位置在不同演化阶段是变化的；其规模和形态及含油气性也差别较大。

以前陆盆地所处的板块构造位置和地球动力学环境为基础，可将前陆盆地分为周缘前陆盆地、弧背前陆盆地和陆内前陆盆地 3 种基本类型。

因此，可将陆内前陆盆地与弧背前陆盆地、周缘前陆盆地相并列，并对应于板块构造演化历程中的大洋消减、大陆碰撞和陆内缩短 3 个不同性质的聚敛阶段。

目前将与弧-陆碰撞相关的前陆盆地［位于弧-陆碰撞的造山带的前侧，并且与大洋岩石圈的俯冲相联系，相当于 Bally 等（1980）的 B 型俯冲］，如台湾前陆盆地、帝汶前陆盆地等，尚未单独分类，而是归于周缘前陆盆地。笔者建议应该将其单独分出来，以表达弧-陆碰撞与陆-陆碰撞及其所形成的前陆盆地的差异性。

3.2.1.3　古老前陆盆地的分类

近几十年来，地质学家识别出了许多古老的前陆盆地，如古生代前陆盆地（北美板块东部的古生代阿巴拉契亚山前陆盆地、扬子板块东部的古生代前陆盆地、南非板块南部的古生代前陆盆地、俄罗斯板块的古生代乌拉尔前陆盆地等）。它们均属于前阿尔卑斯期的老前陆盆地。

为了与全球板块构造的地球动力学系统相联系，现代前陆盆地的研究对象首先自然只着眼于与阿尔卑斯造山带相关的盆地，而对印支、海西、加里东等老造山带和克拉通之间的老前陆盆地，在现代前陆盆地理论著作中很少提及。这些前阿尔卑斯期的老前陆盆地留给人们的印象至少是："除图上标出的前陆盆地以外，其他地方没有或不清楚"。原因是在阿尔卑斯以前拼合的古大陆上，已没有洋-陆碰撞的标本，只能从陆-陆碰撞留下的蛇绿岩套去寻找古洋盆消失的踪迹。即使找到了缝合带，要想根据火山岩浆岩带的展布来确定俯冲陆块及仰冲陆块也并非易事。如果洋盆的关闭是采取双向 B 型俯冲方式，那就根本无法确定俯冲和仰冲。何况经过了反复的改造，蛇绿岩套往往是断续和扭曲的，寻踪极为困难，板块的划分也往往多解。这就是"板块登陆"以后存在的难题。所以，Bally（1980）在阿尔卑斯造山带以外的欧亚大陆只划出了乌拉尔 A 型俯冲带，在北美只划出了阿巴拉契亚 A 型俯冲带；而在欧洲大陆和中亚广大的其他地区，并没有划出 A 型俯冲带，在中国也没找到 A 型俯冲带。于是，罗志立（1984）提出了陆内 C 型俯冲的概念。

按照前陆盆地的传统概念，老的前陆盆地总是存在的。然而，由于无法套用现代前陆盆地理论的模式系统，多数研究都对这些老盆地视而不见，如阿巴拉契亚边缘坳陷、乌拉尔山前坳陷、维霍扬斯克山前坳陷等。除 Bally 之外，未见将这些老盆地纳入现行前陆盆地的分类之中。乌拉尔山前坳陷是个研究很成熟的前陆盆地。这些典型、明显的山前坳陷未被列入前陆盆地的模式系统，表明现代前陆盆地理论存在严重的缺陷和应用局限。

1）古老前陆盆地的定义应是：与地槽伴生的克拉通边缘地区的线形沉积坳陷。前陆盆地不仅存在于阿尔卑斯期地槽的山前地区，同样也存在于印支、海西、加里东等期老地槽的山前地区。

2）现代前陆盆地理论将盆地形成的地球动力学环境置于当今全球板块体制下进行研究，这是前陆盆地理论的重大进展。然而，由于阿尔卑斯期前已拼合而成的大陆上的古板块格局与现今迥异，老前陆盆地的展布并不遵循现代前陆盆地理论模式，因而在现代前陆盆地理论中，很少有关于老前陆盆地的论述。

3.2.2 对前陆盆地分类原则的讨论

本书重点讨论了其中的与前陆盆地相关的盆地分类，现将与前陆盆地分类有关的原则归纳如下。

3.2.2.1 根据前陆盆地几何形态的分类

1）平面形态：前陆盆地的平面形态一般为长条形。受同沉积期构造作用和后期构造的改造，前陆盆地的平面形态变化较大，如椭圆形、菱形、三角形及其他形态类型。这种分类极其简单，但有助于判断前陆盆地的构造作用。

2）剖面形态：前陆盆地的剖面形态一般为不对称的楔形。Burbank（1992）、Jordan（1995）和李勇等（2001）将前陆盆地的剖面形态划分为不对称的楔形体和近于对称的板状体，分别对应于构造负载机制和均衡剥蚀反弹机制。

3）盆地规模：巨型［（50～100）$\times 10^4$ km^2］、大型［（10～50）$\times 10^4$ km^2］、中型［（1～10）$\times 10^4$ km^2］以及小型（$<1\times 10^4$ km^2）。如北美板块西部落基山前陆盆地、北美板块东部的阿巴拉契亚前陆盆地均为大型-巨型前陆盆地，而中国西部的前陆盆地均为小

型-中型前陆盆地。

4）盆地深浅或沉积盆地沉积岩厚薄：依照基底埋藏深度或盖层厚度，可将其划分为浅盆地、深盆地和超深盆地等。深盆（>2000 m）与浅盆（<2000 m）。前陆盆地一般为深盆，经后期抬升可表现为浅盆。如北美板块东部的福特沃斯（Fort Worth）前陆盆地具有较浅埋深，有利于页岩气的开发。

3.2.2.2 根据前陆盆地构造位置的分类

沉积盆地作为地壳构造单元，其形成、发展受控于大地构造环境，不同大地构造位置的盆地特点不一。据此可将其分为山间、山前、地台或克拉通内部盆地等，也可分为与不同类型的板块边缘有关的盆地（离散型边缘、聚敛型边缘、转换型边缘）和板内盆地等。在地球历史发展过程中，不同大地构造运动阶段中的沉积盆地其特点也有别，也可以据此讨论和划分盆地类型。

1）板块构造位置：将前陆盆地划分为周缘前陆盆地、弧后前陆盆地、陆内前陆盆地等。

2）前陆盆地与褶皱-冲断带的时间关系：耦合的前陆盆地、非耦合的前陆盆地，以及楔顶盆地。

3）前陆盆地与缝合带的关系：缝合带型前陆盆地、缝合带内前陆盆地。

4）前陆盆地与岛弧的关系：弧背前陆盆地等。

5）前陆盆地与碰撞类型的关系：陆-陆碰撞型前陆盆地、陆-弧碰撞型前陆盆地等。

6）前陆盆地与造山带的关系：前-前陆盆地、后-前陆盆地等。

3.2.2.3 根据前陆盆地构造单元的分类

1）前陆盆地构造单元：楔顶盆地、前渊、前陆斜坡、前缘隆起、隆后盆地、外围次生盆地等。

2）前陆盆地与褶皱-冲断带的空间关系：单一型（单边型）前陆盆地、复合型前陆盆地（如羌塘盆地、四川盆地、比利牛斯前陆盆地）。

3）前陆盆地与褶皱-冲断带构造作用的关系：挤压盆地（与逆冲作用相关）、走滑挤压盆地（与走滑-逆冲作用相关）等。

4）前陆盆地沉积基底的均一性：简单的（或均一的）前陆盆地、复杂的前陆盆地等。刘和甫（1993）将前陆盆地基底变形特征划分为3类，分别为简单挠曲基底、叠瓦挠曲基底、块断变形基底。

3.2.2.4 根据前陆盆地形成时代的分类

1）形成时代：依据沉积盆地成生时代可将其分为元古宙、古生代、中-新生代前陆盆地等。

2）持续时间：前陆盆地一般为单时代（短周期），发育一个构造旋回（如阿尔卑斯前陆盆地、喜马拉雅前陆盆地），其持续时间约为30 Ma。但多时代（长周期）的前陆盆地，如龙门山前陆盆地（李勇等，1995）、阿巴拉契亚前陆盆地。

3）动力性质变化：单旋回的、多旋回的前陆盆地或叠合型前陆盆地。

4）沉积充填和前陆盆地形成的时间关系：残留洋盆地、后继盆地、同生盆地、次生盆地等。

5）盆地改造的时间和程度：原型盆地、改造型（残留型盆地）、破裂前陆盆地等。

6）盆地构造的活动性：活动性前陆盆地、非活动性前陆盆地。

3.2.2.5 根据前陆盆地成因机制的分类

1）动力学机制：压性环境的、扭性环境的前陆盆地等。

2）沉降机制：造山带构造负载挠曲沉降的前陆盆地、造山带剥蚀卸载隆升的前陆盆地、沉积负载沉降的前陆盆地、复合负载沉降的前陆盆地等。

3）造山带构造负载机制：构造缩短机制、造山带剥蚀卸载机制、下地壳流机制等形成的盆地。

3.2.2.6 根据前陆盆地沉降作用的分类

前陆盆地沉降或沉降速率等参数也可作为盆地分类依据，如快速下沉、慢速下沉、高聚集速率、低聚集速率盆地等；根据盆地下沉和填充补偿关系可分为过补偿盆地、补偿盆地和欠补偿盆地等。

3.2.2.7 根据前陆盆地沉积建造的分类

根据沉积建造可以对前陆盆地进行分类。

1）沉积建造：磨拉石盆地、复理石盆地等。

2）沉积相：海相前陆盆地、陆相前陆盆地、过渡相前陆盆地等。

3.2.2.8 根据前陆盆地演化阶段的分类：

根据前陆盆地演化阶段可以对前陆盆地进行分类，一般来说，一个前陆盆地可以分为早期前陆盆地（如复理石盆地、楔状盆地、非补偿盆地）和晚期前陆盆地（如磨拉石盆地、板状盆地、过补偿盆地）。

3.2.2.9 根据前陆盆地优势矿种的分类

根据优势矿种可以对前陆盆地进行分类。根据沉积盆地的含油气性等，可以将前陆盆地划分为含油前陆盆地、含气前陆盆地、含盐前陆盆地、含煤前陆盆地等；依照生油层演化程度可以划分为未成熟、成熟或过成熟等前陆盆地。

3.2.2.10 根据造山带碰撞类型的前陆盆地分类

根据造山带的碰撞类型可以对前陆盆地进行分类。造山带的碰撞类型可以分为 4 类，包括：

1）洋-陆碰撞：碰撞弧后造山带-后-前陆盆地（B 型俯冲）。

2）陆-陆碰撞：碰撞造山带-前-前陆盆地（A 型俯冲）。

3）弧-陆碰撞：碰撞弧后造山带-前-前陆盆地。

4）陆内非碰撞：陆内造山带-陆内前陆盆地（陆内造山带缩短）。

3.2.2.11 根据造山带类型的前陆盆地分类

根据造山带类型对前陆盆地进行分类，DeCelles 等（2012）将造山带的类型划分为两个端元模型，分别为碰撞造山带和非碰撞弧后造山带，其中与碰撞造山带对应的是前-前陆盆地；与非碰撞弧后造山带对应的是后-前陆盆地。安第斯山腹地和喜马拉雅-青藏高原分别是非碰撞弧后造山带和碰撞造山带的代表。DeCelles 等（2012）将碰撞造山带分为三种主要类型，包括：弧后型、碰撞型、后退式碰撞，在此基础上，将碰撞造山带-前陆盆地系统分为 3 类，分别为：①弧后冲断带-前陆盆地系统；②碰撞型前陆盆地系统；③后退碰撞型前陆盆地系统。

3.2.2.12 根据造山带隆升机制的前陆盆地分类

根据造山带的隆升机制可以对前陆盆地进行分类。李勇等（2017）将造山带的隆升机制分为 3 类，对应 3 种前陆盆地类型：①造山带缩短机制与大型楔状前陆盆地；②造山带均衡反弹机制与板状前陆盆地；③造山带下地壳流机制与窄的小型楔状前陆盆地。

3.2.3 对前陆盆地分类的讨论

前陆、前陆盆地和前陆盆地系统是 3 个相互关联的地质术语，从这些概念的提出到现今，其内容不断丰富。前陆盆地研究是当前盆地分析的热点之一，对前陆盆地及相关概念具有相同的理解是深入研究和交流的必要条件。

全球前陆盆地数量众多，盆地类型复杂，在理论和实践中对其分类非常重要。前陆盆地分类是一项长期发展的工作，其原因是盆地对多种沉积矿产的赋存起到了最基本的、最重要的控制作用。前陆盆地分类的研究有助于在理论上某些前陆盆地的资源潜力分析，以理论指导实践。自从在板块构造理论提出后，将不同类型的前陆盆地及油气分布置于板块运动格架中予以研究，对于全球油气地质研究、能源战略大有裨益。

1）前陆盆地类型的分类和分类原则至今尚未统一。已列述原则可能还未概括全面，但是它们都是经常见于文献之中。任何一种原则都不能概括前陆盆地的全貌，任何一种前陆盆地的分类方案也不可能包括上述全部原则。

2）基于板块构造理论的沉积盆地分类方案有很多相似之处，主要源于 Dickinson（1974）的杰出工作，该工作强调盆地所处岩石圈的位置，即盆地与板块边缘的距离、距离盆地最近板块边界的类型（离散、汇聚、转换）。这样，盆地演化可以利用板块构造背景的改变、盆地与板块之间相互作用来解释。其中最传统、典型的分类方案是 Dickinson（1974）将前陆盆地分为周缘前陆盆地和弧后前陆盆地。

3）Bally 等（1980）依据是盆地相对于大型缝合带的位置将沉积盆地划分成三大类，大型缝合带的边界通常与俯冲作用相关，包括大洋岩石圈板片（Benioff 或 B 型俯冲）、相对较轻的大陆岩石圈（Amferer 或 A 型俯冲）、转换断层的扭动构造。

4）Ingersoll 等（1988，1995，2012）进一步发展了 Dickinson（1974）的盆地分类方案，将 26 种盆地类型归类到不同的构造背景（离散、板内、汇聚、转换和混合）。Ingersoll 等（2012）认为在这些构造背景下，由于沉积物供给和地质继承性，存在很多变异的盆地类型。

5）不同学者使用的前陆盆地分类原则不同，不同的前陆盆地分类方案代表了研究者的学术观点，对前陆盆地中沉积矿产的基本控制因素的认识也就不同。因此，系统掌握主要分类方案，深入了解盆地分类的原则和各种方案的差异就成为我们正确使用这些分类的前提，找出不同方案的异同点和各自的优缺点，进而认识这些原则的地质学基础和适用性以及使用它们的目的和意义。

6）近年来随着全球前陆盆地油气勘探日趋活跃，前陆盆地及其分类研究备受关注。对前陆盆地及其分类研究并非局限于学术层面的对比分析，还在于紧密结合油气勘探，进而能有益于此实践。通过前陆盆地的分类可以明确各种类型前陆盆地的油气分布、丰度，从而指导油气潜力分析和勘探。

总之，随着研究的深入，新的分类方案还会不断涌现。前陆盆地分类的确可以提供盆地分析的基础和思路，也具有富矿条件的统计性规律。尤其近年来流行的分类方案，注重板块环境、动力学和沉降机制的原则，反映了前陆盆地分析的主线。

第4章　前陆盆地系统的结构和构造单元

前人曾对前陆盆地系统的结构与构造单元进行了很多研究。Ricci-Lucchi（1986）根据对亚平宁山脉北部渐新世至近代前陆盆地的地震地质研究，将前陆盆地的剖面几何形态分成4类，包括简单的前陆盆地、复杂的前陆盆地、背驮盆地、变形的（或受到改造的）前陆盆地。在此基础上，DeCelles等（1996）提出了前陆盆地系统概念，认为在传统的前陆盆地概念中研究者侧重于对在前渊沉积物的研究，而忽视了对在前缘隆起、隆后盆地沉积物的研究，后面两个沉积带对研究造山作用及盆地演化同样提供重要信息。其次，位于造山楔之上的楔顶沉积带是可以与前渊沉积带相连的，因此其也应该属于前陆盆地的组成单元。因此，前陆盆地系统包括4个沉积带，包括楔顶（wedge-top）、前渊（foredeep）、前陆隆起（forebulge）和隆后（back-bulge）沉积带（图4.1）。

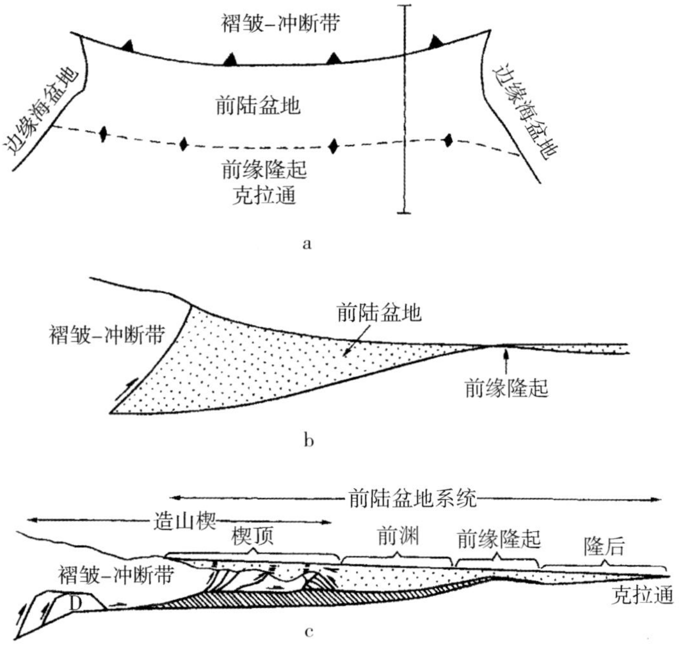

图4.1　前陆盆地系统与前陆盆地的对比图

（据DeCelles et al.，1996）

a—“典型”前陆盆地的示意图。两侧边界为边缘洋盆地，未注明比例尺，应为10^2~10^3 km数量级。右侧的垂线指示了与图b相似的横剖面方位。b—一般被接受的前陆盆地横剖面几何形态概念。注意冲断带与盆地间的边界几何形态不是真实的，垂直比例尺放大了10倍。c—经修正后的前陆盆地概念的横剖面示意图，具有楔顶、前渊、前缘隆起和隆后沉积带，按近似真实比例显示。前陆盆地用黑点表示，斜线区表示卷进图左侧冲断褶皱带中的先存的冒地槽地层（图中未表示）。双重构造位于造山楔的内陆部分，前缘三角带和渐进变形（与冲断尖端有关的三角带之上的扇形区）也显示在楔顶沉积带中。注意，造山楔前缘与前陆盆地系统间有大范围的叠置在前人研究成果的基础上，本章总结了前陆盆地系统的结构和构造单元的研究进展，包括前陆盆地系统的结构、楔顶沉积带（楔顶盆地）、前渊沉积带（前渊）、前缘隆起沉积带（前缘隆起）、隆后沉积带（隆后盆地）、前陆盆地结构的变化与应用 6 个方面。在 DeCelles 等(1996) 的前陆盆地系统概念的基础上，本次将前陆盆地系统的构造单元划分为楔顶盆地、前渊、斜坡带、前缘隆起带和隆后盆地 5 个构造单元，其中增加了斜坡带。其原因在于：①前渊是分布在靠近造山带的线性展布的深凹陷，它不仅是前陆盆地的沉降中心和沉积厚度最大区域，也是复理石和磨拉石建造堆积的区域；②斜坡带是介于前渊与前缘隆起之间的缓坡带，显示为缓坡地形，发育上超型不整合面，地层厚度较薄，并向前缘隆起方向减薄、尖灭。

4.1 前陆盆地系统的结构

前陆盆地通常定义为形成于线形收缩造山带和稳定克拉通间的狭长槽地。这主要是由造山带中的冲断席载荷引起的挠曲沉降形成的（图 4.1）。DeCelles 等（1996）引用的重要辅助概念是：①前陆盆地沉积充填物在横剖面上呈楔形，其最厚部分直接与冲断带相邻或部分位于其下（图 4.1）。②前陆盆地沉积物主要来源于相邻的冲断带，少数来源于该盆地的克拉通一侧。③挠曲隆起或前缘隆起，可以把前陆盆地的主要部分与克拉通分开。

DeCelles 等（1996）指出原来前陆盆地的概念仅仅局限于造山带和克拉通之间的前渊是有缺陷的，并认为在传统的前陆盆地概念中研究者侧重于对前渊的沉积物的研究，很少注意到对前缘隆起、隆后盆地的沉积物的研究，但是后面的两个沉积带对研究造山作用及盆地演化提供了同样重要的信息；其次，发育于造山带上的楔形沉积物常与前渊沉积物相连，也应属于前陆盆地的组成单元。除了前渊之外，前陆盆地的范围还应当扩展到造山带内部和克拉通内部的范围。因此，DeCelles 等（1996）将前陆盆地系统划分为 4 个沉积带（图 4.1 至图 4.4），包括：楔顶沉积带、前渊沉积带、前陆隆起沉积带和隆后沉积带。其中每个沉降带单元的特征都不相同，均有其独特的特点。在整个前陆盆地系统中，前渊沉积物是最厚的，并向造山带和克拉通方向减薄，整体显示为不对称状的楔形体。其中的楔顶盆地与前人已提出的猪背盆地（Ori et al.，1984）、飘浮卫星盆地（floating satellite basin；Ricci-Lucchi，1986）、拆离盆地（detached basin；Steidtmann et al.，1988）具有类似的特征，它们均是发育在冲断带顶部的小型盆地。

前陆盆地是几何形态复杂的一个整体，并包括以不同形式组合的分离部分。这样便引伸出了“前陆盆地系统”的概念。①前陆盆地系统是形成于收缩的造山带与相邻的克拉通之间、陆壳上狭长的潜在沉积可容纳空间区域，其主要与造山带及相关俯冲体系的地球动力学过程有关。②前陆盆地系统可分为 4 个沉积带，包括楔顶沉积带、前渊沉积带、前缘隆起沉积带、隆后沉积带。每个带中的沉积物多少取决于其沉积时的位置（图 4.1 至图 4.4），沉积带之间的边界随时间横向迁移。在一些前陆盆地系统中，前缘隆起、隆后沉积带有时不发育或缺失。③前陆盆地系统的纵向范围大概与相邻的褶皱-冲断带的长度相同，不包括纵向上溢出到残留洋盆（例如，孟加拉和印度的海底扇）或裂谷中的沉积物，因为它们不直接受造山带地球动力学作用的控制。该定义省略了特殊的沉降机制，因为 4 个沉积带中每个沉积带的沉积物可容纳空间受控于不同的变量组。在前陆盆地系统中岩石圈摄动的主要机理是响应于造山带载荷和沉积物载荷的挠曲作用，但这种挠曲作用在每一带中表现程度有所不同。

4.2 楔顶沉积带

楔顶沉积带分布于造山带内的沉积单元。在许多大陆冲断带中，明显的地形界线远在前缘冲断层的后方，且大量的同造山期沉积物覆盖在褶皱-冲断带的前缘部位。这是因为前缘冲断层一般是隐伏的，且消失在断层传播背斜的核部、三角带（或者地下双重构造）的被动顶板内。而许多大型的拖曳、断弯、断层传播褶皱则发育在进一步向陆的较大构造斜坡和双重构造之上。此外，在冲断带前缘的变形岩石通常较年轻且软，而老的且通常更硬的岩石暴露在内陆区。在造山楔前缘顶部上沉积的沉积物构成了楔顶沉积带，它朝向前陆的范围被限定为与下覆的造山楔前缘有关的变形界限，包括了猪背盆地或者楔顶盆地、“卫星”盆地、冲断带地质体内大型的补给峡谷充填物、与局部的反冲断层和时间难定的或者同期冲断层有关的沉积物、位于朝向前陆的年轻构造及地形之前区域性展布的水系沉积物。

在地表环境中，这些沉积物包括盆地内的最粗粒物质，通常为沉积于地形高地附近的冲积相和河流相沉积物。在水下环境中，楔顶沉积物主要是由块状流和细粒的陆架沉积物构成。

在楔顶沉积带沉积物来自周围造山带的冲断席。在意大利北亚平宁山脉博洛尼亚地区，上新世-第四纪沉积盆地就是这种楔顶沉积带的典型实例（图4.2），其主要特征包括：①位于褶皱-冲断带楔形体顶部；②往前陆方向为前渊，在楔顶沉积物的厚度比在前渊沉积物的厚度薄；③发育大量的渐进式不整合面和同沉积变形（生长断层或生长褶皱）；④在楔顶沉积带中一般为自源的粗碎屑沉积物，即物源来自造山带楔本身（图4.2）。

向造山楔的方向，楔顶沉积带的宽度变窄，并与区域构造走向线平行，长达数十千米。向克拉通方向，楔顶沉积带则发生尖灭，宽度可以有几十千米，并平行于区域构造的运动方向。

识别楔顶沉积物的标志主要包括了进积型的不整合面、不同类型的生长构造（如褶皱、断层和逐渐旋转的劈理等）等。楔顶沉积物一般分布在同造山期的侵蚀面、沉积作用面（与埋藏较深的面相反，且不同于地面）之上，并发生变形。此外，楔顶沉积带属

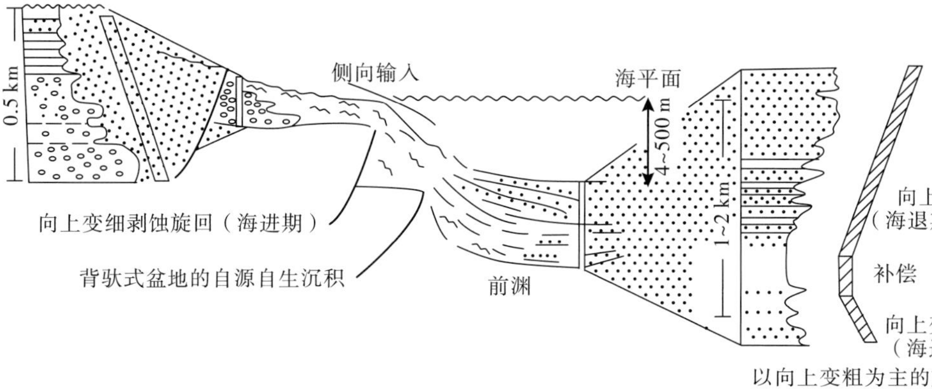

图4.2　意大利亚亚平宁山脉内部的猪背（背驮）盆地的沉积特征
（据Ricci-Lucchi，1986）

于造山楔的组成部分，因此当它发生变形后，其对于确定造山楔的变形过程是有用的。在造山楔前缘，未发生变形的区域广泛发育冲积裙、浅海陆棚沉积物，其通常披覆在造山楔顶面之上。在造山楔的内部可能发育有大型的、长期发育的补给型峡谷和峡谷充填。这方面的实例包括：①在犹他州和怀俄明州冲断带前缘顶部之上的上白垩统-古新统的楔顶沉积物、在隐伏的冲断带前缘之上的始新统-渐新统的楔顶沉积物；②在活动的北亚平宁冲断带前缘之上的渐新统-第四系楔顶沉积物；③覆盖在扎格罗斯隐伏冲断带前缘之上的渐新统-第四系沉积物；④巴基斯坦北部活动冲断带前缘被年轻的、同构造期的沉积物覆盖。

随着下伏的造山楔的变化，楔顶沉积带的前缘而发生横向移动，这样，有时很难把楔顶沉积带与前渊沉积带区分开来。楔顶沉积带的识别特征较多，包括渐进变形、多个局部的（或区域的）不整合面、向造山楔一侧的沉积厚度变薄、沉积物成分和结构极不成熟等。来自前缘背斜山脊内陆一侧的沉积物可回填到内陆盆地中，因此湖泊沉积物分布在不同的猪背盆地中。在理论上讲，楔顶沉积带的厚度是向前渊沉积带的方向增厚，但是由于沉积期后的变形、楔顶沉积物的混合与掺杂使得这一简单的概念发生模糊。在没有遭受严重侵蚀的造山带内，楔顶沉积物与前渊沉积物之间的差别还是很明显的。

此外，在区分楔顶沉积带与前渊沉积带时，必须考虑到两者位置在演化过程中的变化（图 4.3）。随着逆冲断层带向前陆方向推进，F_1 沉积物（前渊沉积带）（图 4.3a）进入了造山楔的上盘，并在其上面发育了 W_1 沉积物（楔顶沉降带）（图 4.3b）。如果逆冲断层向后陆方向移动并形成断层时，此时的 F_2 沉积物是位于前渊沉积带中，而 W_2 则是位于楔顶沉降带中（图 4.3c）。由此可以看出，有时是很难区分楔顶沉积带和前渊沉积带。

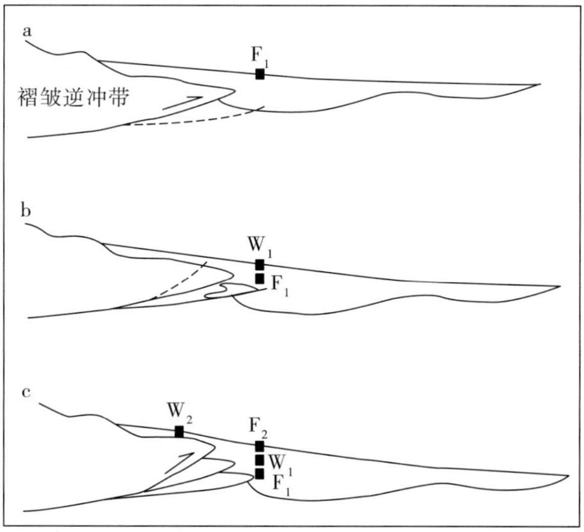

图 4.3　前陆盆地系统中沉积颗粒（黑方块）的沉积和埋藏示意图

（据 DeCelles et al.，1996）

虚线表示活动前缘冲断位移。a—F_1 颗粒沉积、埋藏在前渊沉积带中；b—冲断带朝前陆方向推进，F_1 归并到造山楔上盘中，W_1 颗粒沉积、埋藏在现在的楔顶沉积带中，位于 F_1 之上；c—冲断带向内陆（层序外）推进，F_2 颗粒位于前渊，而 W_2 颗粒沉积在楔顶沉积带中，除非这些颗粒遭受造山楔的侵入并进入有效的沉积机制中，否则颗粒将保留原始沉积带的特征，这样楔顶沉积带与前渊的边界随时间相继朝前陆方向迁移。类似地，沉积在前缘隆起和隆后沉积带中的颗粒最终将被前渊的颗粒掩埋

4.3 前渊沉积带

前渊沉积带是由介于造山楔与前缘隆起之间的楔形沉积体所组成的，并具有由向克拉通方向变薄的特点。一般来说，前渊的宽度为100~300 km，厚度为2~8 km。在暴露的前渊中发育河流、冲积扇的沉积物；在水下的前渊中则发育三角洲、浅海陆棚、浊积扇等类型的沉积物。在周缘前渊中发育一个由早期的深海沉积（复理石相）到晚期的粗粒、非海相和浅海沉积（磨拉石相）的沉积序列。这种沉积序列很可能反映了这样的事实，周缘前陆盆地系统起源于海沟，当陆壳卷进俯冲带后就变成了浅海或非海相。在现代陆壳上水下前渊中以浅海陆棚的沉积物为特征，水深通常较浅。在现代陆上的前陆盆地系统中，在前渊沉积带中发育有大型河流冲积扇、源于冲断带和克拉通的支流补给的主干河流。在陆上的前渊，在沿构造走向线变为海下环境的地方，便有大型三角洲发育在过渡带上。

前渊沉积物主要来源于褶皱-冲断带，少量来源于前缘隆起和克拉通。在前渊内，沉积速率向造山楔的方向具有快速增大趋势。研究结果表明，因为陆壳变厚及造山加载引起的高沉降速率和大量的沉积物供给，在前渊的轴部缺乏不整合面。但是，如果其与楔顶沉积带发生合并，那么在前渊中则可以发育冲刷侵蚀面、不整合面。在近代大陆地壳上发育的新近纪-第四纪水下前渊，通常以堆积水深小于200 m的浅海陆棚相沉积物为特征，例如在扎格罗斯褶皱-冲断带西南侧的波斯湾周缘前陆盆地系统中，在

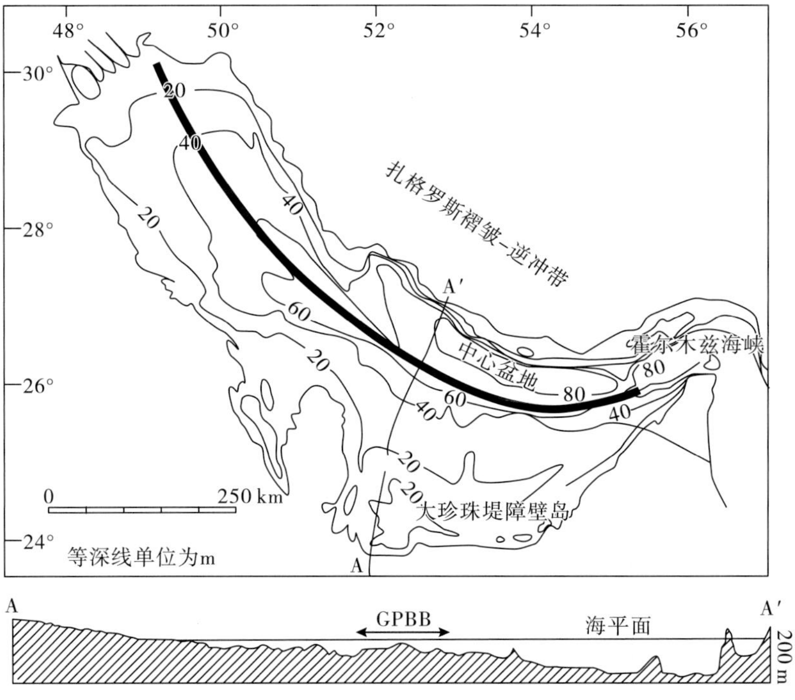

图 4.4 扎格罗斯褶皱-逆冲带与波斯湾新近纪-第四纪周缘前陆盆地系统

（据 DeCelles et al., 1996）

粗黑线为扎格罗斯褶皱-逆冲带南侧的前渊及分布位置。大珍珠堤障壁岛是一个广阔的碳酸盐浅滩，可能与前缘隆起的隆升有关

前渊中（图 4.4，图 4.5），在前渊沉积物主要来源于褶皱-冲断带，少量来源于前缘隆起和克拉通。在前渊内，沉降速率向造山楔的方向增加。

4.4 斜坡沉积带

斜坡沉积带（以下简称斜坡带）是介于前渊与前缘隆起之间的过渡型的缓坡带。斜坡带继承了被动大陆边缘的主要部分，其也是在前渊生烃中心的油气运移的指向区带，在盆地油气成藏研究中具有重要的地位。

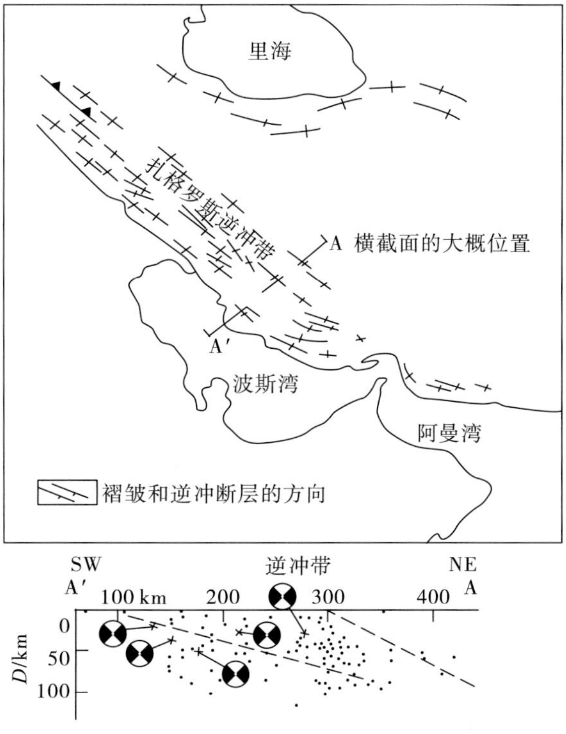

图 4.5 扎格罗斯前陆盆地的平面展布与剖面结构

标记了地震的震源机制解

斜坡带一般具有二层结构特征，即由下伏的被动大陆边缘盆地沉积层序（沉积基底构造层）和上覆的前陆盆地超覆沉积层序（超覆构造层）组成，表明该斜坡带存在于某个地质历史时期，属于埋藏型缓坡。由于下伏的被动大陆边缘盆地沉积层序的沉积物主要为碳酸盐台地，决定了该斜坡带具有基岩潜山背景。

斜坡带的地形坡度较小，属于坡度较缓的缓坡带。向前渊的方向具有节节下降、向前缘隆起方向呈台阶式上升的单向坡的特点。从前缘隆起至前渊（盆地中心）的水平距离与斜坡深度（厚度）的比值大于 7（地层倾角小于 8°），其坡度也较小，一般小于 8°，坡度较为稳定。整个缓坡带的沉积基底的沉降速率具有明显的变化，向前渊的方向，沉积基底的沉降速率加大，向前缘隆起方向沉积基底的隆升速率加大，显示为正向阶梯状。虽然在整体上斜坡带一般显示为宽缓的缓坡带，但是由于断层的分割作用，在前渊-前缘隆起的方向上斜坡带可以被划分为外带、中带、内带 3 个构造地貌单元，有时为多级的坡折带，有时没有明显的坡折带。

斜坡带的地层向前缘隆起方向的地层对底部不整合面的区域性上超（超覆）。在斜坡带的地层厚度一般是小于在前渊的地层厚度，并呈明显的楔形，向前渊的方向地层增厚，向前缘隆起方向减薄的变化特点，显示为向前缘隆起逐层超覆的特征。与在前渊中发育的相对完整的地层序列相比，斜坡带的地层层序发育不全，超覆现象明显，缺失底部地层，向前缘隆起方向缺失地层增多，直至全部缺失。地层层序的数量逐级减少，地层厚度减薄，各层序的完整程度也降低，不整合面发育，层序界面清楚，低位体系域较不发育，海侵体系域和高位体系域分布广泛，具有层序结构不完整、层序分布不连续等特点。在垂向上显示为向上变粗的、进积型的沉积序列，以加积型-进积型的叠加样式为主。

斜坡带的沉积物主要来自造山带，少量来自前缘隆起带，具有双物源的特征。在空间上在前缘隆起带向前渊的方向上沉积物呈阶梯状连续分布。沉积物的粒度较细，物性较好，沉积类型多样。沉积物类型主要发育浅水三角洲、滨浅海、滩坝等沉积物，缺乏洪积物和浊积岩。此外，在斜坡带的相对清澈的海岸，沉积了代表水动力条件相对较弱的碳酸盐缓坡和礁滩，表明该缓坡带的沉积作用和层序地层的发育主要受到相对海平面上升的控制，构造因素影响较小。碳酸盐缓坡与礁滩相是表征地表隆升的典型沉积相类型。碳酸盐缓坡在向前渊的方向的远端点可能就是标定前陆斜坡带远端的标志。如在龙门山造山带龙深1井中发现的厚约2 m的碳酸盐岩，就是在晚三叠世早期龙门山前陆斜坡的远端点，表明现今龙门山冲断带已覆盖在扬子板块的前陆斜坡上，现今所识别出的晚三叠世前陆盆地仅仅是当时前陆盆地的斜坡部分，当时的前渊已被缩短作用削减掉了或被压缩到现今龙门山以西的区域，并被松潘-甘孜褶皱带覆盖（李勇等，2011）。

斜坡带的底部不整合面与古风化壳发育，具有上超型不整合面的特征，并伴生古风化壳。

底部不整合面是在前陆地区受到造山楔构造负载发生挠曲隆升和暴露的产物。与其伴生的沉积特征包括：地层上超、古风化壳、底砾岩、海相层序中的陆相沉积层、含大角砾的块状流沉积物等。底部不整合面在向前渊的方向转变为整合面的位置就是标定前陆斜坡带远端的标志。表明该套地层与下覆地层的接触关系为整合面（前渊-外带）-平行不整合面（中带）-角度不整合面（内带-前缘隆起）。如在龙门山造山带龙深1井中发现的晚三叠世卡尼期马鞍塘组的碳酸盐岩（厚约2 m）与中三叠世拉丁期天井山组碳酸盐岩之间的整合面，就是晚三叠世早期龙门山前陆斜坡的远端点。

古风化壳以钙质风化壳最常见，是一种浅色古土壤层。常表现为土豆粒、渣状体、瘤状层等，泥岩中大量钙质结核富集层，固定层位上含大量淡水方解石胶结物的岩溶角砾岩、碳酸盐岩的孔隙明显增大、增多、孔隙或裂隙中的沉积物的频繁出现等。沿不整合面钙质风化壳向前渊方向追索，会发现长期暴露的标志逐渐减弱，并可能在当时古海岸线位置出现一套大型帐篷构造，过了大型帐篷构造带后向前渊方向又变为似整合面或整合面。

4.5 前缘隆起沉积带

前缘隆起（forebulge）是在前渊沉积带与克拉通之间的挠曲型隆起带。因为它是上升的地形，前缘隆起带通常被认为没有沉积或侵蚀的，总的不整合面可描述为随时间变化的层位。主要的不整合面产生于前缘隆起的迁移过程，包括在不整合面上前渊的地层向克拉通方向的渐进超覆，在靠前渊的一侧的前缘隆起上，地层断裂的增多，以及先期存在的区域性低角度（$<1°$）地层剖面。当前陆盆地被模拟为漂浮在流体地幔底板之上的薄层弹性板片挠曲时，在垂交于负载的轴线上，对于无限长板片而言，测得的前缘隆起水平宽度为πa，对于破裂板片来说为$3\pi a/4$，其中a为挠曲参数。该宽度主要取决于岩石圈的挠曲刚度和地幔物质与盆地充填物之间的密度差。对于$10^{21}\sim10^{24}$ N·m的挠曲刚度和800 kg/m^{3}的密度差的岩石圈来说，a的变化范围为26~150 km。因此，根据这一基本的挠曲方程预测，在一个充填物达到前缘隆起顶部的典型挠曲盆地中，前缘隆起的宽度应该是60~470 km，高

度为几十到几百米（图 4.6）。具有较低挠曲刚度的破裂板片应比刚性的无限长板片有高和窄的前缘隆起。

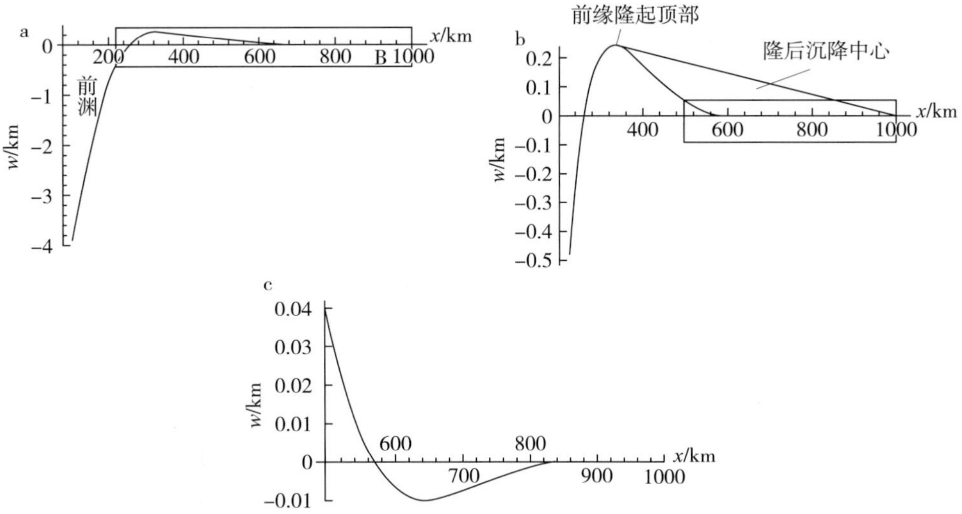

图 4.6　漂浮于流体基底上的较薄的、无限长的弹性板片的挠曲剖面

（据 DeCelles et al.，1996）

a—挠曲作用是由位于左侧 100 km 宽、2.5 km 高的矩形的地形负载（图上未表示）与充填在前渊-前缘隆起之间的沉积负载驱动的，地形负载的密度为 2650 kg/m^3，挠曲参数 a 为 97.6 km；b—图 a 中放大的前缘隆起、隆后沉降带（注意垂向比例尺的变化），从前缘隆起顶部到隆后盆地的倾斜线显示线形地近似于连接前缘隆起顶部和未变形前陆的指数加积剖面，在这一剖面范围内的加积作用将产生 100 m 的堆积厚度；c—图 b 中矩形圈定地区的详细表示

实际上，很难识别前陆盆地系统的前缘隆起，尤其是在古代的这种体系中。原因之一为前缘隆起为正向地形且具有易迁移的特征，在迁移时可能遭受区域侵蚀而只剩下一个不整合面。模型研究表明，在来源于冲断带的沉积物前积至前缘隆起抬升区（向克拉通一侧的盆地），附加的沉积载荷就会干扰由造山带载荷引起的挠曲，使得前缘隆起呈现为隐伏状态，而表现不出具体的形态。此外，某些前缘隆起不是稳定地移动，而是保持长时期的静止，然后“跳离”或“跳向”造山带。如果在向上挠曲的陆壳区原先就存在薄弱地带，那么可形成局部受断层控制的隆起和沉积中心，而不是平滑的挠曲剖面。

由于前缘隆起带具有向上抬升的特征，通常认为其为非沉积区（或侵蚀区）。因此，所形成的不整合面常常被用来追溯其地史时期的位置。前缘隆起迁移形成的不整合面的主要特征包括：向克拉通方向，在前渊的地层逐次上超在不整合面上，在靠前渊的一侧在前缘隆起上的地层间断向克拉通方向增大，且数百米厚的原有地层剖面的区域倾角很低。因此利用不整合面的分布可以追索前缘隆起在地质时间内的位置。

由迁移隆起所形成的不整合特征主要包括：①在前渊为整合面，前缘隆起处为不整合面；②在靠前渊的一侧，前缘隆起向克拉通方向逐渐增加；③最先存在的最厚达几百米的地层剖面遭到区域性低角度斜削（beveling）。

当沉积物进积到前缘隆起区时，暗示着此带也可成为大量沉积物聚集的场所。在陆上的前陆盆地系统中，如果在前渊沉积物尚没有充填至前缘隆起，前缘隆起区应该为侵蚀区

（带）。如果来自冲断带的沉积物前积到了前缘隆起沉积带，则会形成一个沉积速率极其缓慢的、厚度相对薄的、广阔水成和风成的沉积区。这些沉积物曾经被认为是在前渊中沉积物的远端部分。根据它们所具有的一些沉积特征，如非均匀性的、较小的厚度、特殊的岩相（远源水成和风成）、发育大量的良好的古土壤、相对低的沉降速率以及平行的层内时间面等标志，可以将其与典型的前渊的沉积物分开。

在沉积物未充填至前缘隆起顶部的水下前陆盆地系统中，前缘隆起沉积带内可发育局部碳酸盐台地。前缘隆起型碳酸盐台地、缓坡沉积物是连接前渊、隆后沉积带、克拉通之间的纽带。例如在扎格罗斯盆地，当在前渊的沉积物未充填到前缘隆起顶部时，在前缘隆起带可发育区域碳酸盐台地相。如在波斯湾海沟西南的大珍珠滩障壁坝，几乎全部是大面积分布的纯碳酸盐沉积物所构成的隆起区。在障壁坝上的水深大约为 10 m，水深向扎格罗斯前渊（最大水深为 80 m）和阿拉伯陆块增加，暗示了存在有被削平的前缘隆起地貌形态。在古前陆盆地系统中，大型碳酸盐岩曾被认为不属于前陆盆地系统，但是它们的地层几何形态明显地受到褶皱-冲断带导致的挠曲作用的影响，因此，碳酸盐台地或缓坡可以提供区域沉降史的关键参数。

Reis 等（2016）报道了在巴西埃迪卡拉期 São Francisco 前陆盆地前缘隆起上发育了断陷盆地。前缘隆起带通常显示为伸展型的构造背景，导致了该区域的局部的隆升和沉降作用，并控制了地堑的沉积演化过程。在巴西前陆盆地的前缘隆起上发育的小型断陷盆地（或地堑），其中充填了与前陆盆地斜坡带同步发育的、相似的地层序列，由碳酸盐岩和碎屑岩组成，垂向上由基底之上的不整合面-黑色页岩-碳酸盐岩-页岩或碎屑岩（MSG）组成，显示了前陆盆地早期的充填序列，但其地层厚度明显大于地堑以外的地层厚度。

4.6 隆后沉积带

隆后沉积带由前缘隆起沉积带与克拉通之间的沉积物组成。尽管大量沉积物来源于造山带，但源于克拉通和碳酸盐台地的沉积物对海下沉积体系可能具有重要的贡献。在水下环境中，克拉通和碳酸盐台地的物质补给也是明显的。隆后沉积带的沉积系统主要是浅海相和陆相，沉积物通常是细粒的，因为离主要物源区-造山带较远。Flemings（1989）称此沉积带为“外围次生盆地”（outer secondary basin）。隆后沉积带发育的实例包括新西兰 Taranaki 前陆盆地、巽他陆棚区、科迪勒拉前陆盆地。隆后沉积物的特点是地层等厚图的形态显示为围绕中央较厚区的区域性的闭合线，表明沉积可容纳空间可能包括前缘隆起向克拉通一侧挠曲沉降带的一部分。

隆后沉积带沉积物曾经被认为是前陆盆地充填物的溢出部分，但这种说法是不合理的，因为存在空间上的矛盾。按定义，如果它伸展到盆地范围外，盆地溢出部分又是怎样成为盆地的一部分？所以这种用法是不可取的。由于在隆后沉积带的沉降速率相对较低，导致了在该区的地层厚度要比在前渊沉积带的厚度要薄得多，在垂直于造山带的数百千米范围内时间面是次平行的。隆后沉积带的沉积体系以浅海相（水深小于 200 m）和非海相为主。由于远离造山带物源区，沉积物粒径较细。局部粗粒沉积物可以出现在已抬升的前缘隆起区翼部。

4.7 前陆盆地结构的变化与应用

4.7.1 前陆盆地结构的分带

DeCelles 等（1996）将前陆盆地不同形式复杂的构造单元作为一个整体，称之为前陆盆地系统。将其分为楔顶、前渊、前隆和隆后 4 个沉积构造单元。表明前陆盆地系统具有明显的分带性。在这 4 个单元中，楔顶盆地相当于褶皱-冲断带。此外，在有些前陆盆地系统中前隆、隆后沉积带不发育（或者是缺失的）。值得指出的是，DeCelles 等（1996）没有列出斜坡带，目前许多学者认为应将斜坡带单独划分出来。

4.7.2 前陆盆地结构的变化

由造山带往克拉通方向，典型前陆盆地系统依次呈楔顶（褶皱-冲断带）、前渊、斜坡带、前隆、隆后沉积带的五元结构的特点。毗邻造山带一侧，遭受挤压构造变形强烈。向克拉通方向，变形强度递减，在克拉通一侧可发育正断层；盆地基底埋深变浅；沉积地层厚度减薄、粒度变细，并逐渐过渡为克拉通层序。值得注意的是：①随造山过程的发展，前陆盆地的剖面五元结构常发生往克拉通方向的横向迁移。所以，前陆盆地的基本结构和主要单元的位置在不同演化阶段是动态变化的；常会出现不同时期各构造单元上下错位叠置的现象。②受多种因素的影响，前陆盆地的规模和形态不尽一致，甚至差别较大，致使盆地的剖面五元结构中有的单元发育不完全，特征不典型。如在有的前陆盆地中，斜坡带宽度很窄，使其与前渊（或前隆）难以明显区分，常将其与相邻某一单元合并。

第5章 前陆盆地层序地层学

层序地层学自20世纪80年代发展以来，在地质学界引起了强烈反响，它把沉积学与地层学有机地结合起来，是一门新兴的交叉、边缘学科，对发展基础地质学（包括沉积学、地层学、构造地质学等）有重大贡献，也提高了油气勘探工作成效。层序地层学理论和工作方法是建立在研究离散型被动大陆边缘海相沉积地层的基础之上，对于研究聚敛型活动大陆边缘沉积地层及非海相沉积地层是否有效，更是众说纷纭。目前已有不少国内外学者应用层序地层学研究聚敛型活动大陆边缘的前陆盆地沉积地层，取得了良好的效果。

由美国Exxon石油公司所创立的经典的层序地层学理论认为，全球海平面变化是控制地层层序格架展布样式的主要因素，但没有过多地考虑构造活动的因素，对发育在相对稳定构造背景下的沉积层序来说，主要受全球海平面变化控制；反之，对活动构造背景来说，构造作用可能起主导作用。因此用层序地层学理论作指导来研究前陆盆地沉积地层时不仅要考虑全球海平面变化，而且要特别重视构造作用的影响，两者都以不同的方式记录在沉积地层层序中。

本章阐述了层序地层学的概念和术语、前陆盆地层序地层学、前陆盆地层序地层的控制因素、前陆盆地可容纳空间的形成机制、前陆盆地层序地层模式与典型案例（17种）等方面的内容，反映近年来前陆盆地层序地层学研究取得的主要进展。以上成果表明前陆盆地层序地层学是将层序地层学理论应用于构造活动区盆地分析的一个特例。虽然前陆盆地层序地层学研究遵循一般层序地层分析的概念体系，但是在应用层序地层学理论作指导来研究前陆盆地沉积地层时不仅要考虑全球海平面的变化，而且要重视构造作用的影响。前陆盆地的层序界面主要为构造作用或构造与海平面变化叠加作用的结果。因此，前陆盆地层序并非受全球统一的海平面变化控制，而是与造山带构造运动、盆内沉积作用和相对海平面变化的联合作用有关，层序界面是相对海平面下降和区域构造隆升的联合作用面。

5.1 层序地层学的概念和术语

5.1.1 研究沿革与意义

随着油气勘探与开发迅速发展，石油地质学家需要相应的更为精确的技术用于含油气盆地分析。层序地层学就是在这样的背景下产生的，这以Vail等（1977）的《地震地层学：在油气勘探中的应用》的出版为标志。该书提出了海平面升降的概念及相应的以地震反射面为边界的地层形式。Mitchum等（1977）阐明并扩展了层序的概念，对层序的基本概念、定义和关键性术语，首次做了明确、系统地说明。从此，层序地层学应运而生。

20世纪80年代是层序地层学迅猛发展的时期，这主要得益于当时层序概念广泛应用于露头及井下资料。以Vail等为首的Exxon研究集体，在层序地层学理论的指导下，进行了大量实际工作，发表了许多研究成果，为层序地层学的发展奠定了重要基础。此后，标志性论著主要有：Wilgus等（1988）的《海平面变化：一个综合的应用方法》、Wagoner（1988）的《层序地层学》、Vail等（1989）的《层序地层学工作手册》和《层序地层学基础》、Wilgus等（1990）的《层序地层学原理：海平面变化综合分析》、Sangree等（1991）的《应用层序地层学》、Einsele等（1991）的《地层旋回和事件》、Macdonald（1991）的《活动大陆边缘的沉积作用、构造运动和全球海平面变化》、Weimer（1992）的《层序地层学研究方法及应用》、Exxon公司（1992）的《测井、岩芯和露头资料的硅质碎屑岩层序地层学》等。

进入20世纪90年代，层序地层学理论研究和实践焦点已从海相盆地转移到陆相盆地。1991年专门成立了陆相层序地层学工作组，Shanley等（1993）撰文总结了该工作组的研究成果，提出了高分辨率层序地层学的概念，认为层序地层学原理和概念能应用到陆相地层中。1994年，Cross在西北欧层序地层学会议上做了《高分辨率地层对比：基于基准面旋回和沉积物容纳空间》的报告后，高分辨率层序地层学才真正有了自身的理论内涵。尤其是Quirk（1996）的《高分辨率层序地层学：含义和应用》和Cross等（1998）的《层序地层学：概念和应用》等著作的问世，不仅拓展了层序地层学的研究范围，而且丰富完善了层序地层学的理论体系，使层序地层学向高精度化、定量化迈出了重要一步。

我国对层序地层学研究始于20世纪80年代中后期，以徐怀大（1986，1987，1989）、魏家庸（1989）、李思田（1987，1989，1991）、刘宝珺（1989，1991，1993，1994）、曾允孚等（1990，1993）、李勇等（1995，2003）、刘少锋等（1995）、许效松等（1995，1996，1997）为代表，他们在石油、区调、煤田和盆地分析方面，都引用这一理论并做了许多开拓性的工作，将中国层序地层学研究引向了深入。

层序地层学发展至今，在理论上形成了Vail层序地层学、Cross高分辨率层序地层学、Galloway成因层序地层学三大主流派系。在方法上，除运用传统的露头、岩芯、测井和高精度地震资料外，还运用地震资料三维可视化技术、古生物、地球化学、数值分析和计算机模拟技术，使得层序地层学研究更灵活、更精细。近几年，国内外层序地层学研究仍然处于不断完善阶段，主要集中在：①综合应用各种资料识别层序界面与层序的级次划分；②不同沉积条件层序地层模式的建立与完善（包括海相、非海相、浅水、深水、硅质碎屑岩、碳酸盐岩等沉积背景），尤其加强碳酸盐岩层序地层学、与储层物性相关的成岩层序地层学研究，对寻找滩坝、生物礁储层具有重要的指导意义；③不同沉积盆地类型的层序地层模式的建立与完善（包括被动大陆边缘、前陆盆地、裂谷、断陷盆地、坳陷盆地、走滑盆地等）；④层序形成的动力学机制分析，层序研究逐渐由宏观向微观发展，结合成岩相、生物相（化石相）分析，揭示古沉积环境，尤其是层序的体系域构成研究对于寻找单砂体和研究油气成藏规律具有重要意义；⑤深水细粒沉积物层序地层研究，充分利用高精度地震资料反演、时频分析等地球物理方法，结合伽马能谱分析和地球化学元素（C、O、Sr同位素等）含量的旋回分析，准确识别不整合面相应的整合面，科学地建立等时地层格架；⑥层序地层模拟研究，将层序研究由定性向半定量或定量发展，揭示影响层序发育的主控因素，增强对有效储层的预测功能；⑦层序地层标准化可能成为未来层序地层研究的重要领域。

5.1.2 层序地层学的概念和术语

虽然自地质年代表建立以来不整合面在地层分析中具有重要作用，但“层序”术语直到1949年才被正式确定（Slows，1949）。Slows（1963）把美国内陆中的显生宙地层描述为由7个层序组成。认为每个以不整合面为界的层序向盆地进入整合面。Slows按岩性地层单元来划分地层层序，将其分成超群、群、组和段。如果在地层分析的历史框架中做评论，那么由某些研究者提出的层序地层学是岩性地层学的一种专门研究，其强调不整合面、标志面、相和缓慢沉积层段的联系。目前通用的层序地层学的概念和术语如下。

5.1.2.1 层序（depositional sequence）

层序是层序地层学研究的基本单位，是一套内部相对整合，在成因上有联系的、以不整合面和可以与之对比的整合面为界的等时沉积体。对每一层序来说，存在如下特点：①层序的顶底面，以不同类型且可以识别的不整合面或整合界面相区别；②层序内部的相对整合的层形成于同一海平面升降旋回中；③层序是一个具有年代意义的单位。经典的层序地层学理论依据层序底界面的性质，将层序划分为Ⅰ型和Ⅱ型。

5.1.2.2 体系域（systems tract）

体系域是由一连串有成因联系的同时代的沉积体系所组成。在每一层序中，沉积体系域的形成，取决于全球海平面变化、构造沉降和沉积物供给速度间的相互关系。一个发育完整的层序通常由低水位体系域（LST）或陆棚边缘体系域（SMT）、海侵体系域（TST）、高水位体系域（HST）三个体系域所组成。

5.1.2.3 准层序（parasequence）和准层序组（parasequence sets）

准层序是层序的基本构成单元，当然也是体系域的基本构成单元。一个准层序以海泛面和与之可以对比的面为界，在成因上有联系的相对整合的一套连续向上变浅的岩相组合。准层序组则是一套成因上有联系的准层序，它们形成了一种在多数情况下以大的海泛面和可以与之对比的面为界，由若干准层序以不同方式叠置而成。准层序的叠置方式主要取决于沉积速度与可容纳空间形成速度之比。

5.1.2.4 层序界面（sequence boundary）

根据海平面与陆架坡折带之间的动态关系及其产物特征，将层序界面划分为Ⅰ型界面和Ⅱ型界面。Ⅰ型界面以河流回春作用（硅质碎屑岩区）、沉积相向盆地方向迁移、海岸上超的向下转移以及与上覆地层相伴生的陆上暴露和同时发生的陆上侵蚀作用为特征，是全球海平面下降速度超过沉积滨线坡折带盆地的沉降速率，进而导致该处海平面相对下降所致；Ⅱ型界面以沉积滨线坡折带向陆方向的陆上暴露、上覆地层上超和海岸上超的向下迁移为特征，是由于全球海平面下降速度小于沉积滨线坡折带处盆地沉降速度的结果。

5.1.2.5 关键界面（key boundary）

关键界面系层序内准层序之间或体系域之间乃至层序之间的一系列分界面，它们是层序地层中又一重要的界面类型，在层序内部构型的识别和成因格架的划分和对比中，具有重要意义。

1）海泛面（marine flooding surface）：为一新、老地层的分界面。它们常常是平整的，仅出现微小的地形起伏，但越过这个分界面的沉积相，即标志着水深的突然增加，而且这种小的加深，常伴随着小的水下侵蚀作用或无沉积作用，表明存在着小的沉积间断。但在向陆方向与之对应的面，并没有明显的陆上侵蚀作用，也没有海岸上超的向下转移或相的向盆地方向的移动。因此，这些可对比面的识别，只能通过由海泛面的逆倾向或顺倾向追索对比，才能加以识别。

2）初始海泛面（first flooding surface）：亦称海侵面（transgressive surface），是层序内部跨过陆棚的海泛面，常常表现为清晰的易于鉴定的剥蚀面。在一个相对海平面升降旋回中，初始海泛面上的剥蚀作用发生于两个时期，它是低水位体系域和海侵体系域之间的物理界面，并以从低水位进积到海侵的退积为特征。低水位体系域的顶面及其底部不整合面，与低水位体系域或陆棚边缘体系域截切点的向陆一侧常常是汇合在一起的。而海侵体系域的准层序向陆方向上超于层序界面之上，向盆地方向则下超于初始海泛面之上。

3）最大海泛面（maximum flooding surface）：是层序中最大海侵所到达的位置所形成的界面。它以从退积式准层序组变为加积式或进积式准层序组的转变为特征，因此，它是海侵体系域的顶界面，上覆的高水位体系域的前积层前端下超于最大海泛面之上。最大海泛面，通常与凝缩段（condensed section）伴生而位于其底部或顶部。

5.1.2.6 地震反射界面（reflection surface）

上超面：为向盆地边缘的超覆，一般为垂向加积的产物，不与前积反射构型相伴生，为水平地层对原始倾斜面（如层序界面）的超覆尖灭，或者是原始的倾斜地层对原始倾角更大的斜面，向其倾斜上方做超覆尖灭。不整合面上的地层向陆方向的超覆便是上超。上超通常出现在海平面相对上升时期。“海岸上超向下迁移”是指上覆的海岸上超地层沿着下伏海岸上超层的顶面向盆地方向迁移，甚至可以下移到滨线坡折带以下的深水盆地中。海岸上超向下迁移是海平面相对快速下降的结果。该反射面实际上为一近似等时面。

下超面：是进积或侧向加积的产物，一般与前积反射相伴生，下超的方向与前积的方向一致，是原始倾斜地层对原始水平面（或倾斜面）在倾斜下方做底部超覆，亦可定义为层序内地层对下界面的向盆地方向的超覆。如海侵体系域在向盆地方向下超于初始海泛面之上，而高位体系域前积层远端也下超于最大海泛面之上。该界面通常视为叠时面。

顶超面：主要发育于盆地边缘，是层序顶界的超覆面，可分为沉积过路型（by-passed）、退覆型两种类型。在原始的倾斜地层及原始斜坡沉积之上，均可出现此种接触关系，它是海平面相对静止的标志。该反射面实际上为一近似等时面。

5.1.2.7 层序地层模式

理想的层序地层沉积模式是层序发育过程和演化历史的抽象反映，具体表现为自滨岸至盆地中心层序发育随时间或深度的变化，它主要是用以揭示层序、界面、体系域及其与年代地层之间的关系。通常以图或表表示，纵轴为时间或水深，横轴为距离。到目前为止，人们已建立了不同构造背景、各种成因属性沉积盆地的层序地层模式，如从早期的被动大陆边缘、克拉通盆地到中晚期的活动大陆边缘、深海盆地、走滑盆地、前陆盆地、板内陆相盆地等的层序地层模式。一般说来，完整的层序地层发育模式通常包括深度（或厚度）模式和地质时间模式。

5.1.2.8 层序的旋回级别

地球表面的地层记录常常表现为具有不同时间跨度和空间分布范围的旋回特点，可以识别出 5 个级别的沉积旋回以及相应的层序单元。不同级别旋回的划分，通常是根据每一旋回的时间周期或一次事件延续的时间范围，而不是沉积厚度或其他参数。

1）Ⅰ级旋回：地层标志是巨层序（megasequence），时限为 400～500 Ma，具有全球性特点。在地球历史中已经识别出至少有 2 个巨旋回，即震旦纪-二叠纪和三叠纪-第四纪旋回。它的形成被认为是和全球板块活动所造成的大陆拼合和解体有关。

2）Ⅱ级旋回：对应的层序单元称为超层序（supersequence），时限为 10～100 Ma 或 3～50 Ma，也是全球性的。显生宙以来的Ⅱ级旋回共划分出 14 个。Ⅱ级旋回通常认为是由于大洋中脊扩张时期的产物。

3）Ⅲ级旋回：相应的地层记录即层序，时限为 1～10 Ma 或 0.3～3 Ma，可能是全球性的，是层序地层学的基本单位。对于层序的形成原因，主要包括冰川的形成与消融、洋中脊的体积变化以及构造因素等。

4）Ⅳ级、Ⅴ级或更高级别旋回：统称为高频旋回。与之对应的地层记录为准层序、准层序组、体系域，甚至层组，它们的延续时间范围也有不同的标准。准层序可以是幕式的，也可以是周期性的。幕式旋回通常是由沉积作用所引起；周期性准层序的形成，被认为是与米兰科维奇（Milankovitch）级别的地球轨道旋回相伴生的气候波动所引起。

5.2 前陆盆地层序地层学

前陆盆地层序地层学是将层序地层学理论应用于构造活动区盆地分析的一个特例。前陆盆地层序地层学研究遵循一般层序地层分析的概念体系，即将盆地充填分为不同级别-盆地充填序列、构造层序、层序、小层序组、小层序等。应用层序地层学理论作指导来研究前陆盆地沉积地层时不仅要考虑全球海平面的变化，而且要重视构造作用的影响。假定物源供给稳定，前陆盆地可容纳空间的变化主要受控于构造作用和全球海平面变化。前陆盆地构造活动不仅影响可容纳空间，还表现在对盆地基底构造作用的影响。前陆盆地的层序界面主要为构造作用或构造与海（湖）平面变化叠加作用的结果。前陆盆地三级层序成因并非受全球统一的海平面变化控制，而是与造山带构造运动、盆内沉积作用和相对海平面变化的联合作用有关，代表了前陆盆地一个成盆期的不同发育阶段。层序界面是相对海平面下降和区域构造隆升的联合作用面。在盆地演化的不对称沉降充填阶段，在相邻造山带的区域为低水位的浊积扇层序；远离造山带区，低水位体系域不发育，或有少量相当于低水位沉积的陆架边缘体系域，而且低水位的剥蚀面与海侵面往往合而为一。在层序组成上，自下而上为海侵体系域、凝缩层、早期高水位体系域和晚期高水位体系域。

在被动大陆边缘盆地的沉积地层研究中，并建立了一套相当完整的术语，即超层序、层序、准层序（或一级层序、二级层序、三级层序）以及体系域、海泛面等。与被动大陆边缘沉积盆地的最大区别是，前陆盆地的层序成因与造山带的区域构造运动、盆内沉积作用和相对海平面变化的联合作用有关。

李思田等（1992）在研究鄂尔多斯盆地层序及构造演化时，把盆地沉积物划分为3个高级别的充填序列，即盆地充填序列、构造层序和层序。李勇等（1995）在研究龙门山前陆盆地的沉积层序及构造演化时把层序地层学与构造地层学相结合，将龙门山前陆盆地的沉积体划分为3个高级别的充填序列，即盆地充填序列（basin-fill sequence）、构造层序（tectonic sequences）和层序（sequences）。其中，盆地充填序列是以一级不整合面为界的沉积层序，是多个成盆期充填物的叠合；构造层序是以二级不整合面为界的充填实体，是一个成盆期的产物；层序是以构造层序内次级不整合面或大的相转换面为界的充填地层，是一个成盆期内不同发育阶段的产物。

5.2.1 充填序列

前陆盆地是一类有生命周期的盆地类型，其生命周期的时限约为30 Ma（Allen，2017）。前陆盆地的构造演化史可以看作是与造山带构造运动有关的一系列相对活动-相对静止旋回，从而引起盆地沉陷、迁移、抬升的多旋回构造演化史。因此，前陆盆地的充填序列包括盆地沉积基底面以上的全部盖层沉积，是前陆盆地在多旋回构造演化中的物质表现，是前陆盆地在多个成盆期沉积充填物的总和，属一级构造运动事件的沉积记录（30 Ma）。

5.2.2 构造层序

构造层序是由盆地内二级构造运动面（3～30 Ma）所划分的地层序列，它与一个大的构造旋回相当，代表了前陆盆地不同构造阶段的产物。因此，构造层序的划分依赖于造山带的二级幕式构造运动。构造运动的主要作用可以形成分隔不同构造层序的构造不整合面，造山带物源区强烈隆升和盆地快速沉陷导致盆地沉积物供给，从而形成不同的构造层序。一个前陆盆地的沉积充填可能包含有数量不等的构造层序，如龙门山前陆盆地由6个构造层序组成（李勇等，1995）。

1）在前陆盆地中主要的不整合层序界面往往是构造逆冲作用或构造与海（湖）平面变化叠加作用的结果。前陆盆地的主要层序界面常由褶皱-逆冲带近端的角度不整合面到远端的相对整合面所组成。近端的不整合面主要是构造挤压抬升引起的多个三级不整合面的复合。在海相前陆盆地中，近端的层序界面可能是构造隆升作用与三级海平面变化复合的产物，而远端的层序界面则起因于次一级的构造起伏产生的水上暴露和河谷下切。

2）识别和确认前陆盆地二级构造层序及相应的构造不整合面，并对其成因做出解释，是前陆盆地层序地层学研究的重要内容，有助于了解盆地的形成和充填演化史。二级构造层序界面主要为构造不整合面，主要特点是构造剥蚀明显，多形成明显、轻微的角度不整合面，界面上发育风化壳或古土壤层和底砾岩等，界面在区域范围内普遍存在，可以做区域性等时地层格架的对比。

5.2.3 层序

三级层序是二级构造层序内部以三级构造运动（0.5~3 Ma）产生的不整合面为界面的地层序列，其中多为平行不整合面。它是构造运动或其与海（湖）平面相对变化相叠加的产物，是不同发育阶段的产物，代表的是低级别的前陆盆地演化的不同阶段（或造山幕），反映的是一个多旋回、多幕式、沉积构造相互影响与控制的演化史。前陆盆地三级层序在不同盆地中发育特征不同，这主要受前陆盆地的区域构造古地理背景、构造运动的强度、盆地基底沉降的幅度、相对海（湖）平面变化速度、物源供应的方式和通道的多少等因素的影响。目前，对前陆盆地三级层序的界面和组成等方面还存在不同认识。

（1）层序界面

1）前陆盆地层序是构造运动或构造运动和海平面变化叠加的综合效应，层序界面则往往是构造运动和相对海平面突然下降的叠加。相对海平面的主体上升与盆地基底的不对称沉降有关，构造沉降则增大了盆地的有效容纳空间。由于盆地的不对称性的沉降和双向物源性，在盆地发育的初期，两侧往往形成两套不同的层序。由此，前陆盆地的三级海平面变化是地方性和区域性的，与全球海平面变化并不同步。这也是前陆盆地层序与被动大陆边缘盆地层序之间存在的最大区别。

2）在全球各地的被动大陆边缘和克拉通区，可能存在全球统一的三级海平面变化，但是这种情况对构造活动的前陆盆地区显然是不合适的。前陆盆地三级层序界面是三级构造运动产生的构造不整合面，多为平行不整合面，或是有构造运动叠加的相对海平面变化面。前陆盆地三级层序代表了前陆盆地形成的不同阶段。

（2）层序构成

对前陆盆地三级层序的内部组成及其名词术语，不同研究者有不同的使用方案。归纳起来有3类：①继续采用经典层序地层学的概念体系，层序内部划分出小层序组、小层序、体系域、沉积体系等（Brett et al.，1990）；或者是在层序内部划分出低位体系域（陆架边缘体系域）、海侵体系域和高位体系域（如Posamentier et al.，1993；刘宝珺等，1993）。②采用非正式的岩石地层术语——成因单位、低位沉积单元、海侵沉积单元和海退沉积单元，分别对应于小层序、低位体系域、海侵体系域和高位体系域等（Weimer，1992）；或者是在层序内部划分出基本层序组、基本层序、岩层组和岩层等（李勇等，1995）。③采用成因地层学的方法，将层序作为一个构造沉积幕，然后划分上超型、最大海侵型和高位充填型等沉积幕（如夏文臣等，1995）。前人研究成果表明，前陆盆地层序构成具有以下特点：

1）层序特征反映了前陆盆地演化的不同阶段，层序内部组成反映了三级规模的区域相对海平面变化。

2）层序生成是前陆盆地不同发育阶段的产物，而层序界面是相对海平面下降和区域构造上升的联合作用所形成的。

3）层序在不同盆地中发育特征不同，这主要归于区域构造古地理背景及构造运动强度、盆地基底沉降幅度、海平面变化速度、物源供应的方向和多少等。所以，前陆盆地层序地层模式具有更多的灵活性和特殊性。对其层序研究必须与前陆盆地构造研究相结合，后者包括造山带构造活动的性质、强度、时间、同构造不整合面的识别，盆内沉积物和沉积作用与造山带构造的对应关系，区域相对海平面变化与造山带构造运动的关系等。

4）前陆盆地地层层序反映了前陆盆地构造演化史是一个多旋回的沉积-构造演化史。前陆盆地二级构造层序是构造运动的产物，代表了前陆盆地的不同成盆期。三级层序是构造运动或构造运动和相对海平面变化叠加的产物，代表了前陆盆地演化的不同阶段。三级层序内部组成上一般较少发育低水位体系域，低水位侵蚀面之上直接为海侵体系域、凝缩层和高水位体系域。

5.3 前陆盆地层序地层的控制因素

前陆盆地为典型的挠曲盆地，它在盆地性质、构造背景和形成机制等方面均不同于被动大陆边缘盆地，导致前陆盆地层序地层形成的控制因素也不同于被动大陆边缘盆地。以下从沉降速率和形式、海平面升降和沉积物供给等三个方面说明两者之间的差异性及其在层序形成中的控制作用。

5.3.1 构造沉降作用

构造作用对层序发育的影响主要表现在与海平面共同控制可容纳空间，进而影响层序参数的变化。对被动大陆边缘而言，构造沉降的变化周期比全球海平面变化要长得多。因此，在计算构造沉降对海平面的贡献时，可近似地将构造沉降的变化看成是线性的，但在前陆盆地中，构造对层序地层的发育起着重大作用，而海平面升降变化则变为次要因素。

前陆盆地是一类重要的挠曲盆地，盆地的沉降速率取决于盆地岩石圈的刚度、构造负载和沉积负荷的大小。前陆盆地的构造活动（如逆冲作用、基底隆升、不同构造带特定的沉降过程等）对层序界面、层序叠加模式、体系域发育演化等起着主导性的控制作用（表5.1，表5.2）。因此，前陆盆地等时地层格架的建立首先依赖于各种级别的不整合面及其相应的整合面。主要表现在以下几个方面。

表5.1 被动大陆边缘与前陆盆地层序地层比较

内容	被动大陆边缘	前陆盆地
主要控制因素	长期全球海平面变化	沉降
陆棚上发生最迅速沉降的地带	向海边缘	向陆边缘
边界面	陆上侵蚀面、海侵面、下超面	下超面（离岸水下侵蚀面）
组成层序单元	早期海退沉积（低水位三角洲）、河口湾、峡谷充填、海侵沉积（上超）；晚期海退沉积（下超）	海侵沉积（少量）、海退沉积

（据 Swift et al.，1987）

表 5.2　被动大陆边缘与前陆盆地中控制层序形成的主要因素比较

控制因素	被动大陆边缘	前陆盆地
沉降速率	沉降速率小，沉降速率是岩石圈变冷和沉积物负载的函数；自盆缘向盆地内沉降速率递增	沉降速率大，沉降速率是造山带构造负载和沉积负载的函数；自盆缘向盆地内沉降速率递减
海平面升降	海平面升降的速率一般大于盆地沉降速率	海平面升降的速率一般小于盆地沉降速率
沉积物供给	沉积物供给受海平面升降的控制	沉积物供给受冲断造山有关的地形起伏的控制，与海平面升降无关

1）对某一特定的前陆盆地而言，盆地沉降速率是构造负载的函数，即构造负载越大，盆地沉降速率相幅度越大。正是这种形成机制与被动大陆边缘的不同，导致了前陆盆地沉降速率一般比被动大陆边缘盆地沉降速率大。其沉降曲线形态也不同于被动大陆边缘盆地，前者为上凸型，后者为上凹型，而且沉降速率在空间变化上也与被动大陆边缘盆地相反，前者的沉降速率自盆地中心向盆缘（靠造山带一侧）递增，而后者的沉降速率由盆缘向盆地中心递增。

2）前陆盆地构造活动对盆地的可容纳空间可产生深刻的影响，从而对盆地充填和层序叠加模式起重要的控制作用。在造山带的逆冲期和静止期分别导致了不同的盆地充填模式。前陆盆地的充填过程受造山负载（逆冲期）和卸载（静止期）旋回的控制，在造山负载的沉降期，在靠近造山楔一侧的近端可容纳空间增加，而在远端的隆起区可容纳空间减小。在静止期（卸载期），由于盆地回弹，在靠近造山楔一侧的近端可容纳空间减小，而在远端的隆起区可容纳空间增加。这一过程对层序的发育及其沉积中心的迁移起重要的控制作用。一般来说，在逆冲变形期，岩石圈最初常以瞬时的弹性变形来响应逆冲负载，此时沉降速率大，可容纳空间增加。大量的粗碎屑物沉积物在山前，在造山楔的近端，层序呈加积或退积。在盆地的中部，沉降速率大于沉积物供给速率，水体迅速加深，显示为退积式的准层序组。在构造相对静止期，岩石圈均衡回弹产生相对上隆，在前陆的近端，产生进积式的层序结构，随后成为沉积物搬运过路带，仅在盆地远端有沉积作用发生。

3）前陆盆地构造作用对层序发育的影响还表现在盆地基底的构造作用。基底构造可把盆地分隔成不连续的沉积部分，它们对逆冲作用的响应是不同的，导致沉积层序的叠加形式及相带分布等的差异性。同时，前陆盆地的逆冲和基底卷入的相对时间也是地层充填形式的主要控制因素之一。若局部基底隆起上隆到水上，隆起区将形成一个或多个不整合面，剥蚀物以进积三角洲复合体的形式再沉积，沿邻近亚盆地边缘形成相对陡的低水位沉积楔形体。前陆盆地内的高频海相层序的发育也与构造作用密切相关。在逆冲负载沉降期，叠加在高的构造沉降之上的全球海平面变化将导致相对海平面上升，层序边界与广泛地下切作用无关，而以沉积相向盆地方向做有限的迁移和层序叠加方式的逆转为特征，低位体系域不发育。在逆冲静止期，叠加在总体低的构造沉降之上的高频全球海平面变化潜在地增强了低位和高位体系域的进积部分。

4）前陆盆地挠曲沉降的前提是岩石圈的早期伸展变薄和热沉降，俯冲作用的牵引力和仰冲作用的负荷力促使岩石圈挠曲形成前陆盆地。前陆盆地具有双幕式的沉积作用，其演化主要可以划分为两个阶段，常以造山带隆升为界，分为隆升前和隆升后两个阶段，在隆升前主要为海底冲断带，形成长形前渊，在较热和较薄地壳上发育浊流沉积物，可以称为复理石阶段；冲断带发展使地壳缩短并增厚，隆升后成为前陆盆地的主要物源区，以粗碎屑为主，可以称为磨拉石阶段，盆地向上变浅，从而形成以冲积相、河流相和湖相为主的沉积。在磨拉石盆地演化中也出现双幕式的沉积作用，形成两种不同的沉积样式：①在造山期或冲断层负荷期，盆地迅速沉降，在冲断层前缘出现粗粒沉积，向远处变为细粒沉积，冲积扇由造山带向盆地推进，呈现冲积扇、辫状河流和湖泊沉积的楔状互层。②后造山期或冲断层负荷被侵蚀期，出现应力松弛挠曲回弹，在前陆盆地近端发育区域性不整合面，而楔状沉积被再加工的席状沉积所代替，盆地不对称性逐渐消失。

5）构造作用对前陆盆地的黑色页岩沉积作用有明显的控制作用。Ettensohn 等（2011）利用黑色页岩解释造山运动和前陆盆地发展。根据黑色页岩的分布与沉积特征研究前陆盆地在空间和时间的迁移，跟踪造山楔推进速度和造山运动的位置。认为造山运动不是单一的、长期的活动，而是一个由相关的系列组成的汇聚或碰撞事件，称为构造相（tectophases）。黑色页岩易形成于前陆盆地的早期，因此，可根据黑色页岩的分布与沉积特征来区分在不同构造相阶段的前陆盆地发育位置与时间。

5.3.2 海平面升降

全球海平面变化是指在全球范围内海平面的升降。影响全球海平面变化的因素主要有：超级大陆的形成和分解、洋中脊伸展中心体积的变化、冰川的演化，以及深部地幔活动引起的动力地形。由 Exxon 石油公司研究人员提出的层序地层学就是建立在全球海平面变化控制了盆地内地层充填思想之上，即全球盆地间发育一系列由海平面升降控制的可以对比的沉积层序。Vail 等（1977）根据 Exxon 公司研究区地震剖面的上超现象建立了全球海平面升降曲线，并划分出 3 个等级的全球海平面变化旋回：一级旋回（225~300 Ma），二级旋回（10~80 Ma），三级旋回（1~10 Ma）。Haq 等（1987）进一步细化了三叠纪以来的全球海平面变化曲线，划分了 119 个三级旋回。

经典层序地层学曾指出，相对海平面升降是控制层序地层形成的关键性因素，因为相对海平面升降直接控制了沉积物可容纳空间的变化速率，并导致以层序界面、最大的海泛面为界的旋回式沉积。然而，相对海平面升降速率又取决于全球海平面升降速率与盆地沉降速率之间的比率。作为全球海平面升降和构造沉降作用的函数，相对海平面变化主要引起可容纳空间的变化。某一时期的可容纳空间，受到已有空间的利用程度和新增加空间的变化速率的影响，而后者取决于相对海平面的上升和下降。即使在全球海平面停滞或缓慢下降时期，由于局部构造因素的影响，相对海平面也可能继续上升并增加新的空间，可容纳空间与基准面（base level）以上的沉积物堆积无关。总体而言，全球海平面变化对层序地层发育的控制主要表现在两个方面：一是控制着层序地层界面类型的发育；二是控制单一沉积层序的结构样式（图 5.1；表 5.3）。

在 20 世纪末期，世界各地的研究人员普遍把 Exxon 提出的全球海平面变化曲线作为标准来应用于自己研究的盆地。但是，全球海平面变化控制盆地三级层序的观点遭到了强烈的反对。Miall（1986，1992）认为：地震剖面的上超和退覆现象不一定反映海平面的绝对升降，因为局部的构造运动及沉积相迁移也可以导致上超和退覆现象；另外，现有的年代地层学精度不支持盆地间进行精细的层序对比，Exxon 提出的海平面变化曲线不能代表全球的海平面变化，而反映了区域或局部的构造运动。经过多年争论以后，现在多数学者不再盲目地使用Exxon提出的全球海平面变化曲线作为标准来应用，也就是大家普遍接受了全球海平面变化不是世界上众多盆地内沉积物的主控因素，而是各盆地的沉积物受局部因素控制。当然，层序地层学的部分思想，即盆地的沉积充填受到相对海平面或湖平面升降的影响，仍然在被广泛地应用在盆地研究中。需要注意的是，对于地层充填主要受复杂构造运动影响的前陆盆地，我们很难应用传统的层序和体系域定义来对地层进行划分。尤其是不同规模的盆地，盆地各处受构造影响各异，更难识别出统一的水位上升和下降的等时地层界面。因此，在前陆盆地的研究中，尤其是对沉积受多因素控制的陆相盆地，应慎重套用体系域的概念，因为在某局部范围内定义的高位或海侵（湖侵）体系域，可能在不远处就对应了类似于低位体系域的沉积物。

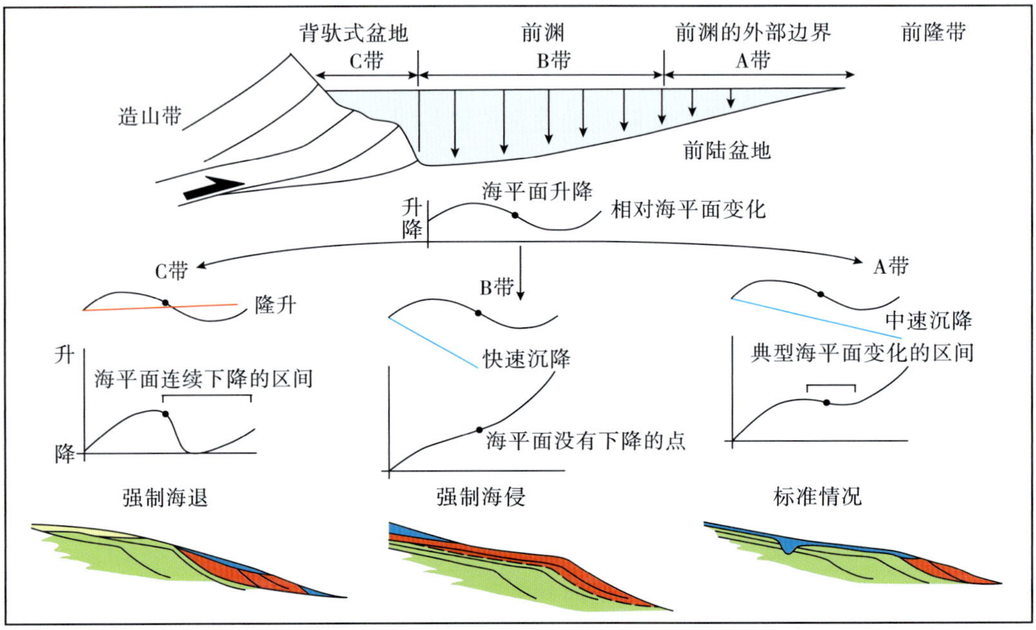

图 5.1　前陆盆地充填的构造-海平面变化模式
（据 Posamentier et al.，1993）

表 5.3　前陆盆地层序地层模式的主要影响因素

<table>
<tr><th>影响因素</th><th colspan="2">特　征</th></tr>
<tr><td>可容纳空间断面</td><td colspan="2">盆地容纳空间的变化呈现在从褶皱带到前陆盆地的整个断面上，断面形态定义了近端（距离褶皱-冲断带小于 150 km）和远端（距离褶皱-冲断带大于 150 km）的容纳空间带</td></tr>
<tr><td rowspan="2">层序边界</td><td colspan="2">层序边界的表达取决于可容纳空间断面内的观察、实测剖面和井的地理位置</td></tr>
<tr><td>近端层序边界
1. 在构造上发育与老地层之间的角度不整合面
2. 三级层序的复合面
3. 以向褶皱-冲断带方向短距离内发育明显的地层间断为标志</td><td>远端层序边界
1. 具有扇河道下切特征的低起伏面
2. 高频的四级层序边界的复合面
3. 以长距离内基本稳定的短期地层间断为标志</td></tr>
</table>

影响因素	特征		
沉积相格架	从非海相到海相的相格架变化代表了沿可容纳空间断面呈现的沉积物和盆地可容纳空间的变化		
	可容纳空间状态	非海相格架	海相格架
	高	发育分选良好水道沉积物、厚层的洪泛平原沉积物	加积、浪控
	低	水道沉积物为主，洪泛平原沉积物极少	退积的、下切谷、三角洲和河口湾沉积物

5.3.3 沉积物供给

前陆盆地沉积物供给一般具有双物源，而且盆地中沉积物供给主要受控于与冲断造山有关的地形起伏的影响，与海平面升降无关。正是由于这种原因，前陆盆地充填地层呈楔形，地层厚度由盆缘向盆地减薄，而且粗碎屑楔状体的出现是造山带构造复活的沉积响应。不过，也有人提出，细粒碎屑沉积物是造山带构造复活的沉积响应。

沉积物供给对层序发育的控制作用主要表现在两个方面：①控制着层序地层的物质构成，因为沉积盆地内层序的物质构成是从物源风化搬运到沉积盆地中沉积而成，因此物源区母岩的类型是决定层序地层物质构成的关键。②控制着层序地层的内部结构，这主要取决于沉积物供给速率（$v_{\text{供}}$）与沉积盆地沉降速率（$v_{\text{降}}$）的比值。当 $v_{\text{供}}>v_{\text{降}}$ 时，将形成进积式的准层序；反之，则形成退积式的准层序。当 $v_{\text{供}}=v_{\text{降}}$ 时，形成加积式的准层序。

Posamentier 等（1993）认为在其他控制因素不变的情况下，沉积物供给是控制地层构成最重要的因素之一（图 5.2）。在前陆盆地中，当沉积物供给相当充分时，海岸线将向 B 带迁移，则可能形成Ⅰ型层序，当沉积物供给不充分时，海岸线向 A 带迁移，则可能形成Ⅱ型层序。而在被动大陆边缘中，当沉积物供给相当充分时，海岸线向 A 带迁移，可能形成Ⅰ型层序；当沉积物供给不充分时，海岸线向 B 带迁移，可能形成Ⅱ型层序。显然，仅就沉积物供给速率而言，它对地层结构的控制作用在前陆盆地和被动大陆边缘中是相反的。

5.3.3.1 欠补偿型前陆盆地系统的层序地层

欠补偿型前陆系统的特征是前渊的水的深度迅速增加，因为可容纳空间形成的速率比沉积速率更快，这导致了一个相对较深的环境（水深在几百米的范围内）。欠补偿前陆盆地是盆地发育早期阶段的标志，构造负载的高度低于海平面或海拔较低。前渊的初始沉降伴随着前缘隆起的挠曲抬升，当前缘隆起的挠曲抬升幅度达到基准面以上时，导致基底（前缘隆起）不整合面的形成。这种不整合面具有一级层序边界的意义，将下伏的伸展盆地沉积充填序列与上覆的前陆盆地沉积充填序列分离开来。随着时间的推移，动力负载的逐渐增加可能导致前缘隆起低于基准面，从而导致全盆地的沉积作用。这种可预测的演化趋势使我们能够划分出一个以前渊的沉积作用和前缘隆起的剥蚀作用（挠曲隆起>动力沉降）为特征的早期欠补偿阶段，随后是全盆地沉积的晚期欠补偿阶段（动力沉降>挠曲隆起）。

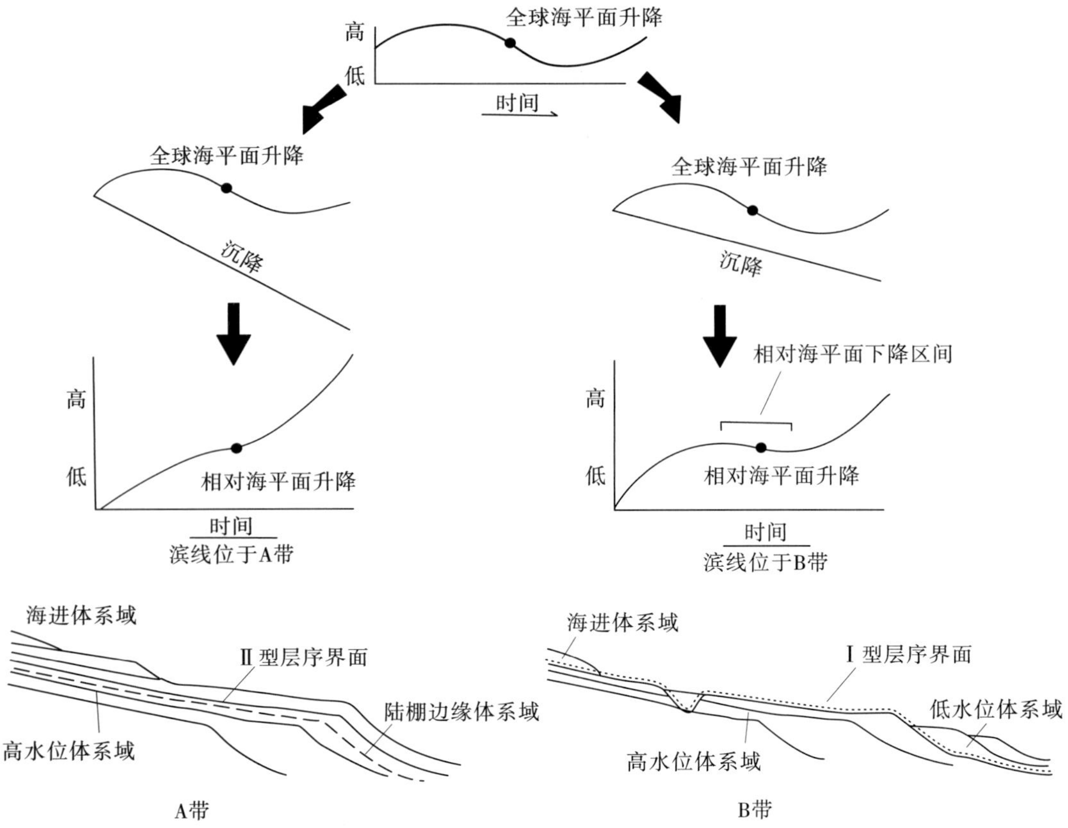

图 5.2　滨线位于 A 带和 B 带内时层序构成单元对比图
（据 Posamentier et al.，1993）

欠补偿阶段的前陆层序对石油勘探来说意义重大，近端浊积岩和远端三角洲沉积物都有潜力形成良好的油气储层。

5.3.3.2　充填型前陆盆地系统的层序地层

随着时间的推移，作为对褶皱-逆冲带构造抬升的响应，沉积物供应量逐渐增加，导致了早期欠补偿的内部海道变浅，并且在前陆系统中形成了浅海环境。这就是前陆系统演化的填充阶段，表现为可容纳空间与沉积作用之间大体处于平衡状态（图 5.3，图 5.4）。维持一个全系统的浅海环境需要满足一系列条件，包括：①一个低于海平面的前陆隆起；②动力沉降（或海平面上升）速率超过了挠曲隆升的速率；③整个前陆系统的基准面上升；④沉积速率位于在基准面上升速率变化的范围内。如上所述，在前陆系统演化的这一中间阶段，预测的动力沉降速率将达到峰值，因此，在填充阶段基准面上升的总速率可能达到最大值。这意味着沉积速率在该阶段也达到峰值，因此从构造和沉积角度来看，该时期也是盆地的最活跃期。

加拿大西部沉积盆地的 Bearpaw 组提供了一个充填型前陆系统演替的案例（图 5.3，图 5.4）。这个浅海相序列对应于西部内陆海道的最后一次全盆地的海侵。该次海侵淹没了整个前陆系统。整个（二级旋回）海侵期约为 3 Ma；而整个海退期则持续了大约 9 Ma。

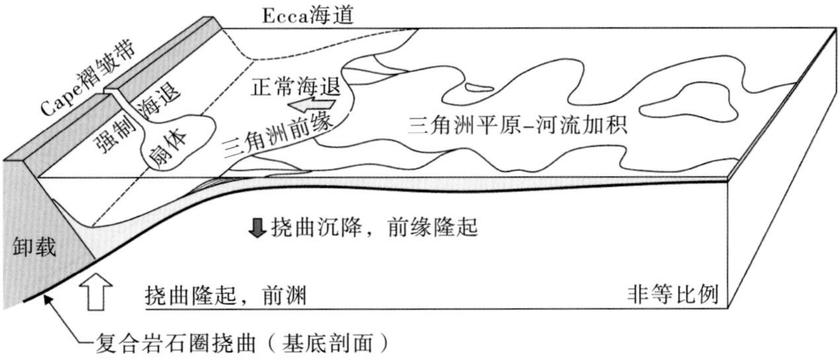

图 5.3　前陆系统演化中的晚期欠补偿阶段（以挠曲构造为主的体系）

（据 Catuneanu et al.，2002）

动力沉降的增加导致前缘隆起降低，并低于海平面。内部海道近端和远端的海岸线海侵记录了可容纳空间的生成速率超过沉积物的供给速率

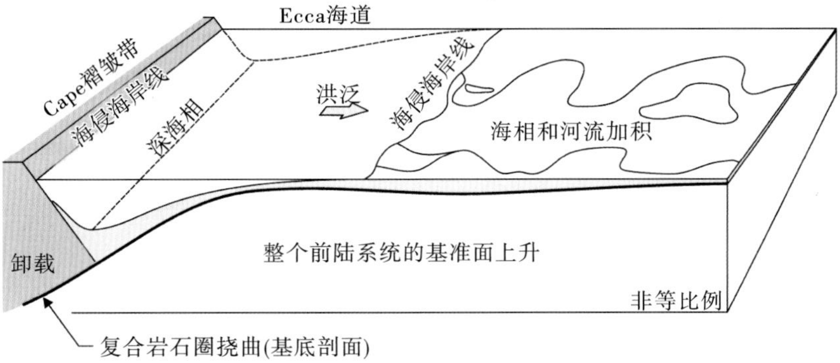

图 5.4　前陆系统演化中的晚期欠补偿阶段（以长波基准面上升为主的体系）

（据 Catuneanu et al.，2002）

暂时性挠曲构造占主导地位期间，可能导致了海道近端和远端海岸线的强制性海退和正常海退。在这个实例中，前渊内的海底扇和前缘隆起上的河流三角洲序列同时进入内部海道

在大约 12 Ma 的二级层序的海侵-海退旋回期间，由于地层序列相对整合，因此沉降作用总体上是连续的。在 Bearpaw 地层中标定了几个三级海侵-海退序列，其中每个序列对应于造山带负载和卸载的挠曲旋回。地层结构表明，在造山带负载阶段，在前渊的海侵相和前缘隆起的正常海退相同时发育；而在造山带卸载阶段，则发生相反的情况。交互式的地层结构是充填型前陆的典型代表。

Catuneanu 等（1999）充分讨论了挠曲构造速率、动力沉降和沉积速率之间的平衡及其对交互式的地层结构的控制作用。由于动力沉降速率超过了地表隆升的速率，整个前陆系统的基准面上升，在地表沉降的区域，基准面上升的速率更快，而在地表隆升的区域，基准面上升的速率则相对较低。假定沉积物供给速率处于基准面上升速率变化的范围内，那么较高的沉降速率区与海侵有关，而较低的沉降速率区与正常的海退有关。如果这种平衡变得有利于沉积作用（即沉积速率>较高的沉降速率），则会发生一个盆地尺度的正常海退，并向过度填充的前陆系统过渡。图 5.4 是 Bearpaw 海道中最后海退的案例，这可能是动力沉降速率降低的结果。

如果较低的沉降速率超过沉积速率，则会发生盆地尺度的海侵。因此，我们可以设想和模拟各种情况来解释在实际研究中所观察到的变化。作为一般的趋势，在填充型前陆阶段的开始阶段，长波的长度控制了基准面上升［动力沉降和（或）海平面上升］，并占主导地位，可以解释在浅海内部海道中发生的盆地尺度的海侵；在填充型前陆阶段的末期发生的沉降作用，导致了填充型前陆阶段向过度充填型前陆盆地的转化。

5.3.3.3　过度充填型前陆盆地系统的层序地层

过度填充的前陆系统以非海洋环境为主，反映了沉积物供给超过有效的可容纳空间时的盆地演化的阶段。在一级层序的尺度上，过度填充阶段代表着前陆系统演化的最后阶段，此时动力沉降速率下降并低于挠曲抬升速率。前陆可容纳空间的两个主要控制因素之间平衡的变化导致了沉积作用，在给定的任何时间内，只有一个挠曲带（受挠曲沉降影响的区域）可以接受沉积物。在较高频层序的尺度上，当沉积速率超过基准面上升速率时，前陆系统可能会达到过度填充状态，这可能发生在挠曲构造或动力沉降的主导时期。在后一种情况下，可能产生盆地范围的非海相序列。

图 5.5 和图 5.6 是加拿大西部前陆系统研究中典型的过度填充的区域性地层格架。与下伏的海相 Bearpaw 组（相对整合并以交互模式填充）的相比，在 Bearpaw 组之上的非海相序列具有明显的不整合面特征。

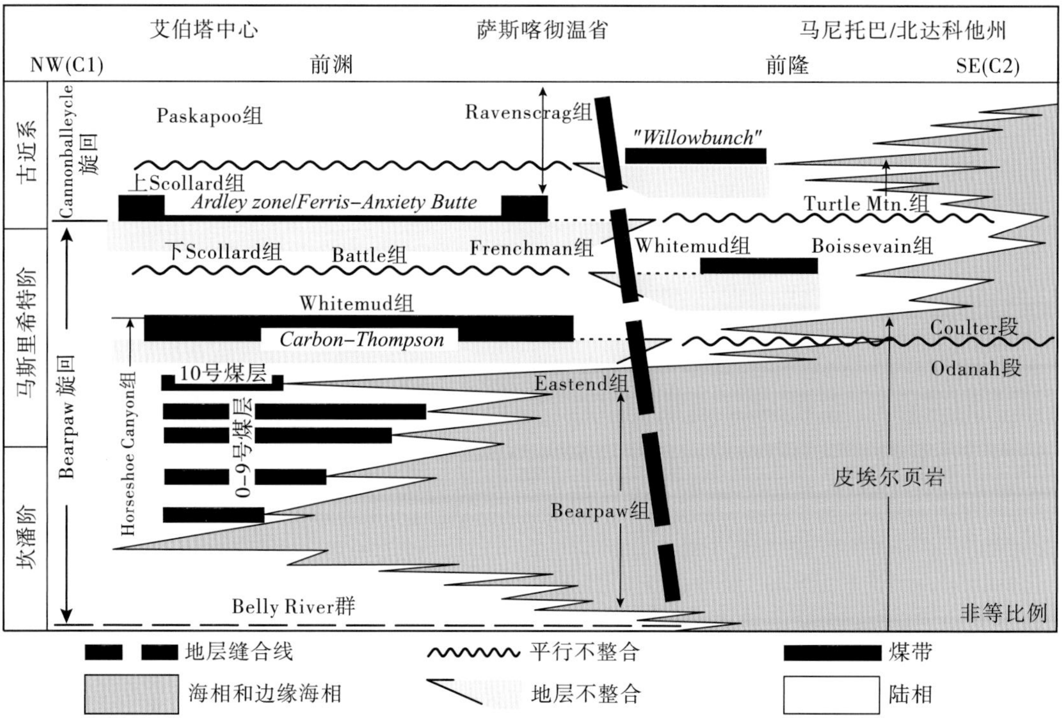

图 5.5　加拿大西部前陆盆地系统沿倾向的横断面图

（据 Catuneanu et al.，1999）

过度填充样式，在 Bearpaw 组之上的河流相序列中发育交互式地层。请注意，每个主要不整合面仅限于盆地一侧，取决于当时的挠曲隆升

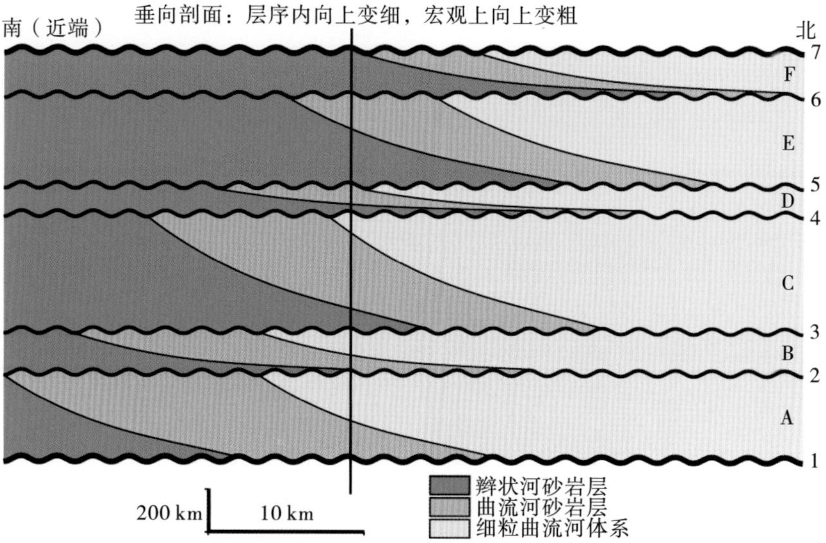

图 5.6　在过度充填的 Karoo 前渊中 Balfour 组的内部结构（沿倾向）
（据 Catuneanu et al.，2004）
在每一个层序中的河流样式的变化都会产生向上变细的趋势，是对坡度随时间减少的响应。在更大的尺度上，由于造山带前缘的逐渐进积，整体显示为向上变粗的序列。A 至 F 为三级河流层序；1 和 7 为二级层序边界；2~6 为三级层序边界

这些不整合面与至少 1 Ma 的地层间断有关，并且仅限于不整合面形成时受到抬升的挠曲区域。这说明了挠曲构造速率超过了动力沉降速率，并显示为以交互式地层为特征的过度型填充类型，在挠曲折线的另一侧都有一个与不整合面同龄的沉积层序（图 5.5）。因此，挠曲构造作用是过度填充型前陆地层的主要控制因素。在造山带的负载阶段，导致了在前渊层序和同期前缘隆起不整合面（层序界面）的形成，而在造山带的卸载阶段，导致了在前渊层序界面的形成和同期前缘隆起区域层序的形成（图 5.5）。在过度填充阶段，虽然动力沉降仍然活跃，但是其速率明显降低，仅具次要的地位，这一点可以通过保存在近端和远端沉积序列来证明。因为，如果在没有动力负载的情况下，每个新堆积在前渊或前缘隆起的层序就会在随后的挠曲隆升过程中被剥蚀掉。

前渊型和前缘隆起型的河流层序的垂向剖面是河流类型随时间变化的函数，这些河流从源区带来了沉积物。相应的，地形坡度随时间的变化控制着河流系统的样式。这些梯度变化的原因是，在造山带负载和卸载阶段具有不同速率的挠曲沉降和均衡反弹/抬升。例如，在造山带卸载过程中，在前渊区，地形坡度［图 5.7 中的前坡（foreslope）］变得越来越陡，因为褶皱-冲断带的地壳均衡回弹速率最高，并逐渐向前缘隆起沉降区方向下降。在这一阶段，前坡处于路过和/或侵蚀，而下沉的前缘隆起区［图 5.7 中的前凹（foresag）］则接受由更高水动力的河流带来的越来越粗的沉积物。在造山带负载过程中，在前渊具有差异性的挠曲沉降，最大的挠曲沉降速率位于负载中心，从而降低了前坡的坡度，也随之降低了河流系统的水动力水平（图 5.7）。如图 5.7 所示，这会导致在前渊向上变细的河流层序的堆积。值得注意的是，每一个单独的层序均以向上变细的趋势为特征，它直接反映了前坡坡度的降低，但由于造山带前缘的进积作用，在过度充填型的前渊，其整体的垂向序列则显示为向上变粗。

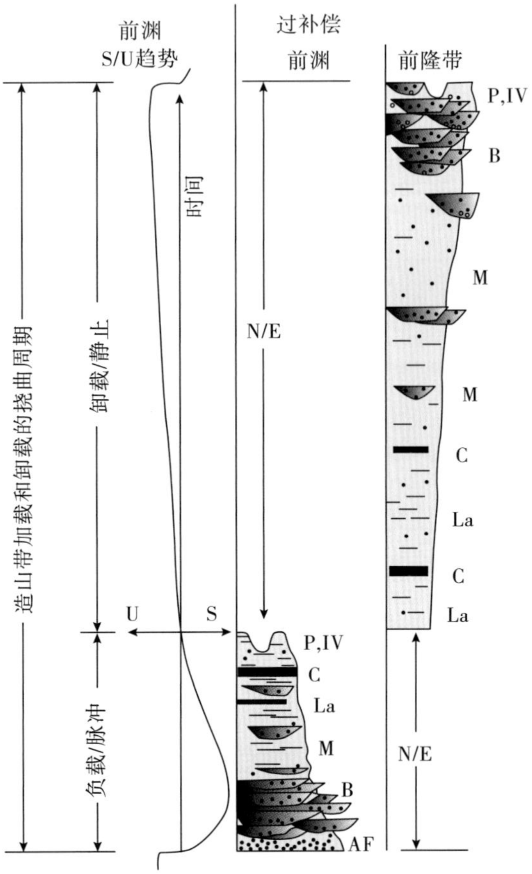

图 5.7　主要受挠曲构造控制的过填充型前陆系统的河流沉积作用模型

（据 Catuneanu et al.，2004）

造山带负载阶段的时间比造山带卸载阶段的时间明显要短。前者导致了在前渊具有向上变细的层序，后者导致具有向上变粗的前缘隆起型层序［地形上的前凹（foresag）］的堆积。横穿挠曲枢纽线的是异相（out-of phase）沉积物，它定义了过度填充的交互式地层样式。纵轴表示时间。由于近端沉降速率的增加，前渊层序实际上比前缘隆起层序厚度大。U—隆起；S—沉降；N/E—非沉积或侵蚀；AF—冲积扇；B—辫状河流系统；M—曲流河流系统；La—湖泊系统；C—煤层；P—古土壤；IV—下切河谷

除了沿倾向具有不同的沉降速率之外，由于造山带载荷的变化，沿走向的沉降速率也可能发生变化。这导致了同沉积-倾斜度的变化，从而导致了层序内和不同层序（跨序列边界）的古流向的改变。

虽然在每个前渊盆地的演化中都具有不同的沉降速率和隆升速率，但在露头尺度上观察到的层序界面并不一定都显示出角度不整合关系，其原因在于坡度变化较小，可能仅在±2%的范围内，但是这足以导致在每个沉积层序内的河流样式的变化。由于相对于褶皱-冲断带静止阶段的持续时间而言，褶皱-冲断带负载阶段的持续时间通常要短得多，因此，在过度填充的前渊型地层中仅保留了小部分的地质记录，大部分时间都被层序边界吸收。在过度填充阶段的异相（out-of phase）前陆沉积作用的一般模型，显示了前渊型和前缘隆起型河流层序的垂向趋势。

交互式沉积模式类似于 Heller 等（1988）提出的前陆系统发育的“反构造”（anti-tectonic）模型。该模型还预测了在逆冲负载期最活跃的沉积作用位于近端，在后造山构造的反弹期间，沉积作用主要发育在前缘隆起区，前渊区则处于剥蚀状态。在这些负载-卸载阶段，过度填充的前陆系统的地形剖面将会发生显著的变化，导致了河流排水系统类型的可预测性的变化（即轴向与横向）。

造山作用产生了近端轴向（纵向）排水系统，该系统沿着沉降的前渊（相对于两侧的隆升的造山带和前缘隆起而言，显示为“欠充填”）走向发生河道。其实际的流向取决于盆地内的倾斜方向，而倾斜方向又受造山作用的走向变异性的控制。轴向的排水系统的流向是沿着前渊的轴线方向分布的，并接收了来自造山带和前缘隆起的支流。在造山带的卸载过程中，地壳均衡反弹改变了地形，使得主要排水系统成为横向水系，穿越了近端前坡。在这种情况下，主要流向只能沿地形上沉降的“前凹”的轴线而纵向流动。这种从近端流向（横向）到远端流向（轴向流）的变化在印度喜马拉雅前陆系统中上新世恒河系统位置的变化记录得到证实。

5.3.4 前陆盆地构造沉降作用与海平面变化的叠加

近年来国内外大量的研究表明，前陆盆地的可容纳空间受到构造沉降、全球海平面和沉积物供给等因素的控制，构造作用（如逆冲作用、基底隆升、不同构造带特定的沉降过程等）对前陆盆地的可容纳空间的变化起着主导性的控制作用。在前陆盆地中可容纳空间往往是逆冲作用与海平面变化叠加作用的结果，其中构造作用是最主要的控制因素，主要表现在以下几个方面：

1）前陆盆地可容纳空间的变化是构造作用和全球海平面变化的复合叠加效应，即相对海平面变化效应。前陆挠曲作用和全球海平面变化以不同的速率和形式控制了前陆盆地的可容纳空间。挠曲作用引起的相对海平面变化与全球海平面变化是可以进行区别的，通过详细的沉积学、地层学以及前陆盆地各沉积区（前渊、前隆和隆后盆地）剖面的区域对比研究，并与“标准”的全球海平面变化曲线图进行对比，可以区分出二者对前陆盆地形成、发育、演化的不同影响。此外，通过地层层序的沉积相分析可以区分出全球海平面变化引起的可容纳空间变化与挠曲作用导致的可容纳空间变化。一般来说，由全球海平面变化引起可容纳空间的变化在地层中表现为横向协调关系，而由前陆挠曲作用引起可容纳空间的变化在地层中表现为横向不协调关系。Bahlburg 等（1993）认为通过详细的层序地层学（即海进-海退旋回）研究后所获得的相对海平面变化曲线与“标准”的全球海平面变化曲线比较能够区分出构造作用的效应。

2）前陆岩石圈挠曲作用导致了前陆的地形发生反转和可容纳空间变化。由于对造山楔迁移的响应，原来为地形高地发生挠曲下弯，负向地形发生挠曲抬升。在前陆盆地的挠曲沉降区（前渊、隆后盆地），由于挠曲作用使可容纳空间增加，形成向上变深的加积型相对较厚的层序，反映海平面相对上升；在抬升区（前隆区），由于可容纳空间减小，形成向上变浅的进积型层序，或者产生相对较薄的层序并被不整合界面所分开，反映了海平面的相对下降。

3）造山楔的构造负载量控制挠曲沉降的幅度和可容纳空间的形成。挠曲作用产生的挠曲沉降、抬升幅度和范围主要与构造负载的几何形态、密度、岩石圈的流变特性、沉积体的密度、体积以及冲断体的数量和前隆的侵蚀程度有关。岩石圈挠曲作用控制了前陆盆地可容纳空间的形成，而造山带的侵蚀和前隆的局部侵蚀使前陆盆地和隆后盆地沉积物输入量增大，影响了可容纳空间，表现在构造负载的再分配和可容纳空间减小。

4）岩石圈挠曲作用控制了前陆盆地可容纳空间在空间上的分布。在前陆环境中，前陆岩石圈挠曲强烈影响盆地沉降（或抬升），逆冲推覆体负载（有时为俯冲带的地下负载）引起前陆岩石圈下弯，形成前陆盆地，同时由于地壳的均衡作用在远离推覆体处发生前陆隆起抬升，形成前隆或周缘隆起（forebulge or peripheral bulge），出现了前陆盆地的远端边缘（distal margin），此处沉降作用为零。若该点向克拉通方向迁移，则发生挠曲抬升（前隆）导致可容纳空间的减少，但由于全球海平面的变化可能产生大量的可容纳空间，致使前隆地区也可能发生沉积作用；另一种情况是若沉积物供应速率超过构造沉降速率时，大量的沉积物涌入前陆盆地使其迅速被冲填满，这样就会有部分沉积物越过前陆盆地进入前隆区沉积下来。从前隆地区再向克拉通方向，由于前隆挠曲作用，会产生一个宽广的浅凹陷（down warp）或陆架内盆地（intra shelf basin），叫“隆后盆地”（back-bulge basin）。挠曲沉降也会导致隆后盆地可容纳空间增加，但其沉降速率和幅度远小于前陆盆地沉降速率几个数量级。

5）前陆岩石圈挠曲作用和全球海平面变化控制了前陆盆地不同构造阶段的可容纳空间变化。在前陆盆地不同的演化阶段，可容纳空间受构造作用、全球海平面变化和沉积物补给的影响程度有差异，在造山构造活跃期，前陆挠曲作用主要控制可容纳空间；在构造期后（构造宁静期），全球海平面变化和沉积物补给主要控制可容纳空间。两者在等时沉积地层中表现为沉积厚度、沉积相及沉积体堆积样式在各沉积区（前渊、前隆及隆后盆地）差别很大。在构造活动期，岩石圈最初常以瞬时的弹性变形来响应逆冲负载，此时沉降速率大，可容纳空间增加。沉积物负载引起的沉降远小于推覆体负载引起的沉降，可容纳空间主要受控于逆冲推覆体负载；大量的粗碎屑物堆积在山前，在逆冲带近端的层序叠置呈加积或退积。在盆地中部，沉降速率大于沉积物供给速率，水体迅速加深，出现退积式层序结构。此外，在该时期叠加在高的构造沉降之上的全球海平面变化将导致相对海平面上升，层序边界与广泛下切无关，而以沉积相向盆地方向做有限的迁移和层序叠置方式的逆转为特征，低水位域不发育。在单一逆冲推覆事件中，前隆挠曲抬升及前陆盆地和隆后盆地的沉降同时发生，结果在地层中记录了可容纳空间或相对海平面的变化，并同时记录了构造作用对地层层序的影响。在构造稳定期（构造平静期），沉积物负载或前隆抬升使挠曲沉降盆地变宽，可容纳空间主要受控于沉积物负载和全球海平面变化。岩石圈均衡回弹产生相对上隆，在前陆近端产生进积式层序结构，随后成为沉积物搬运过路带，仅在盆地远端有沉积作用发生。前陆盆地和隆后盆地表现为被动充填的特征，地层层序展布样式主要受控于全球海平面变化和沉积物补给速率的变化。此外，在该时期叠加在总体低的构造沉降之上的高频全球海平面变化潜在地增强了低位体系域和高位体系域的进积部分。

6）板内挤压应力导致前陆盆地的局部的隆升、沉降使得可容纳空间发生差异性变化。Cloetingh（1988）认为挤压应力既可使盆地边缘差异性隆起，又可使盆地中心差异性沉降。一般来说，在挤压背景下可容纳空间的产生有两种情况：①在挤压背景下沉积盆地内局部的下沉或者由于挤压导致挠曲变形，表现出局部抬升和局部较缓慢的沉降，这种情况通常出现在前陆盆地发育初期，形成前陆盆地和前隆（有时出现隆后盆地）组合；②挤压作用导致物源区的强烈抬升，从而增大了物源区与沉积区之间的高差，可以沉积和保存部分沉积物，这种情况一般出现在前陆磨拉石盆地发育阶段。

7）前陆盆地的基底构造作用对可容纳空间的影响。基底构造可把盆地分隔成不连续的小盆地，它们对逆冲过程的响应不同，导致沉积和层序叠置形式及相带分布等的差异。同时，前陆盆地的逆冲和基底卷入的相对时间也是地层充填形式的主要控制因素之一。

5.4 前陆盆地可容纳空间的形成机制

可容纳空间是指适宜沉积物堆积的空间，而沉积基准面是指适宜沉积物堆积和保存的顶界面，界面以上的沉积物不易保存。大陆边缘的沉积基准面直接受海平面控制，大体上与海平面相当。沉积基准面的变化直接影响可容纳空间的变化。在板块构造的背景下，前陆盆地系统与汇聚板块边缘有关，褶皱-逆冲带沿着上覆大陆的边缘形成的。这些山脉代表了上地壳将汇聚板块两边的岩石圈下压，通过挠曲作用产生了可容纳空间，即前陆盆地。新形成的沉降带分别被称为弧前或简称为前-前陆盆地，或简单地说就是位于造山带前面的前陆盆地［位于下伏的板块上，前岩石圈（pro-lithosphere）］，或者弧后或简称为后-前陆盆地，位于造山带后面的前陆盆地［位于上覆板块上，后岩石圈（retro-lithosphere）］。弧前和弧后前陆盆地（位置）的重要区别在于，导致了弧后岩石圈可容纳空间的产生还受到额外机制的影响，其与岩石圈之下的驱动力有关。上覆岩石圈下的负载最初是由与下伏岩石圈板块耦合的黏性地幔拐角流（viscous mantle corner flow）导致的拖拽力所产生的，特别是在快速俯冲和/或者发生在弧后前陆盆地下的低角度地方易于形成。由拐角流驱动的动力负载可在大陆范围内形成了可容纳空间，其沉降速度在从造山带到稳定克拉通方向上随距离增加呈指数递减（图5.8）。除了动力沉降外，俯冲板块的重力作用对弧后岩石圈下的负载也有影响。除动力负载外，还包括了所有其他的与静态负载［如俯冲板片、造山带、前陆盆地沉积-水混合充填物（由岩石圈挠曲形成的可容纳空间）］有关的重力型拉力作用相关的岩石圈上或岩石圈下的沉降机制。在弧后前陆中，造山带的静态构造负载和下伏的动力负载被认为是初始的、主要的沉降机制，控制了可容纳空间和沉积模式。而在前陆盆地形成中沉积物-水混合物等静态负载是次要的，因为由挠曲产生的可容纳空间必须在沉积物开始聚集之前就已经形成了。

可以利用各种沉降机制中的一种沉降机制（如造山带提供的构造负载）来定义前陆系统，并将其划分为几个沉降区域，如前渊（前陆盆地）、前缘隆起（周缘隆起）和隆后盆地（图5.8）。前陆系统由三个挠曲带的总和组成，其中前陆盆地仅仅指的是前渊挠曲带。从挠曲剖面看，前缘隆起的隆升与前渊的沉降几乎是同步的，是由于岩石圈下的黏性地幔物质快速横向位移并导致了位于在造山带和前渊之下的岩石圈向下弯曲而形成的。在前缘隆起的区域是否能够接收和保存沉积物取决于挠曲构造与可容纳空间的其他控制机制之间的相互作用。

因此，可以得出结论，前陆系统因为岩石圈对岩石圈上/下的负载的响应发生挠曲变

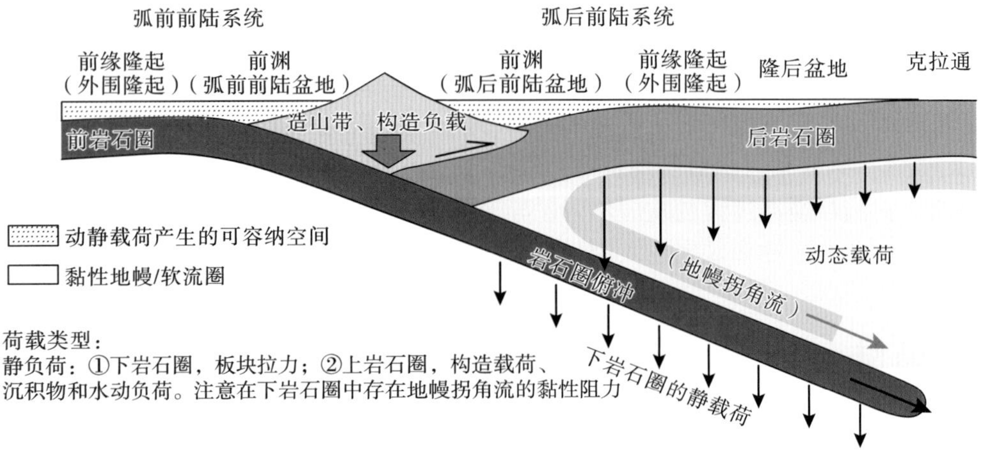

图 5.8　弧前和弧后前陆盆地系统的构造背景及对可容纳空间的控制作用

（据 Catuneanu et al.，2004）

前陆盆地系统是由岩石圈上或下的负载及其导致的岩石圈挠曲作用而形成的

形而形成的。挠曲幅度的大小随着负载的数量和分布变化，也随挠曲变形的岩石圈的物理属性而变化。

5.4.1　前陆盆地可容纳空间的控制因素

弧后前陆系统的可容纳空间主要由受构造力的控制，构造作用是控制盆地类型的主要因素。无论是静态负载还是动力负载，在前陆系统中沉降作用始终是有差别的，一般向造山带方向，沉降速度普遍增加，这使得盆地呈现为楔形的几何外形，其反过来又证明了构造作用的主导控制地位和构造掀斜作用的存在。可根据其区域意义和性质对影响盆地可容纳空间数量的因素进行分类。“盆地尺度的控制” 主要是外来的因素，它们确定了在盆地尺度上的可预测的活动方式，可以用来模拟整个盆地的演化。而其他控制因素仅可在局部上影响可容纳空间的数量，而且只能影响到盆地的某些特定的区域。

5.4.1.1　盆地尺度的控制

对可容纳空间产生影响的最重要的盆地尺度控制因素包括：①与构造负载有关的挠曲构造；②与俯冲诱发的拐角流有关动力沉降；③海平面变化。海平面变化实际上是全球范围的，并且可能会影响所有盆地类型的沉降过程。挠曲沉降在弧前和弧后两种前陆盆地中都有；而动力沉降是弧后前陆系统的标志性特征。下面重点讨论在弧后前陆系统中可容纳空间的主要的两种构造控制因素，分别为挠曲构造和动力沉降。

图 5.9 展示了挠曲构造和动力负载的分离和组合所产生的影响。在造山带负载下的弧后岩石圈的挠曲作用可将前陆系统分为 3 个挠曲带，分别为前渊挠曲带、前缘隆起挠曲带、隆后挠曲带。岩石圈的挠曲幅度偏转类似于正弦曲线的形状，振幅随距离增加而衰减。在前渊的沉降量和前缘隆起的抬升量决定了在垂向上挠曲剖面的规模，其与所施加的造山带负载量成正比，并与岩石圈抗挠曲刚度成反比。衰减随距离的正弦曲线变化是非常快速的，前缘隆起的抬升幅度最多是前渊的沉降幅度的 1/20。在前渊向下的挠曲幅度通

常是千米级的，而在前缘隆起的抬升幅度通常是小于200 m。

正弦挠曲剖面的波长决定了前陆系统水平尺度的变化，而且在每一个前陆盆地中都不同，其主要取决于下伏岩石圈的流变特征和厚度。相比之下，有效弹性板块（无限松弛时间）比黏弹性板块（有限松弛时间）能够产生更宽的前陆盆地，较厚、较老或变形较弱的板块（具有较高的抗弯刚度和较长的松弛时间）也会产生较宽的前陆盆地。前陆系统的计算机模拟结果表明，对于有效的弹性岩石圈，前渊的宽度可达几百千米，对于较厚的板块，其宽度可达400多千米。加拿大西部盆地是位于大陆岩石圈并具有高抗挠刚度的前陆盆地。在该盆地中，在前渊与前缘隆起之间的折线与造山带之间的距离为350 km。类似尺度的距离也出现在卡鲁（Karoo）前陆系统（南非），它也形成于前寒武纪的厚而古老（高抗挠刚度）的地壳［卡普瓦普瓦（Kaapvaal）克拉通的主体］。如果前陆系统发育在不是十分坚硬或破碎的岩石圈上（以黏弹性模型表示），其前渊的宽度可能是要窄得多，例如阿尔卑斯“磨拉石”盆地的宽度小于150 km。年轻的、不太坚硬的板块也会产生狭窄的前渊，这也适应于前寒武纪前陆盆地系统，因为他们形成于新克拉通化的大陆岩石圈。南非新太古代威特沃特斯兰德前渊就是一个很好的例子，其宽度约为130 km。与实际大小无关，在前陆系统挠曲剖面中的一个重要特征是沿着倾向方向各个挠曲区域之间是具有相对的比例的（图5.9）。隆升的边缘隆起和隆后沉降带的宽度都大于前渊，其宽度是已测量的正弦挠曲剖面波长的一半。这可以通过比较岩石圈挠曲剖面和横向波来解释，横向波随距离源区的增加（能量损失）而不断衰减。沿着这种波的传播方向，每一个正负偏转的位置均对应于其波长的一半。前渊的宽度仅为挠曲波半波长的一部分，但在同时下弯的另一部分被造山带所占据，因此前渊显示为最窄的挠曲带，其沿倾向的宽度大

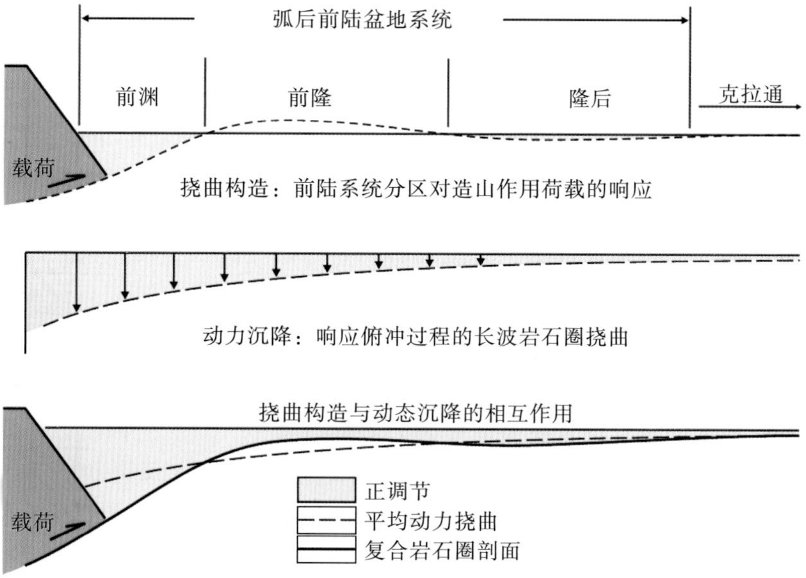

图5.9 弧后前陆盆地系统中挠曲构造作用与动力沉降的相互作用

（据 Catuneanu et al.，2004）

这两种盆地规模的控制作用（静态负载和动力负载）相互不影响，并且可能在不同时间尺度上记录振幅波动。两个速率之间的平衡控制了前陆系统中不同挠曲带的基准面变化方向和大小

约只有波长的1/4（图5.9）。根据Turcotte等（1982）建立的漂浮在地幔流体下垫面之上的弹性板块响应的挠曲模型，Crampton等（1995）认为，如果该平板是均匀的，那么挠曲波长对于整个前陆系统的挠曲剖面是一个常数。

如果与造山带负载有关的挠曲构造是控制可容纳空间的唯一因素，那么抬升的前缘隆起将永远不会接收和保留沉积物。在这种情况下，在整个盆地的演化过程中，边缘隆起处于侵蚀状态，许多前陆系统（如阿尔卑斯山磨拉石盆地）具有这一特征。在这样的情况下，沉积物的分布范围和面积一般限制在前渊和隆后沉降区。然而，在另外一些前陆系统中，所有的挠曲带都可以堆积沉积物，导致了近1000 km宽的前陆充填楔的形成。那么，是什么原因造成了这些差异？

动力沉降是不同于挠曲构造的一种沉降机制，它可以在大陆尺度上产生容纳空间，随着与俯冲带距离的增加，其沉降速率呈指数下降（图5.9）。所增加的长波长的岩石圈挠曲作用可能会使得整个前陆挠曲剖面低于基准面（如图5.9中的复合剖面所示）。在这种情况下，只要动力沉降速度超过了由造山带负载形成的挠曲抬升的速度，前缘隆起地区就可以接收沉积物。显然，动力沉降速度与由挠曲构造运动速度之间的平衡是控制前陆系统中不同的挠曲带的基准面的变化幅度和方向的关键，也间接地控制了整个前陆系统的地层结构。例如，当动力负载超过构造负载并占主导时，意味着整个系统的基底面抬升，虽然挠曲枢纽可以将具有不同沉降速率的前渊和前缘隆起分离，但是随着沉积物供给的增加，该盆地可能以海洋沉积物为主。相比之下，当挠曲隆升速率超过动力沉降速率并占主导的前提下，不整合面将形成，通常出现在抬升的挠曲区域，这时盆地以非海相沉积物为主。在前陆系统中观察到大多数的海进-海退旋回，可能是部分地与动力-静态负载之间的平衡有关，也可能部分地与沉积物供应的波动变化有关。

图5.9所显示的是复合岩石圈剖面（图5.10是平均挠曲剖面），它是造山带负载量变化的响应，而且是随时间发生变化的。这种逆冲（负载）和静止（侵蚀或伸展卸载）的造山旋回可以在很长的时间尺度上运行，包括了大于和小于1 Ma的时间尺度。造山带的再次逆冲（负载）作用导致了前渊的再次沉降和前缘隆起的再次抬升，而在造山带的卸载过程中则出现相反的情况，在前渊发生均衡反弹，并由前缘隆起的沉降进行补偿。目前对更新世和全新世冰期均衡旋回的地壳调整研究成果表明，在前缘隆起的抬升作用与前渊的沉降作用几乎是同步的，表明上地壳负载的变化是导致岩石圈下黏性地幔快速流动和压力平衡的原因。

前陆系统挠曲作用的习性是对造山带负载和卸载旋回的响应，两者之间的区别标志是，跨越挠曲枢纽线的基准面变化具有显著的差异（图5.10）。进而可以推测，这个差异主要表现在速率（高沉降速率或低沉降速率，可以用来解释浅海挠曲枢纽线附近发生的同期的海进和正常的海退）或基准面变化的方向（上升或下降，可以用来解释挠曲枢纽线附近的同期沉积层序和地层间断面的形成）。对挠曲枢纽线附近的基准面移动方向和/或幅度的对比是描述前陆盆地特征的关键要素，也是理解这类盆地地层结构的基础。

同样重要的是，要注意前陆系统的地形剖面不一定平行于岩石圈的挠曲剖面。例如，如果在图5.10中所显示的整个可容纳空间为沉积作用所充满，那么地形和地貌应该是几乎平坦的，挠曲的前缘隆起不明显。在前渊的均衡反弹与前缘隆起的沉降之间的耦合作用（造山带静止期）可能导致一个与岩石圈挠曲剖面镜像的地形剖面。在这种情况下，虽然

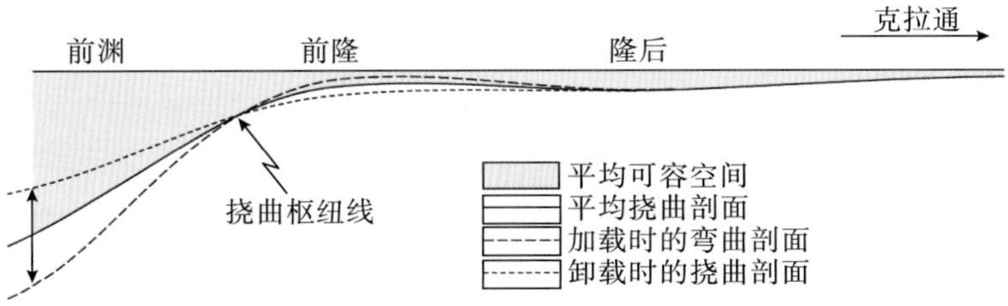

图 5.10　造山带构造负载的挠曲响应

（据 Catuneanu et al.，2004）

造山带的再次逆冲作用（负载）导致了前渊的沉降作用和前缘隆起的隆升作用。相反的情况出现在造山带的静止期（侵蚀或伸展卸载），均衡反弹导致前渊发生隆升作用，并由前缘隆起的沉降作用予以补偿

在前陆系统中的岩石圈剖面上仍然显示了挠曲前缘隆起的存在（图 5.10），因此，在前渊的高程可以高于处于沉降的前缘隆起的高程，该前陆盆地系统在整体上显示为凹陷。

图 5.9 和图 5.10 是简单的二维表示，这只能解释沿倾向剖面的区域变化趋势。但是从三维的角度来看，造山带负载沿着走向的变化使地质情况变得更加复杂，它会导致盆地轴向的倾斜（图 5.11）。造山带负载沿着走向的变化是普遍的，而不仅仅是个别的现象。其原因在于，沿褶皱-逆冲带的走向逆冲岩席可能具有不完全相同的块体运动。沿着走向的差异性负载导致了在负载增加方向上的倾斜，进而控制海岸线的进退方向与河流系统的流动方向。

5.4.1.2　其他控制因素

控制前陆系统演化的盆地尺度的因素也为区域模拟提供了依据，有效可容纳空间的数量可能会有局部因素的影响，例如基底块体的隆升和沉降及其差异性（如基底构造）、地下的盐类沉积物的溶解和位移或差异压实。这些控制可容纳空间的次要因素可以导致地层的“异常”（如偏离了预测的盆地充填层序的几何外形）。这些次级控制因素中，由地壳断层复活触发的基底构造可能是最重要的。基底块体沉降和隆升的差异性可能导致了在前陆系统内形成小型盆地和拱曲（地垒结构），这种表面上的随机分布方式实际上取决于基底的性质、板块内应力的传播方式及其对下伏地壳薄弱带的影响。基于下伏基底是均匀的假设，在图 5.9 和图 5.10 中所示的光滑的、对称的正弦挠曲剖面是理想化的。实际上，这种情况很少发生，因为基底往往是不均匀的，一般是由不同年龄的不同岩性块体所组成，因此它们常常具有不同的流变特性。

对于具有不均匀基底的前陆系统而言，各个挠曲带之间的沿倾向的、预期的相对比例可能会被扭曲。这是因为挠曲枢纽的位置（其可以将前渊与前缘隆起分离，或者将前缘隆起与隆后盆地分离）受到了具有不同流变特征基底块体界限的潜在控制，其可能与正弦曲线的标准拐点具有不一致性。

除了基底构造和非均质性对挠曲枢纽的位置、挠曲带的范围有影响之外，前陆系统的构造作用所导致的地壳断层复活也可能控制了每个挠曲带的厚度、相带的分布趋势。加拿大和美国西部的前渊的研究结果表明，活化的地壳断裂的挠曲作用导致了在基底断块的边

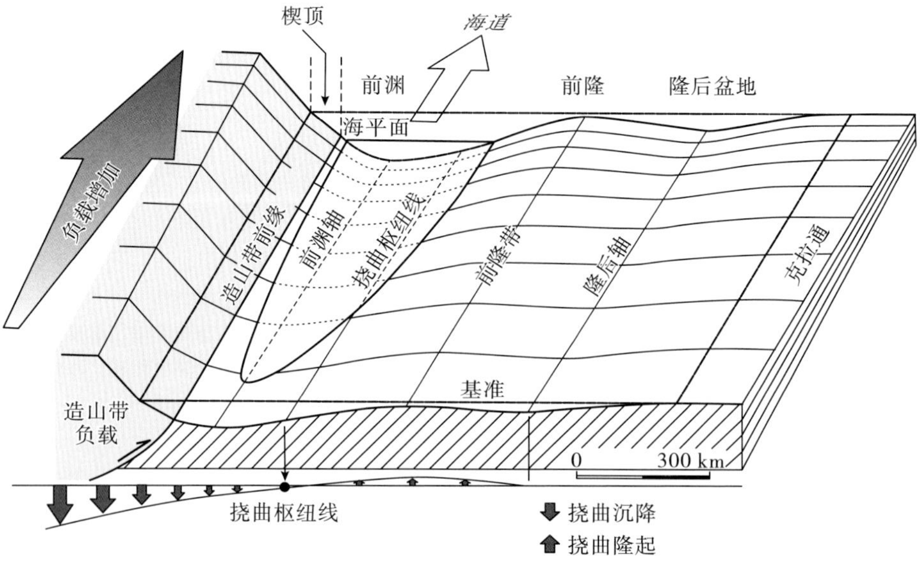

图 5.11 造山带负载沿着走向的变化导致的前陆系统结构

（据 Catuneanu et al.，2004）

造山带负载沿走向变化导致的前陆系统结构。可以将近似于水平面的毗邻克拉通的地形高程作为基准面。由于动力负载的影响，前缘隆起的顶点低于毗邻的克拉通的高程。虽然在克拉通上的地表过程（沉积、侵蚀）趋于将基准面调整到基准水平，但是前陆系统的沉积基准面（内陆海道的海平面）相对于基准面可以处于任何的位置（包括低于基准面、高于基准面或是叠合）。注意，伴随着前渊沉降量的增加，前缘隆起增高，同时也隐含着构造负载量的增加

界处的沉降速率的变化，这解释了局部下切、古地理趋势、厚度和相模式平行于基底断块的边界的原因。

5.4.2 讨论

5.4.2.1 一级前陆盆地旋回

弧后前陆系统的寿命取决于相关大陆边缘的反转构造事件的开始和结束，分别为从伸展到缩短的转换（开始）和从缩短到伸展的转换（结束）。例如，以卡鲁前陆盆地为例，在早石炭纪末期发生了由离散大陆边缘向汇聚板块边缘的转换，显示了前陆盆地系统的开始（300 Ma）；前陆系统演化的结束是以中侏罗世冈瓦纳大陆的分裂为标志（大约 183 Ma 前）。因此，一级前陆旋回持续了约 117 Ma（距今 300~183 Ma）。由于地球一侧的伸展需要通过另一侧的缩短来补偿，因此，俯冲和地体增生导致了加拿大西部山脉的初始变形始于早中侏罗世（约 180 Ma 前），并一直持续到早始新世（约 55 Ma 前）。因此，加拿大西部前陆系统旋回持续了约 125 Ma（距今 180~55 Ma）。

一级前陆旋回的可容纳空间的形成主要受控于造山带驱动的挠曲构造（orogen driven flexural tectonics）和俯冲驱动的动力沉降（subduction-induced dynamic subsidence）之间的相互作用。在造山带负载阶段，假设每次逆冲席可以导致相同质量的上地壳负载，那么在盆地演化过程中前缘隆起的挠曲隆升速率可被视为近似常数。相反，在随后的俯冲开

始，动力沉降速率开始增加，直到缩短旋回结束时开始下降。这就可以推断出整个前陆系统可容纳空间演化的总体趋势，其中：①早期挠曲构造占主导（前陆不整合面形成，早期的欠补偿型前渊）；②中期动力沉降占主导（整个系统的沉降作用，前缘隆起下降到基准面以下：晚期的欠补偿型和填充型阶段）；③晚期挠曲构造占主导（过度填充阶段，沉积作用逐渐被挠曲区域所限制）。前陆旋回结束后，动力负载停止，导致了大陆尺度的隆升（图 5.12）。

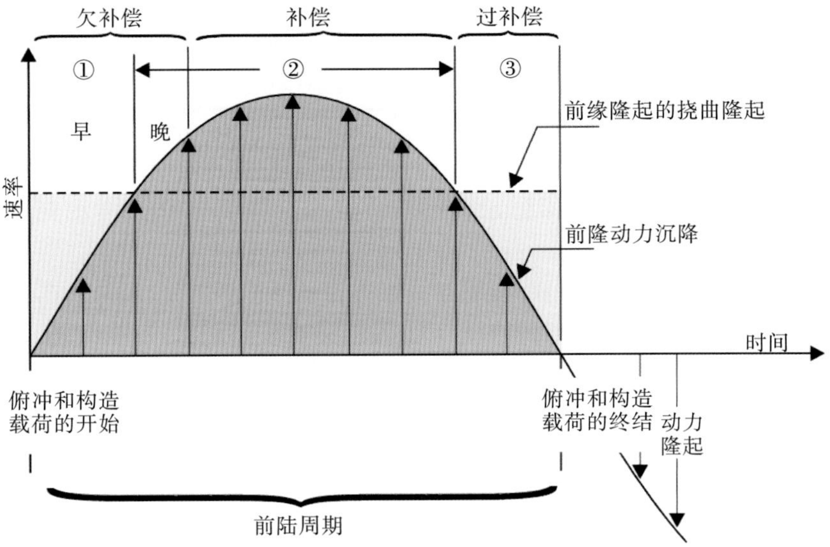

图 5.12　在一级前陆旋回内挠曲隆升速率和动力沉降速率之间的相对平衡作用
（据 Catuneanu et al.，2004）
以南非卡鲁前陆盆地和加拿大西部前陆系统为例。因为在一级前陆旋回中挠曲隆升速率可以被看作恒定的常数（由每个逆冲事件所带来的上地壳负载质量大致相同），所以在描述动力沉降速率变化时，造山带脉冲变化的周期性曲线是相同的。第①阶段反映了挠曲隆升速率超过动力加载速率，处于早期欠填充状态，基底（前隆）不整合面形成。第②阶段反映了动力负载超过挠曲构造作用。第③阶段则反映了挠曲构造作用再次占主导时，动力负载下降。第③阶段从晚期欠充填状态开始，然后是充填阶段，表现为沉积速率和基准面上升速率之间的平衡。在前陆旋回结束时，动力负载的停止导致了长波长岩石圈的反弹（即动力抬升）

因为在一级前陆旋回期间挠曲隆升可以被看作恒定的常数（图 5.12）（即在每次逆冲事件中所导致的上地壳负载质量均大致相同），所以在描述动力沉降速率变化时，造山带脉冲变化的周期性曲线是相同的。换句话说，在前陆盆地演化的早期和晚期阶段挠曲旋回持续的时间较长（由于俯冲速率较低，汇聚边缘的地体加积的频率较低），在中期俯冲和动力负载最活跃的时候，地体加积的频率也高。例如，在加拿大西部充填型前陆系统中挠曲旋回的周期小于 1 Ma 的时间尺度，而在过度充填型的盆地演化阶段记录的挠曲旋回的周期超过 1 Ma 的持续时间。在卡鲁盆地的欠充填和过度充填阶段也记录了超过 1 Ma 的挠曲旋回。

这种前陆系统演化的一般规律得到了卡鲁盆地和加拿大西部盆地的实例研究的支持。当动力沉降速率永远不足以超过挠曲隆升速率时，这种规律的简化模式也可能出现。在这种情况下，在前缘隆起区域不保存地层记录，沉积物的分布仅限于前渊、隆后挠曲沉降带。无论动力沉降的相对速率如何，在所有前陆系统中都出现了一个相同的规律，即不管是在早期还是晚期演化阶段总是以挠曲构造为主。因此，基底（前隆）不整合面总是在构造负载时形成，而由于沉积物供给量较低，前渊处于欠充填阶段。随着造山楔上升到海平面以上，沉积物供应量增加，前渊处于充填阶段，然后是过度充填阶段，一直到前陆盆地演化的最后阶段。

5.4.2.2 高频前陆盆地旋回

由于挠曲构造、动力沉降、全球海平面变化和沉积物供给之间相互作用的结果，可容纳空间和沉积作用之间的平衡关系可以发生短期变化，并叠加在一级前陆旋回上，这些变化信息常常隐含在前陆系统的沉积体系之中。这种平衡关系的短期变化可以解释内部海道的二级或更低级别海侵和海退旋回记录，代表了填充（浅海）和过度填充（非海平面）之间的高频变化及其效应。

在整个前陆系统，当沉积作用持续超越或被基准面上升速率超越时，在全前陆系统分布的沉积楔形体可能显示为均匀沉积特征（如进积或退积作用）。这种情况描述了沉积速率和基准面上升速率之间出现了不平衡，两者可能在不重叠或不相同的尺度上发生变化。然而，在通常情况下，沉积速率和基准面上升速率的变化是在同一尺度上的，这种微妙的平衡导致了在横跨挠曲枢纽线区域的交互式（异相）地层的形成。目前已经确定了两种交互式地层类型，分别为填充和过度填充类型，它们都是指具有由挠曲构造控制的、具有旋回性的层序。充填型交互式地层样式的形成需要整个前陆系统基准面的上升（动力沉降或海平面上升>挠曲隆升），以及在内部海道的近端和远端具有同期的海岸线的退积、进积作用。过度充填型交互式地层样式的形成要求在控制可容纳空间（动力沉降或海平面上升）方面以挠曲构造为主，并超越长波长度的控制。

交互式地层的识别需要很好的时间控制，可以用来重建邻近褶皱-冲断带的逆冲和卸载历史。每一个显示出横跨挠曲枢纽线区域的交互式地层序列都对应着一个造山负载和卸载的挠曲旋回，并且这些旋回的周期性可以是大于、等于或小于 1 Ma。交互式地层也可以用来标定挠曲枢纽线的地理位置，并可以刻画其随时间的迁移。根据这样的地层标志，挠曲枢纽线似乎经常受地下基底结构的控制，这就解释了为什么预测的（理论）波长与实地观察的实际挠曲区域长度之间常常出现不匹配性。

综上所述，弧后前陆系统是由于岩石圈挠曲变形而形成的，它是对岩石圈上和岩石圈下负载的响应。在造山带上地壳的负载导致了在前陆系统内不同挠曲带的分带，包括前渊、前缘隆起、隆后。在造山带发生新的逆冲作用导致了前渊的再次沉降、前缘隆起的再次抬升，但是当造山带负载被剥蚀和伸展作用消除时，就会出现相反的情况。这种相反的垂向构造作用改变了在这两个挠曲带有效可容纳空间的相对数量，并导致了从近端到远端的交互式（异相）地层的形成。与挠曲构造相耦合的基础上，新增加的可容纳空间的形成或者被破坏还受到叠加的海平面升降变化和动力（岩石圈下）负载作用的控制。动力（岩石圈下）负载机制的影响是区域范围内的，并取决于盆地之下的俯冲过程的动力学和几何形状。海平面升降和构造对可容纳空间的控制是大时间尺度的（大于、等于、小于 1 Ma），而可容纳空间的变化又控制了层序和不整合面的形成。基准面变化和沉积物供应的相互作用控制了沉积作用充填有效可容纳空间的程度。这定义了前陆系统演化中的欠补偿期、补偿期和过渡补偿期，其沉积过程分别与深海、浅海和河流环境中的沉积有关。在每个阶段都形成了典型的地层模式，反映了挠曲和长波长对可容纳空间独特的控制作用。根据可预测的挠曲构造与动力负载之间平衡的转换，可以将一级前陆旋回划分为以挠曲构造为主的早期演化和晚期演化阶段，以及以动力沉降为主的中期演化阶段。以挠曲构造为主的早期演化阶段，对应于早期欠补偿期的前渊、高于基准面的前缘隆起，其剥蚀和快速推进导致了前缘隆起（底部）不整合面的形成。以动力沉降为主的中期阶段对应于全前陆系统的沉积阶段，这时前缘隆起沉降并低于基准面，前渊则经历了由晚期欠补偿期到补偿期的转换。以挠曲构造为主的晚期演化，对应于前陆演化的一级过补偿期，这时在前陆系统的挠曲枢纽区域，河流沉积物显示为异相沉积类型。

5.5 前陆盆地层序地层模式与典型案例

由于前陆盆地在盆地性质、构造背景和形成机制等方面不同于被动大陆边缘，导致了控制盆地层序地层因素也不同于被动大陆边缘。这一方面显示了前陆盆地本身的复杂性和特殊性，另一方面也导致了前陆盆地层序地层模式不同于经典的层序地层模式，增加了将层序地层学概念和方法用于前陆盆地分析中的难度。20 世纪 90 年代以来，随着层序地层学方法的广泛应用，国内外许多学者趋于用层序地层学方法研究前陆盆地的沉积地层，并取得了良好的效果。前陆盆地的构造活动（如逆冲作用、基底隆升、不同构造带特定的沉降过程等），对层序界面、层序叠置样式、体系域发育演化等起着主导性的控制作用。沉积盆地等时地层格架的建立首先依赖于各种级别的不整合面及其相应的整合界面的存在。在前陆盆地中主要的不整合层序界面往往是构造逆冲作用或构造与海平面变化叠加作用的结果。

前陆盆地层序地层学研究还不很完善，其层序地层模式更多地依赖于区域构造背景及前陆盆地构造运动、沉积作用和海平面变化在不同级别地层旋回中的相应关系，所以至今尚没有一个可借鉴的成功模式。现对前人前陆盆地层序地层的研究实例归纳分析如下。

5.5.1 西班牙比利牛斯山南部前陆盆地层序地层

Puigdefabregas 等（1986）在研究西班牙比利牛斯山南部前陆盆地时提出了一个前陆盆地层序地层模式（图 5.13），识别出了 9 个层序，层序界面为不整合面和海泛面（以页岩的大量出现为标志），层序一般具有向上变粗或向上变细的垂向结构。它们的特征、演化和沉积中心向南迁移是比利牛斯山南部逆冲岩席向南前展式推进的结果。这些逆冲岩席包括了上逆冲岩席、中逆冲岩席和下逆冲岩席。研究结果表明，在西班牙比利牛斯山前陆盆地是在盆地底部发生拆离过程中形成的背驮盆地和前渊，逆冲系统的类型和变化与蒸发岩有关，并可以根据蒸发盐岩沉积事件可将盆地充填（始新世-渐新世）划分为 3 个主要构造沉积旋回（图 5.13）。每个旋回受不同类型逆冲系统控制。第一个旋回包括 Cadi、Corones、Armancies、Campdevanol 及 Beuda 层序，为一套浅水碳酸盐岩、三角洲、浊流沉积物及蒸发岩。它们与上逆冲岩席佩德福卡（Pedraforca）逆冲断层的水下侵位事件相吻合，反映了由于逆冲岩席而诱导的盆地加深、盆地充填、水体变浅、封闭的过程。第二个旋回包括 Bellmunt 及 Milany、Cardona 层序，为两次三角洲进积的沉积物和蒸发岩，前者与弗雷斯谷（Freser Valley）背形叠置构造的形成有关，而该背形叠置构造的形成与底板断层阻挡其后侧发育的逆冲断层引起的逆冲变形事件相吻合，后者与巴尔福戈纳（Vallfogona）逆冲断层沿底板运动，构造相对稳定的盆地充填、封闭的过程有关。第三个旋回包括 Solsona 层序和更新世的埃布罗（Ebro）层序。在该旋回期间，巴尔福戈纳逆断层背驮着其他逆冲岩席及上覆盆地向南运动，并使其变形。因此巴尔福戈纳逆冲断层之上的盆地为背驮式盆地，而其南侧的埃布罗盆地为新的前渊盆地，充填了非海相的 Solsona 磨拉石，沉降中心再次向南迁移。上述构造与沉积的关系显示了蒸发岩沉积事件似与断坪运动有关，而粗碎屑楔向盆地方向的进积和不整合面的形成与断坡逆冲运动有关。

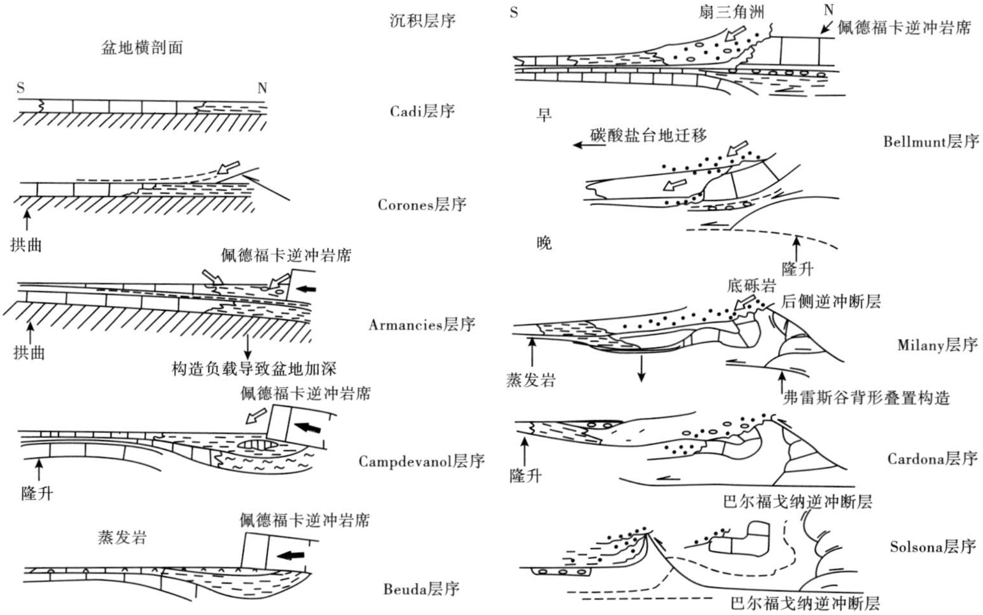

图 5.13　西班牙比利牛斯南部前陆盆地构造-沉积演化示意图
（据 Puigdefabregas et al.，1986）

该前陆盆地磨拉石建造在其形成过程中具有多旋回结构，如北阿尔卑斯磨拉石建造由 4 个旋回组成，自下而上依次为：早中新世的下部海相磨拉石组合旋回，晚渐新世-早中新世下部陆相磨拉石组合旋回，中新世的上部海相磨拉石组合旋回和晚中新世-早上新世上部陆相磨拉石组合旋回。每一个磨拉石组合都由若干个相似的从浅海相至陆相沉积系列组成（图 5.14）。最后盆地因挤压而发生强烈褶皱，前陆盆地发育结束。

显然，该研究实例显示了处于构造活动区前陆盆地层序地层的特色，前陆盆地层序地层及层序界面的形成是毗邻造山带逆冲作用的沉积响应。地层不整合面和以页岩为代表的海泛面（变深事件）极可能反映了同一个构造事件；逆冲事件不仅可以导致在邻近造山带的前陆盆地的一侧发生抬升，形成不整合面，同时也可导致前陆盆地另外一侧（远离造山带一侧）突然变深，形成海泛面。而且，在这类前陆盆地中，层序内部结构也具特殊性，一般仅表现为向上变粗或向上变细的不完整旋回。由此可见，这类前陆盆地中层序

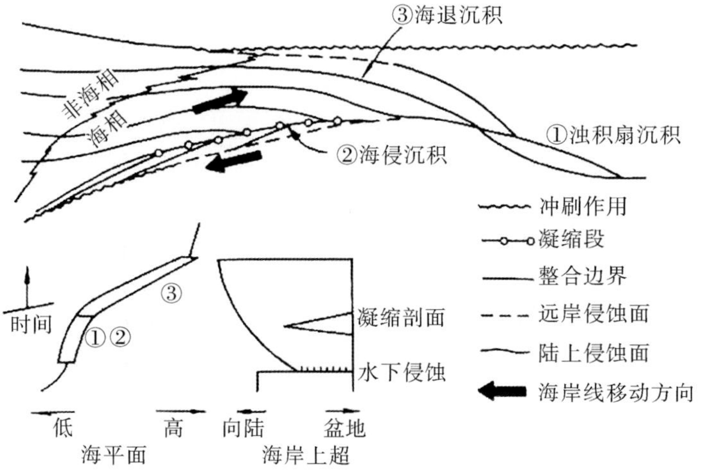

图 5.14　美国科迪勒拉中生代前陆盆地晚白垩世 Mesaverde 群的层序地层分析
（据 Swift et al.，1987）

地层模式既不同于 Exxon 层序地层模式，也不同于 Galloway 成因地层模式。控制层序和层序界面形成的主要因素是构造作用，而不是海平面升降。

5.5.2　美国西部科迪勒拉中生代前陆盆地晚白垩世层序地层

Swift 等（1987）研究了美国西部科迪勒拉中生代前陆盆地晚白垩世 Mesaverde 群层序地层，建立了该盆地层序地层模式（图 5.14），该层序地层模式可能是前陆盆地层序地层的主要模式之一。该模式显示了前陆盆地层序地层模式与经典被动大陆边缘层序地层模式明显不同，层序形成的主要控制因素为沉降速率和沉积物供给。

该前陆盆地中层序的整体几何形态呈楔形（西厚东薄），层序界面为水下侵蚀面，并形成于海平面快速上升时期，而并非形成于相对海平面下降时期，缺乏因海平面相对下降而造成的陆上侵蚀地形和相关的河口湾潟湖沉积。层序由下部的海侵沉积（少量）和上部的海退沉积构成。由于前陆盆地沉降速率相当大，超过了全球海平面下降的速率，导致了前陆盆地中相对海平面处于持续上升状态；盆地中仅充填了海侵沉积和海退沉积，相当于经典层序地层模式中的海侵体系域和高位体系域。层序界面为水下侵蚀界面，间断时间短，缺乏与河流复活相伴的陆上侵蚀作用和所造成的侵蚀不整合面。而且，沉积物供给来自盆地西缘，主要受控于冲断造山有关地形起伏的影响，与海平面升降无关。其与沉降速率自东而西递增的叠加，导致了前陆盆地中层序整体几何形态呈楔形。

5.5.3　Bally（1989）的理想化的前陆盆地层序地层模式

Bally（1989）提出了一个理想的前陆盆地层序地层的模式。前陆盆地的前身是残留洋盆地（对于周缘前陆盆地而言），更早的前身是被动大陆边缘和裂陷盆地（两种前陆盆地的前身或许都经历了被动大陆边缘的演化）。因此，前陆盆地及其下伏地层可能包含板块构造运动旋回各个主要阶段的沉积记录。Bally（1989）构思了一幅前陆盆地的地层层序结构图（他称之为理想的前渊），图中表现了前陆盆地及其下伏地层，自结晶基底向上可以包括多个重要的不整合面（图5.15）。

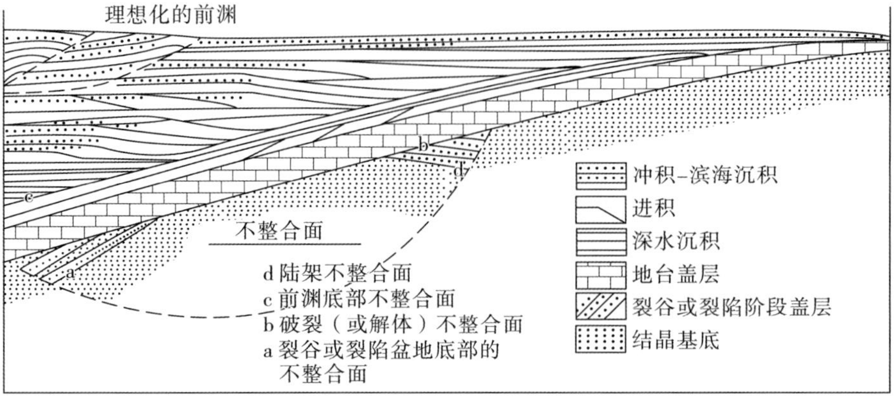

图5.15 理想前陆盆地的地层层序结构图

（据Bally，1995）

不整合面a标志着裂谷作用的开始及被动大陆边缘广泛发育的前奏；破裂（或解体）不整合面b是板块破裂并扩张离散运动的标志，预示着被动大陆边缘漂移的开始。不整合面a和不整合面b之间是裂谷层序，不整合面b之上是被动大陆边缘层序，它的上超部分被并入到较薄的克拉通地台盖层中。不整合面a和b是继承性的，与前陆盆地的形成与演化无关，是前陆盆地的前身盆地演化的结果。在前渊底部的不整合面是一个复杂的不整合面，是深水沉积物超覆在俯冲末端的被动边缘上，并且由于前缘隆起（浅水凸起）的向外迁移，使在前渊沉积层序在上超方向的下伏地层遭受剥蚀。不整合面b和不整合面c之间的被动大陆边缘沉积层序可以有复杂的下超面，它是被动边缘增生楔顶面的标志。陆架不整合面d是前陆盆地演化时期海平面下降引起的，这些不整合面也可以造成邻近褶皱带的生长背斜顶部的剥蚀。结晶基底面以上的整个层序，记录了大陆岩石圈从形成大陆裂谷或裂陷盆地—被动大陆边缘盆地—前陆盆地的演化过程。前陆盆地早期沉积物常常是细粒的含浊流沉积物，即复理石，它们常常在陆棚以下的深水处发育。晚期沉积物则是浅海或陆相沉积物，即磨拉石。这种早期深水阶段的沉积物与造山带还未生长至稳定状态有关。当时地形比较平缓，沉积物供给不足，一旦造山带生长至稳定状态，迅速侵蚀为隆起平衡时，即产生浅水沉积。这种早期充填不足与负荷开始时具有变薄的伸展岩石圈有关。如果岩石圈未变薄或变薄程度很小，缩短作用一开始便表现为碎屑岩楔状体，而对于变薄程度高的岩石圈来说，浅水碎屑物堆集作用在造山旋回中被推迟，一直到造山带出露于海平面以上为止。前缘隆起有连续的、规模小的迁移（例如阿巴拉契亚前陆盆地），也有突然的非连续迁移（例如安曼山北部前陆盆地）。前一种性质的前缘隆起具有周期性地上升和下沉，克拉通坳陷与前陆盆地的耦合和分离反映了岩石圈初始弹性挠曲以及黏弹性挠曲应力松弛的特性。

5.5.4 Posamentier等（1993）的前陆盆地层序地层模式

Posamentier等（1993）根据前陆盆地构造沉降速率与全球海平面变化速率的关系，

将前陆盆地划分为A带和B带两个构造地层区（图5.16a）。A带位于前陆盆地毗邻造山带一侧，构造沉降速率大于全球海平面下降速率，引起相对海平面上升；B带位于克拉通方向远离造山带一侧，构造沉积速率小于全球海平面下降速率，引起相对海平面下降。海岸线的相对位置决定了层序类型的发育。当海岸线位于A带时，只有Ⅰ类层序界面产生，层序由陆架边缘体系域、海侵体系域和高水位体系域组成；当海岸线位于B带时，则常发育Ⅰ类层序界面，层序由低水位体系域、海侵体系域和高水位体系域组成。由此看来，前陆盆地与被动大陆边缘盆地除在构造沉降大小与方向上有区别外，在层序组成上并无不同。

根据这一特点，Posamentier等（1993）将沉积盆地边缘分为两个带（图5.16b），其中A带的沉降速率一般大于全球海平面下降的速率，因此，在A带中，相对海平面一直处于上升状态；B带以沉降速率有时小于全球海平面下降速率为特征，因此在B带中，相对海平面有升降变化。在前陆盆地中，由于盆地沉降速率主要受制于挠曲负载，盆地沉降速率自盆内向盆缘递增。A带位于B带的靠陆地的一侧（图5.16a）；在被动大陆边缘盆地中，盆地沉降速率主要受控于岩石圈变冷，从盆地边缘向盆内，盆地的沉降速率递增，A带位于B带靠海一侧（图5.16b）。显然，A带和B带的空间位置在被动大陆边缘和前陆盆地是相反的。海岸线的相对位置决定了层序类型的发育。当海岸线位于A带时，只有Ⅱ类层序界面产生，层序由陆架边缘体系域、海侵体系域和高位体系域组成；当海岸线位于B带时，则常发育Ⅰ类层序界面，层序由低位体系域、海侵体系域和高位体系域组成。值得指出的是，由于前陆盆地沉降速率比较大，特别是在构造活跃时期，盆地沉降速率有时超过全球海平面下降速率，从而导致前陆盆地中相对海平面处于持续上升状态，盆地中通常充填了海侵沉积和海退沉积，层序界面一般为水下侵蚀界面和最大海泛面，有时为不整合面（构造成因），通常没有与河流复活相伴的陆上侵蚀作用以及所形成的不整合面。

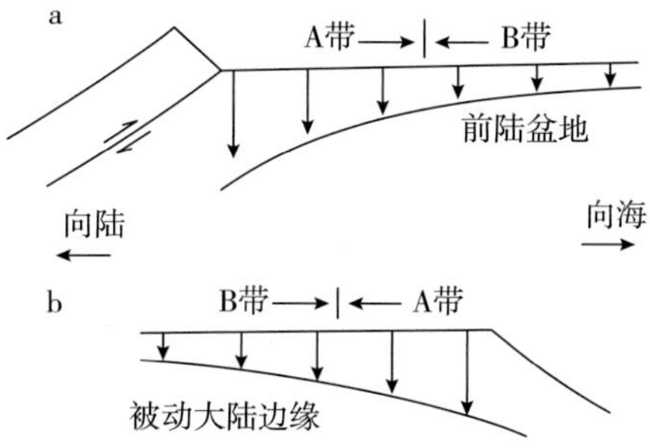

图5.16　前陆盆地（a）与被动大陆边缘（b）沉降剖面对比图
（据Posamentier et al.，1993）

5.5.5　美国阿巴拉契亚志留纪前陆盆地层序地层

阿巴拉契亚盆地位于与亚皮特斯海的关闭有关的碰撞构造带的内侧，泥盆纪-密西西比亚纪（阿卡德造山幕）以及宾夕法尼亚纪和二叠纪（阿勒格尼造山幕）期间两次碰撞事件形成了前陆盆地的构造。

Brett（1990）研究了美国阿巴拉契亚志留纪前陆盆地层序地层。根据露头剖面资料，将阿巴拉契亚志留纪前陆盆地充填地层划分为6个层序，层序界面为分布广泛的不整合面。不整合面是由全球海平面下降和区域构造抬升所形成，层序一般由海侵体系域或陆棚边缘体系域和高位体系域构成，缺乏低位楔形体，仅在最下部层序的底部有相当于低水位沉积的陆架边缘体系域，为非海相的辫状河环境中细粒砂岩沉积物。其他层序界面的低水位侵蚀面和海侵面则合而为一，所以缺失低水位沉积物。从前陆盆地的整体来看，在盆地演化早期，由于造山带持续加载和盆地基底挠曲沉降而形成了大量来自相邻造山带的近源浊积扇沉积物。这一套低水位浊积扇体系，不是发生在相对海平面下降期，而是发生在相对海平面的上升期，它们主要是受物源供应控制的向上变粗序列，实际上它们已经构成了一套独立的层序。

Brett 等（1990）发现仅在下部层序存在陆架边缘体系域，上部层序组成一般为：海侵体系域、最大饥饿面或凝缩段、早期高水位体系域和晚期高水位体系域。海侵体系域表现为浅水、向上变深的退积型序列；早期高水位体系域表现为较深水的加积型或缓进积型序列；晚期高水位体系域表现为向上变浅的进积型序列。层序内部一般由 2~5 个亚层序（subsequence）组成，亚层序内部有小层序组组成，最小的米级旋回层序为薄层的（0.2~5 m）、向上变浅、变粗的序列，其与一个间断的加积旋回（punctuated aggradational cycle）相当。在亚层序内部也可以划分出下部的典型浅水退积型的相对低水位-海侵体系域，上部为较深水的退积型-进积型相对高水位体系域。层序界面为相对海平面下降与区域构造升降的联合作用面。

该实例可能显示了另外一种前陆盆地层序地层模式。该类前陆盆地的构造活动相对平静，盆地沉降速率较小，全球海平面下降速率大于前陆盆地沉降速率，盆地中相对海平面升降取决于全球海平面升降的变化。这种前陆盆地层序地层模式与被动大陆边缘层序地层模式相似，基本上可套用经典层序地层模式。

5.5.6 美国西部落基山丹佛前陆盆地早白垩世层序地层

Weimer（1992）研究了美国西部落基山丹佛前陆盆地早白垩世（阿尔必期）达科他群的层序地层学，提出了一个新的前陆盆地层序地层模式（图 5.17）。他认为不整合面研究是层序地层学区别于其他地层学的标志。他在丹佛前陆盆地中识别了 3 类不整合面，即低位侵蚀面（LSE）、海侵侵蚀面（TSE）和最大海泛面（MFS）。层序组成自下而上为低水位沉积物、海侵沉积物和海退沉积物。由于在前陆盆地中海平面的高水位和低水位没有明确的定义，所以采用低水位盆地的海岸线作为二者的分界。低水位侵蚀面（LSE）以上统称为高水位沉积物，包括海侵沉积物、凝缩段和海退沉积物 3 部分。由于前陆盆地中缺乏一个相对海平面的高水位和低水位的划分标准，Weimer（1992）所划分的低水位沉积物只是一个相对低水位沉积物，指最早海侵侵蚀面以下的所有沉积物，其与层序下部的低水位体系域有一定的差别。此外，他对前陆盆地层序的划分只考虑了盆地靠克拉通侧和盆地内缓坡边缘的一套沉积物，而未考虑盆地相邻造山带陡坡带的大量来自邻造山带的近岸水下重力流沉积物。

下白垩统（阿尔比阶）马迪砂岩是落基山脉构造盆地中重要的石油储集层之一。约 15 亿桶油当量烃类主要产自地层圈闭。早期工作者没有识别出在此砂岩中的不整合面。可是，综合许多工作者的资料，现在清楚地表明区域不整合面起着控制油藏分布和石油盖层的作用。上覆于马迪砂岩的海相页岩和海相莫里页岩记录了美国西部内陆盆地最老的海侵-海退-海侵旋回，在一个较稳定的构造背景中，上述 3 个地层记录了克拉通厚陆壳上缓慢的沉积速率。东西向区域横断面显示 3 个广泛地可辨别的下白垩统不连续面的一般岩性、地层名称和地层位置（图 5.17）。在马迪组的地层接触面上或其内可观察到二类大的侵蚀面（不整合面）。每个侵蚀面与主要的海平面相对变化有关，但侵蚀大小受到局部构造特征影响。第一种面（层序边界）称为低水位侵蚀面，它与基准面下降有关。下降引起了陆上出露和河流深切较老沉积物。第二类面是一个海侵侵蚀面，与由海平面相对上升

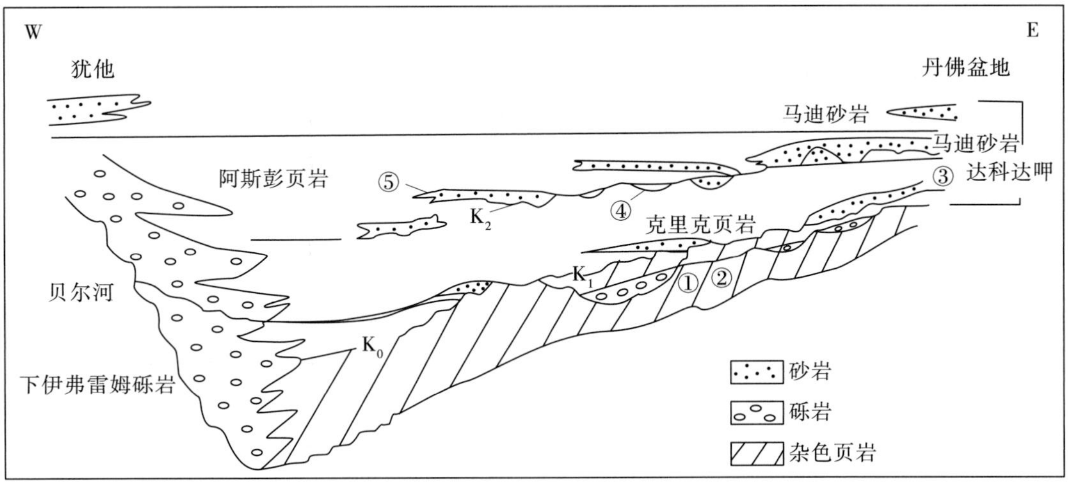

图 5.17　美国落基山前陆盆地晚白垩世层序地层界面

（据 Weimer，1992）

丹佛盆地达科他群的东西向图解剖面。①和②为莱特尔组；③为莱恩维尤砂岩；

④和⑤为马迪砂岩。K_0、K_1、K_2 为白垩纪不整合面（层序边界）

和水体变深引起的滨线、临滨的侵蚀有关。与海侵侵蚀面有关的不整合面出现在沉积层序内。可是在局部这两种侵蚀面可消失。在层序地层学中称为最大泛滥面的第三种面比第一种和第二种面更难鉴别。当存在这种独特的界面时，则它出现在一般有高总有机含量和薄膨润土层的海相缓慢沉积页岩段内（例如克里克页岩）。小冲沟可能富集有贝壳或海绿石和磷酸盐颗粒的滞积物。与低水位侵蚀不整合面有关的侵蚀面的古水系有达 40 m 的起伏。海侵侵蚀面的侵蚀深度估计为 1~5 m，导致低起伏的穿时面。在局部，地层内这种小间断有时与较重要的区域间断相混（如在河道底的冲沟与低水位侵蚀面）。

5.5.7　美国怀俄明西南部晚白垩世前陆盆地层序地层

Devlin 等（1993）研究了美国怀俄明西南部晚白垩世前陆盆地层序地层，提出了一个前陆盆地层序地层模式（图 5.18 至图 5.21）。他们把在逆冲相对静止期发生的基底隆起运动称为“异相”（out of phase）运动，而把基底隆起和逆冲同时发生的运动称为“同相”（in phase）事件。在“异相”期间，逆冲带的相对静止和基底隆起使可容纳空间减小，导致了低水位沉积和显著的进积。标志性的角度不整合面下伏于这些沉积物之下。“同相”的构造更为复杂，在逆冲负载使可容纳空间增大的同时，基底上隆又使可容纳空间减小。若局部基底隆起上隆到水上，隆起区将形成一个或多个不整合面，剥蚀物以进积的三角洲复合体形式再沉积，沿邻近亚盆地边缘形成相对陡的低水位沉积楔形体。

前陆盆地构造作用对层序发育的影响还表现在盆地基底构造作用的参与。基底构造可把盆地分隔成不连续的小盆地，它们对逆冲作用的响应不同，导致沉积和层序叠置形式、沉积相带的分布等的差异。同时，前陆盆地的逆冲和基底卷入的相对时间也是地层充填形式的主要控制因素之一。此外，在怀俄明西南部晚白垩世前陆盆地的研究成果也揭示了高频层序的界面与逆冲作用的成因联系。在前陆盆地内的海相高频层序的发育也与构造作用

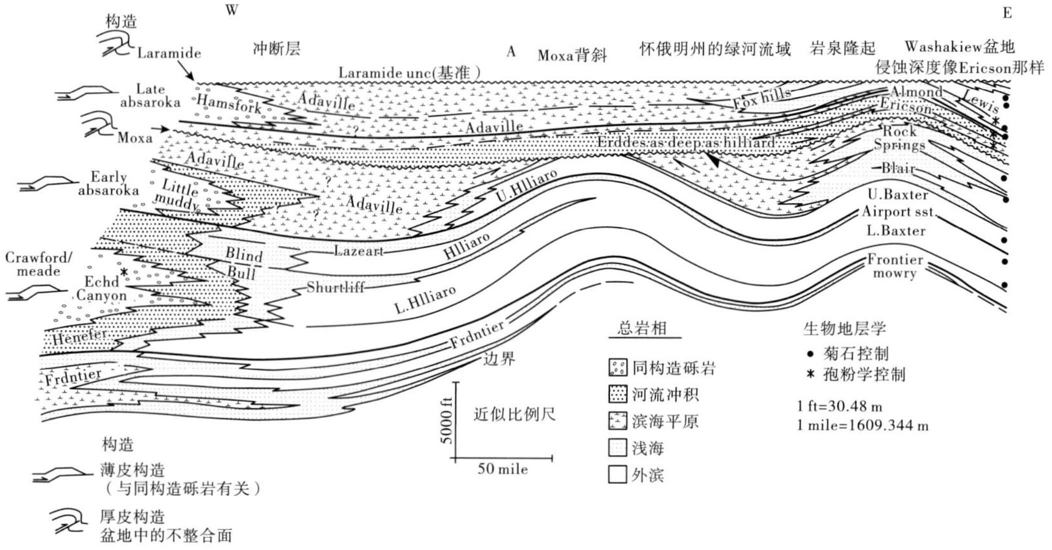

图 5.18　怀俄明西南部上白垩统地层的东西向横断面图

（据 Devlin et al.，1993）

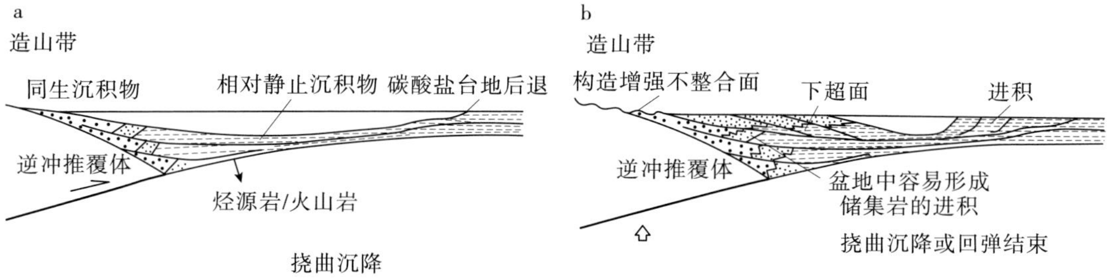

图 5.19　冲断带-前陆盆地相关作用导致的盆地地层模式与横剖面图

（据 Devlin et al.，1993）

a—冲断带逆冲期的前陆盆地地层模式；b—冲断带静止期的前陆盆地地层模式

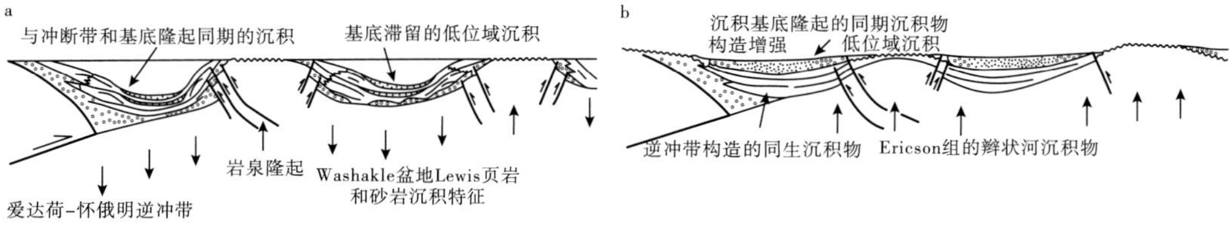

图 5.20　冲断带构造事件与前陆盆地基底卷入构造运动的相互作用的横剖面图及其前陆盆地沉积模式的响应

（据 Devlin et al.，1993）

a—冲断带的冲断作用与前陆盆地基底卷入隆升同期的前陆盆地的地层响应，两种构造运动同相（in phase）；b—冲断带的非冲断期（相对静止期）与前陆盆地基底卷入隆升不同期时的前陆盆地的地层响应，两种构造运动异相（out of phase）

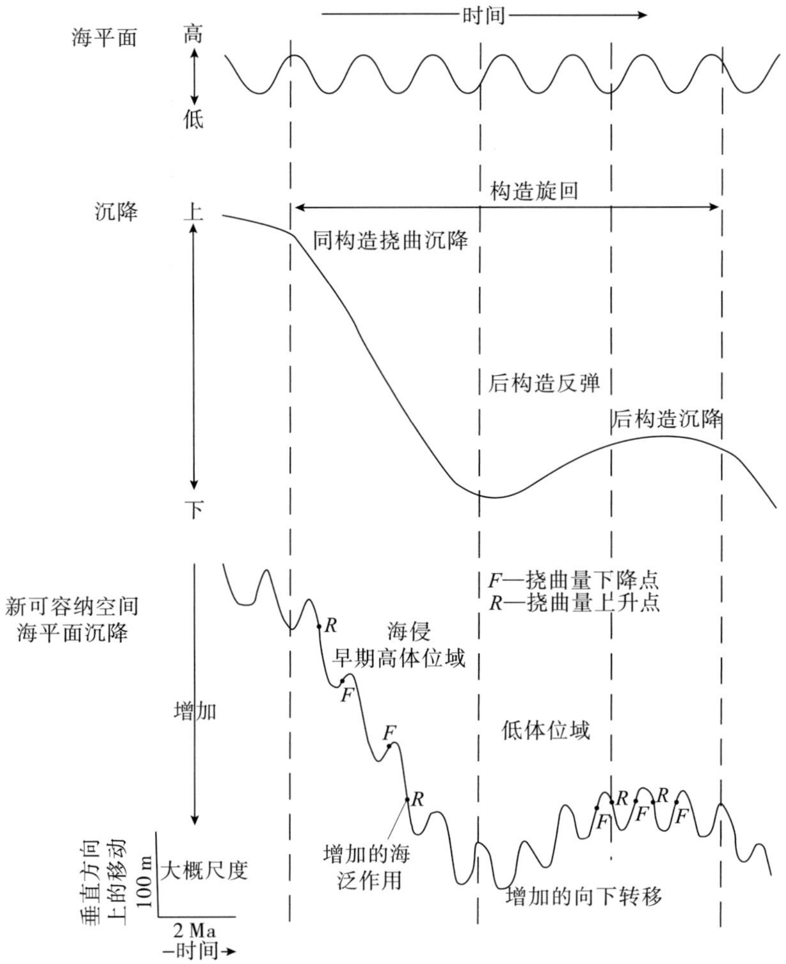

图 5.21　怀俄明前陆盆地长周期总沉降模式对短周期层序组和体系域发展的影响
（据 Devlin et al.，1993）
海泛事件在快速沉降期间（同构造相）加强；下降事件在相对隆升期（后-构造相）加强。
值得注意的是海平面变化与通常意义是相反的

密切相关。在逆冲负载沉降期，叠加在高的构造沉降之上的全球海平面变化将导致相对海平面上升，层序边界与广泛下切无关，而以沉积相向盆地方向做有限的迁移和层序叠置方式的逆转为特征，低水位域不发育。在逆冲静止期，叠加在总体低的构造沉降之上的高频全球海平面变化增强了低位和高位域的进积部分。

5.5.8　美国内华达和犹他州安特勒前陆盆地层序地层

Giles 等（1995）研究了美国内华达和犹他州的安特勒（Antler）前陆盆地，揭示了岩石圈挠曲与全球海平面的相互作用及其对沉积层序展布样式的影响（图 5.22）。他们运用沉积学、地层学、古生物学等多学科对安特勒前陆盆地各沉积区（前渊、前隆和隆后盆地）剖面进行详细分析对比研究，识别出 8 个同造山期发育的层序，各层序界面以不整合面或与之对应的整合面为标志，用生物地层和年代地层等对各层序界面的时限进行了精细标定，这些层序发育在晚泥盆世到早石炭世，每一层序时限为1~4.5 Ma不等。各个层序在前渊区以发育深水相沉积为特征，在前隆和隆后盆地区以发育较浅水相的硅质碎屑岩和异地碳酸盐岩为主。通过对每个沉积区的沉积环境演化、地层展布样式、沉积厚度变化等综合分析，揭示了相对海平面变化和可容纳空间的变化，并与已校正好的全球海平面变化曲线图比较，反映出控制可容纳空间变化的主要因素（全球海平面变化和前陆挠曲作用）在沉积地层中的不同响应（假定物源供给稳定）。各层序界面都与全球海平面下降期很接近，印证了构造作用只能加强层序界面的反映而不能够产生全球性对比的层序界面。

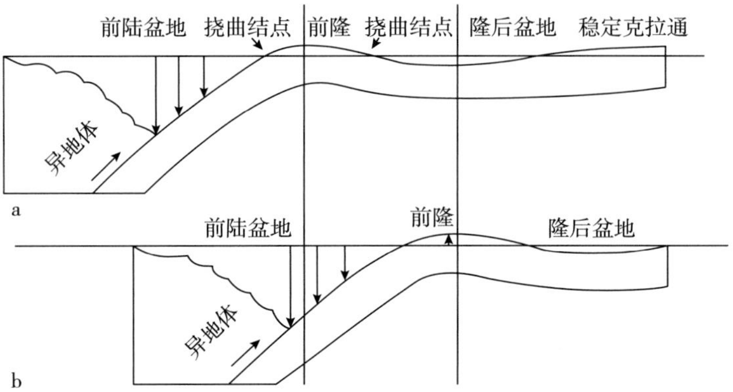

图5.22　前陆盆地系统中岩石圈挠曲作用与可容纳空间变化之间的相互关系

（据Giles et al.，1995）

a—时间1；b—时间2

Giles等（1995）对前陆盆地中的动力学作用与盆地可容纳空间变化的关系进行了归纳，提出了与前陆盆地系统这一概念相对应的成因模式。该模式的作用过程大致表现为：在前陆盆地演化阶段，逆冲负载起决定性作用。在紧邻造山带的岩石圈发生强烈挠曲沉降形成了前渊带，而在前缘隆起和隆后地区，岩石圈挠曲作用十分微弱；大量沉积物注入盆地形成的沉积负载和水体的负载作用也对盆地的沉降产生影响，使岩石圈的挠曲向克拉通方向发展；地壳的均衡作用，导致了在远离推覆体的前缘隆起带的抬升，将前渊带与隆后盆地分隔开来。

5.5.9　Jordan（1995）的前陆盆地层序地层模式

Jordan（1995）在研究美国西部前陆盆地时把前陆盆地的沉积充填体的几何形态分为两种类型，分别为楔状体和透镜体。其中楔状体对应于前陆盆地早期逆冲作用发育的时期，透镜体对应于前陆盆地晚期逆冲作用不发育的时期，在此基础上，建立了前陆盆地层序地层模式（图5.23）。

5.5.10　龙门山前陆盆地层序地层

李勇等（1995）在研究龙门山前陆盆地时，以盆地范围内分布的不整合面作为盆地充填序列的界面，并将其划分为6个超层序或构造层序和14个层序（图5.24，图5.25）。其中超层序或构造层序是以不整合面为界的充填实体，具特定的垂向充填模式和横向沉积

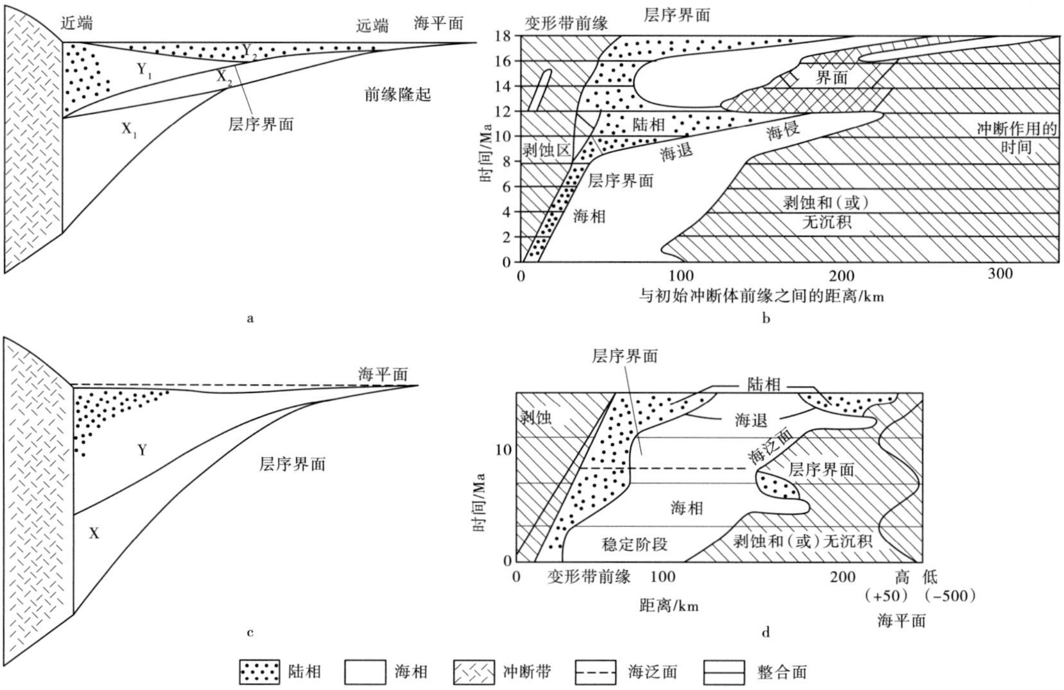

图 5.23　前陆盆地构造作用与海平面升降控制的层序地层模式对比

（据 Jordan，1995）

a，b—构造作用控制；c，d—海平面升降控制

体系配置模式，是一个成盆期的产物，相当于二级层序，可以与不整合面为界的单元对比；层序是以构造层序内以不整合面、相转换面、海泛面为界面的充填地层，是在一个成盆期内所发育的不同阶段的沉积产物，相当于三级层序，可以与构造沉积单元和构造地层单元对比。其中超层序或构造层序为造山带逆冲幕的沉积响应，是一个成盆期的充填实体，层序为造山带逆冲事件的沉积响应，是一个成盆期不同演化阶段的充填实体。在此基础上，李勇等（2003，2010，2012）研究了晚三叠世龙门山前陆盆地的充填样式。晚三叠世龙门山前陆盆地充填地层的剖面几何形态呈现为不对称状，显示为西厚、东薄的楔形体，由南东向北西方向地层逐渐变厚。在西部地区，上三叠统的最大厚度超过 3 km，表明靠近造山带边缘的盆地西部具有很高的沉降速率（约 0.2 mm/a），属于典型前陆盆地的近缘部分和前渊地区。

李勇等（2003，2010，2012）将晚三叠世龙门山前陆盆地的地层序列划分 4 个层序，其中层序 1（SQ_1）和层序 3（SQ_3）为楔状层序，层序 2（SQ_2）和层序 4（SQ_4）为板状层序，显示为楔状层序和板状层序交替发育，证明了龙门山前陆盆地在晚三叠世曾存在欠补偿到过补偿状态的交替发育，是两次逆冲构造负载和两次均衡反弹的沉积响应。具体特点为：①在层序 1 和层序 3 沉积时期，逆冲作用发育，构造负载导致前陆盆地强烈的构造沉降，前缘隆起强烈抬升，可容纳空间增大，沉积物堆积速率巨大，发育点状物源，以平行造山带的纵向水系为主，形成了楔状层序（图 5.24，图 5.25）。其中在层序 1 沉积时期，在残留盆地的西部是深水盆地和深水缓坡，在盆地的中部为碳酸盐缓坡，以鲕粒滩和

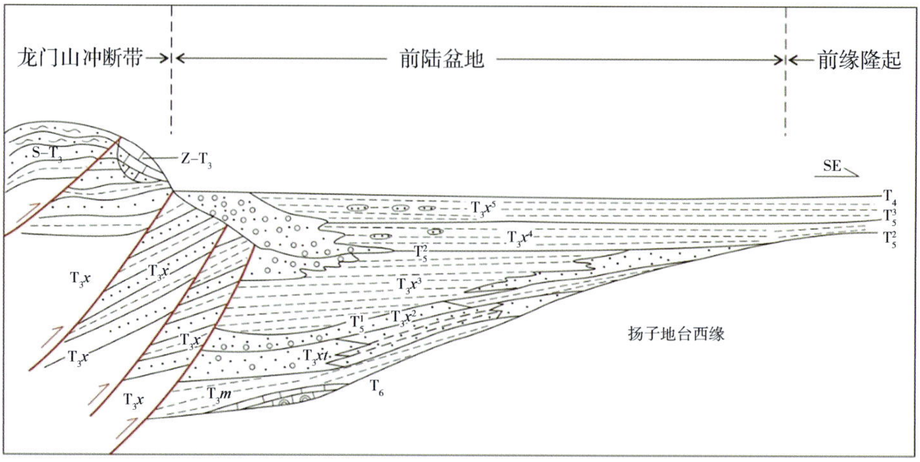

图 5.24　晚三叠世龙门山前陆盆地的地层格架

（据李勇等，2003，2010）

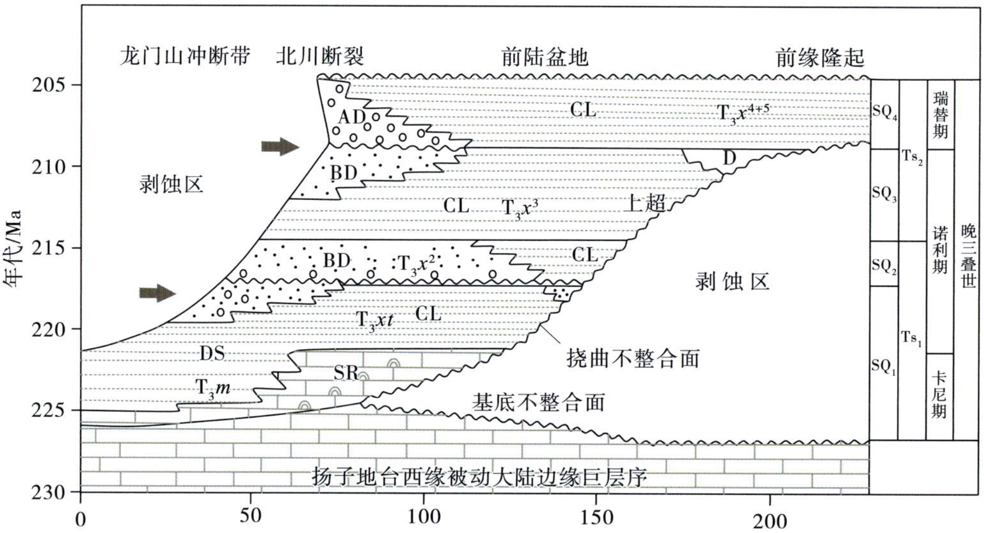

图 5.25　晚三叠世龙门山前陆盆地的年代地层格架

（据李勇等，2003，2010）

AD—扇三角洲沉积体系；BD—辫状河三角洲沉积体系；DS—深水沉积；CL—湖泊沉积体系；

SR—海绵礁和鲕粒滩；D—三角洲沉积体系

点礁为特征，东部则是滨浅海。对古物源和古水流的研究表明沉积物来自东部的扬子地台，该地区被推测是挠曲前陆隆起。因此，逆冲楔状体可能已加载与扬子地台西缘，仅为水下隆起，无剥蚀作用。在层序 3 时期，三角洲体系分布于残留盆地的西部（相当于现今龙门山冲断带的前缘），湖泊体系分布于盆地的中部，较小的三角洲体系则分布于盆地的东缘（即前缘隆起的西侧）。对古物源和古水流的研究结果表明在该时期具有双物源，西部的物源来源于松潘-甘孜褶皱带和龙门山冲断带，东部的物源来自扬子地台的前缘隆起区，但只有较少的沉积物的输入。②在层序 2 和层序 4 沉积时期逆冲作用相对不发育，以剥蚀卸载驱动的抬升为特征，盆地内的构造沉降速率小，前缘隆起抬升不明显，可容纳空间减少，沉积物堆积速率小，发育线状物源，并以垂直造山带的横向水系为主，大量的从造山带剥蚀的物质被搬运出前陆地区，导致过补偿充填，形成厚度较小的板状层序；盆地中的沉积物以冲积扇砾岩和三角洲砂岩为主体，砂岩和泥岩比超过80%，表明盆地充填过程处于过补偿充填阶段。古物源和古水流分析结果表明，该时期为单向物源，只是在盆地的西缘存在物源区，盆地内的三角洲沉积物源均来自龙门山冲断带。

5.5.11　美国犹他州晚白垩世前陆盆地层序地层

Kamola（1995）提出了前陆盆地砂岩的重复性地层模式（图5.26）。以准层序尺度分析犹他州上白垩统布莱克霍克组时，可以观察到一种独特的地层堆叠形式。该前陆盆地砂岩的6个段分别由包含海相和非海相-边缘海相的准层序构成。相的（海相上倾终端）变化迅速，野外易辨。比较各个准层序的海相上倾终端位置，可呈现段级堆叠形式；而通过比较各个准层序的进积规模，则可建立次一级的、以段为尺度的地层模式。所观察到的地层堆叠模式被视作反映海平面随时间相对变化的进程，而后者又反映沉积物供给的改变、冲断岩片推进范围的变化和（或）全球海平面变化。通过比较各段中每个准层序的进积规模和各准层序海相上倾终端的位置，在犹他州上白垩统布莱克霍克组的段内建立了两种独特的重复出现的堆叠地层模式。在同一段内，不论层序界面是否分隔开准层序，最早的准层序总是比较晚的准层序进积较远。其结果是在各段中，进积距离的样式导致了从先进积到后加积的地层堆叠模式。这些地层模式被用来解释白垩纪前陆盆地海平面随时间相对变化的进程，并可以提供冲断岩片变位特征的信息。作为准层序界限的洪泛事件可代表强化逆冲作用期，而最大洪泛面（段的界面）则代表最大冲断岩片的运动期。

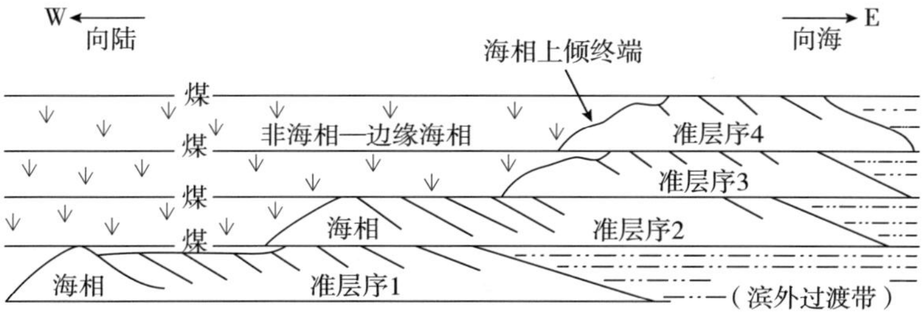

图5.26　美国西部前陆盆地上白垩统（斯普林坎宁段）准层序堆叠示意图
（据Kamola，1995）
准层序1和2为进积堆叠样式，而准层序3和4转变为加积堆叠样式

地层堆叠模式记录了滨线运动的时间轨迹，反映了沉积物供给的改变、逆冲范围的变化和/或全球海平面升降变化。地层堆叠模式的重复性说明，间断准层序的洪泛事件可由Boyer（1992）的同步逆冲作用模式解释，该模式可表明冲断岩片内叠瓦构造的肇始和延续年代。主洪泛面（段界面）代表最大冲断岩片运动期。所观察到的地层堆叠模式提供了一个判断冲断岩片变位历史的工具，但冲断岩片的变位详细年代难以推测。目前对冲断岩片变位细节的分辨率仍不能精细到1 Ma以内。因此，运用Boyer（1992）同步逆冲作用的想法，在一个冲断岩片内可有适当数量和规模的断层运动并产生段-准层序规模级次的变化，然后，从地层记录中分辨出冲断岩片的变位历史。

5.5.12 美国内华达安特勒前陆盆地密西西比纪层序地层

Trexler 等（1996）对内华达安特勒前陆盆地的密西西比系进行了层序地层学研究，他识别了 3 个以造山运动产生的区域角度不整合面为界的地层层序。下部的 DR（Diamand range）层序为深水海底扇沉积体系，沉积物主要来自毗邻造山带，在盆地深部为深水细粒沉积物与海底扇过渡或交互，在大陆克拉通一侧，为缓倾的正常陆棚-滨岸沉积物，物源来自毗邻的克拉通区。中部的 NV（Newark valley）层序为河流和三角洲平原沉积体系。上部的 GS（Green springs）层序为三角洲和陆架碳酸盐岩沉积体系，在邻造山带处，主要为冲积扇、辫状河或扇三角洲沉积，盆地内部以纵向河流、湖泊沼泽和洪泛平原沉积物为主。以上 3 个层序反映了安特勒前陆盆地从早期的不对称沉陷充填（DR 层序）到后期抬升充填（NV 和 GS 层序）的演化史。

5.5.13 扬子板块西缘前陆盆地层序地层

许效松等（1998）对扬子板块西缘的盆-山转换进行了分析，认为层序不整合界面是海平面变化与构造活动的叠加效应（图 5.27）。鉴于有成因连续的沉积体被层序界面限

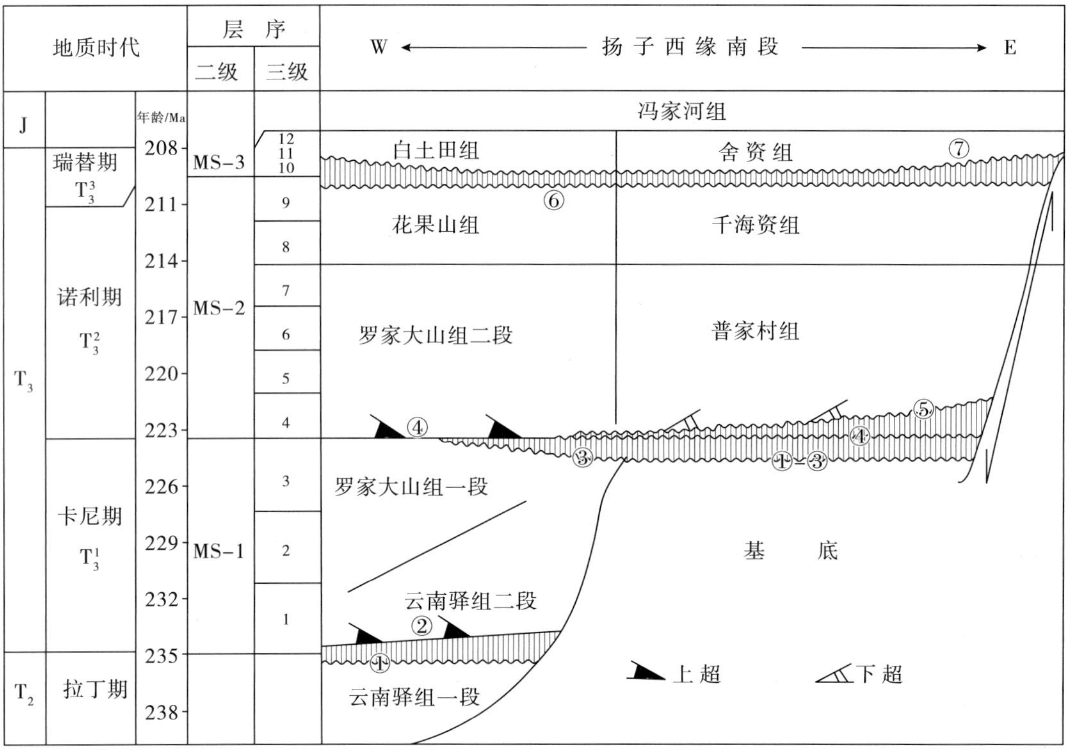

图 5.27 中、晚三叠世扬子板块西缘南段等时层序格架与盆转山模型

（据许效松等，1998）

①第一盆山转换构造面（中三叠世拉丁期古暴露面）；②第二盆山转换构造面（晚三叠世卡尼期海侵上超面）；③第三盆山转换构造面（晚三叠世卡尼期古暴露面）；④第四盆山转换构造面（晚三叠世诺利期海泛面）；⑤第五盆山转换构造面（晚三叠世诺利期下超面）；⑥第六盆山转换构构造面（晚三叠世诺利期暴露与瑞替期侵蚀面）

定，应具等时性。而沉积体的时空展布、层序界面的时空迁移，则应反馈盆地的演化和盆-山转换过程。

层序的界面表现为隆升侵蚀层序不整合面、海侵上超层序不整合面、水下间断层序不整合面、暴露层序不整合面、造山隆升层序不整合面5种成因类型，每种不整合面之上均有特定的体系域为标志，五种成因类型的时空序列演化，可代表一次全球一级或二级周期构造演化周期。在上扬子西缘周缘前陆盆地演化期间，克拉通边缘是晚三叠世诺利期沉积物下超在中三叠世安尼期或拉丁期沉积物上，表现出只有一个层序不整合面，时间损失量可有15~13 Ma，即第⑤层序不整合面与第⑦层序不整合面叠合，在其间的马鞍塘组，属于前陆碳酸盐缓坡沉积物；而在大陆架边缘至少可划分出3个不整合面（图5.27中的第⑤⑥⑦不整合面）。图5.27是扬子西缘南段前陆盆地层序等时格架，在同等的时限内，深水盆地有四个界面，但在克拉通上只有一个界面。

5.5.14 法国东南部阿尔卑斯前陆盆地层序地层

Joseph等（1998）曾研究了法国东南部阿尔卑斯前陆盆地（Barreme盆地）的层序地层（图5.28至图5.30）时提出了一个前陆盆地缓坡带碳酸盐岩层序地层模式。该盆地沉积充填序列受到构造驱动力的强烈控制，并可以划分为两个沉积幕。下部沉积幕介于底部不整合面和超覆不整合面之间，记录了盆地的整体加深过程，表现为货币虫灰岩和黑色页岩的转换，并具有很高的构造沉降速率，分别对应于前陆盆地的A带和B带。上部沉积幕介于超覆不整合面和剥蚀面之间，记录了盆地的整体充填过程和海相古近纪前陆盆地的关闭过程，发育快速充填的碎屑进积作用，对应于典型的前陆盆地的C带，具有强制性的海退序列。

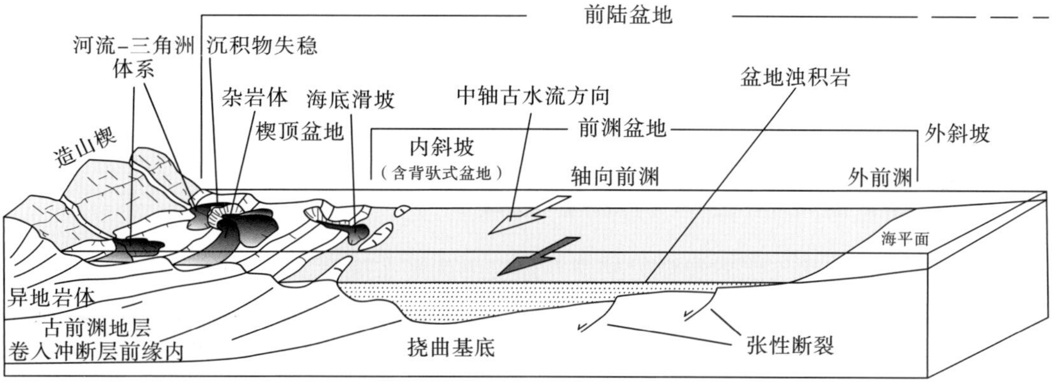

图5.28 楔顶盆地的主要构造单元和沉积单元

（据Mutti et al.，2003）

5.5.15 欧洲Spitsbergen前陆盆地层序地层

在Spitsbergen前陆盆地体系中，斜积层（clinoform）进积到前渊沉积区，沉积砂体出现有规律的展布特征（图5.31）。细分每套沉积层序，可以发现最大洪泛面（MFS）和低位体系域、海侵体系域及高位体系域，它们的发育与海平面变化密切相关。沉积砂体的分

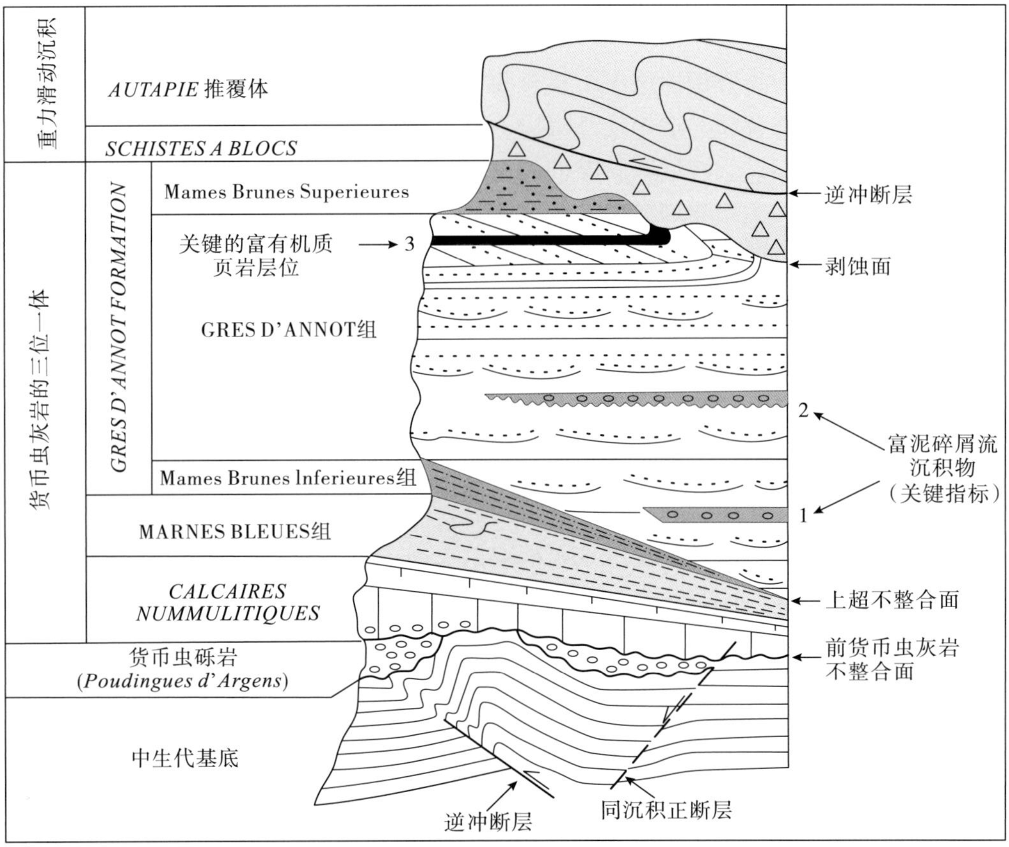

图 5.29　法国东南部阿尔卑斯前陆盆地底部的货币虫灰岩“三位一体”
（据 Joseph et al., 1998）

布主要在低位体系域和高位体系域，尤其是低位体系域的砂体，被海侵体系域的泥岩所覆盖，易形成岩性地层圈闭的油气藏。

5.5.16　前陆盆地黑色页岩层序地层学

为了探索非常规油气优质细粒岩储层在地层中的展布规律，前人提出了多种研究方法与思路，包括运用矿物成分、岩相、地球化学、测井曲线及古生物等指标对细粒岩进行三四级层序划分。少数学者关注五级层序（准层序）的研究，并依据测井及地球化学等指标进行划分。吴靖等（2015）认为深度解析细粒岩的沉积学特征（岩相及成因等）是解决其层序问题的基础。对于三四级层序的划分，可以分为垂向综合划分与横向对比追踪 2 个步骤进行。在所建立的三四级层序格架内，以岩相及其组合为主线，结合矿物成分、地球化学元素含量与比值、测井、小波等指标，多方法共同分析、相互验证来划分准层序，最终建立从浅水至深水、从常规砂砾岩体至非常规细粒岩、贯穿全盆的各级层序格架。

传统的地震反射方法能够检测出层序尺度的页岩，有时还能够检测到具有足够厚度和声学特性变化，能够显示韧性-脆性对偶。然而，常规地震反射通常不可能检测特定岩石内的岩性变化和准层序，也不可能检测薄夹层的地层厚度；更复杂的地震反射处理和处理

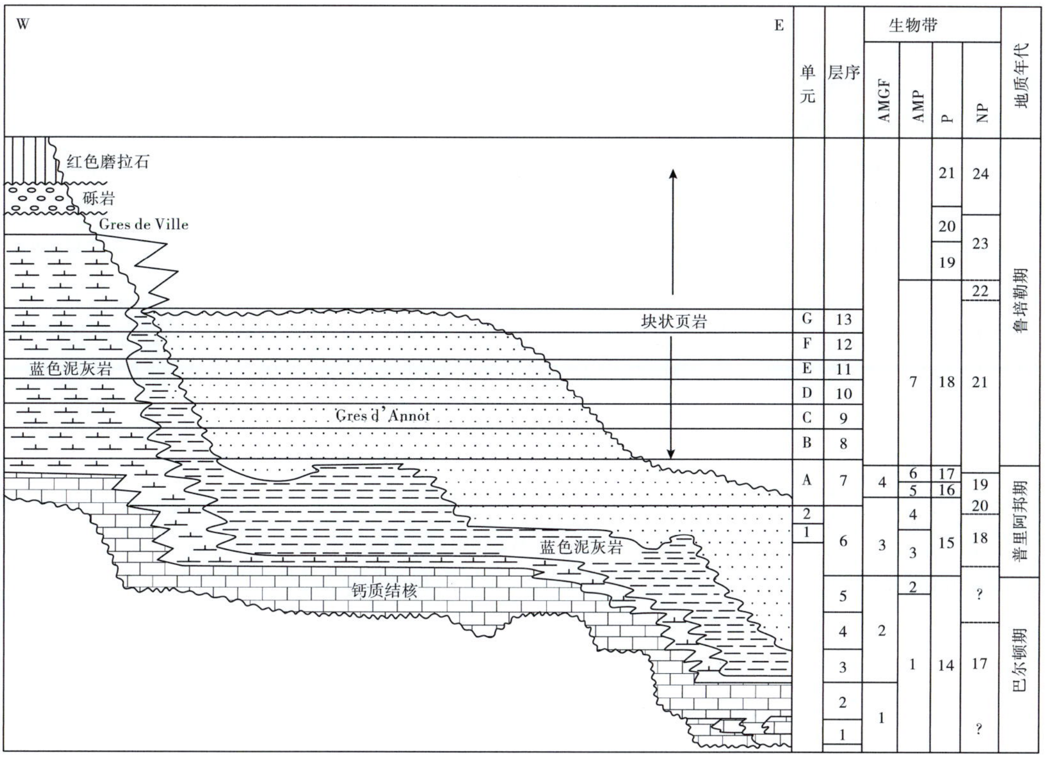

图 5.30　法国东南部阿尔卑斯前陆盆地古近纪岩石地层和生物地层

（据 Joseph et al.，1998）

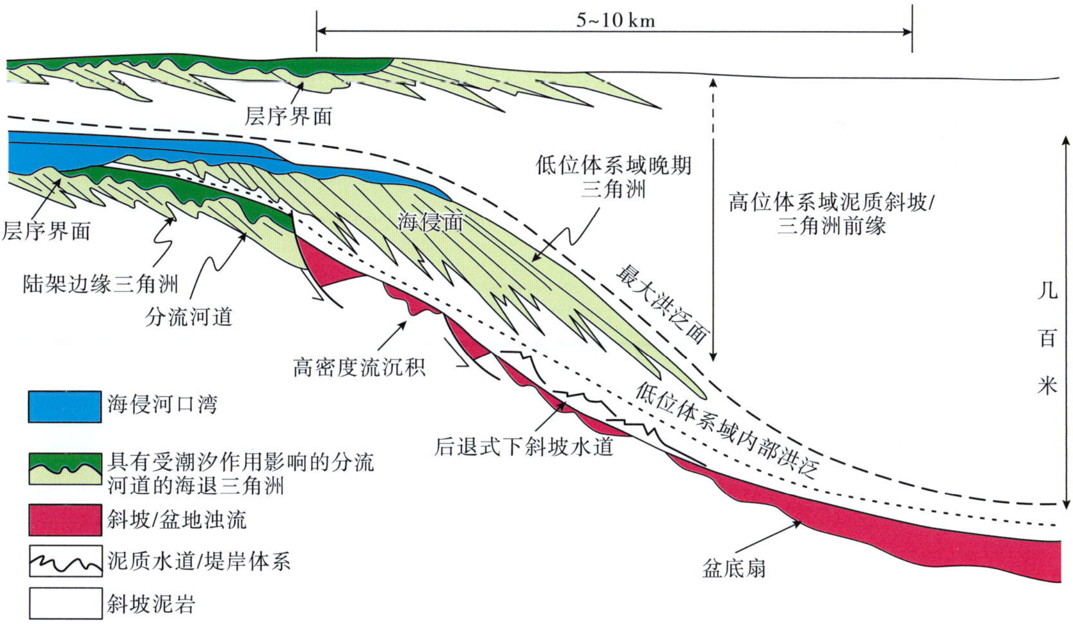

图 5.31　欧洲 Spitsbergen 前陆盆地的体系域和沉积砂体

（转引自吴因业等，2011）

（例如地震反演和地震属性分析）通常被用来改进成像和解释各种页岩地层属性；准层序尺度的地层由特定的韧性-脆性叠加模式组成，为从地震反射记录中检测这些对偶提供了一个间接的指标。这种地震反射的指示器可用于将水平井引入到最适合人工压裂和生产的地层。

对大多数泥岩序列中紧密间隔的垂直样品的详细分析表明，在优势矿物学、粒度、结构、化石含量、微量元素地球化学和有机地球化学组成方面存在巨大的差异。这种可变性通常被认为是对盆地的各种碎屑输入、盆地内的初级生产、沉积物-水界面的化学条件以及底部水层的化学条件和沉积速率变化的函数。大多数研究人员将这种变化的基本环境控制解释为初级生产的系统变化，这些变化与营养供应和底水缺氧有关，并最终与气候变化有关。

现在层序地层方法被更普遍地用来解释时间的变化，因为对粒度变化和古环境变化的代用指标的仔细研究表明，体系域和层状面很容易被识别。在严格约束的地层框架内，对从类似时代序列中的泥岩进行了细致的空间分析，证实了层序地层方法可以用来预测泥岩的空间和时间分布。

非常规天然气页岩中存在多种岩石类型和岩相。在许多页岩中，它们是以系统模式而垂直叠加的地层，并不是随机分布的地层。Barnett 页岩的伽马射线中最常见的模式是从一个层段的底部向上 API 伽马射线计数减少；这种模式被命名为“准层序”。在 Barnett 页岩中，典型的准层序包括富含基质有机质的黏土岩，也含有丰富的磷酸盐粪粒和凝结的有孔虫，然后向上是以含有更多碎屑石英的富含黏土的层段，其中有一段间断的大型化石碎屑、钙质碎屑和充足的磷酸盐沉积物。这个地层具有在浅水海洋环境中的沉积特征。

根据岩芯描述和薄片岩相学进行标定，准层序的叠加表明在波动的相对海平面条件下沉积，产生与 RHP 曲线相对应的旋回层序地层格架，并且可以提供在区域地质编图中细分页岩地层的基础。尽管构造、气候和相关因素会影响盆地充填的最终特征，但许多常见的页岩具有相似的地层，反映了共同的起源和相似的地层。

5.5.16.1 美国福特沃斯前陆盆地黑色页岩层序地层

Singh 等（2008）研究了美国福特沃斯前陆盆地黑色页岩的层序地层模式，将伽马曲线分为向上减小的、向上增加的以及向上不变的 3 种类型（图 5.32，图 5.33）。以伽马曲线的突变点为边界（即海泛面）划分出 3 种伽马准层序（gamma ray parasequences）。单个准层序薄则 10 m 左右，厚则 50 m 左右。

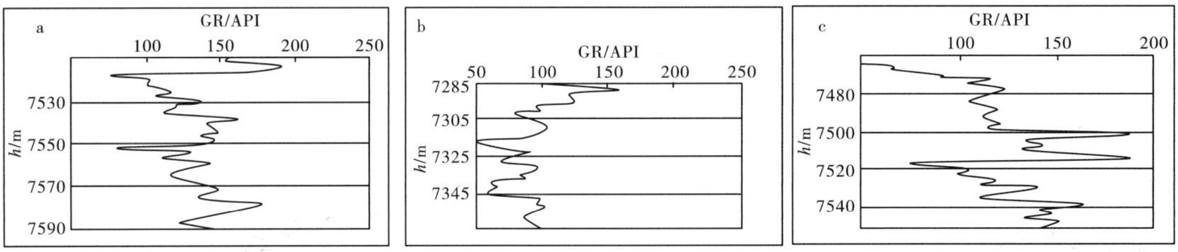

图 5.32　福特沃斯盆地细粒沉积物的层序地层模式图

（据 Singh et al.，2008）

H#7 井 Barnett 页岩中伽马曲线向上减小的（a）、向上增加的（b）以及向上不变的（c）伽马准层序

在此基础上，Singh 等（2008）提出了结合自然伽马曲线的 T-R 旋回的 GRP 层序概

念。该方法赋予了GR曲线沉积学含义，将岩相的旋回叠加样式、密集段和海进侵蚀面等作为建立细粒沉积物层序地层学框架的关键（图5.33）。由于全球海平面变化对盆地深水相的相对影响很小，沉积物始终处于海平面或水平面之下，因此低水位体序域（LST）不发育，泥页岩层序地层的T-R成因旋回二分法在盆内-深水陆棚背景下比Vail等的经典三分法或之后的四分法更实用。GRP层序的首要意义是突破了泥页岩段层序划分的瓶颈。

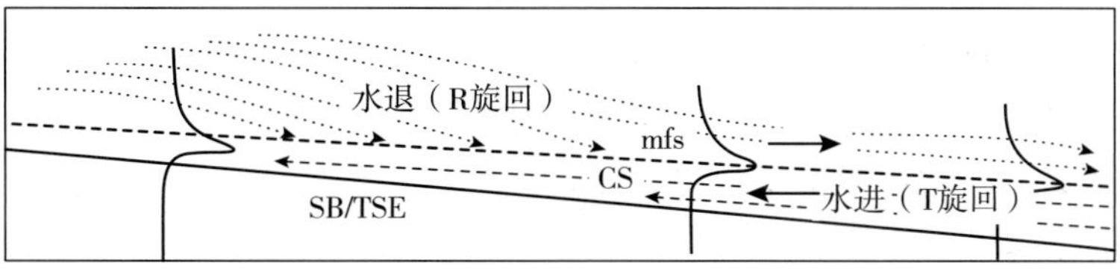

图5.33　T-R层序中的旋回划分示意图

（据Singh et al.，2008）

mfs—最大海泛面；CS—凝缩段；SB—层序界面；TSE—海侵侵蚀面

传统的层序地层是无法进行泥页岩层序划分的，或者仅仅只能识别出体系域级别。而对于GRP层序来说，它可以识别出不同精度的层序单元。具体来说，其识别精度可以分为3个级别：第一个级别是层序级别，类似于传统的三级层序，厚度一般是几百米，反映的沉积事件是一个区域性的水体升降过程；第二个级别是准层序组级别，相当于传统的体系域，厚度一般在数十米；第三个级别是真正的GRP层序，相当于传统的准层序，或者说比准层序级别还要小，厚度一般仅仅几米，它反映的是一次水体变化，这种水体变化可能时间较长，也可能时间较短。在实际操作过程中，三级层序界面是稳定的。GRP层序主要解决三级层序内的准层序划分和对比的问题。

对于GRP层序来说，其重要的功能是对优质烃源岩段的预测。一般来说，一个GRP层序就是一次水进-水退的过程。在这两个过程的转换面附近，往往水体最深，也最稳定。在这个时期，生物容易发育，且不易被破坏掉。在这个界面附近，生物是最容易被保存下来的，直接的结果是在转换面附近为有机质（TOC）富集区；表现在GR曲线上，对应着GR曲线的最大值。

值得指出的是，页岩油气勘探需解决的一个基础核心问题是建立富有机质页岩高精度岩相层序，准确预测页岩甜点段。受页岩沉积相对连续与特征变化难识别等因素控制，页岩地层层序关键界面识别难度较大。在页岩沉积中的相对较浅区域，小型冲刷面、低角度的页岩层间断面、软质沉积物变形、壳质纹层和冲断构造碎屑等沉积特征的出现是层序边界的重要沉积学指示。对应等时地层中未出现以上明显剥蚀面的连续页岩层沉积，岩相组合转换面、不同类型滞留沉积物、黄铁矿鲕粒层或磷酸盐结核面，加之配合指示氧化-还原条件（有机地化参数、无机微量/主量元素等）、古生产力条件（生源Ba、Cu等）及有机物/矿物富集变化规律（有机质丰度、沉积物密度、矿物成分含量等）的地球化学指标可综合判断层序边界或最大海泛面。Singh等（2008）提出的结合自然伽马曲线的T-R旋回的GRP层序概念，使用沉积学特征和地球化学参数分析判断层序界面的关键问题和理论解释，提倡在页岩层序地层划分中，利用钻测井曲线和岩相组合划分三级层序，并结合使用沉积特征和地球化学参数准确搭建四级及以上高频层序格架。

5.5.16.2 阿巴拉契亚前陆盆地黑色页岩层序地层

Slatt 等（2012）探索了前陆盆地黑色页岩层序地层模式（图 5.34，图 5.35）。对于薄而连续的细粒岩地层，通常被解释为水体快速上升形成的欠补偿沉积物，发育于最大洪泛面，划分为层序地层中的密集段。而对于大套厚的细粒岩连续地层，其层序地层学的研究匮乏，并成为未来重要的发展趋势及研究重点之一。一方面，是因为细粒岩“看似均质性”的特征，使其对层序变化的响应并不明显。另一方面，在传统层序地层学理论中，很少涉及细粒岩的层序划分方法、控制要素、地层构成及模式研究。如典型低位体系域的识别标志（盆底扇、斜坡扇等）在细粒岩地层中很难找到对应物。所以，这也是其被长久忽略而成为难点的另一个原因。

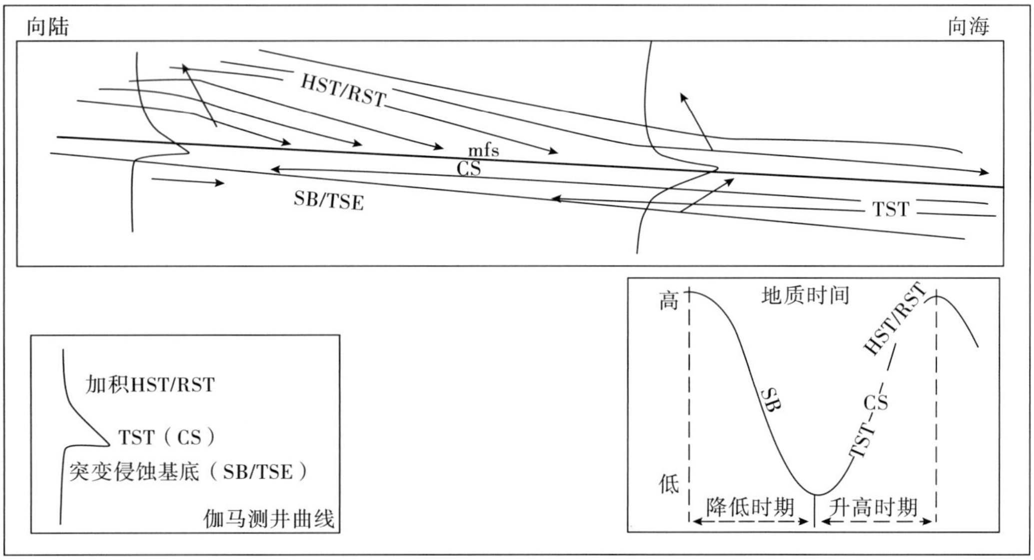

图 5.34　黑色页岩的层序地层模式

（据 Slatt et al.，2012）

细粒岩发育于层序界面（SB）或海侵侵蚀面（TSE）之上。海侵体系域下部细粒岩具有丰富有机质与相对较高的伽马值。凝缩段（CS）顶部发育最大洪泛面（mfs）。其上发育高位体系域（HST/RST），有机质含量减少。两条假设的伽马曲线是根据 SB/TSE 的位置来标记 CS 段位置。向海越远，SB/TSE 与 mfs 间地层的厚度越小。相对海平面变化曲线展示了每个阶段海平面的变化特征。TST—海侵体系域

Slatt 等（2012）通过对比北美各地区细粒岩层序与伽马测井曲线，总结出了阿巴拉契亚前陆盆地细粒岩层序模式（图 5.34，图 5.35），其中的最明显的不整合面就位于下伏的地层之上（海进侵蚀面）。在其之上，发育一套向上变细的细粒岩层段，顶部发育富有机质、高伽马值的细粒岩；在高有机质细粒岩的上部，发育一套具有伽马值逐渐向上减小的层段。尽管各地层的矿物成分及岩相组成不同，这个模式仍出现于不同时代的细粒岩地层以及二级、三级与四级相对海平面旋回中。这一模型可用于识别及预测细粒岩层序格架中的优质岩相。

Slatt 等（2012）所提出的通用的页岩层序地层模型表明，页岩层序覆盖在一个区域不整合面（SB）（或海侵侵蚀面，TSE）之上，并且由底部的富有机物、富黏土的高 API

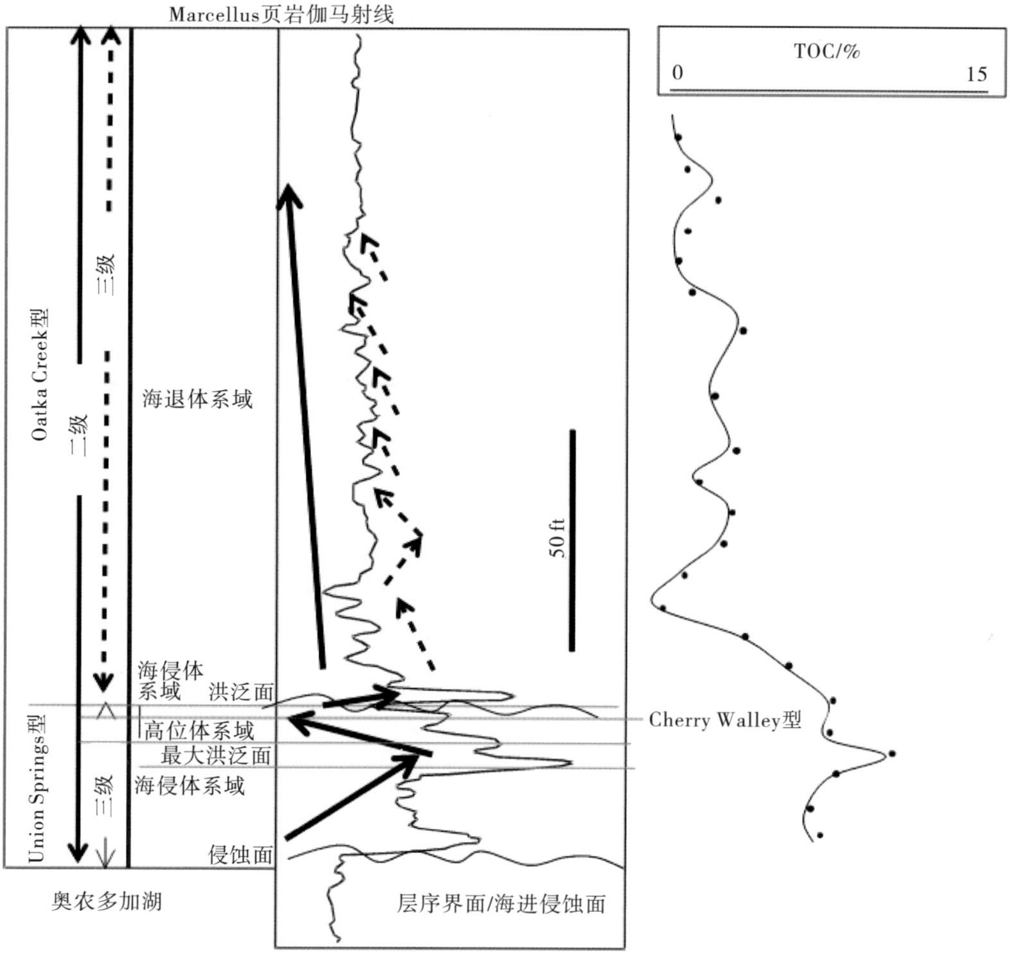

图 5.35　阿巴拉契亚前陆盆地 Marcellus 页岩的伽马射线和总有机碳剖面（1 ft＝30.48 cm）
（据 Slatt et al.，2012）

伽马射线间隔组成，其后是一个低伽马地层的序列。在较低的伽马层中包含一系列高频层序或准层序，通常底部具有较薄的、高伽马射线的页岩。虽然在古生代页岩中高频古老化石的稀缺性，很难建立有绝对的年龄依据的高分辨率年代地层格架，但是在 Barnett 页岩中已识别出两个尺度的旋回。在侏罗纪 Haynesville 和白垩纪 Eagle Ford 页岩中记录了二级和三级旋回，在白垩纪 Lewis 页岩记录了三级和四级旋回。不可定年的古生代页岩与可定年的中生代页岩之间的双重地层旋回的相似性表明，它们都具有可识别的、共同的、可预测的海平面升降和沉积旋回等特征。

第6章　造山带-前陆盆地系统的构造作用与沉积响应

造山带古构造活动的确定和原始面貌的恢复一直是地学研究中难度最大、探索性最强的课题。沉积盆地与造山带是大陆上两个最基本的构造单元，具有盆-山转换和盆-山耦合的地质特征。因此，从盆地沉积记录重塑造山带的古造山作用具有重要意义，在理论上具有指导性，在方法上具有可行性。

前陆盆地的大地构造背景确定了与其相伴的造山运动的演化是影响地层充填和沉积的一个主要因素，因为它影响前陆盆地的沉降、沉积物源和沉积物的供应速率以及沉积物的分布形式。前陆盆地的地层反映了两种独立的控制作用，一级控制是盆地所在的岩石圈板块挠曲引起的区域性沉降（构造负载和动力负载确定了沉降的时间与幅度）；二级控制（如冲断带岩性、气候、剥蚀、相对海平面对基准面的控制）影响地层的充填结构，并控制了物质从造山带向盆地的分散。构造作用对盆地构造沉降的控制表现在造山带缩短引起地壳加厚导致偏离均衡状态，这又为沉降所补偿。由于岩石圈横向强度变化，这种沉降在毗邻造山带区域呈挠曲性分布。Einsele（1992）认为剥蚀速率与造山带的隆起存在近似的正相关性及剥蚀滞后效应，当造山带隆升速率为零时，剥蚀速率最终也趋于零，造山带达到均衡状态。Jamieson等（1988）将前陆盆地和造山带体系的动态演化划分为三个阶段，即建设阶段、稳态阶段和破坏阶段，强调前陆盆地本身的信息不能判定这三种状态，只有结合应变史和造山带的 $P-T-t$ 轨迹方可判定造山带所处的状态。此外，前陆盆地沉降及沉积充填与岩石圈流变特性相关。造山作用主要表现为逆冲作用和走滑作用及其相互之间的作用，其中逆冲作用产生的构造负载是盆地生长的构造动力，它控制了前陆盆地的沉降和可容纳空间的形成与提供物源，并可导致盆地的沉降和物源在垂直造山带方向的迁移；造山带的走滑作用控制了前陆盆地的沉降、物源在平行造山带方向的迁移，并可导致盆地的抬升与侵蚀。因此物源是连接造山带和沉积盆地的一个纽带。

确定冲断作用时间的方法有直接法和间接法，前者利用断裂带内的物质或与断层有交切关系的岩石；后者利用远离断层的沉积地层。但两种方法都涉及时间分辨率问题，针对不同的分辨率要求也不一样。利用直接法如交截关系，来判断冲断活动存在两个主要问题：一是在造山带中地层保存不完全；二是在造山带中某些岩石关系的时间分辨率较差。因此，利用与造山带毗邻的前陆盆地沉积地层来确定造山带冲断作用的时间就成为主要的方法，其中精确的定年技术是研究的关键。间断时间和剥蚀量的确定有助于监测造山带的演化和研究冲断就位与地层的对应关系。利用岩相学的研究辅佐构造识别需考虑局部构造的特征，过分依赖某种方法有可能得出自相矛盾的结论。

根据前人在造山带-前陆盆地系统的构造作用与沉积响应方面的研究成果，下面将阐述前陆盆地的构造-地层序列分析、前陆盆地充填体形态分析、前陆盆地的不整合面分析方法、砾质粗碎屑楔分析法、冲断带-前陆盆地系统的侧向迁移、前陆盆地沉降史分析、物源分析与造山带的脱顶历史分析、碰撞作用的沉积响应 8 个方面的进展，并总结了利用沉积响应重塑造山带构造作用的不同尺度的地层标识，包括盆地充填体的几何形态、不整合面、构造层序、碎屑楔状体、相及沉降中心的迁移、沉积物特征碎屑组分变化、沉积物通量和沉积速率的增减、河流梯度、前缘隆起，以及放射性测量与裂变径迹年代测定。应用上述不同尺度的地层标识确定造山带冲断变形时间时一定要注意各种识别标志的综合对比，避免循环推理，减少结论的偶然性。

6.1 前陆盆地的构造-地层序列分析

前陆盆地的地层记录了相邻造山带和盆地本身的构造演化特征，因此挖掘沉积充填序列的构造意义有着重要意义。前陆盆地的构造-沉积分析就是研究前陆盆地的构造地层，按照沉积对构造响应的原则将盆地充填序列划分为一系列构造层序，精细研究其间各种古构造运动面和各构造层序的同期构造变形特征。

6.1.1 沉积盆地的时间跨度

不同的盆地类型存在典型的时间跨度，在这个时间跨度之后它们可能被抬升和侵蚀、局部被反转，或被改造成另一种盆地类型（图 6.1）。存在的每一个阶段都是由一个大的，即一个由特定板块构造过程或一系列过程控制的阶段沉积的地层来识别的。大层序的时间跨度可能超过 4 个数量级。海洋海沟盆地的寿命最短（0.1~0.8 Ma），由于快速的俯冲速度和早期合并成一个增生岩体。海沟-斜坡、弧内、延伸后弧和走向滑动盆地的寿命也相

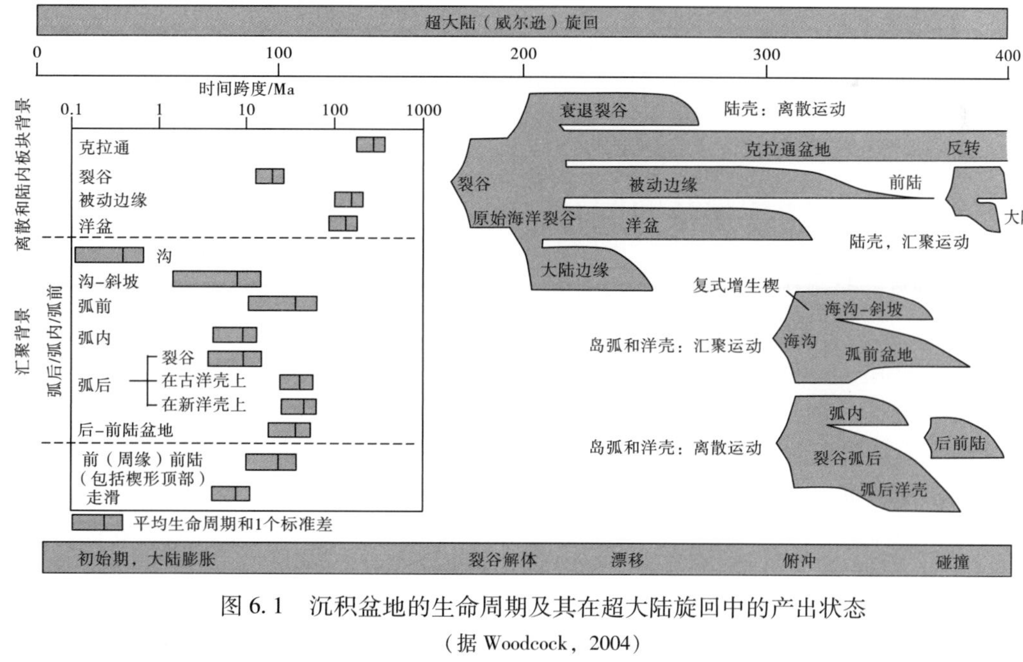

图 6.1　沉积盆地的生命周期及其在超大陆旋回中的产出状态

（据 Woodcock，2004）

对较短（2~25 Ma），反映了它们的构造活动。裂谷、弧后盆地和前陆盆地的时间跨度较长，其时间跨度为4~25 Ma。在经历了长期的热沉降，在低应变率地区的盆地最长的寿命为60~40 Ma。

不同的沉积盆地类型同样也有具有其自身特点的沉降历史，并且有着由其形成机制引起的特征平面区域（图6.2）。一般来说，走滑盆地具有快速的沉降速率，但是其寿命是短暂的，分布也是局部的。与此相反的是在另一个极端，克拉通盆地是非常长寿的，并且这种盆地的下沉是缓慢的。

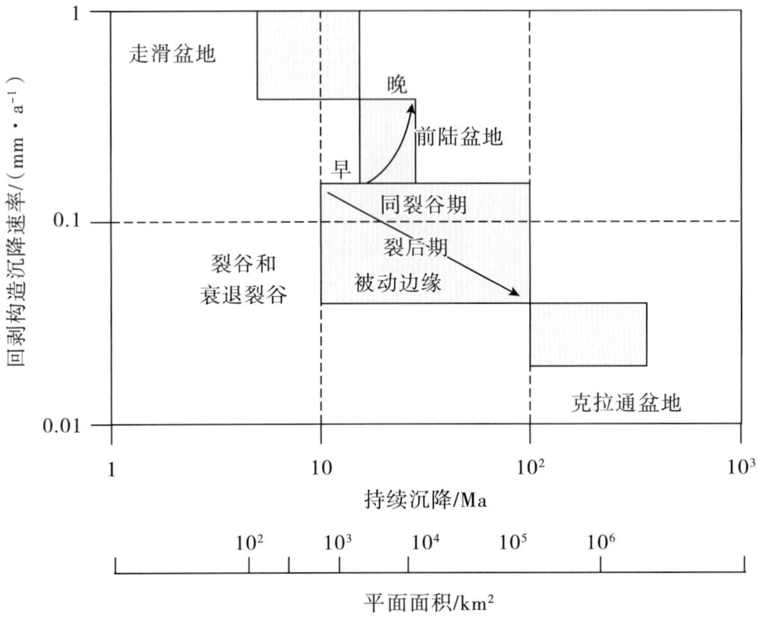

图6.2 沉降持续时间与典型的构造沉降速率的对比

（据 Allen et al.，2013）

已利用回剥法消除了沉积物加载的影响，适用于走滑盆地、前陆盆地、裂谷和破裂的裂谷、克拉通盆地等的辨别

6.1.2 造山楔逆冲作用的时间响应

Allen（2008）指出构造活动的周期与地形的响应时间决定了一个系统是“活动的”还是“缓冲的”。在一个活动地形中，构造活动过程可以转化为从山区河流输送到前陆盆地沉积物变化的信号。Jones 等（2004）对比利牛斯山 Ebro 前陆盆地研究成果表明，逆冲楔变形作用沉积响应的时间在0.5~1.0 Ma范围内。这样的时间尺度意味着地层的沉积记录在很大程度上是对米兰科维奇时间尺度上的气候波动的记录，而且可以记录更长期时间尺度的挤压作用（如逆冲楔间断性的变形作用或者更长周期的气候变化）。

如果将逆冲断层的活动位移事件与前陆盆地的层序记录相联系，这些问题变得非常重要。如果直接用断层岩石定年来测定（如剪切带中的云母$^{39}Ar-^{40}Ar$年龄）变形时间，那么这也是地表位移时间的记录，地表位移驱使了地形的瞬时响应，然后由河流系统将沉积物信号输送到盆地。换句话说，我们无法获得与地层信号之间的直接联系。如果利用热年代学冷却年龄去研究断层活动性，其记录了上盘地形的侵蚀作用的响应和变化，虽然该信号是滞后于断层滑动作用的，但是测定的年龄和地层信号是密切相关的。

在连续模型中，我们假定活动的逆冲楔对表面侵蚀、沉积作用变化的响应时间在地质尺度上是瞬时的。然而对构造和地层的观测结果表明褶皱、逆冲变形是间断性的。数字模型和沙箱实验显示间断性变形的时间是由增生逆冲单元的长度与平均地壳缩短速度之间的比值决定，在许多逆冲楔系统中该比值分布在 0.1~5.0 Ma 之间。这样的间断性生长导致基准面的变化，从而引起前陆盆地内地层旋回的形成。

综上所述，逆冲楔物理模型可以说明在汇聚环境中大陆岩石圈均衡作用是如何支撑山脉地形的。20 世纪 90 年代以来的一系列研究成果证明，逆冲楔的生长、前陆盆地的沉降与大陆板块俯冲过程在力学上具有耦合机制，导致了逆冲楔与前陆盆地的连接。这种耦合关系表现在两个方面：①逆冲楔地形负载驱动了在前陆盆地挠曲沉降；前陆盆地的地层厚度和盆地地层被卷入到逆冲楔中的速率控制逆冲楔的生长。②逆冲楔的表面过程与构造挤压作用也是相互耦合的。因此，基于逆冲楔-前陆盆地系统的力学与表面过程耦合关系，我们应该将这两种地质要素作为逆冲楔-前陆盆地系统进行综合考虑，再进一步探索不同部位的反馈情况。

6.1.3 前陆盆地的沉积速率与时间尺度

沉积速率变化很大，并超过 11 个数量级（10^{-4}~10^{7} mm/a），这取决于计算沉积速率的时间尺度（图 6.3）。沉积速率与时间尺度的逆向关系受到在地层中存在的不同尺度的

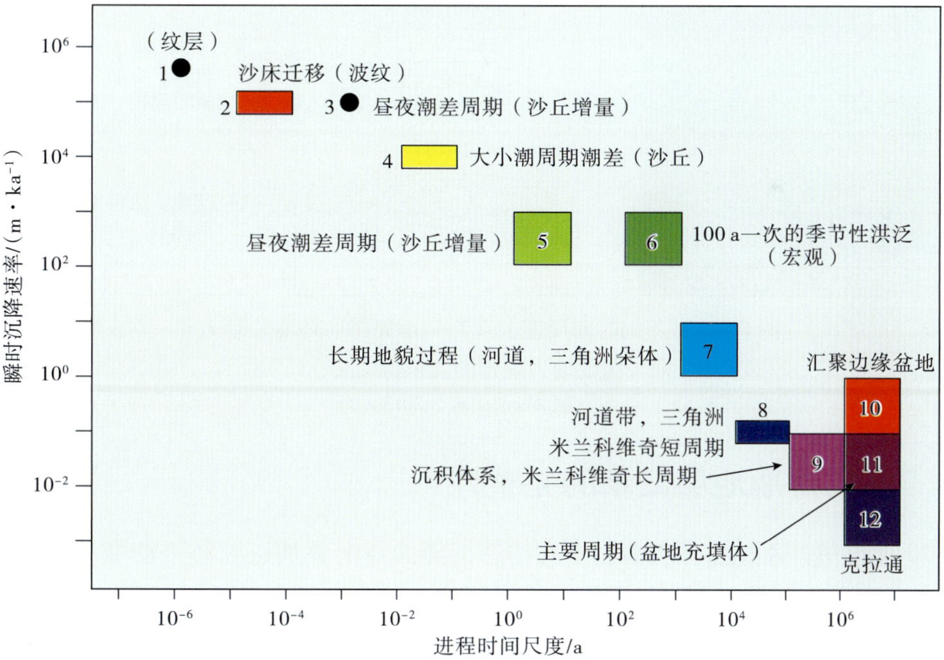

图 6.3　沉积过程的速率、时间与产物

（据 Miall，2014）

数字指在沉积速率尺度中的等级。沉积速率的等级范围超过 11 级

间断的影响。Miall（1991）认为沉积过程和保存的沉积物的自然层序结构确实存在。虽然层序被称为“沉积速率量表”，但是其中有很多的缺失，是不完整的地层记录。由于这是普遍的情况，在沉积层中保存的时间序列和在沉积物路由系统的侵蚀源区的驱动机制中，需要考虑一些其他因素。

复杂的自然系统可以通过识别从小到大的不同的层次来进行研究，从而形成一个相互作用的层次系统（图 6.1 至图 6.4），包括单个的沉积气候或地球物理事件等短期时间尺度到整个盆地地层学的长期时间尺度。分层次的系统模型表明，从短期到长期的这种向上扩展不能通过简单地使用相同的动力参数来实现更长的时间周期，而是我们应该寻找新的动力变量。这些新变量将以不同的外部作用力在不同层次上作用为依据，而不是在短期作用的叠加。

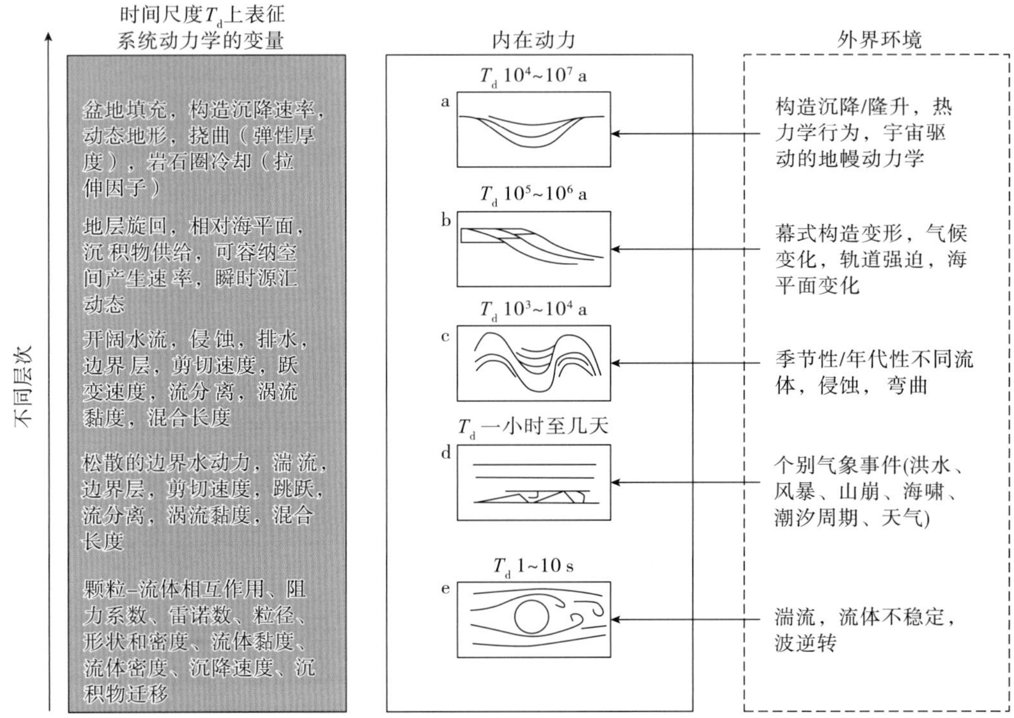

图 6.4　在不同时间尺度上（T_d）由外部（环境）动力和内部动力确定的沉积物层次

（据 Allen et al.，2013）

6.1.4　前陆盆地地层记录的完整性

在 20 世纪初，通过物理实验显示在构造沉降曲线上叠加正弦海平面变化曲线的结果表明，当沉积物减少时，由地层所代表的时间的一部分被侵蚀间断所占据，产生一系列顶部被截断的旋回（图 6.5）。Wheeler（1958）在绘制时间与水平距离坐标时，发现频繁的海平面升降导致了地层间断，这意味着平均沉积物堆积速率小于瞬时沉积速率。

Miall（2014）用 Wheeler（1958）的概念作为计算沉积速率的基础，包括流体流动的微观湍流结构到在更长的时间尺度的整个盆地的千米级厚度的地层单位沉积速率，认

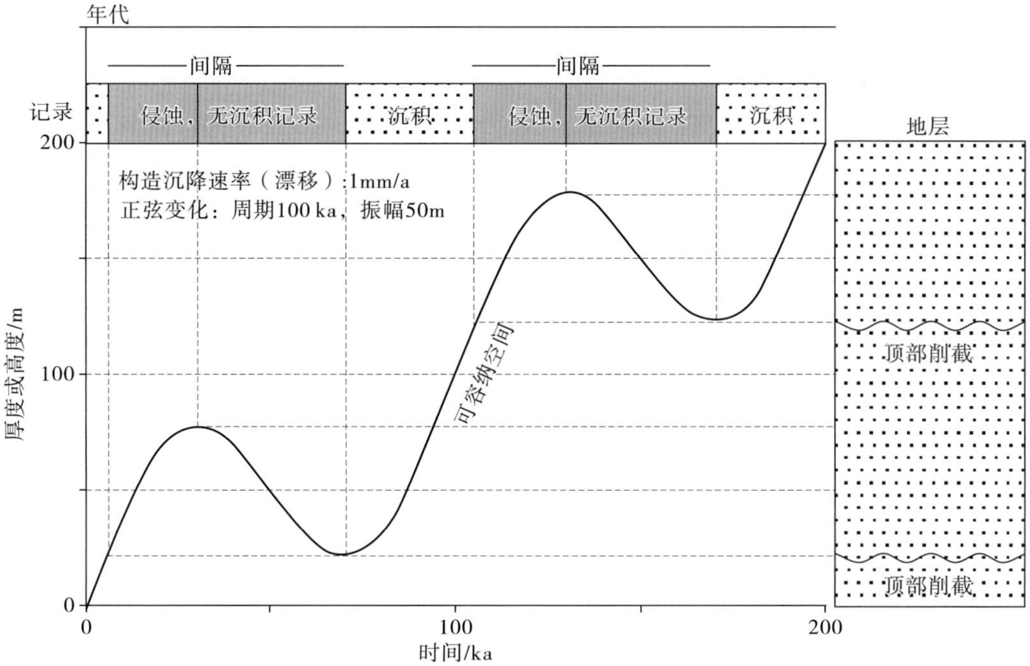

图 6.5　相对海平面（相当于可容纳空间）：正弦海平面变化叠加了构造沉降
（据 Allen et al.，2013）

沉积作用不断地与盆地可容纳空间的产生保持同步。在地层柱中表现出的侵蚀、非沉积间断是由于可容纳空间的缺失所导致的，其在地层柱上显示为不整合面

为沉积记录并非是连续的。如果我们根据在现代环境中测量的沉积速率来推断地质历史的长时间尺度的沉积速率，就会发现地层剖面的厚度小于预期的地层厚度，因此其中包含了地层间断或被剥蚀的沉积物的厚度。地层序列的沉积速率与测量速率的时间跨度成反比。这对于评估物种灭绝的进化速度和模式至关重要，可以利用生物地层、磁性地层学和地质年代边界的插值来进行年龄分配。由于在地层记录中存在的间断难以评估，特别是当观测的时间尺度很小的时候，因此，更容易估算出大尺度缺失时间，如超层序边界的时间缺失。

Sadler（1981）认为沉积的连续性和稳定性是一个难以理解的概念。地层是对过去发生的事件进行选择性的部分记录，而不是对所发生的所有过程的完整记录。Allen（2008）指出，时间将沉积路径系统转变为地质过程，就像历史一样，有选择性地从实际发生的事件中取样，从而进行记录。地层记录的不完整性不仅影响着沉积过程记录的可靠性，而且对古沉积环境变化的恢复具有影响。

对沉积物厚度的统计分析表明，河床沉积物的厚度分布与盆地几何形状（如盆地的大小）和物源输入（包括沉积流体的体积、类型和动力学）有关。沉积物厚度与河床沉积物的比例关系一直是人们关注的焦点，因为它们构成了重要的深水石油勘探目标。人们普遍认为，在地层的连续性和沉积地层的厚度之间存在着一种反比关系。也就是说，薄层出现的概率比厚层要大得多。浊积岩的厚度通常被认为是幂律分布，而另一种模型是对数正态分布。

6.1.5 前陆盆地层序级别与时间区间

Sloss（1963）曾以地壳重大的不整合面为界将显生宇划分为6个层序（图6.6）。Vail等（1977）依据相对频率（即时间区间）的差别，提出全球海平面变化具有不同级次的特点，也就是以相对频率为基础的划分层序的系统。而后Vail等（1991）又对层序的时间区间做了调整，将层序划分为6个级别，并给出了相应的时间区间（表6.1）。

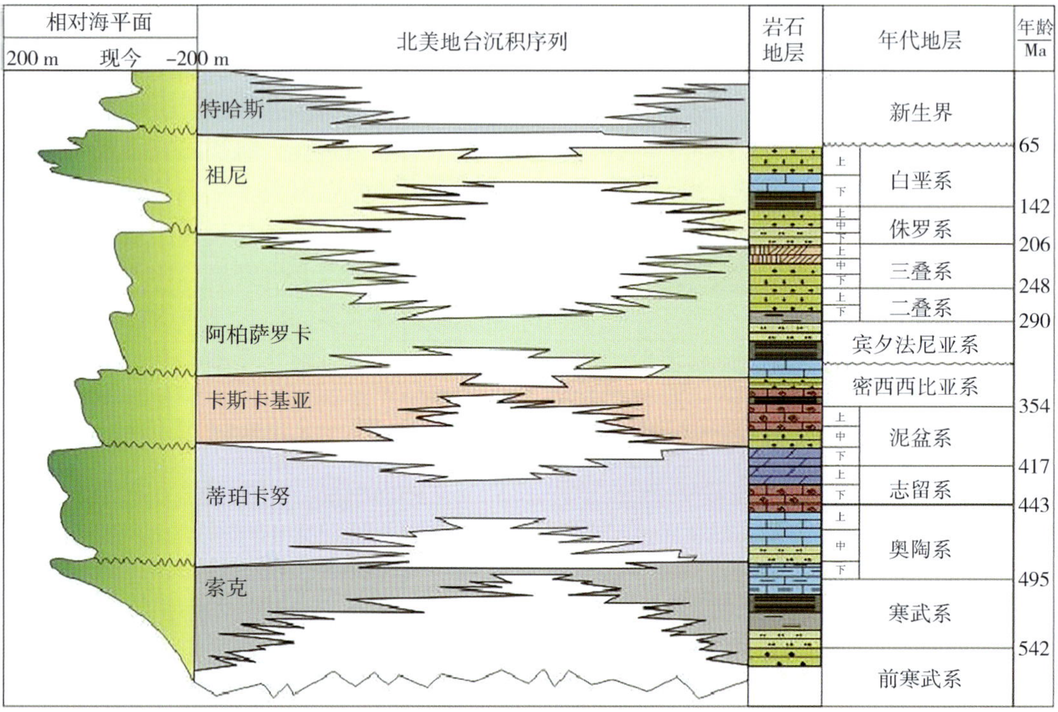

图6.6 北美地台的沉积地层序列

（据Sloss，1963）

表6.1 层序级别与时间区间

层序级别	时间区间/Ma
Ⅰ	>50
Ⅱ	3~50
Ⅲ	0.5~3
Ⅳ	0.08~0.5
Ⅴ	0.03~0.08
Ⅵ	0.01~0.03

（据Vail et al.，1977）

薛良清（1998）指出，用时间区间来建立层序级别存在一些不足，这是因为：①不同作者所采用的划分层序级别的相对频率（即时间的长短）很不一致，甚至同一作者在不同时间所采用的标准也不一致；②任何地层序列都包含有许多层序界面（不整合面或整合面），人们往往为了满足相对频率（时间区间）的限制要求，简单地选取他们所需要的层序边界。为此，他提出了以基准面变化的相对振幅大小来建立层序级别的框架，并定义了5个级别的层序边界特征（图6.7）。

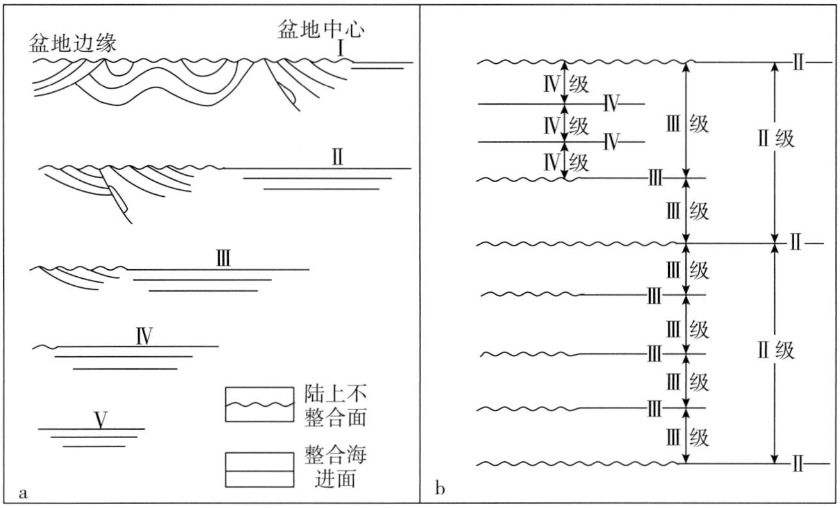

图6.7　沉积层序的边界特征（a）和确定层序级别的原则（b）

6.1.6　前陆盆地的构造地层组合分析

构造环境控制并影响前陆盆地的形成和充填，反过来地层记录又可以恢复构造环境并追溯构造演化历史。在地质研究中常把一定构造环境下形成的地层层序称之为构造地层组合，这些地层组合反映大地构造信息的主要参数包括地层厚度及其分布特征、岩性组合、重要不整合界面以及盆地充填的沉积学和岩石学特征。

6.1.6.1　前陆盆地的地层组合和下覆克拉通的地层组合

前陆盆地是叠加在克拉通基底之上的。前陆盆地地层组合和基底克拉通地层组合有着明显差异。克拉通基底组合通常具有厚度相对均一、岩性及相的展布稳定等特点；而前陆盆地地层组合在地层厚度上从造山带到前陆盆地具有明显的由厚到薄的变化，沉积相展布沿此方向也发生明显的变化。

6.1.6.2　早期前陆盆地地层组合与晚期前陆盆地地层组合

前陆盆地和造山带系统的动态演化具有明显的阶段性。早期沉积作用滞后于沉降作用，因而形成欠补偿盆地；后期随造山带达到其最大高度（造山带处于稳定状态），由快速的充填形成向上变浅的碎屑楔；而当盆地被充填以及过路沉积作用有效时，沉积作用和沉降作用达到平衡，稳态前陆盆地得以维持。

Cant等（1989）提出了地体增生和前陆盆地演化的理想模式，与冲断楔的初次侵位于大陆边缘上相对应的、堆积在大陆架台地上的前陆盆地地层序列是由不整合面限定的、向上变粗的深水相到浅水相组成。随后，由冲断作用形成的碎屑楔可以偏离上述的理想模式。这主要是受下述一种或多种因素的影响：①由于最初的地体增生在先存的被动大陆边缘之上，因而碎屑楔底部通常处于深水环境，而随后的冲断事件一般导致沉积基准面接近或高于海平面，沉积物更易于堆积在浅水和陆相环境。②盆地的沉积速率大于构造沉降速率，导致了沉积基准面维持在海平面附近。③全球海平面的升高导致可容纳空间增大，从而使形成不整合面需要更大的隆起幅度。④在相邻的碎屑楔之间的时间不足以发生有意义的挠曲隆起的松弛作用和区域隆起引起的剥蚀作用。

6.1.7 前陆盆地构造-沉积旋回分析

Cant 等（1989）从加积模型入手，结合前缘隆起迁移和盆地“反弹”的概念，提出了前陆盆地碎屑楔向上变浅、以不整合面为界的理想化层序（图 6.8）。当地层前缘超覆到大陆斜坡上时，在大量沉积物从逆冲断层带剥蚀掉之前，前陆挠曲沉降就开始了，由此在前陆盆地形成了深水环境，持续的汇聚作用可以把逆冲带推覆到斜坡的坡折带上，在原生冲断带处形成高地貌，大量的沉积物被搬运进盆地。堆积起来的深水复理石型沉积物上超到底部不整合面之上。逆冲作用持续进行，沉积物供应速率超过沉降速率，形成浅海相和非海相沉积。在大地构造相对静止期，逆冲断层的负荷在经剥蚀而减轻的过程中反弹能引起上部不整合面。

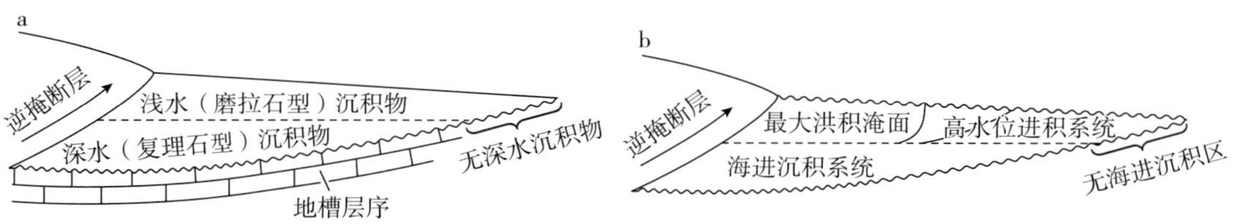

图 6.8 两种前陆盆地充填模式示意图

（据 Cant et al.，1989）

a—典型的前陆盆地充填物来源于先前被动大陆边缘初始地体加积。当地体覆盖在大陆边缘上时，沉积物逆冲体被搬运到与斜坡的转折处；在原生的推覆体带形成正地形。大量的沉积物堆积在盆地中，形成深水复理石沉积物，并上超在底部不整合面之上；随着逆冲推覆作用的持续，沉积物供给速率超过沉降速率，形成浅海相和非海相沉积物。在剥蚀作用减轻构造负载的过程和相对构造停滞期间，回弹作用可以形成上部不整合面。b—在前陆盆地倾向于形成浅海相和非海相沉积物时，一种典型的由后期变形事件（堆积）形成碎屑岩楔状体；早期阶段当沉降速率超过沉积速率时，显示为海进沉积体；晚期阶段当沉积速率超过沉降速率时，显示为高水位前积沉积体

Cant 等（1989）认为层序中相序列的主要控制因素是挠曲沉降开始与由此而引起的高速供应沉积物之间的“时间滞后”效应，它是前陆盆地沉降速率与沉积速率相对改变的结果，即可容纳空间的产生与充填这个空间的沉积物到来之间的时间间隔或“滞后”效应。在沉积记录中时间滞后效应的大小不一定就是绝对时间滞后的度量，也未必与绝对时间滞后成正比。

Monoz-Jimenez 等（1997）通过对西班牙北部的 Rioja 盆地的研究，认为构造沉积单元分析方法对研究主要由构造活动控制的盆地充填作用是一种很实用的方法。他们根据沉积特征、沉积不整合面和沉积间断面等将盆内沉积序列划分为 8 个构造沉积单元，每一个

构造沉积单元为一向上变细或向上变粗的沉积韵律，分别与低和高沉积/沉降速率相对应，反映了构造作用的减弱或加强。在横剖面上表现为退积、进积过程，整个沉积序列反映盆地经历了多次构造-沉积旋回，产生了多个构造活动转换面，表明了造山带周期性脉动的造山历史。

李勇等（1995，2001）利用龙门山前陆盆地的构造沉积旋回分析了龙门山冲断带的构造事件和时序。但是，目前对构造与沉积响应的具体细节，也有不同的看法。如 B1air（1988）认为在一个前陆盆地的沉积韵律中，粗粒沉积物之上的细粒沉积物的出现才标志着另一次构造活动的开始，冲断活动高峰期与细粒地层段相关。

6.1.8 前陆盆地向上变粗的沉积序列分析

尽管每一类前陆盆地的沉积特征及其演化阶段存在差异，例如，周缘前陆盆地通常发育的深水复理石沉积物，而在陆内前陆盆地中一般不发育，但这些盆地一般都发育一个向上变粗的陆源沉积序列。前陆盆地的这套陆源碎屑沉积物主要来自与其毗邻的造山带，其记录着造山带的隆升与剥露历史，并受盆地基底沉降机制与沉积分布模式等因素的影响，因此是开展盆-山耦合关系研究的主要对象之一。然而，由于前陆盆地向上变粗的陆源沉积的成因具多解性，在粗粒相沉积事件与源区剥露作用之间存在时滞，砾岩在盆地中的分布具有穿时性等，因此，在进行具体的前陆盆地沉积序列研究中，特别是在解读岩相变化与沉积速率变化的地质意义时，需要综合分析相关地质证据，才能得出关于前陆盆地与相邻造山带演化的正确认识。

6.1.8.1 前陆盆地向上变粗的沉积序列

许多前陆盆地发育有厚层的陆源沉积物。在纵剖面上，这套沉积物常表现为向上变粗的特征，地层序列的下部为细粒沉积，向上逐渐变粗至砾岩相沉积；在横剖面上则呈楔状产出，即沉降中心一般靠近造山带一侧，向克拉通方向沉积厚度逐渐减小。

6.1.8.2 前陆盆地向上变粗的陆源沉积物的成因多解性

前陆盆地陆源沉积序列呈向上变粗的趋势，其成因机制主要有以下几种解释（吕红华等，2010）：

1）源区构造隆升与侵蚀（图 6.9a）。在构造稳定期，源区相对低的地势导致物理风化较弱，碎屑产率较低，河流搬运作用弱，在前陆区主要接受泥岩、粉砂岩等细粒沉积物；在构造活跃阶段，随着基岩山地隆升，地势增高，河流搬运动力增大，侵蚀作用随之增强，前陆沉积地层岩性相应变粗（图 6.9a）。

2）构造平静期源区持续的侵蚀卸载导致盆地基底均衡回弹（图 6.9b）。在不考虑气候、岩性等因素的前提下，Heller 等（1988）运用挠曲模型分析将前陆盆地沉积充填过程划分为两个阶段。在造山阶段，构造负载致使盆地基底快速下沉，盆地沉降中心与沉积中心均位于前陆盆地靠造山带一侧，盆地近源区接受粗颗粒沉积，向克拉通方向沉积颗粒快速变细；在后造山阶段，源区持续的侵蚀导致卸载作用发生，从而使得盆地基底逐渐回弹，造成盆地近源区早期粗颗粒沉积被剥蚀、改造，并在盆地远源区再沉积（图 6.9b）。可见，在造山和后造山两个阶段所发育的粗粒相沉积，其构造意义明显不同，前者响应于

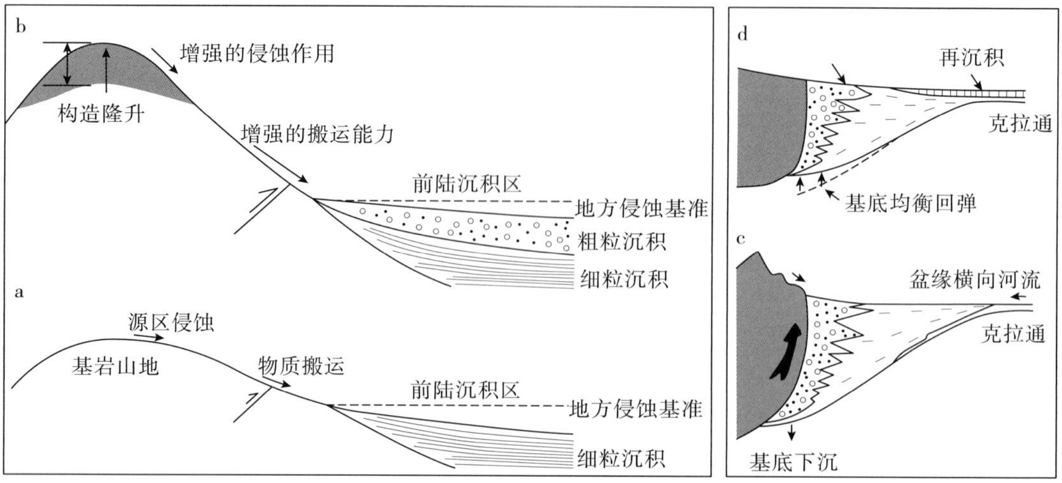

图 6.9　前陆盆地粗粒沉积物的成因模式

（据吕红华等，2010）

a—构造稳定期；b—构造活动期；c—造山阶段源区侵蚀；d—后造山期侵蚀

源区构造活动，而后者则源于构造平静期侵蚀卸载导致的盆地基底均衡回弹。简单地将前陆盆地内单一地点的岩相变化归结为构造成因，可能会得出不合理的结论。

3）在蚀顶过程中岩体抗侵蚀能力的变化、沉积区与造山带活动变形前缘之间的距离变化也可能改变砂砾石产率在前陆盆地内的分布。

4）增强的降水或更具侵蚀能力的气候条件也可导致沉积物增粗与沉积速率增大，距今 2~4 Ma 以来全球范围内沉积颗粒变粗、沉积速率增大就被认为是全球气候变化的结果。除了上述多种可能，局部构造的发育将使前陆盆地向上变粗序列成因机制的解释变得更加复杂（图 6.10）。前陆盆地内逆冲断裂和褶皱作用以多种方式切割、抬升，从而导致先前的沉积地层被剥露，由此形成的局部抬升区（如断裂相关背斜）可能成为盆地的远源区甚至近源区的新物源。此外，前展式的逆冲作用也可以导致背驮盆地的形成。这些因素会造成前陆盆地沉积演化过程变得更加复杂，而且也使得正确解读前陆盆地沉积地层的热年代学年龄的地质意义变得更加困难。因此，在盆地内单一地点观察到的某一岩相变化可能是对局部构造活动的响应，并不足以反映整个盆地或者相邻造山带的构造演化历史。

6.2　前陆盆地充填体形态分析

6.2.1　楔状体和板状体

Burbank（1992）发现了前陆盆地的两种充填体形态样式：一种为楔状体，另外一种为板状体。在逆冲时期，构造负载导致不对称盆地的出现，盆地较窄，沉降中心邻近冲断带一侧，前缘隆起发育，盆地充填体为楔状体。在逆冲作用不发育时期，冲断带以剥蚀卸载为主，沉降中心向克拉通方向漂移，盆地宽而浅，前缘隆起不明显，盆地中充填体为板

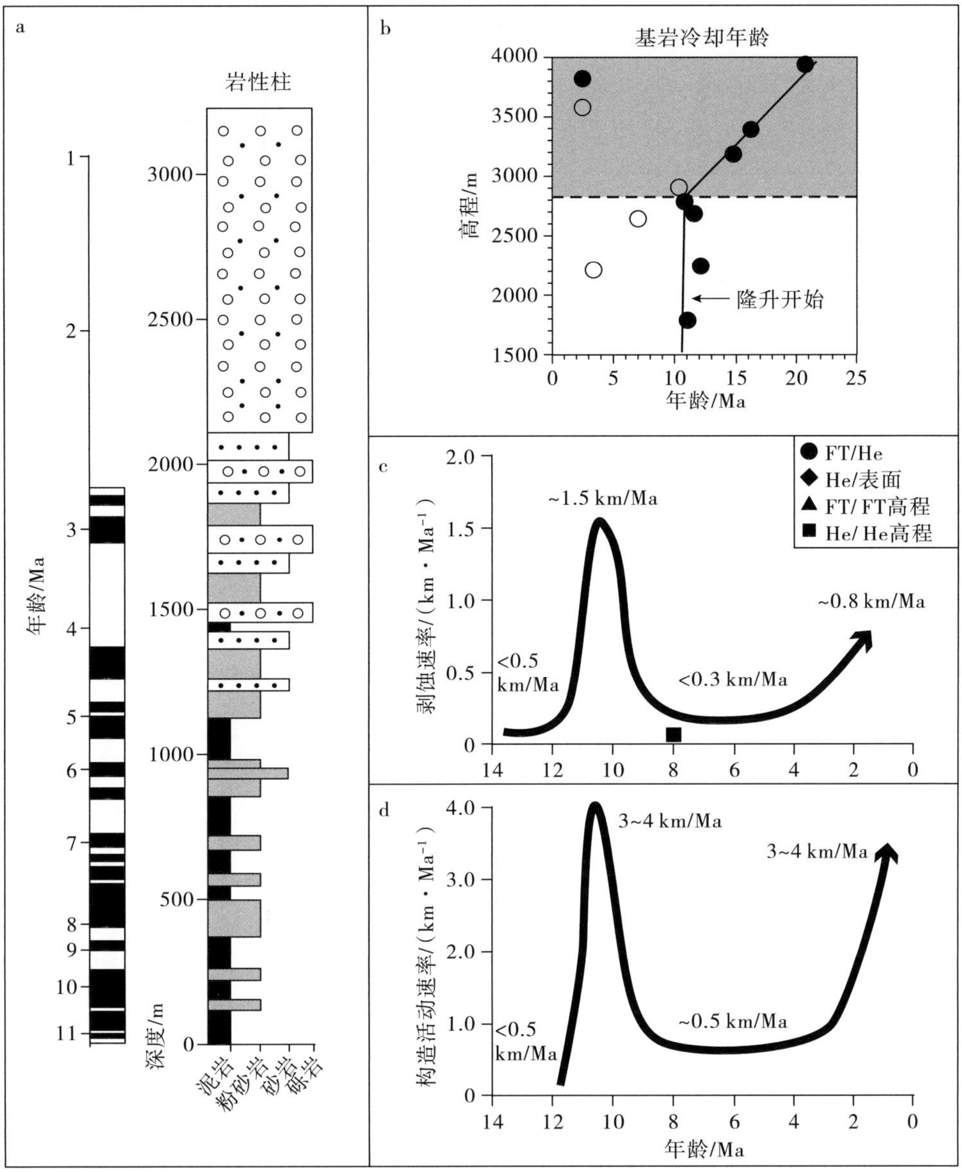

图 6.10 吉尔吉斯斯坦天山北麓 Chu 盆地的盆-山构造与沉积演化

（据吕红华等，2010）

a—Chu 盆地地层剖面与磁性地层年代；b—毗邻天山基岩冷却年龄；c—天山剥蚀速率；d—构造活动速率

状体。Jordan（1995）也注意到在前陆盆地中发育楔状体、板状体两种充填样式，同时指出它们的沉积物堆积速率、物源形式和水系类型均不相同。李勇等（2001）指出龙门山前陆盆地充填体是由楔状体和板状体两种充填样式多次叠置而成，根据楔状层序的出现次数标定了龙门山逆冲作用的期次；根据板状层序标定了龙门山的走滑作用及其期次。显然前陆盆地发育的楔状体和板状体两种充填样式是标定冲断带构造活动的期次和性质的标志，其中楔状体是逆冲作用的沉积响应，板状体是静止期或走滑时期的沉积响应。

6.2.2 前陆盆地系统的充填体形态及其变化

DeCelles 等（2012）专门讨论了前陆盆地系统对构造作用的响应。四分方案（楔顶沉积带、前渊带、前缘隆起带、隆后沉积带）广泛应用于许多前陆盆地系统中，但在地层记录中会存在明显的不同。这些差别是由不同构造背景和与褶皱-冲断带相关的属性特征决定的。水平缩短作用导致的褶皱-冲断带持续增长，要求前陆岩石圈向褶皱-冲断带迁移。地形负载形成的挠曲波可在前陆岩石圈中侧向迁移达约 1000 km，与挠曲波的波长相当。强烈的侧向迁移活动导致在地层记录中前陆盆地沉积带在垂向上叠置。标准的地层层序包含多个千米厚的向上变粗层序、在其底部以一个密集的地层凝缩带或一个大规模的不整合面（属前缘隆起的迁移通道）为标志，而在其顶部则是为伴随生长构造的、粗粒的近源相带（楔顶沉积带）。前渊位于前缘隆起型不整合面——凝缩段和楔顶沉积之间；隆后沉积带则可能在地层层序的最底部出现。楔顶带沉积带因处于构造高部位而易受剥蚀，隆后带和前缘隆起带沉积的保存在某种程度上依赖于构造背景。

褶皱-冲断带可分成三种主要类型：弧后型、碰撞（或周缘）型和与后退式碰撞俯冲带相关的类型。弧后前陆盆地系统（如现代安第斯山系统）易受由俯冲洋壳板片与地幔楔之间的黏滞性耦合产生的、传播至前陆岩石圈的远场动力负载影响。该长波长的沉降，添加到地形挠曲波产生的沉降中，使得发育良好的前缘隆起带、隆后沉积带的保存成为可能。碰撞（周缘）前陆盆地系统（如现代喜马拉雅前陆盆地系统）因缺少动力沉降，前缘隆起带、隆后沉积带易于受到剥蚀作用，而且不易保存。后退式碰撞前陆盆地系统（如地中海区域）常常伴随大型俯冲板片负载，在前渊、楔顶沉积带堆积了巨厚的、分布范围窄的沉积物。这些前陆盆地系统以巨厚的前渊、楔顶沉积物为特征，远远超过仅依据地形负载而获得的沉积厚度。

在碰撞环境下岩石圈的刚性变化可能影响隆后和前缘隆起带沉积带的保存。若这些远端前陆盆地沉积没有得到保存，则造山运动事件的几乎一半历史（在地层记录中获得的）将可能遗失。

许多前陆地层层序为估算挠曲波在前陆地区迁移的速率提供了充足的信息，而迁移速率的估算又可分解成冲断带内的扩展速率和缩短速率。前陆盆地沉降曲线可反演生成理想的挠曲剖面，从而得到岩石圈的挠曲属性。然而，为了理解长期的地球动力学过程，挠曲刚度的空间变化、造山带负载规模的变化，以及冲断带的扩展速率和缩短速率的变化，都需要对冲断-前陆盆地系统进行恢复重建。

前陆盆地系统由在主褶皱-冲断带前缘陆壳上发育的沉降区构成。前陆盆地系统是地球上最大的沉积物堆积体之一，它们跨越整个大陆地块，并延伸到相邻的残留洋盆和被动大陆边缘的陆棚区域。因在成因上与冲断带和汇聚边缘密切相关，前陆盆地系统成为地球动力学研究的关注点。理想的前陆盆地系统由四个在不同的局部运动学和沉降条件下形成的独立沉降带组成（图 6.11）。楔顶沉积带包括覆盖冲断带活动前缘部分的沉积，其结构和成分成熟度低，生长构造是其界定特征。前渊由冲断带负载而形成的挠曲“槽”（“moat”）内的沉积构成。来源于冲断带的沉积物有可能越过前渊进入到前缘隆起带为代表的挠曲隆起区域，甚至超出前缘隆起带进入宽而浅的次级挠曲沉降带，其为隆后沉积带。

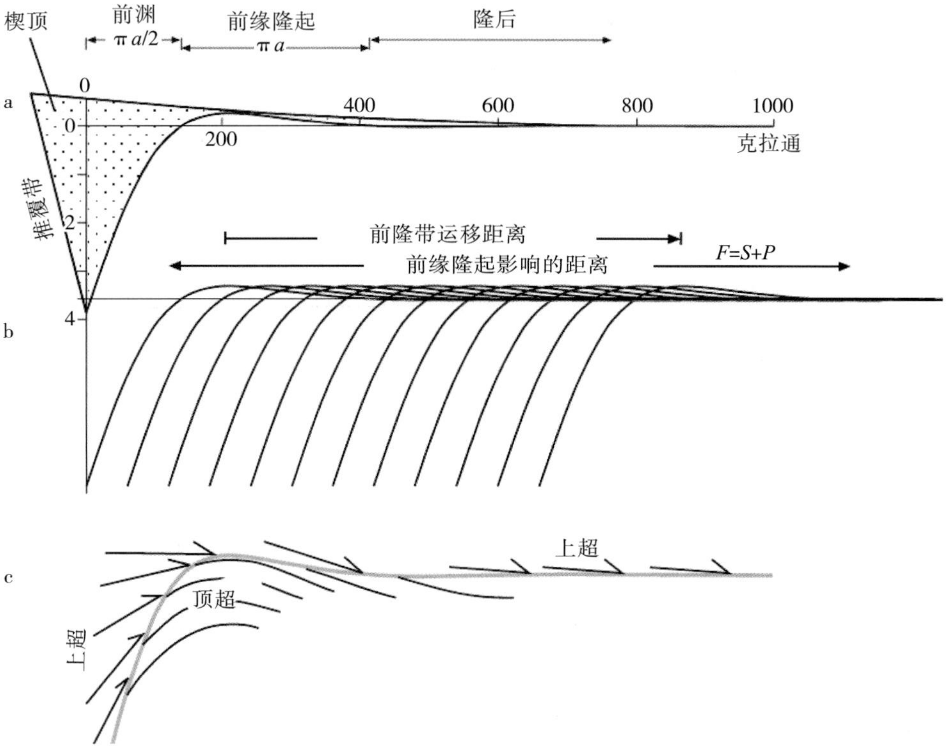

图 6.11　前陆系统的迁移与地层模式

（据 DeCelles et al.，2012）

a—垂直邻近冲断带走向的理想前陆盆地系统横切面示意图（注：垂直方向做了极端放大）；b—侧向迁移达 700 km 的前陆系统的前缘隆起带的影响速度和距离，挠曲波迁移距离（F）是冲断带缩短量（S）与冲断带增生距离（P）之和；c—与侧向的前缘隆起迁移有关的特征地层的上超和退覆模式

6.2.3　前缘隆起带、隆后沉积带沉积物的保存

隆后沉积带和前缘隆起沉积带仅能代表了造山带的时间演化的一半，因此其地层记录的保存是一个很重要的课题。实际上，这些沉积带由于其厚度薄、结构和成分成熟以及“造山期前”的形态，在前陆盆地的地层分析中常常被忽略掉。

控制前陆盆地系统隆后带沉积保存潜力的两个主要因素是相对于前缘隆起带顶峰的沉积物充填程度和沉积物供应的方向（图 6.12）。沉积物可以来自前陆盆地系统的一侧或者两侧；如果在前缘隆起带发生暴露和剥蚀作用，那么就可以向隆后沉积带、前渊供给沉积物来源。如果相对于前缘隆起带顶峰，在前渊沉积带、隆后沉积带没有被填充满，前缘隆起带将会遭受暴露、剥蚀，尤其是在非海相背景下（图 6.12a）。在前缘隆起带未被掩埋的前陆盆地系统中，在前渊沉积带大部分远端部分的沉积速率可能会非常低，使得在地层记录中常有古土壤层叠加在上面。该情况下，大部分隆后带沉积将不可能在前陆盆地系统中的地层层序中保存下来。即使前缘隆起带位于海平面以下，海底侵蚀将会在其顶峰将其削截。如果前渊、隆后沉积带被填充至高于前缘隆起顶峰，前缘隆起带将成为一个由多个凝缩层构成的沉积带，并且隆后带地层将可能被保存下来（图 6.12b）。类似地，如果在

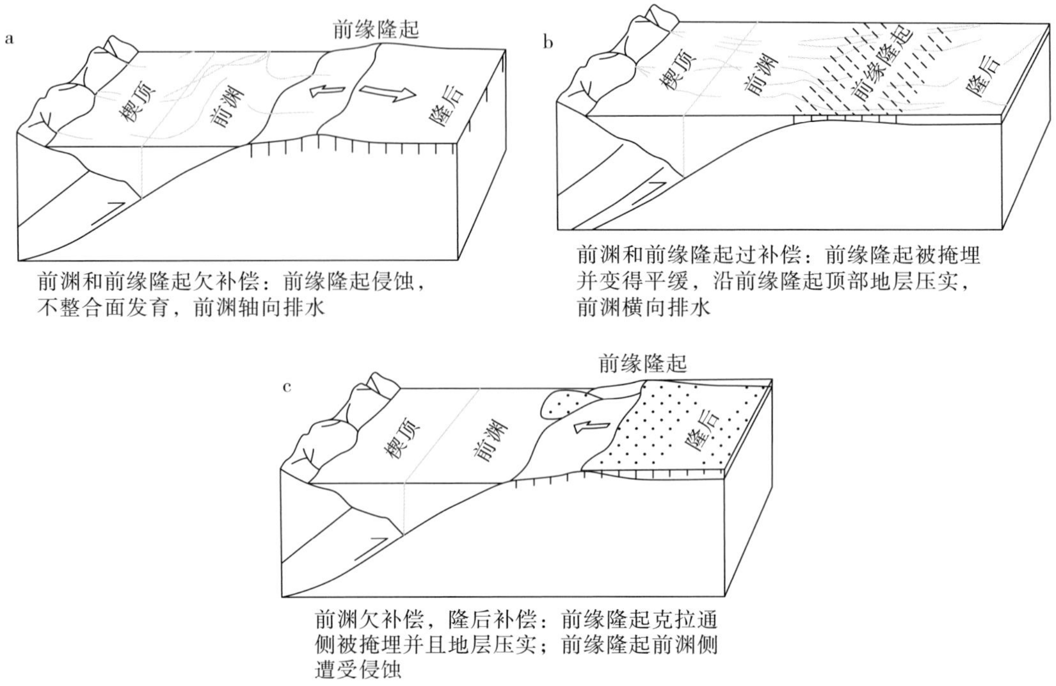

图 6.12　前陆盆地加积-退积作用示意图

（据 DeCelles et al.，2012）

a—当前渊未被充填至前缘隆起带顶峰（“未充满”阶段），前缘隆起带暴露，并形成一个分隔前渊带、隆后凹陷带的分水岭。在前缘隆起地区发育前造山期岩石的强烈风化（垂直阴影线）和不整合面。依据基准线，隆后地区也可能遭受剥蚀，并发育不整合面。b—前缘隆起带被来自褶皱-冲断带和克拉通区的沉积物埋藏（“充满”阶段）。在前缘隆起带顶部发生加积作用，沉积速率非常低，而且沉积物经历了剧烈地风化和凝缩（垂直阴影线）。c—当前渊沉降带未被填满时，隆后凹陷带被来自克拉通或来自褶皱-冲断带的沉积物充填至前缘隆起的顶部。在局部沉积物可以从隆后凹陷带溢出到前渊沉降带

前渊未被填满，而隆后沉积带被充填满，那么在经过前缘隆起带顶峰的剥蚀作用之后，隆后沉积带的部分沉积将可被保存下来（图 6.12c）。来自全球范围的前陆盆地资料表明，前缘隆起带、隆后沉积带沉积物在弧后背景中保存最完好，可能是因为长波长的动力沉降覆盖了整个挠曲剖面。此外，在后退式碰撞型前陆盆地系统中，通常易受剥蚀的冲断带前缘厚层的楔顶沉积物，可能因为板片负载驱动的沉降作用而得以保存。

6.2.4　构造背景对前陆盆地系统的影响

前陆盆地系统的构造背景应该在地层记录中有所反映。碰撞系统缺乏一个动力沉降机制，因此常见前缘隆起带剥蚀现象，尤其是在前陆岩石圈高挠曲刚度的情况下，如喜马拉雅前陆盆地系统。在可能遭受强烈动力沉降影响的弧后系统，前缘隆起沉积带保存完好，也发育相对厚的隆后沉积带。在后退碰撞系统以发育窄而超厚的、深海相的前渊、厚的楔顶沉积带为特征。在这种构造背景下前缘隆起带主要以不整合面为特征，隆后沉积带稀少甚至缺失。依据前陆盆地充填的碎屑岩成分的不同，可以进一步区分这些系统的基本地层特征。Garzanti 等（2007）详细论述了弧后型、碰撞型和后退式碰撞型前陆盆地系统（亚

平宁型、安第斯山型和阿尔卑斯型）之间存在的显著差异。

关于前陆盆地系统地层记录仍然存在的一些核心问题，譬如前缘隆起带和隆后沉积带的保存、挠曲波长距离迁移的意义、前陆岩石圈中内的复杂构造对前陆盆地系统的影响，以及前陆盆地中尚很少被研究到的构造与气候相互作用的关系等。

6.2.5 构造的继承和复活

位于挠曲大陆岩石圈之上的前陆盆地系统，对继承性基底构造的复活以及与被前缘隆起带向上挠曲相关的小型断裂分割的微小区块非常敏感。与古克拉通构造和先存裂谷边缘相关的构造组构尤其容易复活。在前缘隆起带微小的前陆内构造的影响最为强烈，因为挠曲抬升形成了网状拉张剪应力，使上地壳沿着微小但数量众多的正断层破裂。尽管这些构造幅度小（平均只有数十米），但是它们可以控制在前渊的远端、前缘隆起沉积带的水系和局部的沉积物源。这些构造在油气勘探中也具有重要意义，因为它们可以影响储层的构型和分布。

6.3 前陆盆地的不整合面分析方法

地层不整合面是地质或地震剖面上常见的现象。进行不整合面分析对于划分层序、确定构造运动、研究古隆起分布和迁移以及与不整合面有关的油气圈闭均有重要意义。前陆盆地不整合面包括平行不整合面和角度不整合面。角度不整合面又可划分为构造角度不整合面和同构造期的角度不整合面。前者是指构造运动造成的地层褶皱剥蚀的结果；后者是指冲断活动过程中沉积地层不断旋转造成的同构造渐进不整合面，或者由于前陆隆起隆升造成的地层超覆不整合面。后者能直观地反映盆-山转换时期以及冲断褶皱作用过程，是前陆盆地分析中很重要的地质现象。

不整合面在构造分析中是划分构造层的标志，在层序地层学的研究中不整合面是划分层序界面的主要标志。因此，不整合面反映了盆地沉积-构造阶段性演化的特征。对前陆盆地的地层而言，构造作用、均衡作用和海平面的变化等因素控制着不整合面的形成、规模和分布特征。冲断活动具有渐变和突变两种方式。渐变是指同沉积的冲断活动，并伴生有巨厚的粗碎屑（磨拉石）充填前渊。突变是指区域角度不整合面的出现及其地层缺失，根据角度不整合面展布特征，可以推测冲断带前缘的大体位置。

在前陆盆地中发育多种类型的不整合面，按时间序列可以分为底部不整合面和顶部不整合面等；按空间分布可以分为近端不整合面和远端不整合面。

6.3.1 底部不整合面与上部不整合面

Cant 等（1989）根据地球动力学模型预测前陆盆地充填序列的第一个碎屑沉积楔为顶底界面被不整合面所限的、向上变粗、深水相到浅水相的沉积，其中下部不整合面是由前缘隆起随冲断楔的推进而向前陆迁移形成的；上部不整合面则是由应力松弛时前缘隆起向造山带迁移或卸载后的均衡作用导致的造陆隆起形成的。后两种作用形成的不整合面在幅度和分布范围上有一定的差异，应力松弛导致的不整合面在前缘隆起处最明显，向盆地的某个部位过渡为整合接触；而盆地均衡回弹产生的不整合面贯穿全盆地，如果隆起和剥蚀作用足以掩盖应力松弛效果，则盆地的最大剥蚀处在造山带的前缘。

无论是概念模式还是地球动力学模型都预测存在因前缘隆起迁移而产生的不整合面，这主要是基于岩石圈挠曲性质的初步了解。Crampton 等（1995）模拟了该不整合面的几何形态，它由内部整合带、剥蚀量迅速增加带和稳态地层间断带组成。前缘隆起不整合面代表一种特殊类型的巨层序界面，它分隔开大陆边缘沉积物和前陆沉积物，其形态还受到先存地势和全球性海平面变化的影响。一般预测前缘隆起的幅度为 50～200 m，所以当其暴露水面时大约位于陆架坡折。Stockmal 等（1992）的模拟结果也表明前缘隆起自枢纽线向克拉通迁移时产生不整合面，在北阿曼山前渊前缘隆起高度的估计值为 224～600 m。

6.3.2 远端不整合面与近端不整合面

前陆盆地远端不整合面的形成与应力松弛状态下前缘隆起向造山带的迁移有关，这种作用是黏弹性岩石圈的流变学特征的反映。理论上讲，松弛作用发生以后持续的时间越长，则盆地远端遭受剥蚀的规模越大，盆地则越来越窄。因此，演化历史较长的前陆盆地在其构造平静期前缘隆起隆升和剥蚀的现象相对明显，如在阿巴拉契亚前陆盆地在阿卡德运动晚期应力松弛达到高潮，沿盆地边缘形成一个区域不整合面，构成了密西西比系和宾夕法尼亚系的分界。然而，Sinclair 等（1991）采用弹性岩石圈模型模拟了北阿尔卑斯前陆盆地瑞士部分上下沉积碎屑楔之间的不整合面，他们认为冲断楔推进速度的改变可导致这种不整合面的产生，无须借助岩石圈的应力松弛特性。在固定海平面和变化的冲断作用下盆地的近端不整合面和远端不整合面在形成时代上是不一致的，构造平静期近端剥蚀严重，形成局部近端不整合面；冲断作用期远端剥蚀强烈，形成区域远端不整合面。由此看来，这一问题有待今后加强探索。

对一个具稳态冲断作用和变化海平面的海相前陆盆地而言，不整合面更易在盆地的远端或前缘隆起处形成，这归咎于海平面变化对前陆隆起区的直接影响。区分海相碎屑前陆盆地中构造作用和全球性海平面变化形成的层序的有力工具是厚度样式分析。构造旋回引起沉积中心在构造平静期前积，而即便是大规模的海平面变化，相对而言对沉积中心的影响也是较小的。在理论上，岩石圈卸载后均衡抬升形成的不整合面在分布范围和削截方式上应不同于上述不整合面。这种不整合面可在全盆地有表现，并且其剥蚀量应向着造山带增加，最严重的剥蚀区位于山前。然而，考虑到构造负载的卸载作用实际上是地表地质作用将构造负载以沉积物的形式重新分布，真正因均衡抬升而导致的剥蚀只发生在造山带和前陆盆地体系演化至“破坏阶段”。是否有足够长的构造平静期能够允许这种作用的发生，以及如何区分其与板块之间挤压应力造成的区域抬升都是值得探讨的问题。

6.3.3 不整合面与沉积旋回分析

不整合面分析需要结合旋回分析法进行。分析对象是区域性顶底不整合之间的沉积层序，其中正旋回地层超覆于不整合面之上，这套超覆正旋回地层常常反映了伸展断陷或坳陷型盆地或稳定大陆内坳陷型盆地的地层层序，海（湖）相盆地不断下沉，沉积范围逐步扩大。相反，不整合面之下反旋回地层为退覆层序并遭到削截，表示盆地边缘开始缓慢反转隆起，逐渐向盆地扩展，沉积范围逐步缩小，直至最后完全反转，遭受削蚀。Kingston 等（1983）将这种海（湖）进-海（湖）退层序划分为三个阶段：水进楔状体（阶段 1）、中部最大水进楔状体（阶段 2）和水退楔状体加上不整合面（阶段 3）（图 6.13a）。如果反转程度高，甚至可剥蚀整个阶段 3 和部分阶段 2 的楔状体（图 6.13b）。

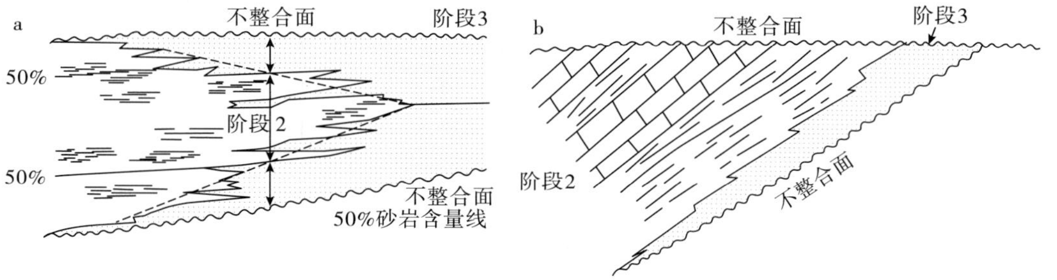

图 6.13　沉积楔与构造演化阶段的关系

（据 Kingston et al.，1983）

a—水进楔状体（阶段 1）、中部楔状体（阶段 2）和水退楔状体、不整合面（阶段 3）；

b—顶部不整合面削蚀了阶段 3 和部分阶段 2 的沉积楔状体

上述的模型是理想化的，实际情况要复杂得多。一种情况是海（湖）进层序由于水体迅速扩大，不整合面之上完全是细粒沉积，看不到粗碎屑沉积；另一种情况是在剖面上只有水进层序，缺失水退层序。造成这种现象的原因主要有：①后期抬升过高造成缺失；②水进期地层突然上升为不整合面削截。有时还可以见到两个时间相隔不长的两个不整合面之间，其层序由反旋回的粗碎屑组成。显然，它们反映了盆地属于挤压性质。

6.3.4　递进型同构造不整合面

Riba（1976）和 Anadon 等（1986）研究了西班牙东北 Ebro 古近纪盆地边缘的构造和沉积作用，提出在冲积扇砾岩层内发育一种层内复合的递进型同构造不整合面（图 6.14），它们由旋转退覆楔状体和旋转超覆楔状体共同组成。在靠近活动的造山带前缘处发育同构造角度不整合面，往盆地内部递变为整合面，这种情况在挤压盆地经常出现，可能反映了挤压作用的加强和减弱。相反，在不活动的隆起块体（严格地说应为伸展或稳定大陆内坳陷），发育上攀的超覆不整合面。实验结果表明，构造作用同期的沉积楔状体（syn-tectoinc sedimentary wedge）具有软弱的底层，沉积厚度变化大，剪切力大，可以产生褶皱和底辟作用。

6.4　砾质粗碎屑楔分析法

与造山带相关的前陆盆地充填序列的特征之一就是其边缘发育数量众多的砾质粗碎屑楔状体，并且具有幕式分布的特点，砾岩的幕式出现可能是冲断作用的表现。造山带是前陆盆地的主要物源区，它的逆冲作用直接控制着前陆盆地沉积物的类型和供给量。

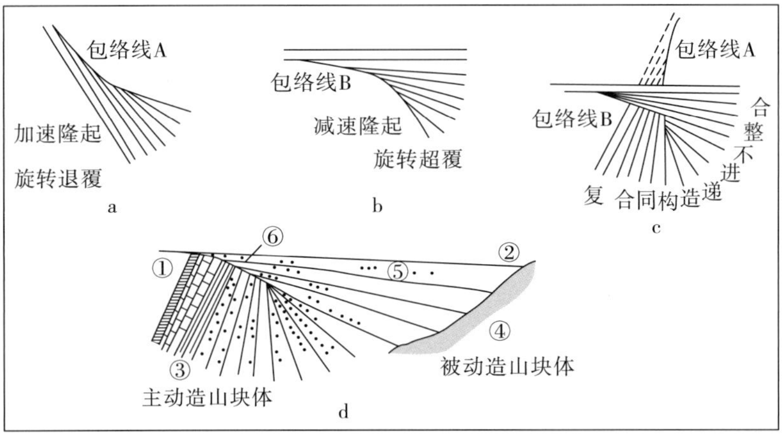

图 6.14　递进的同构造不整合面的成因机制

（据 Anadon et al.，1986）

a—邻近盆地的块体加速隆起时发育的旋转退覆包络线；b—记录隆起速度降低时的旋转超覆包络线；c—A 和 B 包络线的联合，靠近隆起块发育同构造角度不整合面，在盆地内部形成复合的递进同构造不整合面；d—同构造不整合面的概念模式。①活动造山带前缘的同构造角度不整合面；②同构造上攀角度不整合面（被动造山块的递进上超）；③造山期前层序；④具有潜山地形的被动造山块体；⑤同构造层序；⑥包络线的连接轴

6.4.1　前陆盆地粗碎屑楔和造山事件的对应关系

根据 Davis（1889）的“地貌侵蚀旋回理论”，粗碎屑楔的出现是物源区构造重新活动的标志。前陆盆地的碎屑楔和造山运动有着良好的对应关系，在区域或大陆规模的板块构造的框架内，每一期构造运动和响应所产生的地层在时间和空间上的堆叠构成了前陆盆地和造山带体系的演化过程，造山带每次逆冲作用均可导致在前陆盆地中形成相应的粗碎屑楔。显然，前陆盆地粗碎屑楔的出现是造山带逆冲作用的地层标识。因此，可以根据前陆盆地边缘粗碎屑楔的形成次数和层位，推断出造山带的逆冲作用的次数和规模。如在西加拿大前陆盆地，已确定了 6 个一级碎屑楔所分别对应的 6 个外来体和增生时代。

6.4.2　粗碎屑楔沉积事件的时滞

粗粒相沉积事件的时滞（lag time）是相对于源区基岩构造剥露而言的。Zeitler 等（1986）在研究巴基斯坦北部新近系西瓦利克群时首先使用了时滞的概念。时滞是指某一种矿物自封闭温度的深度被剥露至地表（这里只讨论构造意义上的冷却剥露，即构造剥露）并被搬运到沉积区时所需要的时间，也就是矿物的热年龄值与沉积年龄值之间的差值。因此，在源区的构造隆升所导致的粗粒相沉积事件的时间与构造剥露所需要的时间之间的时滞包括了两部分：①基岩被剥露至地表所需要的时间；②被侵蚀、搬运、沉积所需要的时间。与剥露的时间相比，侵蚀、搬运所需的时间可以忽略不计。

通过对前陆盆地沉积地层进行时滞分析，可以了解相邻造山带的演化状态。汇聚型造山带的演化可归结为 3 个阶段，即生长期（造山带持续隆升，剥蚀量不断增加）、稳态期（地形稳定、剥蚀稳定）、衰退期（地形和剥蚀速率均降低）。对于造山带处于哪一个演化阶段，可以通过对盆地沉积地层进行时滞分析加以确定。在盆地中选取一个地层柱，从下往上、由老至新对各层位进行裂变径迹定年，如果各层的时滞由下而上减少，则表明造山带仍处于生长期；如果时滞由下而上增加，则表明造山带已处于衰退期；如果时滞恒定不变，则表明造山带已处于剥露稳态和侵蚀稳态（图 6.15）。

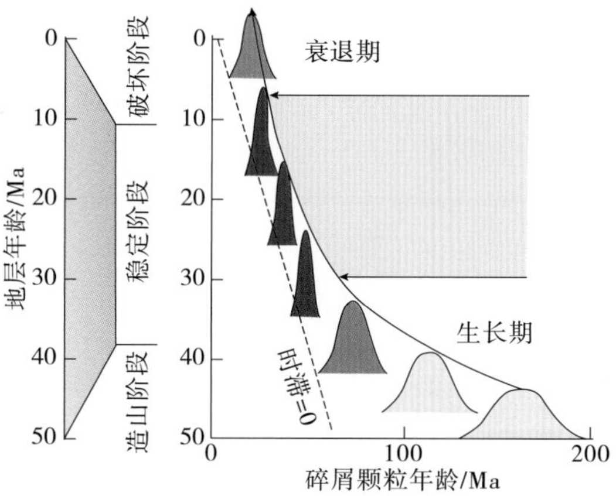

图 6.15　造山带的生长、热年龄与时滞的关系
（据 Burbank et al.，2007）

6.4.3　粗碎屑楔的穿时性

前陆盆地的粗碎屑楔沉积物具有穿时性（time transgressive）。Jones 等（2004）的研究成果表明，砾石被搬运距离与所需时间成正相关关系。除了砾岩的进积速率以外，随着远离造山带变形前缘，在沉积物供给中砾石比例的降低以及盆地基底沉降作用的减弱也会导致粗粒相沉积物在整个盆地范围内的不同步性。因此，在整个盆地内砾岩相的分布就表现为穿时性，并具有与前陆盆地结构相关的复杂的空间几何特征。因此，盆地内单一的砾岩年代数据并不能揭示整个盆地的演化历史。如果砾岩的分布可以与特定构造的发育与生长相联系，或者地壳的缩短速率与砾岩的进积速率是相互匹配的，那么就可以确定这些砾岩代表了一个独立于气候影响的构造事件。

前陆盆地砾岩具有穿时性的实例为喜马拉雅前陆盆地。喜马拉雅前陆接受了厚度大于 10 km 的新生代陆源沉积物。Burbank 等（1988）根据喜马拉雅前陆西瓦利克组的晚新生代沉积物开展了大量的磁性地层研究，将这些磁性地层研究剖面点标定在时间-距离坐标中，发现砾岩沉积物表现出明显的穿时性（图 6.16a）：在东北部的 Sakrana 剖面（SK），砾岩沉积物的底界年龄为 3 Ma，在西南 15 km 的 Jari 剖面（JA），砾岩沉积物的底界年龄为 2.0 Ma，而在更南边的 Basawa/Sanghoi Kas 剖面（B/S），砾岩沉积物的底界年龄则更小，为 1.5 Ma。伴随砾岩相带向前陆盆地进积，沉积速率呈现出规律性变化：在近源区沉积速率较大，而在相对远源区沉积速率较小（图 6.16b）。

前陆盆地的陆源沉积物是研究构造与沉积间相互作用的良好介质，其岩相、沉积速率、砾石组成成分、重矿物组合等的变化能在相当程度上揭示源区基岩的脱顶、剥露过程。然而，在利用这套沉积进行盆-山耦合关系研究时，需要注意以下几个方面：①在前陆盆地陆源沉积中，粗粒相沉积物的成因存在多种可能，包括源区构造隆升、构造平静期持续的侵蚀卸载导致的盆地基底均衡回弹、气候变化、岩性变化等。②前陆盆地内局部构造的存在可能导致先前沉积地层的改造，从而对沉积序列在垂向上变化趋势（向上变粗）和平面展布模式产生一定程度的影响；③源区构造事件的沉积记录与构造事件本身之间存在时滞，时滞的大小主要与源区基岩剥露速率、侵蚀速率、沉积区与造山带前缘的距离等

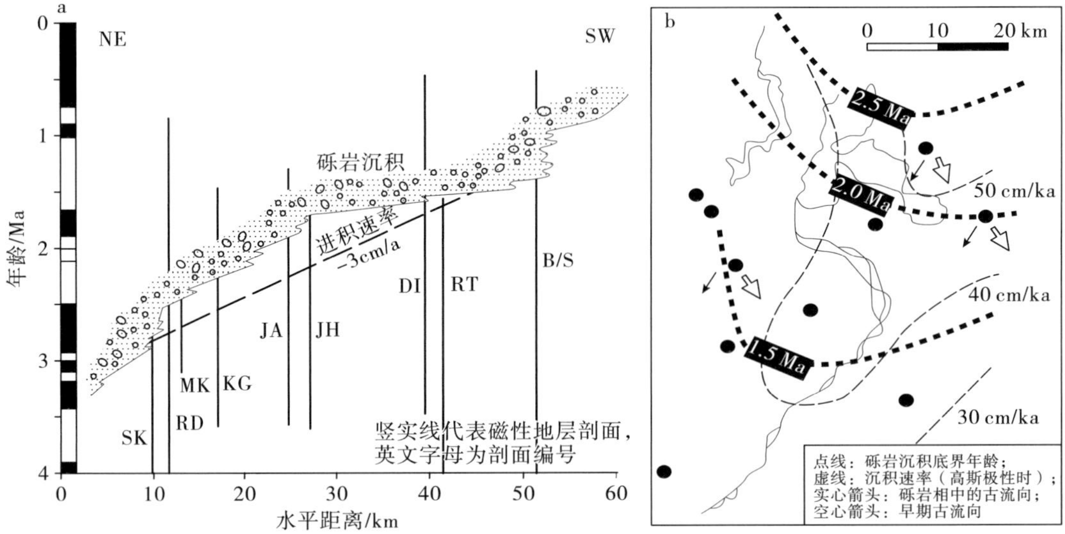

图 6.16 喜马拉雅前陆盆地砾岩沉积物的进积过程

（据 Burbank et al.，1988）

因素有关，这也导致了粗粒相砾岩沉积物在整个前陆盆地中的分布具有穿时性。在进行具体的前陆盆地沉积序列研究时，重视上述这些方面，综合分析多种地质证据，有助于得出关于前陆盆地及相邻造山带演化历史的合理结论。

6.5 造山楔-前陆盆地系统的侧向迁移

6.5.1 造山楔-前陆盆地系统的侧向迁移

经过数十百万年的生长，地球上的主要褶皱-冲断带往往卷入了数百千米的地壳水平缩短作用中。例如，喜马拉雅山脉冲断带发生了至少 500 km 的缩短作用，最高甚至高达 900 km 的缩短作用；安第斯山脉中央冲断带经历了近 400 km 的缩短作用；北美科迪勒拉山脉冲断带则涉及至少 350 km 的缩短作用。如此大规模的水平缩短，至少需要挠曲波在岩石圈内发生与之相当的水平迁移。这段距离还包括挠曲波为了调节造山楔宽度增加（或传播距离）而发生的侧向位移。因此，从一阶方程上来考虑，挠曲波侧向迁移的总距离相当于冲断带传播距离和地壳总缩短量之和。对于地球大陆规模的冲断带-前陆系统来说，此距离大约介于 500~1000 km 之间。该距离的上限与前陆盆地系统内挠曲剖面的平均波长相当。由此，在主冲断带的整个演化时期内，相应的前陆盆地系统很可能发生水平距离等于或者甚至超过自身半个波长的侧向迁移。反过来，这将会导致在地层记录中沉积相带的垂向叠置，形成了前陆盆地充填地层的瓦尔特相律。

在许多前陆盆地中均发育沉积相带的这种“瓦尔特式” （Waltherian）序列（图 6.17），包括北美科迪勒拉山、安第斯山、北阿尔卑斯山、比利牛斯山、台湾岛、卡鲁、冈底斯山和喜马拉雅山前陆盆地系统。其典型的地层模式是由总体向上变粗的数千米地层

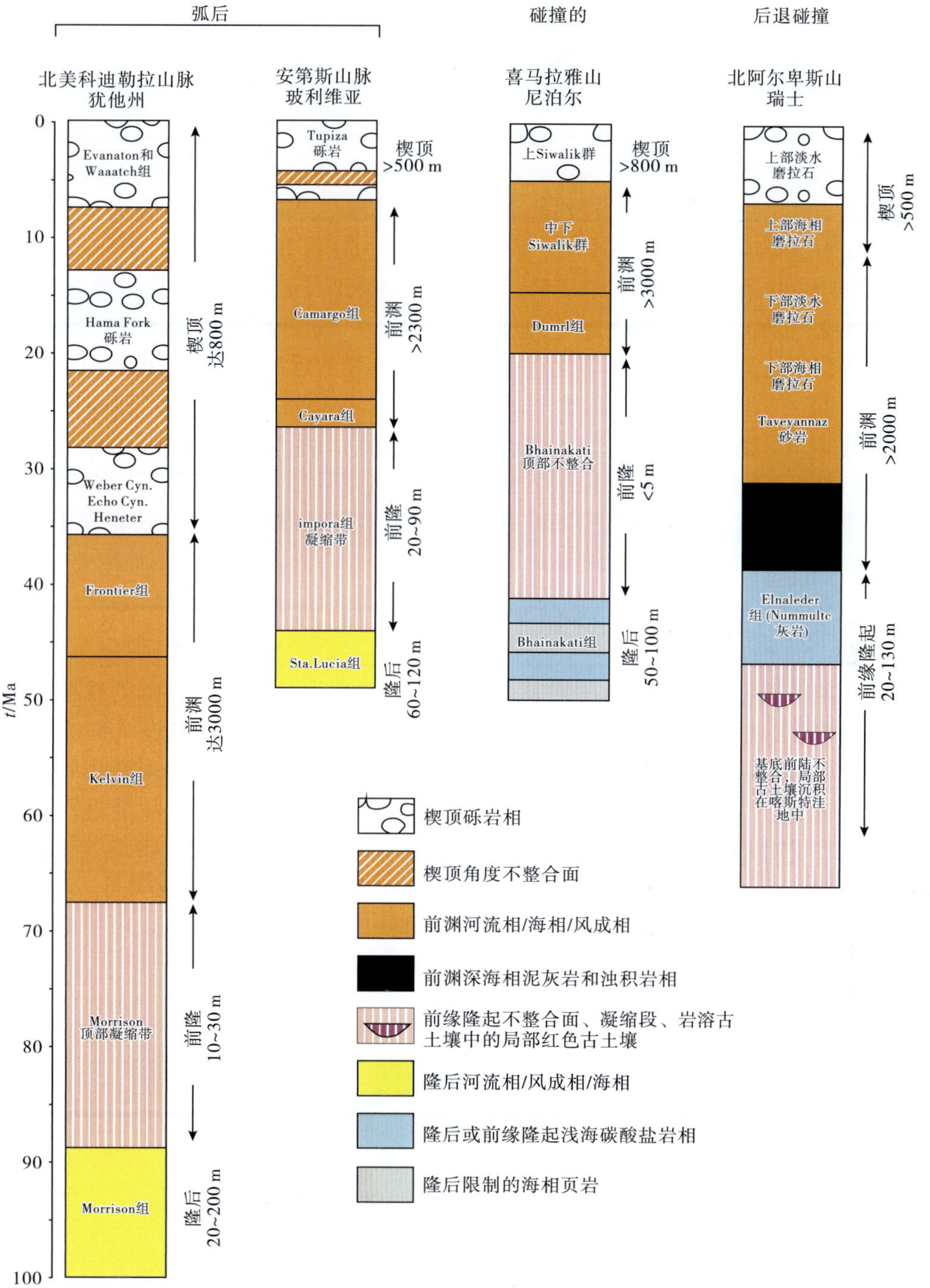

图 6.17　挠曲波在前陆岩石圈迁移时产生的前陆盆地垂向叠置而形成的“瓦尔特”相律

（据 DeCelles et al. , 2012）

各实例均是在单个地点或区域的基础上简化的垂向地层层序，在所有实例中均有明显的穿时性，厚度是沉降带的区域平均值。尼泊尔、北安第斯山和玻利维亚实例年龄为新生代，犹他州实例为侏罗纪-古新世层序组成，下部发育因前缘隆起带在前陆地区迁移形成的大型剥蚀不整合面或地层凝缩段。这些凝缩段和剥蚀作用是由于在前缘隆起地区沉积可容纳空间的不足所致。非海相的前缘隆起带以强烈的成土作用、喀斯特风化作用（若存在碳酸盐岩基底）、河流侵蚀和超稳定砾岩滞留沉积物（ultra-stable conglomeratelags）为特征。当挠曲前缘隆起带迁移至一个地区时，老的断裂会被复活，形成的局部地形将会非常有利于在远离造山带前锋区域发育粗颗粒沉积物。海相的前缘隆起带则以浅海碳酸盐建隆、铁矿石以及海底侵蚀与饥饿沉积物为标志。假定挠曲波的平均迁移速率为 10~25 mm/a，前缘隆起带宽为 200~700 km，则前缘隆起不整合面/凝缩带（DCZ）所代表的时间为几百万年到数十百万年（图 6.17）。随着冲断带向克拉通内部迁移，前缘隆起不整合面/凝缩带的年龄也向克拉通方向变年轻。在许多前陆盆地系统中，前缘隆起不整合面/凝缩带位于远源细颗粒的隆后带沉积物之上，且普遍被前渊所覆盖，层序顶部为含有生长构造和典型的近源、粗粒的楔顶沉积物。受附近与褶皱-冲断带前缘传播相关的生长地貌的影响，楔顶沉积物具有强烈的横向各向异性、大量的局部不整合面和复杂的古地理等特征。尽管该模型准确预测了在全球前陆盆地系统地层记录中发现的许多特征，但是在不同的构造背景之下，有些特征会发生变化。例如，在缺失来自冲断带的大量沉积供给物和区域动力沉降的情况下，地层记录中就很可能没有保存前缘隆起和隆后的沉积记录。

6.5.2 前陆盆地系统在时间上的迁移

前陆盆地系统可以随着时间的推移而发生推进或后退，这是对造山负载再分配的响应。作为一种总的趋势，在早期演化阶段，前陆盆地系统向克拉通推进（向克拉通方向移动），在晚期阶段，前陆盆地系统趋于后退。前陆盆地系统的推进是对造山带逆冲和负载推进的直接响应（图 6.18）。推进速率取决于造山带的动力学，实际推进距离从小于 100 km 到大于 200 km。前陆盆地系统后退的原因可能在于：①在造山带加载期，伴随着背驮式的逆冲作用，造山带的重量中心发生了后退；②或在造山带卸载期间，通过对造山带前缘的侵蚀而使造山带负载发生了后退；③褶皱-冲断带重心的后退也可能是由于与伸展或转换伸展阶段相关的载荷重新分布引起的。

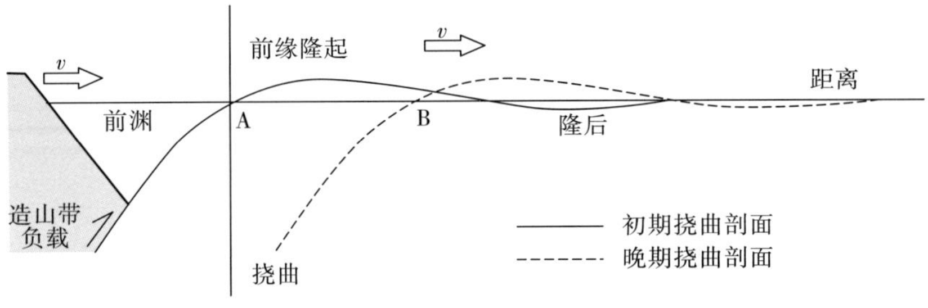

图 6.18　前陆盆地系统对造山带负载推进作用的响应（随着时间的推移）

（据 Beaumont et al.，1993）

v 为推进速率。为了清晰起见，放大了垂直比例

此外，挠曲枢纽的退积作用也可能是由岩石圈随时间的黏弹性松弛引起的，其与构造负载无关。如模型所示，随着时间的推移承受着上地壳负载的岩石圈倾向于应力释放，其

可以导致前渊的进一步加深、缩小。这种黏弹性松弛变化的时间尺度大于挠曲加载-卸载旋回的时间尺度。

加拿大西部前陆系统的研究提供了前渊发生迁移的例子（图 6.18，图 6.19）。

对于一级旋回的趋势而言，可以确定的是，在其演化的早期阶段前陆盆地系统的推进速率最快，当构造负载的质量相对较小时，逆冲速率最高。相比之下，随着时间的推移，黏弹性松弛速率可能会增加，这与反复的应力波动（岩石圈逐渐变弱）和盆地中沉积负载的增加有关。这种相反的趋势可以解释大多数前陆盆地系统的迁移模式是相似的，在演化过程中均记录了初始的推进和最终的后退。一级尺度的前缘隆起（图 6.20 中的第①阶段）推进导致了前缘隆起（底部）不整合面的形成，并分布于前陆盆地的底部。

在一级旋回的尺度上，前缘隆起（图 6.20 中的第②阶段）的回退是对黏弹性松弛速率逐渐增加的响应，并伴随着前渊可容纳空间的生产速率的增加。

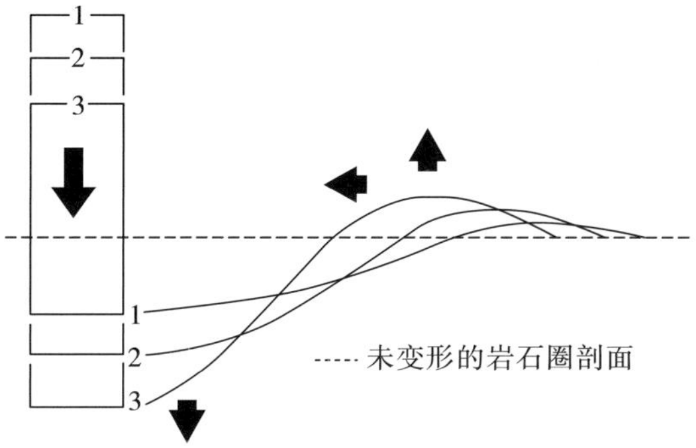

图 6.19　黏弹性岩石圈应力松弛的挠曲响应
（据 Beaumont et al.，1988）
褶皱-冲断带的静负载导致了前渊的沉降、前缘隆起的隆升。同时，由于岩石圈的黏弹性松弛，随着时间（时间步骤 1~3）的推移，可以导致前渊发生进一步的变深和变窄

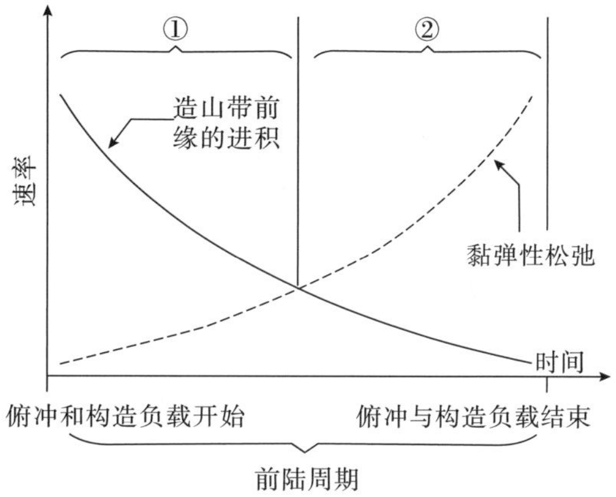

图 6.20　弧后前陆盆地系统演化的一级旋回
（据 Catuneanu et al.，1999）
随着造山带质量的增加，造山带前缘的推进速率逐渐减小。岩石圈的黏弹性松弛随着时间的推移而增加，导致了前渊的加速变窄和加深。随着这两种相反趋势之间的平衡随时间的变化，前陆盆地旋回可细分为：①一级前缘隆起推进阶段，即前缘隆起（底部）不整合面形成时；②一级前缘隆起后退阶段，随着时间的推移，在前渊沉积了越来越厚的层序

6.5.3　前陆盆地侧向迁移的意义

正如 Flemings 等（1989）所指出的那样，理解造山带-前陆盆地系统的侧向迁移对正确解释前陆盆地的地层记录至关重要。在造山带中，常将快速沉降的起点看作是逆冲和挠曲负载开始的时间。然而，在整个前陆地区快速挠曲沉降的开始时间具有很强的穿时性。例如在逆冲作用的早期，当前渊迁移到隆后沉积带、前缘隆起沉积带的时候，这里才开始沉降。按照挠曲波迁移的平均速率来算，这可能需要经历数十百万年的时间。如果隆后带沉积物没有被保存下来，在楔顶沉积带和前渊早期地层也遭受了剥蚀，可能导致造山运动早期地层记录的缺失。

对侧向迁移的认识对于中-远端前陆盆地沉积的粒度趋势和不整合面特征的地层模型的建立也非常重要。基于前陆盆地向上和向下挠曲是对负载规模变化的响应的认识，建立了目前流行的前陆盆地地层的两相模型（Heller et al.，1988）。该模型认为细颗粒相是同构造成因，而粗颗粒相是“反构造”成因的。对于一个给定的挠曲刚度，增长的负载可以导致在前渊形成更大的挠曲沉降，并接受来自冲断带的粗颗粒沉积物；剥蚀所消减的负载作用将促使冲断带、邻近的前渊发生了均衡抬升，从而造成邻近区域可容纳空间的减小，并导致粗颗粒的沉积物向系统的远端部分进积。该模型概念是基于静态的冲断带的位置、幕式的稳定期而建立的。然而一些冲断带可能经历了多次构造活动时期，持续的板块汇聚将维持一个活动的地壳缩短冲断带，这又反过来驱使前陆盆地挠曲波在整个冲断带的演化过程中在岩石圈中侧向传播。即使在脱序逆冲断层（out-of-sequence thrusting）活动时期，前陆岩石圈也将继续向缩短的冲断带卷入岩石。前陆盆地系统的恢复重建也包括冲断带自身的重建，对合理解释盆地充填中长期的结构趋势是非常必要的。

6.5.4 沉积相带侧向迁移分析法

沉积相的侧向变化及随时间的迁移是前陆盆地地层的主要特征。利用沉积相迁移确定冲断运动时间的实例很多（李勇等，1995）。但是值得注意的是，沉积相的侧向变化也可能是表面过程（引起时间滞后）或原岩中冲断相关隆起变化所致，因此它所反映的信息更为复杂多变（李勇等，2000）。

6.5.4.1 砾质粗碎屑楔迁移分析法

通过粗碎屑楔状体在垂直造山带方向的迁移，可研究逆冲作用向盆地扩展的方式和速率；而其在平行造山带方向的迁移，可用于研究走滑作用的方式和速率（图6.21，图6.22）。

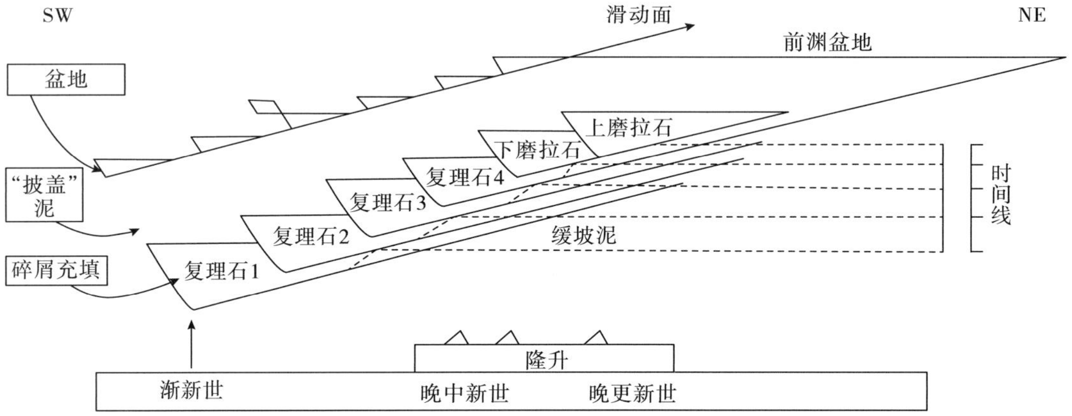

图6.21 北亚平宁前陆盆地中碎屑楔（复理石和磨拉石楔）的侧向迁移

（据Lucchi，1996）

6.5.4.2 沉降中心的侧向迁移分析法

前陆盆地的沉降中心宏观上位于盆地靠近造山带一侧，是盆地最大沉积厚度分布地

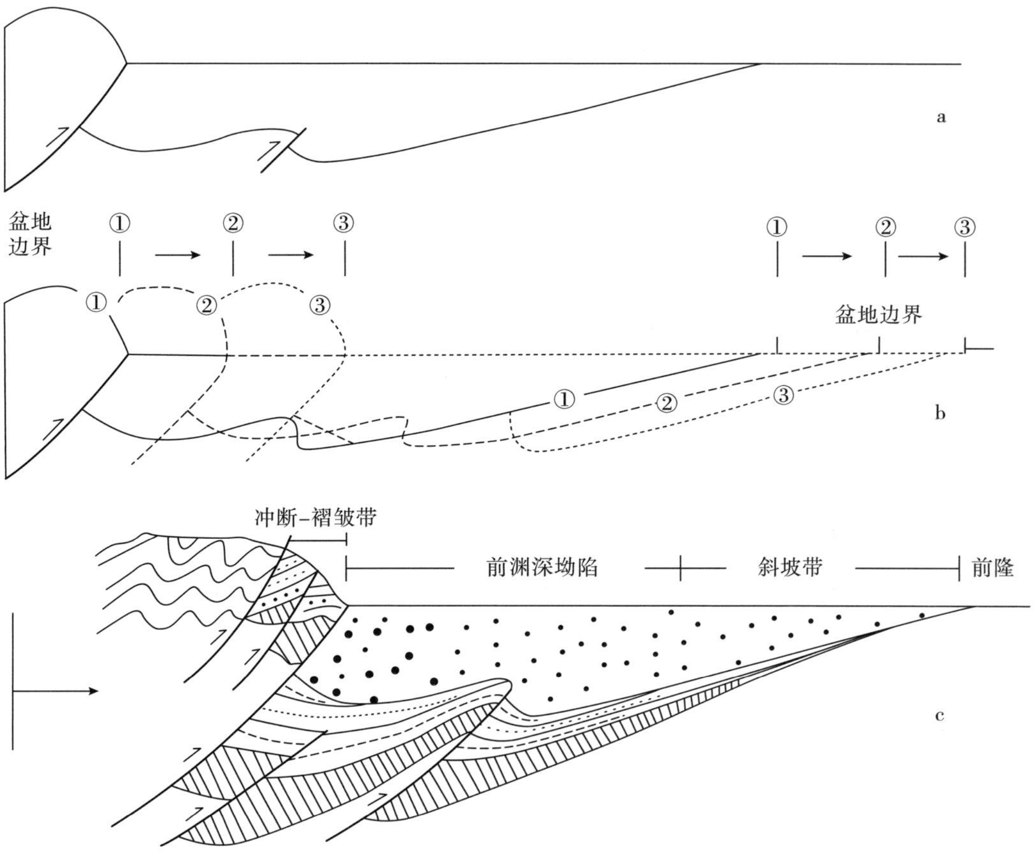

图 6.22　前陆盆地的横向迁移

（据刘池洋等，2002）

a—早期（第一阶段）；b—盆地演化的 3 个阶段（①②③），盆地的位置横向迁移和前期盆地结构的改造，假定各阶段盆地结构和规模相同；c—晚期（第三阶段）

区，远离造山带地层厚度减薄，盆地结构多呈楔状。但在盆地的发育过程中，盆地的沉降中心往往发生明显的迁移现象，一方面表现在垂直造山带方向的迁移（如龙门山前陆盆地、比利牛斯前陆盆地、西瓦里克前陆盆地等），显示了造山带以前展式的逆冲作用向盆地内不断推进的特征，并可根据沉降中心在垂直造山带方向的迁移距离推断造山带逆冲作用扩展的方式和速率；另一方面还表现在平行造山带方向的迁移，如在龙门山前陆盆地（李勇等，1995），表明造山带不仅具有逆冲作用，而且还具有走滑作用。因此，可根据沉降中心在平行造山带方向的迁移距离来推测在造山带走滑作用的速率。

6.5.5　前缘隆起的侧向迁移分析法

前缘隆起是盆-山系统的重要组成部分。一般呈线状构造分布于盆地的远离造山带一侧，走向平行于造山带，它是岩石圈受上叠地壳加载于克拉通侧发生挠曲的结果，其向上挠曲的幅度与前陆盆地沉降中心下沉幅度成正比，即下沉幅度大，前缘隆起幅度就高。因此，前缘隆起的幅度是前陆盆地边缘构造负载的均衡响应，构造负载越大，前缘隆起幅度也越大。显然，前陆盆地的前缘隆起的发育和迁移是相邻造山带构造负载强度的标志。但是对前陆盆地远端的前缘隆起的识别一直是盆-山系统中研究的难点。其原因在于前缘隆起一般分布于板块内部，常显示为埋藏型古隆起。如何识别这种埋藏型古隆起的空间展布、几何形态、隆升幅度、隆升时限和隆升速率都是十分困难的。目前对前缘隆起进行专门研究的成果主要有 4 个：其一，Jacobi（1981）对北美阿巴拉契亚前陆盆地前缘隆起的识别；其二，Crampoton 等（1995）对欧洲阿尔卑斯前陆盆地前缘隆起的识别；其三，目前人们分别用弹性流变模型和黏弹性流变模型，研究了造山时期前缘隆起的迁移规律，但在这两个模型中前缘隆起迁移规律明显不同；其四，李勇等（1995，2010）对龙门山前陆盆地前缘隆起的识别。这些研究成果表明，前缘隆起的识别标志主要为前陆盆地的底部不整合面及上覆的、下伏的地层的几何结构。其理论基点在于，把前陆盆地底部不整合面归属于前缘隆起抬升所形成的不整合面，并称之为前陆盆地底部不整合面、底部不整合面、前缘隆起不整合面或挠曲不整合面等，并认为挠曲理论不仅适用于对前陆盆地地层结构形成机制的模拟，同样也适用于对前陆盆地的前缘隆起和底部不整合面形成机制的解释。因此，底部不整合面的剥蚀厚度与造山带构造负载的规模和前陆盆地沉降中心下沉幅度成正比。换言之，我们可以利用底部不整合面的剥蚀厚度来标定前缘隆起的隆升幅度和隆升范围，进而标定造山带构造负载的规模、初始的侵位、推进的过程。

李勇（1995，2001）对中生代龙门山前陆盆地的前缘隆起地质特征的研究表明（表 6.2），前缘隆起是一个构造地貌高地，不同地段以及同一地段的不同时期，其隆起幅度不同，出现了平地、低平陆地和水下隆起等 3 种地貌景观和相应的沉积相类型。此外，前缘隆起上常发育多重不整合面，是标定隆起的形成时间和隆升幅度的最重要的地质依据，如在龙门山前陆盆地前缘的开江-泸州隆起上发育典型的多重不整合面，显示该隆起形成于卡尼期，其隆升幅度达 600~700 m（李勇等，1995）。

表 6.2　龙门山前陆盆地逆冲作用和走滑作用的沉积响应

沉积响应	逆冲作用	走滑作用
沉积样式	楔形体	板状体
前缘隆起迁移	横向迁移	—
砾岩楔状体迁移	横向迁移	纵向迁移
沉降中心迁移	横向迁移	纵向迁移
盆地的迁移	横向迁移	纵向迁移
沉积物聚集速率	高	低
前缘隆起的隆升幅度	高	低或无
沉降速率	高	低
物源形式	双物源，沉积物来自冲断带和前缘隆起	单物源，沉积物来自冲断带
超层序底界面	剥蚀面	不整合面
水系样式	纵向河为主	横向河为主
冲断带的隆升机制	构造负载隆升	剥蚀卸载隆升

（据李勇等，1995）

Crampton 等（1995）利用弹性流变模型模拟了前缘隆起迁移和不整合面的迁移规律，重视了前缘隆起动力学与不整合面、碳酸盐缓坡、生物礁、地层缺失等相互关系的研究，Allen 等（2001）提出了始新世阿尔卑斯前缘隆起碳酸盐缓坡淹没的挠曲-海平面升降数字模型。

值得注意的是，我国西部的中-新生代前陆盆地多为复合型前陆盆地，周边多由造山带环绕，前缘隆起多表现为中央隆起，如四川盆地、塔里木盆地、羌塘盆地等盆地中的中央隆起，是几个次级前陆盆地共有的前缘隆起（如四川盆地中央隆起是龙门山前陆盆地、大巴山前陆盆地和川东前陆盆地共有的前缘隆起），因此，它的形成、隆升、沉降、几何形态方面均有别于简单型前缘隆起，而这种复合型前缘隆起正是具有中国特色的地质现象，同时它也是我国西部大型含油气盆地中油气聚集的最有利区带，值得深入研究。

此外，在油气方面前缘隆起的意义体现在 3 个方面：①促进了油气烃源岩的形成；②促进储层的形成；③有助于改善不整合面之下储层的物性。然而，由于受诸如沉积作用、挠曲刚度的侧向变化、造山带推进速率和造山楔形态变化等因素的影响，前缘隆起不整合面往往因推进的造山楔对早期前陆盆地充填物的不断改造和沉积对该隆起的压制而不易保存，并且由于要证实前缘隆起需要地层内有剥蚀或水体向上变浅的记录以及长期的迁移迹象，增加了对其认识的难度。

6.6 前陆盆地沉降史分析

6.6.1 前陆盆地的岩石圈挠曲沉降作用

前陆盆地的沉降速率取决于盆地岩石圈的刚度、构造负载和沉积负荷的大小。对于某一特定的前陆盆地而言，盆地沉降速率是构造负载的函数，即构造负载越大，盆地沉降速率和幅度也越大。正是这种形成机制与被动大陆边缘不同，导致了前陆盆地沉降速率一般比被动大陆边缘盆地沉降速率大，其沉降曲线形态也不同于被动大陆边缘盆地，前者为上凸型，后者为上凹陷，而且沉降速率在空间上变化也与被动大陆边缘盆地相反，在前者中沉降速率自盆地中心向盆缘（靠造山带一侧）递增，而在后者中沉降速率则由盆缘向盆地中心递增。冲断活动的多阶段性反映在前陆盆地沉降曲线上呈“多段式”。

理想的弹性板块挠曲负载会形成一个迅速衰减的正弦剖面：邻近负载区的大型负向挠曲（前渊）、中等规模的正向挠曲隆起（前缘隆起带）以及最远端次级负凹陷（隆后沉积带）。从前渊到隆后沉积带，挠曲（正或负）幅度约呈正弦剖面三次方的衰减。典型的大陆岩石圈挠曲负载形成的前渊坳陷水平宽度为 πa，其中 a 为挠曲参数：

$$a=\left(\frac{4D}{\Delta\rho g}\right)^{1/4} \tag{6.1}$$

式中：D 为岩石圈的挠曲刚度（flexural rigidity）；g 为重力加速度；$\Delta\rho$ 为地幔和盆地充填物之间的密度差。负载是由有效连续板块还是由破裂板块所支撑决定了挠曲剖面的波长：连续板块可承担比破裂板块更强的负载，使挠曲沉降延伸范围更广，从而形成更浅、更宽的坳陷。然而，关于前陆岩石圈是否表现出纯弹性形变、是否经历了黏弹性（visco-elastic）松弛并伴随有（或没有）与深度相关的流变性变化，仍然是地质界持续争议的话题。

线性负载在连续岩石圈中可以形成宽度为 0.75πa 的挠曲前渊，但是在破裂板块中前渊的宽度只有 0.5πa。大陆岩石圈挠曲刚度 D 的平均值介于约 5×10^{22} N·m 和 4×10^{24} N·m 之间。因此，对于平均沉积物的充填密度为 2500 kg/m^3 的盆地来说，在破裂板块中，前渊的宽度为 110~350 km，而在连续板块中前渊的宽度则达 170~515 km。在破裂板块和连续板块中的前缘隆起宽度均为 πa，这与典型大陆岩石圈的前缘隆起宽度为 220~690 km 相一致。前缘隆起的幅度（正）是前渊的最大挠曲幅度（负）的 4%~7%，在典型大陆岩石圈中换算的高度是 200~400 m。

实际上，负载的形状和规模、前陆盆地系统的沉积充填量、盆地内的沉积物搬运类型、沿着板块向上挠曲部分的正断层活动、大陆岩石圈的构造不均一性以及负载的大尺度三维形状均强烈影响着挠曲形态。尽管影响因素如此复杂，近 30 年的研究表明，影响前陆盆地系统特征的第一要素仍然是弹性挠曲变形。

如果可以估算一个给定的造山带负载和前陆盆地系统的迁移速率，那么就可以反演其挠曲剖面并确定剖面上每一个点的沉降史。用时间来代替水平距离，挠曲剖面的一阶导数即可反映沉降史（图 6.23）。将模拟的沉降史与真实沉降史进行比较，可用来估算岩石圈的挠曲刚度。图 6.24 展示了该方法在尼泊尔地区喜马拉雅前陆盆地记录中的应用。根据 GPS 数据的估计，喜马拉雅前陆盆地向南迁移的速率为 20 mm/a，与新近纪长期的迁移历史的估算一致。拟合得到的最佳挠曲刚度为 1.0×10^{24} N·m，也与重力数据及前人用挠曲分析得出的结论相吻合。

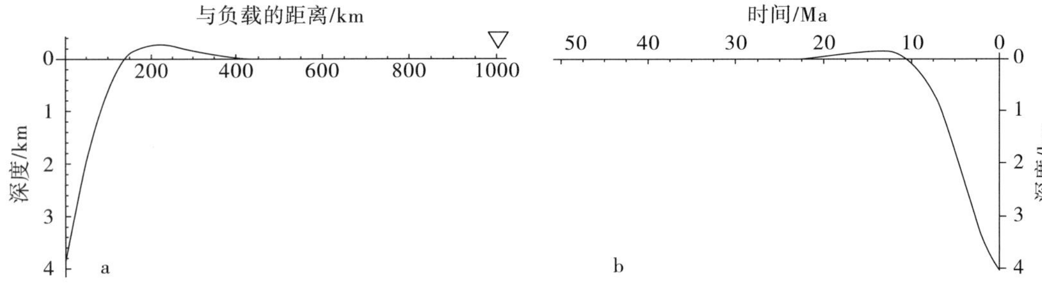

图 6.23　破裂板块上线性负载响应的挠曲剖面演化

（据 DeCelles et al.，2012）

a—对破裂板块上线性负载响应的挠曲剖面演化，在横轴的 0 点位置，挠曲刚度为 10^{23} N·m，盆地充填物与地幔的密度差为 600 kg/m^3，盆地的最大深度为 4 km。横轴上 1000 km 处的倒三角形代表前陆地区挠曲剖面上的一点，挠曲剖面迁移至该点，将产生图 b 所示的沉降历史。b—图 a 中显示挠曲剖面的一阶导数，横坐标为时间，模拟以 20 mm/a 的固定速率经过 1000 km 处倒三角形位置时的挠曲剖面迁移活动。该曲线是倒三角形处反演的沉降历史

这种简单方法存在的主要问题是，影响挠曲波长的造山带负载规模和前陆岩石圈挠曲刚度，在一定规模地质历史时期内（≥50 Ma），并不一定是个常量。在许多情况下，随着逐渐增长的造山带向更老、更硬的克拉通岩石圈迁移，造山带负载和挠曲刚度随时间会逐渐增大。因此，必须首先重新恢复造山带系统和前陆盆地系统，从而来估计造山带负载规模随时间的变化。例如许多研究者利用在阿巴拉契亚、科迪勒拉造山带的负载随时间的

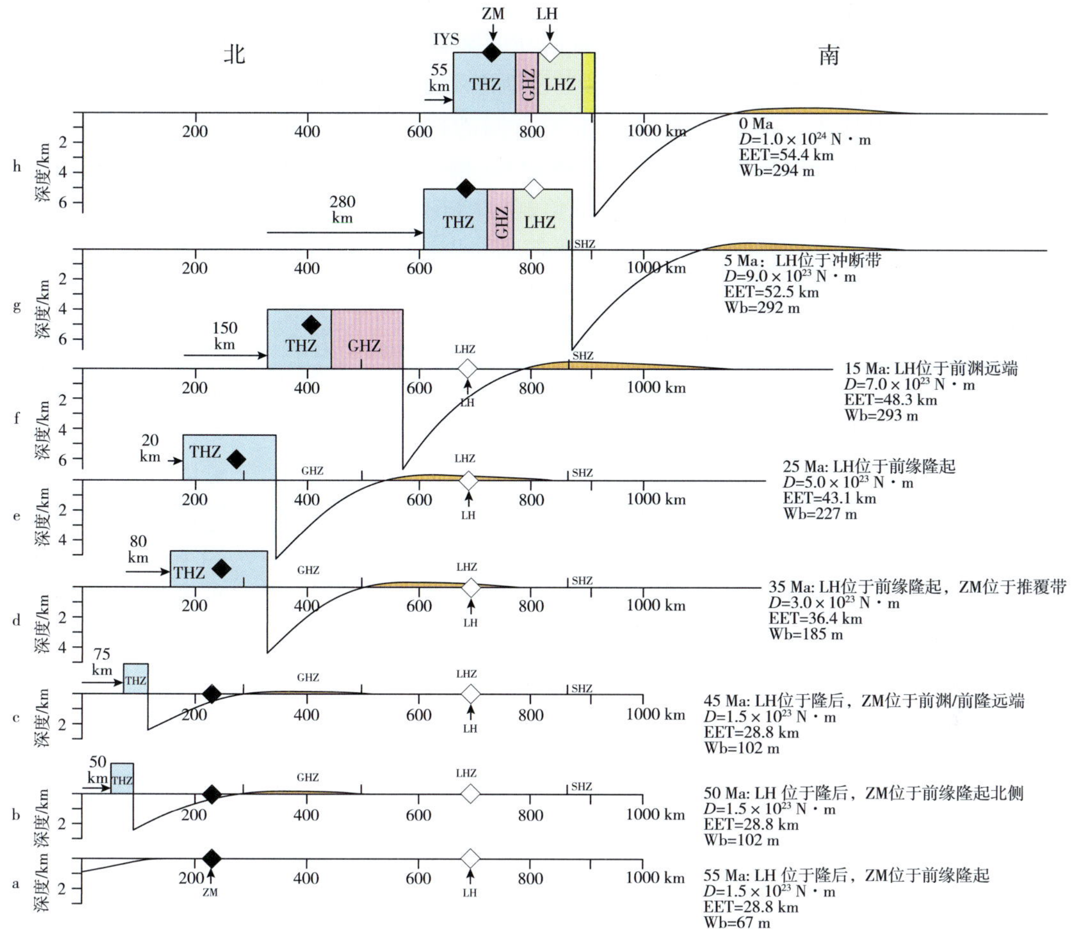

图 6.24　喜马拉雅山冲断带-前陆盆地系统的挠曲模型

（据 DeCelles et al.，2012）

采用了长方形负载，基于对 55 Ma 开始的冲断带恢复后重建的模型。以在破碎板块的线性负载作为初始条件；所有的后续模型采用的是连续板块和长方形负载。负载的密度为 2650 kg/m^3；盆地充填物的密度为 2500 kg/m^3。各个阶段的地壳缩短量用最北边块体左侧的箭头标出。菱形标注 ZM 和 LH 分别代表古近-新近纪地层中的遮普惹山、小喜马拉雅山的复原地点。THZ—特提斯喜马拉雅带；GHZ—大喜马拉雅带；LHZ—小喜马拉雅带。模型中也标注了各个阶段变化的挠曲刚度（D）、有效弹性厚度（EET）及前缘隆起高度（Wb）

演化过程来模拟前渊的迁移历史。该方法另外一个潜在的问题是在冲断带的活动历史中地壳缩短速率也会变化，从而造成挠曲波的迁移速率可能是极度不稳定的。

如果将前陆盆地系统的四个部分结合起来进行恢复，能使对挠曲波的迁移估计更具约束性，因为在前陆盆地地层的复原过程中，前渊、前缘隆起带的位置均可用来确定随时间变化的挠曲波。其中一个特殊的值是前缘隆起沉积带/不整合面的持续时间。结合前陆盆地系统的迁移速率，前缘隆起沉积带的宽度可用来限定挠曲刚度；反过来，如果能够估算出挠曲刚度，那么可以利用一个已知垂向地层序列里的前缘隆起沉积带持续时间来计算挠曲波的迁移速率。在一个仍然活动或没有被后期拉张作用完全破坏的造山带系统中，挠曲波的迁移距离（F）大约是冲断带宽度（P）和缩短量（S）之和，即通过合理估算这三个变量（F，P，S）中的任意两个，就能计算出另外一个变量值。

图6.24是对尼泊尔地区喜马拉雅冲断带和前陆盆地系统恢复的挠曲模型，该模型是基于平衡区域横断面的增量重建而得。由于古地形难于确定，冲断负载被简化成一个矩形块体；不同的颜色代表了喜马拉雅冲断带中不同的构造地层亚带（特提斯喜马拉雅带、大喜马拉雅带、小喜马拉雅带和次喜马拉雅带）。模型描述了在前陆盆地挠曲波演化背景下的恢复重建参考点和喜马拉雅冲断带负载的增长。

6.6.2 前陆盆地沉降史分析

在盆地定量分析中盆地沉降史分析法是一种常见的研究方法，也可以把这种定量研究方法称作地史分析。一般采用沉积层逐渐回剥的方法以获得构造下沉量。因此，盆地沉降史分析法由两部分组成：①地史分析，它需要进行三种校正，即去压实、古水深和海平面变化校正以及剥蚀厚度的恢复；②回剥法，从整个下沉量中分出仅仅是由于构造驱动力引起的沉降量部分。在目前盆地沉降史分析法已经被广泛地应用于各类盆地（包括前陆盆地）的研究之中，它不仅被用于探讨盆地的形成和演化，而且也是分析盆地热史、生烃史的基础。现主要叙述盆地沉降史分析法的基本原理，利用地史分析、回剥法来计算前陆盆地的总沉降量和构造沉降量，并在此基础上进行沉降史的数值模拟。

6.6.2.1 基本原理

沉积盆地是地壳逐渐下沉和沉积物不断充填而形成的，为沉积物提供堆积空间的基底沉降是多种因素综合的结果。这些因素可分为两类：一类为非构造沉降因素，包括沉积物本身的重量负载、盆地发育过程中全球海平面的变化以及沉积物沉积时的古水深；第二类了地壳自身动力学演化过程中产生的纯构造沉降。因此，以盆地在各阶段的沉降量为纵坐标，演化阶段的地质年代为横坐标，可得到盆地的两种沉降曲线，即构造沉降曲线和总的沉降曲线，盆地基底因构造驱动力相对于某一基准面（海平面）的沉降曲线为构造沉降曲线，总的沉降曲线除了纯构造因素外，还包括非构造因素引起的下沉。以下简要地叙述为获得构造因素所进行的三种校正。

1）压实校正。沉积物的物性自沉积以后，随着埋藏深度的增大可发生一系列变化，表现为孔隙度降低、密度增大和厚度减薄，所以必须对现今地层厚度进行压实校正，消除因机械压实效应而造成的孔隙度变化以恢复各岩层自沉积以来地史时期的厚度。

2）水深校正。在沉积物沉积时的古水深决定了沉积界面与基准面（如海平面）的位置，因而必须消除在各个地史时期的古水深和水负载对基底沉降的影响。

3）海平面变化校正。为了将基准面统一为同一个位置（如现今海平面），对古海平面和现今海平面的差值必须加以校正。

应当指出的是，在上述校正前必须进行剥蚀厚度的恢复，这一点对于前陆盆地尤为重要，因为在前陆盆地晚期和末期，沉积物上升遭受严重的剥蚀。而在上述校正完成以后，还必须考虑盆地基底对沉积负载和水负载的响应方式。假如岩石圈本身的强度忽略不计，可采用艾利局部均衡补偿模型，即每一点在垂向上都能达到均衡，并在表层产生空间，从而进一步堆积沉积物。假如岩石圈表现为具一定刚度的物体，它可以在横向上传递应力和应变，则区域均衡补偿发生，岩石圈板块发生区域挠曲。在同样负载条件下，局部均衡补偿造成的沉降量大，而沉降涉及的范围小，如为区域均衡补偿，则效果相反。

6.6.2.2 构造沉降量的计算方法

盆地构造沉降量，求取的基础资料是现今地质剖面，其中包括钻井剖面、地震地质剖面，甚至野外露头剖面。计算所需的参数有孔隙度、密度、地质单元分界的埋深和绝对年龄、古水深、古海平面变化、岩石圈的抗挠刚度以及地形负载的波长（图 6.25）。

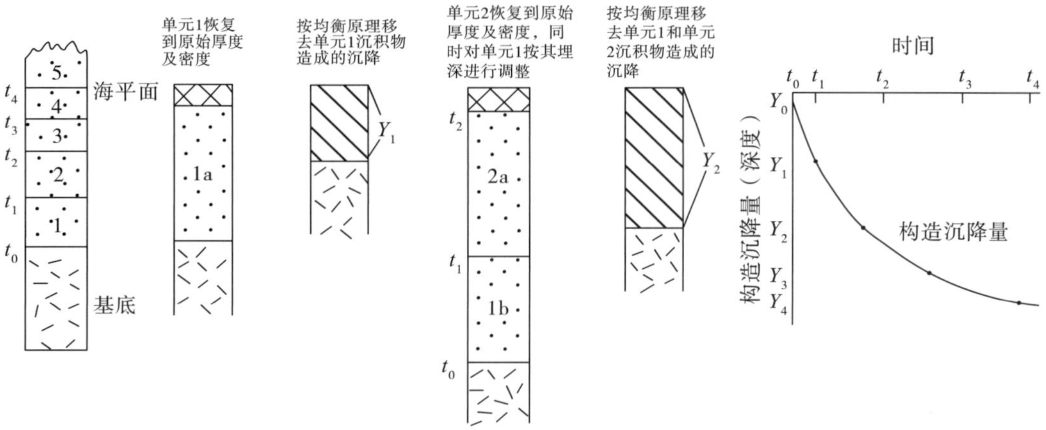

图 6.25 构造沉降量计算的步骤

（据 Bond et al.，1984）

利用回剥法计算构造沉降量的公式（Bond 等，1984）为：

$$Y = \varphi\left[S\left(\frac{\rho_{m} - \rho_{s}}{\rho_{m} - \rho_{w}}\right) - \Delta S_{L}\left(\frac{\rho_{w}}{\rho_{m} - \rho_{w}}\right)\right] + (w_{d} - \Delta S_{L}) \quad (6.2)$$

式中：Y 为构造沉降量；S 为经压实校正后的平均厚度；ρ_m 为地幔的密度；ρ_s 为沉积物的密度；ρ_w 为水的密度；ΔS_L 为海平面的变化幅度；w_d 为古水深；φ 为基底响应函数，当艾利均衡时，取 $\varphi=1$，当区域均衡时，取 $0<\varphi<1$。在地史时期中岩层的孔隙度随埋深的变化可用下式来描述：

$$\varphi(z) = \varphi_0 \cdot e^{-C\cdot\delta\cdot z} \quad (6.3)$$

式中：z 为沉积物的埋藏深度；$\varphi(z)$ 为深度 z 处的沉积物的孔隙度；φ_0 为沉积物沉积时（$z=0$）的原始孔隙度；C 为岩层压实系数；δ 为流体排出系数。排出系数（δ）是地层压力的函数：

$$\delta = (1 - p/p_{ob})/(1 - p_e/p_{ob}) \quad (6.4)$$

式中：p 为欠压实地层的孔隙压力；p_{ob} 为欠压实地层的上覆的静岩压力；p_e 为欠压实地层的静水压力。当 $\delta<1$ 时，地层为欠压实；$\delta=1$ 时，地层为正常压实；$\delta>1$ 时，地层为过压实。在正常压实下，考虑到整个压实过程中沉积物基质体积不变的原理，沉积物体积的减小是完全机械压实后孔隙中流体排出的结果，则可将现今顶、底面埋藏深度分别为 z_1

和 z_2 时，厚度为（z_1-z_2）的地层单元进行压实校正，求出顶界面在地表（$z=0$）时，基底的埋藏深度值 z_1，即该单元地层经压实校正后的原始沉积厚度 S：

$$S=\int_{z_2}^{z_1}(1-\varphi_0 e^{-C\cdot z})dz=\int_0^{z_1}(1-\varphi_0 e^{-C\cdot z})dz \tag{6.5}$$

在利用式（6.3）恢复砂岩和泥岩的孔隙度时，因二者在埋藏过程中压实程度不同，恢复出的压实曲线也不一样。为了利用砂、泥岩各自的初始孔隙度和压实系数，式（6.5）可修改为下式：

$$\begin{aligned} & s_h\int_{z_2}^{z_1}(1-\varphi_{0m} e^{-C_m\cdot z})dz+(1-s_h)\int_{z_2}^{z_1}(1-\varphi_{0s} e^{-C_s\cdot z})dz \\ = & s_h\int_0^{z_1}(1-\varphi_{0m} e^{-C_m\cdot z})dz+(1-s_h)\int_0^{z_1}(1-\varphi_{0s} e^{-C_s\cdot z})dz \end{aligned} \tag{6.6}$$

式中：s_h 为泥岩占该地层单元的厚度百分比；φ_{0m} 为泥岩的初始孔隙度；φ_{0s} 为砂岩的初始孔隙度；C_m 为泥岩的压实系数；C_s 为砂岩的压实系数。

根据式（6.4）求出的 z，即 S，代入式（6.2）中，结合古水深和古海平面的校正，即可求出纯构造沉降量 Y。

具体做法是：首先把地层剖面中最低位置的地层单元恢复到该单元沉积结束时的厚度（单元 1a），即压实校正后沉积物的初始厚度和密度，然后根据艾利均衡理论，消除由于沉积物自重引起的基底沉降，求出仅有该单无沉积后古水深 w_{d1} 作为负载时的构造沉降量（Y_1）。接着将剖面中的第二个地层单元恢复到其沉积结束后的厚度和密度（单元 2a），并将顶面置于其沉积时的古水深（w_{d2}）之下，单元 1 的厚度和密度也跟着得以调整（单元 1b）。在单元 1 和 2 的沉积物自重被消除后，得出仅有第二个单元沉积后古水深为负载时的构造沉降量（Y_2）。重复上述步骤直到剖面中的最新单元为止。做沉降量值与地层单元绝对年龄的关系图，即可得到构造沉降曲线。

6.6.2.3 前陆盆地的构造沉降曲线

在利用地层记录进行盆地沉降分析中，通常利用构造沉降曲线来研究一个盆地所经历的整体沉降和构造控制的沉降。一般来说，冲断期与盆地沉降期一致，冲断带的缩短与加厚速率和盆地的沉降速率相关。在周缘前陆冲断带的缩短速率比在弧背前陆冲断带的缩短速率更大。冲断带的加厚速率为 $0.5\times10^{-4}\sim0.8\times10^{-3}$ m/a（最大达 0.001 m/a），它确定了前陆盆地沉降速率的上界。一般地说，盆地构造沉降速率为该值的 20%～40%，这取决于岩石圈的抗挠刚度。

构造沉降曲线一般显示为两种基本类型：一种是由热冷却而引起的凹面向上的曲线，另一种是挠曲负载而引起的凸面向上的曲线。由于前陆盆地是大陆岩石圈受上叠地壳加载引起挠曲变形的边缘凹陷盆地，是逆冲推覆体推进的自然结果，造山带每次挤压逆冲作用均导致相应的前陆盆地产生新的沉降，增加可容纳空间，因此前陆盆地构造沉降历史是反映造山带逆冲构造历史的良好标志，其沉降曲线是一种判别构造活动期次的有效方法之一。用沉降史可以判断冲断层活动时间，比如，西瓦里克前陆盆地沉降曲线在 NAGRI 组和 CHINJI 组之间发生构造活动（图 6.26），但不能判断冲断部位；若计算了很多部位的沉降也可用以判断冲断部位。

李勇等（1995）、徐强等（2001）编制了龙门山前陆盆地的构造沉降曲线（图 6.27），结果表明：①龙门山前陆盆地构造沉降曲线以凸面向上的形式为其主要特征，表明它是盆地岩石圈挠曲沉降的反映，因此，它也是反映龙门山逆冲作用的良好标志。②通过对盆地南、北部两条横向构造沉降曲线形态的对比，可以发现两者形态基本吻合，表明当时的南、北部盆地应为一个统一的前陆盆地。③两条横向构造沉降曲线均显示，龙门山前缘地带的构造沉降量要明显地大于盆地内部。换句话说，当时前陆盆地基底形态为西陡、东缓，形成的沉积地层厚度也是西厚、东薄。④龙门山前陆盆地完整的构造沉降曲线一般由 7 个不同类型的段落构成（如平落 4 井等），显示该前陆盆地不同时期具有不同的构造沉降速率和沉积物堆积速率，同时也反映出龙门山构造逆冲强度和抬升速率在不同时期有明显的变化。⑤晚三叠世诺利期、瑞替期和晚侏罗世是该前陆盆地构造沉降速率较高时期，反映龙门山冲断带在这些时期的逆冲速率较大，是逆冲作用构造抬升的强烈时期；而早侏罗世是构造沉降速率相对较小时期，反映龙门山冲断带在早侏罗世期的逆冲抬升速率较小，是逆冲作用相对“平静”时期。⑥龙门山前陆盆地构造沉降速率最大的时期为晚三叠世诺利期-瑞替期，反映龙门山冲断带地壳大幅度缩短时期为诺利期-瑞替期，该时期逆冲推覆体以最大推进速率堆积于该前陆盆地西缘。

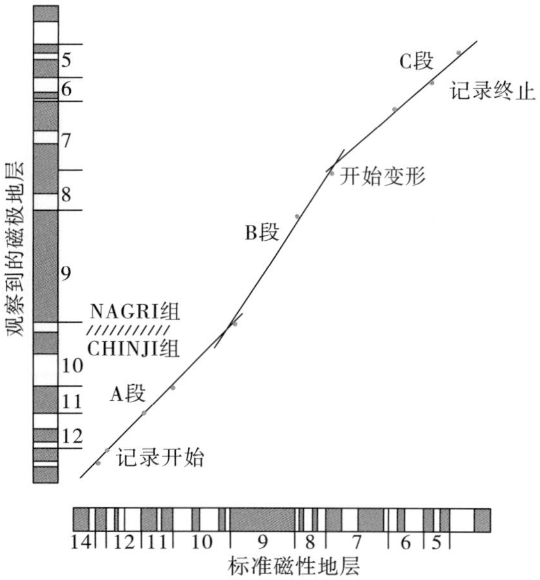

图 6.26　西瓦里克前陆盆地的沉降曲线

（据 Johnson，1982）

沉降曲线的交叉点代表影响沉积速率的构造事件；黑白条带为极性年代地层，其旁边数字为极性年代时序号

6.7　造山带的脱顶历史分析

早在 20 世纪 60 年代人们就认识到根据前陆盆地沉积序列中出现的不同碎屑岩类型或特征重矿物组合来分析造山带的隆升过程、脱顶历史。到 20 世纪 70 年代，Dickinson 提出用轻矿物组合的三角图解来区分沉积盆地物源的大地构造背景，并用此推测盆地的构造演化。一般说来，前陆盆地具有双物源，即来自造山带的物源和来自克拉通的物源。其中造山带是前陆盆地的主要物源区。前陆盆地中的沉积物主要来自相邻快速抬升的造山带，逆冲作用直接控制着前陆盆地的沉积物类型和沉积物供给量，其沉积序列正好反映了相邻山体从上向下剥蚀的顺序。根据充填序列中出现的不同碎屑类型或特征重矿物组合，可以确定冲断带岩浆岩、变质岩、沉积岩的脱顶次序、年龄，同时也可据此推断推覆体前进的次序和年龄。因此，可以根据沉积物的岩屑成分的变化过程，反演造山带的动力学发展和

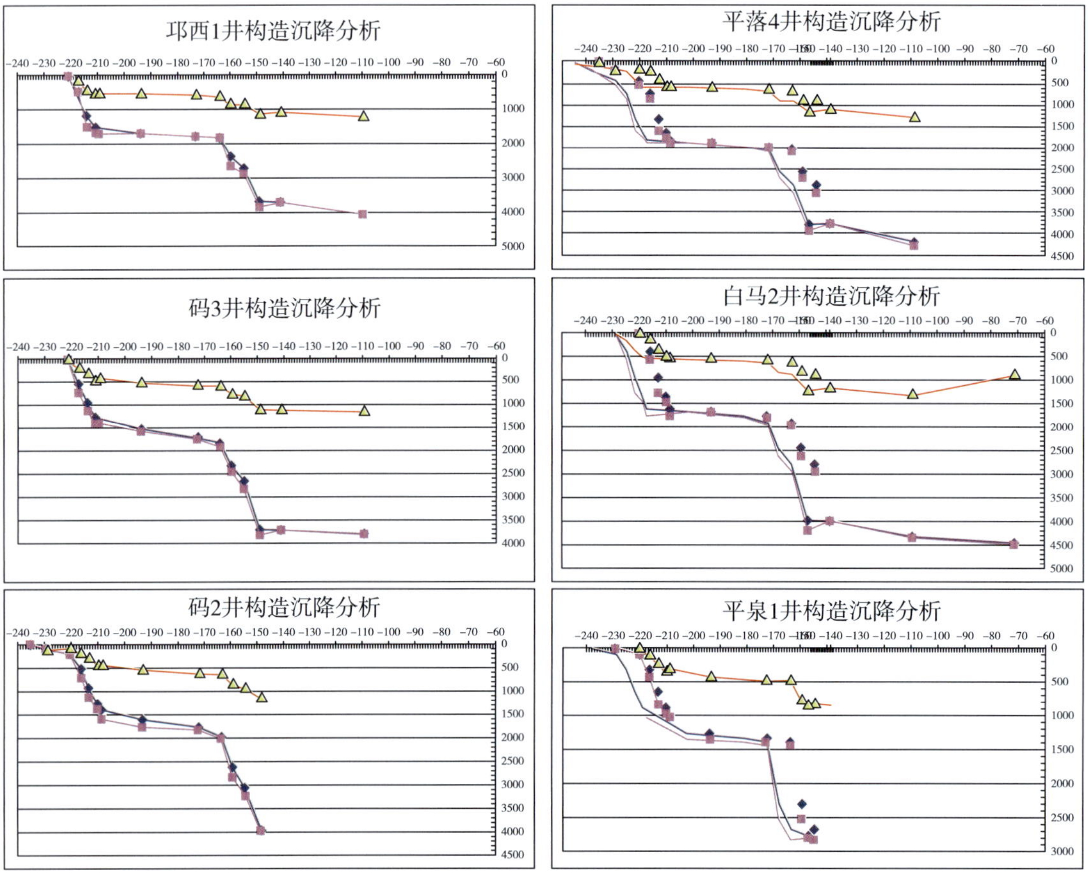

图 6.27　龙门山前陆盆地南部的构造沉降曲线

（据李勇等，1995；徐强等，2001）

演变过程。虽然前陆盆地沉积碎屑的岩石学特征反映了冲断系统的剥蚀过程，但它反映的时间可能要较冲断时间滞后。尽管如此，前陆盆地碎屑岩的物质成分能够反映造山带的古逆冲活动：①可根据砂岩碎屑成分确定造山带的构造背景；②可根据特征岩屑成分的首次出现及在时间上的变化，推测造山楔推进的年龄和造山楔脱顶的年龄；③轻矿物分布在平面上表现出靠近造山带的沉积物以高含长石、低含石英为特征，靠近克拉通一侧的沉积物以高含石英、低含长石为特征，但在前陆盆地形成初期，由于造山带地形未出露地表，物源主要来自克拉通，石英矿物丰富，而长石矿物和岩屑含量较少。李勇等（1995）对龙门山前陆盆地西缘的砾岩和砂岩岩屑成分及其在时间上的变化进行了统计，根据特征岩屑的首次出现，确定了龙门山造山带脱顶的次序和各逆冲构造带向盆地扩展的顺序和时间。

6.7.1　冲断作用对沉积物扩散形式的控制作用

Moretti 等（1985）首次应用扩散方程模拟了与地形梯度成正比的沉积物迁移。Flemings 等（1989）、Sinclair（1990）专门把扩散模型应用于前陆盆地地层分析之中，其比例关系为：

$$Q(x) = -k\frac{\mathrm{d}h}{\mathrm{d}x} \tag{6.7}$$

式中：k 为迁移系数；h 为地形高度；$Q(x)$ 为搬运物质的数量；x 为空间坐标。当载荷的重心通过沉积物从楔状体到盆地的重新分布向前陆盆地迁移时，载荷的侵蚀作用引起超覆，冲断层顶部的迅速增大促进了盆地的非补偿沉积，使增进补偿沉积的逆冲带迁移速率减小，并促使沉积作用与盆地中新空间的产生保持一致。关于盆地沉积量以及造山带剥蚀量的计算，刘少峰（1995）采用扩散方程进行描述，即：

$$\frac{\partial h}{\partial t} = k\frac{\partial^2 h}{\partial x^2} \tag{6.8}$$

式中：k 为搬运系数；h 为地形高度；t 为时间坐标；x 为空间坐标。已知初始地形形态，利用该关系式可确定造山带侵蚀和盆地沉积后的地表形态，从而了解造山带和盆地系统经地表地质作用后垂向负荷的空间变化。

6.7.2 沉积通量和沉积速率分析法

在盆-山系统中，造山带与盆地之间是以物源连接为纽带的。因此，可利用盆地沉积物增减研究确定造山带上移去的物质数量，从而确定造山带逆冲作用的时间。根据质量平衡古地理再造方法（mass-balanced paleogeographic reconstruction）（Hay et al.，1989；Wold，1992），可以利用盆地中不同断代的沉积质量计算和校正再造造山带的古高度。其核心思想就是将碎屑沉积作用过程作为一个封闭系统（包括所有物源区和沉积区），以目前的地形高度为基础，逐步将盆地的沉积物质剥下来，重新搬回物源区，以恢复造山带不同时期的古地形高度，为再造造山带剥蚀通量和隆升过程提供依据。

Brookfield（1996）研究了喜马拉雅造山带前缘各盆地渐新世以来的沉积物增减，计算出不同时期造山带被侵蚀所消除的块体宽度，确定喜马拉雅造山带主中央逆断层从渐新世到现今，总共向南位移了 270 km，而其中自中新世以来的位移是 230 km，显示了中新世以来是喜马拉雅造山带逆冲抬升最强烈的时期。

虽然该方面研究的实例不多，但研究思路和研究方向值得借鉴，将造山带和盆地作为一个相对封闭系统，以物源为连接，精确刻画其沉积通量（sedimentation flux）、沉积总量和沉积速率等参量，反演造山带逆冲、抬升的过程。无疑，这种沉积响应的定量分析将成为准确描述造山带隆升和构造演化的重要方法之一。

6.7.3 古地温年代测定与隆升速率分析法

造山带的隆起速率可以根据放射性测量和裂变径迹年代测定进行估计。一般来说，放射性测量和裂变径迹年代测定只能给出冷却温度，只有假定平均地温梯度，或者计算被测样品的温度气压关系，才能把冷却温度值与当时的地面以下深度联系起来，进而根据连贯封闭温度系统之间被消除的岩石深度计算出侵蚀速率，再根据侵蚀与山脉高度之间有增大的对数关系（Schumm，1963），确定山脉的隆起速率。岩石的冷却历史可以用不同矿物进行测定。一般来说，对角闪石和云母用 $^{40}Ar/^{39}Ar$ 方法，对榍石、锆石和磷灰石用裂变径迹方法，通常选择 30 ℃/km 作为平均地温梯度。目前这种方法已被广泛地应用于喜马拉雅造山带和龙门山造山带的隆升史研究，均取得了很好的效果。

此外，人们已开始将放射性测量应用于沉积物中碎屑年龄的测定，用以确定碎屑从物源区母岩被剥蚀的年龄，进而推测物源区开始隆升的时间。

值得指出的是，在利用上述地层标识恢复造山带古构造活动时，要注意各种识别标志的综合对比，彼此补充，相互印证，减少结论的偶然性。

6.8 造山带碰撞作用的沉积响应

碰撞启动时间的标定及样式的确定是造山带研究中普遍关注而又广泛争议的基础地质问题。争议产生的原因有两个：①陆-陆或弧-陆碰撞启动前后盆地面貌没有明显变化，难以在沉积记录、构造变形等方面留下易于识别的“印记”；②早期的地质记录被后期造山带扩展而遭受透入性变形、变质改造，难以再造其原始状态。周缘前陆盆地形成于俯冲陆壳岩石圈对构造载荷的挠曲响应，与碰撞过程同步。基于长周期（>5 Ma）沉积相序特征，将周缘前陆盆地沉积状态分成欠补偿、补偿、过补偿三种类型。欠补偿周缘前陆盆地形成于碰撞过程的早期阶段，记录了被动陆缘盆地随碰撞的启动而转化成周缘前陆盆地的过程。因此，深入研究这类盆地的结构、沉积序列可遴选出标定碰撞构造的重要地层学线索。张传恒等（2003）通过总结各个地质历史时期欠补偿周缘前陆盆地沉积序列与结构的基本特征，概括了欠补偿周缘前陆盆地二级沉积单元的地质特征，归纳出 3 种类型的充填序列，探讨了其碰撞构造意义，提出了沉积物扩散方向转换面、陆棚淹没事件面、前缘隆起不整合面、沉积单元间转换界面及其时空位置转换关系是标定碰撞构造的主要地层学线索。标定碰撞过程的地质依据主要有 4 个：充填序列、碰撞启动时间及其在走向上的变化、汇聚速率及其变化、碰撞样式。因此，在前陆盆地地层格架中找寻与此相关的地质记录是标定碰撞过程的关键。

6.8.1 前陆盆地充填序列

欠补偿周缘前陆盆地在启动时继承了被动陆缘的沉积环境。高于初始零沉降点的原陆棚区变为前缘隆起带，低于初始零沉降点的原陆棚区变为前渊，靠陆的一侧为浅海沉积区，而原来的陆坡则转化为前渊带的深海-半深海沉积区。在随后的盆地发育过程中，上述不同的沉积环境造就了不同的沉积充填序列。前缘隆起区发育以前缘隆起不整合面为底界的“欠补偿三位一体”沉积序列（图 6.28a），浅海区发育以向上变深为特征的陆棚淹没充填序列（图 6.28b），而深海-半深海沉积区则发育沉积颗粒向上变粗、沉积环境向上变浅的充填序列（图 6.28c）。

Sinclair（1997）最早提出了“欠补偿三位一体”充填序列，发育于初始为前缘隆起的前陆盆地区，其自下而上可划分出 3 个沉积地层单元。

6.8.1.1 下部单元

与下伏被动陆缘沉积物以微角度的不整合面接触，一般由台地碳酸盐岩组成，仅在少数盆地因靠近隆起区而以碎屑岩沉积为主。碳酸盐岩一般构成缓坡台地，但也可发育成镶边台地。同沉积正断层的发育常导致碳酸盐岩的沉积厚度沿着走向具有剧烈的变化。

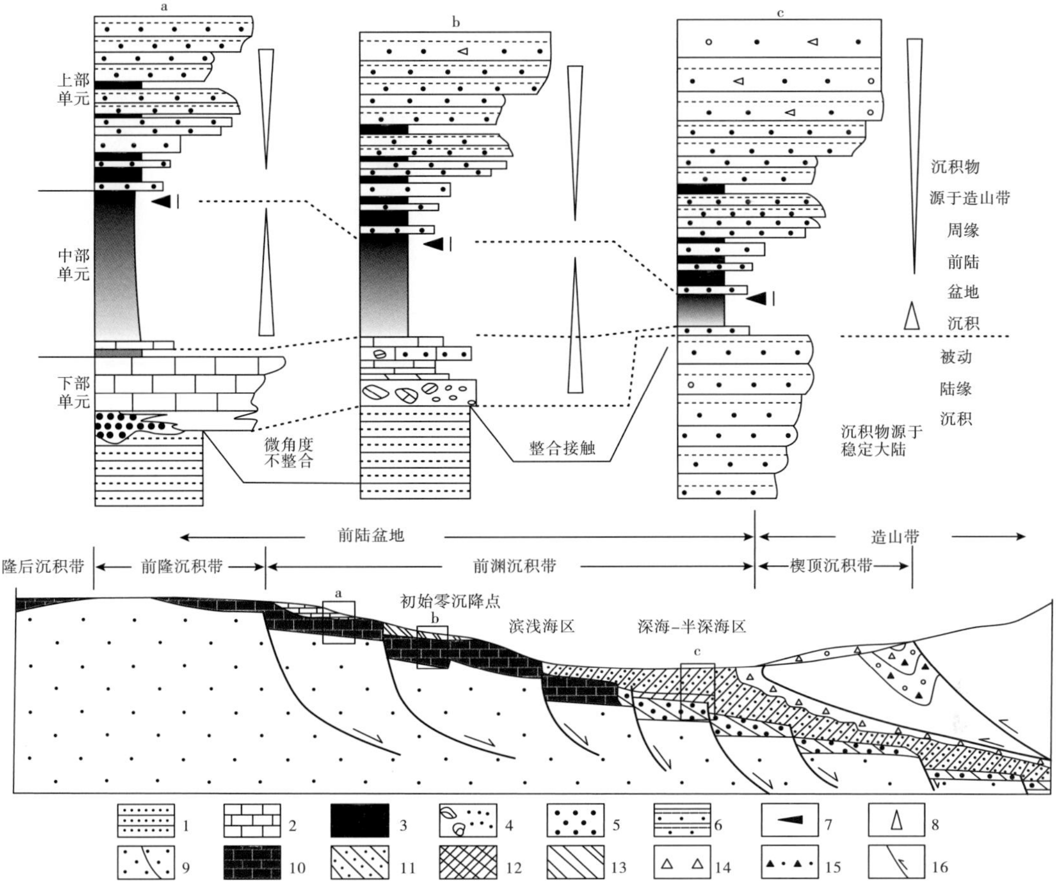

图 6.28　欠补偿周缘前陆盆地构造地层序列样式及其盆地位置

（据 Sinclair，1997；张传恒等，2003）

1—浅海被动陆缘沉积；2—前缘隆起台地碳酸盐岩；3—深海-半深海泥岩沉积；4—滑塌角砾岩；5—岩溶或陆相沉积；6—被动陆缘深海沉积；7—最大水深层位；8—环境变深方向；9—基底及伸展断裂；10—被动陆缘台地碳酸盐岩；11—大陆坡沉积；12—再旋回造山带碎屑浊积岩；13—随盆地发育形成的向上变深的沉积；14—造山带前缘粗碎屑沉积；15—楔顶沉积；16—褶皱-冲断带

6.8.1.2　中部单元

主要由含浮游生物化石丰富的泥岩组成，厚度变化较大，可从数米到 4 km 不等。这些泥岩富含钙质、粉砂及生物搅动构造。除 Arkoma 盆地出现成熟度较高的砂岩外，其他盆地的中部单元均以深海、半深海钙质泥岩沉积为主。利用古水深标定的垂向的变化结果表明，中部单元沉积环境呈向上加深的趋势，至顶部水深达到最大。在中部单元沉积期，正断层作用也异常活跃，强烈影响着中部单元的岩石组成和厚度变化。

6.8.1.3　上部单元

主要由厚层深水浊积砂岩和泥岩组成，厚度可达 4 km。砂岩骨架颗粒几乎全部源于造山带，成分成熟度和结构成熟度均较低。横向的线形构造常常成为砂、泥沉积物的通道。长周期相对海平面的变化也对该单元沉积相的组合特征产生重要影响。

淹没陆棚充填序列发育于在前渊的靠陆一侧的、初始的浅海沉积区，由 3 个地层单元组成（图 6.28b），与 Sinclair（1997）提出的“欠补偿三位一体”序列相比存在 3 点差异：①下部单元与下伏被动陆缘沉积为整合过渡关系，与上覆中部单元一同构成一个沉积环境向上变深、沉积颗粒向上变细的沉积旋回；②下部单元主要由台地碳酸盐岩崩塌而成的角砾岩、源于古陆的碎屑岩和泥岩组成；③充填序列的底界面为陆棚淹没事件界面，是典型的碳酸盐台地淹没面。

在由大陆坡转化而成的前陆盆地区，充填序列与下伏被动陆缘沉积呈整合过渡关系。造山带再旋回碎屑沉积物出现的最低层位标定了该沉积序列的起点。充填序列为向上变粗、沉积环境向上变浅的沉积旋回。自下而上分别为前渊深水沉积物、楔顶沉积物两个单元组成（图 6.28c），分界面为同沉积变形富集带。前渊深水沉积单元由再搬运重力流沉积和深海-半深海泥岩、钙质软泥和硅质岩沉积所组成，向上逐渐过渡到浅海沉积。再搬运重力流沉积主体为浊积扇，其沉积物扩散样式以扇形或平行于盆地走向为特征，扩散方向趋向前陆。楔顶的浅海-陆相沉积物一般由洪积扇、冲积扇和滨海、浅海相等沉积物组成。该充填序列以造山再旋回陆源碎屑大量发育和叠置在前陆褶皱-逆冲带之上而区别于弧前盆地沉积序列。

6.8.2 碰撞作用启动时间的标定

在理论上讲，在垂直于古造山带的地层沉积格架剖面上，有三种沉积结构转换面是碰撞启动时的地质产物，可以用来标定碰撞的启动时间（图 6.29）。①深水区带最早的沉积物扩散方向转换面。该界面之下为被动陆缘沉积系统，沉积物的扩散方向以背离古大陆为特征。在该界面之上为前陆盆地（前渊）的沉积物，沉积物的扩散方向以背离造山带、朝向前陆为特征。②初始零沉降点（前渊、前缘隆起转换点）。在前渊的一侧，沉积相向上加深，转化为泥岩、页岩沉积的初始界面。③前缘隆起带最靠近初始零沉降点处前陆不

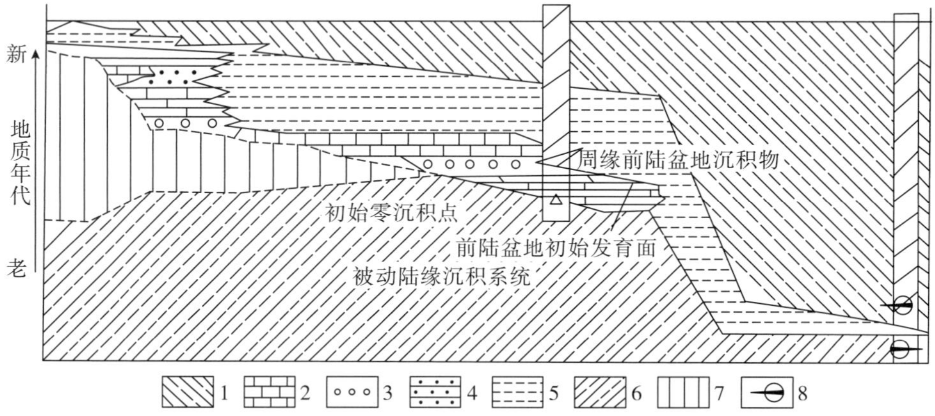

图 6.29　欠补偿周缘前陆盆地等时地层格架

（据 Sinclair，1997；Abbott，1994）

1—被动陆缘沉积系统；2—台地碳酸盐岩沉积物；3—富海绿石或膏盐层；4—滨浅海砂岩；5—泥岩；6—浊积岩；7—地层缺失及不整合面；8—沉积物扩散方向

整合面下伏地层的最高层位与上覆地层最低层位所限定的地质时代。在实际操作中，通过上述3个结构转换面的时代的研究来标定碰撞启动时间所面临的一个非客观因素是“最早”和“最靠近”的厘定。研究的关键是精细的构造地层解析，以及前陆不整合面与在前渊的连续沉积中同时代整合界面转换点的确定。

6.8.3 板块汇聚速率的标定

板块汇聚速率的判定以时间和距离两个要素的正确判定为基础。时间的判定主要基于4个界面的时代标定：①前陆盆地的初始发育面；②中部单元与下部单元之间的转换面代表了前缘隆起型碳酸盐台地转化为前渊深水轴部带；③上部沉积单元与下部沉积单元之间的转换面代表了前渊轴部带的迁移时间和近源陡坡带出现的时间；④同沉积构造的密集发育带代表了前渊轴部带的迁移时间和穿越“标志点”所需要的时间。上述4个界面可以给出3个时间段，分别为t_1、t_2、t_3。t_1代表“标志点”在前陆盆地中前缘隆起带迁移到前渊轴部带、前陆边缘需要的时间。t_2代表“标志点”穿越轴部带时需要的时间。t_3代表“标志点”在穿越近源的陡坡带的时间和进入楔顶沉积带的时间。t_1、t_2、t_3的总和为t，代表“标志点”穿越前渊沉积带的时间。对空间距离的判定主要基于褶皱-冲断带平衡剖面的研究成果和前陆岩石圈结构、性质与有效弹性厚度的确定，并考虑沉积格架再造的结果。基于上述研究成果就能相对精确地计算出不同时期碰撞构造带的板块汇聚速率及其在时空格架内的变化，进而为研究板块动力学提供重要参数。

6.8.4 碰撞样式的标定

碰撞样式受陆块形状、相对运动速率与方式、闭合角度等因素的控制。陆块的形状主要通过再造岩相带的延展样式获得。相对运动速率和样式则主要通过研究沉积转换面的时代在走向上的变化获得。通过编制结构转换面的时代-位置关系图，并与岩相带对比，进而可以确定其属于哪种类型的碰撞样式。

欠补偿周缘前陆盆地发育于陆间造山带的早期阶段。前陆褶皱-冲断带不同的前缘断裂活动样式决定了前陆盆地发育不同的结构。以低角度、盲逆冲为特征的前缘断裂所控制的前陆盆地发育了复杂的次级构造单元，可识别出楔顶沉积带、前渊、前缘隆起沉积带和隆后沉积带等4个沉积带。这类前陆盆地发育了3种类型的沉积序列：①在靠陆地一侧，在初始前缘隆起区发育的“欠补偿三位一体”充填序列；②在前渊中，靠陆的一侧发育陆棚淹没的充填序列；③初始前渊深海-半深海区发育的沉积颗粒向上变粗、沉积环境向上变浅的沉积充填序列。欠补偿周缘前陆盆地沉积物扩散方向转换面、碳酸盐台地淹没不整合面等关键界面的时空位置是标定碰撞构造的主要地层学标志。

6.9 未来研究的领域

尽管对前陆盆地系统的研究较多，但一直忽视了对造山作用和气候过程之间相互作用的研究。大规模的冲断带（如安第斯山脉和喜马拉雅山脉），控制着地球上最大的地形气候梯度（orographic climate gradient）的发育，并且它们侧翼的前陆盆地包含以内源碎屑造山物质、原地化学沉积组分（如胶结物和古土壤组分）以及矿物碎屑的形式，记录了气候的变化气候和剥露模式。最近在地质年代学和热年代学的突破性成果，包括多重测年法（multi-dating method），显示出在揭示复杂的气候变冷和起源历史上的巨大潜力。将这些新的资料与通过对前陆盆地沉积带地层分析建立起的地球动力学格架综合起来研究，将对造山作用和气候系统演化的有一个整体的认识。

1）对现代和古代（地层学分析）前陆盆地系统四个部分的详细大量研究，为揭示造山运动的地层历史提供了有力的约束。前陆挠曲波的长距离（长达约 1000 km）侧向迁移，形成了在“瓦尔特”相律层序上的沉积相的垂向叠置，并可用冲断带的扩展和缩短速度加于解释，从而提供了充足的地层年代信息。其中特别有价值的是前缘隆起带上发育的不整合面/凝缩段，因为其持续时间可用来估计挠曲波的迁移速率。缺乏对前陆盆地层序中前缘隆起带和隆后带沉积的认识，将妨碍对一个造山运动早期历史的地层辨识。

2）弧后背景下的动力沉降将有助于加强前缘隆起带和隆后沉积带地层的保存，而在碰撞型和后退式碰撞系统中，由于缺乏区域远场沉降机制以及它们发育高或窄的前缘隆起带，前隆和隆后沉积带常不易保存下来。

3）作为穿时挠曲剖面的一个替代指标，前陆盆地沉降曲线的反演能够提供前陆岩石圈挠曲属性的一阶估算。但是，俯冲前陆岩石圈挠曲刚度的显著变化（通常增大）、俯冲岩石圈的迁移速率以及造山带负载的规模，是需要对冲断带-前陆盆地系统进行恢复重建，去完整刻画长期的地球动力学演变。

4）微小的前陆内部构造的活动和复活在前陆盆地中非常常见，尤其是在前缘隆起沉积带，尽管它们的规模通常较小，但这些构造通常能够控制着局部的水系、物源模式以及岩相的分布。

5）在许多前陆盆地中均发育“瓦尔特”相律层序。典型的地层模式是由总体向上变粗的数千米地层层序组成；下部发育因前缘隆起带在前陆地区迁移形成的大型剥蚀前缘隆起不整合面-浅海碳酸盐建隆-地层凝缩段（DCZ）。尽管该模型准确预测了在全球前陆盆地系统地层记录中发现的许多特征，但是在不同的构造背景之下，有些特征会发生变化，例如，在缺失来自冲断带的大量沉积供给或区域动力沉降的情况下，地层记录中就很可能没有保存前缘隆起和隆后沉积。假定挠曲波的平均迁移速率为 10~25 mm/a，前缘隆起带宽 200~700 km，则前缘隆起不整合面/凝缩段所代表的时间为数百万年到数十百万年。随着冲断带向克拉通内部迁移，前缘隆起不整合面/凝缩段的年龄也向克拉通方向变年轻。

6）欠补偿周缘前陆盆地沉积构架是碰撞构造发育过程的“记录器”，陆棚沉积与前陆沉积之间不同沉积物扩散方向转换面、陆棚淹没面和前缘隆起不整合面最早出现的层位是标定碰撞启动时间的主要地层学线索。沉积充填序列底界面、各构造地层单元转换面的时空位置图是认识和再造碰撞构造的主要途径。

第 7 章　前陆盆地底部不整合面与前缘隆起的标定

穿时性的造山作用导致了前陆盆地底部不整合和前缘隆起的变化，而岩石圈对载荷的响应在不同的前陆盆地是不同的。响应主要受岩石圈弹性厚度控制，岩石圈弹性厚度受到先存的岩石圈强度变化的影响。Ettensohn（1981）展示了石炭纪阿巴拉契亚前陆盆地显示为楔状地层结构，认为不整合面在前缘隆起上呈扇形散开。Plint 等（1993）确定了艾伯塔前陆盆地中白垩世的前缘隆起，其距艾伯塔变形前缘达 300 km。Ettensohn（1994）曾认为，挠曲前缘隆起可能从造山带向外传播的距离大于 1300 km。Crampoton 等（1995）把在前陆盆地底部形成的不整合面归属于前缘隆起抬升所形成的不整合面，并称之为前陆盆地底部不整合面、底部不整合面、前缘隆起不整合面或挠曲不整合面等，并认为挠曲理论不仅适用于对前陆盆地的地层结构形成机制的模拟，同样也适用于对前陆盆地的前缘隆起和底部不整合面形成机制的解释。值得注意的是，Price 等（1983）认为前缘隆起不整合面可能以时间-海侵的方式（time- transgressive manner）向克拉通方向迁移。Crampton 等（1995）认为，大多数弧后前陆盆地记录的前缘隆起较少，主要是由于大部分弧后前陆盆地处于海平面以上。Currie（1997）认为，前缘隆起迁移可能导致隆后盆地区域（轴向）的隆升作用和侵蚀作用。

在前人对前陆盆地底部不整合面的形成机制与挠曲模拟研究成果的基础上，本章总结了前陆盆地的不整合面、前陆盆地底部不整合面的识别标志、前陆盆地底部不整合面的超覆结构与地层上超速率、前陆盆地底部不整合面的分带性、前缘隆起的几何形态与剥蚀速率、前陆盆地底部不整合面的形成机制与挠曲模拟、前缘隆起的挠曲伸展作用、前陆盆地底部不整合面的古岩溶作用与油气成藏等。表明前缘隆起型不整合面是前陆盆地的重要特征，从前陆盆地的近端到远端，显示了从整合面到最大侵蚀区，再到整合面的变化，但是在不同类型的前陆盆地中，前缘隆起型不整合面发育的模式具有明显的不同。

7.1　前陆盆地的不整合面

7.1.1　不整合面

地层之间的不整合接触关系是地面露头和地震剖面上常见的地质现象。许多学者曾对不整合面的概念、类型及其在油气勘探中的应用进行了广泛的研究，并取得了重要进展。

Dunbar 等（1957）曾按照地层之间接触关系的性质将其划分为非整合面（nonconformity）、不整合面（unconformity）、假整合面（disconformity）和准整合面（paraconformity）。

Brown 等（1980）曾从层序地层学的观点，根据反射终止与不整合面的关系，将不整合面划分为侵蚀型和沉积型两类。他们将削截称为侵蚀型不整合面，而将上超、顶超和下超归为沉积型不整合面。

不整合面是地层中保留下来的地层缺失所呈现出的一种不协调的接触关系，其形成通常是区域性地壳运动、海平面升降或局部构造运动的结果。以沉积间断、风化作用，特别是新岩层沉积前的陆上或水下侵蚀作用为特点，常常表现为地层间的非平行接触关系。Vail 等（1984）从层序地层学的角度提出，不整合面是一个重要的时间间断面，具有剥蚀、削截和地表暴露的性质，将在海平面之下形成的不整合面称为Ⅰ型不整合面，将仅形成于地表的不整合面称为Ⅱ型不整合面。在其后的几十年间，对不整合面的研究发展迅速，目前世界很多含油气盆地中已发现一系列与不整合面有关的大型、特大型油气田。地层不整合面的演化及其在空间上的复合对于油气藏的形成有重要意义。

7.1.2 前陆盆地的不整合面

不整合面是构造运动和海（湖）平面升降的直接证据，也是地层层序划分的直接证据。前陆盆地的层序地层是构造运动或构造运动与海平面变化叠加效应的结果，层序界面往往是构造运动和相对海平面突然下降的叠加（李勇，1995）。同构造地层界面不仅是与造山带相关的前陆盆地沉积记录中最重要的地质特征之一，而且也是分割前陆盆地充填序列的界面（李勇等，1995）。

前陆盆地内的同构造不整合面可以分为以下两种主要类型：一种为基底不整合面，位于前陆盆地与下伏被动陆缘之间；另一种为下部海相复理石和上部陆相磨拉石之间的不整合面。前者与造山带的主构造幕同龄，后者为冲断抬升期的产物，其间多以角度不整合面为界。

根据同构造地层界面的特点，可将前陆盆地中同构造地层界面分为两类：一类为不整合面，其特点是界面上、下地层之间的接触面有角度相交，下伏地层有不同程度的变形，上覆地层则相对平缓，构造剥蚀现象明显，界面上普遍发育黏土型风化壳或古土壤层和底砾岩，显然这种界面属于水平挤压型构造、侵蚀不整合面；另一类为剥蚀面，以下伏地层被不均匀剥蚀为特征，界面上有时发育黏土型风化壳、古土壤层或底砾岩，属于抬升型构造侵蚀不整合面。同构造地层界面分布的特点表明，在前陆盆地中，每一个地层不整合面应是相邻造山带逆冲作用的沉积响应和地层标识，因此，可根据前陆盆地充填序列中不整合面的层位和性质，确定造山带逆冲事件。

前陆盆地的不整合面多数分布于盆地边缘，一般向盆内过渡为整合面，但应注意两个区：一个为邻近逆冲造山带的前陆盆地边缘区，由于构造运动比较频繁，层内同构造不整合面较发育；另一个为前缘隆起区，前缘隆起在盆地发育早期的侵蚀不整合面与中期应力松弛形成的不整合面、挠曲应力形成的张（扭）性断裂形成的不整合面可以叠合在一起，导致层内同构造不整合面现象普遍。

在一个前陆盆地旋回中至少发育 3 个区域性不整合面，包括底部不整合面、顶部不整合面和上部旋回与下部旋回之间的不整合面。除此之外，在不同的前陆盆地中还可以发育更多的次级或局部的不整合面。

7.1.3 前陆盆地的底部不整合面

前陆隆起是岩石圈受造山带上叠地壳加载于克拉通侧发生均衡挠曲的结果，其向上的挠曲幅度与造山带构造负载的规模和前陆盆地沉降中心下沉幅度成正比。因此，底部不整合面的隆升幅度与造山带构造负载的规模和前陆盆地沉降中心下沉幅度成正比。换言之，可以利用底部不整合面的隆升幅度来标定造山带的构造负载规模、初始的构造侵位时间和推进过程。目前与底部不整合面有关的油气藏已成为油气勘探的重要领域。

Jacobi（1981）确认了前缘隆起是导致阿巴拉契亚奥陶纪前陆盆地底部不整合面的成因机制。Crampoton 等（1995）研究了阿尔卑斯前陆盆地底部不整合面，认为底部不整合面是前陆盆地的重要组成部分，把在前陆盆地底部形成的不整合面归属于前缘隆起抬升所形成的不整合面，并称之为前陆盆地底部不整合面、底部不整合面、前缘隆起不整合面或挠曲不整合面等，并认为挠曲理论不仅适用于对前陆盆地的地层结构形成机制的模拟，同样也适用于对前陆盆地的前缘隆起和底部不整合面形成机制的解释。Crampton 等（1995）认为，与前陆盆地早期演化相联系的周缘上翘（即前缘隆起）可能被记录为前陆盆地底部的一个不整合面，前缘隆起不整合面代表一种独特的巨层序边界，并运用前陆挠曲的正演模拟很好地解释了实际在前陆盆地演化早期由侵蚀作用造成的不整合面结构：内带整合、中带侵蚀深度快速增加、外带稳定的地层间隔。这种不整合面结构能够被先存的古地形和后期海平面变化叠加改造，最终形成一个复合的不整合面。然而，这种不整合面的几何结构和上覆地层的上超模式与主要起源于海平面下降形成的不整合面迥然不同，代表了一种独具风格的石油区带组合，在前缘隆起上背斜和不整合面型圈闭都可以作为油气聚集的有利区。

目前在国内外发现了许多挠曲型前缘隆起不整合面的例子，如晚始新世南比利牛斯前陆盆地、科迪勒拉前陆盆地、阿巴拉契亚前陆盆地、瑞士北阿尔卑斯周缘前陆盆地、西台湾前陆盆地、龙门山前陆盆地（Li et al.，2003；李勇等，2010）等，被认为前陆盆地底部不整合面是一个典型的挠曲型前缘隆起不整合面。然而，要证明是源于前缘隆起抬升造成的不整合面需要侵蚀/变浅体制的证据保留在地层中，并且造山楔有向克拉通方向长期迁移的特征。

7.2 前陆盆地底部不整合面的识别标志

前陆盆地底部不整合面的识别标志包括两个，分别为不整合面的识别标志和风化壳岩溶识别标志。

7.2.1 地层标志

在前陆盆地中，前缘隆起型不整合面具有三位一体的地层特征和岩石学特征。其中的下伏地层为被动大陆边缘的碳酸盐岩，上覆地层为前陆盆地的黑色页岩或碳酸盐岩、砂岩，中间为不整合面和风化壳层。前陆盆地底部不整合面的地层识别标志，具体包括：①对比不整合面的上覆和下伏地层的地层格架样式。注意研究不同时代地层单位的层序，因为有许多层序的上、下界就是不整合面地层格架形式的变化（如超覆和削截），一般是不整合面的重要标志。应在地震剖面或区域地质剖面上研究地层时代和地层格架形式，这是可能存在不整合面的线索。②确定不整合面的地层缺失。利用岩屑、岩芯或露头岩样，通过岩石学及古生物学分析，研究不整合面的地层缺失情况，确定间断的时间以及被剥蚀的程度，证实不整合面的存在。利用古风化壳中的沉积物进行定年，力争最大限度地限定不整合面形成的确切时间。③确定不整合面上、下的构造形式。详细测量不整合面的几何关系、下伏地层的构造变形样式，分析不整合面的几何结构。特别是确定不整合面之下被削截的构造形式（褶皱、断裂、单斜等）。④利用地震反射剖面确定不整合面的空间形态。在地震反射剖面上确定不整合面的二维空间形态，如河谷凹地、不整合面侵蚀地形起伏以及近乎水平的夷平面。在资料许可的范围内，确定不整合面的性质及其地理分布范围、间断的大致时间以及被剥蚀的程度。

7.2.1.1 龙门山前陆盆地前缘隆起型不整合面识别的地层标志

李勇等（2010）研究了晚三叠世龙门山前陆盆地的底部不整合面，认为该不整合面是在扬子板块西缘被动大陆边缘的基础上由印支造山运动形成的，位于晚三叠世龙门山前陆盆地构造层序与下伏古生代-中三叠世被动大陆边缘构造层序之间，并介于晚三叠世马鞍塘组与中三叠世雷口坡组之间，标志着扬子板块西缘被动大陆边缘盆地与前陆盆地之间的转换。该底部不整合面显示为平行不整合面或角度不整合面。该不整合面向南东方向不断切削下伏地层，且均发育岩溶风化面，上覆晚三叠世地层沿不整合面向南东方向超覆，显示了从整合面到不整合面的变化过程，并随逆冲楔的推进向南东方向迁移。

（1）不整合面的上覆和下伏地层的地层格架样式

前缘隆起型不整合面地层有3套，包括下伏地层、不整合面（风化壳层）和上覆地层。现以龙门山前陆盆地为例，说明不整合面上覆和下伏地层的地层格架样式及其差异性。

A. 下伏层

在中三叠统雷口坡期，川西地区以局限台地相沉积环境为主，局部为开阔台地与蒸发台地相沉积环境，雷口坡组发育的岩性以白云岩为主，是一套白云岩、灰岩、膏盐岩和泥岩的组合。盆地内其他地区由于隆升幅度较大，雷四段大多被完全剥蚀，仅在隆升幅度相对较小的川西地区和川东北局部地区有保留。由于雷口坡组四段顶部曾经历了风化剥蚀，发育了一套岩溶孔隙型储层。

B. 风化壳层

在中三叠世末期，受印支运动影响，四川盆地整体抬升，海水退出上扬子台地，泸州古隆起和开江古隆起形成，区域上有近20 Ma的沉积间断，中三叠统碳酸盐岩普遍受到剥蚀和“喀斯特”化，形成了区域性不整合面（表7.1）。

表7.1 龙门山前陆盆地底部不整合面的界面特征

界面类型	典型特征
不整合面	马鞍塘组与下伏雷口坡组之间表现为微角度不整合面和平行不整合面
地层间断面	马鞍塘组与下伏雷口坡组之间表现为不连续的地层接触关系，有明显的地层缺失，缺失马鞍塘组下部地层，缺失地层厚度几十米到几百米不等
古喀斯特作用面	雷口坡组被抬升，并遭受剥蚀，形成较大范围的古喀斯特作用面，发育岩溶角砾岩、溶蚀孔洞和外来物的充填作用、大气淡水胶结物、铁泥质氧化壳，古岩溶发生在雷口坡组顶部的150~230 m范围内，岩溶发育的厚度一般小于100 m

界面类型	典型特征
底冲刷面	表现为界面上有滞留砾石或下伏地层的扁平砾石存在，石英质砾石、燧石细砾岩分布于不规则的冲刷面之上
暴露面	发育古土壤层和古风化壳，表明曾经历过短暂的间歇暴露和风化作用
超覆面	在地震剖面上显示上超终止反射，在马鞍塘组与下伏地层之间为上超型的接触关系，代表海水水域的连续扩张和海平面持续上升的海侵过程
岩性岩相转换面	显示为测井曲线突变面，界面上、下的岩性特征及沉积相类型具有明显的变化

（据李勇等，2010）

C. 上覆层

晚三叠世龙门山前陆盆地为典型的楔状前陆盆地，显示为西厚东薄的楔形体，充填地层序列包括晚三叠世卡尼期至瑞替期的马鞍塘组、小塘子组和须家河组沉积地层，厚度超过 3 km，可细分为 4 个向上变粗或向上变细的层序（构造地层单元）（李勇等，2010），显示为由次级的楔状层序和板状层序组成。该套地层显示为一个顶、底均以区域性不整合面为界的构造层序，其中的底部不整合面位于中三叠统雷口坡组与上三叠统马鞍塘组之间，顶部不整合面位于上三叠统须家河组和下侏罗统白田坝组之间。

（2）确定不整合面的地层缺失

通过对龙门山前陆盆地内大量地表剖面、钻井（岩芯、录井）等资料的分析研究标定了地层缺失（表 7.1；图 7.1）。该底部不整合面位于马鞍塘组与雷口坡组之间，显示为平行不整合接触或角度不整合接触，在接触面上发育冲蚀坑、古喀斯特溶沟、溶洞、熔岩角砾、古风化壳的褐铁矿、黏土层及石英、燧石细砾岩等底砾岩。

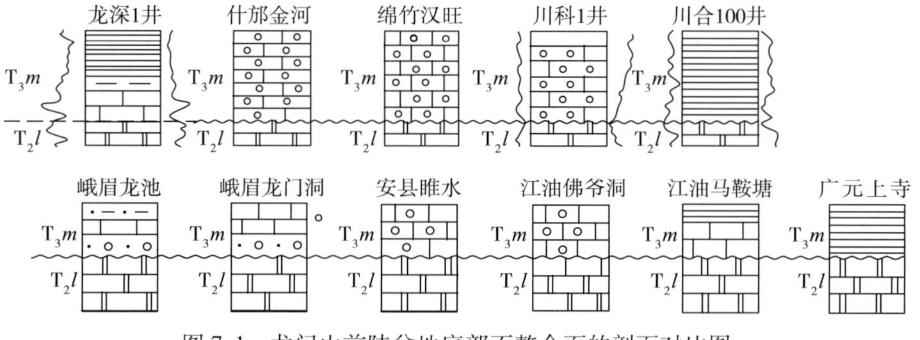

图 7.1　龙门山前陆盆地底部不整合面的剖面对比图

（据李勇等，2010）

该不整合面的上覆地层由晚三叠世卡尼期和诺利期的地层组成，包括马鞍塘组、小塘子组和须家河组二段和三段，最老的层位为马鞍塘组，其沉积时代属于晚三叠世卡尼期；顶部为披覆构造层，覆盖于盆地东部的前缘隆起区底部不整合面之上，由须家河组四段和五段组成，其地质时代为瑞替期，以须家河组四段以微角度不整合覆盖于嘉陵江组和雷口坡组的不同层位之上为特征，中间缺失天井山组和马鞍塘组。因此，底部不整合面开始隆升和剥蚀的初始年龄介于中三叠世的拉丁期与晚三叠世的卡尼期之间，时间约为 230 Ma；

底部不整合面开始沉降和被埋藏的时间为瑞替期早期，时间约为 210 Ma。综上所述，龙门山前陆盆地底部不整合面侵蚀作用的时间应介于 230~210 Ma 之间，持续时间约为 20 Ma。

7.2.1.2 美国西安那达科前陆盆地底部不整合面识别的地层标志

在西安那达科盆地陆棚区密西西比系及宾夕法尼亚系之间有一个大型的不整合面，沿不整合面分布有油气藏，并受到被剥蚀的密西西比系碳酸盐岩及上覆的砂岩控制（图 7.2b），尽管许多地层油气藏是直接在这个假定的沉积间断上面和下面发现的，但迄今预测这里油气聚集的勘探计划却未能完全令人满意。最近的古生物研究对这里已为人们接受的解释提出了质疑。经过 A、B 两口井的岩芯鉴定及动植物化石，根据同一个剖面提出了另一种地层格架形式（图 7.2c）。这种解释说明，该地层超覆圈闭受沉积岩相变化的控制，它们和早先提出的不整合面下出露的地层格架形式根本不同，两者具有不同的走向和分布。

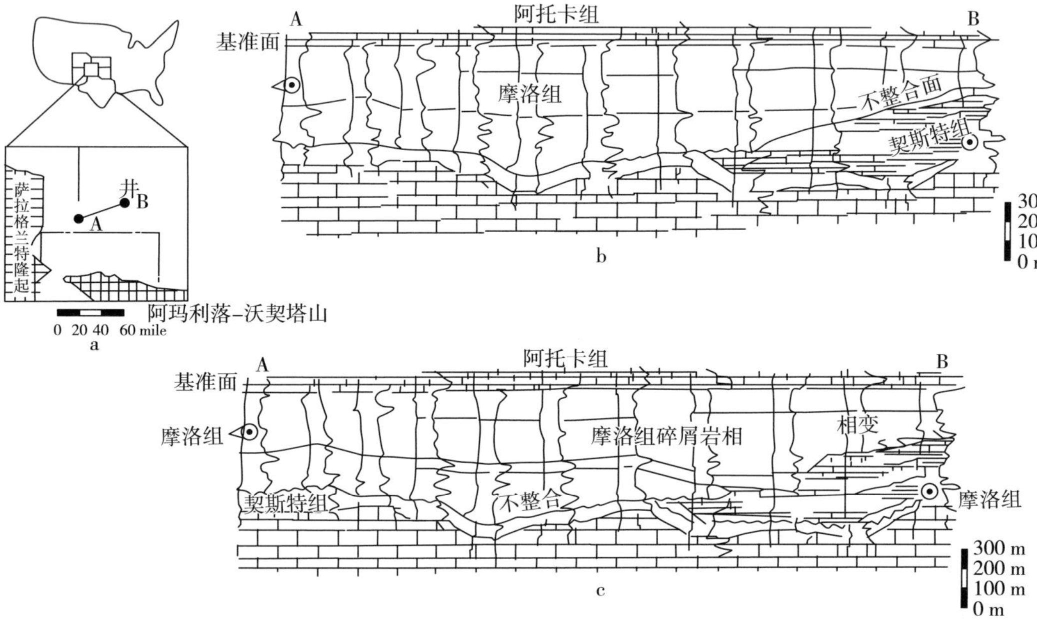

图 7.2 北美板块西安那达科前陆盆地密西西比系-宾夕法尼亚系的两种解释

（据 Swason，1972）

a—区域位置及 A、B 井剖面位置；b—A、B 井剖面中宾夕法尼亚系摩洛组、上密西西比系契斯特组及其间的不整合面，这种解释为很多学者认可；c—据同一剖面的另外一种地层格架形式，代替部分不整合面的是相变和时代上的变化。1 mile = 1609. 344 m

7.2.1.3 阿尔卑斯前陆盆地底部不整合面识别的地层标志

阿尔卑斯前陆盆地（NAFB）形成于古近-新近纪，是欧洲板块阿尔卑斯载荷挠曲的反映，从日内瓦到波希米亚地块，大致与阿尔卑斯造山带前缘平行（图 7.3）。阿尔卑斯前陆盆地是一个挠曲的盆地，地震资料和深井资料显示基底与充填物之间的界面向造山带逐渐加深；重力剖面出现的重力负异常与盆地的质量亏损一致；沉降剖面则显示为上凸的形态。除了盆地内部的大部分地区之外，在阿尔卑斯前陆盆地基底上存在一个大型不整合面，被解释为一个可能的前缘隆起型不整合面。该不整合面是分隔了下伏被动边缘巨层序和上覆前陆盆地巨层序的主要界面。在很宽的范围内均显示为角度不整合面，应代表了一期区域性的侵蚀作用。该不整合面所代表的地层缺失段向前陆方向增加（图 7.3）。

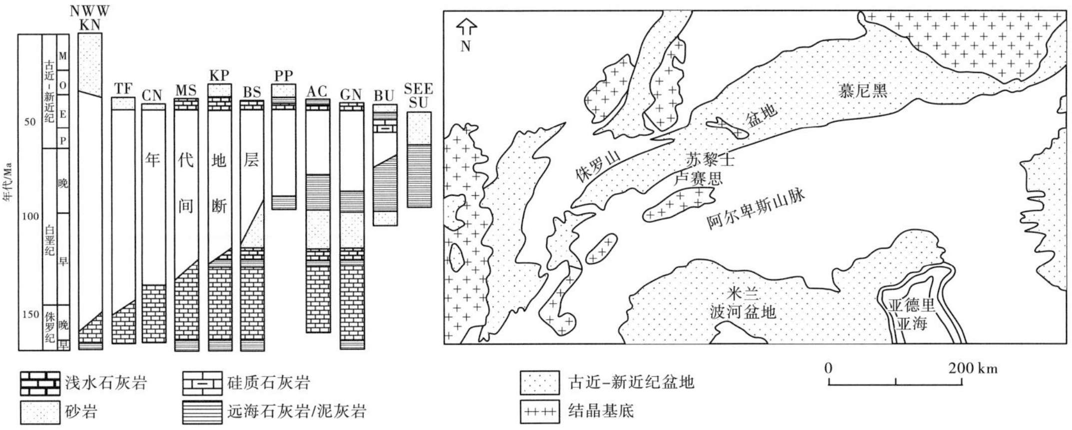

图 7.3　阿尔卑斯前陆盆地的年代地层格架与底部不整合面的空间分布

（据 Crampton et al.，1995）

莱茵地堑和布雷斯地都是欧洲西部裂谷系统的一部分，而磨拉石盆地和波河盆地相对于阿尔卑斯山而言，分别为前-前陆（周缘）盆地和后-前陆盆地。古近-新近纪北阿尔卑斯前陆盆地（今称磨拉石盆地）的中生代地层和海尔微推覆体代表了造山活动前南侧的欧洲大陆架的沉积。阿尔卑斯前陆盆地海尔微构造域不同剖面的年代地层柱状图。注意由于不整合面处侵蚀的深度增大及较晚沉积作用的双重因素，地层间断的持续时间向北西方向增加

7.2.2　岩石学标志

前缘隆起型不整合面的岩石学识别标志包括两个方面，分别为不整合面的岩石学识别标志和风化壳岩溶岩石学识别标志。风化壳岩溶一般与地层不整合面相伴生，不整合面的形成主要由于构造抬升或挤压以及海平面下降造成的地层长期暴露（>1 Ma）地表遭受风化剥蚀产生的，所以地层不整合面是识别风化壳岩溶的重要标志。现以龙门山前陆盆地为例来说明前缘隆起型不整合面的岩石学识别。

7.2.2.1　岩溶角砾岩

岩溶角砾岩的结构和成分特征是判别古岩溶岩系成因和控制因素的最直观标志。岩溶角砾岩有多种成因类型，如雷口坡组顶板地层由于下伏物质被溶解及上覆地层的坍塌作用形成的网、缝镶嵌状岩溶角砾岩；风化壳顶部岩石受到物理风化形成大小不等的角砾在原地残积或异地坡积堆积形成的地表残积角砾岩。

7.2.2.2　溶蚀孔、洞、缝及其充填物

岩层在遭受风化溶蚀作用时形成的溶蚀孔、洞及溶蚀扩大缝在岩芯资料和野外剖面上有较好地反映，这些溶蚀孔、缝、洞的出现，大大改善了储层的有效性。充填物质包括机械沉积和化学沉积物质两大类。前者为风化壳岩溶期充填的机械碎屑、泥质，后者为自生矿物（如方解石）。

7.2.2.3 硅化、去白云石化、去膏化作用

碳酸盐岩在发生风化壳岩溶作用的同时，伴有去白云石化、去膏化、硅化作用等一系列表生成岩作用，这个时期可以很长，也可以多期进行，这对形成孔、洞、缝和岩溶储层是有利的（图7.4；表7.1）。

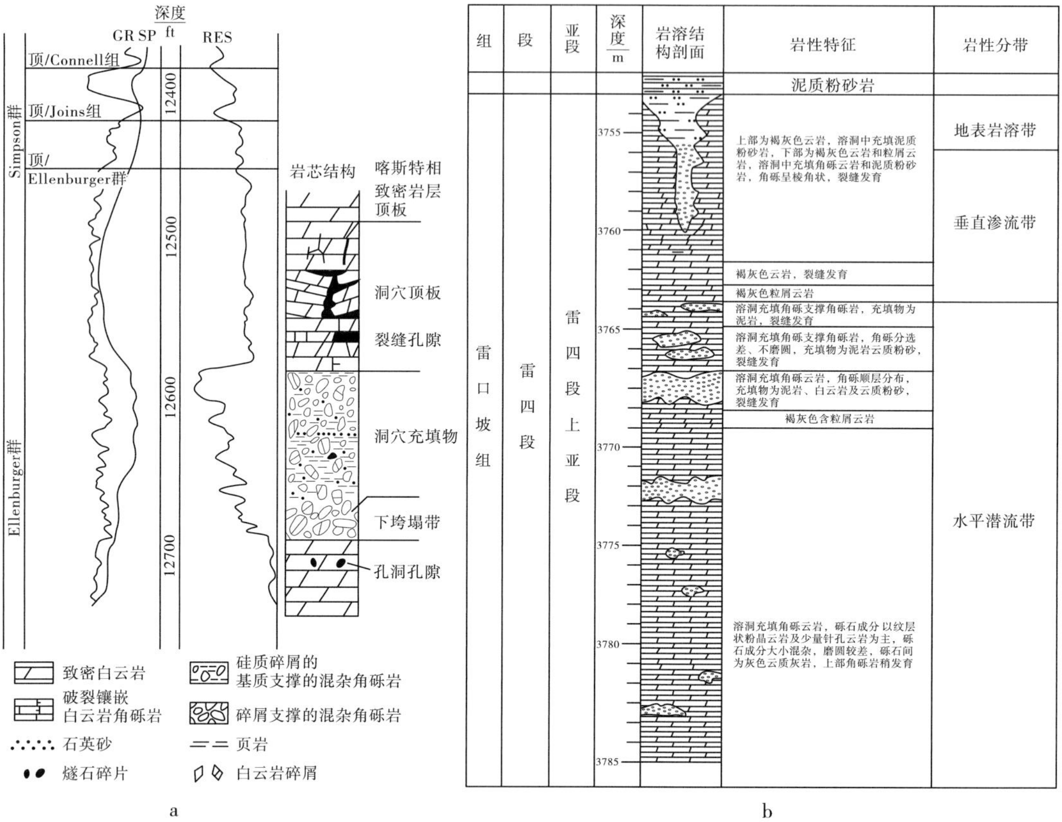

图7.4 前陆盆地底部不整合面风化壳岩溶结构剖面

a—北美板块沃希托前陆盆地 Ellenburger 群储集层喀斯特相特征及其测井标志（据 Kerans，1988），1 ft = 30.48 cm；b—龙门山前陆盆地底部不整合面的风化壳岩溶结构剖面（龙岗19井）（据王志萍，2012）

7.2.3 测井曲线标志

测井曲线特征是识别前缘隆起型不整合面的标志。古风化壳在测井曲线上应有明显的特点，可通过自然伽马值、电阻率、声波时差等方法标定不整合面。现以龙门山前陆盆地、北美板块沃希托前陆盆地为例来说明前缘隆起型不整合面的测井曲线标志（图7.4）。

7.2.4 地震反射剖面标志

利用地震反射剖面确定不整合面的空间形态。在地震反射剖面上确定不整合面的二维空间形态，如河谷凹地、不整合面侵蚀地形起伏以及近乎水平的夷平面。在资料许可的范

围内，确定不整合面的性质，其地理分布范围、间断的大致时间以及被剥蚀的程度。

李勇等（2016）利用地震剖面对龙门山前陆盆地底部不整合面进行了识别。经过中国石油和中国石化持续十余年的大规模地震勘探，盆地区三维地震已经接近全覆盖，并且已有几口井钻达海相地层。基于这些地震勘探和钻井资料，已能比较准确地确定该不整合面的空间展布。在地震剖面上，该底部不整合面为地震反射界面T6，显示为向东上超型不整合面。古风化壳在地震反射中为明显的低速带，风化层顶面处于紧邻T6强相位之下的负相位内；风化层在波阻抗剖面上呈相对低值，因此在速度断面图上可以清楚地标定古风化壳。尽管目前地震勘探的分辨率还难以识别那些规模较小的溶洞、洞穴和裂缝，但是它可以识别出古风化壳的整体，以及各种大型岩溶。目前采用的具体方法包括地震相、地震成岩相的识别、地震和钻井相结合的研究（包括井间地震剖面研究）以及各种处理技术方法等。其中地震相的研究可以大体刻画出古风化壳的轮廓。而地震成岩相的研究是在地震相研究的基础上进行的，它可以进一步显示出古风化壳储集层的特点。

7.2.5 地球化学标志

大气淡水与碳酸盐岩间的相互作用，将会打破原始的地球化学平衡，而形成新的地球化学平衡。因此，可以利用地球化学指标的变化，来确定在不整合面下的碳酸盐岩是否曾受到大气淡水的改造。在各种地球化学标志中，$^{87}Sr/^{86}Sr$值、$\delta^{13}C$、$\delta^{18}O$是确定是否有大气淡水参与成岩作用的最为灵敏的地球化学指标。越来越多的地球化学证据表明，大气淡水与岩石间的相互作用，将会使碳酸盐岩的$^{87}Sr/^{86}Sr$值增大，$\delta^{13}C$和$\delta^{18}O$降低。

7.2.5.1 岩石地球化学

前缘隆起型不整合面的岩石地球化学元素明显不同于上覆地层和下伏地层。以龙门山前陆盆地为例，前缘隆起型不整合面（PZ1井，5764 m）附近岩屑地球化学元素分析表明，碳酸盐岩风化壳标志性元素Mn、Fe、Al等含量相对增高；另外，从5764 m开始向下白云石含量也明显增高，最高可达80%，并逐渐稳定，白云岩化作用明显，具有下伏雷口坡组的典型岩性特征。

7.2.5.2 碳氧同位素特征

碳氧稳定同位素$\delta^{13}C$和$\delta^{18}O$是确定是否有大气淡水参与成岩作用的最为灵敏的地球化学指标之一，大气淡水与岩石间的相互作用，会使碳酸盐岩中的$\delta^{13}C$和$\delta^{18}O$降低（图7.5）。

7.2.5.3 $^{87}Sr/^{86}Sr$值

在地质历史中，海水的$^{87}Sr/^{86}Sr$值是时间的函数，随着时间而变化。雷口坡组的地质时代为中三叠世安尼期，而在安尼期海水的$^{87}Sr/^{86}Sr$值介于0.7077~0.7082之间。如果有大气淡水的影响，则$^{87}Sr/^{86}Sr$值增大。汪华等（2009）研究了遂宁东侧（前缘隆起的脊部，MX2井）雷口坡组的$^{87}Sr/^{86}Sr$值，在MX2井$^{87}Sr/^{86}Sr$-深度图上（图7.6），从雷口坡组三段到四段，$^{87}Sr/^{86}Sr$值总体有一个升高的特征，在靠近不整合面附近，$^{87}Sr/^{86}Sr$值具

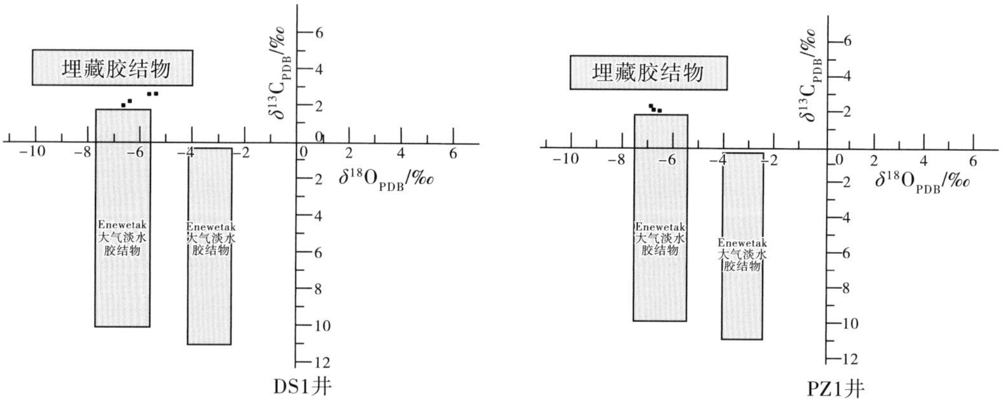

图 7.5　龙门山前陆盆地底部不整合面的碳、氧同位素特征与成岩环境

（据孟昱璋等，2015）

投点图版据 Hudson（1976）

有突然增加的特点，显示了明显的富锶特征；而远离不整合面，$^{87}Sr/^{86}Sr$ 值则趋于稳定，与同时期海水的 $^{87}Sr/^{86}Sr$ 值接近。

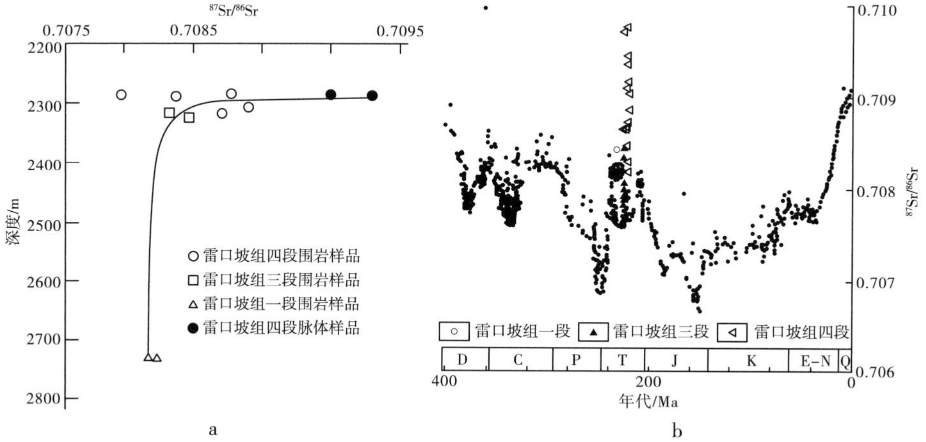

图 7.6　龙门山前陆盆地底部不整合面的 $^{87}Sr/^{86}Sr$-深度关系图

（据汪华等，2009）

a—MX2 井岩石样品 $^{87}Sr/^{86}Sr$-深度图；b—$^{87}Sr/^{86}Sr$ 演化曲线［黑实心点据张萌等（2003）］与川中南部的雷口坡组 $^{87}Sr/^{86}Sr$ 数值图

以上研究成果表明，在前缘隆起型不整合面的地球化学具有以下 3 个特点：①$^{87}Sr/^{86}Sr$ 值、$\delta^{13}C$、$\delta^{18}O$、Sr 含量是确定是否有大气淡水参与最为灵敏的地球化学指标。大气淡水与岩石间的相互反应会使碳酸盐岩的 $^{87}Sr/^{86}Sr$ 值增大，$\delta^{13}C$ 和 $\delta^{18}O$ 降低。②前缘隆起型不整合面具有地球化学跃变带。前缘隆起型不整合面下受大气淡水作用影响的区域，在与其上未受大气淡水作用影响的区域间，形成了一个地球化学跃变带。如龙门山前陆盆地前缘隆起型不整合面具有碳、氧同位素急剧降低和偏负，锶同位素突然增加，$^{87}Sr/^{86}Sr$ 值突然增大等特征，显示为一个地球化学跃变带。③前缘隆起型不整合面一般为埋藏型不整合面，可以受到深部流体的影响。

7.2.6 风化壳岩溶剖面结构

古岩溶包括了一切与岩溶作用有关的宏观和微观的、地表与地下的所有成岩产物与环境总和，如地表出露的各种岩溶地貌（峰丛、峰林、溶沟等）、岩溶角砾岩等，地上和地下出现的大小不等的溶孔和溶洞、地下暗河及其充填物等。正是这些特征，可以将其作为风化壳岩溶结构剖面的分带依据。依据岩溶发育程度、岩溶大小与形态、地下水的运动方式及孔、缝充填物特征，可以将古岩溶进行垂向分带。

7.2.6.1 地表岩溶带

地表岩溶带（又称残积角砾岩带）由地表水及向下渗流过程中形成的一些溶沟、溶缝、溶蚀洼地和落水洞等组成，其充填物主要为残积角砾岩。残积角砾岩是由于风化壳顶部岩石受到物理风化作用形成的大小不等的角砾在原地残积和/或异地坡积堆积形成的不溶残积物。

7.2.6.2 垂直渗流带

该带位于地下潜水面之上，地下水主要沿垂直或近于垂直岩层的剪切裂缝向下渗流，对碳酸盐岩地层进行淋滤、溶蚀扩大裂缝，并沿近于垂直或高角度交切岩层的方向形成一些串珠状小型溶洞。在渗流带，孔洞通常被渗流机械碎屑物质充填，化学沉淀物充填少，未充填或半充填的缝洞构成了该带较好的储集空间。

7.2.6.3 水平潜流带

该带位于地下潜水基准面之下，是含水层的主体部分，该带的底界面受到当地排泄基准面的控制，由于重力势能等因素的影响，在该带内常年有水平方向的地下水流活动，加上地下水中碳酸盐不饱和，含量高，所以溶蚀作用十分强烈，形成了大量的沿水平方向发育的孔洞，大多数岩溶孔隙及洞穴都在潜水面之下和靠近潜水面的部位形成，在孔隙和洞穴中除了沉淀的胶结物、充填物之外，还可有坍塌角砾岩及流水作用携带的沉积物充填其中。因此，溶蚀孔洞最发育的地带是风化壳以下潜水面附近的岩溶带。

7.2.6.4 深部岩溶带

深部岩溶带位于水平岩溶带下界到原生带之间。岩溶带发育深度的确定是确定风化壳厚度的关键，即区内淡水影响的最大深度。深部岩溶带并不好确定，可将硬石膏消失的下界或硬石膏出现的上界作为深部岩溶带下限。

综上所述，针对前缘隆起型不整合面而言，可以从 8 个方面开展研究工作，包括：

1）对比不整合面上覆和下伏地层的地层格架样式。在地震剖面或区域地质剖面上研究地层时代和地层格架形式，确定不整合面上、下构造形式。详细测量不整合面的几何关系，确定下伏地层的构造变形样式，分析不整合面的几何结构。特别是确定不整合面之下被削截的构造形式（褶皱、断裂、单斜等）。

2）确定不整合面的地层缺失。通过岩石学及古生物学分析，研究不整合面的地层缺失情况，确定间断的时间以及被剥蚀的程度，力争最大限度地限定不整合面形成的确切时间。

3）利用地震反射剖面确定不整合面的空间形态。在地震反射剖面上确定不整合面的二维空间形态，如河谷凹地、不整合面侵蚀地形起伏以及近乎水平的夷平面，确定不整合面的性质和分布范围。

4）不整合面的岩石学和沉积学特征研究。确定不整合面上、下岩石类型。研究不整合面上覆和下伏地层的岩性（灰岩、白云岩、盐岩、膏岩）、矿物（方解石、白云石、石膏、石盐等）沉积层序、沉积旋回、沉积相和沉积体系，进行详细观察和研究，建立地层层序和沉积相序。详细测量古风化壳的沉积特征，包括岩溶角砾、古风化壳的褐铁矿、黏土层及石英、燧石细砾岩等方面。通过薄片研究古风化壳内部的结构构造、成岩作用、微相和储集性能等特点，进行古风化壳的分带和划分，开展垂向结构特征研究。

5）不整合面的测井曲线响应研究。对钻井过程的资料和测井资料的研究，古风化壳在测井曲线上应有明显的特点，可通过自然伽马值、电阻率、声波时差等方法标定不整合面。

6）不整合面的古岩溶特征研究。详细测量裂缝系统、溶洞系统、洞穴系统，开展古岩溶、古地貌、古水文等方面的研究。主要对表生成岩作用的溶解作用形成的溶孔、溶洞、洞穴、溶缝、岩溶角砾灰岩、岩溶淀积岩、岩溶交代岩、岩溶渗流砂岩（填积岩）、风化残积岩、凸凹不平的侵蚀面进行详细观察和研究，分析古风化壳储集层（体）的基本特点。古岩溶一般具有明显的分层性，可以将其划分为风化残积层、破碎带、渗流带、潜流带和岩溶基准面，建立垂向结构，研究各带储集性能的特点及其类型。

7）不整合面的地球化学研究。运用稳定同位素（^{13}C 和^{18}O）和微量元素研究古风化壳内部的结构、构造和表生成岩作用，并对古风化壳进行分带划分提供依据。

8）不整合面的形成机制研究。确定不整合面上沉积物覆盖过程及其大致时间，并根据盆地的地质发育史解释不整合面是如何形成的。

7.3 前陆盆地底部不整合面的超覆结构与地层上超速率

7.3.1 不整合面超覆结构的类型

Beer 等（1990）应用地震地层学研究了阿根廷新近系“背驮式”前陆盆地的地层接触关系，将其划分为上超、削截和上超-削截三类（图 7.7），并据之划分出五套地层层序。一个不整合面代表了在沉积历史中的一个间断，认识不整合面以及确定其在剖面上的适当位置是建立地层格架的一个重要组成部分。通过认识不整合面，进行顶、底不整合面之间的地层对比和研究地层时代、沉积厚度、岩性变化，可以确定一种或者更多地层格架的基本形式。如图 7.7 所示，基本地层格架形式包括：①简单的地层超覆。说明“低”地形区的充填和“高”地形区的埋藏变化；②沉积厚度的变化。具有特征的“S”形层序形式以及“低”地形区和“高”地形区地层单位的变化；③隆起、切割和退覆地层格架。表示单纯的隆起和削截、退覆和削截以及复杂的断层关系；④沉积变化及超覆的混合形式，其中图 7.7d（Ⅰ）表示两个“S”状层序的沉积相变化，图 7.7d（Ⅱ）为沉积厚度变化及超覆的混合形式。应当指出的是，在建立前陆盆地基本地层格架时必须区别不整合面和相变。

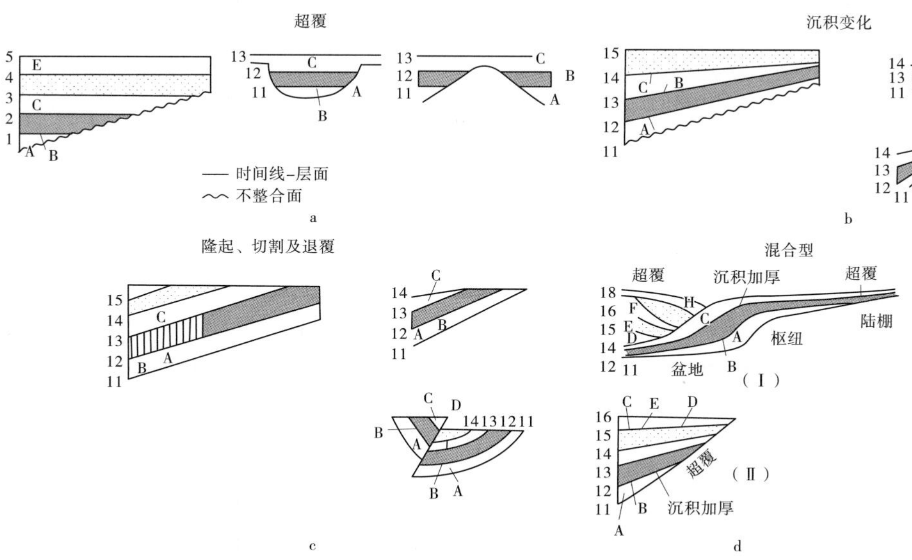

图 7.7　地层格架基本类型剖面示意图

（据 Beer et al.，1990）

A—E 为假定的地层单元

7.3.2　前陆盆地底部不整合面与全球海平面下降型不整合面的对比

由于前缘隆起可能达到的高度为 50~200 m，其最早到达海平面以上的那一点大约与大陆边缘大陆架裂开的位置一致，因此，前缘隆起的形成过程就会以在大陆架顶部发育不整合面的形式记录下来，它与盆地内相应的整合面吻合。上覆沉积物逐渐超覆在不整合面上，这种类型类似于全球海平面一次大的下降而后抬升所引起的不整合面［Wagoner 等（1987）提出的 I 类不整合面］，然而，这两类不整合面在岩石地层和时间地层学上都有很大的不同，并在岩相及石油成藏方面也有所不同。主要的不同点有：①下伏地层的削截形态，表现了向前陆板块较老地层的大规模（2~10 km）连续侵蚀，而第 I 类不整合面则在古大陆架边缘出现最大的侵蚀；②在海水上超的地质年代中，前缘隆起模型所包含的超覆时间在盆地未充填阶段一般超过 10~20 Ma，而 Vail 层序海进体系域的周期较短（1 Ma 到几百万年的三级旋回）；③沉积物一般很薄。

7.3.2.1　全球海平面升降变化对前缘隆起型不整合面的改造

前缘隆起的高度大于大多数全球海平面升降变化的幅度，说明前缘隆起过程仍然能够在地层上有所记录，但会受到全球海平面升降变化的改造（图 7.8）。全球（及相对的）海平面快速升降变化的影响有两方面：一是代表侵蚀的是复合的不整合面，而不是单一的不整合面；二是在低水位期，由于较高的海拔，就有稍多一些的物质从前陆板块被侵蚀掉。全球海平面升降变化幅度的增大会引起更深层的侵蚀。

持续时间与前缘隆起抬升期相似［即 Haq 等（1987）提出的二级旋回］的全球海平面升降的长期波动比快速波动对前缘隆起不整合面产生的影响要大。这是因为在前缘隆起

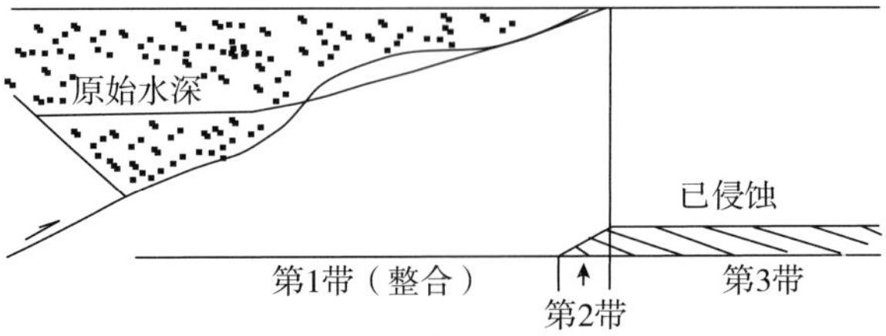

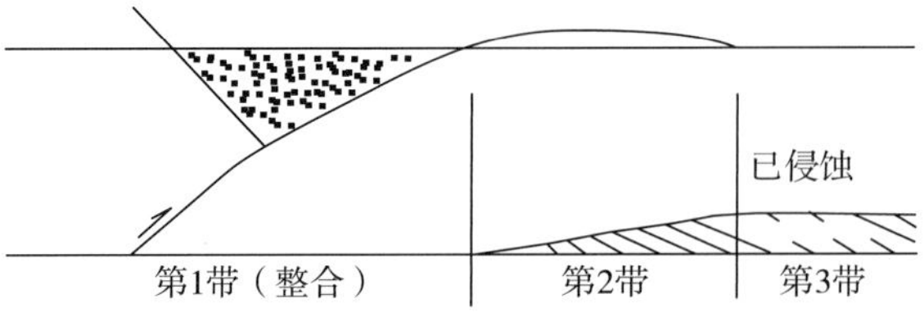

图 7.8　前缘隆起不整合面的几何形态与最大的侵蚀深度
（据 Crampton et al.，1995）

不论前陆板块表面（a）为继承水深，还是一开始就位于海平面之上（b），前缘隆起不整合面的几何形态和侵蚀的最大深度都相似，但是，有两点不同：①如有继承水深，第 1 带和第 2 带的位置向前陆板块迁移，即：不整合面的面积范围减小；②如有继承水深，相应整合（第 1 带）的年龄不一定与构造负载的开始一致，而如果前陆板块一开始就位于海平面，在不整合面尖灭的那一点（第 1、第 2 带界线）的沉积物年龄可用作负荷承载时间的约束条件

稳定推进的同时，前陆板块上的不同点在海平面之上所花时间明显不同。对于较高的前缘隆起（即弱的板块）和迅速侵蚀，仅 50 m 的海平面长期下降就可能增加 100 多米的缺失层段。

此外，全球海平面升降变化还改造了前陆盆地沉积物对前陆板块基底上超的细节。当相对海平面升高时，上超点的迁移比前缘隆起更快。根据速率的变化，全球海平面下降会引起上超点向前陆板块缓慢迁移（缓慢沉降）、保持固定（下降速率等于构造沉降速率），或往回向盆地方向迁移（下降速率超过构造沉降速率）。因此，全球海平面升降波动会引起海进脉动以及由变化不大的阶段所分隔的不整合面迅速上超。

由于前缘隆起的几何形态，上超速率取决于全球海平面升降变化的幅度及速率。因此，根据上超速率确定造山带推进速度取决于识别和计算全球海平面升降变化和沉积物供给的能力，并取决于准确测定上超速率的能力。因为全球海平面升高和下降一般比前缘隆起高度要小，因此，只要在造山楔-前陆盆地系统中所表现的载荷在其波长或排列方式上随时间无显著变化，就可用区域时间平均上超速率来测量造山带推进速度。然而，上超速率的局部变化可能反映了全球海平面的升降、沉积物供给的变化或造山楔形体中的变化（如新的逆掩体组合的形成）。

7.3.2.2　挠曲型前缘隆起不整合面与Ⅰ型不整合面的差异性对比

前陆盆地底部不整合面是挠曲型前缘隆起不整合面，而非 Vail 的Ⅰ型层序不整合面。因为前缘隆起的高度一般为 50～200 m，其首次达到海平面之上的第一个点的位置大约与大陆的边缘（或陆架的坡折点）重合。因此，在大陆架顶部前缘隆起的传播路径上将会作为一个不整合面出现，在盆地内部将转变为相对整合。上覆沉积物将会递进上超于不整合面之上。这似乎与 Wagoner 等（1987）提出的由于海平面的大幅度下降后的海平面上升形成的Ⅰ型层序不整合面相似。然而，这两种成因不同的不整合面在岩石地层单元和时间地层单元上都有明显的差异，因此两者的沉积相带和石油区带也迥然不同。挠曲型前缘隆起不整合面具有以下特点：①下伏地层的顶部具有蚀顶的几何形态。前缘隆起不整合面展示了一个大尺度（10^2 km）的向前陆方向传播的对更老地层的递进侵蚀，向克拉通方向剥蚀的地层越来越厚，不整合面之下的海相碳酸盐岩地层喀斯特化，然而Ⅰ型不整合面却在古陆架边缘具有最大的侵蚀量。②海相地层上超的时间尺度和方式不同，前缘隆起模式在前陆盆地欠补偿期的递进上超时间为 10~20 Ma，在不整合面之上前陆盆地沉积物的递进上超大致平行于造山带，而 Vail 的经典层序中海侵体序域（TST）的发育时限很短（三级层序是 1 Ma 至几百万年，Vail 的三级层序时限是 0.5~3 Ma）。③沉积物源区不同。如果把初始源于前陆板片的薄层沉积物排除，前陆盆地巨层序的大部分沉积物是来源于造山带的。前缘隆起的高度大于相对海平面的波动幅度，因此前缘隆起的传播在地层中会有记录，大多数地方虽不至于被剥蚀殆尽，但源于海平面变化的叠加改造仍是不可避免的。④下伏地层的侵蚀相带、上覆地层的沉积相带与造山带大致平行。⑤在不整合面之上的是向上变深的沉积序列，代表欠补偿期盆地的沉降。⑥从不整合面到整合面（盆地最内部）的变化归因于在一个继承性的先存被动大陆边缘古地形之上的挠曲沉降的叠加。

7.3.3 前陆盆地底部不整合面的地层超覆结构

7.3.3.1 阿尔卑斯前陆盆地底部不整合面的地层超覆结构

Crampton 等（1995）的研究成果表明，阿尔卑斯前陆盆地底部不整合面为前缘隆起型不整合面。阿尔卑斯前陆盆地（NAFB）巨层序的底部不整合面表现出下列特征（图 7.9），表明了它是一个前缘隆起型不整合面：①上覆古近-新近系沉积物对不整合面具有不断的超覆作用。超覆线大致与阿尔卑斯山的山前带平行，但其走向与中生代被动边缘的走向具有一定的偏离。②在盆地内更靠内部的（海尔微）地区，向上变深的层序位于不整合面之上，代表了欠充填盆地的沉降作用。③向西北方向不整合面不断地切削较老的地层，并在西北方向上发育岩溶风化面。在最初的时期，该地区是离造山带前缘最远的，因此，抬升该区域可能会用较长的时间。④在盆地中最靠内部的（超海尔微）地区，具有从不整合面到整合面的变化过程，可归因于在继承性的被动边缘形态上和原有的水深上叠加了挠曲沉降作用。⑤前陆盆地沉积物超覆在不整合面之上，侵蚀区域、沉积相带与阿尔卑斯山脉平行，并随造山楔的推进作用而向前迁移。

7.3.3.2 龙门山前陆盆地底部不整合面的地层超覆结构

李勇等（2010）研究了龙门山前陆盆地底部不整合面的地层超覆结构（图 7.10，图 7.11），结果表明具有以下特点。

（1）龙门山前陆盆地底部不整合面与上覆和下伏地层之间的三层结构

龙门山前陆盆地底部不整合面与上覆和下伏地层之间具有三层结构特征（图 7.10），其中下部为下伏地层，由古生代—中三叠世地层组成，残留地层的最高层位为雷口坡组，其沉积时代属于中三叠世拉丁期；中间为超覆构造层，覆盖于盆地西部的底部不整合面之

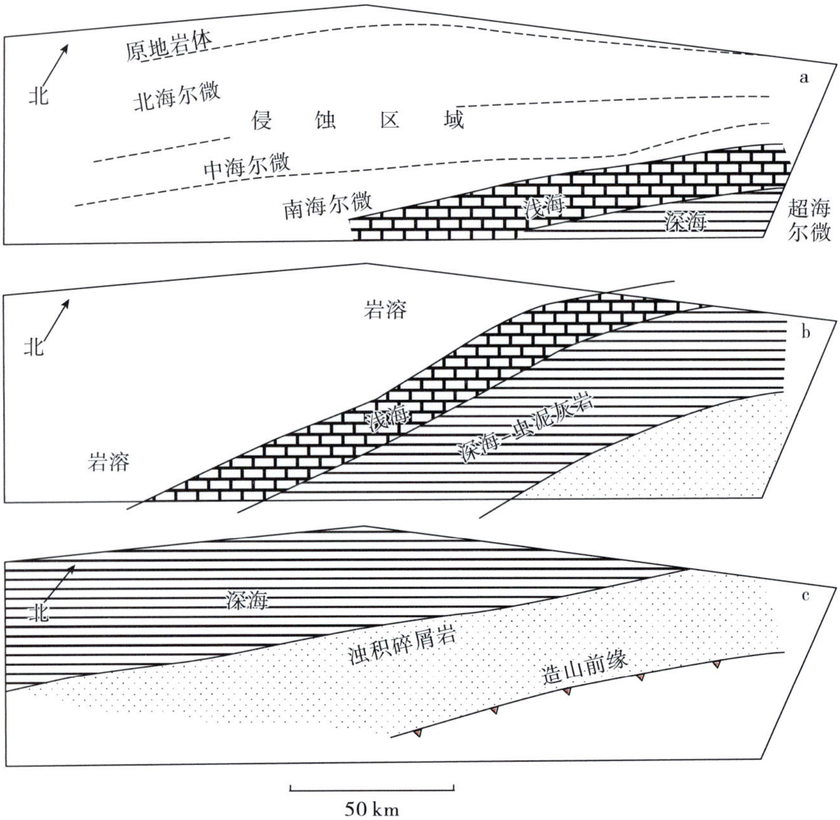

图 7.9 阿尔卑斯前陆盆地底部不整合面上的地层与沉积环境

（据 Crampton et al.，1995）

边界显示出古近-新近系与上覆中生代古地理趋势之间的角度不整合面，以及在造山前缘之前浅海、深海及浊积沉积环境的不断推进。a—古新世—始新世；b—中-上始新世；c—始新世—渐新世

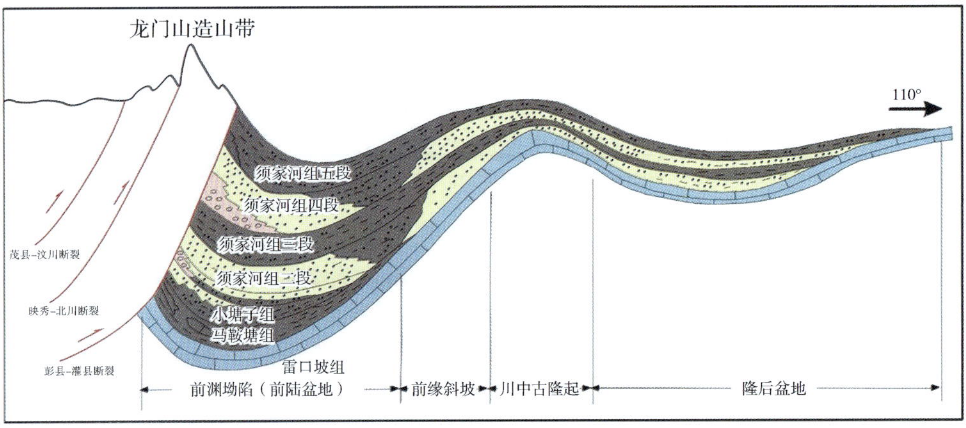

图 7.10 晚三叠世龙门山造山带-前陆盆地系统的结构

（据李勇等，2010）

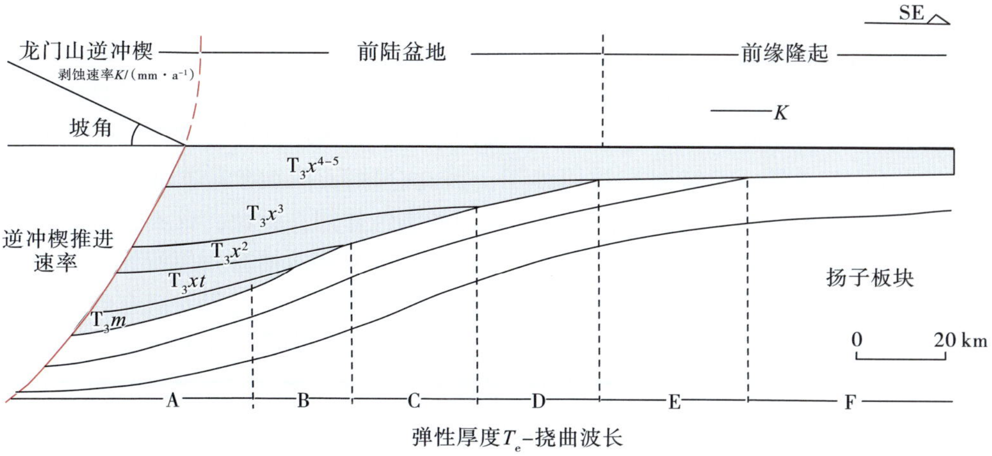

图 7.11　晚三叠世龙门山前陆盆地底部不整合面与地层超覆结构

（据李勇等，2016）

上，由晚三叠世卡尼期和诺利期地层组成，包括马鞍塘组、小塘子组及须家河组二段和三段，最老的层位为马鞍塘组，其沉积时代属于晚三叠世卡尼期；顶部为披覆构造层，覆盖于盆地东部的底部不整合面之上，由须家河组四段和五段组成，其时代属于瑞替期，以须家河组四段以微角度不整合覆盖于嘉陵江组、雷口坡组的不同层位之上为特征（李勇等，1995a，b）。因此，底部不整合面的初始隆升和剥蚀的时间介于中三叠世拉丁期与晚三叠世卡尼期之间，时间约为 230 Ma；底部不整合面开始沉降和被埋藏的时间为瑞替期早期，时间约为 210 Ma。综上所述，龙门山前陆盆地底部不整合面侵蚀作用的时间应介于 230~210 Ma 之间，持续时间约为 20 Ma。因此，我们推测晚三叠世卡尼期底部不整合面的初始形成标志着龙门山逆冲楔与扬子板块开始汇聚。

（2）龙门山前陆盆地底部不整合面与上覆地层的超覆结构

根据钻孔和地震剖面，标定马鞍塘组、小塘子组及须家河组二段、三段、四段沿底部不整合面上超的超覆地层结构（图 7.10，图 7.11），可以分为 5 种类型，包括马鞍塘组/雷口坡组、小塘子组/雷口坡组、须家河组二段/雷口坡组、须家河组三段/雷口坡组和须家河组四段/雷口坡组，以揭示龙门山前陆盆地底部不整合面与上覆地层的超覆结构。根据前缘隆起残留地层出露情况和被剥蚀地层厚度，李勇等（2010）编制了底部不整合面的基本几何形态和剥蚀作用的分带性剖面图，并将其划分为 5 个带（图 7.10，图 7.11），代表从前渊的整合接触关系过渡到前缘隆起的侵蚀不整合接触关系，表明从整合面到不整合面的横向迁移和变迁是底部不整合面的一个重要特征。

7.3.4　前缘隆起的地层上超速率

李勇等（2010）研究了晚三叠世龙门山前陆盆地前缘隆起的地层上超速率。在晚三叠世龙门山前陆盆地的充填地层格架中显示的最重要的特征之一就是发育超覆面（图 7.12），表现为马鞍塘组、小塘子组、须家河组二段和三段向前缘隆起方向逐次上超。这一现象在地震反射剖面上反应明显，显示了前陆盆地的可容纳空间具有不断增加的趋势，沉积物分布范围也不断扩大并逐次向前缘隆起方向扩展过程。形成这一现象的主要原因可能是全球海平面的上升或盆地沉降幅度的增加。基于这一假定，李勇等（2010）首先考察了 Haq（1977）编制的全球海平面曲线（图 7.12），在图中显示了两个主要特征：①在晚三叠世与中三叠世之间，全球海平面下降幅度很小，在 50 m 以内，却有 300~1600 m 厚的下伏地层（中三叠统雷口坡组）被侵蚀了，因此全球海平面的下降幅度不足以导致在马鞍塘组与雷口坡组之间形成不整合面及其强烈的剥蚀作用，因此，该不整合面形成的主要控制因素应该是在逆冲楔的推进过程中驱动的前缘隆起挠曲抬升作用所导致；②在晚三叠世卡尼期，龙门山前陆盆地的相对海平面显示为大幅度的上升过程，但在此期间，全球海平面仅有 3 次小幅度的上升和下降旋回，幅度均在 50 m 以内，因此全球海平面升降并不足以引起卡尼期龙门山前陆盆地的相对海平面上升和沉积物向前缘隆起的逐次上超。据此，李勇等（2010）认为，控制相对海平面的迅速上升和可容纳空间迅速增大的主要因素是造山楔的推进作用，并导致了前渊的挠曲沉降作用。因此，假定在此期间沉积物搬运系数和弹性厚度（T_e）保持不变，我们可以用地层的上超速率代表造山楔的推进速率。

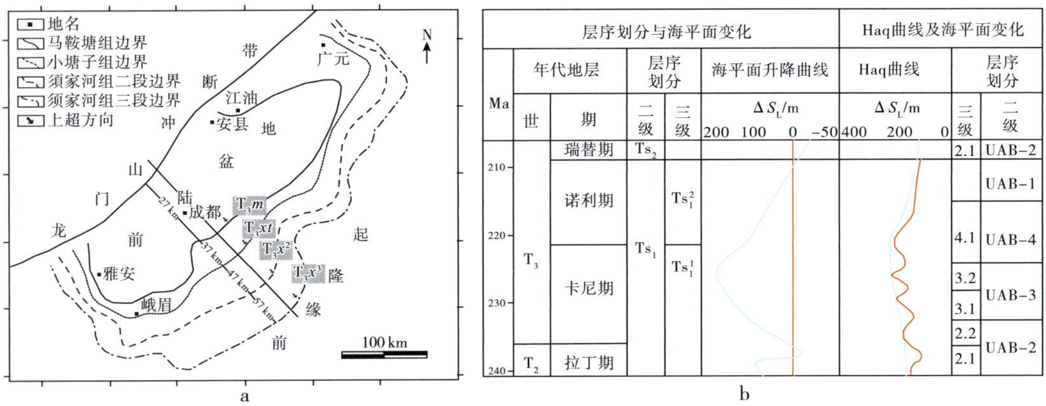

图 7.12　晚三叠世龙门山前陆盆地地层向前缘隆起的超覆距离与相对海平面上升
（据李勇等，2010）

a—晚三叠世龙门山前陆盆地地层分布范围及其向前缘隆起的超覆距离；b—龙门山前陆盆地中–晚三叠世相对海平面升降曲线与全球海平面升降曲线之间的对比

根据钻孔和地震反射剖面资料，李勇等（2010）编制了晚三叠世早期龙门山前陆盆地的地层分布范围及其向前缘隆起超覆的距离图（图 7.12），在图 7.12 中出示了晚三叠世龙门山前陆盆地早期地层分布范围及其向前缘隆起超覆的距离，表明早期地层的年龄由西北向南东方向逐渐变新，分布范围也越来越大。卡尼期（马鞍塘组）仅分布于盆地的最西部区域，诺利期小塘子组、须家河组二段和三段的分布范围越来越大，并逐次向南东超覆于前缘隆起之上，这些次级上超面的逐次发育表明在卡尼期—诺利期海岸线向南东方向逐次扩展和迁移。其中马鞍塘组（时间跨度约 10 Ma）分布的宽度约 102 km，小塘子组（时间跨度约 3 Ma）超覆的距离约 37 km，须家河组二段（时间跨度约 3 Ma）超覆距离约 47 km，须家河组三段（时间跨度约 4 Ma）超覆距离约 45 km。在此基础上，利用地层超覆距离和估算的时间分别计算了晚三叠世早期龙门山前陆盆地地层上超速率，结果表明地层上超速率介于 10.20~15.66 mm/a 之间，平均为 12.36 mm/a。其与龙门山造山楔向扬子克拉通的推进速率（5~15 mm/a；Li et al.，2003）相似，因此可以利用地层上超速率代表造山楔的推进速率。

7.4 前陆盆地底部不整合面的分带性

许多前陆盆地都发育在原来的被动边缘，因此就继承了与这种环境相关的陆棚-斜坡水深。这类实例有北美板块的沃希塔造山带与前陆盆地和欧洲板块的阿尔卑斯造山带与前陆盆地。由前缘隆起抬升引起的基底不整合面将上覆的前陆盆地沉积充填层序与下伏的被动边缘层序分隔，代表了一个巨层序界面。继承的大陆边缘水深使前缘隆起出现在海平面以上，因此，在陆地上的侵蚀起始时间被延迟了。这样前缘隆起不整合面的几何形态就因原有水深的继承性而产生变形。

7.4.1 阿尔卑斯前陆盆地底部不整合面的分带性

Crampton 等（1995）曾以北阿尔卑斯前陆盆地为例讨论了前缘隆起的不整合面。他们认为，北阿尔卑斯前陆盆地是古近纪早期阿尔卑斯造山带在欧洲板块上的挠曲响应，该前陆盆地平行于阿尔卑斯造山带前缘，其中磨拉石盆地是与阿尔卑斯造山带有关的周缘前陆盆地（图 7.13）。

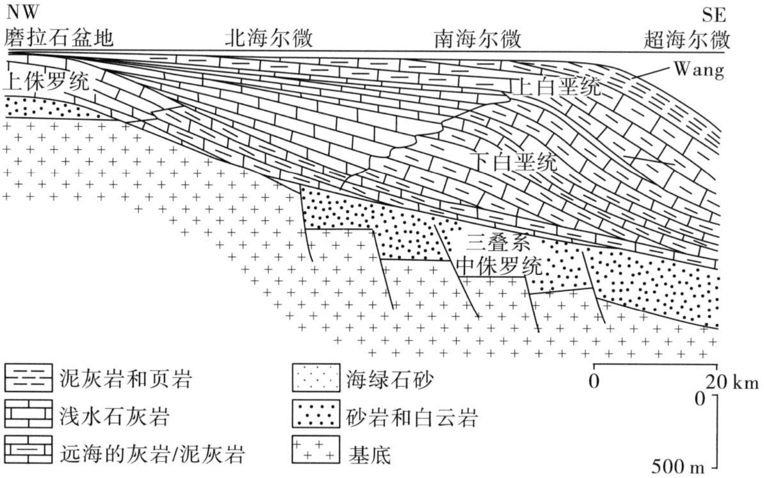

图 7.13 海尔微构造域被动边缘楔的几何形态

（据 Crampton et al.，1995）

在海尔微地区，不整合面削截了下伏地层，并在磨拉石盆地具有比较稳定的侵蚀间断

三叠纪—中侏罗世，海尔微构造域为裂谷时期，在晚侏罗世—白垩纪为被动大陆边缘时期（图 7.13）。在晚白垩世末期，从磨拉石盆地至海尔微构造域地壳发生抬升，中生代灰岩地层遭受削蚀，发育喀斯特化不整合面。地层间断表现为，在北西方向（磨拉石盆地）渐新统覆盖在上侏罗统灰岩之上，在南东方向（南海尔微构造域）始新统覆盖在晚白垩世远洋灰岩/泥灰岩之上（图 7.13）。再往南（超海尔微构造域）白垩纪与古近纪早期的深水

沉积物似乎是连续沉积的，为整合接触关系。Crampton 等（1995）讨论了继承性水深对前缘隆起不整合面发育的影响，将前缘隆起型不整合面划分为 5 个带（图 7.14，图 7.15）。

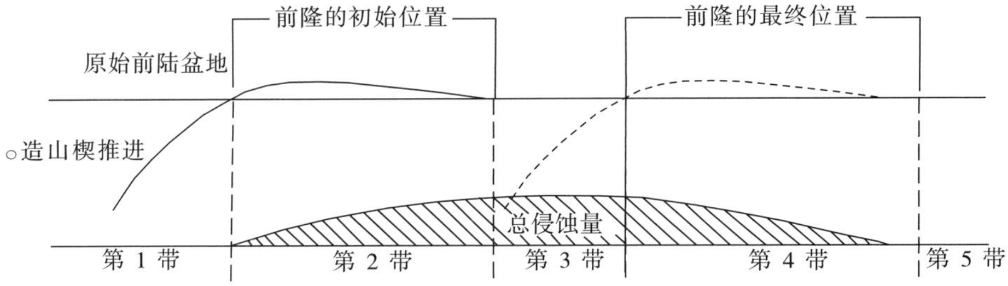

图 7.14　造山楔的推进作用与前缘隆起的迁移

（据 Crampton et al.，1995）

假设侵蚀速率随时间变化不大，造山带向前运动将产生具有独特几何形态的不整合面切削，第 2 带的位置取决于前陆的初始位置（由前陆板块弹性厚度确定），以及抬升前的已有水深测量。注意，在前缘隆起迁移后的最终侵蚀量由造山楔、前陆盆地、前缘隆起的初始位置来预测

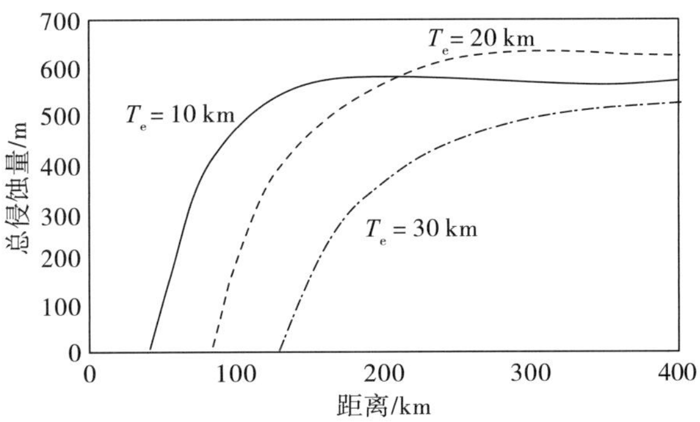

图 7.15　前缘隆起各点的总侵蚀量与其距造山前缘的初始位置及距离示意图

（据 Crampton et al.，1995）

刚度越高的板块，内部整合带（第 1 带）和侵蚀增加带（第 2 带）越宽。当造山楔推进速度为 10 mm/a 时，对于 T_e = 20 km 的板块，较低的前缘隆起高度和剥蚀时间的增加最大侵蚀作用。造山楔的推进速率越快，抗侵蚀的最佳刚度越低，侵蚀系数为 0.6

Crampton 等（1995）进行了以下推测和解释：①晚白垩世地层被剥蚀的最大量位于古近纪早期前陆盆地的前缘隆起，它是古近纪早期阿尔卑斯造山带在欧洲大陆前缘的负荷挠曲作用形成的。②在不整合面上被侵蚀的地带与阿尔卑斯山脉平行，并且随时间向前陆方向迁移。③在前缘隆起上，晚白垩世地层被剥蚀的原因是由于古海平面的下降，即不整合面的向下切割是由于古新世—始新世海平面的低水位所致，渐新世海平面逐渐上升。根据上白垩统的剥蚀量，推测海平面的下降量至少为 150 m。④提出了前缘隆起不整合面基本形态的模式，将其划分为 5 个带，即从整合到最大侵蚀、又回到整合的 5 个带（图 7.14）。

7.4.2　龙门山前陆盆地底部不整合面的分带性

根据前缘隆起残留地层出露情况和被剥蚀地层厚度，李勇等（2010，2016）编制了晚三叠世龙门山前陆盆地底部不整合面的基本几何形态和剥蚀作用分带性剖面图，并将其

划分为 5 个带（图 7.16），代表从前渊的整合接触关系过渡到前缘隆起区域的侵蚀不整合接触关系，表明从整合面到不整合面的横向迁移和变迁是底部不整合面的一个重要特征（图 7.17）。

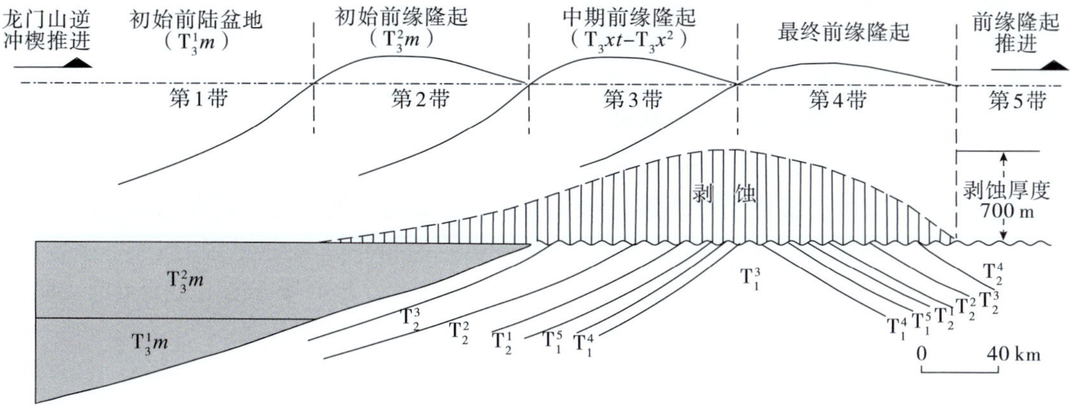

图 7.16　晚三叠世龙门山前陆盆地底部不整合面的分带性与迁移
（据李勇等，2010）

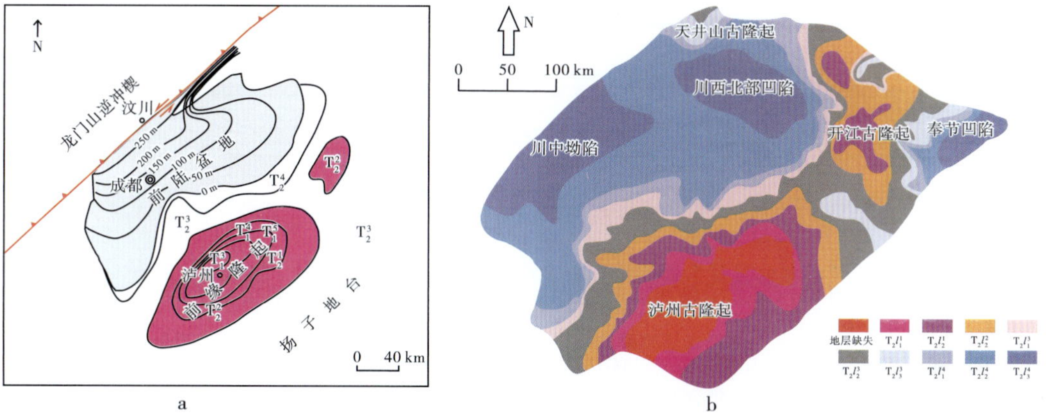

图 7.17　龙门山前陆盆地晚三叠世卡尼期古地质图与残留地层的分布图
a—卡尼期残留地层分布图（据李勇等，2010）；
b—晚三叠世沉积前古地质图（据中国石化西南油气分公司，2010）

李勇等（2010）认为，雷口坡组顶部不整合面是一个典型的挠曲型前缘隆起不整合面，而非 Vail 的 I 型不整合面。利用 5 个分带与龙门山中央断裂之间的距离和时间（约 20 Ma）计算了晚三叠世早期的龙门山前陆盆地底部不整合面的迁移速率，结果表明，龙门山前陆盆地底部不整合面的迁移速率约为 9 mm/a。其与龙门山造山楔向扬子克拉通的推进速率（5~15 mm/a；Li et al.，2003）相似，表明可以利用前陆盆地的底部不整合面的迁移速率代表龙门山造山带逆冲楔的推进速率。

7.4.3　美国西部白垩纪前陆盆地底部不整合面的分带性与迁移

White 等（2002）利用地层学证据和地球动力学模型证明了前缘隆起在北美西部内陆

盆地的赛诺曼期—吐鲁番期（Cenomanian-Turonian）侵蚀和沉积过程中发挥了显著的作用。在早-中吐鲁番期前缘隆起逐渐向东移动，到中吐鲁番期晚期，在轴向盆地内形成了“挡弹墙”（backstop）式的屏障岛。在纵向上前缘隆起不整合面平行于造山带的走向，在横向上前缘隆起不整合面在垂直造山带方向上迁移。

White 等（2002）提出了一个概念模型（图 7.18），在这个模型中，当海底形成的不整合面被与前缘隆起相关的挠曲抬升到一定水深时，海底水道和侵蚀作用发生。他们利用数值模型描述了前缘隆起对负载扩散的响应，主要表现在造山带前缘的侵蚀作用和前渊的沉积作用，表明在冲断带前缘到前缘隆起的距离内，利用 3×10^{24} N·m 的抗弯刚度挠曲作用处于合理的范围内。解释了逆冲带的前缘与不整合面的消失点之间具有的相似距离，并将其作为在造山带前缘具有一致的岩石圈挠曲响应的指示。将前缘隆起向克拉通方向（由西向东）的迁移归因于侵蚀载荷的重新分布，在沿平行造山带方向（南北向）地层向前缘隆起不整合面上的上超（攀升）则是由于沉降中心的迁移导致的。

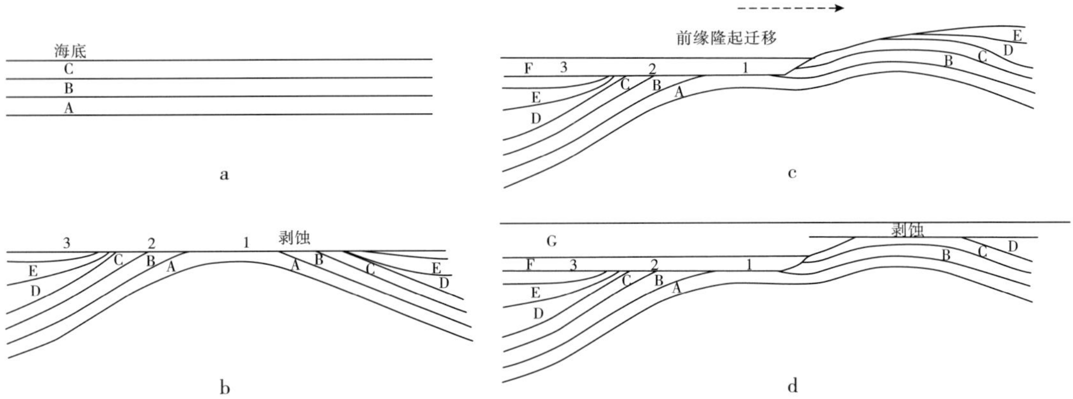

图 7.18　美国西部白垩纪前陆盆地底部不整合面发育的概念图

（据 White et al.，2002）

水平比例尺为 1∶500 万；垂直比例尺为 1∶200 万。侵蚀很可能是与前缘隆起迁移同时发生的，迁移是贯穿海底的连续过程。还要注意从左到右不整合面具有时侵的性质（the time-transgressive nature）。图 a 表示水平地层单元 A、B 和 C（在概念上代表了页岩）。图 b 表示前缘隆起向上凸时的 A、B 和 C 单元。随后的海底侵蚀和沉积物路过作用使前缘隆起在靠盆地一侧成为斜坡，形成不整合面。在位置 1，A 单元的部分和 B、C 单元的全部被剥蚀掉；在位置 2，只有 B、C 单元的部分被侵蚀；在位置 3，沉积作用继续向东，贯穿了侵蚀斜坡。在图 c 所示时期，前缘隆起已向右移动，在地点 B，前缘隆起脊部右侧沉积剖面向上弯曲。注意，F 单元自左（西）向右（东）超覆在不整合面上，而在前缘隆起的左（西）侧，先期向上翘的单元发生沉降。在图 d 所示时期，D 单元和 E 单元已经从新形成的前缘隆起的脊部被侵蚀。整个层序被 G 单元覆盖

7.5　前缘隆起的几何形态与剥蚀速率

7.5.1　阿尔卑斯前陆盆地前缘隆起的几何形态与剥蚀速率

Crampton 等（1995）将阿尔卑斯前陆盆地演化早期由侵蚀作用造成的不整合面结构分为 5 个区带（表 7.2；图 7.19）。从南向北，不整合面之下的地层越来越老，代表侵蚀

深度越来越大，剥蚀程度越来越重，并且在阿尔卑斯山前，该不整合面变为整合面，对应于第1带。第2带随着远离造山带一侧，剥蚀量迅速增加，这是前缘斜坡的典型特征。第3带具有的最大剥蚀量，对应于前缘隆起的核部。第4带相当于后缘斜坡，向前陆方向侵蚀量渐小。第5带则对应于隆后盆地，始终接受沉积，不曾暴露。

表7.2　前缘隆起不整合面的几何形态

分带	地层特征	注　释
1	整合	因为造山带太近，只经受了沉降作用，前缘隆起抬升尚未发生
2	侵蚀量向前陆迅速增加	该带为前缘隆起的初始位置。开始与造山带靠得越近的地区到达海平面之上所用的时间越少，从而遭受的侵蚀也越少
3	侵蚀量保持稳定	那些开始不在前缘隆起，但是前缘隆起经过的地区经受了相同时间量的抬升（假定造山推进稳定、弹性厚度无横向变化），并遭受相同量的侵蚀
4	侵蚀量降至零	这一带为前缘隆起的最终位置，这时造山带推进停止，或前缘隆起消失，侵蚀量只受每一点上的抬升量所限制
5	无侵蚀	越过第4带再往前陆的各点不再抬升，因此，模型预测无侵蚀；但是，如果一个地区已经在海平面或之上很长一段时间，除了前缘隆起抬升限制外，缺失或不整合面将向前陆板块延伸

（据 Crampton et al.，1995）

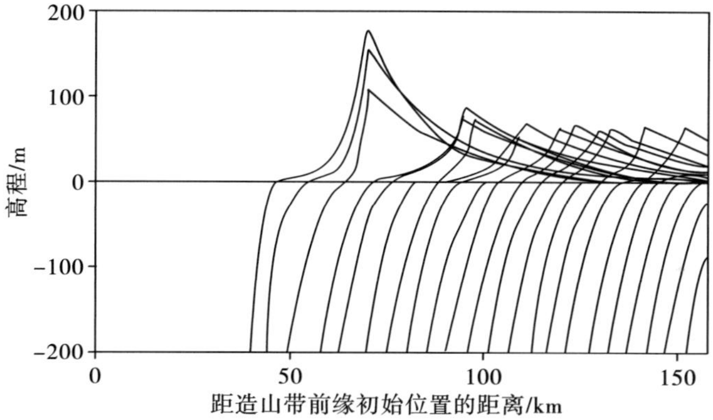

图7.19　利用河流平衡剖面侵蚀算法

（据 Crampton et al.，1995）

假设在 $T_e = 10$ km（弹性厚度），造山带推进速度为10 mm/a，固定海平面的条件下所建立的模型，在不同时间步长内地表的位置。该算法允许河流由两个方向从前缘隆起的最高点流向海平面，分水岭高度在每一时间步长内也被侵蚀为原来高度的一半，未模拟向下冲刷所导致原始地形迅速下降，接着是同类地形向前迁移的稳定状态。注意，一旦建立了分水岭，在分水岭被侵蚀前要经历几个时间步长，或沉降足够的时间，直至出现下一个较高点。因此，分水岭在一个地方保持在几个时间步长内不变。在此期间内，分水岭高度呈指数递减，前陆斜坡上的河流长度增加，流进盆地的河流变得更陡、更短

Crampton 等（1995）采用了两种算法来计算侵蚀量。在两种算法中，海平面以上所有地区的物质均被侵蚀。在算法一中，侵蚀一直连续发生，直到从分流点（最高点）到海洋的河流剖面达到平衡。在算法二中，侵蚀速度与海拔成正比。造山作用的稳定推进，

以及前缘隆起的迁移导致侵蚀带的迁移。

两种侵蚀算法得出的前缘隆起不整合面的基本几何形态（图 7.19）都很相似，由代表从整合过渡到最大侵蚀，再回到整合的 5 个带组成（表 7.2）。

7.5.2 龙门山前陆盆地前缘隆起的几何形态与剥蚀速率

冯福凯等（1981）提出了印支期的开江-泸州古隆起，具有北东—南西向展布的特点。李勇等（1995）认为开江-泸州古隆起是晚三叠世龙门山前陆盆地的前陆隆起。该前陆隆起为不整合面覆盖的埋藏型古隆起，上覆地层为瑞替期地层（须家河组四段），下伏地层为中三叠统嘉陵江组、雷口坡组。表明该隆起形成于晚三叠世卡尼期—诺利期，隆起的幅度达 600~700 m。

7.5.2.1 前缘隆起的几何形态

李勇等（2010）利用地震反射剖面和钻孔剖面资料编制了晚三叠世卡尼期龙门山前陆盆地早期古地质图和盆地结构图（图 7.20）。在该图中显示了自北西向南东龙门山前陆盆地的结构由造山楔（陡坡带）、深陷区（前渊）、缓坡区和前缘隆起剥蚀区 4 个区块构成，北西部属于陡坡带，位于龙门山造山楔的前缘；中部为前渊，是卡尼期沉积物分布的主要区域，地层厚度显示为西北部较厚，东南部较薄，显示地层厚度由南东向北西方向增厚，呈西北厚东南薄的楔形体。其东南部属于缓坡带，分布于前缘隆起的剥蚀区与前渊的沉积区之间，表现为由南东向北西方向的逐层剥蚀厚度减小的缓坡带。

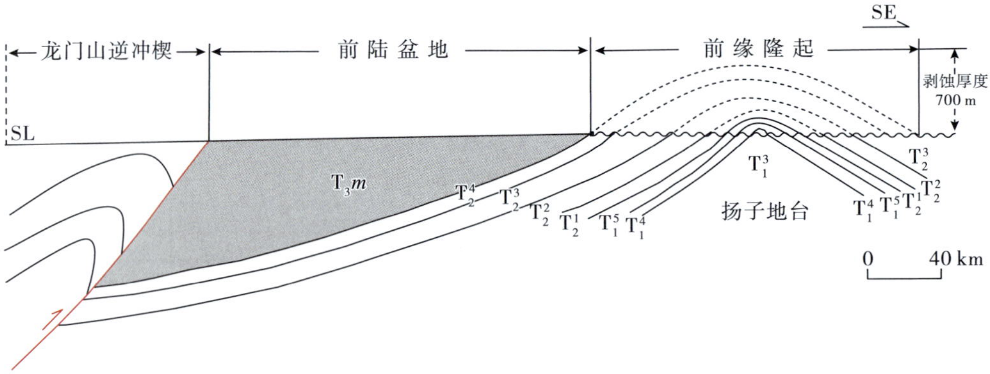

图 7.20 晚三叠世卡尼期龙门山逆冲楔-前陆盆地-前缘隆起剖面结构图

（据李勇等，2010）

值得注意的是，在缓坡带南东方向上存在一个北东—南西向展布的古剥蚀区，地层剥蚀厚度大，剥蚀地层线呈椭圆状，中心线呈北东—南西向展布，被剥蚀的地层厚度由隆起中心线依次向两侧减弱，在中心线出露最老的地层为下三叠统嘉陵江组三段，然后依次出露下三叠统嘉陵江组四段、五段和中三叠统雷口坡组一段、二段、三段、四段，须家河组四段以微角度不整合覆盖于嘉陵江组、雷口坡组的不同层位之上。因此，该剥蚀区显示为埋藏型古隆起。该隆起具有以下特点：①在剖面上呈现为北西—南东向对称的、等厚的背斜或穹隆，可能是由上拱作用形成的横弯褶皱。西翼倾角为 10°~30°，东翼倾角为 17°~

42°。②在平面上呈北东—南西向展布的椭圆状，宽度为 80～100 km，长度为 240～280 km，长宽比为 1∶3，总体上呈窄长的线性隆起，面积达 19200～24000 km^2。该隆起由两个剥蚀高点组成，分别为南侧的泸州隆起和北侧的开江隆起，其走向线与龙门山冲断带的走向线大致平行。③具三层结构特征，即由前中三叠统下伏构造层、晚三叠世卡尼期和诺利期超覆构造层和须家河组四段的披覆构造层组成，发育多重不整合面，须家河组四段以微角度不整合覆盖于嘉陵江组、雷口坡组不同层位之上，表明该隆起带存在于晚三叠世卡尼期和诺利期，属于埋藏型隆起，决定了该隆起带具有基岩潜山背景。④构造活动相对较弱，古地形斜率较小，物源区与汇水区的势能差较小，形成坡度小的缓坡带地貌特征。

综上所述，开江-泸州前缘隆起可能属于由上拱作用形成的横弯褶皱，表明开江-泸州前缘隆起是被动隆升的结果，而非主动构造挤压的产物。因此，李勇等（1995）认为开江-泸州隆起是与龙门山造山楔、前陆盆地伴生的产物，属于挠曲抬升型前缘隆起。

7.5.2.2 前缘隆起的剥蚀厚度与剥蚀速率

李勇等（2010）利用龙门山前陆盆地底部不整合面下伏残留地层的被剥蚀厚度推测前缘隆起被抬升的高度和剥蚀速率（表 7.3）。剥蚀作用发生的时期应该是在前缘隆起形成并暴露出海平面直至被海平面覆盖或被上覆地层覆盖之间，剥蚀作用的发生时间就是埋藏型前缘隆起存在的时间，因此可利用剥蚀作用来恢复埋藏型前缘隆起。根据这一理论假定，李勇等（2010）根据须家河组四段覆盖层之前的古地质图中所揭示的在前缘隆起上地层出露层位和残留地层的厚度，计算和恢复了晚三叠世早期前缘隆起的剥蚀厚度、剥蚀量和剥蚀速率。

表 7.3 龙门山前陆盆地前缘隆起的剥蚀数据统计表

残留地层单元	最大剥蚀厚度/m	剥蚀面积/km^2	剥蚀量/km^3	平均剥蚀厚度/m
T_2^4	352	47255.13	13263.98	280.69
T_2^3	247	36281.20	5843.02	161.05
T_2^2	407	12576.54	3722.34	295.97
T_2^1	204.5	5557.95	940.27	169.15
T_1^{4+5}	392.5	3289.41	491.97	149.56
合计	1603	47255.13	24261.58	513.42

（据李勇等，2010）

计算结果表明，前缘隆起的剥蚀量达 24261.58 km^3，平均剥蚀厚度为 513.42 m（表 7.3）。根据 T_1^{4+5}、T_2^1、T_2^2、T_2^3、T_2^4 各个残留地层区域的剥蚀厚度（1602 m、1210 m、1006 m、599 m、352 m）和前缘隆起持续隆升和剥蚀的时间（约为 20 Ma），初步计算了开江-泸州前缘隆起的剥蚀速率，结果表明：①剥蚀速率较小，最大剥蚀速率为 0.08 mm/a（中心线），最小剥蚀速率为 0.02 mm/a（边缘线），平均剥蚀速率为 0.05 mm/a。②剥蚀速率由隆起中心线依次向两侧减弱的变化规律是由抬升速率的变化所驱动的，前缘隆起的剥蚀速率与抬升速率或海拔成正比，可以用剥蚀速率间接性的表征抬升速率。③根据挠曲理论，前缘隆起的剥蚀速率应与造山楔驱动的挠曲抬升量相关，前缘隆起的剥蚀速率和迁移速率应是逆冲楔的推进速率的响应，但是本次获得的前缘隆起的剥蚀速率（0.02~0.08 mm/a）太小，仅为龙门山造山楔向扬子克拉通的推进速率（5~15 mm/a；Li et al.，2003）的1/100，因此尚不能直接利用前缘隆起的剥蚀速率直接代表造山楔的推进速率。

7.5.2.3 前缘隆起的古地貌恢复

（1）古地貌恢复方法

目前常用的古地貌恢复方法有：地球物理法、印模法、层序地层法、沉积学方法、残余厚度法、回剥法、层拉平法等。王志萍（2012）选用印模法和残余厚度校正法对前缘隆起的古地貌进行了恢复。

A. 印模法

印模法的理论基础为“填平补齐”理论，在拟对恢复地貌的地层的上覆地层中寻找等时面，因为等时面与残余古地貌间存在“镜像”关系，所以通过计算上覆等时面地层与剥蚀面的厚度来恢复古地貌的形态。具体做法为：首先在上覆地层中选择对剥蚀地貌有填平补齐作用的地层作为基准面，然后计算该基准面到剥蚀面的厚度，将其转化为平面厚度等值图，从而恢复出古地貌，最后建立地貌单元划分标准，细分出地貌单元。该方法的优点是易操作，恢复的地貌比较精细，但其缺点是基准面不易确定，而且对基准面与剥蚀面之间地层的压实校正较难操作。

在利用印模法恢复风化壳岩溶古地貌形态时，重要的是找到一个在全区范围内稳定分布并且等时的标志面为古地貌恢复的基准面。所以标志层的选择十分重要。一般来说，标志层的选取主要满足以下4个条件：①必须是全区范围内分布的、等时的、能够代表当时海平面的界面；②标志层与风化壳面越近越好，因为标志层越接近风化壳，两者受后期构造活动影响及古地貌相对起伏的变化差异就越小，标志层与风化壳间的地层厚度越能反映风化壳当时的地形起伏；③标志层与风化壳面之间不能有另一个不整合面，这样才能确保古地貌是填平补齐或风化剥蚀的结果；④标志层必须是一个强波阻抗界面，且在全区分布稳定，在地震剖面上容易识别，能够进行横向上的连续对比追踪。

王志萍（2012）将须家河组三段的底界面作为古地貌恢复的局部基准面，并将须家河组一段的底部不整合面也为等时界面，因此这两个等时界面之间的地层厚度即可反映古地貌高低。利用印模法恢复的风化壳岩溶古地貌形态结果表明，泸州古隆起与开江古隆起的西北斜坡的倾角为0.5°，东南斜坡的倾角为0.25°。表明古隆起的坡度总体较缓，略显不对称。前缘隆起西北翼的古地貌呈现为南东高、北西低的斜坡。

B. 残余厚度校正法

残余厚度校正法主要是利用遭受溶蚀及剥蚀作用改造后的地层残余厚度进行古地貌恢复。残余厚度相对小的地区遭受的剥蚀作用强烈，从而对应岩溶地貌中的正地形（如岩溶高地等），而残余厚度较大的地区遭受溶蚀作用较弱，对应地貌中的负地形（如岩溶盆地）。王志萍（2012）认为传统“残厚法”恢复古地貌中计算的残余厚度的镜像厚度为地质历史时期的累积剥蚀厚度，该方法增大了古地貌高差，所以在传统“残厚法”的基础上提出了“残余厚度校正法”。通过地质分析提出校正系数为0.2，从而恢复古地貌。该方法恢复的古地貌消除了累积剥蚀厚度的影响，减小了古地貌高差，使之更接近真实的古地貌。

在印支早期，四川盆地中部地区雷口坡组的实际地貌高差接近 60 m，所以王志萍（2012）用残厚法计算的地貌高差恢复到地质历史时期的 60 m。曾道富（1988）、朱传庆（2009）分别采用沉积速率法和古温标法恢复四川盆地印支期早期雷口坡组剥蚀量为 250~350 m，平均为 300 m。王志萍（2012）采用该剥蚀厚度作为四川盆地中部地区的累积剥蚀厚度。将用残厚法计算出的地貌高差校正到真实地貌高差，校正系数=实际地貌高差/累积剥蚀厚度=60/300=0.2。这样把镜像厚度乘以校正系数 0.2，得到最终的古地貌图。这样恢复出的古地貌消除了累积剥蚀厚度的影响，减小了古地貌差，使之更接近真实的古地貌。

（2）古地貌单元划分

前缘隆起区一般均由下伏碳酸盐岩组成，显示为岩溶古地貌。岩溶古地貌是岩溶作用与各类地质作用综合作用的结果，岩溶古地貌是岩溶储层、古地貌圈闭的重要控制因素，碳酸盐岩风化壳岩溶作用的发展及演化明显受控于当时的古地貌形态，而古地貌又控制着地表和地下岩溶水流的流向，进而控制了碳酸盐岩风化壳岩溶作用带内的孔洞发育。因此，研究岩溶古地貌特征及其分布规律对研究风化壳岩溶以及风化壳岩溶型储层的发育、分布规律有重大意义。

岩溶古地貌指岩溶分布区的地貌，多由机械作用与岩溶作用组合形成（图 7.21）。

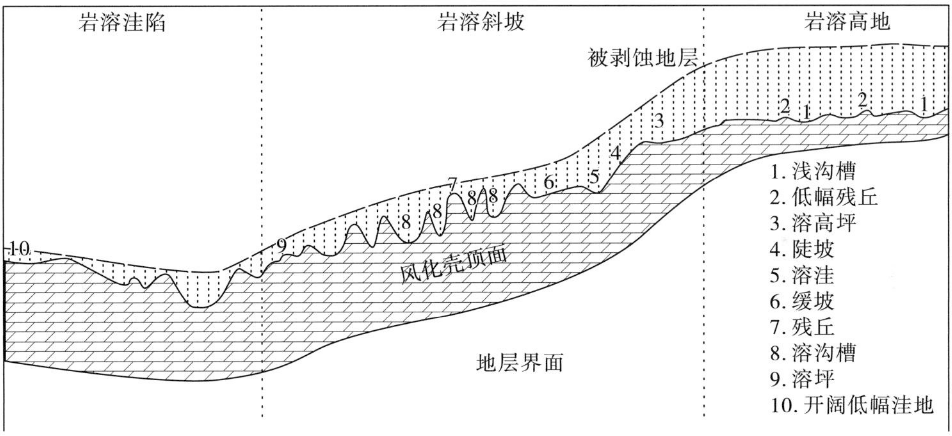

图 7.21 风化壳岩溶古地貌单元划分的示意图

（据徐国强，2002）

王志萍（2012）通过对川中雷口坡组岩溶地貌形态进行分析，对二级地貌单元进行了划分，按照地势和相对高程变化主要划分为岩溶高地和岩溶斜坡。相对高程 110 m 为岩溶高地与岩溶斜坡的分界线。在二级地貌单元的基础上，对三级地貌单元也进行了划分（图 7.21；表 7.4）。三级地貌单元的划分主要是对局部古地貌的形态进行划分。在岩溶高地上的三级地貌单元主要为低幅残丘、溶凸、溶梁。在岩溶斜坡上的三级地貌单元较多，包括溶高坪、溶坪、残丘、陡坡、缓坡、溶洼。

表 7.4　风化壳岩溶古地貌单元划分标准

二级 地貌单元	特征	三级 地貌单元	特征
岩溶高地	相对高程>110 m	溶凸	岩溶高地斜坡脚延伸至台地边缘的丘状或梁状凸起，呈圆形或椭圆形
		溶梁	
		低幅残丘	高地上的丘地
岩溶斜坡	相对高程 30~110 m	溶坪	地势平坦开阔，比较稳定，其中溶高坪的厚度大于溶坪
		溶高坪	
		残丘	斜坡上古地势相对较高
		陡坡	高程变化较快的斜坡
		缓坡	高程变化较慢的斜坡
		溶沟槽	岩溶水流侵蚀切割而成的排水通道
		溶洼	地势低洼，呈圆形或椭圆形
岩溶盆地		未分	

（据王志萍，2012）

（3）古地貌变化趋势

王志萍（2012）的研究结果表明，川中岩溶古地貌特征整体与泸州古隆起及开江古隆起地势一致，具有南东高、北西低的变化趋势，最大相对高差约为 130 m。

7.6　前缘隆起型不整合面的形成机制与挠曲模拟

前陆盆地为造山负载所引起的前陆板块的下拗，表现为不对称状特征，向造山带方向加深。岩石圈表现为类似于在流体基底之上的塑性层的方式来响应造山带的负载，主要显示为下拗的前陆盆地和相邻的、少量上翘的前缘隆起（图 7.22）。对于盆地和前缘隆起，挠曲的波长大致相同。但是根据盆地内充填物的密度以及板块是连续的还是破碎的，盆地

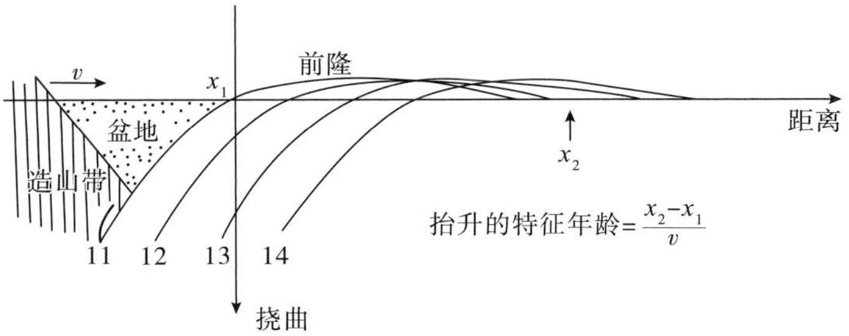

图 7.22　破裂弹性板块的挠曲响应

（据 Crampton et al.，1995）

抬升的特征年龄为前陆板块上任一点由于前缘隆起通过缓坡地区而抬升到海平面之上所用的时间。该值等于前缘隆起宽度除以在该时间段内造山楔的推进速度［（x_2-x_1）γ/v，x_1 为前隆的近端点位置；x_2 为前隆的远端点位置］。11—14 为前隆的迁移线

沉降的幅度一般要比前缘隆起抬升的幅度高20~40倍。因此，与盆地相比，前缘隆起具有凸起的特征。在海洋区域中，在垂向位移变大的地方，通过水深变化、重力正异常和环礁抬升等可以识别出周边隆起。在大陆区域，一些研究者将盆地边缘的不整合面归属于前缘隆起抬升的产物。

7.6.1 阿巴拉契亚前陆盆地底部不整合面的形成机制

Jacobi（1981）研究了阿巴拉契亚前陆盆地北部西缘的前缘隆起中、下奥陶统之间不整合面的成因机制，提出了一个板块构造模型（图7.23），用来解释在阿巴拉契亚造山带西缘的大部分地区所观察到的介于中、下奥陶统之间的侵蚀型不整合面的成因机制。主要的理论假定和研究成果包括：

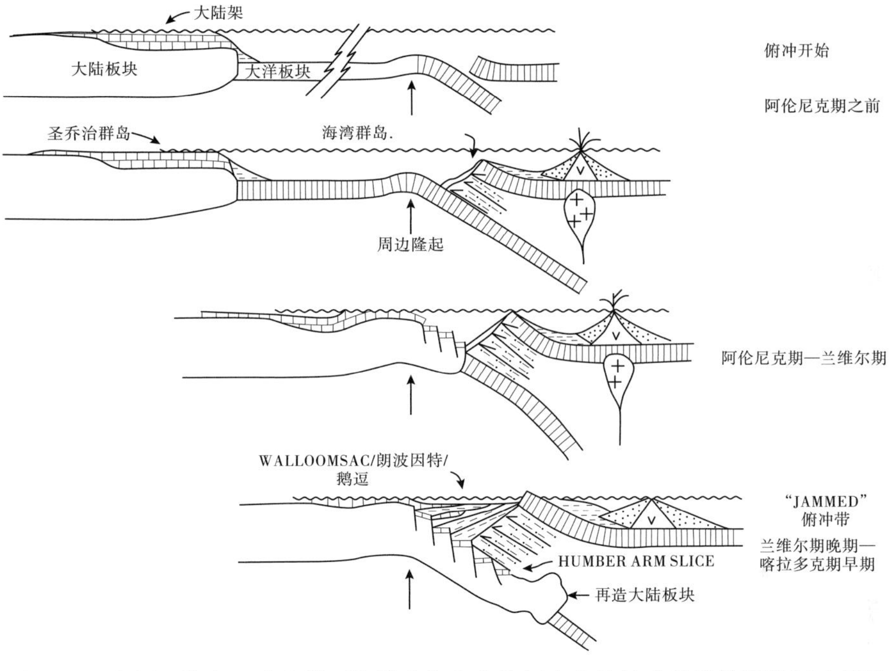

图7.23 在阿巴拉契亚造山带西缘塔康期发育的倾向东的俯冲带及前缘隆起示意图

（据Jacobi，1981）

1）Jacobi（1981）将塔康外来体假定为外弧增生楔并具有和相关的俯冲带和向东倾斜的贝尼奥夫带。主要依据为：①塔康外来体和现在的外弧增生楔之间具有相似性；②贝尼奥夫带及相关俯冲带被掩盖于外岛弧（倾向东）之下。

2）利用不整合面来标定塔康外来体“到达”的时间。在阿巴拉契亚山脉的塔康外来体“到达”的时间位于中、下奥陶统之间的不整合面。如果塔康外来体能够代表外岛弧体，而且相关的贝尼奥夫带向东倾斜，那么这种不整合面在空间上与奥陶纪时期海沟前缘隆起导致侵蚀不整合面的假设是一致的。

3）利用挠曲模型揭示了成因机制。如果这些假设是正确的，那么观察到的不整合面可能是由于奥陶纪大陆边缘向东漂移进入海沟时，沿前缘隆起向上翘曲而形成的（类似于现今海沟向海一侧的隆起)。理论计算结果表明，大陆板块在前缘隆起上所经历的隆升量与在不整合面（纽芬兰）上所观察到的隆升量具有一致性。此外，在阿巴拉契亚造山带西缘发生的一系列塔康期构造事件支持古大陆边缘向东漂移，越过前缘隆起进入海沟的假设。在北美板块的大陆边缘隆起（前缘凸起）发育了奥陶纪浅水碳酸盐滩，然后迅速被深海淹没（大陆边缘演化海沟)，并被复理石覆盖，然后塔康外来体逆掩（大陆边缘俯冲的外弧）在其上。现今不整合面最大起伏的西部边界标定了在克拉通阻挡俯冲带并导致岛弧汇聚停止时隆起的延伸趋势和大致位置［喀拉多克期（Caradocian）时期]。

4）对沉积序列进行了合理的解释。纽芬兰西部奥陶纪古大陆架和新英格兰的亨伯带碳酸盐滩，经历了隆升过程和深水沉积过程。这次隆升事件发生在早奥陶世和中奥陶世之间，隆升高度达 100 m，并伴随岩溶地貌的发育。在隆升后，碳酸盐滩迅速被淹没，沉积了“覆盖页岩”。“覆盖页岩”向上变为粉砂岩和杂砂岩。这一系列事件非常类似于大陆板块向东漂移至倾向东的俯冲带附近，首先沿前缘隆起向上弯曲，原浅海碳酸盐岩“陆棚”出现导致了侵蚀不整合面和岩溶地貌。在隆升之后，大陆地壳迅速下降进入俯冲带。

综上所述，如果奥陶纪北美大陆边缘的挠曲模型是正确的，那么该项研究成果的启示包括：①通过标定沿不整合面的最大隆起范围，可以推测大陆“阻塞”俯冲带时期的古俯冲带的走向。海沟的大致位置也可以根据同一时期的大陆板块绘制出来。②不整合面的存在证实了大陆板块向东运动的路径和在早-中奥陶世发育的俯冲带（倾向东)。③前缘隆起模型可以将在塔康主变形前锋带以西的“前陆”观测到的异常变形解释为其在“阻挡”俯冲作用时发生的与前缘隆起相关的变形。④由于两个主要因素的相互作用导致了不整合面在走向上的穿时，包括均匀厚度的大陆板块具有一个“固定的”前缘隆起及由于原始或诱导（如应力弱化的）的大陆板块厚度的变化可以导致前缘隆起的迁移。⑤如果前缘隆起模型是正确的，那么可以将相似的模型应用于具有不同空间、时间框架的类似不整合面；例如，在阿巴拉契亚中部、南部地区出现的中奥陶世不整合面可能具有类似的成因机制。

7.6.2 阿尔卑斯前陆盆地底部不整合面的挠曲模拟

Crampton 等（1995）将现今关于造山负载、海平面升降及侵蚀作用所产生的挠曲效应综合起来，用于识别对前陆盆地-前缘隆起系统影响最大的控制因素。利用简单的正演模拟法模拟前-前陆盆地（pro-foreland basin)（即原来为被动边缘的造山负载及俯冲发生的地方）发育的早期未充填阶段的沉降类型。但是，这些观点还可沿用到后-前陆盆地（retro-foreland basin)（即在造山带后侧的仰冲板块上形成的)。Crampton 等（1995）对前陆板块侵蚀的动态试验了两种模型，并检验了全球海平面升降变化因素对前缘隆起不整合面的保存的影响，其目的是为识别海平面变动“噪音”中的构造信号提供一个基本格架。在此基础上，Crampton 等（1995）在北阿尔卑斯前陆盆地（NAFB）识别出一个可能的前缘隆起不整合面，然后运用正演模拟法建立了一个预测模型，将井的资料与观察资料进行对比。最后，根据模拟结果讨论了一些其他可能的前缘隆起不整合面实例以及为什么没有完好实例记录下来的原因。

7.6.2.1 挠曲模型

前人曾以二维模型模拟了位于前陆板块上造山楔的推进作用，利用破碎的弹性板块的构造负载建立模型。利用正演模拟结果与野外观察资料进行对比，可提供一些前缘隆起几何形态的初始约束条件。

在先存断裂边缘上发育起来的前陆盆地，继承了一个低弹性厚度，这是因为大陆岩石圈的有效弹性厚度在断裂活动以后的 100 Ma 间仅有少量增加。

在建立模型的过程中，造山楔形体向前陆盆地推进了数个时间步长。负载产生的挠曲效应被看作是瞬时的。因为有无负载承载的均衡调节响应时间均在 $10^2 \sim 10^5$ a 之间。负载被分解成一系列的点状负载，然后采用 Bodine（1981）的有限差分法解出曲线方程。

前陆盆地系统的水平应力影响往往被忽略，因为虽然在盆地内部内应力会影响地层，但其影响比起前缘隆起抬升的幅度要小得多。在理论上挤压应力会使挠曲效应稍有增强，而不改变整个几何形态，同时对盆地边缘影响最小。

造山带被模拟为前缘变陡的推覆体或动力楔形体，前人的模拟工作表明，通过假定的楔形负荷可以预测前陆盆地几何形态和地层。模拟结果表明，当楔形体形状变化很大时，才能影响前缘隆起的位置和幅度。与造山楔推进速度及侵蚀速度相比，楔形体形状在预测前陆板块侵蚀量时的重要性相对较小。为了模拟北阿尔卑斯前陆盆地，Crampton 等（1995）在模型中使用的楔形体为上凸形。锥度（包括底部和表面坡度）平均为 5.8°，其与现代造山带中实际的造山带前缘 2°～10°的平均地形坡度相当。负载长度在 100 km 以内，假定楔形体在向前陆板块推进时保持了原来的形状。

由于构造沉降和抬升与全球海平面升降变化使盆地内任一点的相对海平面发生变化，但是由海平面升降变化而引起的额外水负荷对板块挠曲的影响可忽略不计，那么相对海拔决定了在每个时间步长内发生的前缘隆起侵蚀的数量。

前人利用不同弹性厚度所进行的模拟结果表明，刚度高的板块导致形成宽阔而浅的凹陷和低而宽的前缘隆起；而刚度低的板块则形成深而窄的边缘槽和相对较高的前缘隆起，这就意味着对于高弹性厚度而言，随着负载向板块推进，在剖面上给定的一点，其沉降的起始时刻将晚一些，沉降速率也会更高。在沉积充填盆地内，前缘隆起会稍低些，这是因为沉积负荷引起的挠曲与造山负荷引起的挠曲之间具有相互影响，导致前缘隆起发育不好。与欠充填盆地发育的较高前缘隆起的夷平作用产生的侵蚀程度相比，这种前缘隆起的夷平作用所产生的侵蚀作用更弱一些。

7.6.2.2 正演模拟

利用始新世阿尔卑斯造山带最佳模拟参数的估算，NAFB 底部不整合面可用于检验前缘隆起侵蚀模拟的有效性（表 7.5）。在选择前缘隆起侵蚀的正演模拟参数时，Crampton 等（1995）提出了以下约束条件：①在白垩纪和古近纪，超海尔微复理石的深水沉积物明显为连续沉积，说明 NAFB 可以模拟为一种继承性大陆斜坡水深的充填水盆地。②对晚白垩世海尔微大陆架形状恢复的结果表明（图 7.24），陆架外缘的内陆斜坡很缓，然后变成较陡的斜坡。③具有均匀弹性厚度的破碎板块使得能够准确地确定盆地的基底厚度。④始新世阿尔卑斯造山作用的特点是山前增生。⑤晚始新世到中新世，板块的汇聚速率由

8 mm/a 减缓到 2 mm/a。⑥中生代地层以灰岩为主，发育有岩溶不整合面，灰岩的总剥蚀速率较低，一般在 0.006~0.45 mm/a 的范围之内。

表 7.5 阿尔卑斯前陆盆地演化早期的模拟参数值及其范围

参数	范围	资料来源
侵蚀系数	0.01~0.04	Chorley 等（1984）
弹性厚度	5~10 km 25~50 km	Sinclair 等（1991） Karner 等（1983）
逆冲推覆速率	3~4 km/Ma（始新世） 2 km/Ma（中新世） 7~9 km/Ma（渐新世） 2 km/Ma（中新世） 10 km/Ma（晚白垩世—早始新世）	Pfiffner（1986） Piffner（1986） Homewood 等（1986） Homewood 等（1986） Sinclair 等（1992）
地层尖灭速率	6~8 km/Ma（渐新世） 6~8 km/Ma（渐新世） 6 km/Ma（中始新世） 13.3 km/Ma（晚始新世）	Homewood 等（1986） Lateltin（1988） Herb（1988） Herb（1988）

（据 Crampton et al.，1995）

7.6.2.3 模拟结果

Crampton 等（1995）的模拟结果表明，该不整合面的侵蚀缺失厚度由零迅速变到 200 m，然后向前陆进一步夷平（图 7.24a）。从不整合面到相应整合面的变化位置受继承性陆架外缘控制，这种现象与根据地层推断出的海尔微地区的地层缺失段（由 0 迅速增加到 200 m）以及磨拉石盆地的缺失段（约 200 m）吻合得非常好（图 7.24c）。模拟结果还表明，上覆沉积对不整合面的不断超覆的速率与所观察的速率是基本一致的。

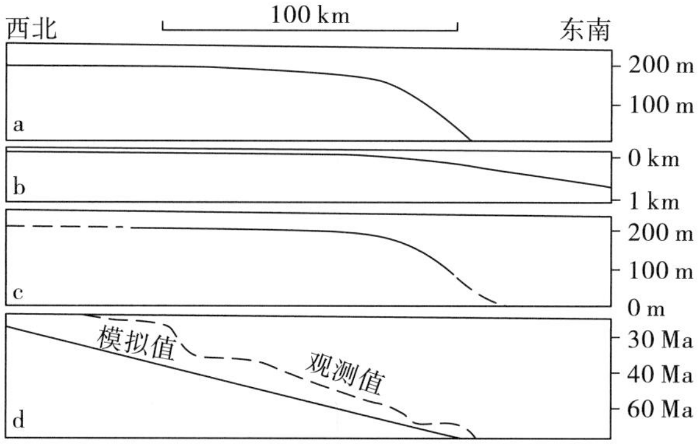

图 7.24 阿尔卑斯前陆盆地底部不整合面的模拟值与观测值的拟合
（据 Crampton et al.，1995）

7.6.2.4 讨论

Crampton 等（1995）的模型成功地拟合了 NAFB 基底不整合面的几何形态，虽然它并不是唯一的解释，但也说明了对前缘隆起不整合面的注意是有价值的。

Crampton 等（1995）对模拟前陆盆地地层结构和前缘隆起不整合面几何形态的主要参数进行的检验（表 7.6），结果表明，前缘隆起的记录相对不常见的原因是多方面的，包括沉积作用结果、挠曲刚度的横向变化、造山推进速度的变化、造山楔形状的变化等。

表 7.6 影响前缘隆起型不整合面几何形态的因素

原因	结果
造山推进速度（OAR）	推进速度越快，侵蚀就越少，OAR 减缓则会使侵蚀增加
板块的弹性厚度	通过确定前缘隆起的高度和宽度，影响侵蚀量。对于任意给定的 OAR（理想 OAR 为 10～20 km），产生最大侵蚀量有一个最佳弹性厚度，高于此最佳值，板块的弹性厚度增加，侵蚀量降低
继承性水深	侵蚀开始时间的延迟
造山楔形状	主要形状的重构，会引起前缘隆起向造山带迁移
侵蚀速率	不整合面形态取决于算法的选择，侵蚀速度越大，前陆板块的侵蚀越深，直到由前缘隆起高度所限定的最大值
海平面变化速率	低频海平面变化比高频海平面变化更容易被记录下来
海平面变化幅度	随着在较大范围内泛滥/暴露，海平面变化幅度越大，就越有可能影响不整合面的发育

（据 Crampton et al.，1995）

总之，在地层记录上前缘隆起不整合面的实例还不多的原因可能是由于推进的造山带对前陆盆地早期充填的变形和再旋回、在磨拉石时期前缘隆起的隐没所引起的，在后-前陆盆地，前缘隆起过程保存所需的条件（低弹性厚度、未充填的盆地）不可能满足这些条件。这是因为在造山楔出露于海平面之前和物质剥蚀之前，只有很少或没有继承性的水深可供充填。

7.6.3 美国白垩纪西部前陆盆地前缘隆起的挠曲模拟

White 等（2002）研究了美国中部白垩纪西部前陆盆地的前缘隆起迁移，解释了泥盆纪不整合面的迁移。该不整合面依次向造山带超覆，指示了阿巴拉契亚盆地前缘隆起向造山带方向的迁移（图 7.25）。此外，Plint 等（1993）将白垩纪侵蚀空间由造山带向外扩张、地层截切和海侵页岩的超覆解释为艾伯塔前缘隆起向载荷区迁移的标志。在北美西部内陆弧后前陆盆地的中白垩世海相地层中，经常出现向克拉通地层超覆的不整合面，这些不整合面具有独有的特征，可能与盆地中其他构造引起的不整合面不同。利用一个简单的数值模型，White 等（2002）证明了从塞维尔（Sevier）造山带侵蚀再分布的沉积物向白垩纪西部内陆盆地搬运可能足以导致前缘隆起向远离造山带方向的迁移和平行造山带方向的迁移。

白垩纪西部前陆盆地可被划分为 5 个区域，包括：①塞维尔冲断带；②前渊；③前缘隆起；④轴向盆地；⑤北美克拉通的枢纽地带。

根据定义挠曲盆地形成和演化的定量方法，White 等（2002）分析了盆地的挠曲行为，包括弯曲刚度、载荷宽度、厚度和密度等参数。

模型的初始条件是一个充满空气的盆地，水深相对较浅（100～200 m）。White 等（2002）使用的载荷厚度为 4 km（近似预测的同时期逆冲负载的厚度），负载宽度为 400 km，挠曲刚度为 3×10^{24} N·m，负载密度为 2700 kg/m^3，泊松比为 0.25，杨氏模量为 3.0×10^{10} Pa。

模型输出结果表明（图 7.25），在距逆冲前缘 340 km 处，两个相距 40 km 的地区的

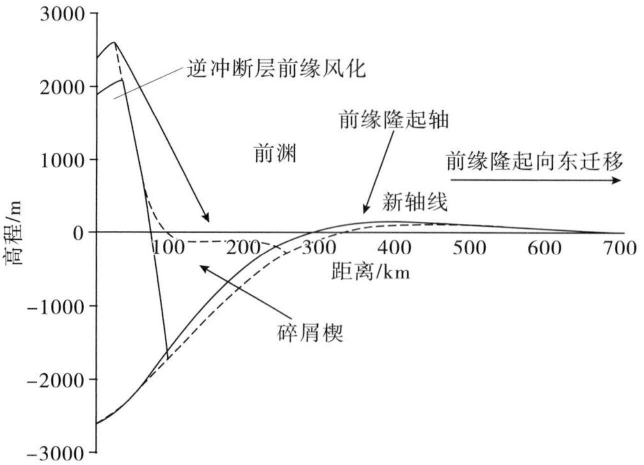

图 7.25 无限板块模型的输出结果

（据 White et al.，2002）

实线为初始空气充填的盆地对逆冲载荷的挠曲响应；虚线为前渊的沉积作用对载荷重新分布的响应。虚线代表的模型，盆地水深为 100 m。在这个模型中将重点放在盆地-前缘隆起剖面。真实的载荷形状是符合典型冲断带形态的一个矩形体；在模型中，载荷向西延伸 300 km。注意，虚线代表前缘隆起向东迁移，与实线上相同位置相比，前缘隆起（200~300 km 之间）左侧的翼部发生沉降

前缘隆起的高差为 23 m（即地层缺失为 23 m）。该位置恰好位于现今 330~370 km 范围内，属于在逆冲前缘不整合面中最大的地层缺失区的位置。

因此，在给定模型输入参数的情况下，前缘隆起不整合面的位置是一个可行的解释。值得注意的是，White 等（2002）模拟结果表明，在图罗尼亚（Turonian）时期，前缘隆起的脊部与造山楔的前缘之间的距离为 325~400 km，相当于现代前缘隆起与安第斯山中段地形前缘之间的距离。因此，这个现代前陆盆地被认为与白垩纪西部内陆前陆盆地类似。

综上所述，在科罗拉多州沃尔科特西部，在前渊的沉积物的堆积速率较高，按照已提出的模式，这种快速的沉积作用与前缘隆起向东迁移是一致的。在由前缘隆起迁移驱动的沉积作用的条件下，White 等（2002）假定不整合面向东扩展，而前缘隆起的西侧斜坡发生沉降和新的沉积作用，导致地层从西向东上超在已被侵蚀的海底不整合面上（图 7.25）。在研究区域的大部分区域内，不整合面上下的沉积相都是在海底条件下沉积的，在这种海底环境下，前缘隆起的脊部发生了侵蚀。White 等（2002）利用岩性/深度关系估计在不整合面最大发育时期水深范围为 100~150 m。

7.7 前缘隆起的挠曲伸展作用

虽然前陆盆地的几何形状主要受控于沉积物充填作用，但是沉积相分布（特别是碳酸盐岩相的分布）可能会受到与前陆盆地的挠曲伸张或板内压力相关的挤压或盆内伸展构造的影响。在岩石圈挠曲过程中，与上地壳的非弹性变形相关的伸展断层在很多前陆盆地中出现（图 7.26）。Bradley 等（1991）在北美板块的塔康前陆盆地中发现了伸展断层。

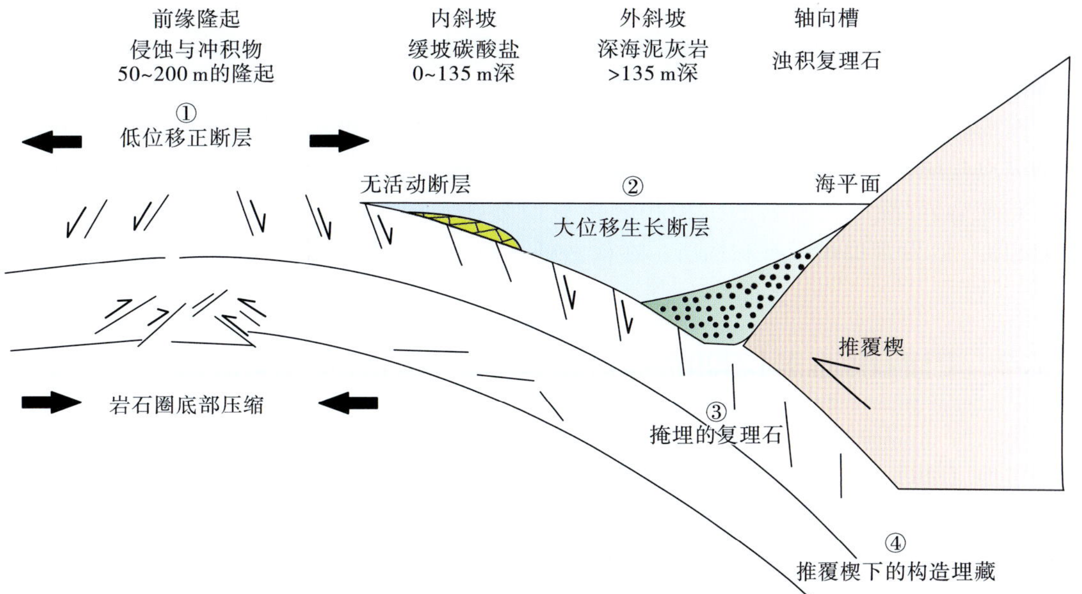

图 7.26 岩石圈挠曲作用导致的前陆区域伸展变形和走向平行于变形前缘的正断层
（据 Sayer，1994）

前缘隆起带通常显示为伸展型构造背景，导致该区域的局部隆升和沉降作用，并控制了地堑的沉积演化过程。岩石圈挠曲作用可以导致前缘隆起区域的伸展变形，在前缘隆起两侧形成正断层，断层的走向平行于冲断带前缘的走向。前人已研究了阿尔卑斯前陆盆地早期的挠曲伸展作用（Sayer，1994）、巴西前陆盆地前缘隆起的挠曲伸展作用（Reis et al.，2016）和龙门山前陆盆地前缘隆起的伸展作用（李勇等，2010）。

7.7.1 前缘隆起伸展断层及其对沉积作用的影响

前陆盆地伸展断层属于盆地内部构造，其对前陆盆地、前缘隆起的沉积作用具有一定的影响。

在碰撞过程中，板块的挠曲伸展作用产生了走向平行于变形前缘的正断层，并显示了前陆盆地形成的 4 个典型阶段：①早期的低速位移的正断层形成于前陆变形前缘的远端；②在沉积速率增加时，主要的生长断层发生在挠曲板块外侧的斜坡；③该套沉积物被埋藏在复理石层或磨拉石层之下；④该套沉积物被构造埋藏在变形前缘之下。断层形成的前两个阶段对盆地的沉积充填作用有很大的影响，使得在断层两盘沉积物的厚度和相均存在差异。

Hancock 等（1987）曾指出，在构造变形前缘可以出现一些高角度的脆性断裂，并具有一定的走滑分量。这是很多前陆盆地所具有的共同特征，其形成机制被认为是，随着变形前缘前推导致物质的侧向逃逸，并传播至前陆远端（500 km 或以上的区域），在该区域产生的伸展型板内应力，形成高角度的脆性断裂。在主变形前缘推进过程中，这种内应力还可以导致挤压构造（如逆冲构造片）和低幅度的褶皱作用。在构造反转的若干阶段内，随着逆冲楔的推进，前陆地区的弯曲应力导致这些断层的形成，它们可以是先存的基底构造重新活动的结果。在前缘隆起区域，板内应力的波动十分显著，这种波动可以通过改变前缘隆起的高度来影响相对海平面曲线。

在前缘隆起的早期沉降期间，构造低点可作为冲积物/洪积物的沉积中心，其相应的侵蚀高点是陆源物质的来源区。在早期海侵过程中，由于受到盆地内先存构造高地的影响，碳酸盐岩/浅海相砂岩的沉积相分布显得复杂，在前缘隆起上，构造高点为浅滩相（或礁体）的发育提供了有利场所，在构造低点充填了很多盆地内的内源沉积物或异源沉积物。

7.7.2 巴西埃迪卡拉期前陆盆地前缘隆起带的断陷盆地

Reis 等（2016）研究了在巴西埃迪卡拉期 São Francisco 前陆盆地前缘隆起上发育了断陷盆地（图 7.27，图 7.28）。图 7.28 显示了在巴西前陆盆地的前缘隆起上发育的小型断陷盆地（或地堑），其中充填了与前陆盆地斜坡带同步发育的、相似的地层序列，由碳酸盐岩和碎屑岩组成，垂向上由基底之上的不整合面-黑色页岩-碳酸盐岩-页岩或碎屑岩（MSG；图 7.27）组成，显示了前陆盆地早期的充填序列，但其地层厚度明显大于地堑以外的地层厚度。

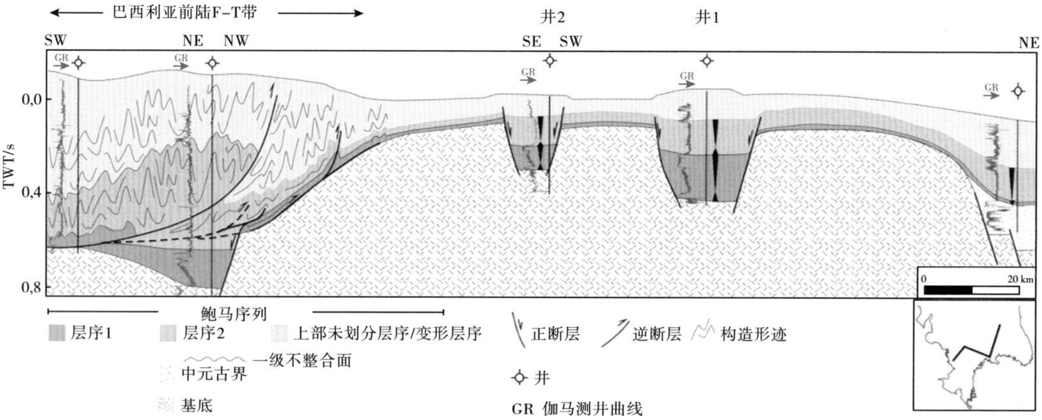

图 7.27　巴西埃迪卡拉期 São Francisco 前陆盆地南部前缘隆起带及地堑的区域横剖面图（据 Reis et al.，2016）

在埃迪卡拉期 Bambuí 群中，下部由碎屑岩-碳酸盐岩组成的二级层序。该剖面主要是基于地震反射剖面和钻孔资料编制的。深度用双程时间（two-way travel time，TWT）标定。黑色向上的箭头表示二级海侵体系域，黑色向下的箭头表示二级海退体系域

7.8 前陆盆地底部不整合面的古岩溶作用与油气成藏

7.8.1 与前缘隆起型不整合面有关的碳酸盐岩古岩溶储层

与前缘隆起型不整合面有关的碳酸盐岩古岩溶储层在前陆盆地底部不整合面下伏碳酸

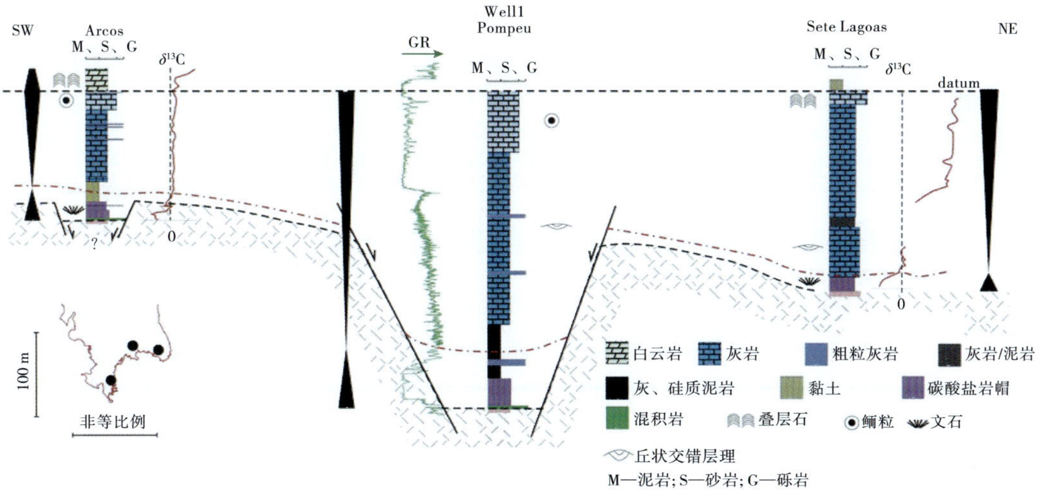

图 7.28　巴西 São Francisco 前陆盆地南部前缘隆起带地堑中的二级旋回对比图

（据 Reis et al.，2016）

埃迪卡拉期层序 1 中冰后期到碳酸盐缓坡的地层模式；其中黑色断线表示层序界面，红色点-断线表示二级最大洪泛面

盐岩地层中普遍发育。如扬子板块西部的龙门山前陆盆地、北美板块东南部的沃希塔前陆盆地、北美板块西部前陆盆地。现以龙门山前陆盆地为例，说明与前缘隆起型不整合面有关的碳酸盐岩古岩溶储层。

对龙门山前陆盆地下伏海相地层油气勘探始于 20 世纪 70～80 年代，虽然早期发现了一些气藏和含油气构造，但其规模一般较小而未能取得重大突破。2006 年以来，中石化西南油气分公司针对中三叠统雷口坡组顶部古风化壳岩溶地层的油气勘探才在川西坳陷中段的印支期古隆起构造带获得了重大突破（图 7.29），相继部署实施了一批重点探井，其

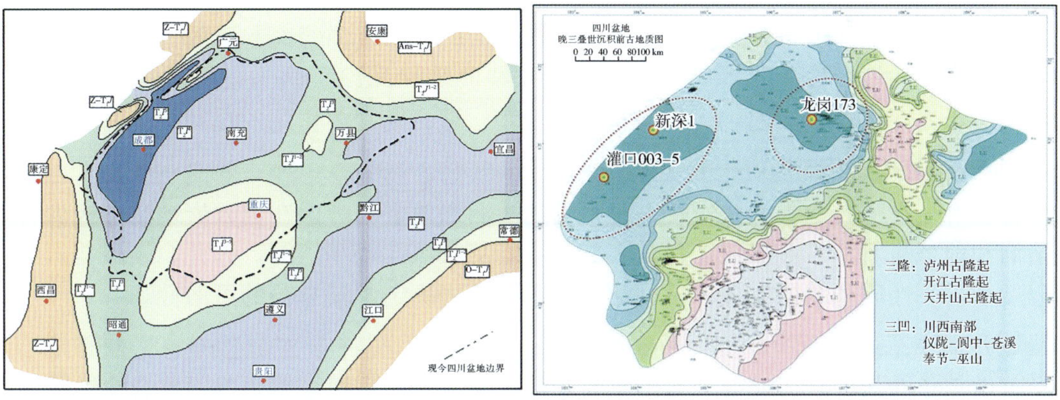

图 7.29　四川盆地晚三叠世前的古地质图与前缘隆起、风化壳型岩溶平面分布图

（据中国石化西南油气分公司，2010）

泸州-开江隆起为晚三叠世前陆盆地的前缘隆起，控制了风化壳型岩溶的平面分布。雷口坡组残留地层厚度显示为三隆三凹；根据已发表资料标注了部分野外剖面和钻井的风化壳岩溶厚度，作出了岩溶风化壳的平面分布图，也预示了雷口坡组顶部的风化壳岩溶气藏的巨大勘探潜力

中绵竹新场地区 CK1 井和 XCS1 井，在雷口坡组顶部风化壳分别获 $86.8\times10^4\ m^3/d$ 和 $68\times10^4\ m^3/d$ 高产工业气流，这不仅实现了川西海相油气勘探的新突破，同时也证实川西地区雷口坡组顶部风化壳古岩溶储层发育，展示了其良好的勘探前景。

7.8.2 前陆盆地底部不整合面的岩溶储层及其控制因素

7.8.2.1 前陆盆地底部不整合面的岩溶储层特征

通过对龙门山前陆盆地代表性井的初步研究成果表明，该不整合面型古岩溶风化壳储层具有以下特点：①在底部不整合面之下约 90 m 厚的雷口坡组内发育规模不等、形态各异的岩溶缝洞系统及各异的内部充填物。储层主要为孔、洞、缝发育的裂缝-孔隙型储层，储层孔隙度多集中在 2%～5%之间，平均值为 3.06%，渗透率介于 0.007×10^{-3}～$3.041\times10^{-3}\ \mu m^2$ 之间，平均值为 $0.0424\times10^{-3}\ \mu m^2$，具有中低孔中低渗的特点。②古风化壳是碳酸盐岩一个重要的储集层是长期表生成岩作用的产物，它在几何形态、内部结构、储集特征、物性非均质性、含油气特征以及成因上都与其他类型的储集层不同。它在垂向上具有明显的分带性，油气主要富集在洞穴带。③形成了一定规模的古岩溶风化壳储集体，形成了时间间断至少为 20～26 Ma 的风化壳岩溶。④表生岩溶又称风化壳岩溶，其发育与前缘隆起挠曲隆升导致的大面积的暴露有关。⑤在中三叠世末期，受印支运动 1 幕的影响，古岩溶对碳酸盐岩的储集性能具有较强的优化改造能力，碳酸盐岩地层中不整合面岩溶储层在油气田开发中占有很重要的地位，古岩溶不整合面可以作为油气长距离运移的优质通道。

7.8.2.2 底部不整合面古岩溶作用的控制因素

影响岩溶储层发育的因素众多，主要包括：岩相和地层特征、古地貌、古气候、古水文系统、地层暴露时间、先存的孔洞系统、埋藏期岩溶及后期充填作用等。李勇等（2010）研究了龙门山前陆盆地底部不整合面型古岩溶储层的分布规律与形成机制。通过底部不整合面的空间展布和结构类型来看，该储层的分布受前缘隆起上的古岩溶作用的控制，具有明显的规律性，汪华等（2009）和宋晓波等（2013）认为雷口坡组顶部的岩溶储层主要受岩性组合、古地貌、相对海平面上升、埋藏期岩溶作用的控制。

（1）岩性对岩溶储层的控制作用

古岩溶在石灰岩地层中常发育大小不等的溶洞和地下河。但在白云岩地层中极少有大型溶洞和地下河发育，一般仅能在其表部发育蜂窝状溶孔或小溶洞。因此，碳酸盐岩的可溶程度与岩石性质和结构有关，不同类型的碳酸盐岩决定了其自身的可溶性。

（2）古地貌对岩溶储层的控制作用

古地貌条件是古岩溶储层分布的主要控制因素之一。雷口坡组顶部不整合溶蚀缝洞型储层发生于中三叠世末期的印支期早期运动形成了泸州-开江古隆起，被抬升和暴露，并遭受了不同程度的剥蚀，不同岩溶地貌区，碳酸盐岩的溶蚀程度各异，储集性能与成藏组合也不相同（图 7.30）。川西地区处于印支期古岩溶斜坡带上，总体对碳酸盐岩溶解作用强烈，对岩溶储层发育有利。但在大斜坡的背景下，由于古地貌的变化，岩溶作用及岩溶储层发育程度又有一定的差异性。

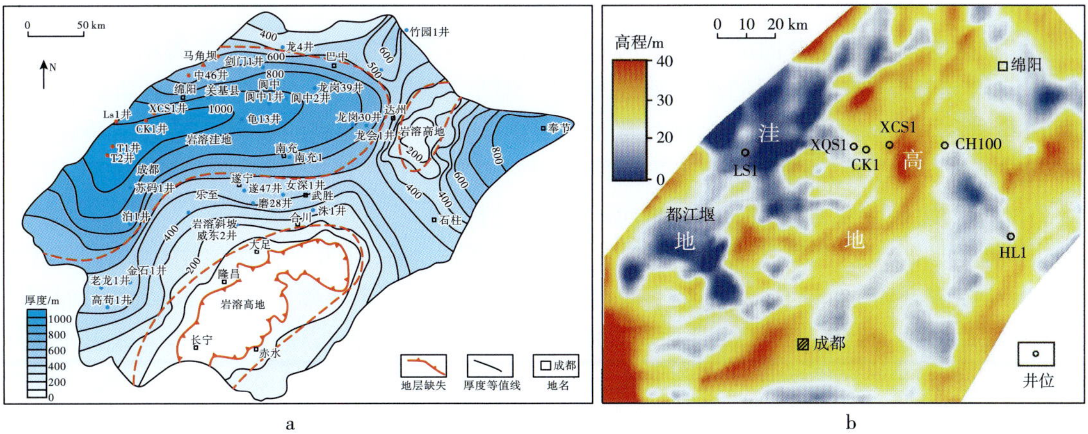

图 7.30　龙门山前陆盆地中三叠统雷口坡组的残余厚度图（a）和二级岩溶古地貌分区图（b）

（据中国石化西南油气分公司，2010）

1）岩溶古地貌分区。前陆盆地底部不整合面总体显示为整合（前渊）-超覆不整合面（前缘斜坡）-侵蚀不整合面（前缘隆起的脊部），具有明显的分带性，基于以上分析，李勇等（2016）根据钻孔揭露的龙门山前陆盆地底部不整合面型古风化壳垂向结构的不完整程度，按古地貌类型将古岩溶划分为 5 种类型：前渊型古地貌（无风化壳）、低斜坡型古地貌（低岩溶斜坡+岩溶洼地）、中斜坡型古地貌（中岩溶斜坡）、高斜坡型古地貌（高岩溶斜坡）、前缘隆起顶部型古地貌（岩溶高地）（图 7.30，图 7.31）。

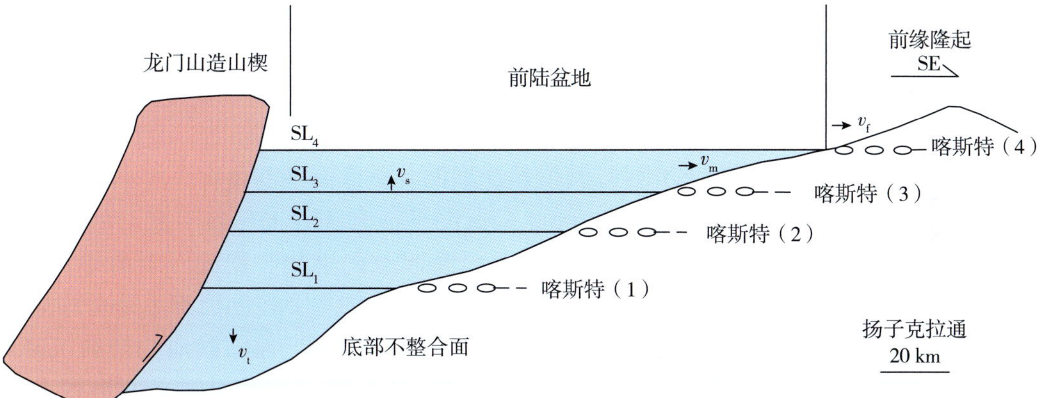

图 7.31　龙门山前陆盆地前缘隆起型不整合面型古岩溶的发育过程与相对海平面上升

（据李勇等，2019）

2）岩溶储层发育的有利地区。岩溶高地与岩溶斜坡交接部位为水动力能量集中带及转换带（由垂向的流动转变为水平的流动），由垂向补给状态的地下水转变为水平径流状态，古岩溶发育十分强烈，形成了相对较好的溶蚀孔洞型储层。

3）岩溶储层物性与古地貌的相对高程呈正相关关系。宋晓波等（2013）认为储层物性与古地貌相对高程总体呈正相关关系，高程越高，物性越好，反之则物性越差。

（3）相对海平面上升对岩溶储层的控制作用

前陆盆地底部不整合面的上超结构显示了该不整合面被淹没的过程，揭示了相对海平面上升对岩溶储层控制作用的地质概念模型。但是相对海平面上升是构造驱动机制（挠曲沉降）还是气候驱动机制（全球海平面变化），或是两种机制的叠合，是目前争论的关键问题之一。现以龙门山前陆盆地为例讨论相对海平面上升对岩溶储层的控制作用。

A. 龙门山前陆盆地底部不整合面形成的驱动机制

李勇等（2010）考察了 Haq（1977）编制的全球海平面曲线，在该图中显示了在晚三叠世与中三叠世之间的区域只有小幅度的海平面下降，下降幅度在 50 m 以内，而以中三叠统雷口坡组为代表的下伏地层却有 300~1600 m 的地层曾被侵蚀，显然全球海平面下降幅度不足以导致上三叠统（马鞍塘组）与中三叠统（雷口坡组）之间不整合面的形成，因此，该不整合面形成的主要控制因素不是全球海平面下降，因此气候（全球海平面变化）驱动机制不是主要控制因素，而构造驱动机制应该是主要控制因素。按照造山楔-前陆盆地挠曲沉降-前缘隆起挠曲隆升的理论，我们可以推定，在龙门山前缘地区上三叠统与中三叠统（卡尼阶/拉丁阶）之间的不整合面应该是造山楔的推进过程所驱动的前缘隆起挠曲抬升作用所导致相对海平面下降的结果。

B. 全球卡尼期危机与龙门山前陆盆地的湿润事件

根据泛大陆的聚合程度及形状或植物叶片特征，Parrish（1993）曾认为晚三叠世卡尼期是季风最为强烈的时期，这主要反映在卡尼期沉积中广泛存在指示湿润气候的替代指标。这种超级季风气候与泛大陆的聚合有关。基于阿尔卑斯地区卡尼阶岩性从碳酸盐岩到黑色页岩、碎屑岩的等时性变化，以及相应的碳酸盐台地古生物的死亡，欧洲学者提出了卡尼期危机、卡尼期洪水事件、碳酸盐生产力危机、卡尼期多雨事件、Reing raben 转换和黑色页岩事件等概念，这些现象在龙门山前陆盆地也有显示（时志强等，2010）。

C. 卡尼期全球海平面升降与龙门山前陆盆地的相对海平面上升

前期研究成果（Li et al.，2003，2011）表明，在晚三叠世卡尼期，龙门山前陆盆地的相对海平面显示为大幅度的上升过程，但在此期间，全球海平面仅有 3 次小幅度的上升和下降旋回，升降幅度均在 50 m 以内，因此全球海平面升降并不足以引起卡尼期龙门山前陆盆地的相对海平面上升和沉积物逐次向前缘隆起方向上超。据此，李勇等（2010）认为该地区相对海平面迅速上升和可容纳空间的迅速增大的主要控制因素不是全球海平面升降机制，而应以构造驱动机制为主。按照造山楔的构造负载-前陆盆地的挠曲沉降-前缘隆起的挠曲隆升理论，李勇等（2010）推定，龙门山前陆盆地相对海平面迅速上升和可容纳空间迅速增大的主要控制因素应该是造山楔推进过程驱动的前陆盆地挠曲沉降导致相对海平面上升的结果。

D. 龙门山前陆盆地前缘隆起型不整合面的古岩溶发育过程

一般来说，前陆盆地底部不整合面型古岩溶的形成与其他类型盆地碳酸盐岩古风化壳地质体应该是相似的，其形成过程与 3 个因素有密切关系，分别为海平面的升降、构造抬升和沉积埋藏史。基于造山楔的构造负载-前陆盆地的挠曲沉降-前缘隆起的挠曲隆升机制，并根据龙门山前陆盆地的结构，李勇等（2019）将该前陆盆地底部不整合面型古岩溶的构造驱动模式和形成过程设定为 3 个阶段（图 7.31）。

1）第一阶段（卡尼期）。龙门山造山楔具有初始的构造负载，导致前陆盆地的初始沉降和前缘隆起的初始隆升。前缘隆起的初始隆升导致该地区的碳酸盐岩暴露和剥蚀。其特点是，前渊（近端）为海水淹没区，无暴露，前缘隆起区（远端）均已大面积暴露，并发生岩溶作用。

2）第二阶段（诺利期）。随着在龙门山造山楔中发生持续的构造加载，驱动了前陆盆地的迅速挠曲沉降，前缘隆起向远端迁移和挠曲隆升，盆地的可容纳空间增大，相对海平面开始上升，其上升速率大于前缘隆起的隆升速率，导致地层不断地向前缘隆起上超，使得该地区曾暴露和剥蚀的碳酸盐岩岩溶面逐步、逐层的被海水淹没，并被上覆地层覆盖。其特点是前缘隆起区（远端）的暴露和溶蚀作用的时间由近端向远端加大，近端的暴露和溶蚀作用的时间相对较短，缺失地层也较少，远端的暴露和溶蚀作用的时间相对较长，缺失地层也较多。

3）第三阶段（瑞替期）。随着龙门山造山带构造负载的加载作用停止，不再导致前陆盆地的挠曲沉降和前缘隆起的挠曲隆升，使得该地区曾暴露和剥蚀的前缘隆起被上覆地层覆盖，成为埋藏型隆起。

E. 龙门山前陆盆地底部不整合面古岩溶发育的概念模型

基于上述的地质概念模型，我们可以确定龙门山前陆盆地前缘隆起型古岩溶发育的控制因素和特点有以下 4 个方面（图 7.31）：①该前陆盆地的古气候属于潮湿的季风气候（由上三叠统含煤地层和植物化石确定）。其控制了大气水的流量，丰富的大气水流量有利于溶解作用和溶蚀作用，有利于发生表生期的大气淡水成岩作用。因此，该时期潮湿的季风气候有利于古风化壳的发育。②该前陆盆地的古岩溶发育的背景为前缘隆起的缓坡带，总体由东向西倾斜，坡度较缓，基岩的岩性为雷口坡组碳酸盐岩，在经受较强烈的淋滤及溶蚀作用时，将致密的碳酸盐岩被改造成有效的风化壳储层。③龙门山造山楔的初始构造负载导致了初期前缘隆起迅速隆升和相应海平面迅速下降，并导致碳酸盐岩大面积暴露，控制了前缘隆起缓坡带碳酸盐岩层的暴露和溶蚀作用的发生。④随着相对海平面上升，潜水面也逐步上升，在渗流带和潜流带之间的混合带也逐步位移到前缘隆起的顶部地带（图 7.31）。海平面与潜水面的交界常常是强溶蚀的部位，这里常发育大规模的溶洞或洞穴。古风化壳地质体由下而上，由小变大，是由古风化壳地质体暴露的时间和规模越来越长所致。因地层的上升速率超过剥蚀速率，在古风化壳中的渗流带较发育，易形成较厚的渗流带。表明这些古风化壳地质体不仅在垂向上发生演化，而且在平面上也发生位移，可以形成多期的、阶梯状分布的岩溶带和风化壳，并具有穿时性。因此，在风化壳中发育的岩溶事件也会随之发生旋回性变化，并与沉积充填过程中的沉积旋回变化具有同步性。

第 8 章　前陆盆地碳酸盐缓坡的迁移与造山楔的推进作用

碳酸盐缓坡和生物礁是前陆盆地早期的典型的沉积物类型之一。在欧洲新生代阿尔卑斯前陆盆地就发育类似的碳酸盐缓坡沉积物，主要由货币虫灰岩构成的（Crampton et al.，1995；Allen et al.，2001）；在非洲纳米比亚新元古代 Nama 前陆盆地发育以 Namacalathus-Cloudina 生物礁为代表的碳酸盐缓坡型沉积物（Saylor et al.，1995）；在北美阿巴拉契亚前陆盆地发育碳酸盐缓坡沉积物，在前陆（克拉通）向造山楔的方向，显示由碳酸盐缓坡向页岩的相变过程（Castle，2001）。在中国龙门山前陆盆地发育碳酸盐缓坡沉积物，在空间和时间上均显示了由碳酸盐缓坡向黑色页岩的相变过程（李勇等，1995；Li et al.，2003，2012）。

目前，在国内外关于板块构造和沉积作用的论著中，都忽略了板块汇聚过程的各阶段中碳酸盐的沉积作用，即使是研究较多的阿尔卑斯前陆盆地和科迪勒拉前陆盆地也是如此。本章在前人研究成果基础上，总结了前陆盆地碳酸盐缓坡主要研究进展，包括碳酸盐沉积作用与碳酸盐工厂、前陆盆地碳酸盐缓坡的基本特点、前陆盆地碳酸盐缓坡的典型实例、构造对前陆碳酸盐缓坡的控制作用、海平面变化对前陆碳酸盐缓坡的控制作用、硅质碎屑沉积作用对前陆碳酸盐岩的影响、碳酸盐生长潜力对前陆盆地碳酸盐缓坡的影响、前陆盆地碳酸盐缓坡的迁移、碳酸盐生长条件的演变与板块构造演化共 9 个方面，表明在前陆盆地中碳酸盐岩是前陆盆地充填物的一部分，可以利用碳酸盐岩来研究前陆盆地碳酸盐清水环境的先决条件、保持条件和中止消亡条件，判别碳酸盐沉积物与碎屑岩堆积作用之间的关系。这些碳酸盐缓坡和生物礁均被解释为位于克拉通边缘透光带的生物骨架灰岩因挠曲沉降作用被海水淹没的过程，表明造山楔的逆冲作用与前陆盆地的碳酸盐缓坡的沉积作用之间存在着耦合关系，进而为恢复前陆盆地演化历史、板块构造汇聚和盆-山转换过程提供依据。

8.1　碳酸盐沉积作用与碳酸盐工厂

8.1.1　碳酸盐沉积作用

在盆地边缘或斜坡，既有浅水碳酸盐沉积物，又有较深水碳酸盐沉积物。沉积作用主要包括：①与波浪、潮汐、海洋作用有关的浅水生物建隆及滩、灰泥沉积物；②原地无扰动远洋和半远洋沉积物；③碳酸盐台地周边沉积物；④块状搬运重力流沉积物；⑤深水生物建隆。其中浅水碳酸盐沉积物主要在与生物化学作用有关的碳酸盐迅速堆积带，在台地的边缘常发育生物礁、骨屑滩、鲕粒滩、核形石滩等在高能量带的沉积物。台地边缘或斜坡地形上最大的特点是明显的分异。由于有坡度，造成沉积物的不稳定性。现代斜坡沉积物的厚度比邻近的陆棚、陆隆、盆地等单元的沉积厚度要小。此外，海相碳酸盐岩油气资源丰富，勘探潜力巨大，油气在世界油气资源中占据突出重要地位。全球碳酸盐岩储层中的油气储量约占油气总储量的 40%，产量约占油气总产量的 60%（倪新锋等，2018）。

目前碳酸盐岩沉积学领域的研究热点主要包括：①碳酸盐和蒸发盐沉积体系建模，主要是碳酸盐工厂特别是冷水碳酸盐研究进一步得到重视，研究领域由台缘向台内及斜坡拓展，露头建模和近现代沉积类比依旧长盛不衰；②从纳米级到可见缝洞系统孔隙网络的宏微观定量化表征；③现代和地质历史时期微生物碳酸盐类比研究；④碳酸盐成岩作用和古流体模型；⑤深层、超深层碳酸盐岩储层在构造-流体耦合变化下的形成与保存机制。

8.1.2 碳酸盐工厂

碳酸盐工厂（carbonate factory）首先由 James（1979）提出，最初只是将其定义为形成碳酸盐沉积物的热带温暖浅水的潮下带大陆架和浅滩，并作为物源区分别向陆和向海方向搬运，由此提出碳酸盐是“生产的而非制造的”理念。Tucker 等（1990）、James 等（1992，2016）、Reading 等（1996）、Schlager（2000，2005）发展了“碳酸盐工厂”概念。Schlager（2000）根据主要的沉淀模式、矿物成分、生产深度范围、生产潜力，提出了底栖碳酸盐工厂的三重细分：热带浅水碳酸盐工厂（T 工厂，tropical carbonate factory）、冷水碳酸盐工厂（C 工厂，cool water carbonate factory）和碳酸盐灰泥丘工厂（M 工厂，mud-mound carbonate factory），并指出浮游碳酸盐工厂是第 4 个生产系统（图 8.1，图 8.2）。

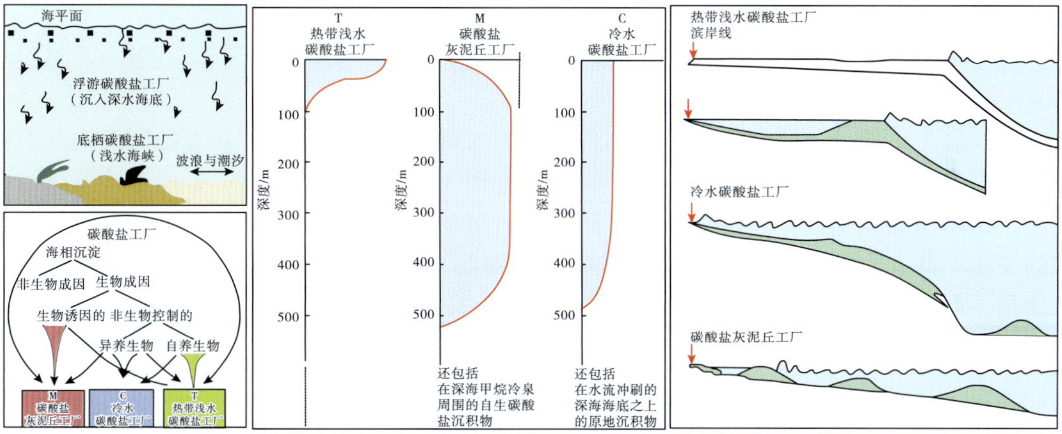

图 8.1 碳酸盐工厂的分类、沉积物路径、生产速率与深度、沉积物几何形态

（据 Schlager，2000；James，2016）

在海洋中碳酸盐固定的 3 种基本模式：非生物、生物诱导（有机触发）和生物控制（生物确定了碳酸盐形成的时间、位置和成分）。这些模式结合在一起以多种方式产生碳酸盐沉积物。据全球的相带分布和形成的规模，3 种底栖碳酸盐岩生产系统（或称“工厂”）出现在：①热带浅水系统，以生物控制（主要是光自养）的和非生物的沉淀物为主；②冷水系统，以生物控制（主要是异养）的沉淀物为主；③泥丘系统，以非生物和生物诱导（主要是微生物）的沉淀物为主

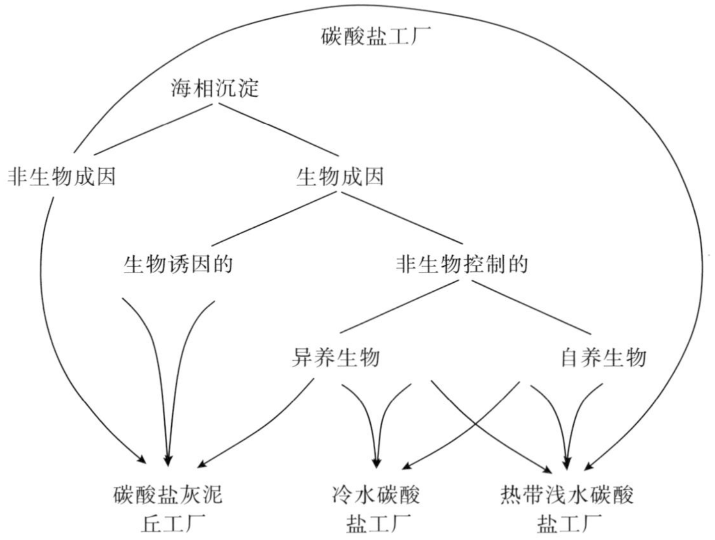

图 8.2　碳酸盐工厂组成示意图

（据 Schlager，2000）

从碳酸盐的形成规模或环境来看，3 种碳酸盐生产系统或“工厂”与降水模式相关：热带浅水碳酸盐工厂以光自养骨架沉淀物为主；冷水碳酸盐工厂以异养骨架物质为主；碳酸盐灰泥丘工厂以微生物沉淀物为主

Schlager（2000）认为碳酸盐工厂的概念是基于水生领域碳酸盐沉淀的类型，包括：①非生物；②生物诱导；③生物控制。可以区分阳光控制的光营养生物和营养控制的异养生物。James 等（2016）认为存在两个主要的碳酸盐工厂：底栖工厂（海底和湖底）以及浮游工厂（水体）。

Reid 等（2017）提出了微生物碳酸盐工厂。微生物碳酸盐岩沉积学（Microbial Carbonate Sedimentology）成为一个重要的研究方向。

碳酸盐工厂的分类研究改变了人们普遍认为大部分碳酸盐起源于热带的固有观念，拓展了沉积模式中碳酸盐的来源，改变了碳酸盐起源于热带的固有观念，提出了冷水碳酸盐工厂、浮游碳酸盐工厂等新类型，将对碳酸盐岩沉积学、碳酸盐岩油气勘探领域带来革命性的变化。此外，碳酸盐工厂的研究进一步得到学术界的重视包括①陆架大洋缺氧事件（OAE）对浅水底栖碳酸盐工厂的影响；②季风上升流、赤道上升流带来的较冷的营养水对异养生物碳酸盐、生物硅质和富有机质沉积物的影响。

8.2　前陆盆地碳酸盐缓坡的基本特点

8.2.1　碳酸盐缓坡

目前对碳酸盐岩的研究由台缘向台内及缓坡拓展。目前公认的碳酸盐缓坡典型实例有 3 个，分别代表了 3 个不同环境中形成的向上变浅旋回（图 8.3）。其中巴哈马的安德鲁斯岛代表了潮湿气候正常海洋环境，澳大利亚西部的鲨鱼湾则代表半干旱气候超盐度环境，而阿联酋的波斯湾代表几乎为干旱气候正常海洋环境。

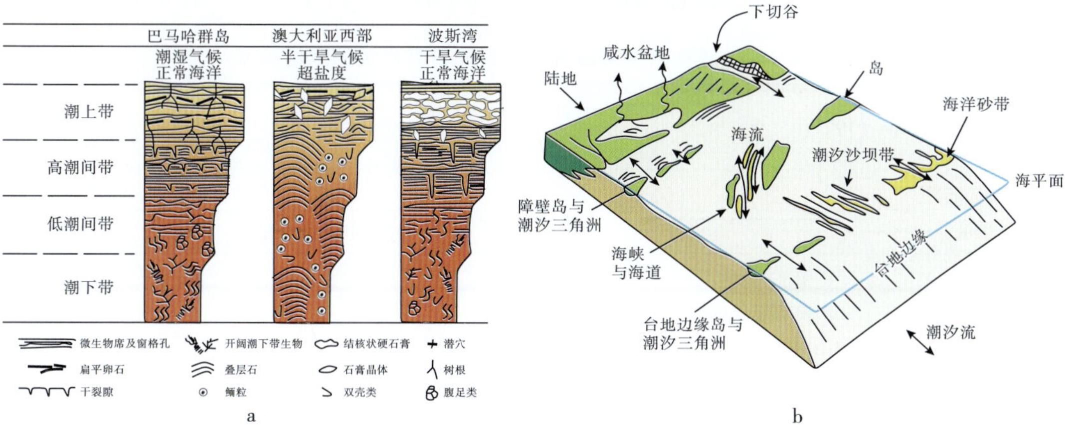

图 8.3　碳酸盐砂体分布与向上变浅旋回

（据 James et al.，2016）

a—在不同气候和水文条件下 3 个向上变浅的米级旋回示意图；

b—在不同位置形成的碳酸盐砂体分布示意图

研究结果表明，浅水碳酸盐滩以透镜状、交错层理的块状颗粒滩出现，更多出现的是分布广泛的、薄层状的颗粒浅滩。它们形成于诸如潮汐、波浪、浪涌和风暴等高能量环境，但它们并非生物建造。碳酸盐砂体的内部结构和外部形态与控制其沉积的过程有关。碳酸盐砂仍然需要一个碳酸盐工厂来提供沉积物。这种砂体形成于温暖和凉爽的海洋沉积环境中，由光合作用生物和异养生物碳酸盐工厂生产颗粒。它们主要形成于内-中缓坡、非镶边台地边缘内侧、海峡、海道和淹没的切割山谷。潮汐和海流在沉积中起主导作用，其次是风暴流。

8.2.1.1　碳酸盐缓坡发育的边界条件

在各类不同性质盆地演化的全过程中，碳酸盐生长具有明显的阶段性，发育时限为盆地地质历史中的短暂期。它们集中反映在碳酸盐生长发育的 4 个边界条件中，包括：①碳酸盐生长发育的基座；②生长碳酸盐前后的沉积转换面；③碳酸盐生长序列和内部结构；④中止碳酸盐沉积作用和消亡过程。

8.2.1.2　碳酸盐缓坡发育的基座

碳酸盐发育的基座有 4 种类型，包括：①构造基座，盆地基底以构造活动为驱动力，基座的凸起地形为构造抬升区（或地垒）；②火山作用和火山岩基座；③沉积作用构筑的硅质碎屑岩垫板；④沟谷充填基座。生长碳酸盐的基座与盆地性质和盆地基底构造属性之间，既有从属依附，又有发展转换的相关性。前两种碳酸盐生长的基座以地质构造活动事件为背景；后两种以沉积充填为主，也可称沉积加积基座。碳酸盐生长基座的定型和发展，可以是单一因素而致，也可有两种因素转换或交叉以达到发育碳酸盐的稳定基础。

8.2.1.3 碳酸盐缓坡的类型及沉积模式

前人曾对碳酸盐台地和碳酸盐缓坡的沉积类型和模式进行了分类（表 8.1）。

表 8.1 碳酸盐台地边缘模式的对比及其相关的术语沿革

<table>
<tr><th colspan="2">Wilson（1975）</th><th>Mellreath and James（1978）</th><th>Read（1982）</th><th>James and Mountjoy（1983）</th></tr>
<tr><td rowspan="2">无镶边陆棚（缓坡）</td><td>—</td><td>—</td><td>均匀缓坡</td><td>缓坡</td></tr>
<tr><td>—</td><td>—</td><td>远端变陡的缓坡</td><td>—</td></tr>
<tr><td rowspan="7">镶边陆棚</td><td>类型Ⅰ向斜坡下的碳酸盐泥堆积</td><td>—</td><td>—</td><td>—</td></tr>
<tr><td>类型Ⅱ
圆丘礁缓坡</td><td>沉积型边缘（以礁为主）</td><td rowspan="2">加积型边缘（礁或沙滩）</td><td rowspan="2">沉积型边缘（礁或沙滩）</td></tr>
<tr><td>类型Ⅱ
格架礁镶边</td><td>沉积型边缘（沙滩为主）</td></tr>
<tr><td>—</td><td>沟槽型边缘（以礁为主）</td><td rowspan="2">沟槽型边缘（陡崖型）</td><td rowspan="2">沟槽型边缘（礁或沙滩浅水盆地）</td></tr>
<tr><td>—</td><td>—</td></tr>
<tr><td rowspan="2">—</td><td>沟槽型边缘（水道斜坡）</td><td>沟槽型边缘（水道斜坡）</td><td>沟槽型边缘（礁或沙滩深水盆地）</td></tr>
<tr><td>—</td><td>侵蚀边缘</td><td>—</td></tr>
</table>

（据张锦泉，1988）

（1）无镶边的碳酸盐均匀缓坡

碳酸盐缓坡位于开阔的碳酸盐陆棚，坡度通常小于 1°。浪基面一般是分布在滨线的附近，因此，在滨线附近可以形成以颗粒灰岩或生物屑灰岩为代表的高能带沉积物（图 8.4）。现代的（如波斯湾和沙克湾）和古代的（如美国弗吉尼亚奥陶系和纽约泥盆系）碳酸盐均匀缓坡沉积物，都主要出现在区域性平缓的古斜坡上。

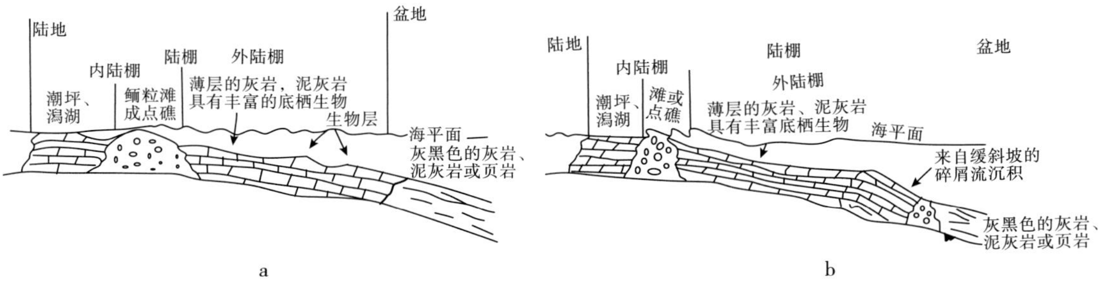

图 8.4 碳酸盐缓坡模式

（据 Cook，1984）

a—均匀碳酸盐缓坡模式剖面；b—远端变陡的碳酸盐缓坡模式

(2) 无镶边、远端变陡的碳酸盐缓坡

这种缓坡具有均匀缓坡和镶边陆棚的一些特征，在滨线附近发育了浅水的高能滩；外陆棚向外出现斜坡，其与镶边陆棚不同的是具有较宽的坡折带。由于水较深没有形成台地边缘。虽然有滑塌及沉积物重力流沉积，但在角砾中缺乏浅水台地的砂屑（或礁体被破碎的碎屑），而主要是同期的缓坡沉积物（图 8.4）。如果早期的镶边陆棚被淹没到浪基面以下，并被碳酸盐沉积覆盖，则易变陡而成缓坡。

(3) 镶边台地边缘或斜坡沉积

镶边台地边缘或镶边陆棚的外缘出现相对陡的坡度（从几度到60°或更大）并形成浅水高能带。镶边可由生物礁、骨屑滩、鲕粒滩或障壁岛组成。如现代的澳大利亚的大堡礁，以及美国的南佛罗里达和伯利兹礁前斜坡。按镶边边缘和斜坡特征不同，可将其分为：①沉积或加积型边缘；②具有水道的沟槽型镶边边缘（或跌积型边缘）；③侵蚀型镶边边缘。

8.2.2 前陆盆地碳酸盐缓坡

前陆盆地碳酸盐岩（foreland basin carbonates）不仅是碳酸盐岩的一个特殊类型，而且碳酸盐缓坡也是前陆盆地的一个共同特征（表 8.2）。在前人的文献中前陆盆地碳酸盐缓坡却被忽视了，其原因在于前人对前陆盆地充填序列的研究主要聚焦于上覆的碎屑岩，导致了对前陆盆地早期沉降和海侵阶段中碳酸盐发育的忽视。由于碳酸盐对海平面变化的敏感性，使得碳酸盐具有告诉我们很多关于前陆盆地开始出现的潜在能力。表 8.2 列述了已在文献中记录的前陆盆地碳酸盐岩。

表 8.2 前陆盆地碳酸盐缓坡的主要特征

盆地	年代	沉积物	浅海	深海	气候	资料来源
阿尔卑斯前陆盆地（法国、瑞士）	始新世	陆相碳酸盐沉积物、河流、扇三角洲、海岸平原泥，厚度：35 m	碳酸盐岩与大型有孔虫灰岩、进积作用、生物碎屑滩，厚度：70 m	远洋灰泥、浮游有孔虫，厚度：400 m	亚热带	Crampton（1992） Allen 等（1991）
比利牛斯山前陆盆地（北西班牙）	始新世	红层、河道、有孔虫灰岩、藻纹层	大型有孔虫灰岩、三角洲碎屑、藻、珊瑚礁、蒸发岩，厚度：100~200 m	灰泥、钙质浊积岩、斜坡角砾岩，厚度：900 m	亚热带-热带	Puidefabecges 等（1992） Burbank（1992）
巴布亚新几内亚前陆盆地	渐新世—上新世		陆表海、由有孔虫碳酸盐、丘发展为珊瑚礁镶边台地，厚度：1000~1200 m	远洋碳酸盐、页岩、高地上的针状礁	热带	Pigram 等（1989）
帝汶前陆盆地	上新世—第四纪		不连续分布的礁、钙质砂岩，厚度：30 m	钙质软泥，厚度：400 m	热带	Vcevers（1978）

续表

盆地	年代	沉积物	浅海	深海	气候	资料来源
阿巴拉契亚前陆盆地	中奥陶世	潮上带沉积物，厚度：100 m	进积型碳酸盐岩、下斜坡礁体建筑、生物碎屑、层孔虫碳酸盐岩、灰泥沙坪，厚度：300 m	黑色灰岩、缺氧沉积物，厚度：450~900 m	潮湿	Read（1980） Bradly 等（1986）
阿曼山脉	白垩纪土伦阶—坎帕阶		含铁结壳、结核、灰岩、铁质鲕粒	半远洋灰泥、灰质碎屑流	热-潮湿	Roberson（1988）
加拿大的大奴隶湖	元古宙		微生物碳酸盐、潮下台地-盆地组合	深水、微生物岩		Sami 等（1993）

8.2.2.1 前陆盆地碳酸盐缓坡的构造位置

Dorobek（1995）详细讨论了同造山期碳酸盐岩的发育过程。前陆盆地的碳酸盐缓坡形成于隆起的前缘隆起凸起区附近的克拉通边缘。它们均属于典型的、同斜的缓坡类型，包括所有的底栖碳酸盐。这种形态被认为反映了弯曲的岩石圈的形状。碳酸盐缓坡发育于前陆盆地发育的欠充填阶段，从前进的造山楔上传输来的碎屑物质被截留在近端的前渊，从而避免了大量的硅质碎屑进入碳酸盐体系，导致碳酸盐产能的降低。

虽然碎屑可能会从隆起的前缘凸起区域剥蚀，但这通常对碳酸盐生产力的影响较小，特别是当被侵蚀的基底由以被动边缘碳酸盐岩和浅滩碎屑岩组成时，其碎屑流入对底栖生物几乎没有影响。因此，前缘隆起附近的浅水、清澈的水域是碳酸盐生长的最佳地点。由于碳酸盐岩主要由依赖光合作用的生物产生，碳酸盐岩生产力的最大区域必然在透光带内，通常可达 50~100 m 深。这是前陆盆地碳酸盐缓坡发育的一个重要控制因素。

Dorobek（1995）提出，前陆盆地碳酸盐缓坡发育的极限可以近似为盆地挠曲剖面与 100 m 等深线的交点（图 8.5）。因此，在理论上该碳酸盐缓坡的发育程度取决于控制该交叉点的因素，包括岩石圈的挠曲强度和海平面升降变化。例如，在初始海平面较低、弱岩石圈的盆地中，100 m 等深线接近前缘隆起的挠曲剖面；相对于强岩石圈的盆地，将形成一个较窄的平台（图 8.5）。在盆地具有初始的高海平面时，整个前缘隆起可能被淹没，或者可以形成大量的碳酸盐沉积物，产生一个宽广的碳酸盐台地，并扩展到隆后地区或前缘隆起的脊部可能被淹没到 100 m 等深线以下，导致碳酸盐沉积物被淹没（图 8.5）。

可容纳空间的生成速率控制着碳酸盐台地的地层几何形状。在盆地沉降初期，沉降速率低于碳酸盐生产率，前缘隆起两侧的碳酸盐台地可加积到海平面附近（图 8.5a），甚至在一定程度上向盆地方向推进（图 8.5a）。随着造山楔的推进，在某一特定点，随着沉降速率的增加，可容纳空间的生成速率超过碳酸盐岩产量，这可能产生两种效应：①碳酸盐缓坡在前陆（图 8.5c）上的后退，进入生产率较高的区域；②碳酸盐缓坡的彻底淹没并突然转变为深水相。虽然构造作用是终止碳酸盐台地的主要驱动力，但碳酸盐生产力也可能受气候、浊度、养分供应、氧化、碎屑供给、底栖生物类型和海平面升降变化的影响。

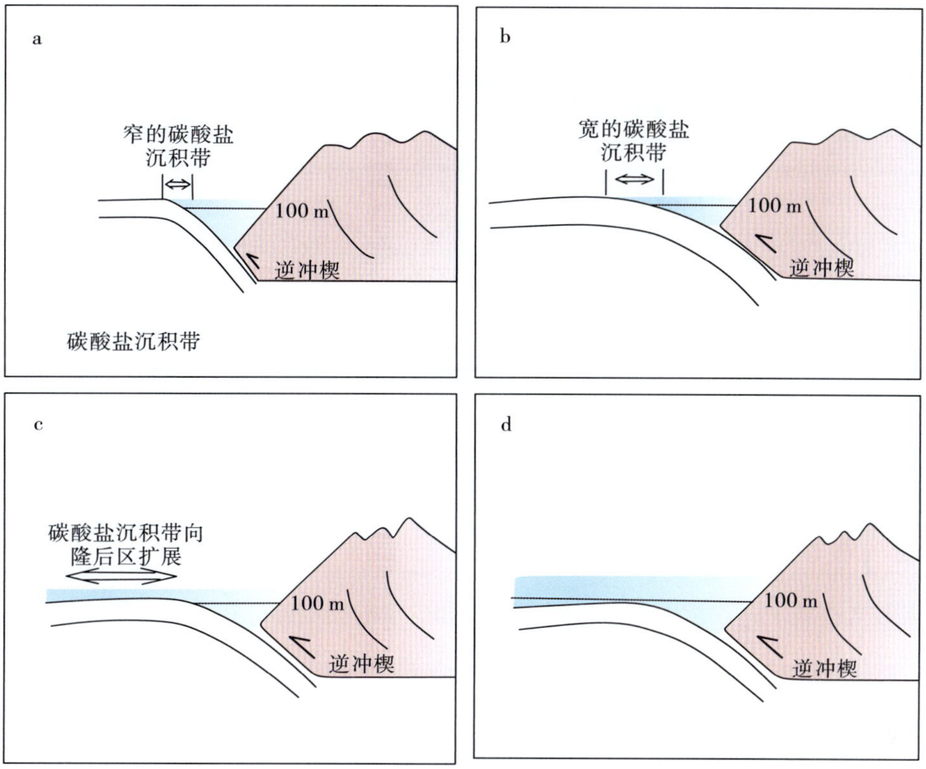

图 8.5 用前陆盆地挠曲剖面确定的控制碳酸盐沉积极限的 100 m 等深线

（据 Dorobek，1995；Sayer，1995）

a—低岩石圈挠曲刚度对应于狭窄的碳酸盐发育带；b—高岩石圈挠曲刚度对应于宽阔的碳酸盐发育带；c—较高的初始海平面使台地碳酸盐向隆后地区扩展；d—当高的初始海平面超过 100 m 等深线时，就不会有碳酸盐沉积物。展示了由弱（图 a）和强（图 b）岩石圈板块和高的初始海平面（图 c，d）是如何影响前缘隆起两侧的碳酸盐分布

8.2.2.2 碳酸盐缓坡序列演化

碳酸盐沉积序列具有由浅变深再变浅的特征，至少由 2~3 个沉积旋回组成，最后被磨拉石充填（图 8.6）。Sayer（1994）将北阿尔卑斯古新世至中新世前陆盆地碳酸盐缓坡的演化序列由下向上划分为 3 个阶段。

1）缓坡的基底建造在前陆隆起的切割带上，底部是早期海侵的水道充填物，由块状砾石层夹具生物扰动的砂质层组成，向盆地方向为富有机质的含双壳类和有孔虫泥岩以及砂质层。砾石为白垩系的岩块、有孔虫灰岩、燧石等，向上转变为含蟹守螺、腹足类等化石的潟湖相泥岩（始新统）。

2）水道之上是第一个主海侵作用的含海绿石的砂质砂屑灰岩。

3）覆盖在砂质砂屑灰岩之上的微晶灰泥岩是缓坡序列的开始，含有少量的货币虫及浮游有孔虫，相当于缓坡底部海水最深的沉积物；向上为变浅的序列，由有孔虫粒泥岩-泥粒岩-红藻黏结岩组成。

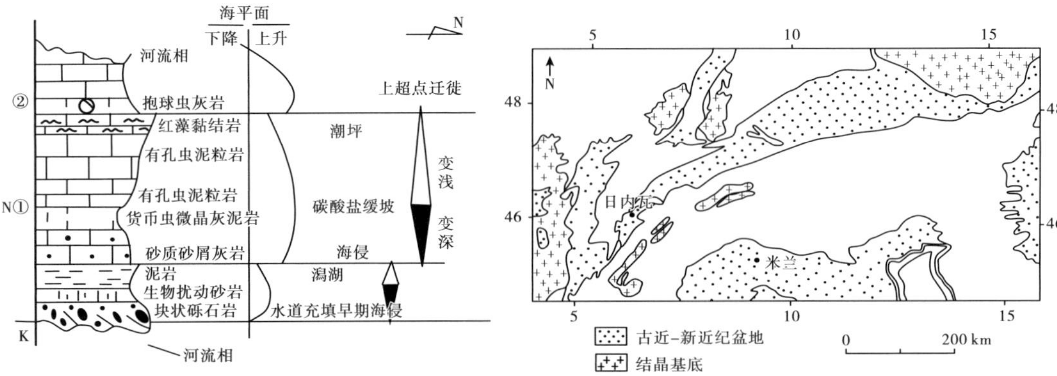

图 8.6　中-晚始新世北阿尔卑斯前陆盆地碳酸盐缓坡及其迁移

（据 Sayer，1994）

①、②为旋回编号

8.2.2.3　碳酸盐缓坡的结构

在碳酸盐缓坡中，含货币虫、瓣鳃、苔藓和少量的珊瑚体，在其间的填隙物为灰泥和杂基，无颗粒碳酸盐岩类的胶结作用。可见，其结构特征与镶边台地和高能浅滩大相径庭。

8.3　前陆盆地碳酸盐缓坡的典型实例

经过几十年的研究，前人已在北阿尔卑斯前陆盆地（Sayer，1994）、南阿尔卑斯前陆盆地（Cosovi et al.，2018）、扎格罗斯山前陆盆地（Dorobek，1995）、澳大利亚北缘（帝汶）前陆盆地（Dorobek，1995；Galewsky，1998）、阿巴拉契亚前陆盆地（Castal，2000）、马拉松-沃希托前陆盆地、龙门山前陆盆地（Li et al.，2003）发现了碳酸盐缓坡沉积物。该类碳酸盐体显示为缓坡，由前陆盆地向克拉通方向叠置，在盆地轴部为硅质碎屑复理石。为了说明该类碳酸盐体的性质与被动大陆边缘有别，我们称之为前陆盆地碳酸盐缓坡。

8.3.1　北阿尔卑斯前陆盆地碳酸盐缓坡

北阿尔卑斯前陆盆地位于阿尔卑斯山北侧，发育古新世至中新世碳酸盐沉积物，由前陆盆地向克拉通方向叠置。

8.3.1.1　碳酸盐缓坡的基本特点

（1）碳酸盐缓坡发育的基底

阿尔卑斯前陆碳酸盐体发育在前陆隆起的切割带上，底部是白垩纪基底的海退侵蚀沟谷，古新世为水道充填块状砾岩、砂砾岩和浊积岩（图 8.7，图 8.8），砾石为白垩纪砾石块、有孔虫灰岩。向盆地方向为富含有机质双壳类的泥岩和有孔虫灰岩。在纵向序列上为变浅的陆相沉积物，以含有蟹守螺、腹足类、哺乳类、轮藻等化石的泥岩为指相标志。

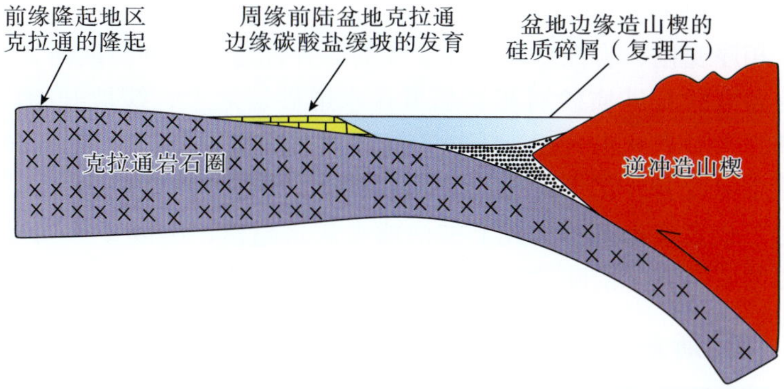

图 8.7　汇聚型大陆边缘的前陆盆地碳酸盐缓坡及其形成机制

（据 Sayer，1995）

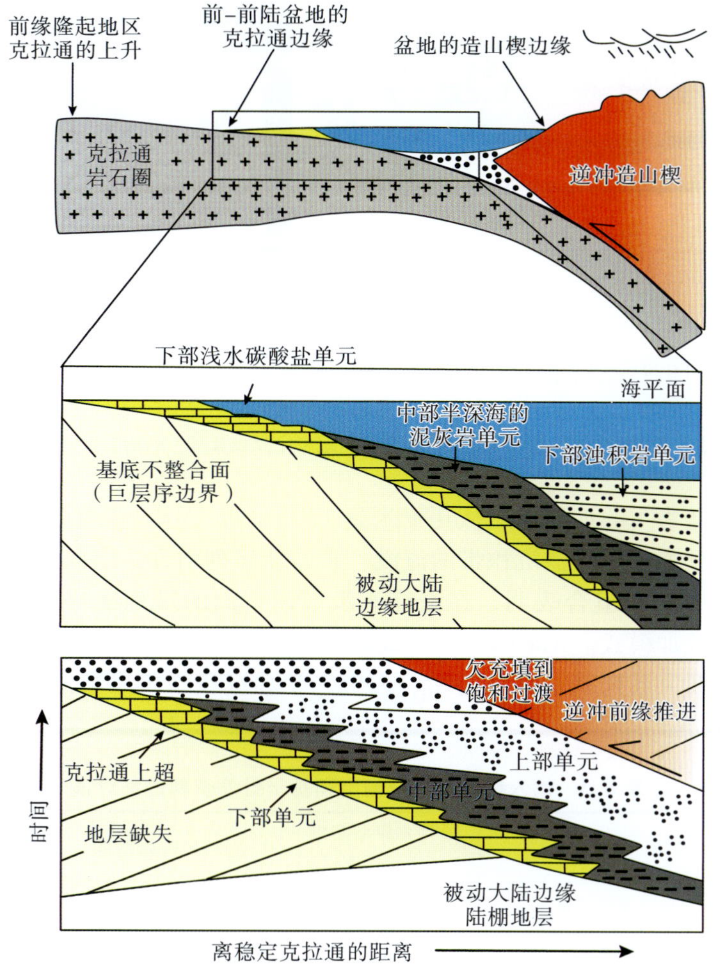

图 8.8　在前陆盆地早期发育的欠补偿的三位一体与瓦尔特相律

（据 Allen et al.，2001；DeCelles et al.，2012）

Allen 等（2001）认为在前陆盆地早期发育的欠补偿三位一体；DeCelles（2012）认为这是挠曲波在前陆岩石圈迁移时产生的前陆盆地沉降带垂向叠置而形成的“瓦尔特”（Waltherian）层序

（2）碳酸盐缓坡沉积序列

在露头上以相序变化、岩性差异，或变浅的各种标志来识别转换面。下部是第一个主海侵体系域，为含海绿石砂质砂屑灰岩超覆在水道砂岩之上，缓坡开始以泥质灰岩为标志，含货币虫和浮游型有孔虫，相当于最大海泛面的沉积物；在向上变浅的序列中，由下向上为：①有孔虫泥粒岩；②泥粒岩，以含小型的、壳厚的串珠虫为主；③红藻黏结岩和潟湖相泥屑灰岩，代表浅水沉积；其上被抱球虫灰岩超覆，组成 2~3 个旋回；最后被河流砂砾岩冲刷侵蚀，结束了前陆盆地中的碳酸盐沉积作用。

8.3.1.2 阿尔卑斯前陆盆地碳酸盐缓坡的挠曲-海平面升降的数值模拟

Allen 等（2001）研究了阿尔卑斯前缘始新世碳酸盐缓坡的挠曲-海平面升降的数值模型（图 8.9）。

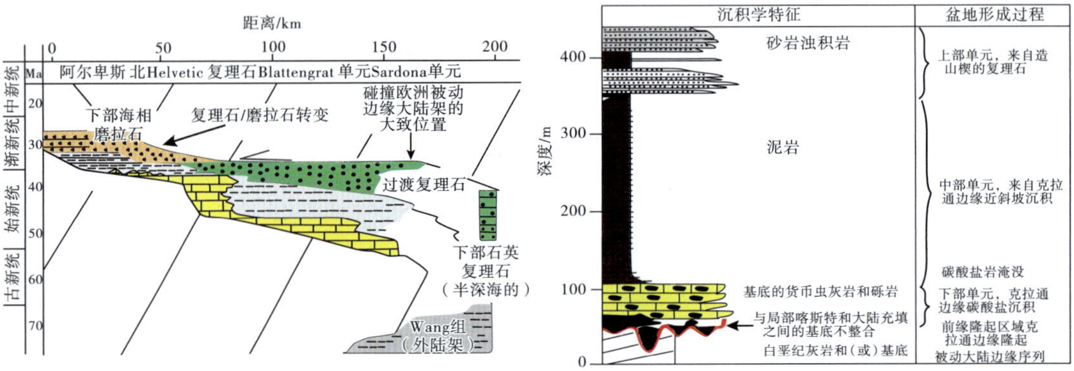

图 8.9 北阿尔卑斯前陆盆地的地层格架和碳酸盐缓坡的沉积序列

（据 Allen et al.，2001）

介于下伏被动边缘与上覆前陆盆地充填体之间的超层序界线及其上的始新世货币虫灰岩地层

这些以碳酸盐为主的地层单元从几十米到 1200 m 厚，这些碳酸盐缓坡的消亡标志着沉积相的加深，反映了碳酸盐沉积带的淹没。碳酸盐序列由许多以向上变浅为主的旋回组成。在这些旋回中的相组合表明，在最终淹没前，它们的排列次序为退积（后退）、加积、进积作用的叠加模式。Allen et al.（2001）解释了始新世碳酸盐缓坡的厚度、旋回、堆积模式和淹没及一系列与地球动力学、古生态学和沉积学等参数之间的关系（表 8.3；图 8.10，图 8.11）。

表 8.3 输入参数、模型输出和基于野外资料的估计值

输入参数	阿尔卑斯实例（敏感性测试）	法国晚始新世	瑞士早-中始新世
挠曲刚度表示为弹性厚度/km	20	15	25
始新世构造推进速率/($mm \cdot a^{-1}$)	8	8	12
最大的碳酸盐生产率/($mm \cdot a^{-1}$)	20	20	20
消光系数/m^{-1}	0.05	0.05	0.05
海平面升降变化的幅度（半偏移）/m	15	10	20
海平面升降变化的周期/ka	500	400	1000

续表

输入参数	阿尔卑斯实例（敏感性测试）	法国晚始新世	瑞士早-中始新世
野外资料估计值			
碳酸盐岩沉积时间/Ma		3	6.5
碳酸盐岩沉积厚度/m		≤40	20~30
旋回数量/个		9	2~3
模型输出值			
碳酸盐岩沉积时间/Ma	5	2.7	2.7
碳酸盐岩沉积厚度/m	60	36	25
旋回数量/个	10	8	3

（据 Allen et al.，2001）

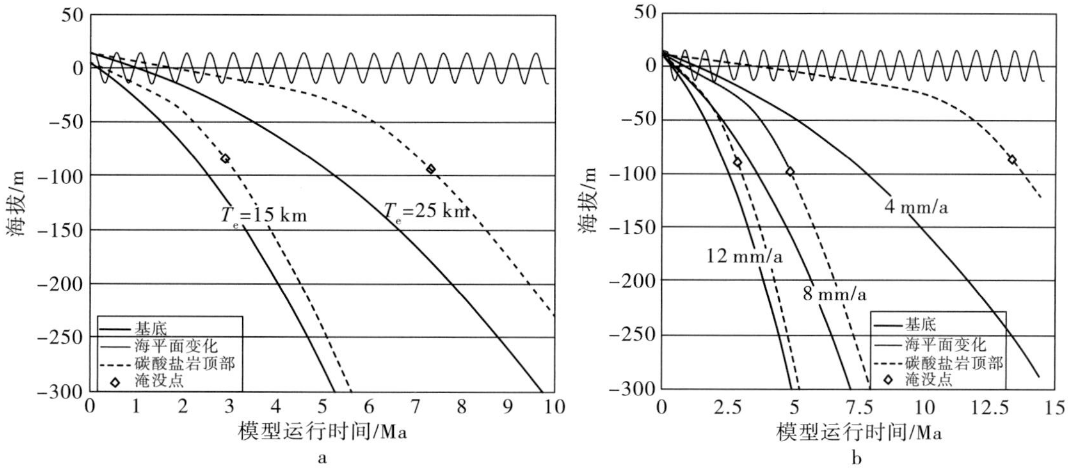

图 8.10　北阿尔卑斯前陆盆地碳酸盐缓坡的模拟结果

（据 Allen et al.，2001）

a—利用 15 km 和 25 km 的有效弹性厚度（T_e）的模拟结果；b—利用 4 mm/a、8 mm/a 和 12 mm/a 的汇聚速度的模拟结果

Allen 等（2001）给出了一个数值模型的结果（图 8.11；表 8.3），该模型将前陆盆地边缘的碳酸盐沉积作用与在分布式负载作用下的弹性板块的挠曲沉降、海平面升降历史联系起来。碳酸盐聚集作用主要依赖于深度。模型参数约束条件包括，阿尔卑斯造山带及其边缘前陆盆地的地质和地球物理观测资料、底栖有孔虫生态学。一般的阿尔卑斯模型表明，在快速淹没之前，碳酸盐缓坡堆积在许多沉积旋回中，形成了一个海退地层体，并终止于一个加速的海侵面和后退面。通过对瑞士中东部古新世—中始新世货币虫石灰岩和法国晚始新世货币虫石灰岩进行参数取值和模拟，成功地再现了每种情况下碳酸盐序列的一级旋回特征。该模型突出了地层对环境参数（消光系数）变化的敏感性，以及构造参数（汇聚速度和抗弯刚度等）的控制。因此，这些结果也为阿尔卑斯造山运动早期的地球动力学参数，特别是有效弹性厚度的可能范围提供了一个有益的视角。

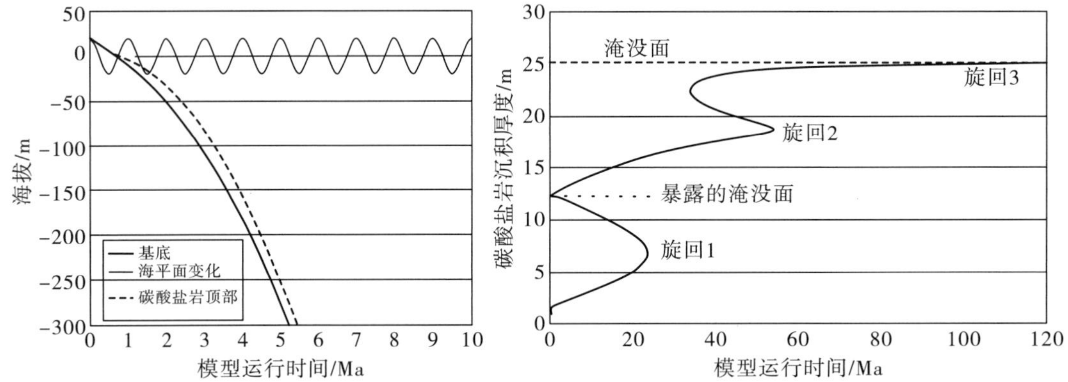

a　　　　　　　　　　b

图 8.11　模型输出的一组适用于瑞士早中始新世的参数值

（据 Allen et al.，2001）

a—传统输出图，显示了滩坝沉积物的厚度及在时间上的变化；b—综合地层剖面图，显示了淹没面之下受海平面升降驱动的 3 个旋回

8.3.2　南阿尔卑斯前陆盆地（意大利）碳酸盐缓坡

南阿尔卑斯前陆盆地位于阿尔卑斯山南侧，主要分布在意大利及其地中海北岸，其中发育碳酸盐缓坡沉积物，主要表现为碳酸盐岩与碎屑岩交互沉积。碳酸盐缓坡沉积体系的范围包括了早始新世在后退式前缘隆起侧翼形成碳酸盐缓坡（最终以构造抬升的方式暴露）和中-晚始新世周期性寄居于盆地内盲冲型背斜脊部上的碳酸盐缓坡。

Cosovi 等（2018）研究了第纳尔（Dinaric）前陆盆地北部的达尔马提亚（Dalmatia）始新世碳酸盐序列，记录了该盆地构造发育过程中间歇性形成的一系列碳酸盐斜坡，利用大型底栖有孔虫（LBF）生物地层方法（生物地层年代标定和古水深标定）和岩相分析方法，揭示了由早期浅海相的、向斜型前渊演化为晚期海水深度变化较大的楔顶盆地（猪背盆地）的过程及其前陆碳酸盐沉积体系和沉积条件的变化（图 8.12）。

底部侵蚀型不整合面是晚白垩世阿德里亚（Adria）板块与欧亚地壳板块之间的碰撞作用的记录，并沿其缝合带的背斜型隆升作用。上覆晚伊普赖安（Ypresian）碳酸盐缓坡（时间跨度为 SBZ 11-12 生物带）是发育在早期浅海相的向斜盆地一侧的前缘隆起之上。底部的颗粒灰岩/泥粒灰岩相以包壳有孔虫为主，向上进入以泥粒灰岩为主，表明前缘隆起的后退和海水深度的增大。在伊普赖安（Ypresian）末期（SBZ 12/13 之间），由于俯冲后的均衡上升，颗粒灰岩曾经历了暴露。较年轻的中-晚始新世碳酸盐缓坡（SBZ 13-19）则周期性地形成于楔顶盆地内的盲逆冲背斜上，呈现为孤立的滩，深度变化较大。随着逆冲作用和相对海平面之间的非同步变化，碎屑和骨骼生物沉积作用交替进行。碎屑沉积作用反映了背斜脊部的侵蚀和强制性海退的进积作用，滨海砾石相和砂质相上超于背斜侧翼的滨海异粒灰岩-滨海泥质相。生物沉积作用表现为内-中缓坡环境，随后直接终止于滨海泥质环境。

该项研究成果记录了在狭窄的、背斜脊部寄居的和海水深度限制的瞬时性碳酸盐缓坡。利用大型底栖有孔虫作为重建缓坡的年龄指标和古水深指标，研究了构造对碳酸盐缓坡发育的控制作用。

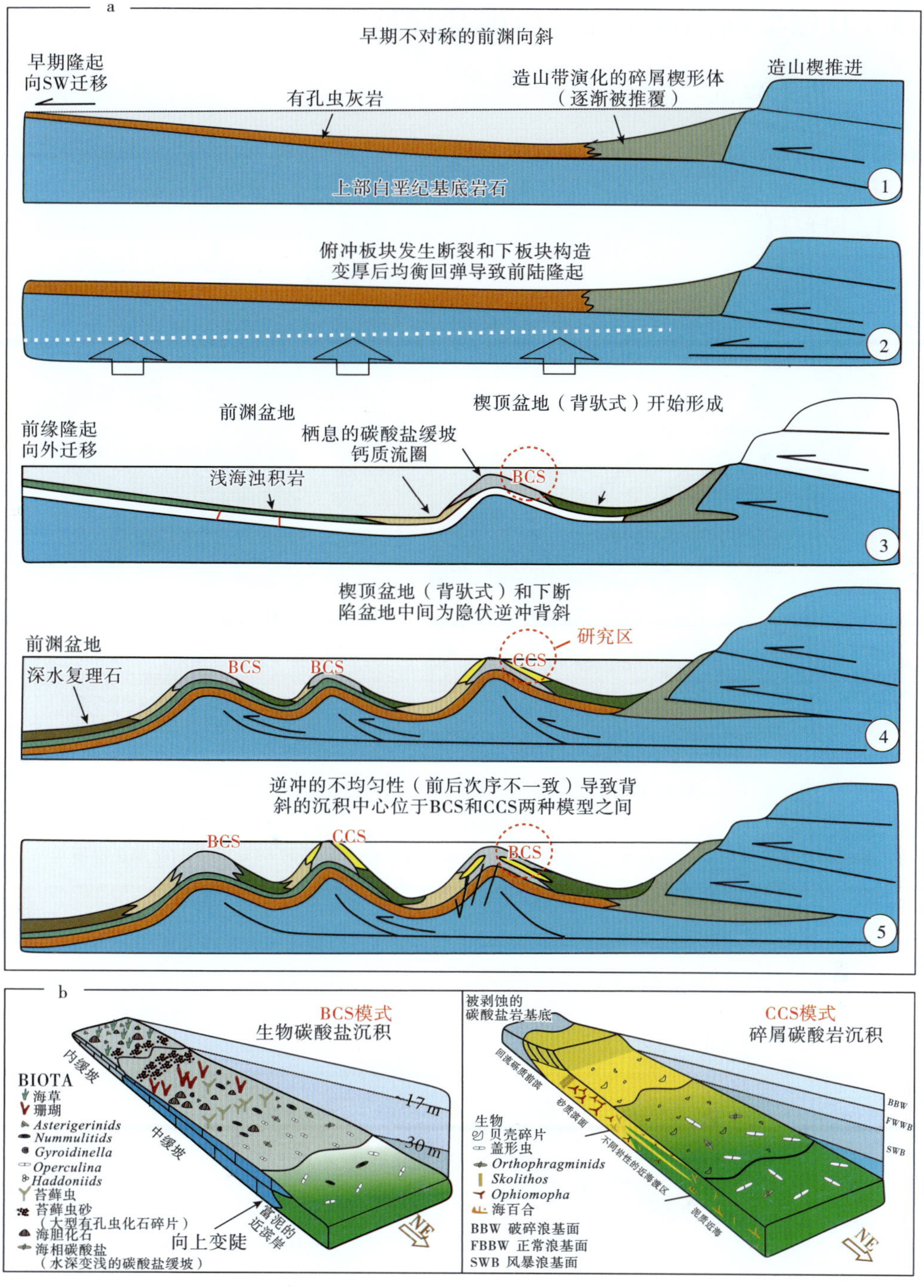

图 8.12　意大利始新世造山带近端的 Dinaric 前陆盆地碳酸盐缓坡发育的构造-地层模式

（据 Vlasta Cosovi et al.，2018）

a—在由早期向斜型前陆盆地向楔顶盆地转换过程中，位于底部碳酸盐岩对应于早期的有孔虫灰岩和构造隆升，中部和上部的碳酸盐岩对应于随后期附着在盲冲断背斜脊的碳酸盐岩；b—在背斜脊部发育的生物成因的碳酸盐岩（BCS）和碎屑成因的碳酸盐岩（CCS）的古环境模式

8.3.3 扎格罗斯山前陆盆地碳酸盐缓坡型礁滩

8.3.3.1 构造位置

扎格罗斯山前陆盆地属于阿拉伯板块与欧亚大陆边缘碰撞的产物。现代波斯湾说明了气候、海底岩石地质特征、盆地水深度和基底构造是如何控制碳酸盐岩和碎屑岩沉积物的(图 8.13，图 8.14)。

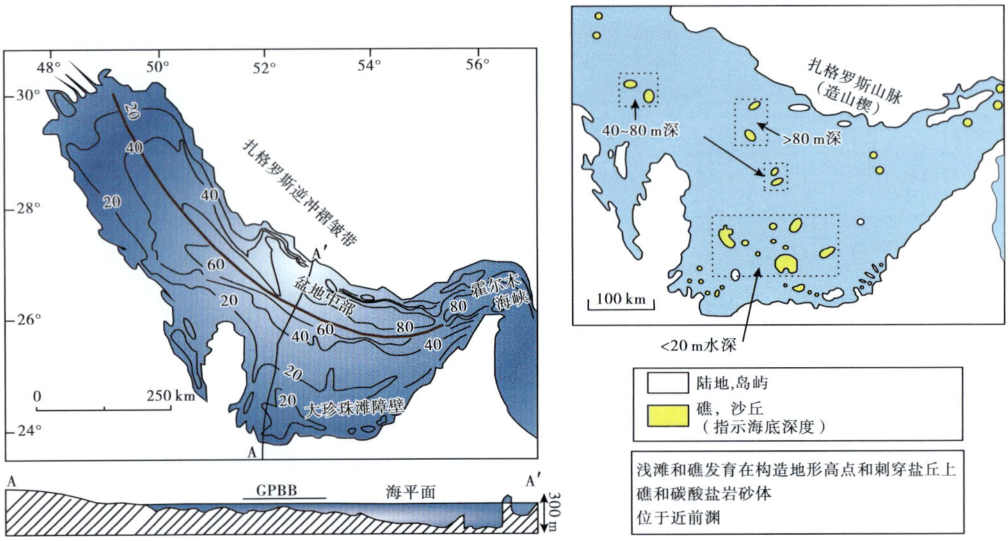

图 8.13 在波斯湾近端前渊中碳酸盐礁滩的分布

(据 Dorobek，1995)

数字为环绕礁体周围的海底深度。前渊近端的礁和浅滩被低于海平面 80 m 深度的盆地底面所包围。这些礁体大多位于霍尔木兹盐丘底辟构造的顶部，宽度为 5~10 km

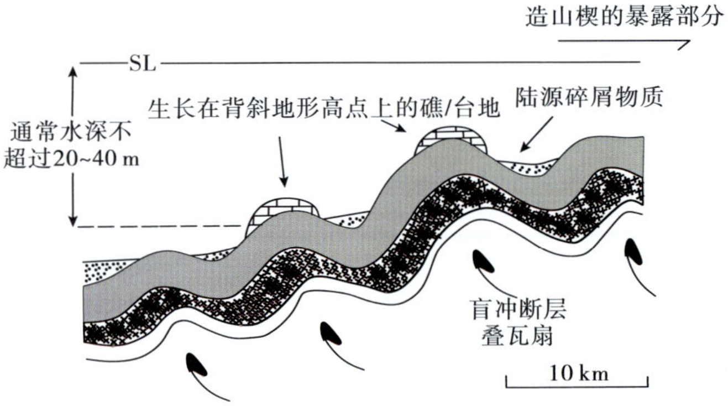

图 8.14 前渊近端盲冲背斜顶部发育的碳酸盐台地和礁

(据 Dorobek，1995)

在盆地演化的早期阶段，盲逆冲断层的持续缩短和位移干扰了碳酸盐岩相的地层关系

波斯湾是一个不对称的前陆盆地，是由阿拉伯板块俯冲到伊朗板块之下形成的。虽然从扎格罗斯山脉侵蚀了大量的硅质碎屑沉积物，但是这些沉积物大部分被截留在邻近的近

端前渊，因此对位于波斯湾西南侧的远端碳酸盐缓坡影响不大。在前渊近端也有礁滩体分布，礁滩一般分布于构造高地或盐丘之上。礁滩体的宽度为 5~10 km，水深一般在 20~80 m 之间。主要的礁滩体分布在前缘隆起带，被称为大珍珠滩的障积体（great pearl bank barrier，GPBB），礁滩体的宽度约 100 km，水深均小于 20 m。

8.3.3.2 在前渊近端中发育的构造高地及其对碳酸盐礁滩的控制作用

在一些前陆盆地中，很多变形机制均可以导致在前渊近端中发育局部的地形高地。如果这些构造高地处于适当的水深，从造山楔的表面侵蚀来的硅质沉积物没有终止碳酸盐底栖生物的生长，那么这些构造高地就可能成为碳酸盐沉积的场所。底辟构造可以发育在被厚盐层或水平的页岩层覆盖的区域，这些区域常常被由造山楔剥蚀而来的硅质沉积物所充填。即使在前渊的最靠近造山楔的近端部分，这些构造高地可能成为碳酸盐岩沉积的最佳地点。在现今波斯湾地区的前渊，珊瑚礁和骨骼沙滩沿轴向分布，宽度超过 10 km，均发育在从霍尔木兹盐丘生长出来的盐底辟构造的顶部。需要注意的是，如果发生盐溶解或后期变形，那么在古代的前渊近端中同造山期的盐底辟作用的地层记录一般保存较差。目前已保存的记录表明，礁或浅滩覆盖在盐高点的顶部，礁或浅滩由已变形的或角砾状的碳酸盐岩地层组成，并被在前渊近端、巨厚、已变形的硅质碎屑岩相带所包围。局部的碳酸盐岩建造和孤立的台地也可以形成，盲逆冲作用使上覆岩层发生变形，并在前渊近端的底部产生背斜高点。从造山楔侵蚀来的硅质碎屑沉积物可以在由碳酸盐盖顶的构造高点之后的洼地沉积，或这些硅质碎屑沉积物路过前渊近端的陡坡，并堆积在其下方的盆地轴向沉积区。

在这种情况下，在有限断层位移时期，盲冲断层的持续位移可能会干扰所有地层的发育，导致重建地层关系的难度。目前已知的这类碳酸盐相的实例较多，包括：①在比利牛斯前渊的近端中发育的古近纪碳酸盐沙滩、珊瑚藻礁（Luterbacher et al.，1991）；②在新西兰 Taranaki 前渊中发育的渐新世碳酸盐岩（King et al.，1992）；③在加拿大 Territories 西北地区发育的早元古代叠层石礁（Jackson，1989）。无论它们的成因如何，在前陆盆地近端构造高地上发育的碳酸盐岩地层均可形成一种理想的、能够捕获油气的沉积相类型。在近端缘前陆盆地，被细粒的、深水的硅质碎屑岩沉积物所包围的具有渗透性的碳酸盐相可以形成重要的油气藏。

8.3.4 帝汶前陆盆地碳酸盐缓坡型礁滩

8.3.4.1 构造位置

澳大利亚大陆北缘（帝汶）前陆盆地［Australia distal（Timor）foreland basin］属于帝汶岛弧、Bismarck 岛弧与澳大利亚大陆北缘之间正在进行的碰撞有关（图 8.15，图 8.16）。帝汶岛弧显示为造山楔，加载于澳大利亚大陆北缘，在其前缘为前渊，被称为帝汶海槽，水深达 1500 m。向南变浅，在前缘隆起带发育碳酸盐缓坡和点礁，大体沿 100 m 等深线呈北东向串珠状线性展布，延伸长度约 600 km，宽度 20~30 km，被称为萨胡岭（Sahul ridge），其南侧显示为较浅的凹陷，水深小于 50 m，被称为萨胡脊台地（Sahul platform）或 Bonaparte 凹陷，属于隆后盆地。

萨胡台地是一个淹没的前陆碳酸盐台地。萨胡岭位于前缘隆起的脊部，在脊部向盆地一侧发育下倾的塔状礁，在海底延伸的宽度约 20 km，现在水深为 100～200 m。尽管这些珊瑚礁现在被淹没，但是淹没的原因尚不确定，可能与更新世后的海平面上升有关，也可能与挠曲沉降有关。此外，该塔礁也可能在更新世海平面上升之前就已发育，因为在大约 18000 a 前的更新世海平面低位期间，周围海底的深度为 50～100 m。

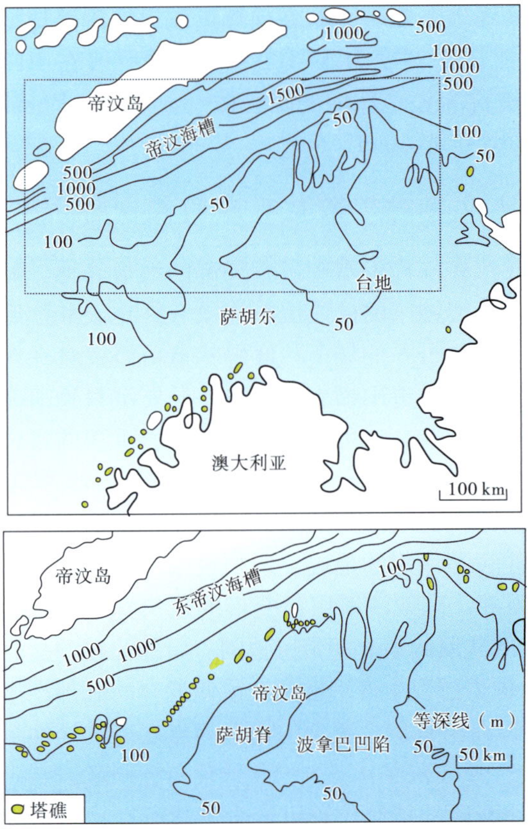

图 8.15　澳大利亚北缘（帝汶）前陆盆地碳酸盐缓坡型礁滩的空间展布

（据 Dorobek，1995；Galewsky，1998）

8.3.4.2　碳酸盐缓坡形成机制的数字模拟

欠充填的边缘前陆盆地通常显示为三位一体的地层演化特征。在许多前陆欠充填盆地的早期沉积阶段以浅水碳酸盐台地发育为特征。在许多前陆盆地，这一阶段的一个典型特征是发育不连续的、后退式碳酸盐台地。虽然在前陆盆地演化中碎屑相是许多数值模拟研究的主题，并且碳酸盐岩沉积的数值模型已被提出来了，但是目前仍然很少有将前陆盆地演化与碳酸盐岩沉积作用连接起来的定量研究。

Galewsky（1998）提出一个前陆盆地碳酸盐台地后退式演化的数学模型，以巴布亚新几内亚休恩湾碳酸盐台地为例，使用该模型探讨构造和海平面升降对碳酸盐台地演化控制作用，表明汇聚速率和海平面变化的波动周期对前陆盆地碳酸盐台地演化的影响（图 8.15，图 8.16）。

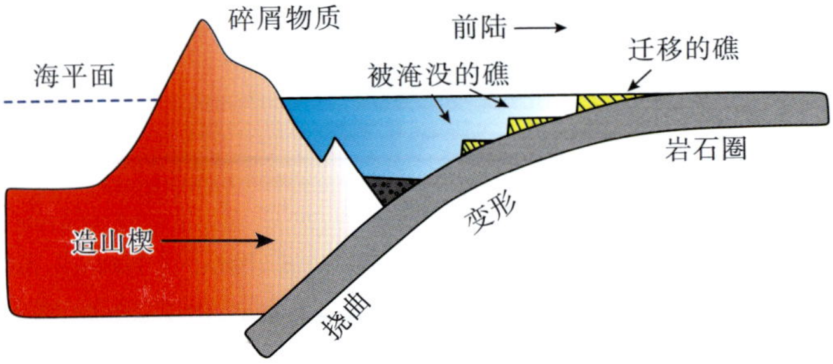

图 8.16　造山楔-前渊-前缘隆起的构造模式图

（据 Galewsky，1998）

说明了造山楔负载、挠曲沉降、碎屑沉积作用与碳酸盐台地之间的关系

碎屑沉积作用倾向于集中盆地的较深的部分，接近碎屑沉积物的来源；而较浅的盆地远端可能仍在清水的一部分，因此在盆地较浅的区域有利于碳酸盐台地的发展。当造山带

向前陆移动时，盆地几何形态也向前陆移动。因此，随着活动碳酸盐台地向前陆的进一步发展和迁移，活动的碳酸盐台地沉积的位置可以快速地被淹没到透光带之下的深度。

碳酸盐台地淹没是一个复杂的过程，可能涉及广泛的环境因素，但本质上是由建造台地的珊瑚的向上增长的最大潜力和相对于台地生长的海平面上升速度所控制的，这是构造运动引起的基底沉降速率（相当于构造沉降速率）和全球海平面上升速度之和。当相对于台地而言，海平面上升速度超过了台地的上升潜力时，台地就会被淹没。现代建造台地的珊瑚的最大上升速率约为 10 mm/a（Grigg et al.，1989）。此外，长周期的沉积物堆积速率往往低于短周期的速率，这表明碳酸盐台地的生长潜力可能因观测的时间尺度而具有变化。

综上所述，Galewsky（1998）利用珊瑚生长算法和挠曲沉降算法相结合的数值模型再现了淹没前陆盆地碳酸盐台地的许多特征。该模型成功地匹配了现代巴布亚新几内亚 Huon 湾前陆盆地碳酸盐台地已观测的分布和淹没的年龄。通过对描述挠曲沉降和海平面升降变化的方程的分析表明，前陆盆地碳酸盐台地的淹没需要最小汇聚速率和海平面变化周期，其中汇聚速率的尺度为每年几毫米，海平面必须在大约 10^5 a 的时间尺度上发生变化，这样才能导致相对海平面上升速率能够淹没原本较完整的前陆盆地碳酸盐台地。

8.3.5 阿巴拉契亚前陆盆地碳酸盐缓坡

阿巴拉契亚前陆盆地系统位于北美板块东缘，由阿巴拉契亚造山带—古生代前陆盆地—前缘隆起—隆后盆地组成，呈北东—南西向展布，是古生代北美板块和南美板块汇聚和碰撞形成的（图 8.17 至图 8.20），面积约 53.2×10^4 km^2。在前陆盆地底部不整面之上发育缓坡型浅水碳酸盐岩。

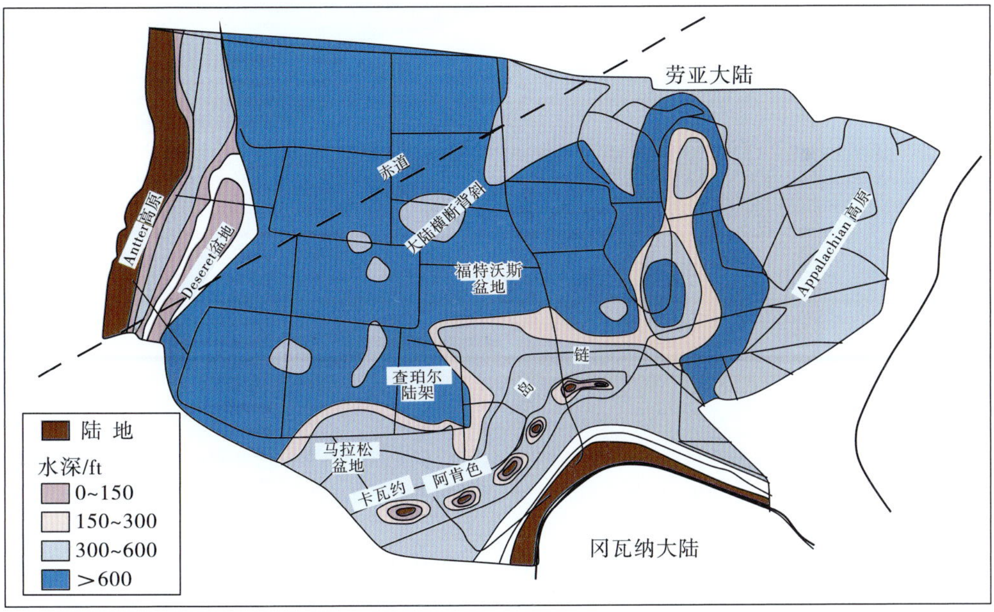

图 8.17 早石炭世中期北美板块与冈瓦纳板块碰撞期间的古地理图

（据 Hickey et al.，2009）

陆-陆碰撞作用形成的造山楔-前陆盆地系统，造山楔显示为呈北东向延伸的岛链。1 ft = 30.48 cm

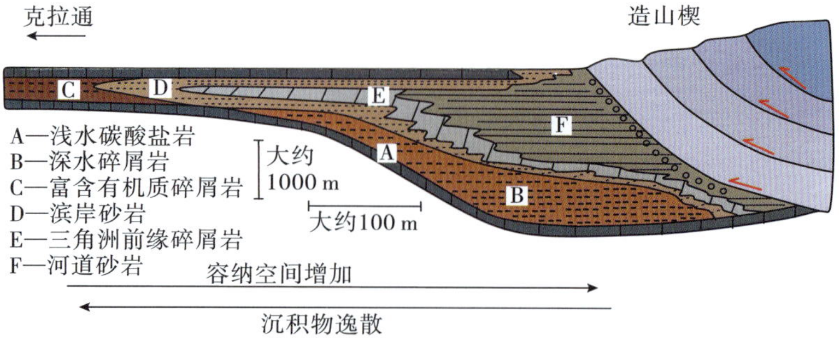

图 8.18 阿巴拉契亚前陆盆地沉积相的几何结构

（据 Castal，2000）

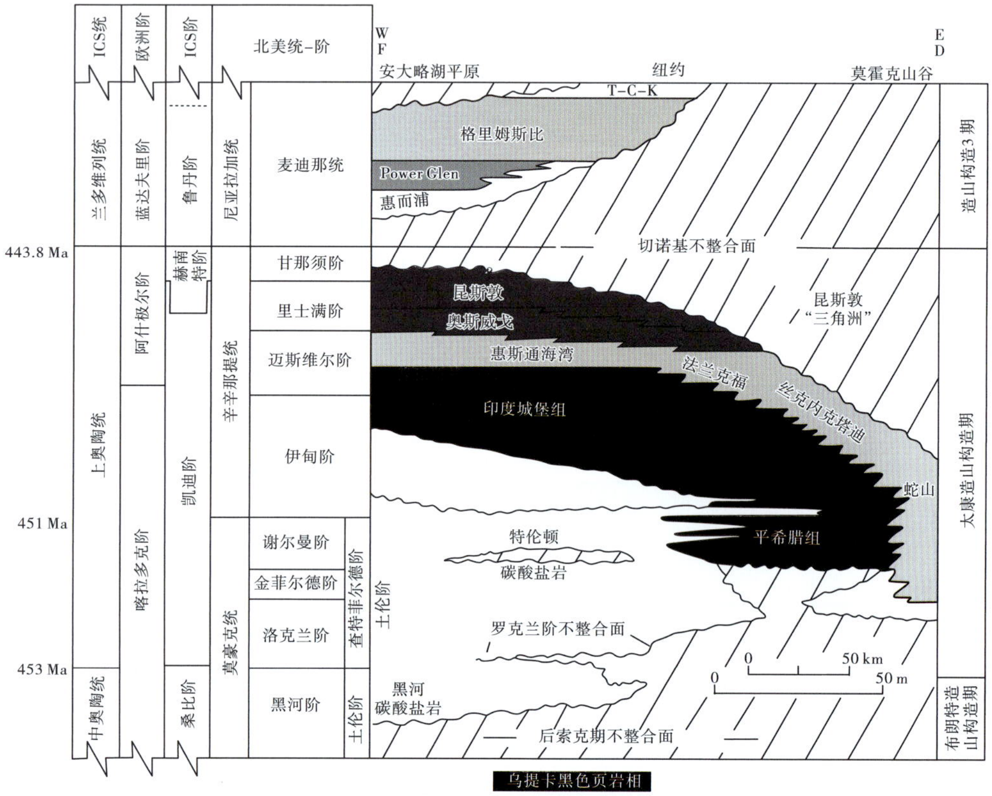

图 8.19 阿巴拉契亚前陆盆地的年代地层格架图

（据 Ettensohn et al.，2015）

在底部不整合面之上发育碳酸盐缓坡沉积物；向上变深的沉积序列、向克拉通方向地层缺失的厚度增大；Utica 页岩与碳酸盐缓坡沉积物之间发育剥蚀面

在欠补偿阶段发育 3 套地层，下部为块状浅灰色钙质泥岩、球粒碎屑泥粒灰岩，厚度为 0~300 m；中部为笔石页岩和黑色钙质浊积岩，厚度为 120~760 m；上部为粗粒浊积砂岩、粉砂岩和泥岩，厚度为 45~4000 m，并显示出以下特点：①在底部不整合面之上发育碳酸盐缓坡沉积物（black river carbonates）；②向上变深的沉积序列，向克拉通方向地层缺失的厚度增大；③Utica 页岩与碳酸盐缓坡沉积物之间发育剥蚀面。

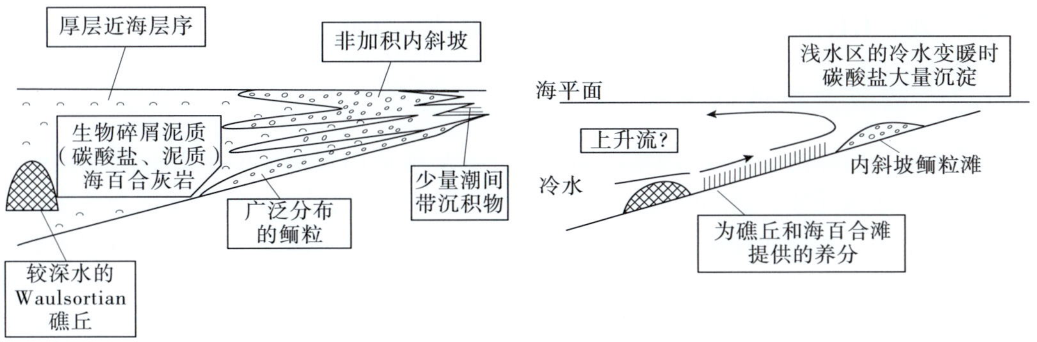

图 8.20　美国阿巴拉契亚前陆盆地缓坡带沉积特征与成因机制

(据 Ettensohn et al., 2015)

8.3.6　马拉松-沃希托前陆盆地碳酸盐缓坡

马拉松-沃希托前陆盆地系统（Marathon-Ouachita foreland basin）位于北美板块东南缘，由造山带、前陆盆地和隆后盆地组成。其与石炭纪北美板块与南美板块汇聚有关，主要是沃希托造山运动形成的（图 8.21）。马拉松-沃希托前陆盆地系统沉积充填体呈楔状，具有不对称结构，靠近造山带一侧较厚，近克拉通一侧较薄。前陆盆地包括福特沃斯、黑勇士、阿科马、二叠、阿纳达科等盆地。

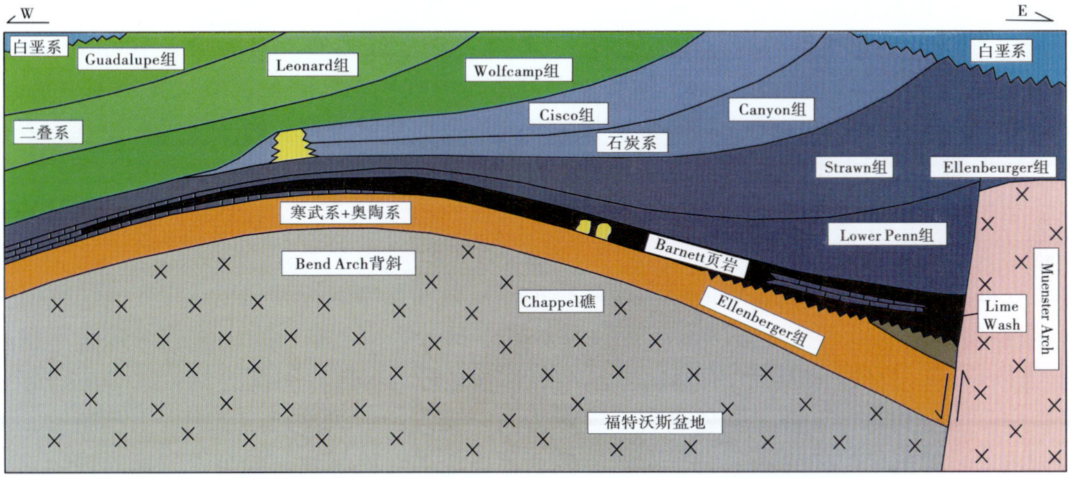

图 8.21　马拉松-沃希托前陆盆地碳酸盐缓坡的地层格架

(据 Hickey et al., 2009)

在前陆盆地底部不整合面之上发育缓坡型浅水碳酸盐岩和塔礁。在密西西比纪的欠补偿阶段发育三套地层，下部为浅水碳酸盐岩和塔礁，中部为黑色页岩夹灰岩，上部为碳酸盐岩夹黑色页岩，并显示以下特点：①在底部不整合面之上发育碳酸盐缓坡沉积物；②向上变深的沉积序列，向克拉通方向地层缺失的厚度增大。

8.3.7 龙门山前陆盆地碳酸盐缓坡和生物礁

8.3.7.1 碳酸盐缓坡的分布

上扬子陆块西缘由于甘孜-理塘洋向西俯冲和岛弧造山楔形体的推进而向下挠曲，复理石盆地轴部向东迁移，前陆隆起边缘具有清水条件，因此形成的穿时碳酸盐坡体向扬子克拉通边缘上超。碳酸盐坡体迁移可能与前陆挠曲的枢纽点运动轨迹相合，近似海平面上升和上超点。碳酸盐坡体的分布由四川广元向南至乐山，以及西昌以南盐源一带，长1000余千米，呈断续分布，宽仅百余千米，碳酸盐厚度不超过300 m，为晚三叠世卡尼期碳酸盐岩。

在底部不整合面之上的马鞍塘组中出现了一套硅质海绵礁和鲕粒滩，在地表已确认了22个硅质海绵礁，分布于龙门山前缘地区的安县—绵竹一带，呈南西—北东向延伸的条带状展布，主要为群体六射海绵。近年来，在龙门山冲断带内钻孔（龙深1井，2007年完钻，深度为7 km）和前陆盆地内部钻孔（川科1井，2009年完钻，深度为5 km）均揭示卡尼期缓坡型碳酸盐岩的存在。此外，在前陆盆地内部的地震反射剖面中发现了4个可疑硅质海绵礁，呈现为丘状反射体，可以用来约束在龙门山前陆盆地早期（卡尼期）硅质海绵礁滩的空间展布。这些硅质海绵礁滩带在走向上的延伸方向与龙门山造山带走向的方向大致平行，表明这些硅质海绵礁滩带的形成可能与龙门山造山楔构造负载所导致的扬子板块西部的挠曲沉降相关，因此，在底部不整合面之上发育的前陆型硅质海绵礁滩，也应该是一个在挠曲前缘隆起不整合面上发育的硅质海绵礁滩的典型实例（Li et al.，2003）。鉴于该组碳酸盐缓坡和海绵礁的产出状态与前陆盆地所发育远端碳酸盐缓坡型沉积物非常相似，Li等（2003）认为鲕粒滩和硅质海绵礁属于前陆型碳酸盐缓坡和生物礁。被解释为位于克拉通边缘透光带的生物骨架灰岩因挠曲沉降作用被海水淹没的过程，表明相对海平面上升对碳酸盐缓坡和海绵礁的生长和淹没致死具有明显的控制作用。

8.3.7.2 碳酸盐生长序列

在前陆盆地中充填最老的地层为晚三叠世卡尼期马鞍塘组，其与下伏中三叠统之间为区域性微角度-平行不整合面，显示底部为不整合面，是一个典型的挠曲前缘隆起不整合面（Li et al.，2003；李勇等，2011）。该组岩性可被分为三段，下部为鲕粒滩和生物碎屑滩，中部为海绵礁，上部为黑色页岩，显示为向上变细的沉积序列。其中含大量菊石，可与国内外已知的卡尼阶菊石群完全对比，表明该组地质时代为晚三叠世卡尼期（Li et al.，2003），持续时间为8.5 Ma。该组总体显示为向上变细、变深的沉积序列，由下至上显示为鲕粒滩-硅质海绵礁-黑色页岩的垂向沉积序列，总体显示为欠补偿的充填过程。目前已观察到的该组最大厚度为250 m（龙深1井），地点位于现今前陆盆地以西的龙门山地区，向南东前陆方向地层厚度逐次减薄，显示地层几何形态为北西厚、南东薄的楔形体，因此，卡尼期盆地的剖面几何形态显示为不对称的楔状前陆盆地。底部不整合面的几何形态和坡度基本可以代表卡尼期前陆缓坡的几何形态和坡度。

底部不整合面显示为一个向北西向倾斜的、同斜的缓坡，地形斜率较小。现今在北川断裂以东残留的卡尼期缓坡的长度为100~120 km，残留的最大地层厚度为243 m，初步估算的该缓坡的古坡度为1°~2°，地形斜率极小。盆地西部为深水相，主要由黑色页岩和泥岩组成，其中夹粉砂岩和泥灰岩，底部见鲕粒灰岩，厚度仅为2.7 m（龙深1井），盆地中东部为碳酸盐缓坡和硅质海绵礁，显示为盆地处于欠补偿阶段。

8.4 构造对前陆碳酸盐缓坡的控制作用

碳酸盐缓坡和珊瑚礁通常是前陆盆地常见的沉积物，可能比硅质碎屑地层更好地提供了盆地演化、相对海平面变化方面的记录。碳酸盐缓坡和礁相可以发育在前渊近端的各种地形高点，也可以发育在远离陆源输入的远端前陆区，或在盆地构造静止期，发育于整个前陆盆地。盆地的几何形态、硅质碎屑的散布、沉降模式和变形构造等均影响着同造山期前陆碳酸盐相分布和台地形态。同造山期碳酸盐台地具有典型的缓坡剖面，其与模拟的构造载荷作用的挠曲剖面相似。

在板块汇聚期间，造山楔的推进驱动了前陆挠曲作用，使得同造山期碳酸盐缓坡被迫向克拉通上超或后退。在汇聚过程中，位于盆地一侧的前陆碳酸盐台地则可能被淹没，特别是在以下4种情况：①下覆岩石圈的刚度较低；②造山楔推进很快；③在前陆发生挠曲时全球海平面同步上升；④其他的环境应力影响了底栖碳酸盐岩的生成。

此外，在一些前陆地区，同造山期差异沉降导致的复杂模式和前陆变形，并控制了在前渊近端以外数百千米的克拉通碳酸盐体系域。这些差异沉降和变形的模式反映在前陆地区先存的基底构造或流变学各向异性对板块边缘的构造加载的响应，或对岩石圈内部活动过程的响应。

在前陆盆地的前展式地层模型中，即便是碳酸盐台地地层可能是构成前陆盆地充填物的重要组成部分，碳酸盐台地地层很大程度上被忽视了。在许多前陆盆地海相碳酸盐台地地层可能是标定相对海平面变化和盆地演化的指标，在这方面其比硅质碎屑地层有更好的作用，因为前陆碳酸盐台地对相对海平面变化和沉积梯度变化具有更迅速、更敏感的响应。

Dorobek（1995）论述了控制同造山期的前陆盆地碳酸盐台地沉积作用。同造山期碳酸盐台地主要造山事件期间由挠曲驱动的沉降和沉积的碳酸盐台地。目前在一些时间和概念之间存在着一定的重叠，包括同造山期台地与前造山期碳酸盐台地的区别（如先存的台地突然受到前陆变形和挠曲沉降）、同造山期台地与后造山期碳酸盐台地的区别（如后造山期前陆碳酸盐台地是从早期前陆盆地的同造山期碳酸盐台地构筑的地形继承而来的）。

然而应该强调的是，这些实例表明，每一个前陆区有着独特的沉降和动力学历史，在一些特定的前陆盆地，构造演化和差异沉降模式限定了地层发育的特殊的边界条件，因此，值得注意的是，任何特定的前陆盆地的海相碳酸盐岩地层都有其特殊性。

8.4.1 前陆盆地碳酸盐缓坡的地球动力学

前陆盆地地球动力学（geodynamics of foreland basin）的模型提供了在正常的前陆盆地中预测碳酸盐台地演化的基础。前陆盆地挠曲模型（flexural models for foreland basin）是一个最好的整个前陆变形的近似体，没有考虑在许多前陆地区所观测到的复杂的变形样式。

8.4.1.1 前陆盆地挠曲模型

理论上，前陆盆地剖面是由在垂向的、水平的构造负载量和岩石圈的挠曲刚度所控制的。通常只有垂直的构造加载（逆冲负载、地壳下负载荷）和盆地内沉积充填负载被用来模拟前陆盆地的几何形态。前陆盆地几何模型可以描述为：①在前渊近端中所标定的前陆岩石圈最大的挠曲幅度；②前陆岩石圈挠曲幅度的波长或宽度依赖于前陆岩石圈的抗弯刚度。前陆盆地演化直接耦合于相邻的造山楔的变形作用。前陆盆地沉降中心的迁移通常是随着造山楔向前陆推进挠曲剖面的迁移而向前迁移。大多数前陆挠曲的理论模型假定前陆岩石圈至少在水平方向上动力同步。然而越来越认识到前陆岩石圈的异构性会影响盆地几何形态、沉降历史和变形模式。

8.4.1.2 板内应力的非挠曲响应

板块边缘汇聚作用不仅产生了挠曲响应，还产生了板内应力。这些板内应力可以传递到前陆板块的内部。这些水平的板内应力可能在逆冲负载区、前渊近端以外的岩石圈产生宽度达数百千米的影响，远超任何可观察到的大陆岩石圈挠曲作用。由于板内应力可能会增强远端前陆或克拉通区岩石圈的挠曲，并可能影响远离活动汇聚带的沉积作用。

在前陆盆地演化或前陆地层的定量或概念模型中，板内应力通常被忽略了。对于许多前陆地区来说，因为在汇聚过程中产生的板内应力会影响岩石圈原有的挠曲变形，或者会导致前陆板块先存构造的重新活化。

虽然在前渊几百千米以外的板块内部先存的基底断裂可以发生变形和再活化，但其分布范围远远超出了板块挠曲影响的范围。此外，变形通常也以高角度的走向斜交于造山楔和前渊，表明这些变形与挠曲作用无关。最后，如果是斜向汇聚或板块边界有明显的凸起，碰撞作用将是穿时的，前陆板块内的应力场也将随时间推移而发生变化。复杂的构造反转可能导致前陆区断层的活化和应力场的变化。因此，非挠曲变形作用可以明显地影响到在前陆板块广阔区域分布的碳酸盐相模式。

8.4.2 构造对同造山期前陆碳酸盐缓坡的控制作用

由于构造引起的前陆板块的差异沉降和变形，导致前陆盆地的沉积地形不断演化。碳酸盐相模式和台地形态也受这种差异沉降和前陆构造特征及动力演化的强烈影响。

同造山期碳酸盐缓坡对挠曲的响应均表现为，碳酸盐缓坡发育在前渊远端的一侧，并靠近克拉通一侧，它通常具有同斜的缓坡型地形剖面。因此，前陆型碳酸盐缓坡的发育可能与当时是否有造礁生物没有因果关系。相对于其他台地形态而言，前陆盆地内在的特征决定了碳酸盐缓坡的发育，也阻止其他类型的碳酸盐台地形态在前陆盆地的发展（图 8.22）。

前陆盆地碳酸盐台地形态最重要的控制因素可能是盆地沉降的机制，即岩石圈挠曲作用。在主动汇聚期间，岩石圈挠曲通常在克拉通一侧产生一个向盆地倾斜的、坡度较缓的表面。位于前陆盆地远端一侧的同造山期碳酸盐缓坡的剖面将模拟挠曲剖面。因为挠曲作

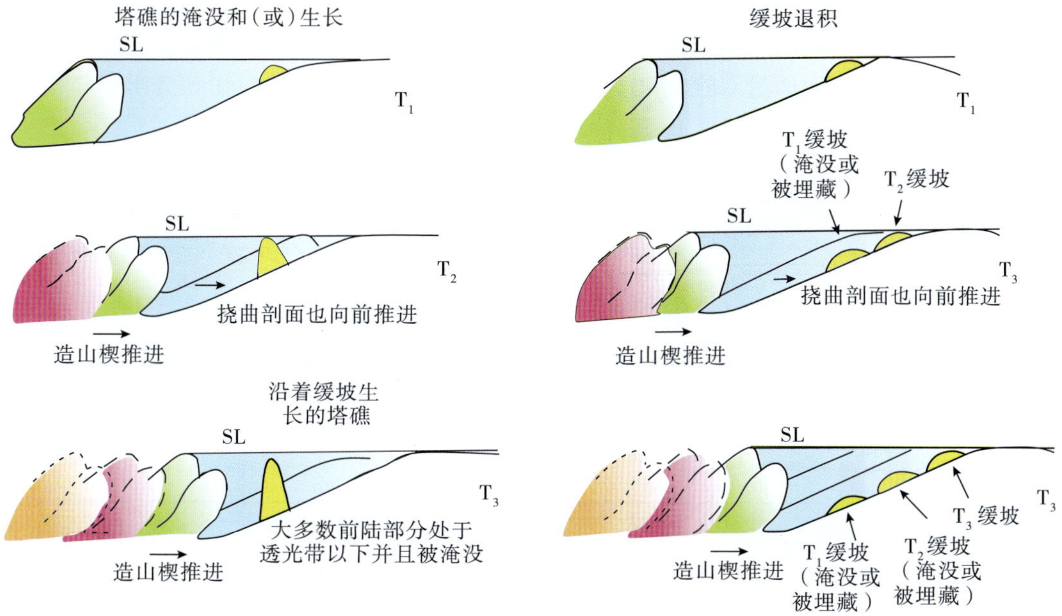

图 8.22　在活动性汇聚作用下前陆盆地碳酸盐缓坡、礁迁移的概念模型

(据 Dorobek，1995)

随着造山楔向克拉通方向推进，由负载导致的挠曲剖面也向克拉通方向迁移。这些概念图中，在挠曲剖面的迁移过程中海平面没有变化。位于盆地远端的碳酸盐缓坡对沉降速率增加的响应是后退或被淹没，碳酸盐礁、丘对沉降速率增加的响应是形成针状或塔状礁或被淹没。SL—海平面

用影响了 3 个重要控制前陆碳酸盐沉积作用的因素，包括沿挠曲剖面的沉积梯度、沉降速率和水深的变化。在活动汇聚期，前陆盆地内的沉积梯度和沉降速率较低，并向造山楔方向增加。

当造山楔向克拉通方向推进时，挠曲剖面随之产生。因此，对于一个以恒定速率推进的造山楔而言，对位于盆地远端一侧的地点，沉积梯度、沉降速度和水深将随时间产生非线性增长。因此前陆碳酸盐台地必须以一定的增长速率进行加积，以便能够跟上这些变化。由造山楔侵蚀而来的大量的硅质碎屑沉积物、过度的水深将导致在前渊近端的碳酸盐沉积作用发生停止和消失。因此，这里只考虑沉积梯度、沉降速度和水深变化对大多数位于前陆盆地远端的碳酸盐台地发育的影响。

8.4.2.1　挠曲作用对相对水深的影响

对显生宙台地而言，超过 100 m 水深后，水深对原位底栖生物碳酸盐沉积作用影响很小。因此，Dorobek (1995) 可以用 100 m 水深作为一个对在前陆盆地发展的第一个阶段原地底栖生物碳酸盐沉积保持的限制，那么在前陆盆地碳酸盐缓坡发育的限制条件可以利用 100 m 等深线与挠曲剖面的交叉点确定出来。弹性板块的挠曲模式表明，在给定的海平面升降范围和位置、造山楔的地形高程值和前陆岩石圈的抗弯刚度的条件下，生产碳酸盐的缓坡（没有被完全淹没的缓坡）的宽度应该不会大于 100 km（图 8.23，图 8.24），同时也能够确定前缘隆起脊部的暴露宽度。如果海平面足够高导致了沉降（这部分沉降与

挠曲沉降无关)，那么前缘隆起脊部和隆后盆地可能会淹没在较浅的深度。在上述情况下，加积的碳酸盐台地沿倾斜方向可能延伸几百千米。这些碳酸盐台地宽度与挠曲作用相关的简单模型还有待于通过对在前陆盆地远端发育的碳酸盐台地的精细高分辨率年代地层学研究来验证。

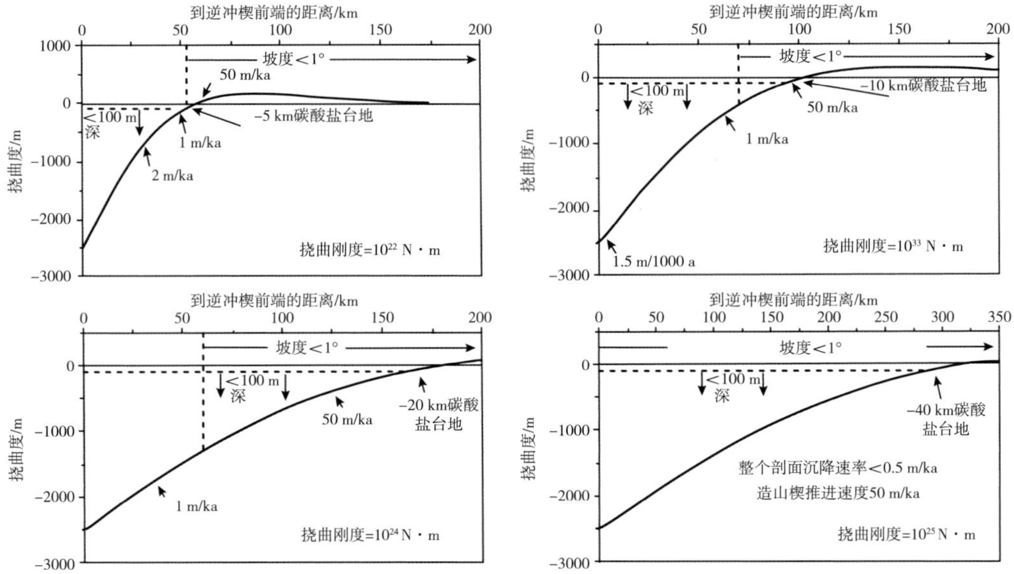

图 8.23　在充满海水的前渊初始挠曲剖面与最佳碳酸盐沉积范围的模型

（据 Dorobek，1995）

该挠曲剖面是在给定的 5 km 高的造山楔的条件下，采用从较低的挠曲刚度（10^{22} N · m）到较高的挠曲刚度（10^{25} N · m）连续模拟而生成的。模拟中采用了 Speed 等（1982）的挠曲方程。在加载之前，前陆板块的海平面水平线被设定为 0 m 处，代表了造山楔加载之前板块的初始位置。并给出了不同挠曲刚度条件下的沉积梯度、100 m 等深线及预测的前陆碳酸盐台地宽度。在每个剖面的几个点的瞬时沉降速率用箭头表示，用 m/ka 或 cm/ka 表示

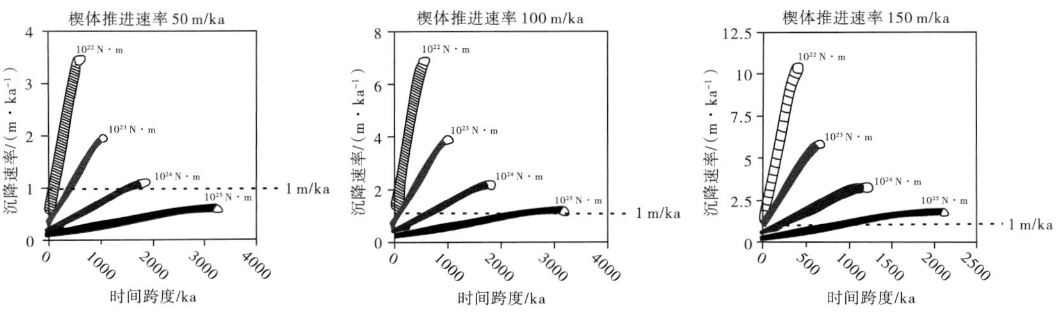

图 8.24　初始海平面与初始挠曲剖面对沉降速率变化的影响

（据 Dorobek，1995）

随着造山楔向克拉通方向推进，此时的沉降速率随时间推移而增加。曲线显示了 3 种不同的造山楔的推进速率和 4 种不同刚度的前陆板块的模型结果。在所有情况下，均假定造山楔的高度为 5 km。所有曲线的右上端均表示造山楔前缘逆冲作用到达时，初始海平面与初始挠曲剖面的交叉点。水平虚线表示在 1 ka 内需要引起挠曲淹没的、可能的最小沉降速率。在图的最上部和中部显示，对于中、低刚度板块而言，即使造山楔体以较低或中等速率推进，在初始汇聚的 100 万年内碳酸盐缓坡也有可能发生挠曲淹没。在图的最下部显示，对于高刚度板块，即使造山楔的推进速率非常高，也可能在挠曲淹没之前就因硅质碎屑的污染导致碳酸盐缓坡的终止

8.4.2.2 造山楔黏弹性松弛作用对碳酸盐沉积作用的影响

当造山楔不推进时，黏弹性松弛将出现，可能会导致前缘隆起的高度增加和向盆地方向的迁移。对阿巴拉契亚盆地几个古生代地层关系的研究结果表明，在黏弹性松弛过程中，前缘隆起暴露于地表，位于其顶部的碳酸盐岩地层可能被侵蚀。假设海平面低于前缘隆起的顶部，导致前缘隆起的顶部发生暴露，随着松弛作用的持续，其上的老地层将逐步被侵蚀。在松弛作用期间，随着前缘隆起向造山楔方向的迁移，当地的碳酸盐相模式将受到影响；或者由于随着在前缘隆起向盆地一侧的可容纳空间的减少，迫使碳酸盐缓坡向盆地方向进积。

当松弛开始时，如果前缘隆起的顶部位于海平面或海平面以上，松弛作用将迫使缓坡向盆地进积，使得在前缘隆起向盆地一侧的可容纳空间持续减小。这种构造强迫的进积作用具有一个重要的地层特征，在新形成进积的缓坡上倾边界上具有向盆地方向的等时迁移。

在松弛过程中，海平面升降的变化可能会使前缘隆起的年代地层关系变得非常复杂。在黏弹性松弛期间，如果前缘隆起位于海平面之下，那么碳酸盐沉积作用能够跟上前缘隆起顶部相对海平面的变化，但是短期高振幅海平面上升也可能会淹没前缘隆起上的碳酸盐岩相。不整合面不发育，由松弛作用引起的相对海平面的变化可以由细微穿时的岩相变化来记录。此外，我们对黏弹性松弛运行的时间尺度以及它是如何发生的都知之甚少。估计岩石圈松弛的时间常数是在 $10^7 \sim 10^6$ a 之间，这个时间尺度可能比由前缘隆起上浅水碳酸盐岩地层所代表的实际时间更长。目前仍需要详细的沉积学和高分辨率年代地层学研究来标定在前陆盆地演化过程中前缘隆起的行为。由于前缘隆起上的碳酸盐岩具有对相对海平面变化的即时性响应，因此，在前缘隆起上发育的碳酸盐岩可能是最适合检验这些概念的区域。

8.4.2.3 影响同造山期碳酸盐沉积作用的其他构造因素

在前陆盆地中还存在其他影响碳酸盐沉积作用的因素，但这些因素在地层记录中不易识别。

(1) 台地边缘礁相与造山楔推进方向的相互关系

同造山期前陆碳酸盐台地的后退方向取决于碳酸盐台地边缘礁相的方向与造山楔推进方向之间的关系（图 8.25）。

如果一个台地边缘走向的延伸方向是平行于造山楔、前渊的轴向，那么整个台地边缘将随着造山楔向台地的推进而后退。相反，如果台地边缘的延伸方向与造山楔、前渊的轴向之间呈高角度相交，那么后退作用将具有高度的穿时性。如果在两个碰撞的板块边界边缘有明显的突出点或者沿前陆板块边界发生了斜向俯冲，那么同造山期的后退作用也将具有高度的穿时性。这些认识对于利用特定的前陆盆地地层学解释汇聚的时间具有重要意义。

(2) 周期性汇聚作用

板块边缘的周期性汇聚作用和相应的造山楔向前陆的推进运动可能导致一系列叠置的碳酸盐缓坡序列，并从前渊的近端向远端推进。在造山楔的推进过程中，挠曲剖面的迁移

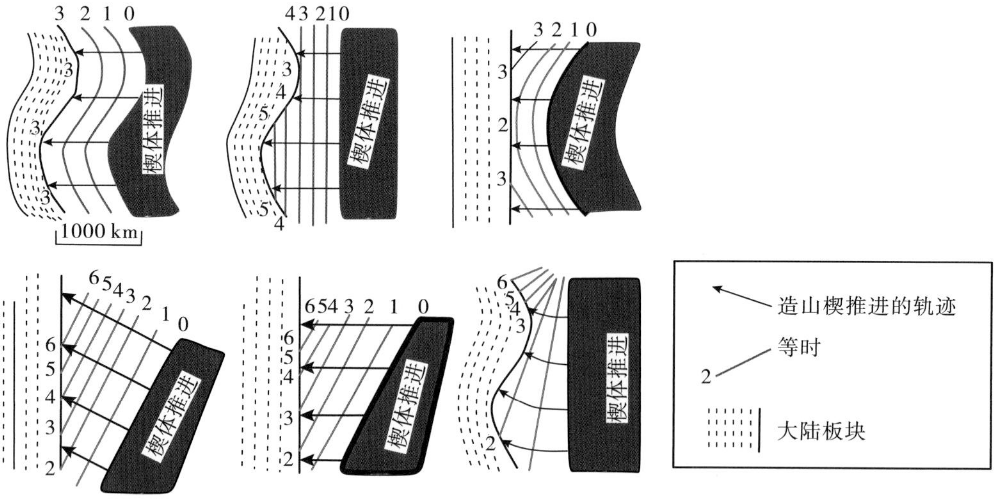

图 8.25　板块边缘的几何形态和板块运动的轨迹及其导致的等时或穿时的汇聚作用
（据 Bradley，1989；Dorobek，1995）
等时线的数量确定了前进造山楔与前陆板块碰撞的相对时间。前陆碳酸盐台地对挠曲沉降的响应没有在该图上显示，表明该响应可能并不是沿着整个板块边缘同时进行的，这取决于板块几何形状和板块相对运动

可以驱动在前渊远端一侧的碳酸盐缓坡发生后退。但是当造山楔不再推进时，在前渊远端的挠曲沉降将是驱动盆地沉积作用的主要因素。与造山楔所导致的前陆挠曲沉降量相比，由盆地充填量所导致的前陆盆地远端的挠曲沉降量相对较小。当造山楔不再推进时，缓坡可以由前缘隆起向盆地方向进积。由于挠曲沉降作用的减少也导致了盆地充填物的减少。硅质碎屑沉积物可以充填盆地中的可容纳空间，并为碳酸盐缓坡向前缘隆起两侧的进积作用提供衬底。因为在前渊的远端具有较小的可容纳空间、较低的沉积坡度和较高的碳酸盐沉积物产量，碳酸盐缓坡将以最快的速度进积，并将进一步向盆地方向扩展。

综上所述，前陆盆地海相碳酸盐岩地层可能提供比硅质碎屑地层更好的盆地演化记录，因为从本质上说，它们是盆地的地面地形和盆地沉降变化的瞬时响应。目前已经获得了一些重要的结论，具体如下。

1）同造山带碳酸盐台地一般形成于前陆盆地的远端，具有缓坡型剖面。缓坡型剖面可能模拟了造山楔导致的挠曲剖面。对于长期的（百万年时间尺度）缓坡型剖面的保持，在前陆缓坡的沉积相带中存在有限的加积。这可能反映了在持续汇聚导致了挠曲剖面的迁移，在汇聚过程中缓坡相的生长速率低于盆地的沉降速率。

2）造山楔向克拉通方向的推进导致了同造山期台地和珊瑚礁被迫后退或最终被完全淹没。这可能是碳酸盐台地和珊瑚礁对不断增加的挠曲沉降、硅质碎屑物的分散作用和全球海平面升降的响应。

3）同造山期台地的相模式也受到前陆板块非挠曲型变形的影响。对于某些特定的前陆，构造样式可能是唯一的而且变化较大的控制因素。在许多前陆地区，先存的古老构造的复活可以对碳酸盐岩相分布有明显的影响。这就需要对前陆盆地已发现的构造类型及特征进行研究，并从运动学历史的角度去认识碳酸盐岩相分布和台地演化。

8.5 海平面变化对前陆碳酸盐缓坡的控制作用

8.5.1 浅水碳酸盐的生长模式

8.5.1.1 On-Off 生长模式

前陆盆地缓坡型浅水碳酸盐工厂的 On-Off 生长模式建立的依据（图 8.26）：①在陆地环境中没有碳酸盐台地的生产；②在几米深的海水透光区中，碳酸盐大量生产。海水深度控制了浅水碳酸盐生长率，高碳酸盐产率主要分布在海水上部 50~100 m 的水体中，因为在该深度内悬浮着大量能进行光合作用的生物。在 10 m 水深内碳酸盐产率最高，而在 10~20 m 内剧减。

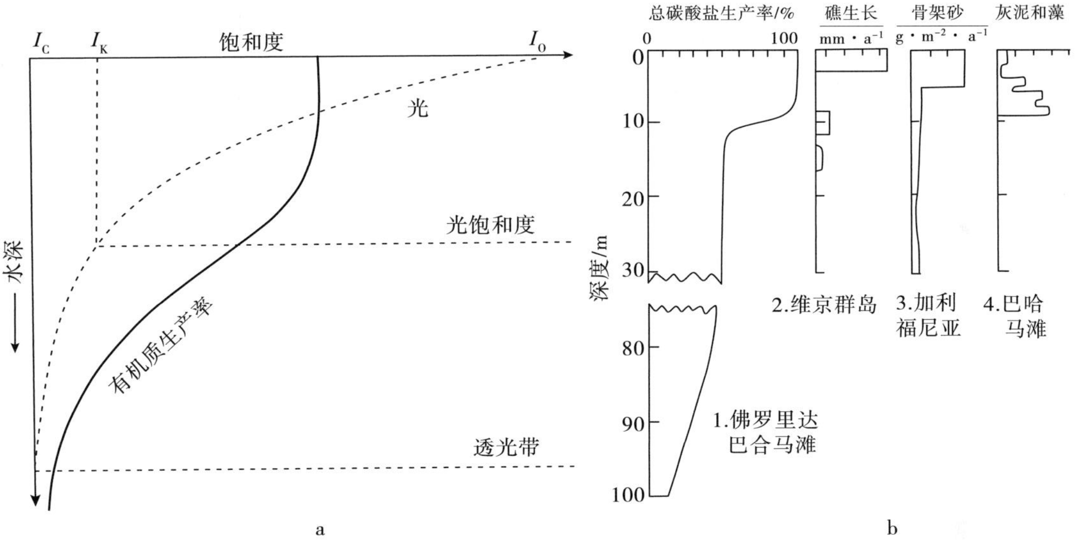

图 8.26　有机质沉积物、碳酸盐生产率和水深的关系

a—光强度与有机质沉积物生产率和水深的关系（据 Schlager，1992）；b—碳酸盐生产率与水深的关系，碳酸盐生产率主要出现在 10 m 以内的浅水区（据 Sarg，1998）

在这一模型中有两种生产方式：①当生物礁体的顶部（或碳酸盐台地的顶部）被淹没时，出现 On 方式，系统开始以最大的速率生产；②在 Off 方式中，顶部露出水面，停止生产。对前陆盆地缓坡型浅水碳酸盐工厂进行的许多数值模拟是以 On-Off 模型为基础的，这一模型可写作：

$$G = G_0 \times t_f \tag{8.1}$$

式中：G 为生长速率；G_0 为短期、无干扰条件下在透光区的生长速率，通常由对现存礁的观察和它们在全新世的历史决定，或设为适当的输出；t_f 为台地淹没期的时间段。

值得指出的是，On-Off 模式产生的沉积速率遵循大尺度上的变化规则。对于碳酸盐环境来说，沉积物供给受到碳酸盐工厂的原地生长、生产能力控制。然而，生产潜力（p）是控制碳酸盐台地前进、后退或淹没的主要因素，也就是碳酸盐台地生产和输出沉积物的能力。

但这一模型不能解释台地上亿年的、不断的淹没、后退和在深的透光区的生长。

8.5.1.2 环境因素控制生长的模型

使用环境因子使得碳酸盐台地生长模型变得更加接近于实际（也许能更好地解释长期的淹没）。此时模型用下式表达：

$$G = G_0 e \times t_f e \tag{8.2}$$

这里 e 是环境对生长总的影响，其他参数含义同式（8.1）。这个关系式意味着，当在淹没期时，整个体系也不必以 G_0 速率生产，因为环境因素会减少这种生长。如果不断的环境干扰事件均遵循幂定律（如小事件不断产生，大事件很少发生），这些干扰就能产生可按比例换算的碳酸盐沉积速率。

8.5.2 相对海平面变化与碳酸盐滩礁的生长

虽然碳酸盐台地模式的建立涉及控制其垂向序列发育的所有变数，但通常仅包括2~3个最重要的因素，分别为碳酸盐生产速率和可容纳空间。这样，相对海平面变化就成为控制沉积类型的主要作用，制约了沉积作用所需的空间（图8.27）。与相对海平面变化相对应的因素包括暴露、沉降、海泛。

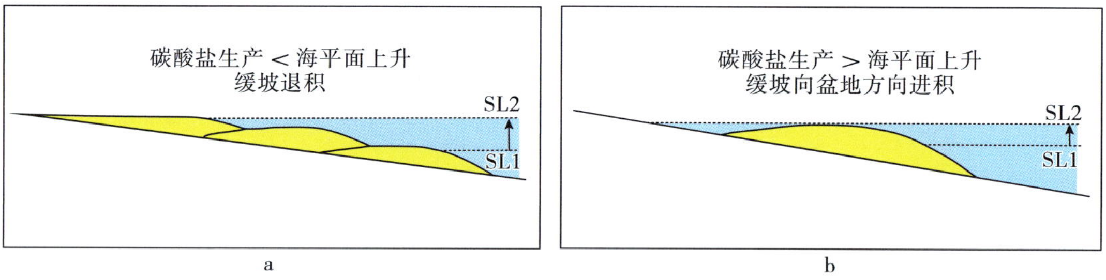

图8.27 碳酸盐缓坡对相对海平面上升的响应

（据 Tucker et al.，1993）

a—低生产率的几何形态；b—高生产率的几何形态

1）暴露：如果海平面下降到台地边缘之下，碳酸盐生产停滞，台地沉积物接受大气淡水成岩作用。

2）沉降：在海侵期间，相对海平面迅速上升可以淹没台地，此时产生的沉积物不足以保持与海平面上升的同步关系。在这种情况下发育的坚硬基底可作为海底不整合面。

3）海泛：在较稳定的状态下，台地上的水深刚好适合于最高速率的沉积物生长作用，可容纳空间由台地沉降和海平面上升共同维持。

8.5.2.1 相对海平面下降

由于碳酸盐具有向海平面生长和建造的趋势，因此相对海平面下降将暴露台地内的广泛区域，碳酸盐暴露的数量可以根据台地的几何形态和海平面下降的幅度确定。有了边缘的镶边，相对海平面的轻微下降会暴露台地内大面积区域，而陡峭的侧翼会阻止碳酸盐沉积轨迹向内迁移。碳酸盐缓坡具有非常低的向盆地方向的倾角，对相对海平面下降的响应是沉积相带向盆地方向的迁移，而以前的浅水内缓坡则被暴露（图 8.28）。台地裸露部分易受岩溶作用和悬崖侵蚀、淡水胶结作用以及古溶胶发育。如果盆地被限制，相对海平面的下降可能导致盆地的局限，盆地蒸发岩可能沉积。相对海平面的大幅下降（例如，那些与冰川-海平面升降有关的），其下降幅度达 100 m 或更大，可能会导致整个台地的暴露，从而阻止了碳酸盐的沉积作用。

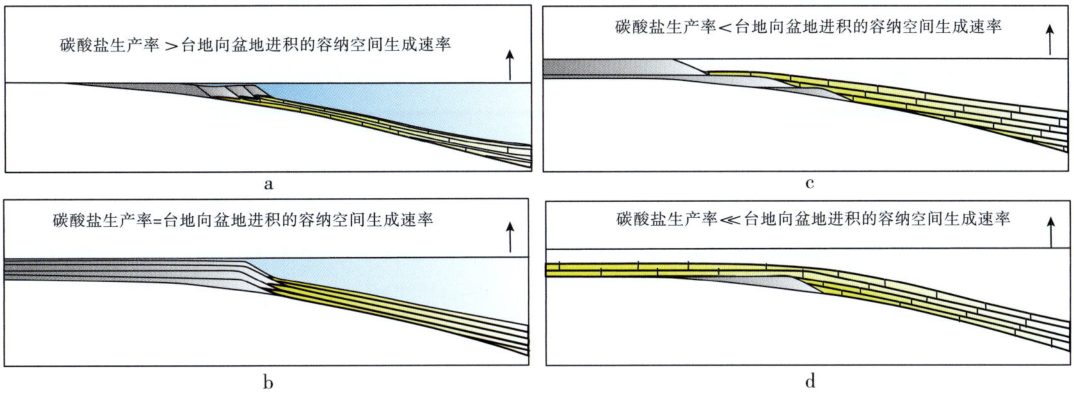

图 8.28　由可容纳空间的生成速率变化（垂直箭头）所导致的碳酸盐岩地层的几何形态及其变化（据 Sayer，1994）

a—向盆地的进积作用；b—加积至海平面；c—向前陆的退积作用；d—台地淹没

8.5.2.2　相对海平面上升

由于碳酸盐的生产速率高达 1000 m/Ma（Bosscher et al.，1992），大多数健康的碳酸盐系统的生产速率应该能够与区域构造上升速率保持同步。碳酸盐系统对相对海平面上升的响应主要有 3 种类型（图 8.28）：持续上升（keep-up）、追赶（catch-up）和台地淹没（drowning）。

在海侵之后，海水深度的增加会导致碳酸盐系统生产力暂时降低。因此，在生产力再次达到其全部潜力之前有一段“滞后时间”，这可能表现为缓慢的远洋沉积或坚硬基底的发展。这种滞后时间通常持续 2000~5000 a，通常表现为先前暴露台地被淹没。

在持续上升的碳酸盐体系中，碳酸盐生产率大于或等于由相对海平面上升造成的可容纳空间的增加速率，台地可以加积，与海平面保持一致，并可向盆地内推进。在追赶型碳酸盐体系中，生产率低于海平面上升的初始速率，可能发生早期淹没。后来海平面上升速度减慢，使碳酸盐系统得以恢复，并向上构筑至接近海平面附近。

当一个台地被永久淹没时，海平面上升的速度大于碳酸盐生产率，这样系统无法恢复并形成淹没不整合面（drowning unconformity），可能导致磷酸盐、海绿石、锰铁氧化皮或坚硬基底的发育，并被远洋或半深海的碳酸盐和/或硅质碎屑覆盖。因碳酸盐缓坡具有连续的缓坡条件，在相对海平面上升较慢的情况下，礁滩相向滨岸方向不断迁移（退积）。随着海平面上升速度的加快，淹没也会发生，与平顶台地相比，所形成的淹没不整合面通常不明显。

8.5.2.3 碳酸盐缓坡或台地边缘类型的演化与地层模式

前陆盆地碳酸盐缓坡的沉积作用方式与海平面变化速率有密切的关系。由于台地边缘的类型是受基底断裂、海平面变化及沉积作用等因素控制，所以在地质历史发展过程中，在同一个碳酸盐台地边缘的不同地段，或在同一地段的不同时期，其性质是可发生变化的。

为了解释台地边缘到斜坡过渡地区相的垂向演变，Playford（1980）和 James 等（1983）等根据海平面相对变化、盆地沉降、沉积速率及构造活动等方面，确定了下列类型的台地边缘地层模式。

（1）推进或退覆式

推进式或退覆式（off lap）：碳酸盐台地边缘在较深水相上向海推进。在相对海平面下降时期，碳酸盐台地露出水面，停止生长，遭受地表成岩作用影响，发生淋滤及胶结作用。碳酸盐台地边缘在较深水相上向海推进。随着可容纳空间的不断减小，剩余的沉积物向台地外缘搬运。向盆地方向的搬运促进台地边缘的进积作用，因此，台地宽度增加。

（2）加积式或直立式

加积式或直立式表现为碳酸盐的增长或沉积作用与海平面基本保持一致。即如果沉积物生产率与相对海平面上升速率相等，碳酸盐工厂垂直向上生长，形成“并进”岩系。

（3）后退式或超覆式

后退式或超覆式（on lap）表现为相对海平面上升速率超过碳酸盐工厂的生产率，碳酸盐工厂向陆地移动或向台地边缘较高位置移动，形成“后退”岩系。退积作用是指陆棚边缘向陆棚内部的迁移和重建作用。在碳酸盐台地边缘呈逐渐的（或阶梯状的）后退，超覆在浅水碳酸盐相上，形成向上变深的层序。相对海平面迅速上升引起退积作用发生，礁趋于建立在更向陆地的位置，使台地宽度减小。

（4）淹没式或尖塔式

淹没式或尖塔式表现为碳酸盐台地完全被淹没，在台地边缘或台地内部有孤立的塔礁。

8.6 硅质碎屑沉积作用对前陆碳酸盐缓坡的影响

在前陆盆地演化的所有阶段，硅质碎屑沉积物会影响碳酸盐岩地层的分布。进入前渊的硅质碎屑沉积物的体积、粒径和传播方向均对碳酸盐沉积作用产生影响。来源于造山楔或克拉通的硅质碎屑的输入可能导致复杂的、相互交叉的碳酸盐和硅质碎屑的混合物或终止碳酸盐沉积作用。

8.6.1 沉积物类型的影响

大量的细粒硅质碎屑沉积物可能比砂质或粗粒硅质碎屑沉积物对生产碳酸盐的底栖生物的影响更大，因为细粒沉积物可能保持悬浮状态，并可能分散在前陆盆地的大部分地区。细粒硅质碎屑沉积物增加了水柱的浑浊度，对食悬浮物的生物危害大于粗粒硅质碎屑沉积物。在一些前陆盆地中，含硅质碎屑混合物或含砂岩夹层的碳酸盐岩地层很常见，因为许多食悬浮物的生物都不受砂粒物质的影响。

8.6.1.1 气候和基岩的岩性对硅质碎屑沉积物的影响

硅质碎屑沉积物的粒度影响碳酸盐沉积作用，气候和基岩地质反过来又影响提供给前陆盆地硅质碎屑沉积物的类型。在潮湿气候条件下，由结晶岩组成的造山楔或克拉通地区具有很高的风化速率，可以向前陆盆地两侧提供丰富的黏土和粉砂。在终止碳酸盐沉积作用方面，这种细粒沉积物比粗砂沉积物更有效。相反，在干旱气候条件下，如果暴露的造山楔由变形的被动边缘地层组成（碳酸盐台地和石英砂岩），只可能向前渊提供碳酸盐碎屑或再旋回石英砂。这种粗粒的沉积物可能对生产碳酸盐的底栖生物几乎没有影响。

8.6.1.2 在前渊演化不同阶段中的硅质碎屑沉积作用

在早期欠充填的盆地发展阶段，在前渊近端充当了硅质碎屑的堆集空间，因此硅质碎屑沉积物对位于前陆盆地远端一侧的碳酸盐台地只有很小的影响。相反，在演化后期，前陆盆地被沉积物过渡充填或者被沉降作用、造山楔推进作用与盆地充填作用达到稳态平衡，硅质碎屑沉积物分布于整个盆地，终止了碳酸盐沉积作用，甚至在前陆地区远端的碳酸盐沉积作用也被终止了。

8.6.2 地形对硅质碎屑沉积物扩散的影响

造山带相对于信风的位置会影响剥蚀卸载速率，进而影响造山楔的构造演化、前渊的挠曲沉降量、在前渊充填的硅质碎屑沉积物的体积和类型。

在最近的地球物理模型中，前人试图建立地形降水（orographic precipitation）、造山楔与前渊之间的构造演化关系、在造山楔与前渊之间的物质通量等之间的关系。Hoffman 等（1993）认为，山前迎风坡的侵蚀速率可能足以减少地形负载量（造山楔的负载）和前渊的挠曲沉降量，因此在迎风的山前可能是一个过渡充填的前渊。相反，在背风面，侵蚀速率较低，可能会产生欠充填的前渊，因为侵蚀速率不足以使岩石圈挠曲作用形成的地形负荷减少，导致地形负载的增加。因此，地形降水可能通过影响前陆盆地硅质碎屑沉积物的扩散而间接影响前陆盆地的碳酸盐沉积作用。

在迎风山前缘和过渡充填的前渊，可能终止了在前渊远端的碳酸盐沉积作用，而在背风山的前缘，可能有厚的碳酸盐堆积，其原因在于在盆地演化历史的大部分时间内，硅质碎屑沉积物的进积作用不会跨越前渊。

8.6.3 硅质碎屑岩对淹没碳酸盐台地的覆盖

传统观点认为陆源碎屑出现对碳酸盐沉积不利。证明这一观点主要的证据是淹没了的碳酸盐台地常被碎屑岩覆盖这一现象。Eberli（1980）曾认为海平面变化造成陆架型沉积在垂向上出现碳酸盐与碎屑沉积的交替。在高海平面高位期，在陆架边缘形成碳酸盐台地，在低位期陆源碎屑沉积在陆架边缘，并覆盖于碳酸盐沉积物之上，构成了交替状态。同时沿岸流或深水等深流可以将碎屑搬运到碳酸盐沉积环境中。尤其是深水部位的沿岸流，将细粒（往往是黏土颗粒）搬运到碳酸盐台地斜坡部位，形成具有等斜的缓坡地形剖面。因此，在平面上，海岸带可以是碎屑沉积物，边缘带是碳酸盐沉积物，而深水区是细粒碎屑沉积物；在纵向上，在陆架边缘碳酸盐岩与碎屑岩可以互相交替出现。

8.7 碳酸盐生长潜力对前陆碳酸盐缓坡的影响

浅水碳酸盐系统提供的沉积物和垂向加积的最大速率很重要，因为这一速率决定了礁或碳酸盐台地的存在与否。在海洋中大部分碳酸盐沉淀发生在水体的光照部分，因此其大量的生产限于透光带，约在海洋 100 m 水深以上。当台地顶部被淹没于不透光深度时，碳酸盐的生产停止，台地将被淹没。礁或台地的存在取决于相对海平面变化速率和碳酸盐系统加积并保持台地顶部位于透光区的最大速率之间的平衡。

8.7.1 沉积速率的变化

沉积速率变化引起的结果可能是，礁和碳酸盐台地的生长潜力随观察时间长度的变化而变化。生长潜力被定义为加积的最大速率，这一速率在给定的条件下保持不变。平均沉积速率变化不一定与沉积的最大速率变化相吻合，所以平均沉积速率尺度变化和生长潜力不一定有联系。然而，地质记录中的证据有力地证明，碳酸盐系统的生长潜力随时间跨度的增大而变小，并且这一趋势与坡度与平均沉积速率变化关系相似。

8.7.2 碳酸盐生长潜力的定量估计

对礁和碳酸盐台地生长潜力的大部分估计源于全新世的资料。由于在长时间发展过程中生长潜力在变化，所以估计这种潜力变得很困难。在短时间范围内，估计值受到以当地干扰因素为主的“噪音”的影响；在长时间范围内，测年的不确定性以及未变形沉积记录的缺失影响了生长潜力值。

假定由避开比率相关性计算得到的尺度趋向反映出的是原始、合理的实际情况，那么，观察得到的礁及碳酸盐台地速率的上限可粗略地作为礁与碳酸盐台地生长潜力值。这种估计的潜力在 $10^{-1}\sim10^{2}$ a 内为 50000 μm/a，$10^{2}\sim10^{5}$ a 内为 600 μm/a，$10^{5}\sim10^{8}$ a 内为 40 μm/a。线的斜率在 10^{5} a 内为 -0. 383，大于 10^{5} a 时为 -0. 65。

淹没和向陆的后退可能持续几千万年并与长期的地球动力学过程联系，这一事实支持了这样的假说：相似的、按比例的变化趋向将控制着礁、台地的生长潜力。类似的是，有生物生长的台地在几百万或几千万年间未建造至海平面，表明了长期作用的影响。对长期生长和淹没的观察结果表明，1 ka ~ 10 Ma 间实际生长速率为 10^{4} μm/a，约是全新世礁生长速率的上限；超过 10 Ma 时，该速率约为 10^{2} μm/a。这一生长潜力的变化趋向暗示，由增大的扩展速率产生的海平面上升速率［如 Haq 等（1987）建立的第三次全球海平面上升］，在该尺度的生长潜力之下，全新世早期全球海平面上升速率位于其上，而洋壳热沉降速率与之接近。

在百万年时间尺度范围内，环境因素是导致礁和台地淹没的主要因素，并导致了生物礁生长速率的减慢。生长的一个简单模型是 On-Off 模型，该模型认为生长变缓的原因是暴露时间的增加，但解释不了长期沉没这一现象。在 On-Off 模型中，台地在其淹没初期很少暴露，因此生长迅速，从而减缓了淹没。

8.7.3 碳酸盐生长潜力的控制因素

碳酸盐缓坡对相对海平面变化（RSL）的响应受到碳酸盐生长潜力的控制。因此浅水透光带碳酸盐产生力和生物生产力对其具有控制作用。大多数碳酸盐产自 10~20 m 深以内。如果海水深度大于 10~20 m，碳酸盐产量将突然下降，逐渐下降到光合作用的极限深度（50~100 m）（图 8.29）。

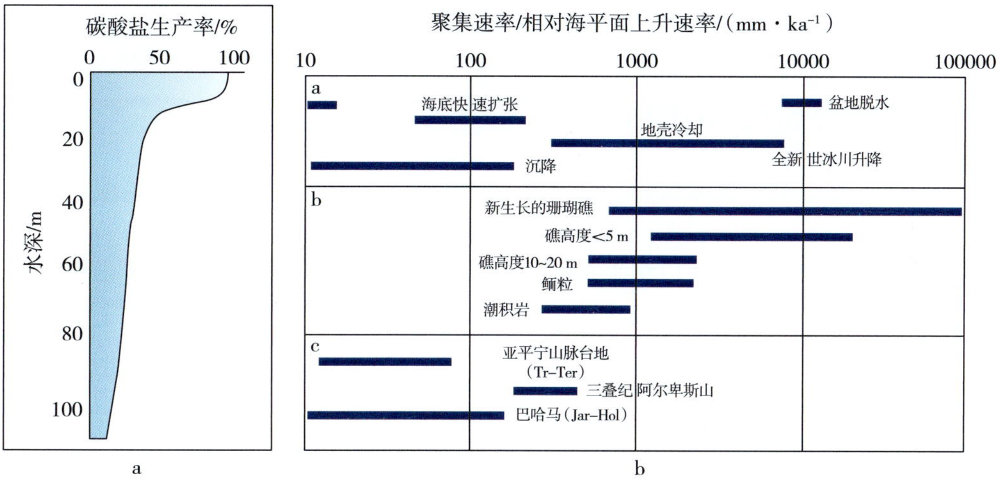

图 8.29 海平面上升速率与现代和古代碳酸盐聚集速率的对比图

（据 Schlager，1981）

a—碳酸盐生长潜力随海水深度增加的变化趋势；b—海平面上升速率与现代和古代碳酸盐聚集速率的对比图，显示碳酸盐生产潜力速率大于所有其他要素的运动速率（如海底扩张速率、地壳冷却速率、盆地沉降速率等），但其却与大多数快速海平面上升速率相当

碳酸盐台地的生长潜力在于其产生沉积物并向上生长的能力，因此系统的生产力控制了碳酸盐台地的生长潜力。通过观察现代碳酸盐台地对全新世冰川-海面上升海侵的响应，前人研究了其生长潜力。最高增长率为 1200 mm/ka。与文献中记录的古代台地相比，在大部分地质时期，台地可以以高达 1000 m/Ma 的速度增长，因此台地的增长速度应该能够超过所有的其他要素的运动速率（如海底扩张速率、地壳冷却速率、盆地沉降速率等），海平面上升速率一般是每百万年几十到几百米（图 8.29）。台地的生长潜力因受海平面位置的限制，位于台地边缘的礁、滩生长速率较快。这种生长差异性所产生的台地生长模式符合 Kendall 等（1981）的“桶原则（bucket principle）”，即台地内部生长率较低，并滞后于快速增长的边缘礁。缓坡碳酸盐的生长差异并不明显，但随着向盆地的增加，缓坡地碳酸盐的产量呈下降趋势。因此，处于生长中的碳酸盐台地，其几何形状不仅

受到相对海平面变化的控制，而且还受到碳酸盐系统生产力的控制，通过相对海平面变化这种生产力控制着台地能够跟进（keep-up）、超越（overtake）、淹没（drown）或暴露（exposed）的能力。该系统的生产力由生产碳酸盐的生物体控制，其中许多生物体依赖于光合作用或光合共生藻类来固定营养物质，这些生物体高度适应贫营养、清澈、温暖的水域。控制碳酸盐生产力的主要因素是影响这些生物的因素，包括光、温度、营养供应、氧化和碎屑输入等方面。

值得注意的是，Schlager（1981）对比了碳酸盐生产潜力速率与其他要素的运动速率，结果表明，碳酸盐生产潜力速率大于所有其他要素的运动速率（如海底扩张速率、地壳冷却速率、盆地沉降速率等），但其却与大多数快速的海平面上升速率相当，显示了海平面上升速率是控制碳酸盐生产潜力速率的主要因素。

8.8 前陆盆地碳酸盐缓坡的迁移

8.8.1 碳酸盐缓坡和迁移

由于碳酸盐对地质环境的敏感性优于其他岩类，因此不同构造背景下碳酸盐序列和其叠置关系是辨别地质背景的重要途径，尤以前陆盆地最为典型。

前陆盆地系统中的碳酸盐以缓坡模式发育在前陆挠曲的缓坡翼。随着造山楔的推进和前陆盆地向克拉通迁移以及相伴的沉降过程，为碳酸盐缓坡沉积物提供了构造空间，形成不断推移和穿时的碳酸盐叠置体上超在克拉通边缘。碳酸盐体的迁移可能与前陆挠曲的中点运动轨迹相吻合，并代表海平面的近似变化。碳酸盐缓坡沿着原被动大陆边缘基底方向展布，分布在上凸部分的边缘带，因而是不连续的楔形体。

8.8.2 龙门山前陆盆地碳酸盐缓坡的迁移

8.8.2.1 龙门山前陆盆地碳酸盐缓坡的分带性

在龙门山前陆盆地底部不整合面之上发育一套卡尼期硅质海绵礁和鲕粒滩为标志的碳酸盐缓坡型沉积物（图 8.30 至图 8.32）。在地表主要由绵竹汉旺、安县睢水和江油马鞍塘等地的硅质海绵礁和鲕粒滩组成。近年来，在龙门山冲断带内钻孔（龙深 1 井，2007 年完钻，钻深约为 7 km）和前陆盆地内部钻孔（川科 1 井，2009 年完钻，钻深约为 5 km）均揭示卡尼期缓坡型碳酸盐的存在。此外，在前陆盆地内部的地震反射剖面中发现了 4 个可疑硅质海绵礁，呈现为丘状反射体，可以用来约束在龙门山前陆盆地早期（卡尼期）硅质海绵礁和滩的空间展布情况。

李勇等（2011）对地表礁露头、钻孔和地震反射剖面所标定的卡尼期硅质海绵礁和鲕粒滩进行了统计和空间标定，结合硅质海绵礁和鲕粒滩的残留厚度、沉积相、测井相和地震相，编制了龙门山前陆盆地早期硅质海绵礁和鲕粒滩的平面展布图。初步结果表明，硅质海绵礁、鲕粒滩显示为北东向条带状分布，其长轴方向平行龙门山造山带的走向。在垂直龙门山走向方向，可将这些硅质海绵礁和鲕粒滩划分为 7 条硅质海绵礁或鲕粒滩带，

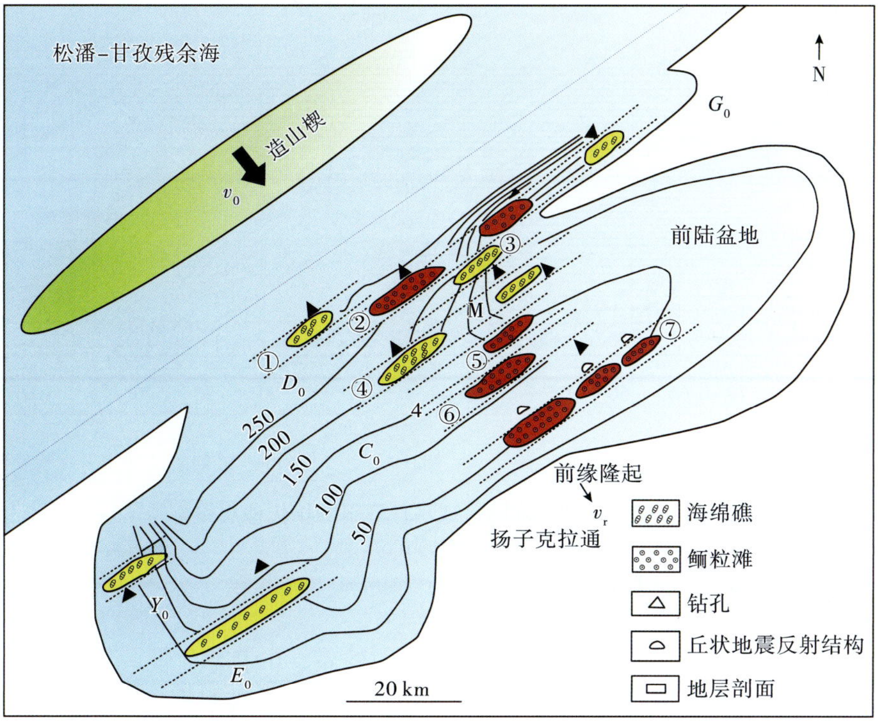

图 8.30　龙门山前陆盆地早期（卡尼期）硅质海绵礁滩的分带性

（据 Li et al.，2003，2014；李勇等，2010，2011a，b）

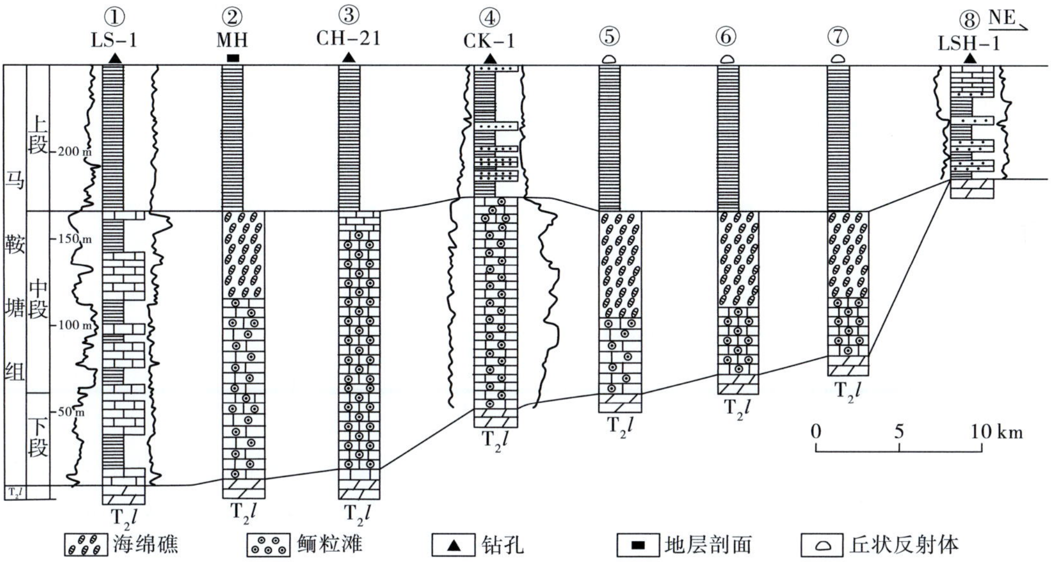

图 8.31　马鞍塘组硅质海绵礁-鲕粒滩-生物碎屑滩的地层对比图（NW-SE）

（据李勇等，2010，2011a，b）

①LS-1—龙深 1 井；②MH—绵竹汉旺剖面；③CH-21—川合 21 井；④CK-1—川科 1 井；⑤据地震丘状异常体解释剖面；⑥据地震剖面丘状异常体解释剖面；⑦据地震剖面丘状异常体的解释剖面；⑧LSH-1—洛深 1 井

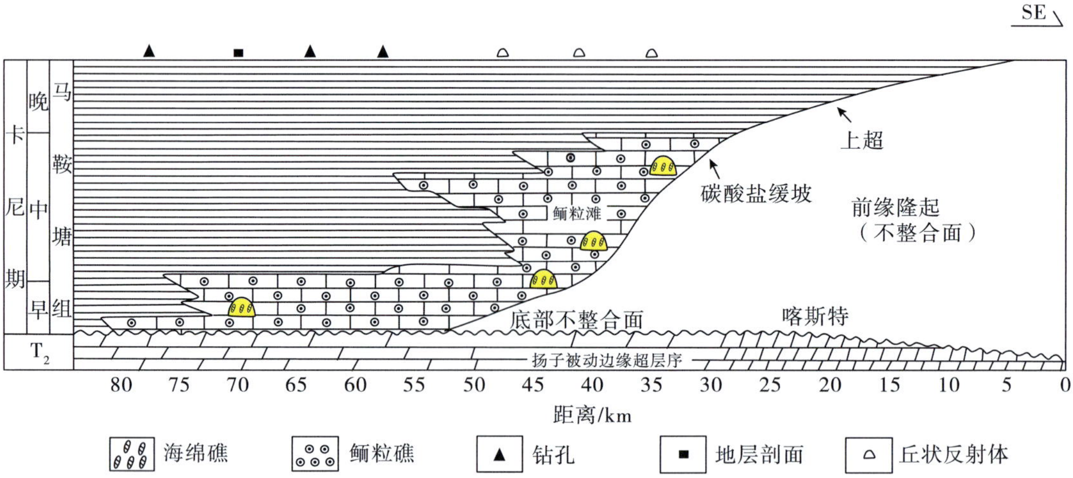

图 8.32　龙门山前陆盆地马鞍塘组的年代地层格架

（据李勇等，2011a，b）

据 Lnw07-124 地震反射剖面解释与钻孔标定

自北西向南东分别命名为 1 带、2 带、3 带、4 带、5 带、6 带和 7 带，代表了在前陆缓坡带硅质海绵礁、鲕粒滩的空间展布规律和分带性。其中第 1 带根据龙门山冲断带内龙深 1 井标定，第 2 带根据地表露头标定，第 3 带和 4 带根据盆地西缘钻孔资料标定，第 5 带、6 带和 7 带根据地震反射剖面标定。

8.8.2.2　卡尼期硅质海绵礁的生长速率与相对海平面上升速率的对比

（1）卡尼期平均相对海平面上升速率与全球海平面变化

基于对卡尼期初期、早期、中期和晚期海水深度标定的结果，我们可以初步确定，卡尼期初期的相对水深为零，卡尼期早期的相对水深为 2～15 m，卡尼期中期的相对水深为 30～150 m，卡尼期晚期的相对水深超过 300 m，显示了卡尼期海水深度从 0→15→30→150→300 m 的变深趋势，表明本区卡尼期相对海平面变化处于持续上升过程。根据卡尼期持续的时限（8.5 Ma）和海水深度的变化幅度（0～300 m），计算结果表明该区卡尼期平均相对海平面上升速率为 0.03 mm/a。

（2）相对海平面上升速率

在 Haq 等（1987）全球海平面曲线上可将卡尼期分为早、中、晚 3 个时期，持续时间分别为 2.2 Ma、3.1 Ma、3.2 Ma。在马鞍塘组上段中含有大量菊石，其可与国内外已知的晚卡尼期菊石动物群对比，显示该段地层时代属于卡尼阶晚期。因此，我们可以推定，卡尼期早期、中期和晚期在时间上大体对应于全球卡尼期的早期、中期和晚期，持续时间分别为 2.2 Ma、3.1 Ma、3.2 Ma。在此基础上，分别计算了卡尼期早期、中期和晚期的相对海平面上升速率，结果表明，卡尼期早期的相对海平面上升速率为 0.01 mm/a，卡尼期中期的相对海平面上升速率为 0.04 mm/a，卡尼期晚期相对海平面上升速率为 0.05 mm/a。因此，根据上述计算结果，我们认为龙门山前陆盆地卡尼期相对海平面变化速率具有以下特点：①本区卡尼期相对海平面变化处于持续上升过程。野外宏观观察、微相分析及成岩作用分析表明，在生物礁的顶面、礁间沉积物的顶面没有发现生物礁-滩的暴露面、大气淡水渗流带沉积物、成岩标志。因此，本区卡尼期相对海平面处于持续上升过程。②本区卡尼期相对海平面的上升速率具有加快的过程，总体显示早期上升速率较慢（0.01 mm/a），中期上升速率较快（0.04 mm/a），晚期上升速率最快（0.05 mm/a）。③本区卡尼期相对海平面与全球卡尼期海平面变化具有不一致性，表明前陆盆地基底沉降速率大于全球海平面升降，导致了该区相对海平面的持续上升。

（3）相对海平面上升速率与硅质海绵礁的生长速率的对比

本区卡尼期硅质海绵礁生存于浅水环境，因此相对海平面的上升直接控制了硅质海绵礁的生长速率、发育规模和淹没致死。显然，通过对比卡尼期相对海平面上升速率与硅质海绵礁生长速率之间的比率关系，可以为标定硅质海绵礁生长过程和淹没过程提供基本依据。

李勇等（2011）利用海绵礁体原始高度与生长时间的比率计算海绵礁的生长速率。以地表出露最高的安县雎水硅质海绵礁为依据，计算海绵礁体原始高度与生长时间的比率。该礁体的残留高度为 80 m，恢复的原始高度为 112 m。该生物礁生长期的持续时间为 3.1 Ma（相当于卡尼期中期），据此计算，礁的生长速率（v_r）为 0.04 mm/a。通过对卡尼期不同阶段的相对海平面上升速率与硅质海绵礁生长速率的对比和分析，可以获得以下初步认识：①该区卡尼期平均相对海平面上升速率（0.03 mm/a）与海绵礁的生长速率（0.04 mm/a）在同一个数量级上，较为相近，显示两者之间存在成因关系。②在卡尼期早期，相对海平面上升速率（0.01 mm/a）小于海绵礁的生长速率（0.04 mm/a），因此，在该时期本区海水较浅，缺乏海绵礁的基本生存条件。李勇等（2011）推测这就是在卡尼期早期缺乏海绵礁而是以鲕粒滩为主的原因。③在卡尼期中期，相对海平面上升速率（0.04 mm/a）与海绵礁的生长速率（0.04 mm/a）相同，礁顶的水深一直可以保持一致，海绵礁可以持续地保持垂直向上的稳定生长状态，生长成高度达 100 余米的塔礁。④在卡尼期晚期，该区海平面上升速率（0.05 mm/a）大于硅质海绵礁的生长速率（0.04 mm/a），海水处于持续加深状态。因此，硅质海绵礁不能适应水深太大的环境，而导致礁体被淹没。因此，该区硅质海绵礁可能是被淹没致死的。因此，李勇等（2011）推定，只有当相对海平面上升速率与海绵礁生长速率相等时，海绵礁才能持续地保持垂直向上的生长状态；否则，当相对海平面上升速率小于或大于海绵礁生长速率时，不会有海绵礁的生长或被淹没致死。

8.8.2.3 前陆缓坡型硅质海绵礁滩的迁移速率

欧洲晚侏罗世典型的浅水型硅质海绵-钙菌礁丘只能发育在同斜缓坡上，而且硅质海绵礁丘主要限制在同斜缓坡中下部到外缓坡之间，水深为 15~30 m 之间的位置。据此，李勇等（2011）推测，该区卡尼期 7 个条带的硅质海绵礁、滩也应分布于前陆同斜缓坡水深为 15~30 m 的位置，卡尼期前陆缓坡带的长度为 100~120 km，分布于缓坡带上的任何单条鲕粒滩-硅质海绵礁组合都会在相对海平面持续上升过程中被淹没致死。

因此，李勇等（2011）推测，在卡尼期相对海平面初始上升过程中海水逐渐覆盖前陆缓坡，形成向海岸上超，在前陆同斜缓坡上 15~30 m 深度发育了鲕粒滩-硅质海绵礁滩组合。在相对海平面持续上升过程中，海水不断向南东的前陆缓坡超覆，迫使硅质海绵礁滩沿不整合面向前陆缓坡浅水方向超覆和迁移，所以逐次横向迁移形成了7条呈北东—南西向带状展布的硅质海绵礁滩组合，而且越在南东方向出现的硅质海绵礁滩，其时代越新。因此，该区卡尼期条带状展布的鲕粒滩-硅质海绵礁滩组合是相对海平面持续上升过程中不断在前陆缓坡上开启了硅质海绵礁群的生长窗而形成的产物。

根据对7个硅质海绵礁滩条带的空间位置标定，以龙门山中央断裂—北川断裂为基准点，可以初步确定7个条带分别距北川断裂的距离为：10 km、20 km、30 km、40 km、70 km、84 km、98 km（未考虑构造缩短作用对平面距离的影响）。鉴于本区硅质海绵礁滩条带形成于卡尼期早期和中期，持续时间分别为2. 2 Ma和3. 1 Ma，即本区硅质海绵礁滩最大的持续时间为5. 3 Ma。因此，硅质海绵礁滩相平均迁移速率为18. 49 mm/a。

8. 8. 2. 4　龙门山前陆缓坡型硅质海绵礁滩迁移的动力学机制

Li等（2003）曾采用一维弹性挠曲模式，模拟了幕式龙门山构造负载加载于初始弹性板片之上产生的挠曲沉降，认为龙门山前陆盆地形成机制为构造负载，模拟结果表明：挠曲盆地的挠曲刚度为$5\times10^{23}\sim5\times10^{24}$ N · m（相当于弹性地层厚度为43~55 km）；龙门山冲断带负载系统向扬子克拉通推进速率为5~15 mm/a。基于这一模拟结果，李勇等（2011）探讨龙门山造山楔的推进速率与前陆盆地礁滩的迁移速率之间的定量关系。计算结果（表8. 4）表明，前陆盆地中卡尼期礁滩的平均迁移速率为18. 49 mm/a，其与龙门山造山楔的推进速率（15 mm/a）相似，不仅在同一个数量级上，而且十分接近，显示了计算结果具有一定的可信度。表明本区卡尼期前陆盆地碳酸盐缓坡的迁移速率与造山楔的推进速率之间存在耦合关系，而且是在同一个数量级上和同步的，龙门山前陆盆地卡尼期硅质海绵礁滩相的迁移速率直接受控于龙门山造山楔的推进速率。

表8. 4　卡尼期龙门山前陆盆地模拟参数值和计算值

参数	计算值	资料来源
造山楔推进速率	5~15 mm/a	Li等（2003）
弹性厚度	43~54 km	Li等（2003）
沉降速率	0. 20 mm/a	Li等（2003）
沉积速率	0. 04 mm/a	李勇等（2010，2011）
硅质海绵礁生长速率	0. 04 mm/a	李勇等（2010，2011）
相对海平面上升速率	0. 01~0. 05 mm/a	李勇等（2010，2011）
硅质海绵礁和鲕粒滩的迁移速率	13~18 mm/a	李勇等（2010，2011）

（据李勇等，2010，2011）

李勇等（2010）提出了龙门山前陆盆地早期前陆型碳酸盐缓坡和硅质海绵礁的迁移模式与动力机制（图8. 33），其形成过程为：龙门山造山楔的构造负载导致前陆盆地基底的挠曲沉降，驱动相对海平面的持续上升，前陆盆地处于欠补偿状态；当相对海平面上升速率等于硅质海绵礁生长速率时，在15~30 m深的同斜缓坡上发育了鲕粒滩-硅质海绵礁滩组合；在相对海平面持续上升过程中，当相对海平面上升速率大于硅质海绵礁生长速率时，海水变深，礁顶的水深逐步变大，造礁生物不能适应深水的环境，从而导致条带分布的礁体被淹没致死。但是，在相对海平面持续上升过程中，海水不断地向南东的前陆缓坡超覆，在前陆缓坡不断开启新的硅质海绵礁群的生长窗，迫使硅质海绵礁滩向前陆缓坡浅水方向不断迁移，所以才形成了7条呈北东—南西向不连续的带状硅质海绵礁滩组合，并随着逆冲楔的推进向南东方向的前陆缓坡迁移，表明印支期龙门山逆冲楔构造负载对前陆缓坡硅质海绵礁滩形成具有控制作用，是扬子板块西缘造山楔构造负载挠曲变形的产物。

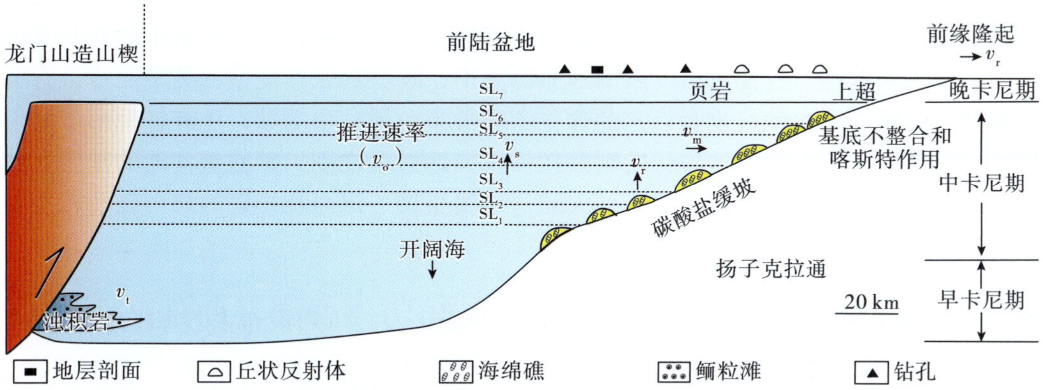

图8.33　龙门山前陆盆地早期碳酸盐缓坡礁滩的迁移模式与造山楔动力学机制

（据李勇等，2010，2011）

v_o—龙门山造山楔的推进速率；v_t—沉降速率；v_r—硅质海绵礁的生长速率；v_s—相对海平面的上升速率；

v_m—硅质海绵礁和鲕粒滩的迁移速率；v_f—前缘隆起的迁移速率；SL—海平面

因此，卡尼期前陆型碳酸盐缓坡和海绵礁标定的重要性在于，它提供了扬子板块西缘盆-山耦合的证据，表明前陆盆地底部不整合面和碳酸盐缓坡、海绵礁的淹没过程是扬子板块西缘构造负载挠曲变形的产物，显示在卡尼期松潘-甘孜残留洋盆已开始迅速闭合，龙门山造山楔的构造负载也已向扬子板块推进，从而驱动了前陆盆地挠曲构造沉降和相对海平面上升，导致前陆型碳酸盐缓坡和海绵礁的淹没和迁移。

8.9　碳酸盐生长条件的演变与板块构造演化

碳酸盐作为盆地堆积物的一部分，分析达到碳酸盐清水环境的先决条件、保持条件和中止消亡条件就可判别碳酸盐沉积与板块构造作用之间的关系。前人曾强调了被动大陆边缘镶边碳酸盐台地，而忽略了板块汇聚过程中碳酸盐沉积作用。全球海平面变化与全球构造的相关性研究，促使地质学家们去重新认识在被动大陆边缘大型碳酸盐台地中断后的碳酸盐沉积作用，即：在逆冲造山期前陆盆地阶段的碳酸盐沉积作用。碳酸盐生长的基座、碳酸盐沉积前后的转换面、碳酸盐生长序列的内部结构和碳酸盐中止和消亡方式在不同板块部位的盆地和盆-山转换过程中，这4个边界条件均不相同。

8.9.1　碳酸盐沉积作用与盆地动力机制

盆地是大陆岩石圈、大洋岩石圈以及两者过渡地带上客观存在的可堆积系统。利用板块间的相互运动、地幔热流引发的垂直运动可解释盆地形成和发育的动力学因素。地幔上涌作用可以导致岩石圈的均衡隆起，发生地壳的拉伸变薄、沉降并形成盆地。这一过程是新的构造旋回的开始，也是新盆地的形成时期。盆地形成的 3 种动力学机制包括：①洋中脊扩张后的热收缩导致大陆边缘盆地沉降；②构造挠曲引发盆地构造沉降；③在沉积载荷作用下盆地重力均衡沉降。这三种盆地形成的动力机制也已为中外地质学家所公认。从构造旋回的发展和沉积作用过程考虑，后两种成因盆地可视为继承性盆地。碳酸盐生长发育的边界条件和碳酸盐体的转换界面，特别是碳酸盐基座的发展过程，在新生盆地和继承性盆地中有极大的差别。自元古宙以来的地质历史中，碳酸盐就其规模和类型而言，有宽广的碳酸盐大缓坡、大台地，也有点式的孤立碳酸盐小台地、小缓坡，还有各种形态的生物礁滩等。在产出形态上有原地生长的碳酸盐体及异地搬运之别。碳酸盐盆地的基底有被动大陆边缘、微陆块、活动边缘岛弧带、大陆边缘增生楔、深海和洋底的海山以及转换盆地或走滑盆地等。

8.9.2　前陆盆地碳酸盐缓坡与被动大陆边缘碳酸盐缓坡的区别

被动大陆边缘碳酸盐缓坡的古环境重建已取得重大进展，但是对前陆盆地碳酸盐缓坡的古环境重建却困难重重。其原因在于：①保存的碳酸盐缓坡沉积物古环境要素较少；②后期的构造变形作用改造了原始的海洋深度梯度和古地理面貌，使原始的古环境要素变得不清晰了。而且，要利用前陆盆地碳酸盐序列去识别和标定短周期（<1 Ma）海水深度变化也十分困难，但是这些要素却是研究高分辨率层序地层学、海平面变化、构造驱动力和盆地演化历史的基本条件。生物群可以识别古水深，为古环境重建提供依据。相对于被动大陆边缘而言，前陆盆地的典型研究案例较少。

前陆碳酸盐缓坡与被动大陆边缘碳酸盐缓坡的重大区别主要表现在碳酸盐的几何形状、生长基座、相配制和碳酸盐沉积作用的时空演化。

8.9.2.1　前陆碳酸盐缓坡呈透镜体状

前陆碳酸盐缓坡建造在前陆隆起并向克拉通延伸。被动大陆边缘盆地碳酸盐是建造在克拉通之上及其边缘，延伸广泛并发育成碳酸盐大陆架，呈现披盖状（或板状）几何形态。

8.9.2.2　前陆碳酸盐缓坡的生长基座

前陆碳酸盐缓坡发育在前缘隆起（碳酸盐台地）的基座上，因而其沉积与下伏沉积物呈突变的界线（不整合面）。被动大陆边缘碳酸盐是在碎屑岩陆架向上变深的泥质陆架上，与碳酸盐沉积物呈渐变关系，泥质渐少，钙质渐增。

8.9.2.3　前陆碳酸盐缓坡沉积相的配置

前陆碳酸盐缓坡在前陆盆地中不完整，侧向加积也不明显；被动大陆边缘碳酸盐缓坡一侧连接陆地，另一侧由缓坡末端向深海灰泥过渡。

8.9.2.4 前陆碳酸盐缓坡沉积作用的演化

前陆碳酸盐缓坡受到强烈的抑制和中断，其上被磨拉石侵蚀充填；被动大陆边缘碳酸盐缓坡向上发展为碳酸盐台地，是形成镶边碳酸盐台地的前期过程。

8.9.3 碳酸盐生长条件的演变过程与板块构造演化

8.9.3.1 Reading（1986）的被动大陆边缘盆地-前陆盆地转换与碳酸盐沉积模式

Reading（1986）将北美原大西洋的消亡和加里东造山带的转换过程分为5个阶段，其与威尔逊旋回相似。在裂谷-被动大陆边缘-前陆盆地过程中，碳酸盐生长发育的边界条件和类型也发生了显著的变化（图8.34）。认为北美原大西洋的消亡和加里东造山带的形成与盆-山转换过程的经历为：早期裂谷阶段（陆内陆间裂谷）、晚期裂谷阶段（陆间大洋裂谷，形成大陆边缘裂谷带）、被动大陆边缘热沉降阶段、前陆盆地阶段和逆冲造山阶段。在被动大陆边缘转为前陆盆地过程中，碳酸盐生长发育的4个边界条件也随之发生变化。其碳酸盐序列发育的边界条件、盆地动力机制及过程为：

1）早期裂谷充填（陆内陆间裂谷）和晚期裂谷（陆间大洋裂谷）阶段。在该阶段可以形成孤立台地（点式的小台地）。

2）碎屑岩陆架形成碳酸盐陆架阶段。在该阶段可以形成缓坡（大缓坡）。

3）热沉降和镶边碳酸盐台地阶段。在该阶段可以形成台地（大台地）。

4）大陆边缘挠曲和前陆碳酸盐缓坡阶段。该阶段包括两个次级阶段：①早期的大陆-大陆碰撞作用或大陆-岛弧碰撞作用，构造负载驱动了大陆边缘挠曲，导致被动大陆边缘的碳酸盐台地上沉积作用的中止和淹没，形成淹没不整合面。②晚期的前陆盆地欠充填阶段和逆冲造山作用阶段，造山楔负载作用导致大陆边缘（前陆）挠曲，在前陆盆地远端形成前陆碳酸盐缓坡（小缓坡）。

5）后造山前陆磨拉石充填阶段。缺乏碳酸盐岩。

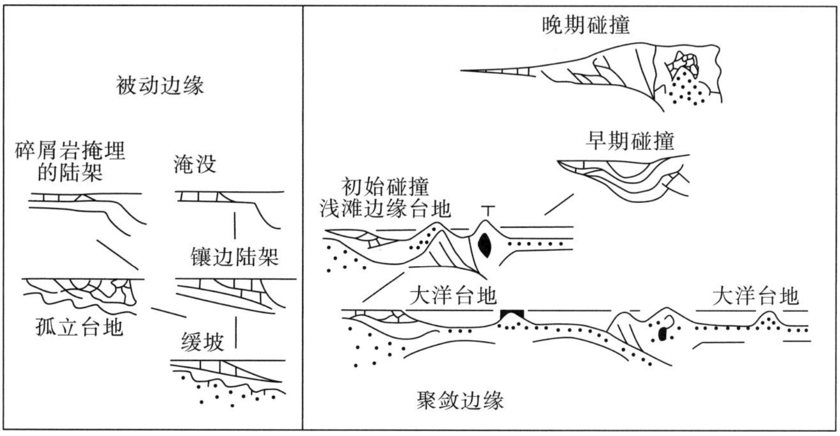

图8.34 被动大陆边缘、汇聚大陆边缘的碳酸盐岩及其演化
（据Reading，1995）

8.9.3.2 James 等（1989）的被动大陆边缘盆地-前陆盆地转换与碳酸盐沉积模式

James 等（1989）研究了被动大陆边缘盆地-前陆盆地转换与碳酸盐沉积模式变化，建立了阿巴拉契亚北段早古生代沉积模式。其发展序列为：台地前的陆架-窄高能碳酸盐台地-宽缓低能镶边碳酸盐台地-台地淹没-造山期复理石埋藏和前陆逆冲。

（1）裂谷期硅质碎屑岩的垫板与退积型碳酸盐舌形体

在裂谷期经快速充填形成碎屑岩大陆架过程中，断块基底为向上突起的地形，因而成为碳酸盐生长基座并发育碳酸盐建隆和碳酸盐砂屑滩。这些碳酸盐体呈舌状在时空上伸向成熟被动大陆边缘碳酸盐缓坡和碳酸盐大台地。

（2）碳酸盐缓坡发育阶段（台地形成前）

碳酸盐缓坡是被动大陆边缘碳酸盐台地形成前的过渡阶段和必由途径，其过程是：碎屑岩陆架（垫板）-碳酸盐缓坡（碳酸盐陆架）-碳酸盐缓坡的末端变陡-碳酸盐台地（镶边）。碳酸盐缓坡作为碳酸盐发育的一种模式，是由 Read（1980）提出的，他以阿巴拉契亚寒武纪至奥陶纪的碳酸盐为例，分析了缓坡的发育过程为由均一缓坡至末端变陡的缓坡。在古地理位置上发育在与陆地相连平缓的大陆架，并停止于大陆架的坡折带。在我国南方寒武纪-早奥陶世、二叠纪-中三叠世的两次地质旋回中，也都表现为由碳酸盐缓坡演化为碳酸盐台地的过程。

（3）缓坡-碳酸盐台地序列的转换

被动大陆边缘由碳酸盐缓坡发展为碳酸盐台地的序列与其他类型盆地有较大区别。缓坡和台地在岩性、岩相上稳定，发育持续时间长，而汇聚边缘岛弧系列的碳酸盐均为小台地碳酸盐缓坡和碳酸盐台地之间的沉积作用界面，代表海平面由快速上升转向缓慢上升。即全球性海平面一级周期主体上升的结束，为高水位体系域的沉积过程。在碳酸盐的沉积记录上反映的沉积转换面有两种，包括：①退积-加积转换面；②向上开始变浅的转换面。此外，在碳酸盐台地序列内可找到暴露面，由多个浅水暴露带组成，在侧向上则发育台地前斜坡的滑塌或跌积物。

在美国犹他州西部到内华达州中部，晚寒武世—泥盆纪的边缘演化显示了不同类型的台地边缘的地形模式组合（组合式）出现（图 8.35）。寒武纪、奥陶纪的海平面相对稳定，形成推进式边缘；由于志留纪海平面上升或海进，形成阶梯状后退式边缘；在加里东运动之后，海平面变化相对稳定，在早泥盆世又显示为推进式边缘；在中-晚泥盆世海侵扩大，海平面相对上升，形成了超覆式的边缘。

（4）碳酸盐台地上沉积作用的中止和消亡-淹没事件与淹没不整合面

被动大陆边缘碳酸盐台地的消亡与板块初始汇聚造山同步，层序界面或沉积物界面特征代表两个转换过程：盆地构造性质转换和沉积作用转换。

8.9.4 淹没不整合面与碰撞作用

被动大陆边缘碳酸盐台地的淹没不整合面与碰撞作用之间的关系是目前研究的难点。早期的陆-陆碰撞作用或大陆-岛弧碰撞作用，构造负载驱动了大陆边缘挠曲，导致被动

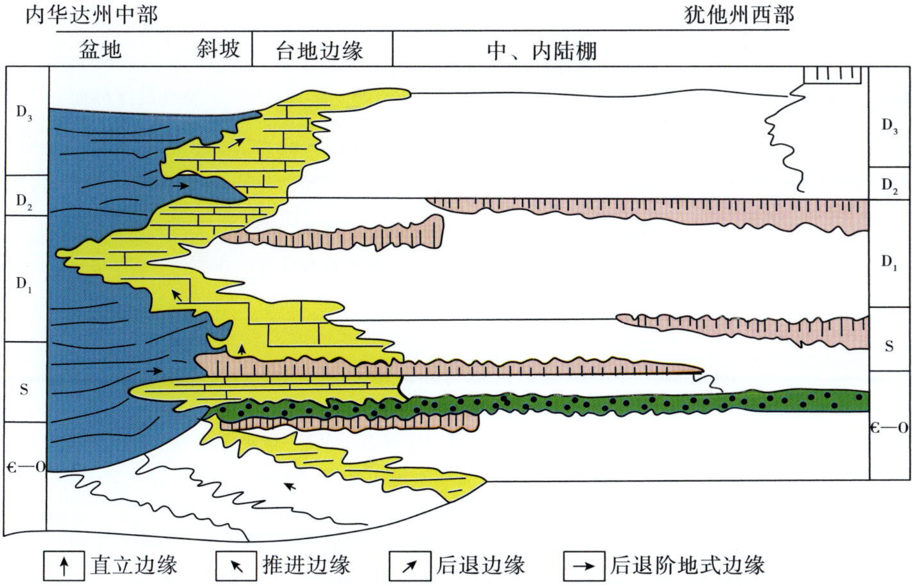

图 8.35　美国犹他州西部至内华达州中部早寒武世—泥盆纪的沉积剖面（安特勒造山运动前）
（转引自张锦泉，1988）

大陆边缘的碳酸盐台地上沉积作用的中止和淹没，形成淹没不整合面。淹没事件与淹没不整合面的出现指示了被动大陆边缘碳酸盐台地沉积作用的中止和消亡。而这种被动大陆边缘碳酸盐台地的消亡与板块初始汇聚造山同步，层序界面或沉积物界面特征代表两个转换过程：盆地构造性质转换和沉积作用转换。因此淹没不整合面位于下伏被动边缘与上覆前陆盆地充填体之间的超层序界线，包括不整合面、古土壤层、古喀斯特、黑色页岩或碎屑岩、薄层灰岩等。

8.9.4.1　淹没不整合面的定义和概念

按 Schlager（1981）的定义，碳酸盐台地淹没产生的条件是：海平面相对上升（构造+全球性海平面变化）速率超过碳酸盐堆积速率，导致台地或礁被淹于富产碳酸盐的透光带之下。根据这个定义，淹没不整合面是由于在特定的区域发生长期的台地淹没事件造成的，并通过地震或地质资料识别出来。

8.9.4.2　淹没不整合面的识别标志

Erlich（1990）曾将详细的岩性资料与高分辨率地震剖面资料相结合，建立了一套识别碳酸盐台地淹没事件的一般标准，并用来确定淹没发生的原因（图 8.36，图 8.37）。

（1）不整合面

根据现在的解释方法，很容易把在地震剖面资料上见到的淹没不整合面解释为凝缩段或海泛面，它们在地震剖面上表现为强反射。这可能是由于碳酸盐和上覆岩层之间存在大的声学差异。因为存在这种声阻抗上的差异突变，淹没事件通常被归入高水位体系域的一部分，而不是包括到产生它的海进体系域中。在地质上，淹没不整合面被描述为从浅水碳酸盐沉积作用到深水碎屑或碳酸盐沉积作用的突然相变。

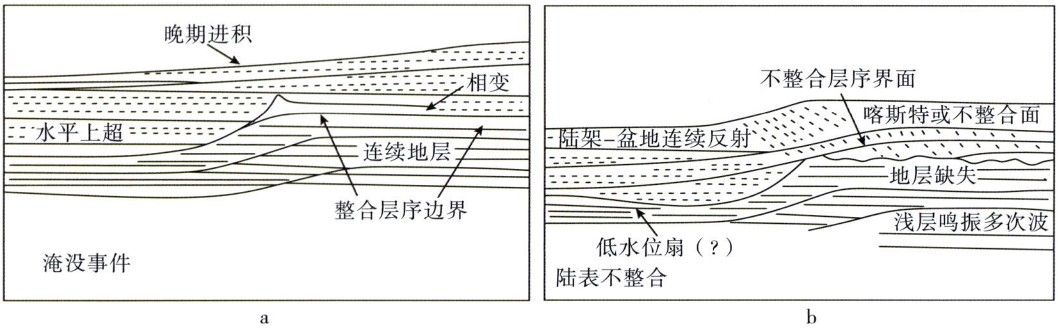

图 8.36　淹没碳酸盐台地与陆表暴露碳酸盐台地对比

（据 Erlich，1990）

淹没碳酸盐台地表现为下列一个或全部特征：整合地震层序界面，水平-近水平盆地相海相上超（在盆地位置变为平行于碳酸盐层序界面）；在有些陆架边缘处有后生礁，有些后陆架位置相变为页岩，淹没层序内化学沉积作用普遍（一般为海绿石或磷酸盐）。陆表暴露碳酸盐台地具有任何一个或全部特征：不整合地震接触界面；喀斯特或侵蚀面（可能有丘状起伏或不连续性质，并引起地震资料衰减或浅层多次波），陆架-盆地呈连续反射，发散的盆地相为上超形式（可能由低水位海底扇造成）

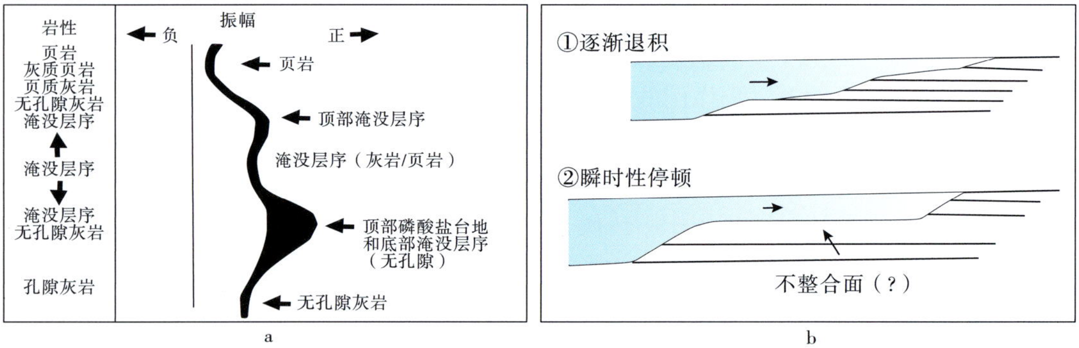

图 8.37　两种可能的淹没台地类型与地震反射响应

（据 Erlich，1990）

a—浅水碳酸盐台地淹没层序的理想地震响应图，子波为具有正常极性，零相位，8~80 Hz；注意，子波正振幅部分的小肩部显示存在淹没层序。右面显示的振幅位移是对显示于左边的速度的人为放大（速度取自垂向地震反射剖面，单位为 m / a）。b—两种可能的淹没台地类型：①在台地被淹没时，先前的台地位置呈整合接触并逐渐过渡到后期台地，形成环梯状面貌；②突发性（瞬时）台地停顿（由于环境原因?）在台地间连续层序中产生不整合面

（2）水道砾岩

水道砾岩的侵蚀切割面与下伏层序之间为一重要的沉积作用转换面，代表盆地构造性质转换，层序界面的成因属造山楔隆升的不整合面。淹没台地是大陆边缘向下挠曲时碳酸盐台地也随之沉降并被淹没而形成，在逆冲作用过程中最后被碎屑岩超覆，最终碳酸盐台地由淹没转为埋藏的碳酸盐台地。

（3）凝缩段-淹没面

凝缩段指的是一个堆积速率相对缓慢的地层，而不是一定要存在不整合面。实际上，在由浅水向深水方向沉积迁移过程中，并不缺失沉积记录。这里假设对凝缩段的定年足够

精确，甚至可以在地层记录上分辨出10万年的间断。地层记录的保留和高分辨率，使得台地淹没事件在沉积剖面上通常被描述为不整合面。在理想的情况下，碳酸盐台地的淹没事件在岩石记录上应该表现为浅水相区域的逐渐退积（向陆）。在淹没事件过程中形成典型剖面在岩石记录上应该以浅水碳酸盐逐渐插入深水碳酸盐、页岩或硅质沉积中作为开始。整个层序或仅仅是最上面的部分表现为富含化学沉积物（海绿石、磷酸盐）凝缩段为代表。

（4）地层缺失或间断

地层分辨率是区分整合与不整合面的台地淹没事件的关键，所以要依赖一系列特殊的细节。如果相对海平面上升很慢，碳酸盐沉积足够快，且环境条件相对稳定，退积序列的记录可以被保存。然而任何一个因素的变化，都会导致碳酸盐工厂的突发性关闭，台地开始加速淹没，产生一个不整合面并与之相对应的层序界面。与淹没层序顶部不整合面（真正的淹没不整合面）相关的沉积间断时间变化范围为0~25 Ma。

（5）退积型序列

台地淹没的地震信息鉴别特征是水平到近水平的盆内海相上超、碳酸盐层序之上的平行盆地连续反射以及晚期高水位单元的下超。大多数有良好记录的淹没不整合面都来自大的大陆边缘附近或在大陆边缘上的碳酸盐台地，而不是在开阔海中孤立的环礁或浅滩上。应该像陆块边缘的台地一样，在开阔海中孤立环礁和浅滩上，理想的淹没相的记录也应与退积型浅水相的类型相对应。因为这些碳酸盐台地类型一般地形起伏小，面积局限，在理想的沉积相记录上显示了台地的面积逐渐缩小，地层缺失区域一般具有对称或不对称的形态。大多数开阔海内的环礁和浅滩的淹没并不表现为理想方式。而更多地在地质上表现为瞬时性的。Erlich（1990）认为伴随不整合面的迅速淹没是大多数孤立环礁和浅滩最终层序界面的普遍类型。

8.9.4.3 碳酸盐台地淹没事件与淹没不整合面的形成机制

（1）碳酸盐台地淹没事件与淹没不整合面的成因

Schlager等（1989）把工作集中在3个主要的淹没不整合面成因上：相对海平面上升（包括构造引起的上升）、环境恶化（引起底栖生物衰减甚至死亡）、台地边缘过于陡峭与自身侵蚀（如台地自身的过载沉积物的卸载造成滑塌和密度流侵蚀被认为是淹没不整合面形成的最重要的原因）。没有被地表暴露后发生的进积碎屑埋藏，虽然没有将其归入基本分类，后来Schlager等（1989）将其列入造成淹没不整合面的原因之一，并认为有别于其他的环境恶化类型。

因此，台地淹没有4个常见原因包括相对海平面上升（构造+海平面变化）、碎屑埋藏之外的环境恶化、台地边缘过陡或陆架侵蚀、没有陆上暴露的碎屑埋藏。

（2）被动大陆边缘-前陆盆地转换与碳酸盐台地淹没不整合面的成因机制

板块汇聚、洋壳俯冲、逆冲构造加载作用迫使被动大陆边缘产生向下的挠曲沉降，边缘盆地因构造沉降或负载沉降转为前陆盆地，而克拉通一侧转为前缘隆起带，呈断块式或沿前期的基底裂谷带边界及前陆挠曲枢纽点呈不均匀抬升。在挠曲盆地的近端随逆冲作用可以转化为新的逆冲带、新的物源区，使大陆边缘由单向或盆内物源的沉积作用演变为双向或多向物源供给。挠曲盆地由向上变浅的原大陆边缘灰泥沉积物充填，普遍被水道砾岩侵蚀，向上被浊积岩覆盖，最后结束碳酸盐沉积作用。

（3）扬子板块碳酸盐台地的淹没不整合面及成因机制

在显生宙，扬子板块碳酸盐台地发育两个淹没不整合面，均与被动大陆边缘与前陆盆地之间的转换有关（图 8.38）。

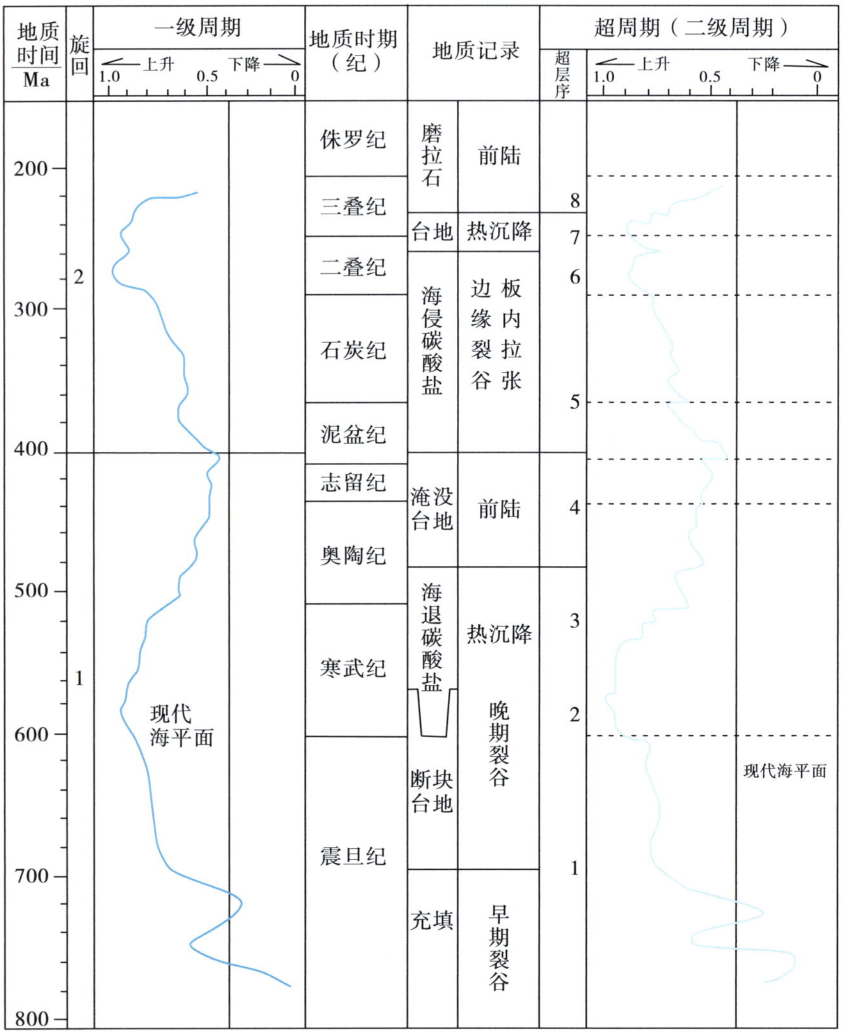

图 8.38 震旦纪-三叠纪扬子板块边缘盆地演化与海平面升降的相关性

（据许效松，1996）

第一个淹没不整合面介于中奥陶统宝塔组碳酸盐岩与上奥陶统—下志留统五峰组—龙马溪组黑色页岩之间。在经历了晚震旦世—早寒武世拉张期之后，扬子板块西部的被动大陆边缘碳酸盐台地于中寒武世定型，其中的中、晚寒武世地层以白云岩和蒸发岩为主，早奥陶世地层以红花园组白云岩为代表，中奥陶世地层以宝塔组瘤状灰岩为代表。该台地的最后淹没以上奥陶统-下志留统五峰组-龙马溪组黑色页岩为标志，其覆盖在中奥陶统宝塔组瘤状灰岩之上，显示了扬子板块碳酸盐台地的第一次淹没事件及其形成的淹没不整合面，代表了扬子板块的第一次被动大陆边缘与前陆盆地之间的转换。

第二个淹没不整合面介于上三叠统马鞍塘组（卡尼期）黑色页岩与中三叠统雷口坡组碳酸盐台地沉积物之间。在经历了中-晚二叠世拉张期后，扬子板块被动大陆边缘碳酸盐台地在中三叠世定型，中三叠世地层以白云岩和蒸发岩为主。该台地的最后淹没是晚三叠世卡尼期黑色页岩，并覆盖在中三叠统雷口坡组碳酸盐台地沉积物之上，显示了扬子板块碳酸盐台地的第二次淹没事件及其形成的淹没不整合面，代表了扬子板块的第二次被动大陆边缘与前陆盆地之间的转换。

综上所述，虽然前陆盆地充填物以碎屑岩为主，但是在全球主要前陆盆地发育碳酸盐缓坡型礁滩，现将其主要特征总结如下：①虽然前陆盆地充填物以碎屑岩为主，但是在全球主要前陆盆地发育碳酸盐缓坡型礁滩，厚度为几十米到1200 m。②前陆盆地碳酸盐岩主要由碳酸盐缓坡型礁滩组成，呈平行于造山带走向的条带状展布。③在时间上，前陆盆地碳酸盐缓坡型礁滩主要分布于前陆盆地充填序列的底部，并位于底部不整合面之上，均显示为被淹没的过程。④在空间上，前陆盆地的碳酸盐缓坡、礁分布于前陆盆地的前缘缓坡，显示为缓坡（古地形）和浅水（古水深），并具有明显的向前陆隆起上超和迁移的特点。⑤前陆盆地碳酸盐缓坡型礁滩的淹没和迁移主要受控于相对海平面上升（挠曲沉降和全球海平面变化的叠加）。⑥前陆碳酸盐缓坡与被动大陆边缘碳酸盐缓坡有重大区别，主要表现在碳酸盐的几何形状（透镜状/板状）、生长基座［碳酸盐岩（不整合面）/碎屑岩］、碳酸盐沉积演化（缓坡-磨拉石/缓坡-台地）。

第 9 章　前陆盆地黑色页岩的沉积特征与形成机制

在前人研究成果的基础上，本章对黑色页岩的一些重要特征进行总结，既包括了黑色页岩的传统知识，也体现了黑色页岩的研究成果和经济价值。包括前陆盆地黑色页岩的研究现状、前陆盆地黑色页岩的岩石学特征、前陆盆地黑色页岩的分类与命名、前陆盆地黑色页岩的沉积特征、前陆盆地黑色页岩的地球化学特征与古环境条件分析、前陆盆地黑色页岩形成的控制因素分析、前陆盆地黑色页岩的形成机制共 7 个方面。

9.1　前陆盆地黑色页岩的研究现状

页岩包含了在沉积过程中所记录的地球历史的绝大部分。了解它们的沉积作用是重建深时海洋、地貌、气候和气候旋回的关键。

Schieber 等（1998）认为沉积岩是过去地质历史记录的主要信息宝库，它能够帮助我们描述古代大陆，包括各个因素（如气候、沉降、板块运动等）之间的复杂相互作用。然而，尽管砂岩和碳酸盐岩已被很好地理解，可以对过去的情况做出较为清晰的推断，但是对大多数地质学家来说，对于主要沉积岩类型之一的细粒陆源碎屑岩（泥岩、页岩）仍然是“未知的领域”。因此，如果我们能够接受这个挑战，其结果将有助于提高对泥岩和页岩的认识。虽然页岩和泥岩都是细粒陆源碎屑岩中的常用术语。然而，在本书中我们将主要使用的术语是页岩（shale），其中包括了前人所确定的泥岩。

许多人可能认为，细粒泥岩的沉积作用和固结作用一定是一件非常简单的事情，其研究结果也没有什么意义。然而，当仔细地开展研究性实验，你很快会发现，其实这是一个非常复杂的问题，其结果依赖于很多变量条件。虽然在沉积岩的研究中有早期令人鼓舞的开端，但进步仍然缓慢。仅仅在 40 年前，沉积地质学仍然是一个高度描述性的学科，强调研究岩石结构和矿物，以及沉积岩单元的年龄及其对比。在 20 世纪 60～70 年代，沉积岩研究发生了重大变化，其实际来源成为研究的焦点，流体动力学、矿物学、地球化学和数学方法的应用也变得越来越重要。目前对沉积岩研究在本质上是多学科的，强调在沉积盆地的整体环境中对沉积单元的形成过程进行研究，确定控制沉积作用的一系列参数（如沉降、气候、沉积物供给、海平面等）。

Potter 等（1980）出版的《页岩沉积学》（*Sedimentology of Shale*）是第一本专门讨论页岩地质学问题的书。另一个重要的文献是 Weaver（1989）出版的《黏土、泥和页岩》（*Clays*，*Muds*，*and Shales*）。Potter 等（1980）提供了从沉积学家的角度如何通过多种研究途径去理解岩石记录，而 Weaver（1989）强调了黏土矿物，包括页岩的起源、岩石学、搬运、沉积过程和成岩作用，很好地总结了我们对现代黏土生成和分布的理解。在《细粒沉积物的微观结构》（Bennett et al.，1991）一书中包含了一系列在现代泥岩研究中采用微观结构分析的论文，综述了影响淤泥聚集的物理化学、生物有机和埋藏成岩过程，并以现代和古代的实例给出了絮凝、生物扰动、生物沉积物聚集沉积（“海洋雪”）、压实和粪便颗粒所产生的微观结构。在沉积物/水界面可获得的氧气量也对淤泥聚集性质有深刻的影响，并可能决定有机碳的含量、生物扰动的程度、薄层的保存和裂隙性。在《页岩和泥岩》（*Shales and Mudstones*；Schieber et al.，1998）中包括了：①对现代大陆架缺氧的研究，从潜在的成因要素（如盐度分层、等温线的发育、浮游生物的大量繁殖、海底水循环、海底地形等方面）研究了这些条件的生物后果。②对古代黑色页岩序列的研究，利用古生态方法、遗迹化石、古生物学、沉积学、有机和无机地球化学和盆地分析等方法，确定在这些岩石中大量有机碳积累的根本原因。③总结了我们目前对地质记录中黑色页岩形成的可能原因的认识。

值得指出的是，全球大量潜在的生产性天然气和易开采的页岩气、页岩油的发现，促使人们了解影响页岩储层性能的一些重要的地质特征。含气和含油页岩是富含有机质的细粒沉积岩，能够在人工压裂过程中产生大量具有商业价值的碳氢化合物。这些页岩通常作为烃源岩、储层和盖层。最近发现了大量全球潜在的生产天然气和石油的页岩，为快速了解其地质特征铺平了道路，其中一些影响甚至可能控制着储层的性能。由于页岩与“常规”石灰岩和碳酸盐岩相比具有独特的物理化学、地层学和生产特性，因此“非常规的”已被充分应用于表征其特征。虽然某些特征（如孔隙网络、地质力学特性）确实是不同，并且正在开发新技术来测量这些差异，但其他特征（如沉积过程、地层特征）是相似的，因此常规方法学可以更好地了解页岩，以满足勘探和生产目标。目前全球页岩气的发展主要受到技术进步的驱动，其中最显著的是三维地震、水平钻井和人工压裂。近年来，前人对 Barnett 页岩（美国得克萨斯州）、Caney 页岩（美国俄克拉何马州）、EagleFord 页岩（美国得克萨斯州）、Fayetteville 页岩（美国阿肯色州）、Haynesville 页岩（美国得克萨斯州/路易斯安那州）、HornRiver 页岩（加拿大不列颠哥伦比亚省）、LaLuna 页岩（加拿大不列颠哥伦比亚省）、Longmaxi 页岩（中国）、Marcellus 页岩（美国东部阿巴拉契亚盆地）、Monterey 页岩（美国加利福尼亚州）等开展系统研究，发现了一些黑色页岩的地质属性对油气生产具有普遍和重要的作用，包括：①黑色页岩的搬运/沉积过程复杂，包括了浅水和深水环境中的“下雨”式沉降、高密度流、浊流、风暴流、波浪改造、等深流等沉积机理和相应的沉积物。②黑色页岩中常见的页岩矿物类型多，包括黏土矿物、石英、方解石、白云石、磷灰石、黄铁矿等；有机成分包括孢子、植物体、生物成因的石英和方解石以及砂质有孔虫等。③孔隙度和渗透率都很低，孔径可降至纳米级。主要孔隙类型包括晶间孔隙（包括黏土孔隙内絮状物）、有机质孔隙、生物空隙和微裂缝。④黑色页岩的地球化学特征丰富，包括有机质丰度（>3%）、有机质成熟度（页岩气的 R_o>1.1%，页岩油的 R_o 为 0.6%~0.9%）、有机质类型（Ⅰ—Ⅳ）、沉积过程中底层水的含氧量、剩余油气潜力［RHP=（S_1+S_2）/TOC］和“同位素逆转”等。⑤黑色页岩的岩相叠加模式和层序地层学是研究的难点，是揭示海洋沉积历史的重要方法。Slatt（2011）提出了一个普遍的层序地层模型，突出了这种共同性。⑥黑色页岩的地质力学性质是钻探、压裂和生产碳氢化合物的关键。在页岩层序中确定了几种尺度的脆韧性对偶。⑦根据地球物理方法提供了黑色页岩的区域性反射特征及属性。

9.2 前陆盆地黑色页岩的岩石学特征

泥质主要由小于 62.5 mm 的颗粒组成，由于埋藏成岩作用引起的物理化学变化而形成泥岩。它们的成分来自风化作用、接受盆地的初级生产和成岩作用，主要包括硅酸盐和碳酸盐矿物的沉淀和少量硫化物以及有机碳的变化。它们包括一系列岩石类型，其矿物学从纯碳酸盐岩（如白垩）和硅质软泥（如硅藻土）到主要由黏土矿物、石英和长石组成的硅晶泥。页岩一词虽然通常被用作细粒沉积物的笼统术语，但使用时应谨慎，因为它意味着裂隙性，而裂隙性是由控制大多数硅质碎屑泥岩矿物学的层状硅酸盐的优先排列所引起的。岩石风化后的裂隙特别明显，而岩石刚露出地面时，裂隙并不总是很明显。

由于野外观测的困难和泥岩的同质性，许多地质学家结合地球化学和古生物学指标，认为细粒沉积岩主要是沉积在低能条件下的。在低能条件下，从有浮力的羽状物中沉降是沉积时起主导作用的输沙和扩散机制导致的。当细粒沉积物富含有机碳时，并表现出保存完好的层理（分层间距<10 mm）时，通常对该模型进行修改，使其包含在沉积过程中存在相对持久的底层水缺氧的假设。最近，部分基于对现代沉积物和 IODP 岩芯的观察，部分由于对多种代用指标有了更深刻的理解，人们逐渐认识到，泥岩显示出一系列沉积结构表明沉积发生在一系列水动力环境中。虽然研究现代沉积物的人完全熟悉这些概念，但是这些概念在地质学中却传播得很慢。高分辨率光学和电子光学研究揭示了沉积在微米到厘米尺度上的复杂性。这些技术，正开始改变岩石中岩相变化的解释方式。由于这些成像技术除了提供关于单个岩石单元的物理特性和成分数据外，还提供了纹理和组构信息，因此泥岩可以越来越多地被直接集成到对完整沉积体系的研究中。

通常使用低分辨率观测工具（如井下日志和地震数据）和观察薄片了解结构和物理性质的变化，有两个目的：①提供页岩的物质来源、搬运、沉积过程及其产生的泥岩异构性和空间尺度；②讨论页岩沉积后过程。通过对初始的混合矿物和矿物转化为泥岩的研究结果表明，页岩的物理特性（阻抗、各向异性渗透率、毛细管压力等）受到初始矿物和结构的强烈影响。值得指出的是，这些概念和模型必须牢固地建立在对真实岩石和在适当的时空尺度上所做的观察之上。

泥岩组分泥的物源主要由黏土矿物（如伊利石、混合层伊利石-蒙脱石、高岭石、绿泥石）、石英、长石、碳酸盐岩（如方解石、白云石、菱铁矿）、硫化物（主要为黄铁矿）、非晶态物质和有机物等多种混合物组成。化学和矿物学的多样性表现为泥与黏土的比例，以及来自不同地区、水柱中生物生产力和成岩反应的物质的比例。此外，一系列非常小的沉积构造（通常<10 mm）可能提供泥沙扩散方向的信息。化学、矿物学和物理的变化不是随机的，而是具有系统的时空变化，它们是沉积物的物源、搬运、生物改造和沉积后成岩作用的函数。

9.2.1 黑色页岩的组成和结构

9.2.1.1 碎屑组分

泥岩的碎屑组分主要是土壤中物理和化学风化作用的产物，少量来自火山灰和陆地有机生产。在晚古生代以来和较年轻土壤风化的主要产物是黏土矿物和石英，其中长石和岩屑成分较少。黏土矿物通常构成硅晶质沉积物中最细的（<2 mm）组分，来自土壤层相对不稳定的岩浆岩矿物（如长石、橄榄石、辉石）的化学风化作用。相比之下，碎屑泥（2~62.5 mm）（特别是古生代以后的泥岩）主要是由石英及少量长石和岩屑组成，能够抵抗强烈的化学风化作用，其也可以是颗粒物理风化的产物。砂粒主要来自河流上游、冰川环境、风成环境，少量来自火山灰和陆地有机生产。其中较耐蚀矿物包括石英、氧化铁、高岭石和长石。古代泥岩的系统矿物学变异被解释为反映气候条件和风化类型随时间变化的结果。此外，气候和径流的变化也影响木质物质的类型和数量，这些物质主要来自集水区的植物，并与矿物碎屑一起被搬运到沉积盆地。此外，富含有机质页岩的主要矿物成分是黏土矿物、石英（碎屑）、方解石和白云石。例如，Haynesville 页岩和 EagleFord 页岩富含方解石，而 Barnett 页岩和 Woodford 页岩富含黏土和石英。较不常见的沉积矿物包括长石、磷灰石、黄铁矿和热液矿物（闪锌矿、重晶石等），这些矿物颗粒大小主要与黏土相同（<4 μm）。

9.2.1.2 生产组分

生产组分是在上覆水柱中形成的组分，包括在水柱和沉积物-水界面附近的生物作用形成的组分以及来自透光带的有机碳以及藻类和微生物产生的有机碳。有机成分包括：①有机壁孢子；②植物遗骸（在中生代和较年轻的页岩）；③海绵骨针、放射虫和孢子内的生物石英；④来自球囊、菊石、软体动物和鱼的生物方解石；⑤薄壁腹足动物和腕足类；⑥砂质以及钙质有孔虫。

9.2.2 黑色页岩岩石学的研究方法

在过去，宏观形貌、X 射线衍射数据和化学成分一直是许多页岩和泥岩序列岩石学描述的主要参数。但是，现在已有改进的方法，能够有效地区分微观方法和非微观方法。

9.2.2.1 显微镜方法

标准薄片和抛光薄片的观察是显微岩石学分析的主要内容。由于页岩和泥岩普遍具有柔性，因此制备良好的薄片难度很大，这也是岩石薄片显微技术迟迟不能被接受和应用的原因之一。目前制备薄片的方法包括特殊的环氧树脂（special epoxy resins）、多次环氧浸渍（multiple epoxy impregnation）、金刚石包层代替松散砂粒（diamond laps instead of loose grit）、双抛光（double polish）等。对于非常软的材料（如变软黏土），切薄片时需要特别谨慎。抛光薄片可进行各种微观分析，因此可用于显微岩石学分析。然而，由于页岩和泥岩的组成矿物硬度范围广、软黏土矿物抛光困难、普遍缺乏胶结作用及在这些岩石的微孔中注入稳定环氧树脂困难等方面的原因，因此制备页岩和泥岩的抛光薄片是一项繁重的工作。

9.2.2.2 电子光学方法

电子光学方法（electron-optical methods）包括扫描电镜（SEM）、透射电镜（TEM）、扫描透射电镜（STEM）和反向散射电子显微镜（BSE）方法。它们在页岩岩石学上已获得了成功的应用。使用这些方法，分辨率可以扩展到 0.1 μm，从而可以更详细地进行亚微观方面（如矿物成分、晶粒接触、晶粒取向、晶粒变形、孔隙空间和间隙胶结物）的研究。对于矿物鉴定，Welton（1984）的扫描电镜岩石学图谱（SEM Petrology Atlas）是非常有用的。在新的破裂面上很容易观察到诸如矿物方向、形状、大小以及有机物含量等特征。利用冷冻干燥技术（freeze-drying techniques）可以观察现代沉积物的微结构和孔隙空间。扫描阴极发光（scanned cathodoluminescence，CL）技术是电子显微镜技术的一种延伸，在页岩和泥岩物源研究中显示出相当大的前景。此外，电子显微镜技术（electron microscopic techniques）是研究单个矿物颗粒、颗粒关系、孔隙空间和页岩间质胶结物的理想方法。

9.2.2.3 黑色页岩成岩作用的研究

通常基于对大量的矿物学和化学分析的解释，借助抛光薄片的电子显微镜分析也可以获得更好的理解。除了涂片（smear-slide）和 X 射线衍射外，可以利用薄片岩石学方法研究大洋深海钻探（ODP）和其他海洋地质调查的软质沉积岩岩芯。建议使用超薄切片（ultrathin sections，UTS）使微结构特征更容易被观察到，因为页岩和泥岩中的碎屑颗粒通常小于标准薄片的厚度（30 μm），在这种情况下，颗粒间的接触可能被掩盖或模糊。超薄切片应能更好地评价页岩的组构参数，并有可能对页岩内部颗粒的接触关系进行分类。这种方法的一个缺点是需要对薄片进行两次抛光，大大增加了成本。

9.2.2.4 黑色页岩中粉砂和砂粒的研究

页岩岩石学的另一种微观方法是观察从页岩基质中分离出来的粉砂和砂质成分的颗粒峰值，可为细粒沉积物的起源和颗粒的成岩变化提供额外的信息。用重液体和/或磁选机分离这些颗粒，可以进一步分离成轻矿物和重矿物，并有助于研究传统薄片中不明显的稀有成分。辅助分析方法是附带有能量色散 X 射线分析系统（EDS）的扫描电镜或微探针。

9.2.3 黑色页岩的轻矿物

页岩的轻矿物分析是研究粉砂级—砂级粒度的不溶性物质（重矿物分离后）。通常，颗粒大小、形状、类型及其表面特征的光谱是非常明显的。在轻矿物中，稀有成分更容易被发现。亚硫酸氢钠熔融法（sodium bisulfite fusion）是一种非常有用的方法，可用于泥岩和页岩中石英和长石组分的研究。分离出的石英和长石颗粒可以用双目显微镜、岩石显微镜（颗粒峰值）和扫描电镜进一步观察。还可以对石英和长石的残余物进行进一步的地球化学研究。

9.2.4 黑色页岩的重矿物

研究细粒陆源碎屑岩重矿物分离的相关方法有：①重液分离，或重液与离心结合；②结合能量色散 X 射线分析系统（EDS）对抛光薄片进行 SEM 检查；③高密度矿物（如菱铁矿层）的 X 线片分析；④放射性矿物的自射线照相；⑤荧光重矿物的荧光光谱；⑥阴极发光光谱。

由于常规的重矿物分析在 0.063~0.3 mm 范围内，对于细粒陆源碎屑岩是不够的，因此对页岩的重矿物分析比较少见。较细的颗粒尺寸（<0.063 mm）很难用重液分离，这就是为什么粉砂—黏土级别重矿物的常规分析从未被很好的应用的原因。砂岩与细粒陆源碎屑岩的重矿物组成的另一个显著区别是：因为高黏土含量保护重矿物免受层内溶蚀和风化作用，因此粉砂岩和页岩通常含有比砂岩更多的不稳定重矿物。此外，对于某些重矿物中含量较高的元素（如 Zr、Hf、REE），重矿物含量的微小变化会对块状岩石的微量元素组成产生深远的影响。某些重矿物（如金红石）在泥岩和页岩中很常见。

9.2.5 页岩的颜色

在页岩研究中，颜色是一个重要而又常被忽略的参数。它是一种定量参数，页岩有多种颜色，主要是黑色、灰色、绿色、棕色、黄色和红色。但是，颜色的确定总是受到环境条件和人为因素的影响而导致观察不全面。它们不仅取决于岩石的含水量，而且还取决于光源（自然光或人造光）和岩石表面的光滑程度。人为因素包括观察者的颜色感和眼睛疲劳的状态。利用颜色图表可以更客观地确定颜色。Munsell 颜色图册（1975）可能是目前使用最广泛的颜色图册。采用标准化设备进行物理测量获得的颜色优于从对照表获得的颜色，但是烦琐且费时。页岩的颜色是其组分色谱的综合反映。Potter 等（1980）认为铁的含量、氧化状态和有机碳的含量是决定页岩颜色的主要因素。许多地质学家把某些页岩颜色与特定的沉积环境联系在一起，例如，灰绿色页岩通常是浅海的环境下形成的，而红色页岩则指示河流环境。然而，颜色通常不是沉积环境的直接产物，而是成岩作用的结果。因此，人们通常听到的关于页岩颜色的环境意义的标准解释有许多例外。

9.2.6 黑色页岩的岩石脆性

页岩的常见地质特征影响其地质力学性质，因而影响钻井和完井。特别有意义和重要的是，能够预测层状页岩层序内岩石的相对脆性或延展性。岩石强度和变形的两种常见参数是杨氏模量和泊松比（图 9.1）。杨氏模量是施加的应力或力对岩石的应变或变形量的量度。泊松比是岩石对施加的应力或力的形状变化（变形程度）的量度。脆性岩石是在施加应力时发生弹性变形，然后在没有塑性变形的情况下直接破裂。韧性岩石是在给定应力下破裂之前发生塑性变形的岩石。

岩石破裂特征的另一个流行指标是脆性指数，它以矿物学和 TOC 含量的参数为基础（图 9.1）。脆性指数的假设是石英（有时候是白云石和/或方解石）丰富的岩石比黏土和富含有机质的岩石更脆。然而，石英有许多成因形式（例如，生物成因、碎屑、成岩作用），它们不是通过标准矿物学方法（即 XRD 或 FTIR）区分的，而是根据对岩石的破碎能力有不同的影响进行区分的。地质力学和矿物学特性是相关的（图 9.1）。泊松比和杨氏模量相对较大的岩石倾向于具有较低的脆性指数，因此具有韧性。具有小泊松比和大杨氏模量的岩石倾向于具有较高的脆性指数，因此相对较脆。无论层压程度如何，脆性岩石在施加的应力作用下会瞬时破碎，而韧性岩石在施加应力下，破裂之前会发生明显变形。在许多露头（不仅仅是页岩）中看到的夹层的共同特征是，构造产生的垂直裂缝贯穿脆性岩石，而不是穿过夹层韧性页岩。将这些观察结果应用于地下井，允许推测与人工压裂相关的初始能量可能使裂缝通过整个夹层岩石序列，使支撑剂流入所有夹层中，但当裂缝能量消散后，韧性岩石可能变形，且裂缝闭合，支撑剂导致垂直破裂。

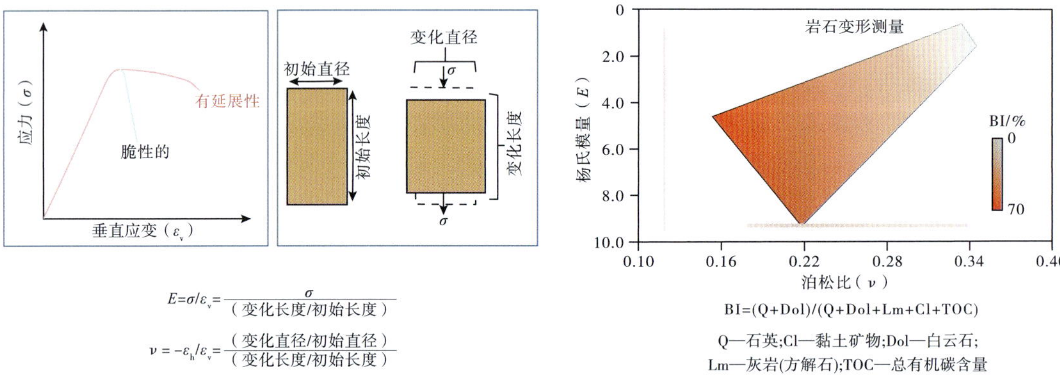

a　　　　　　　　　　b

图 9.1　杨氏模量和泊松比与脆性指数（BI）的比较

a—岩石强度和变形的两种常见测量方法：其中，左上图为应力-应变图，显示了由于施加压应力引起的脆性和延性岩石的行为；右上图为一块岩石的初始尺寸和施加应力时尺寸的变化。b—杨氏模量和泊松比与脆性指数（BI），具有较小的杨氏模量和较大的泊松比的岩石，其脆性指数较低（具有韧性）；具有较大的杨氏模量和较小的泊松比的岩石，具有较高的脆性指数（脆性）

9.3　前陆盆地黑色页岩的分类与命名

细粒沉积岩通常被称为“页岩”“泥岩”或“黏土岩”，在传统意义上被描述为均质的、无结构的、块状的、有夹层的。通常对“页岩”的解释是：它是在较窄范围的过程中形成的（例如，是在最小的水底能量下由悬浮持续沉降形成的泥岩沉积物，或者是在富含有机碳的情形下形成于持续的缺氧环境中）。因为它们一般非常细，易于风化，没有大型的沉积特征，因此通过露头和岩芯描述这些岩石可能充满挑战。尽管很多学者做出了大量努力，但目前仍然缺乏被广为使用的、系统的分类和命名，不仅限制了对泥岩地层进行对比，也限制了解释这些岩石的形成和沉积过程。

在过去 30 年，通过岩芯、露头和薄片对古生代至新生代各种细粒沉积岩序列的大量研究结果表明，这些岩石具有典型的非均质性，而且可能通过不同的过程而形成的。利用传统方法描述岩石，不能揭示物理、生物和化学属性中观察到的多样性，也不利于解释沉积过程。在过去几年中，随着新的钻井和完井技术的应用，在这些岩石中不断发现大量的油气资源，人们对与油气的聚集、储层和资源潜力有关的过程越来越感兴趣，因此迫切需要一个简单的、综合的描述方案。

黏土是页岩中含量最丰富的组分，其研究和鉴定长期以来一直是页岩岩石学研究的重要内容。前人曾对黏土矿物学、应用黏土矿物学、黏土地质学、黏土沉积、工程地质学中的黏土、黏土地球化学、黏土成岩作用和测井响应等方面进行了研究。在处理黏土矿物时，我们必须记住它们通常是亚稳定状态的，这种情况通常使精确的测定变得困难（例如混合层黏土、海绿石组)。对页岩的分类也是一个复杂的问题，前人曾提出以成分为中心的一般性分类方案，此外一些作者也提出了不同的分类方案，旨在满足一个地区、盆地或地层单位的特定需求。Conze (1984) 根据颗粒大小、沉积构造和有机碳含量确定了鲁尔盆地上石炭统六种类型的细粒沉积物。Nuhfer 等 (1979) 提出了美国东部泥盆系页岩的一种分类方法，该方法在很大程度上依赖 X 射线照片上观察到的特征。Lasch 等 (1981) 提出了一些高岭石类型的矿物地球化学分类，这些类型的矿物是由基岩风化和老的沉积物中黏土的再循环作用形成的。Schieber (1989) 针对成分变化相对较小的页岩序列提出了结构特征为主（或高于成分参数）的分类。在此基础上，Larzar 等 (2015) 提出了一个综合的命名方案，来表征 10^2~10^{23} mm 级别的细粒沉积岩的内在非均质性信息，并帮助评估这些岩石作为有机碳的汇集场所、流体流动的阻碍体和油气储层的特征，这个方案结合了以前的知识和最新的来自现场、岩相学和实验室的观察结果。Larzar 等 (2015) 以结构（粒度）作为根项（root term）来命名细粒沉积岩，就结构而言，建议使用“泥岩”作为整个细粒沉积岩的分类名称。将泥岩定义为超过 50%的颗粒成分都是泥（黏土和粉砂）(62.5 mm) 的岩石。与用于描述砂岩的方法类似，泥岩的结构可以进一步采用粗、中或细等尺度范围术语进行细化。就层理而言，按照 Campbell (1967) 的传统方法来定义纹层、薄层和细层，并描述薄层的几何形态、连续性和形状。就组分而言，利用硅质、钙质、泥质和碳质表示岩石组分中的不同。泥岩的名称可以通过详细的附加属性进一步修正，这些属性详细阐述了岩石组分的构成和来源。

Larzar 等 (2015) 倾向于将“页岩”定义为在野外观察到的、细粒的、硬化的且具有裂隙的沉积岩，建议使用“泥岩”作为细粒沉积岩的成因名称，类似于砂岩和灰岩的命名。

建议根据结构（粒度）命名这些岩石，然后可以利用描述层理和属性的术语（如生物扰动程度、化石类型和丰度、物理沉积构造、成岩成分和颜色等）进行修饰。

9.3.1 基于结构（粒度）的细粒沉积岩的分类与命名

层理分析（颗粒尺寸、形状、单个颗粒的定向性和整体分选性）为沉积物源、水体的能量水平和岩石属性（如孔隙度和渗透率）的研究提供了重要信息。颗粒可以是很简单的，也可以是很复杂的（如絮状物、颗粒或内碎屑）。在细粒沉积岩的分类中，粒度是一个常用的属性。

根据砂、粗泥粒、细泥粒的含量，可以用三元图在碎屑沉积岩的范围内表示出细粒沉积岩（图 9.2）。Larzar 等 (2015) 在三元图中定义了以下粒度边界：小于 8 mm 为细泥（黏土-极细粉砂），8~32 mm 为中泥（细-中粉砂），32~62.5 mm 为粗泥（粗粉砂），62.5~200 mm 为砂。这些建议的粒度边界的依据包括：①与已发表的分类方案最大限度地保持连续性；②认识到按粒度分选的粉砂成分的存在，反映了不同散布机制的作用；③结合最近关于泥质搬运、沉积和侵蚀的水槽实验的成果，显示了在这些粒度等级中搬运行为的明显变化；④从手标本到薄片级别（10^{-2}~10^{-6} m）都容易统一；⑤提供关于粒度趋势的有用信息。此外，对所提出的细泥的粒度范围而言，在实践中，如果不依靠特殊的分析技术（如激光粒度分析或微分沉降），很难区分黏土和极细粉砂颗粒（4 μm、2 μm 或者 1 μm）。在三元图中，泥岩是一种细粒沉积岩，有超过 50%体积分数为泥（图 9.2）。

类似于用于砂岩粒度的方法，具有小于 1/4 砂岩颗粒的泥岩根据粒径进一步划分为粗、中或者细（图 9.2）。在这个方案中，粗泥岩有超过 2/3 以上的粗泥粒，细泥岩有超过 2/3 以上的细泥粒，而中泥岩为粗泥粒（或细泥粒）均没有超过 2/3 的岩石。如果泥岩具有 25%~50%之间的砂粒，还可以用“砂质”进一步修饰（图 9.2）。

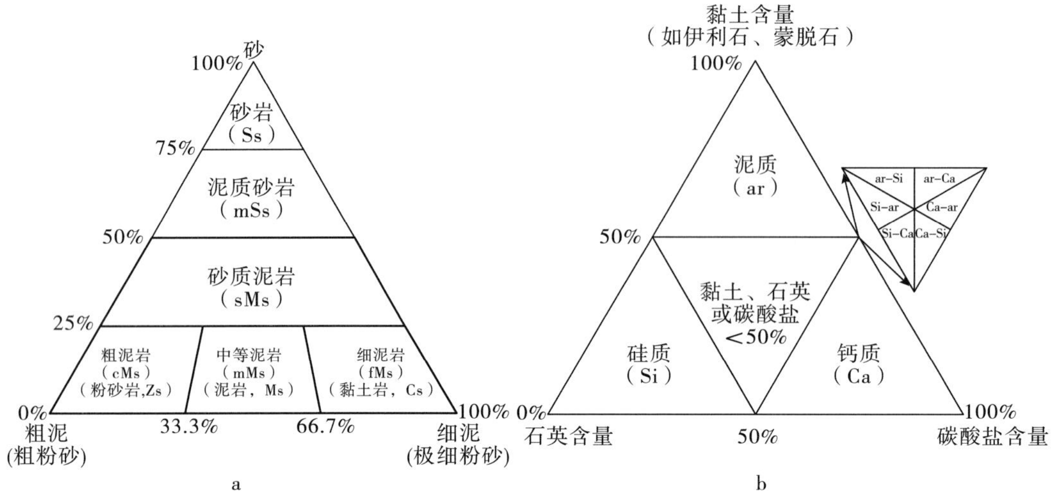

图 9.2　细粒沉积岩的分类和命名

（据 Larzar et al.，2015）

a—基于结构（颗粒尺寸）的细粒沉积岩命名；b—基于组分的细粒沉积岩命名

基于泥岩结构（图 9.2），Larzar 等（2015）认识到三元图在描述这些岩石方面有局限性，因为它们可以容纳多达四个粒级的组分（一种可能的显示方法是，在粗泥粒和细泥粒组分之间均匀地分配中泥粒组分）。尽管有这些限制，在三元图中描绘泥岩可以揭示重要的分组，可以对不同粒度分布的泥岩进行比较。重要的是，层理必须尽可能精确的描述。这样，不管使用什么分类或显示方案，其他地质学家都能理解所观察到的东西。

9.3.2　基于层理的细粒沉积岩分类与命名

层理是沉积岩的一个重要特征，记录了沉积物输入和积累的变化、水底能量和生物对沉积物的破坏作用。这里的层理包括纹层、纹层组和层。层理是由两组基本属性来描述的，包括层的边界曲面的几何形态和形状，以及边界之间的连续性、形状和几何形态。这些泥岩中的层理属性可以通过仔细观察岩芯或手标本的新鲜表面和薄片的数字扫描而实现可视化。纹层、纹层组、层的主要属性如图 9.3 所示。

参照 Campbell（1967）的用法，纹层是沉积序列中可以用肉眼观察到的、且中间没有夹层的最小的层（厚度通常为几分之一毫米到毫米级别），通常由剥蚀和沉积间断而形成的纹层界面所限定。一个纹层在组分和结构上是相对比较均质的。纹层的水平延伸要比闭合层小（从厘米厚的流水波痕到几十米厚的深海沉积物）。纹层的连续性、形状和几何形态是描述纹层的三大关键属性（图 9.3）。在相对较小的横向范围内，纹层可呈现为连续的或不连续的、平面的、曲面的（单变量）或波浪状的（多变量）、平行的（纹层不相交）、不平行的（纹层相交）。这些薄层属性的描述和获取对于识别主要的沉积构造（如

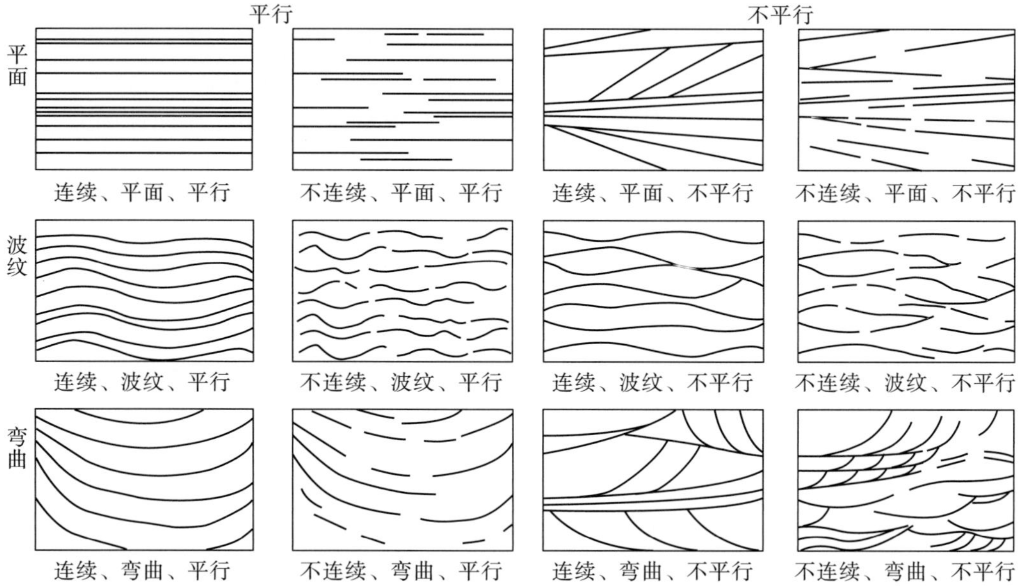

图 9.3　纹层的连续性、几何形态的描述性命名

（据 Campbell，1967；Larzar et al.，2015）

这些命名适用于各个级别的地层（如纹层、纹层组、层、层组）

板状、波痕和槽状交错层理）是必不可少的，还有助于识别由虫迹形成的或生物改造作用形成的二次扰动，而这有助于解释古沉积环境。

纹层的形成时间被解释为在较短的时间内形成的，要短于包裹它的层，通常在几秒到一年或几年，仅仅是地质时期的瞬间。纹层的形成通常是小尺度波动的响应，这些波动一般是能够控制过程的速率的单流或沉积事件。

纹层组是一系列成因相似的纹层，它们是由纹层组的界面联系起来的。通常，纹层组由一组相似的纹层组成，并且在一个纹层组内表现出相似的几何、结构和组分特征。在泥岩中纹层组的厚度范围从毫米到厘米不等。纹层组的横向范围小于封闭层，但变化范围是从几厘米厚的波痕到几百米厚的浊积岩层。水流和波痕纹层组通常都出现在细粒沉积岩中。其他常见的纹层组与浊积岩层相关（例如，Bouma A、B、C、D、E）。纹层组的形成时间被解释为比封闭层短。层是一个相对整合的、由成因相关的纹层或纹层组构成的一个序列，它的顶部和底部由剥蚀、沉积间断或者相关整合面形成的层理面所界定。在细粒沉积岩中，岩层通常很薄，厚度在几毫米到几十厘米之间，没有绝对的或最小的厚度。层可以横向延伸几米至几千米。邻层在岩相或组分上必须有所不同，而且可以由一种或几种岩石类型组成。层的识别主要依赖于对相邻层之间界面的标定。虽然层面是没有厚度的，但是它们有同界定的层有一样的横向延伸长度。层面可以是平面、曲面或波浪状，并且可以通过地层终止形式（如在层面下的截切面或者在其上的上超面或下超面）、其上生物集群现象的存在、其下的挖掘型虫迹、岩相的变化等标志予以确认。然而，并非所有的层都能够表现出其内部的沉积特征。这种情况可能是由于河床沉积而没有内部分层或由穴居生物均质化造成的。在层内的结构和组分在很小的范围内变化时，内部的分层也很难分辨。可以采用“均匀层”（homogeneous-looking）对这些层进行描述。

在层序地层学研究领域，层是指规模较大的地层单位（如层组和准层序）。它们通常被解释为记录单个沉积事件或有限分布范围内的时间，而且是在几分到几年或者更长的时间跨度内形成。

从很薄的层中识别出纹层，对于识别沉积物的堆积是连续的还是周期性的非常重要。“平行纹层泥岩”（parallel-laminated mudstone）表明在单个沉积事件中的连续沉积物堆积，而“平行层泥岩”（parallel-bedded mudstone）则代表在多次相似性质的重复沉积事件中的连续沉积物堆积。大多数的教材中认为纹层是页岩的主要属性。通常认为层理代表了在相对静止和大部分缺氧的底水沉积条件下，通过悬浮沉降导致的连续沉积物堆积，再结合最近的实验数据表明，许多人所描述的纹层泥岩并不总是悬浮连续沉积的结果。取而代之的是，它通常是在间断性的高能条件下，而且最多是在间断性的缺氧条件下，由推移质或密集悬浮体横向运输产生的不连续沉积物堆积的产物。在这种情况下，被描述为纹层的实际上是非常薄的层。在泥岩地层中，层通常为1~4 mm厚，而且是由成因相关的纹层组成。层表面可以通过地层终止、拓殖水平线或下方虫迹的存在以及岩相变化进行识别。这些属性可能是由于流体条件的变化以及沉积物堆积中的短暂停滞导致的，因为沉积停滞给生物拓殖和沉积物改造作用提供了条件。再次强调，层理识别错误可能会导致对沉积条件的错误解释，因此在泥岩层序的描述和解释过程中，识别和区分纹层、层是至关重要的。

9.3.3 基于组分的细粒沉积岩分类与命名

细粒沉积岩的组分受到沉积过程和沉积后的物理、化学和生物过程及其相互作用的强烈控制。搬运到盆地中的物质通常是风化的产物，包括黏土矿物、石英、长石、重矿物（如金红石、锆石）、高等植物的碎屑等。在这些物质中的添加物质包括在盆地中生产的有机物（如藻类、细菌和古细菌）、矿化的骨骼（钙质、硅质）、生物磷酸盐。一旦被埋藏，这种混合细粒物质就会发生化学转化（包括矿物的溶解和自生矿物的形成）和压实作用。成岩作用的典型产物包括石英、碳酸盐（方解石、白云石、铁白云石和菱铁矿）、黏土（如伊利石、高岭石、绿泥石和蓝铁矿）、硫化矿物（如黄铁矿、白铁矿）。火山灰在泥岩地层中可能是一个重要的组成部分。由于组分受到泥质沉积作用和成岩作用的各种过程的强烈控制，地质学家们已经能够利用不同成因的颗粒组分及其多样性来区分细粒沉积岩。

细粒沉积岩的成分特征可以在一个总的三元中图表示，这个三元图由总石英、总碳酸盐（如方解石、白云石等）含量和总黏土（如伊利石、蒙脱石等）矿物等端元成分构成（图9.2）。根据Lazar等（2015）的命名法则，成分名称反映了大于50%的单个组分，如果没有单个组分超过50%的岩石，反映的则是两个最常见的成分。例如，如果岩石中含有60%的碳酸盐矿物，则定名为钙质泥岩，而岩石由45%的碳酸盐矿物、40%的黏土矿物和15%的石英组成，则该岩石定名为钙质黏土泥岩（图9.2）。如果泥岩由其他成分（如有机质、磷酸盐、长石或者硫化物）组成，则应该修正三元结构图（图9.2）以反映这种情况。

Lazar等（2015）提供了一些对岩芯和露头进行成分观察和解释的指导原则。通过样品或测井分析确定的体积组分有助于理解岩石的整体性质和测井响应。然而，确定每个组分的形式和来源（如碎屑、生物、自生）也是非常重要的，可以帮助我们了解沉积条件及其对远离样品控制点的预测（图 9.4）。打磨后的薄片鉴定，特别是使用组合能量色散扫描电子显微镜、阴极发光和背散射电子探测器，对于区分单个颗粒和胶结物的组成也是非常有用的。

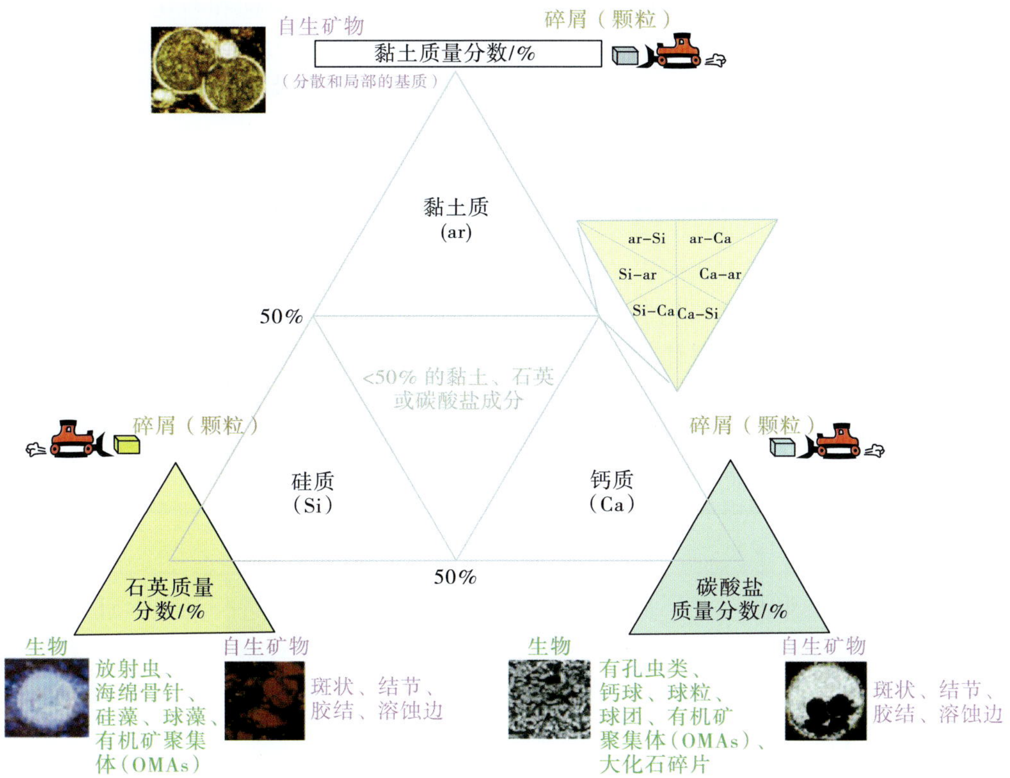

图 9.4　硅质、钙质和黏土质泥岩的组分形式

（据 Larzar et al.，2015）

总之，地质学家在描述泥岩结构、层理和组分时面临着巨大的挑战，因为细粒沉积岩在许多尺度上是非均质的。在我们看来，能够反映粒度和来源的固有成因多样性以及层理和组分属性的泥岩描述是具有预测价值的。主要的岩石属性可以通过对露头和岩芯的仔细观测直接进行描述，并且可以用薄片的信息作为补充。

9.4　前陆盆地黑色页岩的沉积特征

泥岩是最丰富的沉积岩，在石油系统中起着源岩、盖层和页岩气藏的作用。泥岩的许多重要物理、化学性质受沉积颗粒的矿物、大小以及成岩作用的变化（早期压实作用和后压实作用）的强烈影响，这些都是可以预测的。泥岩的多样性反映了碎屑物质对盆地的输入和水动力分离，盆地内的初级生产，以及沉积物中的成岩作用（沉淀和溶解）。现代和古代沉积物的高倍显微镜观察表明，泥岩在结构和矿物学上均为非均质，这种变化并不总是显而易见的。尽管有些泥浆确实是由低能浮力羽状流的悬浮沉降而沉积的，但结构分析表明，这些泥浆通常是由波浪、重力以及风暴和潮汐等多种驱动的单向洋流组合而成的。这种分散机制意味着泥质层序通常可以用层序地层学解释。早期生物扰动使泥浆均质化，早期化学成岩作用导致高胶结带的形成，尤其是在地层表面。深层埋藏成岩作用的性质，包括压实作用、矿物溶解作用、再结晶作用、矿物的重新定向和石化作用以及石油生成，是由沉积作用和泥的早期成岩作用特征所决定的。尽管均质泥岩的物理性质广为人知，但非均质性对驱油、油气运移、封堵能力、声波各向异性和页岩气藏甜点识别的定量意义基本尚未得到探索，今后的工作应设法纠正这一状况。

9.4.1 页岩沉积学的研究方法

如何才能最好地确定古代泥岩的沉积过程？与其他沉积岩一样，页岩或泥岩的最终形态取决于一系列物理、生物和化学过程之间的相互作用。因此，为了确定泥岩或页岩单元是在什么环境条件下以及通过什么过程聚集起来的，通常可以选择一种调查方法。有时这个选择是由现有的数据决定的，有时是由调查人员的偏好决定的，在很多情况下是由我们理解的局限性决定的。主要基本的研究方法包括沉积学的方法、古生物学方法和地球化学方法，以下各段总结了它们的应用。

9.4.1.1 沉积学

根据人们希望的观测尺度，基本有 4 种方法可以对页岩序列进行沉积学研究。这些方法也可以理解为在不断扩展观察中增加细节的方法，包括：①对露头和岩芯的观察；②对耐蚀的互层岩性的观察；③对页岩相的观察；④对组结构的观察。

（1）露头/岩芯

一个普遍存在的误解是，因为页岩的颗粒太细，而且风化强烈，因此页岩露头中没有提供太多信息。然而，对页岩露头的研究可能是非常有益的，而且应该是任何页岩单元研究的第一步。只要有机会，就应该花时间观察可用的露头。尽管页岩确实比其他岩石更容易风化并导致其发生变化，但风化作用往往会加剧岩石成分和颜色上的细微差异，而这些细微差异在岩芯中可能难以辨认，因此，层理和韵律或旋回的成分变化在露头中很容易显现。事实上，一些特征［如地层的均匀性和连续性（或缺乏），或侵蚀面的级别］确实需要观察露头获得。页岩与页岩之间大规模的侵蚀面和截断面可能代表了强烈的侵蚀事件，是层序边界研究的较好选择。对它们在页岩层序中的系统观测将有助于将层序地层概念推广到页岩层序中。

在岩芯中，成分差异往往不像露头那么明显，但通常仍能识别出周期性或韵律性的成分变化。岩芯的一个主要优点是可以很容易地观察到单层与层系之间的接触关系，并且可以更好地了解易风化组分（诸如黄铁矿等）的丰度和分布。

（2）耐蚀岩性学

在许多较早期的页岩层序研究中，对耐蚀夹层（主要是砂岩和碳酸盐岩）的研究为沉积历史提供了重要线索。这些夹层通常比页岩具有更强的耐风化性，而且它们的沉积特征（交错层理、冲刷结构、粒序层理等）更容易观察到。它们可能是记录在页岩序列历史中不寻常和相对罕见的事件，或者是沉积物输入、生产力和气候等极端的情况。生产力和气候的变化以石灰岩层（可能显示了陆源输入的减少、干燥气候的出现等极端的情况）、燧石层或磷质结核等为标志，沉积物输入以风暴沉积（HCS 层）、海侵（骨骼层）、洪水或沉积物重力流（浊积岩）为标志。虽然这些夹层记录的条件通常与夹层之间的页岩沉积条件不同，但它们有助于确定页岩沉积发生的环境边界条件。正因为如此，也因为它们比页岩更容易提供沉积信息，所以对夹层砂岩和碳酸盐岩的研究是页岩序列沉积学研究中必不可少的一步。

（3）页岩相

页岩相的描述和解释是页岩沉积学研究中最常用的方法。由于页岩层序之间可观察到的特征各不相同，因此在一些研究中可能着重于成分参数，而在另一些研究中则着重于沉积特征。例如，Macquaker（1993）的研究成果表明，采用基于组分的方法对页岩相的研究可以取得很多成果。根据黏土含量、硅质粉砂的含量、生物组分、自生碳酸盐含量、有无层理等划分了 5 种岩相类型，并从运移路径的长度、水柱过程、水深、碎屑稀释和早期成岩过程等方面对结果进行了解释。在有利的条件下，有机相的观察也有助于对页岩环境的研究。

由于页岩的许多特征需要薄片或抛光片才能进行适当的研究，因此以沉积特征为重点的页岩相的研究方法在实质上构成了页岩沉积学的微相方法。从越来越多的实例研究可能发展出一个页岩沉积微相的概念，以及标准的页岩微相类型、定义和一般适用的相模型。“页岩沉积微相”的发展最终会对解决页岩分类的问题和页岩环境的解释提供帮助。

（4）微组构

页岩微组构变化较大，记录了搬运、沉积和埋藏作用等活动过程的综合影响。重点是颗粒的方向和颗粒的接触关系，因为这些可能与搬运和沉积作用中的活动过程有关。O’Brien 等（1990）的《泥质岩石图集》（*Argillaceous Rock Atlas*）包含了来自各种沉积环境的实例，并使用 SEM 照片和显微照片说明了泥岩和页岩组构。页岩或其组合物的组构特征与特定的相类型、沉积环境有关，也与沉积的基本过程有关，如絮凝作用、分散黏土的沉降、微生物席上的凝集作用等。在应用微组构解释沉积条件时，目前存在的问题是，泥质在成岩过程中经历了严重的压实作用和成岩作用变化。因此，利用 SEM 确定哪些微组构是次生的，哪些特征能反映原始沉积微组构是困难的，需要相当多的经验。在许多情况下，微组构的成功解释取决于其他信息的可用性，如小尺度沉积特征、古地理环境和古生态信息。

9.4.1.2 古生物学

如何用古生物学方法来解释页岩的沉积环境是页岩研究中重要的内容。化石可以作为盐度、水深、水温、能量状态、水浊度、沉积速率和基底性质的指标，从而为研究页岩单元的沉积条件提供许多重要信息。利用骨骼化石的类型、组合和保存可以为沉积条件和沉积环境的恢复提供信息。遗迹化石也可以提供关于沉积环境的丰富信息，在页岩和泥岩研究中有很好的应用。

9.4.2 黑色页岩的沉积特征

泥岩在沉积岩中十分普遍，但对其进行研究、分析和理解也最具挑战。尽管宏观尺度上具有均质外貌（主要由粒级< 62.5 μm 的沉积物质组成），但其组分和结构具典型的高非均质性，通常经一系列沉积过程形成。现有研究表明，细粒岩的米级大尺度的时间属性变化主要是构造力和气候力作用下控制的相对海平面、初级生产力、水体和孔隙水组分、沉积累积速率和沉积物物源变化的结果。许多作者对泥页岩的研究得出或暗含以下结论：①碎屑沉积分量主要源于河流供应，少量源于风力粉尘输入；②初级生产力营养源最终源于上升流或河流（也可能少部分来自深部热液流体）；③细菌新陈代谢活动控制了页岩早成岩过程；④沉积过程发生在相对低纬度（< 40°），地球表面温度相对高（>15 ℃）的地区。然而，几乎很少的研究涉及高纬度冷水地区的海相泥岩沉积，而这些地区非河流源（熔融冰筏碎屑）能够提供碎屑物质和营养源，但在高纬度干冷地区的化学风化强度弱而使黏土矿物的供应也弱。另外，高纬度地区由于大的季节性差异导致初级生产力和有机质保存的基础控制因素与低纬区明显不同。

9.4.3 泥质沉积物的分散作用

Aplin 等（2011）研究了泥质沉积物的分散作用，认为大部分碎屑沉积物以河流中悬浮颗粒的形式输移到海洋中，只有少量沉积物来自火山活动和风成过程。河流羽状流的密度取决于悬浮颗粒的浓度，与中国的黄河相比较，其质量浓度应超过约 25 kg/m^3，否则其密度小于海水。因此，大多数羽状物是低密度流，大多数颗粒进入海洋时都是在浮起羽状物中。然而，当河流输入与内陆风暴同时发生时，大陆架上的悬浮沉积物的质量浓度可能超过约 25 kg/m^3，即使在区域坡度非常低的地方，也可能出现浮泥（fluid mud）组成的并由波浪增强的重力流（wave-enhanced sediment gravity flows）。Ichaso 等（2009）认为，这些过程在古代泥质为主的沉积序列中造成了显著的泥沙分散，并在沉积层中产生了特征微结构。一些沉积物一旦进入海洋，可能会被风暴和潮汐分散，形成细微的饥饿型波纹结构和远端的风暴岩。虽然受科里奥利力（Coriolis force）的影响，大多数受风驱动的地转流（wind-driven geostrophic currents）沿着海岸方向大致平行流动，但它们也可能有一些次要的离岸搬运轨迹。这些分散过程的净效果是在大陆架的中部产生一个泥带，将由河流来源的点状（源）沉积物（point sources of sediment）转化为大陆架上的线状物源沉积物（linear sources of sediment）。当局部的波浪活动和坡度充分发育时，这些线状物源沉积物可以为波浪增强的沉积物重力流输送离岸的沉积物提供来源。

在大陆架上，波浪和水流的能量一般是足够的，可以分散未固结的泥，至少在风暴或河流洪水期间应该如此。在压实之前，特别是在较浅的水域（例如，较低的岸面和近海过渡带），风暴浪的再作用和风暴流（storm-setup current）可以引起侵蚀和冲刷，在侵蚀作用强的阶段产生分选的介壳滞流物和内碎屑，然后沉积向上变细的单元，底部为介壳滞流物、内碎屑，填补了冲刷的沟槽［如沟模（gutter casts）、小型泄荷模（microscours）、小型槽模（microflutes）等］。

9.4.3.1 大陆架泥质沉积物的分散作用

过去 20 年，在了解现代大陆架上和跨大陆架运送泥质沉积物方式方面取得了重大进展。大多数输运发生在边界层内致密的流体泥浆中。在特殊的情况下，例如由大洪水事件造成的高度浑浊的悬浮物，运输受到河流散发的异重流的影响。更常见的情况是，由于波浪的活动，使表层沉积物（几厘米厚）再次活动，形成流动的泥浆流，这些泥浆流要么沿地转流驱动的方向流动，要么沿海岸漂移或潮汐冲刷的方向流动，或在重力或重力与波浪两者共同作用下斜向穿过大陆架。间歇波能量对泥沙的输送是至关重要的，由于大陆架坡度（<0.5°）过低，不能驱动自悬浮沉积作用和经典浊积岩的有效生成。因此，当河流洪水和风暴活动同时发生时，跨大陆架的输沙特别有效。Macquaker 等（2010）认为，这些组合流在细粒沉积物中产生了一种特征的三重组构。在全新世以泥质为主的大陆架上，这些过程产生了大量活动迁移的泥质斜坡，并在陆架中部形成了宽的泥带。类似的沉积物也存在于古代陆表海的海道中。

因此，在大陆架上富泥质相的性质受到沉积物绝对供给速率和沉积物汇聚位置的强烈影响。在现代陆架的大部分地区，沉积物有足够的时间进行广泛的生物扰动，原始沉积组构的原始保存是一种比较少见的现象。在岩石记录中，这表现为各种各样的生物扰动强度，反映了穴居生物的氧气供应和呼吸路径。因此，Aplin 等（2011）制作了泥岩的生物扰动指数图（图9.5），代表不同的沉积物堆积速率、泥和砂之间的比例、氧化作用的有效性。虽然该生物扰动指数图类似于在粗岩相中的发育特点，但是其所代表的结构尺度要小一个数量级。

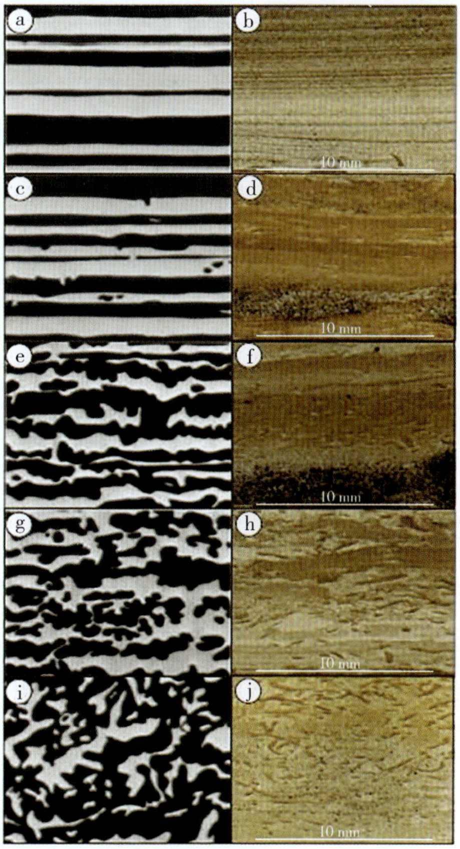

图 9.5 泥岩中生物扰动指数（BI）的微组构图

（据 Aplin et al.，2011）

a，b—BI1；c，d—BI2；e，f—BI3；g，h—BI4；i，j—BI5

9.4.3.2 深水泥质沉积物的分散作用

大多数由河流提供给海洋的细粒沉积物并没有保留在大陆架上，也很少最终沉积在大陆架上，但是这些细粒沉积物却以巨大的体积沉积在斜坡和盆地环境中。在不稳定斜坡（坡度大于 0.5°）上，一系列块体损耗过程（mass wastage processes）导致了沉积作用。然而在过去 30 年中，由于工业原因，浊积岩受到了最多的关注，最近获得的高分辨率三维地震数据表明，许多斜坡系统由块体搬运沉积物（mass transport deposits，MTD）组成。

（1）半远洋岩

半远洋岩沉积作用是由生产力-来源的物质占较大比例的单独单元通过悬浮沉降分散到沉积物-水的界面的，而在那里由斜坡重力驱动沉降的块体搬运沉积物或浊积岩却很少。这些结果表明，半远洋岩是由矿物的混合物构成的，包括黏土矿物、碳酸盐和生物硅等，偶尔也夹有较薄的粗粒物质层，这表明浊积岩“污染”了半远洋岩。热盐环流对半远洋岩（实际上还有其他深水沉积物）具有广泛的改造作用，其结果是形成了在地质记录中很难识别的等深岩。等深岩通常是泥质的，可能含有大量的生物物质，并且通常具有强烈的生物扰动。由于半远洋岩的粒度较细并具有较大的横向展布范围，因此在石油系统中它可以形成良好的区域盖层。与浊积岩相反的是，在半远洋岩中，单个颗粒（或絮凝体）通常以再次悬浮作用为特征，由于受到一系列新的水动力过程的作用，使块体搬运沉积物中的内部组构和结构产生变化和破坏。在块体搬运沉积物中岩性的混合不仅受到初始沉积环境的控制，而且由于变形和旋转使岩性的排列和倾角也发生了明显的变化。虽然三维地震数据已经揭示了块体搬运沉积物的保存情况和大尺度的几何形状，但是仍无法对米级至亚米级沉积相的分布范围进行预测。

（2）浊积岩

虽然对浊积岩的研究已经有60年的历史，并有大量的相关文献，但其中只有相对较少的文献集中于细粒浊积岩沉积物，包括内部几何形状的大尺度观测、细粒浊积岩粒度分布和内部结构解释的物理模型。虽然有大量的文献，但从盖层质量或运移通道的角度来看，对泥质浊积岩的研究却很少。通常这些单元包括了富泥浊积岩、越岸沉积物、堤坝沉积物等类型，其中一个重要要求就是需要了解相对的渗透性、低毛细压力、富泥单元的赋存情况、三维连通性等。对岩芯的观测表明，这类地层的厚度通常是厘米级的，因此利用常用的地球物理方法是无法观测到这类沉积物的。

9.4.4 黑色页岩的沉积机理

最近20年，随着薄片、露头等微观尺度页岩岩相和无机地球化学的兴起，传统的页岩沉积作为单一静水、通常深水水体分层缺氧、悬浮沉降的沉积范式受到严重的挑战，人们逐渐认识到页岩的沉积过程是动态、综合作用过程的产物。水槽实验表明，泥可作为推移质载荷搬运，而且这一流速能够搬运“砂级”颗粒。Wilson 等（2015）重新评估了中泥盆世阿巴拉契亚前陆盆地 Geneseo 页岩的沉积环境，与前人相反，认为其沉积于浅水风暴浪基面之上，水深为几十米。Lash（2016）通过对阿巴拉契亚盆地上泥盆统 Rhinestreet 组中的厘米级的贫有机质-高碳质复合页岩层的岩相和无机地球化学分析后，提出了一种创新的不同于底水缺氧和表层水生产力提高的富有机质页岩沉积模式：天文力控制下的季风增强，导致气候湿热，大量降雨携带的陆地腹部带物源进入三角洲，形成异重流沉积，异重流本身携带大量球粒状有机质进入可能的富氧水体导致有机质富集。无独有偶，晚白垩世西部内陆海（western interior seaway）前陆盆地的页岩主要由异重流沉积过程形成，风暴流和悬浮沉降并不占主导。Wilson 等（2014）在北美泥盆纪阿巴拉契亚前陆盆地中识别出了“异重岩”。

Schieber 等（2019）在实验室观测到丰富的、细砂级的透镜状集合体，这些富水的集合体源于海底泥质的侵蚀，底流导致的推移质搬运形成了波痕和透镜体组构，而持续的底流事件形成了泥质巨波痕这一新的底床形态，丰富了泥质动态沉积作用的内涵。

9.4.5 黑色页岩的沉积过程

Stow 等（2001）研究了黑色页岩的沉积过程，认为最近对页岩沉积特征的研究成果推翻了长期持有的观点，即页岩是在平静的水环境中沉积的产物，就像“半深海的雨”一样。许多页岩具有毫米至厘米尺度的交错层理和平行层理、冲刷面、颗粒沿着层理面的排列、掘食钻孔等。有些页岩序列揭示了一个向上变细或先向上变粗后向上变细的粒度模式，而另一些页岩序列则显示为系统性的岩相叠加模式，表明水的深度、能量水平和底层水的氧化程度具有随时间变化的特点。这些研究均显示了一个搬运、沉积和再沉积的过程，包括（除半深海以外）：①高密度流（异重流）；②浊流；③风暴岩（风暴沉积作用）和波浪再沉积作用；④等深流（靠近斜坡的底部，洋流）。为了使黏土化颗粒通过牵引过程沿着海底移动（如沉积构造所显示的那样），它们必须表现出具有与粗颗粒类似的水力学行为。在细粒沉积物中，这种水力学的等效性是通过形成“絮状物”或带有静电的黏土颗粒的团块来实现的。在实验室产生的、由絮状物形成的泥质波痕已经提供了这样一种机制，即：通过高密度流（异重流，源自河流环境）和浊流（源自海洋环境）等牵引流将大量泥质沉积物输送到海底，而不是通过半深海的沉降作用。在海洋环境中，风暴岩和等深岩的作用主要是将之前沉积在海洋环境中的牵引流形成的泥质沉积物进行再分布，而不是将其直接搬运到盆地中的作用。

9.4.5.1 沉积过程

根据静水环境中“半远洋雨”的概念，其对沉积环境的逻辑性推论必然是“深”。这一观点是有事实支持的，如许多页岩富含有机质，并表明沉积环境是缺氧的。然而，缺氧水可以发生在浅水区域，大规模的泥质沉积物可以形成于浅海泥滩。Stow 等（2001）总结黑色页岩的沉积过程（图 9.6），认为黑色页岩可以由以下一种或由几种控制深水细粒沉积物的沉降过程而形成。

（1）远洋沉降

远洋沉降（pelagic settling）是在重力影响下的垂直沉降过程。在重力作用下，表层水体中原生的生物物质和细粒陆源或其他碎屑缓慢地沉降到海底。在高生产力地区，絮凝作用（flocculation）和有机球粒化作用（organic pelletization）导致沉降速率和沉积物积累量的增加。在低营养的开放海洋系统中，这个过程是连续的，积累过程通常非常缓慢（<1 cm/ka）。然而在高生产力的大陆边缘地区，这个过程可能随季节发生脉动。在这种情况下，沉积物主要沉积在富营养（eutrophic）期的开始阶段，在此期间，初始生产力的絮凝作用、浮游动物粪粒的大量增加导致累积速率的增加，可超过 8 cm/ka。

（2）半深海沉积作用

半深海沉积作用（hemipelagic deposition）是一个复杂的过程，包括垂直沉降和沿水柱缓慢的侧向流动。侧向流背后的驱动力包括河流羽状流的惯性（在水柱和表面）、冰川融水扩散、浑浊层水柱（turbid layer plumes）、内部潮汐和波浪、其他缓慢移动的中间水流。横跨大陆架或大陆架—斜坡的细粒或低密度颗粒是这个过程的贡献者。在 1000～2000 m 水深之间的现代斜坡沉积物普遍富集了 1000～2000 a 来的有机碳。虽然半深海沉

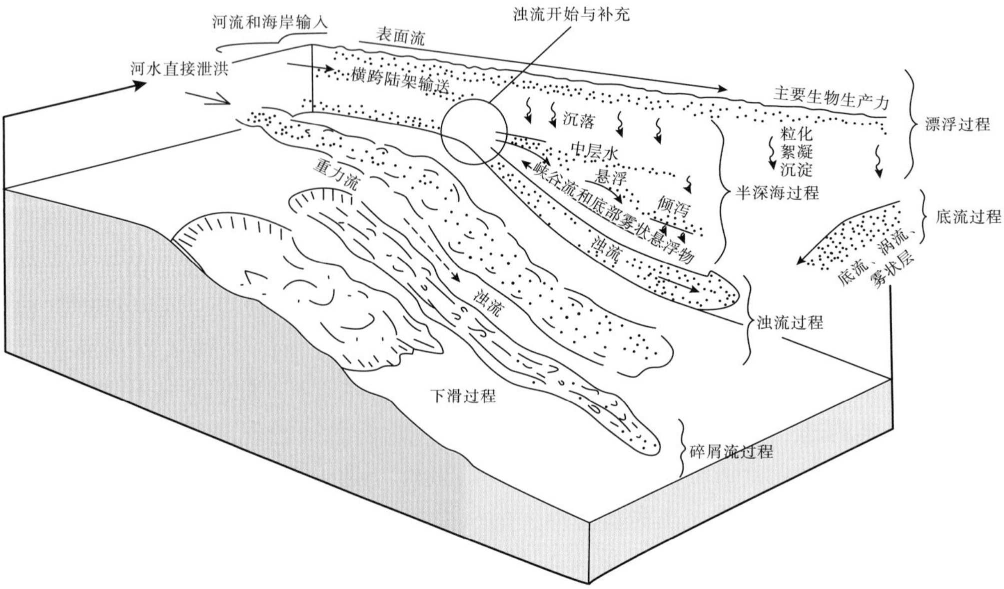

图 9.6　在深水海洋环境中影响沉积物和有机物搬运和沉积的主要过程
（据 Stow et al.，2001）

积是一个连续的过程，但是它的速率是随生物成因的性质和陆源输入量的变化而变化。在有小规模的陆源输入量的大陆边缘区域，速率为 2 cm/ka；在有较高的上升洋流的黑色页岩半远洋区域，速率为 10 cm/ka；在高纬度的冰川-海相（glaciomarine）半深海区域，速率大于 20 cm/ka。

（3）半浊流沉积作用

半浊流沉积作用（hemiturbiditic sedimentation）涉及在最后阶段中的沉积作用或与正地形障碍之间的相互作用导致了在稀释的浊流中出现的负浮力和向上扩散作用。在正常浊积物的最终沉积物之上由浊流携带的细粒物质发生扩散，并与远洋或半远洋物质混合后，通过垂直沉降而缓慢沉积。沉积作用是周期性的，但堆积速度却相当慢，因此限制了遗迹动物持续的生物扰动。目前没有足够数据来估计平均的堆积速率。

（4）等深流沉积作用

等深流沉积作用（contouritic sedimentation）是指在底部不同强度的海流的影响下发生的沉积作用。这些底流一般是由正常的热盐循环驱动的，也包括主要风力驱动的洋流系统对深水的影响。较弱的底流只会轻微地影响远海或半深海沉积的性质；中等洋流可以长距离搬运细粒物质，并导致大型的等深岩的移动；最强水流则能筛选砂砾和砾石，也可以导致大面积的侵蚀和侵蚀面。因此，等深岩的堆积速率很明显，通常在 10~20 cm/ka [25~50 g/(cm^2·ka)] 之间。

（5）高密度流

高密度流（异重流，hyperpycnal flow）是指在洪水期间或高纬度冰川供给系统的从河口流出的悬浮沉积物柱在近底层的扩散作用。底流是由沉积物的过高密度引起的。在大多数情况下，这种物质会沉积在河口附近，但是异重流可以穿过原三角洲的斜坡并继续深入到深水区。例如，这种异重流也可以直接产生低密度的浊流，并促进了半深海的平流与悬浮作用的交织。目前尚没有很充分的数据能让人们对异重流的平均堆积速率有良好的估计。

（6）浊流

浊流（turbidity currents）是细粒（包括中、粗粒）物质从浅水到深水的最重要的搬运方式之一，它通常由重力的下斜分量推动被稀释的紊流。此外，还可以发生更高浓度的浊流，这些流动能够携带砂级至砾石级物质与大量的泥一起流动。浊流是一个离散事件，不仅具有不同的重现间隔（10^0～10^5 a），而且具有不同的规模（厚度从小于 1 cm 到大于 10 m）。因此平均堆积速率也变化较大，从 10 cm/ka 到大于 1 m/ka。

（7）碎屑流

碎屑流（泥石流，debris flows/mudflows）是一种高浓度的沉积物与水的混合物，可以在单一（尽管通常是复杂的）事件中沿斜坡搬运大量的物质。它们是塑性流，主要由较厚的黏性细基质组成，可以携带较大的碎屑（如岩石卵石、页岩碎屑、软沉积物碎屑）。碎屑流沉积物的厚度一般为 1～50 m。

（8）滑坡和崩塌

滑坡和崩塌（slides and slumps）是重力块体搬运的过程。它可以沿斜坡搬运更大体积的沉积物，它们可以发生在所有深海斜坡上。

上面总结的每一个过程都能够沉积富含有机质的沉积物或其他影响黑色页岩的沉积。它们可以单独作用，也可以相互或共同作用。它们之间的相互作用可以通过流体转化的次序发生，如滑坡变为崩塌，然后是泥石流，高—低浓度的浊流，最后是一种半渗透性的羽状流。另一种可能是，许多过程可能同时进行，一起影响半深海沉积作用。

9.4.5.2 有机质保存

无论是来自陆源输入还是海洋生产力而进入海洋领域有机物的 90%以上在进入沉积物之前都会被氧化和通过细菌降解破坏，有些可以被保存下来。这种保存是由一些独立和相互作用的变量所控制的，其中最重要的变量包括以下几方面（图 9.7）。

（1）有机物的供给

当通过水柱向沉积物表面提供有机物的速率足够高且输入量超过降解量时，就会保留一些有机物。这种现象通常发生在 3 个区域：①在具有较高初始生产力的上升流区域之下；②在河流向海一侧区域，河流中含有大量的有机碎屑和/或营养物质；③在斜坡下富有机物陆架沉积物快速的再沉积区域。

（2）有机物类型

在不同成因的有机物类型中，具耐性生物聚合物的相对比例可能有所不同，可以通过选择性保存模型来增强保存能力。

（3）底层水的缺氧度

许多研究者已经认识到海底底层缺氧度（bottom-water anoxicity）对黑色页岩保存的重要性。在底部水体的含氧量为极低或零的情况下，利用有机物的厌氧细菌的降解速率是缓慢的。更重要的是，虽然缺氧抑制了大型和小型底栖生物的活动，但是却有利于微生物

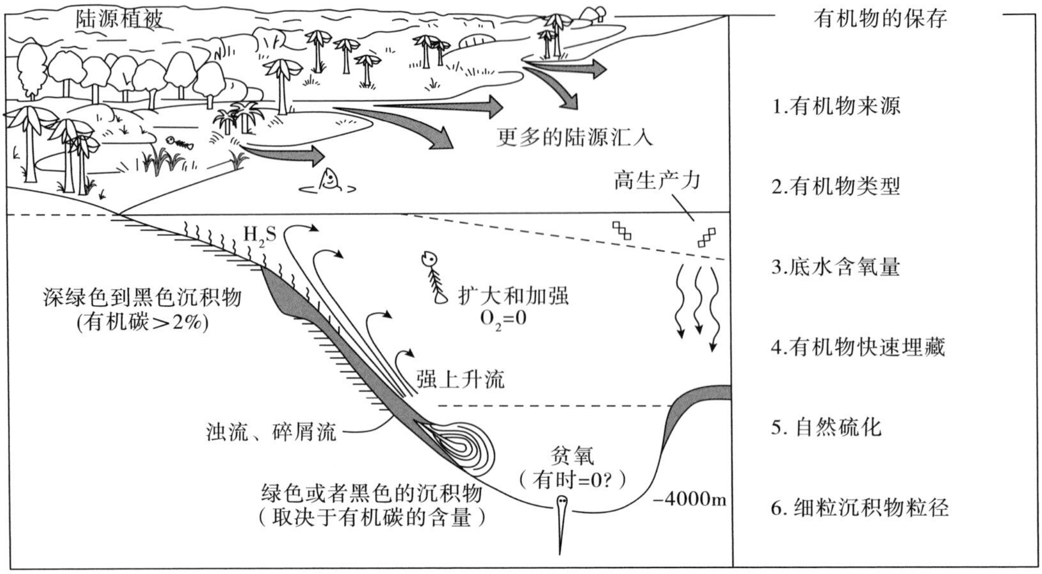

图 9.7　深海环境中影响有机物保存的主要因素示意图

（据 Stow 等，2001）

的活动。挖掘作用（宏观）的减少，不仅增加了在沉积物表面氧化带内的有机物含量（单位时间），也防止了深层渗透孔隙水的循环，抑制了内部微生物的活动。此外，一些海洋和地形因素的共同作用也可以减少含氧量，包括海底地形对底层循环的限制、底层水的温度和盐度的升高、有机物供应的增加等。

（4）快速埋藏作用

高速的沉降速率会导致有机质的快速埋藏，因此迅速地将这些有机物从沉积物柱上部的氧化带移开。在氧化带的下伏区域，有氧降解作用很强烈（即硝酸盐和硫酸盐还原带）。典型的半深海沉积作用、高密度沉积作用以及斜坡下的再沉积作用（如浊流、泥石流和滑坡）均具有这样高速率的快速埋藏作用。

（5）自然硫化作用

在可代谢有机质含量达到底部区域时，硫酸盐还原作用可以发生在沉积物-水界面以下几厘米处。厌氧过程将硫酸盐作为氧化剂来完成有机质的氧化作用。同时通过释放硫化氢和降低硫与生物分子之间的联系促进有机质的保存，形成了硫化的耐性生物聚合物。

（6）细粒沉积物的粒度

细颗粒降低了沉积物的渗透性，从而抑制了任何含氧海水的向下循环，使有机物质能够保存到细粒沉积物中，因此在细粒沉积物中有机物质保存的机会比在粗粒沉积物（如砂级—砾级的沉积物）中更大。另外，还一些有机物可能通过吸附在矿物表面而得以保存。

对于一个特定的研究来说，尽管一些研究者倾向于将其中一个或几个变量作为最重要的研究目的，但是大多数研究者现在都接受了将复杂因素进行组合的研究方法。此外，黑色页岩最常发生在贫有机相—富有机相交替循环中。在这些情况下，环境可能在接近有利于保存有机质（例如，低氧但不是缺氧的底层水），然后外部因素会周期性地打破平衡而有利于保存。气候的变化（具米兰科维奇旋回性）可能是一个外部因素，间歇性浊流也会是一种可能。

由于在沉积过程中存在巨大变化，包括在任何特定区域的黑色页岩相的比例影响有机物保存的因素，因此很难对深水环境中有机质的堆积速率进行概括。在缓慢的深海/半深海沉积条件下，海底缺氧是其保存的主要原因，平均 TOC 积累速率可能为 0.025～0.075 g/(cm^2·ka)。在高生产率区域沉降速率较高，TOC 积累速率可达 0.25～1.5 g/(cm^2·ka)。在快速沉积的富含有机物的浊流中，TOC 积累速率与上述值相近或更高，在局部可达到 3.5 g/(cm^2·ka)，但是其平均速率则依赖于浊积层的厚度和频率。

9.4.5.3 深水黑色页岩

作为 DSDP/ODP 项目的一部分，通过钻探和取芯，许多现代和晚新生代的深海黑页岩的实例已经被广泛研究。这些实例说明，在从浅水区到深水区的 TOC 值的范围，有利于有机物质保护的因素组合在一起是有效的。从这些不同的研究实例中可以得出几个重要的观点：

1）黑色页岩相通常在它们所处的沉积序列中占 10%～20%（很少超过 50%），与占主导地位的有机相比较，它们与贫有机相交替循环出现。虽然在不同系统中，其周期是不同的，但在很多实例中都记录了米兰科维奇信号。

2）最常见的黑色页岩沉积过程是深海沉降、半深海沉积和浊流。可以利用一些细微的沉积特征（包括叠层类型、组构类型、有机物含量和分布、原生沉积结构、生物扰动特征、结构特征、成分和颜色等）来确定相关的沉积过程。

3）在多数情况下，沉积过程一直是有机质保存的关键因素。在其他一些情况下，黑色页岩事件是由外部触发的，而沉积过程是次要的。

4）在深水斜坡、盆地或其他环境，底部水体处于相对较低的氧气值的环境下，极易受到周期性的黑色页岩事件的影响。这些事件一般是由外部因素造成的（如气候变化、生产力或沉积物的输入），导致了缺氧和有机物的保存。

目前对于深水黑色页岩仍存在以下必须解决的问题：①细粒沉积物的性质、分布和沉积过程。尤其要注意的是，黑色页岩起源过程的重要性、异重流和海底洋流的重要性、不同过程的相互作用。②不同水深黑色页岩中有机物质的种类和通量及其与沉积过程与环境的关系、控制因素与生物框架的关系。③外部和内部因素不仅控制了深水区黑色页岩的沉积作用和保存，也控制了周期和通量。应特别注意高分辨率地层学和年代地层学及其对黑色页岩相的对比和分布的影响。

9.4.6 黑色页岩沉积后过程

泥质沉积物是由土壤来源的矿物质、非晶形物质以及主要来自下伏水柱的有机物和生物骨骼碎片组成的热力学不稳定的混合物组成。在物理和化学成岩作用的作用下，它们转变为泥质岩。成岩途径主要受初始矿物组合的制约。

9.4.6.1 早期成岩作用

早期成岩作用（即埋藏在几米内）以氧化还原过程为主，在氧化还原过程中，有机物主要被微生物氧化，这些微生物将氧、氧化铁和硫酸盐作为电子受体。有机物的进一步降解是由微生物群驱动的，包括产甲烷菌群。碳酸盐、硫化物和还原铁是这些反应的主要副产品，可被纳入早期成岩矿物（如方解石、铁方解石、白云石、菱铁矿和黄铁矿）以及少量黏土矿物（如高岭石）和富含铁的黏土矿物（如黄铁矿和海绿石）。这些矿物从主要填充沉积孔隙的微米级晶体到成岩矿物均有，这些胶结物的分布不均匀。

9.4.6.2 有机碳的保存

在海相泥岩中平均含有约0.8%的有机碳，而典型的烃源岩在含有2%以上的有机碳。经过几十年的研究表明，有机碳埋藏到地质记录中的数量取决于透光区中的初级生产力、生产力达到沉积物表面的比例（这又转换为水深的函数和有机物在多大程度上能够被转化为粪粒）、早期成岩作用（在此期间，上覆海水可以提供硫酸盐、氧气等溶解氧化剂）之后有机物被埋藏的速率。

Stow 等（2001）认为，沉积物中有机碳的浓度是有机物埋藏速率与矿物质沉积速率的函数，后者有效地稀释了有机物。因此，有机碳的高含量通常与海洋领域有关，包括：①原生有机质的生产力高；②水柱较浅或中等；③通过适度的高沉积速率、周期性沉积作用、有限的生物搅拌，使沉积物中氧化剂的添加作用降到最低程度。此外，有机物保存率高通常也与沉积物中痕量金属（如钼、钒和铀）的浓度升高有关。这是因为在流动性孔隙水中，这些元素受氧化还原状态的控制，因为它们可以通过代谢活动集中在生物体内。详细的岩石学研究结果表明，许多富含有机质的沉积物被微米至亚毫米尺度的小型动物群扰动，从而否定了将长期持续的底层水缺氧作为加强有机质保存的先决条件的必要性。

虽然长期的海底缺氧并不是形成富有机碳沉积物的先决条件，但这并不是说有些沉积物不是在大多数缺氧条件下形成的。

此外，最优的沉降速率现在被认为是有机质浓度的重要控制因素，它平衡了有机质稀释与有机组分的氧化矿化速率。

9.4.6.3 埋藏成岩作用

泥质沉积具有80%~90%的孔隙度，由多种多样且不稳定的土壤来源的矿物、无定形物质、生物蛋白石和碳酸盐矿物以及有机物组成。在埋藏至6 km、200 ℃后，孔隙度降低到5%以下，硅质碎屑泥岩的矿物组合以石英、伊利石、绿泥石为主。富水泥质沉积物转化为石化的页岩的动力来自物理（机械）和化学过程，因此是应力和温度双重作用的结果。

9.4.7 黑色页岩沉积学研究的前景

采用哪种方法研究黑色页岩沉积学取决于感兴趣的问题、可用的设备、可用的研究材料和数据以及可用的研究时间。在一般情况下，对页岩气单元的研究应该是跨学科的。当利用不同的研究方法得出的结论趋于一致时，沉积环境被正确解释的可能性就会大大增加。总而言之，了解页岩单元的更大沉积背景有助于关注更可能大的场景。盆地分析的方法包括层序地层学、几何形态的横向追踪、伽马射线剖面、线状测井和其他的地下信息，对全面了解盆地情况非常有用。

尽管有相当多的关于现代环境中泥岩堆积过程和机理的信息，但将这些信息应用于沉积记录并不像最初看起来那么容易。

虽然我们按现今条件的测量结果代表了厘米级至分米级的现代沉积物。但从细节上看，这些现代沉积物所表现出来的非均质性往往与这一假设相矛盾。基本上，我们对现代泥质沉积物的堆积的认识是二维的，而对古代记录的解释则需要一个三维的、系统的解决方案。

与砂质沉积的实验研究不同［其主要变量是颗粒尺度和流速（包括速度剖面）］，在泥岩的研究中需要考虑水含量、黏度、一系列的成分变量（黏土矿物、粉砂和泥的比率、有机质数量、有机质类型等）、微生物的影响（在沉积物内部或在沉积物表面）、微组构参数、压实历史、水驱动、内部天然气发育等方面，可能还有更多需要考虑的内容。显然，这些实验将是非常复杂的，而且很可能会让那些试图进行这些实验的人感到非常沮丧。由于变数众多，因此必须对沉积条件进行排序，才能够真正认识泥质沉积作用。因此，完成这项任务可能需要几十年的时间。

对现代和古代的微组构的理解也存在差异性。我们从现代微组构中了解到的信息，不能不加批判地移植到古代的沉积记录中去。在现代泥质沉积物中，由于絮凝作用、分散沉降、生物聚集体等原因，可以对微组构进行识别，而在沉积记录中可类比的微组构不一定具有相同的起源。此外，黏土在成岩作用过程中的压实作用、转化作用和再结晶作用，使原生组构难以保存。识别残余的微组构或确定原始微组构在压实和成岩过程中是如何变形的仍然是一项艰巨的任务。微观结构与宏观结构、沉积过程与环境的关系以及成岩作用对原生结构的影响仍是一个广阔的研究领域，仍有很大的新发现和突破的空间。

在进行页岩层序研究时，应该始终牢记以下基本问题：①泥的来源是什么？②它是如何（以何种方式）被搬运至沉积地点的？③水深是多少？沉积速率是多少？④维持生命的因素（氧气、食物供应等）是什么？⑤在泥岩沉积后发生了什么？在初始研究阶段，这些问题将是页岩研究的重点。随着这些问题的解答，它们很可能为进一步调查提供适当的框架。

9.5 前陆盆地黑色页岩的地球化学特征与古环境条件分析

海洋黑色页岩的沉积作用通常被解释为与大量的海洋浮游植物的生产力有关，或者通过水柱和海底的高埋藏通量促进有机物质的高沉降速率，或者通过缺氧（硫化物）水柱条件导致大量有机物质的保存，或者是两个过程的结合。Piper 等（2009）提出一个三重叠合的方法检验黑色页岩的形成，包括前期的浮游植物产量的水平和底层水的耗氧量，并讨论了在现代海洋盆地中的营养物质、示踪元素来源和循环过程。已经构建的古海洋学环境很难去改进黑色页岩形成的、可以被检验的假说，于是在很多情况下导致了不确定的结论，包括：①河流供给了海洋环境营养物质，并用来解释有机物（如高的初始生产力）

在沉积物中富集。该有机物在底层水的下面富集并且氧气被耗尽，地下水和它们的营养物存量与透光带隔绝。②虽然在许多沉积物中沉积学和古生物学证据都表明海底氧化作用、去氮化作用或者至少通风的条件的存在，但是目前仍然利用缺氧底层水的隔离来解释在沉积序列中有机物富集的多种形式。③假定在沉积物中有机物的高度富集等同于对初级生产力的高度程度的保存。④由于沉积压实作用的影响和可能的岩石记录不完全，现代沉积物和古代岩石地层的相同厚度代表不同的时间间隔。由于取样和沉积聚集速率的限制，黑色页岩样品的地球化学数据主要表现出来的情况也许能延伸几百年甚至几千年，然而只能在少于一年到几十年的范围内被作为样品。因此，样品代表的时间尺度问题值得注意。

9.5.1 定义和术语

Piper 等（2009）采用了以下定义和术语对具有不同溶解氧聚集的海洋环境进行分类，其中氧化体（oxygenation regimes）的边界（图 9.8）是以微生物作用驱动的氧化反应（microbially-driven oxidation reactions）及其降低海洋水体和沉积物中的有机物质的次序而设定的。

在所有地表的海洋水和大气中，氧气是最主要的氧化剂，在地下水体和沉积孔隙水中氧气的含量为 50 μmol/L。在 50～300 μmol/L（取决于温度）的范围内，在氧化条件下，有机岩屑作为目标电子受体将被氧气氧化。

从海水中富集的示踪元素，在氧化还原作用下可作为氧化物，包括铁、锰（图 9.8）以及被这两种金属的氢氧化物吸收的示踪元素。然而，铁和锰是最具判断性的元素。次氧化环境（suboxic）是以耗氧量低于 50 μmol/L 来定义的，溶解的 Cr 和残留的氧气作为主要的电子受体，并早于 SO_4^{2-} 的减少。锰、铁和铈的氢氧化物和溶解的铬、铼、铀和钒作为次要的示踪元素受体（图 9.8）。后面的这 4 种金属元素减少到低于氧化状态的溶解的离子状态，最终沉淀并富集在海底。由于在海水中具有更低的 NO_3^- 浓度，因此在窄的氧化还原范围内，NO_3^- 是主要的电子受体。次氧化环境在地质记录中也许没有明显的意义。然而，以下的氧化还原条件具有主导作用，包括：①在很多的海洋区域，最基本的、有限的营养 NO_3^- 来源于海水中溶解的固氮库（fixed-N pool）（N_2O、NH_3、NO_2^- 和 NO_3^-）。②碳酸盐-氟磷酸盐的富集。③在地质历史时期富集的磷灰石沉积物或黑色页岩。当其他氧化剂的蓄积库被大部分耗尽时，缺氧环境就出现了，由细菌还原 SO_4^{2-} 产生的 H_2S 减少（H_2S 被用来作为溶解硫化物的形式）。随着 MoO_4^{2-}、Cu^{2+} 的减少，它们在海底的聚集速率明显降低，同时铬、铼、铀和钒也随之减少，铁和 CdS 和 ZnS 随之沉淀（图 9.8），这些特征决定了细菌呼吸水平。

9.5.2 水柱与沉积物的氧化-还原作用

在古代岩石层序中，在讨论有机物质富集对缺氧贡献时，常常不能明确区分两种古海洋学环境，第一种为盆地底层水是缺氧的，表层沉积物也是缺氧的，第二种为位于沉积物-水界面之上的底层水是低氧或甚至有氧的，而沉积物孔隙水是缺氧的。

因此，将水柱缺氧和沉积物孔隙水缺氧区别开是非常重要的，其与黑色页岩形成环境密切相关，其实质是水柱缺氧是否是黑色页岩相形成的必要条件。在不同环境下水体中细

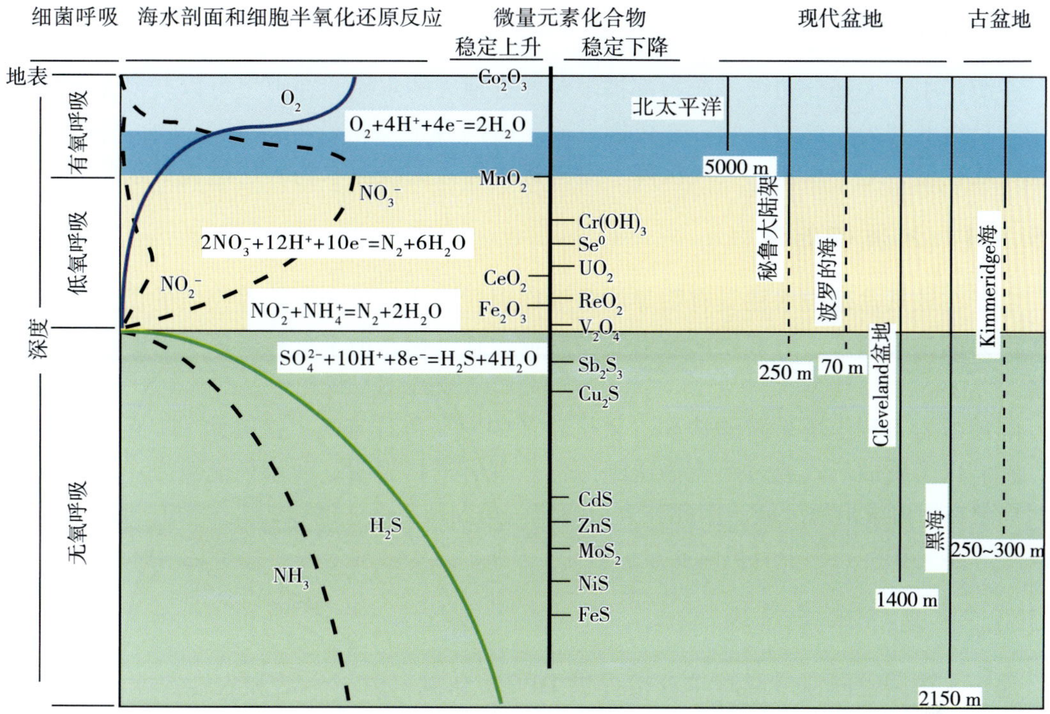

图 9.8 海洋盆地中细菌呼吸、水柱深度关系、底层水中 O_2 消耗示意图

（据 Piper et al.，2009）

O_2、NO_3^-、NO_2^-、NH_3（$NH_3+NH_4^+$）和 H_2S（所有形式的溶解 S^{2-}）浓度的剖面代表了缺氧盆地的深度、区域的厚度、不同盆地间的最大氧化剂的浓度变化。不同的颜色标识了有氧透光区（浅蓝色）、无光区（深蓝色）、次氧化区（橙色）和缺氧区（绿色）。在现代各种盆地中，氧化还原带 O_2 消耗的近似深度值如下：氧化带（50~150 m），次氧化带（50~150 m）和缺氧带（200~2100 m）。在不同的氧化还原条件下，微量元素物质的稳定性由热力学常数计算所得。几个现代盆地的深度显示在最右边，并显示了侏罗纪 Cleveland 盆地的估计深度。垂直线表示每个水柱中的氧化还原条件，虚线表示底层水氧化还原条件的短暂变化

菌的呼吸作用的保持取决于与还原剂（有机碳）和氧化剂（O_2、NO_3^- 和 SO_4^{2-}）供给之间的平衡。O_2 在有机碳的再矿化过程中被细菌利用。氧气是通过位于近地表水之下的含氧水在垂向和侧向流动所导致的地表水与深层水之间的混合作用来提供的。垂向混合作用通常受到海水中垂向密度分层的严格制约，进而受到温度和盐度的垂向梯度的控制。沿着恒定密度（等密度）表面，水的侧向循环或平流是中间水和底层水通风的重要模式。

在黑色页岩中黄铁矿的出现常常被用作在缺氧底层水中聚集的证据。虽然黄铁矿的形成需要硫化条件，但是该过程也可以发生在完全充氧的水柱的沉积物和缺氧盆地的沉积物中。因此，在浅水海相细粒沉积物中黄铁矿含量相对较高，尤其是在生产力高、埋深较浅、有机质沉淀通量较高的区域黄铁矿含量更高。由于在沉积后硫化物的生成对有机质有限制作用，该自生阶段的浓度通常与有机碳含量密切相关。因此，黄铁矿在黑色页岩中的出现，不应该被用作硫化物（缺氧）盆地的标志。有机碳与硫（黄铁矿中）的比率也被用来推断在地质记录中的缺氧水柱，较低的有机碳与硫的比率已成为识别地质记录中缺氧水体的常用标准。

9.5.3 营养源

在海洋中，大部分初级生产力都被限制在近地表的水域，在那里可以获得充足的光合作用。持续的初级生产力是唯一在可能的确定时间和地点把营养素重新供给表面水层中，包括大陆径流、地下水流、大气沉降、垂向运动导致的次深水与表层透光带水的混合。

9.5.3.1 河流营养源

由于在缺氧盆地中水柱具有明显的分层作用，因此对透光区营养物质的供给是限制海洋生产力的主要因素，通常用河流营养物质输入到沉积盆地来解释黑色页岩的高有机物质含量。

陆地的岩石和土壤是磷酸盐和二氧化硅（HPO_4^{2-} 和 H_4SiO_4，在海水 pH 下）的最终来源，它们以溶质的形式通过河流输送到海洋。现有资料表明，河流径流对海洋生产力的影响只局限在河口或沿海区域，因此在大型河流三角洲及其近海区域，大多数有机质来自陆地而不是海洋（在沉积物中有机碳质量分数小于 1%，其中陆地来源占比多达 70%~90%）。

9.5.3.2 地下水营养源

地下水渗漏也向河口或海洋直接提供 HPO_4^{2-} 和氮。由于生活和农业排水对地下水的污染，近几十年来地下水营养源显得更加重要。虽然地下水可能对某些地区的初级生产力有很大影响，但是就全球范围的海洋而言，由于流入海洋的地下水是非常分散的和不完整的，因此这种营养来源的量很难估计。

9.5.3.3 大气营养源

在过去的几十年，由于工业和农业活动的结果，大气提供的氮向河流和海洋的供应量显著增加。虽然这对处于流域下游人口密集区域有重要影响，但在人类起源以前大气供给的氮并不重要。

9.5.3.4 海洋营养源

来源于河流、地下水和大气的营养物质对海洋的影响微乎其微，而来源于海洋内部的营养物质是供给海洋营养物质的主要来源。

在海洋表面透光层之下的水域具有比表层水更高的营养物质浓度。由生物群落从透光层获取的大部分营养物质（超过 90%）将通过微生物的再矿化后返回到海洋深处。然后通过平流、垂向混合和扩散作用，这些营养物质又返回到透光区。这种生物泵（biological pump）维持了表层水和深层水之间的浓度梯度，而与之相反的过程是，通过对流和混合的方式使海洋水体中营养物质的分布更加均匀。

在高纬度地区，冬季生产力受限，表层水和深层水的营养水平较均匀。在春季时变暖，稳定的表层水和充足日照为藻类繁盛和光合作用提供了条件。在低纬度地区，通过跨密度跃层（pycnocline）的混合作用（跨密度面的混合，diapycnal mixing）导致了位于温跃层之下的水发生向上的流动，使表层水再次获得营养物质，这一过程被称为上升流

（upwelling；Sverdrup et al.，1942）。上升流主要沿大陆边缘流动，并导致表层水的跨陆架搬运，在开阔海域，上升流主要分布在赤道附近。

上升流是由地表水的扩散流动和表层水的离岸流动驱动（赤道效应，equatorial case)，被称为埃克曼搬运（Ekman transport)。表层水的连续性搬运需要有持续上升的深层水（sub-surface water）来补偿，其所含营养物质的含量高于所取代的表层水。上升流发生在太平洋的赤道上，当信风（trade winds）跨越地理赤道（气象和地理赤道仪具有不重合性）时，科里奥利偏移（Coriolis deflection）就会发生变化，在赤道以北的平行的表层流之间出现相反方向的流动。由于西风的作用，在南极环流（Antarctic circumpolar current）中也发生了深层水的上升流，使表层水向远离南极大陆方向搬运。

在沿海岸线和赤道，上升流的水深度不超过 200~300 m，在某些情况下，深度小于 100 m。尽管来源较浅，但这种上升水的养分含量比表层水高，比深海水低。相对较高的含量的原因在于：①不稳定的有机物质从海洋表面的生产层沉降到一定深度后进行了第一阶段的重新矿化；②南大洋水体的侧向搬运。这种水的垂向流动或上升流给表层水补充了再生的营养物质。

在海洋浅层水体中营养物质含量在气候、时间尺度上有所变化，该时间尺度受海洋深翻环流的环流模式控制（the mode of circulation of the ocean's deep overturning circulation)。在南极周围，向东流动的地表环流向北流动并远离大陆，导致深层水大规模上升。因为上升水来自深翻转环流的南部支流，所以在上升水中相对富含营养。该支流的深水在向南流动过程中汇集了大西洋整个区域的再生营养物质。Ekman 搬运作用驱动现代水面的上升流向北流动。在冬季，表层水冷却和垂向对流均匀之后，它像亚南极模式水一样下沉到中浅深度，并通过所有海洋盆地的温跃层循环成为南极中间水层。这种次温跃层水向所有海洋盆地提供营养物质，并最终驱动低纬度区域的初级生产。

虽然在海水中所有营养物质的最终来源是大气和大陆，但是近表层水的养分供应主要来自海洋，即相对较浅的深层水（sub-surface waters)，通过混合作用和上升流将营养物质带入透光区。最近对北大西洋表层水的养分供应的模拟研究结果表明，在近极地的地区，垂向混合作用是主要的供给机制，而在赤道和沿海地区，上升洋流是最重要的供给机制。在海岸、赤道、近极地区和季风系统中发育的上升洋流形成的生产力占整个海洋新生产力的 3/4 左右，其又被来自表层以外的营养供应所富集。在这两个来源的基础上，低强度的跨密度的混合作用和在中部亚热带环流中的强温跃层的混合作用维持了海洋中几乎所有的“新”的生产力，并降低了来自大气、河流和地下水等当地供给量所占的比例。

9.5.4　微量元素的来源

在海洋中微量元素的来源主要有两方面：①大陆的剥蚀和风化作用，为河流和大气提供了微量元素；②海底或深海的热液活动。对于大多数微量元素来说，可以通过它们在海洋中的传输时间和混合速率来辨认具体来源。因此，在海洋沉积物中微量元素既包括岩石来源也包括海水来源。海洋来源（包括海水）的微量元素是从水中析出的，以沉淀和吸附相的方式分散在水底的边界附近（含氢的部分），沉降到海底的颗粒状有机物质主要来自透光带，并避免了在水柱中被氧化过程（生物部分）。自 20 世纪中叶以来，对海水、微量元素及海洋矿物相的热力学性质的认识有了新的进展。可以利用许多方法推测岩石记录的沉积条件。在此基础上，可以利用近年来发展的新的分析技术深入研究特定沉积物中某个微量元素富集和消耗的控制因素，将有助于对海水和现代各种沉积环境中海洋沉积物的微量元素和有机物浓度的测定精度的进一步提高。这项工作的一个主要成果就是能够精确地分析海洋沉积物或沉积岩的微量元素来源，并能够判断它们的底层水条件，包括氧化环境（锰、铁）、非氧化环境（铬、铼、铀、钒）和完全缺氧的底层水环境（钼、镉、铜、锌）。同样地，对由浮游生物驱动的微量营养素的海洋生物地球化学循环（例如，钡、镉、铜、镍、锌等）的理解将有助于更好地了解在微量营养物质循环和最终在海底聚集过程中初级生产力所发挥的作用。因此，目前许多研究者非常重视对岩石微量元素的来源、海水示踪元素来源、微量营养素、对氧化还原敏感的微量金属、微量元素的聚集速率等方面的研究。

9.5.5 古海洋生产力指标的计算

有机生产力是所有海洋生态系统的基本参数，在生态动力学、氧化还原条件及碳、磷和其他营养元素循环中起着关键作用。在现代开放的海洋中，主要初级生产者是海洋表面混合层的单细胞浮游生物。浮游植物（如颗石藻、硅质藻类）的沉积通量可以被用作生产力的替代指标。虽然生物沉积物在古生代和早中生代远洋中很常见，但主要是放射虫类。矿化的浮游植物直到三叠纪才常见，而浮游植物直到白垩纪才成为海洋沉积物的主要成分。即使在现代海洋中，许多海洋藻类也缺乏矿化壳，并且只为沉积物提供非晶质的有机物（amorphous organic matter，AOM）。在非矿化藻类占主导地位的地区，可以根据地球化学指标［如总有机碳（TOC）、有机磷（P_{org}）、生物钡（Ba_{bio}）等］来估算生产力。

有机碳、有机磷、生物钡作为古生产力指标的效果主要取决于海洋来源的有机物质及其沉积物中的有利的保存条件。碳和磷是海洋藻类生物量的主要组成部分，在开放海洋环境中几乎没有其他来源。生物钡作为估计生产力指标的效果，依赖于自生重晶石的生产和与有机物腐烂之间的密切关系，因为这是生物钡的来源。这个指标的优点是，在氧化-次氧化条件下重晶石具有相对抗溶性，提供了一种估算氧化古海洋系统生产力的方法。由于海洋沉积物中所有这些成分的不完整保存，根据测量的浓度来估计初级生产力的最小值（即：从大气中固定到海洋表面的碳通量）和输出生产率（即：从表面混合层到海洋温跃层的碳通量）。

基于以上内容，Schoepfer 等（2015）对现代海洋环境下总有机碳、有机磷和生物钡通量进行了分析，目的是评估古生产力指标的效果。开展了如下工作：①计算现代海洋环境下总有机碳、有机磷和生物钡的通量；②将这些数据与估计的初级生产力和输出生产力对比；③评估生产力和保存条件（与沉积物大量累积速率密切相关）对总有机碳、有机磷和生物钡积累的影响。

9.5.5.1 古生产力指标

许多种地球化学指标已被作为重建古生产力的指标（paleoproductivity proxies），其主要方法包括碳和氮同位素、有机生物标志物和痕量金属元素（Cu、Ni、Cd、Zn）的丰度。每个指标都受到一系列环境因素的影响（如温度、氧化还原条件和海洋循环），此外还受到影响海洋生态系统的组成和结构等其他因素的控制。由于所有古生产力指标都存在很大的不确定性，并且在任何条件下都没有可靠的、单一的替代指标，因此通常可以根据多个指标进行古生产力估算。Schoepfer 等（2015）认为总有机碳、有机磷和生物钡是使用最广泛的古生产力指标。

有关古海洋系统生产力的推论通常基于通量而非浓度数据。总有机碳、有机磷和生物钡在沉积地层中的含量并不能很好地代表生产力，因为微量元素浓度不仅受特定地点沉积物沉积速率的强烈影响，而且还受成分通量稀释作用（如黏土矿物或生物碳酸盐或二氧化硅）导致的组分浓度的变化的影响，但是这些因素并没有对生产力产生任何实际的影响。因此，准确重建生产力就需要为研究地区建立一个年龄-深度模型，并将浓度数据转换为通量的估计值。年龄-深度模型可以根据放射性同位素年龄和天文校正来建立，或者在较粗的时间分辨率下可以利用整个地质阶段或子阶段的平均沉积速率来建立。虽然受多种因素的影响，绝对生产力估计值存在着固有的不确定性，但是在单一地区的长期变化指标通常可以提供生产力随时间变化的可靠信息。

（1）总有机碳

有机物的主要成分——有机碳为生产力计算提供了最直接的指标。在透光带，初级生产者从大气中吸收 CO_2，通过光合作用形成有机质（图 9.9a）。通过光合作用，大量的碳（初级生产力）被固结，并在海洋表层混合层（虽然其在空间和时间上有变化，但通常从几十米到几百米深的范围内）内发生再循环，而其余部分则沉入温跃层下的深海成为粪

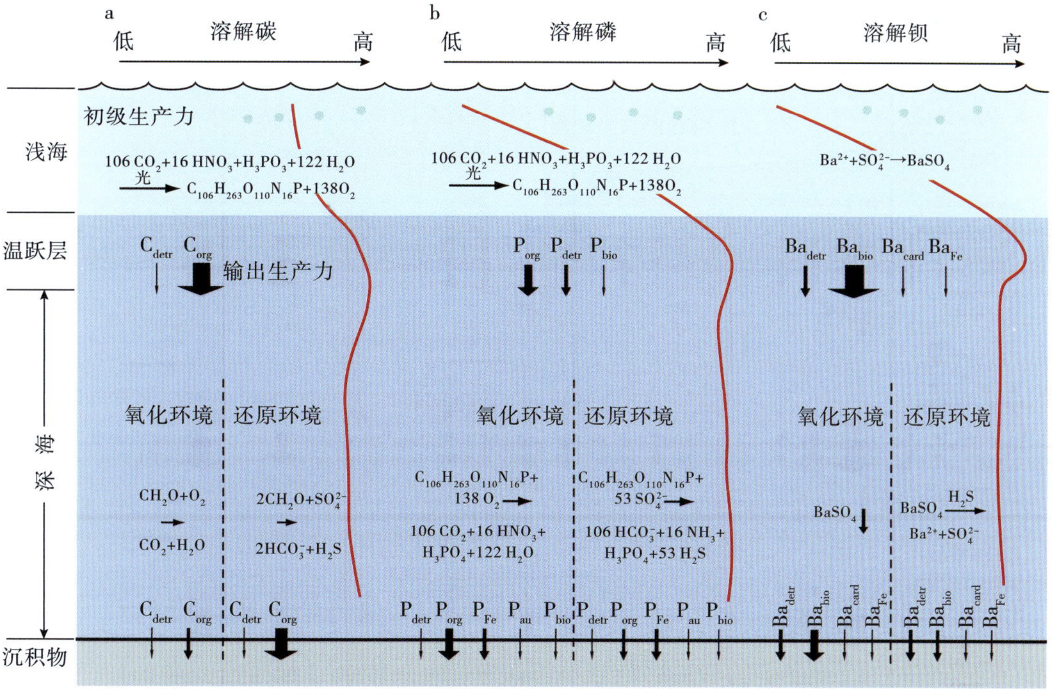

图 9.9 从海洋表层沉降到沉积物中的有机碳（a）、有机磷（b）和生物钡（c）通量

（据 Schoepfer et al.，2015）

箭头的宽度表示通量的相对大小。C_{detr}—碎屑有机碳；C_{org}—原生海洋有机碳；P_{detr}—碎屑磷（在硅酸盐和其他矿物中）；P_{org}—有机磷；P_{Fe}—铁元素结合的磷；P_{au}—自生磷（例如弗朗石）；P_{bio}—生物磷；Ba_{cdetr}—碎屑钡；Ba_{carb}—碳酸盐相中的钡；Ba_{Fe}—铁元素结合的钡

球粒。离开海洋表层的有机碳的数量（称为“输出产量”，export production）可以表示为总初级生产力的一部分，即 pe 比率（particle export，颗粒输出）。在一些研究中，f 比率指外部营养盐输入形成的生产量，因为这些术语在稳态条件下是相等的，所以其与 pe 比率可以互换使用。由于养分的可利用率和浮游生物群落结构不同，以及无机沉积物的沉积作用，这些参数在现代海洋中变化很大，因此几乎没有可预测的地理变化趋势。

根据埋藏有机碳通量来估计古生产力（图 9.10a）需要一个或多个变换方程计算水柱和沉积物的有机碳损失量。由于利用成岩过程中沉积物的有机碳损失量能够很好地估计，因此可以对有机碳沉降通量（即在沉积物-水界面的聚集速率）有相对确切的估算。虽然可以利用有机碳与水深的关系和有机碳沉降通量来估算输出生产量，但是对温跃层和海洋深层水的有机碳损失量的估计仍然是困难的。受沉积速率控制的埋藏效率（burial efficiency）导致沉积物总有机碳的变化量大于有机碳沉积通量（其取决于水深）的变化量。此外，由于 pe 比率具有不可预测性，使得在大多数古海洋系统中利用有机碳沉积通量不能够得到可靠的初级生产力估算值。由于输出产量参数与底栖生态和氧化还原条件直接相关，因此输出产量参数对古海洋研究具有重要意义。

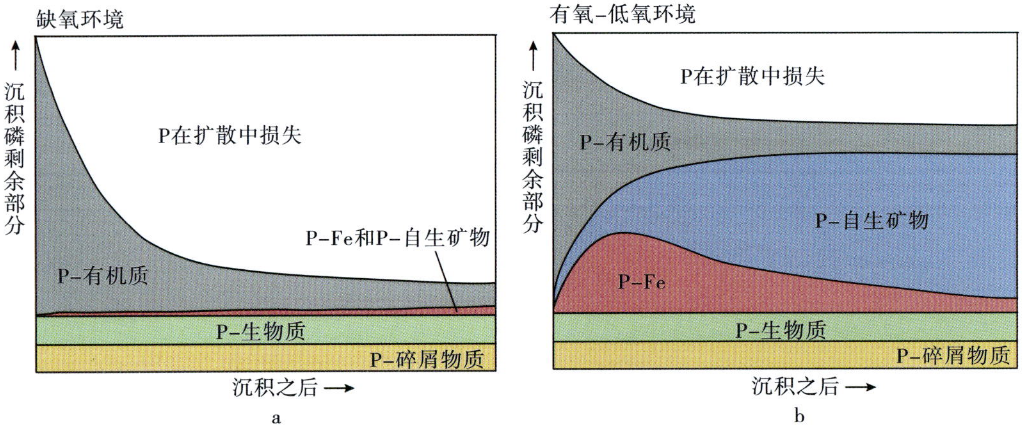

图 9.10 在成岩作用中沉积磷随时间的变化

（据 Schoepfer et al.，2015）

a—缺氧岩相；b—氧化相

（2）有机磷

磷是海洋浮游植物生长的必需营养物质，是所有生物体的结构和功能成分。它以溶解质和颗粒形式存在于海水中。其中溶解质磷包括无机磷（通常为可溶性正磷酸盐形式）和大分子胶态磷。颗粒磷包括生物和浮游生物中的有机磷以及生物磷灰石（例如，牙齿、鳞屑、牙形石）、自生磷矿物的沉淀物和吸附在颗粒物上的磷（如铁结合的磷）。

在海洋沉积物中有机物是大多数磷的最终来源（图 9.9b），而通常碎屑磷（即在陆源硅酸盐和其他矿物中的磷）约占磷总量的 20%以下（图 9.9）。因此，可以把磷总量作为有机磷的指标。生物磷灰石通常也是海洋沉积物的次要组成部分，但在一些具有高生产率的上升流环境中，它可能代表大部分磷的埋藏通量。在含氧的现代海洋中，大多数有机磷在埋藏后被再矿化，相当一部分有机磷和铁结合，并释放到沉积物的孔隙水中，其中大部分（>90%）随后扩散回到上覆水体中。然而，一些释放的磷被保留在沉积物中，并最终结合到自生矿物相中（如碳酸磷灰石矿物；图 9.10）。因此，吸附在铁氧化物上的磷通量可以与大陆架沉积物中与有机物有关磷的沉积通量相比较。

磷聚集速率已被用作现代和古代沉积物的生产力指标。在沉积记录中，磷矿石通常与高的有机碳含量相吻合，并且与高的生产力地区（如上升流区）有关。

（3）生物钡

现在研究成果已经明确了钡在海水中的化学行为和循环。钡在海水中的停留时间相对较短（约为 10 ka）。其主要来源是河流径流，主要沉积物是埋藏在海洋沉积物中的重晶石（$BaSO_4$）。通过有机物的沉降作用，大部分重晶石被输送到沉积物-水界面并埋藏，导致局部的钡富集沉积物，这部分钡被称为“生物钡”，即与有机物的沉降通量有关的钡。钡在海水中的其他沉降方式包括硅铝酸盐的吸附、碳酸盐的吸附、氢氧化铁/锰的吸附。

生物钡的来源一直是一个有争议的问题。一些浮游植物和浮游动物可以在细胞内同化钡，产生的量可以远远超过在海水中的浓度。然而，与腐烂有机物中重晶石的自生沉淀相比，在海洋生物中重晶石沉淀物或在天青石中交换的硫酸锶（$SrSO_4$）是次要的来源。重晶石形成于整个大洋水体中而不是仅仅在透光带，这一现象表明在有机物中重晶石具有自生沉淀过程。

生物钡和重晶石都被用作各种海洋沉积物海洋学研究的古生产力指标，包括近期、第四纪、新近-古近纪、白垩纪和古生代。作为古生产力指标，在有氧条件下重晶石具有相对难降解和高埋藏效率的优点（钡的沉淀通量为 30%~50%，而有机碳和磷的沉淀通量则小于 10%）。即使在不利于重晶石保存的缺氧环境中，生物钡在沉积物-水界面的高含量仍然可以使其成为有用的古生产力指标。

9.5.5.2 总有机碳、有机磷和生物钡的协变性

因为在本质上没有一个指标比其他指标更可靠，所以古生产力通常用多个指标进行评估。在许多现代海洋系统中，总有机碳、有机磷和生物钡（或自生重晶石）的结合，表明在有利于保存的条件下，总有机碳、有机磷和生物钡都可以作为输出生产率的替代指标。此外，这些替代指标在冰期—间冰期时间尺度上显示出显著的长期共变性，然而，必须注意沉积速率和物源的岩性成分可能影响钡或铝浓度的可能变化。

在循环良好的现代海洋中，总有机碳、有机磷和生物钡的通量随水深变化很大，其与依赖深度的分解时间和氧化还原条件有关，这些模式反映了保存条件对有机碳和磷的控制（图 9.11a）。

依赖深度的生物钡聚集率是水体中重晶石相对饱和度的函数。深海的重晶石比温跃层更接近饱和，因此颗粒重晶石更可能沉淀，并在较深的水域中存在。

总有机碳、有机磷和生物钡之间的比例也可以从沿横向大陆边缘到深海发生变化。虽然总有机碳、有机磷、生物钡往往表现出可能与初级生产力变化直接相关的共变性，但在总有机碳与其他两种替代指标之一的比值之间可能有很大的差异性，这使得在没有额外信息（这些信息通常只能在古海洋系统中估算）的情况下，利用有机磷或生物钡估计输出产量具有很大的难度。

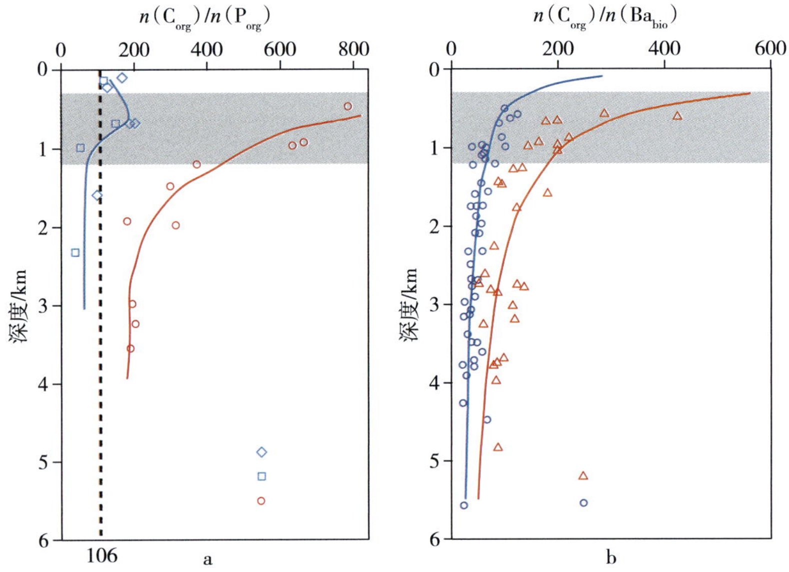

图 9.11 $n(C_{org})/n(P_{org})$ 值、$n(C_{org})$ /n (Ba_{bio}) 值随海水深度的变化

(据 Schoepfer et al., 2015)

a—沉积有机质的 $n(C_{org})/n(P_{org})$ 值，注意密西西比三角洲、墨西哥湾陆架沉积物与阿拉伯海斜坡沉积物之间的差异性。$n(C_{org})/n(P_{org})$ 比为 106∶1 是海洋浮游植物的 Redfield 比率 (Redfield, 1958)；b—沉降颗粒的 $n(C_{org})/n(Ba_{bio})$ 值，注意开阔海和陆棚边缘之间的差异性

9.5.5.3 古生产力的影响因素

控制有机质保存和古生产力估计值的最重要因素为底层水的氧化-还原条件和沉积物的体积聚集速率（BAR）。氧化-还原条件通常对沉积物中元素生产力指标具有强烈的影响。例如，有机碳的 PF（保存因素）随溶解氧浓度的降低而迅速增加，而在相同条件下，有机磷和生物钡则降低（图 9.12）。相比之下，重晶石在氧化环境中的稳定性可能使其在低沉积速率的含氧海洋系统中成为比总有机碳更有效的生产力指标。BAR 对这些元素指标的聚集也有强烈的作用，在较高沉积速率条件下有利于其保存。随着 BAR 的增加，底层水的氧化-还原条件对总有机碳、有机磷和生物钡聚集的影响变得非常不明显，这是快速掩埋和减少氧气暴露时间的结果。

9.5.5.4 古生产力的计算

尽管海洋生产力是全球碳循环的一个关键参数，但是可靠地计算古代海洋生产力还是比较困难的。Schoepfer 等（2015）评估了 94 处第四纪海相沉积物岩芯的 3 种常用的生产力指标的累积速率。对于每一个岩芯，都计算了总有机碳、有机磷和生物钡的聚集速率（mass accumulation rate）。将计算的聚集速率与现代区域初级生产力（primary produtivity）和输出生产力（export produtivity）进行比较，并对两种潜在的控制变量［大量累积速率（bulk accumulation rate，BAR）和氧化-还原环境］进行了比较。结果表明，BAR 对有机碳的保存有很强的控制作用。保存因素与 BAR 相关的线性回归方程可以用公式表示，将

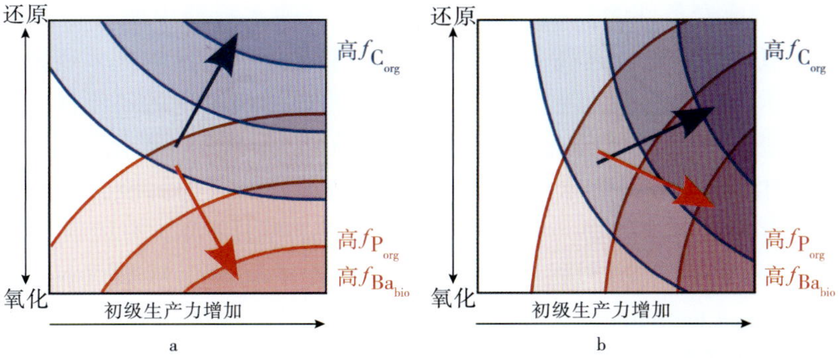

图 9.12 总有机碳、有机磷和生物钡通量与初级生产力（横坐标）和底部氧化-还原条件（纵坐标）之间的关系

（据 Schoepfer et al.，2015）

曲线表示等值线，箭头表示通量增加的方向。在理论上，总有机碳的聚集受到高生产力和还原条件的促进，有机磷和生物钡通过高生产力和氧化条件聚集。在氧化-还原占主导地位的情况下（a），氧化-还原变化对生产力变化的影响比生产力变化（反映在水平等值线上）更强烈，导致有机磷和生物钡之间的负相关。在生产力占主导地位的情况下（b），生产力的变化会产生更强的影响（反映在垂直等值线上），这三种生产力替代指标之间均出现正相关变化

初级生产力和输出生产力作为总有机碳和 BAR 的函数。这两个变量可以很容易地在古海洋中进行测量。也可以利用各种指标元素的代用通量与现代生产力的经验关系来估计古生产力。虽然这些方程式并没有校正保存条件的影响，但是有机碳和磷的聚集速率与初级生产力和输出生产力有系统性关系。由于所有的古生产力计算公式都有很大的不确定性，因此，古生产力只能是数量级的估计值。

对指标通量和 BAR 之间关系的分析，可以使我们了解 BAR 对每个元素指标的主要影响。BAR 的增加将产生以下效应：①BAR 的增加对有机碳保存的影响，在氧化条件下比在贫氧/缺氧相有更大的影响；②BAR 的增加造成较弱的碎屑-稀释效应（clastic-dilution effect），尤其在有机磷中非常明显；③BAR 的增加对生物钡具有很大的负面影响，表现在沉积物-水界面处钡的吸收作用的减少。Schoepfer 等（2015）认为，有机碳和磷通量具有作为古生产力指标的潜力，但是生物钡通量的适用性可能局限于特定的海洋环境。

9.5.6 前陆盆地黑色页岩沉积环境恢复的标志

利用地球化学数据解释页岩沉积环境的方法是多种多样的。页岩的总体化学成分是从源区继承而来的，因此许多元素的浓度受沉积物源的严格限制。鉴于只有在沉积环境中大量增加的元素才对解释沉积环境有意义，因此就必须把沉积环境来源的元素成分与碎屑来源的元素成分区分开来。

9.5.6.1 氧化-还原条件

Adams 等（1958）的经典研究是地球化学相划分的早期尝试，他们认为 Th/U 值是海洋页岩的沉积环境和地球化学相的敏感指标。Zelt（1985）对 Th/U 值进行研究，认为 Th/U 值与海洋页岩的有机碳含量相关，在海洋-咸水页岩中，Th / U 值显示为一条光滑连续的趋势线，可用于推断沉积环境的氧化还原电位（E_h）（oxidation-reduction potential;

E_h 受氧含量和早期成岩条件的控制，氧化还原电位反映水溶液中所有物质表现出来的宏观氧化还原性。氧化还原电位越高，氧化性越强，氧化还原电位越低，还原性越强。电位为正表示溶液显示出一定的氧化性，为负则表示溶液显示出一定的还原性）。

大多数以环境为重点的地球化学研究都集中在沉积环境的氧化程度上（图 9.13）。Berner（1981）的沉积环境的地球化学分类就是一个很好的例子。根据对现代沉积物的观察，他根据是否存在自生铁矿物（如黄铁矿、赤铁矿、菱铁矿）、有机质和锰矿物（如红锰矿、MnO_2）来区分不同的环境，并区分出了有氧（oxic）、后氧（post-oxic）、富硫（sulfidic）和富甲烷（methanic）4 种环境。近年来，早期成岩硫化物的形成机制，特别是沉积黄铁矿的形成机制，一直是古代缺氧地球化学研究的中心主题。在各种图式中，有机碳、黄铁矿硫（DOP）和碳硫比（C/S）被用作区分有氧、缺氧和静海环境的参数。此外，在黑色页岩中通常富含多种微量元素（钼、砷、镉、钴、镍、钒、铅、锌、锰、铜），可以尝试利用各种微量元素和微量元素比值来区别黑色页岩的沉积环境，如静海的、缺氧、有氧的。

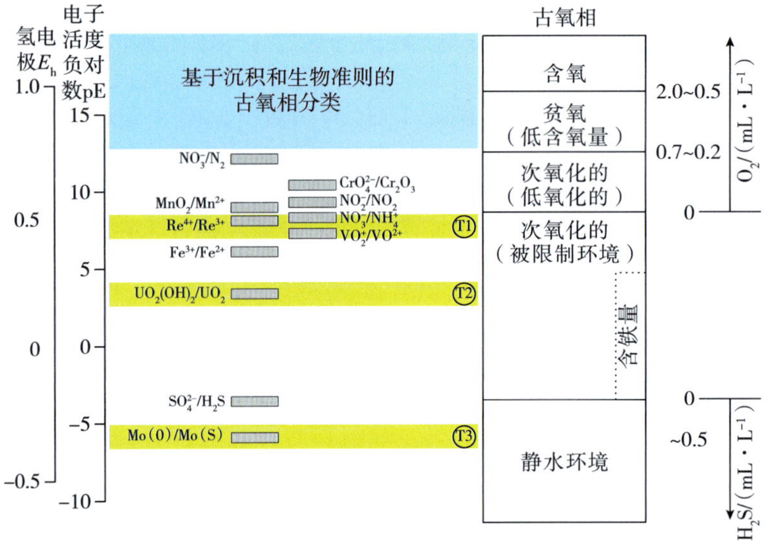

图 9.13　pH 为 7 时的氧化-还原梯度和门限

（据 Algeo et al., 2020）

T1—T3表示不同的梯度带

判定古沉积环境的氧化还原条件对于理解化学反应、物理效应和生物演化至关重要，是古环境研究中必不可少的一环。现代海洋学研究成果表明，气候变暖是现今大洋缺氧的主要驱动力：一部分直接通过溶解效应（温度越高溶解氧量越少）实现，另外也通过改变大洋环流路径、水体混合状态和氧呼吸作用来间接实现。尽管底层水缺氧促进了黑色页岩的形成，但某些生态指标（如大型底栖化石和生物扰动等）暗示底层水可能并不是永久缺氧的。

（1）无机地球化学指标

铁组分、草莓状黄铁矿粒径、微量金属元素含量或富集系数、非传统稳定金属同位素

（钼、铀、硒、锌、铜等）、C_{org}/P 和生物标志化合物等都可以指示氧化-还原条件。Clayton 等（1966）最早使用了古氧化-还原（paleoredox）这一术语，后来被广泛接受和使用。此外，在描述溶解氧量不为零的低氧环境时，还使用了其他几个类似的术语，包括低氧的（hypoxic）、贫氧的（dysoxic）、次氧的（suboxic），均是不太精确的定义。通过大量现代沉积和海洋观测等，Canfield 等（2009）认为，次氧化带通常与缺氧相、氧化相相互重叠，因此建议废弃次氧化这一术语。在地球化学参数上，贫氧环境（dysoxic 或 hypoxic）与氧化环境（oxic）是类似的，金属元素的氧化-还原指标都很低，因此很难去甄别这两种沉积环境，更多的是基于沉积学和动物准则去区分这两种环境。而贫氧和次氧化环境的区分主要是基于电子受体（即氧化剂）从氧气到硝酸盐的转变。Algeo 等（2020）更进一步将次氧化带分为：①氧化亚带（suboxidized zone），低的溶解氧量，属于真正的次氧化环境；②还原亚带（subreduced zone），溶解氧量或硫化氢含量为零，真实对应于通常使用的缺氧-铁化条件（图 9.13）。

在古环境中，缺氧相特征是指溶解氧量为零，使用溶解硫酸盐作为主要电子受体在氧化-还原反应的带或相进行反映。缺氧相可分为铁化（水溶解二价铁离子存在，缺乏硫化氢）和硫化（缺乏水溶解二价铁离子，存在硫化氢）两种水体类型。目前常用的方法如下。

A. 利用元素对的比值（或多元素的比值）标定古氧化-还原条件

Cr、Th 难溶于水，含量几乎不受水体氧化-还原条件影响，因此，可以利用 V/Cr 值和 Th/U 值评价水体氧化-还原条件。通常，当 V/Cr<2 时，指示水体为氧化条件；当 V/Cr=2.0~4.25 时，指示贫氧条件；当 V/Cr >4.25 时，指示缺氧条件。当 Th/U 值为 0~2 时，指示缺氧条件；Th/U 值达到 10 时，指示强氧化条件。当 U/Th< 0.75 时，指示氧化条件；当 U/Th 为 0.75~1.25 时，指示贫氧条件；当 U/Th> 1.25 时，指示缺氧条件。V 和 Ni 优先富集于缺氧条件，因此可以利用 V/(V+ Ni) 值推测古沉积环境，当该值大于 4.6 时，其指示贫氧-缺氧条件。此外，Fe-S-C 三角图也可用来判断古氧相条件。详细的分类标准见表 9.1。

表 9.1 常规的通用古氧化-还原指标阈值判别标准

指标	氧化	贫氧	次氧化	缺氧	硫化	来源
Ni/Co	< 5	5~7	> 7			Jones 等（1994）
V/(V + Ni)		0.46~0.6		0.5~0.84	> 0.84	Lewan（1984）；Hatch 等（1992）
V/Cr	< 2	2~4.25	> 4.25		> 4.25	Jones 等（1994）
U/Th	< 0.27	0.27~0.50		>0.50		Wignall 等（1996）

B. 利用过渡金属元素的自生富集系数标定古氧化-还原条件

由于双变量图的阈值高度依赖于研究目的层专有性和区域岩性背景值的特殊性，其结果往往并不可信，因此可以利用过渡金属元素的富集系数（或其他更有力的常用指标）标定古氧化-还原条件。

在沉积物（岩）中对氧化-还原条件敏感的元素由碎屑和矿物构成，可以利用后者重建水体的氧化-还原条件。为了校正或剔除碎屑部分和碳酸盐岩以及生物硅稀释的元素分量，通常选择铝或钛等生物地球化学保守元素来校正矿物。

（2）有机地球化学指标

Slatt（2011）指出，可以利用页岩的有机地球化学特征来评价岩石的有机丰度（即总有机碳）、质量［例如，干酪根分析、氢指数（HI）］和成熟度（例如，t_{max}、镜质体反射率等），通过ROCK-EVAL分析来估算生成的碳氢化合物的数量和类型。多产气的页岩通常具有高有机质丰度（通常总有机碳>3%）和高HI值（>350 mgHC/gm）的特征。总有机碳一般具有与伽马射线测井响应相同的趋势，较高的总有机碳岩石表现出较高的API伽马射线计数。在各种常见的干酪根类型（Ⅰ—Ⅳ型）中，许多页岩含有Ⅱ型干酪根（易生油）或Ⅱ/Ⅲ型干酪根（易生油/气）。利用镜质体反射率（R_o）测量的有机质成熟度的结果表明，通常页岩油的R_o为0.6%~0.9%，页岩气的R_o大于1.1%。虽然富含有机质地层的厚度变化很大，但是一般大于65 m；较厚的岩石可以降低有机质的排出效率，使得在最初期的有机质排除阶段中可以保留更多的碳氢化合物，所保存的总有机碳可以在更深和更晚的埋藏中成熟和生成。

地球化学生物标记物是判断泥质沉积环境中底层水含氧或缺氧条件的指标。甾烷可用于区分海洋和陆地来源的有机源物质。在沉积物中，γ-ce烯（gamma cerene）的存在表明盐度较高。因此可以在页岩中提取真核生物标志物作为恢复古环境的指标。

虽然钼元素（Mo）的含量被认为是缺氧环境的代用指标，但是也可以用总有机碳和ROCK-EVAL的分析结果来确定缺氧环境的参数。例如，在源岩中可提取的有机物的量通常由干酪根分解（气相色谱图上的S1峰）和残余干酪根（S2峰）组成。在总有机碳的S1和S2峰中可以提供残余油气潜力指数（remaining hydrocarbon potential，RHP）。在具有类似的埋藏史且不具明显分层的地层层段内，S1和S2的变化反映了有机物保存量的变化。

9.5.6.2 有机物的来源

页岩组分的稳定同位素研究是通过对有机质（碳同位素）、碳酸盐矿物（碳和氧同位素）和黄铁矿（硫同位素）的研究进行的。利用页岩中的碳同位素可以识别有机物的不同类型的来源或起源。例如，可以判断特定的有机物是来自陆地植物还是海洋生物。此外，利用化石壳和页岩中的石灰岩夹层中碳和氧同位素可以区分海洋沉积物和非海洋沉积物，也可以利用未改变的生物成因的海相碳酸盐岩的氧同位素数据来估计古温度。

9.5.6.3 硫酸盐还原菌还原海水硫酸盐的过程

黄铁矿硫同位素数据主要记录了硫酸盐还原菌还原海水硫酸盐的过程。硫酸盐还原菌的减少伴随着黄铁矿硫的富集［轻同位素（^{32}S）］，发生的分馏以$\delta^{34}S$来表达。相对于同时期的海水，在40~50 mL $\delta^{34}S$的分馏是可预测的。在页岩中，硫铁矿的硫同位素数据要么表明了这种预期的分馏（需要了解同时期海水的硫同位素组成），要么表明硫同位素值比预期要重得多（$\delta^{34}S$以上）。在前一种情况下，人们可以假定沉积盆地与世界海洋是连通的，而在后一种情况下，人们可以推测具有孤立的盆地和有限的硫酸盐池。在沉积物中黄铁矿的形成时间对它的硫同位素的组成有较大的影响。一般来说，黄铁矿形成的时间越晚，硫铁矿的“质量”越大（$\delta^{34}S$的增加），因此，对黄铁矿硫同位素的研究应该建立在对样品的岩石学观察的基础上。

9.5.6.4 古生产力

初级生产力是指光合作用的固碳能力。通常可以利用碳和氮稳定同位素、分子生物标志化合物、总有机碳和某些微量元素丰度等多种地球化学指标表征初级生产力。生产力的敏感性元素包括钡、铜、镍、镉和锌等，可以选择 P/Al、生物来源的 Ba 和 Zn（Ba_{bio}、Zn_{bio}）或过量的钡、锌含量及（Ni+Cu）/Al 作为古生产力指标，并消除陆源输入对指标的影响。$Zn_{bio}=Zn_{tot}-Al\times(Zn/Al)_{PAAS}$，$(Zn/Al)_{PAAS}$ 标准值是 0.001（Taylor et al.，1985）。$Ba_{bio}=Ba_{tot}-Al_{total}\times Ba/Al_{alu}$，$Ba/Al_{alu}$ 作为碎屑 Ba/Al 值，是常数 110×10^{-4}，而 PAAS 标准 Ba/Al 比是 65×10^{-4}。由于在碎屑沉积物中大量钡可能在风化、搬运过程中丢失，因此，通常会高估基于上地壳平均组分的 $(Ba/Al)_{detr}$ 值，从而导致对生物屑中钡含量的低估，因此十分重要的是，应该运用目标区的碎屑 Ba/Al 背景值，而不是诸如 UCC、PAAS 等标准，以免低估了生产力指标。另外，在海相环境中，钡以生物重晶石的形式沉淀，而重晶石在氧化环境相对稳定，但在缺氧环境易溶于水，因此，在缺氧环境中应该慎重使用钡元素确定古生产力。

9.5.6.5 古盐度

为探讨古盐度，前人曾对硼的分布进行过广泛的研究。在海洋环境中硼元素赋存在自生的伊利石中，一般来说，在海洋页岩中硼的含量大于在淡水和咸水页岩中硼的含量。由于颗粒大小、矿物学和成岩作用都与特定页岩的硼含量有关，因此需要在相似的样品中对这三个变量进行比较。通常来说，化石比硼元素具有更好地反映古盐度的能力。

Wei 等（2020）利用现代贫碳酸盐的细粒硅质碎屑岩建立了定量判别水体古盐度的元素地球化学阈值（图 9.14）。值得注意的是，细粒碎屑岩地层中碳酸盐胶结物或自生碳酸盐矿物等络合的锶易替换碳酸盐矿物晶格中的钙离子以及大离子亲石元素锶、钡沉积后易迁移的属性，导致利用 Sr/Ba 恢复古水体盐度出现偏差。因此，应该利用 CaO 和 Al_2O_3 校正锶值，进行 Sr/Ba 恢复校正。基于元素铁和钙在水中迁移习性不同，Ca/(Fe+Ca) 可判断沉积期水体盐度，Ca/(Ca+Fe) 值越高，指示水体盐度越高，一般 Ca/(Ca+Fe)<0.4 为淡水环境，Ca/(Ca+Fe)>0.6 为咸水环境。经典的硼含量用于古盐度重建有以下限制和不足：①由于纯伊利石中氧化钾含量的不确定性，水体单个古盐度值不应过高（表 9.2）；②所有样品只应考虑黏土矿物的硼含量，其中伊利石多形结构（缺少变质作用改造和贫碎屑白云母，只考虑自生成因）为主；③依赖于氧化钾的质量分数获得的伊利石总量，应该对钾长石进行校正。

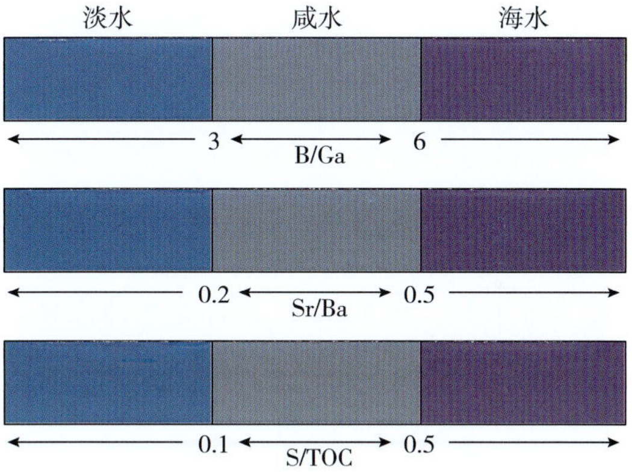

图 9.14 古盐度指标及分级标准

（据 Wei et al.，2020）

Sr/Ba 作为古盐度指标必须剔除碳酸盐组分的影响，只考虑黏土携带的目标元素。注意，S/TOC 用于区分咸水相和海相沉积宽泛重叠，因此 0.5 门限可信度不高

表 9.2　古盐度指标

古盐度指标	计算方程或原理	经验盐度范围	来源
等效硼含量	校正硼＝8.5×B*/K_2O	淡水：<200×10^{-6}；咸水：200×10^{-6}～300×10^{-6}；海水：300×10^{-6}～400×10^{-6}	Walker 等（1963）
Couch 法	$\lg B_k=1.28\lg S_p+0.11$；$B_k=B^*/(4X_i+2X_s+X_k)$	定量古盐度 S_p 范围为 1‰～35‰	Couch（1971）
B*/Ga	盐度越高值越高	淡水至海水	Potter 等（1963）
Rb/K	盐度越高值越高	淡水至海水	Taylor 等（1985）
介形虫组合	每个物种差异的耐盐度	淡水至海水	Frenzel 等（2005）

9.5.6.6　水体的局限程度

利用 Mo-TOC 关系图可以定性-半定量判断盆地中水体的滞留程度，但前提必须是缺氧的页岩，至少应是弱硫化的古海水。由于缺乏必要的硫化氢将可溶态钼酸盐离子转换成活性的微粒硫代钼酸根，因此在氧化或次氧化底水背景下很少堆积自生的钼，表明在此背景中钼的含量低是氧化-还原条件的响应，而不是盆地中古水文条件的响应。

局限盆地和上升流带都会导致有机质的富集和盆地缺氧，可以利用磷、镉、锰和钴等元素指标来区分这两种环境的古水体水文学特征的差异性。上升流提高了初级生产力和随后再矿化有机磷配合至铁的氢氧化物或形成不易降解的生物磷灰石，导致在该区域沉积物中往往含磷高。由于在低氧沉积物中锰还原后再运移至水体，在上升流带上涌的深部大洋水体中锰和钴亏损，导致沉积物中锰和钴含量低。但是在水体局限的盆地中，由于河流输入及与开阔大洋的交换受限，锰、钴含量相对较高。上述是两种理想的端元模式，然而在某些边缘海盆中具有中性表现特征。

由于镉元素是浮游植物必需的生命营养元素，镉含量与初级生产力紧密相关，因此，在上升流带沉积物中大量富镉的浮游植物进入沉积物导致其元素富集，钼元素则受生物更新的影响不明显，所以这两种元素的差异性显示为，在局限盆地 Cd/Mo 值较低，而在上升流带沉积物中，Cd/Mo 值较高。目前利用 Mo-Cd 判别图（图 9.15）和 Cd/Mo-TOC 判别图（图 9.16，图 9.17）来标定水体滞留程度。

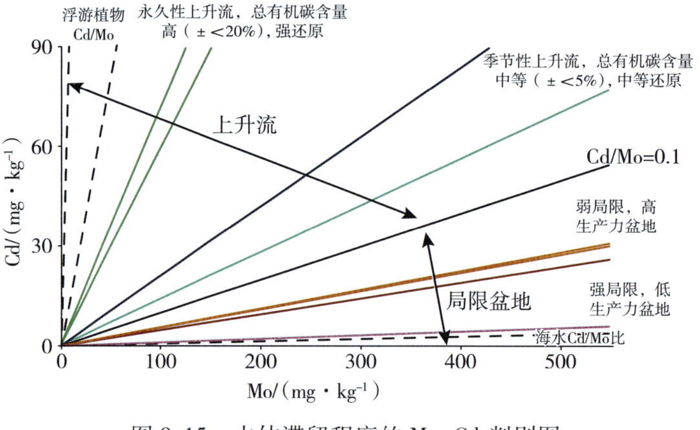

图 9.15　水体滞留程度的 Mo-Cd 判别图

（据 Sweere et al.，2016）

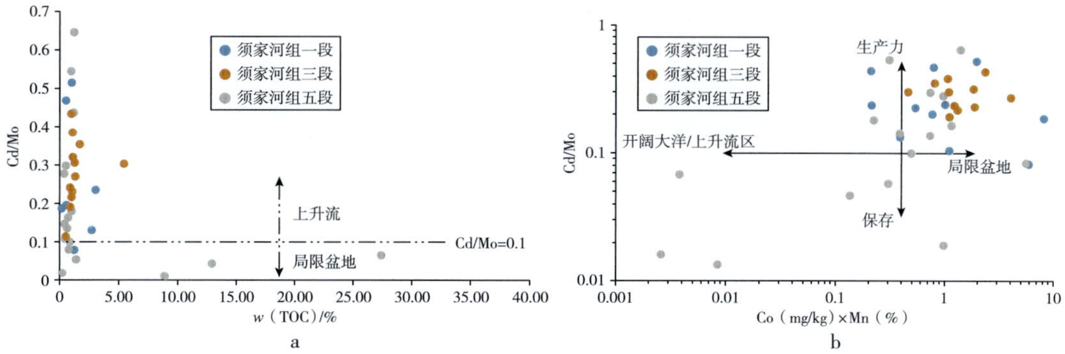

图 9.16　上升洋流与局限盆地的 Mo-Cd 判别图

（据邓涛等，2020；底图据 Sweere et al.，2016）

a—Cd/Mo 和 TOC 判别图；b—Cd/Mo-Co · Mn 交汇图

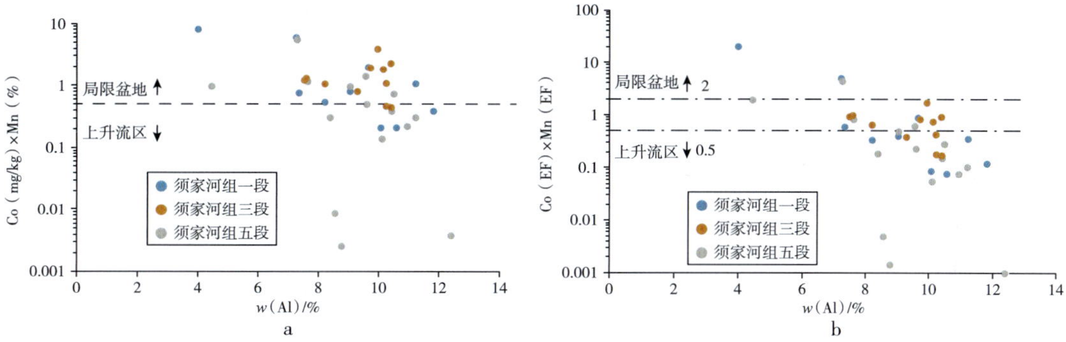

图 9.17　水体滞留程度判别图

（据邓涛等，2020；底图据 Sweere et al.，2016）

a—Co · Mn-Al 图；b—Co（EF）×Mn（EF）-Al 图

9.5.6.7　黑色页岩的生物相模式

Edelman-Furstenberg 等（2015）总结了现代的黑海缺氧滞留盆地、中生代缺氧滞留盆地、古代与现代上升流区黑色页岩的标准生物相模式（图 9.18），这些标准模板能够很好地指示生物与环境的协同演变，表明使用古生物学和沉积学证据能更好地约束黑色页岩沉积期底层水氧含量的水平和垂向变化。

9.5.6.8　沉积速率

沉积速率与陆源碎屑输入紧密相关。快速沉积有助于快速供应和埋藏有机质并能够迅速与上覆氧化条件的水体或沉积物质隔离，因此避免了有机质被氧化或降解。尽管初级生产力是有机质富集的重要因素之一，但极低的沉积速率意味着有机质沉积和埋藏过程中巨大的氧化降解和生物再改造潜力。Tyson（2001）、Ding 等（2015）建立了现代海相沉积和深时二连盆地沉积速率与总有机碳的关系（图 9.19），都认为小于沉积速率的阈值 5.0 cm/ka（即 50 m/Ma）时，沉积速率的提高有利于有机质富集，且氧化环境富集速率更高效（在图 9.19 中有更大的斜率），当沉积速率超过 5.0 cm/ka 时，无论生产力的高或低，都稀释了有机质，只是在高的古生产力时稀释速率会更缓慢。

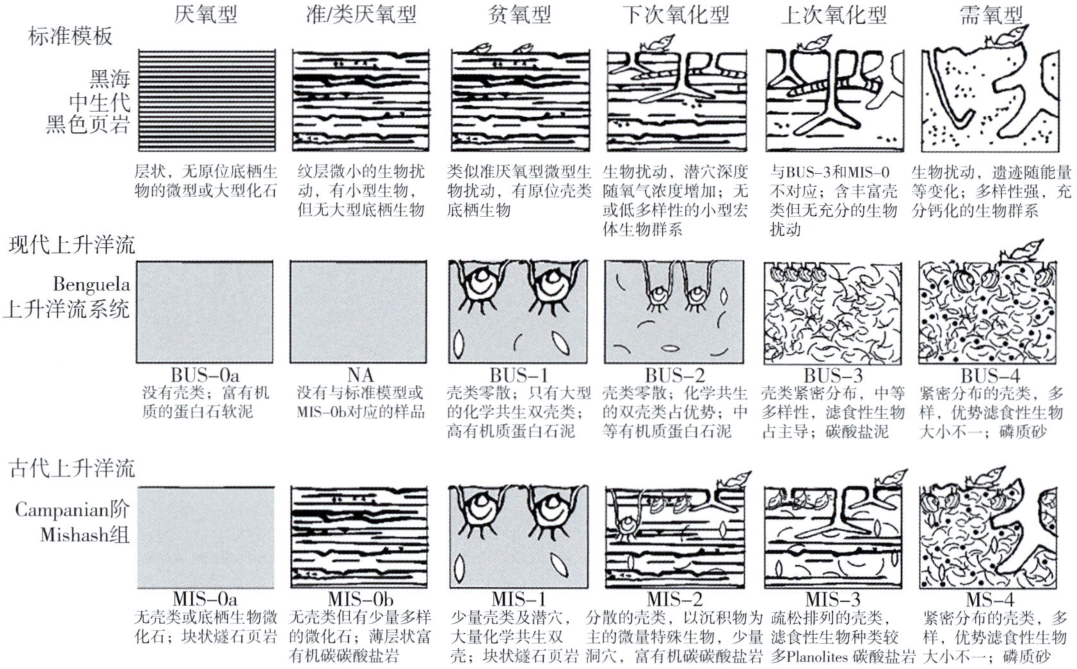

图 9.18　标准低氧生物相模式比较

（据 Edelman-Furstenberg et al.，2015）

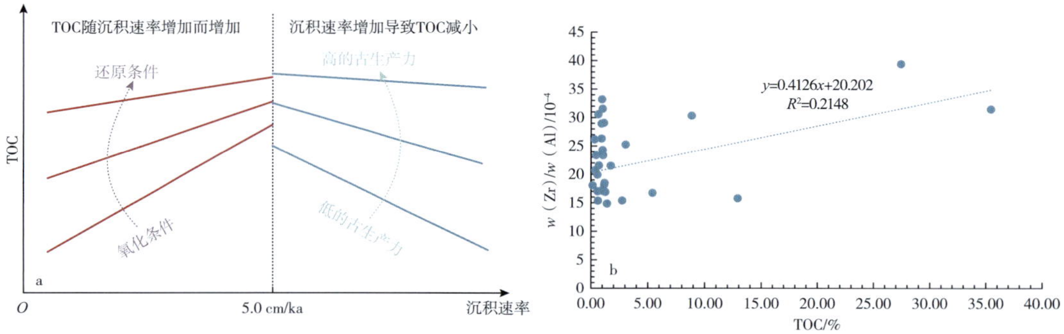

图 9.19　在古湖泊相背景中 TOC 含量和 Zr/Al、沉积速率关系图

（据 Ding et al.，2015）

a—TOC 和沉积速率关系图；b—Zr/Al 和 TOC 关系图

那么是否沉积速率的提高造成了有机质的富集呢？通过分析 Zr/Al（沉积速率的替代指标）和 TOC 的相关关系后发现，相关系数很小，呈现为弱的正相关关系（图 9.19b）。表明除了沉积速率外，古氧相、古生产力、古盐度等都可能对其有影响，当然也可能是有机碳的来源的不同。

9.5.6.9　古气候替代指标

在许多泥页岩细粒沉积物中，黏土矿物主要由黏土级（<4 μm）矿物组成，特别是在海相地层，由于海相沉积物中黏土矿物通常假设继承于源区母岩的风化，而化学风化最终

受控于气候变化，黏土矿物组合广泛被用于古气候替代指标。黏土矿物古气候指标其他潜在假设认为黏土矿物组合在成岩过程中没有经历巨大蚀变。然而，最近对于细粒沉积物物源和沉积过程的理解暗示，泥岩中黏土矿物具有多种成因。沉积学和岩石学分析表明，细粒沉积物复杂的源区和分散过程及沉积路径系统，对黏土矿物组合用于定性/半定量解释古气候提出了巨大挑战。

黏土矿物组合等能够提供特定的古气候意义，如高岭石的大量出现表征湿热气候盛行。但是首先要确保在沉积岩中黏土矿物主要是碎屑成因，即直接源于母岩化学风化或物理剥露，并剔除成岩作用的影响。黏土矿物组分对埋藏成岩作用很敏感，如蒙脱石递进伊利石化和绿泥石化。前人还常常利用化学风化指数（最常用CIA）的大小来表征古气候变化，CIA值越高，气候越湿热。此外，也可以利用现代古土壤和水文学数据建立的风化指数与年均降雨量和年均温度的定量关系来研究深时古气候。

9.6 前陆盆地黑色页岩形成的控制因素分析

近年来，在大量的海洋沉积物和碳质岩石的形成环境中，有机碳的富集和起源一直是人们关注的焦点，也突显了对长期以来的持有观点的关注，即海洋缺氧对海洋沉积物中有机碳含量升高和聚集起着主要的控制作用。该观点也重申了人们曾普遍持有的观点，即闭塞的（euxinic）或有障壁的盆地（barred-basin）环境对黑色页岩的成因起着主要的控制作用。

近年来，在海洋研究中发现了一种新的富有机质-富碳沉积物（organic-carbon-rich deposits）的形成机制。该机制涉及海洋表层初级生产力的增加，并支撑了海底有机碳通量的增加。尽管确定碳质沉积物成因的两种解释的相对重要性对于海洋碳循环的模型有着重要的影响，但二者还没有得到充分的检验。

在最近20年中，在大西洋和太平洋的深海钻探项目（DSDP）重新激发了对识别黑色页岩形成环境的研究兴趣。在北大西洋、南大西洋和中西太平洋上的中-下白垩统中，都可以看到细层的、富黄铁矿和富有机碳的页岩。一般来说，用完全停滞的海洋（a wholly stagnant ocean）和氧含量最小带（oxygen-minimum zone）的扩张这两种理论来解释这种现象的。显然，现有的盆地演化模型和有机质聚集主要是建立在水柱缺氧条件下形成的黑色页岩的基础上。然而，Parrish 等（1982）提出了一种截然相反的观点，即大多数黑色页岩的产出位置都可以用曾经发育上升洋流的沉积作用来解释，并指出没有必要将缺氧条件作为对碳质相聚集的基本控制条件。

9.6.1 缺氧、有机质生产力对黑色页岩形成的控制作用

Pedersen 等（1990）分析了现代和第四纪沉积物中有机碳聚集，研究了水柱缺氧或厌氧条件沉积的有机碳优先保护的促进作用，利用最近的海洋-大气耦合模型的一些结果对白垩纪广泛分布的黑色页岩形成的可能的海洋条件进行了分析。认为控制表层水体中产生有机质的机制很可能是导致富有机质沉积物和岩石形成的主要因素。这一解释为大量有机碳在沉积物中的封存机制提供了重要的约束条件。

9.6.1.1 海洋有机质生产力

在开放海洋中，有机质的初级生产力是由各种单细胞浮游生物完成的，其活动受营养供应和太阳辐射的影响。在热带海洋中，到达海面的光线是充足的，但是在高纬度通常不足以维持持续的生产力。光衰减将光合作用限制在相对较浅的表面（光透）区域，在清澈的开放海洋水域的深度为100~120 m，而在浑浊的近岸区域的深度只有几米。因为它们被浮游植物消耗，所以在透光带中营养物质通常以非常低的浓度存在；从表层输出的沉降有机碎屑经细菌降解后，在一定深度营养物质又回到水中。因此，只有通过垂直混合或水平供应持续将营养物质从下方供应到透光区时才能进行浮游生物生产。垂直混合作用通常更为重要，通过湍流或上升流向上的混合作用使水柱的垂直稳定性受到影响，上升流是海洋表面分异作用导致的大规模的垂直流动。

在海洋中，有机碳光合生产量的区域变化（图 9.20）反映了受到物理和化学条件的控制。在中纬度的旋转中心，其特点是生产率低，因为温暖的表层与深层始终处于很稳定的分离状态。表层获得营养的唯一方式是通过风力驱动的混合作用能够穿越温跃层。在赤道地区，由于水向远离赤道的搬运导致了表面分异作用，使海水从浅层上升，使生产力能够持续达到全年中等水平。然而，在高纬度地区，冬季风的混合作用给表层施肥，高生产率发生在春季和夏季，透光层加厚，太阳能加热使表层稳定。高生产速率也出现在东部边界洋流区域，埃克曼运输（Ekman transport）和信风驱动表层水向远离海岸线方向移动，并导致沿岸上升洋流的形成。因此，在开放海洋中有机质的生产力主要受向透光带的养分供应的控制，进而受到水柱垂直稳定性的控制。

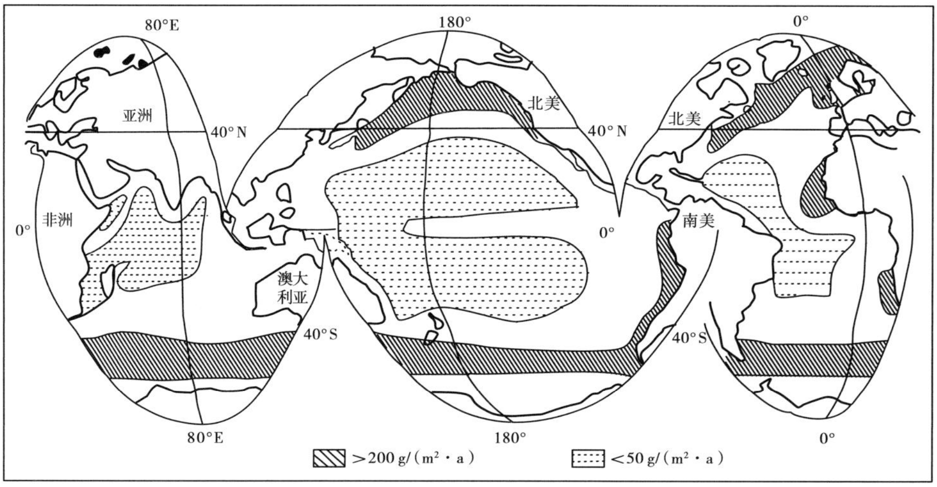

图 9.20 海洋初始有机质生产力分布图

（据 Pedersen et al.，1990）

9.6.1.2 有机物的沉降通量

在透光层中产生的有机物的一部分被输出并沉降到更深的水中，部分物质在沉降过程中被氧化，部分物质被底栖生物用作食物，部分物质在沉积物中进一步降解，剩余的有机物被掩埋。这些过程的相对重要性在不同的海洋中有很大的变化，这取决于生产力水平、水的深度、沉降速率和氧化剂的有效性。一般通过粒子拦截器捕获方法对不同深度的通量进行采样，测量由食用、碎裂和排泄产生的有机碎屑的沉降通量。Betzer（1984）对这一估算进行了改进，表明有机质的输出量不是生产速率的线性函数。由于在高生产率条件下通过食用消耗量不高，因此在高生产率条件下输出的碳比例要高于低生产速率条件下。因此，高生产率地区与低生产率地区相比较而言，在给定的海底区域和给定的深度，位于高生产率的地区通过沉降而接收的碳比例更高。

9.6.1.3 海洋沉积物的有机质含量

在海洋沉积物中有机碳的浓度受其供应速率、埋藏后的保存程度以及其他沉积成分的稀释程度等因素的影响。其他沉积成分的稀释表明，沉积物的组成由所有组分的聚集速率决定，并且任何给定组分的绝对浓度均不是孤立的。尽管如此，对沉积物中有机碳浓度的一级控制因素是沉降通量的大小。对最新的太平洋海洋资料进行汇编的结果（图 9.20）显示，含碳量超过 0.5%的沉积物被限制在靠近大陆的边缘地区。在开阔海域中，在中部的低产量区域含碳量小于 0.25%，而含碳量值略高的区域包括生产力略高的区域、赤道、亚北极和次南极地区。

在现今的安哥拉和秘鲁—智利洋流发育的陆架和斜坡地区，聚集了富有机质的碳质硅藻沉积物（图 9.21），极大地说明了极高的沿海生产量和短暂的有机碎屑沉降过程的影响。由于在这些地区发育上升洋流以及缺乏来源于邻近干旱地区的陆源沉积物，碳质硅藻以非常高的速率聚集。这些事件说明在形成特定成分沉积物中沉积物供给与稀释作用之间复杂的相互作用。因为高的碳通量带来了高的耗氧量，所以这些地区的底层水域通常缺乏溶解氧。然而，缺氧条件并不是造成沉积物中碳含量高的原因，而是在表层水中极高的生产力以及伴随的高水柱和底栖氧气消耗的结果。

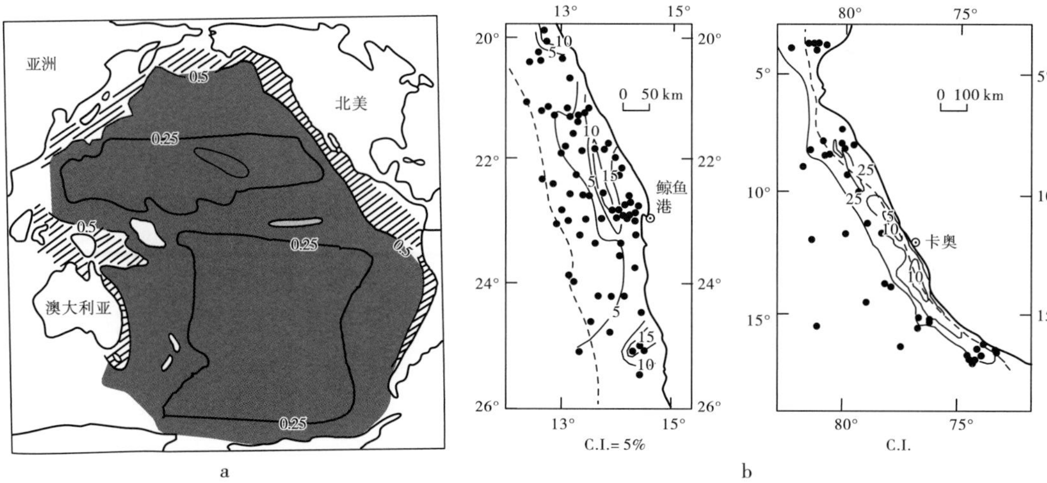

图 9.21 太平洋及大陆边缘海岸带表层沉积物中有机碳（质量分数）的分布

（据 Pedersen et al.，1990）

a—太平洋表层沉积物中有机碳的分布；b—大陆边缘海岸带表层沉积物中有机碳的分布

（左图为纳米比亚沿岸，虚线表示大陆架坡折带；右图为秘鲁大陆边缘）

在海洋沉积物中，有机物的保存程度取决于在沉积物中细菌能够代谢有机物组分的程度。这种保存通常是由有氧气存在或缺乏来控制的，进而由上覆海水中存在或不存在游离氧来控制。这一概念似乎深深扎根于地质文献中，显然这一概念源于这样的信念：在没有氧气的情况下，有机物的氧化是不会发生的，或以很低的速率发生。目前支持这种观点的人已经非常少了。这种分析的重要意义在于，缺氧环境并非真实的原因，因为氧气不存在，因此有机物可以优先保存。即使硫酸盐还原的降解效率可能是较低的，沉积的有机物也会继续降解。净效应是有效地减少埋藏在沉积物中的碳的比例。

9.6.1.4 缺氧盆地

缺氧盆地（anoxic basin）被定义为在一定深处的水含有游离硫化氢的环境。当溶解氧向较深水域的补给速率低于需氧体的消耗速率时，这样的缺氧水体就形成了。在氧气和硝酸盐耗尽之后，大量溶解的硫酸盐被用作有机物降解的主要氧化剂，并以副产物的方式产生硫化氢。在现代海洋中，缺氧条件形成于两种不同的环境。其一，物理屏障将水体与来自开放海洋的水进行隔离，并且有效地限制在物理屏障深度以下的溶解氧补给，使得在密度跃层以下永久地不存在氧气。这些盆地的例子包括挪威峡湾、不列颠哥伦比亚省的峡湾、黑海和 Cariaco 海沟。其二，由于初级生产率非常高，耗氧量高于其补给量。这种情况发生在与开放海之间没有物理屏障和沿岸上升洋流发育的区域。

9.6.1.5 氧气最低限度

在海洋水柱中，氧气最低限度（oxygen minimum）出现在由于微生物分解沉积的有机碎屑导致溶解氧浓度减少的深度，在该层中平流缓慢且长时间不与大气圈接触。因此，最小浓度值的强度随水体的年龄和上覆水域的初级生产力水平而变化。在热带的东太平洋和阿拉伯海发育十分明显的最小浓度值，一般在 200~1200 m 的深度范围内，偶尔会发现游离的硫化氢。因此，在开阔海域的一些地区的底部水域是几乎完全缺氧的，其中的氧气最低限度区域与大陆斜坡相交。Pedersen 等（1990）认为没有明确的证据表明在现今最低氧气含量的沉积物中有机碳的优先积累，因此，这种环境不应该用来解释在中等水深处碳质沉积物和岩石的形成。

综上所述，前人对富有机物的沉积物和岩石起源的普遍解释是，它们是在缺氧条件下形成的沉积物。然而，最近的研究表明，高的初级生产力而非水柱缺氧对现代海洋中富有机物相的聚集提供了一级控制：在大陆边缘或边缘海环境中，氧的极小值似乎对碳的聚集没有任何直接的影响。缺氧的简单存在并不能促进埋藏富含有机物的沉积物。事实上，最近的研究表明，在快速积累的沉积物中，厌氧细菌代谢对于有机物质的降解在数量上是重要的。黑色页岩的形成关键在于有机质向沉积物的输入通量，而不是沉积盆地的氧化-还原状态。因此，缺氧的存在或者不存在并不是控制海洋、边缘海的富碳沉积物聚集的基本因素。

9.6.2 黑色页岩形成的构造控制与威尔逊旋回

虽然细粒沉积岩是地层记录中最普遍的组成部分，但是在显生宙，黑色页岩的分布主要局限于 6 个地层层位，它们占显生宙时间的 1/3。

Trabucho-Alexandre 等（2012）采用了威尔逊的观点，即海洋盆地具有生命周期，对显生宙黑色页岩而言，在每一个阶段都有自己独特的岩石类型和结构。黑色页岩可能沉积在威尔逊旋回的大部分阶段，但是沉积环境和部分黑色页岩的类型（图 9.22）取决于在威尔逊旋回阶段的每个盆地类型。同样，在整个显生宙黑色页岩都有沉积，但是相对普遍的黑色页岩沉积时期与火山活动和构造活动增加的时期相吻合。虽然每个盆地都有自己的构造历史，可能或多或少是复杂的，但是它们的沉积环境的演变大多是相似的（图 9.22；表 9.3）。在显生宙中不同时间间隔的例子说明了盆地的发育是如何控制黑色页岩沉积环境在时间和空间上的分布，以及部分地控制着黑色页岩沉积的特征。由此产生的模型代表了一个全面的、动力的古环境与黑色页岩聚集；因此，与现有的 3 种模式相比，这种模型对黑色页岩的解释更有用。

表 9.3 在威尔逊旋回中的黑色页岩及沉积环境

威尔逊阶段		实例	过程	环境	形成环境
大陆裂谷	陆地的	东非裂谷	地壳变薄，抬升	冲积的，湖泊	湖泊
	洪泛的	爱琴海	地壳变薄，抬升，海水入侵	限制性浅海，扇三角洲	浅海
幼年期盆地		红海	扩张，抬升	小陆架，浅海底	河口
成熟的海洋	开放的	大西洋	扩张	开阔陆架，深海底	陆架
	封闭的	太平洋	扩张，俯冲	窄陆架，很深的海底	上升流带
火山岛弧		西太平洋	俯冲，火山作用	弧后盆地，深海海底	无
最终汇聚盆地		地中海	压缩，抬升	边缘盆地	河口
前陆盆地	周缘的	波斯湾	岩石圈挠曲，沉降	边缘盆地	河流三角洲，浅海
	弧后的	安第斯盆地		边缘盆地	河流三角洲，浅海
造山带		喜马拉雅山脉	压缩，抬升	冲积层	无

（据 Trabucho-Alexandre et al.，2012）

9.6.2.1 板块构造和表生过程

板块构造对地球物理表面和外生循环的影响是复杂的、非线性的。然而，长期以来人们都认识到板块构造具有影响气候变化的潜力，在短期和长期的时间尺度上，板块构造导致了地球地理的变化，从而导致了沉积环境的演化。目前已经对超级大陆周期、超级地幔事件、黑色页岩沉积和其他地质异常情况进行了对比，这些研究成果代表了我们对显生宙黑色页岩的时间分布的理解方面的重大飞跃，为在显生宙的特定地层间隔内的黑色页岩地层聚集提供了可能的答案。

Trabucho-Alexandre 等（2012）探讨了黑色页岩沉积环境的驱动因素，描述了海洋盆地演化与黑色页岩沉积之间的关系，即威尔逊旋回与富有机质沉积物之间的关系（表 9.3），它有助于更好地理解黑色页岩的时间和地理分布以及它们形成的各种环境。

9.6.2.2 古代黑色页岩的沉积模式

Wilson（1966）描述了海洋盆地的生命周期，并指出每个阶段都与特定的岩石类型和

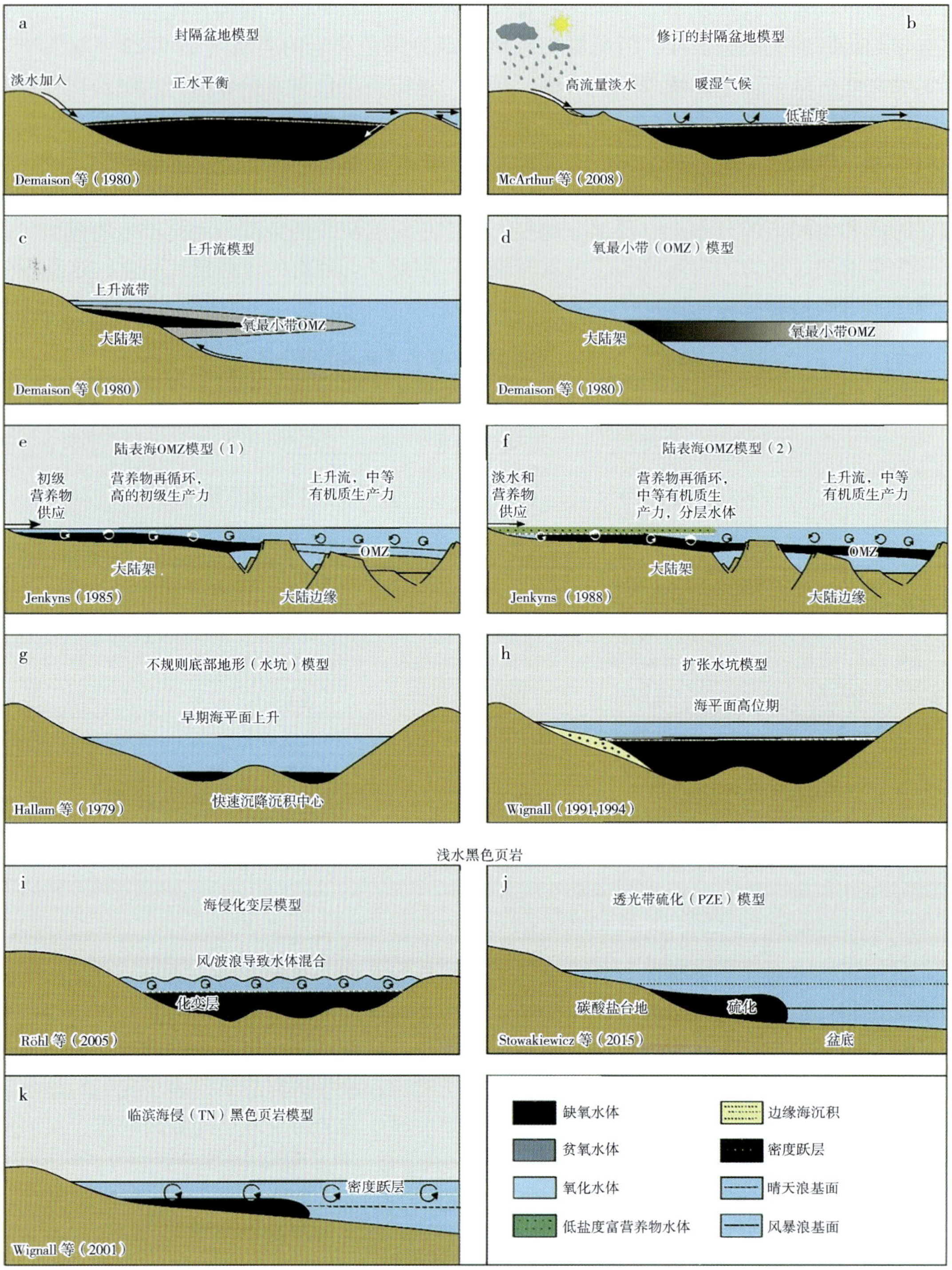

图 9.22　陆表海典型黑色页岩沉积模式

（据 Arthur et al.，1994）

结构有关，但是没有提到黑色页岩。黑色页岩是有机质生产、浓缩和保存的产物，它们一直沉积于各种水下环境中，包括但不限于：①在大陆裂谷环境中的湖泊和浅陆表海；②在海侵和高水位期间被淹没的陆地浅海区；③与海侵和上升流相关的浅水的陆表海（特别是在外陆棚上）；④在大陆坡中远洋区域、海底山与最低氧层的交互带，通常与富营养水体的上升流有关；⑤由于浊流的传输而形成的深海盆地底部。

在威尔逊旋回的最后阶段，发育俯冲、海洋盆地闭合和造山运动，导致前陆盆地的形成。通过海盆的闭合山脉开始建造，在造山带的生长过程中，地壳的构造负载导致在造山带两侧形成了容纳空间。容纳空间的初始创建是非常迅速的，浅水的海侵跨越整个盆地。然而，由于没有大面积的陆地剥蚀沉积物来充填盆地，所以沉积物-饥饿是前陆盆地初始阶段的特征。水柱中的泥和有机物构成了主要的沉积物输入量，并沉积在盆地的底部，可保存为黑色页岩。这种情况以位于大陆地壳上的弧后前陆盆地（如阿巴拉契亚盆地）最为典型。在阿巴拉契亚山脉以西的盆地中，泥盆纪和二叠纪黑色页岩反映了古大西洋和瑞亚克洋关闭期间的前陆盆地沉积物。然而，随着陆上地形起伏度的增加，由于粗粒的硅质碎屑岩沉积物的稀释作用，黑色页岩停止发育。位于汇聚板块边缘的周缘前陆盆地有不同的情况，其接收大量的碎屑沉积物，形成了巨厚的、类似复理石的序列。

9.6.2.3 威尔逊旋回对黑色页岩形成的构造控制

对古代黑色页岩沉积环境的解释主要有三种简单的沉积模型，但是这些沉积模型没有捕捉到黑色页岩沉积环境的复杂性和动力机制。这三种模式分别是：限制环流（restricted circulation）、海洋（开放）氧气最低限度［the（open）ocean oxygen minimum］和大陆架模式（the continental shelf model），是对整个盆地威尔逊旋回过程中出现和共存的黑色页岩沉积环境的过度简化，即从开始的大陆裂谷到造山闭合运动的海洋盆地演化特征的事件和阶段的动力序列。Trabucho-Alexandre 等（2012）利用显生宙的实例研究了威尔逊旋回的背景下黑色页岩的空间分布，结果表明，黑色页岩沉积环境的地理分布和黑色页岩在盆地充填序列中的位置主要取决于盆地的演化，盆地的演化控制了黑色页岩能够沉积的环境发育。沉积的黑色页岩的性质（包括岩性和有机物类型）也与盆地演化和古地理有关。

概念模型和现代类比物有助于古代黑色页岩演化的解释。然而，均一化、过于简化的模型实际上是解释黑色页岩聚集环境的一个障碍，因为它们通常是简单的、静态的海洋图形模型，并没有考虑到两个非常重要的变量，包括：①盆地的构造背景和演化；②由于岩石圈板块运动而改变的区域气候。对黑色页岩聚集的古代环境的成功解释必须以这两个变量为基础，再加上海洋学的解释，这对于了解为什么黑色页岩在显生宙的特定时间内具有更广泛的分布是非常重要的。然而，黑色页岩的同时发生并不意味着它们是由类似的过程产生的，或者是沉积环境相似；相反，应该对每个黑色页岩单独进行解释，然后有意义的过程对比才能实现。

9.7 前陆盆地黑色页岩的形成机制

前陆盆地黑色页岩的形成机制是构造驱动机制，还是气候驱动机制，或者是两者的结合？要回答这一科学问题，尚需开展以下研究工作：①对比前陆盆地的页岩形成机理的相似性和差异性，探索前陆盆地页岩的形成机制，刻画前陆盆地黑色页岩形成的古构造条件（位于造山带—大陆板块边缘）、古地貌条件（盆-山系统）、古地理条件（封闭-半封闭）、古环境条件（缺氧滞留环境）和古气候条件（古季风与上升洋流）；②利用前陆盆地沉积学和古地理学的研究成果，采用构造-岩相古地理研究思路，从沉积相、古气候、古温度、古盐度、古生态、古水深和古地貌等方面研究前陆盆地富有机质页岩的形成环境，回答前陆盆地页岩是如何形成的？有机质是如何富集的？③根据造山楔构造负载-前陆盆地挠曲沉降理论，以造山楔构造负载所导致的克拉通板块边缘的挠曲沉降及其所形成的前陆盆地和前缘隆起为切入点，分析逆冲构造负载系统驱动的前陆盆地动力学、盆-山耦合关系及其油气成藏系统等方面的研究。在此基础上，建立前陆盆地黑色页岩与造山楔构造负载之间的地质耦合模型。

在传统上，多种沉积模式被用来总结黑色页岩可能的沉积环境（图 9.22，图 9.23），包括：封闭盆地或修改的封闭盆地模型（silled-basin model or modified silled-basin model）（Demaison et al.，1980；McArthur et al.，2008）、上升流模型（upwelling model）（Demaison et al.，1980）、广泛的氧的最小带模型［oxygen-minimum zone（OMZ）model］（Demaison et al.，1980）、陆表海氧最小带模型（model of an OMZ in a shelf sea）（Jenkyns，1985）、不规则底部地形的水坑模型［irregular bottom topography（“puddle”）model］（Hallam et al.，1979）、扩张水坑模型（expanding puddle model）（Wignall，1991）、封闭盆地海侵型化变层模型（silled-basin transgressive chemocline model）（Röhl et al.，2005）、透光带硫化模型（photic zone euxinia（PZE）model）（Slowakiewicz et al.，2015）、临滨海侵黑色页岩模型［nearshore transgressive（TN）black shale model］（Wignall et al.，2001）和超级河口湾环流模型（Algeo et al.，2018）等。这些模型的一个共同主题是地理和海洋条件导致了不同沉积环境中的海水缺氧（图 9.23）。

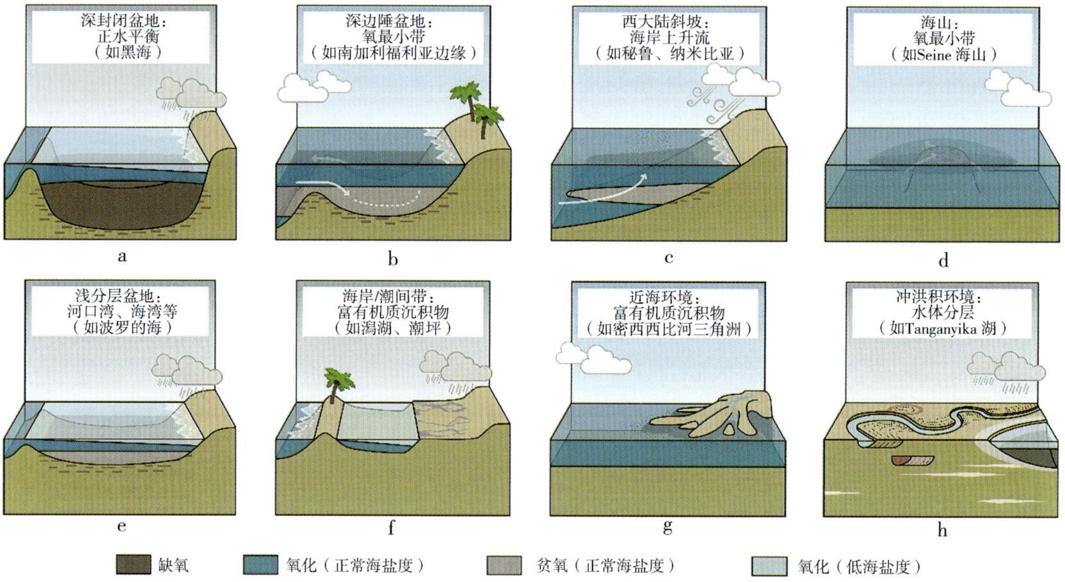

图 9.23 理想化的盆地古地理、水体特征和分布、盛行的气候与有机质富集环境

（据 Arthur et al.，1994）

雨云表示正水平衡，云团表示离岸风

9.7.1 黑色页岩的沉积模式

Demaison（1980）讨论了黑色页岩的沉积环境（图 9.24 至图 9.26；表 9.4），认为应具体解决以下问题：①那些现代沉积物是烃源岩层的先驱者？②影响水生环境中有机物保存的因素有哪些？③为什么缺氧条件比有氧条件更有利于有机物的保存？④什么原因有利于湖泊、海洋缺氧条件的发育？⑤自然水域的缺氧环境是否可以组织成一个对海洋学家、地层学家和石油勘探有用的分类。

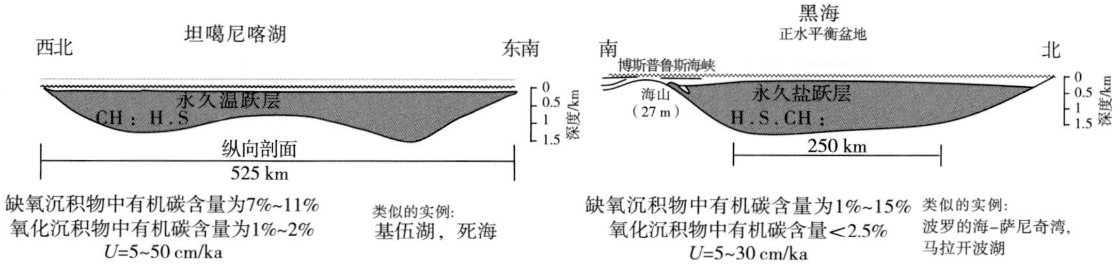

图 9.24　大型缺氧湖盆（坦噶尼喀湖）与缺氧的闭塞盆地（黑海）的实例

（据 Demaison，1980）

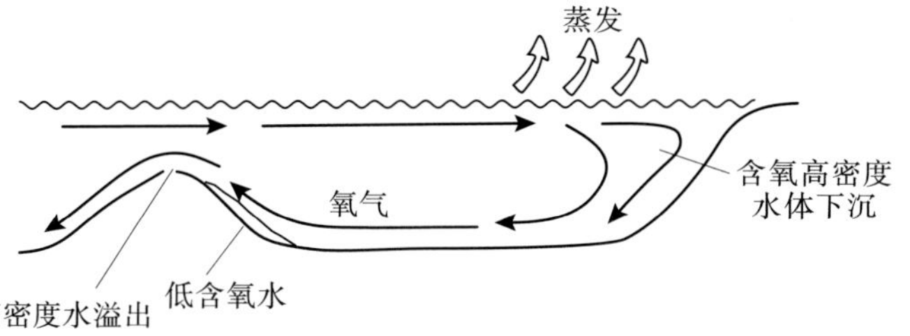

图 9.25　有氧的负水平衡盆地模式示意图

（据 Demaison，1980）

有氧的负水平衡盆地的实例：地中海—红海—波斯湾

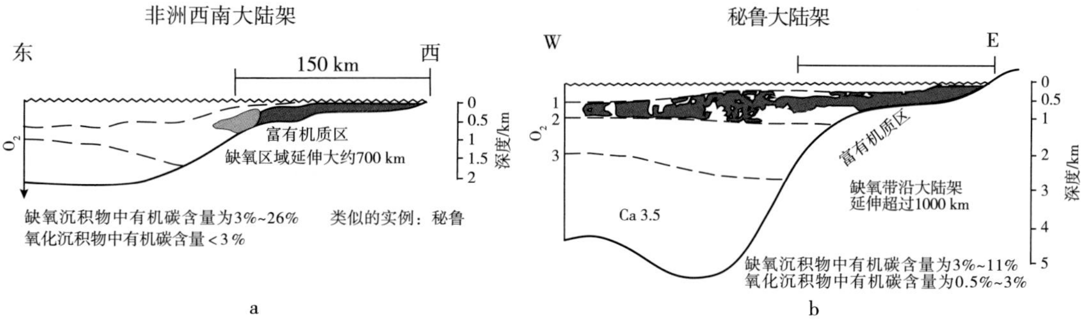

图 9.26　上升洋流引起的缺氧层的实例

（据 Demaison，1980）

a—非洲大陆西海岸的本格拉洋流；b—南美大陆西海岸的秘鲁洋流

Demaison（1980）认为，缺氧的水生环境是大量的缺氧水，几乎所有的有氧生物活动都停止了。缺氧状态发生在对氧的需求量超过了供给量的水柱中。在地表氧气需求量与生物生产力有关，而在中、深部水中氧气的供应量依赖于水循环，水循环受到全球气候模式和科里奥利力（Coriolis force）的控制。在缺氧水之下的沉积物中普遍比在有氧水之下的沉积物中含有更丰富的有机物质和脂质物质，主要是因为其中缺乏底栖生物的耗氧作用。脂质物质富集可能与厌氧细菌的生物化学活性有关。在古代富有机质沉积物的富含氢的干酪根（潜在的油源层）是在类似的缺氧环境中沉积的。Demaison（1980）将现代缺氧水环境分为4类（表9.4）。

表9.4 缺氧沉积模式的分类

缺氧的盆地类型	古地理环境	缺氧沉积物的地层分布
大型缺氧湖泊	稳定的、温暖、多雨。早期裂谷、山间盆地	同一缺氧湖体系中连续分布
缺氧闭塞盆地	温和-温暖、多雨。克拉通内盆地、大陆架缺氧层	变化大。往往在盆地的底部最丰富
上升洋流引起的缺氧层	低纬度的海洋大陆架、大陆的西侧	通常具有较窄的分布，但也可以广泛的分布。磷块岩、硅藻土
开阔海的缺氧层	最好是在全球温度升高时期主要的海侵时期	非常广泛的分布。经常是全球同步的

（据Demaison，1980）

在此基础上，前人将其简化为3种黑色页岩的形成模式（图9.27），分别为上升洋流模式、大洋缺氧事件模式和黑海滞流盆地模式。①上升洋流模式：与强的季风有关，发生于大陆边缘斜坡区的上升洋流带地域上，在空间上有局限性。②大洋缺氧事件模式：与白垩纪全球高温有关，在时间上有短暂性。③黑海滞流盆地模式：只发生于闭塞海盆的潟湖环境。

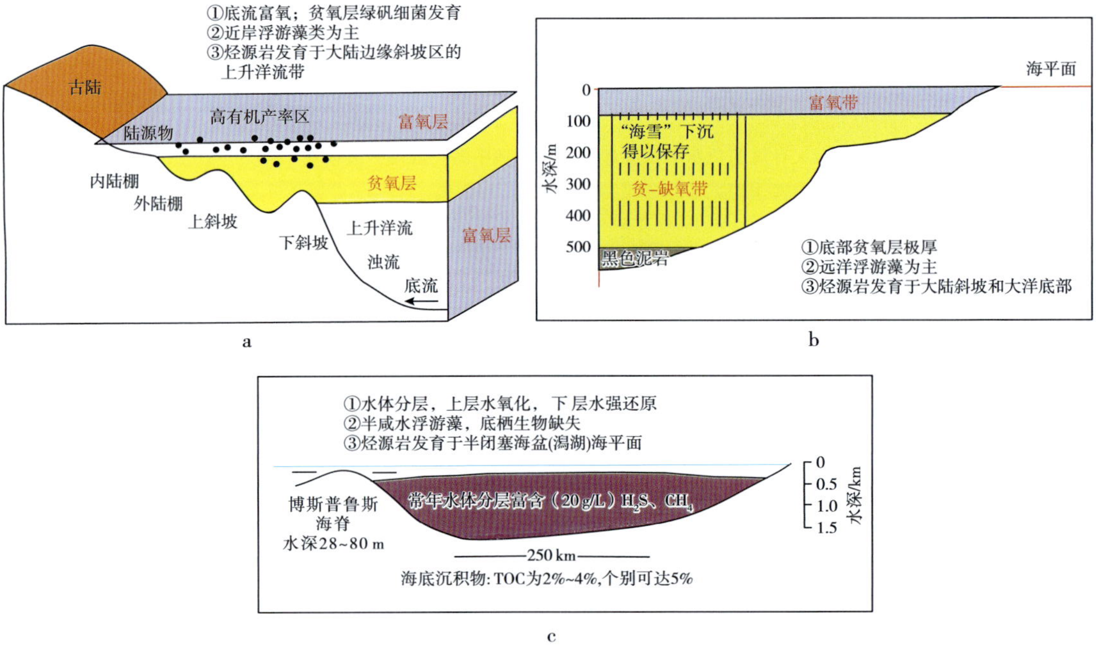

图9.27 黑色页岩的沉积模式

（转引自梁狄刚等，2009）

a—上升流模式；b—全球海平面上升和大洋缺氧事件模式；c—黑海滞留盆地模式

9.7.2 黑色页岩形成的生产力模式与停滞模式

一般来说，一个典型的开放性深海海洋沉积物有机碳含量低至 0.3%。只有在特定环境下，海洋环境中才有可能积累更多的有机物，其中最重要的是：①在高生产力环境中的高有机质生产速率（沿海的赤道上升流地区、河流养分供给量大的地区）；②在缺氧环境（oxygen-deficient environment）中有机物保存速率的提高（如限制性的缺氧盆地，restricted anoxic basin）；③高的陆源有机质输入量（如在河口附近观察到的）；④在高沉积速率地区（如浊积岩）有机物的快速埋藏。

有机碳（化石）沉积物研究中的一个关键问题是，有机碳的富集是由缺氧深水条件下有机物保存率提高还是有机质的高生产力导致？为了确定这两个机制中哪一个对有机碳聚集更加重要，有机碳和沉积速率之间的关系可能是最有用的标志。

海洋有机碳和沉积速率之间的关系（OCSR 图）是一个有用的工具，可以区分低生产力和高生产力的含氧环境，以及在低沉降速率地区识别缺氧深水环境的有机碳沉积物。在此基础上，Stein（1990）提出了生产力模型与停滞模型（图 9.28）：①生产力模型（productivity model）。在上升流地区或高通量养分输入地区海洋生产力增加。由于在高生产力地区大量供应的有机物质的氧化导致了耗氧量增加，所以在大部分海洋地区中等水深（200~1000 m）的“最低氧层”（oxygen-minimum layer）可能会扩大。②停滞模型（stagnation model）。由于深水循环受到限制，造成了缺氧环境。

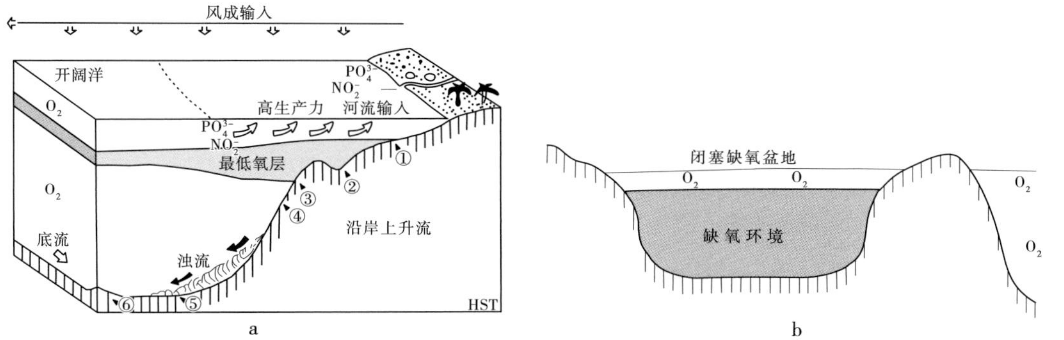

图 9.28 富有机碳沉积物形成的解释性沉积模式

（据 Stein，1990）

a—生产力模型（productivity model），在上升流地区或高通量养分输入地区海洋生产力增加，由于在高生产力地区大量供应的有机物质的氧化导致耗氧量增加，所以大部分海洋地区中等水深（200~1000 m）的“最低氧层”（oxygen-minimum layer）可能会扩大；b—停滞模型（stagnation model），由于深水循环受到限制，造成了缺氧环境

9.7.3 海侵黑色页岩的形成模式

人们对海洋富含有机物的泥岩的起源尚未清楚地了解，并且提出了几种形成模型。在以厚度较大的黑色页岩序列为特征的陆表海盆地中，由于缺乏现代的类似物使得这一问题令人困惑，而对陆表海的沉积模型尤其具有争议性。对现代缺氧环境的研究表明，降低氧气供应量或在高生产力区域增加氧气需求量，这两种情况中有一种情况出现就会导致缺氧。

9.7.3.1 黑色页岩形成的扩展-水坑模型

黑色页岩通常被限制在盆地中心，它们被更多的贫有机物的泥岩所包围，这些泥岩具有不同的底栖动物群，表明了正常的底层水氧气水平。通常，较深的盆地中心也是沉积厚度最大的沉积中心。这种分布是Hallam等（1979）不规则的底部地形模型（irregular bottom topography model）的核心内容，其中黑色页岩形成于局部地区，在最深的水域下快速下沉。因为黑色页岩是在缺氧的底层水中形成的，并被正常的含氧水域所包围，Wignall（1991）称之为扩展-水坑模型（expanding-puddle model）（图9.29）。目前黑色页岩形成的绝对深度并不是很了解，估计从几十米到几百米。对于一个黑色页岩形成的模型而言，如果将生产力作为缺氧的唯一原因，那么就可以预测最低缺氧区域（oxygen-minimum zone）的位置在高营养物质输入的区域，并与最大沉降区无关。因此，深度控制盆地中心分布的富有机质岩相的形成可以用密度跃层解释。温跃层-水坑模型（thermocline-controlled puddle model）通常被用于在陆表海中发现的古老的黑色页岩。海水中的盐度分层也被认为是陆表海黑色页岩形成的原因。

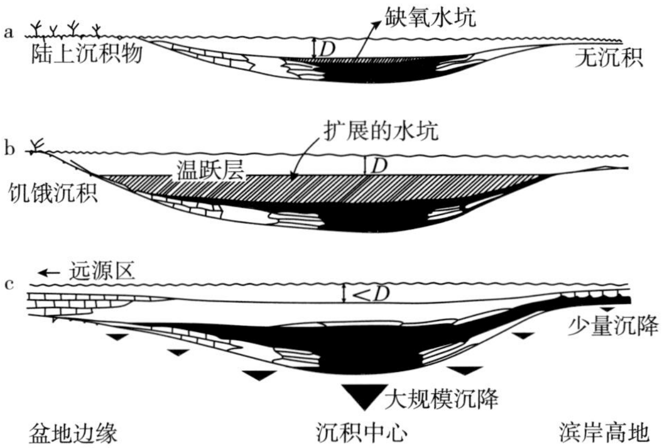

图9.29 黑色页岩的扩展-水坑模型

（据Wignall，1991）

据英国早侏罗世地层资料建立的盆地简化模型；D为临界水深，在此深度形成永久的密度跃层（或温跃层），将缺氧或完全缺氧的底层水封闭在其下面。a—低位体系域，在低水位条件下，黑色页岩只会在沉降中心区域堆积；b—海侵体系域，海侵期，在沉积物来源匮乏、海平面上升、持续下沉的协同作用下，深水区显著扩张，导致黑色页岩的沉积；c—高位体系域，高水位期，虽然海洋条件达到最大程度，但是沉积物的输入导致了水柱变浅

虽然扩展-水坑模型充分解释了许多陆表海黑色页岩的出现，但是不能预测黑色页岩在海平面上升期和海岸上超的形成。这种海侵黑色页岩在古生代和中生代都是常见的，它们与浅水相沉积物具有频繁的伴生关系，暗示它们本身就是浅水沉积物。在层序地层学中，它们位于海侵体系域最底部的海泛面之上。

9.7.3.2 盆地边缘黑色页岩的形成模式

Wignall等（2001）根据法国北部布隆纳斯（Boulonnais）上侏罗统的实例提出了盆地

边缘黑色页岩的形成模式（black shale on the basin margin model）（图 9.30，图 9.31）。认为底部海侵作用（BT）导致了最大洪泛面型海侵黑色页岩的形成。热密度层特别浅，导致盆地边缘发育闭塞环境。

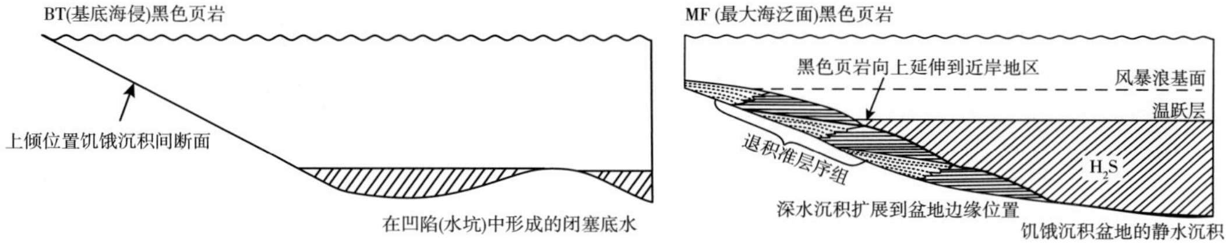

图 9.30　底部海侵（BT）的形成与最大洪泛面型海侵黑色页岩

（据 Wignall et al.，2001）

底部海侵作用和最大洪泛面类型形成的黑色页岩

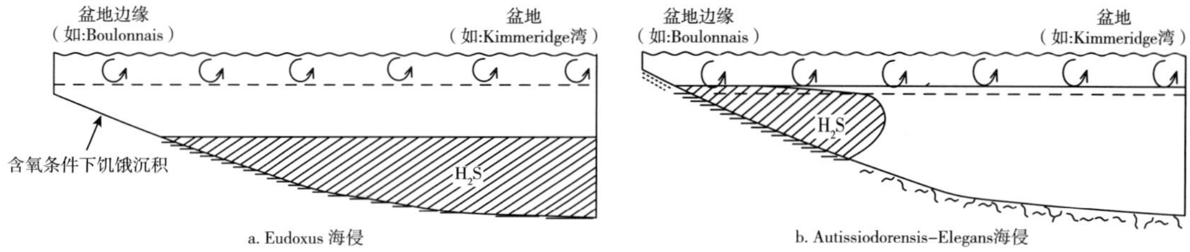

图 9.31　Kimmeridgian 海侵时期的水柱条件

（Wignall et al.，2001）

在 Eudoxus 海侵期，热密度层位于水柱中较深的位置，而且 Boulonnais 剖面显示为变深，沉积作用主要发生在浪基面以下，没有相关的氧-局限沉积作用（oxygen-restricted deposition）。在 Autissiodorensis-Elegans 海侵期，热密度层位于特别浅部，导致盆地边缘发育闭塞环境（euxinicity）

9.7.4　黑色页岩形成的限制性深水模式

Herrle 等（2003）研究法国东南部 Vocontian 盆地中白垩世 Niveau Paquier 期［Albian，大洋缺氧事件 1b（Oceanic Anoxic Event 1b）］和 Niveau Kilian 期黑色页岩中钙质微型浮游生物、孢粉型、底栖有孔虫和氧同位素记录的大区域分布，反映白垩纪中期属于低纬度的古气候和古海洋变化。在此基础上，提出了黑色页岩的限制性深水模式（restricted deep water formation）。

为了量化表层水生产力和温度变化，建立了基于钙质纳米化石的养分和温度指标。营养指数在岁差带（precessional band）内变化较大，而温度指数的变化则反映了岁差带的偏心率。由于中白垩世没有极地冰盖，这些变化可能是中白垩世低纬度季风气候系统的反馈机制，包括暖/湿和冷/干循环。Herrle 等（2003）提出了一个通过季风驱动的温度变化和蒸发/降水模式解释中白垩世黑色页岩形成的模型（图 9.32）。

在整个黑页岩地层中，底层水始终处于贫氧（dysoxic）状态，这反映在黑色页岩中底栖有孔虫的持续存在。该模式提供了以下新认识：①岁差-控制变化（precession-controlled variations）控制表层水生产力，显示明显的中白垩世季风气候特征。②偏心率控制的温度变化和蒸发/降水模式是引起低纬度地区水文循环和深水形成的最重要的气候因素。

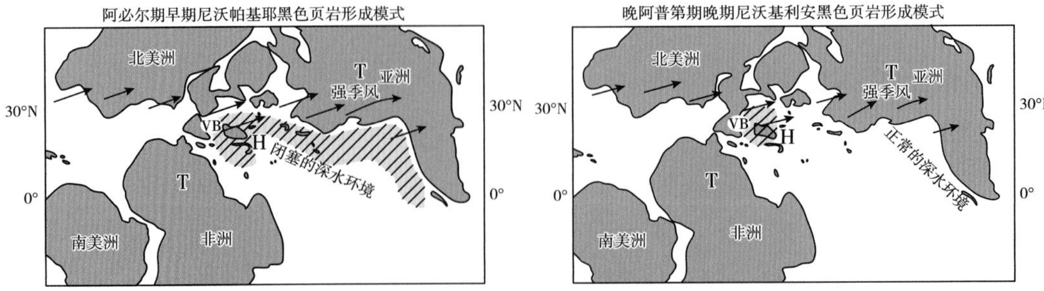

图 9.32　中白垩世特提斯黑色页岩形成的限制性深水模式

（据 Herrle et al.，2003）

中白垩世低纬度地区超大范围分布的尼沃帕基耶和区域范围分布的尼沃基利安的形成模式与年均大气环流模式示意图。该气候模型描述了低纬度地区中白垩世气候的主要要素，中白垩世具有高海拔陆地的古地理。尼沃帕基耶是在极端温暖潮湿的条件和强烈的季风气候下形成的，特提斯北部和东部的深水受到限制。而在尼沃基利安形成过程中，温度和湿度的增加较为温和。在此期间，深层水的形成仅局限于 Vocontian 盆地。深灰色区域表示陆地，浅灰色区域为受限制的深水形成区域。H—高压系统；T—低压系统；VB—Vocontian 盆地

③在超大区域分布的 Niveau Paquier 形成时，温度和湿度的增加值较高，在区域分布的 Niveau Kilian 形成时，温度和湿度的增加值较低。④季风驱动的生产力变化只代表一个地区的气候信号。无论黑色页岩是在区域尺度上发育，还是在超大区域尺度上发育，都受到温度和湿度的增加强度的控制。至少在 Vocontian 盆地，在黑色页岩地层中海底有机质保存的增加比生产力的提高更重要。

9.7.5　北美板块东部前陆盆地黑色页岩形成的缺氧-闭塞模式

Algeo 等（2012）利用示踪金属（trace-metal）浓度数据研究了福特沃斯盆地的古海洋。在受限制的缺氧海洋系统中，示踪金属/TOC 值可以提供对水体质量限制程度，并对深水更新的时间进行估计。在沉积物中示踪金属比率（trace-metal ratios）的长期变化可能为盆地深水的化学演化对沉积物中示踪金属去除率的响应提供证据。在闭塞盆地（silled basins）中深水被限制程度一般由海平面升降控制，海平面越高（低），对水量的限制越小（大）。在短期内（约百万年），随着海洋缺氧事件的反复发生，海水中示踪金属的储量不断减少，从而导致对广泛分布的缺氧相中的示踪金属去除率上升。随着大气-海洋氧化-还原条件的长期变化及其对示踪金属循环的影响，在海水中示踪金属组成发生了长期的（十亿年级，eon-scale）变化（图 9.33 至图 9.37）。然而，在评价古海洋系统中的示踪金属模式时必须注意：①水文：基于示踪金属/TOC 关系的分析只能在具有缺氧的深海系统中进行；②在某些古海洋系统中，氧化-还原变化对示踪金属积累模式的影响大于水文因素。

9.7.6　龙门山前陆盆地黑色页岩的形成机制

扬子板块西缘龙门山前陆盆地须家河组黑色页岩沉积于前陆盆地这一特殊盆地类型，并且受晚三叠世特殊的全球古气候影响。

晚三叠世扬子板块位于古特提斯洋东缘这一有利于上升流发育的古地理位置上，

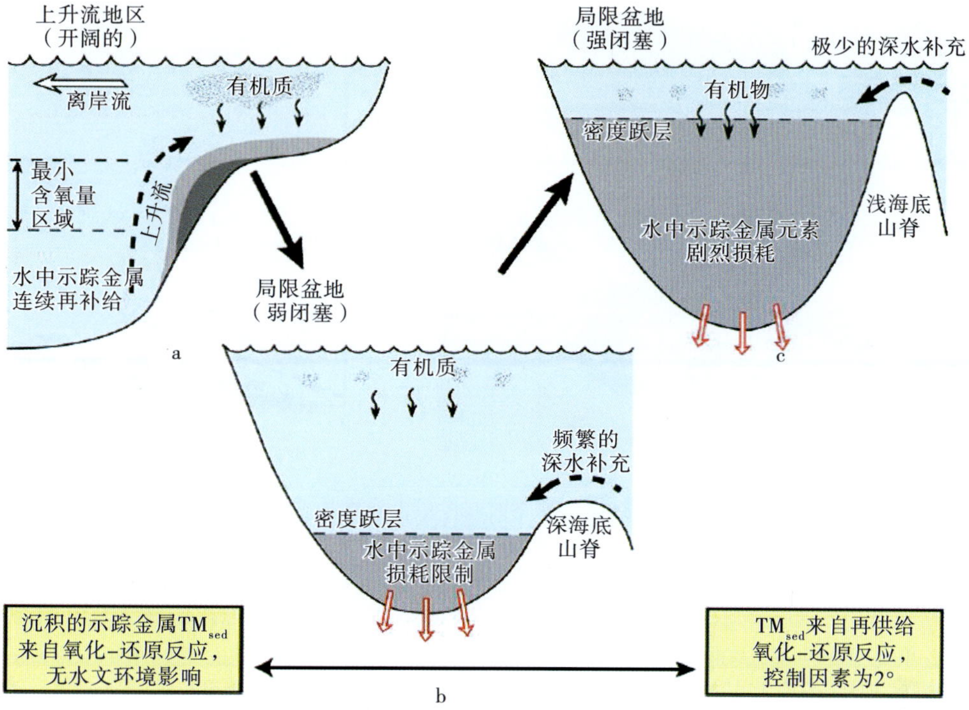

图 9.33　不同环境对示踪金属（TM）积累的影响模型

（据 Algeo et al.，2012）

a—大陆架上升流带；b—有深水海脊的缺氧盆地；c—有浅水海脊的缺氧盆地。这些环境的设置代表了深水限制的连续性。在图 a 中，不受限制的循环允许示踪金属的连续再补给，从而导致了主要受到氧化-还原作用的控制，其中示踪金属的摄取与还原条件的强度和水文效应的限制有关。在图 c 中，明显的限制性循环导致了有限的示踪金属再补给，有利于水文控制，其中沉积物示踪金属浓度与深水更新速率成正比，而氧化-还原效应是次要的

Golonka 等（1994）重建的全球古洋流和上升流表明，在扬子板块西缘是上升流的有利区（图 9.38）。在气候上，一个重要的因素是晚三叠世盛行的巨型季风气候导致增强的大陆风化强度，带来巨大的难溶陆相有机质（镜质组和惰质组）也导致了 TOC 含量的增高。低纬度地区（<32°N）伴随着热带辐合带（ITCZ）的季节性迁移不可避免地形成季风气候，同时季风发生也依赖于大陆构型、造山带表现和哈德利环流强度。

相比于须家河组二、四、六段的粗粒沉积物，一段、三段和五段相对细粒沉积物被认为沉积于海侵（或湖侵）阶段。而海侵（或湖侵）作用会通过一系列方式提高 TOC 含量。例如，增加盆地覆水面积从而改善气候效应和表面生产力，增加临滨区的面积，陆相的风化产物更能直接进入盆地，减少搬运消耗等。

综上，晚三叠世扬子板块西缘（特提斯洋东缘）发育上升流带（图 9.39）。另一关键的问题是上升流能否越过封隔体（sill）进入前陆盆地。须家河组一段海相页岩沉积时期，龙门山显示为水下造山楔（图 9.39a），上升流能够越过封闭体进入前陆盆地，岩石薄片揭示的自生磷酸盐结核也证实了高生产力的存在，但是缺乏典型的生物硅建造。须家河组三段海陆过渡相沉积期和须家河组五段陆相沉积时期（图 9.39b，c），暖湿气候带来

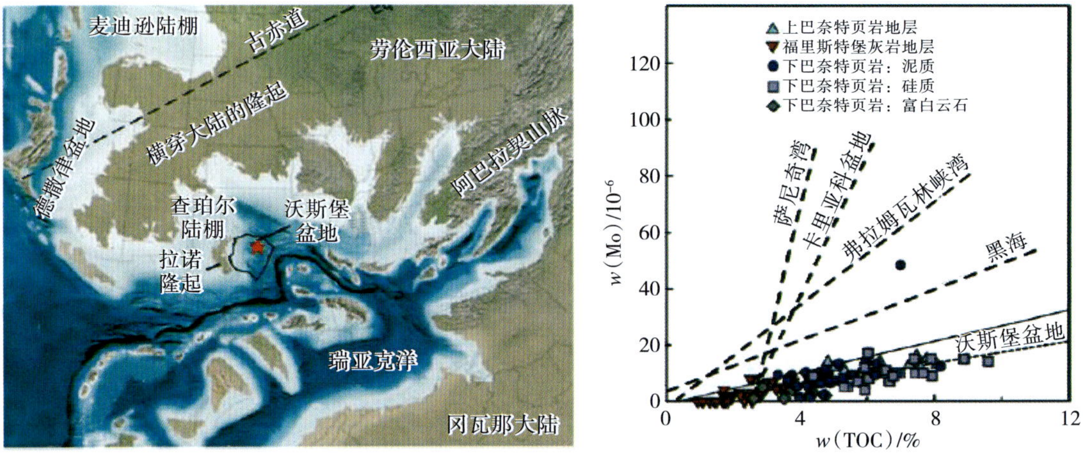

a　　　　　　　　b

图 9.34　劳亚大陆南部早密西西比纪古地理和 Mo-TOC 关系图

（据 Algeo 等，2012）

劳亚大陆南部早密西西比纪古地理（图 a）。红星表示研究地点。一个极端的水质量限制的实例可能是巴奈特（Barnett）页岩，位于得克萨斯州东部—中部的福特沃斯（Fort Worth）盆地的中晚密西西比纪有机质丰富的（TOC 为 10%）单元。Barnett 组主要由层状硅质泥岩和碳酸盐泥岩组成，沉积于中等水深（100～200 m），没有证据表明底栖生物群落的复杂性高于微生物。氧化-还原条件一般为闭塞缺氧，表现为纹层普遍发育、TOC 较高、黄铁矿含量丰富，而且黄铁矿化度（DOP）为 0.50～0.80。虽然 Barnett 页岩曾被推断为代表正常的海洋条件，但它已被重新解释为一个受限制的海洋单元。这一假说与极端水量限制的地球化学证据相一致：在给定的 TOC 条件下，所有 Barnett 相的 Mo、TOC 含量都较低，形成地层时的 Mo/TOC 平均值约为 2（图 b）。考虑到 Barnett 古环境的缺氧-闭塞特征，这种 Mo/TOC 值最可能的解释是高度的水量限制。Rowe 等（2008）通过与受限制的现代海洋系统的比较计算得出水量更新时间为 8～20 ka。这些结果表明，福特沃斯盆地在中-晚密西西比世与 Rheic 洋和 Panthalassic 洋之间有很强的隔离性，这表明在图 a 的古海洋学重建中应该增加额外的构造屏障。更普遍地说，这项研究表明，基于示踪金属的水文分析有可能对古海洋系统的地理和构造因素的认识更加完善

大量的高等植物陆相顽固/难溶有机质（镜质体+基质镜质体+惰质组），同时也带来大量的陆源微营养盐元素进入水体，可能促进藻类等初级生产者勃发，但是须家河组三段和须家河组五段有机质类型几乎全为Ⅲ型干酪根，显然藻类形成的无定形有机质比例不会太高（须家河组三段和须家河组五段壳质组含量为 10%～40%，而须家河组一段壳质组含量为 50%以上），主体还是以高等植物难溶的镜质体直接入湖形成；由于浅水三角洲、河湖环境氧呼吸作用意义不大，因此在干酪根分散进入盆地被埋藏前可能在陆上已经被氧化，即盆地水体古氧化还原条件的意义对于有机碳的保存也显得不重要。

9.7.7　前陆盆地黑色页岩形成机制的讨论

前陆盆地是重要的黑色页岩赋存场所和现今主要的页岩气开发盆地类型。北美前陆盆地盛产富有机质页岩，表明富有机质页岩是前陆盆地沉积物的重要组成部分。中国早古生代扬子前陆盆地五峰组-龙马溪组勘探开发取得了巨大成功，鄂尔多斯盆地上三叠统延长组页岩油和龙门山前陆盆地上三叠统页岩气均是未来勘探靶区。Ettensohn 等（2012）通过对北美板块东部前陆盆地范围内页岩沉积的时空分布范围填图，揭示出黑色页岩沉积时

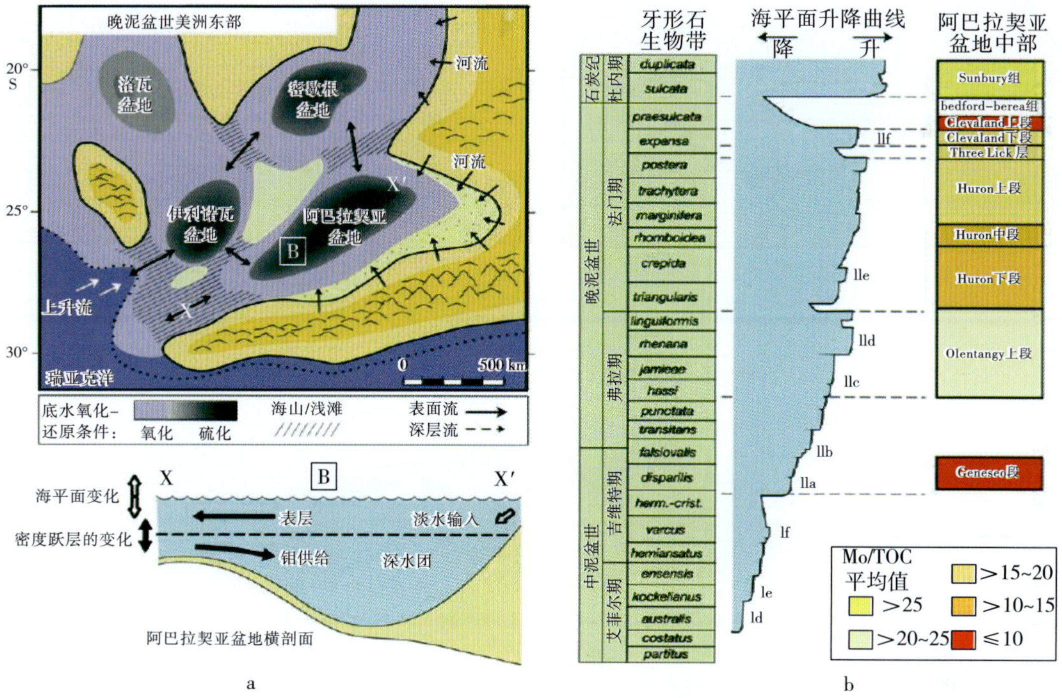

图 9.35 阿巴拉契亚前陆盆地的古地理和地层序列

（据 Algeo et al.，2012）

a—晚泥盆世北美洲东部的古地理图，下面的横断面沿着阿巴拉契亚盆地的轴线（X—X′）分布；b—阿巴拉契亚盆地中部中泥盆世—下石炭世的海平面升降曲线和地层序列，罗马数字编号表示海侵事件

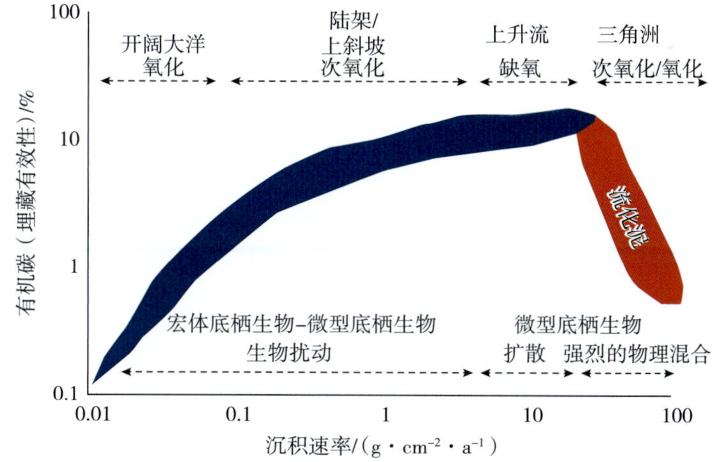

图 9.36 在多种海相沉积背景中复杂的生物和（或）物理过程多变量特性对表面沉积物有机质埋藏有效性的微调作用

（据 Tyson，1995）

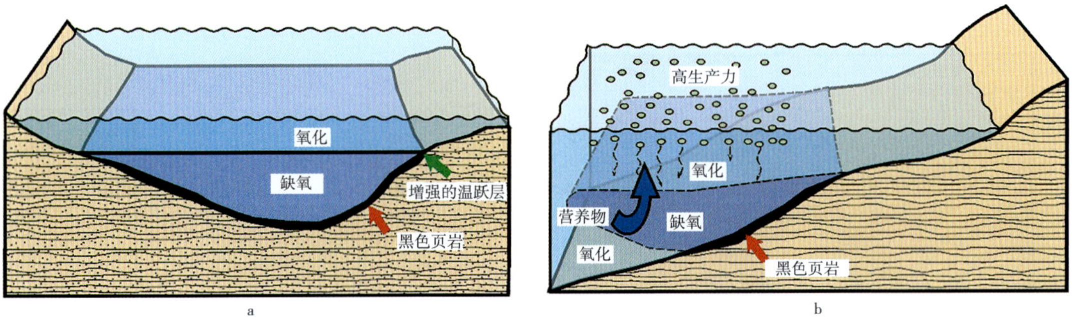

图 9.37　黑色页岩的两种端元沉积模型
（据 Kennedy et al.，2011）
a—停滞大洋环游模型；b—扩张的氧最小带（OMZ）模型

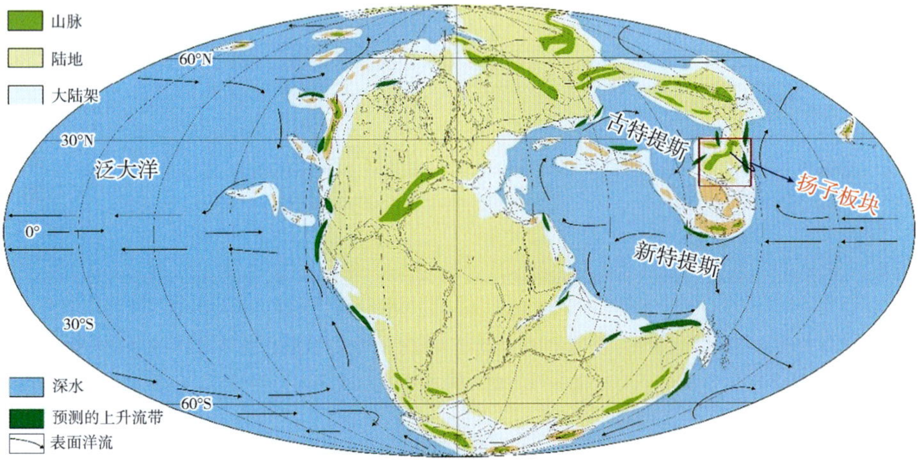

图 9.38　晚三叠世全球洋流分布图
（据 Golonka et al.，1994）

间与主造山幕同时，对应碰撞背景前陆盆地的形成。美国著名的泥盆纪 Marcellus 页岩和密西西比系 Barnett 黑色页岩是前陆盆地构造背景下的典型沉积案例。Ettensohn（1997）认为生产力、保存条件是固有属性，应该强调有机质赋存场所的重要性，在 Pangea 超大陆的聚敛旋回中，初始活动构造期（挤压和拉伸）确实对应黑色页岩的大量形成时期。李江海（2013）也认为显生宙烃源岩的沉积、保存受到超大陆旋回的控制，在超大陆的汇聚过程中陆架、适宜陆缘的消失不利于烃源岩的沉积和保存，反之亦然。

9.7.7.1　前陆盆地黑色页岩的沉积机理

Loucks 等（2007）建立了 Barnett 深水前陆盆地页岩的经典模型（图 9.40a）。在福特沃斯前陆盆地密西西比纪（石炭纪）Barnett 页岩是一套典型的深水沉积相黑色页岩，在沉积期的古水深可能达到 121.92~213.36 m，如果在盆缘没有浅的阻隔体存在，大洋深部水体能够进入盆地内部。因此，对沉积于浅水弱封闭盆地中的 Barnett 页岩而言，需要有其他的机制解释这类盆地相对稳定的底栖缺氧条件。Algeo 等（2008）则基于大尺度的河

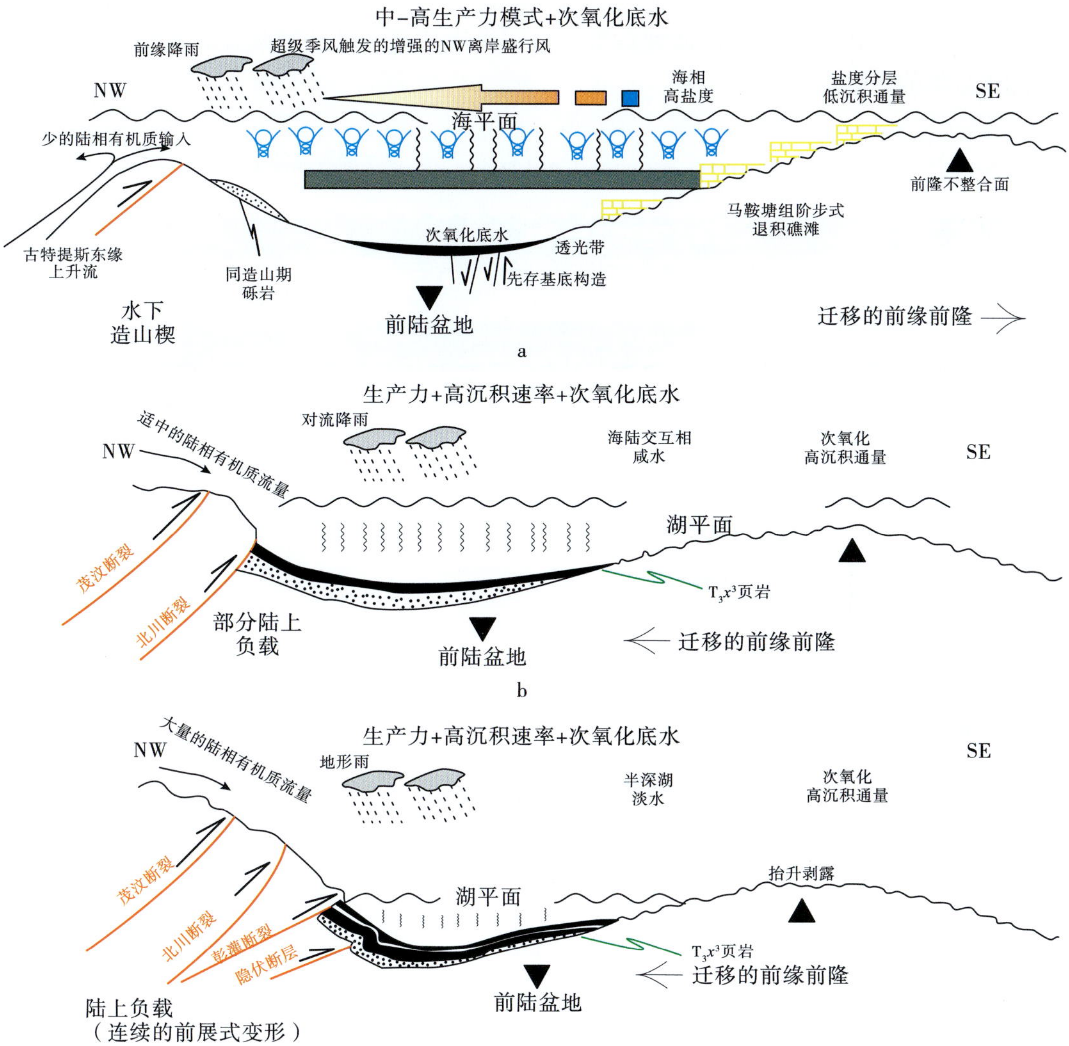

图 9.39　晚三叠世龙门山前陆盆地黑色页岩的沉积模式

（据 Deng et al.，2019）

口湾型环流能够成功解释大型浅水未封隔（或弱的封隔）的北美克拉通台地内的晚石炭纪中大陆海道（late Pennsylvanian mid-continent sea，LPMS）的深水缺氧现象，相应地提出了“超级河口湾环流”（superestuarine circulation）模式。河口湾环流系统具有强烈的区域性盐跃层，从而导致水体垂向混合发生弱化，这些能够合理地解释 Barnett 页岩底水缺氧的现象。不同于前陆盆地经典的深水下超沉积模式，Smith 等（2019）提出了前陆盆地黑色页岩的浅水上超模型（图 9.40b）。Plint 等（2009）认为，除了靠近造山带的深水的前渊，绝大部分内陆海前陆盆地泥质斜坡沉积水深不超过 40 m，泥质沉积发生于 40 m 有效浪基面之上。进一步工作表明，泥质有效浪基面深度约为 70 m，而富泥的岩相仅仅是由于陆源碎屑在前渊有效保存、沉积饥饿的结果，本身并不指示深水沉积。另一个重要的结论是，野外露头或岩芯抛光片上观察到的厘米尺度的沉积构造薄层边界（层系界面）

有隐伏侵蚀特征，因此沉积记录表明泥质沉积期遭受频繁的隐伏沉积间断，从而低估其瞬时沉积速率，而氧化底水环境快速埋藏进入位于海底几毫米处的缺氧硫化孔隙水成岩环境是有机质富集的重要因素。

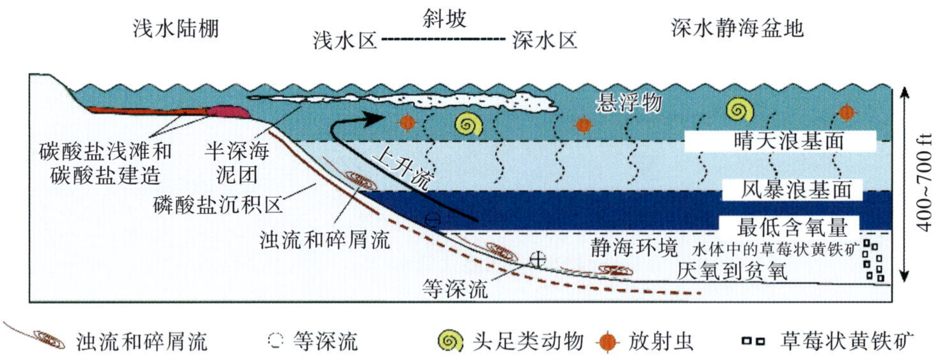

a

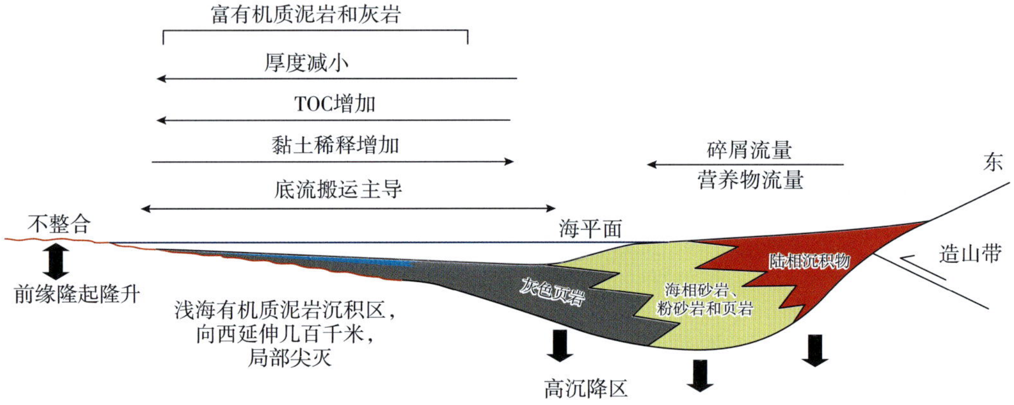

b

图 9.40　前陆盆地黑色页岩的沉积模式

（据 Loucks et al.，2007；Smith et al.，2019）

a—深水前陆盆地黑色页岩的沉积模式；b—浅水前陆盆地黑色页岩的沉积模式

北美前陆盆地的研究成果表明，海相页岩的沉积机理主要有悬浮沉降、浊流、岩屑流、低密度重力流、等深流等成因类型。与悬浮沉降相关的主要是层状硅质泥岩和层状灰泥岩；与风暴流和三角洲相关的主要是低密度流，缺乏鲍马浊积岩特性以及岩石颗粒主要为细粒成分；与大陆架水流（洋流）相关的主要是黏土粒度的极细粉砂颗粒；与上升流相关的主要是放射虫增殖与磷酸盐颗粒；在黑色页岩中与岩屑流相关的沉积物主要是骨架粒灰岩。骨架碎屑可能来自富含混岩基质流的大陆斜坡上部。与等深流相关的主要是散布在整个黑色页岩岩层中的硅质、碳酸盐、磷酸盐粉砂组成的、缓角度的不补偿沙纹层理，等深流可以侵蚀、运移和聚集从泥岩到细砂等级的沉积物甚至较粗的物质（如砂粒和砾石）。

9.7.7.2　前陆盆地黑色页岩形成的沉积环境条件

前陆盆地黑色页岩的形成与表面过程（温度、深度、海侵和上升洋流等）具有密切的关系。海相前陆盆地以位于北美板块东部和南部的古生代周缘前陆盆地为代表，高质量倾油海相烃源岩（腐泥型和混合型）多发育在海进体系域时期/高水位体系域初期，尤其是在凝缩段。陆源有机质最少，倾油性组分比例高。受封闭的前陆盆地古地理环境和季风气候影响，易于形成缺氧环境和上升洋流，发育硅质生物体，有条件形成脆性页岩储层。因此，前陆盆地的古地理环境为页岩和页岩气的生成提供了条件。主要表现在：①北美前陆盆地早期夹于碳酸盐岩之间的富有机质页岩发育的条件主要为在板块汇聚过程中造山楔与前陆之间形成的半封闭前陆盆地、滞留的缺氧环境和季风驱动的上升洋流（如福特沃斯前陆盆地 Barnett 页岩）。②北美前陆盆地中期夹于碎屑岩楔状体之间的富有机质页岩发育的条件主要为在板块汇聚过程中造山楔与前陆之间形成的半封闭的前陆盆地、滞留的缺氧环境和季风驱动的上升洋流（如阿巴拉契亚前陆盆地 Ohio 页岩）。

（1）前陆盆地黑色页岩的形成与热带气候的关系

就目前全球页岩气勘探开发成功的前陆盆地而言，可归纳出以下特点：①前陆盆地均发育黑色页岩，但并不是所有前陆盆地黑色页岩都具有页岩气的富集条件；②已开发成功的前陆盆地（福特沃斯前陆盆地 Barnett 页岩、阿巴拉契亚前陆盆地 Ohio 页岩、扬子板块的龙马溪组黑色页岩等）黑色页岩均形成于低纬度地区，均处于热带气候带，表明前陆盆地黑色页岩的形成与热带气候有关。

（2）前陆盆地黑色页岩的形成与上升洋流的关系

Pedersen 等（1990）指出与上升洋流有关的高生物生产力对烃源岩的形成远比水体的缺氧环境重要，认为有机质的输入量是黑色页岩形成的主要因素，而不是水体的还原环境，虽然这一观点也受到了一些质疑，但是上升洋流会造成优质烃源岩的发育得到了广泛的认同。

现代浅海上升流区，海水中溶解的硅高达 50 μg/L（非上升流区仅 14 μg/L），大洋上升流区为 100（大西洋）~175（太平洋）μg/L，并有大量营养盐（主要为硝酸盐和磷酸盐）。现代海底生物硅的分布主要集中于环南极带、赤道太平洋、北太平洋和南北美洲的西海岸等营养物质丰富、海洋生产力较高的上升流区。通过对古生物、主量元素、SiO_2 与 TOC 相关性的分析，已经证实龙马溪组富有机质页岩中的硅质主要来自生物，与美国福特沃斯盆地 Barnett 页岩类似，而 Barnett 页岩中之所以含有丰富的生物硅，正是由于受到上升洋流的影响。上升洋流具有低温、低盐度、富营养盐的特点。

冰川的发育与上升洋流具有很好的耦合关系，每当冰期和冰期结束后一段时期，两极与赤道区的海水温差扩大，从两极流向低纬度的大洋底层流变得强劲，因而低纬度海域的上升流活动十分发育，上升流沉积作用得到加强。如在早志留世，扬子板块处于冈瓦纳大陆的西北缘，古特提斯洋东侧，位于赤道附近。此时期是奥陶纪—志留纪全球冰期发育的后期，南极流向赤道的底流较为强劲。南极周围富营养盐（硝酸盐和磷酸盐）和 SiO_2 的冷水团从高纬度区沿着洋底部流向低纬度区，在扬子地台西南缘的大陆边缘斜坡上升，将营养物质带至透光带，使那里成为高生物生产量区。

（3）前陆盆地黑色页岩的形成与海平面上升的关系——海侵黑色页岩

显生宙最广泛的富有机质页岩沉积大多对应全球海平面上升。Wignall（1994）曾指出许多黑色页岩出现在海侵序列的底部，将其命名为海侵黑色页岩（transgressive black shale）。

前人研究成果表明，大套黑色页岩主要出现在前陆盆地充填序列的底部，属于早期海侵黑色页岩。前陆盆地充填序列的下部旋回和上部旋回均发育富有机质产气页岩层，为页岩气的形成提供了充足的物质基础。下部岩系与造山带主造山幕同龄，是前陆盆地富有机质产气页岩层的主要产出层位（如福特沃斯前陆盆地的Barnett页岩）；上部沉积岩系为冲断和抬升的产物，也有富有机质产气页岩层产出（如阿巴拉契亚前陆盆地Ohio页岩层），呈舌状分布于三角洲碎屑岩楔状体内。

在典型的由被动大陆边缘盆地到前陆盆地的演化过程中，被动大陆边缘盆地为碳酸盐台地；前陆盆地黑色页岩夹碳酸盐岩；典型的楔形前陆盆地充填序列：底部不整合面（风化壳型岩溶储层）—礁滩相（礁滩相储层）—黑色页岩-碎屑岩夹碳酸盐岩。前陆盆地页岩气的区域保存模式显示为大套区域性致密灰岩或砂岩层上、下“封闭”的页岩层。前陆盆地系统页岩气具有近源或源内成藏，具自生自储特征，在黑色页岩的顶板和底板存在致密的隔板层，有利于烃类气体的保存。

第10章　造山带-前陆盆地的源-汇系统

造山带的剥蚀地貌与前陆盆地的沉积地貌是地球表面的两个基本地貌单元。构造作用、气候及海平面变化不断塑造、改变着地球表层的物质组成和地表形态。这些变化是地球表层动力学过程的表现，包括各种地质营力和多种生物地球化学作用的循环。这些变化从根本是由地球岩石圈动力学过程决定的。造山带（剥蚀地貌）与前陆盆地（沉积地貌）之间的物质迁移是通过沉积物搬运系统或路径来进行的。源-汇系统揭示了在造山带山区形成的物源从“源”到“汇”并最终沉积到前陆盆地的地表过程。

在前人研究成果的基础上，本章从源-汇系统的研究现状、源-汇系统的概念与术语、源-汇系统的构成单元与几何参数、源-汇系统的分段、源-汇系统的沉积物预算、深时源-汇系统的重建、造山带-前陆盆地之间的源-汇系统、源-汇系统与造山楔动力学8个方面总结了在造山带-前陆盆地源-汇系统领域中的研究进展，表明源-汇系统不仅促进了学科的交叉，而且对造山带-前陆盆地系统的研究产生了深刻的影响。源-汇系统由物源区（造山带）、搬运区（斜坡带）和沉积区（前陆盆地）等地貌单元组成。物源连接了母岩区（造山带的构造及气候作用）和沉积区（前陆盆地），表明了在造山带-前陆盆地系统中地貌的演化和表面过程是深部地球动力学演化的直接响应，因此可以用源-汇系统来揭示造山带-前陆盆地之间的表面过程，刻画造山带-前陆盆地系统的构造和气候变量及相互作用，为恢复造山楔-前陆盆地动力学机制提供依据。

10.1　源-汇系统的研究现状

地层学是了解地球的物质、结构和历史的关键，它包含了地球历史上发生的一切。“沉积物是地球的一首史诗”，不幸的是，这首史诗是用晦涩难懂的语言写成的。我们对“地球史诗”缺乏理解的原因之一，是由于地层记录是“长周期时间的结果”，并具有“事件的不完整记录”。因为人类是在非常短的时间尺度上观测沉积物的剥蚀、搬运和沉积的过程；原因之二，是虽然我们能够有效地理解某些“点”的形成过程，但是我们很难通过“反馈”和“连接”来了解全局的图像，而这个完整的大图像就是源-汇系统。源-汇系统是一个连接了沉积物来源、搬运作用和沉积作用的网络系统，沉积物从侵蚀的源区到沉积的汇区之间的连接，使得我们可以将地球表面过程与沉积物进行整合，从而理解沉积地层的形成。地形的势能驱动了源-汇系统沉积物、溶解质的搬运，导致沉积物穿越大陆表面并被搬运到海洋，最后被搬运到长期沉降的深海。因此，地形驱动了侵蚀地貌、沉积地貌的形成，使得沉积地层成为“地球史诗”的主要记录。此外，在盆地分析、陆地演变和地层记录等方面，源-汇系统分析也具有重要意义，它可以帮助我们了解气候变化和人类活动对环境的影响，例如地貌变化、河流的生态变化与恢复、土地流失、滑坡、水库淤积、河流三角洲地区的破坏和建设、水资源的管理等方面。

源-汇系统是地球科学重要的研究领域之一。从全球圈层相互作用的地球系统看来，海洋沉积物就是物质流从陆壳到洋壳的中间环节，也可以称作“沉积路径系统（sediment routing system）”（Allen，2008a，b）。与此相对应，新一代的沉积学是一个“从源到汇”的大系统，从山区剥蚀、河流输送入海开始，到最后形成海底的地层为止，其中包括现代过程的观测、地层记录的分析和过程的数值模拟等内容。此类研究在20世纪90年代初已经开始，进入21世纪后迅速发展，成为当前海洋沉积研究的主流方向。自20世纪60年代以来，现代海洋学发展了大陆架沉积的数值模拟，地质学也借助地震地层学发展了古大陆边缘层序地层学模型，但是两者之间在时间尺度上相差太大，难以相互衔接。

1998年美国国家自然科学基金会（NSF）和联合海洋学协会（JOI）正式启动了“洋陆边缘科学计划2004”（Margins Program Science Plans 2004），其中在沉积学和地层学项目组中制定了源-汇系统科学计划（source-to-sink，简称S2S），把造山带（物源区）-冲积平原-浅海大陆架-深海盆地之间的源-汇系统列为重要研究领域之一，并指出沉积物扩散系统对于理解地球化学循环、生态系统变化和资源管理预测具有重要意义。选择了两个研究对象，一是从2002年开始研究的新几内亚被动边缘的Fly河与巴布亚湾；二是从2004年开始研究的新西兰北岛活动边缘的Waipaoa河与大陆架。尽管两者都是西南太平洋山区的中小河流，但是相互之间有重大的区别：Fly河的集水面积是Waipaoa河的几十倍，形成的沉积地层也不同，前者呈楔状前积体，后者为盆地充填。在巴布亚湾已经取得从季节到冰期旋回中沉积冲刷与堆积的历史等多项成果，并将深海沉积学与一系列学科相结合，从陆地的水文、地貌到海洋的地层与构造，从大陆剥蚀追踪到海洋沉积物，再到地层层序的形成，这正是地球系统科学的研究途径。

2001年在旧金山召开了以“源-汇系统：沉积物的剥蚀、搬运和沉积”为主题的美国地球物理联盟（AGU）秋季会议，指出了气候变化在冲积平原、冲积平原向深海的大陆边缘演变趋势中所起的作用。在2010年及以后的AAPG年会上，源-汇系统分析一直是研究热点之一，目前逐渐成为地质学的前沿领域。在2011年大陆边缘计划中资助了主题为“全球各时间段的源-汇系统：认识陆地和海洋沉积物的剥蚀、搬运和沉积的最新进展”的国际会议，指出源-汇系统的研究焦点是源-汇系统的沉积过程、驱动机制、古物源区演化与古水系重建。这些方面的研究不仅是因为人们对环境科学的关注，而且是因为人们认识到理解地球表层动力学过程对揭示地球整体动力学过程的重要性。更重要的是人们认识到由各种地质营力塑造的现今剥蚀地貌和沉积地貌与长期的地质历史记录之间的关系是揭示地球地质演化历史的钥匙。这不是一般概念上的“将今论古”，而是以地球动力学过程分析为目标的研究方法，是对多学科交叉融合的探索和挑战。

1999年欧洲组织了国际大陆边缘研究计划（Inter Margins），目的是了解地中海和北大西洋边缘从源到汇的沉积系统。2002年欧盟组织了“欧洲边缘的地层形成”（EURO STRATA FORM）计划（2002—2005），将美洲的研究思路用到欧洲不同环境的海区，开始研究在欧洲边缘海洋沉积物的源-汇系统，目的是了解地层是如何形成的，开展了在各种时间尺度进行的调查，以弥补当前的活动过程与地质记录之间的差距。选择地中海的亚得里亚海、利昂湾和北大西洋的挪威和葡萄牙大陆边缘4个海区，定量研究沉积物从河口到深海的搬运途径和机制及其由此形成的地层层序。该计划的 5 个目标是：①评价气候演化和人为因素对陆缘沉积物通量的影响，包括沉积物来源的特征及其时间变化；②了解在海洋系统中沉积物侵蚀、搬运和沉积的过程，包括短期事件（即数小时至数周）过程以及这些过程的长期变化（例如季节性、年际变化）；③量化地层沉积后的物理和生物过程；④了解大陆边缘的地层结构和沉积相的形成过程，即非均质性作用在空间和时间上的产物；⑤探讨沉积层序的叠置，包括地震属性、层序边界和干涉层序的地质特征。

2012—2014 年，欧洲地球科学联盟（EGU）主办了关于“构造、沉积和地表活动”的会议，*Earth Surface Processes and Landforms* 杂志发表了会议的一些论文，提出了面临的 3 个挑战：如何在地貌中识别构造、气候的驱动力？如何获得在来自内部的、不同的动力学机制的“沉积物路径系统”的传播信号？如何更好地模拟构造和地表活动的耦合过程？2015 年地球科学评论出版了《源-汇系统：地球表面的沉积物和溶解质转移》专集。

2000 年中国启动了国家重大基础研究计划项目“中国边缘海的形成演化及重要资源的关键问题”，探讨中国边缘海岩石圈结构与深部地球动力学过程、东海和南海构造演化以及边缘海的形成演化对重大资源形成的控制作用等关键科学问题。在南海西部莺歌海盆地、琼东南盆地以及南海北部珠江口盆地，聚焦于大陆架坡折带的地貌发育与海底扇之间的关系，对源区与汇区综合运用多种物源分析手段，进行了物源体系恢复等相关研究。在南海北部的珠江口盆地建立了中新世被动大陆边缘源-汇系统与剥蚀-沉积过程的一般模式，划分出 3 类具有特定物源背景、水道或沟谷体系，以及相应的沉积体系的源-汇类型，反映了地形地貌、构造作用及海平面变化等多因素的控制作用（林畅松等，2015）。值得指出的是，Allen 于 2017 年出版了专著《沉积物路径系统》（*Sediment Routing Systems*：*The Fate of Sediment from Source to Sink*）。该书总结了源-汇系统，阐述了从源到汇的沉积物路径系统是如何运作的。

10.2 源-汇系统的概念与术语

10.2.1 地表过程

地表过程（Earth surface processes）是地球系统科学的一个分支学科，也是自然地理学、环境科学、海洋科学和地质学等学科的交叉学科。主要研究地形与气候相互作用及来自外部的太阳能和来自地球内部的能量之间的相互作用，包括全球气候过程、水文过程、生物过程、地貌过程等方面，需要地质学、地球化学和生态学等学科的交叉运用。就构造地貌学领域而言，地表过程主要聚焦于地貌过程，研究构造机制与剥蚀过程之间的相互作用及其对地貌生长的控制作用。因此，在研究过程中，应以地球系统科学为理论指导，研究地球表面的特征、结构、形成、过程、机理和演化规律。以地球表层各层圈的要素和要素间的相互作用为核心研究内容，通过对地球表层各种典型过程和典型区域的研究，揭示地表地貌的形成特征与机制，阐明地表地貌的变化过程及其效应。其中的关键科学问题包括：①地表地貌系统的形成过程与机制；②地表过程对地貌变化的响应机制及其反馈；③气候、水文与地貌的相互作用及其环境、灾害效应；④地表物质的转化过程与相互作用。

任何一条河流的流域均存在着物源区的剥蚀作用和沉积区（或汇水区，或盆地）的沉积作用，构成了一个相对独立的源-汇系统（source to sink system）（Allen et al.，1998）或剥蚀-聚集系统（denudation-accumulation system）（Einsele，2000）。在这种体系内，河流的水系模式控制了剥蚀作用的空间分布、沉积物搬运和扩散以及盆地的沉积作用，表明剥蚀作用和沉积作用形成于统一的、水动力学的流域系统，具有空间上相互依存、物质上相互转化、能量上相互交换等特点。因此，源-汇系统不仅是一个物质循环的系统，而且也是一个能量交换的系统，其传输的媒介为河流。源自大型山脉（或高原）的源-汇系统不仅可以为山脉隆升、高原隆升、环境变迁等方面的研究提供方法，而且为理解造山带的形成、盆地的沉积机理提供了新的线索。同时这一研究方向也成为近年来大陆岩石圈动力学和地球表面过程研究中最前沿的科学问题之一。

长期以来，对于位于山脉或高原物源区的剥蚀作用的研究一直没有可靠的技术方法和手段，多是从概念或逻辑推理出发，认定剥蚀作用的影响。近年来，在研究山脉剥蚀作用的方法方面有所创新。在短周期剥蚀作用研究方面，主要通过实际测量年降水量、汇水量和输沙量的变化，精确定量地刻画剥蚀作用；在长周期剥蚀作用研究方面，以裂变径迹法、宇宙核素法等热年代学数据为主要手段，研究剥蚀速率和剥蚀量。此外，高精度数字高程模型、地壳均衡模拟技术和剥蚀卸载模拟技术已成功地应用到研究山脉的剥蚀作用的研究之中。

剥蚀作用可分为面状剥蚀作用和线状剥蚀作用，其中河流下切作用是线状剥蚀作用中的主要类型，也是控制表面剥蚀作用最为重要的因素，只有真正地认识了以水蚀作用为主的剥蚀作用的自然规律，才能精确地刻画剥蚀作用与沉积作用之间的关系。因此，近年来，一些研究者试图通过一定时期内盆地沉积物充填体积的计算恢复其物源区流域的平均剥蚀速率，在计算时需要确定的参数包括汇水量、沉积区面积、沉积形态、流域面积、沉积总量或沉积通量等。由于盆地有封闭盆地（如非洲中部乍得盆地）和半封闭盆地（如黑海盆地、加利福尼亚湾、孟加拉湾等）两种类型，使得利用盆地沉积物充填体积恢复其物源区流域的平均剥蚀速率显得十分复杂。

构造作用使岩石发生位移，地貌形成过程则使地表的物质重新分配，地球的地形反映了构造过程与地貌形成过程之间的相互作用。构造输入与剥蚀响应之间的不平衡，导致了地形分布和地形幅度的交替；反过来又会影响热总量和大气循环，并导致区域性或全球性的气候变化。地表过程的速率和模式紧接着也会发生变化，并通过区域性质量平衡的改变，反馈进入构造应力系统。构造作用过程、地貌形成过程和气候过程之间关系的复杂性和它们之间的反馈在造山带有最典型的体现。造山带是构造聚敛的狭窄区域，在这一区域，由于地形的影响，降水量加大，因而剥蚀速率很高，这使得这里的地壳物质被快速地加工，因此，现在由大陆侵蚀而来的碎屑物质的最大物源区是造山带。

地貌学家开发的概念模型为评价构造作用活跃地区的景观演化提供了一个定性的框架。这类模型存在了近一个世纪（Davis，1899；Penck，1924），但没有引起人们足够的注意。最近，地球物理学家开始关注碰撞造山过程中地表质量的重新分配，用于评价地质体在水平与垂直方向上变化。更深层次的原因是出现了能应用评估地貌过程速率的测年技术方法，这些方法优越于应用放射性碳测年和考古学中应用的辅助研究方法。

目前，关于碰撞造山带地貌演化的研究仍面临一些困难。在构造作用和地貌演化过程中，获取的时间尺度跨度较大，有几个数量级，这对广阔区域的长时期研究会产生影响，加之地形特性、侵蚀作用的多样性、基岩风化速率、降水量等因素的影响，使情况变得更为复杂。因此，综合考虑以上各因素可知，现代活动大陆边缘构造演化的数字模型是有缺陷的，难以把现实的地表过程模型的组分扩展到与地球物理学相关的空间和时间尺度。

基于这一观察（即山区的泥沙通量是受构造过程、地貌形成过程和大气过程之间相互作用关系的制约），在空间上和当时所处的时间段内，泥沙通量受到使造山带遭受侵蚀的这一大规模过程系统的控制。河流的下切作用（包括局部的冰川下切）对隆升基岩的侵蚀，推动了横向沟谷系统的形成，横向的沟谷系统是多数造山带的主要景观单元。这些流域盆地中的沉积物主要来源于边坡上偶发的侵蚀事件所产生的沉积物，这些侵蚀发生在一定的时间尺度和一定长度的边坡上。物质搬运将碎石迅速地注入河流系统，最终被输送到山前。

虽然在传统的沉积盆地分析中一直重视对盆地地貌、沉积物来源及沉积物分散体系的研究，但是源-汇系统方法在揭示盆地的地质演化历史方面具有其独特性。尤其是现代高精度的测试技术、高分辨率的地球物理探测及模拟技术使原有概念性的分析逐渐变成可行的工作思路和研究方案。从沉积记录追索母岩性质、来源及物源区的构造事件或背景，已有很长的研究历史。沉积物源的供给变化（包括物源的性质、供给量及搬运或分散过程）纳入从源到汇的盆地沉积充填研究中。盆地地貌的研究，从盆-山分布、盆内的局部的古隆起-古沉降带等相对宏观的构造古地貌分析，到古沉积斜坡（或古坡折带）、古水道或单一沉积体等相对微观的地貌及形态研究，近 20 年来都取得了一系列重要进展。此外，在传统的层序地层学研究中物源供给通常被抽象为与海平面变化及构造沉降相关的参数。而源-汇系统方法则能够独立获取物源供给的信息，尤其是在物源区遭受剥蚀而未保存时，有助于更好地理解物源、海平面变化和构造活动的相互联系。

10.2.2 源-汇系统的概念和研究内容

10.2.2.1 源-汇系统

Meade（1972）首次提出“源-汇系统”这一术语，认为美国东部海岸全新世沉积物的来源及沉积通量受到人类活动、地形坡度、河流和土壤类型的影响，大部分内陆沉积物被保存在滨岸地区，被搬运到大陆架或深海的沉积物小于 5%。Allen（2008a，b）指出，源-汇系统是指沉积物从物源区的地表风化侵蚀到最终沉积在相邻的冲积平原、大陆架和深海平原所经过的一组具有相互联系的地貌单元。源-汇系统被划分为物源区、搬运区和沉积区 3 个地貌单元，虽然在每个区域都发生侵蚀、搬运与沉积作用，但通常以一种作用为主。侵蚀和沉积是自然界改变和塑造地貌的过程。当前地球科学研究领域的两个研究热点分别是：①从地貌演化角度认识地质历史、破译沉积记录中地貌变化与地史变迁关系的源-汇系统（source to sink）研究；②从沉积记录中分析前第四纪深时古气候信息及重大地质事件、深入理解地球表层及气候系统的“深时”（deep time）研究。源-汇概念开始在大陆边缘沉积作用研究中兴起，被认为是沉积体系半定量分析的基础。在美国自然科学基金会公布的“洋-陆边缘科学计划 2004”（Margins Program Science Plans 2004）中，确定的主要研究领域有 4 个：大陆岩石圈裂解（Rupturing Continental Lithosphere，简称 RCL）、俯冲带物质转换（Subduction Factory，简称 SubFac）、地震带实验（Seismogenic Zone Experiment，简称 SEIZE）和源–汇系统（Source-to-Sink，简称 S2S）。在该计划中初步确定了源–汇系统研究领域中的科学问题、研究内容、研究方法、关键工作地点选择等方面的内容。

10.2.2.2 源–汇系统的科学问题

源–汇系统是一个跨学科的研究领域，其主要目标是定量化研究跨越大陆边缘的沉积物通量和溶解质通量，包括以下 3 个主要科学问题：①构造运动、气候变化、海平面变化等外动力因素对沉积物和溶解物质从源到汇的产出、转换和堆积的影响；②物质侵蚀、转换过程及其相伴的反馈机制；③沉积过程的时空变化与构造运动、海平面变化等长周期波动的共同作用及其对记录全球变化历史的地层层序形成的效应。

10.2.2.3 源–汇系统的研究内容

源–汇系统的研究内容包括：洋–陆边缘第四纪构造、气候及海平面变化等是如何影响沉积物和溶解物质从源到汇的产出、转换与堆积，以及物质侵蚀、转换过程与其伴生的反馈机制；全球变化历史记录和地层层序形成是如何响应于沉积过程的变化；沉积物从源到汇的过程、驱动机制、古物源区演化恢复与古水系重建。

（1）沉积物和溶解物质从源到汇的产出、转换和堆积

构造、气候、海平面变化等控制因素如何影响沉积物和溶解物质从源到汇的产出、转换与堆积，如研究洋–陆边缘沉积体系对自然作用和人类活动干扰的响应的定量预测、地貌事件（洪水、风暴、滑坡等）的信号在物质传输中的变化、不同时间尺度的沉积物传输和堆积的动力学模拟、地质历史上不同时段的沉积物堆积速率的比较、沉积物在从源到汇传输中的组分分离和变化等。

（2）物质侵蚀、转换过程与其伴生的反馈机制

研究侵蚀事件的过程、地震和洪水诱发的陆上和海底滑坡的机制；在岸线变迁中导致海底滑坡、河流侵蚀回春的下切过程、沉积物负荷引发的海底失稳、沉积物侵蚀和堆积引起的反馈对源区特征和地貌稳定性的影响。

（3）全球变化的历史记录和地层层序形成

研究全球变化历史记录和地层层序的形成是如何响应于沉积过程的变化，研究地层记录的形成过程、末次冰盛期（LGM）以来的沉积环境演化、大陆边缘物质（如 Si、Ca、P、C 等）的地球化学循环、碳酸盐堆积体系（珊瑚礁平台等）的动力学和稳定性、河流三角洲和物质沿大陆架输运的过程及其对沉积体结构的影响、三角洲和大陆架陆坡过程相结合的定量地层学模型、岸线的形态动力学模拟。

在近年来研究成果的基础上，源–汇系统的研究内容又有了很大的扩展，例如：

1）对源–汇系统沉积事件的驱动机制、沉积物搬运机制的研究，揭示沉积物来源的特征及其时间变化，探索气候演化和人为因素对陆缘沉积物通量的影响。

2）对源–汇系统参数的研究。

3）对源-汇系统中剥蚀-搬运-沉积的控制因素的研究，包括短期事件（即数小时至数周）及长期变化过程（例如季节性、年际变化）。

4）对源-汇系统中沉积物搬运过程及物源示踪的研究，刻画从物源、水道（水系）、沉积分散过程及沉积体的形态和分布。

5）对源-汇系统中地层结构、沉积相的形成机制的研究，利用地震属性、层序边界标定沉积层序的叠置性及其形成机制。

6）对源-汇系统的驱动机制、动力机制的研究，揭示构造、气候和海平面变化的相互作用及地表动力学机制。

7）深时古气候、古物源区演化恢复与古水系重建。将多方法物源示踪分析应用于古源区恢复与古水系重建中，重视物源体系的定量化、多学科、多方法融合及过程化、机制化研究。

8）定量化刻画沉积砂体与沉积体系预测技术，提高储层预测的成功率。

10.2.2.4 源-汇系统的研究方法

源-汇系统的研究方法是将现场调查、实验分析和沉积动力学-地貌演化的正演数值模拟相结合，应用物理模型和计算机“过程模型”技术，采用高分辨率数字高程模型技术、地貌扫描技术和高分辨率浅层地层剖面探测技术进行沉积物输运和地貌演化的监测，应用大地测量和 GPS 技术、地理信息系统技术、光电磁声学仪器、水下摄像和电视技术进行现场观测，采用大型水槽实验技术进行地层学实验。目前针对源-汇系统的半定量-定量化研究方法主要为：①Syvitski 等（1999，2007）发展了 ART 模型和 BQART 模型，试图根据盆地面积（A）、最大高差（R）、平均温度（T）等参数，在校正地质和人类影响因素（α 和 B）后预测汇水区沉积物通量（Q_s）。这种多变量统计关系达到了半定量水平。②Sømme 等（2009）提出在陆棚-陆坡-深海盆地系统用多元统计分析方法对地貌参数（沉积负载、河道长度、汇水区面积、高差、陆坡长度、海底沉积体面积等）进行半定量分析，以实现古地貌重建。他们发现许多参数之间存在一定的相关关系并可以互相预测，尤其是发现了沉积体的面积（沉积区）可以用其他容易测量的地貌参数进行预测（如海底扇的面积可用陆坡的长度进行半定量的预测等）。

10.2.2.5 源-汇系统研究的关键工作地点及成果

基于源-汇系统的驱动力（洪水、风暴等）的强弱、源区信号的清晰度、空间尺度、入海物质通量、不同环境之间物质传输的活跃性、地层记录情况、背景资料（降水、输水输沙量、海洋水动力、遥感图像等）情况、汇聚型活动大陆边缘特征、不同区域和不同地质时期的可对比性、人类活动影响、气候条件和基础设施等条件，在大陆边缘源-汇系统计划中选择了规模较小的流域-近海体系（即巴布亚新几内亚的 Fly 河和巴布亚湾以及新西兰的 Waipaoa）作为主要研究区域。

源-汇系统研究的目的是建立完整的沉积过程。以新西兰大陆边缘 Waipaoa 沉积体系为典型代表（图 10.1），基于最后一次冰期沉积地层记录至近现代地震、风暴和人类活动事件的记录，建立了完整的从源（山）到汇（洋）的系统，并对其间每个过程体系中沉积物的搬运与分散方式进行了描述。

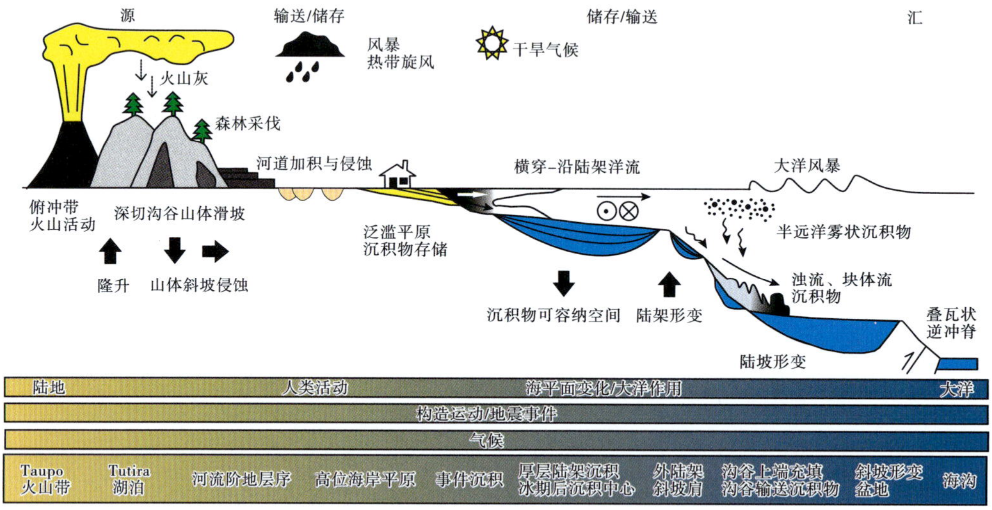

图 10.1　新西兰 Waipaoa 源-汇系统的动力机制与搬运过程的响应

（据 Carter et al.，2010）

10.2.2.6　源-汇系统的研究成果

目前已取得的成果包括：①对于源头流域的物源，沉积地层所记录的暴雨与地震事件是其形成与搬运的主要驱动力；②从陆上的山地到泛滥平原，夏季时湿润，河谷冲刷，冬季（冰期）时河道充填残留沉积物；③从泛滥平原到海岸平原，由辫状河体系逐渐汇聚为单支主河道，向海岸区输送沉积物；④大陆架不仅可以作为沉积物汇聚区，也可以作为下游沉积区的物质来源区；⑤斜坡区沉积物的搬运路径与聚集，沟谷化的上斜坡、坡度较缓的中斜坡平台、变形带前缘的“V”形侵蚀的河口、变形的大型平台等地貌类型控制了沉积物的搬运与储存；⑥在深海沉积物汇聚区，沉积物以崩塌作用堆积在处于不断变化的斜坡前缘（图 10.1，图 10.2）。

综上所述，目前在世界范围内源-汇系统研究已成为地球科学领域颇为关注的重要课题，而这些方面的研究不仅源于人们对环境科学或环保的关注，而且也源自人们不断认识

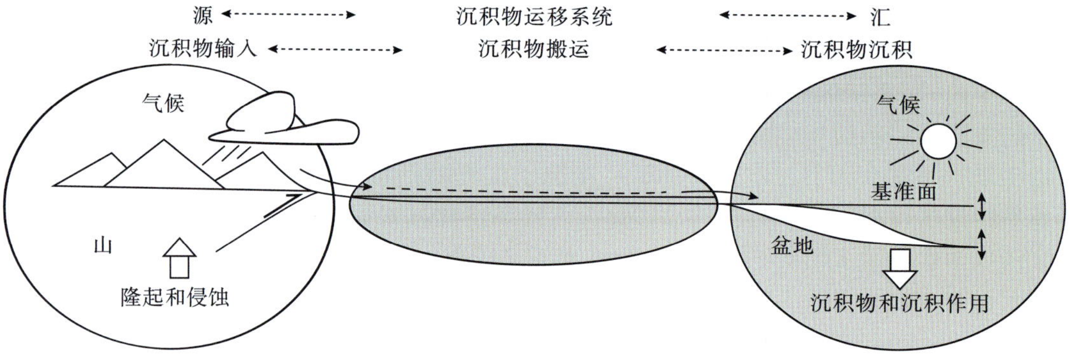

图 10.2　造山带-前陆盆地的源-汇系统与地表物质流传输过程

（据李勇等，2019）

物质输入量=物质传输量-物质输出量

到理解地球表层动力学过程对揭示地球整体动力学过程的重要性。剥蚀地貌和沉积地貌之间被沉积物路径系统联系在一起，共同构成地表的源-汇系统（source-to-sink system, S2S），其研究核心是利用地球动力学探讨构造、气候对源-汇系统的控制作用，包括物源示踪、过程化、机制化、定量化、模拟化等，但是针对不同类型的盆地、不同的时间尺度，研究方法还有待完善，理论与技术手段有待成熟。此外，源-汇系统已融入沉积学理论的发展，其对经济矿物（如石油、天然气）勘探的指导意义已经显现。

10.2.3 源-汇系统的功能

源-汇系统理论深刻地影响了沉积盆地分析的基本内容。源-汇系统分析作为一种综合盆地分析方法，迅速在能源矿产勘探中得到发展和应用，并扩展到深时尺度中。这些研究不断为沉积矿产资源的勘查，特别是油气勘探中生储盖组合和地层-岩性油气藏的分布预测等提供了重要的理论依据和技术支持。

(1) 源-汇系统的连接

源-汇系统是连接物源区与沉积区的桥梁，将沉积物剥蚀、搬运和沉积构建成一个系统（图 10.2）。源-汇系统是综合的动力系统，包括沉积物侵蚀、搬运、临时沉积和长期沉积。它们以一系列间歇沉积的地貌为特征，涉及从单个或多个源区到长期沉积汇的沉积级联。因此，源-汇系统理论将地貌学、沉积学和地层学综合于地球系统，形成了联合研究的框架（如全球生物地球化学循环）。

(2) 源-汇系统的物质收支

源-汇系统的过程显示了地球表面的物质收支方式，其动力是以全球构造和气候为基础，包括板块的汇聚和分离、造山运动和气候变化等。此外，源-汇系统为从山脉到海洋的化学物质搬运提供了通道，表明源-汇系统的过程是地球化学循环（如碳循环）中的一部分。虽然利用沉积物矿物学、主体成分、古水流对沉积物来源研究已有多年，但是源-汇系统理论近年来才成为地质学的一部分。利用侵蚀地貌的剥蚀体积和沉积通量对沉积物连接进行正演模拟，建立了源和汇的连接。此外，可以利用沉积物的成分和粒度变化的方法建立源和汇的连接，进而通过碎屑矿物学、热年代学和地质年代学重建源区的特征。

(3) 源-汇系统的响应

在源-汇系统中沉积物的搬运不会像传送带那样平滑、连续和不间断，来自侵蚀源区的颗粒沉积物和溶解体的搬运既是不均匀的，也是不稳定的。驱动机制往往是短暂的，在一些系统中可以快速、线性地响应，在这种情况下可以称为“反应性”。而在另外一些系统中，响应可能是缓慢的，并且在随后的传播过程中信号可能会发生明显转换。如在大型冲积系统中，输入信号能够缓冲，从而使其振幅和波长变得平滑。因此，在源-汇系统中信号的传输通道取决于“搬运区”和“过渡区”之间的变化。在传输过程中一些信号可能会丢失或被粉碎。通常情况下，在过渡区，沉积动力学和流体动力学发生显著变化（如河流系统和海岸面之间）。

(4) 源-汇系统的分段与信号传递

在源-汇系统的不同分段之间的连接过程中，信号被“远程连接”。一般来说，信号向下游传递。此外，河口的基准面变化（如全球海平面的下降导致源区以侵蚀波的形式产生更强的侵蚀速率）将源-汇系统的动力机制连接起来。

信号的缓冲由间歇性储存期间的沉积物运输中断所引起，从而导致沉积物的搬运时间增加。源区沉积物输送的标志是，在盆地地层中，通过物质通量、粒度特征和沉积物成分来识别。

如果盆地中的地层单元可以与源区的岩性相关联，那么就可以评估源区地形的相对贡献，并估算所关注时间跨度内的沉积物。

（5）源-汇系统在沉积物组分和粒度变化趋势预测

源-汇系统研究的目标是获取沉积物组分和粒度趋势的预测，以有利于理解通过盆地沉积物所代表的多孔介质的流体流动，应用于烃类生成，地下水中的污染物通量和含水层的下降以及盆地分析。Heins 等（2007）提出了一种整体分析方法，将其中所有控制砂的成分的因素一起分析，如构造、地貌、源区的岩性构造、风化和搬运过程。这些因素受到源区岩性的定量输入、区域地形梯度、气候（风化和运输潜力）、源区流域和沉积盆地的运移距离、盆地沉降速率和沉积相的限制。沉积物总量、路径（或空间范围）为源-汇系统沉积物的预算奠定了基础。沉积物预算可以在内陆侵蚀和盆地充填之间建立联系，也可能解释沉积相、地层构造和粒度分区的演化（图 10.3）。在搬运过程中沉积物按粒径分级，通过地表搬运过程选择性选取构建地层，产生了砾岩和砂岩的平均粒度相对比例变小的趋势。

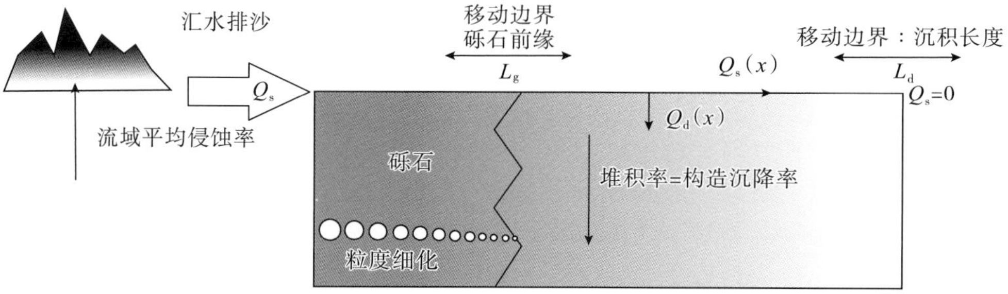

图 10.3　源-汇系统中的沉积物搬运和沉积过程

（据 Allen et al.，2013）

沉积物从源区搬运到正在沉积的盆地中。从地表通量 Q_s（x）中选择性地选取沉积物以构建地层，从而导致平均粒度向下变细。沉积物搬运和沉积的动力可以反映边界的移动，如砾岩的朝向

（6）源-汇系统的沉积物预算

实验室实验、数值模型和实地研究得出结论，控制大陆盆地地层构建的主要因素是：①盆地沉积物的供给，被称为“Q_s 问题”；②沉积物的粒度特征组合；③沉降空间分布和基准面变化控制沉积区；④盆地水力参数及沉积过程。因此，对源-汇系统沉积物体积或质量进行预算是预测下游地层最重要的方面。

尽管在说明沉积物路径系统功能方面沉积物预算并不突出，但是对于所研究的案例来说是独特的。沉积物预算就是构建源-汇系统中沉积物排放和沉积通量之间的质量平衡。在质量平衡框架中，沉积物在下行方向上的累积沉积体积是通过总沉积物体积和总沉积长度量化的（图 10.2，图 10.3），说明沉积通量与沉积物通量之间的相互关系。这不仅可以对不同形状和长度的系统进行比较，还可以对不同的总沉积物体积进行比较，并且可能允

许将小型实验室测试升级为真实的地层问题。

（7）源-汇系统的分类和命名

根据源区、搬运方式、沉积区等要素可以对源-汇系统进行分类和命名。在多数情况下，源-汇系统具有多个沉积物来源，也可以具有多个沉积物搬运系统，有时还会有不同的沉积区（多源和多汇系统）。因此，源-汇系统是很复杂的系统。在许多情况下，可以根据主干河流来命名源-汇系统。这些通向海洋主干道与内陆海域和湖泊的河流密切相关。

10.2.4 沉积物的等级

利用颗粒沉积物和溶解物通量可以连接源-汇系统，这使得它在体积或质量方面被视为一个封闭系统。第一，虽然封闭系统的沉积物预算是一个强有力的工具，但是有很多原因导致其中也存在一些问题。主要原因是溶解物进入海洋后加入了全球的混合池。第二，海洋沉积物可能难以识别、约束和取样，而且部分细粒沉积物可能被搬运到远洋。第三，在部分搬运系统中，预算可能涉及通过风搬运的沉积物。尽管存在这些问题，在理想情况下，要描述源-汇系统，需要识别沉积物生成、搬运和沉积的区域，并估算颗粒沉积物和溶质的通量。

从中-长时间（超过 10^3 a）尺度观察，沉积物只是从高地水源中释放出来并输送到海洋中。然而，在较短的时间尺度上，更重要的源和汇是沉积物级联的储存地点，如谷底、梯田、洪泛平原等。因此，沉积物向海盆输送是从储存地点开始的，并随着一系列的随机步骤而结束，通过“瞬态”“过渡区域”“吸收状态”，最后在源-汇系统末端最终沉积下来（图 10.4）。源-汇系统［或其中的单个分段（如大陆架）］在沉积物的传输方面可能

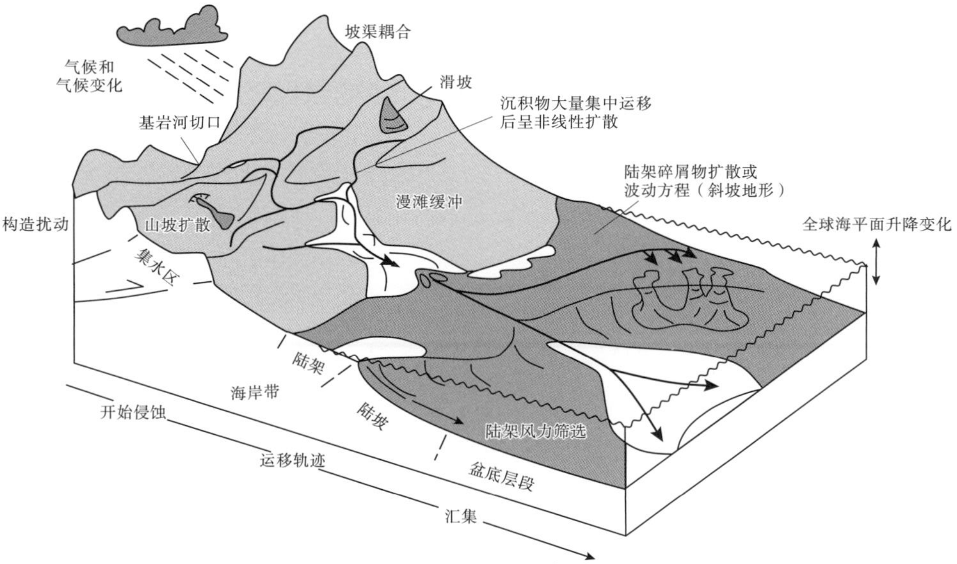

图 10.4 源-汇系统：从源到汇的概念

（据 Allen et al.，2012）

源-汇系统受到构造和气候的驱动和扰动，包括形态动力学、相互耦合的子系统或分段。侵蚀作用将沉积物输送到搬运系统（轨迹）并长期沉积

既充当“输送机”又充当“电容器”。

在源-汇系统中，大陆物质来源受到强烈的气候和构造环境的控制（如孟加拉湾的恒河和雅鲁藏布江系统）。在复杂、大型的例子中，可以使用一系列物源方法（岩性分析、重矿物、同位素标志识别和碎屑颗粒的地质年代学）将沉积物溯源到源区，但在沉积物输送和下行系统衰减中，不同来源的标志之间混合使源和汇连接起来时存在相当大的不确定性。虽然确定盆地中碎屑矿物的来源区对于了解沉积物最终来源非常重要，但实际上这只是源-汇系统的一部分。Allen（2008）指出，即便是在源区和沉积区之间进行了一定的匹配，但是仅靠物源分析也无法理解源-汇系统是如何将沉积物从源头搬运到沉积区的。

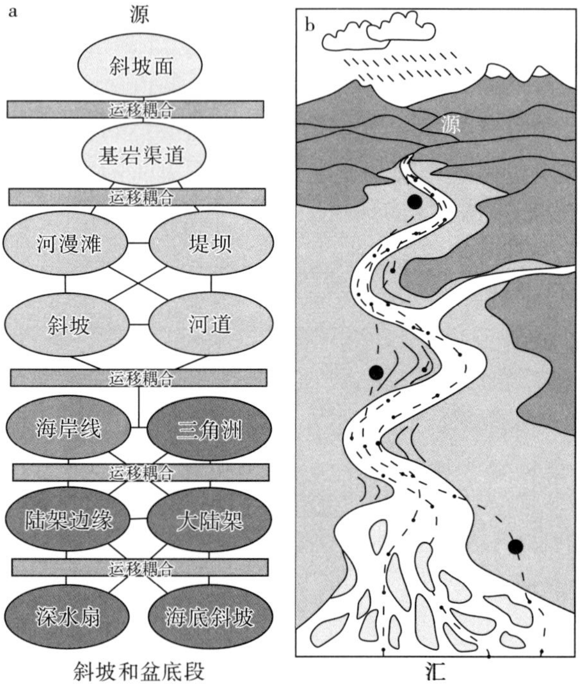

图 10.5 源-汇系统：沉积物路径系统

（据 Allen，2017）

a—源、临时存储位置（暂态状态）和永久存储位置（吸收状态），宏观地貌分段之间的沉积物转移可能是复杂的并且涉及动态反馈；b—沉积物沿轨迹（虚线）从源区转移到汇区的节点，有些轨迹涉及在沉积路径系统（小圆圈）中短暂的时间储存，而另一些轨迹涉及较长时间的储存（大圆圈），在过渡状态下长期储存的沉积物为沉积物缓冲提供信号

通过粒径分选作用、沉积物体积和沉积物直径可以将源与汇连接起来，整合在源-汇系统的路径中（图 10.5）。①利用颗粒的总体积可以在地质时间尺度上计算来自山地集水区的沉积物，并与热年代学得出的侵蚀速率估算进行比较；②可以在长时间尺度上获得山区集水区释放的沉积物在全球尺度的分布，并用作沉积物扩散模型的边界条件。

在现代的源-汇系统中，可以使用短期观测的各种技术（如沉积物通量和粒度）来计算侵蚀速率和沉积速率，但是这些计算值不能轻易放大到地质较长时间尺度的源-汇系统。然而古代沉积物路径系统难以识别和研究，它们很可能仅是作为地层学部分保留，使得对其路径的定义成为问题。沉积的汇通常与侵蚀的源区是分开的，可能有多个来源，其中一些来源可能难以使用传统的物源方法来识别。按时间顺序的分辨率可能不足以允许开发出可靠的相关方法。因此，如何分析地质历史时期源-汇系统中沉积物预算是一项具有挑战的任务。

综上所述，在对现代源-汇系统中的沉积物连接进行评估时，需要对各种环境条件下的地表沉积物搬运状态有充分的了解。然而，在利用地层记录反演地球历史时，不仅需要了解地层记录是长时间周期的结果，而且只有将现代的陆地-海洋的连接性、地貌学、海洋学与地质学结合起来才能够更好地重建深时的源-汇系统。

10.3 源-汇系统的构成单元与几何参数

10.3.1 源-汇系统的构成单元

剥蚀地貌与沉积地貌是由沉积物搬运路径连接起来的（图 10.5）。从剥蚀区形成的物源（包括风化剥蚀的颗粒沉积物和溶解物），搬运到沉积区（或汇水区）并最终沉积下来，这一过程称为源-汇系统（图 10.6）。

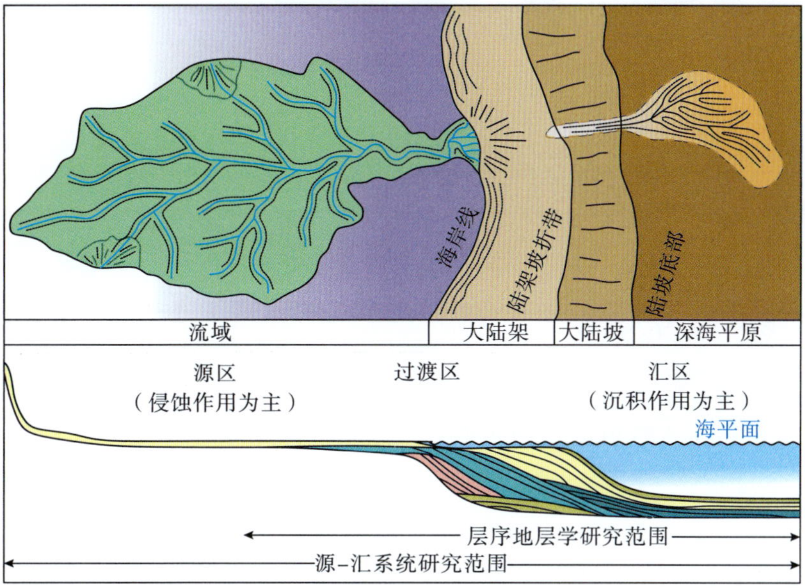

图 10.6 源-汇系统的构成单元

（据 Sømme et al.，2009）

在源-汇系统中保存了从山到盆的整个地球表层动力学及过程的记录和信息，它们也是深部岩石圈动力学过程与地球表面物理、化学、生物及气候条件等相互作用的产物。只有把物源的形成、搬运到沉积作为一个整体的过程来研究，才能完整地认识地球表层的动力学过程及其演化。研究现代源-汇系统的任务是揭示物源如何在山上形成，又如何从剥蚀区被搬运至大陆架区并最终输送到深海区沉积下来（如形成深海扇），因此，在源-汇系统中包括了剥蚀区、冲积-滨海平原区、浅海大陆架区、大陆斜坡区及深海盆地等地貌单元（图 10.6）。

在不同的构造、气候背景中发育了不同类型的源-汇系统，它们在大小、形状、坡度、沉积通量、动力机制等方面均有很大差异。最大的流域面积可达 6×10^6 km^2。在流域汇集的水和沉积物可以直接通过干流河口进入盆地，也可以通过分流三角洲进入盆地，从限制性河道散布到非限制性盆地的浅水区域。从上游向下游整个流域形态可被视为“先窄后宽”或“上窄下宽”的源-汇系统，构成了一个天然“沙漏”（图 10.6，图 10.7）。这个“沙漏”具有明显的不对称性，侵蚀区面积与沉积区面积之间的比例一般为 30：1~10：1。

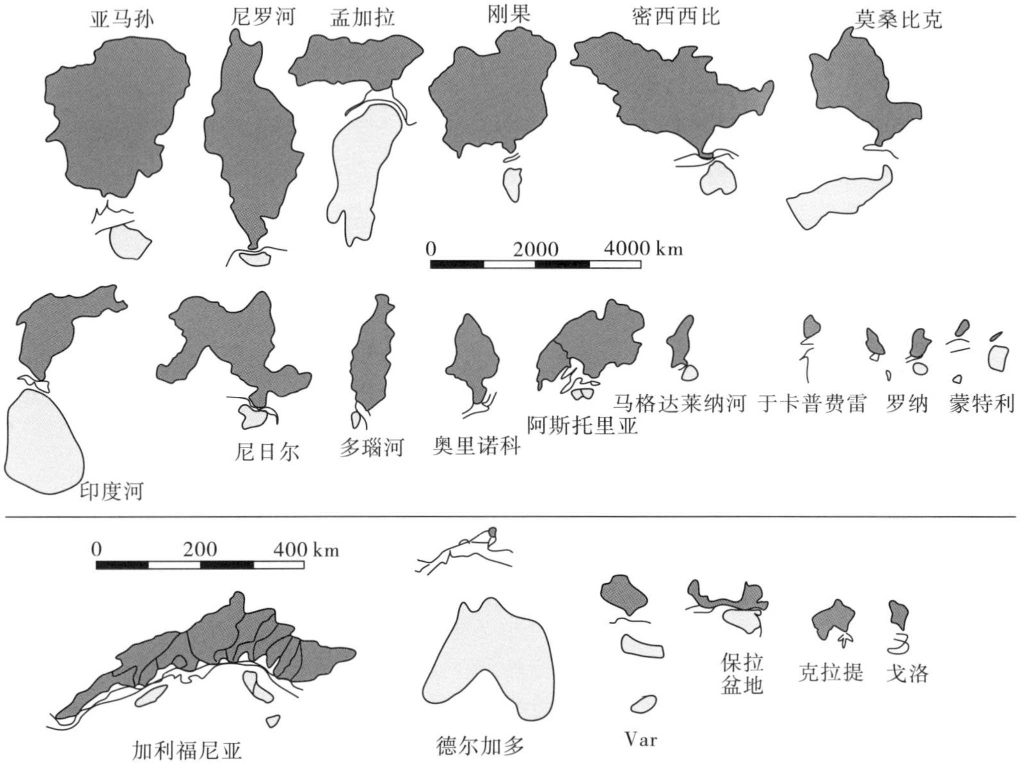

图 10.7 全球主要流域的源-汇系统及构成单元

（据 Helland-Hansen et al.，2016）

10.3.2 源-汇系统的几何参数

在以往的研究工作中，研究者主要采用动力学方法对源-汇系统的沉积物路径进行研究，强调对外动力因素驱动的响应时间和盆地尺度沉积物波动和洪泛平原缓冲的响应时间。目前一些研究者则尝试使用一种形态学的方法，从长度、面积、梯度等方面刻画源-汇系统内部的分段。基于形态特征，Helland-Hansen 等（2016）讨论了分段和系统之间的沉积物扩散（图 10.7），并将其与动力模型联系起来。其目的是在系统内部或不同的系统之间确定形态学参数和沉积学参数之间的连接性和相关性。这种关系并不局限于任何特定的地理区域或地质时期，可以外推到其他现代的或古代的源-汇系统。因此，其目的在于建立一套半定量的相互关系，用于估计古代的源-汇系统中的一级沉积学和形态学参数，以补充缺失的数据。

10.3.2.1 物源区（剥蚀区）的几何参数

物源的性质与物源区的母岩组成、构造作用及气候条件密切相关。山区的剥蚀地貌是由构造运动与气候驱动的剥蚀过程所决定的。造山带的构造作用具有强大的破坏力，构造的挤压或板块碰撞会造成地表大区域的变形和地貌形态的变化。由板块碰撞或构造-热隆升形成的高山和岩层的破坏是导致沉积物崩塌、剥落并在地表流动的驱动力；风化、侵蚀又在很大程度上依赖于气候因素。不断的侵蚀作用将构造抬升的剥蚀区雕刻成纵横交错的山谷地貌。在地质记录中恢复古剥蚀区地貌是极其困难的。因此，揭示造山带地貌的构造作用和气候变量是一项需要长期探索的科学问题。沉积层（岩）的矿物组分、主量元素组成等被广泛用于判别物源的构造背景和母岩类型等，如 Dickonson 等（1983）提出的三角图解、Bhatia（1983）提出的砂岩主量元素的源区图解等。重矿物对恢复物源性质具有重要的作用，重矿物组合类型和稳定系数是分析母岩性质和来源方向的重要依据。这些方法使用简便且常常提供有关物源母岩及构造背景分析的重要依据。前人对物源区构造和气候条件及其对沉积体系沉积特征的影响，特别是对冲积扇等盆地边缘沉积相发育的影响，已开展过不少的研究，试图从沉积岩组分、结构、成岩演化等特征方面完整提取物源区的气候信息。

近些年，一些地球化学分析方法在物源区分析中的应用发展迅猛。如碎屑锆石年代分析，可提供物源的精确年代和大地构造背景的信息，已成为当前国际研究热点。物源的供给量取决于物源区的剥蚀速度和汇水面积，而供给量的变化对沉积体系的沉积结构以及相对海平面的变化具有重要的影响。近年来有关沉积物供给量与大陆架斜坡发育相互关系的研究取得了重要进展。研究结果表明，在不同体系域内沉积物供给量在各个地貌带的沉积物分配的数量关系、沉积体系发育的规模、沉积物供给量和供给速度的变化等对大陆架坡折的形态、地层前积结构、滑塌和沟谷发育及演化等都具有十分重要的控制作用。

10.3.2.2 搬运区（大陆斜坡的沟谷）的几何参数

在源-汇系统中，大陆斜坡至深海区是沉积物的最终沉积区。对这一地貌带的研究常常聚焦于对大陆架坡折带的沟谷地貌与海底扇体系发育关系的标定。近年来，根据我国南海珠江口盆地大量地震、钻井资料的综合研究表明，新生代以来的大陆架坡折带的层序结构和发育演化不仅与海平面变化、构造沉降有关，而且明显与古珠江物源体系的供给量有密切关系。大量的沉积物供给、构造沉降和海平面相对稳定期有利于大型大陆架边缘前积倾斜层的形成。以大面积连片的三维地震资料结合钻井标定开展的地震地貌和沉积学分析，划分出一些具有特定物源背景、水道或沟谷系，以及相应的沉积体系的源-汇类型，包括河流或辫状河流平原-大陆架边缘三角洲-前三角洲斜坡或大陆架斜坡扇、大陆架边缘斜坡上密集的直流状沟谷-滑塌-下斜坡扇、大型下切沟道-伸长状盆底扇等（图 10.8）。

10.3.2.3 沉积区（盆地区）的几何参数

在现代或古代的许多大型的内陆湖泊的周边被造山带或长期隆起区所围限，具有从物源区到冲积平原、滨湖、浅湖、深湖的多级地貌单元组成的源-汇系统（图 10.8，图 10.9）。

10.3.3 源-汇系统的类型

源-汇系统曾被称为“地球的自然沙漏”（Helland-Hansen et al.，2016），在相对宽阔的源区和汇区（沉积区）之间具有很窄的通道。一般来说，一个简单的源-汇系统是由一个源区和一个汇区连接而成，复杂的源-汇系统由主搬运路径和次搬运路径组成，并具

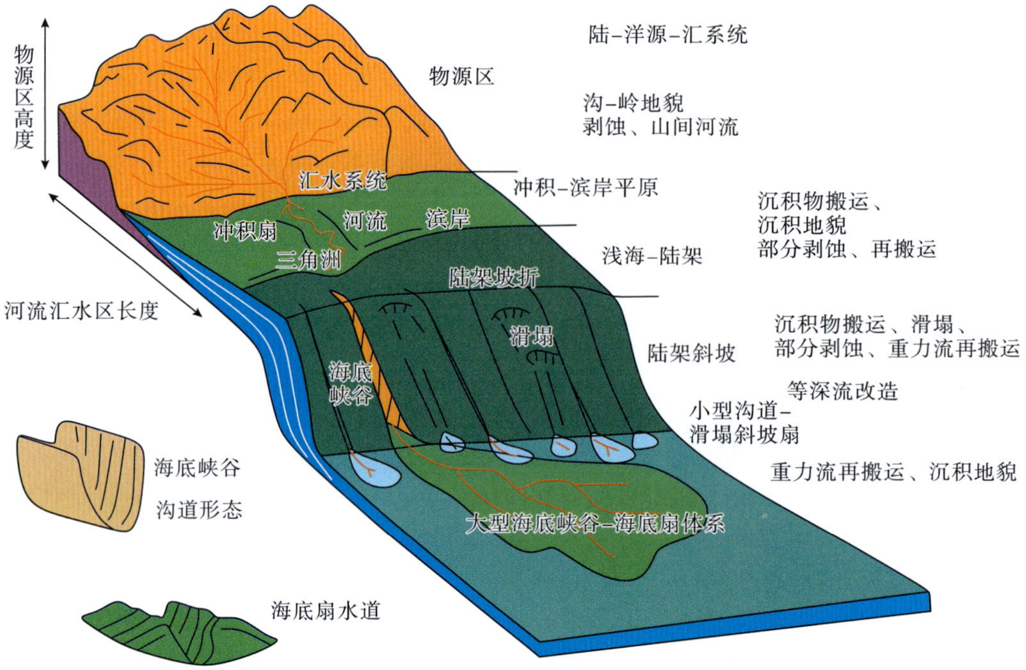

图 10.8　陆-洋之间的源-汇系统与地貌分布、剥蚀-沉积作用
（据林畅松等，2015）

有次级的源、汇、渠。一般情况下，源-汇系统有多个源区，但是很少有多个汇区。Sømme 等（2009）根据盆地地形、长度和水深的空间多样性，将源-汇系统的类型划分为陡-短-深系统、宽-深系统、宽-浅系统 3 种类型（表 10.1；图 10.10）。

表 10.1　源-汇系统的类型与沉积盆地构造类型

源-汇系统空间类型	源-汇系统特征	沉积盆地构造类型
陡-短-深系统	陆上及水下地形坡度陡，源-汇搬运距离短	离散环境：活动大陆裂谷、原始大洋裂陷槽 聚敛环境：弧前盆地、弧内盆地、弧后盆地、海沟 转换环境：扭张盆地、扭压盆地
宽-深系统	大陆架外水体较深，流域及大陆架宽阔平缓	板内环境：大陆隆、大陆台地、大陆堤
宽-浅系统	近岸处水体较浅，流域及大陆架宽阔平缓	板内环境：内克拉通盆地、大陆台地 聚敛环境：弧后前陆盆地 混合环境：坳拉槽

（据 Sømme et al.，2009）

10.3.3.1　陡-短-深系统

陡-短-深系统发育在活动的板块边界，并具旋回性的特性。一般来说，这类源-汇系统的长度通常小于 100 km、近岸水深大于 500 m，物源区地势较高，近岸处水深迅速变

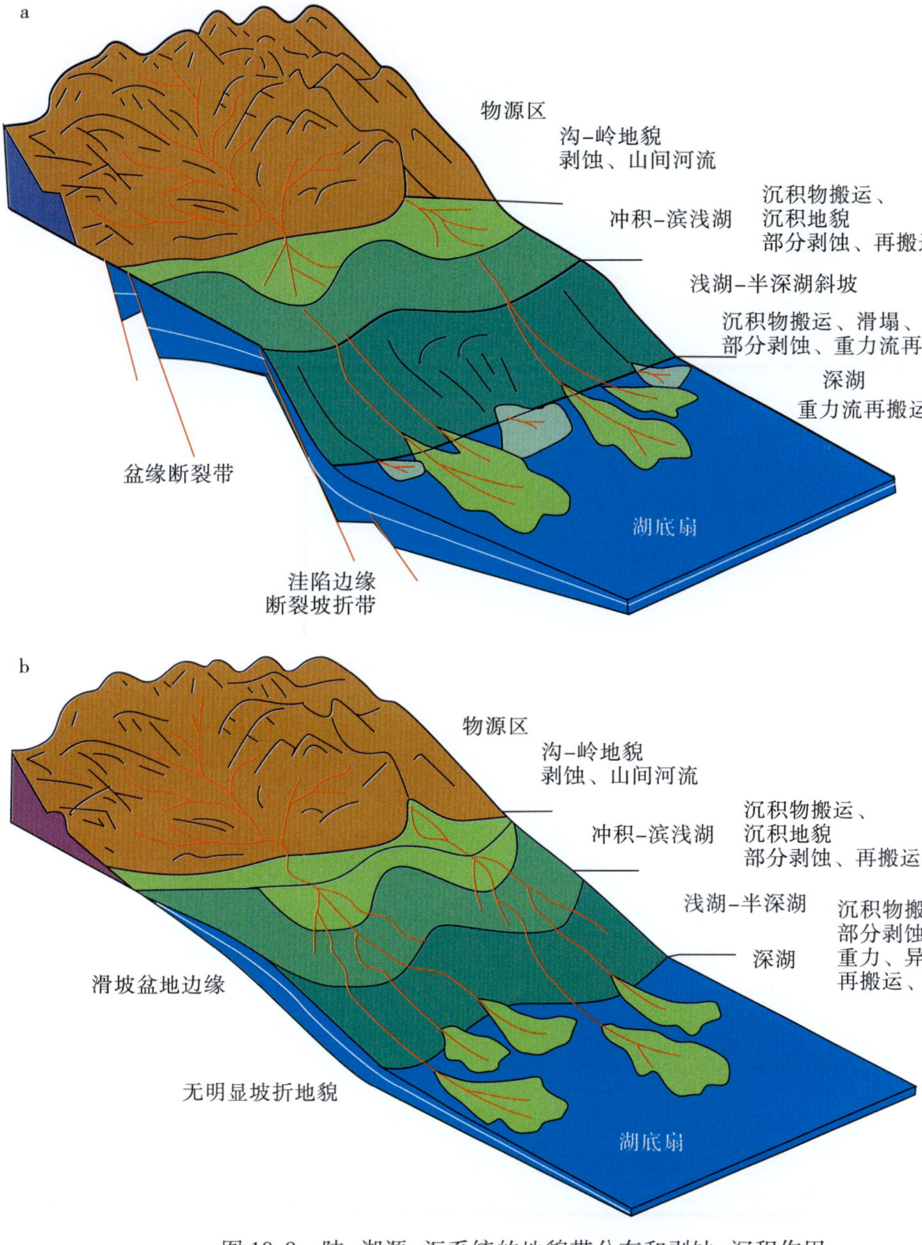

图 10.9 陆-湖源-汇系统的地貌带分布和剥蚀-沉积作用

（据林畅松等，2015）

a—陆-湖（断陷深湖）源-汇系统；b—陆-湖（坳陷）源-汇系统

深。同时，其还具有以下特征：①生命周期持续时间较短暂，通常小于 15 Ma；②通常受到构造控制，受沉积物堆积样式的影响较小；③具有相对固定的边界以及窄、陡的大陆架限制了海平面变化导致的海岸线迁移；④沉积物的输送量高、保存潜力低；⑤在聚敛环境下，海相沉积物易受构造变形与再侵蚀作用的影响，沉积物只能间断性保存下来；⑥在离散环境下，在大陆边缘发生了构造沉降，因此物源区、沉积区的地貌均可能被保存下来。

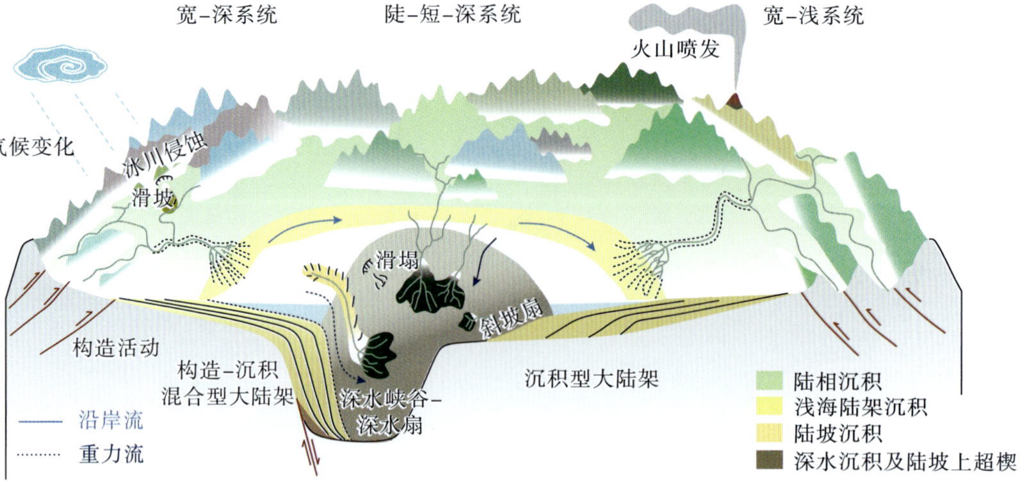

图 10.10　源-汇系统的空间类型及驱动因素

（据 Sømme et al.，2009）

10.3.3.2　宽-深系统

宽-深系统发育在被动大陆边缘，并具有缓冲区的特征。流域长度通常为 1000～7000 km，大陆架外水深可超过 1000 m，流域及大陆架广阔平缓。①在构造特征上，通常位于拉张盆地，在现代被动大陆边缘中多位于大陆地壳边缘变薄处。②在地形控制因素上，在米兰科维奇周期中的高位海平面时洪水泛滥并形成宽阔大陆架，低位海平面时可以用滨岸线确定大陆架坡折带的位置。宽-深系统中填平补齐作用更为显著，在流域下游、大陆架、陆坡和深海盆地环境中可保存大量的沉积物。③在沉积物保存潜力上，被动大陆边缘物源区的抬升作用与沉积区的沉降作用之间具有耦合特征，在地质时期中沉积物保存潜力具有向下游逐渐增加的趋势。

10.3.3.3　宽-浅系统

宽-浅系统通常位于具有正常厚度的大陆地壳上。流域长度通常为 100～1000 km，水深从数十米到数百米，流域及大陆架广阔平缓。①在构造特征上，多出现于稳定大陆板块之中，远离大陆与大洋岩石圈的过渡区。大陆架-陆坡的地形特征通常受沉积地层的控制，水深相对较浅。②当其为非对称盆地（前陆盆地）时，地形与水深受地壳重力均衡的影响，故通常在盆地水深最大处沉积量最大。大陆架-陆坡与缓坡型地貌的演化取决于构造沉降与沉积物供应的长期平衡。在早期欠充填阶段水深可能相对较大，在后期过充填阶段则通常为浅海以及低坡度河流环境，此时海平面短周期的变化会导致海岸线的大范围迁移。③当其为对称盆地（内克拉通盆地）时，内克拉通盆地的形成通常与坳拉槽的区域沉降有关，充填类型复杂，受邻近地形地貌的影响。滨岸线迁移在长时间尺度中受到河流沉积通量变化和内动力系统的影响。滨岸线可随着海平面升降而产生大范围的水平迁移，缓慢的区域沉降可保存长期的地层记录。④当其为深水盆地（深水充填被动大陆边缘或主动大陆边缘）时，流域、大陆架、陆坡的地形地貌最终都受盆地构造条件的约束。

10.4　源-汇系统的分段及级次划分

利用源-汇系统可以将长期的沉积物通量的变化与侵蚀-沉积系统的演化联系起来。这些变化是由复杂的自生和他生的驱动机制的组合引起的，这些机制在从单个搬运事件到大规模的充填盆地等不同时间尺度上运行。源-汇系统是从集水区的源头到深海海底扇之间的侵蚀-沉积系统（erosional-depositional system），包括了沉积物的侵蚀、搬运和沉积。该系统是由一些在成因上相关的分段组成（图 10.11），由于系统某一部分的侵蚀或沉积而导致的演化可以由一个或多个相邻分段的形态学变化来反映。在地质时间尺度上，这一过程响应关系导致分段发育和系统演化的驱动力变化，为定义流域的参数奠定了基础。因此，在源-汇系统中不仅包括侵蚀-沉积系统的形态学特征（包括分段面积、长度和梯度），而且也包括侵蚀-沉积系统的沉积学特征（包括沉积物传输、储存和缓冲）。

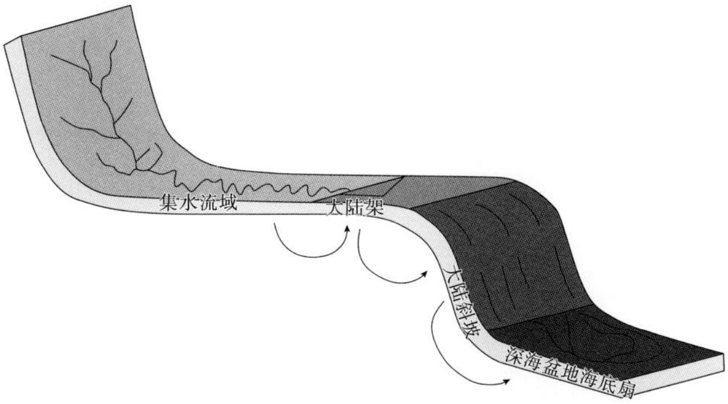

图 10.11　源-汇系统的分段
（据 Sømme et al.，2009）

在源-汇系统内的沉积物分布方式与沉积物路径系统是类似的概念，它们经常被描述为控制侵蚀-沉积系统中沉积物分散的各种自生、他生的驱动条件之间的动力过程和反馈机制。在源-汇系统内不同空间尺度和时间尺度的沉积物扩散是对短期的和长期的（几天到数千万年）或当地和区域的气候模式变化和构造隆升速率变化的响应。因此，地层记录是一种混合型的地质记录，代表了短期的侵蚀作用、沉积作用与长期的他生的控制机制的叠加。以前的研究主要集中于沉积物分布对气候和构造变化的响应，主要局限于河流区域和海岸-大陆架区域（包括三角洲和河口，通常作为河流沉积物的临时存储区域）。因此，如果要了解源-汇系统的短期和长期的发展、各种地貌要素之间的关系以及沉积物在不同的时间尺度上是如何搬运和储存的，那么就需要具有全球视角。虽然在各种环境中形态学和沉积学特征经常被单独描述，但是很少有人关注其在源-汇系统内部及不同源-汇系统之间的相互作用。

10.4.1　源-汇系统的分段

沉积路径系统是由一个或多个形态动力区域组成的，其中有一组连贯的泥沙搬运过程。这些自然区（或者称为段），是直接相关或者不断相互变化的，因为沉积物沿着相关联的边界以串联的形式从一个源头转移到另一个源头。Sømme 等（2009）将源-汇系统划分为 4 个分段（图 10.11），分别为集水流域段、大陆架段、大陆斜坡段和深海盆地海底扇段。这些分段在成因上是相关的，因此在一个分段中通过侵蚀和沉积的长时间尺度

（在地质时间尺度上）的变化会影响一个或几个其他的分段，并导致这些分段的长度增加和坡度变缓，从而导致整个源-汇系统发生变化。

10.4.1.1 集水流域段

集水流域段或集水区-冲积河流段（catchment-fluvial）包括丘陵坡地和基岩区河道，河流出口即为盆地边缘相和冲积河流系统中的泛滥平原和湖泊。集水区-冲积河流段就像是一个将沉积物传送到海洋里管道，把沉积物搬运并储存在冲积泛滥平原和湖泊中。

一般来说，随着流域盆地的发展和扩展，集水流域段的大小和相关河流的长度都随着时间的推移而增加。因此，可以预料在这一分段中在各种形态参数之间存在着一系列的相关性，这些相关性与具有相同特征的其他系统是可以类比的。集水流域段控制着河流向海洋输送沉积物的数量和速率，这种通量最终受到与气候和构造作用有关的因素的影响。集水流域段内的海拔分布对短期的沉积物存储具有重要意义，水系的沉积物搬运依赖于沉积物有效的侵蚀和河道搬运能力的大小和变化。

集水区-冲积河流域段包含沉积物的物源区和连接海洋、湖泊或内河的河流系统。此分段的形态学和动力学特征可以表示为流域、源头的最高海拔、主要流域干流的长度、排水量和输沙量，这些特征都受地壳升降的构造史、气候、植被、基岩岩性的影响。

陆地表面的大部分是由长期遭受净剥蚀的地区所组成。因此，这些地区没有保存地层的潜力。在遭受净剥蚀的地区，河流系统通常呈干流型，而在没有海洋影响的陆相沉积盆地中，河流系统通常呈支流型分布。支流型河流系统通常表现为下游方向河道尺寸减小，其并不局限于冲积物相带，并且随着时间的推移可以以一个独特的顶点为起点建立一个沿流向的沉积模式（图 10.1）。支流系统的顶点通常为高山峡谷的河流出口。

前陆盆地的沉积物是在边缘山区带形成的沉积物，具有非常庞大的支流型河流系统。在支流型河流系统中发育面积大于 1000 km^2 巨型冲积扇。较小的冲积扇通常沿盆地边缘充填。河流系统支配着楔形（猪背）盆地的沉积作用，但是其面积比前渊的盆地小。在楔顶盆地中冲积扇由相邻的与火山活动有关的反冲层提供泥沙，控制着沉积作用，通常河流的下游进入轴向河流系统和盆地。

因此，最主要的河流形式是由横向扇（盆地边缘）与轴向干流（盆地内部）的共同组成。河流系统的流动路径受构造抬升和沉降建立的区域地形坡度和盆地边缘的沉积物物质供应控制。河流的排列通常是不对称的。在前陆盆地，横向的沉积物供给量主要来自造山楔和前缘隆起。在楔顶盆地中，沉积物从生长的收缩型褶皱-冲断带中流出。下盘通常由聚集的冲积扇构成。冲积扇进积作用或退积作用是由输沙量与容沙量之间的平衡所决定的。

沉积盆地可能以一种可预测的方式在其构造沉降和沉积物排放中演化。例如，伸展盆地可以从多个独立断层的起始阶段发展到相互作用阶段，再进入持续逆冲阶段，伴随着沉降速度的增加和地表地形的加剧，楔顶盆地演化为前陆盆地，显示为与造山带高沉积物排放有关的更开阔的过度型充填盆地。因此，盆地边缘的横向冲积扇和轴向水系的时间演化响应于输沙量和调节方式的变化。

（1）山坡和基岩河道

在几乎没有植被的干旱地区，由水产生的侵蚀作用形成的河道网络通常是树枝状的。

排水网络组成“侵蚀引擎”或者“碎屑工厂”的景观，成为与源区沉积物形成和输送泥沙关联的一部分。树枝状河道网络涉及河流段的层次化排序。

A. 横向排水系统的出水口间距

流域的上游界限是由出水口划分的。出水口的位置可能是由滑坡或者侵蚀形成的排水地形。出水口的间距影响着流域的横向长度。

在不考虑构造样式和流域大小的情况下，在横向集水区的前缘出水口间距大约是主排水分界线与前缘范围之间距离的1/2（以 W 表示）。Hovius（1996）发现 W/S 的平均值介于1.91~2.23之间。Sømme 等（2010）通过标定6个现代裂谷带594个流域盆地的间距比，得到 W/S 平均值为2.48。Sømme 等（2010）对出口间距（S）与流域长度（L_c）进行了回归，得到

$$S = 0.638\, L_c^{0.915} \tag{10.1}$$

因此，W/S 值是排水系统的内在产物。如果是这样，间距比可能有助于估计古代沉积物系统的汇流大小，在这些系统中，沉积物顶端的位置是通过地层标定的，或者也可以用推测的沉积体系的出口点来标定，这些出水口点之间宽度受到构造的限制。

B. 基岩河道

河流对基岩的切割控制了地形对抬升的反应，从而控制了沉积物在沉积路径系统中流入下游盆地的通量。下切速率可以在不同的时间尺度上测量。一种常见的方法是测量在现今河床之上的阶地或熔岩流的高度。此外，可以通过使用宇宙核素计算河道的侵蚀速率，核素的浓度反映了来自河道的基岩样本在核素生产量和接近地球表面的时间。在更短的时间尺度上的侵蚀可以通过在基岩上钻孔的校准针直接测量，但是该方法仅限于基岩河道，下切速率一般需大于1 mm/a。

C. 构造抬升对河流纵剖面的影响

前人曾提出用带状动力变化规律模拟河流纵剖面的方法，岩石隆起的构造位移场对河流纵剖面具有影响（包括对 m、n、k 等参数的影响）。河流纵剖面的分析有助于评估地貌对驱动机制的响应（如构造抬升速率的变化）。因此，可以在河流动力定律的基础上分析构造抬升速率。

河流切割导致了受侵蚀的地区大量物质被移除，从而导致均衡补偿。因此，在山谷中高山峰可能会产生表面隆升。这种可能性可以用基岩河流下切作用进行说明。假设地壳均衡隆升是由局部（空气）补偿引起的，而不是由局部挠曲作用引起的，那么山峰的抬升速率为

$$\frac{\partial y_p}{\partial t} = \frac{1}{2}\left(\frac{\rho_c}{\rho_m}\right) c_1 x^2 S \tag{10.2}$$

式中：ρ_c、ρ_m 分别为地壳、地幔的密度；y_p 为山顶高程；x 为水平坐标；S 为坡度；$c_1 = 0.5\ \mathrm{m^{-1}\cdot Ma}$，沿尼泊尔喜马拉雅山脉的阿伦（Arun）河和卡马里（Kamali）河的剖面图（图10.12）显示，青藏高原排水分界线下游的一些山峰的最大起伏发生在喜马拉雅高原的边缘，卡马里河切割了4500 m。目前喜马拉雅山峰海拔高度中的20%~30%可以用均衡补偿来解释。

D. 山坡

山坡将水和沉积物都输送到位于坡脚下的河道中。因此，河道和山坡具有耦合作用。

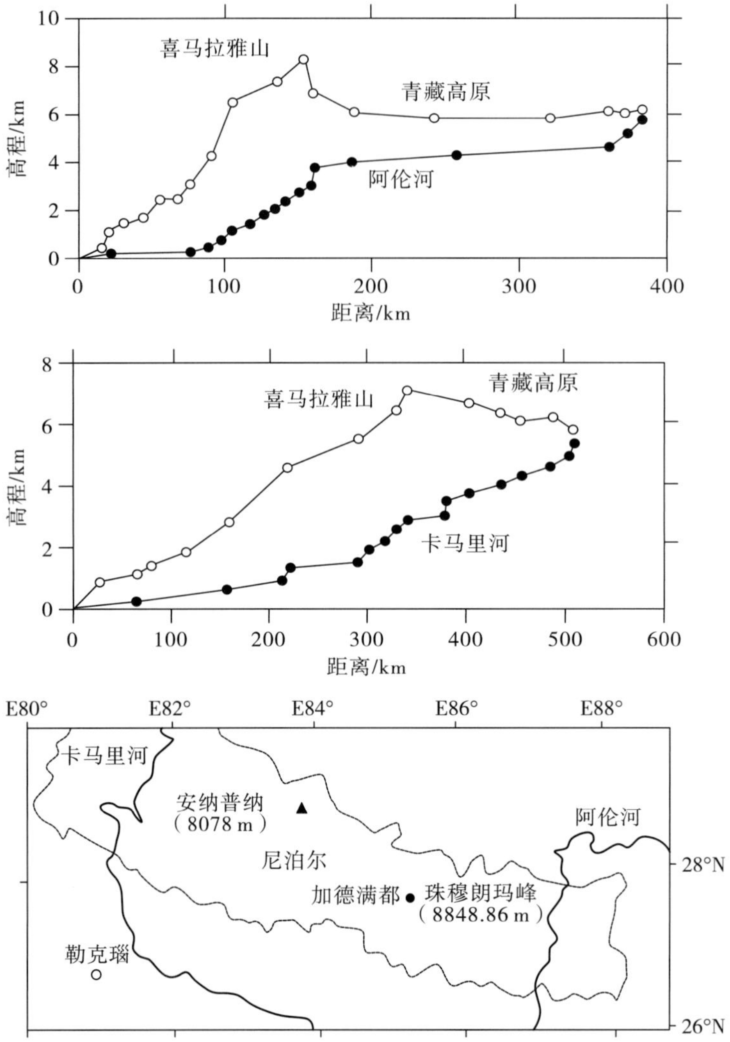

图 10.12　西藏高原-喜马拉雅山卡马里（Kamali）河、阿伦（Arun）河剖面图

（据 Montgomery，1984）

卡马里河、阿伦河纵剖面图，显示了山峰剖面（空心圈）、河谷底部剖面（实心圈）；自源头 200 km 范围内山脊的高海拔；基岩河道下切作用导致了山峰隆升

构造所生成的地形在这种耦合作用下发生退化。河流通常是在固定的区域内切割抬升的基岩。山坡系统提供了由土壤蠕动、流动、沟壑、泥石流、滑坡和岩崩所造成的侵蚀物质。如果坡面的侵蚀速率小于坡谷的下切速率，则坡面变陡，最终导致基岩的滑动。河流系统通过其河道网络运输来自山坡侵蚀的物质。当高震级的地震触发事件引起山坡上的瞬时泄洪，可以导致滑坡和泥石流坝堵塞山谷。在山脉地区，由暴雨和地震的震动引发的滑坡活动对剥蚀山坡至关重要。许多快速上升的造山带（例如，新西兰的南阿尔卑斯山脉，西喜马拉雅山脉的喀喇昆仑山脉）被认为呈现出一种稳定的地形，在这种地形中，岩石抬升的构造速度被以地貌为主的侵蚀速率所平衡。在新西兰的南阿尔卑斯山脉，据估计，滑坡产生的物质流量大致相当于主要河流的产沙量。

Allen 等（2013）给出了泥沙排放、坡度和最大地形梯度值的推导公式。

$$\bar{q}_s = \frac{k\partial y/\partial x}{1 - \frac{|\partial y/\partial x|^2}{S_C}} \tag{10.3}$$

式中：k 为扩散性（$L_2/7$）；S_C 为临界坡度梯度；$|\partial y/\partial x|$ 为地形梯度的绝对值。由式（10.3）可知，在临界坡度 S_C 处泥沙流量为无穷大。

高山区一般具有很高的河道下切速率，一定程度上揭示了造山带的构造隆升速率。在新西兰南阿尔卑斯山沿着断层高山的隆升速率超过 5 mm/a，沿着南阿尔卑斯山的主要排水区隆升速率为 1 mm/a。

在南阿尔卑斯山西侧，河口的横向距离（L）为 3000 m，最大的地形起伏（y_{MAX}）为 1500 m，下切速率（v）为 5 mm/a，有效侵蚀边坡扩散系数为 15 m^2/a（图 10.13）。有效侵蚀边坡扩散系数包括山坡地貌演变过程，因此可以将平均年降水量（1 m 以上）、降雨强度、岩石强度、植被和温度等风化作用的影响综合起来。这里计算的值反映了快速剥蚀事件的活动性，在扩散模型中山坡的平均梯度为 27°，与测量的平均值非常接近。

在南阿尔卑斯山脉较干燥的东侧，年平均降水量不足 1 m，构造隆升速率从主分水岭的 1 mm/a 降至 0 mm/a。辫状河流域分布广泛（低密度排水），不易切割基岩（图 10.13）。

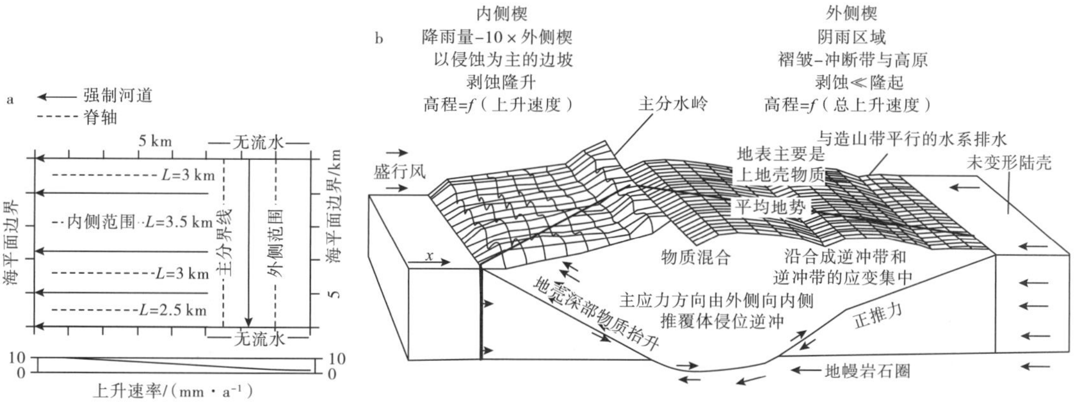

图 10.13　新西兰南阿尔卑斯山的双向造山楔

（据 Koons，1989）

其西翼构造隆升速率很高，并发育很窄的横向水系；其东翼河流切割较浅，宽度较大。

a—数字模型的边界条件和初始条件；b—构造隆升速度、地形和降雨量

（2）盆地边缘扇

冲积扇是具有分布河道网络中的扇形沉积体，通常在盆地边缘发育，从高地集水区进入邻近的盆地。因此，在构造活动盆地边缘的地形坡度发生突变时，冲积扇就形成了。泥石流和水流将泥沙沉积在扇形表面，山体滑坡、土体蠕变和风成沉降物为次要沉积物。冲积扇出现在所有气候带。由于其简单的平面几何形状，扇进积的距离是流域泥沙供给与盆地沉降速率平衡的一个指标。泥沙收支表现为集水区和扇区之间的相互关系，这一关系最初由 Bull（1962）提出，它受到盆地构造沉降的强烈影响。

（3）轴向水系与横向水系

在沉积盆地中河流排列方式是在山脉的前缘冲积扇通过横向水系进入轴向水系。轴向水系是沿山前冲积扇边缘向盆地延伸的。

（4）冲积河流

A. 沉积盆地中的河流地貌元素

沉积盆地含有一系列河流地貌元素（图 10.14）。巨型山脉的山峰顶点由巨型河流间隔开，这些河流排出山麓地区，沿着前缘产生了扇和山麓冲积平原，并在远端进入轴向的主干系统。

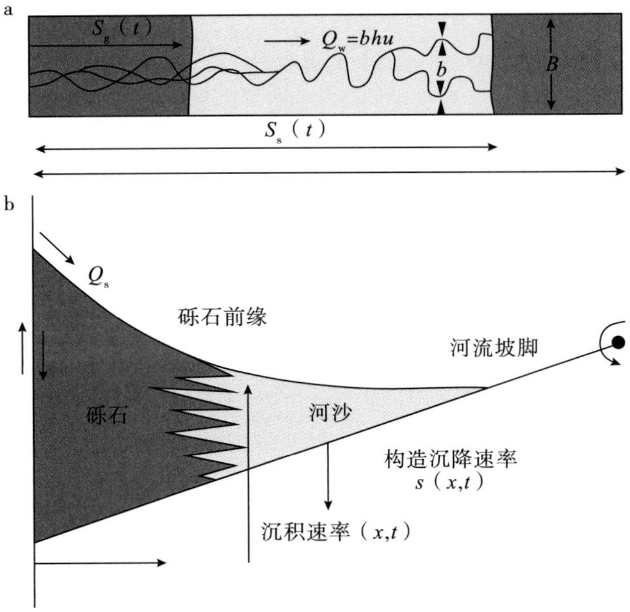

图 10.14　冲积盆地的平面图（a）和横切面图（b）

（据 Allen et al.，2013）

盆地的长度为 L，宽度为 B，累积河道的宽度为 b；正在经历构造沉降量为 $a(x)$，近似等于远端枢纽的线性倾斜量

B. 远距离沉积物的搬运和沉积

冲积河流（带有河床和沉积物的河流）会导致从侵蚀区到海洋的长距离的沉积物输送。河流输送泥沙的机制很复杂。沉积物通量与地形梯度成比例。如果能够预测砾石或砂的运动轨迹，在盆地分析中将发挥巨大的作用（图 10.14）。

C. 河流平面形态及河流长剖面

河流呈现出各种形态，通常为曲流河和辫状河。曲流河和辫状河模式与流量特性、河床、河堤和河道坡度的组合有关。

D. 洪泛平原的沉积物

洪泛平原是在洪水泛滥的时候淹没在河岸上的沉积物区。洪水事件是随机的，河流流量的频率变化很大。洪水的大小-频率特性影响了河流的切割、推移质的传输、洪泛平原的淹没。

E. 河流古水文学

河流古水文分析的关键是依靠河道尺寸和颗粒尺寸来确定古水文参数。可以根据露头，岩芯和测井中保存的向上变细（上升旋回层）的厚度来估算主干河流的深度。在垂直于古流方向的露头中测量河道宽度可以使用经验关系，这取决于河流类型。通过测量床形几何形状和颗粒大小以及阻力系数的公式估算流动阻力和古流速。Holbrook 等（2014）给出了一系列方程式，用于计算河流的排放流（Q_w），河床沉积物的排放量（Q_b），悬浮沉积物的排放量（O_{ss}）以及总沉积物的排放量（Q_t）。

Gibling（2006）提供了 W-T 图解：

$$W_c = 10.8T_c^{1.82} \tag{10.4}$$

式中：W_c 为河道主体宽度；T_c 为根据沉积厚度估算的平均河道深度。

使用质量平衡方法计算的河流古水文，提供了关于古河流中沉积物通量和预算的重要信息，还可以估算沉积物源区的大小。

10.4.1.2 大陆架段

大陆架决定着沉积场所的潜力和细粒沉积物向深海的运输。在大陆架宽度、坡度、坡折带、峡谷长度、河流羽流水动力、波浪、潮汐和推动沉积物搬运的洋流都有变化。大陆架段在连接集水区和斜坡盆地底部段之间的输沙过程中也起着至关重要的作用，控制了将沉积物储存在大陆架上或者输送到更远端的环境。

由河流输送到海洋的沉积物通常保存在大陆坡地形向盆地方向的区域。大陆坡地形在近端到远端方向上包括：①陆上三角洲；②水下三角洲；③大陆架棱形体；④大陆边缘（图 10.15）。

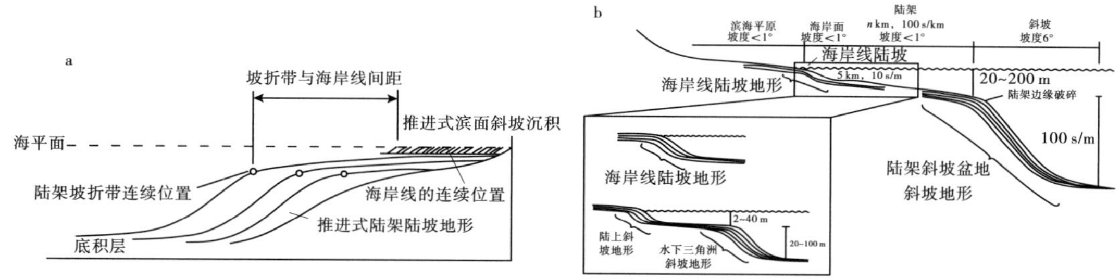

图 10.15 滨线、大陆架边缘与斜坡沉积物之间的关系

（据 Allen et al.，2013）

a—以进积型滨面和大陆架-斜坡沉积物为例，说明滨线、大陆架边缘的轨迹；

b—与滨面、水上三角洲、水下三角洲和大陆架斜坡相关的斜坡沉积物的尺度

在恒河-布拉马普特拉河系统中（图 10.16），陆上三角洲前积作用非常缓慢，而水下三角洲前积速率为 10 m/a。大陆架平均梯度为 0.1°，水深在 130~200 m 之间。在被动（伸展）大陆坡，梯度平均为 3°~6°，大陆坡（平均斜率小于 0.1°）水深大于 4000 m。在活动（收敛）边缘，大陆架较窄，泥沙供应率高于被动边缘。

大陆架上的泥沙运输涉及复杂的海洋物理过程，由浮力、潮流、波浪作用和重力流组合而成。

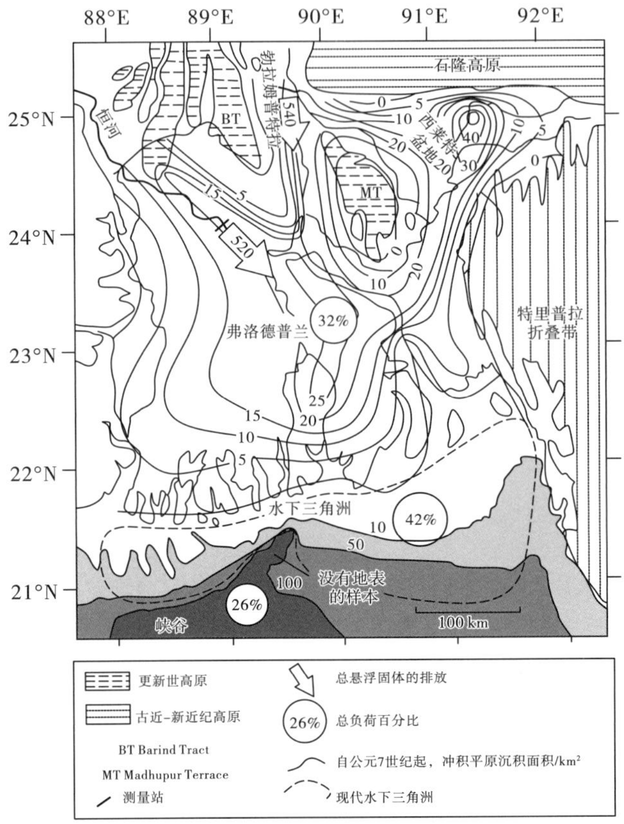

图 10.16　恒河–布拉马普特拉河系统的沉积物预算（sediment budget）

（据 Goodbred et al.，1999）

自中全新世（7 ka 前）海平面上升速率减慢以来，洪泛平原和三角洲平原沉积物等厚图。每年的沉积物体积约为恒河–布拉马普特拉河年沉积通量的30%；自 7 ka 以来约 40%的沉积通量限定在水下三角洲

10.4.1.3　大陆斜坡段

大陆斜坡段位于水下环境，通常是净的沉积区。在斜坡长度、坡度、沉积物中记录了沉积物的时间和流量变化。大陆斜坡主要由前积的悬浮物构成，在水深梯度、坡长、幅度、地壳下降的深度、沉积物的来源上都有变化。沉积物数量从大陆架到深海发生了剧烈变化，深水盆地沉积物主要来源于由重力驱动的泥石流、浊流和等深流（图 10.17）。

10.4.1.4　深海盆地的海底扇段

深海盆地海底扇段包括大陆坡和深海盆地在内，是从源到汇的沉积物系列的最终目的地（图 10.18）。

大陆斜坡的形态受相关河流沉积物供应的强烈影响，因此坡长与河流长度呈正相关关系，斜坡长度 L_s 可用作古代沉积物路径系统中最长相关河流流域 L_r 表示，即 $L_s = 1.08L_r^{0.54}$（Sømme et al.，2009）。

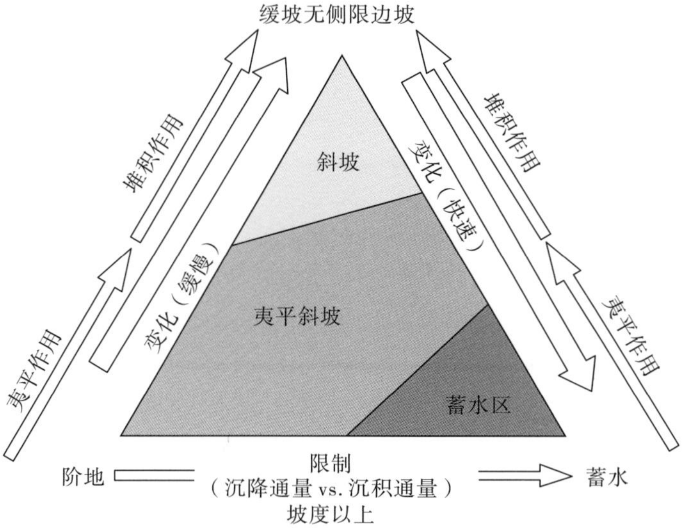

图 10.17　大陆斜坡的端元类型与关键过程

（据 Prather，2003）

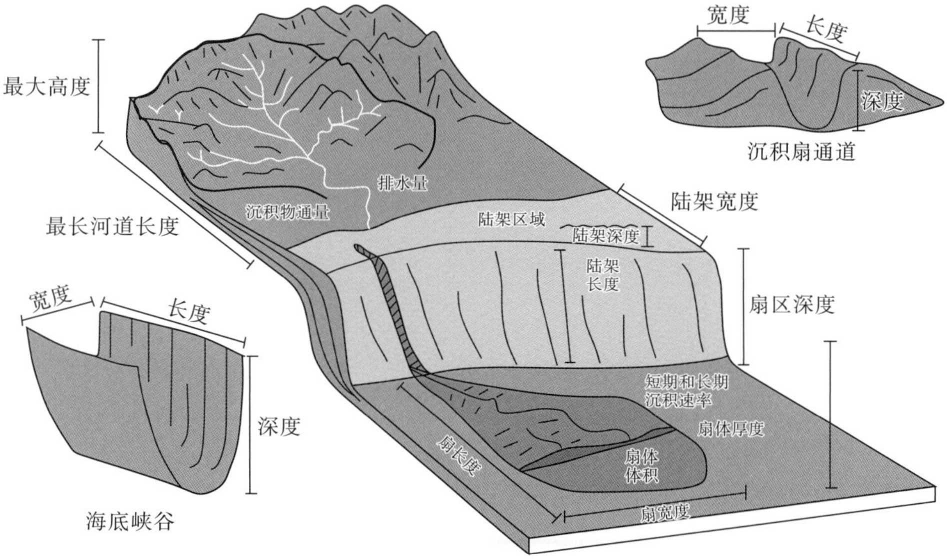

图 10.18　源-汇系统的参数

（据 Sømme et al.，2009）

对从已发表的文献和数字高程模型提取的不同参数进行总结，用于识别
在源-汇系统的内部和不同源-汇系统存在的形态和沉积作用的相互关系

盆地海底扇是最终的汇，这里的沉积记录可以反映出不同的自生、他生驱动机制的综合影响，从而引起整个流域的扰动，进而影响整个源-汇系统。深海扇是地球上最大的沉积物。扇面积或扇长度与沉积速率之间存在相关性，目前活动的现代扇、古代扇都是按照相同的幂律发展。Sømme 等（2009）表达了这种关系：

$$S = 0.0055L_f^{1.354} \tag{10.5}$$

式中：S 为沉积速率（10^6 Mt/a）；L_f 为扇形长度（km）。对于相同的河流悬浮沉积物排放（10^6 Mt/a），三角洲源的扇长度小于河口源的扇长度。

10.4.2 源-汇系统的级次划分

源-汇系统是连接沉积物的剥蚀-搬运-沉积的自然系统。因此，需要将其作为整体，对沉积物的搬运的全过程进行研究；同时，在源-汇系统分段中沉积物的产生与输送具有不同的触发与搬运机制，只有明确各阶段内不同的沉积物分散机制，才能准确掌握沉积物的分布规律，从而达到预测沉积体与储层的目的。

近年来，一些国内的研究者对源-汇系统剥蚀-搬运-沉积过程进行了研究，主要集中于南海北部的珠江口盆地与渤海湾盆地。庞雄等（2007）将源-汇系统划分为 3 个级次（宏观-中观-微观），包括：①第一级次的源-汇系统，为从珠江流域到南海陆缘的珠江口盆地，预测宏观深水扇分布；②第二级次的源-汇系统，是用三级层序地层格架划分的沉积结构体系，揭示海底扇与古地理因素之间的响应；③第三级次的源-汇系统，是针对具体的扇体，微观解剖深水扇的沉积内幕与储集属性。徐长贵（2013）基于盆地边界样式，即断裂性质、组合形态及斜坡特征，在渤海海域划分出 7 种源-汇系统的控砂模式，用来指导有利储集砂体分布的预测。朱红涛等（2013）根据渤中凹陷物源通道的差异性划分出 3 种源-渠-汇模式。林畅松等（2015）总结了珠江口盆地源-汇系统模式，划分出 3 类具有特定的物源背景、水道或沟谷体系、沉积体系的源-汇系统的类型，反映了地形地貌、构造作用及海平面变化等因素的控制作用。

10.5 源-汇系统的沉积物预算

Hinderer（2012）论述了沉积物预算（sediment budget）在沉积学研究中的应用现状，认为沉积物是在地球表面大量扩散并参与全球循环的产物。沉积物预算是根据质量守恒原理进行定量分析，是确定地球表面固体物质的古沉积通量的关键。这涉及造山带的隆升、气候和剥蚀的相互作用以及沉积物从大陆向海洋转移的基本问题，包括：①沉积物预算的基本理论、尺度和方法。对第四纪沉积物运移系统的不同组成部分（包括源区侵蚀、河流系统、冰川系统、湖泊、三角洲、河口、海岸、大陆架、陆表海和深海扇）的沉积平衡进行了讨论，认为沉积物预算适合于封闭或半封闭的沉积环境（如冲积扇、湖泊、三角洲和深海扇）。②引入了以大陆动力学尺度的沉积物分配的新概念，探索了在被动、主动和碰撞构造动力学背景下的相关沉积盆地的沉积物预算。由于古构造运动系统的保存或多或少是不完整的，而且可能在活动构造环境中发生强烈地破碎或破坏。因此，就沉积盆地类型而言，裂谷、陆内和海洋（陆外）沉积环境具有持续性的沉积作用，并具有相对简单的沉积结构，它们是沉积物预算研究的首选对象，尤其是封闭盆地（如前陆盆地、弧前盆地、弧后盆地、背驮盆地、楔顶盆地等）可以提供反映造山作用的沉积物。③讨论了大型的、长时期活动的恒河-雅鲁藏布江源-汇系统。研究了大陆和海洋（子系统）

的沉积物体积（质量）和成因，获得在新生代以来的特定时间段内在质量守恒方面的完整变化。Hinderer（2012）得到如下的认识：①在空间和时间上沉积中心和沉积通量表现出强烈的差异性；②这些系统的响应时间是在米兰科维奇（Milankovich）的时间尺度内，因此其时间分辨率低于利用扩散模型的预测值；③在陆相盆地中沉积物的循环主要受气候的影响，而不是海平面升降；④长周期的最终沉积总量大于短暂的、间歇性的沉积存储量。

10.5.1 沉积物预算的基本概念

虽然沉积物预算有助于解决沉积系统和全球循环中的一些基本问题，但是目前仍存在许多争论。其一，他生驱动力在源区产生的侵蚀信号是如何并以何种速率通过河流流域传送到沿海地区或大陆边缘的？它们是如何控制地层记录中的高频旋回的？其二，海平面波动是如何使海平面变化影响到大陆内部的？其三，虽然有大量的证据表明，大陆地区的沉积物的扩散与地层记录之间存在不符合的现象，但是对沉积物的时滞和滞留时间仍然知道的很少。其四，最近 Willenbring 等（2010）、Hay（1988）和 Peizhen（2001）等对上新世-更新世的构造隆升、气候变冷和海相沉积速率增加之间的关联性提出了质疑，而沉积物的定量计算则有助于解决这些问题。其五，沉积物预算的概念还可以帮助区分海洋和大陆层序地层学中的模糊概念，并接近定量的源-汇模型。海洋层序地层学试图建立在相似的时间尺度上沉积物的供应变化与海平面升降之间的耦合关系，并试图将海洋层序地层学与河流相层序叠加模式联系起来。其六，由于他生驱动力的驱动、海平面上升或下降导致了储存容量的空间变化，从而产生沉积物体积的积累。Cross 等（1998）将这一原理称为沉积物体积划分，并将其应用于地层旋回类型的空间变化趋势。虽然来自侵蚀区的沉积物数量基本不变，但是它们以复杂的方式进入海洋。一般地说，沉积物的储集能力和保存潜力受空间（A）与沉积物供给（S）之比的影响，即受地层基准面的控制。

10.5.1.1 沉积通量和沉积物的储存量

沉积物预算是单位时间和空间内沉积物的来源量、聚集量和再分配量。已有的研究成果仅限于机械沉积物和碎屑沉积物，但是实际上沉积物预算还包括了生物化学过程（即溶解质和分解残余物）。

物质质量守恒原理具有不同的表达方式，与地球表面的特征单位和特定时间有关，可以简单地表达为公式（Slaymaker，2003）：

$$I_{\mathrm{w,s,d,n}} = \Delta S_{\mathrm{w,s,d,n}} + O_{\mathrm{w,s,d,n}} \tag{10.6}$$

式中：I 为输入量；S 为存储量；O 为输出量。w，s，d，n 代表物质的类型，分别为水，沉积物，溶质，养分。在水体搬运情况下，下标还可以是降水（P）、蓄水（S）和径流（R）。

10.5.1.2 封闭系统和开放系统

Einsele 等（1998）利用质量守恒原理将剥蚀速率、沉积速率、沉积物质释放量和沉积物质累积量联系起来。通过源区（河流或流域）与汇区（沉积单元，如冲积平原或沉积盆地）的比例实现两者的耦合。这种剥蚀-沉积系统的方法需要一个封闭的系统，这种限制是该理论应用的前提条件。虽然这种理想模型很难在自然系统中实现，但是可以在一些封闭或半封闭的系统中实现。大型湖泊是颗粒物质的理想汇聚地，并且可以作为陆相沉积物通量的定量计算的典型案例。

图 10.19 显示了开放和封闭湖泊的沉积物预算计算的原理，它们可以作为理想的源-汇系统（合理的封闭系统）。碎屑沉积物和生化沉积物的比例随河流输入颗粒物质和湖泊生物活性的变化而强烈变化。在封闭湖泊沉积物的运移受到气候水体运移的驱动，水体运移可能导致流域面积与蓄水面积之间比例发生很大的变化。这种湖泊沉积物预算计算的原理也适用于不同规模的沉积盆地，如裂谷盆地（如东非湖泊）、边缘海盆地（如地中海）和内陆盆地（如里海、乍得湖）。

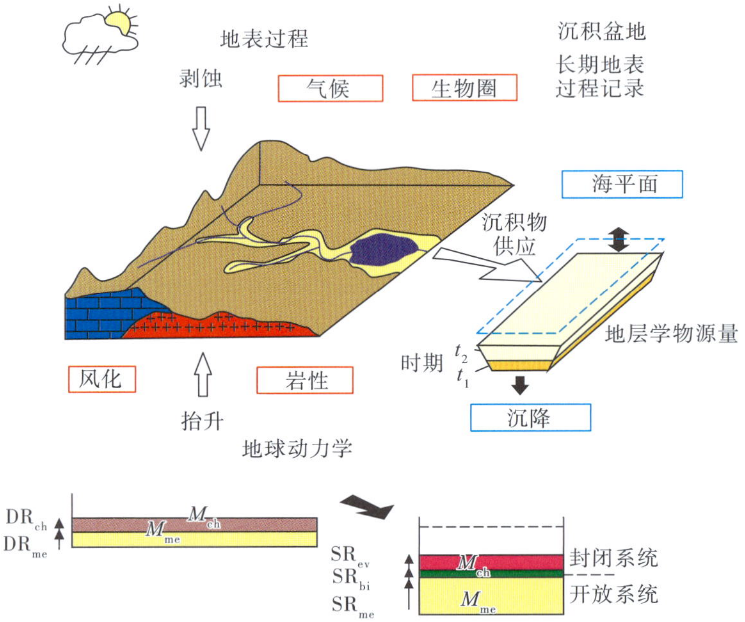

图 10.19　剥蚀-沉积系统的定量研究方法

（据 Hinderer，2012）

剥蚀-沉积系统的概念及连接源区（腹地）机械和化学侵蚀的物质量（M_{me}，M_{ch}）与沉积中心（沉积盆地）的定量方法。化学物质是生化和蒸发作用的沉积物，可以完全聚积在封闭系统中。在开放系统中，蒸发作用的沉积物消失，但是生化沉积物仅占化学物质的很少部分。将时间框架（t_1，t_2）和剥蚀区、堆积区的面积进行对比时，所有的物质都可以换算为剥蚀速率或沉积速率（DR，SR）。M_{ch} 可以细分为生化量和蒸发量或沉降速率

10.5.2　沉积物预算的尺度

应用沉积物预算基本概念需要认真考虑研究范围的空间尺度和时间尺度。剥蚀-堆积系统是由长期地球动力学循环驱动的，任何侵蚀作用都需要在地球上岩石产生的初始地表差异导致的势能而引起的（如通过构造作用使岩石抬升和侵蚀）。在高度活动的造山环境中，这种岩石圈尺度的通量是以 2 亿年（超级大陆旋回）到几百万年的长时间尺度运行，其与层序地层序列中的一级和二级层序相对应。显然，在研究现代系统和气候驱动的高频

旋回时，构造旋回及反馈机制对其影响不明显。在此，隆升速率可以设为零，认为是与构造应力有关的稳态系统。由于气候和人类的扰动，大多数现代系统是高度动态的而并非处于稳定状态。气候扰动可能由轨道参数系统驱动，活动区域的沉积物通量受高度活跃的活动构造的控制（包括滑坡和风暴流造成的）。虽然超级大陆旋回是全球性的，并且影响整个地球系统，但是人类的影响可能仅限于单个山坡或河道。前人已经提出了许多不同尺度的连接技术研究这些不同尺度的耦合机制。沉积记录中的刻度是沉积序列中的旋回，尽管在空间和时间上可能强烈变化。层序地层学的概念很好地确立了层序原理和旋回性叠加原理，并将其纳入成因背景中。对于处理小时间尺度和高度随机过程的现代系统来说，这种统一的理论还没有形成。

10.5.3 沉积物预算的计算方法

由于时间尺度、空间尺度、物质传输模式的差异性，尚不能形成统一的沉积物预算的计算方法。目前已提出的是一些可以应用于现代和过去系统的沉积物预算方法（图 10.20，图 10.21），给出了计算沉积物体积、沉积物通量和机械剥蚀速率有关的基本方法。

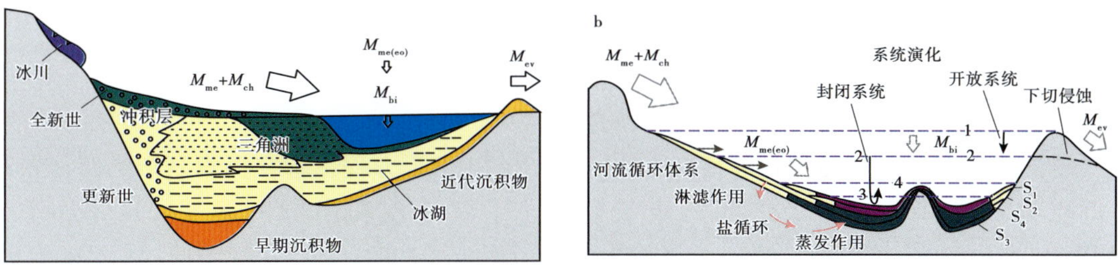

图 10.20 开放和封闭的湖泊水文系统

（据 Hinderer，2012）

a—开放的山区冰川湖泊系统，具有高的碎屑输入和快速的隆升，只有少量化学物质沉积在湖中，沉积物主要由碎屑组成；b—封闭的盐湖系统，具有低的碎屑输入，所有的化学物质都被捕获，频繁的湖平面变化（从 1 到 4）和出口的下切作用导致了再沉积，化学物质和机械物质均有聚集，在半干旱至干旱的气候条件下，风成的再沉积作用（$M_{me(eo)}$）可能成为主导。这两种系统对颗粒都是封闭的。箭头的大小显示了物质通量的比率。$M_{me(eo)}$—风成沉积物量；M_{bi}—生物沉积物量；M_{ch}—碎屑沉积物量；M_{ev}—平均的沉积物量；M_{me}—化学沉积物量

10.5.3.1 计算沉积物通量的方法

地球表面的沉积物是岩石圈岩石经化学风化、溶解并运输的固体物质。在过去 10 年中，相关研究取得了一些进展。风化通量可以由实验室精确确定，生物地球化学通量可以利用单一岩性的小流域计算。此外，由于沉积物是通过各种过程进行搬运，因此在每个过程中都有一个特别的计算方法。①利用遥感或传感器网络可以观测滑坡的运动；②利用沉积物捕集和放射性同位素示踪技术等计算土壤侵蚀速率；③利用河流负荷测量结果（颗粒物质和溶解物）可以计算流域范围的侵蚀速率；④利用融水流量和固体或溶解物质的浓度测量冰川沉积物通量；⑤利用沙尘测量装备测量风成沉积物通量；⑥利用^{137}Cs、^{210}Pb和^{7}Be等半衰期短的放射性核素评估集水区尺度上的土壤侵蚀速率；⑦利用宇宙核素，评

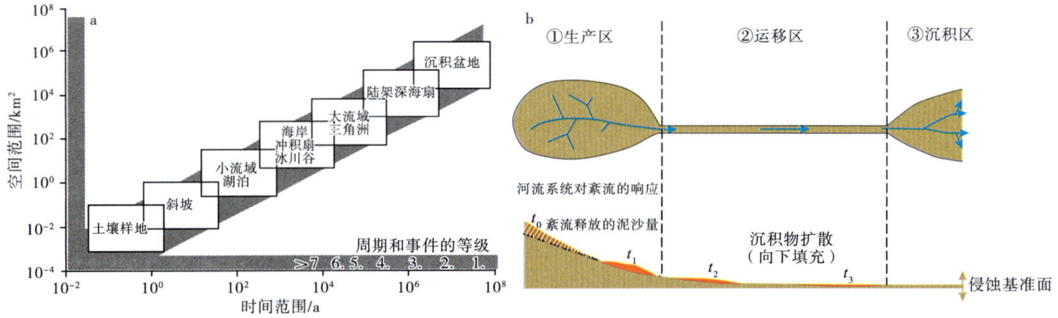

图 10.21　不同空间和时间尺度的沉积体系（子系统）及河流系统的划分

（据 Hinderer，2012）

a—不同空间和时间尺度的沉积体系（子系统），据 Schumm（1977）对主要过程区河流系统进行细分：侵蚀、搬运和沉积；b—河流系统的划分，侵蚀信号沿纵向河道下游的扩散传输

估长期剥蚀速率。

此外，利用 3 种信息可以定量地确定沉积物体积（存储体积），并用于沉积平衡方程计算，包括：①沉积体的几何结构；②其年龄和内部地层；③与现代或过去的沉积系统中的联系。

10.5.3.2　地表过程模型

最常见的模型是 Wischmeier 等（1978）提出的 USLE 方程，旨在探索复杂的路径系统中沉积物产生和沉积路径之间的定量联系，了解地貌和山脉的演变。Beaumont 等（1996）、Tucker 等（1996）提出了将冲积侵蚀与褶皱和冲断运动学耦合的模型。De Vente 等（2005）回顾了流域尺度土壤侵蚀和产沙模型。基于质量守恒原理，这些模型为研究随时间变化的地表动力学、沉积物预算提供了重要的工具。

10.5.4　稳态系统和动态系统

Schumm（1977）将河流系统分成 3 个区域（图 10.22）：①以剥蚀作用为主的源区（如山坡侵蚀、河流切割或滑坡）；②以输沙为主的输沙带（如冲积平原）；③以有效堆积为主的沉积带（如三角洲、湖泊、大陆架、深海扇）。

河流系统的长度变化较大，从小型的集水区-扇系统到大型的、横跨大陆的河流系统（几千千米）。集水区-扇系统是气候驱动的沉积记录，而大型流域的响应时间尚不明确。河流系统受短期和长期过程控制。现代系统的沉积物预算在几十年到几千年的时间尺度上可以忽略地球动力学控制。它们在抬升、起伏、岩石类型、基准面及水量方面处于稳定状态。因此，在现代系统中沉积物预算优先显示的是气候和人类活动，并且可以出现复杂的储存网络和沉积通量，但是这种复杂性在古代系统是不存在的。在百万年的时间尺度上，沉积物预算是受各种因素影响的动态系统，主要受构造、岩石圈过程、全球长期均衡变化的驱动。层序地层学的理论很好地解释了这种复杂的关系。例如考虑可容纳空间产生的速率和地貌过程速率（碎屑沉积物供给的主要控制因素）。相比之下，在沉积层序中，短期信号很难被有规律地记录。虽然某个单独事件可能会显著地改变子系统，但是在长周期时

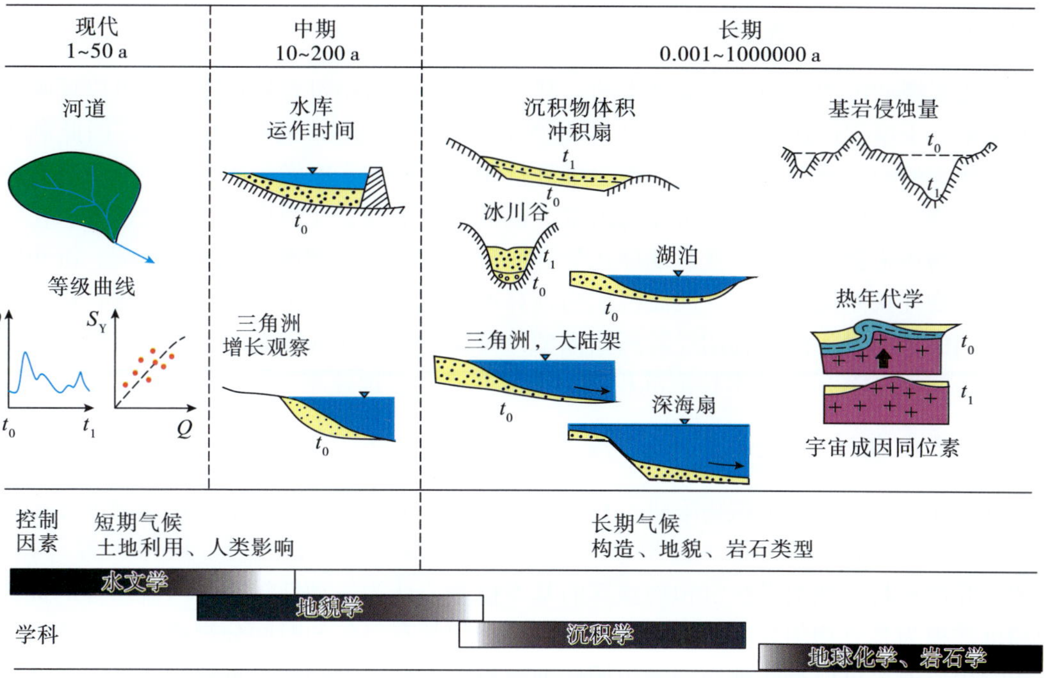

图 10.22　利用定量的物质通量、沉积物体积和剥蚀的岩石体积确定剥蚀速率的基本方法
（据 Hinderer，2012）

每种方法仅能在时间和空间尺度上覆盖源-汇系统的一部分，在传统上这些分析方法属于不同的学科，妨碍了形成一种通用的方法。t_0—时间零点；t_1—测量时间；Q—卸载量（discharge）；S_Y—产沙量（sediment yield）

间尺度上这些沉积物（近源的、近岸的冲积扇、滑坡、阶地等）很难被保存。在沉积盆地中，通常具有 20~400 ka 的轨道旋回提供了最高的时间分辨率。

在现代稳态系统和过去的动态系统中，沉积物预算采用方法存在很大差异。现代系统相对是“完整的”，沉积物的再加工、后期构造过程等对前期的沉积体积的消减或破坏很小，而且是可以恢复的。此外，还可以直接观测到沉积通量的形成过程，并用于解释输沙量。相比之下，过去的系统“不完整”，可能被强烈地破碎或破坏（如被推挤、俯冲或侵蚀）。沉积体可能成为遗迹并与以前的路径系统隔离。在这种情况下，沉积物预算方法通常很难解答过去的地球动力学问题，可能利用其他方法（如相分析、物源分析）更适合。

10.5.5　现代路径系统中的沉积物预算

10.5.5.1　边坡沉积物产生和搬运

在边坡上如果超过土壤或岩石的强度，颗粒物质会通过降雨形成的动能或水的剪切力的风化作用而从其产生地点脱离。坡面侵蚀与水文过程（降雨强度、土壤过滤能力和初始含水饱和度）密切相关，特别是与地表径流有关。坡度越大，岩石坠落和山体滑坡就成为主要因素，可以用临界坡度角的特定阈值定义。一般来说，坡面通常侧重于土壤侵蚀和坡度稳定性的研究，区块或小型实验集水区侧重于对不同条件下的侵蚀速率的测量。

10.5.5.2 河流系统的沉积物预算

河流系统的沉积物预算是最基本的。其一，河流负荷相对容易被测量，可以反映地貌侵蚀速率、土壤侵蚀速率。其二，自 20 世纪以来，越来越多的河流被拦截，因此利用在测量站测定的河流悬浮和河床负荷搬运量进行泥沙管理和水库淤积的预测。由于具有相对较高的不确定性以及许多难以量化的因素，包括山地地貌、几何形态、侵蚀速率、化学风化速率、物质来源、沉积粒度、地球化学、河流阶地、河流剖面、溶解质负荷、沉积物运输、沉积物连接系统等方面，河流沉积物预算不能简单地基于沉积物产量数据，而是需要量化不同的储存量。因此利用经验回归模型计算侵蚀速率面临很大的困难。目前最受欢迎的方法是使用^{137}Cs 示踪技术检测沉积物的来源并确定侵蚀速率。

10.5.5.3 湖泊系统的沉积物预算

湖泊充当了理想的沉积物陷阱，在水文封闭条件下，它们也记录了化学剥蚀速率。因此在地表环境中湖泊通常是高分辨率的侵蚀作用的最可靠的记录者。Einsele 等（1998）介绍了开放和封闭湖泊系统沉积物预算的基本概念，认为流动性较小的河流发育的低能量湖泊可被视为具有均匀分布的沉积物的陷阱。利用具有每年的时间分辨率的沉积物岩芯的沉积物积累速率可以重建湖周围的土壤侵蚀历史，这使得湖泊对于重建过去气候和环境变化的高分辨率记录非常有价值，可以利用大型湖泊的沉积速率估算其流域的剥蚀速率。前人已对大型封闭湖泊盆地（包括乍得湖、大盐湖、里海和咸海）的沉积物预算进行了计算。此外，以河流为主的湖泊中沉积物分布不均匀，具有不对称的沉积物分布，在河口形成三角洲沉积中心，捕获大部分沉积物，因此三角洲是最适合的沉积记录（图 10.23a）。三角洲体积与河流负荷具有一定的线性关系，可以利用三角洲的沉积速率估算高山集水区的侵蚀速率。

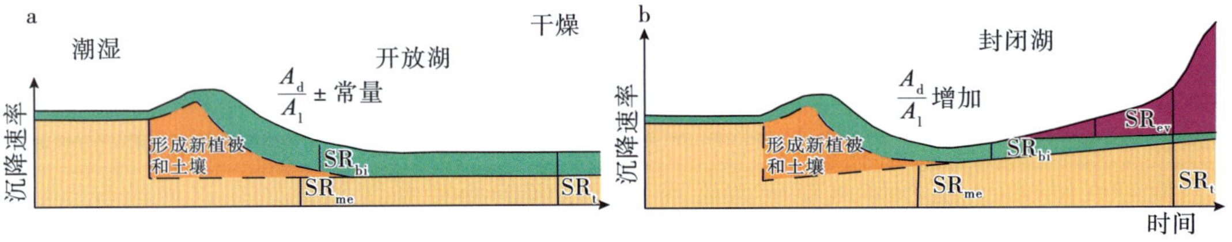

图 10.23 湖泊系统沉积物对潮湿、干旱气候的响应

（据 Hinderer，2012）

a—湖泊系统保持开放；b—湖水文封闭。A_d—排水区域面积；A_l—湖区面积

图 10.23 显示了开放和封闭湖泊系统中沉积速率对气候驱动（潮湿气候向干旱气候）的响应。在第四纪气候波动过程中，这种过渡反复发生在亚热带和热带的湖泊中。一方面，干旱化导致植被覆盖率降低，有利于土壤侵蚀，增加机械沉降速率，降低运输能力，进一步减少机械沉降。另一方面，生化沉淀可能因温度升高而增加。如果湖泊演变为封闭系统，减少的湖面将导致沉积物聚集，机械沉降速率逐渐增加，开始蒸发沉淀。如果达到盐矿物沉淀的新阶段，化学沉降速率逐步增加。封闭湖泊系统的这种化学预算是根据地球化学质量平衡和热力学平衡原理计算出来的，这种方法和模型可以应用到全新世时间尺度

的天然盐湖沉积速率中。

值得指出的是，人工湖（如水库）具有记录环境变化的能力。与天然湖相比，人工湖形成时间较短，很少超过 100 年或 200 年。由于现代水库可以提供准确的时间，具有蓄水之前的地形的记载，因此利用高分辨率地震勘探、钻孔岩芯、测深测量、等厚线标定等方法可以确定沉积物体积。例如一些研究者使用水库沉积物岩芯重建了历史土壤侵蚀速率、特大地震事件对沉积速率的影响等。

10.5.5.4 三角洲的沉积物预算

在大陆-海洋过渡区陆源沉积物的主要来源是河流，但是在区域上的海岸侵蚀也可能对大陆边缘的沉积物预算产生强烈影响。因此，三角洲代表了全球物质从大陆到河流、海洋传输的关键点，构成了持续数百万年路径系统的主要中心。近年来，许多研究者利用考古、历史和遥感数据的海岸线进积、悬浮泥沙流量的现场测量、测深测量、高分辨率地震反射剖面、钻孔岩芯，对几个主要海洋三角洲进行沉积物预算（如埃布罗河、密西西比河、长江和黄河的三角洲），观测期间为数十年至数千年，重建过去的河流载荷，并与现代河流载荷进行比较，以分析大型路径系统对全新世环境变化和人类影响的响应。

10.5.5.5 大陆架和深海扇的沉积物预算

现代大陆架的沉积物预算通常基于悬浮沉积物浓度的现场测量，短期沉积物预算通常基于放射性核素的浓度（如从陆上区域供应的 ^{137}Cs、^{210}Pb、^{7}Be 等）和测深调查。长期的预算来自地震地层学以及井的地层控制。最近对大陆架、海底峡谷和大陆斜坡上的沉积物运输进行了研究（包括悬浮物的流量测量），结果表明大陆架的沉积物储存率为 20%~65%，海底峡谷倾向于从大陆架区域输出沉积物，并为大陆坡脚下的深海扇提供沉积物。

10.5.6 前陆盆地的沉积物预算

10.5.6.1 前陆盆地的沉积物预算

沉积盆地是古代路径系统的组成部分，具有很高的沉积物保存潜力。根据板块构造边界条件，它们可以在一亿年到十亿年的时间尺度上运行。在相对稳定的构造环境（如被动大陆边缘盆地）中，可能会较长的时间保持其结构，其中的一些盆地可能在后期发生了路径系统结构的重新调整。在这种构造环境中，利用古流向和物源分析的资料可以恢复不同沉积盆地的古代路径系统，可用沉积体积估算古代沉积物的流动量。在活动的构造环境中，沉积物可以迅速地被卷入前陆盆地、后陆盆地、海沟、弧前盆地、逆冲楔、增生楔之中。此外，沉积物可以在俯冲过程中被完全清除。因此，活动环境对沉积序列的破坏使得沉积物预算不准确，导致了重建古代路径系统的困难。但是古代沉积物预算仍然提供了关于全球质量循环的资料。Ronov 等（1980）确定了陆地上显生宙每个时期的沉积物总体积。Wold 等（1990）使用该数据估算古代沉积物的流动。他们校正在活动环境中被破坏的沉积物，并提出了显生宙已观测到的沉积物质量和年龄分布之间的指数衰减曲线。他们以 10 Ma 为时间单位重建的显生宙沉积物流动量具有周期性变化，并显示了 3 个全球板块构造活动的超级旋回。

尽管存在局限性，但在主动大陆边缘（特别是造山带），沉积物预算一直是研究隆升和侵蚀的动态相互作用的首选对象，并用来测定晚新生代气候驱动的造山带建筑与沉积物加速流动之间的假设。前人对几个新生代造山带及周围（如阿尔卑斯山、喜马拉雅山、天山，东南亚等）进行了大尺度沉积物预算。在俯冲环境中俯冲作用和逆冲作用造成了沉积物的损失，使得古路径系统破碎，因此必须通过追溯物源和恢复沉积物体积再造古路径系统，确定沉积物的流量。此外，造山带的构造单元也提供了独特的岩性示踪，可以重建逆冲作用造成的破坏过程和古排水系统。Füchtbauer（1964）重建了北阿尔卑斯山前陆盆地大型冲积扇的源区和古排水系统。这种早期的研究方法通过现代技术（如矿物的单一颗粒分析、放射性年龄、微量元素地球化学、锆石和磷灰石的热年代学方法、宇宙核素）进行了改进，标定了阿尔卑斯山不同推覆体的隆升历史。与此同时，这种方法已被应用到很多造山带。此外，指纹技术利用混合分析量化沉积物的不同来源，补充了沉积物预算的方法。

此外，沉积物参与全球地球化学循环，因此利用沉积物体积对古化学预算进行量化是不可行的。由于沉积物记录了全球海洋中溶解质的分散以及沉积后化学成岩作用引起的质量转移，因此古海洋沉积物中元素或同位素比率的时间变化可用于重建新生代从大陆到海洋的长期风化作用和流体。

10.5.6.2 前陆盆地沉积物的保存

在碰撞环境（图 10.24）中，没有发育与造山带靠近的最终的汇，因为海洋盆地在碰撞过程中被俯冲，海沟盆地被转换成非海洋或浅海前陆盆地，由于大量沉积物是从相邻的上升的造山带剥蚀而来，形成过度供应的盆地。这些沉积物“最终的”汇包括了不同沉积潜力的盆地类型：①与成因过程有关的盆地（如通过侧向挤压产生的造山带内的伸展盆地）；②从以前的构造过程继承而来的盆地（如裂谷盆地转变为陆内盆地）；③在收缩条件中盆地可能经历再旋回和破裂的盆地（如造山楔推进到前陆盆地时产生的楔顶盆地、

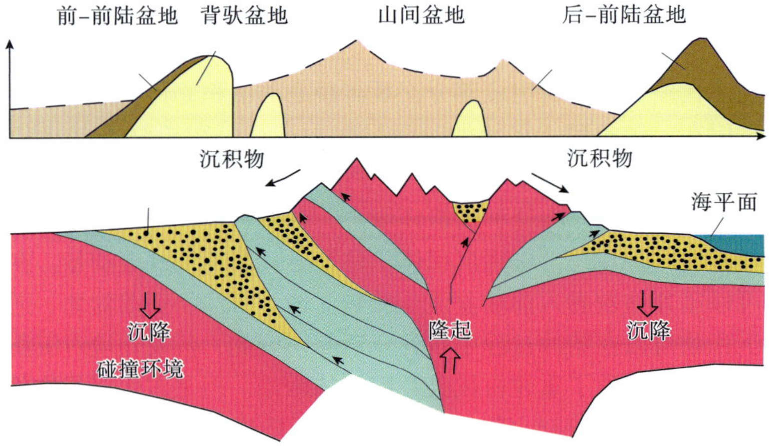

图 10.24　活动大陆边缘沉积物分布及河床载荷和悬浮载荷之间的分配

（据 Hinderer，2012）

曲线可以解读为沉积物流量、沉积物体积和（或）沉降速率。

由于在横断面外的实际沉积物过剩，未实现质量守恒

背驮盆地）。这些在一定时间段出现的盆地也是沉积物预算的合适对象，并为特定的造山阶段的恢复提供了沉积物流动的快照。

10.5.6.3 剥蚀-沉积系统的动态模型

Einsele（2000）给出了沉积物供应量和沉降量之间的相互作用与定量关系的基本模型，但是没有考虑基准面变化（如海平面变化）的影响。图 10.25 总结了伸展盆地和收缩盆地沉积物填充作用的差异性，为重建古代系统沉积物预算提供了依据。在伸展盆地（如裂谷盆地）中，在不断的沉积物供应的情况下，沉积速率的下降仅仅是因为排水面积与流域面积的比率下降，其中流域面积随着盆地的持续伸展、扩大不断增加（图 10.25a）。在收缩盆地（如前陆盆地）中则显示出完全相反的趋势，造山带的隆升明显增强了相邻盆地的沉积物供给量，并使盆地进入供过于求的阶段，然后造山带的推进作用不断地破坏盆地的边缘并进一步抑制了沉积作用。相比之下，在伸展盆地中没有显示出改变沉积物供应的动力机制，然而在收缩盆地中则显示出改变沉积物供应的动力机制。

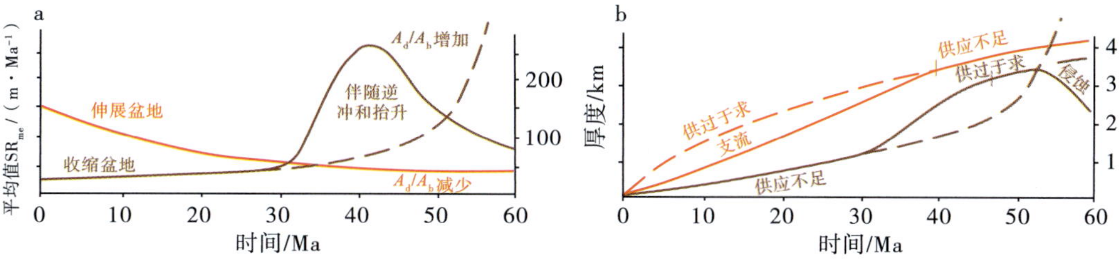

图 10.25　伸展盆地和收缩盆地的沉积物填充作用

（据 Einsele，2000；Hinderer，2012）

a—排水区域面积（A_d）与流域面积（A_b）的比例减少或增加、沉积速率的变化对伸展盆地、收缩盆地沉积物填充作用的影响。对收缩盆地而言，造山带的隆升和逆冲导致了沉降速率的增加（连续线、虚线为简单的几何控制曲线）。在模型中考虑了沉积物的压实、累积的沉积厚度。虚线为几何控制线；连续线考虑了沉积物的路过、额外的沉积物供应和逆冲作用破坏的沉积物。该模型适用于宽度为 50~500 km 的伸展盆地，A_d/A_b 为 2。收缩盆地的初始宽度为 3000 km，汇聚速率为 5 cm/a。b—显示了上述相同情景下的累积沉积物厚度。随着沉降速率的降低，沉积盆地的潜在增长对于伸展盆地而言显示为减少，对收缩盆地而言显示为增加。实际的沉积物厚度调节了这一趋势。在其初始阶段，伸展盆地的供给过剩，部分供给的沉积物路过盆地。随着宽度的增加，这些盆地显示出向供给不足的条件的转变。收缩盆地从供给不足的条件开始，并通过沉积物路过转移到过度供应的条件，同时减少了盆地宽度与增加的沉积物供给量之间的相互平衡

10.5.7 恒河-布拉马普特拉河路径系统的沉积物预算

Hinderer（2012）讨论了恒河-布拉马普特拉河路径系统的沉积物预算。恒河-布拉马普特拉河流经喜马拉雅山脉中部、东部和青藏高原的南部（图 10.26）。这两条河流均属于全球十大河流，两条河流的面积为 1.65×10^6 km^2，排水量最高，为 1120 km^3/a，悬浮物质的负荷也最高，为 1060 Mt/a，排出的溶解物质为 154 Mt/a。在孟加拉，这两条河流形成了由分流河道、三角洲和深海扇共同组成的网络。

锆石示踪结果表明，在恒河和雅鲁藏布江中 95%的物质来自喜马拉雅山。由于高基准面和干旱气候，青藏高原上的河流段仅有较少的沉积物产量［100~200（t·km^2）/a］，

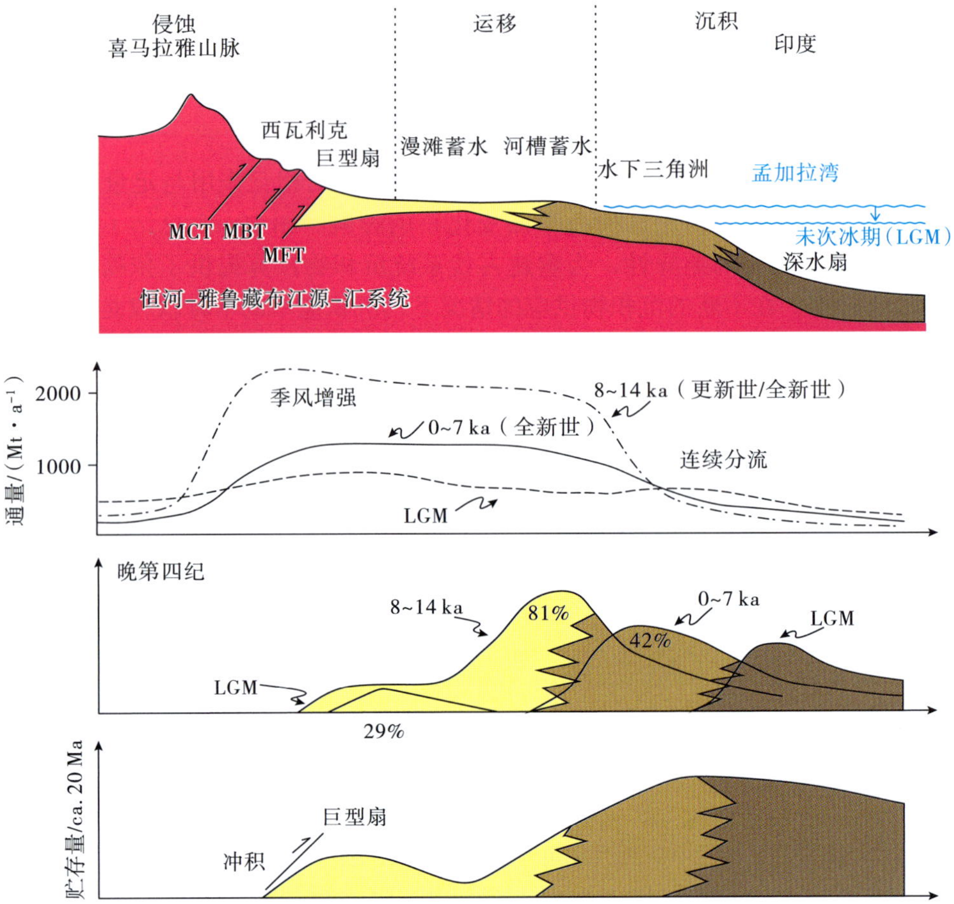

图 10.26 沿恒河-布拉马普特拉河路径系统的沉积物流和沉积示意图

（据 Hinderer，2012）

MCT—主逆冲断层；MBT—主边界逆冲断层；MFT—主前缘逆冲断层

该流域中大部分的沉积物来自喜马拉雅山脉，并受到强烈的印度夏季季风和活动抬升单元形成的陡峭地形的影响。

此外，图 10.26 给出了自中新世早-中期加速抬升以来的长期沉积平衡。虽然 Wang 等（2008）通过裂变径迹研究得出青藏高原中部已经获得 40 Ma 左右的显著隆升，但是大量的资料仍然证明南部高原和喜马拉雅山脉在中中新世之前没有出现明显隆升。随着青藏高原的隆升，季风形成，都有可能增加沉积物流通量，这在深海数据的中、晚中新世的峰值沉积速率中得到了很好的反映。对 20 Ma 以来的盆地充填物、孟加拉扇的长期沉积物预算的计算结果表明，长期的沉积物通量与现代的沉积通量之间具有相似性。

10.5.8 沉积物预算中的不确定性

沉积物是地球表面物质分散的产物，参与了全球循环。沉积物平衡的目的是根据质量守恒的原则来量化这种质量转移。几十年来，人们尝试利用不同方法确定沉积通量或沉积物平衡方程的储存成分，但是仍存在许多不确定性。

1）物质、运输方式和储存的复杂性。通常对沉积物预算的研究主要集中在特定的子系统，这些系统是符合质量守恒原理的或者输入量和输出量（包括流体）是已知的。在现代系统中优选研究流通量（如河流负荷量）。在这些现代系统中构造驱动力和海平面升降的驱动力可以看作是稳态系统，而气候和人类的控制作用占主导地位。

2）空间和时间尺度的变化范围较大。一般来说，路径系统越老，其记录在时间和空间上就越不完整，特别是在活动环境的汇聚盆地中显示得极其明显。在大陆内部或被动大陆边界环境中，路径系统可能会持续存在数千万年。

3）沉积物体积变化的响应时间很短并显示为高频旋回。沉积物预算的结果表明，恒河-雅鲁藏布江系统的转换时间为 1~2 ka，这对于解释在地层记录中出现高频的沉积物输入量的驱动旋回具有重要意义。

4）气候变化通过改变沉积物供给量和径流量改变河流系统和基准面。在短期尺度上，关于时间滞后和那些能够在米兰科维奇旋回控制的高频地层旋回的河流系统的性质仍然存在很强的不确定性。

10.5.9 沉积物预算的研究方向和挑战

尽管存在这些不确定性，沉积物预算是确定地球表面固体物质的历史和地质时间尺度的关键，以溶解物质和营养物质为主的生物地球化学质量预算也是如此。因此，沉积物预算是理解地球系统动力学的基础。毫无疑问，全球沉积物循环对历史时期和地质时间的理解以及对外部作用的反应研究仍处于起步阶段，特别是如何对其量化。

未来的研究方向和挑战：

1）大型路径系统的定量研究。迫切需要将大陆和海洋调查联系起来，这些研究将使我们能够确定全球旋回和动态反馈机制的基本问题，如对新生代晚期由于造山带隆升和气候变冷导致的沉积速率增加，在沉积记录中沉积物供给触发的高频旋回的产生等。

2）缩小晚第四纪和新生代沉积物预算之间的差距。仍然缺乏弥合晚第四纪沉积物预算研究与新生代沉积物预算研究之间的纽带。虽然目前的研究成果仅代表了主导的现代 100 ka 偏心率旋回，但是这些研究方法在古老的大型路径系统（孟加拉扇）中也是可行的。

3）大型路径系统的响应时间确定。此类研究必须包括更大规模的宇宙成因核素技术的应用，并结合三维地球物理数据和先进的测年技术更好地对大陆沉积序列进行多周期的预算。

4）沉积物的分区。很少有关于大型路径系统中沉积物分配的研究，包括不同的粒度分级的停留时间和运移时间。这些研究成果有助于揭示扩散模型在地层记录中预测沉积物转移和沉积物供应周期的适用性，并能够验证现有模型。

5）物源技术与沉积物预算的结合。迫切需要对古代路径系统进行量化研究，以验证地貌演化模型，探索冲断带的构造循环与沉积物的流动量之间关系。先进的物源技术为重新划分残留路径系统提供了新的机会。

6）大陆层序地层学与海洋层序地层学的结合。主要挑战是大陆层序地层学受沉积物供应波动的控制，而海洋层序地层学受可容纳空间驱动的海平面升降（基准面）变化的控制。

7）沉积物与流体之间的相互作用。颗粒沉积物在风化、运输和成岩过程中与流体（即大部分是水）发生了相互作用。因此，需要碎屑流与生物地球化学流体相结合。到目前为止，这种结合是很少的，对关键区的研究仍然侧重于风化作用和规模。

8）运输方式的变化。在现代系统中的侵蚀和沉积物转移模式在地质历史中可能并不具有代表性，即使对于古老的路径盆地的运输方式可能也是如此。此外，对于地质历史时期的古代系统的运输方式只能以非现实的虚拟方式来表现。

10.6 深时源-汇系统的重建

深时源-汇系统的重建是一个多学科、多方法融合的工程，涉及地球化学、古构造恢复、层序地层学、沉积学分析等方面。

10.6.1 物源区、搬运区、沉积区的重建

基于对源-汇系统的物源体系、搬运体系及沉积体系三大要素的精细解剖和刻画，构建相应的地质模型，获取古地貌形态、沉积物供给速率、海（湖）平面变化曲线、构造沉降速率等参数，采用数值模拟的方式开展不同的级次（或不同的边界条件）控制的源-汇系统定量模拟研究，并通过模拟结果与实测地质模型（地震剖面、连井格架及地层切片）建立的沉积响应过程对比、校正、拟合，最后建立盆地不同级次或边界条件约束下的源-汇系统模型。

10.6.1.1 物源区重建

物源区（源）的分析要素主要包括流域的地形、面积、基岩类型、植被覆盖程度、地表侵蚀速率等方面。同时，根据不同的时间和空间尺度，其选用的分析方法有所不同。其中最重要的是对源区的构造特征（包括断裂、隆起、坡折带等）的分析。

10.6.1.2 搬运区的重建

搬运区的重建包括对物源通道、搬运方式、沉积物卸载、砂体展布进行精细的刻画，因此完全恢复有很大难度。露头或钻井资料分析为基础的传统的物源分析方法，不具有地震资料进行物源分析的系统性、连续性，只能从宏观上对沉积环境进行再恢复，而不能对整个物源体系进行系统分析。随着地震勘探技术取得的重大进步，基于地震资料的物源分析显得越来越重要，特别是在无井和少井区，沉积物的搬运过程可通过地震相及由地震资料衍生的数据和图件（如地层厚度图、属性图、古地貌图等）进行判别，此外结合沉积数值或物理模拟可以获取沉积物搬运过程的系列参数（河道类型、延伸长度、宽度、厚度及平面组合），示踪搬运体系。

10.6.1.3 沉积区（汇）的重建

在沉积区（汇）的古地理重建过程中，主要包括了古地理分析和古地理要素分析两个方面。古地理分析包括地质历史时期自然地理环境特征及其演化，涉及古构造、古气候和古生物等方面。古地理分析要素包括盆地形状、海陆分布、地形地貌、沉积体系、河流方向、沉积环境和水体深度等。

10.6.2 源-汇系统的时间尺度

在具体的研究过程中，可将源-汇系统的时间尺度分为3个级别，包括现代尺度（短周期）、第四纪尺度（中周期）和深时尺度（长周期），它们分别受到气候、地貌、构造运动等因素的影响。因其在不同的时间和空间尺度上所受到的影响因素的影响程度会各有不同（图10.27，图10.28）。

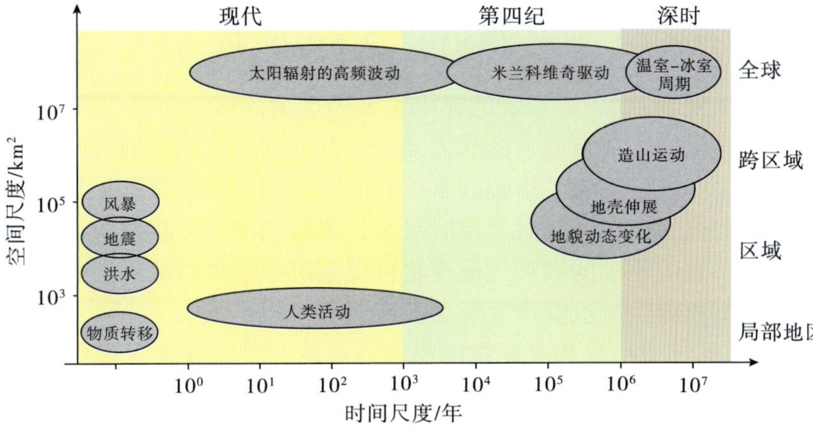

图10.27 源-汇系统分析的时间尺度与影响因素

（据Helland-Hansen et al.，2016）

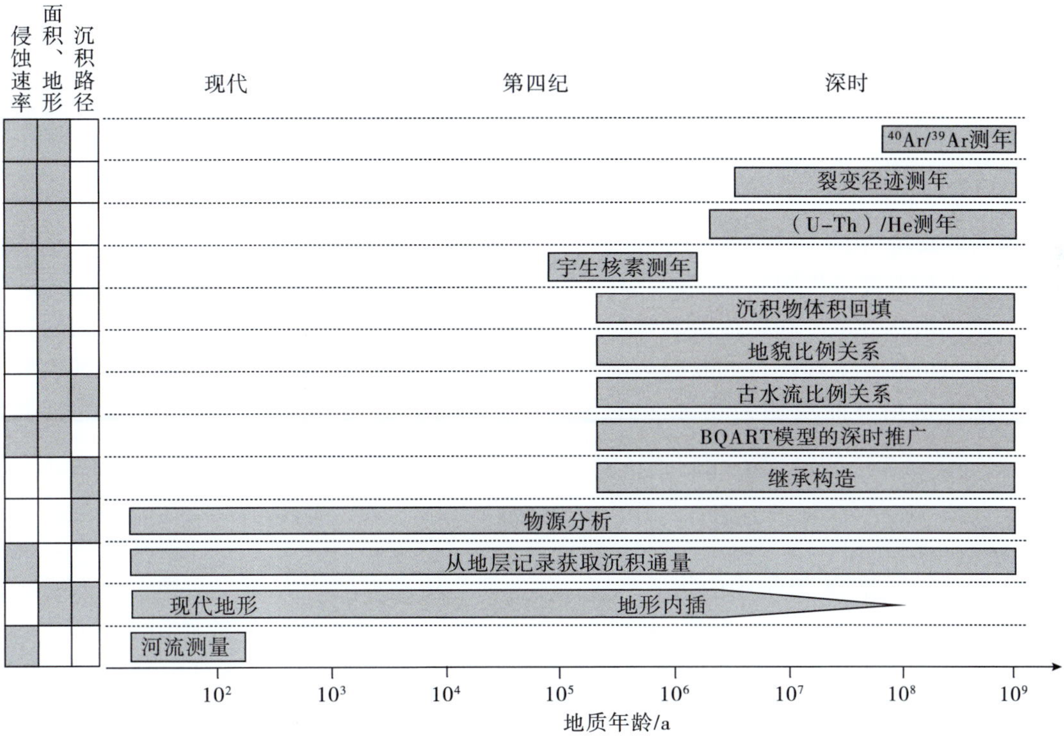

图10.28 物源区的重建方法及其适用的时间尺度

（据Helland-Hansen et al.，2016）

10.6.2.1 现代源-汇系统（$10^0 \sim 10^3$ a）

研究目的主要是建立现代源-汇系统的沉积通量变化。在源-汇系统的区域界限上，各区域的地貌和范围可认为是近似不变的。研究对象主要为人类活动和自然驱动因素导致的沉积物通量和水流量的短期变化。沉积通量的控制因素主要为长期稳定的背景控制因素（如地形、基岩地质和流域面积等）。具有短周期的变化（日、年）（如植被类型及面积、人类活动和气候条件等）。

10.6.2.2 第四纪源-汇系统（$1\times10^3 \sim 2.5\times10^6$ a）

在第四纪时间尺度下，源-汇系统的界限主要表现为流域上游的范围，其形态和区域坡度可认为是相对固定的，在流域下游和大陆架的范围则随着海平面升降及海岸线的迁移而变化。影响因素主要包括除人类影响因素以外的其他因素，虽然其他控制因素与现代系统相同，但研究时间范围更广。相对于深时尺度，流域地形和基岩地质对沉积物供给的影响通常可忽略不计。轨道驱动的高频气候变化可引起沉积物供给的巨大变化。局部小型系统中的活动断层对沉积物供应也能产生显著影响。

在第四纪源-汇系统中边界和沉积物体积较为清楚，因而能够对现代模型进行检验并应用到深时研究之中。

10.6.2.3 深时源-汇系统（$2.5\times10^3 \sim 1\times10^8$ a）

在深时源-汇系统中沉积物供给量的长期变化受到构造活动、气候变化的控制。短期变化受到高频海平面升降、气候变化及沉积路径系统内动力机制的影响。在沉积物保存方面，沉降作用是沉积物长期保存的前提条件，包括构造活动、地壳均衡和压实作用等。海平面变化的幅度和频率受到温室期-冰室期气候周期变化的影响，其强烈控制着大陆架宽度和沉积物向深海输送的效率。

深时源-汇系统具有在不同时间尺度上动态变化的特点，控制因素也随之发生变化。在短期时间尺度（$10^5 \sim 10^6$ a）上，地形、面积和基岩条件通常可认为是不变的，受气候控制的降水和温度条件则是变化的。在长期时间尺度上（$\gg 10^6$ a），地形和流域模式均会发生变化，虽然分水岭和构造薄弱带等地貌要素的位置可在较长时期维持不变。大陆边缘的构造状态可能发生转换，如断裂大陆边缘向漂移大陆边缘的转换。前期的沉积区也可能经历后期构造抬升而演变为物源区并遭受剥蚀。沉积盆地的存在时间是有限的，可为 10^6a 至 $1\times10^8 \sim 2\times10^8$ a，取决于构造背景。

10.6.3 物源分析方法

物源是指在源-汇系统中的物质来源。物源研究体现在两个方面：一是多种方法综合应用，进行有效的物源示踪分析，排除单一方法的缺陷，准确地恢复地质历史时期“源”区岩性序列；二是对物源区进行精细层序地层分析，重建物源区分布范围与地层演化模式。在深时系统中物源区常遭受剥蚀而未保存下来，后期构造作用也可能改变源-汇配置关系。因此，物源分析方法是连接源-汇的基本方法。

物源区（provenance）是指盆地中碎屑物质的来源区（source area）或母源区（parent

area)，同时还有母源区的岩石类型、气候和地形含义。物源区分析（provenance analysis）涉及几个主要的地质分支学科，如矿物学、地球化学、地质年代学、沉积学、岩浆岩岩石学和变质岩岩石学。它对古地理、古气候重建可以提供最基本的材料，对大到板块构造属性、小到区域断裂性质的判断有重要的指示作用。物源区分析可以解决母源区的位置和性质、沉积物的搬运过程、影响沉积物组分差异的成因、盆地性质等问题。物源区分析的主要任务也就是古地理恢复和盆地分析的基本任务，它包括：①判断古陆或侵蚀区的存在；②表明古陆地形起伏特征；③恢复古河流体系；④确定物源区母岩的岩性和构造背景等。

10.6.3.1 物源分析是连接造山带和沉积盆地的纽带

物源分析是盆地和造山带研究的一项重要内容，它对分析沉积盆地与造山带的相对位置、演化过程及相互作用等方面意义重大。侵蚀区（erosional area）是与沉积区相对应的地貌单元。通常，侵蚀区被理解为长期向沉积区提供陆源碎屑及可溶性物质的剥蚀区（denudation area）。显然，侵蚀区常是在地质历史上持续上升的地区，如持续时间相当长，则可能为稳定的构造背景，而具有这种构造背景的侵蚀区含有结晶基底就是所谓的古陆（如长期以来遭受侵蚀的地盾）。古地形则包括两个方面：埋藏地形和再造地形。埋藏地形指地史时期的古地表被新的沉积物埋藏，并可保存到现今；再造地形则是埋藏之前即被剥蚀破坏或已被剥蚀夷平的古地表。埋藏地形可以查明具体形态，再造地形则只能确定总的面貌。

在地质记录中，古剥蚀区地貌与构造作用和气候变量密切相关，其恢复过程极为复杂。其中，物源的供给量取决于物源区的物质组成、剥蚀速度和汇水面积，并进一步影响沉积体系的沉积结构及相对海平面变化，即不同体系域内（不同母岩组成）沉积物供给量在各个地貌带的沉积物分配的数量关系、沉积体系发育的规模、沉积物供给量和供给速度的变化等对大陆架坡折的形态、地层前积结构、滑塌和沟谷发育及演化等都具有十分重要的控制作用。

10.6.3.2 物源分析是确定“源”与“汇”的基础

物源分析与源-汇计划（S2S）都属于“从地形到地质记录”这一研究格局的一部分，均是利用母岩区的岩石成分与沉积区的岩石成分的对比和物源示踪建立沉积物的搬运路径。物源分析出现较早，更多的是关注较长时间尺度的地质记录，但是其研究重点同样在源和汇两个单元。物源分析主要应用于古物源区的恢复。物源分析逐渐由单一方法向多方法综合应用发展，开始对源区与汇区进行同时的沉积物分析，通过汇区的时间序列恢复源区的古地理演化，确定物质来源，重建古水系，恢复物源区的演化。

10.6.3.3 物源分析是确定沉积物搬运路径的示踪方法

物源分析在确定沉积物物源位置和性质及沉积物搬运路径，甚至整个盆地的沉积作用和构造演化等方面意义重要。物源体系是源-汇系统的一个组成单元。对物源区的汇水单元及母岩性质（类型、分布）的分析可以预测在源-汇系统内物源区的风化、剥蚀的差异性和沉积区的沉积物组分的差异性，其可作为沉积盆地演化与古环境恢复的重要依据。物源分析还可以应用于古水系重建工作中。

10.6.3.4 物源分析是连接源-汇系统的方法

连接源与汇的主要逆向思维是用特定的示踪技术将碎屑颗粒的岩石学、矿物学或化学物质与源区相匹配。多年来，各种技术已应用于研究碎屑沉积物的来源，包括对轻馏分岩石学和重矿物的分析。大量和单矿物地球化学、同位素和热计时器越来越多地用于限制源区的位置和岩石类型及它们的剥露历史。岩石碎屑锆石的地质年代学可以识别出侵蚀母岩的年龄，并为其来源提供有价值的见解。例如，使用 U-Pb 的碎屑锆石来识别源区域和了解沉积物轨迹已经成为一个非常成熟和精确的工具。它通常与重矿物、碎屑成分和轻馏分岩石学的分析结合使用。又如利用其他地球化学数据将沉积物与源区之间建立联系，因为风化和沉积物搬运可能不会导致同位素的分异，因此，任何给定沉积物的同位素特征都应反映出源区的构成。

10.6.3.5 物源体系与盆地尺度的物源示踪

目前，针对洋-陆边缘盆地的物源体系分析以盆地尺度为主，应用数字高程模型开展汇水单元（面积$>6\times10^6$ km^2）、要素组成、剥蚀古地貌恢复研究，并将此作为源-汇系统分析的基础。

物源示踪常与盆地内地层剖面取样分析结果对比，重建古地理格局、古源汇体系及其演化过程。系统化、多元化的物源分析手段最终可重建相对高分辨率的盆地物源演化史。

10.6.4 源-汇系统参数的定量化分析方法

源-汇系统的定量化是未来发展的重要方向，包括以下 4 个研究内容：①较为准确地计算物源区在某一地质历史时期内的剥蚀量；②通过精确的古地貌恢复，测量地质时期古地貌（沟谷、坡折）参数，定量化标定搬运体系；③精确计算同时期内沉积体的体积；④建立剥蚀-搬运-沉积整个过程的定量响应关系。

10.6.4.1 源-汇系统的几何参数及相关性分析方法

利用多元统计学中的主成分分析与因子分析可以将物源区或汇水区各参数（变量）分类并进行数值归一化处理，其中主成分分析是通过少数几个主参数来揭示多个参数（变量）间的内部结构，即从原始变量中导出少数几个主参数，使它们尽可能多地保留原始变量的信息，且彼此间互不相关；因子分析进一步明确各主参数性质（主控因素），将相同本质的参数（变量）归入一个因子，减少主参数（变量）的数目，明确各主参数（变量）与内部结构的相关性，利用相关性函数来获取内部参数。研究内容包括：①建立扇的面积与沟谷的截面积、边界条件、汇水区面积等要素之间的定量关系；②利用定量化方法及相应的经验计算公式来刻画各要素与扇面积之间的匹配关系；③一般而言沟谷截面积的指数较大，断坡宽缓，形成的汇水的面积较大，扇的面积也相应较大；沟谷截面积的指数小，断坡限制性强，汇水面积小，扇面积也相应较小。

10.6.4.2 源-汇系统过程定量化分析

源-汇系统过程定量化分析是沉积学发展的重要方向，其中需考虑各要素的定量化刻画及控制因素的多变量研究，综合应用统计学及数值模拟方法，构建动态的剥蚀-搬运-

沉积过程的定量响应关系。

（1）剥蚀量与沉积物通量的定量化分析

源-汇系统过程定量化分析最初体现在剥蚀量与沉积物通量的对比中。在剥蚀作用与沉积响应过程分析的基础上，利用岩矿、重矿物和微量元素等化验资料，以物源示踪法进行沉积体母岩的岩性恢复和地质年代限定，进行剥蚀-沉积关系的定性恢复，并借助三维地震及井资料，计算沉积体和砂砾岩量，计算剥蚀量，建立起了剥蚀与沉积响应的半定量关系。

（2）沉积物搬运与沉积过程的定量化分析

在源-汇系统分段中沉积物的生产与输送具有特定的触发与搬运机制，只有明确各阶段内不同的沉积物分散机制，才能准确掌握沉积物的分布规律，从而达到预测沉积体的目的。

10.6.5 沉积地层体积的回填法

利用沉积盆地的沉积地层体积回填法可以重塑源区的流域范围、高程。其原理是计算特定时间间隔内的沉积物体积及其对应的侵蚀物体积，将该侵蚀物体积回填到推测物源区，能够重建物源区的地形、地貌演化及构造扰动。汇水单元（坡度、坡长及汇水面积）与沉积扇体（长、宽、厚度及面积）的要素之间存在一定的相关性且可以互相预测，即在物源区持续抬升时，从上向下依次剥蚀 T3、T2、T1、T0，剥蚀沉积物被搬运至沉积区，在沉积区自下向上依次沉积 T3、T2、T1、T0，在各阶段沉积剥蚀总量守恒（图 10.29）。

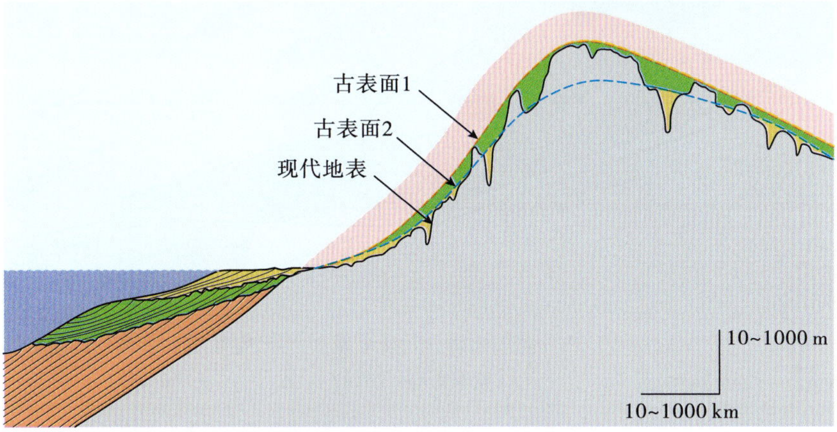

图 10.29 利用沉积地层体积回填法恢复古地貌示意图

（据 Helland-Hansen et al.，2016）

10.6.6 流域地貌参数的比例关系法

在现代源-汇系统中，流域-大陆架-盆地的地貌参数具有特定的比例关系，因此可将流域地貌参数的比例关系作为预测深时尺度中地貌要素比例关系的指标，包括河流长度与流域面积、扇面积与陆坡长度、流域出口间隔与河流长度等。Sømme et al.（2009）建立了地貌参数之间的比例关系，这些参数包括流域的长度、宽度、坡度与面积等，建立了不同空间尺度及构造类型的被动大陆边缘地貌要素的比例关系（图 10.30，图 10.31）。

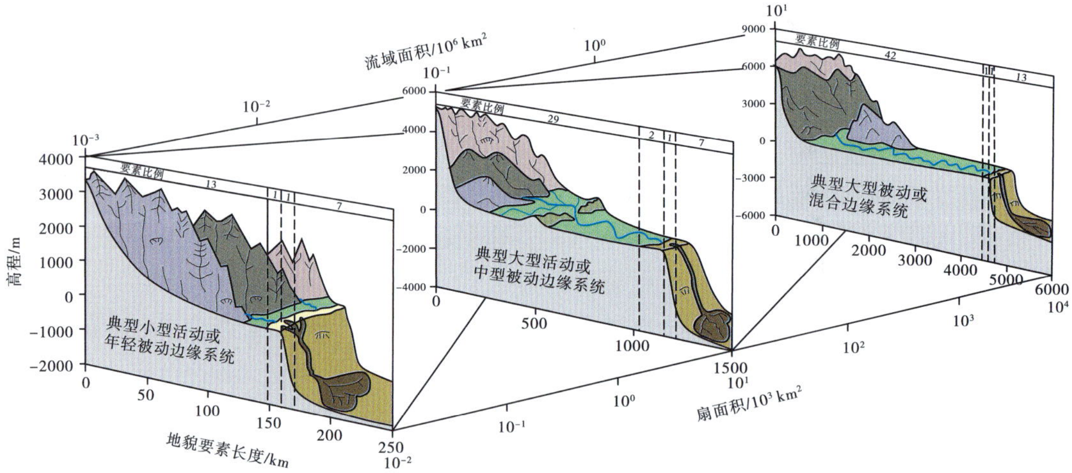

图 10.30 流域、大陆架、盆底相对大陆架长度的比例关系

（据 Sømme et al.，2009）

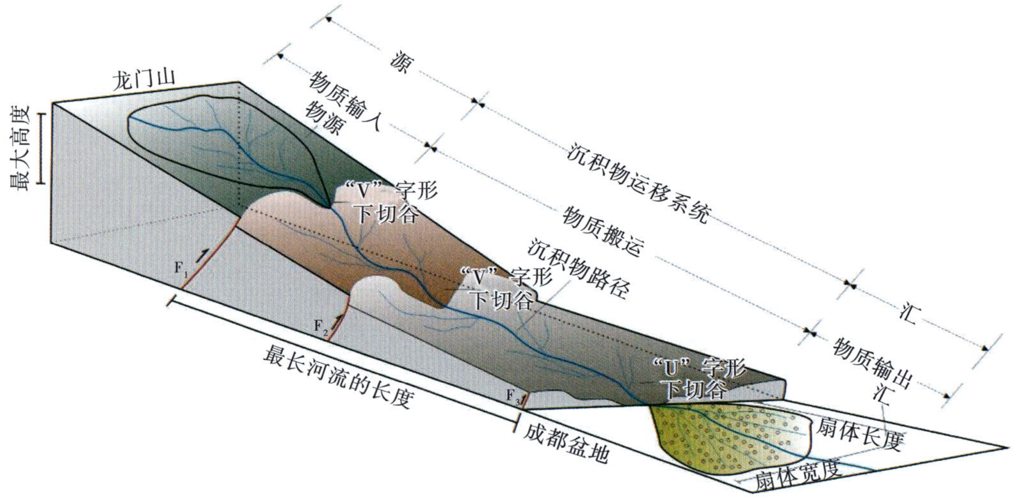

图 10.31 龙门山源-汇系统模型及几何参数

（据李勇等，2019）

此外，根据相似空间尺度的古流域河流出口之间的距离（S），能够大致估计出该系统中分水岭到流域出口的距离（W）和流域面积（A），W/S 值大多接近于 2（Hovius，1996）。

10.6.7 古河道比例关系法

古河道比例与流域面积具有线性关系，可以利用古河道比例关系估算流域面积。Blum 等（2013）对大量现代河流进行统计分析，注意到河道带单层砂体的比例关系，展示了点砂坝厚度及满岸流量与流域面积之间的比例关系。Xu 等（2017）针对美国墨西哥湾早-中新世的冲积平原进行研究，注意到点砂坝厚度与流域面积、流域长度与扇体面积、扇体长度之间存在比例关系（图 10.32，图 10.33）。Bhattacharya 等（2016）通过估计物源区面积、古流量、古坡度和沉积物预算参数，结合物源重建了北美中生代流域系统的演化，并分析了该方法在油气勘探中的应用潜力。

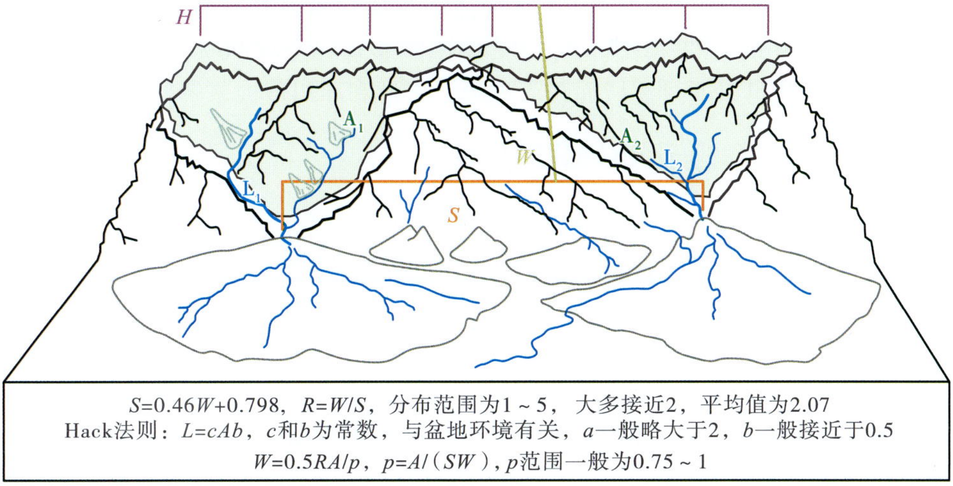

图 10.32　流域要素的比例关系示意图

（据 Hovius，1996）

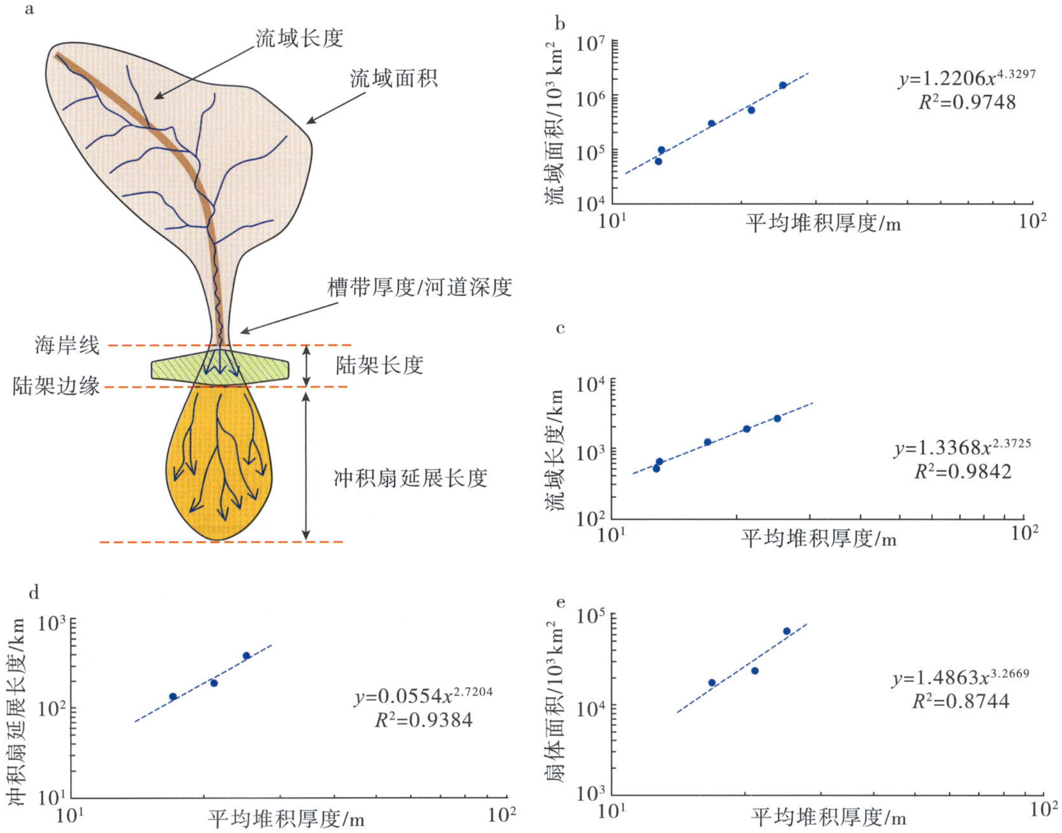

图 10.33　点砂坝厚度与流域面积、流域长度、扇体面积、扇体长度之间的比例关系

（据 Xu et al.，2017）

10.6.8 沉积通量法

Syvitski 等（2007）对全球 488 条现代河流约 30 a 的数据进行统计分析，建立了预测现代河流沉积通量的 BQART 模型。BQART 模型能够解释全球 96%的河流沉积通量的变化，其中 65%的变化可以通过流域面积、地形、岩性和冰川侵蚀来解释。

10.6.8.1 河流沉积通量 BQART 模型

$$Q_s = \omega B Q^{0.31} A^{0.5} R T, \ T \geqslant 2\ ℃ \tag{10.7}$$

$$Q_s = 2\omega B Q^{0.31} A^{0.5} R, \ T < 2\ ℃ \tag{10.8}$$

式中：Q_s 为现代河口观测到的沉积通量，Mt/a；ω 为常数，Q_s 单位为 Mt/a 时取值 0.0006；B 为反映人类、岩性、冰川覆盖等影响因素的环境参数；Q 为河水流量，km^3/a；A 为流域范围面积，km^2；R 为流域地形最大高度，km；T 为年平均温度,℃。

河水流量（Q）可通过沉积学方法获得，也可根据地貌学经验公式直接计算，公式为：$Q=0.075A^{0.8}$。

10.6.8.2 河流沉积通量 BQART 模型的作用

BQART 模型可用来估计侵蚀速率，后者可通过流域产沙率（Y_s，sediment yield）来反映。产沙率计算公式为

$$Y_s = Q_s/A \tag{10.9}$$

BQART 模型可以应用于不同时间尺度的源-汇系统。在现代尺度上，可评估大坝修建、水土流失和气候变化对环境的影响。在第四纪尺度上，可对沉积通量进行估算，并将沉积通量与对应沉积物体积进行比较。在深时尺度，可通过 BQART 模型进行估算侵蚀物源区的最大地势高度（R）。

10.6.9 地震地貌学方法

随着地震勘探技术取得的重大进步，基于地震资料的物源分析显得越来越重要，特别是在无井和少井区，沉积物的搬运过程可通过地震相及由地震资料衍生的数据和图件（如地层厚度图、属性图、古地貌图等）进行判别。此外，结合沉积数值或物理模拟可以动态获取沉积物搬运过程的系列参数（通道类型、延伸长度、宽度、厚度及平面组合），示踪搬运体系。基于地震资料的物源分析可以分为 3 个部分：①直接利用特殊地震相特征，判别物源搬运通道方向。基于三维地震资料，可有效识别正向古地貌单元（古高地、古凸起）、负向地貌单元（古山口、古沟谷、古河道）、沉积物卸载的场所（古断层、古斜坡、坡折带）。负向地貌单元是连接物源区与沉积区的桥梁，往往是沉积物的物源搬运通道，而这些古山口、古沟谷、古河道在地震剖面上一般具有明显的地震相特征（如下切、上超等），因此可以根据其平面展布特征确定物源搬运方向；此外，地震剖面的内部终端反射结构（前积结构）具有指示古水流方向的作用，对物源的搬运方向也有一定的指示作用。②利用地震、钻井等资料，经过详细的地层划分、对比与追踪，完成某时期地层厚度图与相应的构造、古地貌、地震属性、沉积相等图件，可以通过沉积相图

（指示沉积体系的发育位置、扇的外形轮廓等）、属性图（可指示岩性变化，如富砂区、富泥区等）、古地貌图（指示古地理环境的变化等）对搬运通道方向进行判断。③三维地震资料解释发挥了关键性作用。常规地震资料可用于划分基本构造单元（凹陷、凸起、过渡带）、判别源-汇系统基本单元、划分古流域和古水系，计算物源区各项参数。在汇水区沉积体系研究方面，地震地貌学（Posamentier，2001）得到广泛应用，用来推断大型盆地的沉积体系类型、大小、分布特征。运用多种分析测试技术及地球物理学法等地质综合方法开展物源示踪，并恢复关键层段的剥蚀古地貌。其中，剥蚀古地貌恢复的方法主要包括沉积学法、印模法、层序地层学法、层拉平法、趋势面的恢复法等。

10.6.10 碎屑矿物 U-Pb 测年法

锆石 U-Pb 法是研究造山带-前陆盆地物源体系的重要方法（图 10.34）。Capaldi 等（2017）分析了安第斯河的碎屑锆石 U-Pb 年龄群，以评估同造山期沉积作用是否准确地记录了该流域的不同基岩来源单元的贡献及其比例（图 10.35）。现代河沙样本采集自阿根廷中西部安第斯河流域（28°~33°S），该河流流经安第斯山脉和前陆盆地，包括：①腹地；②楔顶盆地；③近端前陆盆地；④远端破裂前陆盆地。通过对比河流沉积物的 U-Pb 年龄分布与来自不同的物源单元［相关的流域暴露区（露头）］面积加权的沉积物混合模型产生的预测年龄谱，评价了对沉积物来源的控制作用。采用了几种统计方法（相似性和相关性）和面积加权模型对现代河流年龄群进行预测，获得如下认识：①在腹地盆地中物源受逆冲边界山脉产生的局部地形和裸露结晶基底的高锆石生产力的影响；②在楔顶盆地（背驮盆地）中物源受到冲断带基岩物源和再旋回沉积物岩性的控制；③在近前陆（前渊）盆地中河流和巨型冲积扇的物源反映了该区域的基岩分布，在二级水系中的锆石生产力、岩性的耐久性对其影响较小；④在远端的破裂前陆盆地，来自逆冲带的物源被来自前陆基底隆起的局部物源所稀释。

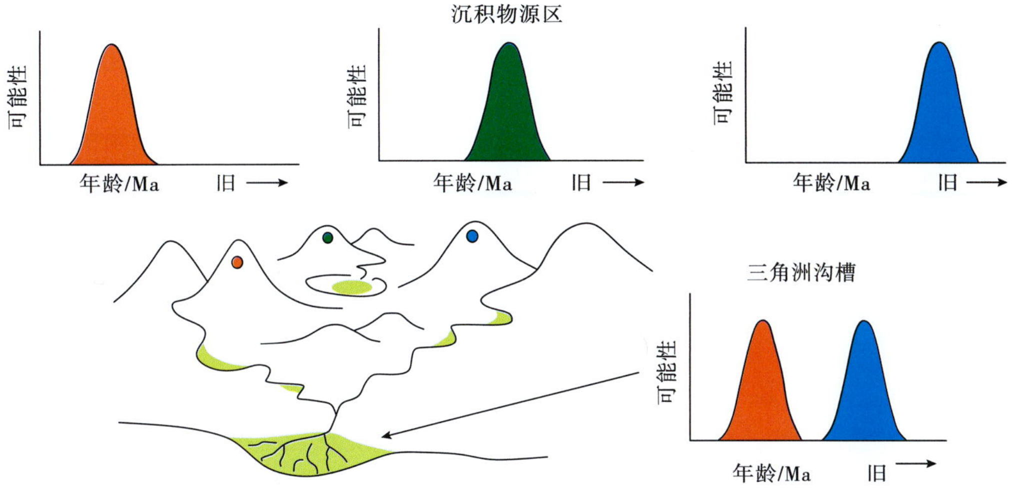

图 10.34 碎屑矿物 U-Pb 测年方法与物源特征
（据 Romans et al.，2016）

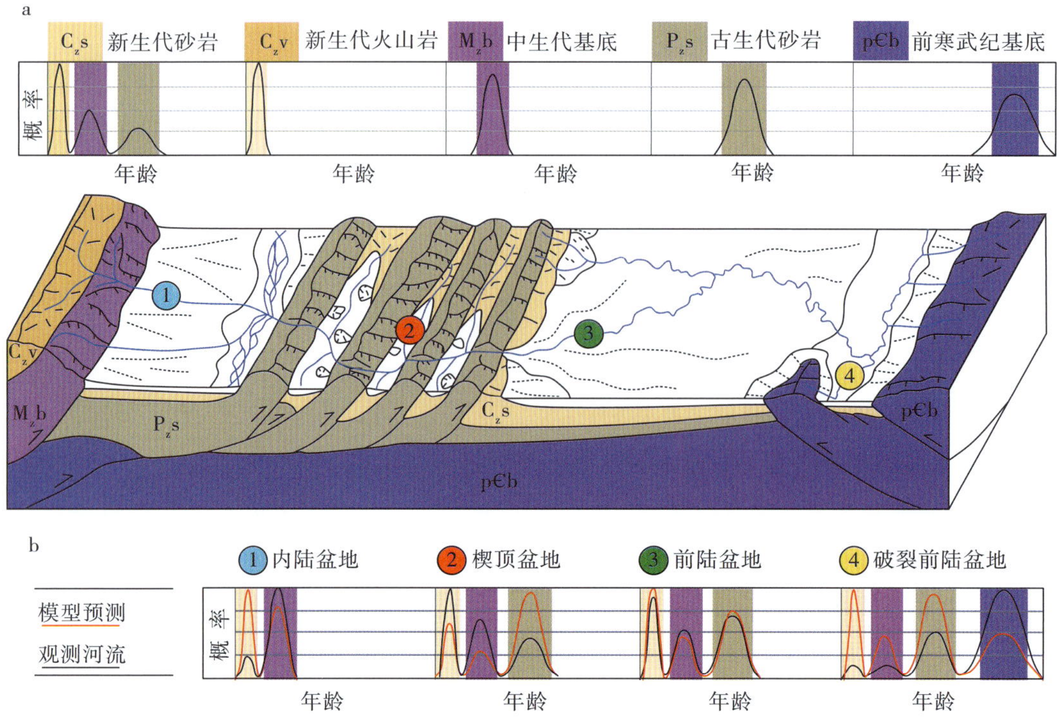

图 10.35 弧后前陆盆地的碎屑锆石（DZ）年龄分布

（据 Capaldi et al.，2017）

a—基岩源单元，在简化的弧后前陆盆地的横断面图中显示了在收缩盆地系统中的各种构造单元，显示了假设的基岩来源 DZ 年龄、主要来源单元和排水配置的三维方框图；b—年龄概率分布将区域模型预测的 DZ 年龄（红线）与流域观测的 DZ 年龄（黑线）进行的对比，突出了锆石生产力、岩性耐久性和信号稀释对河流物源的影响

10.6.11 宇宙核素法

在河沙中测量原位宇宙源核素（主要是^{10}Be）提供了 $10^2 \sim 10^5$ a 时间尺度内的平均剥蚀速率，在沉积物源区的侵蚀过程中继承的原位^{10}Be 和^{26}Al 的浓度在沉积物存储和泛滥平原沉积物的改造过程中是不发生变化的，或可以利用双核素方法（^{26}Al/^{10}Be）来纠正这种变化。Wittmann 等（2016）将该方法应用于阿尔卑斯前陆盆地（即波河流域，面积为 74000 km^2）（图 10.36，图 10.37），结果表明，该源-汇系统受到快速构造沉降、后冰河期深湖的沉积物捕获和人类修建水坝所影响。

Wittmann 等（2016）对波河流域的阿尔卑斯山-亚平宁山-洪泛平原-三角洲等现代沉积物中^{10}Be、^{26}Al、^{21}Ne 原位浓度的变化进行分析，探讨了造山侵蚀的宇宙核素记录是如何在快速沉降的前陆盆地中传输的。测量了流入波河平原的阿尔卑斯和亚平宁主要支流河流沉积物中^{10}Be 浓度，并研究了从源区的^{10}Be 宇宙生成信号到波河三角洲的传播。评估了冰后期湖泊、冰碛和大型水坝对^{10}Be 浓度的影响，并使用了^{26}Al/^{10}Be 值来监测在低地深埋沉积物的潜在改造，表明从高山源区到三角洲呈现稳定的^{21}Ne 浓度。原位^{10}Be 浓度范围为 $0.8\times10^4 \sim 6.5\times10^4$/gQTZ 之间。在阿尔卑斯山源区的剥蚀速率为 0.1~1.5 mm/a，在亚平宁山源区的剥蚀速率为 0.3~0.5mm/a。由^{10}Be 确定的最高的剥蚀速率出现在西阿尔卑斯山的中部（1.5mm/a）。

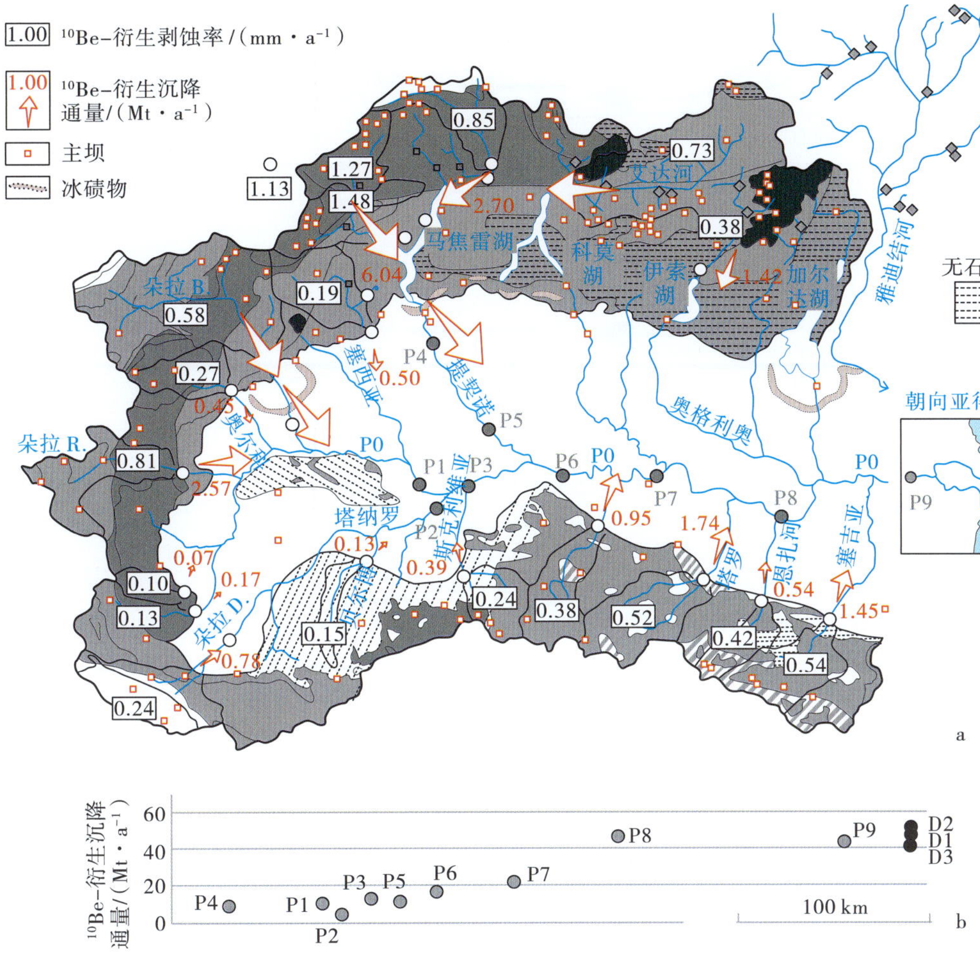

图 10.36 利用宇宙核素^{10}Be计算的沉积物通量

(据 Wittmann et al., 2016)

a—源区的剥蚀速率、沉积物通量；b—在波河平原洪泛区校正的沉积物通量

根据这些数据，Wittmann 等（2016）计算了阿尔卑斯山和亚平宁山源区（分别为>27 Mt/a 和 ca. 5 Mt/a）的沉积物通量，然后对宇宙源核素确定的输沙通量与实地测量的输沙通量进行了比较，表明其明显高于沉积物输出量（在波河三角洲的沉积物通量为10 Mt/a）。Wittmann 等（2016）讨论了两种方法存在差异的潜在原因，结果表明原位^{10}Be所具有的稳定性可以作为一个山地水土流失和泥沙搬运的示踪剂，可以标定从源区的输入到波河泛滥平原沉积物的路径。

10.7 造山带-前陆盆地之间的源-汇系统

现代或古代的许多大型的内陆湖泊，周边为造山带或长期隆起区所围限，也存在一个从物源区、冲积平原、滨-浅湖、深湖的多级地貌单元组成的源-汇系统。我国中-新生代

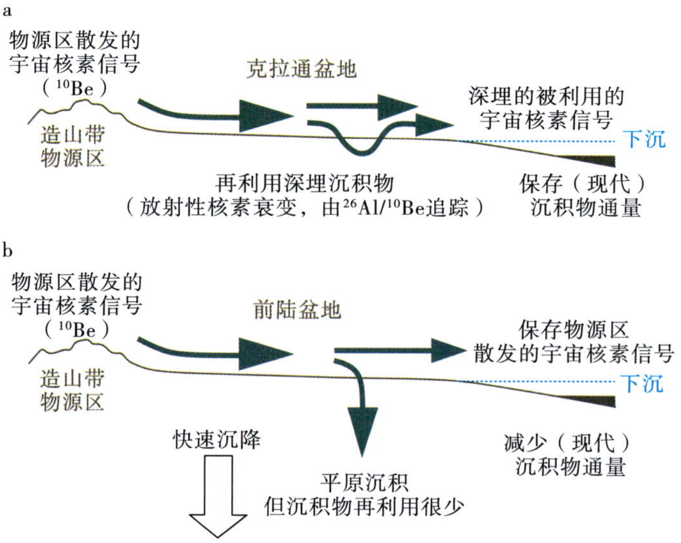

图 10.37　在沉降的克拉通盆地和前陆盆地记录的山地侵蚀的宇宙核素
（据 Wittmann et al.，2016）

a—在克拉通盆地（如亚马孙）中，源区来源的^{10}Be 信号可能被潜在地修正，主要通过添加深埋的洪积平原沉积物降低了^{10}Be 浓度和^{26}Al/^{10}Be 值；b—在沉降的前陆盆地（如波河）中，源区来源的^{10}Be 信号有效地从源区传输到汇区，由于河漫滩的沉降作用限制了深埋物的改造和输出

以来发育了许多大型陆内湖盆，接受了巨厚的陆相湖盆碎屑岩充填，并含有丰富的沉积矿产。这些盆地周边的物源区常常与陆内的造山作用（陆内前陆湖盆）有关。构造驱动机制是决定源-汇系统的主要因素。

在构造相对活动的陆内前陆盆地中，近源的物源体系、明显的构造作用以及汇水盆地小、沉积物类型对气候变化响应敏感等，是这种地表动力学系统的显著特征，这也使得水系、地形地貌、沉积类型、地层结构及其分布变得极其复杂（图 10.38 至图 10.40）。在造山带前缘的陡坡带发育横向或径向的近物源体系、纵向或轴向的远源体系，在缓坡带发育横向的近源的体系等。

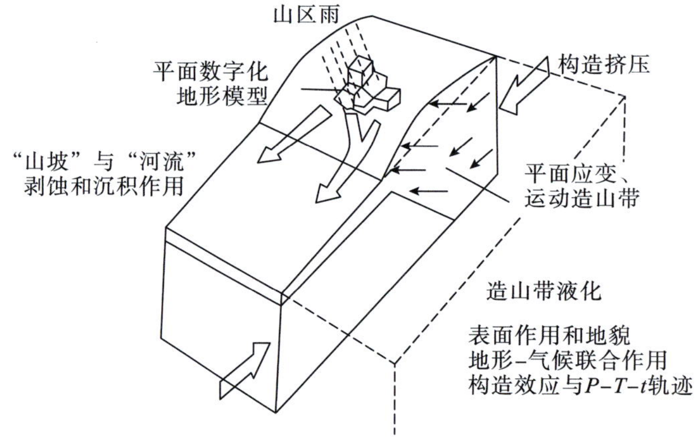

图 10.38　造山带构造作用与表面过程的综合模型
（据 Beaumont et al.，1992）

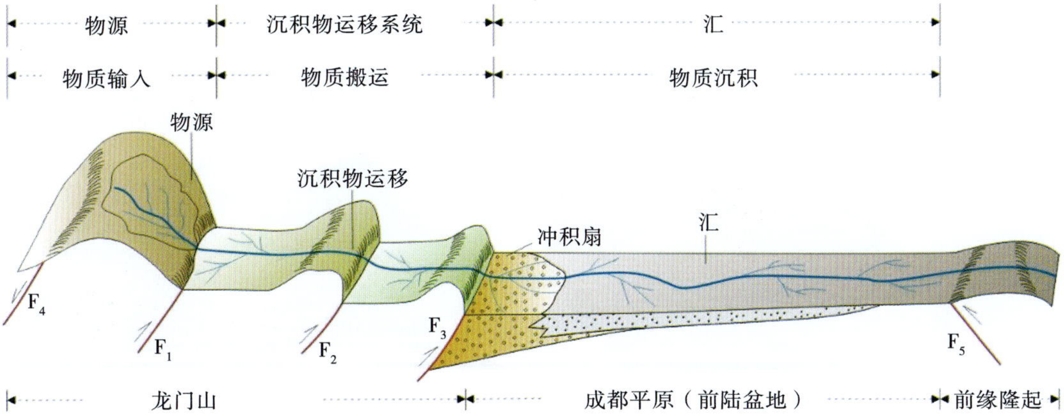

图 10.39 龙门山造山带-前陆盆地之间的源-汇系统

（据李勇等，2019）

F_1—北川断裂；F_2—彭灌断裂；F_3—关口断裂；F_4—茂汶断裂；F_5—龙泉山断裂

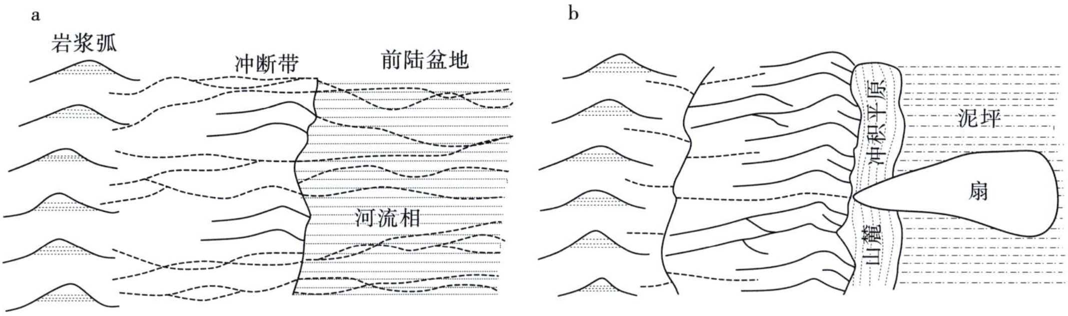

图 10.40 前陆盆地的线状物源（a）和点状物源（b）

Jordan（1995）提出了线状物源（line source）和点状物源（point source）的概念。线状物源对应于山前发育数量众多的小型横向河，以河流相沉积为主，可能主要发育于前陆盆地晚期过补偿阶段；点状物源对应于山前发育三角洲或大型冲积扇，其间为泥坪或冲积平原，可能主要发育于前陆盆地早期欠补偿阶段

10.7.1 造山带-前陆盆地之间的源-汇系统

Beaumont 等（1992）提出了造山带与前陆盆地构造作用与表面过程之间的概念模型（图 10.38）。来自冲断带的沉积物中一般含较丰富的岩屑，来自克拉通沉积物中石英含量高，长石、岩屑含量少。

现今的喜马拉雅前陆盆地既发育横向河（如印度河），也发育纵向河（如恒河）。然而单从古水流的总流向趋势来看，又具有一定的规律性。在前陆盆地发育的早期欠补偿阶段，前缘隆起发育，常为平行造山带的纵向水系，与横向古水流呈聚敛形式出现，可能与前缘隆起的隆升有关，该阶段的物源以双物源为特征，包括来自冲断带和前缘隆起剥蚀的物源；前陆盆地发育晚期的过补偿阶段，前缘隆起不发育，水系常为横向水系，水浅流急，河流阶地发育，该阶段的物源以单物源为主，物源主要来自冲断带（图 10.41）。Jordan（1995）提出了点状物源（point source）和线状物源（line source）的概念（图 10.40），点状物源对应于山前发育三角洲或大型冲积扇，其间为泥坪或冲积平原，可能主要发育于前陆盆地早期欠补偿阶段；线状物源对应于山前发育数量众多的小型横向河，以河流相沉积为主，可能发育于前陆盆地晚期过补偿阶段。

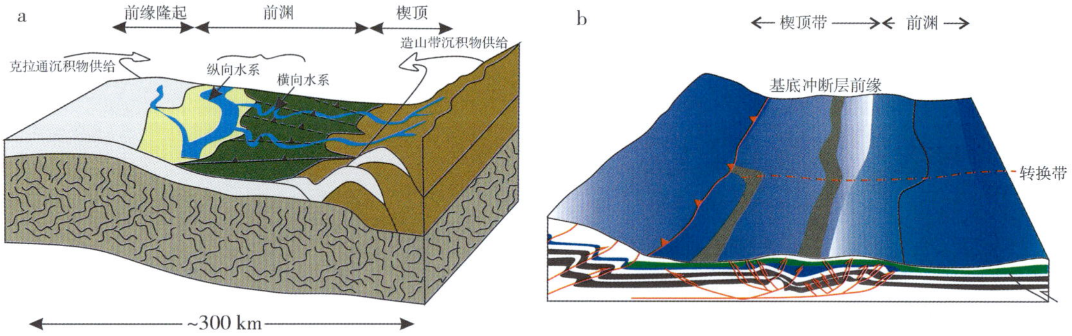

图 10.41 前陆盆地构造单元与纵向、横向水系

a—美国宾夕法尼亚纪 Pocahontas 前渊的构造单元与纵向、横向水系的模型（据 Grimm et al.，2013）；
b—安第斯前陆盆地构造单元与纵向、横向水系的模型（据 Ghiglione et al.，2014）

10.7.2 源-汇系统的分段边界及其迁移

沉积物路径系统的特征是一组特定的物理过程和沉积环境。分段通常通过边界或过渡区与其他区段分开，涉及复杂的能量过程和沉积物转移，这是“移动边界”的典型实例。在层序地层学中的等效概念是对海岸线或大陆架边缘轨迹的分析。移动边界的位置是沉积物路径系统功能的敏感指示器。它们通常是来自高地集水区的沉积物通量信号传播的过滤器或障碍物。因此，沉积物路径系统的不同部分之间存在远程连接，这使得来自一个段的信号可以传输到另一个相邻段。

移动的边界随着外部力量和内部动力的响应而迁移。迁移导致了在地震反射剖面上可以识别进积、淹没模式（图 10.42）。

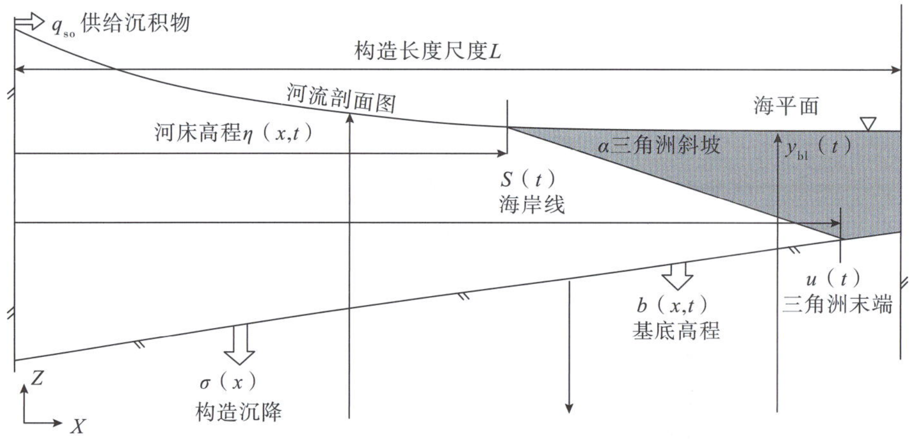

图 10.42 冲积-三角洲沉积作用的横切面

（据 Swenson et al.，2000）

以滨岸线作为相的前缘

10.7.2.1 砾石前缘和砾石层

众所周知，砾石河流呈现出突然砾石-砂之间的变化，称为“砾石前缘”，通常砾石前缘伴随着坡度的快速变化。砾石前缘是一个移动的边界，它的位置随着边界条件的变化而变化。

砾石前缘的形成有多种原因，包括斜坡陡坎、沙土供应过剩、碎屑物物理破坏和水力分选。在古代河流地层中，可以通过砾石含量和碎屑大小的突然下降进行识别。由于砾石前缘面的存在，从造山带流出的沉积物的稳定进积作用会导致地层沉积物粒度突然向上变粗。如在喜马拉雅山脉印度恒河前陆盆地中新世-更新世西瓦利克沉积物中发现了这种突然向上变粗的现象（图 10.43）。

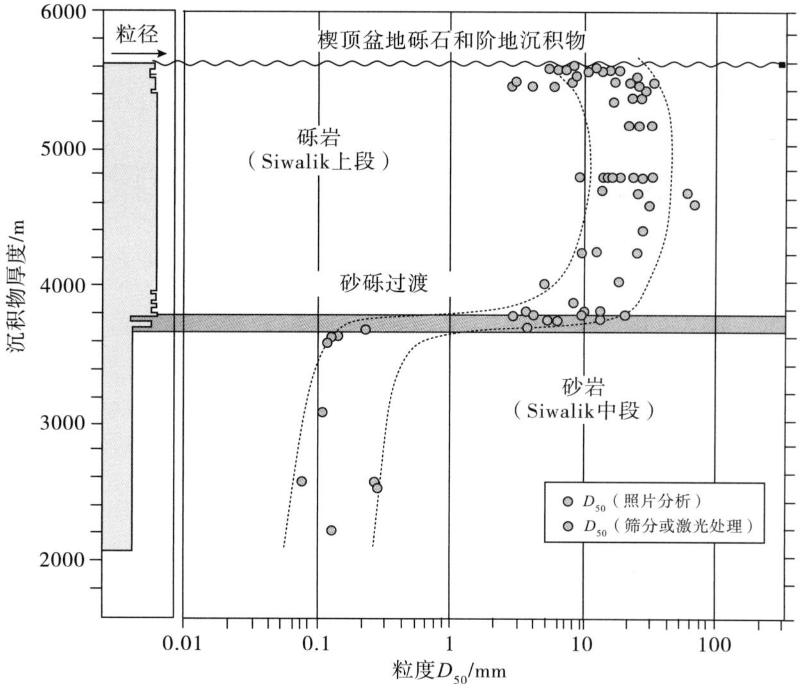

图 10.43　在尼泊尔中部 Churre 剖面中 Siwalik 组沉积物的粒度变化

（据 Dubille et al.，2015）

过渡区代表喜马拉雅流域的砾石-砂之间的转化区域，厚度为 80~100 m

10.7.2.2 海岸线

海岸线是所有移动边界中最活动的。海岸线的轨迹是由沉积物供应速率、构造沉降速率、基准面和基底高程等方面因素所决定的（图 10.44，图 10.45）。

10.7.3 源-汇系统的动力机制

10.7.3.1 质量平衡理论

质量平衡框架可以定量地比较不同大小和形状的源-汇系统，而且也有助于解释一般

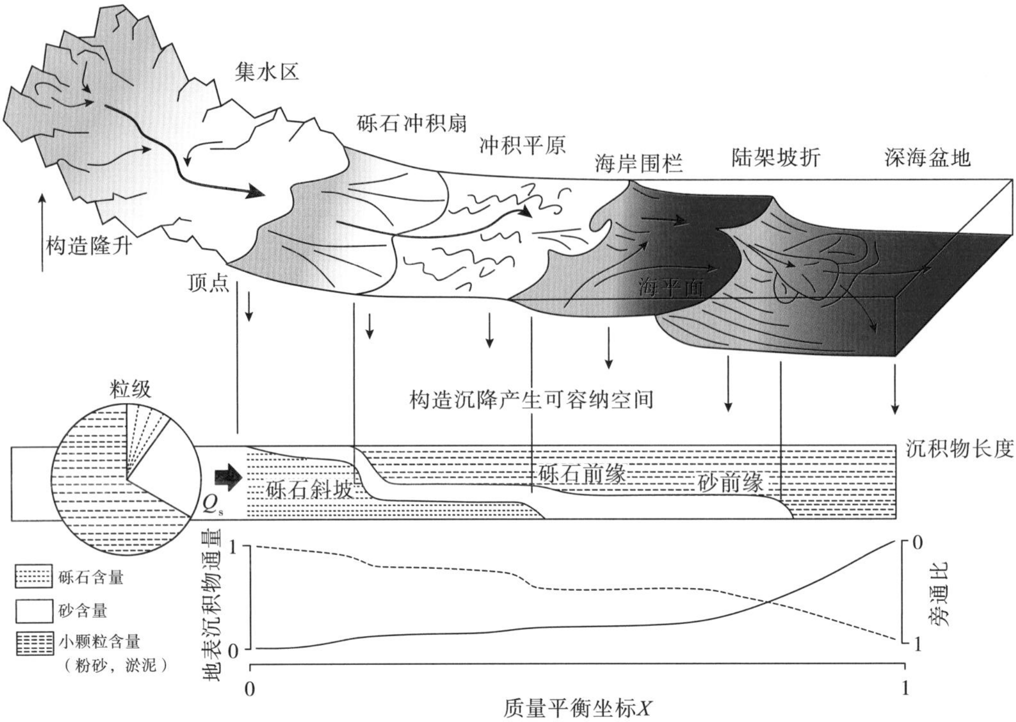

图 10.44　沉积物路径系统的示意图

（据 Michael et al.，2013）

该实例来自于比利牛斯山中南部的始新世 Escanilla 古沉积路径系统。构造和气候导致了该系统内各种动态边界的迁移，包括砾石渐变线、砾石沉积物的前端、砂沉积物的前端、海岸、大陆架斜坡的坡折带。沉积通量向下游减少。沉积通量的大小取决于可容纳空间的分布，沉积通量在海岸处显著地增加。海岸带充当着向海洋运输砾石和砂的围栏

地层变化趋势。

沉积盆地的总体质量平衡可表示为沉积物的捕获比率（A），即容纳空间和沉积物供应量之间的平衡：

$$A = \frac{1}{q_{s,0}}\int_0^L \sigma(x)\,dx \tag{10.10}$$

式中：$q_{s,0}$ 为单位宽度内当 $x=0$ 时的沉积物供应量；σ（x）为构造沉降速率；x 为系统的距离；L 为总长度。如果盆地被沉积物完全填满，捕获比率 $A=1$；如果盆地缺乏沉积物时，$0<A<1$。

10.7.3.2　粒子轨迹随机理论

在通往长期沉积库的过程中，沉积物通常会在瞬态状态下临时储存。临时存储调节和减慢了沉积物通过路径系统的长期传输。在冲积环境中，泥沙可能会在冲积扇、河道河床和沙洲、冲积平原和三角洲中停留一段时间。在储存过程中，颗粒在风化过程中发生降解。

在适当的时间和空间尺度上，颗粒通过河谷的轨迹是一个随机过程。因此，在不同迁

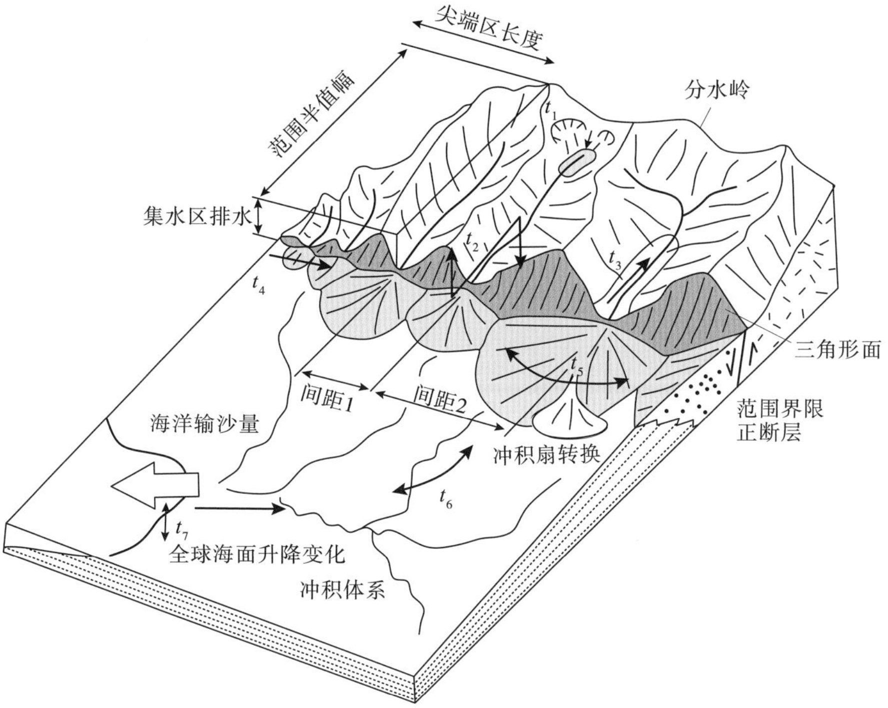

图 10.45　沉积物路径系统的响应时间及其差异性

（据 Allen，2008）

以张性断块为源区，以冲积体系为搬运区、沉积区的沉积物路径系统。t_1—边坡剥蚀与河道下切的耦合关系；t_2—在山脉边界断层滑动速率发生变化后，集水区的剥蚀速率与扇加积之间获得平衡条件的时间；t_3—随着出水口基准面下降，通过裂点迁移在基岩河流形成新的平衡剖面的时间；t_4—通过对侧向扩展断层段顶端带长度的估算，在下盘获得均匀起伏度的时间尺度；t_5—扇体表面被朵体（lobe switching）重新覆盖的时间；t_6—在缓冲区，沉积通量信号转换的时间；t_7—在海岸带由海平面变化引起的裂点向上游推进的响应时间

移速率的临时存储库之间的沉积物交换可以表示为迁移概率。粒子轨迹的随机模型目前仅限于相对较小的现代系统，其中可以忽略长期构造沉降、基准面变化和沉积物供应的瞬时驱动机制。

10.7.4　源-汇系统的构造、气候相互作用

10.7.4.1　扰动作用与响应的时间尺度

地貌的响应时间尺度与其扰动作用之间的关系是需要考虑的问题。例如，我们不仅要区分缓慢的、中间速度的和快速的扰动作用，而且要考虑到响应通常是衰减和移动的，因此滞后的时间很明显。对于大型的造山带系统而言，这种滞后时间（如构造抬升和沉积物排放之间的滞后时间）可能非常长（10^6 ~ 10^7 a），但对于褶皱-冲断带中的某个褶皱作用而言，这种滞后时间则更短（<10^5 a）一些。因此，在根据地层响应的年代推断构造事件的时间时，应该使用谨慎一些的方法（表 10.2）。此外，Beaumont 等（2000）还提出了一种“脉冲驱动”，即响应遵循近似指数衰减曲线，而且允许有一定的“松弛时间”。

表 10.2　气候、构造驱动的响应时间

驱动	响应时间	参考文献
造山带地形衰减	$\sim 10^8$ a	Pelletier (2004)
裂点迁移	$>10^7$ a	Roberts et al. (2012)
长波构造隆升		
构造通量的变化	$10^6 \sim 10^7$ a	Willett (1999)
碰撞造山带		
脱顶的沉积物通量	0.1~4 Ma	Tucker and Slingerland (1996)
逆冲断层相关背斜		
山坡扩散时间尺度	50~250 ka	Burbank and Anderson (2001)
泥沙通量的响应	500~600 ka	Densmore et al.,(2007)
降水变化	0.8 Ma	Armitage et al. (2013)
汇水盆地系统	>700 ka	Forzoni et al. (2014)
达到稳定状态	10^6 a	Densmore et al. (2007)
下盘地形		
山脉上升速率的变化	0.2~0.5 Ma	Carrétier and Lucazeau (2005)
无边缘山麓		
山脉上升速率的变化	1M a	Carrétier and Lucazeau (2005)
冲积平原前端		
响应时间		Whipple (2001)
隆升速率		
基岩河流	10^5 a	
荒地和冲积河流	$>10^6$ a	

为了理解地貌和沉积物路径系统与构造位移或气候之间的相互作用，我们需要研究地貌系统的瞬态响应（图 10.45）。地貌和沉积物路径系统的响应既不是直接的，也不是线性的。理解地貌的基础是稳态的概念，地貌的属性可以动态地调整与主要边界条件之间的平衡。如果这些边界条件受到扰动，地貌系统在特定的时间尺度上发生响应。

在沉积物路径系统内的瞬态响应可能涉及很多因素，包括：①冲积河流、山坡的沉积物扩散时间尺度；②松弛时间；③分段连接和瞬态地貌响应所需的时间；④断层横向生长的响应时间；⑤断块抬升导致河流点坝迁移的滞后时间；⑥构造褶皱脱顶的滞后时间。

（1）冲积河流的响应时间

冲积系统的响应时间近似于集水区沉积物排放的测量值。如果假设系统具有整体扩散特性，并且水的排放随洪泛区宽度（W）系统地变化，则河道-洪泛区系统的质量有效扩散系数（k）为：

$$k = \frac{Q_s}{W(\partial y/\partial x)} \tag{10.11}$$

式中：Q_s 为沉积物排放量；$\partial y/\partial x$ 为斜率的空间平均值。如果 L 是河漫滩系统的下游长度，H 是上游和下游两端之间的最大高差，则响应时间为：

$$t=\frac{L^2}{k}=\frac{L^2W(\partial y/\partial x)}{Q_s}=\frac{LWH}{Q_s} \tag{10.12}$$

亚洲大型河流系统的典型值为：$L=10^6$ m，$W=10^5$ m，$H=1\times10^2\sim2\times10^2$ m（斜坡为 $10^3\sim10^4$ m），沉积物排放量（Q_s）为 $10^7\sim10^8$ m^3/a。因此，其响应时间在 $10^5\sim10^6$ a 范围内。Castelltort 等（2003）对 93 条世界主要河流进行了类似分析，发现响应时间在 $10^4\sim10^6$ a 之间变化。响应时间取决于河道–洪泛区系统的规模。

（2）山坡侵蚀的响应时间

边坡被认为是具有扩散性的，山坡的形态取决于扩散系数（k）。这样的扩散系统的时间常数由 $t=L^2/k$ 给出，即对于缓慢的过程（如降雨和蠕变），K_{most} 通常在 0.05～0.01 m^2/a 范围内，在小山坡（$L=50$ m）上，山坡侵蚀的响应时间的范围从 50～250 ka。

在潮湿气候区，构造活动区域中有效的扩散主要是滑坡（如新西兰南阿尔卑斯山的西侧），有效扩散系数在 15～50 m^2/a 之间。

（3）伸展断层增长的响应时间

断层生长的范围存在着位移–长度关系。断层位移量向闭锁段方向消失（图 10.46，图 10.47）。单个断层段的长度通常在 10～100 km 之间，最大累积位移量（D）与长度（L）关系为

$$D\approx kL \tag{10.13}$$

式中：k 是一个比例常数，在 0.01～0.05 之间。

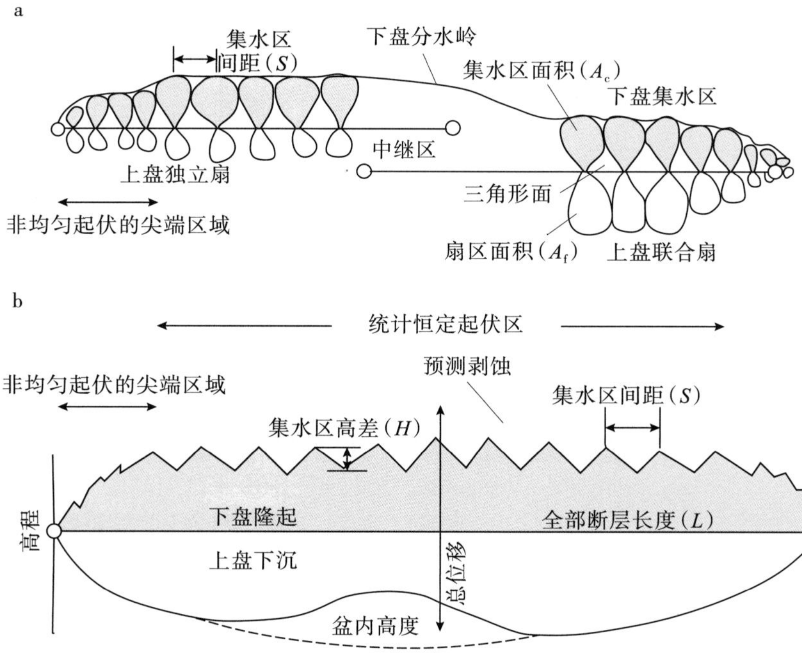

图 10.46 伸展断层的分段与集水区–扇系统的连接

（据 Densmore et al.，2004）

a—地图视图，下盘集水区和上盘扇，沿两条断层段分布，其间通过传播带连接；

b—沿走向形态，预期的下盘地形和起伏度、上盘沉降幅度，显示了在山顶带具有不均匀的地形起伏度

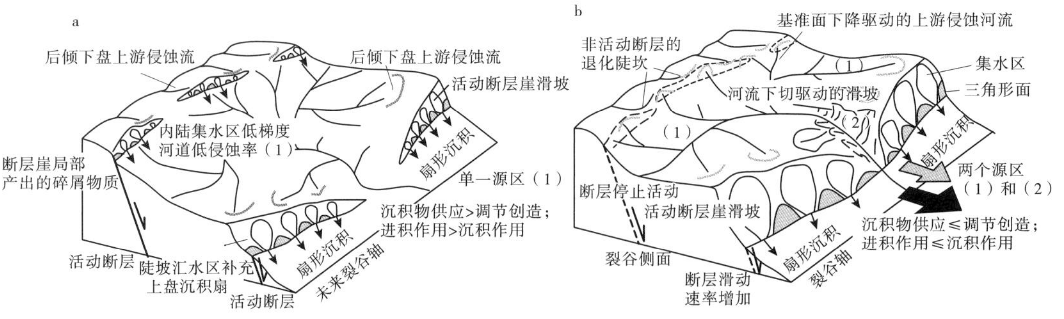

图 10.47 在主边界断层传播过程中地表地形和流域效应的示意图

（据 Cowie et al.，2006）

a—断层传播和联动前的相互作用阶段，有一个沉积物源区，两个断层段的尖端之间有一个集水口；

b—断层连接后阶段，断层联动滑移率增加，断层分段连接作用驱动溯源的裂点迁移并导致强烈下切和新的沉积物来源的凸起区域

在作为沉积物源区的形成过程中，构造起着重要的作用，它决定了沉降的空间模式和速率，从而控制沉积物的厚度和沉积物的搬运距离。对扇面积与流域面积的实例研究结果表明（图 10.48），A_f/A_c 值是断层位移速率高与低的判别值，表明粗粒的扇与断层的活动范围是叠加在一起的，当断层位移速率较小时，扇向基准面方向推进。

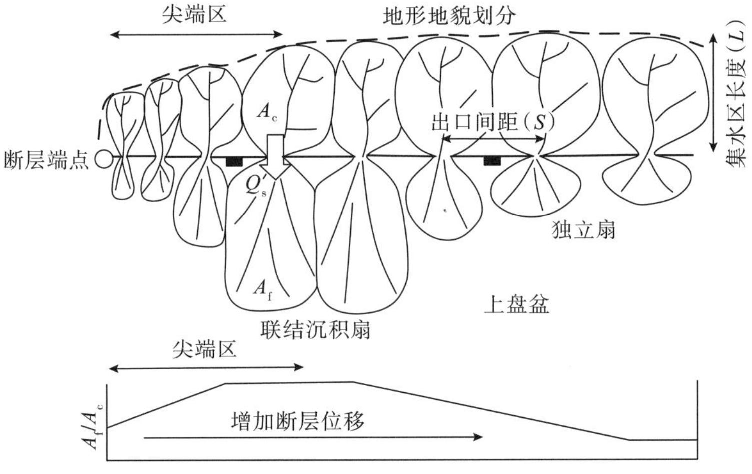

图 10.48 沿生长断层分段扇的面积与集水区面积的比例及其变化

（据 Allen，2017）

Q_s 为集水区面积提供了沿断层走向变化的沉积通量。A_f/A_c 的变化受到断层滑移速率、扇面的几何形状及集水区-扇系统与相邻断层的滑动速率之间的平衡等方面的控制

（4）断层顶端侧向生长的响应时间

扇区与集水区的比例（A_f/A_c）反映了泥沙供给与上盘调节之间的平衡。沿断层分段 A_f/A_c 将发生横向变化，并在断层分段附近发生转变（图 10.49）。

（5）裂点移动的响应时间

当基岩河流在构造上受到岩石抬升的干扰时，降低了水口的水位，通过侵蚀点向上游

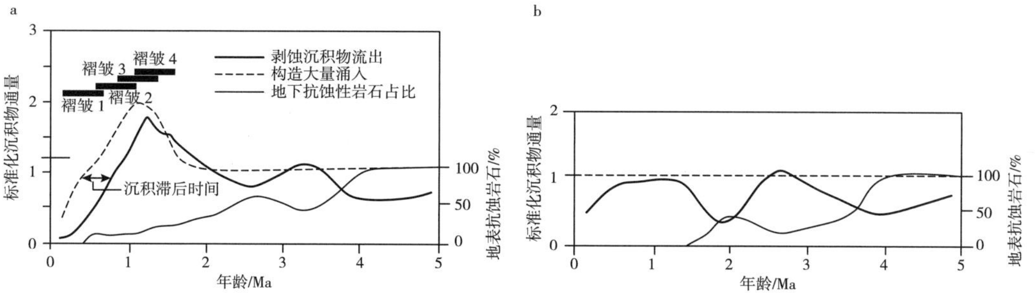

图 10.49 扎格罗斯褶皱-逆冲带的脱顶作用与地貌演化的模拟结果

（据 Tucker et al.，1996）

a—扎格罗斯山褶皱带模拟，模型中显示了岩石隆升（虚线）的构造输入量和沉积物输出量（粗实线）与时间之比，在这个模拟中，4 个背斜褶皱均为前展式生长（注：在褶皱发育过程中，构造输入与沉积响应之间有小于 0.5 Ma 的时间间隔），细实线显示了在陆地表面暴露的残留岩石的百分比随时间的变化（注意，沉积物输出量的减少到增加是由于露头岩石的抗蚀能力的变化所导致的）；b—均匀隆升试验，脱顶的地层的岩性变化导致了沉积物输出量的变化，构造输入量在空间和时间上是均匀的

的迁移，达到与新边界条件的平衡。响应时间为剥蚀点到达河道上游端的时间。采用典型的基岩河流的凹度（m/n）值（表 10.2）。

（6）褶皱-冲断带的脱顶及响应时间

在褶皱-冲断带，岩石构造抬升速率较高，地形起伏主要受 U/c_v 值控制，其中，U 为抬升速率；c_v 为基岩岩性的抗蚀性。

$$t = k\frac{U^{1/n-1}L}{c_v^{1/n}} \tag{10.14}$$

式中：n 为边坡的指数，一般假定为 2/3。

Tucker 等（1996）利用数值地貌演化模型模拟了与褶皱生长有关的抗蚀性地层所导致的渐进的脱顶过程（图 10.49）。在褶皱-逆冲带，沉积通量既反映了褶皱的构造发育，又反映了抗蚀岩性的暴露程度。根据基岩河道，在给定的构造抬升速率下，达到平衡所需的时间与岩石的抗蚀性（c_v）、抬升速率（U）和上升区域的空间尺度（L，宽度）之间存在相关性。根据扎格罗斯地形演化模型输出的结果（使用 c_v = 0~0.2a，L = 40 km，U = 1 mm/a，比例系数（k）为 7~10），沉积通量对地貌的响应时间（t）为 0.1~4 Ma。对于抗蚀岩性，地貌的响应时间则很长（大于 1 Ma）。

10.7.4.2 造山带构造作用对沉积物分散系统的影响

（1）冲断带的前锋带是造山带物质向盆地方向搬运的屏障

冲断带对沉积物散布形式有很大的影响，冲断带的前锋带可以成为造山带物质向盆地方向搬运的屏障。在亚平宁海相层序中，前缘冲断带对沉积物的搬运起到了阻挡作用。

（2）造山楔的缩短导致坡度的增大

由于造山楔的缩短引起坡度的增大，从而导致了滑坡、滑塌、重力流的产生。

（3）横断层具有水系通道的作用

横断层是与冲断层走向垂直的走滑断层或者张性断层。在造山带剥蚀的碎屑被搬运到前陆盆地时，横断层都起到通道或渠道的作用，而且如果这些断层横穿盆地，那么它就可能造成盆地中沉积充填物厚度的巨大变化。

10.7.4.3 造山带-前陆盆地的水系模式及其控制因素

有两种控制因素决定了山区水系形式的轮廓，一种因素是与造山机制有关，另一种因素是与冲积机制有关。这两种因素之间的平衡关系决定了河流可能受造山带结构的限制，或者可能切割造山带（图 10.50）。

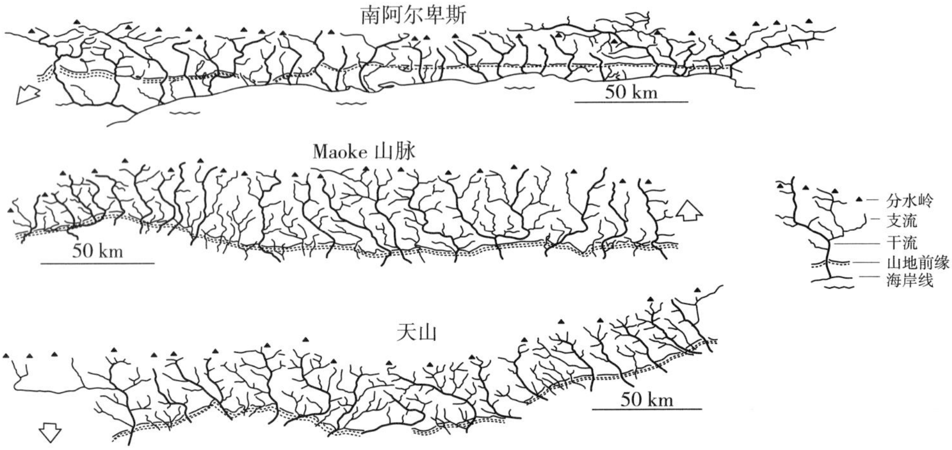

图 10.50　造山带等距分布的横向河流

（据 Summerfield，2000）

尽管这些山脉有非常多样化的构造和气候背景，但排水出口平均间距具有一致性

（1）对河流下切深度和下切速率的约束

前人研究成果表明，在一定的时空范围内，河流下切速率与表面隆升速率之间存在一定的线性关系，其约束系数可能因地而异，所以不能将某处的河流下切速率作为该处的表面隆升速率。但是，在约束剥蚀作用与隆升作用相互关系及其在相似的时间尺度上对地貌形成的控制作用的基础上，至少我们可以根据河流的最大下切深度和下切速率推断一些地貌形成的时间、表面隆升速率和隆升机制。

造山楔的动力机制决定了山脊和山谷的基本分布。这种隆升的本质是应力集中区域的形成或再激活。如果河流的侵蚀能力还不足以切割隆升的物质，它们就要受到这种地形的限制。因此，在河床坡降较低、水排泄或承压较低的地方，或者是输沙量接近搬运能力的地方，就需要河流的挟带作用。在一种情况下，低的河床坡降和排泄通常与一个造山带的雨影区有关；在另一种情况下，与低河床坡降相联系的高输沙量跟山脉的山麓特征有关。因此，在造山带山脊的背风面及在与山脉前缘传播构造附近发育与走向平行的流域。

（2）横向水系

如果河流有能力侵蚀隆升的基岩，则河道可能与区域的地形坡降不相适应，而偏离造山带的构造方向。在河道坡降很陡和排泄量较大的地区，降雨主要受造山因素的控制。在许多活跃造山带的前缘，发育横向水系（图 10.51）。水系的间距可以用间距率表示，间距率的定义是山地带的半宽度与上分水岭到出水口之间距离的比（图 10.51）。山脉平均半宽度（W）和出水口平均间距（S）之间的比 R 可以用来表示一个山脉的水系的分布特性。大多数山脉的平均比值是在 1.91～2.23 之间的狭窄范围内，平均值是 2.07。因此，出水口的间距与主分水岭到出水口的距离之间存在线性关系：

$$S \approx 0.46W \tag{10.15}$$

假设横向流域近似于长方形，这种线性关系可转化为流域面积与半宽度的关系：

$$W = 1.44A/P \tag{10.16}$$

式中：P 为实际流域覆盖的矩形面积的比例；A 为流域的表面积。式（10.16）与 Hack（1957）的河流长度及流域面积关系的一般形式是一样的。这说明在不同的气候和地质背景下，线性造山带的横向流域之间存在基本的几何相似性，并且也暗示了这些水系的比例固定。

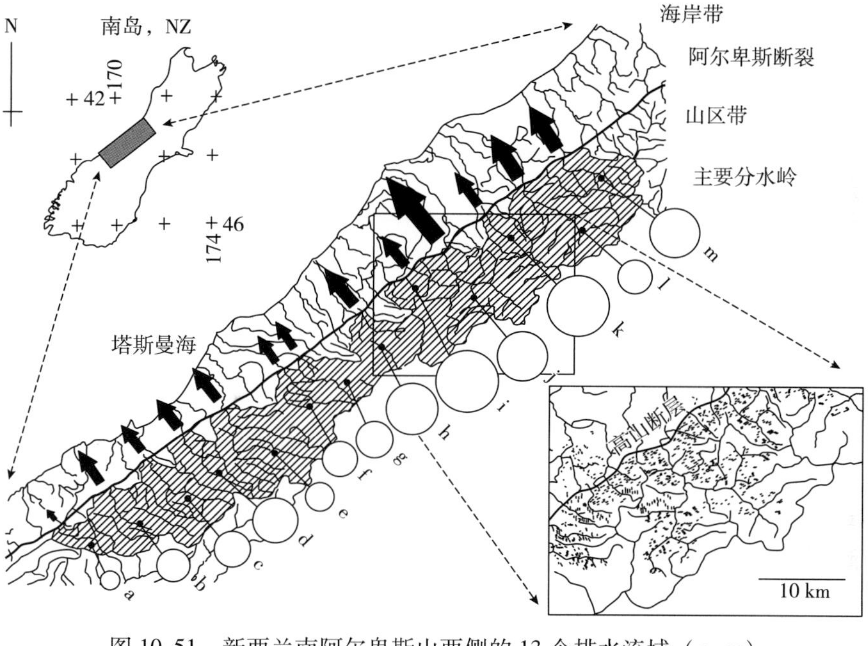

图 10.51　新西兰南阿尔卑斯山西侧的 13 个排水流域（a～m）

（据 Summerfield，2000）

观察 13 个新西兰南阿尔卑斯山西侧排水的流域，计算 60 a 滑坡记录中的剥蚀率和输沙量。显示了滑坡数据库中的一段，包含 Whataroa 流域的山区部分，其两翼是 Poerua、Waitangitaona 盆地。剥蚀量（E）和输沙量（D）分别用箭头和圆圈表示，它的区域和每个估计值成比例关系，在山区地带，山脉东部与阿尔卑斯断裂带相接，观测到的滑坡尺寸范围为 100 m^2～1 km^2

（3）冲断-褶皱作用的水系响应

在许多前陆盆地发育有因地壳的水平缩短形成的褶皱。如果这些褶皱的构造隆升率超过了周围地区的沉降速率，最终可能导致其与现存在山脉前缘的流域形式发生冲突，并且影响横向河流沉积物的搬运和沉积。

在褶皱-冲断带的发展过程中，地震形成的断层产生了位移，并导致褶皱在侧向和垂直方向上都有生长。虽然很少有长度大于 25 km 的单个褶皱，但是各个褶皱组合在一起可以形成较大的构造单元，可以引起了一些河流的大规模改道。

（4）横向的排水网络

Schmidt 等（1995）提到了滑坡过程对受侵蚀造山带质量平衡的重要性。Hovius 等（1997）从多组航空摄像片中获得了新西兰南阿尔卑斯山西部地表物质的质量在 60 a 里损耗的记录，这使他们能定量评价滑坡及其伴生的质量流动的速率和剥蚀速率。南阿尔卑斯山是一个线性的、非对称的造山带，它形成了澳大利亚板块和太平洋板块之间的分界线。在岩石隆升率接近于 7 mm/a 的影响下，在造山带的西翼上建构了 2~4 km 高的地形，在这一区域，受地形影响而增加降雨量达到 15 m/a。南阿尔卑斯山中部包含了 13 个横向排水网络的流域，在 4970 km^2 的地表总面积内（其中有 2670 km^2 的面积是山区地形）记录了 7691 次滑坡（图 10. 50，图 10. 51）。

在阿尔卑斯山系东部的断层边界上，滑坡面积从 1~100 km^2 不等（图 10. 51）。对滑坡的数量进行测量结果表明，滑坡分布可以由滑坡面积的幂定律描述出来。它可以用累计的方式写成：

$$n_c(A \geqslant A_c) = k(A_c/A_r)^{-\beta}A_r \tag{10.17}$$

式中：A_r 为重要滑坡的 n_c（$A \geqslant A_c$）；k 为 $x=0$ 时线性回归的截距；β 为标度指数。Hovius 等（1998）利用从最稳定状态中获取的数据拟合幂定律模式推导出：$\beta=1.16$，$k=5.4\times 10^{-5}/(km^2 \cdot a)$。不同事件对于一定区域内累积的侵蚀作用的相对重要性可由标度指数（β）来评价。在新西兰南阿尔卑斯山西部，通过观察到的资料得出 $\beta>1$，说明边坡遭受破坏，低震级地震事件对整个区域会产生主要的影响，而 $\beta<1$ 则说明高震级地震事件频繁。

利用幂律震级频度分布可以进行滑坡体积分析，在面积-体积关系上为现有的滑坡提供足够的约束。Ohmori（1992）提出了大型滑坡长度 L 与深度 d 的线性关系，即：$d(L) = \varepsilon L$。Hovius 等（1997）采用这种关系，并说明可以建立关系式估计滑坡作用运移物质的总体积 V：

$$V \approx \frac{2\beta\varepsilon k}{3-2\beta}L_1^{3-2\beta} \tag{10.18}$$

式中：L_1 是滑坡的最大长度（在南阿尔卑斯山的西部，$L_1 \approx 1$ km），其他参数同前。Hovius 等（1997）根据有限的野外观测数据设定 $\varepsilon=0.05$，并由此得出，南阿尔卑斯山西部的滑坡作用导致的侵蚀速率的估计值为 9±4 mm/a。

根据 β 和 ε 的一般值以及局部速率常数，计算结果表明，滑坡导致的剥蚀速率为 5. 5~12 mm/a（图 10. 52）。

Hovius 等（1997）估计的南阿尔卑斯山西部的侵蚀速率与基于河流输沙量测量计算出的侵蚀速率（4. 7~10. 9mm/a）相近。说明大多数来自造山带的物质是由与基岩滑坡产生的。

（5）河流纵剖面的演化

河流纵剖面的几何形态在各造山带之间有很大的差异，利用岩石隆升速率和河流下切速率之间的平衡可以解释河流剖面形状的差异性。

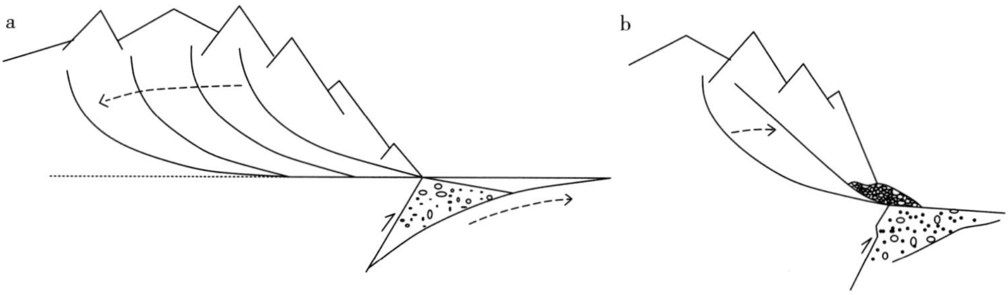

图 10.52　造山带的河流纵剖面发展与演化

（据 Summerfield，2000）

a—当侵蚀速率超过岩石隆升速率时，河流剖面向山区方向迁移，并导致山区地形剖面的长度增加，使得离开流域的沉积物更好地分选，在相邻山脉前缘逐渐建立更大的扇；b—当侵蚀速率小于岩石隆升速率时，导致了河流剖面和邻近地形的逐渐变陡，周期性的边坡失稳可能在山脉前缘附近沉积大量的角砾质沉积物

当河流下切速率等于或大于岩石隆升速率时，河流纵剖面平坦凹形剖面。当岩石隆升速率等于河流下切速率时，河流剖面形态和高程不会发生改变，但当河流下切速率超过了岩石隆升速率时，河流剖面的高程会逐渐下降（图 10.53a）。

当河流下切速率大于岩石隆升速率时，相反的情况就会发生，导致河床高程的净增加（图 10.53b），会导致山脉的翼部变陡，并使得边坡变得不稳定。

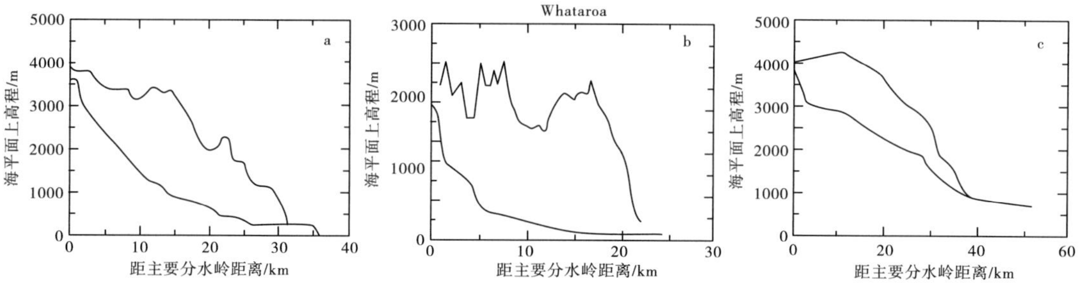

图 10.53　在造山带河流纵剖面发育的不同形态

（据 Summerfield，2000）

a—Fengping（中国台湾中央山脉）的纵剖面包含平坦的上游段，这种形态说明岩石隆升速率和河流下切速率之间是长期平衡的；b—Whataroa 河（新西兰南阿尔卑斯山）的河流纵剖面表示河流下切速率大于岩石隆升速率；c—强烈的岩石隆升形成了 Dzarlykaindy 河谷（吉尔吉斯斯坦）的上凸的河流纵剖面

河流纵剖面的几何形状可表示区域岩石隆升和侵蚀之间的平衡。利用岩石隆升速率和下切侵蚀速率的定量关系，可以建立起一个纵剖面发展的简单模型。然而，由于目前缺乏相关的数据，无法精确地做好这件事情。区域隆升速率可以用裂变径迹数据（假定在隆升前的初始高程受到约束）、古植物数据或地貌模型等方法推导出来。可以用年平均降水量粗略地替代河流的侵蚀速率。

（6）构造、气候和基准面对河流下切作用的影响

虽然第四纪构造、气候和基准面等变量对河流系统的影响存在着复杂性和易变性，但是，最近的研究表明区分这些变量的效应是有可能的。

A. 河流下切速率的分布形式

隆升导致地势增加，气候变化影响整个河流系统，然而基准面降低能够使河流系统的下游发生回春。Pazzaglia 等提出了下切速率分布的 3 种形式：①下切速率明显地向着河流源头增加，表现为阶地向上游离散，意味着在源头附近岩石隆升速率相对较高；②下切速率向下游增加，表现为阶地向下游离散，意味着下游基准面降低；③下切速率比较平缓地沿河流剖面分布，表现为阶地与河流剖面平行，表明岩石隆起速度在空间上的分布是均一的。

B. 沉积物通量的变化

Bonnet 等的实验研究证实气候或构造变化明显地引起了沉积物通量的响应，气候成因的表面隆升与沉积物通量的减少有关，构造成因的表面隆升与沉积物通量的增加有关。因此，通过研究控制沉积物通量变化的动力机制，从理论上就有可能区分出气候和构造引起的地表隆升。

C. 沉积物传输随时间的变化

Schumm（1996）论证了通过沉积物传输随时间的变化区分基准面、构造和气候影响的可能性。快速的基准面降低能够产生较多的沉积物，但时间短；缓慢的基准面变化对沉积物的产生影响不大，而且时间滞后（图 10.54a）。构造隆升造成的沉积物输送效应长期持续，由于地势的增加，沉积物的产生呈指数增加（图 10.54b）。气候变化具有复杂的沉积物输送效应。从潮湿向半干旱或季节性气候变化，能大大增强沉积物的产生。从潮湿向比较潮湿，或向非常潮湿气候的变化，产生沉积物的效应很小。从潮湿向干旱气候的变化大大减少沉积物的输送（图 10.54c）。值得注意的是，与基准面和构造波动相比，气候变化是快速的，沉积物输送的效应也是快速的（图 10.54c）。

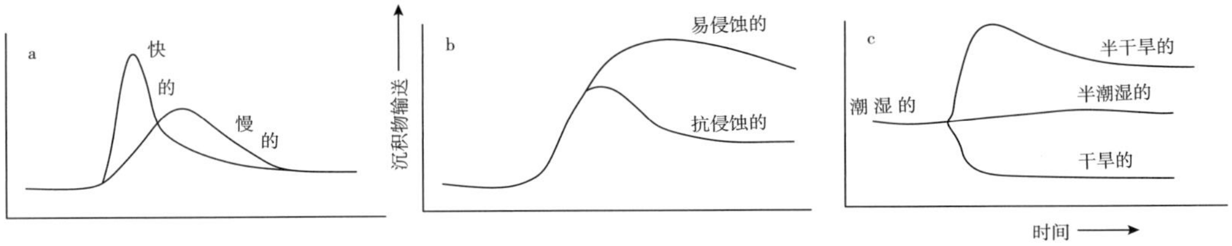

图 10.54　基准面（a）、构造（b）和气候（c）变化对沉积物向海岸输送的影响
（据 Schumm，1996）

10.8　源-汇系统与造山楔动力学

聚敛造山带的形状近似于楔形体，内部的流变学函数和作用于其边界的应力状态决定了它的几何形态。如果应力超过了物质的机械强度所能承受的限度，楔形体将发生内部变形，直到形成临界锥度的形态。这时在表面斜坡上产生的重力将与俯冲断层的俯冲作用在其基底上施加的牵引力达到平衡。尽管把现有楔形体理论的物理公式应用于褶皱-逆冲带还存在着很多问题，但是在活动造山带所进行的研究成果已经证实了普遍的、概念性的基本原理的适用性。

山脉顶部的地表演化影响了造山楔的锥度，并可能驱动或改变它的外部应力传播和内部变形。在最近的模拟研究和野外研究中证实了这种地形和构造之间的耦合。河谷的侵蚀速率和模式决定了整个造山楔地形的分布，因此，横向河流剖面也作为表面锥度发展的参照物。河谷逐步下降，并且这一趋势从上游向下游传播，可使处于临界状态的造山楔的表面坡度降低。楔形体不仅产生逆冲断层向前缘的传播，也会导致内部加厚的变形。这种造山带可能会保持一种狭窄的线性特征。在这类造山带中，地质作用以隆升为主，主要表现在凸形的河谷剖面。在岩石快速隆升或气候干旱的情况下，可以在造山带前缘形成叠瓦构造和高原。因此可以得出这样的结论：干旱期气候对聚敛构造系统的几何形状有重要的影响，而且在干旱期构造应力的分布状况控制着造山楔的几何形状；在湿润气候条件下，排水系统的性质和岩石的强度决定了造山楔地形的几何形态。

10.8.1 源-汇系统与造山楔动力学的耦合机制

在不同的时间和空间尺度上，构造和表面过程之间存在耦合机制。泥沙输送系统叠加在移动的地壳模板上，并受水平和垂直应力及变形的影响。这些变形表现在源区的新褶皱（凸起）、沉积盆地的净沉降（挠曲盆地），以及造山带载荷及其水平的位移之中。因此，构造在为输沙系统的运行提供驱动机制和边界条件。

输沙系统与构造的相互作用是在多种尺度上运行的。超级大陆组合的形成和扩散发生在 10^8 a 这一非常长的时间尺度上。在中等的时空尺度（10^{10} ~ 10^1 Ma）上，超级大陆组合的形成和板块边缘的演化对构造过程有很大的影响，引起物源区隆升、沉积盆地的输沙路径和沉降。在褶皱-冲断带，活动构造与地形之间的相互作用控制了泥沙输送系统。

世界上许多最具活力的泥沙输送系统都位于汇聚的造山带及其邻近的前陆盆地。造山带是明显的正地形，造山带可能在很长的时间内持续存在。造山作用停止后，造山带的平均海拔（H）具有一定的下降速率，其隆升速率可以表示为：

$$\frac{\partial H}{\partial t} = -\frac{1}{t_d} H\left(\frac{\rho_c}{\rho_m - \rho_c}\right) \tag{10.19}$$

式中：t_d 为山区地形衰减的特征时间尺度；ρ_c、ρ_m 为地壳、地幔的密度，包含了均衡效应。如果侵蚀速率具有线性刻度，系数为 0.61×10^{-7} 时，那么 t_d 为 70 m/a，实际上小于一些古老造山带的年龄。

目前，学者们热衷于喜马拉雅山和南阿尔卑斯山等活动造山带中构造和表面过程的耦合机制。在大范围内，造山带地形受大陆汇聚驱动的构造流的控制。因此，在侵蚀剥露过程中构造流的温度和沿流向的流量之间有一种平衡，地表通过构造位移达到平衡，Willett（1999）用侵蚀系数（N_e）表示这种平衡：

$$N_e = \frac{kL}{U} \tag{10.20}$$

式中：U 为岩石的构造抬升速率；L 为地壳隆升段的半宽度；k 为与基岩切割速率和降雨量成正比的系数。如果 N_e 趋于无穷大，就会形成侵蚀地形，降低构造抬升的速率；如果 N_e 较小（<1），侵蚀作用较弱，与构造抬升作用抵消，最终导致 N_e 等于 1。因此，侵蚀

系数控制了一条造山带与构造通量达到平衡所需的时间。如果达到稳态地形时间（F）是 t，那么公式可以写为：

$$t^{*} = t v_{p} / h \tag{10.21}$$

式中：v_p 为板块汇聚速度；h 为地壳厚度。数值表明，当侵蚀次数为 10^2 时，在典型的汇聚速度值（$v = 0.005 \sim 0.01$ m/a）和地壳厚度（$h = 30 \sim 35$ km）条件下，该时间尺度为 $10^6 \sim 10^7$ a。

前陆盆地系统通常以不对称盆地（前渊）的形式靠近载荷，而在远离载荷的地方形成宽、低幅、隆起的前缘隆起。

虽然前陆盆地可能包含 4 个沉积带（楔顶盆地、前渊、前缘隆起、隆后盆地），但每个特定沉积带的重要性因地球动力学不同而有所差异。在楔顶盆地的连接系统中，沉积物在盆地演化中尤为重要，如在意大利造山带的外部前缘（图 10.55 至图 10.57），亚平宁前陆盆地沉积中心延伸到亚得里亚海，新近纪逆冲变形产生了海底构造。

构造运动对沉积物的分散格局有着重要的影响。抬升的冲断前锋可能不一定是主要的泥沙供应者，而是形成障碍或阻止向盆地方向输送泥沙。楔顶盆地的保存情况取决于其与构造隆升作用之间的平衡关系。造山楔载荷 $W(x)$ 引起的逆冲楔及其对挠曲沉降的影响可表示为：

$$\sigma(x) = v_{vert} - W(x) \tag{10.22}$$

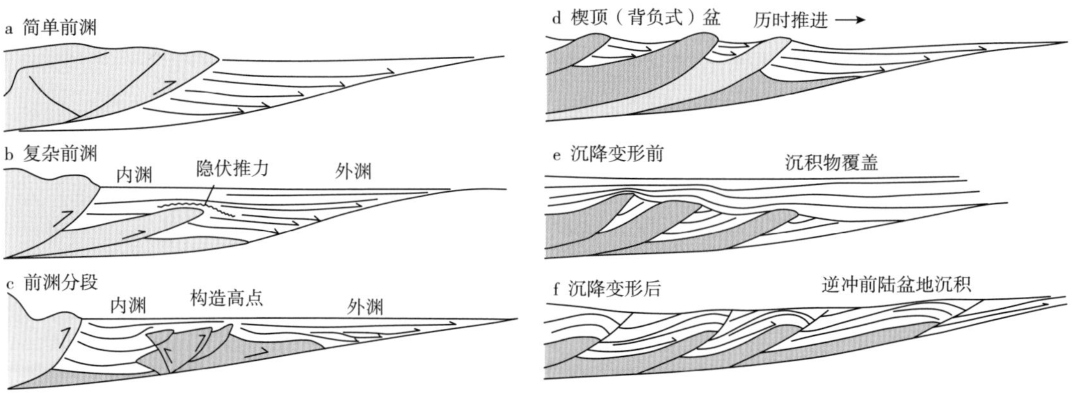

图 10.55　意大利亚平宁山冲断带与前陆盆地演化

（据 Ricci-Lucchi，1986；Allen et al.，2013）

盆地可能是简单的、不对称的楔形，具有向前陆板片的地层上超，如瑞士北阿尔卑斯山前陆盆地（a）。由于构造向盆地推进，盆地可能是复杂的，通过埋藏（盲）逆冲作用（b）或更复杂的断层带（c）导致了内前渊与外前渊的分离、楔顶盆地与前渊的分离，并由一系列冲断带顶点（d）分开的楔顶盆地组成。一些盆地被卷入先前变形的基底（e）上，并在前陆盆地沉积（f）期后解体和缩短

其中垂直抬升速度是水平速度、推力、斜坡角（θ）的函数：

$$v_{vert} - v_{horiz} \tan\theta \tag{10.23}$$

当水平速度为 10 mm 时，前缘斜坡的坡角为 20°，在楔顶盆地下推覆面的倾角为 2°，前缘上盘的背斜和盆地在时间 t 的垂直抬升速率分别为 3.64 mm 和 0.35 mm。前缘背斜为净隆升（$\sigma = 3.44$ mm），楔顶盆地为净沉降（$\sigma = 0.15$ mm），表明两者之间的差异性在表面过程起主要作用。

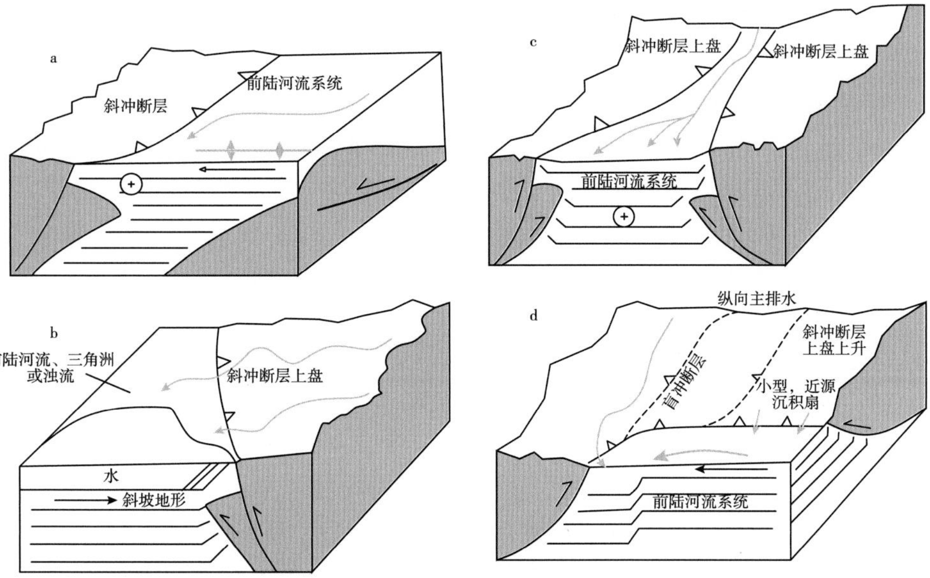

图 10.56　造山带前缘河流沉积物的扩散模式（以比利牛斯山脉为例）

（据 Verges，2007）

a—由前缘断坡引导的轴向河流，当受到上盘断坡的坡度影响时，直接进入外侧的前陆盆地；b—来自上盘断坡的河流沿地形向下流入河流系统或海洋系统；c—受到位于两个相反的斜向断坡之间的构造凹角的约束，河流横向流入前陆河流系统；d—河流的流向与挠曲和斜冲断层有关

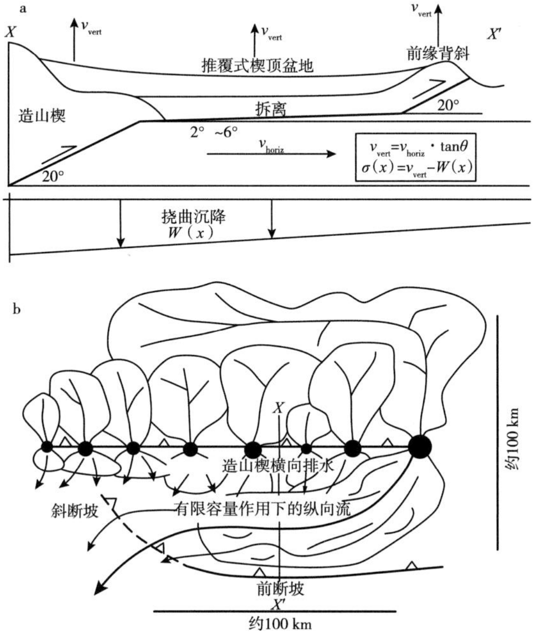

图 10.57　楔顶盆地的几何形态与横向集水区

（据 Allen，2017）

a—楔顶盆地的几何形状（标定了垂向和水平速度）；b—平面视图，显示由横向集水区供给的小型冲积扇，以及由前缘断坡背斜生长导致的大型偏转

10.8.2 源-汇系统与造山楔动力学机制的数值模拟

使用按比例的沙箱模拟实验表明，侵蚀作用在控制结构形式、局部变形以及造山带和褶皱-冲断带中的折返轨迹方面具有重要作用。数值模型证实了发生在一系列空间和时间尺度上的这种耦合机制。

Simpson（2006）引入了量纲为一的参数 k，以反映由构造变形引起的地表过程的效率：

$$k \sim = \frac{k}{L^2 \sigma} \tag{10.24}$$

式中：k 为表面过程扩散系数；L 为模型岩石圈中弹塑性-塑性层初始厚度和长度尺度；σ 为初始施加的应变率。k 是在变形时间刻度（$1/\varepsilon'$）内表面质量传递的时间尺度（L^2/k）。在非常低的 k 值下，构造变形基本上不受表面过程的影响，促进形成一系列与逆冲相关的褶皱，这些褶皱限定了楔顶盆地的空间分布，在每个褶皱顶点具有折返峰值。在非常高的 k 值下，形成了大型前渊，不发育楔顶盆地沉积物。折返集中在造山楔后部的强烈缩短区域。过渡类型分布于这两个极端之间，k 值不仅受到造山楔表面侵蚀速率变化的影响，而且受到位于海平面之上造山楔面积的影响。

造山楔的流变学特征、基底拆离的强度在决定逆冲带变形和盆地发育的几何形态方面可能起主要作用。此外，楔顶盆地沉积物体积与前渊盆地沉积物体积之间的比例与弹性变形机制有关。在黏塑性的褶皱-逆冲带（图 10.58），根据基底拆离的强度、挠曲下沉和表面扩散过程（Simpson，2010）可将前陆盆地系统划分为两个端元类型。

1）当基底拆离作用强烈时，前陆盆地系统与高度不对称的造山楔相关联，逆冲作用分布在造山楔的前缘，沉积作用发生在前渊中，并显示为与整个造山楔演化过程相关的生长地层。造山楔前缘的沉积作用最初发生在前渊，随后转移到楔顶盆地，这些沉积物最终会被抬升和切割。

2）当基底拆离作用较弱时，类似于盐滑脱层所导致的特点，前陆盆地系统与宽阔的低起伏造山楔有关，表现出与逆冲断层相关的褶皱非常发育。沉积作用十分复杂，主要分布于楔顶盆地，并表现为与构造作用相关的生长地层。

因此，造山楔流变学特征对盆地的发育和地形具有重要的影响，从而控制了造山带的沉积系统。

10.8.3 双侧型造山楔的源-汇系统

双侧型造山楔（图 10.59）地貌包含几个宏观地形要素，每个要素都有自己的过程系统和各种作用力之间的平衡。在最大的尺度上，主分水岭两侧的排水系统之间的竞争控制着山脉的对称性。在一个流域内，河谷高程的降低和基岩高程的降低之间的平衡，决定了河流纵剖面的演化，为周围的山坡建立了边界条件。反之，山坡的演化则受到谷底下切速率和岩石隆升速率之间平衡的控制。

在造山带前缘横向河流具有固定的间距。河床高程是河流下切侵蚀和岩石隆升之间竞争的结果。如果岩石隆升不足以被侵蚀抵消，河床将隆升。然而，通常河流以等于或大于

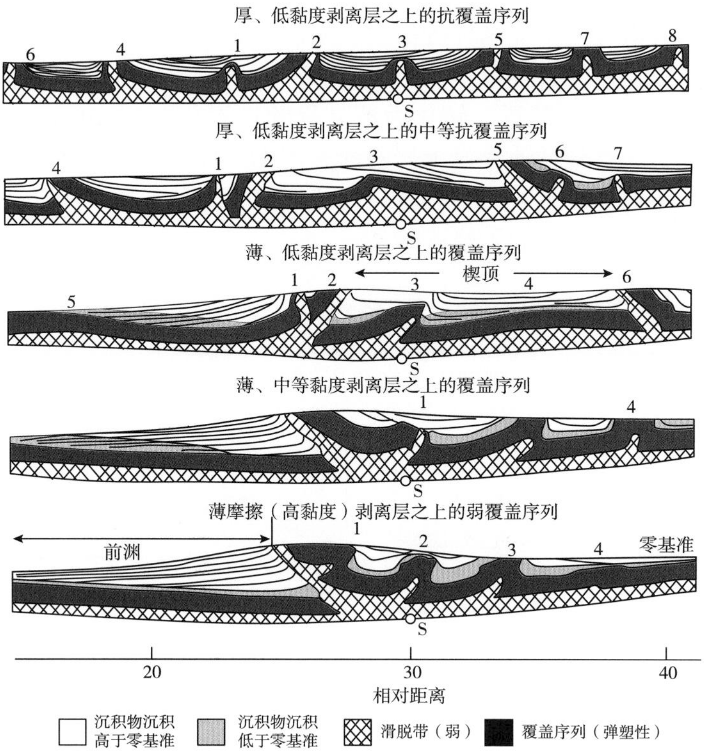

图 10.58　造山楔的机制（缩短率为 30%）与数值模拟结果对比

（据 Simpson，2010）

地层以低于或高于零基准面（初始表面）的沉积高度表示。沉积物通常沉积在位于基准面之上的楔顶盆地和前渊的近端区域。水平尺度是基于位于拆离底部之上的初始总厚度经归一化后的距离。1~8 表示构造发育的顺序

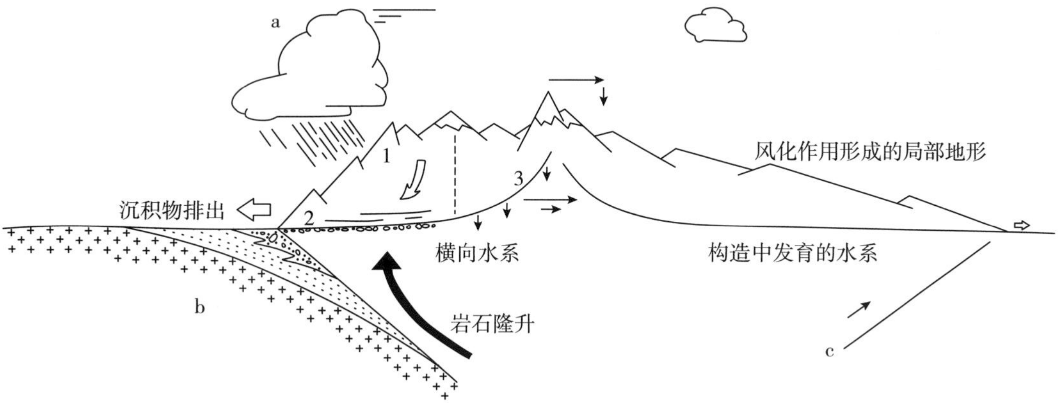

图 10.59　双侧型造山楔的地貌概念模型

（据 Summerfield，2000）

在这个模型中，造山运动迫使降水集中在造山带快速隆升的前缘侧，而造山带的后侧很少有降水。a—由滑坡控制的岩石具有限强度的局部起伏地形的侵蚀；b—由裂点传播降低的稳定状态的河流剖面保留了宽谷阶地；c—由泥石流和河水流引起的指数河流剖面

岩石隆升的速率侵蚀岩石，这导致了在纵剖面上具有平缓的凸度。分水岭两侧的水系相互竞争，决定了山脉的山脊处于什么样的位置。如果两侧河流系统接受同样的侵蚀，分水岭会保持稳定，但是下切侵蚀会导致地形边界降低；如果两侧河流系统为差异侵蚀，会引起分水岭背离山脉地形顶点的位置，转化为低高程的地形。Summerfield（1991）曾提出一种地貌演化的模式，一旦侵蚀速率赶上岩石隆升速率，那么随时间演化的地形就被非时间因素决定的稳定状态的地貌代替。但是这种模式假设了流域系统和山坡系统具有完美地耦合，忽视了剥蚀速率可能超出岩石隆升速率。

10.8.4 单侧型造山楔的源-汇系统

Gregory 等（2018）研究了单侧型造山楔河流剖面和地形对差异隆升的响应（图 10.60）。

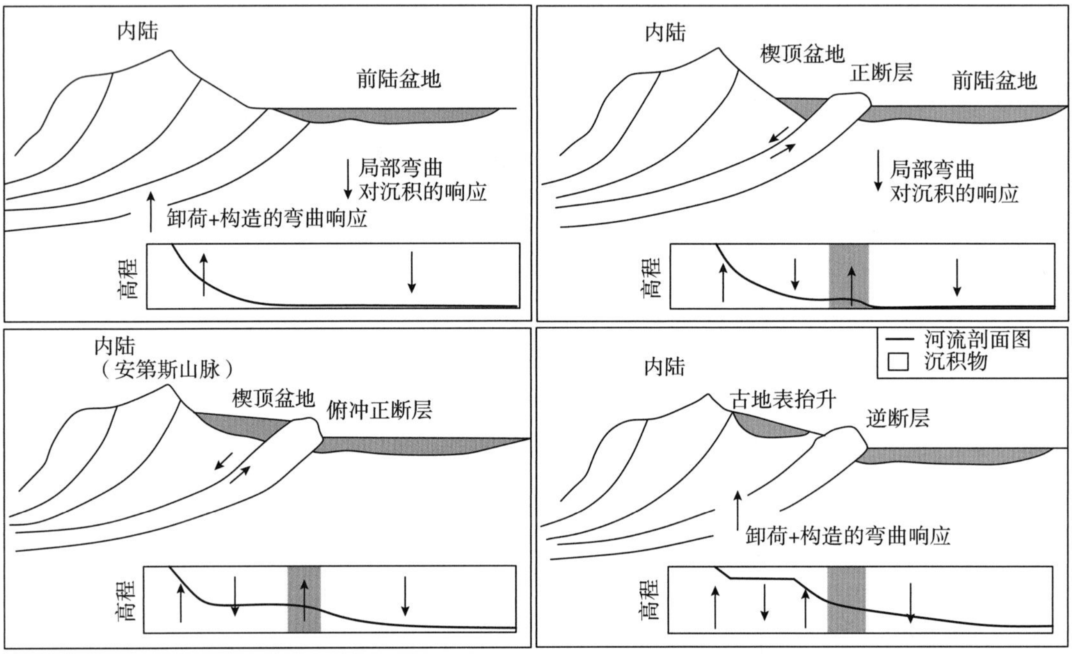

图 10.60　安第斯造山带-前陆盆地地貌对冲断带动力机制的响应

（据 Gregory et al.，2018）

模拟结果表明，在盆地形成过程中大型干流保持连通性有两个原因：①通过捕获较小的溪流使大型干流的水流功率得到增强，使它们能够下切上升的下游区域；②大型干流获得了更多的输沙量，可以完全填满上游的容纳空间，而不会形成一个内陆盆地。在褶皱-冲断带的活动变形过程中，在山间盆地的中上游，河道坡度和侵蚀速率均有所降低，这些变化导致了以低侵蚀速率的形式向高地传播。在前期处于稳定状态的地貌中，由于区域抬升速率具有一致性，侵蚀速率的降低导致了盆地上游的净地表抬升。随着盆地边界的构造屏障被最终突破，高侵蚀速率在盆地中传播，可以增加河道坡度。在成对发育的楔顶盆地和前陆盆地序列中所观察到的古侵蚀速率，以及在阿根廷科迪勒拉山现今的河流剖面支持了该模拟结果。

第11章　造山带-前陆盆地系统的隆升作用和剥蚀作用

造山带-前陆盆地系统的地表形态是由地壳隆升作用（或沉降作用）和地表剥蚀作用（或沉积作用）共同作用而成，因此研究地壳隆升和剥蚀速率是造山带-前陆盆地系统地表过程的核心，也代表了当前最具综合性学科的研究（包括地质年代学、构造地质学、层序地层学、地貌学和数字模型等）。地壳隆升的原因可能是地壳构造运动或地壳均衡作用，地表剥蚀作用主要受气候变化的影响。因而确定这些作用对造山带-前陆盆地系统的构造地貌形成与发育的影响具有重要意义。目前对造山带-前陆盆地系统地貌演变的驱动机制尚存在分歧，争论的焦点是气候变化还是构造运动驱动了造山带-前陆盆地系统的地貌演变？虽然气候变化与构造运动之间的反馈作用早就被提出了，但至今仍然只是假设而已，许多问题还没有解决。例如：①晚中生代以来青藏高原周缘造山带的地表隆升有一个普遍的加速过程，是青藏高原周缘造山带隆升作用驱使气候发生了变化吗？或是气候的变化引发的均衡隆升导致了加速剥蚀？②剥蚀作用会导致造山带的均衡隆升吗？③河谷的剥蚀作用会导致相邻的山峰高度增加吗？④在造山带前缘分布的砾岩指示的是构造事件？还是气候事件？

本章基于前人的研究成果，对造山带的隆升作用和剥蚀作用的研究进展进行了总结，主要内容包括隆升作用与剥蚀作用及其相互关系、剥蚀速率、构造隆升速率与地表隆升速率、古海拔的估算、隆升作用与剥蚀作用的耦合机制、青藏高原及周缘造山带的隆升机制6个方面。这些研究成果表明，隆升作用与剥蚀作用的相互作用及其对造山带形成过程控制作用的研究已经成为近年来大陆岩石圈动力学和地球表面过程研究中最前沿的科学问题，对理解造山带的形成和气候长期变化的机理提供了新的线索，具有重要的理论意义。

11.1　隆升作用与剥蚀作用及其相互关系

隆升（或沉降）与剥蚀、沉积的表面过程之间的相互作用形成了活动造山带-前陆盆地系统的地貌。确定在某个特定时间或时间段中每个过程的相互影响和变化速率是非常有意义的。本节主要描述在几种不同的时间、空间尺度上确定构造隆升速率和剥蚀速率的方法，包括：①确定剥蚀速率；②确定隆升速率；③计算质量平衡和物质通量；④重建地质历史时期的造山带-前陆盆地系统的古地貌形态。

11.1.1　隆升作用

隆升（uplift）的原始定义是“将一部分岩石抬升的过程或抬升一部分岩石的过程所

造成的结果”，“即陆地的一个区域相对海平面或相对于周围其他地区的抬升或升高”，“这个术语最好限定在推测的隆升过程”（《国际构造地质辞典》，1983）。近年来的研究成果表明，隆升有两种不同的形式，即岩石隆升（rock uplift）［或地壳隆升（crust uplift）］和表面隆升（surface uplift）（Molnar et al.，1990）。山脉的表面隆升过程并不等于山脉的地壳隆升过程，表面隆升还受控于剥蚀作用。从理论上讲，山脉的表面隆升速率应等于地壳隆升速率与表面剥蚀速率之差，如果地壳隆升速率大于表面剥蚀速率，表面隆升速率为正值，山脉的海拔将不断升高；如果地壳隆升速率小于表面剥蚀速率，表面隆升速率为负值，山脉的海拔降低；如果地壳隆升速率等于表面剥蚀速率，表面隆升速率为零，山脉的海拔没有变化。因此，山脉的地貌高度实际上是地壳隆升速率与表面剥蚀速率的函数。从近年来国内外已发表的有关探讨山脉隆升方面的研究成果来看，一些学者主要以地表环境变化的纪录（砾岩、夷平面、阶地、生物和古土壤等）来推算山脉的隆升，而另一些学者则通过地球内部过程来研究山脉的隆升（如矿物的裂变径迹测定、正断层和熔岩年龄测定、地壳均衡、弹性挠曲等），两种观点存在着明显的分歧。但从理论来看，我们认为前者揭示的是山脉的表面隆升过程，后者揭示的是山脉的地壳隆升。因此区分山脉的表面隆升与地壳隆升是甄别山脉隆升的重要问题之一。此外，通过我们对青藏高原东缘山脉的研究表明，青藏高原内部与边缘山脉在隆升机制和隆升过程的方面也存在着不同，边缘山脉的隆升并不等于青藏高原内部的隆升，青藏高原内部的隆升以构造隆升为主，边缘山脉的隆升以剥蚀隆升和构造隆升结合为特征（李勇等，2006）。

11.1.2 剥蚀作用

地表剥蚀是地表物质被搬运而离开一点或一个地区，它可以有两种不同的过程：一种是地貌剥蚀，是岩石经过物理、化学风化之后由地貌营力搬移松散物质和被溶解物质的结果。剥蚀过程通常是持续而缓慢的，但有时速度很快（例如滑坡和崩塌）。另一种是构造剥蚀，是强烈的构造运动，形成褶皱和断层，造成大型岩石块体的快速移动。

物理和化学过程之间的相互作用导致地表剥蚀。河流流水和海洋波浪的剥蚀作用、干旱区的风力作用以及高山和极地区的冻裂作用、冰川作用等物理作用使岩石遭受剥蚀。

剥蚀作用可分为面状剥蚀作用和线状剥蚀作用，其中河流下切作用是线状剥蚀作用中的主要类型。目前，河流下切速率与隆升速率相互关系的研究成为构造地貌学研究的前缘和争论的焦点问题之一。Maddy（1997）研究了英格兰地区隆升驱动的河流下切作用与阶地的形成，提出了利用阶地直接标定隆升作用，引起了对河流下切作用与隆升作用相互关系的争论。一些研究者将河流阶地纪录的下切速率等同于隆升速率，而另外一些研究者（李勇等，2005）则认为河流阶地纪录的下切速率不等于隆升速率。值得指出的是，水系模式控制了侵蚀作用的空间分布、沉积物传输和扩散以及盆地的沉积作用。水系是控制表面剥蚀作用最为重要的因素，因此只有真正地认识了以水蚀作用为主的剥蚀作用的自然规律，才能精确地刻画剥蚀速率及其与隆升速率之间的关系。

长期以来，在山脉的隆升研究中如何分辨构造和剥蚀（或气候）各自的作用，仍然没有可靠的技术方法和手段，多是从概念或逻辑推理出发，认定剥蚀（或气候）变化的影响很大，或是主要因素。近年来在研究山脉隆升作用与剥蚀作用的方法方面也有所创新，值得我们借鉴和应用。在短周期的隆升作用与剥蚀作用（或气候）的相互作用过程研究方面，许多科学家在喜马拉雅山南坡通过实际测量年降水量和 GPS 测定的隆升量的变化，精确定量地刻画了两者之间的关系，得出了一些重要结论，并将这种思路引入天山和其他地区，并在概念上加以发展。在长周期的隆升作用与剥蚀作用（或气候）的相互作用过程研究方面，主要以裂变径迹法、宇宙核素法等热年代学数据为基础。

李勇等（2005）将高精度数字高程模型、地壳均衡模拟技术和剥蚀卸载模拟技术、河流阶地法、裂变径迹法和宇宙核素法等热年代学应用到研究青藏高原东缘龙门山的隆升和剥蚀作用。利用地壳均衡模拟技术揭示了地壳隆升厚度，利用矿物的裂变径迹测定揭示了龙门山和四川盆地地壳的剥蚀厚度和速率，利用河流阶地、高精度数字高程模型等方法揭示了和四川盆地的表面隆升过程。李勇等（2005）认识到龙门山的构造抬升和剥蚀作用在相似的时间尺度和空间尺度上控制着地貌的形成，青藏高原内部与边缘山脉在隆升机制和隆升过程方面也存在着不同，边缘山脉的隆升并不等于青藏高原内部的隆升，青藏高原内部隆升以构造隆升为主，边缘山脉的隆升以剥蚀隆升和构造隆升结合为特征。

11.1.3 隆升作用与剥蚀作用之间的关系

众所周知，自从板块构造理论提出后，板块间的碰撞和构造缩短一直是山脉形成的主要机制和统治流派，构造驱动的山脉成因说影响了近 30 年来人们对山脉的研究，加之受 Davis（1889）的地理旋回或地貌旋回理论的影响，人们一般认为山脉经构造作用（内力作用）形成后，在剥蚀作用（外力作用）的影响下，山脉被剥蚀夷平，直至最终消失。这种思想一直影响着人们对山脉地貌的形成和隆升的研究。

当前，隆升作用与剥蚀作用（或气候）的相互作用过程的研究是近年来大陆岩石圈动力学和地球表面过程研究中最前沿的科学问题，对理解山脉的形成和气候长期变化的机理提供了新的线索。但在实际研究工作中，隆升作用与剥蚀作用（或气候）的相互作用过程也是一个难度极大的科学问题，自从 Molnar 等（1990）提出鸡与蛋的问题后，许多研究者在讨论山脉隆升问题时均重视了隆升作用与剥蚀作用（或气候）的影响。

研究表明，构造作用和剥蚀作用在相似的时间尺度上控制着山脉地貌的形成，特别是大量的剥蚀作用并未使山峰降低，反而使山峰不断增高，逐渐形成了与剥蚀相关的均衡成山理论，并成功地解释了一些构造稳定区的隆升。目前已提出三种山脉的成山模式，用来解释在各种不同构造背景下山脉的形成，它们分别为：①与构造缩短相关的构造成山模式；②与剥蚀相关的均衡成山模式；③第一和第二种机制的结合。这种认识上的变化也体现了人们对剥蚀作用理解的加深，开始强调构造作用和剥蚀作用在相似的时间尺度上控制着山脉的形成。此外，也有一些研究者将山脉的隆升，从概念上完全归结为气候变化导致的山脉在蚀顶后的均衡反弹的结果，同时将高原周边的巨砾岩的出现和沉积速率的增加都归结为气候变化的统一结果，强调了剥蚀作用对山脉形成的贡献，而淡化了构造作用对山脉形成的贡献。

11.2 剥蚀速率

对剥蚀速率及其控制因素的理解具有很重要的意义，因为对地形演化的定量模拟主要依赖于地形发生变化时的剥蚀速率。对长期剥蚀速率的估计是地球化学和沉积物质平衡研究的重要组成部分，而且，与造山作用有关的地形变化可以加速化学风化速率，进而影响全球碳平衡，从而最终影响全球气候，因此需要全面认识剥蚀速率及其控制因素。

11.2.1 剥蚀速率的含义

在地表某一点的垂直高度在任何时候的变化都是下列因素的函数：①在构造过程中基岩的抬升速率（称为“基岩的隆升速率”）；②地下物质被缩短的速率；③地表剥蚀和沉积速率（图 11.1）。

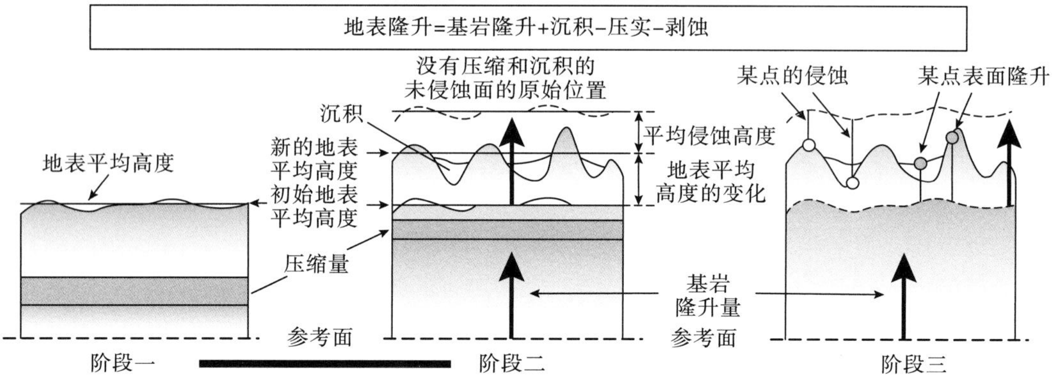

图 11.1 影响地表隆升的因素

（据 Burbank et al.，2012）

基岩的隆升和沉积有利于地表的抬升，而剥蚀、压实和基岩沉降则会使地表降低。压实和沉积主要出现于沉积盆地，剥蚀和基岩隆升是地形构造活动性和山地地貌的主要决定因素。剥蚀作用使地面某处物质迁移，可以出现两种不同过程的响应。地貌剥蚀（简称剥蚀）是通过地表营力导致了岩石的机械、化学风化，并使松散、溶解物质发生迁移。构造剥蚀是通过伸展过程和正断层作用产生的，它能导致岩石移动。计算剥蚀速率的参照标准是地表过去的几何形态，地表的抬升和下降通常是指地表高程的变化，基岩隆升则是指岩石垂直位置的变化。

在多数情况下，某个地区的物质移动会由地壳的均衡反弹补偿。按常规的地壳和地幔密度计算，平均每 100 m 的岩石剥蚀将引发大约 85 m 的地壳均衡反弹，因此地表平均高程仅仅降低 15 m。与此类似，地壳变厚则会导致地表隆升，但是由于变厚地壳的均衡下沉，地表抬升的高度仅仅只有地壳增厚量的 1/6。由于均衡响应的时间尺度不同和滞后情况的出现，被剥蚀的物质量和地壳密度不均等因素，也只能估算地表剥蚀速率和基岩隆升速率。

在计算剥蚀速率和隆升速率时，区分局部速率和区域速率非常重要。局部速率可以是单个水系流域速率，或可以是被确定的任何地点的速率。区域速率应代表一个大区域范围内的综合速率，一般大于 1000 km^2。这些区域速率具有地球物理学的特性，因为刚性地壳对区域负荷和无负荷可做出均衡响应，但对局部负荷变化不敏感。确定的局部剥蚀速率可能受滑坡或河流下切等地貌营力作用的强烈影响。

剥蚀速率常由基岩表面的降低来定义，是局部地形起伏的函数（图 11.2）。因此需要研究一定区域内起伏分布、地形（面积高程）、坡角，或活动地表过程及其对剥蚀速率的影响。

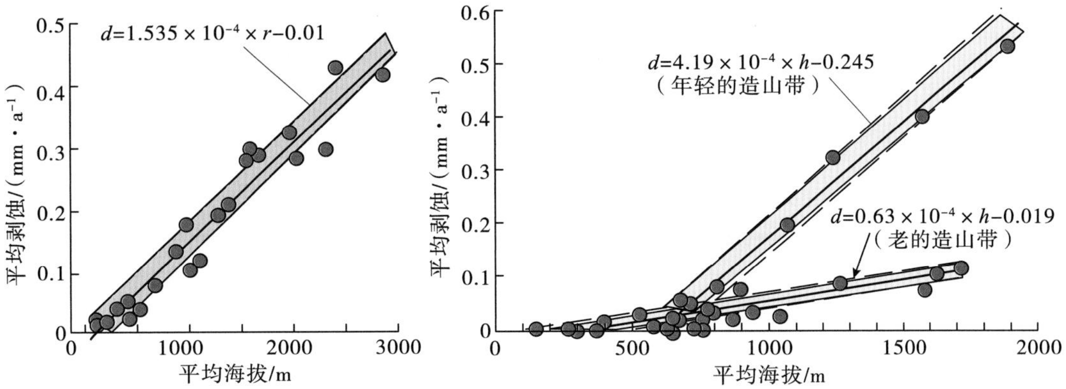

图 11.2　在不同起伏度下剥蚀速率的变化特征

（据 Burbank et al.，2012）

11.2.2　估算剥蚀速率的技术方法

陆地地貌的剥蚀作用在空间上包括单个山坡到广阔的流域盆地，在时间上从单个的沉积搬运事件的规模到山脉的生长和衰退。因此，有许多技术可用于获取沉积通量、沉积物平衡（budgets）、沉积速率、沉积路径系统等与剥蚀作用相关方面的信息。其中最主要的是：①测量站的测量值；②沉积物体积的估计值；③低温热年代学的应用［包括（U-Th)/He 扩散、裂变径迹分析、短半衰期的同位素体系分析、宇宙核素分析等］。

估算剥蚀速率的方法有几种（图 11.3，图 11.4）。如果选好合适的时间段，平均剥蚀速率利用以下 3 种数据计算，即被剥蚀的物质量，被剥蚀物质来源区的面积，剥蚀持续的时间。流域物质剥蚀量可利用流域本身剥蚀的直接测量值，测定流域的沉积通量，或者评估盆地中储存的来自流域的沉积物量。如果通过估计几年总的平均沉积通量，包括可能测出该流域的溶解负载，就可以得到一个较理想的平均短周期剥蚀速率的估计值。

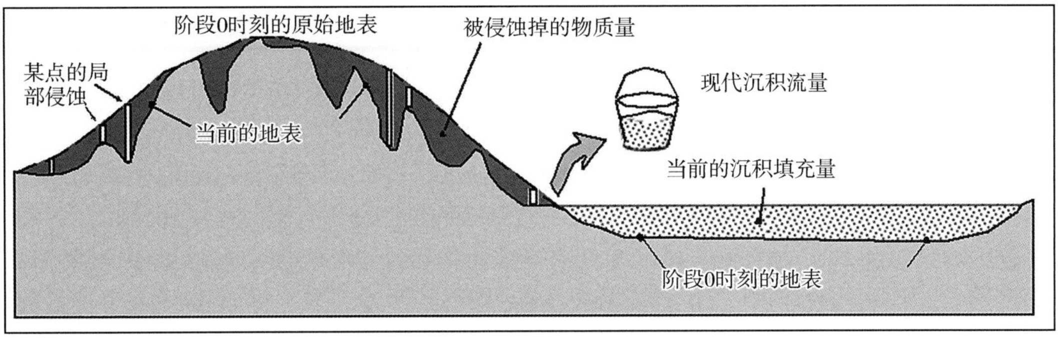

图 11.3　剥蚀速率的估算方法

（据 Burbank et al.，2012）

如果储存在盆地内的沉积物的量和年代已经清楚，那么流域的长期平均剥蚀速率就可以确定。

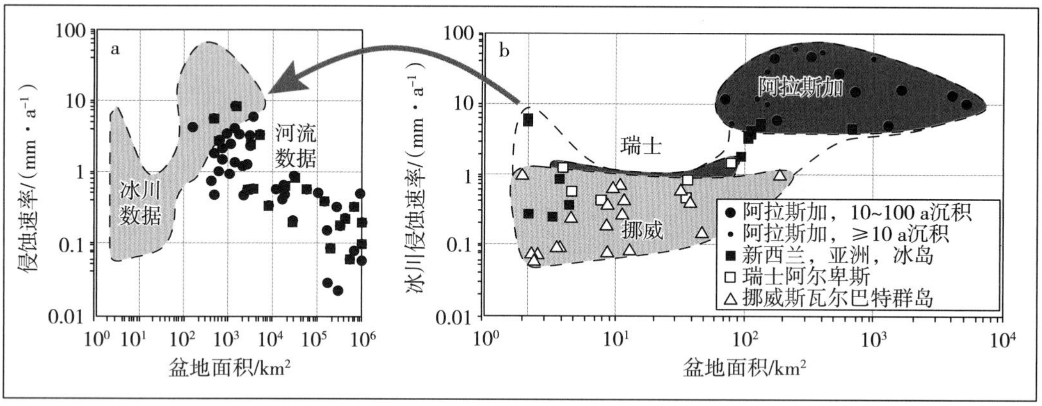

图 11.4　剥蚀速率的对比

（据 Burbank et al.，2012）

a—既受冰川作用又受到河流作用的盆地剥蚀速率；b—只受冰川作用的盆地剥蚀速率

在现今的沉积物路径系统中，可以通过测量河流颗粒和溶解物质的通量评估剥蚀速率。常用的方法是利用测量站的历史记录测量悬浮物的载荷。测量站的历史记录，可能无法记录主导长期行为的高能低频事件，忽略了推移质和溶解质的物质运输。因此，测量站短期测量值不能代表较长时间尺度的情况。宇宙核素可以揭示在 10^2 ~ 10^5 a 时间尺度的流域平均剥蚀速率。由于宇宙射线轰击，在原地产生了宇宙源放射性核素（如^{10}Be 和^{26}Al）。因为宇宙射线可以穿透母岩一定距离，所以越慢的剥蚀速率意味越长时间的暴露，反之亦然。利用宇宙源放射性核素估计剥蚀速率只适用于现今或最新的地貌。

此外，热年代学方法被广泛地用来评估剥蚀速率。这项定年技术基于由^{238}U 的自发裂变引起的亚稳态径迹的退火（发生在临界温度以下）。径迹长度的分布揭示了临界温度之下的热历史。磷灰石封闭温度为 110±10 ℃。根据裂变径迹获得的冷却速率对于估算从长期侵蚀陆地的沉积物流出量和确定剥蚀事件的年龄具有非常重要的价值。

^{4}He 的积累来自铀、钍衰变到稳定铅的过程，作为一种热年代学工具，应用越来越广泛。随着时间的推移，从晶体中氦扩散出来，其扩散速率与温度相关。临界温度大约为 80 ℃或者 68±5 ℃，在这个温度以下氦可以被保留。因此，与磷灰石裂变径迹分析相比，(U-Th)/He 方法延长了对低温的敏感性范围，然而，其缺点是得到的侵蚀速率可能会因地表地形下等温线的曲率而复杂化。

剥蚀速率是利用不同的时间分辨率方法来估计的。因此，利用很短的时间分辨率方法得到的剥蚀速率不能轻易地与利用很长的时间分辨率方法得到的剥蚀速率相比较。一般来说，利用测量站和水库充填速率获得的短期剥蚀速率远远小于利用宇宙核素年代测定和低温热年代学［如裂变径迹和（U-Th)/He］测定获得的剥蚀速率。这可能是因为较长的时间尺度方法更有可能捕获大型事件。Dadson 等（2003）将中国台湾中部地区测量站和水库充填的悬浮沉积物的浓度所得到的 10 a 时间尺度的剥蚀速率与来自全新世河流阶地和磷灰石裂变径迹热年代学测量（Ma 尺度）所获得的剥蚀速率进行比较，结果表明尽管时间尺度有差异，但所有给出的剥蚀速率都在 3~6 mm/a 之间。此外，利用^{10}Be（$n=1252$）宇宙核素年代学所估算出的全球剥蚀速率可以与利用测量站获得的悬浮沉积物浓度的估算值进行比较，而且从宇宙核素和测量站得到的剥蚀速率大致相似。

目前还有其他的很多技术可用于测定沉积物的年代，从而可对沉积速率进行评估。这些方法包括使用短半衰期计时器（如放射性碳、^{210}Pb、^{137}Cs、^{55}Fe 和^{32}Si）。^{210}Pb 和^{137}Cs 可以作为地质时钟，Summerfield 等（1999）曾将^{7}Be 作为大陆架细粒河流沉积物扩散的示踪剂，计算了美国西部 Eel 大陆架的现代沉积速率。利用由核武器试验引起的^{137}Cs 的放射性辐射尘的空间分布模式测量土壤侵蚀和沉积速率。由于铯和铅的半衰期很短，所以可以被用来测量年轻的地貌过程。^{210}Pb 最初用于测定积雪的积累，但现在已扩展到测定海洋和湖泊环境中沉积物的沉积年代。^{32}Si 和^{210}Pb 都是在大气中自然产生的，其中^{210}Pb 用于测定沉积物的年龄可达 100 a，^{32}Si 用于测定沉积物的年龄可达 2000 a。

11.2.3 河流的沉积通量与剥蚀速率

11.2.3.1 河流的化学剥蚀作用和机械剥蚀作用

河流的剥蚀作用主要分为化学剥蚀作用和机械剥蚀作用两种。化学剥蚀作用是通过化学作用造成岩石全部或部分溶解并使陆地表面降低的过程来完成，其溶解组分通过地表水或地下水运移；而机械剥蚀作用则是通过水体的物理作用使岩石破碎，主要由地表水通过推移和悬移方式运移。

11.2.3.2 河流剥蚀速率

河流的沉积载荷可分为推移质、悬移质和溶解质三种，如果已知某时间段内每种成分的平均值，那么就可以计算出平均剥蚀速率。最大推移质通量和最大悬移质通量一般发生在洪水期，而最高溶解质通量一般发生在枯水期，它们都受季节因素的强烈影响。目前，可靠地测量悬移质、推移质和溶解质组成的方法还很少。在估算悬移质的量时，就像水流流速的空间分布一样，不管是垂直的还是水平的浓度剖面，都必须计算或测量。推移质的量常常要在河道上分别采样才能确定。只有把这些方法归纳在一起，才能形成一个完整的泥沙流量剖面图，而且跨季节和洪水期，当然，洪水期的推移质是主要的，可是在洪水期要对推移质采样常常很困难，甚至是不可能的，所有这些复杂因素使得我们对大多数河流的推移质了解得少之又少。

尽管直接测量有困难，但是，在许多河流的入海口处，还是可以估算主要由悬移质构成的冲积沉积通量。在对世界主要河流的输沙量进行估算时，喜马拉雅和青藏高原水系表现出了异常。基岩隆升和沿高原边缘的季风降水的联合作用导致了迅速的剥蚀。单独利用悬移质通量，可以估算在 2.6×10^{6} km^{2} 区域范围内的平均剥蚀速率为 0.3 mm/a。然而，20%~40%的印度河和恒河水系流域位于新生代沉降的前陆盆地，如果测量值可靠，那么腹地的平均剥蚀速率将增大到 0.4~0.9 mm/a，其与密西西比河流域、亚马孙河流域所具有的 0.04~0.07 mm/a 的剥蚀速率相比，现代喜马拉雅山系的剥蚀量是非常巨大的。

剥蚀速率一般情况下随流域面积的增加而下降（图 11.4）。但是，在较小的流域面积内，基于河口沉积载荷的最大剥蚀速率很少超过 3 mm/a，该速率低于某些活动缩短构造带的岩石隆升速率。如果剥蚀速率确实和隆升速率不吻合，平均剥蚀速率只会平衡一部分基岩隆升速率，该区平均地形还会不断地增长。对过去 10~100 a 的冰川沉积通量的研究表明，平均剥蚀速率高达 50 mm/a（图 11.4）。

11.2.3.3 河流产沙量与剥蚀速率之间的关系

许多作者研究了沉积物产量和年平均降水量、降水变化、特定的径流（流域每平方千米排水量，mm/a）之间的联系。降水和径流量与产沙量之间的关系受到植被的影响。侵蚀速率与各种地形参数有关（如平均海拔或最高海拔、大面积或局部的地形起伏、坡度和流域面积），其中地形和气候参数之间的关系也十分复杂。

Montgomery 等（2002）利用数字高程模型（digital elevation model，DEM）提出了侵蚀速率和平均坡度之间的关系：

$$E = E_0 + \frac{KS}{\left[1 - \left(\frac{S}{S_c}\right)^2\right]} \tag{11.1}$$

式中：E 为侵蚀速率，mm/a；E_0 为化学风化引起的背景侵蚀速率（约 0.01 mm/a，基于世界上最大的 35 个排水盆地的平均化学剥蚀速率的计算，mm/a）；K 为速率常数；S 为平均坡度，(°)；S_c 为滑坡的极限坡度，(°)。平均坡度是在 10 km 直径的窗口内每 2 km 间隔的点的取值范围得到，其中 DEM 的分辨率为 10 m。在低起伏度、构造不活跃地区的数据显示了侵蚀与平均局部地形之间具有线性关系（图 11.5）。然而，这种线性关系不适用于高起伏、构造活跃的区域。在这种情况下，式（11.2）给出了符合 $E_0=0.01$ mm/a，$R_c=1500$ m，$K=2.5\times10^{-4}$ mm/a 条件的公式：

$$E = E_0 + \frac{KR_y}{\left[1 - \left(\frac{R_y}{R_c}\right)^2\right]} \tag{11.2}$$

局部地区的平均地形高度最高达到 1500 m，但是很少超过 2000 m，这表明岩石的强度控制了山区所能达到的最大限度的地形高度。

11.2.3.4 河流下切速率

河流和冰川是调节局部基准面最重要的地貌营力。河流剥蚀作用决定了邻近山坡的坡度，河流搬运的碎屑物质，直接影响河流对下伏的基岩的剥蚀能力。

利用地貌的几何形态和年龄可以直接计算基岩的剥蚀速率。河流长度、横剖面的几何形态、河流阶地为计算剥蚀速率提供了可靠的数据。测量阶地与现在河面的高程差可以计算区域剥蚀或基岩下切的长期速率（图 11.6）。

11.2.3.5 全球主要河流的剥蚀速率

长期以来，人们根据世界主要河流的沉积物和溶解载荷流量估计长期的全球剥蚀作用获得了对世界上主要的 33 个汇水盆地的化学和机械剥蚀速率及其控制因素的评估结果，汇水盆地的总面积为 5.28×10^7 km^2，占世界陆地总面积的 35%（图 11.7）。

从图 11.7 和图 11.8 可以看出，目前全球剥蚀速率最大的地区主要集中在亚洲南部，

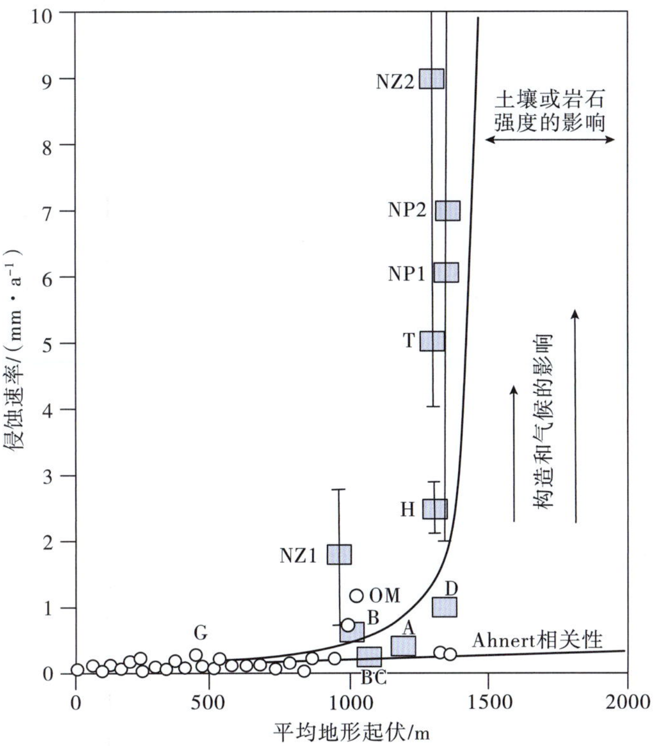

图 11.5　剥蚀速率与平均地形起伏度对比图

（据 Montgomery et al.，2002）

曲线是式（11.2）的模拟的拟合线，其中 $E_0 = 0.01$ mm/a，$R_c = 1500$ m，$K = 2.5\times10^{-4}$ mm/a。实心框表示构造活动区：NZ1，NZ2—新西兰南阿尔卑斯山；H—中喜马拉雅山；NP1，NP2—喜马拉雅山印度河流域；T—中国台湾；BC—海岸山脉（British Columbia）；OM—奥林匹克山；D—阿拉斯加山的 Denali 区域；A—欧洲阿尔卑斯山；G—恒河；B—布拉马普特拉河

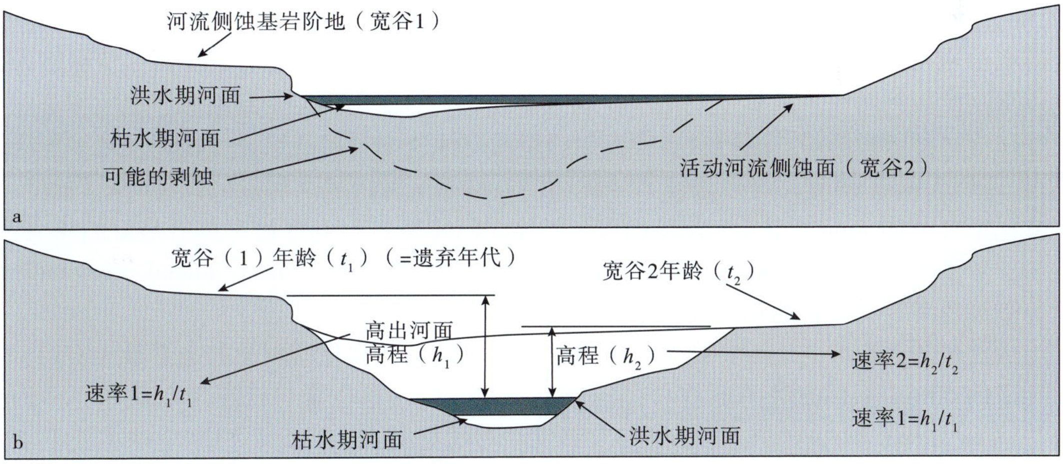

图 11.6　利用宽谷阶地和测年资料计算的剥蚀速率图解

（据 Burbank et al.，2012）

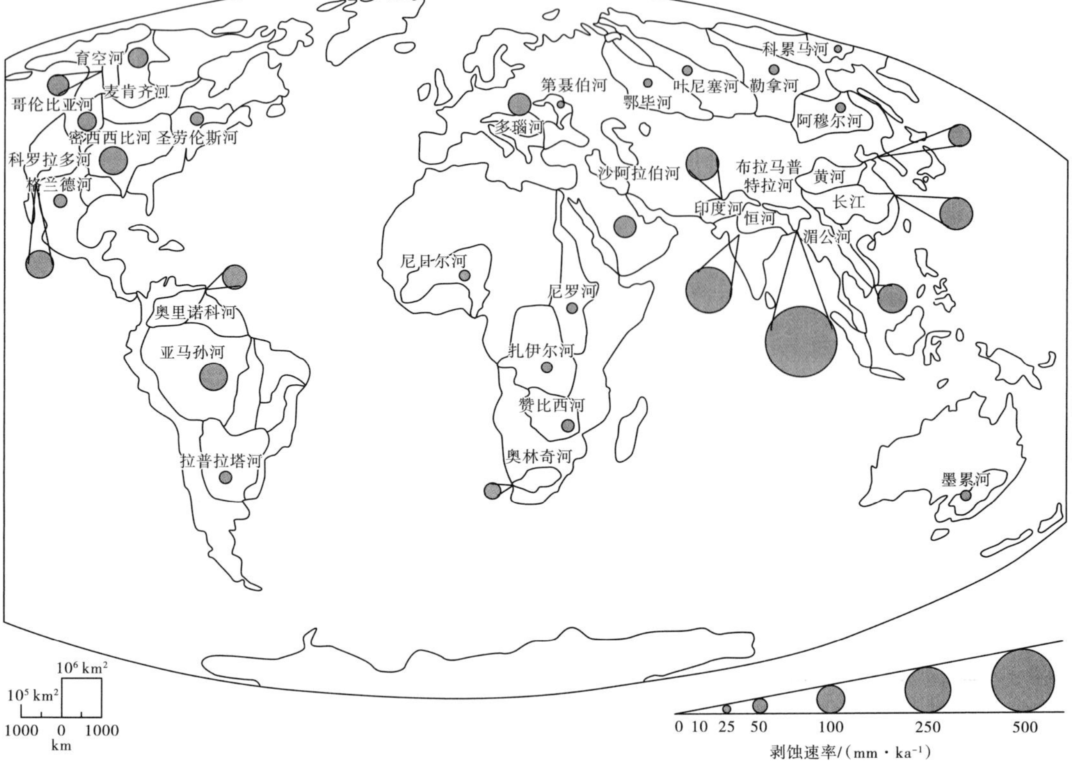

图 11.7 全球主要汇水盆地的剥蚀速率及其分布位置

（据 Summerfield et al.，1994）

其次是美洲西部，这也是主要高原地形集中的地区。机械剥蚀速率和总剥蚀速率的最高值都集中在布拉马普特拉河，分别达到 670 mm/ka 和 688 mm/ka。但布拉马普特拉河的化学剥蚀速率排在第二，化学剥蚀速率最高的是长江，达到 27 mm/ka。Summerfield 等（1994）发现化学剥蚀速率占总剥蚀速率的比例随总剥蚀速率的增大而降低，这表明：随着总剥蚀速率的增大，化学剥蚀速率的绝对值增大，但相对值降低，其原因是机械剥蚀速率以更高的比例增大。世界主要汇水盆地的剥蚀速率的变化可能受到地形、水文特征和气候变化等多种因素影响。通过对 8 种控制因素与剥蚀速率关系的综合分析，发现平均局部高度（mean local relief，定义为每 10 km×10 km 网格区域内最高和最低高程的平均值）和高度比率（relief ratio，定义为流域高度与长度之间比率）与剥蚀速率具有最好的相关性。同时，年平均径流量（mean annual runoff）和年平均降水量（mean annual precipitation）也与剥蚀速率具有一定的相关性。

由此可知，流域的地貌特征和河流径流量与机械剥蚀和化学剥蚀的关系最为密切，总剥蚀量的 60%以上由流域的地貌和径流量所控制。但盆地位置、径流量变化和年平均温度（mean annual temperature）与剥蚀速率仅具有弱相关性。因此，控制全球主要汇水盆地剥蚀速率的关键因素是流域地貌和径流量，这种关系可以应用于对地质时期的构造与剥蚀相互关系的研究中。

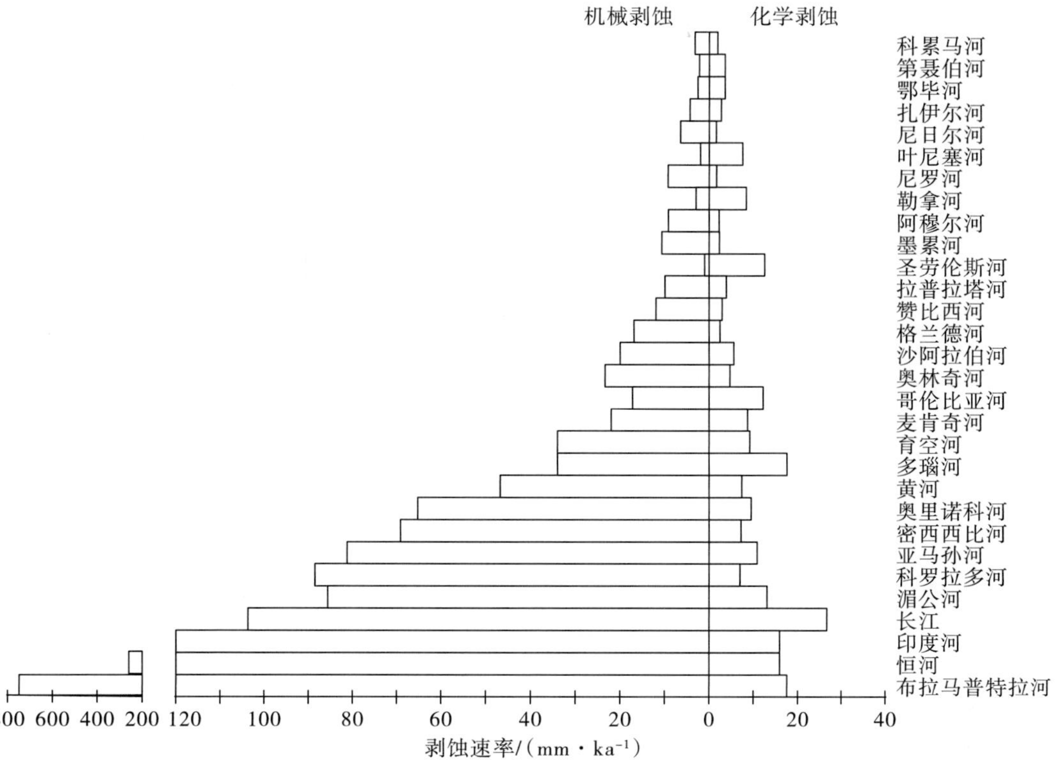

图 11.8 全球主要河流机械剥蚀速率和化学剥蚀速率柱状对比图

(据 Summerfield et al., 1994)

11.2.4 基于构造和地层控制的剥蚀速率

如果能计算出岩石在一个变形周期内的剥蚀量和剥蚀时间，就可以确定长周期的剥蚀速率。但前提是必须了解变形前后的几何结构，以便计算剥蚀物质的体积；必须了解构造和地层之间的叠覆、切割关系的年龄，才能确定变形及剥蚀过程的起止时间。

虽然在理论上这种体积计算方法是很简单的，但前提是需要记录充足，而且还有一定的假设条件。巴基斯坦的喜马拉雅褶-皱逆冲带 Salt 山脉是应用体积计算方法较好的例证(图 11.9)。

这种方法是确定快速的长期剥蚀速率的方法，估计在逆冲断层上发生了 1 cm/a 的水平缩短率。在进行这种分析时会遇到许多困难，首先，要重构剥蚀量，必须假定或重构地形变形前的几何形状；已知年代的地层被切割或覆盖于断层之上，可以确定变形期的时间段。

11.2.5 受地形约束的剥蚀速率

如果能重构地表以前的几何形状和年代，就可以用现代地面的高差计算平均剥蚀速率(图 11.10)。数字高程模型可以简化这项工作（图 11.10)。

在很多山区确定出了大型的古夷平面。它们可由等高程的山顶界定，其中有些山顶几

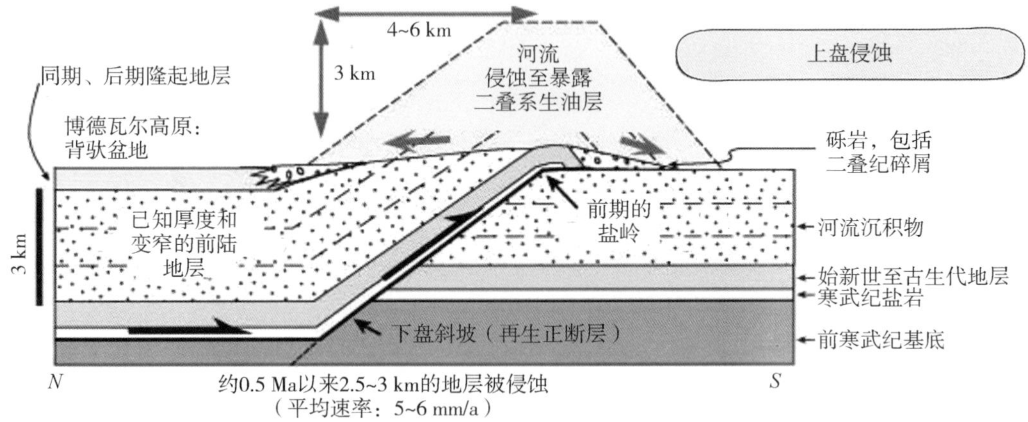

图 11.9　利用构造和地层数据计算的剥蚀速率（北巴基斯坦的 Salt Range）

（据 Burbank et al.，2012）

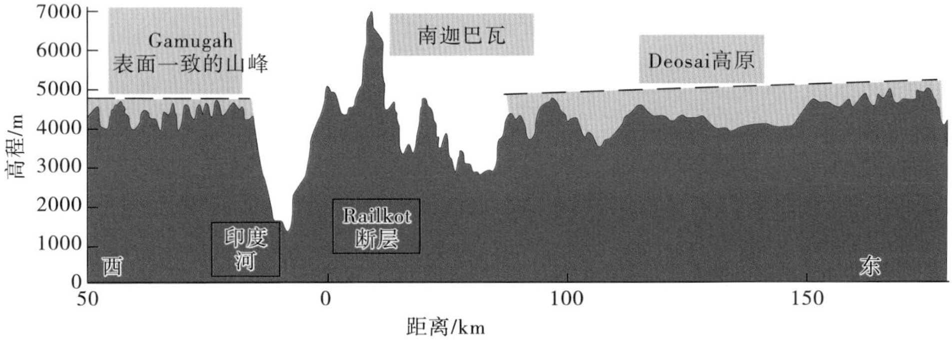

图 11.10　喜马拉雅西北段的地形横剖面

（据 Burbank et al.，2012）

乎是平顶，或者是未切割的岛状地面（图 11.10）。如果可以证实这些地面从前是连续的，并可以查明它的年龄，一个广阔的基准面就可以确定。从该基准面减去现代地形，就可以计算出自地表开始下切以来的剥蚀量和平均剥蚀速率。假定了解被剥蚀岩石的质量，可计算由均衡驱动的隆升量。

11.2.6　风化作用的剥蚀速率

被风化覆盖的基岩剥蚀速率主要是基岩通过化学和机械过程转换为可搬运物（风化层）速率的函数。以往对这种速率了解得不多，也难于测定。然而，如果已知地表风化层产生速率，而且地表近似稳定状态，那么基岩降低的长周期速率就可以估算出来。随着宇宙反射性核素技术的出现，基岩转化为土壤的速率现在可以更可靠地评估。对于一个正在稳定剥蚀的裸露的基岩小丘，其宇宙核素浓度（[CRN]）主要依赖于基岩降低的速率（E）（图 11.11）。

$$[\mathrm{CRN}] = P_0 Z^* / E \tag{11.3}$$

式中：P_0 为地表产生速率；Z^* 为 P_0 的产生速率降为 1/e 时岩石的深度（通常大约为

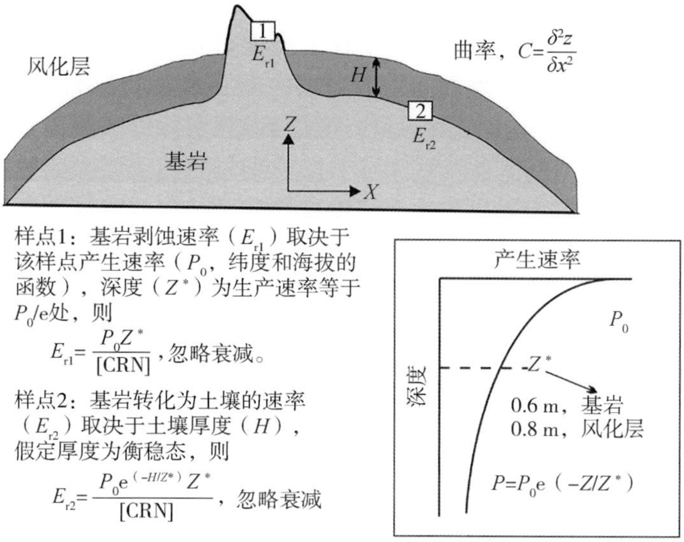

图 11.11　山顶裸露基岩的小丘与均匀风化物的厚度图示

（据 Burbank et al.，2012）

60 cm），并忽略了同位素的衰减。Small 等（1999）计算出阿尔卑斯地区裸露的基岩表面产生速率为 5~15 mm/a。风化层屏蔽了基岩遭受宇宙射线的轰击，因此基岩界面核素产生速率下降。如果地貌处于稳定的状态，则风化壳的厚度（H）在该处是恒定的，那么基岩-风化层界面的核素浓度就可能近似地用于确定岩石-风化层的转换速率：

$$[\mathrm{CRN}] = P_0 \mathrm{e}^{-H/Z^*} Z^* / E \tag{11.4}$$

这项技术已经广泛应用于 Wind River 山区的高地表面，该处的剥蚀速率与在裸露基岩岩石获取的剥蚀速率相近，大约为 10 mm/a。

11.2.7　滑坡剥蚀速率

在活动构造地区，滑坡为输送山坡物质进入河谷提供了一种重要的机制。但是，因为滑坡是一种突发性事件，很难计算它们对剥蚀的时均贡献。有几种方法可以应用于评估滑坡剥蚀。滑坡是岩石强度黏性（C）、内摩擦力角（φ）、山坡坡度（β）、地形起伏、孔隙压力、地震加速度相互作用的结果。在一个二维的、稳定状态和边坡稳定模型中，没有孔隙压力和地震震动，那么最大的山坡高度（H_C）可以表示为：

$$H_C = \frac{4C}{\gamma} \cdot \frac{\cos\theta}{[1 - \cos(-\theta)]} \tag{11.5}$$

式中：γ 为山坡岩石的单位质量。Schmidt 等（1995）的研究成果表明，山坡崩塌由山坡最软弱地层的强度决定，而不是实验室测得的岩石平均强度。而且，层面片理和页理等软弱面的倾向对山坡的强度有显著的控制作用。顺向坡比反向坡具有更低的内摩擦角。

另一种计算滑坡剥蚀速率的方法是建立滑坡体体积与频率的关系。这种方法的优点是与时间直接相关。在新西兰南阿尔卑斯西坡，利用航空摄影拍摄法确定了 5000 km^2 范围内超过 7000 余个滑坡的分布和空间范围。

为了确定滑坡体对剥蚀的贡献率，在航片上测量的滑坡体空间范围必须转换为岩石的体积。Ohmori（1992）的研究结果表明：在滑坡体的长度（l）与深度（d）之间存在线性联系，即 $d=\varepsilon l$，其中 ε 是比 1 小的常量。考虑到滑坡体积的贡献，那么滑坡引起的剥蚀总量可表示为：

$$V = \frac{2\beta\varepsilon k l_1^{3-2\beta}}{3-2\beta} \tag{11.6}$$

式中：l_1 为滑坡体的最大长度，在南阿尔卑斯山，l_1 约 1 km，计算结果表明，在整个流域的平均剥蚀速率为 9 mm/a，剥蚀速率变化范围为 5~12 mm/a。剥蚀速率特别高，其与运用裂变径迹年龄估算的长期剥蚀速率一致。有趣的是，根据滑坡计算的剥蚀速率、由裂变径迹年龄估计的基岩隆升速率和年降水量具有相似性。高降水区、高滑坡剥蚀和高基岩隆升特别一致。

11.2.8 基于宇宙核素测年标定的剥蚀速率

现有的新技术可以凭借现代河流中的少量沙，就可以揭示整个上游流域的平均剥蚀速率。在某种地质环境下，评价在碎屑矿物颗粒中的宇宙放射性核素浓度，就可以确切地指出流域的平均剥蚀速率。当岩石表面因剥蚀而降低时，地表岩石中的宇宙核素累积速率是岩石表面下降速率的常数（图 11.12）。

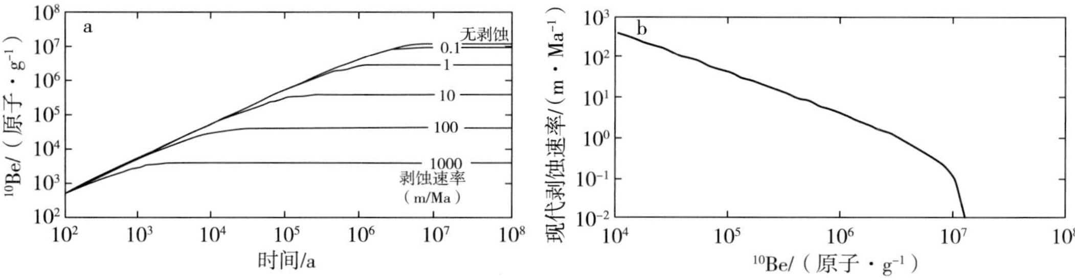

图 11.12 利用宇宙放射性核素浓度作为剥蚀速率的函数

（据 Burbank et al.，2012）

a—理论上将地面岩石中^{10}Be 的累积作为时间和剥蚀速率的函数。剥蚀速率在 0~1000 m/Ma 间变化时，以较快剥蚀达到稳定态的时间较短，稳定态^{10}Be 浓度下降。以地面生产速率计算浓度，并以高生产速率为准。b—将现代剥蚀速率作为稳定态^{10}Be 浓度的函数。在剥蚀速率小于 1 m/Ma 时，放射性衰变解释了大部分核素的丧失，稳定态浓度并不指示平均剥蚀速率

如果没有剥蚀作用，那么在核素生产速率已经与核素放射性衰变速率达到平衡的地面，核素丰度将增加到最大值（即“长期平衡”）。在剥蚀面暴露出一部分逐渐带向地面的岩石，由于这部分岩石接近地面，增加了宇宙射线辐射量，其核素丰度达到为地面剥蚀速率的函数（图 11.12）。如果来自整个流域贡献给沉积载荷的石英颗粒与剥蚀速率成比例，那么对由许多碎屑石英颗粒组成的样品中宇宙放射性核素浓度进行评估，就可以揭示整个流域的平均剥蚀速率。最近对 Puerto Rico 大约 3 km^2 流域的监测研究，根据河流沉积物中加权平均粒径沉积物的^{10}Be 浓度，测定平均剥蚀速率大约为 40 m/Ma。与测定的近几

十年短期的沉积通量不同，宇宙核素信号融合了几千年的剥蚀速率，因而由此获得的剥蚀速率有可能免受人为干扰。

11.2.9 基于地温梯度标定的长周期剥蚀速率

地表岩石冷却有两种原因：一是与岩浆、热液、变质期衰退相关的热脉动，二是因构造或剥蚀，岩石移动到地表附近。因为持续不断的剥蚀，深埋的岩石沿地温梯度向地表移动。不同的放射性测年系统，在冷却过程中，岩石中的各种矿物将形成不同放射性测年系统的封闭温度。

例如，在$^{39}Ar/^{40}Ar$测年系统中，角闪石、白云母和钾长石在525、325、200时各自穿过圈闭温度。把角闪石、白云母和钾长石从一个单一的岩石样品中分离出来，从中获取的$^{39}Ar/^{40}Ar$年龄就产生一个岩石的冷却历史（图11.13）。在整个冷却过程中，不同的冷却速率可以由放射性定年说明，如100 ℃/Ma冷却速率的快速冷却阶段应当在早期，而1~20 ℃/Ma冷却速率应当在缓慢冷却阶段。当冷却速率朝近期加速时，可解释为这是剥蚀速率增加的结果。

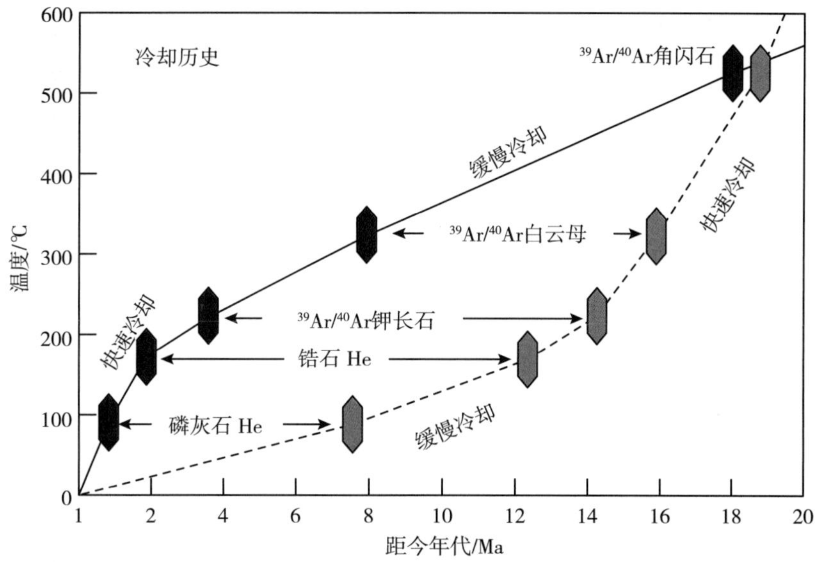

图11.13 对两种不同岩石样品的角闪石、白云母、钾长石$^{39}Ar/^{40}Ar$测年所获取的冷却时间对比图

（据Burbank et al., 2012）

实线代表样品自2 Ma来以约100 ℃/Ma快速冷却，虚线代表样品在最近13 Ma中以约15 ℃/Ma冷却

当试图将冷却速率转换成剥蚀速率时，长期以来碰到的问题是不能确定可靠的局部地温梯度。大多数情况下，设定典型大陆地温梯度为20~30 ℃/km，并以此为基础将冷却速率转换成剥蚀速率。首先，计算岩石到地表的深度（z）为：

$$z = c/(\mathrm{d}t/\mathrm{d}z) \tag{11.7}$$

式中：c为测定矿物的封闭温度；$\mathrm{d}t/\mathrm{d}z$为地温梯度。然后，估算平均剥蚀速率（E）：

$$E = z/a \tag{11.8}$$

式中：*a* 为通过封闭温度的冷却时间。

与其只是虚构一个地温梯度，不如尝试粗略地确定局部地温。有时候，钻孔穿透到足够深的时候，可以为地温曲线最低温度提供校正。在地壳大于或等于 15 km 的深度，等温线通常相互平行，且不受地表地形的影响。等温线深度的变化可能是局部热量的产生或岩石平流热引起的。在有极少局部地形起伏的较浅地下，等温线的位置是地表及围岩纵横向平流速率的函数。例如，同一条等温线，因为山顶比山谷的海拔高（图 11.14），所以山顶比谷底地表的地温梯度变化缓慢。如果在几千米高近乎垂直的岩壁上采取放射性测年样品，垂直范围内不同矿物冷却的温度和时间不同将界定冷却期间粗略的地温梯度。现在还不清楚的是古地形是如何扰动等温线的。

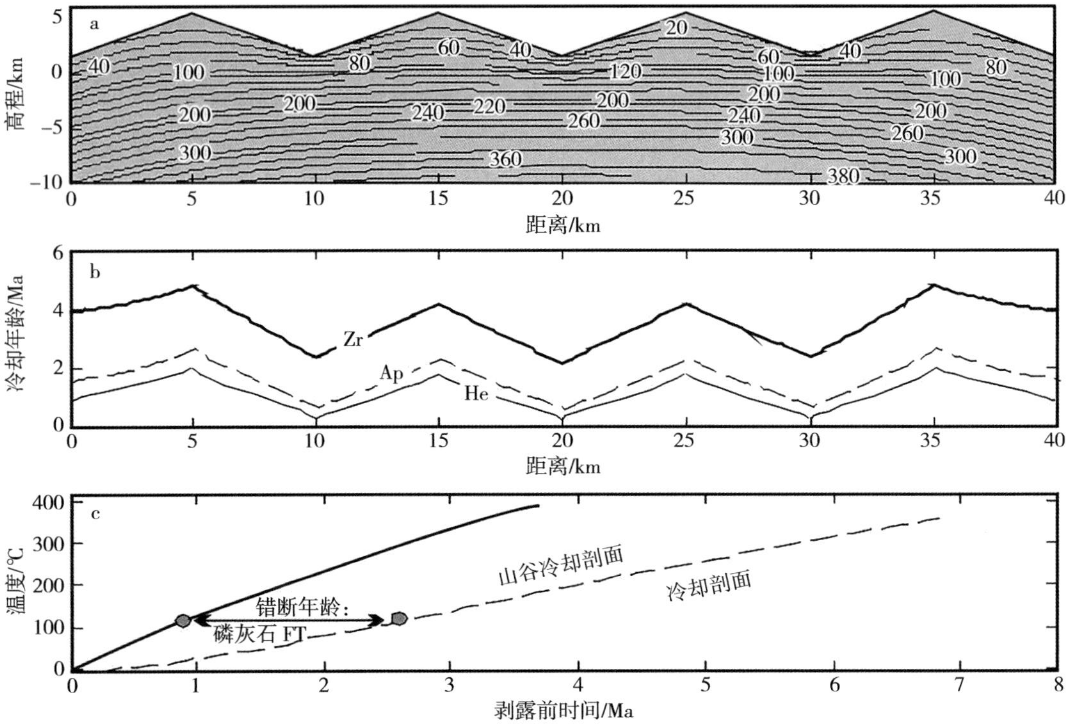

图 11.14　采用三种地质年代测定方法确定的剥蚀量和冷却年龄模型

（据 Burbank et al.，2012）

具 4 km 起伏与 10 km 波长二维“V”形地面；近地面地温垂直梯度为 6.5 ℃；剥蚀速率特别均衡，为 2 mm/a；地貌已经达到稳定态；估算时间段跨越数百万年。时标：锆石（设退火温度为 220 ℃），磷灰石（设退火温度为 110 ℃），He-U-Tu 系统（设退火温度为 60 ℃）。a—地温构造，最可靠预测出现在水平尺度 11～30 km 范围；b—3 种地质年代测定法预测的冷却年龄空间模型；c—正在剥露中央山谷（实线）和中央山峰（虚线）岩石记录的温度轨迹，正如依据深度、平缓等温线和地面之间距离预期，由锆石裂变径迹定年推论的年龄的变化接近模拟地形。当封闭温度或退火温度下降，地形对地温梯度构造影响增加，从山顶到山谷两者冷却年龄的下降幅度不同，呈非线性分布。在高剥蚀速率情况下，影响比较显著

一些放射性技术允许对古地温梯度及已经产生的剥蚀数量进行估计。裂变径迹测年，铀的自然裂变在晶体中产生一条损伤带式的径迹，大约长 15 μm。如果温度足够高，径迹逐渐退火和消失。磷灰石的退火作用出现温度为 111～120 ℃。低于退火温度，径迹被保

存，所以统计晶体中与铀的环境相关的裂变径迹的数量，可用于测定磷灰石晶体在退火温度以下冷却的时间。退火作用在温度低于 110 ℃时，不会立即停止；在整个地质历史时期保留的径迹是充分且缓慢产生的。退火作用速率受动力学控制，是温度的显著函数。低于 60 ℃，没有明显的退火作用，径迹保持它们开始冷却到温度 60 ℃时的长度。部分退火区带位于地下温度 60~110 ℃之间的岩区。在这样的地温带中，径迹紧随高温发生的更快速的缩短作用而逐渐缩短（图 11.15）。径迹长度演化的分布，反映了 15 μm 新径迹正在产生和由于退火作用老径迹缩短之间的平衡。在部分退火带的底部（高温结束），岩石将产生 0 年龄，因为退火没有径迹保存下来，而在该带顶部（低温结束），岩石将记录下的时间，由于径迹退火，其比从部分退火带的底部向顶部移动的样品记录的时间略短（图 11.15）。如果现在某地地下数千米处部分退火带中裂变径迹正在退火，岩石由于地面快速剥蚀突然冷却，一旦低于 60 ℃，此时径迹长度的分布将冻结在晶体中。自此以后，形成的任何径迹将保持它的原始径迹长度。通过测试跨越部分退火带的一组样品，可能重构该部分退火带。描绘年龄-高程曲线坡度的明显突变是重构部分退火带的依据。基于剥露的部分退火带的垂直范围，可以估算地温梯度和已经产生的近似剥蚀量（图 11.14）。如果在同一个剥蚀事件中，平均地面高程没有变化，那么基岩的隆升和剥蚀就应该相等，而且也能依靠部分古退火带垂直位移记录下来。

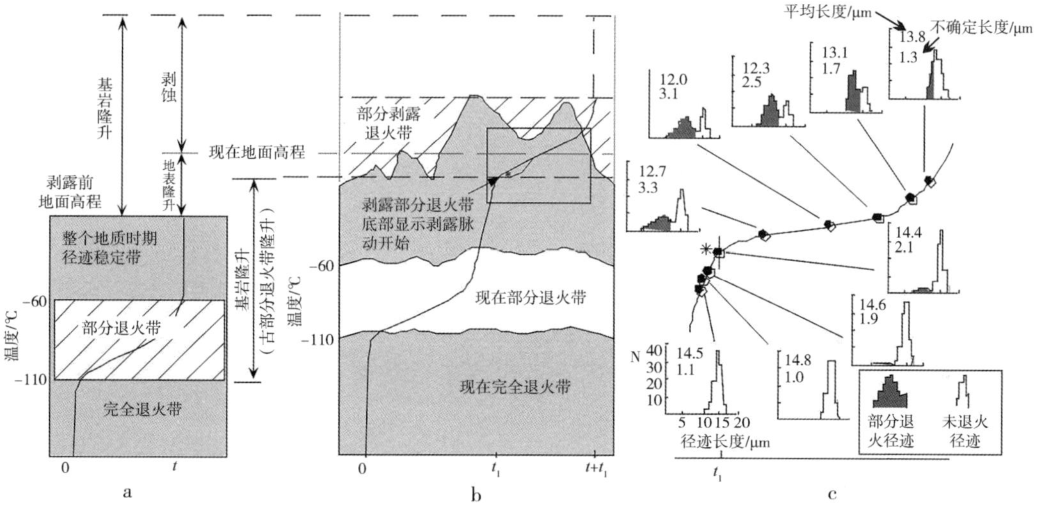

图 11.15　利用部分退火带（PAZ）裂变径迹测年数据估算的剥蚀速率与地表隆升速率

（转引自 Burbank et al.，2012）

a—变形前磷灰石裂变径迹视年龄。将研究区遭受热事件的时间设置为 0，后来低起伏地形覆盖该区，部分裂变径迹带（PAZ）中裂变径迹正在退火。或将 PAZ 下面视年龄记录为 0，PAZ 上部年龄逐渐增加。在 PAZ 上面的所有年龄都记录了在 110 ℃以下最后冷却的时间。b—现在磷灰石裂变径迹视年龄。现在几何形态（含地形），在 t_1 时间，快速剥蚀和隆升开始，促进了 PAZ 中岩石的快速冷却，“封闭”了裂变径迹长度的分布。古 PAZ 现在表现为剥露 PAZ。新 PAZ 在地下深处形成。在该实例中，地面早先隆升高程可能受地质约束，致使平均地面高程的变化可以证实。注意，地面隆升代表岩石隆升减去剥蚀。c—磷灰石裂变径迹视年龄现在径迹长度。以年龄和长度为依据标绘裂变径迹在被剥露的 PAZ 中的分布。星号标志古 PAZ 最底部的样品，与 t_1 一致。暗色柱状图记录了古 PAZ 中裂变径迹长度的缩短，空心柱状图记录了自快速冷却开始以来的径迹长度。注意 PAZ 中古位置函数的年龄、径迹平均长度及其标准离差的系统变化

11.3 构造隆升速率与地表隆升速率

尽管平均地面高程和平均高程表示相似的内容，但是，地表的单个点却可能在平均高程在地面高程下降的时候抬高。一个地区的平均高程的增长只可能是对地壳变厚的构造过程的响应，是由于刚性岩石圈弯曲的挠曲支撑，或者是地壳和地幔密度分布的改变。

在估计平均地表抬升变化时，通常想知道平均隆升过程的变化及均衡隆升在地表隆升中所起的作用。如果平均地表隆升不是因为卸载的均衡反映，那么该隆升就可以限定为构造隆升（图 11.16）。要分析这些隆升的不同分量及其组成，还需要知道变形之初地表的几何形态、当前的几何形态、古地表被剥蚀物质的量，以及应用于评估位移的参考标准。如果要限定隆升速率，还需要知道变形的起止时间。

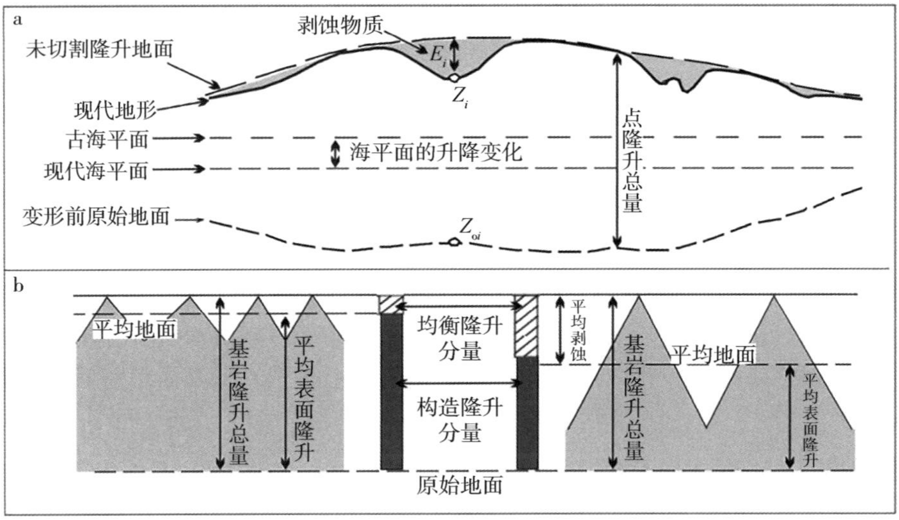

图 11.16　构造隆升速率的计算及相关的地形变量

（据 Burbank et al.，2012）

a—使用未切割地面组合有时可能获得精确估算的地面高程变化。Z_i 为当前地形高程，Z_{oi} 为原始地形高程，E_i 为剥蚀物质的厚度。b—剥蚀对均衡隆升的影响。假定基岩隆升量完全相同，剥蚀量决定了均衡响应在基岩隆升总量中的比例。在不同情况下，均衡隆升的贡献约为平均剥蚀厚度的 5/6

Abbott 等（1997）提出，某点的基岩隆升总量可以表达为：

$$U_i = (Z_i - Z_{oi}) + E_i + S_{Li} \tag{11.9}$$

式中：i 为任意点的位置；U_i 为基岩的隆升总量；Z_i 为当前地形高程；Z_{oi} 为原始地形高程；E_i 为剥蚀物质厚度；S_{Li} 为隆升开始至今的海平面变化（假设海平面上升为正值）。基岩隆升可以表示为构造隆升及均衡隆升的总和：

$$U_i = U_{ti} + U_{ei} \tag{11.10}$$

在任意点 i，U_{ti} 表示隆升的构造成分，U_{ei} 表示隆升的均衡成分。合并（11.9）和式（11.10），并增加变形时间，则某点的构造隆升速率为：

$$U_{ti}/t = [(Z_i - Z_{oi}) + E_i - (U_{ei} + S_{L_i})]/t \tag{11.11}$$

构造隆升速率的平均值可以通过计算某范围内一系列点的平均值，然后确定整个范围的平均速率。尽管这种方法概念明确，但实际应用不多。数字地形的有效性可以简化现有平均地表高程的计算，但限定原始地表的古高程通常并不可能。计算构造隆升速率的最佳条件包括（图 11.16）：研究范围内的平均高程已经发生巨大变化；古地面的数据可靠；保存有可应用于计算剥蚀物质迁移量的原始地面；海平面的变化量（S_L）与平均高程的变化量比较，前者非常小；有某些测定原始地形高程（Z_{oi}）的手段。

有时运用大尺度的沉积模式也可判别构造负载或因剥蚀驱动的均衡岩石隆升。两者都能驱使山顶局部地面隆升，但是前者是地壳增厚产生的，后者则来源于地壳的剥蚀变薄。典型碰撞造山带的邻近盆地接受了来自邻近山地的沉积物。盆地填充及河流体系两者的面貌都能区别构造负载与剥蚀卸载。在经历与构造负载相关的地壳增厚时期，盆地最大沉降往往发生在山麓附近。在该凹陷中央部分一般被流向平行于山麓的纵向河所占据。从山地流出的横向河仅在山麓流了一段距离后汇入干流，并改变为与山脉平行的流向。粗粒沉积物倾向于进入邻近快速沉降环境，在地下的向山地增厚的沉积楔提供了后陆存在持续构造负载的证据。

如果隆升机制转换为以剥蚀卸载占优势，那么地壳实际会变薄，山脉质量减少也将驱动邻近前陆均衡隆升，反映地壳的有限挠曲刚性。剥蚀常常发生在邻近前陆地区，粗颗粒沉积物可以板状进积，跨越前陆中部及末端。横向河流在汇流入纵向的主干河流前几乎流过整个前陆盆地，干流也可能被临近基岩隆升推向盆地边缘。这种模式似乎与喜马拉雅前陆现代河流的几何形状一致。

11.4 古高程的估算

11.4.1 地貌高程和古地貌高程

分析局部区域的地形构造演化和整个区域的地形构造演化时，需要分别考虑相对高程和绝对高程的变化情况。例如，在分析山脉前缘断层与冲积扇演化时，只需要考虑基准面上的相对高程变化。但是在研究整个山脉的地形构造的演化时，还必须考虑相对于海平面的绝对高程的变化。但是，高程不可能是一成不变的，在地质历史时期内大规模的地形演化（如造山运动、剥蚀作用等），都会使得根据海洋沉积物推断的古海平面难以识别。目前一些推断古高程的方法被广泛运用，如古植物法、宇宙射线法等。利用不同方法得出的结果会有所差别。

一些学者利用热年代学数据研究地表隆升时，对地形演化做出了错误的判断。现在学者们已经认识到，这些数据仅提供了剥蚀方面的信息，需要用数字模型和地表过程模型相结合的方法来反演长期的地形演化。可对剥蚀作用的空间和时间模式进行评估的基础上，计算由于剥蚀而产生的卸载量。但是地形在剥蚀之前的最初高程必须已知，否则不可能计算出构造运动引起的隆升量。因此需要提出地表最初高程的假设。

在模拟长周期地形演化时，不仅要了解构造机制和岩石圈的各种变化，还要解决地表演化在不同时空尺度上是如何进行的。迄今为止，这一方法主要通过建立具有代表性的剥蚀过程来模拟地形演化。通过观察地形系统中主要地表要素，结合各种地貌过程，建立大范围的构造地貌演化数字模型。

11.4.2 古高程的估算

利用内陆地区的地表抬升确定地表或岩石样品的古高程是一项具有挑战性的工作。主要是由于在内陆地区与海平面有关的标志不容易确定。

如何确定过去某些地貌表面的高程？有一种方法是根据当地气候条件的变化来研究山脉的生长。当暴风雨接近山腰时，湿气团上升，导致降水集中在山脉的迎风面。如果能发现山脉的雨影区，那么就能推断出迎风面，该迎风面则是山脉生长的区域。这种方法也忽略了气候变化对山脉生长的影响程度。

由于大气温度通常随海拔的增加而降低（通常假定递减率为6.5℃/km），所以随着山脉的构造隆升，地表温度逐渐降低，对温度敏感的植物种类和依赖这些植物生存的动物就会迁移到较低的位置，以保持在一定温度范围内生存。因此，另一种测量地表抬升的方法是根据现代植物的特定组合与环境年平均温度之间的相关性。这些分析依赖于对气候条件比较敏感的植物的叶片形态和生态群落组合特征的观察。可以明确古植物群落的组合特征，并根据现今它们的生存温度确定当时的年平均温度（T_{int}）。随后，将这些温度与该生物组合目前的海拔高度所具有的温度（T_{sl}）进行比较。基于估计出的古今温度的变化之差，以及给定的地面温度递减梯度（T_{LR}），估算古高程（Z）：

$$Z = \frac{T_{sl} - T_{int}}{T_{LR}} \tag{11.12}$$

这种方法看起来相当简单，但受到了以下条件的制约：①许多物种具有相当广泛的耐温性，用化石判断古气温存在不确定性。②在陆相地层中化石相对较少，使得温度范围无法较精确的确定。在海相地层中，通过许多共存物种可以确定该生物组合的温度范围，因此克服了任何单个物种由于耐温性造成的温度问题。③将年平均气温变化等同于地表高度变化，往往忽略了全球气候变化的影响。在没有气候变化证据的情况下，仅基于对温度敏感的生物组合来推断高程变化具有局限性。④这种方法是基于化石组合与现代类似生物组合之间的相关性，但忽略了这些植物可能存在进化以响应环境的变化。⑤该方法假定在数千万年前陆盆地的地温度梯度是稳定不变的。

当风暴在山脉迎风面形成时，降水会引起同位素组成发生变化。海拔较高时，$^{18}O/^{16}O$值低。因此，在植物、动物生长和矿物形成过程中可以保存这些同位素组成的变化特征，由此反映山脉的生长过程。例如，动植物体内的同位素组成应随海拔不同而有所不同。但是，降水时的温度也会影响同位素分馏，气候变化又会影响降水中同位素的组成，这点应加以考虑。

过去20年来，许多研究者利用自生黏土、土壤碳酸盐和火山玻璃中的$^{18}O/^{16}O$值估算古高程。但是，大多数人没有考虑不断扩大的山脉或高原可能导致区域气候的变化，尤其是降水分布、平均地表温度、主要风暴路径和水汽来源可能存在变化。而这些变化都会增加基于$^{18}O/^{16}O$值重建古高程的不确定性。其中一些问题可以通过“集总同位素温度计”

（clumped-isotope thermometer）的新方法予以避免，即利用^{13}C和^{18}O的综合特征确定土壤碳酸盐形成的古温度（±1 ℃）。这种方法还可以确定限制碳酸盐生长的水的$^{18}O/^{16}O$值，并支持土壤温度与水同位素组成之间的相关性。从理论上讲，这种相关性可以区分海拔变化与气候变化的影响。

11.5 造山带隆升作用与剥蚀作用的耦合机制

隆升作用与剥蚀作用（或气候）的相互作用过程的研究是近年来大陆岩石圈动力学和地球表面过程研究中最前沿的科学问题，对理解山脉形成和气候长期变化的机理提供了新的线索，具有重要的理论意义。但实际研究工作中，隆升作用与剥蚀作用（或气候）的相互作用过程也是一个难度极大的科学问题，自从England等（1989）提出鸡与蛋的问题后，许多研究者在讨论山地隆升问题时均重视了隆升作用与剥蚀作用（或气候）的影响。

11.5.1 造山带的隆升机制

山脉的起源和形成是地学界长期争论的问题。自Davis提出地貌旋回理论以来，科学家就剥蚀作用和构造作用对地貌的影响程度的争论已持续了100余年。板块构造理论提出后，板块间的碰撞和构造缩短一直被认为是山脉形成的主要机制，并成为统治流派，构造驱动的山脉成因说影响了近30年来人们对山脉的研究，加之受Davis的地理旋回或地貌旋回理论的影响，人们一般认为山脉构造形成后，在剥蚀作用的影响下，山脉剥蚀夷平，直至最终消失。同时，一些研究也表明，构造作用和剥蚀作用在相似的时间尺度上控制着地貌的形成，剥蚀和气候对山脉形成具有重要的控制作用，大量的剥蚀作用并未使山峰降低，反而使山峰在不断增高，逐渐形成了与剥蚀相关的均衡成山理论。

目前国际上已提出3种青藏高原边缘造山带的成山模式（李勇等，2005），分别为：①与构造缩短相关的构造成山模式；②与剥蚀相关的均衡成山模式；③为第①和第②种机制的结合。因此剥蚀作用在成山过程中的作用成为当前地貌学界研究的焦点。

11.5.2 新生代全球构造作用与气候变化

新生代以来全球的构造和气候都发生了剧烈的变化（图11.17，图11.18）。新近纪全球发生了一系列重大的构造事件，如青藏高原的隆升、海峡的关闭和加宽、大洋裂谷扩张和火山喷发等。一系列的构造运动对全球气候有着显著影响，例如喜马拉雅山及青藏高原的隆升是晚新生代全球变冷的重要因素，高原的隆起与亚洲季风系统形成和两极冰盖发展的时代耦合表明构造对气候的影响。印度尼西亚海峡的关闭对3 Ma前非洲干旱化也有重要影响。利用上述构造与气候之间的耦合关系，从沉积地层中记录的气候事件可以反推构造运动状况。根据亚洲季风和中国西北地区干旱出现的时间，可以推断青藏高原抬升的高度。

新近纪全球气候总体变化是从温暖稳定的环境逐渐向寒冷环境的变化。在新近纪晚期

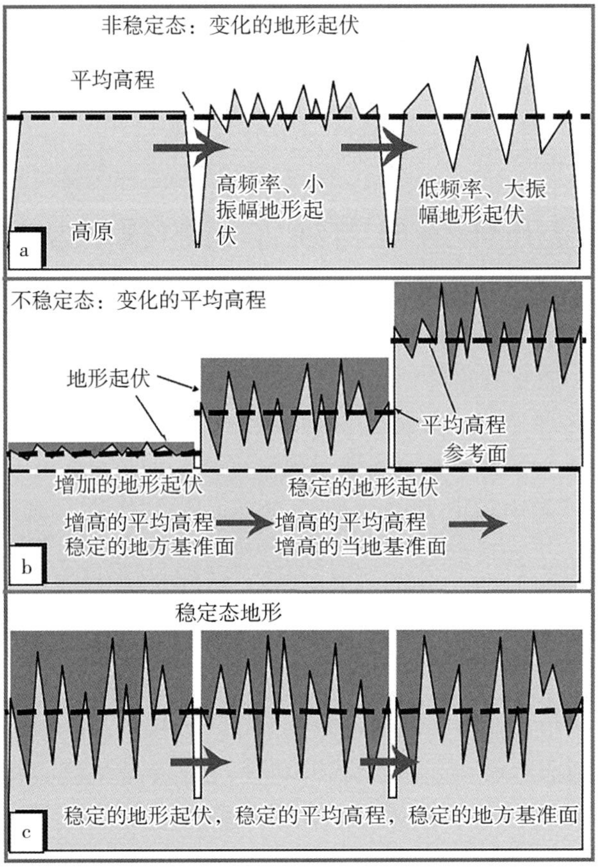

图 11.17 稳定态与非稳定态地貌的比较

（据 Burbank et al.，2012）

a—非稳定态地貌可能有稳定的平均高程和变化的地形起伏；b—稳定的地形起伏和变化的平均高程；c—稳定态地貌，保持稳定的地形起伏、平均高程和基准面，但局部高程可能随时间变化

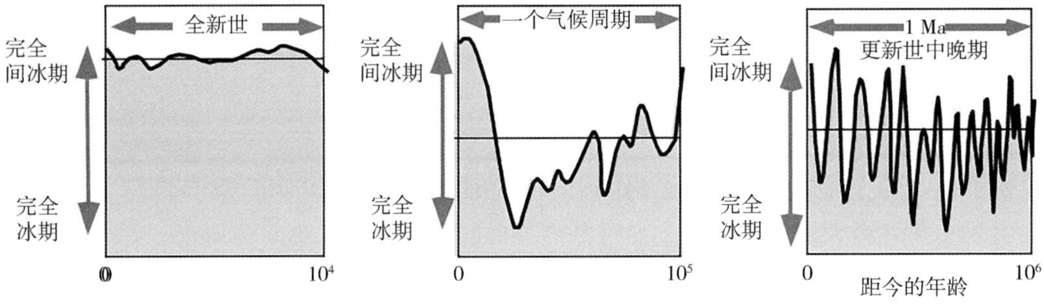

图 11.18 不同时间尺度下的气候变化略图

（据 Burbank et al.，2012）

时，全球气候持续变冷，南极冰盖进一步扩大，北极地区变冷加剧，距今 3.6~2.6 Ma 形成大规模冰盖。第四纪以来，形成多次冰期和间冰期，使陆地冰川扩展和消融，从而引起地壳均衡下降和上升，高纬度地区冰后期冰盖消融引起的地壳反弹至今尚未停止。此外，

气候引起的强烈侵蚀也可能引发地壳均衡抬升。

气候导致的强烈侵蚀作用还可以影响断裂活动。根据宇宙成因核素（^{10}Be）和 $^{40}Ar/^{39}Ar$ 侵蚀速度的不连续在空间上分布推断，在尼泊尔中部高喜马拉雅与低喜马拉雅的地形过渡带中，存在着一条活动逆断层。这条断层的成因可能与尼泊尔中部喜马拉雅山存在强烈的降雨梯度有关，高喜马拉雅山麓带的新断层作用发生的部位长期经受较深的剥露作用，气候、侵蚀和构造之间强烈的相互作用带正好位于喜马拉雅变形前锋地带。也有研究认为，气候导致的流水和冰川侵蚀加强对山峰均衡抬升的影响非常有限。通过晚新生代以来全球风化通量没有变化为依据，认为造山带的构造抬升与气候之间没有必然关系。构造地貌就是构造作用驱动地形抬升的过程与表面过程驱动的地形被剥蚀的过程之间持续不断竞争的结果。目前在以下 4 个方面获得进展：

1）对古气候变化的记录更加精确，气候变化对地貌演化的影响能更好地被记录下来，极大地改进和加深了对古气候变化记录的认识，如现在可以更精确地标定过去气候变化的幅度和频率，可以更好地在更详细的框架中体现气候变化对地表过程和地貌演变的影响。

2）在构造分期与气候关系方面，建立了与气候序列可对比的构造分期序列。对亚洲构造变形与全球变冷关系进行了探索性研究，认为新生代晚期亚洲强烈变形与全球气候变冷可能有关系。3 Ma 以来的新构造运动被分为 3 个主幕、7 个亚幕、4 个旋回、8 个亚旋回，将气候变化共分为 8 个旋回组，并将气候-构造旋回也分为 8 个旋回组。同时发现火山活动与构造活动相关，多数发生在间冰期。

3）在青藏高原隆升与气候变化方面，在利用精密水准复测资料定量计算现代青藏高原上升速率等方面做了有益的尝试。对夷平面的特征、形成方式和形成所需的时间等基本问题进行了总结，认为夷平面是确定高原隆升的时间和幅度的相对可靠的根据。青藏高原的隆起对大气环流产生巨大影响。这些研究把青藏高原地貌演化与岩石圈运动和大气环流变化联系起来。

4）在海岸区的构造地貌与气候方面，综合考虑新构造运动和全球海平面变化与海岸带地区地貌发育的关系，根据现代地貌面、海岸线和相关沉积等所反映的海平面变化与全球海平面变化的对比，可以推算沿海地区的新构造抬升速率。

11.5.3 构造隆升与气候变化的耦合机制

11.5.3.1 剥蚀速率与构造（基岩）隆升速率

对板块构造之间的聚敛速率以及局部变形速率的研究结果表明，在许多活动造山带中，基岩相对海平面正以每年几毫米的速率上升。如以 1 mm/a 的速率隆升，那么 1 Ma 就可高达 1 km。因此，若没有侵蚀作用，以每年几毫米的速度垂直上升的岩石仅仅在几百万年内就会形成高耸的山脉。显然，山脉的生长不是无限制的；只有某些山峰能超过海平面 8 km 以上。然而，是什么控制了它们的终极高度呢？驱动抬升大量岩石并增加其位能的能量有上限吗？是岩石的强度限定了高度界限，还是侵蚀速率的变化决定了山脉的高度呢？动态平衡的概念能否运用于活动造山带中？动态平衡理论表明，每隔一段时间，地貌将保持一种稳定的形态。为什么山峰高度、谷坡坡度以及地形起伏在一个长期平均值附近波动呢？如果山脉的平均高程在一段时间内保持不变，这就意味着基岩的上升速率与侵蚀速率是平衡的。这是如何完成的呢？地表的侵蚀速率是每年几毫米，是表面过程（如：河流侵蚀、山坡滑塌、冰川侵蚀、岩石向土壤转变等）所导致的吗？这些表面过程在不同的造山带是以不同的方式发生作用吗？传统的观点认为：基岩的快速隆升是一种补偿行为，其不是由地貌因素决定的，而是由有效降低该区域地形高度的侵蚀事件决定的。这种观点正确吗？

为了回答这些问题，我们要证明过去和现在的剥蚀速率，定量研究基岩的隆升速率和山脉平均海拔的变化以及造山带高程的变化幅度（图 11.17，图 11.18），还要论证伸展作用在造山带中所起的作用。此外，因为气候经历了 100000 a 时距的冰期-间冰期波动，侵蚀速率对气候的响应自始至终是极为强烈的。因此，考虑动态平衡问题时，为了测定平均速率，必须将超过一个完整的冰期-间冰期时间跨度作为一个周期来计算平均速率（图 11.18）。仅仅证明现代地表过程速率（精确测量是相当困难的）是不够的。测定一个气候周期内不同时段的速率是必要的。这样就需要有合适的方法来测量位移或者增加的物质的数量。鉴于侵蚀速率的准确测量很困难，一种可替代的方法是，通过各种侵蚀地形的表面过程确定可操作的“尺度”，并且把它们结合进地形演化的理论模型中。

11.5.3.2　气候与隆升作用的相互关系

对气候与隆升的相互关系而言（图 11.19，图 11.20），存在着两种截然相反的观点，一种观点认为是气候导致了隆升的出现，另一种观点则认为是因为地表的隆升使全球的气候发生了改变。

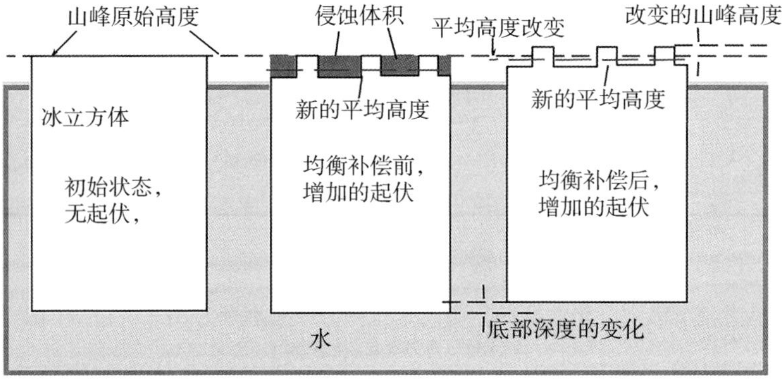

图 11.19　侵蚀作用增强驱动的山峰均衡抬升（以冰立方体为例）
（据 Burbank et al.，2012）
山峰的均衡抬升，以冰立方体为例，冰和水分别与地壳和地幔相似。冰立方体顶部的侵蚀减少了它的体积和平均高度。河谷底部侵蚀速率大于山峰的侵蚀速率，导致起伏增加和山峰抬升，同时也使平均高程减小

Ruddiman 等（1997）认为是隆升改变了全球气候。首先，新生代隆升造成很多现代高海拔地形。在年轻的、高海拔构造带，剥蚀作用呈指数级快速增长。在构造缩短地区，产生了特殊的变质作用，也导致陆地风化的增加。因为温度梯度的存在，全球气温降低，因此隆升是新生代气候变化的力量源泉。同时，亚洲中纬度地区及北美洲地区山脉的隆升改变了大气环流，增加了地形降雨，迎风坡降水多，背风坡则形成雨影区，降水少。新生

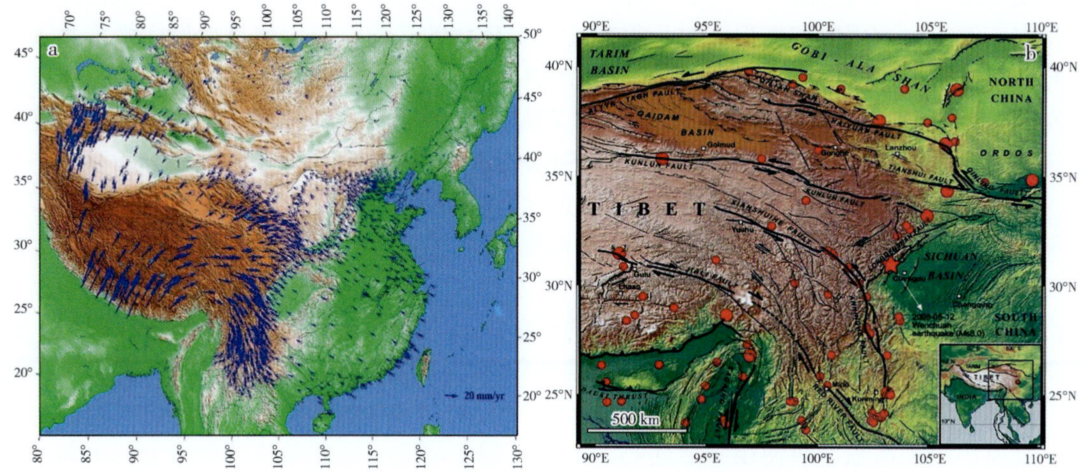

图 11.20　青藏高原的 GPS 滑动速率（a）与构造格架及地震震中分布图（b）
（图 a 据 Zhang et al.，2004；图 b 据 Li et al.，2013）

代的隆升使两个地区（南亚及南美洲）的降水率显著提高，中纬度内陆地区却变得更为干旱。隆升增强了降水的灵敏度、径流量及日射强度，日射最大时降水及径流均会增加。

隆升提高了构造地带的物理和化学风化速率。因为地表挤压断裂暴露了破碎的沉积岩石，增加了表面积。高海拔地区最大的剥蚀发生在迎风坡地区。剥蚀在年轻的构造边缘是最强的，不同寻常的高度及规模必定产生全球尺度不同寻常的快速剥蚀。隆升促使化学风化加速，同时降低大气中二氧化碳的含量。从构造时间尺度上，有两种因素主要控制大气中的二氧化碳：火山喷发及温泉对玄武岩化学风化的重新移动。Raymo 等（1992）认为在新生代时期活动的隆升构造带化学风化的增强降低了大气中二氧化碳的含量，使全球气候变冷。

Molnar 等（1990）指出，在晚新生代时期已经被严重剥蚀的现代隆升区域可能在剥蚀开始的时候构造运动并不活动。并认为气候驱动古老的造山带的“更生作用”，可能对最初的隆升-风化具有正面的反馈。反馈结果在于，在造山活动地区地表的实际隆升导致了气候的变化，使古老的山脉发生剥蚀。在古老的山脉剥蚀的增加必然促使二氧化碳含量降低，导致冰川及冰蚀作用。

11.5.3.3　如何分辨气候与山脉隆升之间的因果关系

如何分辨是气候引起山脉隆升，还是山脉隆升引起气候变化？通过对山脉中的基岩冷却史进行研究，表明这些山脉的隆起速率在新生代晚期经历了一个加速过程。那时，山脉隆起速率增加的时间与冰期的起始时间几乎相同，随着这种认识的加深，一般认为，山脉隆升导致其冷却，并有助于促进冰期的来临。Molnar 等（1990）向这个观点提出了挑战，并提出了几乎与此完全相反的论点，他们认为，由于气候改变了晚新生代的冰川环境，提高了侵蚀速率，引起下切速率增加，反过来引起剩余孤峰的均衡隆起。虽然这样可能产生具有较高山峰的山脉，但并不意味着气候变化引起了构造隆升。

为了解决这一难题，需要考虑多种因素的变化特征和量值，主要包括：山脉的平均海拔、侵蚀速率、气候、山峰和河谷底部的海拔。我们有可能知道何时、怎样发生这样快速的变化。例如，运用数字高程资料，很容易确定现代的平均海拔，但是，怎样确定过去的平均海拔呢？可以从古植物学和同位素研究中寻求解决办法，近似地计算海拔的变化范围；或考虑气候变化的影响。在冰期时代，降水量是多还是少呢？冰川的扩张使侵蚀速率提高了吗？与河流相比，冰川是否是有效的侵蚀营力？这些都是争论很激烈的问题。

构造地貌的过程是一个随时间演化的过程，令人惊奇的是，古气候变化对这一过程有一定的指示作用（图 11.19）。我们把全新世限定为冰后期，在冰后期，气候变化幅度相对较小。100000 a 或更大尺度上，将经历多次冰期-间冰期的周期变化，在这一时间尺度内，海平面升降的大尺度变化在冰川规模的大小以及河流搬运的物质中都留下了标志。冰碛、海洋及河流阶地通常是这一气候尺度的地貌标志。在百万年以上的时间尺度，则产生了更为“均时”的地貌。

侵蚀作用的增强能驱使山脉隆起吗？是的，但要满足一定的条件。实质上，山顶的侵蚀作用比河谷底部弱。我们可以想象一下，漂浮在大海中的一块冰，它顶面的平均海拔只相当于其总体厚度的 1/10。如果在这块冰体的上表面凿出几条沟谷，这个冰体上表面的平均海拔将下降，而冰体底部在水中将向上漂浮，以保持稳定状态（即整个物体的 1/10 在水面上）。如果凿出的凹谷并没有“侵蚀”冰体顶的其他部位，与原先的高度相比，这些残余冰体实际上将上升，比原始高度更高，这是对平均海拔下降做出的响应。虽然冰立方体的融化证明（图 11.19），山脉的抬升有可能是由于大量的侵蚀产生的，但是这种过程在地质时期是不是经常发生呢？与气候因素有关吗？影响山脉抬升幅度的因素又是什么呢？目前人们普遍认为，侵蚀速率的增加趋向于增加地形起伏，所以有助于山峰的隆升。但是，通过对河流剖面的研究表明，侵蚀力量的增强会降低河流坡度。如果这是正确的，那么，为了增加山脉地形的变化幅度，山坡将会同时伸长并且变陡。

11.6 青藏高原及周缘造山带的隆升机制

青藏高原的隆起是地球上新生代以来的重大事件，源于 65~45 Ma 以来印度板块与欧亚板块的大陆碰撞（图 11.21 至图 11.23）。青藏高原地貌记录着数百万年以来构造和剥蚀过程的信息，但后来的地表作用逐步抹去了早期地表过程的信息。一些早期研究者认为，青藏高原受逆冲断层和褶皱作用的影响，其在南北方向上被缩短。当前平坦的地表切过古近纪褶皱带，并没有明显的地势起伏，说明青藏高原内部的褶皱、逆冲断层在新近纪和第四纪没有活动过。

晚中生代以来，高原的隆升使上地壳缩短不显著，例如印度板块向青藏高原俯冲，使印度板块插入青藏高原的下地壳，岩石圈变薄（图 11.24）。分散缩短在青藏高原早期演化中可能发挥了作用。在青藏高原北部和中南部 0.5×10^6 km^2 的范围内，对称分布的、狭窄的山峰表明某种液态地壳一直在起作用。青藏高原的边缘多为线性隆起的山脉。这些山脉总是与一系列的活动断裂相联系，因此对青藏高原-边缘山脉-周缘沉积盆地（原-山-盆系统）的构造地貌与构造变形的解析和测年工作，有助于理解对青藏高原变形和隆升机制，进而有助于建立或检验青藏高原大陆动力学演化模型。

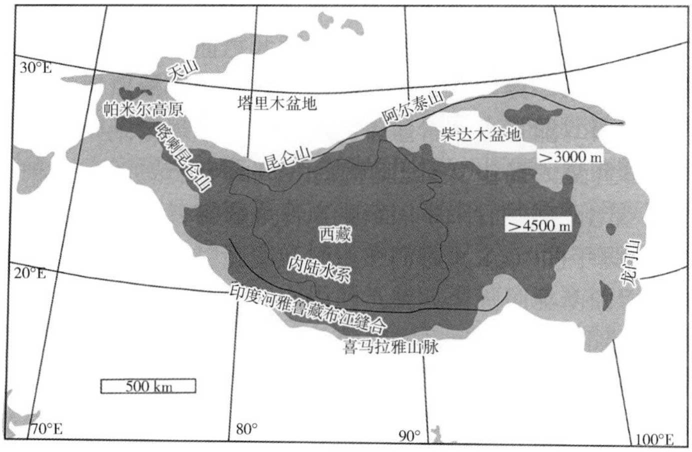

图 11.21　青藏高原的地貌特征

（据 Summerfield，1999）

显示青藏高原主要的地貌特征和平缓的地形；深灰色区域代表海拔高于 4500 m 的地区，灰色区域代表海拔为 3000~4500 m 的地区，细线环绕区域为内流区

Fielding（1996）曾回顾了青藏高原的隆升和剥蚀历史（图 11.22 和图 11.23）。青藏高原地区 GPS 测量数据、地震参数和高分辨率数字高程模型的应用将会获得更详细的大地测量数据。

11.6.1　青藏高原的构造地貌演化

青藏高原的最大高程取决于岩石圈减薄过程的类型，例如后期对流型热边界的消退或消除（England et al.，1989）。火山喷发证据显示，岩石圈减薄事件可能发生于 8 Ma 之前，甚至 14 Ma 之前。而冈底斯逆冲断层、主中央逆冲断层和藏南拆离系形成的时间大约为 25 Ma 前。Fielding（1996）曾推测在 8~25 Ma 期间变形主要集中于青藏高原南部和喜马拉雅山脉，而在青藏高原内部地壳一直保持着相同的厚度。如果这个假设是正确的，那么在地壳减薄的区域一定新产生了 3.2 km 的隆升量以维持这一不变的厚度，这与 England 等（1989）的计算是一致的。

如何才能把这个假定与青藏高原低地势区域联系起来呢？从几十到几百千米的中长波数字高程图来看，青藏高原的中部是相当平坦的。长波段地势的缺失可能是由于青藏高原巨厚地壳及其产生的热量所形成的下地壳流的流动或者是低黏度的岩石圈导致的。在一些青藏高原地堑系统的挠曲模型中显示出非常薄的有效弹性厚度（<10 km），其与青藏高原中的低黏度地壳的分布区域一致。在青藏高原中部的缓慢的河流下切和填充过程不能抹平中等波长的构造隆起。也许晚新生代以来上地壳变形较弱，或者下地壳的黏性流动也有可能改变了中等波长的地貌。

与青藏高原中部地区不同，喜马拉雅山和喀喇昆仑山受降雨量的影响很大，在新近纪该区域被迅速剥蚀，许多地方的剥蚀厚度为 20~25 km。在喜马拉雅山变质核杂岩区可能大约有 35 km 厚的岩层被剥离了。在高原的边缘地区，降雨量集中，剥蚀作用强烈，外流水系把这些被剥蚀物质搬离了造山带。造山带挤压形成的物质被剥蚀、搬运（图 11.24）。

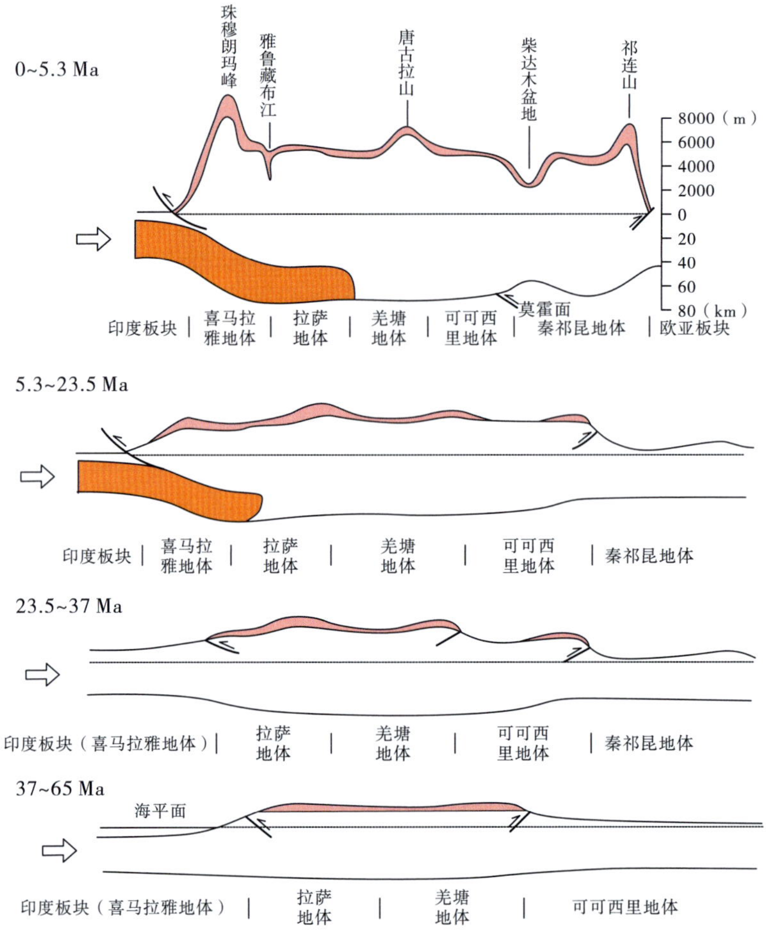

图 11.22　青藏高原单期隆升模式

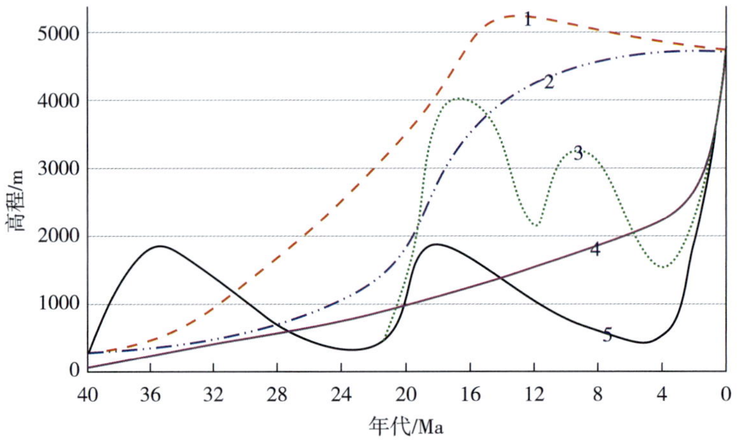

图 11.23　青藏高原隆升模式（单期隆升与多期隆升）

1—据 Coleman 等（1995）；2—据 Harrison 等（1992）；3—据 Rea（1992）；4—据 Xu 等（1973）；5—据 Li 等（1998）

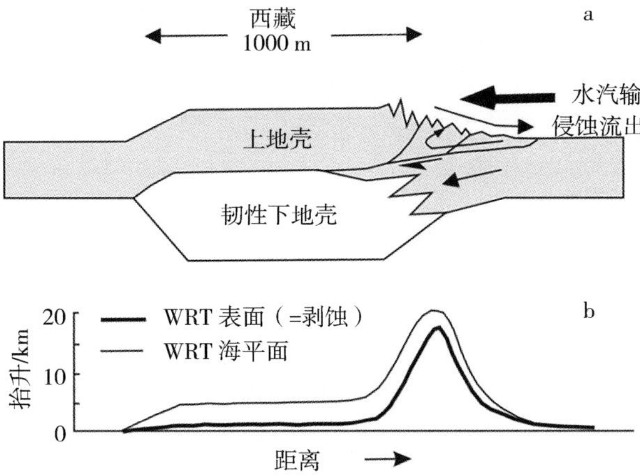

图 11.24　青藏高原的物质输入量与物质输出量的相互关系图解

（据 Summerfield，1999）

a—大量物质通过构造方式进入高原，并通过剥蚀方式从高原流失，图 a 为两者的相互关系图解；b—图 a 中假想高原的隆升曲线，岩石的隆升与剥蚀主要集中于高原的边缘地区。在图 a 中，表面隆升指现代地表的升高，实际上，表面隆升量是岩石隆升量与剥蚀量之差

从另一方面来说，喜马拉雅山通过持续汇聚作用所产生的构造物质输入量与剥蚀物质输出量达到了平衡，从而保持了山脉高度不变，因此在喜马拉雅山地区的岩石隆升幅度要高于青藏高原其他地区。

另一个主要因素是最后一次构造建造地貌以来的剥蚀时间。在青藏高原中部短波长的地形坡度一般较缓，其中的局部陡坎靠近青藏高原南部的年轻正断层。这些小规模地堑和它们的扩散分布仅涉及少量的上地壳变形，没有涉及岩石圈变形。就像在其他类似的干旱气候带一样（如在天山南部边缘的冲断层、青藏高原南部及美国西部的盆地和山脉），位于平坦的青藏高原北部年轻的断层崖一般均被很好地保存下来了。因此晚新生代青藏高原并没有卷入强烈的变形（如藏北的缩短构造变形）。早新生代或白垩纪上地壳的缩短与当前地势一致。由于剥蚀速率太低，虽然已经有足够长的时间，也没有降低构造地貌的起伏。

在一些剥蚀模型中，前人假定剥蚀速率与高程成正比。这种假定可以应用于潮湿的、狭窄的、具外流水系的山脉（如南阿尔卑斯山和中国的台湾山脉），但是显然不能应用于广阔的青藏高原。在广阔的青藏高原内陆（可能在几百万年前就形成了），尽管有很高的高程（5 km），但是剥蚀速率却很低。由于降雨量强烈地影响着剥蚀速率，而降雨量又主要集中于中等高度（2 km）的山前地带。例如，在喜马拉雅山脉，剥蚀最强烈的位置是山峰以下的区域。不仅当地气候和水系网络的空间变化会引起剥蚀速率的变化，而且新生代的全球气候变化也会影响剥蚀速率的变化。考虑到这些因素，就可以建立剥蚀速率、表面隆升和海平面变化之间的直接关系。

11.6.2　青藏高原的隆升机制

青藏高原隆升机制及周缘山脉隆升机制之间的相互关系是当前国际上研究的热点

（图 11.24，图 11.25）。喜马拉雅山、龙门山作为青藏高原的边界山脉不仅是验证和甄别青藏高原隆升机制的关键地区，而且也是验证和甄别边缘山脉隆升机制的典型地区。

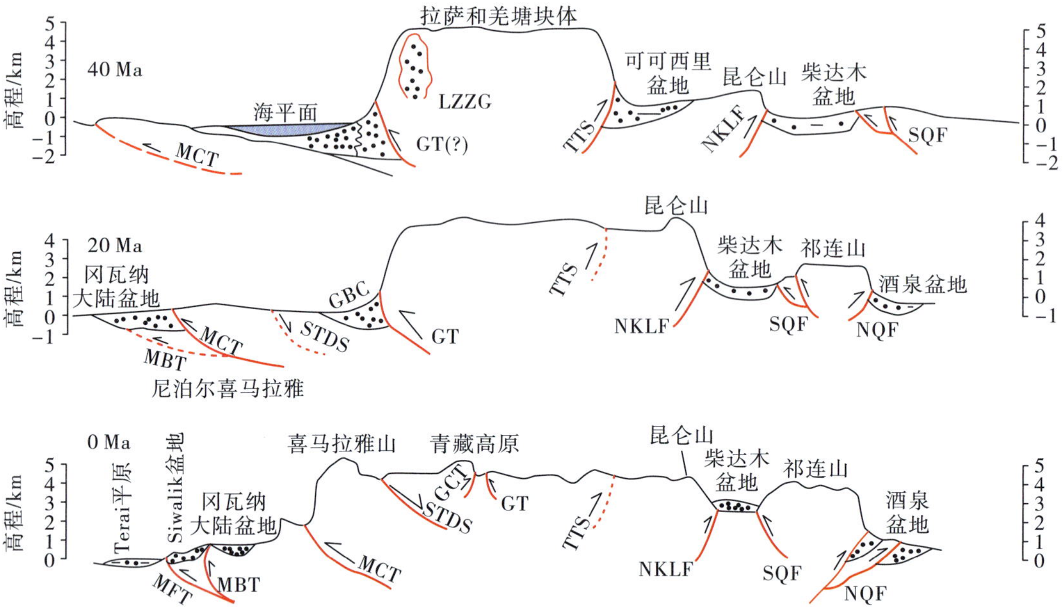

图 11.25 青藏高原的早期隆升模式（原青藏高原）
（据 Wang et al.，2008）

MFT—主前缘断裂；MBF—主边界断裂；MCF—主中央断裂；STDS—藏南拆离断裂；GT—冈底斯逆冲断层；TTS—唐古拉山断裂；NKLF—北昆仑山断裂；SQF—南祁连山断裂；NQF—北祁连山断裂；GBC—冈仁波齐砾岩；GCT—大反冲断层；LZZG—林子宗群火山岩

自从 Argand（1924）提出青藏高原的隆升和加厚与 55～50 Ma 印度板块-欧亚板块碰撞（以下简称印-亚碰撞）相关以来，业已提出了许多理论假定和成因机制。目前将青藏高原的隆升机制归纳为 4 种类型：①地壳缩短与增厚机制（England et al.，1986），强调了南北向缩短和地壳加厚；②侧向挤出机制（Tapponnier et al.，2010），强调了上地壳的刚性变形，认为青藏高原东部的块体是沿着主干走滑断裂被向东挤出去的；③下地壳流机制，强调中下地壳的塑性流变导致了上地壳的向东挤出，解释了青藏高原东部挤出块体的动力学成因机制（图 11.26）；④地壳缩短和地壳均衡机制（shortening and isostatic compensation；Hatzfeld et al.，2010），强调地壳缩短和地壳均衡作用是支撑现在青藏高原高度的主要机制。

随着地球物理探测和对高原边缘造山带特别是藏南喜马拉雅山脉的研究，越来越多的研究者注意到高原中下地壳的塑性流变在高原演化过程中起着重要的作用。在高原南部和北部中地壳普遍存在部分熔融或富含水（>10%）的高塑性流变物质，如此软弱的中地壳物质在重力梯度下易于流动，一些研究者认为俯冲下插和部分熔融的印度地壳物质注入青藏高原中部地壳，可引起高原地表一致性的上升，这种模型称为注入模型和液压机模型；而另一些研究者用塑性流变的中下地壳物质的下地壳流（channel flow）或通道流模式解释高喜马拉雅山的隆升机制和藏南拆离系的动力学成因。同样的机制被用于解释高原东缘晚新生代龙门山的隆升和2008年汶川地震的发生，但是这种模型也受到部分研究者的质疑（图11.26）。

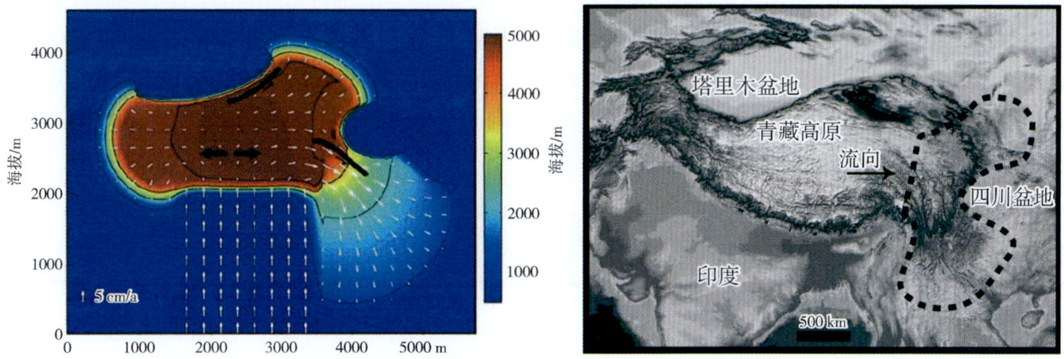

图11.26　青藏高原的下地壳流及运移方向

（据Clark et al.，2000）

主要过程如下：①随着青藏高原的隆升，地壳不断增厚，其内部的温度也不断升高，结果导致青藏高原内部物质由弹性向流变性质转变。②在推挤力和重力作用下，在高原地壳内部物质向北、北东、东和南东等方向流动，巴颜喀拉块体下地壳是高原物质向东运动的场所之一。③巴颜喀拉块体东部下地壳流动的运移方向，下地壳物质向东运移受到强硬的四川盆地的阻挡后分成3部分，一部分向北东方向运移，一部分向南东方向运移，另外一部分被四川盆地阻挡，在龙门山断裂带附近累积，经过长期的地质过程，高原内部物质的向东流动趋于一种平稳状态。④在这一过程中，伴随着下地壳物质在龙门山断裂带及其附近的积累，龙门山断裂带上的应力与能量也在不断地积累

Clark等（2000）指出青藏高原的下地壳流物质可以发生大范围的流动，自藏南向北东和南西方向分别流出青藏高原，并计算获得在流动过程中是否受到强硬地块的阻挡而产生不同的地势梯度，合理解释了青藏高原及其周边不同地区地貌形成机制。既然青藏高原塑性流变的地壳物质可以流出高原内部，必然可以计算的流出速率（v_{out}，单位时间内流出地壳物质的量）。而俯冲并部分熔融的印度地壳物质进入青藏高原中下地壳，必然可以计算一个注入速率（v_{in}）。这两个速率的相对大小、流出速率的变化，将直接影响高原隆升和扩展的历史，而流出速率的变化，受到流出通道的打开、关闭和宽度的变化等因素的影响。通过讨论流出通道的演化历史，就可能对高原隆升和扩展的机制加以讨论。

11.6.3　原-山-盆系统的形成机制

青藏高原是当今全球最高最年轻的高原，具有海拔最高（平均4000~5000 m）、地壳厚度最大（达60~70 km），形成时间最新（晚新生代才急骤抬升）等特征，其边缘具有阿尔金山、祁连山、昆仑山、喜马拉雅山、龙门山等巨型造山带，周缘分布着塔里木、柴达木、鄂尔多斯、四川盆地等大型沉积盆地。所以李勇等（2008）将之称为青藏高原-边缘造山带-沉积盆地系统（Tibetan Plateau - marginal orogen - sedimentary basins system，POBS），并具有以下特征：①原-山-盆系统是中国大陆构造的重要特征；②原-山-盆系统是中国大陆岩石圈的基本构造单元；③原-山-盆系统的耦合关系是中国大陆构造演化的关键，也是研究大陆构造演化的窗口；④印-亚碰撞作用及其碰撞后作用铸就了原-山-盆系统，控制了中国西部的地质、地貌、水系、矿产、油气和地质灾害的形成过程和

效应。

左思等（2000）从我国地壳的基本地球物理特征出发，认为现今地壳有造山带-原-盆的体系和构造格架，并认为具有高密度、高磁性、高速高阻体的混凝结构控制并影响着造山带-原-盆体系。高原在一定意义上讲是“造山带”的特例。郑剑东（2000）指出，我国西部中生代以来形成一系列造山带-高原-盆地构造组合。贾承造等（2008）提出了环青藏高原盆山体系（circum-Tibet Plateau basin and range system），认识到这一巨型盆山体系中各个大型盆地形成过程所具有的共性。

11.6.3.1 原-山-盆系统的地貌含义

现今中国西部由原（青藏高原）-山（造山带）-盆 3 个一级构造地貌单元和构造单元组成，显示为原-山-盆系统。原-山-盆系统具有明显的地貌含义。青藏高原及其周边地区在新生代以来形成了 4 个原-山-盆系统：①南缘的原-山-盆系统——喜马拉雅山-西瓦里克盆地；②东缘的原-山-盆系统——龙门山-四川盆地；③北缘的原-山-盆系统——西昆仑山-塔里木盆地；④东北缘的原-山-盆系统——东昆仑山-柴达木盆地。其中的高原、山脉和盆地均是根据其地貌特征定义的。

青藏高原：青藏高原在地表上显示为高而平缓的构造地貌形态，具有“高、宽、平”的特点。

边缘造山带：在青藏高原边缘均发育造山带。在地表上显示为高而陡的线性构造地貌形态，宽度为 30～50 km，具有“高、窄、陡”的特点。其与山前的前陆盆地的高差大，一般为 4～8 km，显示为地貌陡变带、地壳厚度陡变带、强降雨带（地形雨，如南缘、东缘）、地质灾害（滑坡等）发育带、强烈剥蚀带、巨型成矿带。

沉积盆地：前陆盆地位于边缘造山带的前缘，包括南缘的印度盆地，东缘的四川盆地，北缘的塔里木盆地、柴达木盆地、鄂尔多斯盆地，均位于大陆板块的边缘（如印度板块北缘、扬子板块西缘、塔里木板块南缘、华北板块西缘）。在地貌上显示为“低、宽、平”的特点。在地表主要出露沉积岩，地层相对平缓。

11.6.3.2 原-山-盆系统的地质含义

原-山-盆系统由一系列地体和其间的断裂带（或缝合带、造山带）构成，对应于印-亚碰撞及其碰撞后作用的地质复合体、孪生体。中国西部的原-山-盆系统是一个相对独立的地质系统，由青藏高原、边缘造山带、周边沉积盆地组成的统一体。是加里东运动、海西运动和印支运动的大陆碰撞形成的盆-山系统与新生代喜马拉雅运动形成的盆-山-原系统的地质复合体。原-山-盆系统在空间上相互依存、物质上相互补偿、演化上相互转化、动力上相互转换。虽然现今青藏高原及周缘地区在构造地貌上显示为原-山-盆系统，并对应于印-亚碰撞及其碰撞后作用，但是在青藏高原形成以前的大陆碰撞带和盆-山系统却是加里东期、海西期、印支期、燕山期大陆碰撞作用的产物。因此，原-山-盆系统是揭示青藏高原大陆动力学机制和过程的关键。原-山-盆系统具有以下地质特征。

（1）原-山-盆系统的组成

中国西部陆壳是原-山-盆系统的生长、扩展、复合和后期改造的集合体，陆壳内多具有典型的陆-陆碰撞特征。

青藏高原：该地质体由一系列地体和其间的断裂带或缝合带构成，其缩短变形和变质形成于晚三叠世的印支运动和燕山运动，而新生代以来相对稳定，主要表现为整体的垂向隆升作用和块体的水平运动。大地震的频繁发生则是高原构造最新活动的直接表现。张培震等（2003）根据活动地块的定义等将中国大陆及其邻区划分出6个活动地块区，分别为青藏、西域、南华、滇缅、华北和东北亚，其中的青藏地块又被进一步划分为拉萨、羌塘、巴颜喀拉、柴达木、祁连和川滇6个二级块体。

边缘造山带：属于独立的造山带，其中南缘造山带属于板块间造山带，东缘和北缘造山带属于陆内造山带。由一系列逆冲断裂及其所夹的逆冲岩片组成，表现为逆冲推覆构造带，地震活动性强，具有明显的地震风险性。

沉积盆地：均属于前陆盆地，是在被动大陆边缘的基础上形成的前陆盆地，是青藏高原和边缘造山带隆升历史信息的载体，盆地的充填样式、沉降机制是识别和标定青藏高原和边缘造山带隆升机制的地层标识。

（2）原-山-盆系统演化阶段的时间尺度

原-山-盆系统形成与演化阶段至少可分为4个阶段，包括古特提斯洋与基买里大陆的汇聚、碰撞阶段，印-亚碰撞与青藏高原造山带初始形成阶段，青藏高原隆升阶段，青藏高原隆升后或垮塌阶段。原-山-盆系统的时间尺度可以用几百万年至几亿年、几千年至几十万年、几十年至几百年等不同的时段定义。

11.6.3.3 原-山-盆系统的地球物理含义

中国西部的原-山-盆系统具有陆壳垂向分层和横向分区的特点：①陆壳垂向可分3层，分别为上地壳、中地壳和下地壳，各层具有不同的特点。②陆壳横向分区包括东西分区和南北分区。以青藏高原为中心的环形分区，依次为青藏高原、边缘造山带、周缘沉积盆地，均具有不同的地球物理特征和动力学含义。③具有高密度、高磁性、高速高阻体的混凝结构。

11.6.4 龙门山构造作用与剥蚀作用的耦合机制

11.6.4.1 龙门山隆升机制

龙门山是青藏高原东缘边界山脉，位于青藏高原和四川盆地之间，处于中国西部地质、地貌、气候的陡变带，具有青藏高原地貌、龙门山高山地貌和山前冲积平原3个一级地貌单元，是中国西部最重要的生态屏障，同时该地区也是研究青藏高原边缘山脉的隆升剥蚀所造成的自然地理效应最明显和典型的地区之一（图11.27，图11.28）。龙门山北起广元，南至天全，呈北东-南西向展布，北东与大巴山相交，南西端与鲜水河断裂截切。该边缘山脉长约500 km，宽约30 km，面积约为15000 km^2。青藏高原东缘是研究青藏高原隆升与变形过程的理想地区，其原因在于该地区地质过程仍处于活动状态，变形显著，露头极好，地貌和水系是青藏高原碰撞作用和隆升过程的地质记录，但是龙门山也是国际地学界争论的焦点地区之一，争论的问题包括其形成的时间、机制、过程及其与印度板块和欧亚板块碰撞的关系等。现今青藏高原东缘由原（青藏高原东部川青块体、川藏块体）-

山（龙门山造山带）-盆（四川盆地西部）3个一级构造地貌单元和构造单元组成，显示为原-山-盆体制。它们是形成于印支运动的盆-山体制与形成于喜马拉雅运动的原-山-盆体制转换过程中形成的叠加体。2008年汶川（M_s 8.0）地震和2013年芦山（M_s 7.0）地震相继发生后，国际地学界对龙门山地质研究给予了前所未有的重视，使之成为当前国际地学界研究和争论的焦点地区之一。

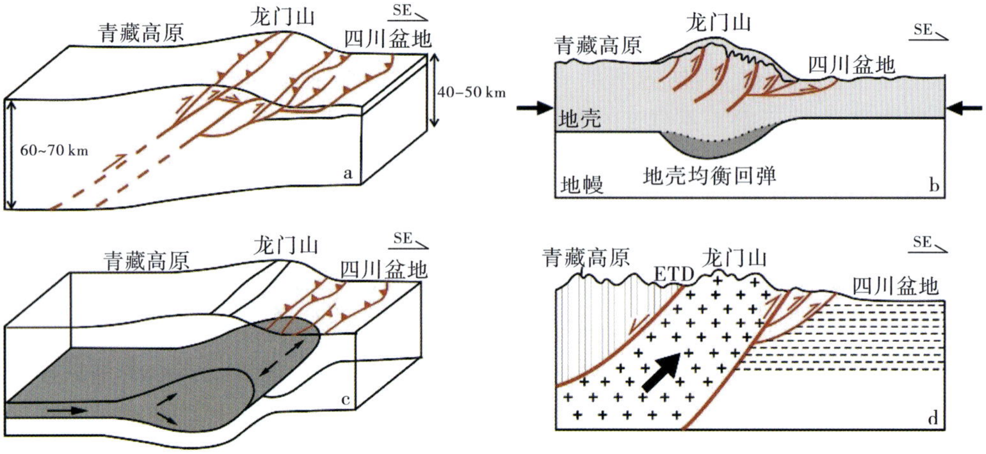

图 11.27　龙门山隆升机制

a—地壳缩短机制；b—下地壳流机制；c—地壳均衡反弹机制；d—挤出机制。

图a和图b据Hubbard等（2009）；图c据Fu等（2011）；图d据许志琴等（2007）

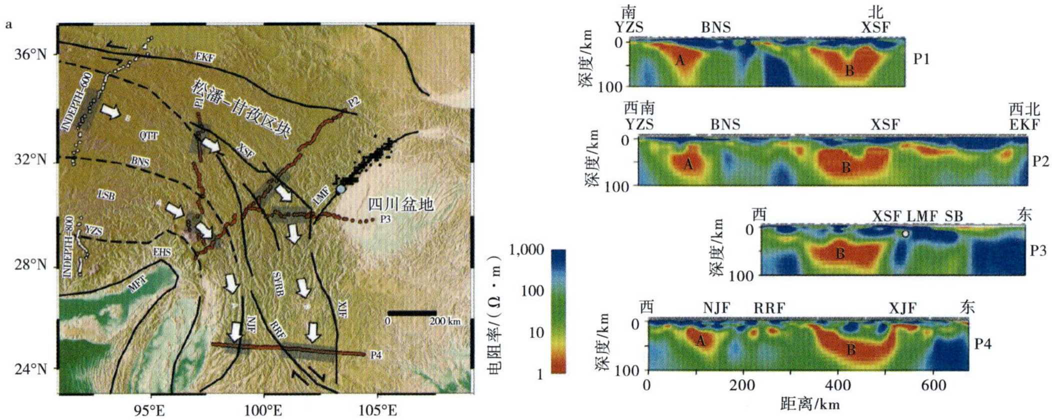

图 11.28　青藏高原东缘大地电测测深剖面及两条通道的空间分布

（据Bai et al.，2010）

利用大地电磁测深方法在青藏高原东缘识别出两条塑性流变地壳物质流出通道（A和B通道）

（1）龙门山的分带性和分段性

龙门山与山前地区（成都盆地）的高差大于5 km，显示了龙门山是青藏高原边缘山脉中的陡度变化最大的地貌陡变带。地表的GPS测量的水平运动速率非常小（1~3 mm/a），垂直隆升速率也很小（0.3~0.4 mm/a）。龙门山呈北东-南西向展布，分为北段、中段和南段，具有南北分段的特征。龙门山从西向东发育茂汶断裂、北川断裂带和彭灌断裂，具有东西分带的特征。总体上表现为前展式逆冲构造带，活动性强，具有明显的地震风险性。其后缘以“青藏高原东缘大型拆离断裂（ETD）”（许志琴等，2007）或“汶川-茂纹剪切带”（刘树根，1993）与松潘-甘孜造山带为界。

龙门山处于强烈的剥蚀阶段，晚新生代以来剥蚀卸载量巨大，至少有 6~10 km 的地层被剥蚀掉，长周期（百万年尺度）剥蚀速率达 6~7 mm/a。此外，在四川盆地至少有 1~4 km 的地层被剥蚀掉（Richardson et al.，2009）。

（2）龙门山隆升机制的类型

前人针对现今的或短时间尺度（晚新生代以来）的龙门山隆升机制，提出 4 种观点或模式（图 11.27），分别为：

地壳缩短（crustal shortening）机制：认为龙门山隆升机制是逆冲作用与沿冲断构造的上地壳的缩短和加厚，由逆冲断裂和逆冲推覆体组成的前陆逆冲带具有自西向东的剪切矢量及扩展式推覆的特点，并与龙门山地区存在的逆冲断层、推覆构造、飞来峰构造和四川盆地西部存在的与逆断层相关的褶皱和缩短现象相匹配（Hubbard et al.，2009）。

地壳均衡反弹（crustal isostatic rebound）机制：认为地表侵蚀卸载作用所导致的地壳均衡反弹和剥蚀卸载，驱动了龙门山的抬升和高陡地貌的形成。

挤出（extrusion）机制：许志琴等（2007）认为龙门山-锦屏山的崛起与中下地壳的变质基底岩石隆起是挤出机制的产物，在后缘发育与晚白垩世（120 Ma）下地壳流有关的大型韧性拆离断裂（ETD），龙门山造山带转变为挤压-转换性质。

下地壳流（channel flow）机制：认为四川盆地之下的强硬地壳阻挡了下地壳物质的流动，最终堆积在龙门山之下，形成了龙门山的巨厚的地壳和高陡地貌。

目前对龙门山隆升机制具有分歧，主要表现在：①现今龙门山隆升过程是上地壳构造作用驱动的，还是下地壳构造作用驱动的产物？前者以上地壳缩短机制为代表，后者以下地壳流为代表，两者如何区别？②现今龙门山隆升过程是构造隆升机制驱动的还是地壳均衡反弹机制驱动的产物？两者如何区别？从理论上讲，构造隆升机制是一个构造加载驱动的隆升过程（包括上地壳缩短、下地壳流），而地壳均衡反弹机制是一个剥蚀卸载驱动的隆升过程。

（3）龙门山隆升机制的复合性

龙门山隆升显示了构造隆升机制和地壳均衡反弹机制的复合，具有明显的复合性。从理论上讲，构造隆升机制是一个构造加载驱动的隆升过程，而地壳均衡反弹机制是一个剥蚀卸载驱动的隆升过程，这两种机制可能是并存的，并同时对龙门山隆升过程发挥作用，只是所起的作用和贡献率不同。Molnar（2012）认为现今龙门山隆升过程是地壳缩短与地壳均衡反弹的叠加，其中地壳均衡反弹机制在龙门山隆升中起主导作用，贡献率为 85%，而李勇等（2018）认为现今龙门山隆升过程是构造隆升机制（上地壳缩短或下地壳流）和地壳均衡反弹机制的叠加，其中构造隆升机制在龙门山隆升中起主导作用，贡献率为 62%~75%。上述认识的分歧在于：其一，构造隆升机制与地壳均衡反弹机制所起的作用和贡献率不同，龙门山隆升与生长就取决于构造隆升量与剥蚀卸载量之间的比例。其二，现今龙门山隆升过程是地壳缩短与地壳均衡反弹叠加的产物，还是下地壳流与地壳均衡反弹叠加的产物？因此，从长周期（百万年尺度）角度，如何标定晚构造隆升机制与地壳均衡反弹机制是如何影响新生代以来龙门山隆升或是以哪一种隆升机制（构造隆升或地壳均衡反弹隆升）为主就成为目前研究的难点。

（4）龙门山隆升机制的叠加性

现今龙门山隆升过程是否是地质历史时期的多期、多种隆升机制叠加的产物？龙门山是印支期以来构造作用形成的山脉，是晚三叠世以来构造叠加的产物，既保存了印支运动、燕山运动的隆升机制及其产物，又叠加了喜马拉雅运动的隆升及其产物，成为多次、多种隆升机制叠合的复杂地质体。而且“中生代龙门山”与“新生代龙门山”可能具有不同的构造系统（盆-山系统或盆-山-原系统）和不同的隆升机制。

（5）构造隆升量与剥蚀卸载量及其对龙门山生长的影响

按造山带隆升过程的构造-剥蚀相关理论（Molnar，1995），山脉的隆升过程是构造隆升作用（地壳缩短机制、挤出机制、下地壳流机制）与剥蚀卸载作用两个变量之间的对比关系；如果构造隆升量大于剥蚀卸载量，山脉将长高，如果构造隆升量等于剥蚀卸载量，山脉的高程将保持不变；如果构造隆升量小于剥蚀卸载量，山脉将降低。因此，龙门山隆升与生长就取决于构造隆升量与剥蚀卸载量之间的比例。研究成果表明（Parker et al.，2011），汶川地震构造作用不仅导致了龙门山的构造抬升，而且也产生了同震的滑坡，其中同震的滑坡量（5~15 km^3）大于同震的构造抬升量（2.6±1.2 km^3），表明剥蚀卸载作用可能导致龙门山的物质亏损和降低。显然目前所面临的问题是，如何标定龙门山的构造隆升量和剥蚀卸载量？标定的依据是什么（是以长周期效应为主还是以短周期效应为主）？因此，从长周期（百万年尺度）角度，晚新生代以来构造隆升量与剥蚀卸载量的标定及其对龙门山的垂向生长的影响就成为目前研究的难点。

（6）整体构造缩短（负载）或有限（局部）构造缩短（负载）及其对龙门山地壳增厚的影响

龙门山是多层次拆离滑脱构造与逆冲构造叠合的典型地区，不仅具有垂直增生的方式，而且具有侧向水平增生的方式。地壳缩短机制认为龙门山的地壳缩短速率很大，并导致了上地壳的增厚，构造缩短发生在整个青藏高原东部（包括松潘-甘孜造山带、龙门山、前陆盆地），显示为青藏高原东缘的整体缩短。而下地壳流或挤出机制则认为龙门山的缩短速率相对较小，认为松潘-甘孜造山带与龙门山是两个地质体，其间为大型拆离断裂（ETD）（许志琴等，2007），构造缩短作用仅发生在龙门山前山带和四川盆地西部，显示为局部缩短。松潘-甘孜造山带定型于中生代（Simon et al.，2003），在新生代显示为沿着大型边界走滑断裂的块体运动和整体隆升，块体内部相对稳定，缺乏构造缩短和活动构造，而龙门山在新生代则显示为强烈的构造缩短与隆升作用。

值得指出的是，汶川地震所揭示的是局部构造缩短和构造负载，导致了龙门山及其前缘地区的构造缩短（7%~28%；李勇等，2009）、构造负载（2.6±1.2 km^3；Marcello de Michele，2010）和隆升作用（最大量 11.3 m；张培震，2009），也导致了成都盆地的不对称性挠曲沉降（Yan et al.，2010），表明汶川地震不仅是一个构造加载事件，而且是一个构造隆升机制驱动的隆升过程。在茂汶断裂及其以西没有构造缩短和构造负载，并显示为沉降作用，表明茂汶断裂并非是现今龙门山叠瓦状逆冲断层系（北川断裂带和彭灌断裂）的一支。李勇等（2006a）在北川断裂的后缘也发现了伸展断陷盆地，表明在龙门山中央断裂以西存在伸展构造。因此，汶川地震所导致局部构造缩短和构造负载从一定程度上支持了下地壳流机制或挤出机制在龙门山隆升机制中的主体作用。因此，如何区分不同的构造隆升机制（地壳缩短机制、挤出机制、下地壳流机制）是如何影响龙门山水平缩短作用（整体缩短/局部缩短、整体构造负载/局部构造负载）成为目前研究的难点。

（7）龙门山隆升机制与青藏高原隆升机制的相互关系

青藏高原隆升机制及周缘山脉隆升机制之间的相互关系是当前国际上研究的热点。龙门山作为青藏高原的东缘边界山脉不仅是验证和甄别青藏高原隆升机制的关键地区，而且也是验证和甄别边缘山脉隆升机制的典型地区。自从 Argand（1924）提出青藏高原的隆升和加厚与 55～50 Ma 印－亚碰撞相关以来，业已提出了许多理论假定和成因机制，如：①地壳缩短与增厚机制（England et al.，1986），强调了南北向缩短和地壳加厚；②侧向挤出机制（Tapponnier et al.，2010），强调了上地壳的刚性变形，认为青藏高原东部块体是沿主干走滑断裂被向东挤出去的；③下地壳流机制，强调中下地壳的塑性流变导致了上地壳的向东挤出，解释了青藏高原东部挤出块体的动力学成因机制；④地壳缩短和地壳均衡机制（Hatzfeld et al.，2010），强调地壳缩短和地壳均衡作用是支撑起现在青藏高原高度的主要机制。目前在青藏高原东部已识别出两条下地壳流通道（Bai et al.，2010），包括 A 通道（印支通道，打开时间为 35～12 Ma）和 B 通道（川滇通道，打开的时间为约 12 Ma 以来），而在川青块体仅出现规模不大的塑性流变物质的流出通道（川青通道；Bai et al.，2010），表明川青块体向东流动的能力、强度和规模要弱一些。因此，青藏高原的侧向挤出机制与下地壳流已成为解释青藏高原东部新生代构造变形的理论基础，挤出机制强调了上地壳的刚性变形，认为青藏高原东部的块体是沿着主干走滑断裂向东被挤出去的，而下地壳流强调了下地壳的塑性流变导致了上地壳的挤出。现在许多科学家都在利用各种技术和方法验证和甄别龙门山的下地壳流隆升机制及其与汶川地震、芦山地震之间的关系。因此，如何通过汶川地震、芦山地震所提供的基础材料去甄别现今龙门山的隆升机制及其与青藏高原隆升机制的相互关系成为目前研究的难点。

（8）龙门山逆冲作用与走滑作用的相互关系

虽然与龙门山构造带走向平行的走滑作用早在 20 世纪 80～90 年代就被人们认识，但是走滑作用在龙门山造山带演化中所起的关键作用却被忽视或估计过低。值得指出的是，近年来发现了龙门山走滑作用的证据，如对雅安地区古近系古地磁测定结果显示自新近纪中晚期以来四川盆地逆时针旋转了 7°～10°，表明龙门山造山带与四川盆地之间发生过大规模的走向滑动。王二七等（2001）提出了印支期龙门山左旋走滑运动，并认为在印支期龙门山发生逆冲构造作用的同时，还发生了左旋走滑运动。李勇等（1995）等利用龙门山前陆盆地中的楔状体和板状体标定了龙门山构造活动的期次和性质，表明在中－新生代期间龙门山具有逆冲作用与走滑作用交替发育的特征，其中晚新生代以走滑作用为主，并在龙门山前缘形成了走滑挤压盆地。以上研究成果均开始强调和重视走滑作用在龙门山构造带演化中所起的关键作用，为研究龙门山及其前缘盆地的形成机制提供了新的视野和依据。

11.6.4.2 龙门山地形与气候之间的耦合机制

李勇等（2014）以岷江上游为例研究了龙门山地区主要流域的水文特征，通过相关性分析，建立岷江上游降水量-径流量-输沙量的相关关系，探索了龙门山地区的降水量对输沙量的控制作用，进而通过降雨量和输沙量来刻画龙门山的短周期剥蚀作用。

龙门山呈北东向延伸，并与东南季风的水汽来源方向正交，造成暖湿气流急剧抬升和冷却，致使水汽在龙门山东侧发生大量凝结和降水。平均年降水量、径流深也为四川省的最高值区。气流越过龙门山脉因山前发生降水而水分减少，当气流经过山脉后，沿龙门山背风坡下沉，湿度也明显减少，这一现象被称为焚风效应。导致了龙门山前缘地区存在明显的地形雨（图 11.29）。位于龙门山西缘的背风坡为少雨区，多年平均年降水量在 500~800 mm 之间；位于龙门山前缘的迎风坡则是多雨区，多年平均年降水量在 1200~2200 mm 之间，其中高值中心区年降水量的最高值为 2500 mm。

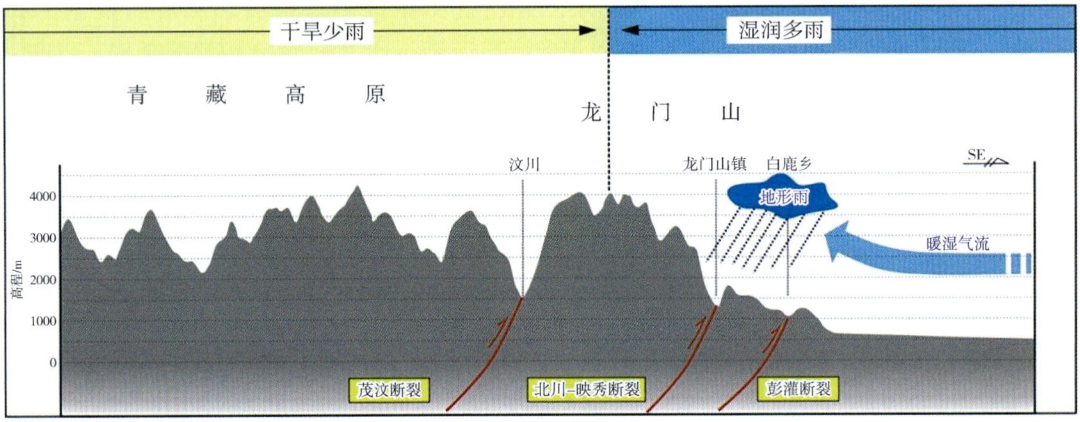

图 11.29　龙门山地形雨形成机制的剖面示意图
（据李勇等，2014）

11.6.5　喜马拉雅山构造作用与剥蚀作用的耦合机制

近年来，一些研究者提出了气候、侵蚀和构造之间的相关性。在造山带范围内，大规模的断层活动和岩石的隆升被认为是差异侵蚀的结果，这种差异侵蚀受气候控制。认为岩体间的快速侵蚀打乱了下伏岩石的应力场，缩小地温梯度，熔化和削弱下伏岩石，导致变形和变质作用。

11.6.5.1　喜马拉雅山的剥蚀作用与下地壳流被拔出地表的机制

Beaumont 等（2001）提出剥蚀作用将下地壳流拔出地表的机制（erosion: channel flow drawn to surface），认为喜马拉雅造山带（图 11.30 至图 11.32）的 4 个属性与这一机制有关。

第一，青藏高原下面的地壳增厚，似乎造成了至少一部分下地壳的部分熔融，当其变软之后就会沿着坚硬岩石的上下向外部流动。第二，喜马拉雅山区的岩石受两条同时活动的断层控制：在喜马拉雅山脉的上部，主中央冲断层向南的逆冲，在它上面的青藏高原南部的拆离断层是一个向北倾的正断层。第三，每年夏季印度洋季风在喜马拉雅山脉的南麓带来大约 4 m 的降水，但是其中不到 10%的降雨量进入西藏。随着降雨量梯度的降低，侵

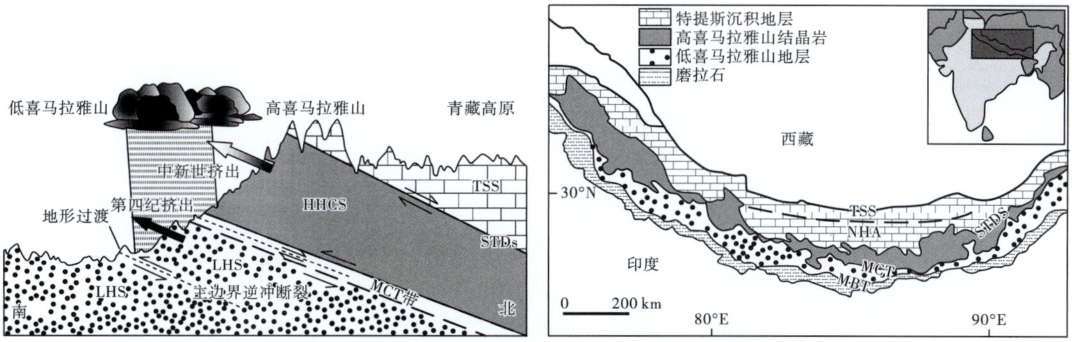

图 11.30　喜马拉雅山中部的南北向地质剖面

LHS—低喜马拉雅山；HHCS—离喜马拉雅山结晶岩；MBT—主边界逆冲断层；MCT—主中央逆冲断层；NHA—北喜马拉雅山；STDS—藏南拆离断层；TSS—特提斯沉积地层

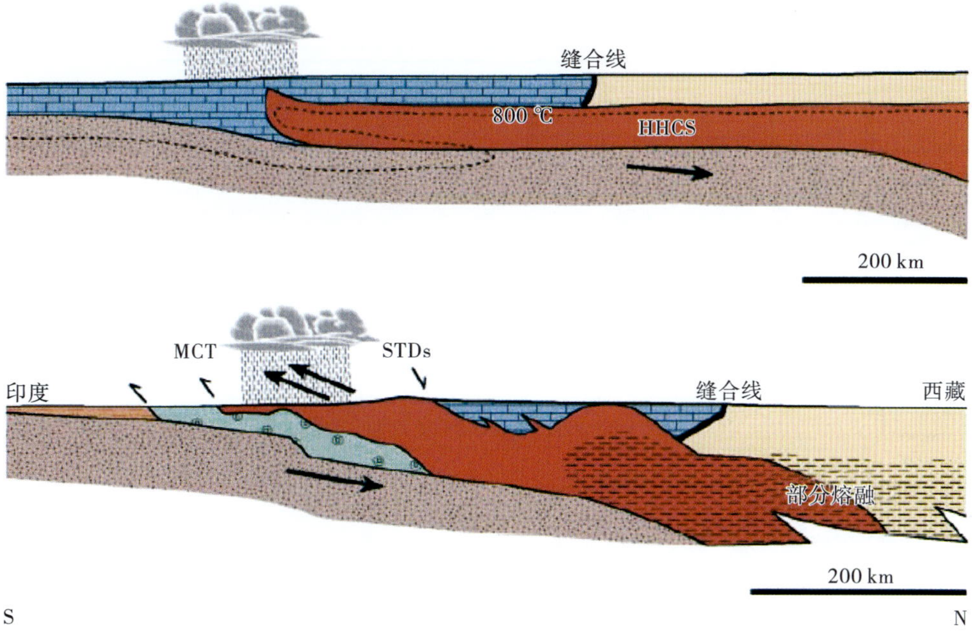

图 11.31　喜马拉雅山的剥蚀作用：下地壳流被拔出地表的机制

（据 Beaumont et al.，2004）

地表剥蚀作用成为造山带地壳抬升的重要动力因素：①地表剥蚀作用并不仅仅是传统意义上地表夷平的因素，它还能打破地壳动力学和热力学平衡，引起地壳内物质和结构的重置，进而促成山脉的加剧隆升；②地表剥蚀作用的强度既受控于造山带的抬升，也受制于地球外圈层（大气圈、水圈、生物圈）；③地表剥蚀作用能够在相对较小的时空尺度内，通过影响和控制造山带下地壳的韧性流动，成为地壳抬升和造山带构造演化的重要动力因素

蚀速率也会降低 1/4～1/3。第四，认为强烈的季风侵蚀了喜马拉雅山南麓，削弱了其下的地壳和提供了通向地表熔融物质的通道，从而限定了大断裂的位置。

下地壳的数字模拟趋向于强调侵蚀的重要性。在缺少侵蚀的情况下，通道仍然被限定在下地壳中（图 11.32b）。当侵蚀发生时，流体向上朝着侵蚀程度较高的地方流动（图

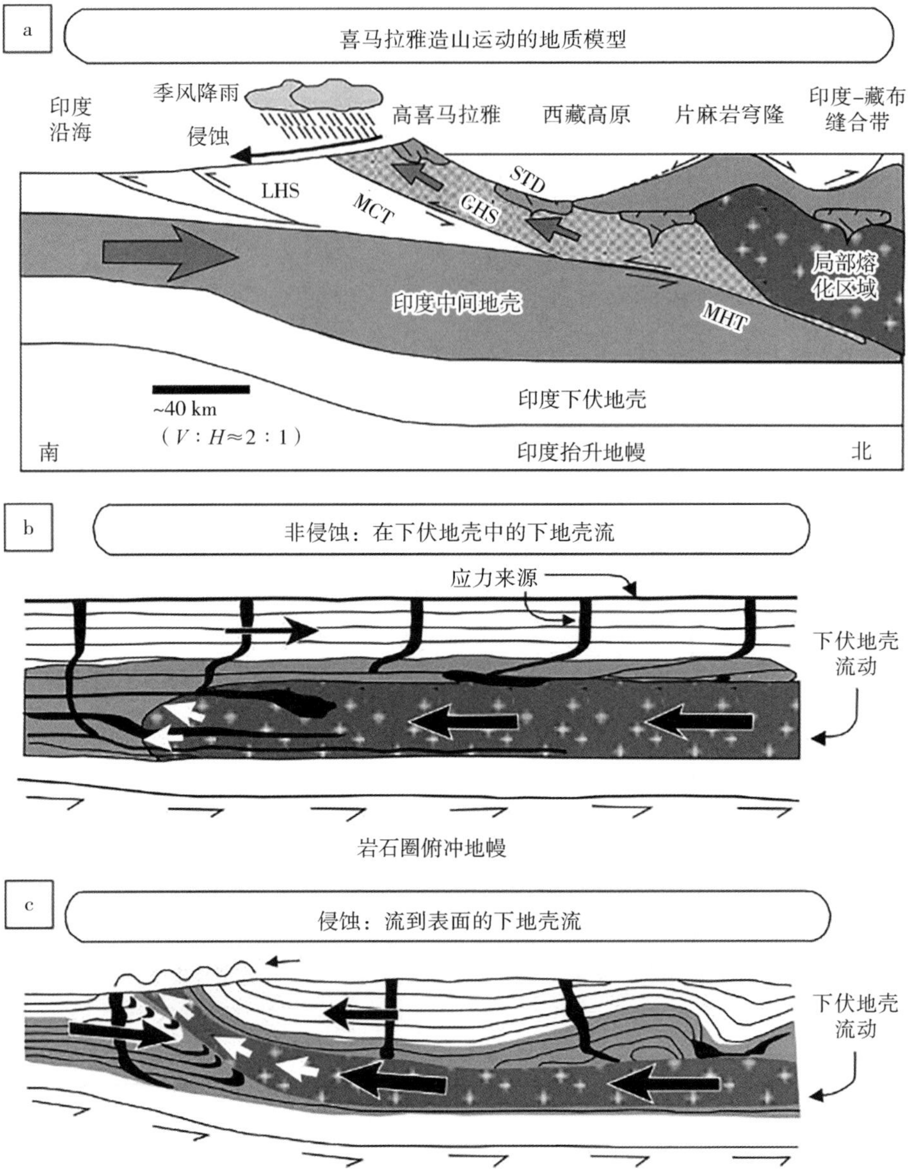

图 11.32　喜马拉雅造山带构造与气候之间的耦合机制

（据 Beaumont et al.，2001）

a—地质观测和概念模式：连接了西藏高原的部分熔融、下地壳流与气候驱动剥蚀作用、喜马拉雅山主干断层之间的相互关系。在喜马拉雅山南侧由季风驱动的剥蚀作用可能减薄了下覆的地壳，导致下地壳流被拔出并向地表的流动。GHS—高喜马拉雅序列；LHS—低喜马拉雅序列；MCT—主中央逆冲断层；MHT—主喜马拉雅逆冲断层；STD—藏南拆离断层。b—在缺乏剥蚀作用的条件下，数字模型预测简单的下地壳流在限定的通道内流动。c—随着在特定区域的持续的剥蚀作用，数字模型预测下地壳流在高剥蚀区域内拔出并向上流动。注意，以上几何结构的预测基于沿着通道边缘的相对运动而确定的，其与喜马拉雅山主要断层（MCT、STD）的滑动速率一致

11.32c)。这些数字模型给出的一个显著的特点是：如果降水量发生反转，那么降水主要降落在造山带的另一面，这些模型所预测的大断层的倾向也会反转。因此，气候、侵蚀和构造之间的潜在联系可以为研究气候在造山运动中作用提供了一个方向。

11.6.5.2 喜马拉雅山的构造动脉瘤假说

Zeitler 等（2001）提出喜马拉雅造山带的构造动脉瘤假说（tectonic aneurysm: erosion-tectonics feedback）（图 11.33），讨论了剥蚀作用与喜马拉雅山的地球动力机制、变质作用的地貌特征之间的关系（erosion, Himalayan geodynamics, and the geomorphology of metamorphism），认为剥蚀作用是山脉建筑的一级控制因素（erosion as a first-order factor in mountain building）。构造动脉瘤模型强调了河流的快速侵蚀搬运作用驱动了深部岩石的局部快速抬升；雅鲁藏布江的强烈下切和侵蚀作用导致地壳增温弱化，形成构造瘤，导致了地壳快速上升、变质作用、深熔作用，深部构造的抬升作用造成了雅鲁藏布江裂点的发育、上游淤积、河流形态的被动调整。

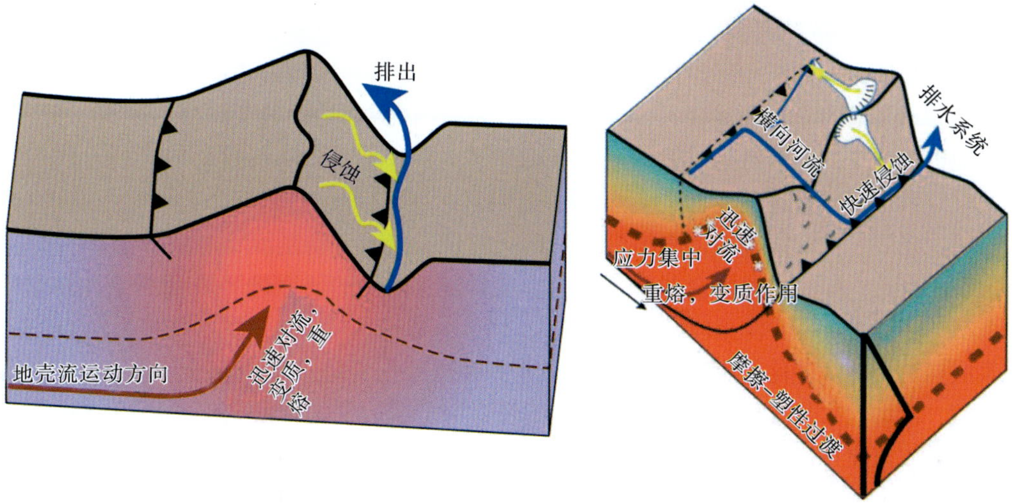

图 11.33 喜马拉雅造山带的构造动脉瘤假说
（据 Zeitler et al.，2001）

第 12 章　造山带-前陆盆地的古地理、古气候重建与原型盆地恢复

在广泛流传的前陆盆地系统概念里，构造隆升（造山带）、构造沉降（前陆盆地）是控制盆-山系统表面过程和古地理的“源”，而地表水文循环和气候变化（干、湿）只是“流”。对地表水文循环和气候变化的研究只是对构造作用的“补充”。但是多数造山带-前陆盆地系统位于陆-陆碰撞带、洋-陆碰撞带和岛弧-陆碰撞带，因此对位于板块边缘的造山带-周缘（或弧背）前陆盆地系统而言，应该在“深时”（百万年尺度）的全球板块构造背景下开展古地理、古气候重建与原型盆地恢复，表达造山带-前陆盆地系统的各种古地理要素及其演化、板块间的陆-陆碰撞、洋-陆碰撞和岛弧-陆碰撞的重建及其动态演化过程、深部地幔活动、大洋板块俯冲及俯冲板片在深部地幔中的运动对地表地形的影响和动力沉降机制。

本章以晚三叠世全球古地理、古气候为例，对造山带-前陆盆地系统的古地理、古气候和原型盆地进行讨论，内容包括古板块与古地理重建，古气候与古季风重建，晚三叠世全球古大陆、古气候和古海洋重建，晚三叠世特提斯域古板块、古气候与古地理重建，晚三叠世扬子板块西缘的古地理、古气候重建，造山带的复原、复位，构造平衡剖面、造山带-前陆盆地构造变形过程的重建，原型盆地恢复共 8 个方面。从目前国内外的研究进展来看，对造山带-前陆盆地系统的古地理研究要注重以下几个问题：①造山带-前陆盆地系统的古地理不仅要表达地球的表层构造、地理演化，更重要的是要表达古地理演化与地球动力演化，具有向深时、原位、原型、活动、大数据和动力学的全球方向发展。②既要从全球的角度看所研究的造山带-前陆盆地系统重建在当时全球古大陆与古大洋所在的位置，又要从局部角度看造山带-前陆盆地系统，重建古板块构造、古气候和古海洋与古洋流。③既要研究以“构造隆升、构造沉降”为主的隆升史（造山带）、沉降史（前陆盆地），又要研究包括季风在内的水文循环（气流、洋流、地形雨）和气候变化（时间、空间）。④在原型盆地恢复时，既要包括地球表面（特别是大陆表面）的造山带的复原与复位，又要包括高地、低地、浅海和深海大洋盆地的古地理重建。⑤在前陆盆地演化过程中，改造与建造同步、改造和迁移共存。前期和早期的盆地经晚期和后期的强烈改造，其原始面貌已大为改观甚至面目全非。所以，剔除后期改造的影响，恢复盆地原始面貌，是研究古代前陆盆地不可或缺的内容。

12.1　古板块与古地理重建

12.1.1　古地理重建

古地理是研究地质历史时期自然地理特征的科学。自然地理特征包括海洋、陆地的分

布特征，大陆块体的轮廓和纬度，地形（隆升剥蚀区和沉降沉积区）的分布及气候、生物等信息。在大陆漂移学说之前，古地理重建是采用固定论观点。自从板块构造学说建立以来，古地理演化是活动的。因此，古地理研究需恢复古洋、陆格局（板块构造）及大陆运动轨迹；复原盆地和山脉展布、变形过程；编制基于古洋、陆重建（板块构造重建）的古地理图（地层古地理图、构造古地理图、岩相古地理图和生物古地理图等）；探讨古地理演化中的构造作用过程、隆升-剥蚀与沉降-沉积过程、古海洋和古气候演变及其资源效应。

自从全球沉积地质对比计划实施以来，以及层序地层学的实践和应用，为古地理研究和编制古地理图提供了理论依据，为重建全球板块古地理、追踪全球沉积记录的同时性、编制等时和瞬时古地理图提供了新的途径和方法。从而沉积相和古地理研究进入与盆地分析、盆地演化和全球海平面升降相关的研究阶段。以 Scotese（2015）、Zeigler 等（2016）、Wright（2013）等学者为代表，基于 GIS、3D 和 GPlates 等计算机技术，实现古地理图表示的数字化、动态化，真实地展示了洋、陆古地理演化。存在的问题主要表现在两个方面：①活动论的古地理图，它应重建古地理位置，恢复各块体或盆地之间的关系，相互拉开和缩短的距离以及漂移旋转的方向；②在平面图上如何反映出某一时间间隔内该地区的沉积发展史，确定等时界面，编制瞬时的古地理图。

然而，随着大数据时代计算能力、效率的迅速提高和地球动力学模拟技术的发展，要求古地理研究应建立在“深时”（百万年尺度）的全球板块构造背景下，以可以修改和更新的数字形式，表达各种古地理要素及其演化；古地理不仅要表达地球的表层构造和地理演化，而且要表达古地理演化与地球动力演化（4D 地球动力学）。因此，当代的古地理学研究向深时、原位、原型、活动、大数据和动力学等综合方向发展。

12.1.2 古板块重建

古地理表达的重要内容之一就是在地质历史中大洋和大陆的分布和演化。Gurnis 等（2012）提出用动态的拓扑板块多边形（dynamic topological platepolygons）构建“深时”（deep-time）的板块运动模型。大洋板块的运动表现为扩张生长或向大陆或大洋的俯冲，而大陆板块则表现为漂移运动和陆-陆碰撞。因此，洋、陆构造的再造主要包括洋底构造演化恢复、古板块（或大陆）及其边界类型的复原和复位。全球板块构造模型的构建需要进行相对板块运动重建、绝对坐标系建立、年代标尺选择和连续闭合的板块多边形的构建。在古板块或古大陆在地质演化过程中，其形态、大小和位置是不断发生变化的。现代板块构造重建采用连续闭合板块多边形理论，通过建立全球绝对坐标系统，模拟和表达板块形态、大小和位置的变化。

12.1.3 古大陆板块的古地形重建

古地形重建是古地理学的重要内容。目前通过中低温热年代学研究、碳群同位素分析（carbon clump isotope）等古高程校正技术，许多学者探索了山脉-盆地系统的剥露-埋藏史、山脉或区域的隆升过程及可能的古高程。然而，区域性或全球性的古地形重建主要还是通过沉积学、构造地质学、古生物学、古沉积环境、构造环境分析对古地形进行恢复（表 12.1）。碳群同位素分析等古高程校正技术是校准和验证关键区域古地形的有效方法。

表 12.1 各种古地理环境的海拔范围

代码	海拔/m	古地理环境	地质证据
9	10000～4000	碰撞造山带	高温、高压变质作用
8	4000～2000	安第斯山式造山带	大陆背景的安山岩、花岗闪长岩
7	2000～1000	a. 岛弧火山岩； b. 陆内裂谷肩部	大洋背景的安山岩、花岗闪长岩与冲积扇砾岩相邻
6	1000～200	a. 裂谷； b. 部分弧前脊	玄武岩、地堑中湖泊沉积构造混杂带
5	200～海平面	a. 沿海平原； b. 较低的河流系统； c. 三角洲顶部	冲积混合体， 主要为冲积平原混合体； 沼泽和河道砂
4	海平面～-50	a. 内陆架； b. 具礁堤的大陆架； c. 三角洲前缘	各种海相沉积物； 巴哈马型碳酸盐岩； 顶积层粉砂和砂
3	-50～-200	a. 外陆架； b. 一些陆表海盆地； c. 前三角洲	细粒沉积物，主要为生物转化物； 细粒碎屑岩或碳酸盐岩前积层； 粉砂岩和近岸浊积岩
2	-200～-4000	a. 陆坡、陆基； b. 洋中脊； c. 前三角洲水下扇	滑塌沉积、等深流相小于 60 Ma 的洋壳底 积层泥岩和远端浊积岩
1	-4000～-6000	洋底	洋壳远洋沉积层序
0	-6000～-12000	海沟	远洋层序中的浊积岩

（据刘少峰等，2016）

从理论上讲，一旦建立了板块构造格架，就可以对大陆高地、低地、浅海和深海盆地进行定量重建。Scotese（2015）提出了古地形重建的基本方法就是利用地质岩相填图方法，确定不同沉积环境的岩相和岩石类型及其反映的古地形和古水深。然而，许多地方岩石记录被侵蚀或由于构造变形被破坏，或被年轻地层覆盖，这就需要通过区域性的构造演化、沉积演化进行古地理恢复。板块构造重建模型也是模拟地质历史时期由各种板块构造事件形成的古地形和古水深的重要依据。大陆裂谷、海底扩张、洋-陆俯冲、洋-洋俯冲、陆-陆碰撞、以及冰川融化后的均衡反弹等均将形成不同的、具有一定海拔区间的地形。大陆变形重建结果同样也可以依据地壳物质守恒原则、均衡补偿原则模拟地表地形的隆升和沉降。洋底古水深（古地形）的恢复主要依据板块构造重建资料。

每一个时间间隔的古地形和古水深资料需要数字化，转换成具有一定水平（平面）分辨率和垂直（高程）分辨率的栅格数据，即“古数字高程模型”（paleoDEM）。古数字高程模型建立可以在板块或陆块的现代位置上进行，但是，重建后的数字高程和水深数据的每一个高程网格需要利用全球板块模型将其旋转到其在地质历史时期相应的位置。古数字高程模型可在 GIS 或 GPlates 等平台下可视化，模型中的每一个网格依据其海拔和水深以一定的三原色合成标准或灰度标准给出特定的颜色或灰度。该数据也便于在这些平台下分析处理、修改和更新。

12.2 古气候与古季风重建

12.2.1 季风的概念

300 多年来，季风被看成是一种“巨型的海陆风”，指的是近地面层冬、夏风向相反的现象。Halley（1686）提出季风是由太阳对海洋和陆地加热的差异所造成，实际上把季风看作一种巨型的海陆风，因此将风向季节变化的程度放在首位。而现在遥感和直接观测的资料支持新的假说，把季风看作是热带辐合带（ITCZ）季节性迁移的表现，因而是一个环球系统。

所谓热带辐合带，是南北两半球大气环流的分界，因此有“气候赤道”之称，但其位置并不与地理赤道重合。热带近地面层吹向赤道方向的南北气流，通常在海表温度最高处辐合，这就是 ITCZ。在这里南北半球带来的水汽和热量汇聚上升，造成对流云和降水，所以 ITCZ 在卫星云图上呈对流云带出现。随着太阳直射纬度的季节性变化，ITCZ 的位置也有季节迁移。太阳辐射在陆地造成的升温比海洋要快得多，因此大陆上 ITCZ 的季节迁移也比海洋上大得多，形成热带季风。这样，对季风出现了两种不同的理解：是海陆加热的差异？还是 ITCZ 的偏移？ITCZ 和西太平洋暖池，是吸收太阳辐射量最多、表层水温最高，因而也是通过深对流向大气输送水汽与能量最强的地方。这里的上升气流造成经向的 Hadley 环流，决定了气流下沉区干旱而上升区降雨量最大，这就是季风环流。

现实中的季风同时受 ITCZ 偏移和海陆加热差异两者的控制（汪品先，2009）。近年来“全球季风”及其与 ITCZ 的关系的新认识，使得对于季风的机理研究大为深化，同时也促使古季风研究从现象描述向机理探索推进。地质界将研究气候演变的目光从高纬扩展到低纬，“气候赤道”ITCZ 正是焦点之所在。

季风与厄尔尼诺同属低纬过程，而现代观测发现两者之间存在某种负相关，当厄尔尼诺强的时候，季风减弱，反之亦然，从而反映出低纬两个大气环流之间的关系。经向 Hadley 环流引起的季风和纬向 Walker 环流引起的厄尔尼诺两者之间相对强度的消长关系，会在不同地质尺度上出现，并且影响全球气候。从上新世的暖期进入更新世的冰期，就有可能是纬向 Walker 环流加强、经向 Hadley 环流减弱的结果。

判断季风强度、划分季风区需要有定量标准，包括“风”和“雨”两个方面。由于地质记录里“雨”的标志比“风”的标志来得普遍，因此，从降水的分布来定义季风，不仅对于当前的旱涝灾害、水文循环有现实意义，而且在古季风的应用上也有较好的可行性，因而是探讨古季风的切入点。

季风推动海洋生产力，但生产力高不一定就是因为季风强。

12.2.2 深时古季风的识别标志

作为低纬区的气候现象，季风存在于除南极以外的各大洲，而且贯穿至少6亿年来显生宙的地质历史。“全球季风”和低纬驱动的概念被推上了古气候学的前台，要求从全球而不只是局部地区的视角来研究季风演变。

12.2.2.1 古季风识别的时间分辨率

所谓全球季风的地质演变，包括各种时间尺度在内，从数亿年板块运动的威尔逊旋回，到几百年以至几十年尺度的太阳活动周期都有影响。在构造尺度上（即 $10^6 \sim 10^8$ a 的时间尺度），全球季风受大陆分合的“威尔逊旋回”调控，合成“超级大陆”时出现“超级季风”，大陆分解后季风减弱。在轨道尺度上（即 $10^4 \sim 10^5$ a 时间尺度），全球季风受地球运行轨道几何形态的变化的调控（即轨道驱动调控），呈现 20 ka 的岁差周期以及 100 ka、400 ka 的偏心率周期。在 10^3 a 及更短的时间尺度上，受太阳活动周期等多种因素的调控。

12.2.2.2 “冰室期”与“暖室期”古气候的差异性

在冰室期，两极冰盖是全球气候变化的驱动要素；在暖室期，热带季风过程是全球气候变化的驱动要素吗？纵观地质历史，极地有大冰盖发育的“冰室期”，远不如没有大冰盖的“暖室期”时间长，全球季风作为低纬过程的主要组成部分，理所当然地是显生宙古气候研究的主题。

古气候学家在关心南北两极的冰盖发育和大洋深层水形成的同时，必须重视“气候赤道”的变迁，探索低纬过程的变化机制。气候变化既要研究两极冰盖，探索地球表面的冷热史；也要研究包括季风在内的热带过程，探索与此相关的水文循环和干湿变化。

12.2.2.3 构造运动对热带季风过程的控制作用

在地质时间尺度上，季风的变化一方面取决于太阳辐射的季节性迁移，因而受地球运行轨道参数的控制；另一方面又取决于海水温度和大陆地形等下垫面特征，因而季风对构造运动的变化十分敏感。构造因素通过对 ITCZ 的位置变化的影响而控制了季风区的地理分布。构造运动造成的海陆分布与陆地地形变化，影响着全球季风的强度和季风区的地理布局。今天欧亚与非洲连成当今最大的大陆，也是地球上最大的季风区；而印度位于赤道以北，南有印度洋、北有青藏高原，形成了最强的季风系统。这是现代的季风系统。与现在完全不同的季风格局，出现在2亿多年前后的“联合大陆”。前人研究成果表明：①海陆分布是地球系统内部控制季风的第一因素，它决定全球季风的发育程度，更决定季风的分布格局。②大陆与山脉位置对季风具有影响；大陆位于低纬区，季风较强；如果低纬大陆上还有南北向的山脉，季风就更强。③青藏高原隆升与亚洲季风的关系体现了构造因素对季风气候的影响。

12.2.2.4 全球季风与威尔逊旋回

(1) 全球季风与威尔逊旋回

全球大陆聚合在一起的现象，在地质历史上确实有过，这就是“联合大陆（Pangaea）”。当时的季风最为强盛，被称为“超级大陆”的“超级季风”。在洋盆扩张和板块碰撞相互交替的“威尔逊旋回”里，大陆相应地聚合、分裂，季风也必然出现盛衰的演替。

在地质历史上“威尔逊旋回”以数亿年的时间尺度重复出现，由此造成的季风演变也长达 100 Ma，构造成因的季风演变比轨道成因的时间长得多。大陆分裂伴随着洋底扩张，大陆联合伴随着陆地碰撞，因此大陆联合的同时也有山脉和高原的隆升，而地形的隆升又是加强季风的重要机制。同时，季风气候意味着水文循环的时空不均匀性，即雨量在季节上和地理上的集中；因此，季风的强盛也意味着非季风区干旱气候的加强，“超级季风”也就伴随着超级规模的干旱。

(2) 全球季风旋回

在三叠纪季风最强，干旱也最强。在联合大陆存在的时候，也是蒸发岩最为发育的时期，导致季风雨高度集中、内陆大片干旱的“超级季风”。

在侏罗纪晚期，随着联合大陆的分裂，“超级季风”也相应解体。从雨量分布的格局看，晚侏罗世依然以季风气候为主，而白垩纪的气候格局就变为以纬向的行星风系为主。白垩纪作为“暖室期”地球的典型。

现在地球上的季风气候系统于何时建立，可以用气候的格局的变化进行判断。行星风系的气候分带呈纬向分布，季风系统的建立则会破坏分带的纬向性。Parrish 等选择三叠纪到中新世的 7 个时段，根据岩性分布推测出雨量分带，认为季风气候随联合大陆而瓦解，到中新世中期随着印度与亚洲的碰撞才重新兴起。

12.2.3 三叠纪超级大陆和超级季风

据 Webster 推论，如果现在的所有大陆向北极集中，就会在 14°N 以北形成唯一的大陆（图 12.1）。大陆内部基本干旱，沿海地区接受季风降雨，冬天为旱季、夏天为湿季。当然这些都是推论，季风与构造的关系有待地质证据检验。

从二叠纪到早侏罗世（2.5 亿~1.8 亿年）的联合大陆（Pangaea），由北半球的劳亚大陆和南半球的冈瓦纳大陆在赤道附近连接而成，尤以三叠纪早期为最盛。关于这种全大陆范围的“超级季风”，最早由 Robinson（1973）根据岩性分布做过推断，她还在晚三叠世和晚二叠世的古地理图上，画出了猜想的 ITCZ 位置，冬夏纬度位移达 40°，展示出“超级”规模的季风系统（图 12.1）。不过跨越赤道南北的超级大陆，虽然提供了超级季风的构造环境，但只有存在高原山脉的时候，季风才能深入内地。

模拟结果显示出全球（全大陆）规模的“超级季风（megamonsoon）”，在冬、夏出现方向相反的季风，ITCZ 在联合大陆上具有大幅度迁移；雨量集中在特提斯洋附近，在内陆降雨量几乎为零；联合大陆气候的大陆性极强，在内陆冬夏的温差可以高达 50 ℃。

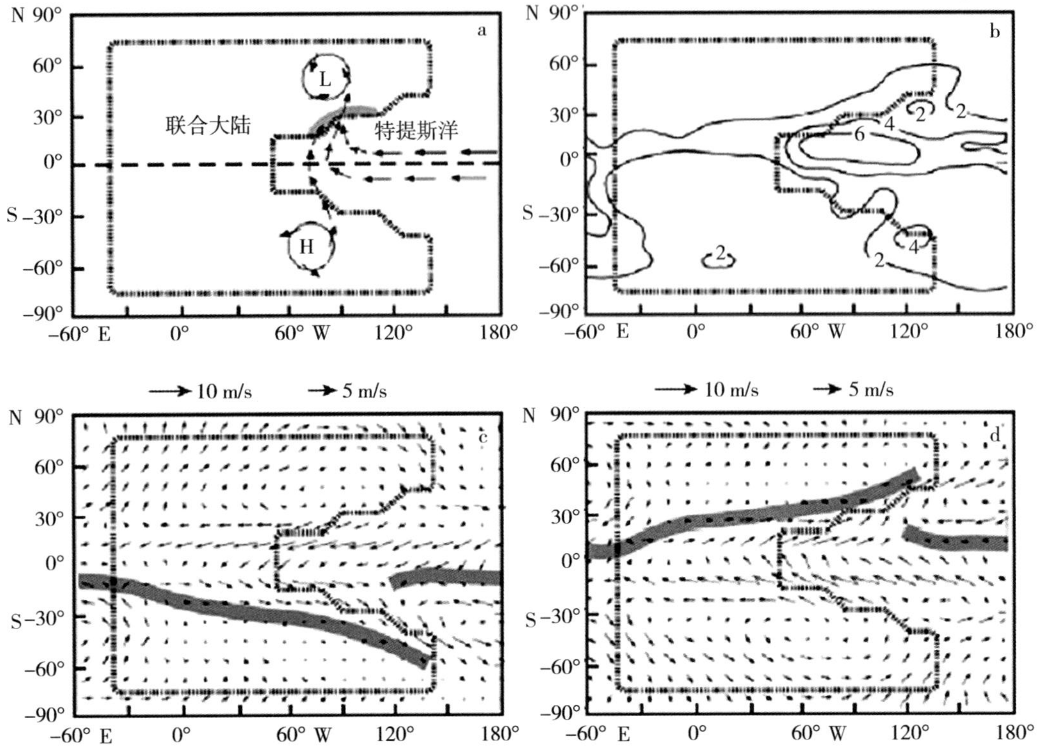

图 12.1　联合大陆的“超级季风”示意图

（据汪品先，2009）

灰线内为图案化的联合大陆，占地球表面约 1/3，线外为泛大洋。大陆东侧夹特提斯洋。
a—北半球夏季季风强降雨区（灰色），箭头示风向，H、L 示高压、低压中心；b—模拟的夏季降雨量（mm/d）；c，d—模拟的冬、夏风向翻转，粗线示 ITCZ、也就是季风区的界限

前人研究成果表明，三叠纪超级季风的地质证据包括以下几个方面：

1）超级季风的季风雨主要限于沿海，内陆就是强烈的干旱气候。

2）当时美洲的阿巴拉契亚山脉和欧洲的华力西（Variscan）山脉，估计高度分别为 4.5 km 和 2~3 km。

3）古季风记录的发现几乎都是在北美，而不是在亚非大陆，因为北美在联合大陆的低纬区，而华南、华北当时游离在外。①在联合大陆横跨赤道的 160 Ma 期间，美国西南部作为当时的低纬区堆积了 2.5 km 厚的风成砂，形成世界上最厚、最大的沙丘堆积，同时也有半干旱带的黄土堆积。②美国西部科罗拉多高原的 Chinle 盆地，当时位于 5°~15° N，处于热带季风区的边缘，对季风特别敏感。晚三叠世风尘与湖相沉积的交替，提供了季风演变的证据。③美国东北 Newark 超群湖相泥岩的微层理，反映了晚三叠世到早侏罗世联合大陆热带区的干湿交替与湖面升降。④在联合大陆期间美国西南部的风成砂，一旦受到潮湿的夏季风降雨作用，就会发生垮塌沉积，早侏罗世 Navajo 砂岩中发现的垮塌沉积，就反映了季风降雨对当时干旱区的影响。

12.3 晚三叠世全球古大陆、古气候和古海洋重建

前人基于对全球晚三叠世古气候的研究，一般有两种观点：第一种观点，在联合古陆时期，如二叠纪干旱气候沉积的广泛分布完全是分带型气候和板块漂移共同作用的结果。第二种观点，联合古陆时期是一个季风性气候时期，全球气候自石炭纪后期开始变为干燥，至二叠纪末期赤道地区也变为干旱性气候。季风性气候在三叠纪达到鼎盛，至中侏罗世才被分带型气候体制所代替。

12.3.1 三叠纪全球超级大陆

作为显生宙时期最为显著的泛大陆地理格局起源于晚泥盆世 Uralian 运动，此时，冈瓦纳大陆与欧美大陆的碰撞造就了泛大陆北部的联合古陆雏形，三叠纪又以哈萨克斯坦、西伯利亚、亚洲东南缘等各板块的碰撞完成了泛大陆最大面积的拼接，并在侏罗纪开始解体，占据地球 10 亿年的历史。晚三叠世至侏罗纪时期，泛大陆内部出现大规模陆内裂谷和板块碰撞活动，是板块构造重建的转型时期。

泛大陆内部的裂谷运动及洋中脊扩张在早三叠世开始活动，在晚三叠世诺利期显著加强，冈瓦纳大陆和北美大陆之间的裂谷盆地形成在该时期，以此构造活动为背景的裂谷盆地内充填大量红色陆相碎屑物质，在北美板块的东部边缘沿着非洲西北部边缘一带广泛分布。Köppen 等（2000）研究发现欧洲中央三叠纪盆地的沉积物具有“三相”性的特点：陆相碎屑岩相、碳酸盐岩及碳酸盐岩-碎屑岩相、碳酸盐岩和蒸发岩相，由于发育同沉积断裂，在欧洲局部地区（波兰）三叠统沉积物厚度可达 4000 m 以上。

在晚三叠世发生的印支运动使得冈瓦纳大陆北支的基默里板块向北漂移，伴随着古特提斯洋的关闭和新特提斯洋的形成。在新、古特提斯洋的边缘浅海及基默里板块的陆缘区沉积大量的碳酸盐岩。在意大利-阿尔卑斯一带沉积岩性以生物礁、浅水碳酸盐岩为主，中亚地区以白云岩沉积；印度、阿拉伯和澳大利亚浅海以碳酸盐岩-碎屑岩混合沉积为特点。

12.3.2 晚三叠世全球古气候与古海洋

Robinson（1973）基于对三叠纪全球分布的红层、蒸发岩和煤层的研究，第一个提出了泛大陆的季风性气候。随后地质学家开始了泛大陆气候模拟实验，利用计算机模拟建立了一系列有关泛大陆巨型季风的假说，发现了越来越多关于泛大陆巨型季风的证据。地质学家们建立了一系列假说，如季风的发展、季风的最高值、季风的衰退等。有关潮湿气候变化的地质证据不仅出现在北美地区、欧洲西部、南美、南非，澳大利亚等地区均有红层、煤层、高岭石等沉积记录。体现出泛大陆季风气候在三叠纪时影响达到空前范围，此时被称为“超级季风”气候体制，随着联合大陆的分裂，到侏罗纪晚期，超级季风随之解体。

Dubiel 等（1991）认为泛大陆巨型季风产生了 4 个方面的结果：①巨型季风带来潮湿

的大气，所以季节性沉积有潮湿性的地层，这在地层中有很多证据。②赤道地区，特别是大陆赤道东部是干旱的，而降雨可能集中在平行于特提斯洋北部和南部海岸的地带及西部中高纬度沿岸地区。巨型季风强度很大并足以反转赤道层流，导致泛大陆赤道西部地区相对潮湿。③气候带不成带状，而平行于纬度。④在三叠纪达到了最大值。这是因为泛大陆季风环流假说是依靠泛大陆的尺度和南半球到北半球越赤道对比。当大陆平均分布在赤道两侧时，这种差异被认为达到最大值。因此，季风环流的最强时期可能出现在三叠纪后半期。

EBM 模型和 GCM 模型研究结果表明，在二叠-三叠纪期间，在联合古大陆内部季节性温差大、净降雨量少，也是在地质历史中蒸发岩广泛发育的时期。因而，二叠-三叠纪全球古气候体制为一种巨型季风气候（megamonson）体制。另一方面，全球古植物地理分区研究结果表明，二叠纪古气候仍然呈现圈层环流体制特征，只不过气候带分界与纬度线斜交。在此期间，东特提斯多岛洋位于联合古大陆东部的赤道低纬度地区，为同期陆地海洋-大气系统的重要组成部分，是当时大气-海洋系统的重要影响因素。

受到晚三叠世印支运动的影响，基默里微板块发生的北移导致古特提斯洋东部的缺口打开，原本内部具有独立逆时针环流的古特提斯洋与泛大洋表层洋流具有较好的连贯性。北半球按顺时针方向流动，南半球按逆时针方向流动，此时的古海洋具有统一、完整的洋流循环（图 12.2 至图 12.4）。

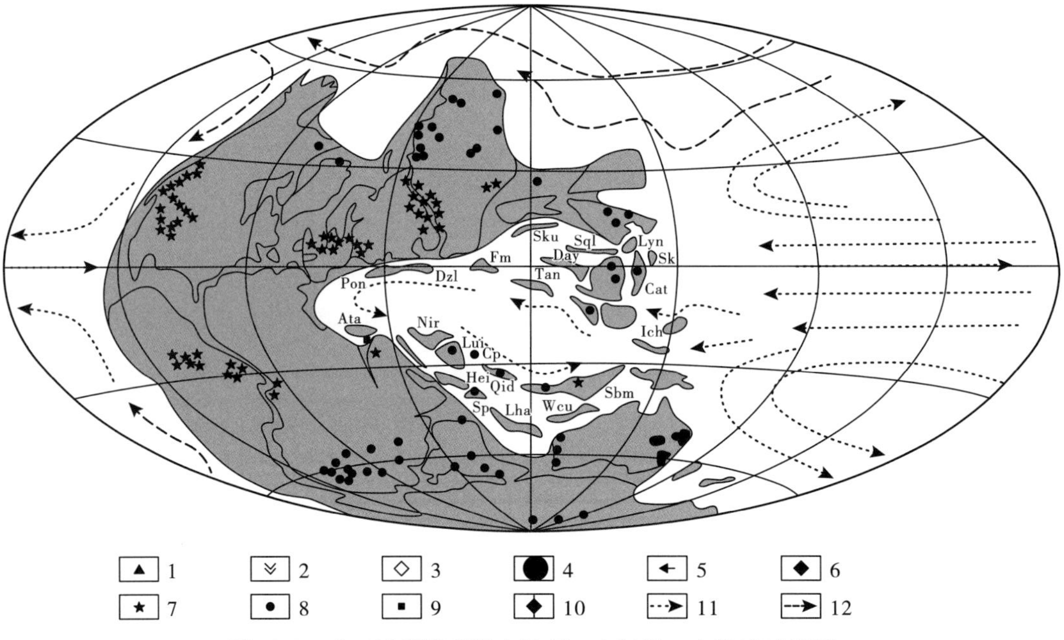

图 12.2　晚三叠世诺利期古地理、古气候、古洋流重建图

（据颜佳新等，2002）

1—沙丘；2—铝土矿；3—厚层白云岩；4—红层；5—磷结核；6—淡水湖泊沉积；7—蒸发岩；8—钙质鲕粒灰岩；9—煤层；10—D-B 植物群；11—暖流；12—寒流。Ata—南土耳其；Bay—巴颜喀拉；Cat—华夏；Cp—中帕米尔；Dzi—外高加索；Far—Farah Rud；Hel—Helmand；Ich—印支；Las—兰坪-思茅；Lha—拉萨；Lut—鲁特；Lya—下扬子；Mon—南蒙古；Nch—华北；Nir—西北伊朗；Pon—北土耳其；Qia—羌塘；Sbm—中缅马；Sk—韩国；Sku—南昆仑；Sp—南帕米尔；Sgl—南秦岭；SS—Sanandaj Sirjan；Tan—唐古拉-昌都；Wbu—西缅甸；Yan—上扬子

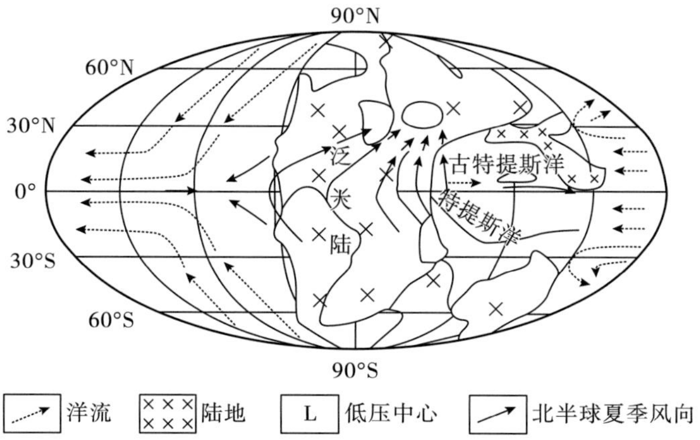

图 12.3　晚三叠世全球古地理分布及古太平洋的洋流
（据 Golonka，2008；颜佳新，1999）

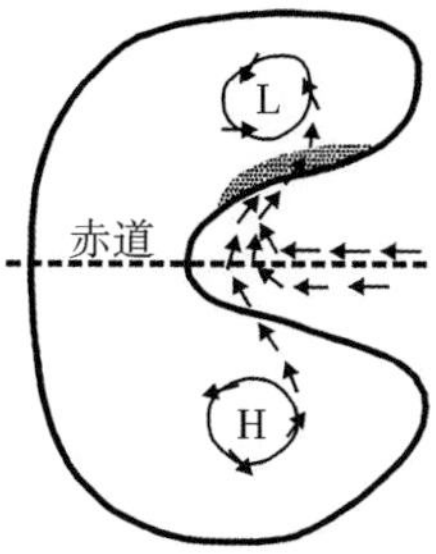

图 12.4　北半球夏季泛大陆东部和特提斯季风循环略图
（据 Parrish et al.，1988）
阴影处为强季节性降雨

12.3.2.1　晚三叠世劳亚大陆（北美板块）古气候

Parrish 等（1988）对晚石炭世-侏罗纪美国西部由大气环流模式预测的风向和由风成砂岩得到的风向进行了对比，提出了早三叠世的全球大气循环模式，认为在三叠纪的泛大陆上季风循环占有主导地位，超过了副热带循环，全球古地理变化及其对环流模式和风成砂岩沉积物具有控制作用。其中风系的变化是研究地球气候和大气循环的主要内容，风成沙（丘）又为风系变化提供最为直接的证据，因此陆相风成沙（丘）是大气循环和短时间尺度内气候变化的标志沉积物。美国西部巨厚的风成沙丘沉积揭示了三叠纪泛大陆古气候（风系循环）以夏季季风气候循环为主导。风成沙丘揭示的气候变化与这一时期的气候模拟具有同步吻合性。该时期全球范围分布的红层、蒸发岩、膏盐、煤层等气候敏感沉积物指示着该时期特殊的古气候变化。通过对泛大陆古地理的研究，他们认为三叠纪时大陆赤道的东岸是干燥的，但因赤道层流的反转，泛大陆的赤道西部地区在三叠纪是相对潮湿的。

12.3.2.2　晚三叠世冈瓦纳大陆古气候

Roger（2002）认为纳米比亚中部的 Omingonde 组沉积时期气候由半潮湿演化到半干旱，直至干旱，而且有大量黄土淤泥注入盆地，这可能是三叠纪的巨型季风的边缘效应。Scherer 等（2007）对冈瓦纳大陆晚侏罗世和早白垩世的风成砂岩代表的古风向进行了研究，与利用气候模型推测的古风向一致，他们认为晚侏罗世和早白垩世冈瓦纳大陆低纬度地区在夏季（12 月至 2 月）存在强烈的季风，并提出了泛大陆巨型季风在早白垩世瓦解的观点。

12.3.2.3　晚三叠世“超级大陆”与“超级季风”的特点

根据前人的研究成果，晚三叠世“超级大陆”与“超级季风”具有以下特点。

（1）泛大陆的分布

在三叠纪泛大陆巨大，泛大陆的暴露面积达到最大。泛大陆在三叠纪的板块形态以赤道为轴近乎成南北向的对称分布，从南极延伸到了北极，且几乎对称地分布于赤道两侧，在赤道两边对等分开，具有赤道对称性，因此形成的季风可能最强，几乎破坏了带状环流。

（2）泛大陆的形状

泛大陆的形状加强了南北半球因热量和压力对比形成的季节性交替循环。半球间热量对比可能与现代发生的夏季亚洲季风类似，但更强大，因为两个半球都是陆地。特殊的大陆形态为季风演变提供了条件，不同季节的差异辐射促使南北两半球表层穿越赤道的气流循环在一年内发生截然相反的风向变化，热带复合带在泛大陆上做大幅度迁移，在赤道范围并深入泛大陆内部的特提斯洋又进一步增强了季风循环，特提斯洋海岸附近出现集中降雨，内陆则以极强的干旱气候为特点。

（3）季风气候的效应

在季风气候调节背景下，Parrish（1993）预测在泛大陆将出现以下变化（图 12.4）：①指示季节性变化的岩石、生物和古土壤周期性的出现；②赤道流的反转导致在泛大陆赤道西部地区出现潮湿气候；③随纬度变化的带状气候区彻底瓦解，降雨集中分布在沿特提斯洋南北方向带上。晚三叠世的广大陆地被分为 3 个气候区：①泛大陆中央处在无风带，应该为全年的干旱气候；②由于西特提斯地区的赤道层流反转，导致这一地区为干湿交替的季风性气候，同时泛大陆的滨岸也为季风性气候；③高纬度地区被西风带和极地东风带控制。

（4）气候模拟

一系列不同的对泛大陆气候的模拟都表明泛大陆存在强烈的季节性气候。Kutzbach 等（1989）利用几个试验研究了与泛大陆有关的一系列可能的气候类型。所有模拟结果都表明泛大陆存在强烈的季风循环，广泛分布有全年的或季节性干旱、特提斯洋南部和北部沿岸夏季季风降雨、中纬度地区冬季降雨。而且，他们还提出热带夏季极端炎热，中、高纬度大陆内部地区存在明显的季节性温度变化。把这种气候称作“巨型季风”（megamonsoon）（图 12.4）。

（5）季风循环

季风循环是泛大陆冬-夏半球间的热量、气压差异和海陆格局分布特征导致的，季风循环具有夏季月份期间有丰富的季节性降雨和全年温度差异小两种特点，降雨主要受到地形控制，发生在海岸附近。泛大陆巨型季风主要有两大特征：①大量的季节性降水集中在夏季；②每年的温度波动小。

（6）海陆热力差异

海陆热力差异是形成季风的必备条件，在泛大陆的东部赤道位置有一个很大的缺口，这可能是巨型季风形成的根源。晚石炭世泛大陆形成的早期阶段，由于冈瓦纳大陆与劳亚大陆的碰撞，在赤道位置形成了一条大的山链，即泛大陆中央山脉（CMP），它的形成对泛大陆的古气候产生了强烈的影响。有的研究者根据中央山脉的位置气候模拟，中央泛大陆山脉通过阻止赤道辐合带的季节性移动而将降水限制在赤道地区，这阻碍了季风的发展。但 Parrish（1988）认为随着泛大陆向北移动，中央山脉被剥蚀降低，至三叠纪仍然可以在两个半球建立完全的季风环境。

（7）全球 CO_2 浓度

在中、古生代之交泛大陆演化过程中，全球发生了显生宙时期中最显著的地质事件：冰期的更替，全球绝对海平面的变化，大规模玄武岩的喷发，干湿气候的转变以及空前的生物灭绝、复苏及辐射事件等。晚石炭世至早二叠世的冰期活动为显生宙规模最大的一次冰川运动，随后地球进入温室期。在晚二叠世的生物大灭绝过程中西伯利亚大火山岩省喷发释放的 CO_2 和海底甲烷气体的逃逸使得全球表层温度的升高 6~8 ℃，随后全球温度升高。早、中三叠世时期的蒸发岩、膏盐、风成沙丘等指示干旱气候沉积物的广泛分布为继承性温室气候的发展提供了直接的地质证据，而到了晚三叠世时期，季风气候和与之有关的卡尼期洪水事件指示着显著气候变化。多数学者认为晚三叠世大气中 CO_2 浓度（模拟值）（图 12.5a）达到中生代最高水平，在大陆表层平均温度可达 25 ℃，在南北半球大陆内的温度差可达 50 ℃。

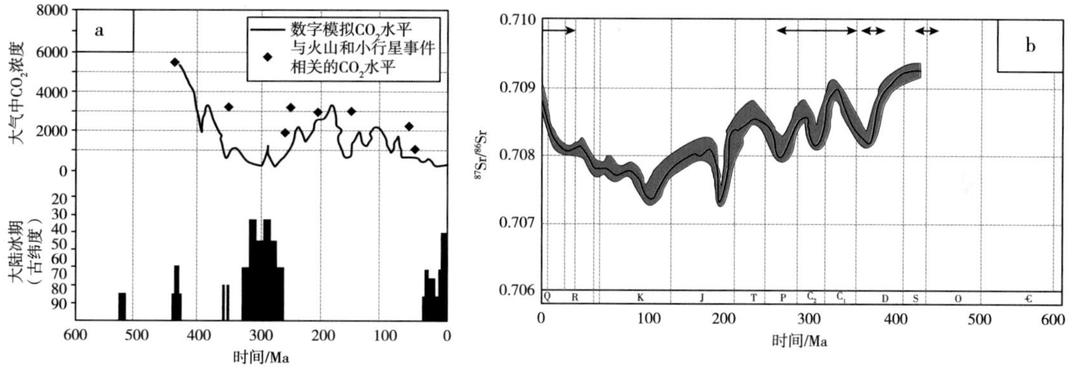

图 12.5　地质历史时期大气中 CO_2 浓度（a）与海相碳酸盐岩锶同位素（b）对比图

（据 Berner，1997；Veizer et al.，1999）

（8）晚三叠世全球锶同位素及铁含量

各大盆地的中生代海相锶同位素演化具有一致性，在中三叠世中期至晚三叠世早期（235~220 Ma）时间间隔中，海水锶同位素组成较为稳定，而晚三叠世中期以后的海水中出现了锶同位素的增加。与此同时，全球绝对海平面变化在晚三叠世早期持续上升，晚三叠世中期以后显著下降，变化范围为 200 m。锶同位素组成的变化被认为与海底构造活动、火山作用及古陆的风化密切相关（图 12.5b）。锶同位素和铁含量数据显示（图 12.5，图 12.6）：①卡尼期早期出现了晚三叠世以来 $^{87}Sr/^{86}Sr$ 值在 238~234 Ma 内急剧下降，在 234~232 Ma 内稳定低值，在之后的时期呈现出稳定的上升期；②海相沉积物中铁元素含量在 232 Ma 左右出现极高值（8090×10^{-6}）异常，约是晚三叠世其他时期的 8~9 倍。造山事件、气候变化、生物灭绝等全球性事件对海相 $^{87}Sr/^{86}Sr$ 的组成造成重要的影响。对于在 238~234 Ma 时间内 $^{87}Sr/^{86}Sr$ 值短期内急剧下降可能与大洋缺氧事件、洋中脊洋壳产生、海底热液活动有关，与碳同位素的解释相一致；在 234~232 Ma 时间内的相对稳定低值可能与该时期海平面缓慢上升有关；在晚三叠世之后，$^{87}Sr/^{86}Sr$ 值的升高，与该时期古特提斯洋的关闭、全球海平面下降、造山运动及火山作用的正效应有关，与陆源硅质输入的增加也有关。

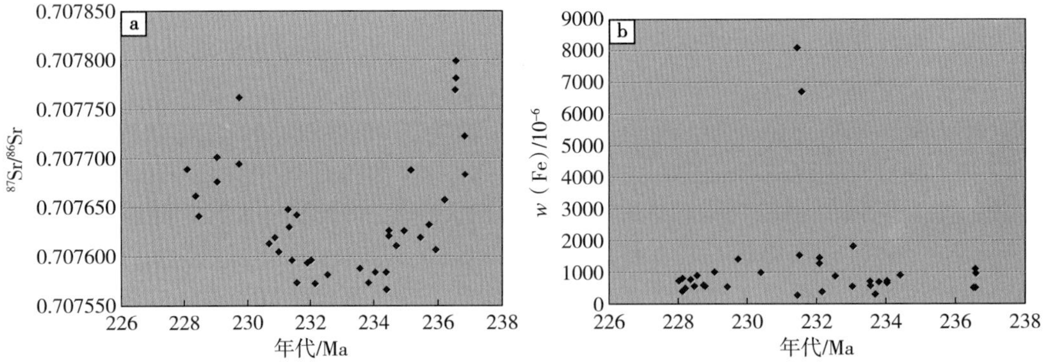

图 12.6　晚三叠世海相锶同位素及铁含量变化图

（据钱利军，2010）

a—锶同位素；b—铁含量

锶同位素在 238~232 Ma 内组成特征所指示的海底构造活动也存在证据。如龙门山前缘的水下逆冲楔的活动（李勇等，2011）、金沙江缝合带的闭合等，另有在火山灰中锆石测年证明发生在北美西部的 Wrangellia 大火山岩省的喷发时间为 230. 91±0. 33 Ma，这些构造活动可能与大洋缺氧事件、铁元素含量异常有关。那么 Wrangellia 大火山岩省等诸多构造运动与缺氧事件、底层海水上涌（洋流循环）是否有相互间的联系，是否对三叠纪季风气候造成影响等相关问题值得深入探讨与研究。

（9）晚三叠世^{13}C 和^{18}O 演化曲线

碳、氧是自然界中大气圈-生物圈-岩石圈-水圈赋存最广的元素，两者的同位素组成在各圈层具有不同的分布范围。一般在地质事件发生过程中会明显的打破事先已经平衡的同位素组成结构，引发长期或短期内各圈层间同位素的交流。除了无机碳同位素在研究地质事件具有广泛应用外，生物壳体同位素成为研究环境变化的新方法。生物在存活过程中与周围的环境进行长期的物质能量交换，其同位素组分代表着周围环境介质的信息变化。显生宙的^{13}C 和^{18}O 演化曲线在三叠纪时间间隔内的波动表明海洋生态环境的变化，在三叠纪全球大范围分布的化学沉积岩（蒸发岩、膏盐岩、盐岩等）对海洋化学性质变化产生巨大影响。

12.4　晚三叠世特提斯域古板块、古气候与古地理重建

颜佳新等（1999）研究了二叠-三叠纪东特提斯地区古地理、古气候和古海洋演化，并引用 Parrish 等对三叠纪古气候研究的观点，认为三叠纪全球是受到巨型季风气候的强烈影响。在二叠纪至三叠纪，全球古气候经历了一次巨型季风气候的形成、发展和衰退的演化。二叠纪是巨型季风的发展时期，虽然在大陆内部已具有季风性气候，但在东特提斯地区古气候带状分布仍然很明显。在早、中三叠世全球巨型季风气候达到鼎盛时期，在整

个东特提斯地区中低纬度地区为干旱气候，发育蒸发岩等反映干燥气候特点的古气候标志。在晚三叠世全球性巨型季风型气候体制解体，并转变为圈层型的气候体制，在东特提斯地区又恢复成带状气候带。

12.4.1 特提斯洋的古洋流重建

晚三叠世卡尼期是巨型季风的最强时期，在这一时期特提斯域内的构造活动也很强烈。基默里板块群向北快速漂移，并与古欧亚板块碰撞，引起古山脉、古高原的隆起（图 12.7）。同时，这一时期全球大面积的火山爆发也值得关注。颜佳新等（2002）对特提斯地区栖霞期、吴家坪期、安尼期和诺利期表层古洋流进行了再造（图 12.7，图 12.8）。在早-中三叠世，向北移动的古特提斯洋中心，进入古赤道地区。

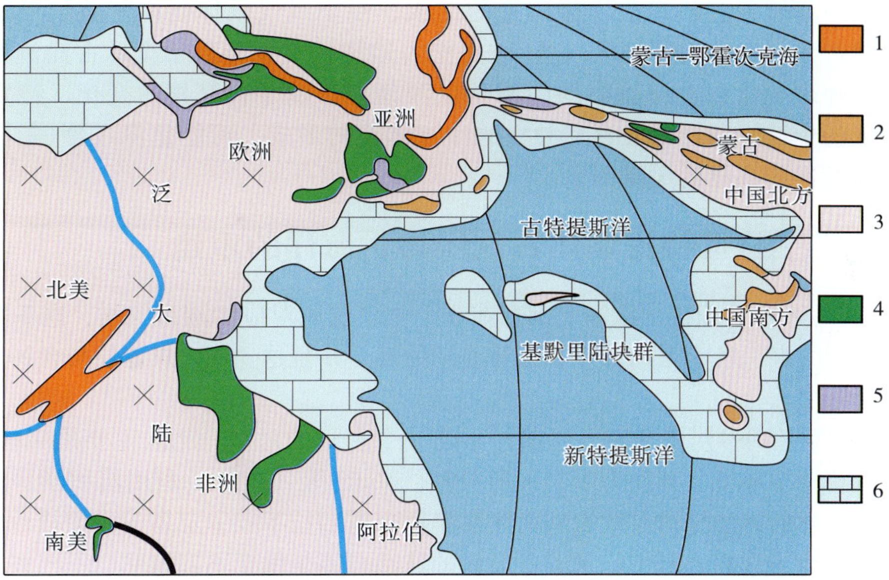

图 12.7 晚三叠世特提斯域的板块构造位置与岩相古地理图

（据 Golonka，2007）

1—山脉/高地（构造活跃）；2—高地形（构造不活跃）；3—中-低地形（无沉积物）；4—河流-湖泊；5—边缘海；6—碳酸盐岩

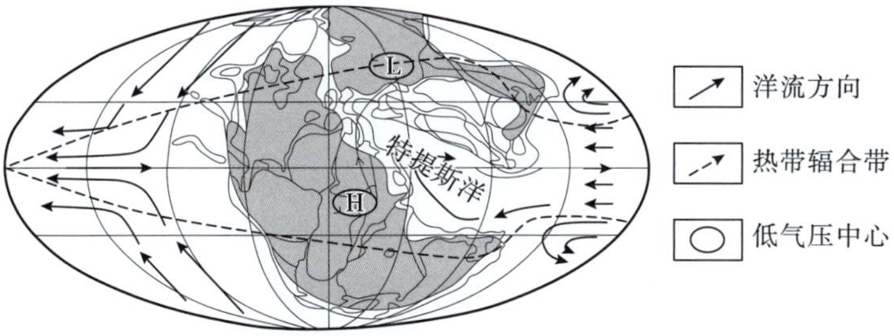

图 12.8 晚三叠世全球季风、洋流循环模式图

（据颜佳新，1999；汪品先，2009）

受科里奥利力和东特提斯洋地块北移的影响，在古特提斯洋的内部表层海水形成两个大的环流，北半球部分按顺时针方向流动，南半球部分按逆时针方向流动。

在三叠纪印支运动以后，中缅马等地块与欧亚大陆南部大陆边缘碰撞，古特提斯洋消失；在南侧新形成中特提斯洋，在中特提斯洋的内部洋流也可以顺畅地参与全球洋流循环。对季风气候形成机制的研究表明，两种陆海分布格局最有利于诱发强烈的季风气候，一种是陆块位于赤道地区，并沿经线方向分布；另一种是陆块位于低纬度地区，赤道地区为海洋环境所占据。晚古生代末期形成的南北向展布的联合古大陆，规模上几乎跨越南北两极，同期的特提斯洋的主体位于古赤道地区，夹于南、北两侧陆块之间。因而，二叠-三叠纪全球陆海分布格局具备诱发强烈季风型气候的古地理条件。另外，整体向北漂移的联合古大陆在三叠纪早期，正好处于一种赤道南北两侧陆地面积近于相等的对称状态。特提斯海域也正好位于赤道地区。多重古地理因素的叠加，在特提斯海域独立的表层洋流体系的形成，使季风气候体制在三叠纪早期趋于极盛成为必然。因此，特提斯地区二叠-三叠纪古地理的变化导致了全球古洋流格局的重大调整，古地理变化和古洋流格局的调整也深刻地影响了古气候的变化，特别是位于古赤道地区的中特提斯洋的发育和独立的洋流体系的形成，可能是将二叠-三叠纪巨型季风气候体系推向高潮的关键因素。

12.4.2 晚三叠世特提斯洋古气候与古海洋的重建

Mader（1990）明确提出欧洲北部存在 3 个与煤层所对应的潮湿气候，这 3 个煤层分别是早卡尼期的煤、晚卡尼期的煤和瑞替晚期的煤，并且这 3 期含煤地层与含钙质壳和石膏的地层为互层。

Visscher 等（1994）认为晚卡尼期并不是一个多雨的时期。北欧主要是一些离散的、产煤的河流相潮湿环境，其间为干旱区所分割。Mutti 等（1995）利用沉积学、岩石学和同位素地球化学的方法探讨了意大利南阿尔卑斯出露的拉丁到卡尼期的碳酸盐台地的沉积和成岩作用，认为这些岩石中记录的古气候的波动可能是由于不同时间、不同频率的季风引起，这证明二叠纪到三叠纪之间的泛大陆地区和相邻海洋确实存在季风性气候，并认为这就是巨型季风。Balog（1999）认为晚三叠世巨型季风的作用使全球降温，并且潮湿抑制了白云岩化作用，所以在匈牙利台地上部留下了大面积未被白云岩化的灰岩，认为晚三叠世匈牙利环状碳酸盐台地的白云岩化作用，就是受到巨型季风的影响。Simms 等（1989）在阿尔卑斯地区晚三叠世卡尼阶中发现了 Julian 亚阶与 Tuvalian 亚阶之间的气候转变，并命名为卡尼期洪水事件（Carnian pluvial event，CPE）。随后，在整个古特提斯洋域的边缘区域（包括德国陆相盆地、意大利、冈瓦纳大陆北部边缘海地区）都识别出这一地质事件。在这一地质事件中，卡尼期碳酸盐生产受到了强烈的限制，黑色泥页岩或黏土质放射虫硅质岩（部分地区）广泛覆盖于海相碳酸盐岩之上，其上沉积硅质碎屑岩；几乎所有的中低纬度亚热带-热带区域碳酸盐岩工厂发生衰退或碳酸盐生产力急剧下降，该过程伴随着海洋生物灭绝，所以这一地质事件还被称为卡尼期危机（Carnian crisis）、卡尼期碳酸盐生产危机（Carnian carbonate productivity crisis）、卡尼期黑色页岩事件（Carnian black shale event）或卡尼期湿润事件（Carnian humid event）、卡尼期多雨事件（Carnian rainy days）等。这一事件在特提斯西北部地区（德国、奥地利、匈牙利）、南阿尔卑斯地区（意大利）、伊朗东北部、喜马拉雅 Spiti 地区、印度尼西亚、扬子板块都被识别出来了（图 12.9）。

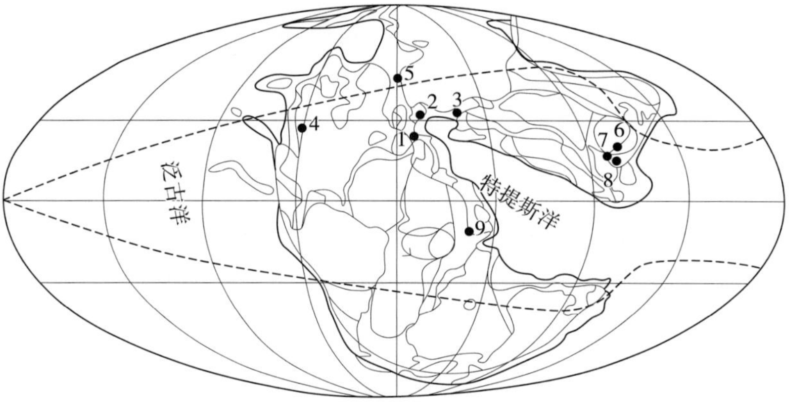

图 12.9　卡尼期全球气候事件的地层记录位置图
（据钱利军，2012）
1—意大利；2—德国-波兰；3—阿尔卑斯；4—美国；5—英国；6~8—中国；9—印度 Spiti 盆地

12.5　晚三叠世扬子板块西缘古地理、古气候重建

在三叠纪时期，在特提斯洋中的基默里微板块群快速向北漂移，到卡尼期，基默里板块群与已经拼合的华北板块、扬子板块碰撞，大规模的造山运动随之发生。古特提斯洋闭合导致秦岭造山带的崛起。

12.5.1　晚三叠世扬子板块西缘古地理重建

在古生代、中生代之交，扬子板块西部具有稳定的被动大陆边缘盆地性质，沉积地层以海相碳酸盐岩为特征。晚三叠世早期为印支运动初始阶段，引发了中国大陆的主体拼合、龙门山的崛起以及前陆盆地的形成，在扬子板块沉积了一套上三叠统地层，从残留海海相地层到过渡相、陆相地层序列，分布于上扬子西缘、西南缘及三江地区沉积分布（图 12.10，图 12.11）。

秦岭造山带在早期的板块俯冲及碰撞造山运动之后，于中三叠世末期进入陆内构造演化阶段，并且在此过程中伴随大量的火山作用和变质作用。古特提斯洋分支的金沙江缝合带初始碰撞事件为卡尼期与诺利期，于晚三叠世晚期洋盆最终封闭（李勇等，2003），导致了在北羌塘地区的周缘前陆盆地的形成（李勇等，2003）。发生于卡尼期的金沙江洋盆以及其向东南、东北方向延伸的分支洋盆的闭合过程中，伴随了大规模的造山运动及火山喷发作用，形成了多条古山脉（或者古高原），造山带隆升以及相伴生的陆源物质向海供给的增加势必影响古特提斯洋陆架范围的碳酸盐台地的发展，触发卡尼期的碳酸盐生产危机。四川盆地西部须家河组沉积岩中火山碎屑岩及凝灰岩的发现佐证了晚三叠世甘孜-理塘裂谷带上强烈的火山作用。

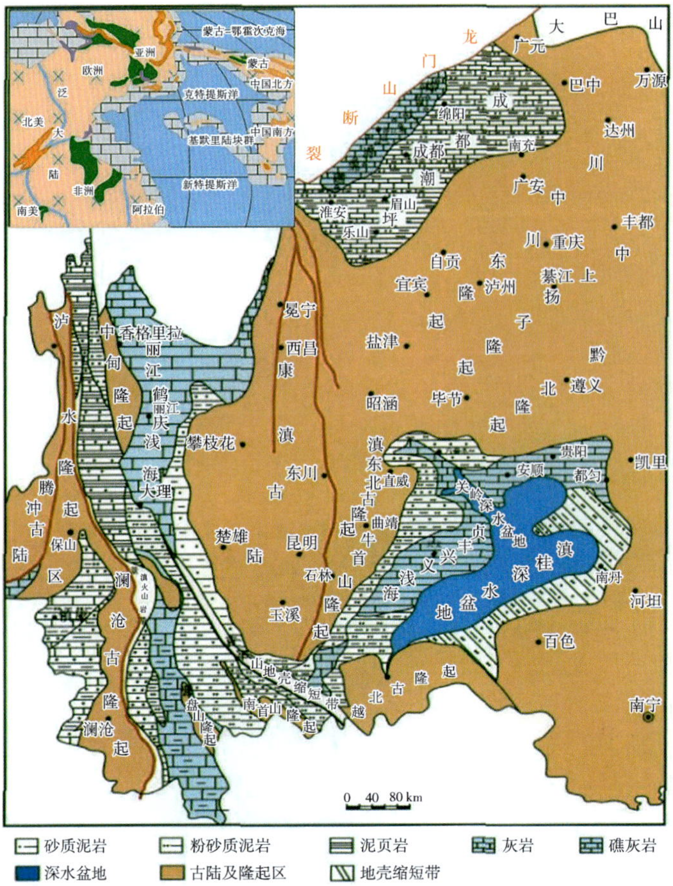

图 12.10　扬子板块西缘的晚三叠世卡尼期古地理图

（据马永生等，2009）

扬子板块西北缘卡尼阶为马鞍塘组。马鞍塘组的岩性在垂向上具有三分性，其下部为灰岩段；中部为黑色页岩段，页岩中见大量菊石化石和植物茎干化石；上部为细砂岩与泥页岩互层段。马鞍塘组与下伏地层（中三叠统雷口坡组、天井山组）之间的界面为平行不整合面（李勇等，2011），其与上覆的诺利期小塘子组（岩屑石英砂岩）为平行不整合面接触（张彪等，2013）。邓康龄等（1982）认为马鞍塘组的时代为卡尼期。

上三叠统与中三叠统间的区域不整合标志着四川盆地从被动大陆边缘向前陆盆地的转变（李勇等，2011），由于龙门山逆冲楔状体的构造负载和甘孜海槽巨厚复理石沉积楔的重力负载导致了前渊的挠曲沉降，从西向东依次超覆沉积了马鞍塘组、小塘子组。碎屑锆石 U-Pb 年代学数据表明小塘子组沉积时期龙门山的隆升有限，该时期川西沉积物主要物源来自北东方向的秦岭造山带（刘树根等，2009；陈扬等，2011）。在川西北地区该组垂向的沉积序列具有从鲕粒灰岩-生物礁灰岩-黑色页岩岩性变化的特点。前人对卡尼期硅质海绵礁与鲕滩的组合的沉积环境有不同的认识，包括：陆棚浅海环境（邓康龄等，1982）、台地边缘浅滩和陆棚浅海环境（叶军，2003）、碳酸盐缓坡（李勇等，2011）、同斜缓坡（吴熙纯等，2009）。

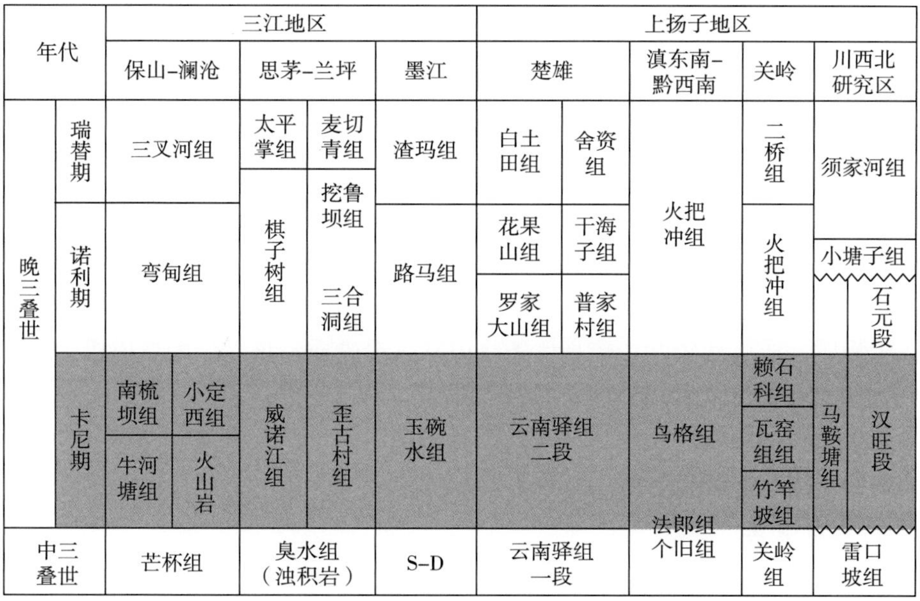

图 12.11　中国三江地区-扬子板块上三叠统分类

（据马永生等，2009）

12.5.2　古植物标志

黄其胜等（1992）对川东地区上三叠统须家河组古植物进行研究，并将其划分成 4 个植物群落：①以节蕨类占优势的沿岸水生植物群落；②以真蕨类双扇蕨科、紫萁科为主的沼泽湿生植物群落；③以苏铁类为主的灌木、乔木植物群落；④以银杏、松柏类占优势的高地中生-旱生乔木植物群落。认为川东地区须家河组植物群以真蕨、苏铁植物为主，反映了气候潮湿炎热的特点，与现代热带雨林气候一致。但多数植物叶片表面覆角质层、气孔器内陷，几乎没有基部呈心状的叶，尤其是地层上部大量出现银杏类植物，在一定程度上反映了干旱气候的影响。

12.5.3　孢粉标志

钱利军等（2012）对马鞍塘组的孢粉组合分析结果表明，卡尼期早期（Julian 期）孢粉反映的蕨类植物和裸子植物均很发育，诺利期的裸子植物明显多于蕨类植物，耐干旱的植物含量较其他种多。总体特征表现为裸子植物和蕨类植物在晚三叠世特提斯洋东部都很发育。孢粉植物群反映的气候信息为卡尼早期（Julian 期）温暖潮湿的亚热带-热带气候环境，到诺利期表现出半干旱的亚热带气候转变。

12.5.4　沉积岩石学标志

12.5.4.1　鲕粒灰岩

鲕粒灰岩的形成不仅需要波动的水动力条件，而且需要一定的温度、盐度等气候条件。现代钙质鲕粒灰岩形成的主要地区（巴哈马台地）分布在南北纬 25°和降雨量小于蒸发量的高盐度（>35‰）地区。

马鞍塘组鲕粒灰岩的厚度大于 40 m，包括 4 种类型，分别为放射鲕灰岩、薄皮鲕灰岩、脑状鲕灰岩和同心鲕颗粒岩。表明在卡尼期扬子板块西缘为低纬度蒸发量较高的干旱气候。

12.5.4.2 纹层结构

卡尼期晚期钙质粉砂岩层具有纹层状结构。暗色条带为有机质条带，其中常伴生大量原生黄铁矿物质，成层性较好；较亮色条纹中富含粉砂质。该纹层的形成机理为季节性变化驱动。马鞍塘组黑色页岩与含海绵的生屑灰岩之间的互层结构也属于长周期的纹层构造。对于沉积物中韵律性变化所指示的气候变化是以季节性变化为特点，具有多幕式、周期性诱发成因，这与三叠纪季风气候背景相符。

12.5.4.3 古流向

杨逢清等（1996）在四川若尔盖唐克上三叠统卡尼阶侏倭组（若尔盖至唐克之间公路 133~134 km 公路界碑处）中发现了等深流和浊流沉积物。该组岩性为薄-中厚层细砂、粉砂岩与板岩呈韵律互层，含 *Halobia* cf. *pluriradiata* 和 *H.* cf. *yunnanensis* 等化石，时代为卡尼期，具有以下沉积特征，包括：①等深流沉积物的岩性为深灰色、灰黑色粉砂质板岩与灰色薄层细砂岩、粉砂岩互层，即泥质等深积岩与砂质等深积岩交替出现。等深流沉积上、下层面突变，多层平行出现，层面见舌状波痕和似鞋底状结核，反映为深水、低流速、连续稳定的牵引流沉积特征。该等深流沉积的下部为浊积岩，上部则为正常深海沉积。这是在海水的温、盐对流与科氏力的共同作用下的结果，也是在浊流沉积过程中受到等深流改造而形成。②浊积岩具较完整的鲍马序列，砂岩底部常发育底面槽模。③古流向。对浊流的槽模测量的结果表明，其尖端的指向为 215°，说明水流方向为南西向。对等深流水流波痕陡坡倾向测量结果表明，水流方向为 135°，表明等深流是北西-南东向流动，并与浊流方向近于垂直，这种互相垂直的双众数流向，是等深流存在的重要依据。等深流沉积物的下伏沉积物为低密度浊流沉积，上覆沉积物为深海-半深海沉积，这种共生关系反映了若尔盖地区在晚三叠世卡尼期，位于大陆边缘的陆隆至盆地边缘区，既接受了大量低密度浊积物，同时或稍后又受到等深流的叠加改造。上述研究成果表明，在松潘-甘孜地区，卡尼期存在两个方向的洋流，一个方向为北东-南西向的浊流，显示了由扬子板块向西南方向的斜坡和浊流；另一个方向为北西-南东方向的等深流（流向为 135°），揭示了存在北西-南东方向的洋流，其与颜佳新（1999）和 Golonka（2008）推测特提斯洋中古洋流方向基本一致。此外，徐强等（2001）在江油马鞍塘镇的马鞍塘组中发现了风暴岩，发育丘状交错层理，可能是卡尼期古季风等证据（图 12.12）。

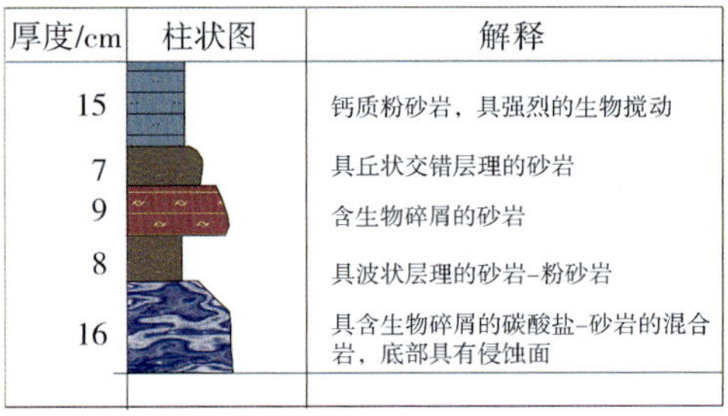

图 12.12　江油马鞍塘组的风暴岩沉积序列
（据徐强等，2001）

12.5.5 碳、氧同位素

时志强等（2010）探索了卡尼阶碳、氧同位素值的变化特征，结果（图12.13，图12.14）显示：

1）在下部海相鲕粒灰岩、凝块石灰岩中碳同位素值在0.89‰~3.78‰之间变化，平均为2.37‰；在上部泥质粉砂岩中化石碳同位素值为-0.21‰~0.77‰，平均仅为0.25‰。表明海相灰岩的碳同位素值均高于泥质粉砂岩中的化石样品，而氧同位素未显现明显的变化。

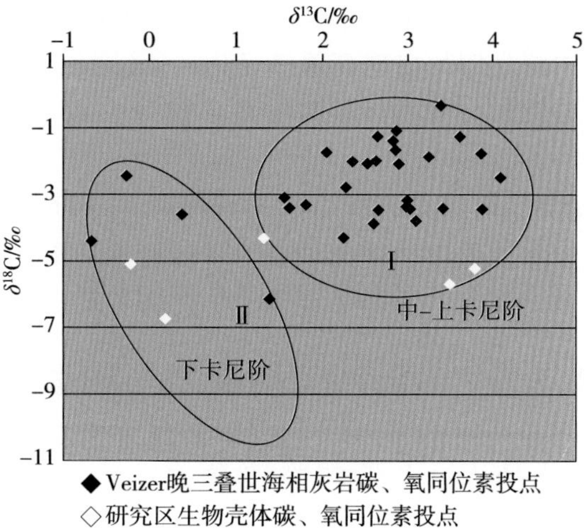

图12.13 碳、氧同位素分区特征
（据钱利军，2010）

2）碳同位素在海相灰岩中自下而上

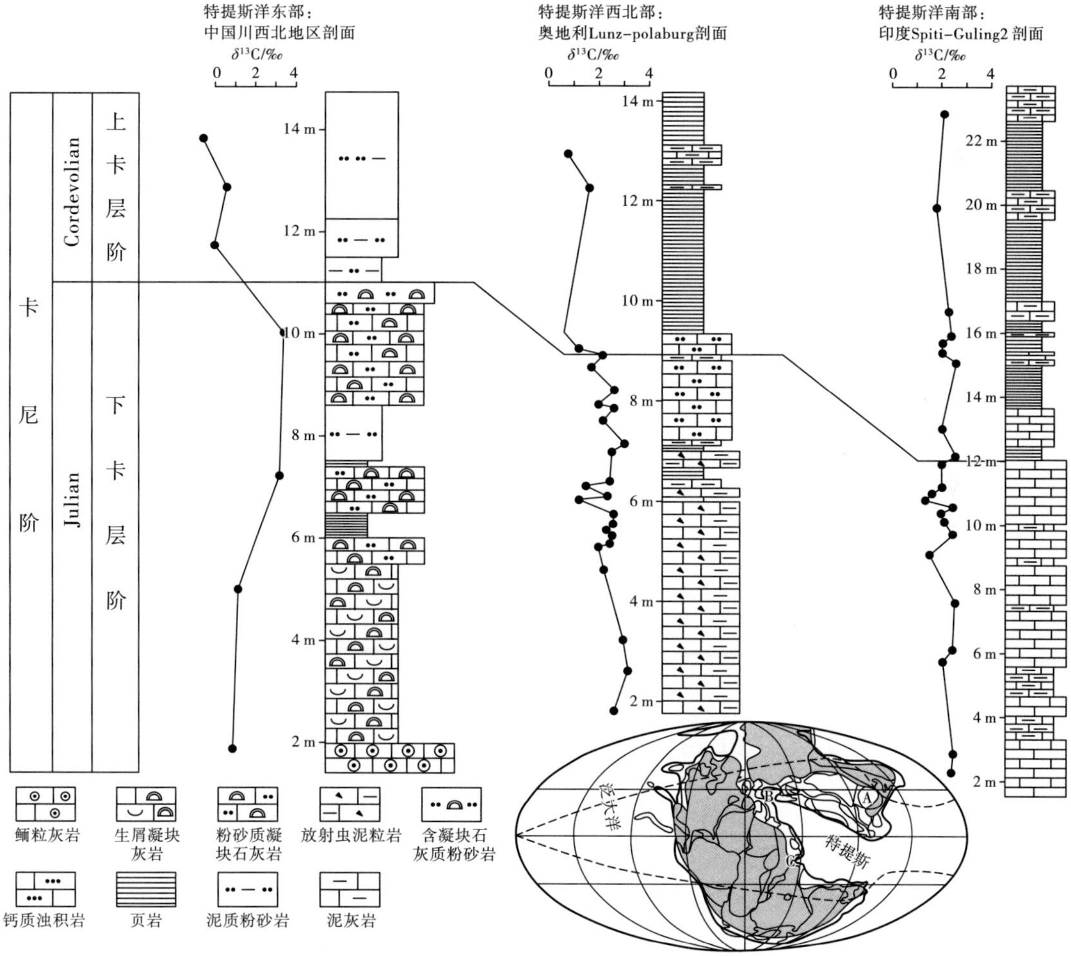

图12.14 特提斯洋卡尼期碳同位素对比
（据钱利军，2010）

呈现为整体上升的过程，在底部的鲕粒灰岩中有孔虫壳体出现低值0.89‰，在顶部凝块石中腕足碎片出现高值3.78‰，氧同位素表现出与碳同位素相反的变化趋势。生物壳体同位素与海相灰岩同位素出现较一致的变化趋势，碳同位素值增大，而氧同位素值减小。

3）川西北地区卡尼阶碳同位素值的变化与西特提斯（奥地利）Lunz-Polzberg剖面、喜马拉雅Spiti盆地卡尼阶有一定的相似性，即从碳酸盐岩到黑色页岩和粉砂岩，碳同位素值有变小、更趋于负值的趋势。

12.5.6 卡尼期碳酸盐岩与碳酸盐生产危机

12.5.6.1 卡尼期碳酸盐岩

特提斯卡尼期碳酸盐生产危机发生在卡尼期中期，表现为碳酸盐沉积的突然终止；之前以台地相为主的碳酸盐生产旺盛，在印度喜马拉雅Spiti盆地主要由灰色层状灰岩夹泥灰质页岩组成，在奥地利西部地区则为放射虫粒泥灰岩。

川西地区亦显示了相似的岩性特征，总体表现为向上变深的碳酸盐岩序列。在黑色页岩事件前沉积的鲕粒灰岩及海绵礁灰岩中可见大量的多门类的生物化石，包括腕足类、双壳类、菊石、腹足类、海绵、海百合、苔藓虫、珊瑚类、箭石类、棘皮类等。

12.5.6.2 卡尼期碳酸盐生产危机

在四川盆地西缘、黔中、滇西北、金沙江沿岸等地，卡尼期碳酸盐岩多被一套黑色页岩（或深色板岩）及之上的陆源碎屑岩覆盖，显示该时期碳酸盐生产的突然中止和生物礁的突然死亡。

卡尼期碳酸盐生产危机的特点表现为：①碳酸盐岩-碎屑岩的转换与碳酸盐生产力的降低。卡尼阶岩性显示为从碳酸盐岩到暗色泥质岩、粉砂岩的转变，与西特提斯地区卡尼阶在岩性和颜色上有很大的相似性，代表了碳酸盐生产力的降低。②碳酸盐工厂生产中止和台地生物礁的死亡。③黑色页岩与缺氧事件。④大气CO_2浓度增加，大陆风化速率增加，陆源硅质碎屑输入增多。⑤构造隆升与风化作用加强。构造及风化作用加强因素引起的陆源碎屑输入导致碳酸盐生产的终止和生物礁灭绝。⑥古海洋碳酸盐补偿深度面的短暂性升高。⑦气候转换。相对干旱的气候向相对潮湿的气候转换，水汽输入增强。

12.5.7 卡尼期黑色页岩与古缺氧事件

Bhargava等（1998）曾把在特提斯域内分布的卡尼期晚期毫米-厘米级的黑色页岩称为“书本页岩”，表明了奥地利与印度喜马拉雅地区在卡尼期晚期为缺氧环境。在川西地区，该套同期地层表现为马鞍塘组的黑色钙质页岩，厚度一般为大于1 m至10余米。

与卡尼期晚期黑色页岩相当的沉积物在松潘-甘孜地区、昌都市、黔西南地区、可可西里地区均有发育，显示为黑色页岩或粉砂质板岩、钙质板岩，反映了这一次黑色页岩事件在古特提斯东北部地区具有广泛的分布。

此外，该套深色泥页岩在西特提斯、印度喜马拉雅等地均有分布，覆盖在卡尼期早期碳酸盐岩沉积物之上，表明卡尼期在特提斯范围内可能发生了古海洋缺氧事件，该事件造成了卡尼期晚期碳酸盐生产危机。

12.5.8 卡尼期黑色页岩/碳酸盐生产危机的成因机制

12.5.8.1 缺氧事件的成因机制

关于缺氧事件的原因，迄今为止仍然没有统一的观点。目前对全球性的多次大洋缺氧事件（oceanic anoxic events，OAE）的形成机制主要有以下几种观点：

1）高生物生产力。海洋中生物生产力极高，生物大量繁殖和大批死亡，这些生物遗骸在海底沉积，大大消耗了海底水中溶解的有限浓度的氧气，造成严重缺氧的还原环境。

2）大规模的海侵事件造成海平面上升。多数研究者认为海侵是由地壳的构造运动引起，也有人认为是冰川消融引起。大规模全球性的海侵和大洋缺氧事件造成了有机质的大量埋藏。

3）火山喷发。一些研究表明，全球性大洋缺氧事件发生之初，往往伴随剧烈的火山喷发，使地球深部的大量还原性气体进入大气圈，从而破坏了原先建立的大气圈-水圈-生物圈之间的平衡关系。

4）上升洋流的活动。当全球海平面处于上升阶段时，底层洋流活跃，在沿岸带形成上升流，使表层生产力进一步增强，底层水含氧量减少；在这种背景下氧化作用缓慢，生物死亡沉积后容易保存，大量陆源碎屑中的有机物质与海水表层浮游生物死亡之后的有机体一起下沉，下沉过程中的氧化分解作用消耗了水体中大量的氧，同时上升洋流也分解有机质，因此底层水迅速变成“无氧状态”，导致沉积物中海洋生物死亡，有机质突然急增而大量保存下来，加剧了缺氧环境。

12.5.8.2 卡尼期缺氧事件/碳酸盐生产危机的形成机制

刘树根等（2009）、时志强等（2010）、李勇等（2011）、王艳艳等（2012）、钱利军等（2012）专门研究了卡尼期缺氧事件/碳酸盐生产危机，并提出了一系列的成因机制来解释这一地质事件，主要包括以下方面。

（1）前陆盆地挠曲沉降导致的淹没机制

李勇等（2011）在研究扬子板块西缘印支期逆冲构造挠曲变形过程中阐述了前陆盆地早期碳酸盐缓坡和生物礁生长、灭绝的模式，并认为在卡尼期晚期，由于龙门山造山楔构造负载导致的挠曲沉降驱动的相对海平面上升速率大于海绵礁生长速率导致礁体淹没窒息致死，并形成黑色页岩。利用造山楔-前陆盆地系统的构造加载-挠曲沉降机制解释了龙门山前陆盆地卡尼期碳酸盐生产危机和黑色页岩的形成。

（2）秦岭造山带陆源碎屑的输入

刘树根等（2009）认为盆地在由海相向陆相转变过程中，受秦岭造山带的物源控制，陆源碎屑的输入终止了海绵礁的生长。

（3）造山运动与火山作用

时志强等（2010）认为黑色页岩有可能和同期火山活动有关。晚三叠世卡尼期晚期及诺利期早期，松潘-甘孜地区海底火山活动剧烈。

生物生产力的提高引起的缺氧事件是黑色页岩沉积的主要因素。认为海底火山作用过程促使大量饱含 CO_2 和 H_2S 的厌氧海水上涌，进一步加剧了大陆架地区的厌氧环境，使黑色页岩沉积更为显著。

（4）气候机制

王艳艳等（2012）认为下卡尼阶中碳同位素稳定上升，反映了卡尼期受淡水输入的影响，潮湿的古气候是造成川西北地区海绵礁（丘）大量周期性死亡及碳酸盐台地（或缓坡）最后消失的影响因素之一。

（5）构造与季风相互作用机制

时志强等（2010）、钱利军等（2012）提出了构造与季风相互作用机制，以解释卡尼期事件，包括卡尼期气候变化以降雨量的增加、深水硅质碎屑的输入增强、碳酸盐岩生产危机、CCD 面的上升、大洋缺氧、黑色页岩沉积、生物灭绝及辐射等事件。认为该过程与板块构造运动及巨型季风体制密不可分，巨型季风体制同时又受到板块运动威尔逊旋回引起的古地形、古地貌影响。

综上所述，就扬子板块西缘的龙门山造山带-前陆盆地系统而言，在晚三叠世联合大陆和古季风的背景下，扬子板块位于特提斯洋东南侧的低纬度地区，属于季风影响区。卡尼期早期，龙门山造山楔初始加载于扬子板块西缘，可能属于水下岛链或部分出露于海平面的岛链，前陆盆地属于海湾，其水体与特提斯洋仍连为一体，在前渊沉积了浊积岩、黑色页岩等，前陆斜坡带沉积了鲕粒灰岩和海绵礁，因此该时期扬子板块西缘可能主要受特提斯洋流、古季风场和干燥气候的控制，扬子板块西侧的特提斯洋发育顺时针洋流（等深流的方向为135°；杨逢清等，1998），呈由北向南流动。由西向东的夏季风驱动的上升洋流带来大量的硅质，为硅质海绵礁的发育提供了物质基础。卡尼期晚期，龙门山造山楔可能属于出露于海平面的岛链，形成地理屏障和阻隔，前陆盆地属于相对闭塞的海湾，其水体与特提斯洋仍有限的连为一体，在前渊和前陆斜坡带沉积了浊积岩、三角洲和黑色页岩等，黑色页岩中有机质类型以Ⅱ型为主，为海洋性来源，表明季风驱动的上升洋流增强了前陆盆地的有机质生产力。因此在该时期扬子板块西缘主要受到特提斯洋流、古季风场和潮湿气候的控制，发育由北（或北西）向南（或南东）的洋流和由西向东的夏季风。龙门山岛链的形成可能对洋流的流向有一定的影响，导致局部的气候分异。在诺利期-瑞替期，随着近南北向龙门山造山带的隆升，形成近南北向的地理屏障（高度 1～2 km），并将前陆盆地与特提斯洋隔离，使前陆盆地成为内陆盆地，并导致局部的气候分异。龙门山造山带的隆升导致以下效应：①大陆风化作用加强，为前陆盆地提供了巨量的陆源碎屑，形成了冲积扇、三角洲。②造成前陆盆地中的水体迅速淡化和盐度降低。③龙门山西侧为迎风面（来自特提斯洋的由西向东的夏季风），加强了季风作用，导致降雨强度的增加；龙门山东侧为背风面，导致局部干旱化，形成了温干性的气候，植被发育、繁盛和成煤环境。④页岩中有机质为过渡相-陆相来源，应该以Ⅲ型为主。

12.6 造山带的复原、复位与构造平衡剖面

12.6.1 造山带的复原与复位

造山带复原和复位思想源于大陆漂移和板块构造学说，地体理论和造山带地质学理论及其应用起到了推动作用。前人做过的大量古地理重建主要是从板块规模的宏观复位，而且主要利用了古地磁的测试数据。对造山带复原和复位起重要作用的因素有3个方面：①造山带地层学和构造变形；②构造平衡剖面的编制；③地层体叠置形态和相关平衡原理。

12.6.1.1 基本术语

绝大多数非原地沉积盆地位于造山带。目前，将造山带地层一般分为史密斯型、非史密斯型及有限史密斯型3种（冯庆来，1993）。

史密斯地层（Smith stratigraphy）：适用于经典地层学、沉积学原理的相对有序的地层，主要分布在大陆克拉通和造山带稳定地块的弱变形地区。

非史密斯地层（non-Smith stratigraphy）：由于区域变形——变质作用不仅使原生地层褶皱、冲断、滑覆，而且使其变质，不同程度地使地层发生位移、转向、重组而混杂无序叠置在一起，它们既不服从斯坦诺（Steno）地层叠覆律、原始水平及侧向连续原理，也不遵循史密斯（Smith）生物顺序律和瓦尔特（Walther）相律。

有限史密斯地层（limited-Smith stratigraphy）：属于上述两种地层类型的过渡类型。

露头的非原地性（displaced outcrop）：现今露头并非处于其原始沉积盆地位置，而是经历了不同程度的位移后而露。造山带露头非原地性特点主要表现为：①非原地的地体可由一个或多个性质相同和（或）不同的沉积盆地组成；②构成沉积盆地的各种地层体发生了构造变形、变质、移位作用，甚至位态的重组；③各种地层体的位移以推覆过程为主，滑覆位移也较常见。

露头复原（rebounding of original outcrop）：将变形的史密斯地层恢复到变形前露头并接近于原始展平宽度和实际可能存在的沉积宽度过程。

露头复位（reposition of original outcrop）：将推覆、滑覆位移的露头恢复到相对原始沉积位置或负载块体的过程。

12.6.1.2 基本方法

首先，对经历了构造变形、推覆、滑覆的地层体进行构造平衡剖面、构造挠曲作用研究；其次，计算这些推覆体、滑覆体（飞来峰）的迁移距离、变形缩短率；最后，对露头予以复原和复位。在条件许可的前提下，可结合古地磁完成露头的复位；然后再根据地层体中各种地质信息进行原始古地理、盆地分析。在一般情况下，造山带经历构造变形、推覆、滑覆作用的现象较为常见，这种情况下构造平衡剖面及挠曲作用研究方法则非常适宜。

12.6.1.3 造山带地层的复原

主要针对造山带内经历了构造变形的非史密斯地层，目的在于恢复变形前露头接近于原始展平的宽度和实际可能存在的沉积宽度，为露头复位打下基础。王成善等（2001）曾提出，对于非史密斯地层而言，露头复原的基本原理为：变形地层，通过变形缩短率的求取计算恢复展平宽度，通过展平宽度、海向、岸向的地层真厚度和平衡原理可恢复被剥蚀的宽度，进而确定原始沉积宽度和古海岸线位置。包括两个步骤：求取露头展平后的宽度；计算原始沉积宽度。

12.6.1.4 造山带地层的复位

这里指狭义的露头复位，只包括在造山带中推覆、滑覆的露头，不包括迁移板块的复位。其原理为：对于推覆、滑覆的露头，利用原始沉积宽度、位移方向、轨迹和距离对其反向朝根部拼合，可获得相对原沉积位置的露头分布。

12.6.2 构造平衡剖面技术与缩短量计算

平衡剖面技术最早源于加拿大 Calgary 地区，Bally 等（1966）在研究落基山时首先编制了一系列平衡剖面，之后，随着平衡剖面技术在含油气盆地石油勘探和造山带研究中的广泛应用，尤其在英国和北美指导石油勘探中获得极大成功，使得该技术得到迅速发展，被广泛用于解释构造的形成以及构造的复原。30 年来，平衡剖面技术也在不断发展，经历了由手工制作剖面到计算机模拟，由二维模拟到三维模拟。目前该技术主要是利用地震剖面制作平衡剖面的方法，主要应用于剖面的合理性检验、构造变形定量分析和模式化解释。

12.6.2.1 基本概念

前人在开展褶皱-逆冲断层带构造的定量几何学研究时采用平衡剖面和计算机技术恢复原始地层剖面，并应用于计算造山带地壳的缩短量。

平衡剖面方法是根据物质守恒基本定律提出的，遵守的法则包括面积守恒、层长守恒、位移一致、缩短量一致 4 个方面。平衡剖面技术以物质守恒定律为基础，旧平衡态的破坏一定伴随新平衡态的产生，自然界的物质和能量都是力求达到平衡的。简单地说，平衡解释就是提供一系列的限制条件以保证剖面解释的合理性，既真实又合理的剖面就是平衡剖面，不平衡的剖面一定是错误的。所以，平衡地质剖面原理可以看作是，一个确实存在的合理的剖面，在垂直构造走向上遵循岩层变形前后长度、面积（二维）及体积（三维）的不改变原则，变形剖面恢复到沉积地层的初始状态或者从其初始状态剖面按照变形顺序得出最终变形剖面。

12.6.2.2 编制构造平衡剖面的几何原则

为了便于应用，可将复杂的地质情况进行合理简化。假设 b 轴无应变，层厚无改变，采用二维的面积守恒和一维的长度守恒。二维的面积守恒可用于计算滑脱面深度和缩短量，一维长度守恒可用于计算缩短量。现简要讨论平衡剖面的几何原则（图 12.15，图 12.16）如下。

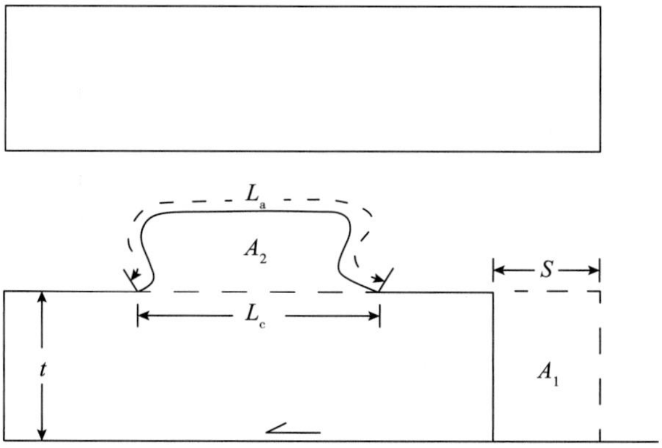

图 12.15　同心褶皱之下等滑脱面深度计算方法

（据 Dahlstron，1970）

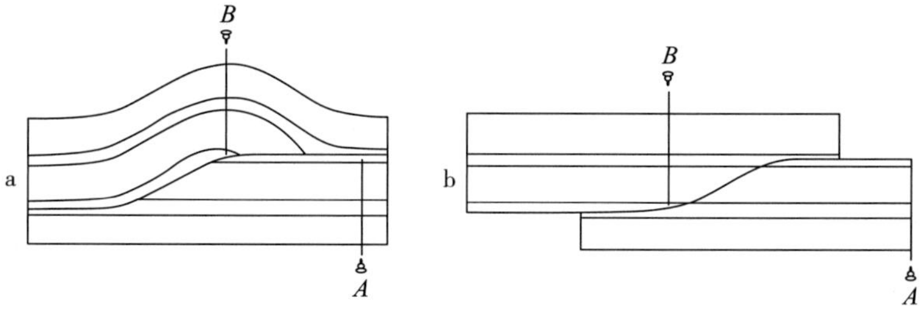

图 12.16　一个简单断坡的复原图

a—变形剖面；b—复原剖面

（1）面积守恒定律

面积守恒是指剖面由于缩短所减少的面积应等于地层重叠所增加的面积（图 12.15）。根据这一原理可以计算剖面上的缩短量或滑脱面深度，其前提是应先推算出两者之一。在滑脱面深度为未知时，可以用缩短量计算。缩短量可以通过将岩层拉平求得。由于缩短量 $S=L_a-L_c$，面积 $A_2=A_1=（L_a-L_c）t$，所以 $t=A_2/(L_a-L_c)$。

（2）层长守恒定律

层长守恒定律在剖面平衡中应用较多，即各层的长度应当一致，也就是说恢复后的层长应该是相等的。在具体测量层长时首先选择参照线，也称固定线或钉线（pin line），只有在两个参照线之间的地段才能保证层长的一致。参照线的选择不应穿过滑脱面。图 12.16 是一个断坡的复原，*A* 和 *B* 为参照线或钉线。

（3）位移相等原则

位移相等是指沿同一条断层各对应层的断距应当一致，断距不一致的情况可以用多种方法解释，如断层向上发生分叉，这样各分支断层的断距之和应当等于主断层的断距，如图 12.16 所示。断层的位移也可以由向上的褶皱所代替。由图 12.16 可以看出，剖面中逆冲断层 *A* 移动产生断坡背斜，沿走向，断层 *B* 逐渐发育直至 *A* 消失。*A*、*B* 断层的总位移在所有剖面中是一致的，这也称为位移转换（或传递）（transfer displacement）。

（4）缩短量一致原则

缩短量一致原则是指各剖面间应当具有大致相等的缩短量。

12.6.2.3 构造平衡剖面研究方法

（1）构造平衡剖面的研究方法

平衡剖面的研究主要方法有两种：恢复法和正演法。恢复法是由现在获得的实际变形构造剖面出发，反演原始未变形的剖面形态；而正演法则是由原始未变形的剖面演义到现今构造变形剖面和中间过程与方式的研究方法。但无论是恢复法还是正演法所得出的剖面，一条真正平衡了的剖面在经过复原或由未变形状态正演到变形状态，剖面岩石长度和剖面面积在原始状态和变形状态下是相等的，如果不相等，剖面就是不平衡的。

恢复法制作平衡剖面主要有等线长平衡法和等面积平衡法两种。等线长平衡法的原理是假定剖面中所有地层单元的线长在变形过程中保持不变的前提对剖面进行恢复，但如果剖面经历了强烈的韧性变形，从而引起地层长度变化，那么就必须运用等面积平衡法。等面积平衡法则用于透入性变形导致地层厚度发生明显变化而地层体积不变的构造过程，面积平衡计算方法又包括面积恢复法、等面积关键层长度恢复法和剩余面积法。面积恢复法要求剖面内的某个岩层面积在变形剖面和恢复剖面相等。等面积关键层长度恢复法是将面积恢复法和地层厚度未发生明显变化的关键层长度恢复相结合的一种复原手段，其优势是涉及了长度和面积两个参数，可以更准确地对剖面进行恢复，适用于叠瓦状逆冲的变形剖面和经历剪切变形的剖面的复原。剩余面积法是通过确定两端锁定线，根据变形后地层面积的损失，通过剩余面积计算滑脱面深度和地层缩短量的方法。恢复法的优势是可以判别地质模型的合理与否，但不能准确了解变形的中间过程。

（2）构造平衡剖面的编制方法与流程

制作平衡剖面的方法：①选择剖面线，剖面线应为构造运移的方向，即剖面线一般垂直于逆冲断层的走向或主导褶皱构造的走向，一般情况下剖面线方位与构造运移方向夹角应小于30°；②大量收集研究区地层资料，包括实测地层剖面、钻井资料和地球物理资料（特别是地震反射资料），确定研究区地层层序和厚度；③构造变形样式分析，确定构造变形样式、构造组合方式，包括断层和褶皱的几何学特点；④基底深度的确定，基底深度是指褶皱-逆冲岩席之下的未变形的原地基底，基底顶面可以通过地球物理方法或钻井资料得出，地震反射资料则能较准确的确定基底顶面。在获得上述资料之后，就可以开始编制平衡剖面，其步骤如下：①根据研究内容和目的选择剖面合理的比例尺。②将已知准确的构造数据和资料标绘到剖面上，如地质界面、断层、褶皱产状；对于缺乏资料的地段应将剖面邻近的资料投影到剖面上，但所投影的数据应靠近所选剖面位置；同时查明基底深度，并在变形剖面上标绘出基底面。③选定钉线，即测量线长的零位。④剖面复原，根据所选的平衡方法将变形体恢复到未变形状态，一般为水平状态。⑤对剖面进行平衡校正。

利用正演法制作的平衡剖面则是对剖面中所有的构造几何要素分别进行相应的计算，并将所得的剖面几何形态与已获得的剖面构造进行对比，并不断地修改相关参数，最终达到正演的结果与实际结果一致，剖面即达到平衡。正演法与恢复法相比，突出的优点是当地层和构造参数在一定范围内变化时，可以判断多种不同构造组合类型的合理性，同时可以确定构造的中间过程，因此正演法目前越来越得到广泛的运用（图 12. 17）。

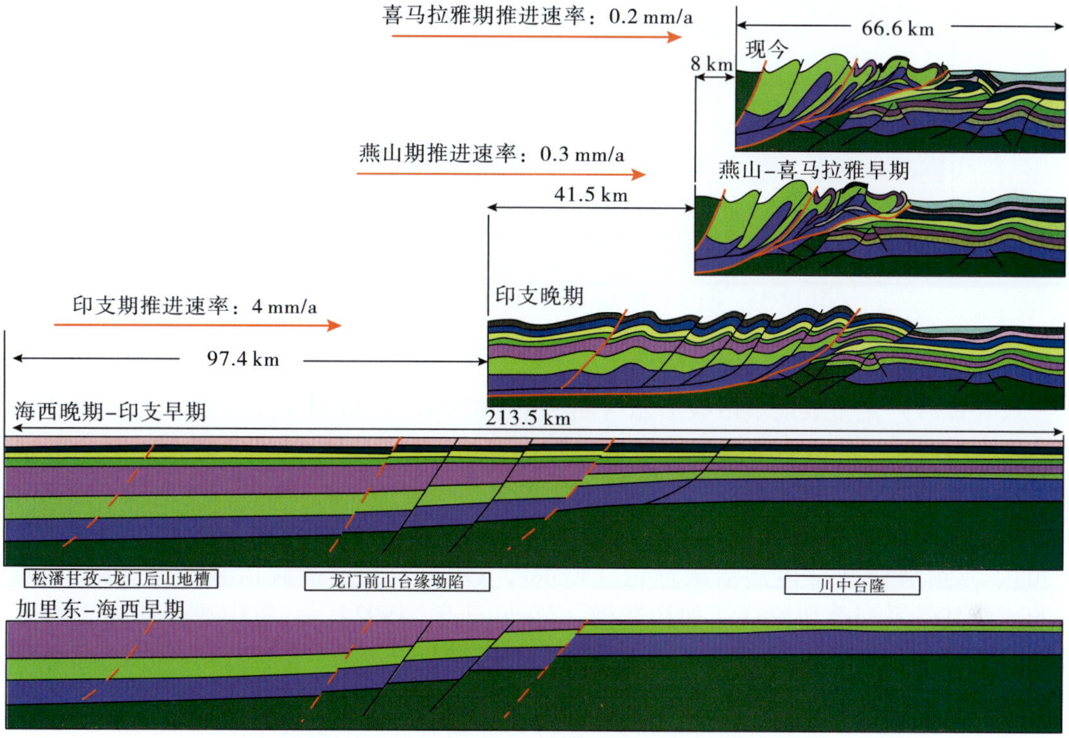

图 12. 17　龙门山造山带-前陆盆地系统的缩短过程

（据李勇等，2019）

12. 7　造山带-前陆盆地构造变形过程的重建

12. 7. 1　断层相关褶皱

大量的地质露头、地震反射剖面与探井资料表明，大多数褶皱起源于下伏断层倾角的变化（如断层转折褶皱），或断层滑动量向褶皱位移的逐渐传递（如断层传播褶皱、断层滑脱褶皱）（图 12. 18）。Rich（1934）在研究阿巴拉契亚山低角度的逆掩断层时，首次提出了断层相关褶皱的几何学，半个世纪后建立了断层形态与褶皱形态之间的几何学关系，以及断层滑动与褶皱发育的运动学模型，成为前陆褶皱-冲断带构造解释的重要基础。假定褶皱过程中地层厚度与层长守恒，则断层形态与褶皱形态之间关系如下：

$$\varphi = \tan^{-1}\left\{\frac{-\sin(\gamma-\theta)[\sin(2\gamma-\theta)-\sin\theta]}{\cos(\gamma-\theta)[\sin(2\gamma-\theta)-\sin\theta]-\sin\gamma}\right\} \tag{12.1}$$

$$\beta = \theta - \varphi + (180 - 2\gamma) \tag{12.2}$$

式中：θ 为断层转折之前上盘地层的切截角（cut off angle），（°）；β 为断层转折之后上盘地层的切截角，(°)；γ 为褶皱的翼间角的半角，(°)；φ 为断层倾角的变化量（即断层转折角），(°)。

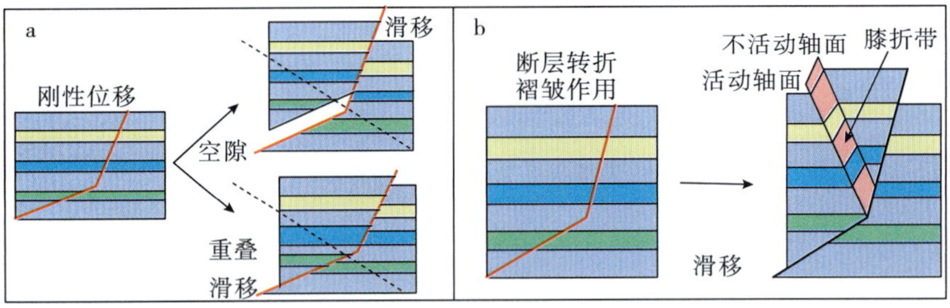

图 12.18　刚性块体通过非板状断层时形成断层转折褶皱
（据 Shaw et al.，2004）

式（12.1）定量表述了褶皱形态与断层形态之间的定量关系。当知道式（12.1）中两个角度值时，另外两个角度值就可以计算出或由式（12.1）的图谱查出，据此可以定量计算或预测褶皱与断层的几何形态。

断层相关褶皱理论建立后，逐渐建立与完善了断层传播褶皱理论（Suppe et al.，1990）、三角剪切断层传播褶皱理论（Erslev，1997）、断层滑脱褶皱理论（Dahlstrom，1990）及其一系列叠加构造［如构造楔（Medwedeff，1992）、双重构造（Mitra，1986）、叠瓦构造（Shaw et al.，1999）与干涉构造（Novoa，1998）］等理论。其中的运动学模型描述构造的几何形态，而力学模型描述运动学模型的合理性，给予运动学模型充分的检验与验证。这些理论模型是解释造山带-前陆盆地构造变形的重要手段。

12.7.2　造山带-前陆盆地的逆冲构造

前陆盆地是在挤压体制下形成的，因而盆地内部的构造变形亦是以逆冲褶皱构造为主。前陆盆地中的逆冲断层系统可以认为是在大型逆冲拆离断层上盘发育的逆冲断层构造组合，自山脉向前陆地区大致可分为逆冲断层系统的根带、中带和前锋带三部分。逆冲断层系统的根带一般位于造山带轴部或靠山脉一侧的前陆盆地边缘，以强烈挤压作用为主，发育高角度逆冲断层甚至发育轴面劈理的挤压褶皱，显示基底卷入的逆冲构造样式特点。分布于前陆地区、背驮式盆地的逆冲楔属于逆冲断层系统的中带，以薄皮的逆冲构造样式为特点，发育双重构造、断弯褶皱、叠瓦构造等类型，并显示近水平的剪切作用。逆冲断层系统的前锋带位于前渊，以弱挤压作用为特征，大部分逆冲断层的位移量较小，发育叠瓦断层、断展褶皱、断滑褶皱等类型。

从造山带到前陆盆地，逆冲构造系统各部位的挤压强度逐渐减小，挤压收缩应变由大变小（图 12.19）。

横向和斜向的逆冲调节构造是由于前陆地区逆冲位移、逆冲构造样式沿走向的变化而引起的，因而亦属于逆冲构造系统的组成部分。有些横向或斜向的撕裂断层具有走滑-正断层的一些特征，是前陆地区在逆冲收缩的同时受到横向引张的体现。

前陆逆冲构造系统中通常存在多个滑脱构造面，并使构造变形具有分层次的特点。较深层次岩层的挤压褶皱可以引起较浅层次岩层的逆冲变形。与逆冲断层引起的相关褶皱变

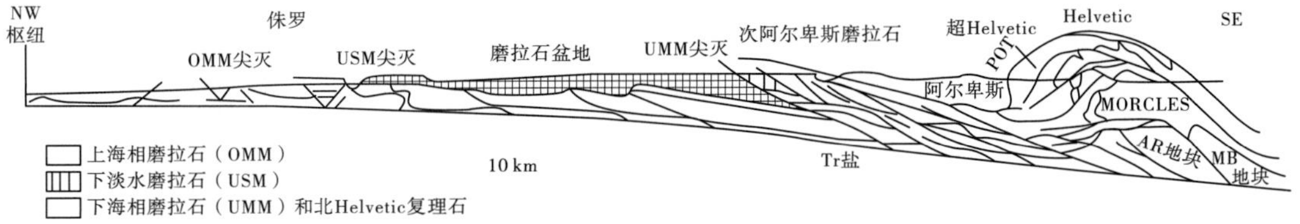

图 12.19　侏罗山-Helvetic 推覆体的构造剖面简图

（据 Homewood et al.，1992）

前陆盆地内边缘见 Diablerets 推覆体，远端较薄的边缘地层逐渐超覆在侏罗山的基底面上

形不同，图 12.20 中的逆冲断层是褶皱变形的相关构造，而这种滑脱褶皱又可以看作是大型滑脱断层的相关褶皱。另一方面，渐进式或多次间歇式的逆冲作用可以造成逆冲构造的递进变形和构造叠加，形成复杂的构造样式。例如在断弯背斜、双重构造的基础上，可以发育蛇头构造或叠瓦构造等。随着逆冲构造系统的演化，后期逆冲变形将早先的前陆盆地沉积地层卷入变形，造成前陆盆地向克拉通方向的迁移。

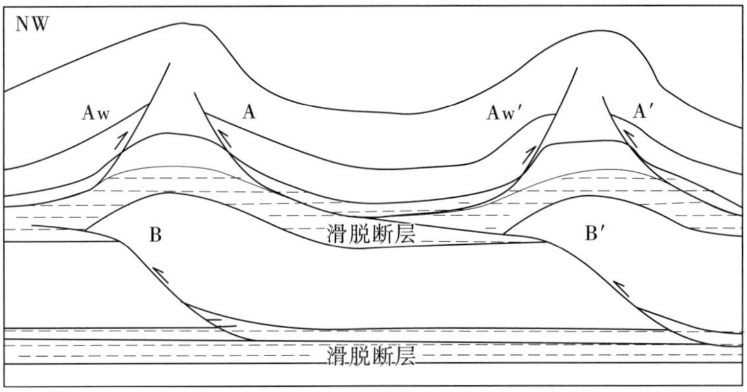

图 12.20　与褶皱变形相关的逆冲断层

A—假定的硬的地层单元 A；B—假定的硬的地层单元 B

12.7.2.1　造山带的逆冲构造

褶皱-逆冲带的构造样式是以向前陆方向逆冲的叠瓦逆冲断层组合为特征。靠近造山带部分的逆冲断层的倾斜相对较陡，向前陆方向逆冲断层的倾斜逐渐变缓，而这些逆冲断层向深部产状变得更缓，收敛于基底拆离断层之上，构成叠瓦构造。其中向前陆方向逆冲的叠瓦逆冲断层属于前陆盆地系统的“逆冲楔”的一部分。

在褶皱-逆冲带的逆断层可以是基底卷入型的逆冲断层，也可以是薄皮的逆冲断层（图 12.21）。可以有多次逆冲作用叠加的构造变形现象。如果造山楔有较大的逆冲位移量，其底部也可能有图 12.21c 中所示的双重构造。

12.7.2.2　前陆盆地的逆冲构造

（1）前陆盆地的冲断构造分类

以前陆盆地的构造边界、构造应力、有无走滑断层控制为标准，可将其冲断构造划分

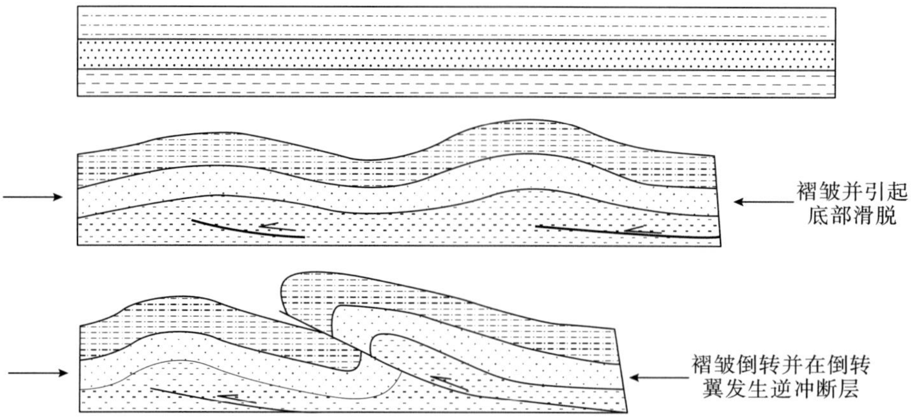

图 12.21　由褶皱演变成逆冲断层的过程示意图

为两大类型：冲断构造型、走滑-冲断构造型，并可根据逆冲断裂是否切入盆地基底进行更详细的分类。

根据前陆盆地内的逆冲断裂特征，以基底是否卷入变形为划分标准，划分为 3 个亚类：

盖层滑脱型（或薄皮构造）：主要见于前陆地区。其特征是盖层受控于滑脱面、地层厚度及岩石组成等因素而发生多层次滑脱，基底不卷入变形；扩展方式主要是前展式［或称向前破裂式（break-forward）］。

基底卷入型（或厚皮构造）：主要特征是断裂切入基底，基底卷入变形，盖层变形受到基底构造控制；断层扩展方式变化较大。常发生在前陆地区基底断裂的继承性活动或早期正断层反转等部位。

复合构造型：主要特征是基底和盖层均卷入变形，基底变形和盖层滑脱变形共存；断层扩展方式多无序。

（2）前陆盆地的冲断构造类型

在前陆盆地内部逆冲构造以薄皮逆冲构造为特点，由于断层形态、断层组合方式不同而表现出多种构造样式。

A. 铲式逆冲断层与蛇头构造、叠瓦构造

逆冲断层的断面表现为上陡、下缓的铲式形态，称为铲式逆冲断层。铲式逆冲断层上盘向上逆冲并发生褶曲变形，其形状貌似蛇头，称为蛇头构造（图 12.22a）。两条或两条以上的同向倾斜的铲式逆冲断层向深层收敛为一条低角度逆冲断层（或拆离断层），构成逆冲叠瓦构造（图 12.22b）。

B. 坡坪式逆冲断层、断弯褶皱

由于前陆盆地地层能干性的交替变化，在挤压作用下形成的逆冲断层产状随岩层能干性的变化而发生折射，断层在能干岩层中的切割角度较大，称为断坡，在非能干岩层中的角度很小，称为断坪，这种产状的逆冲断层被称为坡坪式逆冲断层（图 12.23）。坡坪式逆冲断层的上盘断坡逆冲到下盘断坪上后，上盘为了适应断层的几何形态会发生褶皱变形，称为断弯褶皱（图 12.23）。

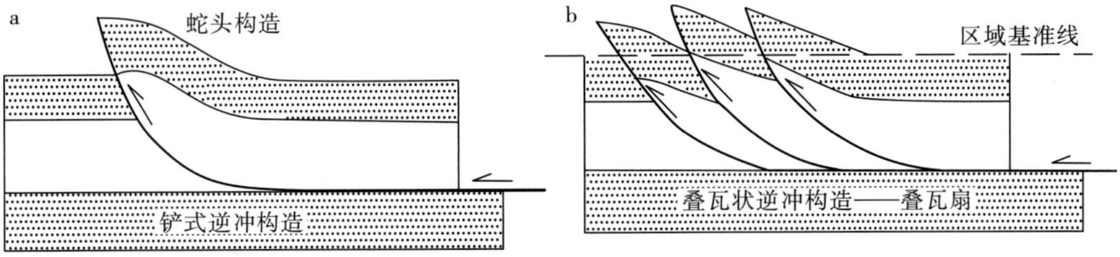

图 12.22　蛇头构造与叠瓦构造

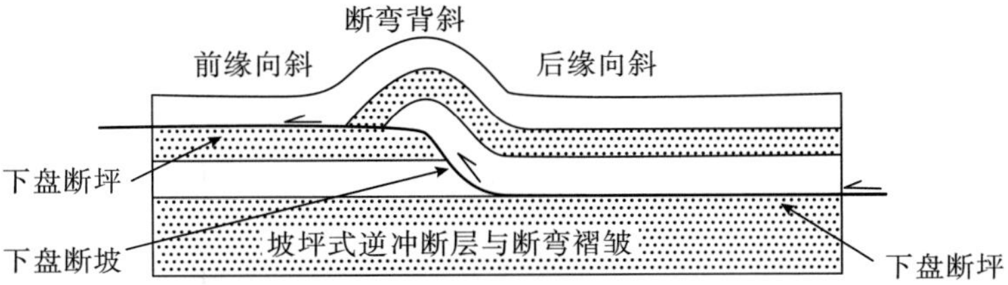

图 12.23　坡坪式逆冲断层与断弯褶皱

两条或两条以上的同向倾斜的铲式逆冲断层向深层收敛为一条低角度逆冲断层（或折离断层），构成逆冲“叠瓦扇（imbricate fan）”或扇形叠瓦状逆冲构造。叠瓦扇构造中的逆冲断层的发展可以是有序的，也可以是无序的

C. 盲冲断层、断展褶皱、断滑褶皱

前陆盆地中的逆冲断层多数没有直接逆冲露出地表。在逆冲过程中随着逆冲断层的位移量逐渐减小在地层中尖灭，被称为盲冲断层（图 12.24a）。随着盲冲断层的位移减小，在断层上盘及上覆地层会发生褶皱变形，这种褶皱类型称为断展褶皱。顺层的逆冲断层可能在层间发生尖灭，并引起上覆地层发生褶皱，这种褶皱类型称为断滑褶皱（图 12.24b）。

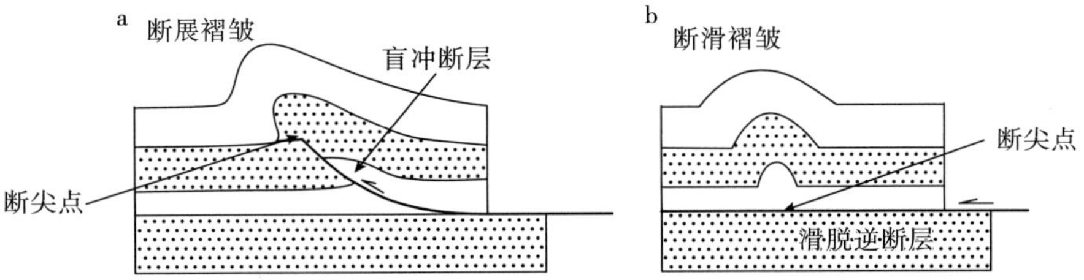

图 12.24　盲冲断层、断展褶皱与断滑褶皱示意图

D. 冲起构造与逆冲三角带构造

前陆盆地中的逆冲断层并非都是向前陆方向逆冲，那些向后陆逆冲的断层称为反冲断层。两条或两组逆冲断层相向倾斜，并使中间的公共上盘断块向上逆冲，这种构造称为冲起构造（图 12.25）。相背倾斜的两条逆冲断层，将它们各自的上盘断块相对逆冲到其公共的下盘断块之上，这种样式的逆冲构造组合称为对冲构造。对冲的逆断层可能会有一条深层的拆离断层将它们联系在一起，构成逆冲三角带构造（图 12.25 至图 12.27）。

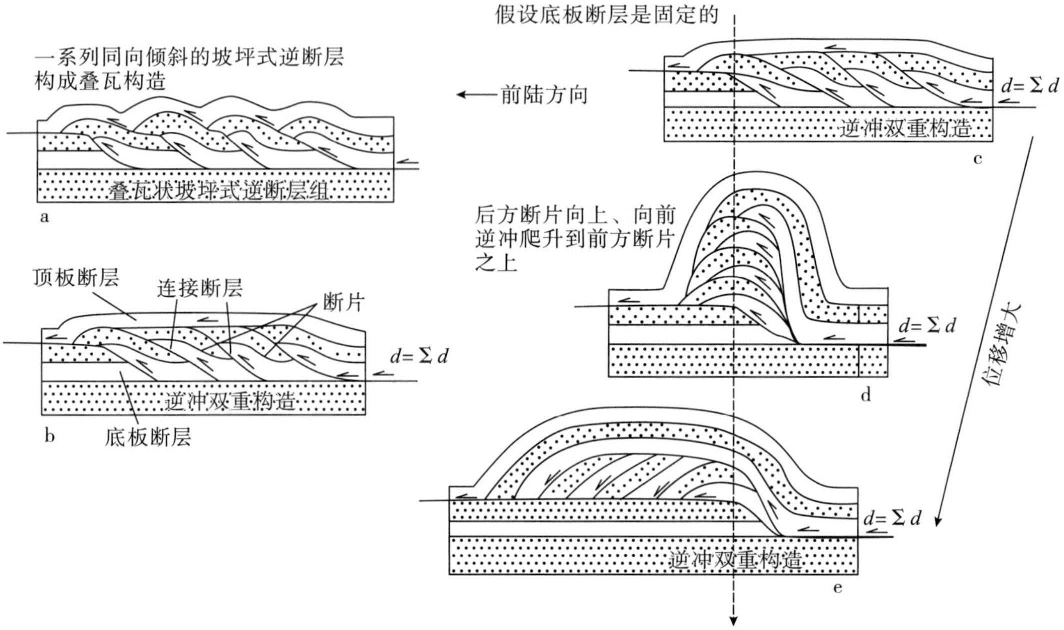

图 12.25　由坡坪式逆冲断层构成的双重构造及其演化示意图

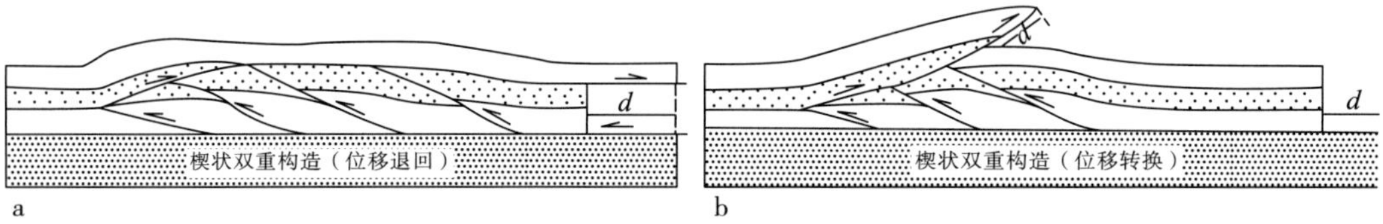

图 12.26　两种楔状双重构造的构造样式

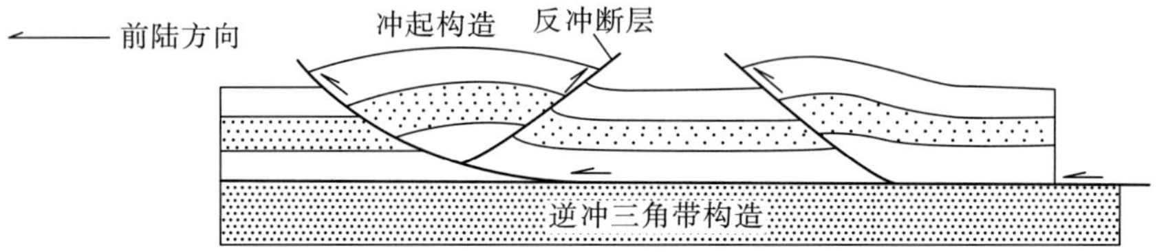

图 12.27　冲起构造与逆冲三角带构造示意图

逆冲断层一般是自后陆向前陆方向逆冲的，即逆冲断层向造山带方向倾斜。但也有些逆冲断层是向前陆方向倾斜、向后陆方向逆冲，称为“反冲断层（back-thrust）”。在主干逆冲断层上盘发育反冲断层，并使其中间的公共上盘断块向上逆冲，这种构造称为“冲起构造（pop-up）”。在主干逆冲断层下盘发育反冲断层，并将它们各自的上盘断块相对逆冲到其公共的下盘断块之上，这种逆冲构造组合称为“对冲构造”，对冲的逆断层可能会有一条深层的拆离断层将它们联系在一起，构成“逆冲三角构造（triangle zone）”

E. 撕裂断层与逆冲调节带

逆冲断层系统中还会有一些横向或斜向的断层（图 12.28），这些断层的形成与逆冲断层的位移过程有关，因而常具有走滑位移，称为撕裂断层或捩断层（tear fault）。逆冲断层系统中一条断层的位移的减小可能与相邻的另一条逆冲断层位移的增加相伴生。而这种逆冲断层间的位移的彼此消长是通过某种变形来实现的，例如雁列逆冲断层之间断片的变形、分支断层的“Z”字形连接等。在逆冲带具有调节主干逆冲断层之间位移作用的构造可以视为逆冲调节带或逆冲传递带构造，包括撕裂断层。

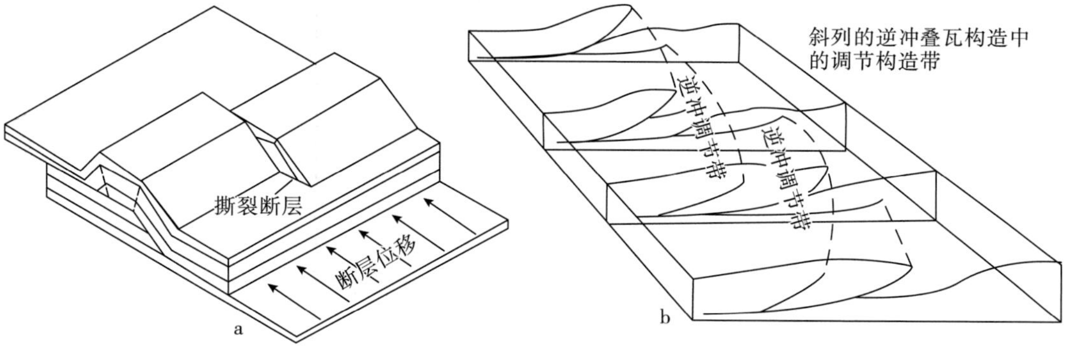

图 12.28　撕裂断层与逆冲调节构造示意图

12.7.3　造山带-前陆盆地的褶皱

12.7.3.1　造山带的褶皱

褶皱是造山带最主要的构造之一。近年来有关褶皱的研究已不仅是进行褶皱的分类，而更重视其形成的动力学机制研究，提出了断层相关褶皱作用（图 12.29，图 12.30）。认识到在造山带中深层次固态流变褶皱的存在。利用地球物理资料结合构造地质学进行褶皱三维几何学的精细研究是研究造山带-前陆构造的一种有效方法。

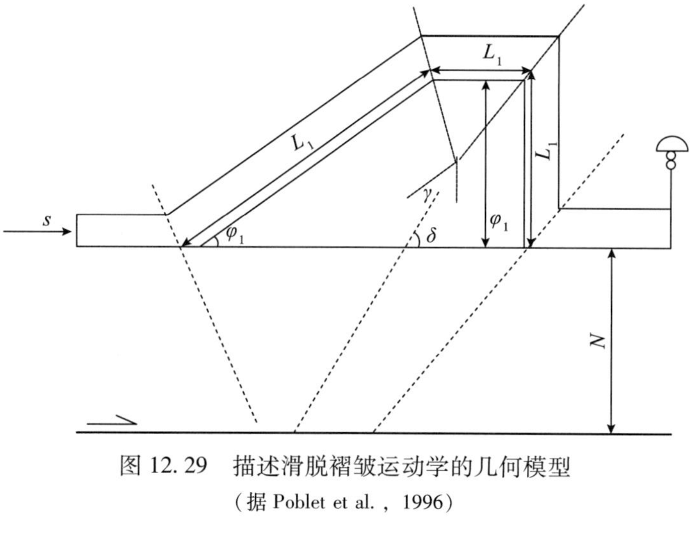

图 12.29　描述滑脱褶皱运动学的几何模型
（据 Poblet et al.，1996）

12.7.3.2　前陆盆地的褶皱

（1）滑脱褶皱

滑脱褶皱是前陆盆地中的一种典型构造（图 12.29）。Mitra 等（1989）曾提出两种类型：①不协调褶皱，外部为同心褶皱或平行褶皱，内核由于空间问题不协调或非同心；

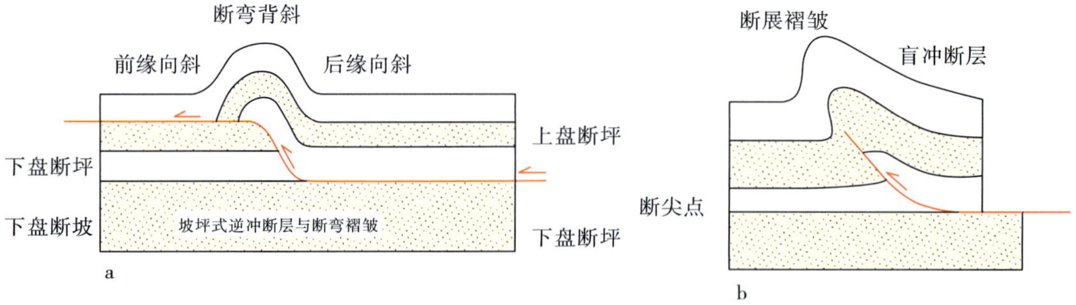

图 12.30　断层相关褶皱模式

a—坡坪式逆冲断层形成的断弯褶皱模式；b—断展褶皱模式

②提起褶皱（lift-off），多数地层平行，基底拆离带在整个背斜发生等斜褶皱。每一种都可能具有以下某种特征或混合特征，即对称或不对称的尖棱（或膝折）褶皱、对称或不对称的箱状褶皱和对称或不对称的圆弧状褶皱。

对滑脱褶皱的几何学研究已提出了许多模型，早期的滑脱褶皱模型仅考虑了褶皱的最终形态，而没有考虑其运动过程。Poblet 等（1996）提出了一个更具普遍意义的滑脱褶皱几何学和运动学模型，分别对单层滑脱褶皱的几何学和运动学模型、轴面固定时滑脱褶皱的几何学模型、滑脱褶皱剪切作用的几何模型以及滑脱褶皱的终结因素、拆离深度的计算等方面进行了详细的讨论。其模型的理论基础为：

$$u = L_a \sin(O_b) = L_f \sin(O_f) \tag{12.3}$$

$$s = L_a[1 - \cos(O_b)] + L_f[1 - \cos(O_f)] \tag{12.4}$$

式中：u 是抬升高度；L_b、L_f 分别为后翼长度、前翼长度；O_b、O_f 为后翼、前翼倾角，范围为 0°～180°；s 是缩短量。式（12.3）反映褶皱抬升高度必须等于两翼长度，式（12.4）表明褶皱前的翼部长度等于褶皱波长加上缩短量。由式（12.3）、式（12.4）可得：

$$s = u[\mathrm{cosec}(O_b) - \mathrm{cotan}(O_b)] + u[\mathrm{cosec}(O_f) - \mathrm{cotan}(O_f)] \tag{12.5}$$

由图 12.29 可知

$$V = 90° - \frac{O_b}{2} - \frac{O_f}{2} \tag{12.6}$$

$$W = 180° - O_f - V \tag{12.7}$$

式中：V 为翼间角的一半；W 为轴面和滑脱面间的夹角。当 $L_t = 0$ 时，形成膝折褶皱（或尖棱褶皱）；当 $L_t \neq 0$ 时，形成箱状褶皱；当 $L_b = L_f$ 时，发育对称褶皱；当 $L_b \neq L_f$ 时，形成非对称褶皱。

（2）断弯褶皱和断展褶皱

断弯褶皱、断展褶皱均属于基底卷入构造或厚皮构造。基底卷入构造的典型特征是有一个长的、低倾的（0°～20°）后翼和一个较短的、平缓的至陡倾的（30°至倒转的）前翼（图 12.31，图 12.32）。这些模型可分 3 类（图 12.31）：

1）Stearns（1971）提出的披盖褶皱或压力褶皱模型，在这个模型中褶皱与沿着陡倾的正断层的垂向隆起有关。

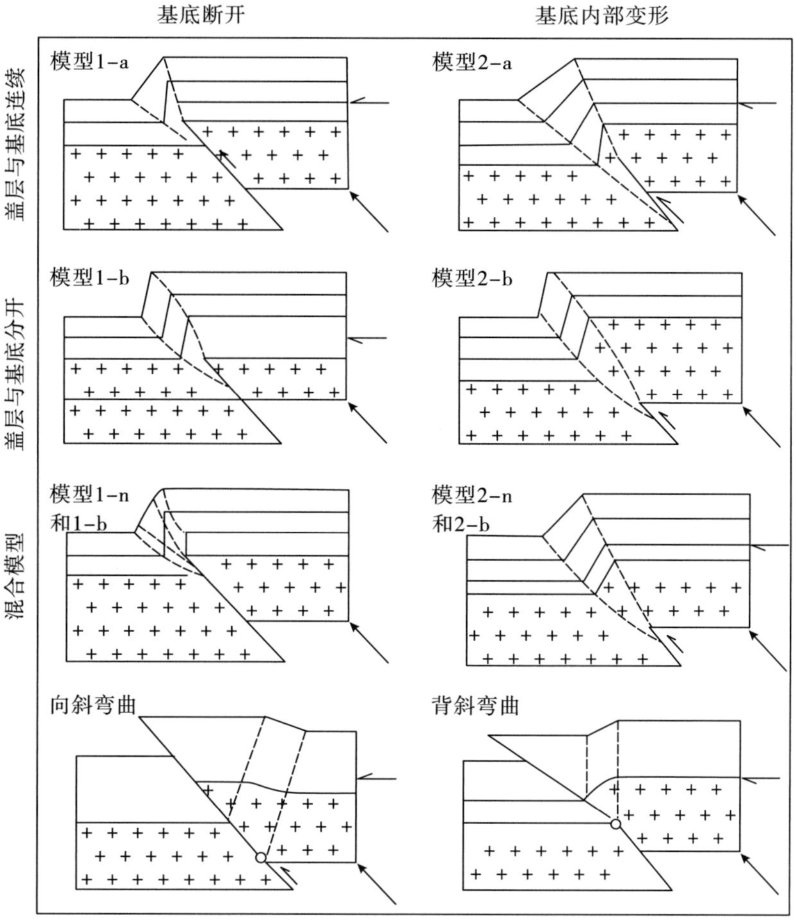

图 12.31　基底卷入构造的端元示意图
（据 Shanker et al.，1998）

2）Fosse（1961）提出的上冲断层模型，它是在基底中出现的垂直断层或高角度断层上产生的隆起。

3）Berg（1962）提出的逆冲断层几何形态解释了沿单一或复式断层褶皱和冲断作用形成的构造。在此基础上，Shanker 等（1998）提出了基底卷入构造的平衡的几何形态和运动学模型（图 12.31），包括 3 类模型：①断层传播褶皱模型。又可分为模型 1-a 和模型 1-b，模型 1-a 是已断裂的基底与沉积盖层是成对的，并且是均匀的；模型 1-b 是已断裂的基底与沉积盖层不成对且已褶皱；模型 2 的基底已断裂，并且内部已变形。②混合模型。③断层弯曲褶皱模型。通过上述模型的模拟可以得出基底卷入构造的演化过程（图 12.32）。在变形开始时，位于断层弯曲上的每个活动轴面产生一个不活动的轴面和几个向前或向后倾斜的轴面（阶段 2）；随着滑动增加，轴面变宽（阶段 3）；不活动的轴面最终相交并被其他活动轴面交切，从而引起地层倾向发生变化（阶段 4），前翼的翼端也能够影响逐渐加宽的变形带；在主断层穿破变形带以前，大量的断层滑动可由褶皱作用加以调节（阶段 5）。

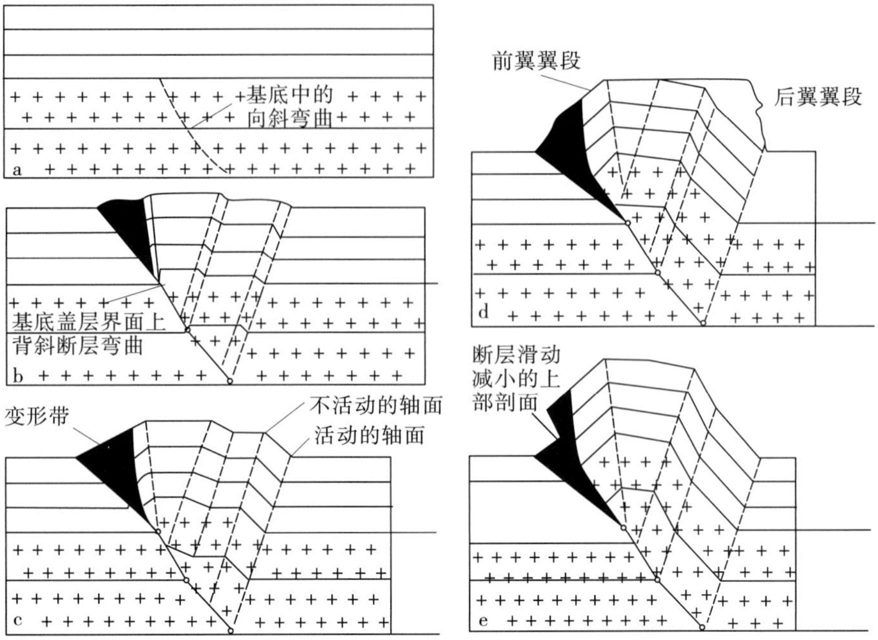

图 12.32　由断层-传播褶皱作用（模型 1-a）和断层-弯曲褶皱作用形成的完整的基底卷入构造演化示意图

（据 Shanker et al.，1998）

12.7.4　造山带构造变形的几何学与运动学分析

何登发等（2005）讨论了前陆盆地构造建模理论，建立冲断带构造的几何学与运动学模型的方法，主要是地表和地下相结合、浅部和深部相结合，合理应用平衡剖面的方法（表 12.2），综合应用有限的地表地质、遥感图像和钻井资料以及重、磁、电、地震等资料，其中构造横剖面法与三维模型法是两种常用的建模方法。建模主要遵循 4 个步骤，轴面分析是基础，断层-褶皱形态分析是核心，平衡观念是灵魂，构造复原是手段。实践证明，平衡的观念及以此为基础的断层相关褶皱分析方法在实际工作中非常有效。

表 12.2　前陆盆地构造复原的关键技术

构造类型		主要方法	关键技术与环节	注意问题
冲断型	盖层滑脱型	确定台阶状断层的滑脱层位与构造变形层次，根据背斜两翼等倾角区的划分判断内部断层的叠加次数	时间深度转换；划分等倾角区；轴面分析；生长地层分析	以水平运动为主，推覆距离大，注意解释方案的平衡
	基底卷入型	借助多种地球物理资料研究基底性质及其与盖层之间的接触关系，通过轴面分析和面积复原法确定基底断裂端点以上或两侧变形的几何学、运动学特征	地震与非地震资料联合解释基底与盖层地震反射特征对比倾角测井资料分析；面积复原；利用三角剪切模型正演与反演变形剖面	以垂向运动为主，变形集中在断裂端点以上或两侧的三角形区内，地层厚度由背斜轴面向向斜轴面增大

续表

构造类型		主要方法	关键技术与环节	注意问题
冲断型	复合型	借助非地震资料，主要是MT、CEMP研究基底与盖层之间的接触关系，根据背斜两翼等倾角区的划分判断内部断层的叠加次数，推测被基底断裂掩覆的构造叠加形态	MT、CEMP等资料解释；划分等倾角区；轴面分析；生长地层分析	基底断裂大规模逆掩在盖层之上，导致深部地震资料品质变差，确定被基底断裂掩覆的盖层构造形态是关键
走滑型	冲断型	通过遥感资料解释，确定区内构造格架，分析压扭性断层和调节断层的运动学性质，通过三维地震资料或构造趋势分析确定构造的横向变化	遥感资料解释；构造趋势分析；三维构造解释；三维平衡技术	表现为斜向运动，二维剖面的解释方案有可能不平衡

（据何登发等，2005）

在对地震资料解释剖面研究的基础上，可以进行几何学和运动学分析，研究构造的变形机制、变形量、变形时间。

12.7.4.1 断层相关褶皱的几何学与运动学关系

何登发等（2005）将断层相关褶皱及其叠加构造分为7种类型（图12.33）：①断层转折褶皱；②端线褶皱，如断层传播褶皱、三角剪切褶皱、基底卷入褶皱（披覆褶皱）、反转构造；③滑脱褶皱；④剪切断层与转折褶皱；⑤叠瓦断层与转折褶皱；⑥构造楔；⑦干涉褶皱。Jamison（1989）认为前3种褶皱是断层相关褶皱的3种端元类型，自然界

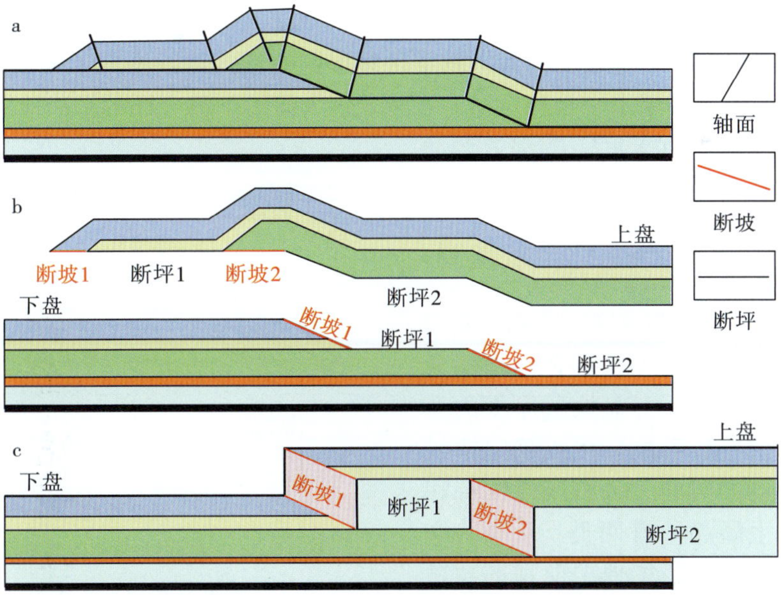

图12.33 上盘与下盘断坡与断坪的识别与匹配原理
（据Wilkerson et al.，2001）
a—变形剖面；b—断坪、断坡数目及长度的比较；c—剖面复原后的比较

的断层相关褶皱多是 3 种端元的组合类型。滑脱褶皱的几何形态取决于强硬层之下的软弱层、滑脱层的厚度、滑脱面的深度与挤压缩短量，这是它在几何学、运动学与力学机制方面不同于断层转折褶皱与断层传播褶皱的地方。断层转折褶皱与断层传播褶皱中，断层上盘的几何形态与断坡角、断层切截的地层厚度、翼间角、层长与断层位移量之间有定量的几何学关系。

12.7.4.2 生长地层分析

在褶皱形成过程中，如果伴有沉积作用，这些同构造活动的沉积物就称为生长地层（growth strata）。褶皱翼部的生长地层不仅记录了褶皱变形的运动学过程，也可用来判断构造形成时间。Medwedeff（1989）首先提出褶皱变形与生长地层的几何学分析方法，其后 Suppe 等（1992）、Poblet 等（1997）进一步建立了生长断层转折褶皱（growth fault-bend folding）、生长断层传播褶皱（growth fault-propagation folding）和生长断层滑脱褶皱（growth detachment folds）的几何学和运动学模型。断层相关褶皱的类型不同，所产生的生长地层形态也不同。对于以翼旋转（limb rotation）为变形机制的褶皱，生长地层通常呈楔形或扇形，地层厚度由背斜翼部向顶部逐渐减薄，地层倾角从深层到浅层逐渐变缓。而对于以膝折带迁移（kink-band migration）为变形机制的褶皱（如生长断层转折褶皱），褶皱前翼生长地层的长度从生长地层的底界向上逐渐变短，构成生长三角带（growth triangle），其几何形态还取决于构造抬升速率、沉积速率和剥蚀速率三者之间的关系。无论变形机制是膝折带迁移还是翼旋转的生长断层相关褶皱，都可以通过确定生长地层的底界面的时代来判断构造变形的起始时间。

12.7.4.3 不整合面及下伏地层的变形

根据不整合面上、下地层的时间以及下伏地层的变形，可以推断形成褶皱-冲断带的构造运动时间。如为多期水平挤压运动，常常表现为除了不整合面的下伏地层变形外，不整合面及上覆地层也由于后一期构造运动发生变形。

12.7.4.4 同沉积构造或生长构造

利用同沉积构造判断褶皱-冲断层变形时期有以下几种方式：①根据背斜地层顶薄、翼厚以及断层上、下盘地层厚度的变化（或逆冲断层生长系数）可以确定褶皱形成和断层活动的时间。②挤压性同沉积隆起（或称同生隆起）有两类：一类为非旋转型同沉积隆起，两翼地层向顶部超覆尖灭；另一类为旋转型同沉积隆起，一侧为渐进的地层超覆尖灭，一侧为逐步的退覆、削截（图 12.34）。

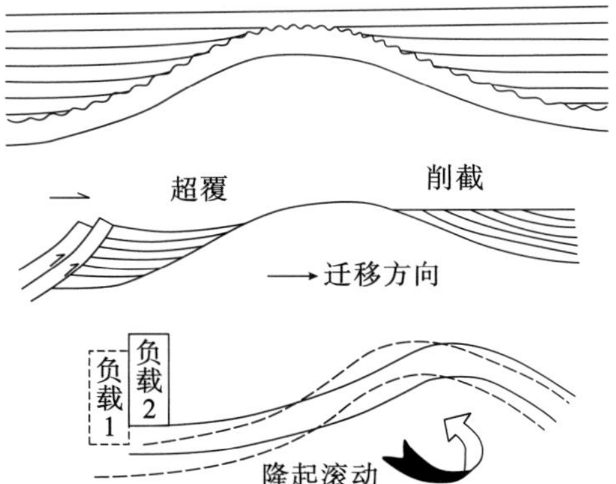

图 12.34 非旋转型和旋转型同沉积隆起形成过程示意图
（据陈发景等，1996）

12.8 原型盆地恢复

构造古地理重建除恢复山脉（含盆地区）构造变形外，还需要恢复在不同构造演化阶段的原型盆地。原型盆地是在一个构造运动期、同一地球动力学背景下形成的、被不整合界面限定的构造-沉积体或单元。

原型盆地恢复不但要恢复盆地形成时期的原始沉积格架，还应重建控盆的构造变形。因此盆地原型恢复应采取沉积学与构造地质学相结合的研究方法，揭示不同时期的盆地与山脉几何配置关系。在现今盆地区或经恢复的、现已卷入不同阶段变形的古盆地区以不整合界面恢复不同阶段的盆地原型，进而分析山脉变形与盆地原型在不同阶段的几何配置关系。这种用动态的观念历史地研究不同阶段的盆山结构的几何关系，可以再造盆山系统之间的转换、迁移、叠加和改造过程和动力学机制。研究实践证明，盆地演化与盆缘山脉具有较好的对应关系，因此盆地原型恢复及其与构造变形带的时空关系是揭示大地构造演化的有效手段。

以不整合界面分隔的原型盆地的全部沉积充填恢复是盆地原型恢复的重要方面。这需要对不同阶段盆地进行沉积（岩相）古地理恢复、沉积体系的原始平面分布重建。然而，以往强调对现今残存的露头区古地理恢复，这实际上是残留盆地重建，而并非原型盆地重建。

12.8.1 造山带-前陆盆地系统几何关系的恢复

盆-山系统的几何关系既是盆-山耦合关系研究的基础，也是盆-山耦合关系研究的主要目标之一。这里强调的盆-山几何关系研究具有两个方面的含意，即现今盆-山格局和不同阶段盆-山格局的恢复。现今盆-山格局相对直观，易于研究。对地质历史阶段的盆-山结构进行恢复是盆-山耦合的重要环节，在山脉中采用构造地质学的方法确定构造演化阶段，恢复不同阶段的变形样式和展布；在现今的盆地区或恢复的、已卷入不同历史阶段变形的古盆地区，可以不整合面为界面恢复不同阶段的盆地原型；在此基础上，分析山脉变形与盆地原型在不同阶段的几何配置关系。这种用动态方法分析不同阶段历史的盆-山结构、几何关系的恢复可以再造盆-山系统之间的转换、迁移、叠加和改造过程，同时，有利于揭示盆-山之间的成因关系和动力机制。

总之，不同时期的盆-山几何配置关系研究是盆-山耦合关系研究的主要方面之一，也是进行其他关系研究的基础。盆-山几何配置关系研究的时间尺度与大地构造演化阶段相匹配，每一个阶段应处于相同的构造背景，空间尺度与研究范围相匹配，可以是一个造山带、一个克拉通地块和一个构造域。对原型盆地研究既注意每一个盆地的力学机制，也应注意不同原型盆地及其与构造变形带的空间分布，从而一方面揭示不同类型盆地的形成机制，另一方面将盆地作为一个地球动力学参数探索板块构造和大地构造演化和格局。

12.8.2 原型盆地恢复的方法

李勇等（2010）根据近年来在龙门山冲断带中段实施的科学探井所提供的钻孔岩芯

资料［包括汶川地震科钻（WFSD）、龙深1井和川科1井］，以冲断带-前陆盆地系统的构造负载挠曲理论为基本理论，以钻孔岩芯为切入点，以印支期造山楔-前陆盆地的构造原型恢复为研究目标，以构造-层序地层技术、构造岩片的地层拼接技术、沉积微相分析技术、古构造恢复的古地理学方法、平衡剖面技术、层拉平技术和盆地模拟为基本技术方法，在对异地系统上三叠统地层序列与沉积相进行研究和拼接的基础上，开展龙门山冲断带中段异地与原地系统的晚三叠世地层对比与印支期前陆盆地近端边界的标定，结合边缘相、重矿物稳定系数、轻矿物成熟度系数等定量化地研究和反演盆-山边界和边缘相迁移速率及其与造山楔推进速率之间的耦合关系。采用的技术方法包括以下几种。

12.8.2.1　构造-层序地层分析技术（适于原地系统）

李勇等（2010）根据“前陆盆地层序地层是构造运动或构造运动与海平面变化叠加效应的结果，层序界面往往是构造运动和相对海平面突然下降的叠加”这一基本认识，以不整合面及与之可以对比的整合面作为关键界面，划分层序地层，并进行地层对比，从而建立研究区晚三叠世前陆盆地层序地层充填序列。以此研究盆地地层的垂向充填序列。前期研究成果表明，前陆盆地的高级别地层层序主要受控于构造作用。每一次构造变动都会在盆地内的地层上留下清晰的记录，它们控制了盆地内地层的垂向充填和沉积体系的横向配置特征，形成区域性的不整合界面和具有鲜明构造旋回特色的构造层序，这些层序反映了控盆断裂的构造作用过程。李勇等（2012）对川科1井和龙深1井下部揭示的原地系统开展单井层序地层分析。注重目前已在晚三叠世前陆盆地充填地层中识别出的不整合面（马鞍塘组底部不整合面、须二段底部的构造不整合面、须四段底部的微角度不整合面和须家河组顶部或侏罗系底部的构造不整合面）。首先以须四段底部的微角度不整合面将上三叠统划分为2个构造层序，再将其细分为4个构造沉积单元或层序。具体方法为：以钻井取芯资料、测井曲线为基础，识别基准面旋回，建立沉积相、层序-测井相的响应模式，在系统总结和分析前人已观察和描述的岩芯的基础上，以川科1井为标准剖面，开展单井层序与沉积相分析，制作相应的大比例尺岩芯柱状图；编制单井相柱状图，研究沉积相、亚相，地层层序、沉积旋回，建立地层标准剖面，确定地层层序界面，建立晚三叠世层序地层序列。

12.8.2.2　冲断带异地系统构造岩片的地层拼接技术（适于异地系统）

根据龙门山造山带地层的构造变形、变位和变质特征以及边界断裂特征，李勇等（2000）将龙门山造山带划分为A、B、C三个构造地层带，其中A带位于青川-茂汶断裂与映秀-北川断裂之间，属变形变质构造地层带，主要由志留系-泥盆系浅变质岩和前寒武系杂岩构成；B带位于映秀-北川断裂与彭灌断裂之间，属变形变位构造地层带，主要由上古生界-三叠系沉积岩构成；C带位于彭灌断裂与广元-大邑断裂之间，属变形构造地层带，主要由侏罗系至古近-新近系红层构成。对不同类型构造地层带采用了不同的地层学研究方法，其中A带采用构造-地（岩）层分析方法，B带采用构造片-地层分析方法，C带采用构造层序地层分析方法。

李勇等（2010）对钻孔岩芯采用构造片-地层分析方法进行研究，首先以构造边界（断层）划分构造片，然后对每个构造片的钻孔岩芯进行详细的古生物学、地层学和沉积学研究，恢复其原始地层层序和沉积相序，最终根据各构造片所恢复的地层层序和沉积相序拼接出该钻孔岩芯的地层系统和沉积相类型。在研究时，须特别注意地层记录的不完整性和变形、变位。构造片的边界均为构造边界，故地层常呈断片，保存不完整，因而在建立地层序列时要与扬子区原地系统典型钻孔（川科 1 井）的地层序列进行对比，尽可能拼接其地层层序和相序。

12.8.2.3 古构造恢复的古地理学方法

古构造恢复是探索多旋回盆地改造、重组的有效手段之一。古构造恢复的基本原理是“回剥”，即通过“退变形”而获得不同地质演化阶段某构造层的埋藏起伏变化。回剥可以视为剔除上覆地层，并将不同时期的古水准面恢复到原位的过程。目前利用沉积学原理恢复原形盆地的主要方法如下。

（1）露头或钻孔岩芯复原法

该方法主要针对冲断带内经历了构造变形的钻孔岩芯或露头的复原，目的在于恢复变形前露头接近于原始展平的宽度和实际可能存在的沉积宽度，为钻孔岩芯或露头复位打下基础。对于冲断带内经历了构造变形的地层而言，钻孔岩芯或露头复原的基本原理为：变形地层通过变形缩短率的求取计算恢复展平宽度，通过展平宽度、海向及岸向地层真厚度和平衡原理可恢复被剥蚀的宽度，进而确定原始沉积宽度和古海岸线位置。包括两个步骤，先求取露头展平后的宽度，再计算原始沉积宽度。

（2）边缘相复原法

边缘相具有空间属性和构造属性，它是位于盆地边缘范围内的各种沉积相的总称，包括冲积扇、扇三角洲、辫状河三角洲、浊积扇等，它们往往代表前陆盆地近端的沉积物，显示为粒度最粗、分选最差，近源陡坡的沉积单元，表现为逆冲断层陡坡带的典型沉积相类型。通过对边缘相的空间位置及展布特征的识别有助于残留盆地边界的恢复，特别是受逆冲断层控制的前陆盆地。该方法主要是指在物源分析和古地理研究的基础上，通过边缘相的研究来确定原始盆地的边界和沉积体系展布规律。

（3）沉积相带迁移复原法

李勇等（1994）试图根据利用前陆盆地与造山楔推进之间的沉积响应模式，将盆地充填物中各种物源的组分、几何形态和叠置关系、粗碎屑楔状体（冲积扇沉积体系、三角洲沉积体系）、碎屑组分、沉积相带、沉积中心、沉降中心等盆地运动学信息作为研究造山楔推进和控盆断裂的活动过程与方式的地层标识，确定了逆冲断层的传播方向和运动方向、运动方式、运动速率等，利用前陆盆地的沉积相带迁移标定古逆冲断裂的运动过程与方式，为重塑和再造前陆盆地构造作用的过程提供依据。

（4）层序地层学复原方法

该方法主要针对残留前陆盆地原地系统，利用层序充填特点和古水平面重塑古构造。古水平面是基底古构造沉降的标尺，虽然古水平面是无法直接看到的，但可以通过对层序地层结构和层序界面分析获得古水平面。虽然层序界面并不代表古水平面，但它不仅是古构造遭受剥蚀和改造的主要标志，同时也对上覆地层的充填结构具有控制作用，而充填结构又受古地貌的控制，它可以指示古水平面的产状。值得指出的是，这些充填结构在后期的改造中是不会变化的。因此对充填结构的系统分析，可以标定古水平面，进而恢复原始的层序界面、古地貌起伏及其下覆的古构造。李勇等（2010）对川科 1 井进行层序地层分析，并按此方法探索性地利用层序充填特点和古水平面重塑残留前陆盆地原地系统的古构造活动。

（5）地层比对方法

根据原始侧向连续性（principle of original lateral continuity）定律，根据地层厚度变化规律，将原型盆地边缘被剥蚀或者被断层切割掉的地层顺着地层的沉积趋势向残留盆地外侧延伸，最终地层的顶底界面会在残留盆地外侧汇聚到一个点，即为原始沉积边界点。

（6）地质外推方法

在盆缘位置的层序顶界面识别原始剥蚀界线，根据原始剥蚀地层厚度或同相轴与层序底界的走势向盆地外部自然延伸，推测原始剥蚀点。将这一系列原始剥蚀点连接起来即为原型盆地边界。

12.8.2.4 利用前陆盆地沉积记录恢复造山楔构造活动的反剖面方法

在造山楔-前陆盆地系统中，造山楔的构造负载导致其前缘挠曲沉降而形成前陆盆地。当前陆盆地构造沉降形成可容纳空间时，自然界也会通过剥蚀造山楔构造高点物质充填到前陆盆地中，前陆盆地中的沉积物就记录了造山楔与前陆盆地系统中物质的抬升、剥蚀、搬运、传输和沉积的时间与空间轨迹，因此通过盆地内部充填物的垂向叠置与侧向展布能够反演物源区的位置、物质组成以及剥蚀范围。沉积盆地中沉积物物源分析实际是在盆地内沉积物碎屑组成、性质和结构变化及其原因综合研究的基础上，对沉积盆地构造环境、源区特征、古气候和古地理演变过程的精细反演，以及对盆地与相邻造山带时空耦合关系的客观再现。我们将之称为反剖面方法。

12.8.2.5 层拉平技术

层拉平技术是在平衡剖面技术等基础上发展起来的，主要是利用地震地层学方法对古构造进行恢复，适用于变形不太强烈的盆地。该方法建立在三维地震覆盖区的前提之下。该方法应用的地质条件前提是在持续沉降地区，或者在经历地层剥蚀后再次沉降的地区，地震资料要求有高精度的三维地震数据体。层拉平技术主要是利用上超、下超、顶超和底超等地震界面标定古海（湖）平面及不整合面的产状，进而标定古水平面。在此基础上，将确定的古水平面拉平就可以恢复沉积时期的古构造埋藏趋势，可使深部的古构造保持其固有的形态。同时，也可结合少量井的剥蚀量数据就可较为精确地恢复不同时期的古构造埋藏状态，可以实现解释古水平面的一致性和闭合性。近年来，层拉平技术经历由手工制作剖面到计算机模拟，由二维模拟向三维模拟。

12.8.2.6 地震相、测井相、沉积相三项联合分析技术

李勇等（2010）在龙门山前陆盆地上三叠统（原地系统）开展地震相、测井相、沉积相三项联合分析的方法为：首先以钻井取芯资料、测井曲线为基础，识别基准面旋回；然后进行层序的井-震界面桥式对比，确定地层层序界面；之后，进行全区追踪对比、地

震相的地质解释与体系域划分，进而对储层分布及储层类型进行预测。在具体的研究过程中，特别重视地震相与沉积相的转换工作，具体方法为：①以钻井为桥梁，通过对过井地震剖面与录井资料的相互标定，结合不同沉积体系的外部形态及内部结构特征，确定研究区不同地震相所代表的沉积相。②单井、连井到平面的层序地层对比，建立龙门山前陆盆地（西缘）等时地层格架；以三级层序界面、初始海泛面和最大海泛面作为年代地层框架确立的等时性界面，建立上三叠统等时性地层格架；研究等时性地层格架内各层序、体系域的地震界面特征、几何形态和识别标志，并通过井震对比，建立以沉积学为基础的钻井、地震剖面中的等时性地层单元划分和对比关系，在较大范围内可将单个钻井的一维信息有效地转换为多个钻井和地震剖面中的二维信息，以此作为编制地层格架图的基础。③开展晚三叠世残留前陆盆地4个构造沉积单元的沉积体系充填样式与差异性对比研究，研究等时性地层单元内不同沉积体系的地震相特征、几何形态和识别标志，建立以沉积学为基础的钻井、地震剖面中的沉积体系划分和对比关系，以分析构造沉积单元中具等时对比意义的沉积体系时空展布规律为重点，在较大范围内将单个钻井的一维信息有效地转换为多个钻井和地震剖面中的二维信息。在此基础上，分析在等时地层格架控制下的沉积体系、沉积相类型及其变化，建立沉积相模式和沉积体系模式，明确板状构造沉积单元和楔状构造沉积单元中沉积体系展布特点。

12.8.2.7 物源分析技术

物源区分析是古沉积体系重建重要方法之一，它可以提供母岩区的位置和性质，判断古陆或侵蚀区的存在，分析古地形起伏，恢复古河流体系，已成为盆地分析和古沉积体系分析不可缺少的内容和方法。物源区分析方法主要包括两类，宏观方法以岩石的沉积属性为标志，如矿物、岩石、成熟度、生物、岩相等，其中最重要的为重矿物和砂岩骨架成分分析；微观方法以地球化学分析为主要方法，包括分析常量元素、微量元素、稀土元素和同位素。李勇等（1995）开展了龙门山前陆盆地与物源的研究工作，在物源分析中采用物源区构造背景分析、物源区分布及物质组成、砾石成分分析、砂岩骨架成分分析、重矿物分析、砂体分散体系、轻重矿物特征、古流向分析、砂（砾）体厚度、砂泥比等方法。

第13章　造山楔-前陆盆地的耦合机制

大陆动力学和盆地动力学的提出，使得人们对水平运动、垂直运动及其相互关系的重要性有了新的认识。

造山楔-前陆盆地的耦合机制研究已成为21世纪地球科学研究的前沿领域。在前人研究成果的基础上，本章总结了造山楔-前陆盆地系统耦合机制方面的研究进展，具体内容包括造山楔-前陆盆地系统、造山楔的结构、造山楔的构造变形特征、造山楔动力学、造山楔-前陆盆地系统的耦合关系、双向汇聚型造山楔与前陆盆地之间的耦合关系、造山楔与楔顶盆地之间的耦合关系、造山楔-前陆盆地系统构造作用与表面过程的耦合机制8个方面。其目的是能够加深对造山楔-前陆盆地系统耦合机制的理解和认识。其中造山楔和前陆盆地系统的力学耦合关系、双向汇聚型板块边界环境对造山楔的隆升和前陆盆地沉降的影响，造山楔-前陆盆地系统的表面过程与耦合关系、造山楔-前陆盆地系统对挤压作用响应的时间尺度等方面都是目前研究的热点。

13.1　造山楔-前陆盆地系统

在造山过程中，地形的增长承载着周围大陆岩石圈，并促使岩石圈向下挠曲（图13.1）。在边缘的坳陷填充了来自周围山脉的沉积物时，就形成了前陆盆地。由于伏于山脉地形之下的岩石圈挠曲强度涉及区域挠曲均衡补偿作用，所以在加厚的地壳之下必然有一个高应变的区域形成（如逆冲断层或者剪切带）从下伏的板块中滑脱出来。在浅部的脆性地区，基底滑脱面上的摩擦阻力将应力传递到上覆岩石，通过滑脱面的滑动，以地形的加厚和沉积建造作用来响应。基底滑脱面和表层物质结合在一起就形成了由变形的岩石组成的“逆冲楔”。陆壳型逆冲楔与洋壳型增生楔在形成机制方面具有相似性，类似于推土机将一堆砂子向前推进导致地层的变形。因此，在最简单的情况下，造山楔驱动着下伏岩石圈向下挠曲，造山楔自身由俯冲板块顶部的滑脱面的应力所控制，因此两者能够在力学上耦合在一起。

造山楔演化和前陆盆地演化可以通过山区流域的侵蚀作用和前陆盆地的沉积再分配将地表物质的流动连接起来（图13.1）。因此，前陆盆地的沉积充填过程是了解地质历史时间内造山楔生长的重要依据。造山楔的侵蚀的流出量与增生的流入量是相反的两个变量，后者是在汇聚过程中将前陆盆地的沉积物卷入造山楔中（图13.1b）。造山楔的生长与前陆盆地的沉降具有密切联系，造山过程与盆地形成过程是一个相互联系的系统。Sinclair（2012）总结了过去15年以来前人对逆冲楔-前陆盆地系统及其相互作用的研究成果，分析了逆冲楔和前陆盆地系统的力学耦合关系，讨论了双向的汇聚型板块边界环境对前陆盆

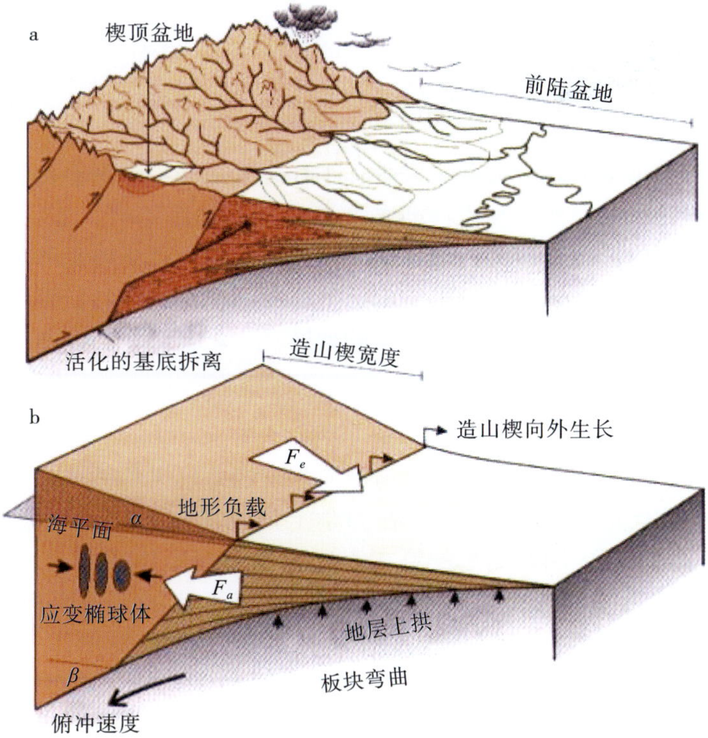

图 13.1　造山楔-前陆盆地系统

（据 Sinclair，2012）

a—造山楔-前陆盆地系统的地质和地形特征，显示了在汇聚过程中从断坡-断坪阶梯状形态到沿着前陆盆地层序之下的滑脱层、逆冲楔的增生，表面过程是由图中的河流网络控制的，在许多情形下发育冰川作用（如阿拉斯加的 St Alias 山脉），这样的条件下，前陆盆地沉积充填环境全部为陆相；b—在造山楔-前陆盆地系统中重要的可定量化参数。F_a—造山楔的侵蚀量；F_e—造山楔的增生量；α—造山楔的表面平均坡度（°）；β—造山楔基底拆离面平均坡度（°）

地沉降和造山楔生长的影响，进而探索了逆冲楔-前陆盆地系统之间的表面过程及耦合关系和响应的时间尺度。

对前陆盆地进行定量模拟的两项经典研究成果来自 Beaumont（1981）和 Jordan（1981）。Jordan（1981）将每一个新增的增生楔看作是添加到山脉载荷的矩形块，计算了前陆盆地的地层响应，模拟了在美国西部塞维尔逆冲带中每个逆冲单元的均衡响应过程。后来这种方法被应用于模拟古生代阿巴拉契亚山前陆盆地的演化过程。Heller 等（1988）利用扩散模型模拟了逆冲楔的侵蚀过程和盆地沉积过程，目的在于研究在前陆盆地演化过程中构造运动与表层过程的相互耦合关系。此外，一些研究者探索了在大陆碰撞早期水下逆冲楔的生长对前陆盆地的大小和充填程度的影响。这些成果是在由单一的逆冲楔驱动的前提下研究前陆盆地内的地层响应。Jordan 等（1995）第一次提出了两侧都有前陆盆地的造山带模型，两侧盆地的区别在于它们分别坐落在俯冲板块上（前-前陆盆地）和仰冲板块上（后-前陆盆地）。此外，对下伏的岩石圈弹性挠曲强度的响应也是控制前陆盆地的沉降机制。包括依赖于温度的黏弹性-弹性流变学是否能够符合长时间尺度的岩石圈行为（$>10^6$ a），及其与之相对应的是在短期时间内恢复的弹性行为。

13.2 造山楔的结构

世界上高大的造山带大致分为两个大带：①环绕太平洋沿岸的造山带，主要有北美洲至南美洲的科迪勒拉山系、亚洲和大洋洲太平洋沿岸及边缘岛屿。②呈东西向横贯亚洲、欧洲南部和非洲北部的造山带，这一地带自东向西有亚洲南部爪哇岛和苏门答腊岛上的山脉、喜马拉雅山脉，欧洲南部的阿尔卑斯山脉，非洲西北部的阿特拉斯山脉。这些造山带都是分布在构造活跃和火山、地震活动频繁的地区。

13.2.1 造山楔的力学含义

在造山带内部平缓角度的基底滑脱层与倾向相反的地形平均坡度角之间的组合关系决定了锥形楔形体的几何形态（图 13.1）。在力学上该锥形楔形体可以被看作一个单一的地质体。Davis 等（1983）用最简单的形式表达了锥形楔形体的概念，即具有库仑屈服应力的塑性变形岩石滑动于未变形的下边界（也就是下伏的岩石圈板块）上。这种物理模型为逆冲楔在时间上的生长、演化提供了一种理想化的楔形体。在逆冲楔的演化过程中，在楔形体前缘增加逆冲单元，减小了逆冲楔的锥角。反冲断层、逆冲断层、节理导致了逆冲楔增厚。此外，在逆冲楔表面侵蚀作用、沉积物搬运作用也可以导致锥角变小。因此，逆冲楔-前陆盆地系统被认为是由已变形的岩石组成的楔形体，具有失衡的边缘。为了维持一个稳定的楔形体状态，需要建立前缘的逆冲作用、内部增厚作用与所导致的侵蚀作用之间的平衡关系。逆冲楔与前陆盆地之间的联系表现在 3 个方面：①在长时间尺度内，稳定的锥角对挠曲作用形成的地表地形的几何形态具有控制作用，也决定了在已知岩石圈强度下形成的前陆盆地沉降程度。②维持锥形体角度的表面过程与动力过程之间的耦合作用，指示了前陆盆地沉积物的来源和流体的活动。③在逆冲过程中，逆冲楔库仑力的增长是板块汇聚速率的一个函数，同时其也直接影响了前陆盆地的沉降速率。

逆冲楔的锥形体角度（图 13.1b）是由表面的平均坡度（α）和基底拆离面的平均坡度（β）确定的。这两个面结合的锥角数值解与逆冲楔模拟的内角（Φ）（如强度）和下盘滑脱层摩擦力的角度相关（φ）。另外，结合具有屈服强度岩石的孔隙流体的压力作用，锥形体角度（$\alpha+\beta$）为：

$$\alpha + \beta = \frac{(1 - \rho_f/\rho_s)\beta + \tan\varphi(1 - \lambda_b)}{(1 - \rho_f/\rho_s) + \dfrac{2(1 - \lambda)\sin\varphi}{1 - \sin\varphi}} \tag{13.1}$$

式中：ρ_f 为水或空气的密度；ρ_s 为沉积物的密度；λ 和 λ_b 分别为在楔形体内部和基底滑脱面上流体压力与静岩压力的比值。为了确定楔形体的临界数值，利用式（13.1）可以绘制 α 和 β 与不同孔隙流体压力相关的图，并且楔形体在基底滑脱面上滑动前，相对于内部稳定的楔形体会发生内部增厚现象，增大到能够在基底滑脱面上发生滑动（图 13.2）。重要的是，具有较小表面平均坡度（α）的楔形体将具有较多的挠曲变形，可以形成较窄的前渊，导致了楔顶盆地的沉积作用。将库仑楔形体模型应用于沉积层序的脆性变形中，基底滑脱是以剪切带特征。在许多实例中，在逆冲楔下的基底滑脱为塑性的盐层，黏性变形作用可以形成低角度的锥角。

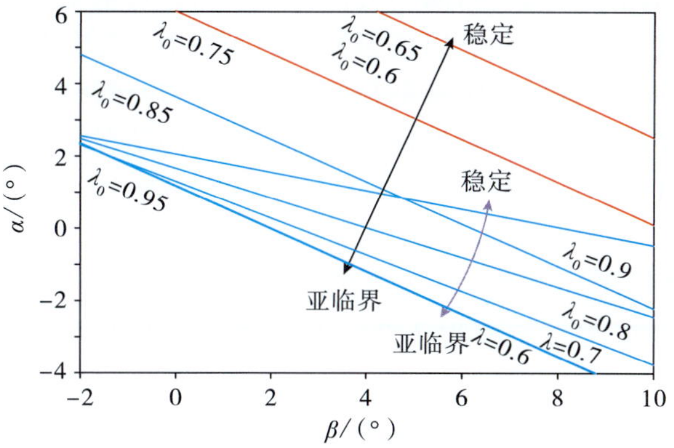

图 13.2 对逆冲楔的椎体角的解析

（据 Sinclair，2012）

基于式（13.1），结合表面平均坡度（α）及基底拆离面平均坡度（β），分析逆冲楔的锥体角。方法是建立位于基底滑脱层上的楔形体内部流体压力与静岩压力之比的方程。红线表示 λ（常量）为 0.6，λ_b 为变量时的解析值。蓝线表示 λ_b（常量）为 0.95、λ 为变量的解析值。底部左边区域指示了亚临界楔形体环境，顶部右边区域是楔形体比较稳定的环境，前者因太脆弱不能在基底面上滑移，后者因太坚固不能在内部发生变形。具低角度坡度的楔形体有利于在楔体顶部发生沉积物聚集，增加了基底拆离面的岩层静应力，因此促使楔形体的部分位置进入稳定状态。相反，高的侵蚀速率推动该系统进入亚临界状态，促使其内部发生变形

13.2.2 造山楔的结构

利用在造山带中发育的构造形迹可以进行造山带几何学、运动学和动力学研究（图 13.3）。大陆造山带研究是以中小尺度构造研究为基础，分析岩石圈板块内部及板块之间相互作用和运动的形式。对构造层次、变形机制、叠加改造、时空变化和动态演化等方面进行综合解析，结合地球物理与深部地质资料，进行造山带的三维结构、构造和动力学

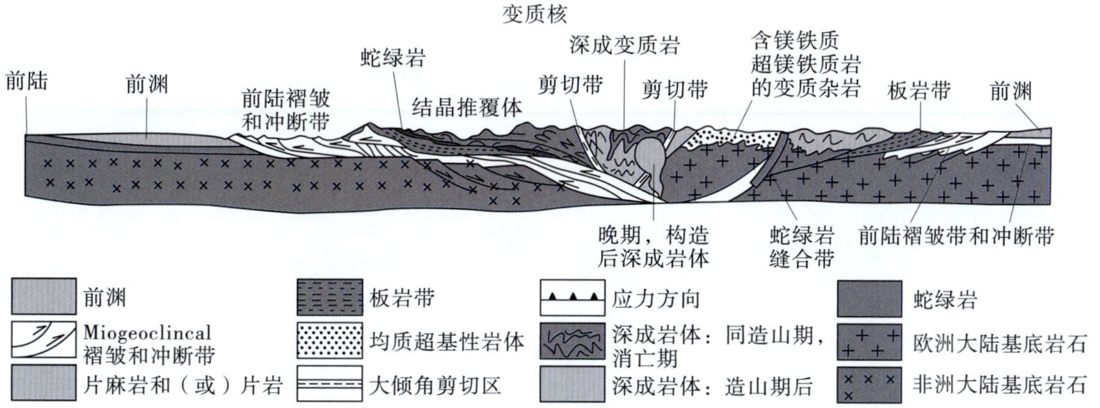

图 13.3 阿尔卑斯造山带-前陆盆地的结构

（据 Hatcher et al.，1986）

分析。

大陆岩石圈的结构和固态流变性质已成为当前和未来大陆造山带研究的重要内容。固态流变性与不同流变结构是大陆岩石圈的突出特点，而且具重要的动力学意义，已成为造山带变形机制分析的重要基础之一。以反射地震剖面为主，配合其他地球物理探测技术对横穿造山带岩石圈的地学断面的详细解剖是建立造山带岩石圈结构与动力学状态的有效手段。其与地震层析成像技术及地质和地球化学研究方法的结合，在造山带的结构及动力学机制方面取得突破性进展。

13.2.2.1 单侧造山楔

造山楔是俯冲带（通常是 A 型俯冲带）上的楔形增生体，主要由沉积岩组成。发育逆冲断层构造组合，自山脉向前陆地区可分为逆冲断层系统的根带、中带和前锋带。在来自后方的水平推挤力作用下（这种力源可能与板块的聚敛运动有关），造山楔逆冲-褶皱变形与重力滑动导致了造山楔内部结构、应力状态的变化，并对前陆板块的挠曲作用产生重要影响，表现在 3 个方面：

1）造山楔是前陆板块上的壳上负载，其形态和构造负载控制前陆板块的挠曲作用，因此，造山楔的形态和构造直接控制前陆盆地的形态和构造。

2）造山楔的缩短、增厚、推进作用导致前陆（挠曲）板块的负载状态变化，因此造山楔控制前陆板块的挠曲变形作用与前陆盆地的演化。

3）造山楔的构造抬升与侵蚀作用为前陆盆地提供碎屑来源，造山楔的剥蚀历史与前陆盆地的沉降史相关联，造山楔物质成分与前陆盆地地层中的碎屑成分相关联。

Platt（1986）曾提出了造山楔演化模型（图 13.4），造山楔的构造变形作用主要与其向前陆地区推进过程中所发生的底部剪切作用有关，其中包括 4 个演化阶段：①在造山楔形成初期，在造山楔前缘以加积作用为主，在楔形体前缘产生逆断层，以叠瓦逆冲构造为主，发育反冲断层，导致楔形体的前缘坡度降低，并引起楔形体内部的缩短、增厚，在楔形体下部发生的剪切作用也可能导致双重构造的形成。②造山楔底部剪切作用持续加强，

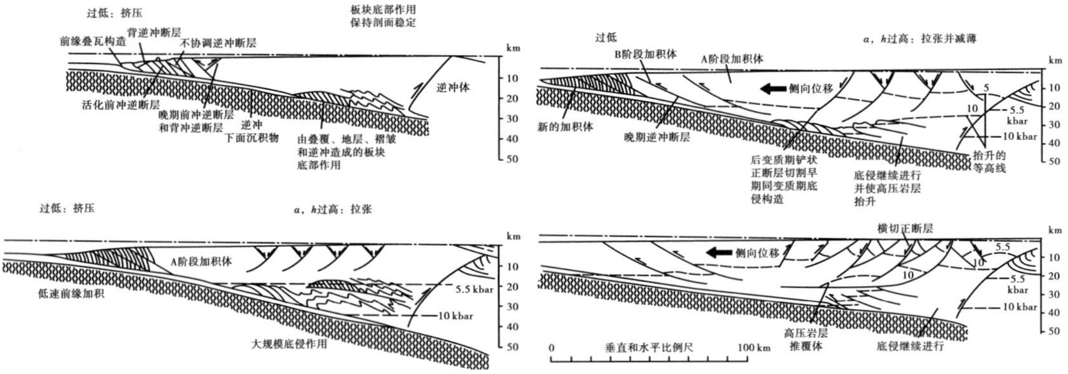

图 13.4 造山楔的演化模型

（据 Platt，1986）

α—楔形体表面的坡角；h—楔形体的厚度。这两个参数影响了楔形体底部的剪切作用、楔形体本身的变形方式。1 kbar 约相当于 10^4 Pa

加积作用变得更加明显，在楔形体的下部形成双重构造、盲冲断层、褶皱变形，导致在楔形体后缘出现伸展断裂，在造山楔下部还可能发生高压变质作用。③随着底部加积作用的持续进行，造山楔下部的伸展作用导致了高压的岩层抬升。造山楔后缘的伸展作用导致前缘的逆冲、缩短。④造山楔底部的加积和伸展作用使高压变质岩层抬升，导致造山楔顶部的岩层发生剥蚀，表明造山楔演化到了成熟阶段。

13.2.2.2 双侧造山楔

对造山带和前陆盆地数值模拟研究表明，一个碰撞造山带通常在其两侧形成两个前陆盆地，包括：在俯冲板块之上的前-前陆盆地（pro-foreland basin）和在上骑板块之上的后-前陆盆地（retro-foreland basin）。由于所处构造位置不同，这两个前陆盆地在反演造山带演化方面有不同的作用。随着俯冲板片往造山带方向俯冲，前-前陆盆地也开始向前侧造山楔（pro-wedge）推移，因此在前-前陆盆地中保留在前渊的最老的沉积地层并不能反映造山的初始时间，其初始造山的时间可以用盆地的宽度与汇聚速率的比率换算。相反，后-前陆盆地相对稳定，其沉积速率的转变是由造山带活动所控制，保存在前渊中最老的沉积地层也可以记录造山带开始活动的时间。

13.3 造山楔的构造变形特征

造山楔的构造主要由断层、褶皱及岩体相互叠加改造而成的复杂构造组合体。近年来研究进展较快，主要表现在造山带典型构造研究方面。在造山带中发育挤压作用形成的逆冲构造、走滑作用形成的走滑构造、走滑作用与挤压作用联合形成的扭压性构造。此外，伸展作用同样贯穿在造山带演化过程的始终。在板块俯冲碰撞过程中，在前陆区域发育的伸展构造和在主造山期之后发育的伸展构造都是陆内造山作用的主要形式。

13.3.1 逆冲构造

逆冲构造是造山带中最主要的构造类型。大型-巨型的逆冲构造主要分布于造山带的前陆地区，表现为叠瓦构造、双冲构造。逆冲构造的研究内容包括几何形态学、运动学、演化过程及动力学特征。地表地质资料与精细的反射地震资料综合解析前陆构造的形式，编制构造平衡剖面，可以恢复前陆褶皱-冲断带的原始长度，进而估算其缩短量和缩短速率，并推算板块汇聚速率。

13.3.2 伸展构造

Wernicke 等（1982）强调伸展构造结构的非对称性，指出它是地壳拉伸变薄和均衡隆升联合作用的结果。Lister 等（1988）提出了伸展构造的纯剪、单剪、拆离 3 种模式，又进一步提出了拆离的 5 种模式，分别为岩石圈楔模式、分层剥离模式、剥离+纯剪切模式（包括大侧向分离和小侧向分离）、分层剥离+下地壳纯剪切模式。此外，一些研究者相继提出了犁式断层、剥离断层、变质核杂岩、岩浆核杂岩等概念，进一步丰富和发展了伸展构造的研究。特别是对变质核杂岩的结构、构造、形成过程及动力学机制研究的成果，更能反映伸展构造的研究现状与进展。

13.3.3 走滑构造

在20世纪70年代末期，人们开始认识到走滑构造是造山带中最主要的构造之一。前人对西欧海西期造山带的走滑构造、西太平洋中生代斜向俯冲与走滑的拼贴效应、北美西部大陆边缘的地体增生与走滑构造、喜马拉雅造山带的挤出构造与构造逃逸等方面的研究成果使得对走滑构造的认识不断完善，深化了对板块俯冲、碰撞、沉积作用、造山机制等地质作用的理解。此外，Woodwock 等（1986）提出了花状构造、走滑双重体等。

13.4 造山楔动力学

造山楔（orogenic wedge）的发展、演化对前陆盆地的发育有重要影响。在挠曲的板块上造山楔发挥垂向负荷的作用，同时对侧向的块体有侧压力作用。

13.4.1 造山楔的楔进作用

造山楔的楔进作用（wedging）与前陆盆地挠曲沉降之间具有动力耦合关系，造山楔的楔进作用（冲断负荷作用）已逐渐成为解释前陆盆地与造山带耦合的主要动力学机制，可以利用前陆盆地的沉降幅度恢复造山楔的楔进作用。

对于前陆盆地而言，造山楔是一种壳上的负载，因而它的几何学和应力状态影响着前陆板块的挠曲作用，造山带的缩短、增厚、推进作用导致挠曲板块负载状态的改变。Chapple（1978）提出了冲断带应力状态模型；Stockmal（1983）应用滑移场理论扩展了该模型，根据冲断带的几何学以及关于俯冲板块滑移速度的假设计算了应力和内部速度；Davis 等（1983）认为库仑屈服应力（包括孔隙流体压力效应及与压实作用、石化作用相关的黏合变化）更适合于冲断带；Dahelen（1984）提出的非黏性库仑楔形体的理论对冲断带特征进行了简化。综合上述各种模型可得出如下解释（图13.5）：聚敛板块边界的水平挤压力（偏移推力）可能是形成造山楔的主要动力。Chaple（1978）认为聚敛造山带可以被看作是一个楔形棱柱体，它处于刚性板块上，在沿楔形斜坡的倾向造成的重力、后部推力和底部剪切力或拖曳力的作用下，维持动力学平衡状态。根据楔形体的物性得出的基底剪切应力（f_b）如下：

$$f_b = dghT + 2(1 - \lambda)Kdgh\theta \tag{13.2}$$

式中：K 为楔形体的屈服强度；θ 为楔形体前缘的角度，（°）；λ 为流体压力与静岩压力之比值；T 为楔形体的表面坡度；h 为地表以下的深度；d 为楔形体的密度。

Platt（1986）提出了控制造山楔形态的因素有4种：①造山楔前缘的加积作用与冲断作用，在造山楔前缘的物质逐渐堆积导致了楔形体加长，当纵向的偏应力足够大时，在楔形体的内部发生缩短变形，出现不规则的逆冲断层或背冲断层。②造山楔底部的加积作用，在楔形体底部物质的加积作用将导致楔形体增厚、地表坡度增大，这种作用导致了造

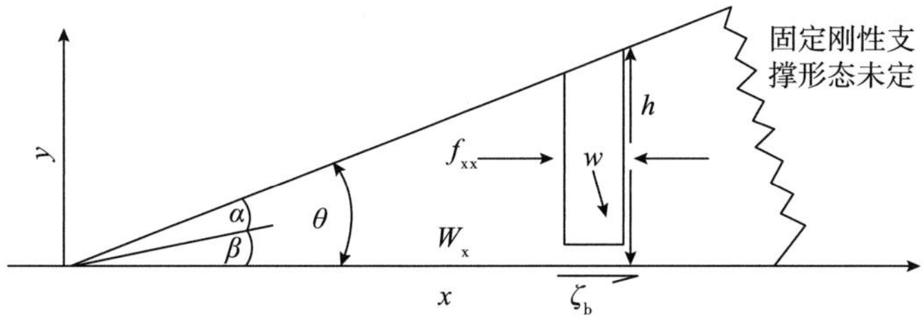

图 13.5　造山楔的简化模型

（据 Platt，1986）

θ—基底面的坡度；w—重力；f_{xx}—偏应力；W_x—基底面的长度；ζ_b—基底面上的剪切力；h—造山楔的高度

山楔伸展、拉长和地表坡度减小。③在楔形体的后部（地形的最高点），侵蚀作用促进新的变形。④基底应力的变化，Dahlen（1984）认为由于俯冲速率的增加等因素引起的 f_b 增大导致造山楔缩短和增厚；f_b 减小造成伸展；如果俯冲作用停止，则 f_b 消失，造山楔因局部伸展而塌陷。Platt（1986）认为在造山带的后部，这种伸展作用使高压岩石抬升至地表位置。

由此可见，板块俯冲速率、挤压应力的大小都将使构造负载的形态发生很大的变化，从而使板块的挠曲度也发生很大的变化，尤其是楔形体的拉长与缩短作用，将使俯冲板块上前缘隆起的位置发生改变。在前陆盆地的发育过程中，随着前陆盆地的沉降和造山带向前陆盆地的推进，使前陆盆地的沉积物发生变形，形成 3 种褶皱-冲断层系统（即断弯褶皱、断展褶皱、滑脱褶皱）及相关的双重构造、叠瓦构造和三角带等。它们是岩石应力状态和时间因素相互作用的结果。因此可以根据褶皱-冲断层的几何形态和应力轨迹来确定不同的构造样式。

13.4.2　造山楔的滑脱作用

13.4.2.1　造山楔的滑脱作用

前人曾利用卷入基底变形和盖层滑脱变形与运动学标志恢复造山带滑脱作用（detachment）。刘和甫（1993）根据逆冲断层和相关褶皱构造被卷入地下深度的不同，将岩石圈挠曲作用的构造样式分为卷入基底变形和盖层滑脱变形两种。

基底卷入变形的厚皮构造是深层次韧性剪切带的逆冲断层，伴生流动褶皱和相似褶皱，劈理发育，在剪切带之上为基底逆冲断层和挤压断块。基底逆冲断层主要发育在前陆盆地的靠造山带一侧。基底逆冲断层组合可将基岩切割成不同形态的块体。同向组合时可切割成叠瓦状的断块，反向组合时可将基岩拱曲隆起或上隆成楔形。

盖层滑脱变形的薄皮构造集中发育在中-浅层的叠瓦状的冲断带和双层冲断层带，产生中度变形的同心褶皱，褶皱相对平缓。根据盖层冲断层系与弯滑褶皱在沿造山带向前陆盆地方向上变形程度发生变化，刘和甫（1993）总结了 3 种组合：①叠瓦状的冲断系统由倾向相同的冲断层组成。②突隆构造、三角带构造由倾向不同的冲断层组合而成。在背冲断层组合中形成了突隆构造，在对冲断层组合中则出现挠曲带或三角带。③双层冲断系统。当冲断作用连续发育时在上部会形成一个顶板滑脱面，同时在下部形成一个底板滑脱面。

13.4.2.2 造山楔-前陆盆地系统的层间物质交换

大陆岩石圈的刚性结构模式表现为“三明治”结构：上岩石圈（中上地壳）和下岩石圈（地幔部分）表现为刚性，中部（下地壳）表现为韧性，并有学者对其韧性流变进行了描述。较深层次中，岩石圈的汇聚本身就是由前陆地区到造山带的大规模横向物质流。在垂向上，前陆岩石圈沉降引起深部物质的大量转移，在地表产生的可容纳空间为剥蚀物所充填，蚀顶后的山体又为构造抬升所弥补，构成多圈层物质混合交换；再者，下地壳韧性流的向上流动可在造山带形成挤出构造，例如，在喜马拉雅造山带中，高喜马拉雅结晶体是沿着两条断层（包括其南侧向北倾斜的中央逆断层与北侧绒布寺断层）之间的区域垂向挤出的楔形体（Burchfiel，1985）。值得一提的是，在以往文献中多强调构造控制剥蚀、沉积作用，而对其反作用重视不够。Fielding（1996）指出在青藏高原南缘中新世以来至少被剥蚀掉 25 km。在浅表层发生如此巨量物质的转移需要区域性物质重组（如构造抬升）方可平衡，当蚀顶作用强烈时，均衡调整就明显。在均衡调整过程中，下地壳韧性流被认为起到重要作用。

汇聚板块边界发生收缩隆升、地壳加厚实际上是岩石圈各层物质在造山带的聚集，并发生了不同方向的顺层（或穿层）的物质运动，伴随巨大的能量交换。各圈层物质交换方式多样（图 13.6）：在表层表现为外动力为驱动的碎屑物质流动；在中、深部以各种脆性断层（中上地壳）、韧性流（下地壳）为主导，伴有层间转移。打破物质稳定平衡和趋于物质稳定平衡是地球较深部重力均衡的动力，也应作为盆-山系统各层次物质交换的重要动力。

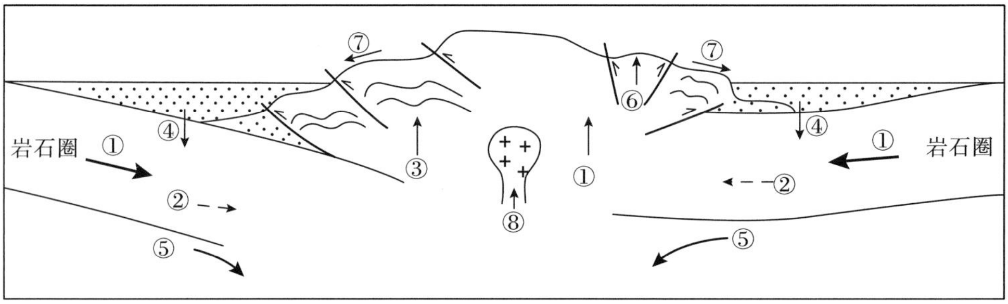

图 13.6 盆-山系统的物质交换示意图

（据邓辉等，2014）

①岩石圈汇聚；②下地壳层流；③均衡抬升；④盆地岩石圈沉降、沉积物压实；⑤软流圈地幔流；⑥各种逆冲推覆及造山带挤出构造；⑦表层碎屑物质

13.4.3 造山楔的蚀顶作用

造山楔的蚀顶作用（deroofing）是表浅层的物质转移的主要作用，表现为以剥蚀的碎屑物质形式从造山带源区向盆地（沉积区）的转移。该过程受构造作用控制，主要表现为对物源、可容纳空间变化以及搬运、沉积形式的控制。

前陆盆地的开始以缩短造山带碎屑物质首次以不整合面的方式覆盖于下伏克拉通为标

志。在幕式构造与全球海平面升降共同影响下，浅表层的碎屑物从造山带向盆地幕式、韵律式转移，表现为宏观向上变粗的地层构成。一个典型的实例为西加拿大盆地，其碰撞开始、火山作用和造山作用停止等构造事件及全球海平面升降被 5 个旋回地层所记录。

13.4.4 造山楔的隆升与前陆盆地的沉降

收缩造山作用是岩石圈在表浅层发生汇聚、缩短的过程。在汇聚地区强烈的挤压变形和地壳缩短，发育褶皱-冲断带、叠瓦构造和岩层的叠覆；地壳或岩石圈横向上缩短的同时，纵向上发生增厚和隆升。盆地沉降与山脉隆升是盆-山之间的重要的构造耦合行为。造山带一般区分为挤压逆冲增厚隆升、均衡调整隆升，与造山带相伴生的盆地沉降可区分为负荷沉降、均衡沉降、区域性沉降和裂陷沉降。盆-山系统的升降历程具有耦合关系。

13.4.4.1 岩石圈挠曲变形与前陆盆地挠曲沉降

前陆盆地沉降的根本原因是区域岩石圈挠曲变形，其动力主要是板块汇聚产生的构造挤压挠曲和俯冲动力，其次为各种重力负载（图 13.7）。构造挤压挠曲是巨大的水平挤压应力作用于岩石圈，使之在垂向上发生挠曲沉降，形成了前渊沉降区、前缘隆起区、隆后沉降区。其水平幅度均为半波长，但纵向振幅向克拉通方向衰减。俯冲动力是地幔楔形区地幔黏性物质运动对上覆岩石圈产生的大范围沉降作用。重力负载由前陆盆地中新堆积的沉积物及汇积的水体所引起。

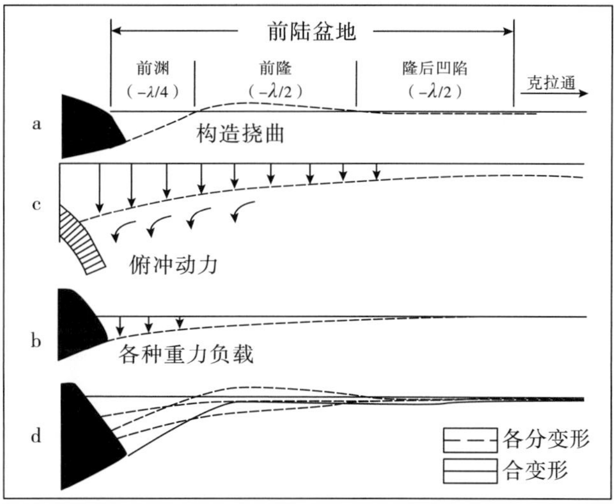

图 13.7 前陆盆地沉降的动力机制
（据 Catuneanu，2004）

各种作用的挠曲以不同波长的形式出现，其间可以是建设性的亦可以是破坏性的。不同背景中各种沉降作用所占分量亦不相同。例如，俯冲动力是弧背前陆盆地沉降过程中所特有的动力。因此，在随后的演化中，其前缘隆起经常处于基准面之下而接受沉积；又如周缘前陆盆地缺乏俯冲动力沉降，前缘隆起常处于剥蚀状态，而陆-陆碰撞产生更大规模的造山带，其重力负载作用相对明显，同一盆地中不同的作用产生的效果各不相同。例如，与构造挠曲作用相比，在弧背前陆盆地中，俯冲动力作用产生的沉降量较小，但是其波及范围较大。

13.4.4.2 造山楔的隆升速率与前陆盆地的沉降速率

造山带隆升过程与速率主要通过岩石学或同位素年代学研究获得。根据山脉中变质岩矿物结晶温度和年代可以定量分析山脉的隆升过程，同时也可根据山脉中不同高度岩石中磷灰石裂变径迹分析定量反演山体隆升。近年来，人们通过盆地沉积物中具不同封闭年龄的矿物同位素年龄测试结果，用盆地沉积岩年龄对该矿物剥露于地表的时限进行限制，定量恢复山脉开始隆升时限和隆升速率。Najman 等（1997）通过对印度北部喜马拉雅构造带前缘前陆盆地沉积地层（Dagshai 组）和其上的 Kasauli 组中单颗白云母进行$^{40}Ar/^{39}Ar$定年，获得了近于一致的 22～28 Ma 年龄谱，这说明作为沉积物源区的喜马拉雅造山带 28 Ma 之后才开始发生隆升和剥露作用。

13.4.4.3 板块俯冲动力与前陆盆地动力沉降

长期以来，大部分学者认为，前陆盆地沉降是逆冲负荷沉降和盆地自身的沉积负荷沉降，然而，在弧后前陆盆地中可能叠加了由于洋壳俯冲作用产生的动力沉降（图 13.7）。

Liu 等（2004）对美国西部晚白垩世前陆盆地进行了纯逆冲负载沉降、逆冲和沉积负载沉降及动力沉降量模拟计算，在盆地中分离出了动力沉降。73.4 Ma，盆地累积的平均动力沉降量达 926 m，从怀俄明州东边界到 Sevier 逆冲带的前缘，动力沉降量由约 800 m 增加至约 1.8 km（图 13.8）。计算出的动力沉降幅度、沉降时间和波长地幔流动力模型提供了实际资料，同时也为大面积恢复地质历史时期地壳在洋壳俯冲作用下的大幅度倾斜量提供了有效方法。另外，模拟结果进一步证实了晚白垩世 Sevier 逆冲带的三次逆冲、加厚事件及其后的逆冲作用停止时的均衡回跳事件与盆地沉降充填及不整合面隆升、剥蚀的关系。

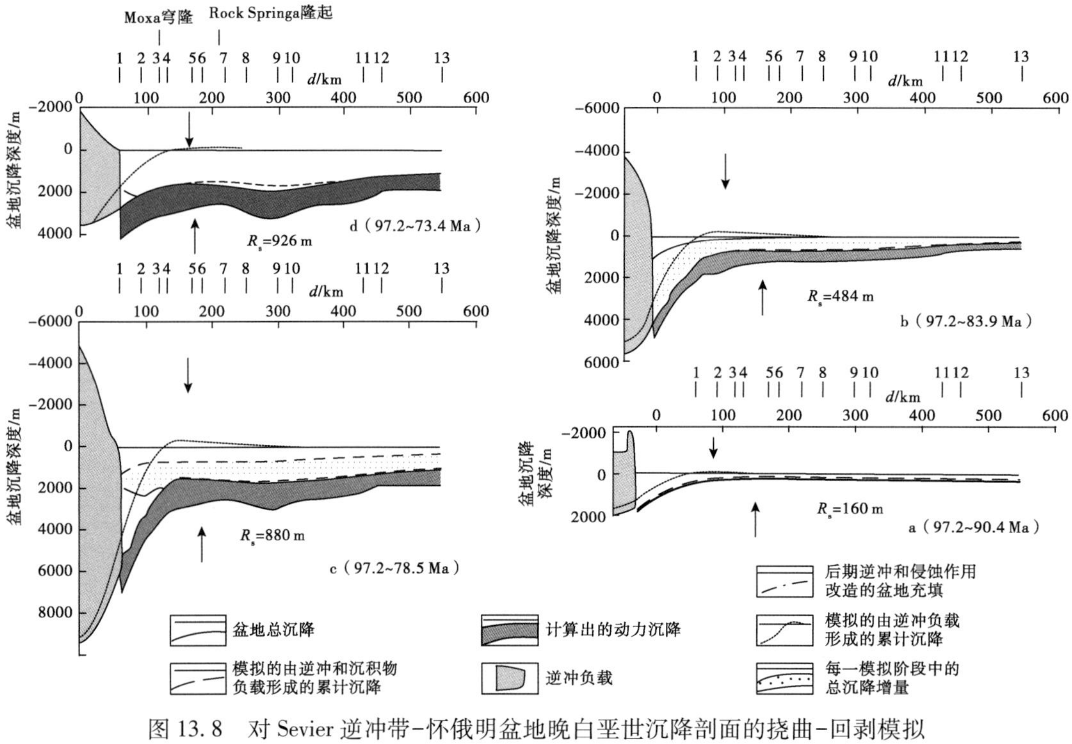

图 13.8　对 Sevier 逆冲带-怀俄明盆地晚白垩世沉降剖面的挠曲-回剥模拟

（据 Liu et al.，2004）

模拟共分 4 个累计阶段。指向上和下的箭头分别示踪了由逆冲负载或逆冲、沉积负载作用形成的前缘隆起位置的迁移过程。模拟计算中挠曲刚度为 $10^{22.5}$ N · m。R_s 为残留的沉降量，即动力沉降量；剖面上的数字表示钻孔位置

13.4.5 造山楔的推进作用与前陆盆地的迁移

随着板块的持续相向运动，汇聚边界地壳不断缩短，以造山带为代表的汇聚边界不断向克拉通方向迁移。相应地，整个前陆盆地系统也朝克拉通方向做横向相对迁移。所谓迁移并非整个盆-山岩石圈的横向运动，而是盆-山系统的多元结构以波动方式传向克拉通（图 13.9，图 13.10）。前渊的迁移距离为 100~200 km，但平行于造山带方向在不同地区有区别。例如，从坎佩尼阶早期到始新世末期西加拿大盆地的南部前渊向东迁移了 200 km，而北部只有 50 km。

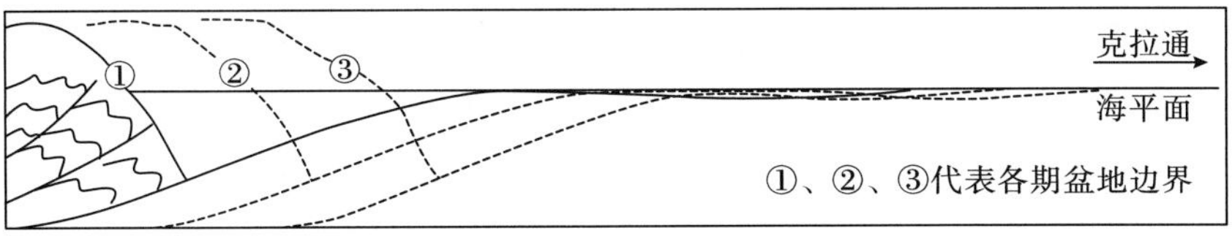

图 13.9 盆-山系统迁移示意图

（据刘池洋等，2002）

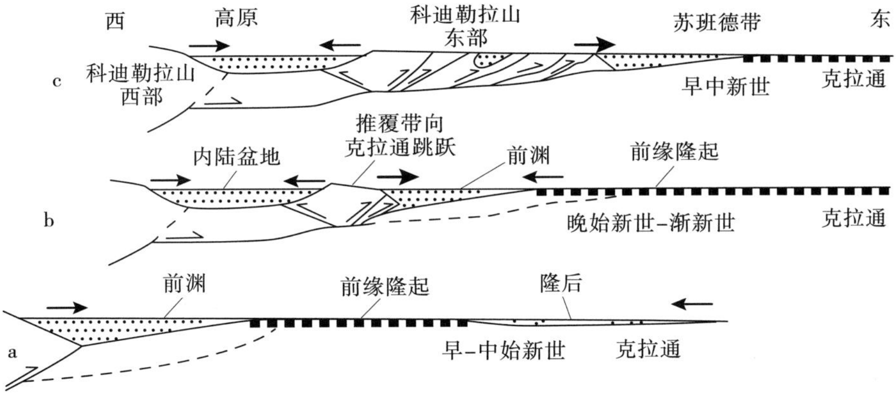

图 13.10 安第斯山中段新生代前陆盆地和腹地盆地演化的重建图

（据 DeCelles et al.，2003）

随着造山带和前陆盆地向陆迁移，早期的邻近造山带的前渊沉积物在后期褶皱冲断变形中多被卷入而成为造山楔的一部分，出露地表并遭受剥蚀，成为新沉积区的物源，表现出迁移中改造与建造同步的特点。因此，前陆盆地沉降中心的迁移也是构造挠曲、俯冲动力、重力负载等变量综合变化的函数，而并非仅仅是造山楔逆冲作用的结果。因此，沉降中心或沉积中心的迁移速率不能简单地等于造山楔的推进速率。

13.4.6 造山楔的生长、稳定和衰退

13.4.6.1 造山楔的生长

造山楔生长是通过前缘增生作用、基底增生作用（底侵作用）将下伏板块岩石转移到造山楔来实现的。当物质被增加到双向汇聚型造山楔中时，只能通过造山楔生长过程才

能维持楔形体的锥形角。当造山楔生长时，造山楔的表面最高海拔也迅速升高。随着造山楔的体积增大，其对稳定的增生体响应的分布范围也增大，导致了表面抬升速率减小。在理论上，表面抬升速率与时间的平方根成比例的减小。但是当增生逆冲单元厚度增加时，增生通量也会增加。

13.4.6.2 造山楔的稳定

在缺乏侵蚀作用的情况下，造山楔内部岩石向上运动的速率等于表层抬升速率，随着造山楔的生长，表面抬升速率趋于减小。由于侵蚀过程降低表面抬升速率，因此为了维持稳定的楔形体形态（作为“稳定状态”参考）所必需的表面抬升速率、岩石抬升速率增加是必须的。因为当地形起伏度增大和山地降水增强使得地表海拔升高，侵蚀速率也将加快。在这种情况下，楔形体内部变形所引起的岩石抬升速率将不得不与侵蚀速率发生相互竞争。这种侵蚀作用与造山楔内部的变形作用之间的耦合关系是研究输送到前陆盆地沉积流量和沉积物源的关键。

如果将该系统简化为增生流入量和侵蚀流出量，那么，在开始时造山楔的地形和体积增加是很明显的，但是随后增生流入量和侵蚀流出量之间达到平衡，或者当侵蚀流出量大于增生流入量时，造山楔则发生收缩。在对台湾造山带的研究中，Suppe（1981）首次提出了稳定状态的概念，在造山楔中增生的流入量与侵蚀流出量之间达到了平衡，随后稳定状态被认为是许多山脉的一个共同特征。

造山楔-前陆盆地系统的最基本特点之一就是处于强烈变形的造山楔不一定会导致山脉地形的增长，但是可以导致前陆盆地的沉降。实际上，如果造山带的内部变形是侵蚀速率变化的响应，那么可以推测造山楔构造活动可能与高速侵蚀作用、沉积流量的增加、地形负载的减小有关。Paola（1988）在提出的沉积物传输和盆地沉降的模型中已经考虑了这种类型的耦合作用，未知的是构造对侵蚀速率变化的响应时间。随着汇聚速率的减小，山脉进入后造山状态，前缘增生的速率降低，因此持续的侵蚀通量将导致双向汇聚型逆冲楔的体积减小。只要楔形体的应力状态失稳，模型系统将发生自相似性的收缩。

13.4.6.3 造山楔的衰退

在活动造山带的宽度发生减小的过程中，地形负载减小，前陆盆地的向上回弹导致冲积切割、侵蚀以及来自山脉的沉积物向四周的扩散。一个重要的实例是瑞士北阿尔卑斯的前陆盆地，尽管阿尔卑斯山脉顶部的逆冲变形、高侵蚀速率导致了区域性的均衡回弹，前陆盆地的侵蚀增加了沉积量，并汇集于远端的沉积中心。前陆盆地的均衡回弹不能从构造上说明造山楔的灭亡，而是一个造山楔在时间上的收缩和衰减。

13.4.6.4 造山楔的终止与盆地的消亡

造山带内活动变形的终止意味着没有机制能够对抗侵蚀作用导致的地壳变薄，因此整个造山楔-前陆盆地系统在10~50 Ma之间遭受了侵蚀速率衰减的侵蚀作用。板块间持续挤压汇聚的结束将使造山作用停止，盆地的挤压挠曲应力逐渐递减并释放，沉降的动力仅为静负载作用。强烈的剥蚀使得静负载作用不断减弱，均衡抬升作用相对增强，虽然在前渊有较弱的沉降作用，但是其沉降速率远低于物源供给量，最终使得前陆盆地的规模逐渐变小并被填满而趋于消亡。此时前陆盆地所处位置、盆地面貌与开始发育时已大不相同。

不断减弱的静负载作用与均衡抬升共同作用于前陆盆地，导致了前渊宽度变窄，前缘隆起再次抬升，常处于剥蚀状态，前陆盆地的多元结构向造山带方向较小幅度迁移，其最明显表现为枢纽线（hingelines，前缘隆起与前渊之间的接触线）的回迁（图 13.11）。现代的实例是西加拿大前陆盆地，其枢纽线在早期远离造山带而在晚期向造山带回迁；位于前缘隆起区的艾伯塔地区古新统目前正在遭受剥蚀。

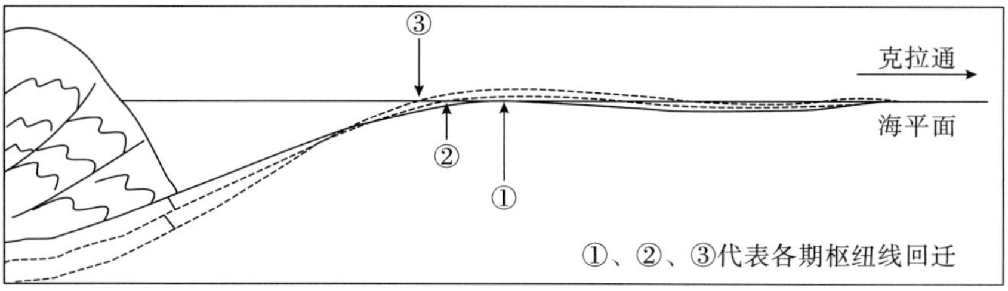

图 13.11 前陆盆地对造山楔造山作用终止的响应
（据 Catuneanu，2004）

13.5 造山楔-前陆盆地耦合关系

造山楔和前陆盆地是大陆岩石圈表面发育的两个基本构造单元，它们在空间上相互依存，在物质上相互转换，在地表形态上相互调整、均衡，两者具有密切的耦合关系。这种关系被称为造山楔-前陆盆地耦合关系，简称为盆-山耦合关系。

不同时期的原始盆-山结构、山脉变形样式、盆地充填格架及主要构造带、构造地块展布是盆-山耦合关系研究的几何学问题；盆-山之间的叠加、转换和迁移历史、山脉基底和盖层剥露过程、折返机制、隆升过程、盆地的沉降方式、沉积记录和物源类型、造山带剥蚀物质的去向、山脉剥蚀量、造山带的增生方式等是盆-山耦合关系研究的运动学问题；盆-山系统反映的造山过程、区域动力学背景、深部流变学机制和调整过程及盆-山演化动力模拟是盆-山耦合关系研究的动力学问题和最终目标。盆-山耦合关系研究的内容包括：不同时期的盆-山几何配置关系、盆地层序地层序列与多幕构造控制关系、盆地沉积物物源与山脉剥露过程的关系、盆地沉降与山脉隆升关系、地表过程与构造作用关系、盆-山系统演化动力学等。

13.5.1 盆-山耦合的概念

盆-山耦合的概念出现于 20 世纪 90 年代，是指造山带体系与盆地体系之间通过各种相互作用彼此影响的过程。有前陆盆地，必有与之有成因联系的收缩造山带，二者在时空上相伴而生，在演化上阶段相关，在成因机制上耦合。同时盆-山耦合至少还应包含各层次物质（能量）交换及盆-山相互作用方式。一方面，造山作用控制了盆地发育；另一方面，作为对造山作用的响应，盆地内沉积记录常蕴含了造山过程的大量信息。因此，盆-山耦合关系是指在盆-山系统内的转换、迁移、叠加和改造、沉降-沉积与隆升-剥露关系以及它们之间的相互指示和相互作用过程与动力学。

13.5.2 盆-山系统

大量的事实表明，造山带和盆地之间存在多重耦合。在一定时期，两者是共同发展、互相依存的。因此，对造山带和沉积盆地的研究，应该注重系统分析、综合分析和同步演化研究。所谓盆-山系统（basin-range system）是指受控于统一的地球动力学系统，而运动方式呈镜像或其他相协调的方式形成的一对耦合关系所反映的实际上是一种成因和运动机制上的联系，统一的地球动力学背景是盆-山耦合的基础，它们是地球内部各圈层相互作用综合调整的结果。它们在空间上相互依存、物质上相互转移，属于相同期次构造运动的产物。

同时性和统一地质作用过程是盆-山耦合的两个重要特点，也是盆-山耦合体系划分的出发点。在造山作用与成盆作用之间既存在着耦合关系也存在着非耦合关系。盆-山耦合的决定性因素是它们是否形成于统一的地球动力学系统。在盆-山耦合系统中，造山作用和成盆作用不具有等同价值，其中造山作用具有主导地位，并决定了成盆作用。因此，盆-山耦合关系的类型是根据造山作用的特点来划分。

因此，盆-山系统的内涵主要表现在：①大陆构造的基本单元是沉积盆地和造山带。②造山带与沉积盆地是形成于统一的地球动力学系统之中的一对孪生体，它们在空间上相互依存、物质上相互补偿、演化上相互转化、动力上相互转换（盆转山、山控盆、盆定山的过程）。③盆-山系统主要表现为物质的循环系统和能量的交换系统（其媒介主要为流体）。④盆山间的耦合关系是揭示大陆动力学机制和过程的关键。

13.5.3 盆-山耦合关系

刘和甫（2000）认为盆-山之间存在3种关系：

1）在构造上显示为盆地与造山带的耦合性。主要表现在构造应力场的同一性与空间上的连续性，包括挤压造山带与前陆盆地的耦合、伸展造山带与裂陷盆地的耦合、走滑造山带与走滑盆地的耦合，而连锁断层则为耦合机制关键。

2）在节律上显示为盆地与造山带的反转性，是地球体积变化或脉动所产生。早期大陆边缘盆地可以反转为造山带，造山带可以伸展坍陷成裂陷盆地，主要表现在时间上的阶段性。

3）在沉积上显示为盆地与造山带的互补性，主要受到地球均衡性的制约，在浅层呈现为造山带的隆升、侵蚀或蚀顶作用和盆地沉降充填；在深层则呈现为熔浆的迁移和拆层作用。

因此，盆-山耦合关系主要体现在以下几个方面：①垂向上的耦合主要表现在造山带的隆升与沉积盆地沉降（隆升）间的耦合关系；②横向上的耦合包括盆山间物质循环的耦合关系、盆山间能量交换的耦合关系、盆-山转换的耦合关系。因此，盆-山耦合关系的研究内容包括：①造山带与沉积盆地在空间分布上相互依存、在物质上相互补偿、在演化上相互转化、在动力上相互转换。②盆-山系统大陆岩石圈各圈层之间有着广泛的能量交换和物质交换，深部地质作用对大陆地壳上部构造的形成和演化起着至关重要的作用。③盆-山系统中固体岩石与其中的流体有着广泛的相互作用，流体是盆-山系统形成演化的重要因素。④盆-山系统中的水平运动和垂直运动具有共存性、相关性和转换性。

13.5.4 盆-山耦合的动力机制

刘和甫（2004）认为造山带与前陆盆地之间的盆-山系统是板块构造演化中两个主要端元（表13.1；图13.12），在古板块演化中常见盆-山转换。在现今板块格局中，常见盆-山耦合或盆-山相关性呈现为：盆地基底楔进作用（wedging）为造山带隆升提供动力，造山带的蚀顶作用为盆地充填提供物源。盆-山耦合作用不仅呈现为水平应变场的统一性，也呈现为垂直应变场的共轭性，应该将深部与浅部的相关性考虑进去，随着深部地质-地球物理资料的获得，可以进一步深入研究造山带与前陆盆地耦合作用或脱耦作用，包括内容有：①前陆盆地岩石圈挠曲是由于造山带负荷所产生，可以用弹性板片弯曲来模拟，在负荷端向下挠曲最大，向克拉通方向变小，并出现向上挠曲，称为前缘隆起，挠曲波长则与岩石圈强度有关。②盆地刚性基底的楔进作用（wedging）导致塑性造山带隆升，在深部剖面上呈现鳄鱼构造，即造山带浅部向盆地仰冲，而深部为俯冲。③连锁冲断系统主要呈现为：①盖层滑脱（detachment）褶皱；②基底拆离（basement decoupling）；③壳-幔拆层作用（delamination）。

表13.1 盆-山耦合及盆地类型

地球动力学环境	板块运动阶段	盆地类型	山系类型
伸展构造体系	离散期 聚合期 后造山期	陆内/陆间裂陷盆地 弧内/弧后裂陷盆地 后继裂陷盆地	伸展造山带 张性岩浆弧造山带 后继伸展造山带
挤压构造体系	俯冲期 碰撞期 再活动期	弧后前陆盆地 周缘前陆盆地 再生前陆盆地	俯冲造山带 碰撞造山带 再生造山带
走滑构造体系	走滑伸展期 走滑挤压期	走滑拉分盆地 走滑挠曲盆地	剪张造山带 剪压造山带
克拉通构造体系	裂解期 拼合期	克拉通内部盆地 克拉通边缘盆地	

（据刘和甫，2004）

大陆动力学研究促进盆-山耦合分析在时空两方面进一步深化，包括：①在空间上，地表的盆-山耦合主要是深部的壳-幔作用在浅层的响应（如深部底侵作用、拆层作用、底辟作用等），从岩石圈动力学深化到地幔动力学。②在时间上，应深入后造山阶段的大陆构造旋回，如后继造山作用或再生造山作用以及后继盆地或再生盆地的耦合。

因此，盆-山系统的动力耦合分析应将地球动力学环境和板块运动学序列结合起来，

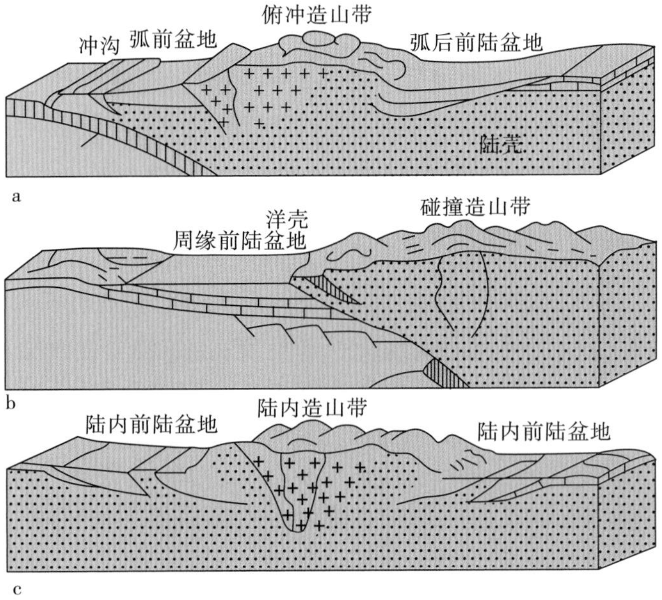

图 13.12　前陆盆地-造山带系统的类型

（据刘和甫，2004）

a—大洋俯冲造山带与弧后前陆盆地；b—陆缘碰撞造山带与周缘前陆盆地；c—陆内造山带与陆内前陆盆地

包括：①各种构造样式、伸展量与收缩量，各种沉积体系和沉降量等，为地球动力学环境的定性与定量提供基本特征和数据。②裂解阶段、俯冲阶段、碰撞阶段及后造山阶段等，为板块运动学序列的定位与定时提供主要信息，将成盆、成烃与成藏动力学作为整体研究。目前对盆-山耦合机制的研究主要侧重于对造山带楔进作用和盆地挠曲、造山带滑脱作用或拆离作用与盆地变形、造山带的蚀顶作用和盆地充填等方面的研究，加强了对造山带构造年代学、盆-山构造流体、造山带构造模拟等探索。

13.5.5　造山带隆升机制与前陆盆地沉降机制的耦合

国际上提出 3 种山脉的成山模式，用来解释在各种不同构造背景下山脉的形成，分别为：①与构造缩短相关的构造成山模式；②与剥蚀相关的均衡成山模式；③是第①和第②种机制的结合。这种认识上的变化体现了人们对剥蚀作用理解的加深，开始强调构造作用和剥蚀作用在相似的时间尺度上控制着山脉的形成。对这两种机制的争论十分激烈，以至于 Molnar（1995）撰写了“*Chicken or Egg*”的著名论文，认为地壳缩短和均衡补偿加厚能够解释现今青藏高原的高程（Hatzfeld et al.，2010）。近年来，在喜马拉雅山造山带研究中发现了下地壳流，并应用到龙门山，认为四川盆地之下的强硬地壳阻挡了青藏高原东缘下地壳物质的流动，最终堆积在龙门山之下，形成了龙门山的巨厚地壳和高陡地貌。因此，李勇等（2017）提出了 3 种青藏高原边缘造山带的成山模式，即：①与构造缩短相关的构造驱动的造山带隆升机制；②与剥蚀相关的均衡反弹机制；③下地壳流机制。李勇等（2017）认为现今龙门山的高起伏的陡地貌可能是 3.6 Ma 以来的下地壳流形成的。在此基础上，提出了 3 种类型的盆-山耦合机制，分别为早期的大型楔状前陆盆地与龙门山地壳缩短耦合机制、中期的大型板状前陆盆地与龙门山地壳均衡反弹耦合机制和晚期的小型楔状前陆盆地与龙门山下地壳流机制。

13.6 双向型造山楔与前陆盆地的耦合关系

13.6.1 双向型造山楔

单向型造山楔显示的锥形楔形体模型就像推土机在一个层面上推动一堆砂，将楔形体后部的高度及其特征定义为一个具有刚性的后侧挡板。双向型造山楔显示为由两侧的逆冲带共同组成的背冲式组合形态（图 13.13），在这些模型中，构造边界是由俯冲于另一板块之下的板块来确定，两个板块之间的连接点是一个奇点（具有一定速度的边界环境）。这种模型可由能揭示山脉深部构造的层析成像或大地电磁图像来描述这种非对称性的板块俯冲环境，也可以由在两个汇聚板块上的地壳缩短量具有明显的不对称性来描述这种非对称性的板块俯冲环境。两个反向的楔形体生长的差异性控制了位于俯冲板块上“楔形体前侧”的前陆盆地和位于仰冲板块上“楔形体后侧”的前陆盆地。两种前陆盆地具有不同的盆地演化历史。

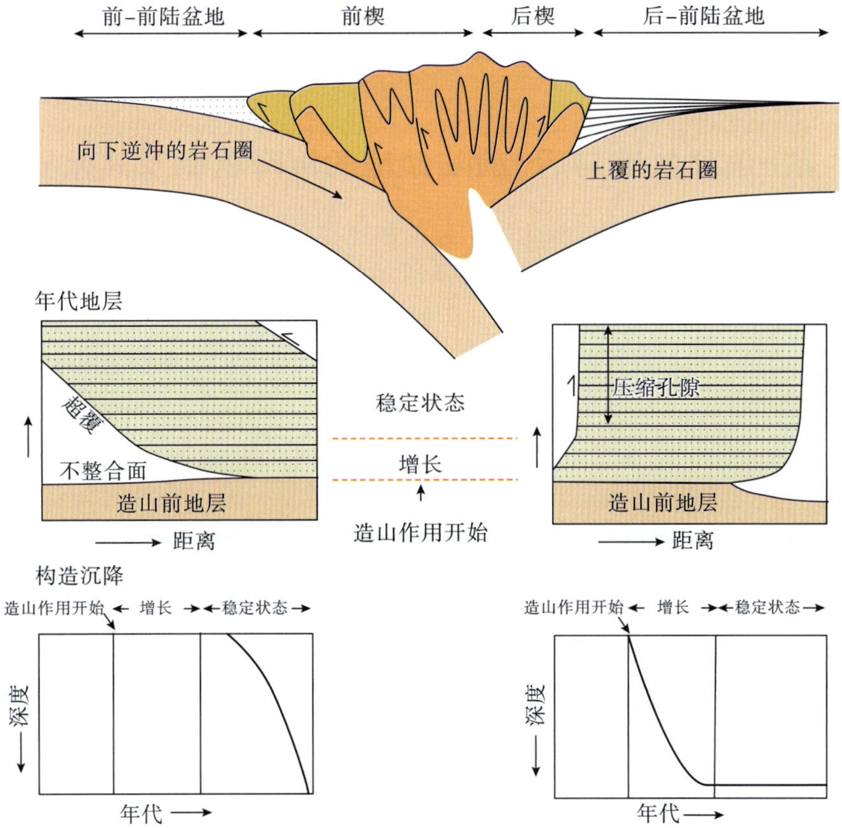

图 13.13 双向汇聚型造山楔与前-前陆盆地、后-前陆盆地的特征对比

（据 Naylor et al.，2008）

13.6.2 前-前陆盆地与后-前陆盆地

传统的前陆盆地分为位于碰撞造山带两侧的周缘前陆盆地和由于洋壳俯冲作用而位于岩浆岩岛弧之后的弧后前陆盆地。然而由于对周缘前陆盆地的识别存在差异性，Johnson等（1995）使用后-前陆盆地和前-前陆盆地来区分位于双向汇聚型造山楔两侧的两类周缘前陆盆地（图 13.13）。通过构造-表层过程耦合的数字模型，探索了造山带的地形降水可能导致非对称作用。根据地层建造、年代地层和沉降历史说明了前-前陆盆地和后-前陆盆地具有明显的不同特征。

在造山带前侧楔形体之下的岩石圈俯冲过程会引起前-前陆盆地沉降加速，其与地形的增长无关。相反，后-前陆盆地沉降的诱因则仅仅是楔形体后侧的间歇性生长。这种根本性的不同意味着在前-前陆盆地内保存地层的期限是由前陆盆地宽度与俯冲速率的比率所决定的。在前-前陆盆地中填充的未变形的地层通常只是造山带造山历史的一部分，大部分的早期前陆盆地沉积物被保存在逆冲楔。

假定前陆盆地的充填量为一个常量数值，那么在前-前陆盆地地层超覆速率（地层超覆于克拉通盆地边缘的速率）等于板块俯冲速率、逆冲楔推进速率（以造山带分水岭上固定位置为准）。因此，这些盆地记录了在一个有限时间内的造山运动，并以快速的地层超覆和盆地转化为标志。在后-前陆盆地地层超覆历史只记录了后侧逆冲楔向外扩展过程（图 13.13）。因此，前-前陆盆地和后-前陆盆地的区别在于它们具有不同的沉降历史。

13.6.3 前-前陆盆地与后-前陆盆地的沉降机制及其差异性

在地质历史时间中造山楔的演化所引起的加速型沉降速率是前陆盆地的沉降作用的特征。这也是前-前陆盆地的一个主要特征，活动的俯冲作用引起山脉之下的盆地快速沉降，构造沉降速率通常大于 0.05 mm/a。但是，后-前陆盆地并不以下伏板块的俯冲作用为特征，它们记录了相对较慢的沉降历史（通常<0.05 mm/a），缺少在山脉生长过程中沉降速率加速的证据（图 13.14）。为了理解此类盆地的沉降历史，必须区别板块俯冲作用、

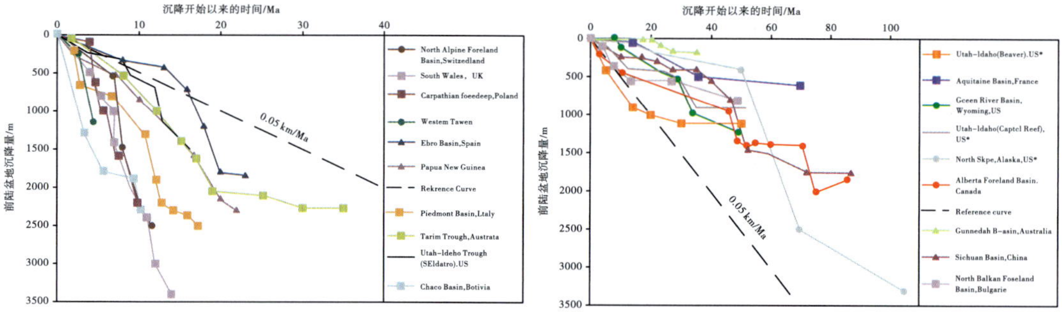

图 13.14 前陆盆地的沉降历史分析

（据 Sinclair et al.，2012）

在两个图中都能区别出快速的、慢速的平均沉降速率。快速的沉降速率大于 0.05 km/Ma，慢速的沉降速率小于 0.05 km/Ma。虚线部分定义的沉降速率是为了对比。除图例中带星号者外，所有的沉降史是回剥后的构造沉降

造山楔的生长对前陆盆地沉降具有不同的控制作用。下伏板块俯冲作用导致盆地内的某点沿着岩石圈的挠曲剖面向下移动。如果岩石圈的挠曲强度较高，则在盆地下伏板块的倾角近于水平，因此，沿着剖面向下的移动在所有区域都是相同的，并产生一个线性的沉降。但是，如果岩石圈的挠曲强度较弱，下伏板块的挠曲度会更加明显，并且沿着挠曲剖面向下的移动将随时间加剧。因此在最简单的实例中，通常的加速沉降使得盆地沿着一个由俯冲作用引起的弧形挠曲剖面发生移动。

虽然在前陆盆地中其他的力学行为也会引起沉降作用（如在弧后环境下软流圈流的动力地形、前-前陆盆地的推力等），但是识别前-前陆盆地与后-前陆盆地中普遍存在的区别则是至关重要的。

综上所述，山脉地形的挠曲作用导致了前陆盆地的形成，而侵蚀作用和沉积作用可以将物质重新分配，造山楔-前陆盆地系统以两种作用很好地耦合在一起。小型碰撞型山脉的构造边界环境一般为双向汇聚型造山楔，并将山脉前侧的前-前陆盆地和后侧的后-前陆盆地分隔开来。这两类前陆盆地具有不同的地层特征。在地壳下负载缺失的情况下，前陆盆地的沉降主要由俯冲板块的俯冲速率和山脉地形的向外增长所决定。如果前-前陆盆地和后-前陆盆地均没有与俯冲板块有关联，那么两类前陆盆地的生长依赖于造山楔的增长。造山楔可以生长成为稳定的地形状态，也可以出现萎缩。在稳定的状态下，前-前陆盆地由于持续俯冲作用而持续沉降，但是后-前陆盆地则停止沉降，或者是如果山脉收缩可能引发相关前陆盆地的抬升作用。由于前陆盆地系统的构造作用具有不对称性，地形性降水作用的增强可以导致造山楔发生局部的侵蚀作用，其对前陆盆地的沉积物通量和物源具有影响。在造山楔中岩石的聚集作用能使楔形体下伏的部分保持稳定，从而改变山脉其他位置的变形情况。山脉地形对气候和构造扰动作用的响应时间决定了前陆系统中构造作用和表层过程的耦合度，典型的响应时间在0.5~2.0 Ma之间。

13.7 造山楔与楔顶盆地之间的耦合关系

楔顶盆地代表了在逆冲楔顶部发育的沉积物聚集区，其典型实例为亚平宁山脉和比利牛斯山脉。

在逆冲楔顶部沉积物聚集作用改变了楔形体内的应力场，增加了岩石圈在基底滑脱面上的压力，因此促使楔形体进入稳定状态。在这种情况下，楔形体在基底滑脱面上滑动不会导致内部变形，直到充足的前缘增生作用将锥形体的角度减小至临界状态为止。

在具有较小的表面坡度角的逆冲楔中，软弱的基底滑脱面、较高的内部岩石强度、较大的滑脱层坡度促使楔形体顶部沉积作用增强。

综上所述，具有较小表面坡度的逆冲楔有利于在楔形体顶部沉积物的堆积作用，使楔形体上沉积物聚集在稳定部位，并引起系统内其他部位的收缩。此外，沉积物从逆冲楔的前缘披盖到前陆盆地的近源区，使该地区处于稳定状态，并阻碍了前缘增生作用，沉积的断坡会有效地产生必需的临界楔形体形态，而不发生内部变形（图13.15）。

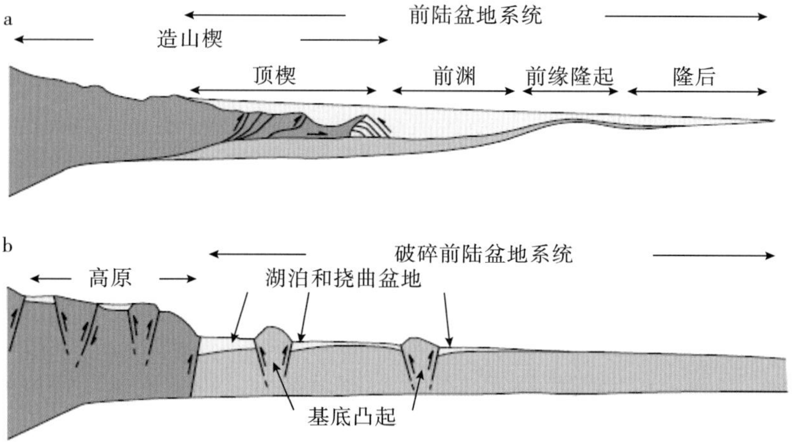

图 13.15　前陆盆地与破裂前陆盆地系统的模式
（据 Horton，2012）

13.8　造山楔构造作用与表面过程的耦合机制

目前已经认识到地表过程不仅可以增强或减少造山楔的构造变形，而且可以决定造山楔构造活动的幅度，而不仅仅简单地将侵蚀作用和沉积作用理解为构造挤压作用的被动响应。在理论上，构造作用-表面过程耦合模型能够表现这种相互作用的过程。简单来说，可以利用在任意时间段内的临界楔形体表面平均海拔及其分布确定造山楔的稳定形态。当造山楔向稳定形态方向发展时，可以通过前缘增生、扩展的方式维持逆冲楔的稳定状态，也可以通过内部的收缩、增厚方式保持逆冲楔稳定状态。岩石抬升导致了地形的形成，而侵蚀作用则使地形遭到破坏。当侵蚀速率越大时，保持造山楔稳定状态所需要的岩石抬升量就越大。因此，具有高侵蚀速率的造山楔通过前缘增生的方式维持岩石抬升，弥补侵蚀作用所带来的损失量。与之相反，具有高的增生量、低的侵蚀速率的逆冲楔向外扩展导致造山楔具有稳定的海拔。

山脉的总体形态和变形历史受到表面过程的影响，最典型例子是安第斯山脉东部。在安第斯山脉的南部，山脉内部的长期干旱促进了 Puna-Altiplano 高原的演化。当高原表面抬升达到稳定海拔时，高原的重力应力增加，从而促使变形向东扩展至前陆盆地。山脉东部边缘造山作用的增强，导致山脉内部进一步干旱。这个实例不仅展示了造山楔向外扩展的过程，而且表明前陆盆地的迁移受到气候的影响。因此，在造山楔的演化过程中侵蚀、沉积的作用及其对前陆盆地的沉积物输送、保存的影响显得非常重要。

13.8.1　造山楔构造作用与地表过程的相互作用

构造与地表过程的相互作用是复杂的，并且与各种机制反馈交织在一起，地表作用除受气候影响外，可能主要受地质构造作用控制。研究在地质历史时期盆-山系统之间的地表过程较为困难，但是研究自古近-新近纪以来发生的山脉地表侵蚀和盆地沉积及其反映的构造和气候控制关系是可行的。特别是随着数字高程模型（DEM）、高分辨率遥感数据和数字地质资料出现，借助 GPS 和 GIS 技术、低温热年代学和宇宙成因放射性核素测年技术，定量研究地表过程已成为当前地学的一个新的前沿领域。

盆-山系统地表过程的研究内容主要包括地表现今形态的定量分析、剥蚀与沉积的耦合分析、地表侵蚀沟谷分布样式与剥蚀量、地质历史时期（新构造活动期）形成的地表侵蚀面和沉积顶面的现今展布及对盆-山系统构造作用的指示、地表地形与沉积物的低温热年代学和宇宙放射性核素测年、新构造隆升时期和速率等。盆地充填体的三维形态可以借助 GIS 软件进行恢复。盆地沉积地层的分布可以通过数字地质资料获得。选取的地层应为沉积岩层和火山岩，其年龄应最新、未变形和位于最高高程处。盆地沉积物表面的高程由 DEM 资料获得，并采用平面内插法构建最终的沉积物的包络顶面。它代表了被后期改造的一定沉积时期的沉积物顶面，沉积物顶面的年龄为盆地由沉积转入隆升、侵蚀的时间，沉积物顶面与现代 DEM 的差值代表了盆地区自沉积之后的侵蚀量。沉积物顶面隆升的动力成因反映了盆地卷入变形的驱动机制。同样，用 GIS 软件，根据现代 DEM 资料可提取山脉中低起伏地形面，这些地形面一般为反映构造隆升的各种侵蚀面。如侵蚀面年龄已知，侵蚀面与参考面（如海平面）的关系清楚，可计算隆升速率。根据低起伏地形面与基底岩性、冰碛、盆地沉积顶面等的关系，可以分析低起伏地形面形成的控制因素和隆升背景。

对于未来造山楔构造-气候相互作用研究的挑战还来源于这样一种认识：造山楔的演化强烈影响着气候，气候也强烈影响着造山。因为受气候控制的侵蚀作用的强弱往往决定于发育高地形还是低地形的山链，同时构造作用和气候变化又强烈影响着全球地球化学作用和过程，这就决定了盆地中的沉积记录的特征。前陆盆地的沉积记录为研究古气候变化奠定了物质基础，沉积记录可反演过去地质时期的气候变化。

13.8.2 造山楔的剥蚀作用和沉积通量

在前陆盆地地层的解释模型中，来自山脉物源区的沉积通量是约束条件最少的变量之一。已知前陆盆地是来自山脉的沉积物的初始沉积中心，很明显，地层的充填和建造将对源区流域侵蚀速率的变化具有敏感性。输送至前陆盆地的沉积通量是山脉河流系统的侵蚀速率和侵蚀范围的一个函数。对长期山脉侵蚀作用的控制因素是争论较多的一个主题，构造过程（如沿着断裂的局部岩石抬升）、气候过程（如降水的级别和强度）和岩石类型（岩性和裂缝密度）的影响都被认为是关键性因素。分辨这些控制因素及其对前陆盆地沉积地层的影响是重要挑战。

13.8.2.1 造山楔的剥蚀历史

在过去的 20 年中，可用于测量在不同时间尺度内的侵蚀速率的技术得到了很大的改进。为了能够把造山楔的长期演化过程与前陆盆地的地层充填历史联系起来，我们需要能够测量在 $10^7 \sim 10^6$ a 尺度内侵蚀速率的技术。利用低温热年代学技术可以衡量百万年尺度的侵蚀速率（如对山脉基岩样品中磷灰石和锆石进行裂变径迹和 U-Th/He 值分析）。这些技术能够重建在 60～250 ℃范围内的冷却历史。通过计算古地温梯度（通常位于 20～35 ℃范围内），这些冷却历史可以被转化为地壳上部几千米内的侵蚀历史，而且能够测量长时期侵蚀作用的速率和分布范围，这使得我们对造山楔热演化机制与表面过程之间的耦合关系的理解有了明显进步。

在喜马拉雅山脉，季风降雨与利用磷灰石裂变径迹技术计算得到的长期侵蚀速率之间的空间关系表明，季风型降雨是岩石剥露和区域性构造活动根本性的驱动因素。气候对山脉演化影响实例是阿拉斯加的伊来尔斯山脉，在中更新世冰川侵蚀作用的加强导致了逆冲楔表面侵蚀作用的加速，促使该地区的构造变形作用增强。相反，中国台湾地区侵蚀作用的分布随着时间变化也发生迁移，这是对局部变形作用迁移的响应。很明显，断裂活动能使河流剖面变得陡峭，山坡变得不稳定，并且岩石遭受破碎，这些都能够增强侵蚀速率。岩性也是河流和坡地过程的一个关键性的控制因素，岩性对长期侵蚀速率的影响已在阿巴拉契亚山脉的山脊和河谷地形等实例中得到说明。

13.8.2.2 造山楔古侵蚀速率的重建

将碎屑矿物年代学技术与一系列的物源分析方法相结合使得沉积学家在研究前陆盆地时，不但能够建立物源区，还能够重建物源区的古侵蚀速率。这种有效的技术结合将山脉侵蚀速率与前陆盆地内沉积通量联系了起来。

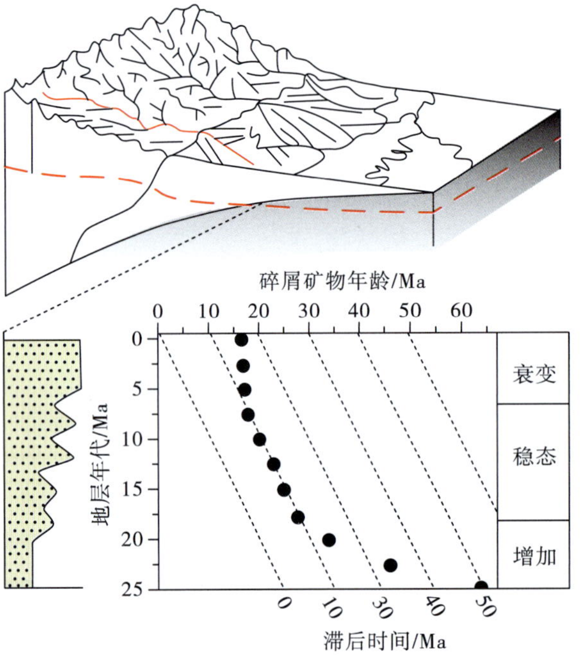

图 13.16　碎屑矿物热年代学和滞后时间

（据 Sinclair et al.，2012）

通过锆石裂变径迹等特殊系统确定的有效封闭温度（时间为 t_c），揭示了岩石颗粒被搬运到盆地在沉降时间（t_d）后的剥露历史。滞后时间等于 t_c-t_d，将滞后时间与盆地的地层序列结合在一起作图：可以解释为基于古地温梯度估计的随时间变化的古剥蚀速率。前陆盆地地层滞后时间的衰变、稳态和增加的历史是山脉经历最初生长、稳定和衰退过程的理想反映

碎屑矿物年代学的原则是，如果磷灰石和锆石系统的矿物冷却年龄在沉积盆地埋藏过程中没有被重设，那么它们就记录了来自源区流域剥露岩石的年龄信息。把碎屑矿物颗粒总体年龄和沉积地层年龄之间的差别称为“滞后时间”（图13.16）。如果我们认为颗粒从源区到沉积位置的输送过程是瞬时的（如没有明显的沉积存储），那么滞后时间代表了地层沉积埋藏中的源区矿物冷却年龄。因此在有效封闭温度和古地温梯度的基础上，这些滞后时间能转化为古侵蚀速率。

当测定来自沉积层序中未重设矿物的冷却年龄时，在数据中包含一个范围内的年龄，其中聚集成组的年龄通常可以反映物源区。每一个组都反映了一个滞后时间，可以求得山脉某些部位的平均古剥蚀速率。如果在前陆盆地垂向序列上滞后时间的分布恒定不变，虽然逆冲楔岩石抬升变化添加了干扰信号，但是它还是可以反映山脉处于剥蚀、

热稳定状态。在理论上，山脉的生长、稳定以及衰落分别由前陆盆地地层层序的滞后时间的最初减小、随后稳定、然后增加而记录（图 13.17）。这种方法已被用来研究欧洲阿尔卑斯山脉，在最近 30 Ma 盆地地层中最年轻的锆石裂变径迹中有大约 8 Ma 的滞后时间，这使山脉处于一个长期的稳定状态。但是，锆石裂变径迹是上部 7~10 km 侵蚀的平均值，因此，相对于磷灰石裂变径迹，锆石裂变径迹对侵蚀速率的短期变化的敏感性较低。碎屑矿物裂变径迹要求其在埋藏过程中未被重设，这促进了拥有高封闭温度的技术的应用，例如，$^{39}Ar/^{40}Ar$ 技术广泛应用于喜马拉雅山脉西瓦利克前陆盆地地层的研究中。

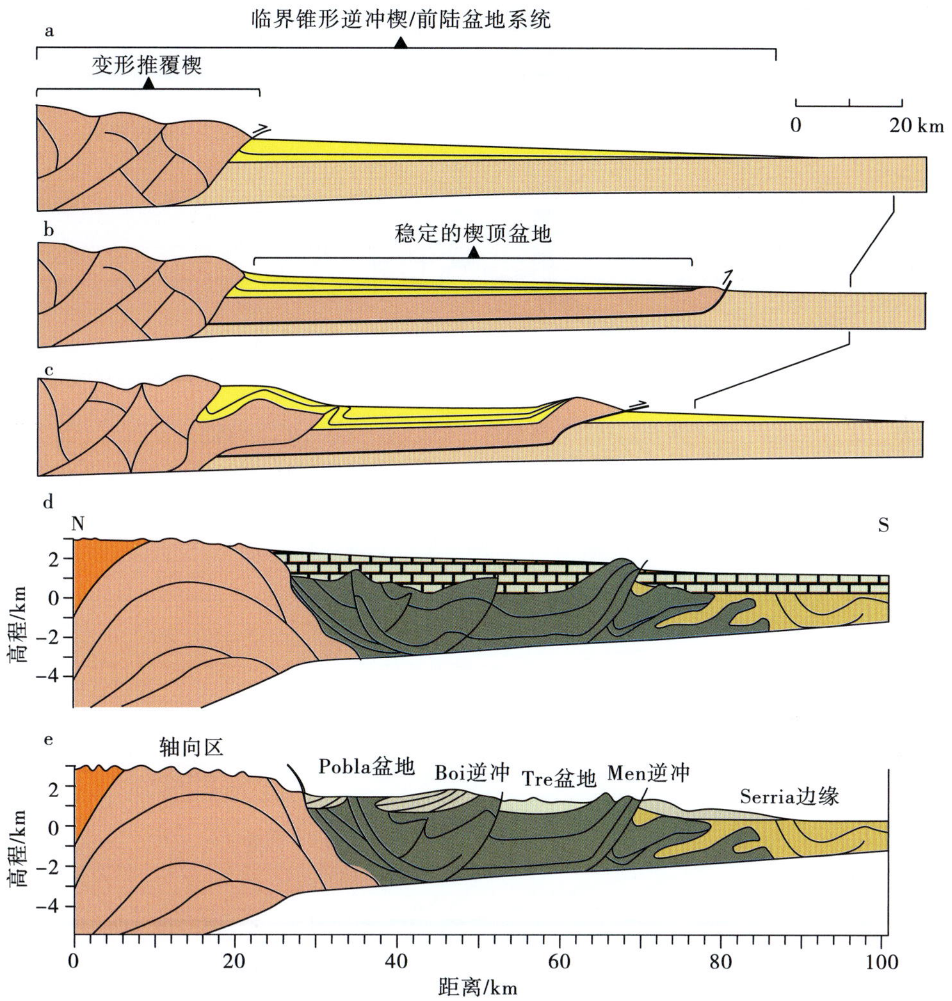

图 13.17　基于有限元模拟分析的前陆盆地沉积物聚集实验

（据 Sinclair et al.，2012）

a—在逆冲楔外侧的前陆盆地是沉积物的最初聚集区，并且在弯曲的岩石圈上地层变薄。由沉积面的坡度和基底面决定了生长逆冲楔的最初形态。b—在盆地之下发生拆离、前缘逆冲带向外侧的扩展作用，盆地地层被卷入逆冲楔中。说明盆地的沉积形式提供了一个处于临界状态的楔形体，因此是稳定的。在稳定的楔形体顶部盆地持续聚集沉积物，也就是说，只要沉积聚集能够维持稳定状态所需的表面坡度，就可以自我维持。c—在稳定的楔形体的顶部盆地发生迁移并进入逆冲楔中，使得盆地发生进一步的表面抬升和变形。d—恢复的比利牛斯山南部楔体顶部的 Pobla 盆地，由渐新世时期出现的 Montsec 逆断层将它与前缘 Ebro 盆地相分割。e—与图 b 和图 c 比较，现今剖面展现出在造山运动晚幕中 Pobla 盆地的后期变形和侵蚀。因此，渐新世 Pobla 盆地被解释为稳定的楔顶盆地

13.8.2.3 造山楔的剥露过程与物源分析

前陆盆地沉积物是连接前陆盆地与造山带的“纽带”，前陆盆地沉积物的示踪是盆-山耦合关系研究的关键。通过前陆盆地沉积物源分析，可有效地恢复物源区构造面貌、岩石组成、基底和盖层的剥露过程、沉积物流向，示踪盆-山系统间的物质交换过程（图13.18，图13.19）。

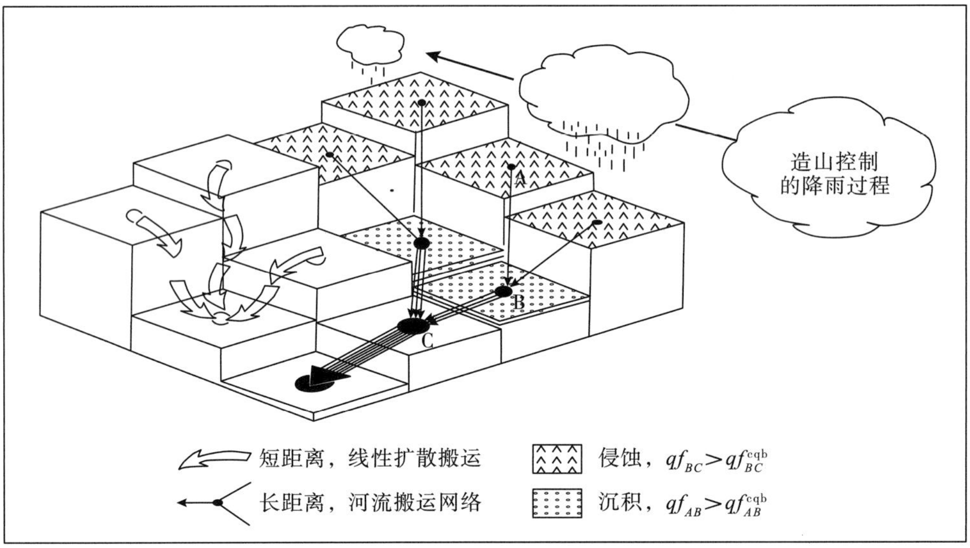

图 13.18 造山楔-前陆盆地的表面过程模型

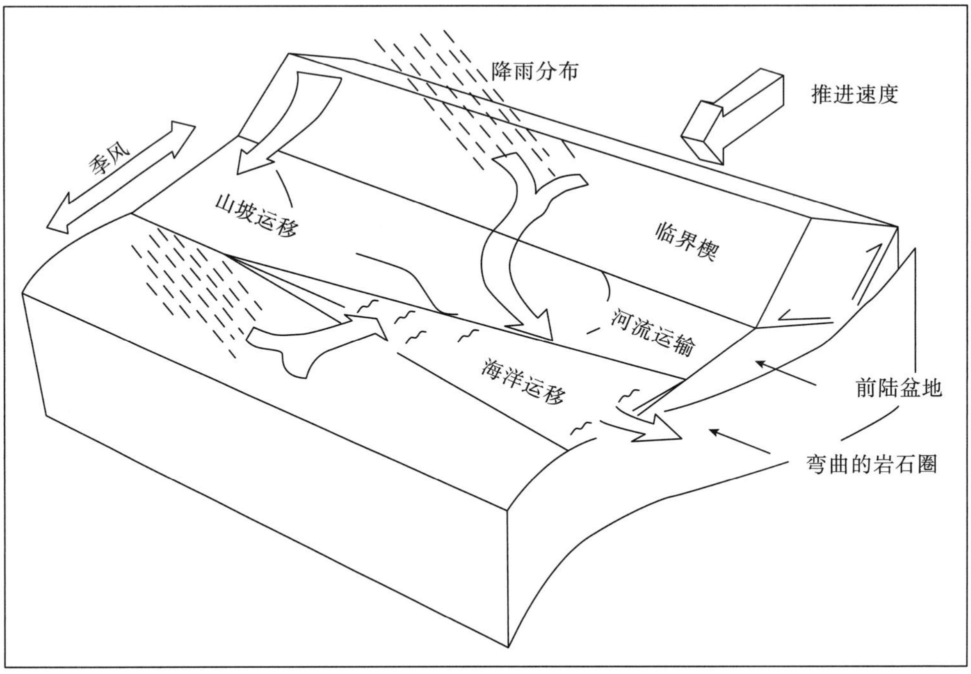

图 13.19 造山楔-前陆盆地系统的逆冲作用与表面过程

早在20世纪70年代，人们已经注意到砂岩矿物成分与板块构造背景的关系。砂岩碎屑成分模式是板块构造控制的源区类型的函数。根据砂岩中石英、多晶石英、长石（钾长石、斜长石）和各种岩屑含量进行三角投影，可以了解物源区构造背景。Heller等（1983）根据Oregon海岸山脉南部始新统砂岩成分的系统变化，将不同的岩屑和矿物成分组合类型划分为岩屑岩石组合相（lithic petro-facies）、长石砂岩岩石组合相（arkosic petro-facies）和火山岩岩石组合相（volcano lithic petro-facies），提出了板块增生和陆壳旋转模式。Liu等（2003）将沉积岩中单种岩屑或砾石成分类型称为岩屑岩性相（lithic petro-facies），将不同岩屑或砾石的组合称为岩石组合相（lithofacies），它反映了在特定源区形成的各种地层类型。Hendrix等（1996）采用矿物、岩屑成分分析方法，示踪了蒙古国南部Noyon Uul复向斜及天山北部准噶尔盆地南缘的构造过程。

由于盆地沉积物源的多样性、复杂性、不同物源区贡献的差异性以及受到碎屑物在搬运过程中沉积分异作用的影响，仅单纯利用沉积物碎屑组分、副（重）矿物组合，研究岩屑分散形式、分析源区性质和特征等是不够的。近年来将岩石学、同位素地球化学及同位素年代学方法被应用于盆地沉积物研究中，示踪造山过程，定量揭示源区的物质组成和剥蚀量。从沉积岩中分选出足量的锆石进行单颗粒锆石U-Pb同位素年龄测定，获取关键层位中锆石U-Pb年龄谱，了解在不同时期物源区岩石类型和变化。沉积物同位素组成分析是示踪沉积物物源的另一种有效的方法。

U-Pb年龄谱及同位素组成分析方法与古流向、沉积学、造山带构造地质学、山脉岩石学等相结合，可有效地恢复不同时期源区山脉的原始构造面貌、山-盆结构，示踪现已消失的断片、岩片（或地块），进而为揭示造山过程及其与盆地演化关系提供实际资料。

13.8.3 双向汇聚型造山楔不对称性的表面剥蚀作用

在双向汇聚型逆冲楔中构造挤压作用具有明显的不对称性。一个板块在另一个板块之下的俯冲运动引起楔形体前侧的增生，但是在楔形体后侧的生长是在仰冲板块之上的前缘增生。所以，在楔形体后侧的前缘增生仅仅记录了山脉向外生长的时期，而楔形体前侧的前缘增生则记录了造山楔的快速生长和板块俯冲作用。其对双向汇聚型逆冲楔中的岩石轨迹产生了影响，从而影响表面岩石的变质程度和冷却历史。大部分前侧楔形体包含了增生的前陆盆地沉积物，这些沉积物来自前侧楔形体，然后循环返回到前侧楔形体中，这样它们从增生到剥露的轨迹会相对较短、较浅，其取决于前侧楔形体的厚度。相反，在大部分后侧楔形体内岩石来自埋藏更深的岩石，这些岩石在前缘增生并被剥露出来。

造山楔的变质和冷却过程不对称的例子有新西兰南阿尔卑斯山脉、中国台湾岛山脉以及华盛顿州的奥林匹克山脉。Sinclair等（2005）在对比利牛斯山脉的研究中考虑了前陆盆地演化过程中构造作用不对称的影响，在始新世时期Ebro盆地的沉积速率（前-前陆盆地）是阿基坦盆地（后-前陆盆地）的8倍。他们将沉积速率的非对称性与磷灰石、锆石裂变径迹技术测得的山脉侵蚀速率的非对称性进行对比，认为这种非对称性是因为相对于后侧楔形体，前侧楔形体具有更快的侵蚀速率和构造挤压作用。因此，前-前陆盆地和后-前陆盆地除了在构造边界环境上的不同以外，在构造挤压上由非对称性的两类逆冲楔导致了两类前陆盆地的沉积通量具有不对称性。山脉的岩石轨迹模型和数据表明前-前陆盆地具有循环特征，有相对未变质的矿物组合，而后-前陆盆地包含来自更深埋藏和蚀变岩石的沉积物，具有很少的循环特征。

最后，气候的非对称性对前陆盆地侵蚀作用和沉积通量的非对称性起到明显的影响作用。山脉与盛行气流之间的垂直（或斜交）导致山脉降水作用的增强。就沉积物输送到前陆盆地来说，数字模型已表现出潜在的重要性，如新西兰阿尔卑斯南部山脉降水量不对称的曲线反映了侵蚀作用的非对称性。因此，长期侵蚀作用对气候的不对称或者山脉构造挤压的不对称的响应控制了进入邻区前陆盆地的沉积通量、颗粒大小、砂岩的岩性。

第 14 章　前陆盆地岩石圈挠曲作用与挠曲模拟

众所周知，盆地动力学分析的目的之一是从理论上了解盆地的沉降机理。20 世纪 70~80 年代，地质学家们首先对形成于张性构造环境内的裂谷盆地和被动大陆边缘的沉降机理有了较全面的了解，并从理论上进行了数值模拟。此后，前陆盆地成为研究的热点，对其沉降机制研究由早期的定性分析发展到半定量、定量的数值模拟。

本章在前人研究成果的基础上，对前陆盆地岩石圈挠曲作用与挠曲模拟的研究进展进行了归纳和总结，包括岩石圈挠曲作用与前陆盆地挠曲模拟的研究现状、岩石圈挠曲作用、岩石圈挠曲作用的弹性理论模型、岩石圈挠曲作用的几何形态、岩石圈挠曲作用形成的主要盆地类型、前陆盆地挠曲作用的力学机制、前陆盆地的弹性流变模式、前陆盆地的黏弹性流变模式、黏弹性挠曲模型与弹性挠曲模型的差异性共 9 个方面的内容。这些研究成果表明，造山带的冲断作用、岩石圈流变和盆地沉积响应是进行前陆盆地动力学分析的 3 个基本参数，并且前陆盆地地层记录了岩石圈流变过程和褶皱-冲断带的构造活动历史。在对造山带冲断作用、岩石圈流变和盆地沉积作用的研究基础上进行模拟，既可再现前陆盆地的形成过程，又可检验所确定的造山带和前陆盆地参数的正确与否。岩石圈弹性和黏弹性流变挠曲模型充分说明了造山带的逆冲变形及岩石圈流变特征控制了前陆盆地沉降和沉积。尽管流变特性的差异，但是岩石圈对负荷的响应的初始行为是一致的。由于大陆岩石圈构造的复杂性，在不同地区岩石圈的流变性质可能不同，或者表现为弹性，或者表现为黏弹性。在不同的地质背景下，不同的地质历史时期，大陆岩石圈的力学性质不同，但是，在满足一定的精度条件下这并不影响用较简化的力学模型模拟复杂的盆地演化过程。

14.1　岩石圈挠曲作用

与岩石圈动力学相似，沉积盆地的形成不仅与地幔物质活动有关，而且与岩石圈（地壳）变形和位移方式有关。包括：①岩石圈变形涉及应力和应变问题。岩石圈应力（stress in lithosphere）是指作用在固体岩石圈单元上的驱体力（body force），它与固体体积和质量成正比。在地球内部作用在岩石体上的这种驱体力决定于岩石密度，而密度又是压力的函数。岩石圈应变（strain in lithosphere）则是固体岩石在应力作用下发生的形变，由于岩石圈岩石性质上的差异，存在弹性形变和塑性形变两种类型。同时物质平衡由温度、压力和密度决定，而岩石圈的形变受地幔热源影响，因此，岩石圈还存在热应力和热应变的问题。②岩石圈的形变服从于岩石流变学（rheology）理论。岩石的流变一般假定是指从线性弹性特征在达到屈服强度之后转变为塑性特征的过程，由温度、压力和应变速率 3 个参数决定。由于温度的巨大差异，岩石圈和软流圈的流变学特征存在不同。地幔流变会表现为幂函数规律，岩石圈流变则复杂得多，在宏观上包括脆性流变（如断裂）、塑性流变（如褶曲）、流变形体，在微观上（显微）包括矿物或岩屑的脆性（塑性）变化。③与岩石圈变形和位移相应的沉降作用。Allen 等（2013）将其归纳为 3 种类型，包括纯的热机制、地壳（岩石圈）减薄作用、负载与卸载作用，并可以细分为 7 种动力机制，即地壳变薄、地幔岩石圈变厚、沉积和火山负载、构造负载、壳下负载、软流圈流动和地壳密度加大。④沉积盆地的形成机制。包括岩石圈伸展作用、（大陆及大洋）岩石圈挠曲作用、与走滑-巨型剪切作用相关的 3 种沉积盆地类型。

14.1.1 岩石圈挠曲作用

挠曲作用是强度有限的岩石圈在外力作用下发生的长波长弯曲。浮于软弱流体之上的薄的弹性板片，受到垂向作用力和水平应力的情况下，会发生弯曲，基于这一理论可以建立常规挠曲方程。通过设定不同的边界条件，这一常规挠曲方程可以应用于一系列地球动力学分析中。岩石圈的挠曲作用可以在冰盖、洋岛、海底山链、大洋海沟和前陆盆地等的边缘部位非常清楚地观测到。岩石圈的挠曲作用同样适用于分析大多数沉积盆地中沉积物的负载作用。

在洋-陆板块碰撞带的边缘和陆-陆板块碰撞带的边缘广泛发育挠曲型盆地。在安第斯型俯冲背景中，在俯冲大洋板块之上的挠曲型盆地为大洋海沟，而在仰冲板片之上的挠曲盆地则为弧后前陆盆地。在阿尔卑斯型俯冲（大陆俯冲）消减背景中，位于俯冲板块之上的挠曲型盆地叫前-前陆盆地，在仰冲板片或弯曲板片之上的挠曲型盆地则称为后-前陆盆地。另外，还有一些前陆盆地与俯冲带的回撤及弧后伸展作用有关。这些前陆盆地的形成演化均与造山楔构造缩短、剥露作用相关。

大洋岩石圈沿着海底山链的弯曲可以用垂向作用力（代表海底山链的额外质量）负载到连续板片或破裂板片所产生的挠曲作用来解释。挠曲盆地的几何结构能用挠曲幅度、挠曲宽度、前缘隆起的位置和高度这些参数表征。岩石圈挠曲波长取决于板块挠曲刚度（单位为 N · m）或挠曲参数（单位为 km）的大小。而最大挠曲幅度取决于板片挠曲刚度和负载量级。但是在汇聚板缘大陆岩石圈的挠曲作用需要同时考虑构造和沉积物两种类型的负载。

大洋岩石圈随着年龄增长和冷却，其强度会逐渐增大，但是在受到负载之后其强度不会随时间逐渐减弱。这表明板块的黏性松弛发生的确实很迅速（小于 $10^5 \sim 10^6$ a）。大陆岩石圈挠曲刚度的影响因素还不甚清楚，可能与岩石圈年龄无关。可能的影响因素包括：地壳放射热生产量的强烈变化导致的地热梯度差异性；岩石圈弯曲时刚性上地壳与刚性地幔之间的解耦；高弯曲度部位的塑性变形。在碰撞带附近的岩石圈可能具有分段性，形成分区段的挠曲。在许多造山带的前陆地区挠曲刚度具有很大的空间差异性。从全球尺度看，陆核的刚度最大，大陆巨型缝合带形成的古老造山带和弧形山系也具有较大的岩石圈刚度，而在板缘、裂谷区的岩石圈强度较弱。

尽管线性弹性理论认为在水平（平面内）负载作用下不可能产生整个岩石圈尺度的纵向弯曲作用，但是在利用层状流变学岩石圈模型进行的构造沙箱模拟和数值模拟时，均产生了一致的长波长（几百千米）背形和向形。水平应力可能也会导致先存构造的活化反转，导致大型沉积盆地分解成多个独立的沉积中心。

在碰撞带中，造山楔是在挠曲板块上的垂向负载（图 14.1）。前陆板片上负载的运动

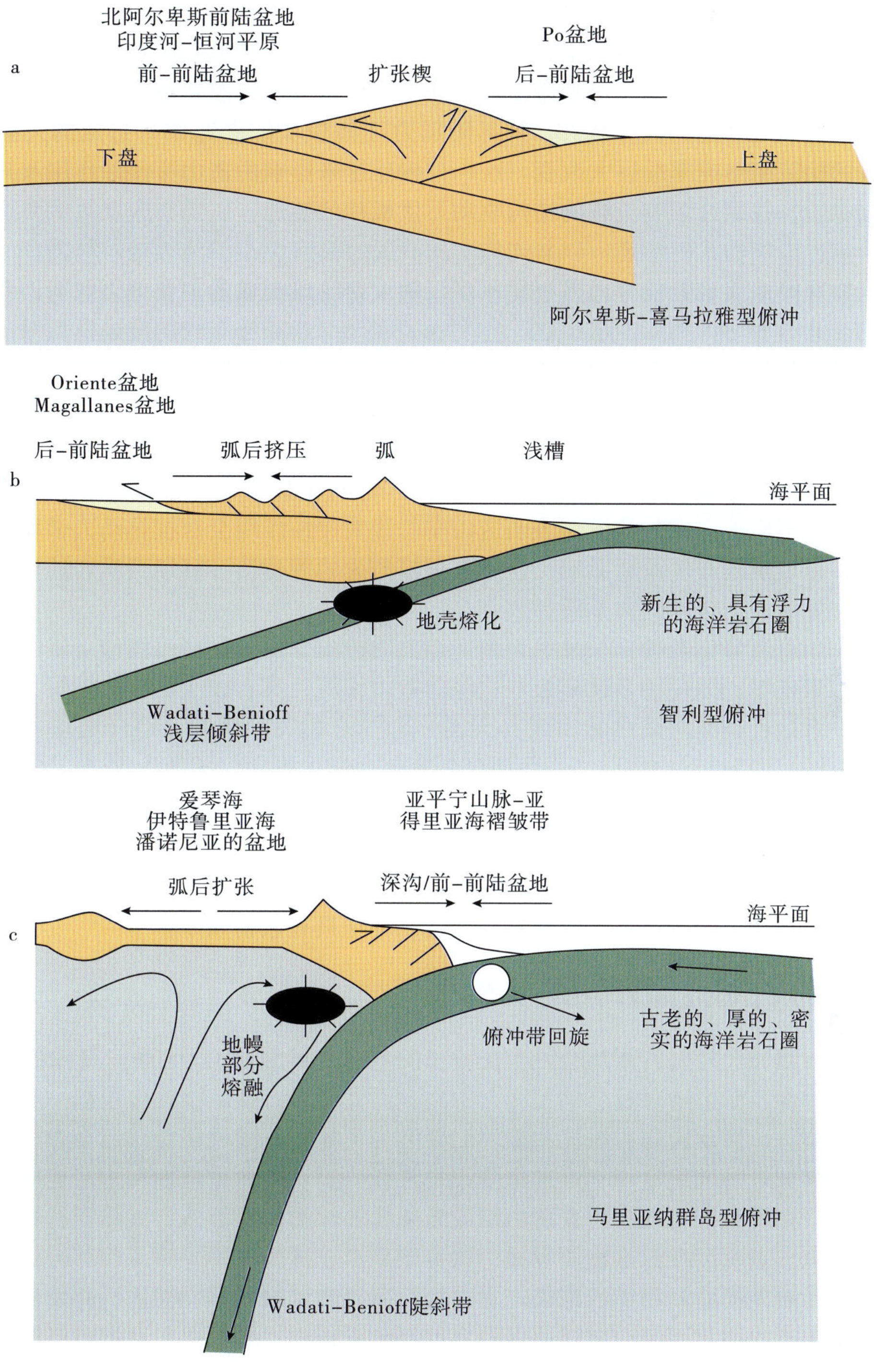

图 14.1　在板块汇聚带的岩石圈挠曲作用

（据 Allen et al.，2013）

a—在陆-陆碰撞带处前-前陆盆地和后-前陆盆地成对出现（以阿尔卑斯为例）；b—在洋-陆汇聚带处弧后前陆盆地和大洋海沟［以安第斯山（智利段最典型）和美国 Sevier 造山带为例］，在该情况下板片表现为浅俯冲形式；c—前-前陆盆地和与俯冲带回退作用相关的弧后拉伸盆地，大洋板块表现为陡俯冲形式导致其前方形成波浪式挠曲。造山楔可以被看作一个临界楔形体的地质动力单元，重力和偏应力的不断调整最终使其达到稳态-临界楔状态，即楔形体浅表地貌坡度和底部滑脱层或拆离断层的倾角之和不变，否则造山楔会处于非稳态或过稳态状态，而分别通过加积造山和垮塌造山而最终达到临界状态。外部附加力（如板块汇聚速率）造成的失衡可能导致造山楔的构造缩短速率的巨大改变。这一过程反过来影响由造山带侵蚀作用及其对前陆盆地物源供给，并通过影响负载的结构驱动下伏板片的挠曲。底部滑脱层或拆离层的强度会强烈影响造山楔的几何形态。以盐岩为主的滑脱层具有更小的浅表地貌坡度。

沙箱物理模拟实验能较好地可视化再现板块汇聚阶段形成的主要地壳构造，包括地壳纵向弯曲、共轭剪切体和双向造山楔。它们也表明局部式和分布式的侵蚀模型对于楔形体的剥露路径有强烈影响，而造山楔两翼的联系也受侵蚀作用所驱动。

早期的数值模型专注于盆地地层特征的研究，而对盆地侵蚀、沉积物搬运和沉积过程却是不够重视。之后的3D平面应变数值模型阐释了板块汇聚、构造流量和造山楔剥蚀量之间的复杂联系。楔体机制可以用Argand数和Ampferer数来表征，形成了楔进和俯冲两种端元模型。平面的应变数值模型表明造山楔的浅表侵蚀作用会对楔体动力学和邻区前陆盆地的地层充填模式产生重要影响。这一系列模型为地貌建造、高级变质岩的分布和岩体热年代学提供了一个合理的力学解释。

造山作用可以分为两种：一种是与俯冲相关的造山作用，在造山楔与下伏的板片之间有较高的汇聚速率；另一种是远离板块边缘的造山作用，具有较小的构造缩短量。在现今亚洲陆内发育这种典型的陆内造山带（天山）和与之相关的挠曲盆地（塔里木、准噶尔盆地）。在山脉建造过程中大陆岩石圈厚度的变化会产生侧向（平面）应力，并会强烈影响山体的重力垮塌。侵蚀作用作为一个重要的分量会强烈影响岩石圈的重力势能，从而可能对山脉建造过程中的收缩变形和伸展垮塌具有旋回式影响。构造变形和侵蚀、沉积等表面过程在单个背斜、褶皱乃至整个造山带等不同尺度下均具有耦合关系。表面过程与构造几何学和断层活动、剥露速率、盆地样式和沉积环境具有紧密联系。

14.1.2 岩石圈挠曲作用的实例

大洋岩石圈和大陆岩石圈均会发生长波长的弯曲（即挠曲）。大洋岩石圈的挠曲作用一般发生在海沟、海山链以及个别大洋火山岛，而大陆岩石圈的挠曲作用则一般发生在裂谷、走滑断裂区、被动大陆边缘区和板块汇聚区。大陆岩石圈的挠曲作用会在构造缩短相邻带两侧形成成对的沉积盆地，以造山带或岩浆弧分隔。挠曲型盆地在构造走向上表现为狭长的形态，在剖面上表现为向着造山带或岩浆弧加深的楔形形态。大陆岩石圈布格重力异常常为负值，表明存在深部物质亏损，这可能是由于拆沉作用导致了相对轻的、花岗质的、壳源的物质置换地幔物质的结果。大陆岩石圈挠曲盆地紧邻剥蚀区，并发育厚度巨大的同造山期的沉积物。而海沟则既可以发育过补偿沉积物，也可以发育饥饿沉积物，主要取决于距离最大沉积路径系统的距离。在板块汇聚过程中，在岩石圈挠曲区域的热流接近于正常值，或由于地壳和岩石圈增厚造成热流值轻微降低。

14.1.2.1 冰盖的挠曲作用

与冰盖生长和消融过程相关的挠曲和反弹，是大陆岩石圈发生长波长弯曲的典型的实例，并可以获得挠曲和挠曲反弹响应的时间尺度（图 14.2）。冰盖导致下伏的岩石圈发生挠曲，在挠曲坳陷后形成了冰前湖泊。冰前湖泊的宽度一般为 100~200 km。

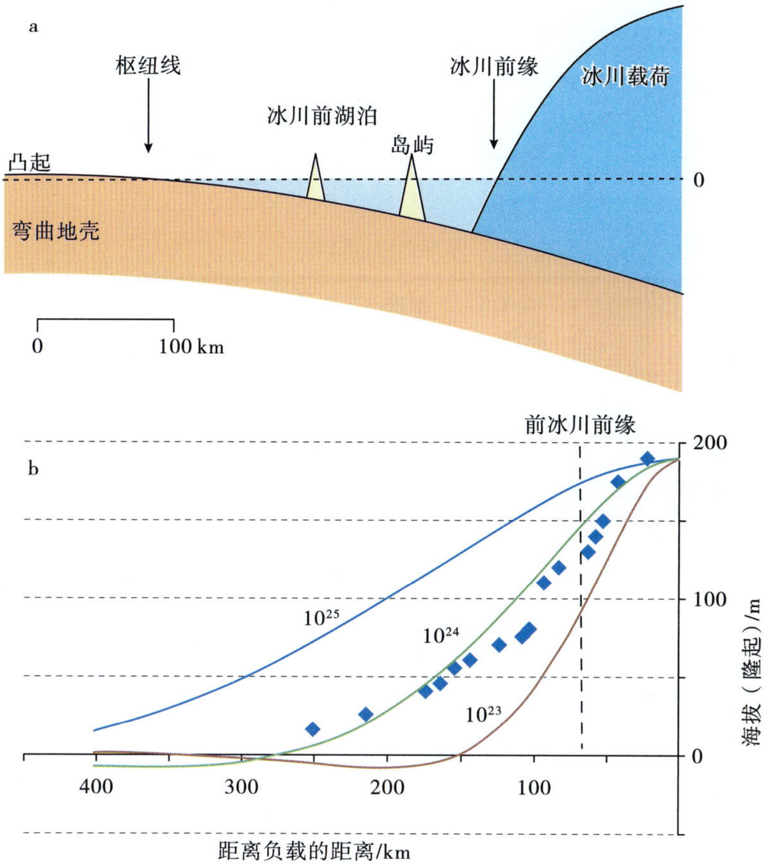

图 14.2　冰前湖泊及其在冰后期的反弹

（据 Allen et al.，2013）

a—由冰盖负载产生的挠曲坳陷示意图，在挠曲坳陷中分布着冰前湖泊、小岛、滨线沉积；b—Algonquin 湖的古湖岸线海拔是北美冰盖最大范围水平距离的函数，并选取了合适的挠曲刚度

14.1.2.2　海底山链的挠曲作用

与太平洋板块的长度相比，Hawaiian-Emperor 海底山链相对狭窄，因此可以简化为线负载（图 14.3）。8 km 厚的海底火山链产生的负载会导致洋壳向下挠曲（约 3 km），形成一条最大水深达 4 km 的深沟和外部隆起区。使用如图 14.4 中的速度-密度模型，计算自由空间重力异常，并与不同弹性厚度值的重力模型进行对比。获得的最适合的弹性厚度为 40 km。这些“盆地”或“深沟”主要充填海洋沉积物和火山垮塌形成的碎屑流-岩崩物质。

太平洋板块上的负载有两种类型：①由火山物质替换海水所形成的驱动负载；②充填在海底山链两侧形成的盆地或“深凹槽”中的沉积负载。沉积物取代海水，因此体现为一个正向挠曲（下凹）负载。这些表面负载与向上的反向静压恢复力之间存在相互作用。

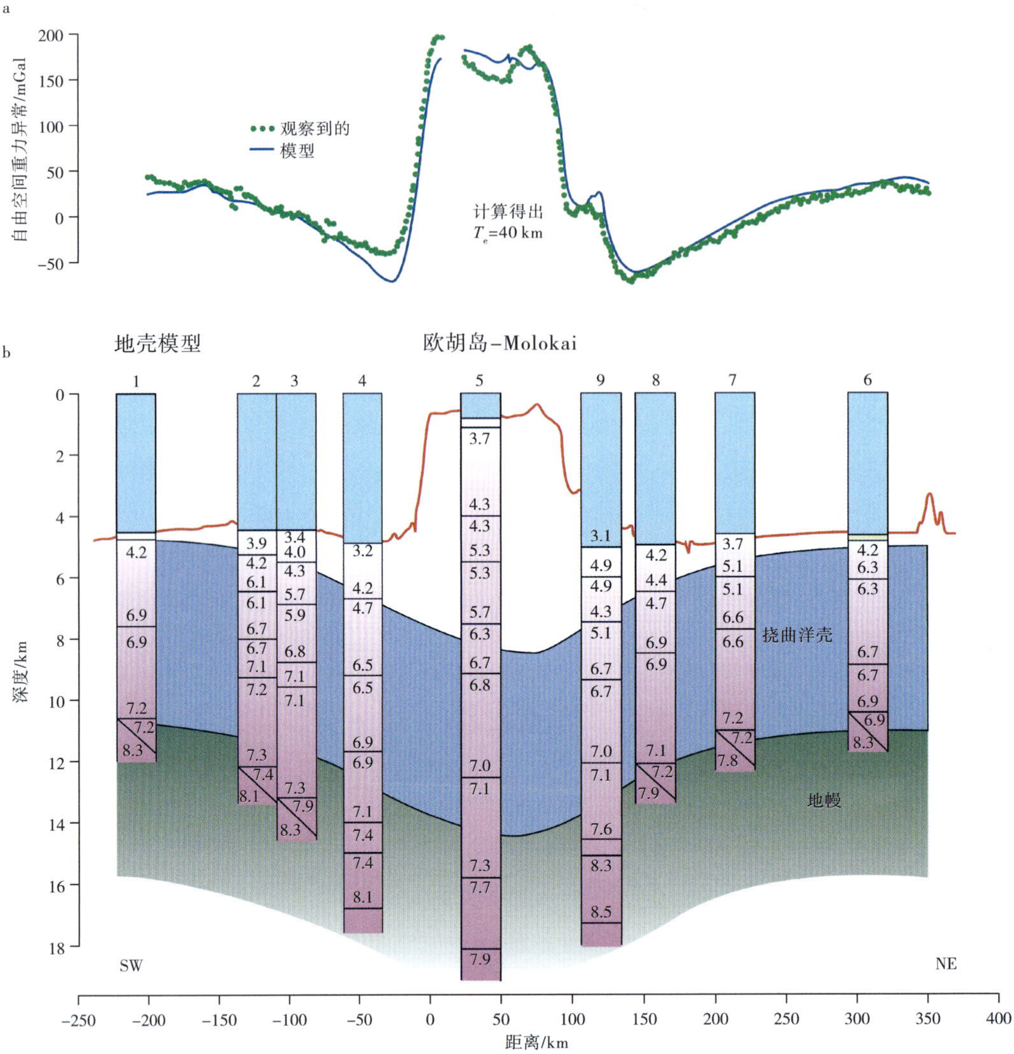

图 14.3　太平洋 Hawaiian-Emperor 海底山链的速度-密度模型和自由空间重力异常
（据 Allen et al.，2013）

与观测结果最好的拟合偏差所计算的弹性厚度为 40 km。红线是跨瓦胡岛的水深（地形）

14.1.2.3　沉积负载的挠曲作用

在沉积物沉积于洋底时，它取代水并对下伏岩石圈具有分布式负载作用。岩石圈挠曲幅度大小取决于沉积物负载量、负载波长和岩石圈挠曲刚度（图 14.3）。

14.1.2.4　造山带和前陆盆地的挠曲作用

在洋壳-陆壳和陆壳-陆壳碰撞带的大陆岩石圈之上，由挠曲作用形成了弧后盆地。在安第斯山脉（洋壳-陆壳）中，在下伏的板块上发育海沟，在上覆的板块发育弧后型前陆盆地。在喜马拉雅型或阿尔卑斯型环境中（陆壳-陆壳），位于下伏板块之上的前陆盆地称为周缘前陆盆地或前-前陆盆地，位于上覆板块之上的盆地为后-前陆盆地。

有充分证据证明，造山带和前陆盆地系统与新生代造山作用有关，包括西班牙的比利牛斯山脉、法国和瑞士的阿尔卑斯山脉、意大利的亚平宁山脉、印度和巴基斯坦的喜马拉雅山脉和南美洲的安第斯山脉。这些例子为岩石圈挠曲、汇聚构造与盆地发展之间的密切联系提供了基础。以世界上最高、最大的造山带——喜马拉雅山为例，在喜马拉雅冲断带系统以南发现了一个典型的前陆盆地，其中填充了>6 km 的沉积物（图 14.4）。喜马拉雅山的宽度为 250~350 km，并在印度与亚洲的大陆边界绵延数千千米。目前印度与亚洲之间以每年 60 mm 的速度汇聚。喜马拉雅褶皱-冲断带的缩短量超过了 700 km。地震的震源机制表明，在印度南部发育较弱的张性断裂，低喜马拉雅地区发育逆冲断层的变形，而在高喜马拉雅地区则发育伸展、走滑变形。地震成像显示，莫霍面从印度板块下约 35 km 处经由若干阶梯降至西藏地区 70 km 以下。虽然印度板块在亚洲板块之下的滑动不太平稳，但恒河盆地和喜马拉雅山的重力数据可以用印度板块在山带地形负载下的挠曲作用来解释（图 14.4）。

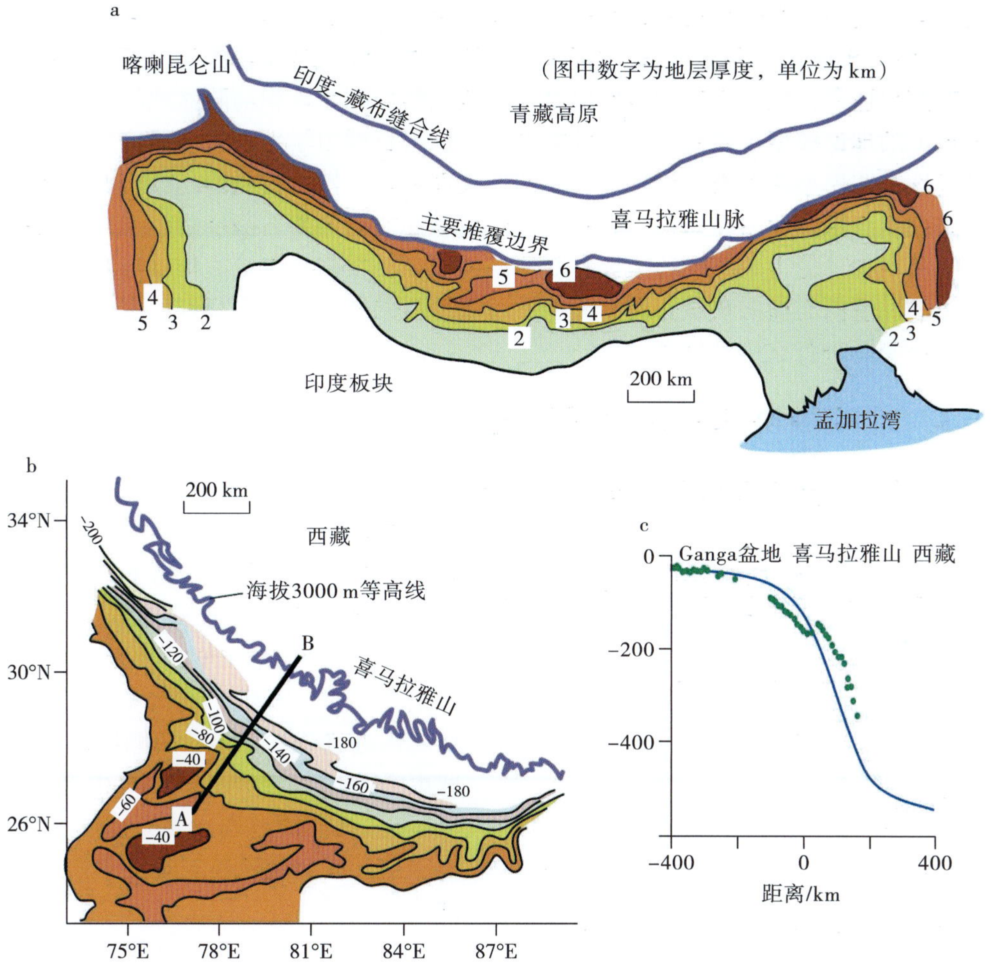

图 14.4　喜马拉雅造山带和恒河盆地

（据 Allen et al.，2013）

a—喜马拉雅前陆盆地的沉积层厚度等厚图，据 Raiverman 等（1983）；b—恒河盆地布格重力异常等值线图；c—沿剖面 A-B 的观测布格重力异常与计算重力异常［假设地形受到印度中部地壳增厚的局部补偿（艾利模型）］对比图。注：喜马拉雅地区有明显的质量过剩，恒河盆地有大量的质量亏空

14.2 岩石圈挠曲作用的模型

经过多年的发展，关于前陆盆地形成演化的数值模拟技术取得了长足的发展，其基本理论是利用加载于黏弹性或弹性板片（岩石圈）上的构造负载的侵位来模拟前陆盆地的沉降。Allen 等（2013）总结了对于前陆盆地形成机制的模拟方法，分别是：对于连续板片在点（2D）负载或线性（3D）负载下的挠曲变形；在线性负载下的破碎板片的挠曲；连续板片在分散式负载下的挠曲，这一方法是 Jordan 首创，李勇等（2003）在模拟龙门山前陆盆地时即采用了此种方法。对于这三种负载下导致的前陆板片的挠曲，前两种只考虑了地貌负载，而第三种考虑了地貌负载+沉积负载下的挠曲变形，这三种方法都有具体的公式来计算。

前陆盆地挠曲过程模拟的目的是通过盆地地层学（或层序地层学）、逆冲带的构造结构建立逆冲带-前陆盆地系统的理论模型，确定各种参数，进而模拟逆冲带-前陆盆地系统的动态演化过程，揭示逆冲构造作用对盆地地层的控制，认识前陆盆地的形成机制。前陆盆地模拟的理论模型主要有如下几种类型：根据岩石圈力学性质的差异，分弹性挠曲模型和黏弹性挠曲模型两大类；根据岩石圈的连续性和均一性，可分为连续岩石圈挠曲模型和中间破裂岩石圈挠曲模型、均匀岩石圈挠曲模型和非均匀岩石圈挠曲模型；根据造山带结构特征不同，可分为单侧锥体模型和双侧锥体模型；根据板内应力作用与否，可分为垂向负载模型和垂向与横向负载相结合模型。由于模型的复杂性和多样性，因此，在模拟中应根据地质实际进行选用和修改。

14.2.1 连续板块的线性负载与挠曲作用

通过对岩石圈在负载作用下弯曲过程的分析，可以得到挠曲的基本概念（图 14.5）。这类地质情况是在大洋板块中部岛屿（如夏威夷群岛）的负载作用下，导致岩石圈产生的挠曲作用。夏威夷洋脊的宽度约 150 km，是一个很长的（数千千米）线状火山岩岛屿。因此，洋脊可以形成近似线性的构造负载，在洋脊两侧形成凹陷（夏威夷深沟），同时远端发生抬升（图 14.5）。这三种形态元素（负载、盆地和远端抬升或前缘隆起）是挠曲作用恒定的内容。

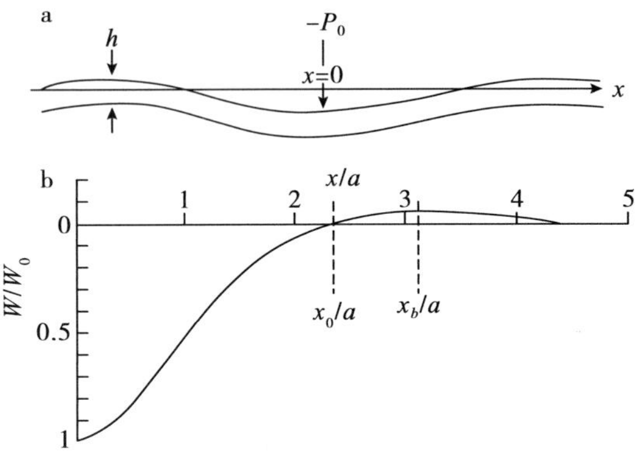

图 14.5　连续弹性板块线性负载的挠曲作用（据 Allen et al.，2013）

a—连续弹性板块在线性负载下的挠曲；b—弹性岩石圈在线性负载下应用于无限宽广的板块中心的理论挠曲。挠曲幅度（W）是按照最大挠曲幅度（W_0）刻度的。水平距离是根据挠曲参数（a）来刻度的。弯曲力矩和中面力均为 0

在二维剖面中，点负载（如单一的海洋火山）相当于三维剖面中的线性负载（如海洋的海底山脉）。应该开始用点负载考虑挠曲作用，因为分散式负载可以通过点负载的叠加近似得出。

假设垂直负载 P_0 在 $x=0$ 到（$x\to\infty$）时，挠曲趋于零（$W\to 0$）。如果没有水平应力负载（$P=0$）可按一般弯曲方程计算：

$$D\frac{\mathrm{d}^4W}{\mathrm{d}x^4}+\Delta\rho gW=0 \tag{14.1}$$

式中：W 为挠曲度；x 为水平尺度；D 为挠曲刚度；$\Delta\rho$ 为地幔密度与沉积物的密度差。像这样的四阶微分方程，解法一般需要 4 个边界参数。对于对称偏转的一侧（图 14.5），公式为：

$$P=P_x=P=x>0/2 \quad (\text{当它们均等于 0 时})$$

对于连续（未破裂）板块，可以增加第 3 个边界参数：

$$\mathrm{d}W/\mathrm{d}x=0 \quad (\text{当 } x=0)$$

第 4 个边界参数为垂直作用力（为对称的挠曲的板块的 1/2，即 $P_0/2$）与地幔的向上恢复力之间的垂直作用力平衡，公式为：

$$\frac{P_0}{2}=(\rho_{\mathrm{m}}-\rho_{\mathrm{i}})g\int_0^{\infty}W(x)\,\mathrm{d}x \tag{14.2}$$

使用这些边界参数的方程是

$$W(x-a)=W_{\max}\mathrm{e}^{-x/a}(\cos x/a+\sin x/a) \tag{14.3}$$

其中特征挠曲长度尺度为：

$$a=\left\{\frac{4D}{\Delta\rho g}\right\}^{\frac{1}{4}} \tag{14.4}$$

在垂直负载作用下的最大挠曲度为：

$$W_{\max}=\frac{P_0l}{2\Delta\rho ga} \tag{14.5}$$

在这个方案中，出现了几个简单且有用的几何表达式。

盆地半宽（x_0）为从挠曲最大的地方（$x=0$）到挠曲量为零的地方（$W=0$）的水平距离，公式为：

$$x_0=\frac{3\pi a}{4}$$

线性负载（$x=0$）到前缘隆起最高处（x_b）（前缘隆起的波峰，也就是挠曲坡度为零的地方，在 $x=x_b$ 时，$\mathrm{d}W/\mathrm{d}x=0$）的距离，公式为：

$$x_b=\pi a$$

当 $x=\pi a$ 时，前缘隆起高出基准面（挠曲量为零）的高度为 W_b，则有：

$$W_b=-W_0\mathrm{e}^{-\pi}=-0.0432W_0$$

如果线性负载下的挠曲曲线近似一个沉积盆地，当基准面为 $y=0$ 时，盆地的半宽为 x_0。然而，当由挠曲作用封闭起来时，半宽用 x_b 表示。

Allen 等（2013）通过对比观测值与测深或自由空气重力剖面，确定了夏威夷群岛之下的弹性岩石圈的厚度。测深剖面表明，远端抬升的波峰到夏威夷岛线性负载的距离约为 250 km，即 $x_b=250$ km，假设海沟被水充填，$\Delta\rho=2300\ \mathrm{kg/m^3}$，重力加速度 $g=10\ \mathrm{m/s^2}$，挠曲刚度 $D=2.4\times10^{23}$ N · m，可以获得挠曲参数 $a=80$ km。如果杨氏模量 $E=70$ GPa，泊松比 $\nu=0.25$，那么等效弹性厚度 $T_{\mathrm{e}}=34$ km。

14.2.2 破裂板块的线性负载与挠曲作用

如果板块已经破裂，需要对边界条件进行修正。在这种情况下，可以认为弹性板块的弯曲受控于板块末端的线性负载（图 14.6）。假如在 $x=0$ 点处的外转矩为 0，则可以得出几个简单的表达式，用以描述挠曲的几何特征。

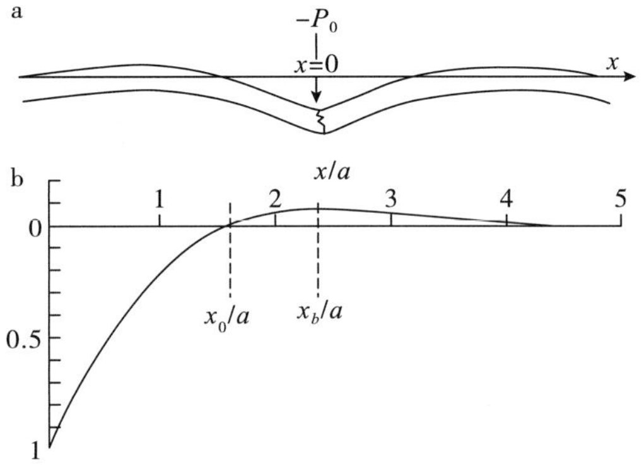

图 14.6 破裂弹性板块末端线性负载的挠曲作用

（Allen et al.，2013）

a—线性负载作用于破裂弹性板块末端的挠曲，水平力和应用弯曲力矩仍为 0；b—线性负载作用于破裂弹性板块末端的理论挠曲。注意，盆地的半宽比非破裂板块的半宽要窄，前缘隆起的海拔高于非破裂板块。纵轴和横轴分别由 W_0 和挠曲参数 a 来刻度

在同样的挠曲刚度和同样的垂向负载作用下，破裂板块的最大挠曲幅度是非破裂板块的 2 倍。如果已知最大挠曲幅度，作用于破裂板块末端的挠曲是关于 x 的一个函数，其表达式为

$$W(x) = W_0 e^{\frac{-x}{a}} \cos \frac{x}{a} \tag{14.6}$$

最大挠曲度为：

$$W_{max} = \frac{P_0}{\Delta \rho g a} \tag{14.7}$$

盆地（在 $W=0$ 处）的半宽为：

$$x_0 = \frac{\pi a}{2}$$

表明在破裂板块的情况下盆地会变窄。到前缘隆起波峰处（$dW/dx=0$）的距离为：

$$x_b = \frac{3\pi a}{4}$$

表明破裂板块的特征就是前缘隆起更窄。最终，前缘隆起（$x_b=3\pi a/4$）的高度为：

$$W_b = W_0 e^{\frac{-3\pi}{4}} \cos \frac{3\pi}{4} = 0.067W_0$$

表明破裂板块前缘隆起的幅度要大很多。

Allen 等（2013）以夏威夷岛屿为例计算了破裂板块的弹性厚度，$x_b=250$ km，挠曲

参数 $a=106$ km，因此挠曲刚度 $D=7.26\times 10^{23}$ N·m，在 $E=70$ GPa 且 $\nu=0.25$ 的情况下，当量弹性厚度 $T_e=49$ km。

地震反射研究成果表明，夏威夷岛屿中心下面的莫霍面往下偏移了 10 km。如果 10 km 就是最大挠曲度 W_0，在非破裂板块上，未偏转的海底外缘隆起的高度可以由 $W_b=-0.0432W_0$ 得出；而对于破裂板块，可以由 $W_b=0.067W_0$ 得出。对环绕夏威夷岛屿的海底进行深度测量的结果表明，外缘隆起在区域上整体抬升了 500 m，但是这并不足以判断连续板块或者破裂板块能否与观察数据具有完美的吻合。

在穿过夏威夷-皇帝海的山链中，观察到的自由空气重力异常与根据 $D=5\times10^{22}$ N·m 的连续性弹性板块或者根据 $D=2\times10^{23}$ N·m 的破裂弹性板块计算得出的自由空气重力异常非常吻合。这些值与上述根据挠曲波长估算出的挠曲刚度非常接近。

在研究大陆岩石挠曲的时候也可以采取同样的方式。对于大洋岩石圈而言，图 14.6 所示的常规挠曲剖面是适用的，但由于大陆碰撞地区山脉较多，成为大量碎屑的来源，在挠曲沉降盆地中迅速填满沉积物。最终，挠曲参数中的 $\Delta\rho$ 则为地幔和沉积物的密度差（$\rho_m-\rho_s$）。

14.2.3 连续性板块的分散负载与挠曲作用

在大陆岩石圈的挠曲盆地，比如前陆盆地，一般表现为分散式负载，而非线性负载。最终的结果是，很有必要考虑在应用负载 P_a（x）情况下的挠曲方程的通解。分散负载可以作为一系列离散点负载来处理，通过叠置单点负载的解的总和，就可以得出分散负载的解。从一系列离散点负载得出了总挠曲。那么总挠曲 W（x）则应该是位于它们中间从 $i=N$ 点负载的总和：

$$W(x)=\sum_{i=1}^{N}\frac{P_i}{2\Delta\rho g a}f\left(\frac{|x-x_{c,i}|}{a}\right) \tag{14.8}$$

函数 f 的表达式为：

$$f\left(\frac{|x-x_{c,i}|}{a}\right)=e^{\frac{-|x-x_{c,i}|}{a}}\cos\frac{|x-x_{c,i}|}{a}+\sin\frac{|x-x_{c,i}|}{a} \tag{14.9}$$

$P_i/2\Delta\rho g\alpha$ 是第 i 个垂向上的作用力，其受到来自地幔的向上回复力（图 14.7）。

Jordan（1981）曾通过在线性弹性板块上采用分散负载系统，对晚侏罗世-白垩纪 Sevier 造山运动时期的美国西部内陆岩石圈的挠曲进行模拟。该地壳负载大致为一个长方体形成的负载，长方体密度为 ρ_c，中心点 s 在距离为 x km 的地方，半宽为 a，高于海平面的高度为 h（图 14.7）。这些地壳体漂浮在密度为 ρ_m 的液态地幔之上。每一个负载体的挠曲 W_i 是通过常规挠曲方程的解而计算出来的。所有的长方体地壳岩体的挠曲的总和就是总挠曲。Jordan（1981）用这些地壳岩体代表了在 Sevier 造山期的不同阶段在褶皱-逆冲带上的构造负载。这种二维模型已经应用到了阿根廷三叠纪的 Bermejo 前陆盆地（Cardozo et al.，2001）和中国四川三叠纪的前陆盆地（Li et al.，2003）。

由于总挠曲是每个离散点负载挠曲的叠加，不同离散点挠曲之间的建设性和破坏性干扰程度取决于分散负载的波长。随着空间分布不断扩张，总挠曲会更接近根据艾里地壳均衡所得出的预期值。

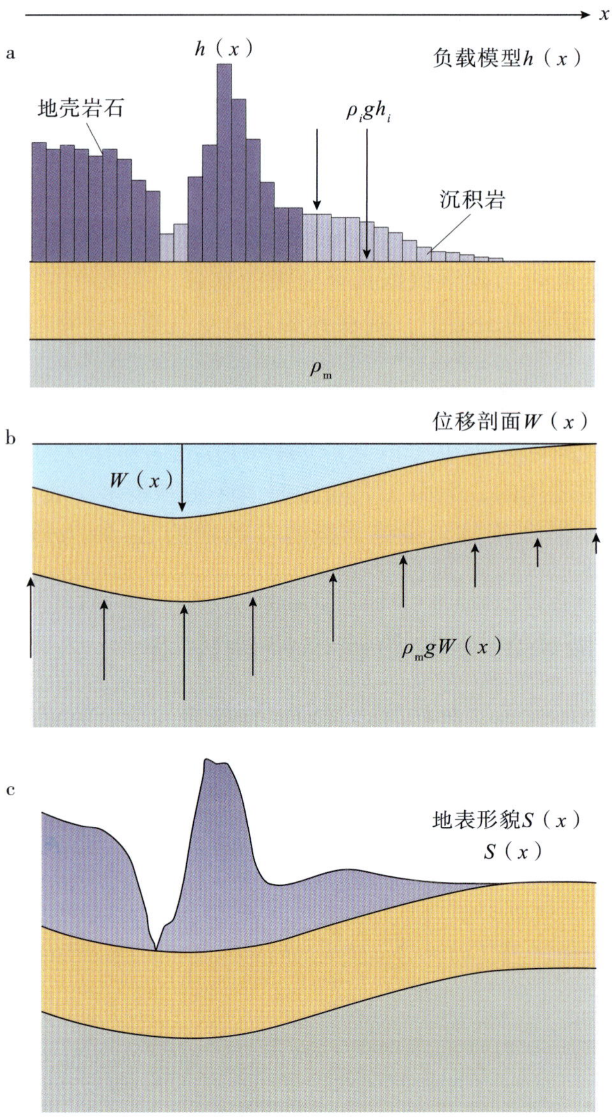

图 14.7 在连续板块上的分散负载与挠曲作用

（据 Allen et al.，2013）

图 a 是根据解析求解得出的高度 h、密度 ρ 和宽度 δx 所确定的一个负载块体，由这个负载块体形成了各个独立的挠曲，并求和得出图 b 中的位移剖面 W（x）。向上的回弹力如箭头所示。分散负载体“沉入”这个位移剖面并得到图 c 中合成的地形剖面 S（x）

14.2.4 弯曲应力

弹性板块的弯曲作用会产生弯曲应力，并正常作用于板块 σ_{xx} 的假想断面上（图 14.7，图 14.8）。考虑到线性弹性、纵向弯曲应力的大小取决于板块的弯曲度（或者弯曲半径 R），弯曲度反过来又取决于作用力和板块的物质属性。

$$\sigma_{xx} = E\frac{y}{R} \tag{14.10}$$

式中：E 为杨氏模量；y 为到板块中间平面的距离。需要指出的是，将弯曲应力整合于断面之上就可以得出弯曲力矩（M），而弯曲力矩又可以通过挠曲刚度（D）同弯曲度联系在一起。纵向弯曲应力可能就足以导致弯曲板块的外端产生断层错断。

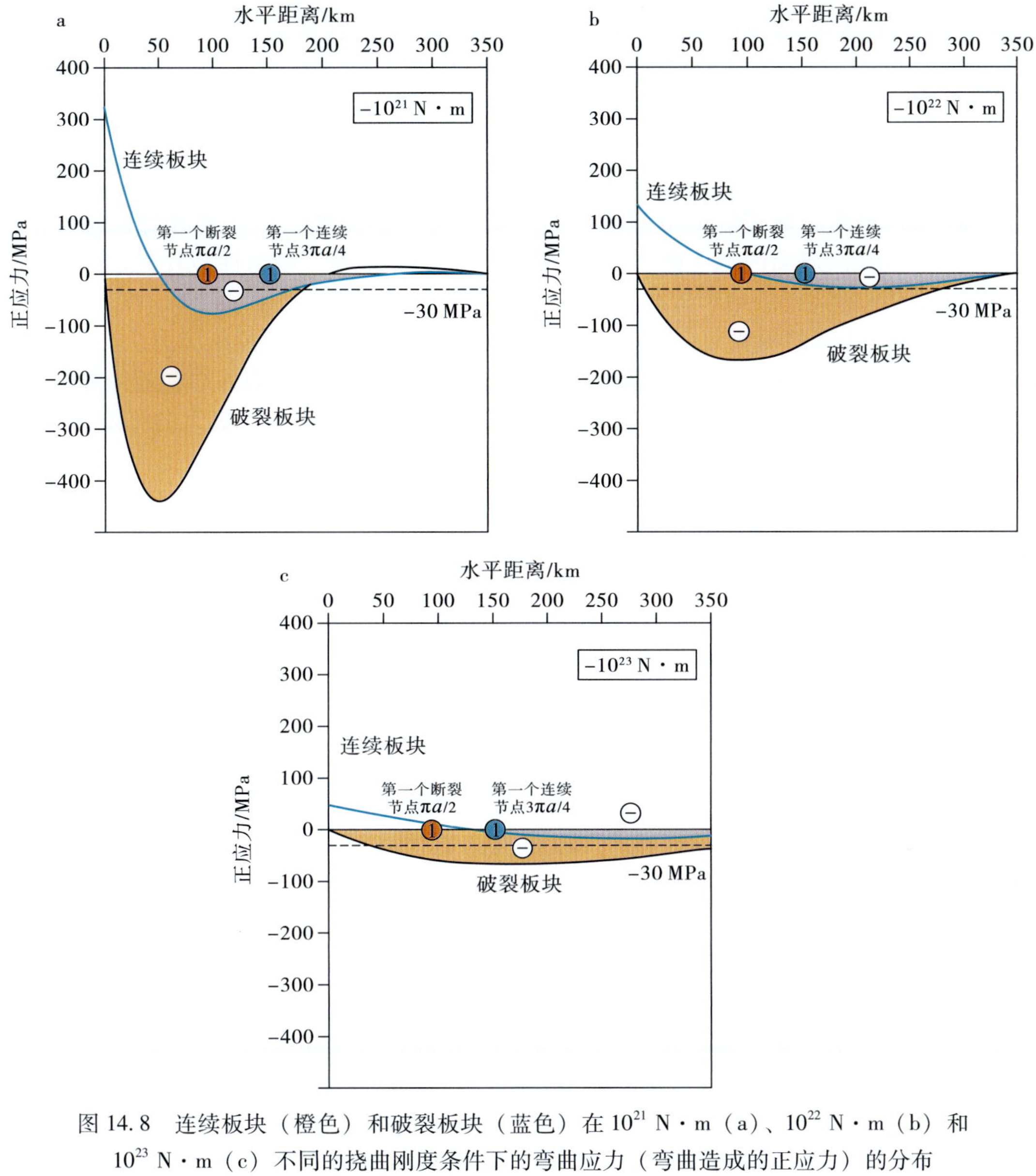

图 14.8　连续板块（橙色）和破裂板块（蓝色）在 10^{21} N · m（a）、10^{22} N · m（b）和 10^{23} N · m（c）不同的挠曲刚度条件下的弯曲应力（弯曲造成的正应力）的分布

（据 Allen et al.，2013）

垂向负载作用于 $x=0$ 处时，对于连续板块而言，最大的张应力（按照惯例是负值）位于 $\pi a/2$ 处，与位于 $3\pi a/4$ 处的第一个节点位置相对比，最大的张应力是在盆地的外侧，板块朝着最大挠曲点下倾。这里也很可能发现破裂正断层，或者是老构造的再次正断层活化；而对于破裂板块而言，最大的张应力在 $\pi a/4$ 处，而第一个节点在 $\pi a/2$，所以最大张应力位于最大挠曲点和第一个节点中间的位置。虚线表明屈服强度为 30 MPa，适用于隆起区的碳酸盐岩（也就是在表面的位置），表明弯曲应力会大于屈服强度，对于脆弱而且具有高弯曲度的板块尤为如此

对于正在经历挠曲变形的板块，其最大弯曲应力在外端的位置，而对于负载在其末端的破裂板块来说，其表达式为：

$$\sigma_{xx} = \frac{-6M}{h^2} \tag{14.11}$$

h 等同于板块 T_e 的有效弹性厚度。负弯曲应力指示张力。在低围压下，前缘隆起 M_b 部分的弯曲力矩可以同测量参数联系起来，比如可以刻画挠曲整体造型的参数（如 W_b，x_0，x_b）。

$$M_b = \left(\frac{\pi^2}{8}\right)\left[D\frac{W_b}{(x_b - x_0)^2}\right] \tag{14.12}$$

式中：W_b 为前缘隆起最大的向上挠曲；x_0 为第一节点的位置；x_b 为前缘隆起波峰的位置；x_b-x_0 为前缘隆起向内侧一翼的宽度。使用典型的参数值，则弯曲板块外端的张应力为-100 MPa，远远高于近地表碳酸盐岩的脆裂强度（*c*. -30 MPa；Paterson，1958）。

对于弯曲且连续的板块而言，弯曲力矩在 $x=\pi a/4$ 处具有最大的压应力，在 $x=\pi a/2$ 处具有最大的张应力。由于第一个节点在 $x=3\pi a/4$，这表明盆地的外端和前缘隆起承受着张力。对于破裂板块而言，整个盆地和前缘隆起都承受着张力，最大的张应力在 $x=\pi a/4$ 的位置。

14.3 岩石圈挠曲作用形成的主要盆地类型

14.3.1 岩石圈挠曲过程分析

我们主要关注岩石圈挠曲过程，目的是为了更好地理解岩石圈在受到一系列系统的作用力或负载情况下的长波长响应。岩石圈挠曲过程在盆地分析中占有重要地位。首先，岩石圈挠曲是沉积盆地沉降或抬升的主因，以在造山过程中初始应力作用下大陆板块的向下挠曲最为典型，这一过程会导致前陆盆地的形成。其次，上覆沉积物的负载作用也会造成岩石圈的长波长挠曲。这种沉积负载导致的挠曲作用会发生在所有类型的盆地中，包括岩石圈伸展作用形成的盆地。

岩石圈长波长挠曲最明显的案例为在更新世劳伦太德（Laurentide）冰盖和斯堪的纳维亚冰盖负载导致的岩石圈挠曲，另外，冰川消融会导致岩石圈的挠曲反弹。太平洋夏威夷-皇帝岛的岩浆和地貌负载导致相邻洋底的向下挠曲，形成深海沟。亚马孙扇的沉积负载造成大洋岩石圈挠曲。在俯冲带大洋板块的挠曲和在大陆碰撞带区大陆岩石圈的挠曲均是岩石圈挠曲的动力学案例。

弹性挠曲理论是岩石圈挠曲的理论支撑。在垂向负载和水平负载作用下，线性弹性板片的挠曲理论可以应用于与造山过程相伴生的前陆盆地，因为该沉积盆地类型与造山楔和褶皱-冲断带动力学紧密伴生。构造作用、气候和岩石圈挠曲的交互作用控制了前陆盆地和楔顶盆地的地层充填结构。

14.3.2 岩石圈挠曲作用形成的主要盆地类型

岩石圈挠曲作用是由薄的上覆弹性板块施加在下伏塑性板块上的垂向力、水平力及弯曲剪切力等因素决定的。

对于洋壳岩石圈的挠曲作用（flexure）而言，它既可以是由上覆的板块的负载作用导致的垂向力所引起的，也可以由在垂向力作用下的下覆板块的破裂引起。决定挠曲形态的因素包括：挠曲的最大幅度、盆地宽度、前缘隆起位置和高度。在沟-弧体系中，洋壳岩石圈的挠曲作用是由垂向的、水平的弯曲导致的弹性板块的挠曲。洋壳岩石圈的挠曲可由两种模式解释，一种是连续板块在垂直外力作用下直接产生的挠曲，另一种是在垂直压力作用下岩石圈发生破裂产生的弯曲。值得注意的是，其挠曲强度随着地质年代的增加而增强，但所负载的重量（能力）并不随时间延长而减小。

大陆岩石圈的挠曲作用及其控制作用很复杂。前人研究成果表明大陆岩石圈的挠曲作用集中发生在碰撞造山带，其特点是穿过造山带和前陆盆地的布格重力异常变化较大，它们所导致的挠曲力也具有很大的差别。大陆岩石圈的抗挠刚度与受热无关，并随弯曲应力增大而减小。

岩石圈挠曲作用会产生挠曲沉降，而挠曲沉降的形成与板块汇聚和碰撞造成的增生构造带有关，所形成的相应盆地主要为海沟盆地和前陆盆地。因此，岩石圈挠曲主要形成压缩型构造体系和压缩盆地，盆地类型主要有海沟、弧前盆地、残留洋盆、前陆盆地、缝合盆地、山间盆地等。

14.4 前陆盆地岩石圈挠曲作用

随着岩石圈流变学研究的不断发展，人们越来越注意到前陆盆地的沉降及沉积充填与岩石圈流变特性密切相关，并且前陆盆地的地层层序记录了岩石圈流变过程及邻近造山带的构造历史。所谓流变，从广义上讲就是指物质的流动变形。在负载作用下岩石圈发生挠曲正是这种变形的结果。它是一种宏观的流变变形。由于在温度、压力及应变速率等方面存在差异性，岩石圈表现出不同的流变特征。依据地壳流变性质的不同，前陆盆地动力学模型可划分为弹性挠曲模型和黏弹性挠曲模型；同时依据造山带深部岩石圈破裂与否，其可划分为破裂岩石圈挠曲模型和连续岩石圈挠曲模型。

Quinlan 等（1984）提出了 3 种不同的岩石圈流变模型，即弹性流变模型、均匀黏弹性流变模型和与温度有关的黏弹性流变模型。它们分别将岩石圈处理为：①覆盖于非黏滞性流体之上的连续性弹性层；②覆盖于非黏滞性流体之上的连续均匀的黏弹性层；③覆盖于非黏滞性或低黏度流体之上的黏度与温度相关的连续黏弹性层。关于前陆盆地挠曲变形符合于何种流变模型尚有争论。弹性流变模型认为岩石圈具有常量的挠曲刚度（D），它取决于岩石圈的弹性厚度。而均匀黏弹性流变模型则认为岩石圈具有初始的挠曲刚度（等同于弹性模型），但随着时间的推移，挠曲刚度减少至零。若用该模型计算盆地挠曲，强调盆地最终达到均衡状态。但是在一些古老前陆盆地，经长期的均衡调整，岩石圈仍具有一定的挠曲刚度。为了克服这种缺陷，不少学者又提出了与温度有关的黏弹性流变模型，从而保证了岩石圈长期具有一定的挠曲刚度。岩石圈流变挠曲是一个极其复杂的问题，下面主要介绍两种不同的岩石圈流变模型。

14.4.1 前陆盆地挠曲作用模拟的理论模型

前陆盆地挠曲作用模拟的理论模型主要有如下几种：根据岩石圈力学性质的差异，分为弹性挠曲模型和黏弹性挠曲模型两大类；根据岩石圈的连续性和均一性，可分为连续岩石圈挠曲模型和中间破裂的岩石圈挠曲模型、均匀的岩石圈挠曲模型和非均匀的岩石圈挠曲模型；根据造山带的结构特征不同，可分为单侧锥体模型和双侧锥体模型；根据板内应力作用的差异性，可分为垂向负载模型和垂向与横向负载相结合模型。Allen 等（2013）总结了对于前陆盆地形成机制的模拟方法，分别是：对于连续板片在点状（2D）负载或线状（3D）负载下的挠曲变形；线状负载下的破碎板片的挠曲变形；连续板片在分散式负载（造山带具有高度和宽度，不同于一点上的构造负载）下的挠曲变形。这一方法为 Jordan（1981）首创，李勇等（Li et al.，2003）在模拟龙门山前陆盆地时即采用了此种方法。

随着岩石圈流变系统研究的不断发展，人们开始注意到前陆盆地沉降及沉积充填与岩石圈流变特征相关。Flemings 等（1981）用弹性流变模式模拟了岩石圈随负载作用而发生的变形、盆地沉降和沉积演化，成功解释了北美落基山前陆盆地沉积和构造演化。将把前陆盆地的构造概括为，前陆褶皱-冲断带的冲断→平静→新冲断→新平静的交替过程。这一构造过程直接控制了前陆盆地的形成与演化。认为通过前陆盆地沉积记录和沉积体分布可以确定冲断运动的时间和解释岩石圈弹性流变。而 Beaumont 等（1984）则用黏弹性流变模式证明了岩石圈应力松弛是导致沉积相带和前陆隆起迁移的主要因素。Tankard（1986）将前陆盆地的黏弹性流变过程分为 3 个阶段，即挠曲变形阶段→黏弹性变形阶段→新的挠曲变形阶段，并解释了阿巴拉契亚前陆盆地与科迪勒拉前陆盆地的构造沉积演化。以上两个模式的区别在于，在黏弹性流变模式中，冲断负载期间（岩石圈假定为刚性），盆地为宽而浅，冲断带与前缘隆起之间的距离较大；在平静期，岩石圈松弛导致邻近逆冲断裂处发生沉降，前隆向逆冲断裂迁移，盆地变窄。而在弹性流变模式中，在变形开始时，盆地变窄，前隆和沉积相带向逆冲断裂迁移；在变形停止后，盆地变宽，前隆和沉积相带向远离逆冲断裂方向迁移。

在沉积学家和地层学家看来，要对盆地的几何形态进行调查，无论是从一个极端例子来证实弹性岩石圈模式，或从另一个极端例子来证实黏弹性模式，在很大程度上都是徒劳无益的。人们曾热切希望能够在沉积盆地内对由于重载荷和收缩引起弯曲的地球物理模式进行验证，但是前陆盆地复杂的地质情况使这些想进行研讨的人望而生畏。虽然如此，Jordan（1981）发现用纯弹性模式可以圆满地解释在美国西部落基山的前陆盆地的沉降，而 Beaumont（1978）则更倾向于用黏弹性来解释加拿大艾伯塔盆地的地层及沉降问题。

14.4.2 前陆盆地岩石圈的挠曲刚度与有效弹性厚度

Kusznir 等（1985）强调了岩石圈的成分、温度结构对上加重荷的反应中的重要性。岩石圈物质对温度和压力的从属关系已用于建立一个热流变模式，用它来解释岩石圈的长期有限稳定性和短期快速松弛得到了令人满意的结果，这种模式，即在初始阶段的软化过程后，接着就是近于稳定或渐近稳定的阶段，尚待有详细材料的实例所证。

因为有效弹性厚度和岩石圈板块的挠曲刚度是它的热状态的函数。发生在碰撞和弯曲之前的地质事件就很有意义。前陆盆地通常叠置在已减薄的大陆边缘。Stockmal 等（1986）分析了早先裂陷被动边缘内逆冲作用的意义，其中特别重要的是随着逆冲作用的继续，造山推覆体逐渐叠置在强度较大的岩石圈上。所有这些因素，以及其他因素，对于保存前陆盆地的地层起了很大的作用。Covey（1986）描述了中国台湾西部叠置在中国大陆被动边缘上的前陆盆地沉积物。Cross（1986）曾描述了 Sevier 逆冲-褶皱带的沉降、变形历史，该褶皱带被叠加在早先岛弧及弧后地区已加热并拉张的岩石圈之上（图 14.9）。Biddle 等（1986）在南美南部的麦哲伦古生代盆地，Audley-Charles（1986）在东南亚的班达造山带，分别对从弧后盆地到前陆盆地的类似的演变过程中进行了观察，表明在上覆加重载荷之前构造单元、厚度、热结构等方面具有很大的差别。一般认为沿着山脉的走向，主要布格重力异常格局通常具有可比的特征，横向上，印度板块的挠曲刚度有显著变化，相距仅 200 km 的两条剖面的挠曲刚度相差达 10 倍。这样大的变化，用弹性岩石圈是不好解释的，因为其挠曲刚度仅仅取决于其受热年龄。

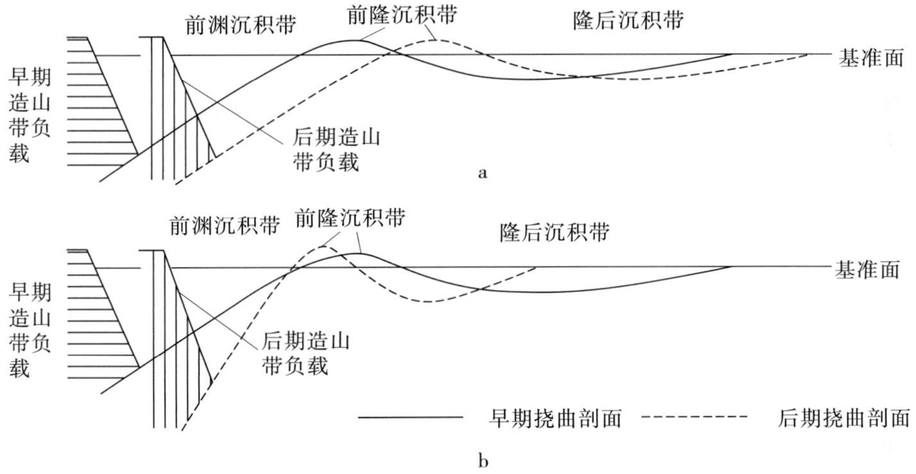

图 14.9　前陆盆地演化的岩石圈挠曲剖面

（据 Yang et al.，2009）

a—造山带向盆地方向的推进导致了前缘隆起沉积带向克拉通方向的迁移；b—新的更强烈的逆冲作用造成造山带负载的增加，从而导致新的前缘隆起沉积带向造山带方向退却，形成更小波长和更高幅度的前陆盆地

虽然目前提出了前陆盆地形成演化的深部动力学机制，但是在克拉通边缘上由于掩冲断片引起的负载与相邻前陆盆地的形成有两个重要的方面：①造山带的构造负载使岩石圈挠曲下弯，形成接纳沉积物的前渊；②造山带的剥蚀作用及其产物为前渊充填作用提供了大量的碎屑来源。因此，岩石圈将前陆盆地地层与构造载荷过程有机地联系在一起，前陆盆地的成因和演化研究必须立足于岩石圈范围才能有更完整的理解。目前挠曲模型的研究针对前陆岩石圈的特点，建立二维-三维挠曲模型，再现前陆盆地的挠曲演化是前陆盆地成因分析的一个关键，体现在盆地动力学研究的岩石圈物理性质研究上，如：①有效弹性厚度、视弹性厚度、热厚度及抗挠刚度；②流变学特征、地温场；③前陆盆地的边界条

件；④前陆盆地挠曲的实验模型及数据模型。例如，从岩石圈流变学特点、应力环境、时间因素等出发提出了很多前陆盆地成因模型，包括：二维的非均一弹性的板块模型（Stockmal，1986）、地层模拟的扩散模型（Sinclair et al.，1991）、黏弹性板块模型（Beaumont et al.，1981，1993）、板内应力挠曲模型（Cloeting，1988）、沉积负荷岩石圈挠曲模型（Watts，1982）、横向强度变化与非弹性屈服大陆岩石圈挠曲模型及三维挠曲综合模型（Quinlan et al.，1984；Tankard，1986；Johnson et al.，1995）等；这些模型已体现出整体综合建模的趋势。

前陆盆地定量模型的选取依赖于对岩石圈流变特性的认识。大陆岩石圈的性质始终存在争议，除弹性模式外，还有黏弹性模式。黏弹性模式是指岩石圈表现为麦克斯威尔黏弹性体，它以一个初始的高抗挠曲刚度为初值，加载后随时间的增长，岩石圈的松弛效应使其抗挠刚度逐渐减小。无论大陆岩石圈的力学性质是纯弹性的还是黏弹性的，都会得出某些不易接受的结论，并且由于前陆盆地复杂的地质因素严重地阻碍了定量模拟研究。但是许多作者还是依据弹性或黏弹性模型对前陆盆地的形成机制进行了定量模拟，并取得了重要进展。

数值模拟中常采用的理论模型有弹性和黏弹性两种，弹性模型是指岩石圈弹性板片受到垂直负载力使岩石圈发生挠曲，这种挠曲有两种情况：一种是连续板片在垂直负载下发生的挠曲，即理论上相当于无限长的板片在垂直负载作用下发生的挠曲；另一种是破裂板片在垂直负载下发生的挠曲，即理论上相当于半无限延伸的板片在端部受垂直负载力的挠曲。

前陆盆地挠曲理论能够再现前陆盆地的诸多特点，且许多确定性的运动学模式已经建立，用于帮助模拟盆地内变化的地层叠加模式或是检验模拟参数对于模拟结果的敏感性以及用于假设的地层模式检验。这些合适的模拟结果能够帮助预测盆地内大尺度的地层结构。如果前缘隆起的表面靠近海平面或是在海平面之上，地层将会遭到剥蚀而形成不整合面，但是相比于盆地内的地层，前缘隆起的剥蚀很少引起人们的关注。

前陆盆地是挤压体制的产物，是岩石圈受外力作用而发生挠曲所形成的盆地。大陆岩石圈挠曲作用的研究大多是在碰撞造山带（如喜马拉雅造山带与前陆盆地、阿尔卑斯造山带与前陆盆地）进行的。前人研究成果表明横穿造山带和前陆盆地的地球物理场剖面均出现明显的梯度带变化，具有莫霍面突然变陡的现象，如重力异常在冲断带一侧为正异常、等值线密集，向克拉通方向逐渐变为负异常、等值线稀疏；磁异常等值线图、大地电磁测深也反映出相似变化，这些现象表明由于地貌负载造山带，从而产生质量过剩，前陆盆地质量不足的情况。因此，经典的前陆盆地动力学模式认为。盆地的沉降主要受两个方向的影响：一是区域上的构造挤压应力；二是地貌负载（topographic load）作用，包括相邻造山带的逆冲负载及盆地内的沉积物和水体负载。仅地貌负载有时也不足以造成板块的挠曲而形成前陆盆地，许多学者注意到，在很多的前渊，沉降幅度远比所预计的由地貌负载及沉积负载作用所产生的沉降更大更广。Roydan（1993）结合地球物理及模拟数据认为，在周缘前陆盆地中，引起岩石圈挠曲沉降的作用力还有俯冲负载（subduction load）作用。而 Mitrovica 等（1989）、Gurnis（1992）则先后证明，在弧后前陆盆地中，动力板块负载（dynamics lab load）作用也对岩石圈的挠曲升降有影响。Allen（1992）认为相比较于前（周缘）前陆盆地，弧后前陆盆地更可能发育在一个具有较大有效弹性厚度的板片上，因此应该用连续板片的情况来模拟。经过多年的发展，关于前陆盆地的数值模拟技术取得了长足的发展，其基本理论是利用加载于黏弹性（或弹性）板片上构造负载的侵位来模拟前陆盆地的沉降作用。DeCelles 等（1996）对 3 种作用机制与岩石圈挠曲作用的关系进行了总结，指出 3 种力对岩石圈挠曲作用的影响不同，但有时表现为相互干扰，并减弱了地貌负载所导致的盆地沉降幅度；此外推覆体的推进可使前渊不断抬升，同时 3 种负载作用也可使推覆体向下沉降，使得推覆体可能表现为总体下降至水下，形成盆地，并接受沉积，表现为楔顶沉积带。

14.4.3　前陆盆地挠曲作用地质模型及其参数

控制前陆盆地挠曲沉降的主要因素包括逆冲带的构造负荷、地壳内部的水平挤压、盆地的沉积负荷和地壳的力学性质。描述前陆盆地挠曲过程的主要参数为逆冲楔状体初始宽度、逆冲前缘推进速度、地表坡度、拆离面倾角、搬运系数、地壳的有效弹性厚度、地壳内部作用力。前陆盆地力学模型有两种：一种是假设造山带深部岩石圈是破裂的，其力学模型为中间破裂的无限宽度线弹性薄板在水平挤压和垂向负载作用下的挠曲；另一种是假设造山带深部岩石圈是连续的，其力学模型为无限宽度线弹性连续薄板在水平挤压和垂向负载作用下的挠曲。

前陆盆地的形成取决于地壳流变模型、逆冲构造负载、沉积物负载和地壳内部水平挤压作用力。

14.4.3.1　地壳流变模型

地壳在负载作用下的宏观流变变形决定了盆地的空间和形态。Quinlan 等（1981）提出 3 种不同的地壳流变模型，即弹性流变模型、均匀黏弹性流变模型和与温度有关的黏弹性流变模型。由于盆地沉降量远小于盆地与造山带宽度之和，用弹性流变模型，取地壳的有效弹性厚度（T_e）近似地模拟盆地演化是可行的。根据前陆盆地和挠曲盆地大地构造部位分析，认为前者下部的岩石圈是破裂的，而后者下部的岩石圈则是连续的，两者的边界条件具有明显差异。

14.4.3.2　逆冲构造负载

构造学者多用所谓推土机模式来分析造山带的结构和变形过程。其实，大陆碰撞造山带往往为双侧造山带，由内侧楔和外侧楔组成。一般在外侧楔形成前陆盆地。在造山带轴部具有陡倾、切割地壳的深大断裂。该断裂正是划分两碰撞岩石圈的界线。双侧造山带漂浮于两个碰撞岩石圈的边缘之上。Beaumont（1992）和 Willett（1993）等用双侧临界锥体模式定量地表述了双侧造山带的变形过程。双侧临界锥体的形态变化可由 Dahlen 等（1984）关于临界锥体模式的计算公式确定。因此，单侧和双侧临界锥体模式为定量确定造山带逆冲负载作用提供了有效手段。在模拟前陆盆地演化时，可只考虑一侧楔状体对其下部岩石圈的负载作用，而另一侧楔状体的负荷则由对应另一侧岩石圈所承担。逆冲负荷的定量表述由楔状体初始长度（L_0）、逆冲前缘的推进速度（v）、逆冲带的地表坡度（T）及在楔状体底部拆离面角度（U）决定。

14.4.3.3 沉积物负载

从造山带和前缘隆起区被剥蚀和搬运而来的沉积物负载作用可以造成盆地沉降。关于盆地沉积量以及造山带剥蚀量的计算，前人普遍采用扩散方程进行定量描述，认为物质的搬运速率与势能梯度成正比，即：

$$\frac{\partial h}{\partial t} = K \frac{\partial^2 h}{\partial x^2} \tag{14.13}$$

式中：K 为搬运系数；h 为地形高度；x 和 t 分别为空间和时间坐标。已知初始地形的形态，利用式（14.13）可确定造山带侵蚀和盆地沉积后的地表形态。利用差分法求数值解为：

$$h_i^{n+1} = \frac{h_i^n + \lambda h_{i+1}^n - h_i^n + h_{i-1}^{n+1}}{1 + \lambda} \tag{14.14}$$

其中，$\lambda = K\Delta t / \Delta x^2$，$h$ 的右下标表示以 Δx 为间隔的空间坐标，而右上标表示以 Δt 为间隔的时间坐标。已知盆地地形高度，就可求得沉积物在每一个等间距为 Δx 范围内的重量。

14.4.3.4 地壳内部水平挤压作用力

双侧造山带在碰撞过程中，挤压力十分强烈，它必将影响盆地沉降过程。因此，在逆冲带-前陆盆地系统模拟时必须考虑应力作用。高分辨率地震剖面的研究表明，板内应力作用可引起等时性地层界面的上超和下超。地壳内部作用力是前陆盆地挠曲变形模拟不可忽视的因素。Cloetingh 等（1988）论证了板内应力水平的变化对盆地地层分布的影响。

综上所述，描述逆冲带-前陆盆地形成、演化的主要参数包括：①逆冲楔状体初始长度（L_0）；②逆冲前缘的推进速度（v）；③地表坡度（T）；④拆离面倾角（U）；⑤搬运系数（K）；⑥地壳的有效弹性厚度（T_e）；⑦地壳内部作用力（F）。

14.4.3.5 俯冲负载和动力负载

经典前陆盆地动力学模式认为盆地沉降主要受两方面控制，一方面是地貌负载，另一方面是盆地内的沉积物和水。Royden（1993）结合地球物理及模拟数据认为：在周缘前陆盆地中，引起岩石挠曲的还有俯冲负载。Mitrovica（1989）、Gurnis（1992）提出动力板块负载的挠曲机制，包括：

1）俯冲负载所导致的前渊沉降的幅度远大于仅由地貌负载、沉积物和水负载引起的沉降幅度（预测的）。例如波河-亚得里亚（Po-Ariatic）前渊的沉降幅度比仅由亚平宁逆冲带的地貌负载引起的挠曲沉降幅度大 3～4 倍，这可能是因为在亚平宁逆冲带下 50～150 km 处有一个致密的洋壳在向下俯冲。因为周缘前陆盆地在俯冲板块之上，所以任何周缘前陆盆地都可能受到俯冲负载的作用。其作用机制是，在 50～200 km 的深度，俯冲板块的终端存在一个垂直向下的剪切力（P）和一个弯曲力矩（M）的耦合作用。

2）与周缘前陆盆地相比，弧后前陆盆地位于仰冲板块上，动力板块负载对岩石圈挠曲升降也有影响。其作用机制是俯冲板块、上覆地幔（mantle-wedge material）和仰冲板块基底三者间的黏耦作用（viscous coupling）。太平洋西部、北部的浅海和洪积陆壳是动力学板块牵引沉降的结果。因为这一作用是长波的，可以解释在克拉通地区分布广泛的浅海和陆相的沉积物可容纳空间。

3）挠曲作用之间具有相互作用，地貌负载、俯冲负载、动力学板块负载以不同的波长发生作用，因而总的作用是建设性的或侵蚀性的。例如西阿尔卑斯山是地貌负载和俯冲负载的共同作用的结果，阿尔卑斯前渊的深度要比根据地貌负载预测的深度浅，这可能是因为由俯冲负载造成的前缘隆起抬升、地貌负载造成的前渊沉降的相互作用。与之类似的，由动力板块引起的长波挠曲反应也是可以与地貌负载引起的短波挠曲反应相互作用。

14.4.4 对前陆盆地挠曲作用的讨论

14.4.4.1 对负载力的大小及分布的讨论

前陆盆地的形成受到与其毗连的褶皱-冲断带地形负载的影响，即在前陆板片的侧向数百千米范围内产生挠曲响应（图 14.10，图 14.11a），对地形负载的初始挠曲响应是导致前渊形成的主要原因。

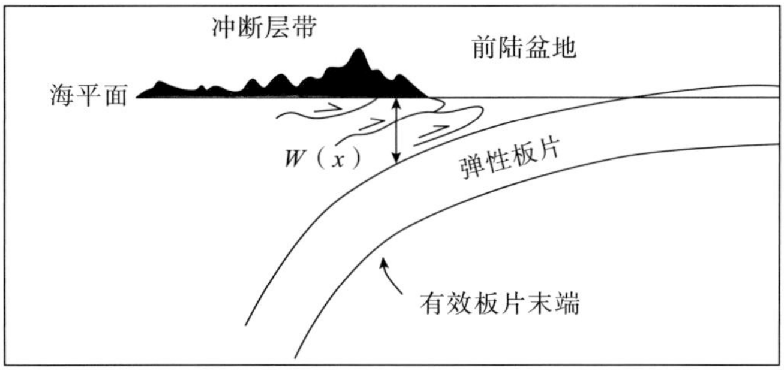

图 14.10　前陆盆地形成示意图

（据 Royden et al.，1984）

假定前陆岩石圈（或下伏的板片）表现为弹性板片，覆盖在液体岩石圈之上，在有效板片末端表示弹性板片部分与其以下板片弹性太弱以致不能传递应力部分的界限，对岩石圈施加的负载是地形负载和地下负载 W（x）之和

在很多的前渊中，沉降幅度要比仅从可观测的地形负载和充填沉积物的沉积负载所预测的大。例如波河-亚得里亚海前渊，其沉降幅度比用亚平宁褶皱-冲断带地形负载预测的大 3~4 倍。对此，不同的学者有不同的解释，DeCelles 等（1996）认为是俯冲负载引起的，即前陆中大部分的挠曲沉降量是由密度大的俯冲大洋板块向下拖曳到亚平宁半岛之下 50~100 km 造成的。因前陆盆地位于俯冲板块之上，故任何周缘前陆盆地的形成均会受到大洋岩石圈俯冲负载的影响。但是，随着大陆碰撞和大陆岩石圈持续俯冲，俯冲负载的作用将被削弱，而地形负载的作用将占主导地位。

Royden 等（1984）对此则有另外的看法，他们对亚平宁和喀尔巴阡前陆盆地下面的岩石圈挠曲幅度进行了计算，结果表明，目前地表逆冲断层席的地形负载和盆地中沉积负载不足以产生前陆下面大陆基底所观察到的弹性岩石圈下沉幅度。因此，推测在地下还存在有另外的逆冲断层席的构造负载（图 14.11）。弧后前陆盆地下面的岩石圈挠曲程度除受地形负载影响外，还有俯冲板块拖曳产生的向下循环的地幔楔物质与仰冲大陆板块底部之间的黏滞性耦合作用所导致的板片动力负载作用（图 14. 11b）。此外，还有在区域性负载驱动沉降（箭头向下）和对应于缩短及地壳增厚作用的造山楔局部抬升（箭头向上）的共同影响，产生楔体顶的沉降（图 14. 11c），但是其沉降幅度比前渊浅得多。陆内前陆盆地下面的岩石圈挠曲作用与周缘和弧后前陆盆地的不同在于后者主要为地形负载，不存在洋壳俯冲负载和板片动力负载。相似之处是除了褶皱-冲断带地形负载影响因素外，还包括有整个造山带中的地下负载。

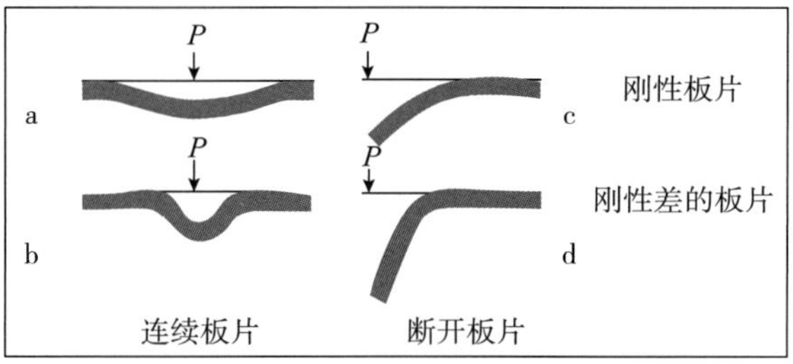

图 14. 11　在 *P* 点处岩石圈弹性板片对负载的响应示意图
（据 Allen et al. , 2013）
a，b—漂浮在流体软流圈上连续弹性板片的响应；
c，d—断开的弹性板片的响应

14. 4. 4. 2　对岩石圈抗挠刚度的讨论

前陆盆地下面岩石圈的挠曲一方面与地形负载、构造负载和沉积负载的大小有关，另一方面也与岩石圈的挠曲刚度和有效岩石圈板片厚度有关。如图 14. 12 所示，在负载等其

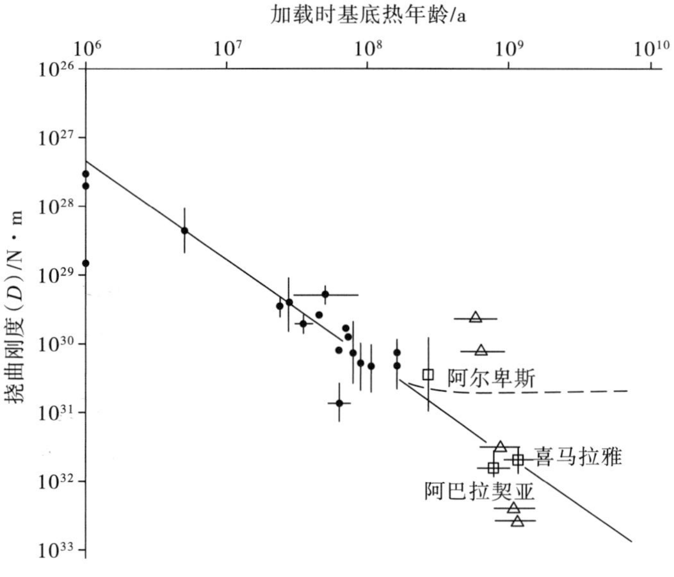

图 14. 12　大洋、大陆岩石圈挠曲刚度与基底热年龄之间的相关图
（据 Kamer et al. , 1983）
黑点代表大洋岩石圈；方框和三角形代表大陆岩石圈，其中三角形自上而下分别为塔里木北缘三叠纪、侏罗纪、早白垩世-新近纪挠曲刚度

他条件相同的情况下，刚性差的弹性岩石圈板片上，即挠曲刚度小的弹性岩石圈板片上，挠曲程度高，形成的凹陷比较深和窄；而刚性强的岩石圈板片上，即挠曲刚度大的弹性岩石圈板片上，挠曲程度低，形成的凹陷比较浅和宽阔。

Karner 等（1983）对全球各地区的挠曲刚度（D）进行了统计和比较分析，结果表明岩石圈的挠曲刚度与岩石圈的类型、岩石圈加载时的热年龄有关。总的来说，大洋岩石圈比大陆岩石圈挠曲刚度要小，大洋岩石圈越靠近洋中脊挠曲刚度越大，大陆岩石圈挠曲刚度取决于加载时的基底热年龄，基底热年龄越大，其挠曲刚度越大。比较不同的模拟阶段得到的挠曲刚度，发现自三叠纪以来有规律地增加（图 14.13）。此后，Karner 等（1983）应用热弹性流变学模型对大陆岩石圈挠曲作用进行研究，得出以下结论：①就挠曲刚度来说，大陆岩石圈与大洋岩石圈相似，都可以用简单的热弹性模型进行解释。②大陆岩石圈的长期热演化特征，可以根据 200~205 km 厚的简单的板块冷却模型进行模拟确定。③大陆岩石圈的有效弹性厚度相当于 450 ℃等温深度，且不因负载而发生变化。但是也有人对此提出不同的观点（Willett et al.，1985），认为大陆岩石圈热力学状态与其年龄之间没有明显的联系，有效弹性厚度与 450 ℃等温线深度也不一致，而是在 300~900 ℃这样一个宽的范围内（图 14.13）。根据这一观点，经修改的弹性模型是，挠曲刚度和有效弹性厚度随时间变化很小，仅与岩石圈的热年龄有关。

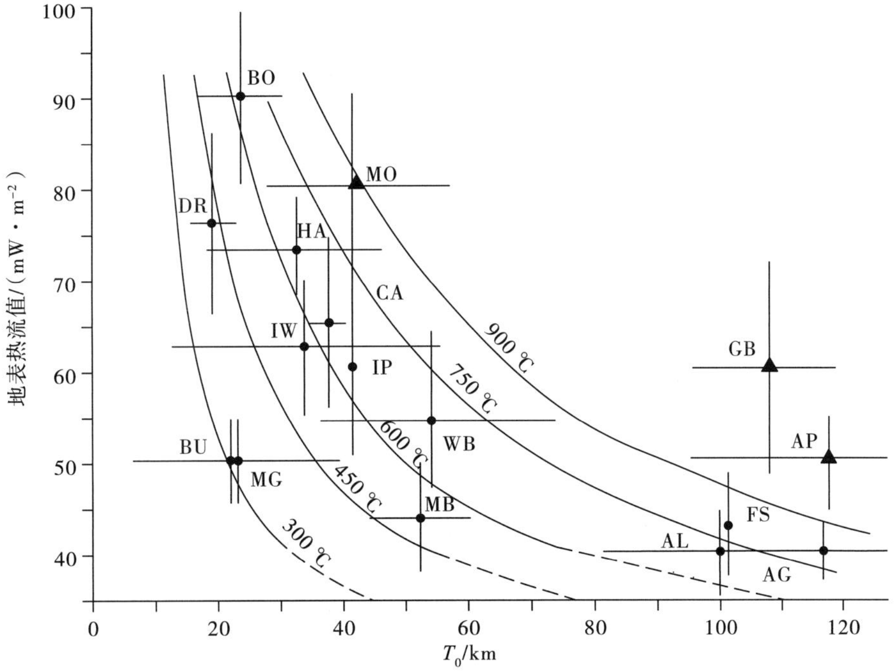

图 14.13　挠曲地区的有效弹性厚度与地表热流值的关系

（据 Willett et al.，1985）

实线表示已知地表热流条件下，是根据稳态热模型计算的等温线深度。该图说明岩石圈基底的温度变化范围很宽（300~900 ℃）。挠曲地区：AG—亚加西斯湖；AL—阿尔冈昆湖；AP—阿巴拉契亚前陆盆地；BO—Bonnerille 湖；BU—布斯尼亚隆起；CA—凯里布山脉；DR—北部大分水岭山脉；FS—芬诺斯肯尼亚；GB—恒河平原；HA—汉密尔顿湖（百慕大）；IP—内陆平原；IW—爱达荷-怀俄明推覆体；MB—密歇根盆地；MG—中央大陆；MO—磨拉石盆地；WB—威利斯顿盆地一般认为弹性模型适用于大洋岩石圈，大洋岩石圈厚度与其年龄有关，在洋中脊轴部厚度不到6 km，一般是大洋岩石圈的有效弹性厚度随时间呈指数关系增加，这与根据板块冷却模型所计算的大洋岩石圈厚度随时间变化是一致的。因此可以认为大洋岩石圈是弹性的，在加载时它的挠曲度仅取决于负载的热年龄（图14.14）。综上所述，弹性板块的挠曲变形的一般规律在一定程度上也适用于前陆盆地的挠曲变形，即前陆盆地的宽度和深度与造山带构造负载的大小和前陆地区岩石圈的挠曲刚度有关。

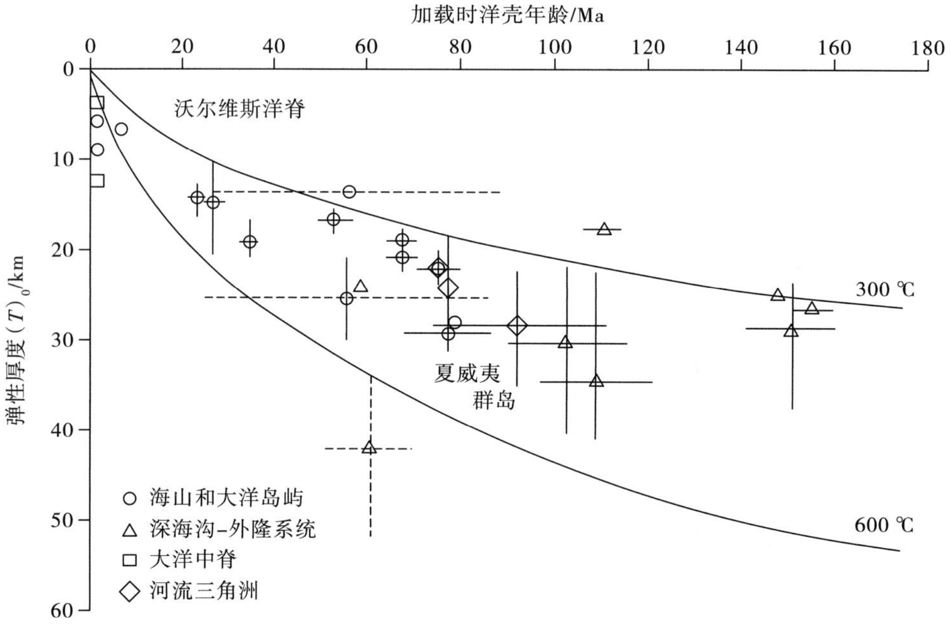

图14.14　大洋岩石圈有效弹性厚度与负载岩石圈年龄的关系

（据Allen et al.，1990）

有效弹性厚度是在杨氏模量$E=100$ GPa（10^2 dyn/cm^2）及泊松比$\nu=0.25$条件下，由挠曲刚度观测值计算得到的，图中两条曲线是根据Parson等（1970）板块冷却模型计算的300 ℃和600 ℃洋壳等温面。大洋岩石圈挠曲刚度一般随其形成年龄的增加而增大

14.5　前陆盆地挠曲作用的弹性流变模式

14.5.1　原理

很多研究者认为由于岩石圈所经历的黏弹性松弛程度是一个尚未解决的问题，因而用弹性流变模型近似地模拟盆地演化是可行的。覆盖于非黏滞性流体之上的弹性板块在负载［$q(x)$］的作用下［不考虑板块两端的水平作用力（P）］，挠曲度（W）可描述为：

$$D\frac{d^4W}{dx^4}+\Delta\rho gW=q(x) \tag{14.15}$$

式中：$\Delta\rho$ 为地幔密度与盆地充填物的密度差。

Flemings 等（1990）在建立前陆盆地弹性流变挠曲模型时（图 14.14），认为逆冲变形、岩石圈补偿和地表侵蚀及沉积过程是控制盆地地层格架的 3 个主要因素，并且强调地表侵蚀在定义盆地最终形态时与前两者同等重要，它是控制盆地过量充填或饥饿充填的主要方面。因此在确定岩石圈负载 $q(x)$ 时，除了①由褶皱-逆冲作用产生的正负载外，增加了②由地表侵蚀作用产生的负负载和③由沉积作用产生的正负载。褶皱-冲断带负载与逆冲断层系统的几何形态有关。一般将褶皱-冲断带确定为楔状体。

Fleming 等（1990）认为地形坡度（锥角）保持不变，但是 Sinclair 等（1991）认为楔状体坡度可以发生变化。关于由地表侵蚀和沉积作用产生的负载，已提出过许多模型。最简单的方法是认为物质搬运服从于扩散公式，即物质的搬运速率与势能梯度成正比，即

$$\frac{\partial h}{\partial t} = K\frac{\partial^2 h}{\partial x^2}$$

式中：K 为搬运系数；h 为地形高度；x 为水平位置。

已知地形的形态，利用该关系式可确定侵蚀和沉积过程，并可计算 x 轴上每一点沉积负载的变化。当$\frac{\partial^2 h}{\partial x^2}$为负时，发生侵蚀作用，当$\frac{\partial^2 h}{\partial x^2}$为正时，则发生沉积作用。因此，负载量为由侵蚀和沉积作用增加、减少的量加上同期的逆冲岩席的负载量，即

$$q(x) = \left(\frac{\partial h}{\partial t} + \frac{\partial T}{\partial t}\right) g\rho \tag{14.16}$$

式中：ρ 为负载的密度。在逆冲过程中，由于褶皱-冲断带不断向盆地方向推进，其推进速度也影响盆地几何形态和沉积充填。可见，弹性流变挠曲模型主要由 4 个参数确定，即岩石圈有效弹性厚度（T_e）或挠曲刚度（D）、搬运系数（K）、坡角、褶皱-冲断带推进速度。

Flemings 等（1990）用弹性流变模式模拟了岩石圈随负载作用而发生的变形、盆地沉降和沉积演化，解释了北美落基山前陆盆地沉积和构造演化（图 14.15）。他们把前陆盆地的构造演化概括为，前陆褶皱-冲断带的冲断→平静→新冲断→新平静的交替过程。这

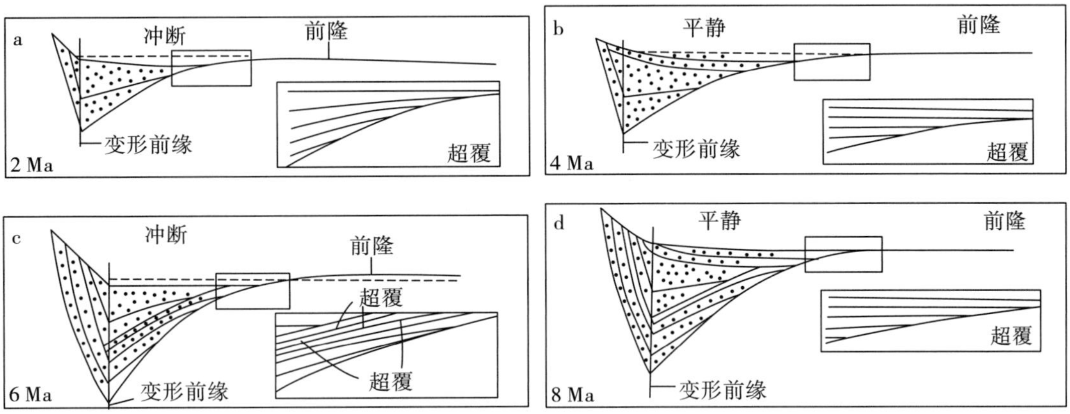

图 14.15　前陆盆地在 8 Ma 期间的地层演化（以 2 Ma 为间隔）

（据 Flemings et al.，1990）

黑点表示盆地边缘相。盆地右边为放大图（见小方块图），说明超覆和削截关系（垂向夸大约 10 倍）；左边受断裂诱发褶皱牵引导致地层上升和变形（在第二次冲断期变形前缘迁移 20 km）

一构造过程直接控制了前陆盆地的形成与演化。他们认为通过前陆盆地沉积记录和沉积体分布可以确定冲断运动的时间和解释岩石圈弹性流变。

在逆冲变形时期，盆地中等时地层界面向逆冲断层发散，形成楔状沉积体。在平静期，造山带继续遭受侵蚀，因均衡补偿，导致弹性抬升。盆地内靠近逆冲断层不存在逆冲诱导的沉降，因此，在逆冲带上沉积物的堆积量较少，并且在其底部出现不整合面。该期沉积的地层体的整体形态为透镜状。Flemings 的模式为前陆盆地沉积充填的成因提供了又一种定量解释，并通过沉积体内部结构分析可确定逆冲作用的活动期。

14.5.2 弹性流变挠曲模型的实例

Sincliar 等（1991）认为北阿尔卑斯前陆盆地是岩石圈在负载作用下弹性流变挠曲形成的。该盆地充填序列可划分为 5 个地层单元，并显示为两个向上变浅的构造沉积旋回，即 A、B。它们分别代表了盆地以深海-浅海-陆相的演化过程。两者之间为不整合接触关系。Sincliar 等用岩石圈线弹性流变挠曲模型模拟了该盆地的沉积充填演化（图 14.16）。根据地质作用过程分析，确定岩石圈有效弹性厚度和搬运系数分别为 7.5 km 和 500 m^2/a。在盆地演化的早期，即旋回 A（39～24 Ma），确定逆冲楔推进速度为 2 mm/a，地形坡度为 2.5°。模拟结果表明，旋回 A 的最初阶段，盆地饥饿，盆地宽度 40～50 km。随着盆地发展，旋回 A 末期，地层上超的速度超过逆冲楔的推进速度，导致盆地加宽至最大，为 100 km。它们分别代表了饥饿充填的复理石阶段向过饱和充填的磨拉石阶段（图 14.16a）。盆地充填扩大了沉积负载，从而导致前缘隆起向外迁移。为了模拟由于逆冲楔状体逆冲作用导致旋回 A 顶部的不整合以及前缘隆起向盆地方向的迁移，逆冲楔推进速度减至 0.2 mm/a，楔状体坡度提高为 4°。在逆冲作用之后（约 2 Ma 年后），逆冲速度仍增加到 2 mm/a。模拟结果表明，在初始 2 Ma 年期间，由于逆冲速度降低，逆冲楔加厚，靠近逆冲前缘沉降，形成浅海沉积环境（B2）（图 14.16b），前缘隆起向盆地方向迁移，下伏地层上升，侵蚀形成不整合面。随后，恢复逆冲速度为 2 mm/a，盆地沉积充填，恢复大陆沉积环境，地层稳态上超于下伏地层之上。可见，Sinclair 等的弹性流变挠曲模式认为，盆地前缘隆起的位移、不整合面的形成及盆地过饱和或饥饿充填乃至盆地沉积环境等均与 4 个模拟参数有关，并且在整个盆地演化过程中逆冲作用连续

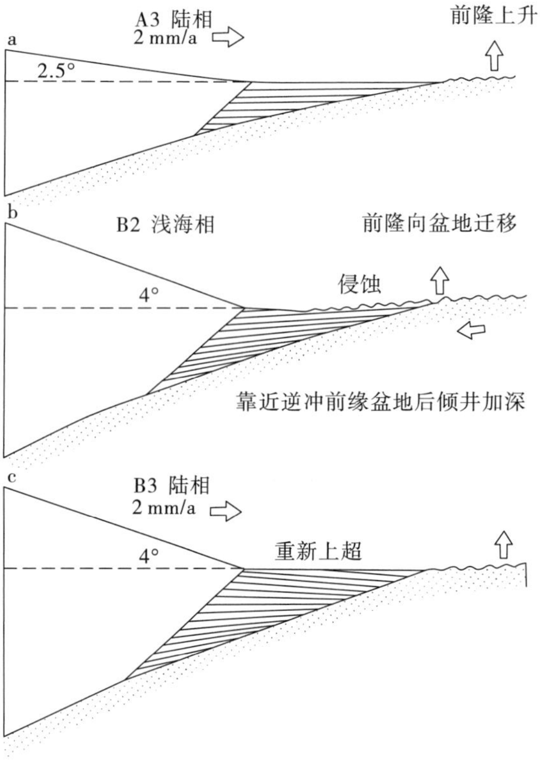

图 14.16　北阿尔卑斯前陆盆地模拟结果简图
（据 Sinclair et al.，1991）

进行，仅逆冲楔推进速度、厚度和地表坡度有所变化。

Stockmal 等（1986）通过对加拿大科迪勒拉造山带和其前缘前陆盆地研究，认为该地区经历了从裂谷到被动大陆边缘，从板块碰撞到逆冲的作用过程。逆冲楔推覆于早期伸展形成的洋壳之上，从而在其前缘形成前陆盆地。他们用二维不均一的弹性模型，分 9 个阶段对造山带和盆地的演化过程进行了模拟，在模拟中将逆冲带作为单侧临界锥体，并且只考虑锥体的总体形态变化。

李勇等（2003）曾采用一维弹性挠曲模式，模拟了幕式构造负载加载于初始弹性板片之上所产生的挠曲沉降（图 14.17），采用冲断楔的推进速率、冲断楔的表面坡度、沉积物搬运系数、弹性厚度（T_e）和挠曲波长等参数对龙门山前陆盆地与逆冲作用进行模拟，揭示了晚三叠世龙门山前陆盆地的形成机制为构造负载驱动的挠曲沉降。挠曲盆地挠曲刚度为 $5\times10^{23}\sim5\times10^{24}$ N·m（相当的弹性地层厚度为 43~55 km）；龙门山造山楔向扬子克拉通推进速率为 5~15 mm/a。李勇等（2011，2012）又标定了前缘隆起迁移速率、底部不整合面迁移速率、缓坡型碳酸盐滩和海绵礁迁移速率，奠定了利用前陆盆地远端的沉积记录推定造山楔推进速率的思路和方法。

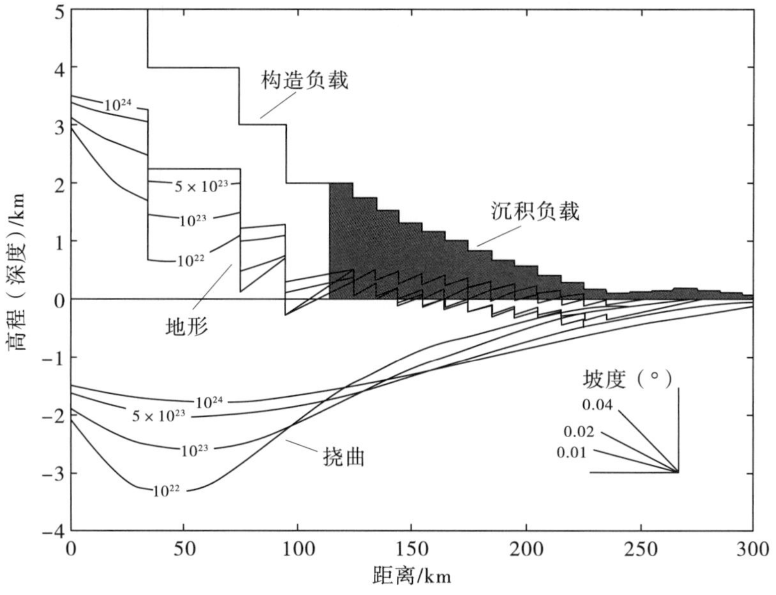

图 14.17 晚三叠世龙门山前陆盆地的弹性挠曲模型

（据 Li et al.，2003）

根据模式预测与观察的地层结构之间的拟合和匹配，扬子板块显示为刚性板块，抗弯刚度为 43~54 km 的弹性厚度；卡尼期（227~220 Ma），初始造山负载系统快速（>15 mm/a）向扬子板块推进，并伴随着松潘-甘孜洋的关闭；诺利期-瑞替期（220~206 Ma），造山负载系统推进速度下降为<5 mm/a

14.5.3 弹性挠曲模型的参数

Sinclair 等（1992）应用弹性岩石圈模型测试了造山带剥蚀搬运系数（造山带沉积物供应速率）、盆地内沉积物搬运系数（沉积物在盆地内分散的有效性）、岩石圈挠曲刚度及造山带逆冲速率 4 个参数与前陆盆地演化的关系（图 14.18）。

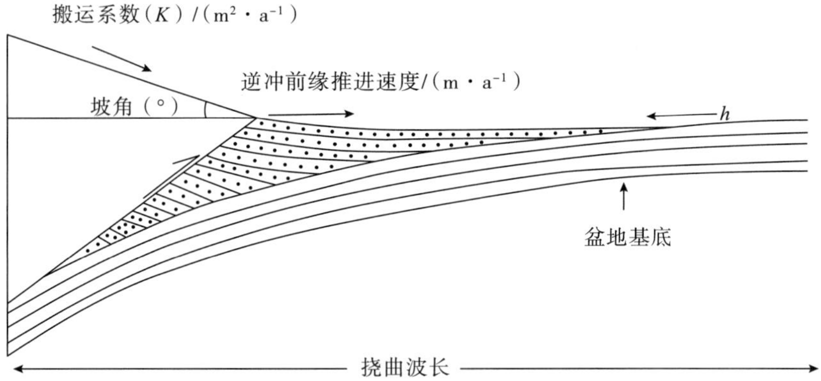

图 14.18　前陆盆地的数字模拟

（据 Sinclair et al.，1992）

采用了冲断楔形体推进速率、冲断体表面坡度、沉积物搬运系数、弹性厚度（T_e）和挠曲波长等参数对前陆盆地成因机制和前陆盆地地层格架进行的数字模拟

将其他 3 个参数设为不变值，通过改变第 4 个参数的大小，反映这个参数与盆地充填的关系。模拟结果表明：①搬运系数控制了沉积的扩散，当 K 很低时，沉积物搬运受阻，盆地饥饿。K 增大，地层在盆地远端上超。若逆冲楔状体的地形坡度不变，随着 K 增大，增加了沉积物注入量，从而增大了盆地体积。随着造山带剥蚀搬运系数的增大，盆地储集更多的沉积物，前陆盆地的体积会变大；高的沉积物搬运系数反映造山带被剥蚀的物质可以顺利地分散到盆地其他部位，因此高的沉积物搬运系数会形成宽的盆地，冲积扇会从造山带一直覆盖过前缘隆起。②有效弹性厚度（T_e）控制了岩石圈补偿宽度，厚度小，沉积物靠近物源分布，沉积于狭窄的深盆之中。厚度加大，盆地加宽变浅。低的岩石圈强度形成一个宽而浅的盆地，高的岩石圈强度形成一个宽而深的盆地。③逆冲楔状体的地形坡度定义了楔状体物质增加的速度，即褶皱冲断负荷增加的速度，它控制了盆地沉降的深度。同时由于沉积物搬运取决于坡度，坡度增大将增加沉积物注入盆地的速度，由于较低的造山带逆冲速率使得盆地的沉降空间很快被造山带提供的沉积物充填，因此低的逆冲速率形成宽而深的盆地，而且有利于在盆地内老地层的保存，而高的逆冲速率会导致盆地不断抬升和剥蚀，从而形成的盆地浅而窄，盆地内的地层也非常新。但是，盆地远端地层界线保持不变，说明盆地沉降空间与沉积物充填空间保持常量的比例关系。逆冲楔推进速度影响盆地几何形态。若逆冲楔快速推进，在其前缘形成饥饿盆地，其效果与低搬运系数相似。反之，则形成过饱和沉积盆地。

这些模拟是建立在一个假设之上，即造山带是按均匀速度向盆地内推进。这个假设简单化了造山带的逆冲方式，从而不可能真正反映幕式逆冲作用产生的随时间变化的造山带负载。而且，在实际情况下，前陆盆地和造山带的关系非常复杂，盆地的地层充填形态不可能简单地受某一个因素控制。但是，通过这些模拟实验，让我们有了一个认识，即造山带的剥蚀作用、盆地内的沉积作用以及造山带的逆冲速率会明显地影响盆地的几何形态。

14.6 前陆盆地挠曲作用的黏弹性流变模式

14.6.1 原理

Beaumont 等（1981）、Quinlan 等（1984）用黏弹性流变模型证明了岩石圈应力松弛是造山时期内相和前缘隆起的迁移的主要控制因素，并推断盆地波长的变化记录了地壳周期变形与岩石圈松弛之间相互作用（图 14.18，图 14.19）。认为大陆地壳并非是一个弹性的板块，而与黏弹性模型更加接近。对于弹性模型，当负载的大小保持不变时，挠曲变形的形态也保持不变。而对于黏弹性模型，即使负载的大小保持不变，随着时间的推移，发生了挠曲变形的岩石圈板块也会产生应力松弛（relaxation），导致挠曲凹陷（盆地）进一步加深，前缘隆起进一步抬升并向负载方向迁移。

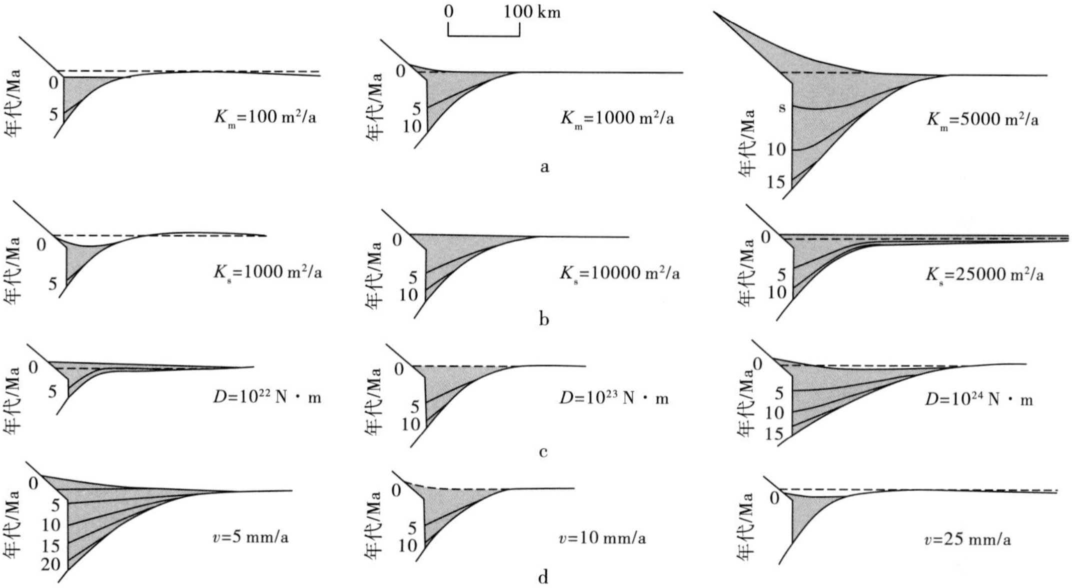

图 14.19 4 个参数对前陆盆地几何形态的影响
（据 Flemings et al.，1989）

在恒态下，4 个参数分别为：剥蚀搬运系数 K_m = 1000 m²/a；盆地内沉积物搬运系数 K_s = 5000 m²/a；岩石圈挠曲刚度 $D = 10^{23}$ N · m；逆冲速率 v = 10 mm/a。每一次测试，其他 3 个参数不变，通过改变第 4 个参数的大小，反映其与盆地充填的关系。图中标出了每个盆地每 5 Ma 的时间线。a—剥蚀搬运系数（K_m）的变化对盆地几何形态的影响；b—盆地内沉积物搬运系数（K_s）的变化对盆地几何形态的影响；c—挠曲刚度（D）的变化对盆地几何形态的影响；d—逆冲速率（v）的变化对盆地几何形态的影响

黏弹性流变挠曲模型主要有两种类型，包括均匀黏弹性模型（岩石圈具有相同黏度）、与温度有关的黏弹性模型（岩石圈黏度随温度降低呈指数增加）。两者均强调岩石圈对负载的初始响应为弹性，但是，当负载不变时，岩石圈应力松弛，并且继续发生黏弹性变形。而弹性岩石圈不发生应力松弛，在负载作用下岩石圈的弹性变形保持不变。在均匀黏弹性模式中，整个岩石圈发生黏弹性流变，最终达到 Airy 均衡状态。

而在与温度有关的黏弹性模型中，黏弹性流变最初发生于热的、低黏度的下部岩石圈，然后逐渐向上扩展到冷的、具较高黏度的岩石圈。而上部岩石圈温度低黏度大，在整个地球发展时期都不会发生流动，保持了非静力弯曲状态。可见，与温度有关的黏弹性模式具有明显的优点，符合于地质实际。该模式定义岩石圈黏度为地温和蠕变活化能的函数，即

$$\eta(z) = \eta e^{\frac{Q}{R}\left[\frac{1}{T(z)}-\frac{1}{T_0}\right]} \tag{14.17}$$

式中：η（z）为深度 z 的黏度；η 为岩石圈底部的黏度；Q 为蠕变活化能；T_0 为岩石圈底部的温度；R 为自由空气常数。η 一般为 10^{21} Pa·s，该值是由 Peilter（1980）根据后冰期回跳研究获得。T_0 定义为 1350 ℃。发生黏弹性行为的地段位于岩石圈的底部（即 1350 ℃等温线部位）与有效弹性层底部之间，其实际范围取决于 T（z）、Q 和时间尺度。由于岩石圈底部黏弹性蠕变和应力松弛，岩石圈有效弹性厚度（T_e）减小，从而导致挠曲刚度降低。

Quilan 等（1984）提出的岩石圈挠曲响应（图 14.20 至图 14.21）。岩石圈初始加载立即产生弹性挠曲变形（曲线 1），随后，由于岩石圈下部黏弹性层的应力松弛、蠕变，使得岩石圈有效弹性厚度变薄，盆地加深、变窄，在前缘隆起上升、侵蚀并向负载方向迁移（曲线 2），这种作用由于上部变薄的弹性岩石圈高黏度受到阻碍，以至最终变形类似于变薄的弹性岩石圈的变形（曲线 3）。这种挠曲响应，即由负载作用导致的沉降、上升，是相对负载的距离及负载作用时间的函数。同时，该模型注意到侵蚀作用对岩石圈挠曲变形的影响。侵蚀卸载产生的挠曲响应与负载产生的响应呈镜像关系。由于在第三阶段保留在海平面以上的部分负载被侵蚀，盆地充填沉积物表面将发生回跳（曲线 4）。随后，岩石圈将发生应力松弛，临近卸载处的表面继续上升（曲线 5 和 6）。“前缘隆起”处反向下沉，并且向负载方向迁移，这种褶皱-冲断带卸载作用导致形成地层不整合面。可见，该模型的力学基础仍为弹性薄板的挠曲，只是在松弛阶段考虑了岩石圈随温度变化而发生的黏弹性流变，从而导致岩石圈有效弹性厚度变薄。

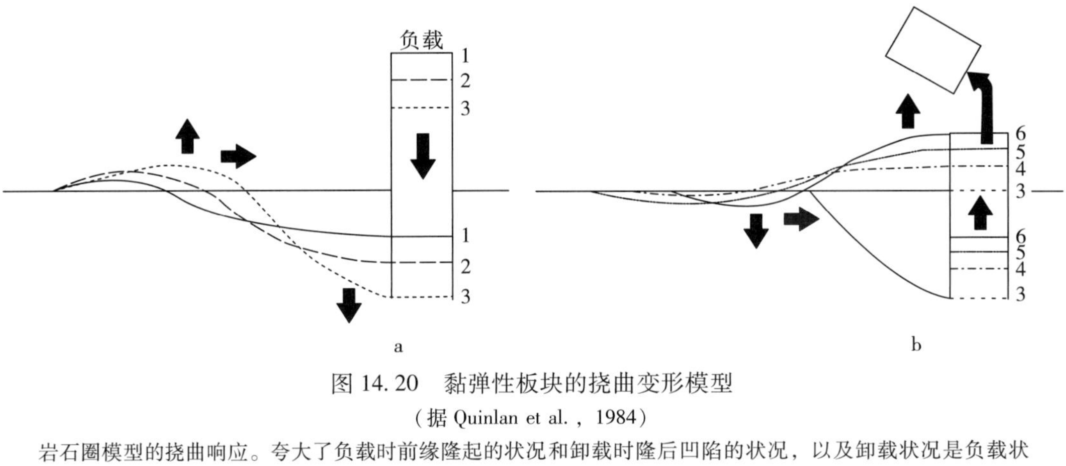

图 14.20 黏弹性板块的挠曲变形模型

（据 Quinlan et al.，1984）

岩石圈模型的挠曲响应。夸大了负载时前缘隆起的状况和卸载时隆后凹陷的状况，以及卸载状况是负载状况的反转。a—加载作用，初始响应（曲线 1）基本上为弹性的，当负载长时间固定不变时，岩石圈在深部流动使板块弯曲并发生应力松弛，产生又深又窄的前渊，所以黏弹性松弛导致前缘隆起渐进上升以及向负载方向迁移（曲线 2 和 3）；b—卸载作用

14.6.2 黏弹性流变模式的实例

Beaumont（1981，1988）采用具有均一黏度的黏弹性模型模拟了加拿大西艾伯塔中生代前陆盆地的沉降机制。模拟假设条件是：①岩石圈的下弯是俯冲和仰冲作用所造成的弯曲应力和对核心带与前陆褶皱-冲断带叠覆负载的均衡效应（图 14.22a）；②促使岩石圈下沉的弯曲应力可以忽略（图 14.22b）；③图 14.22c 表示的挠曲机制与图 14.22b 相同，但是下伏板块是连续地横穿造山带至俯冲邻近地区的，在图 14.22b 中造山带之下的掩冲板块被认为是脱耦的；④大陆碰撞时挤压破碎带，板块挤在一起造成下弯岩石圈构造加厚（图 14.22d）。

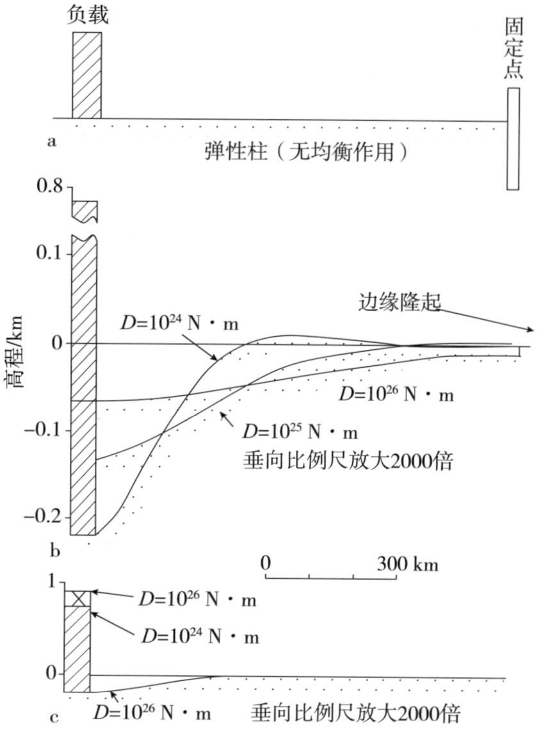

图 14.21 前陆盆地挠曲模拟的黏弹性模式
（据 Beaumont et al.，1988）

具体方法是假定变形前初始表面是水平的，称之为沉积底线。与褶皱-冲断带负载相对应的构造负载以格子形式表示，称之为构造负载，以区别盆地内沉积物形成的沉积负载。沉积负载是促使岩石圈弯曲下沉的次一级因素。这样求出第一阶段的沉降量后，假定盆地为沉积物快速填满，前缘隆起也被剥蚀，即可求第二次构造侵位后盆地的沉降，以此类推，即可求出前陆盆地演化过程中的沉降量（图 14.22）。

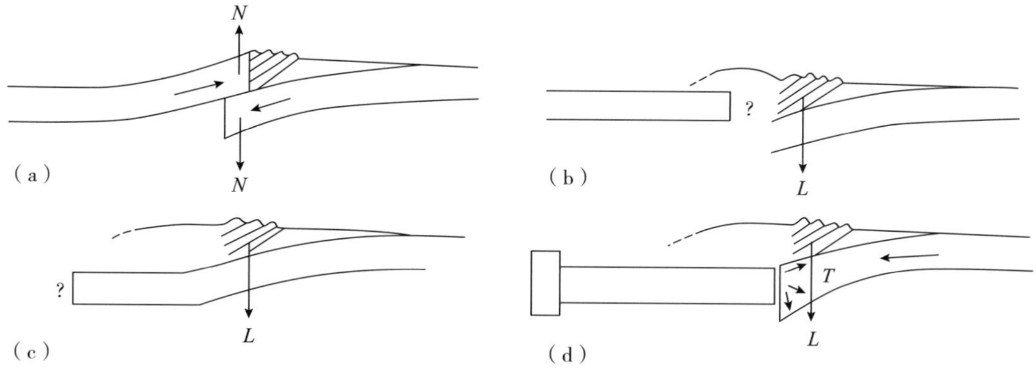

图 14.22 前陆盆地挠曲的黏弹性模型图
（据 Beaumont，1981）
N—弯曲应力；*L*—构造负载；*T*—挤压造成的构造加厚

Beaumont（1981）利用黏弹性模型，重现了目前观察到的盆地地层和科迪勒拉山脉地貌的主要特征。他认为在某些方面不符合实际，这是因为岩石圈流变学取决于温度、压力和成分。后来，他将具有均一黏度的黏弹性模型修改为随温度变化的非均一黏度的黏弹性模型。

Tankard（1986）将前陆盆地的黏弹性流变形的过程分为3个阶段（图14.23），分别为挠曲变形阶段→黏弹性变形阶段→新的挠曲变形阶段，并解释了阿巴拉契亚前陆盆地与科迪勒拉前陆盆地的构造沉积演化过程。第一阶段为挠曲变形阶段：岩石圈最初对逆冲负载的响应是弹性的，与任何假定的与时间相关的流变特性无关。这种弹性响应导致形成毗邻负载处的挠曲盆地及沿盆地克拉通边缘处的前缘隆起。当逆冲负载不变时，岩石圈发生黏弹性流变，从而使前陆盆地演化进入第二阶段，即黏弹性流变阶段。黏弹性流变导致盆地加深，并伴随前缘隆起上拱，向构造负载方向迁移。新的逆冲岩席的侵位可以导致最初的弹性挠曲响应，并叠加于早期黏弹性流变模型之上，这是前陆盆地演化的第三阶段，即新的挠曲变形阶段。由逆冲负载诱导的岩石圈黏弹性流变变形导致沉积充填特征的变化。在流变过程中，与逆冲岩席的水平迁移距离相比，虽然前缘隆起在垂向上的上升幅度很小，但是仅几米的上升就可以导致在浪基面以上的席状泥质沉积物发生再沉积作用，导致泥质迁移，沙质富集，形成沙脊和不整合面。在前缘隆起上拱的同时，盆地沉降可以导致更多的偏泥的沉积物。因此保留在地层中的沙脊既是岩石圈改变挠曲特征而产生黏弹性流变的标志，又是逆冲作用期次的标志。

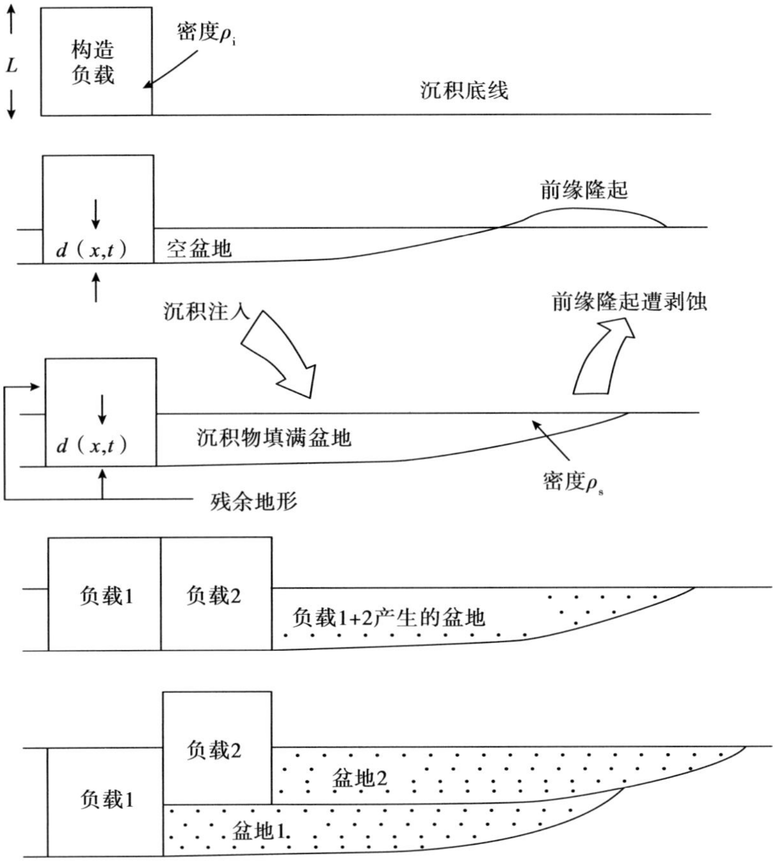

图14.23　挠曲模型单元图

（据Tankard，1986）

示构造负载诱发的前渊，其为沉积物充填形成的前陆盆地。ρ_i—构造负载密度；ρ_s—沉积物密度；$d(x, t)$—板块表面相对于底线的向下位移，表示为原空间位置和时间的函数

14.7 黏弹性挠曲模型与弹性挠曲模型的差异性

造山带逆冲作用、岩石圈流变和盆地沉积响应是进行前陆盆地演化分析的3个基本参数，并且盆地地层记录了岩石圈流变过程和褶皱-冲断带的构造活动历史。在此基础上进行模拟计算，既可再现前陆盆地的形成过程，又可检验所确定的褶皱-冲断带和盆地诸方面参数的正确与否。岩石圈弹性和黏弹性流变挠曲模型充分说明了褶皱-冲断带逆冲变形及岩石圈流变特征控制了前陆盆地沉降和沉积。尽管流变特性的差异，但是岩石圈对负载响应的初始行为是一致的。褶皱-冲断带压缩加厚导致岩石圈挠曲和均衡破坏，从而以邻近褶皱-冲断带处不对称沉降得以补偿。因此，反过来，从盆地的沉积地层研究入手，可间接地推断或者确定褶皱-冲断带逆冲变形历史和岩石圈流变过程（图 14.24，图 14.25）。黏弹性挠曲模型与弹性挠曲模型具有不同点，包括：

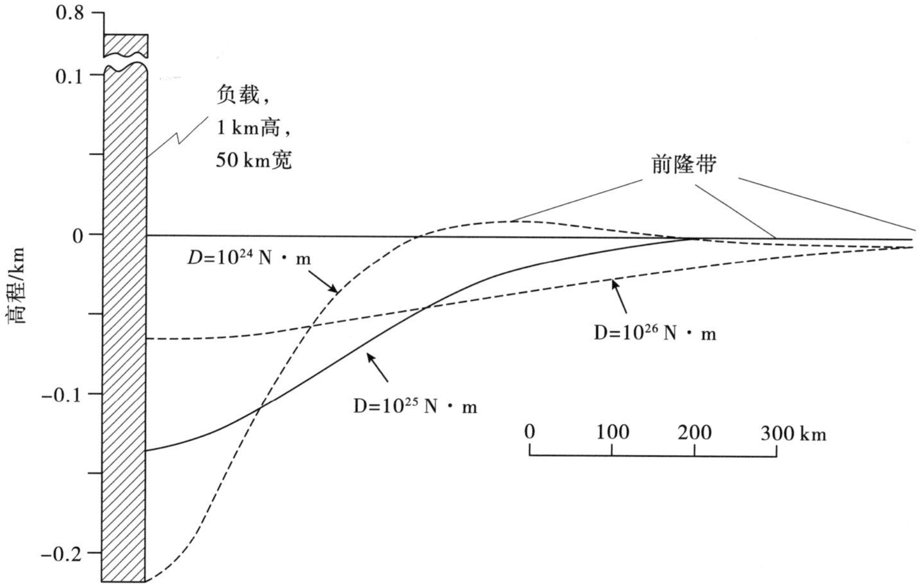

图 14.24　在弹性岩石圈上形成的前陆盆地及几何形态

（据 Beaumont，1981）

在1 km高、50 km宽、密度是2400 kg/m^{3}的负载作用下，

3条曲线反映了不同挠曲刚度的基底发生的不同变形

1）前陆盆地模拟的理论模型主要有如下几种：根据岩石圈力学性质的差异，分为弹性挠曲模型和黏弹性挠曲模型两大类；根据岩石圈的连续性和均一性，可分为连续岩石圈挠曲模型和中间破裂岩石圈挠曲模型、均匀岩石圈挠曲模型和非均匀岩石圈挠曲模型；根据造山带结构特征不同，可分为单侧锥体模型和双侧锥体模型；根据板内应力作用与否，可分为垂向负载模型和垂向与横向负载相结合模型。由于模型的复杂性和多样性，因此，在模拟中应根据地质实际进行选用和修改。关于双侧造山带两侧前陆盆地发育的不对称性，前人在分析成因时更多地考虑了两侧逆冲带在岩性和构造

上的差异性及其影响，而忽略了两侧逆冲带在气候方面的差异对盆地发育的控制，这是以后须注意的。

2）弹性模型是当弹性岩石圈上加载负荷时，其挠曲刚度和岩石圈厚度的变化仅仅取决于负载的热年龄；黏弹性模型是在加载后随着负载的增加，岩石圈逐渐变得柔软，由于黏性应力的松弛作用，挠曲刚度和弹性厚度迅速减小。因此它们的挠曲度取决于其上加负载的时间。

3）热弹性模型可以解释挠曲与热史之间的关系，黏弹性模型能够解释岩石圈挠曲刚度随加载作用时间而变化的关系。

4）如果岩石圈是有效弹性板片，那么前陆盆地将保持挠曲形状一直到地表负载的改变。如果是地表负载产生的弯曲和应力松弛，那么即使在负载大小保持不变的情况下，其挠曲形状也会随着时间而改变，即当应力松弛时，邻近挠曲下降地区的前缘隆起会朝向地表负载处移动，盆地加深和变窄。这种移动可以使前陆盆地边缘较早的沉积物上升和侵蚀。因此，原则上在盆地远端边界处的侵蚀形式可以被用来确定岩石圈负载应力松弛和松弛发生的时间。

5）岩石圈在负载作用下的长期行为是不同的，黏弹性流变模式与弹性流变模式具有不同的前陆盆地演化模式。在黏弹性流变模式中，黏弹性岩石圈在负载不变的情况下应力松弛，挠曲刚度减小，从而形成深度大、宽度窄的前渊，并且前缘隆起上升，向盆地方向迁移。在冲断负载期间（岩石圈假定为刚性），盆地宽而浅，冲断带与前缘隆起之间的距离较大；在平静期，岩石圈松弛导致邻近逆冲断裂处发生沉降，前缘隆起向逆冲断裂迁移，盆地变窄。因此，发育于黏弹性岩石圈之中的前陆盆地，在一次逆冲负载作用下往往形成早期细粒的深水沉积，中期偏泥质的超深水沉积，晚期粗粒的浅水或陆上沉积。在弹性流变模式中，变形开始时，盆地变窄，前缘隆起和沉积相带向逆冲断裂迁移；变形停止后，盆地变宽，前缘隆起和沉积相带向远离逆冲断裂方向迁移。对于弹性岩石圈，若逆冲负载作用停止，前渊不发生挠曲沉降。以上的这种盆地沉降史的差异，必将导致沉积充填序列的不同。发育于弹性岩石圈之中的前陆盆地，在一次逆冲负载作用下往往对应产生向上变粗的构造层序，从早期的深水沉积演化为晚期的浅海或陆相沉积。

6）Tankard（1986）根据阿巴拉契亚山和落基山前陆盆地的地质资料评述了黏弹性流变模式与弹性流变模式适用于大陆岩石圈挠曲作用的情况（图 14.25）。他认为无论是弹性岩石圈模型还是黏弹性模型都可以令人满意地解释沉降时的盆地形态。但是，在更小范围内（如沉积体系），黏弹性模型似乎能够更好地对盆地几何形态和地层做出解释。如果是岩石圈对负载的响应完全是弹性的，那么前缘隆起的高度将与负载量大小成正比，当负载作用最大时，前缘隆起的高度最高，粗碎屑前积穿过盆地，将其充填至基准线。当造山带地形负载由于侵蚀作用降低和沉积物从该区被移走时，前缘隆起的高度将会降低；黏弹性模型则不同，其演化可分两个阶段，开始岩石圈对冲断席负载作用的响应呈弹性挠曲，而后弯曲应力松弛造成盆地加深和隆起上升。松弛盆地的特征是细粒沉积物，甚至是饥饿盆地，前缘隆起加高并遭受再加工改造。

此外，在研究中还应当注意以下问题：①如果板块之间相互碰撞产生的弯曲应力和俯冲岩石圈的构造加厚是客观存在的，它们会对盆地的形成产生影响，而且板块相互

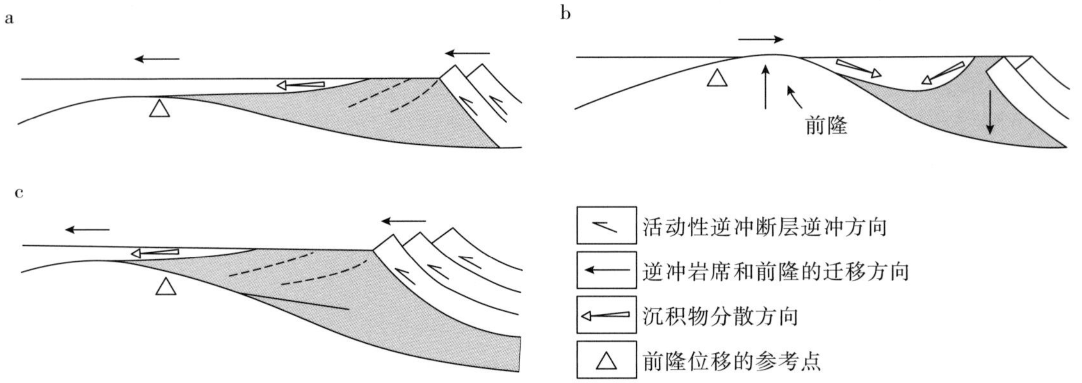

图 14.25　前陆盆地黏弹性模型的挠曲变形示意图

（据 Tankard，1986）

前渊下沉和前缘隆升是对构造负载的响应。a—挠曲变形阶段，岩石圈对初始负载的弹性响应；b—黏弹性流变阶段，当推覆体负载的位置长期保持不变时，岩石圈的黏弹性调整会导致盆地加深，前缘隆起相应隆升并向负载方向迁移，导致前渊变窄，浅滩化导致对前缘隆起脊的改造和不整合面的发育；c—新的挠曲变形阶段，随着复活的推覆体的侵蚀，岩石圈产生弹性响应，前缘隆起受到抑制，并迫使前缘隆起迁移至前缘负载的前面

作用产生的横穿整个造山带的水平应力也会影响盆地的形态。②在目前提出的前陆盆地的流变学模型中很少考虑褶皱-冲断带在逆冲作用过程中对前陆盆地水平挤压（P）的影响，而只是强调褶皱-冲断带对岩石圈的垂向负载作用的影响。由于水平挤压力可以减弱被挠曲的板块的挠曲刚度，因而只考虑垂直负载的作用会得出比实际岩石圈要小的挠曲刚度。这样在某种程度上歪曲了大陆岩石圈固有的力学性质。③在前陆盆地边缘的造山楔是渐进逆冲的，这在两个方面影响到前陆盆地沉降中心的迁移。其一，渐进逆冲的造山楔相当于渐进增加的负载力；其二，渐进逆冲的造山楔相当于负载渐进地向前陆地区位移。造山楔顶部的剥蚀和前陆盆地的沉积是影响前陆盆地沉降中心迁移的另一个因素。造山楔的剥蚀使负载质量减小，而盆地沉积物的增加又使施加在盆地地壳上的负载增加。当新的逆冲断片增加和每个新的逆冲断片向前移动时，都会引起前陆地壳的弹性挠曲响应，所形成的前渊、前缘隆起会向克拉通方向迁移，随着时间的推移，充填在前渊中的沉积物的负载作用会引起进一步的挠曲变形，黏弹性地壳的应力松弛又会使前缘隆起向前渊滚动。这个过程会反复发生。由于负载质量和位置的变化使前陆盆地的沉降中心不断调整，最为敏感的反应是前陆盆地中前缘隆起部分的滚动，并引起地层的超覆和剥蚀，使得前渊向克拉通方向迁移。④前陆盆地的演化与造山带的演化有密切关系。造山带收缩作用增强，会使造山楔的坡度和质量增大，从而使前陆挠曲度增大，前陆盆地则变得窄而深，使前缘隆起向造山带方向迁移。反之，造山带收缩作用减小而剥蚀作用使造山楔的坡度和质量减小，则前陆盆地变得宽而浅，前缘隆起向前陆方向迁移。前陆盆地边缘的逆冲断层发育的总趋势是向前陆地区扩展，早期的前陆盆地基底可能随着 A 型俯冲的继续而发育成为逆冲楔，使早期相对简单的前陆盆地演化为晚期结构复杂的前陆盆地，前渊与背驮盆地可以连接在一起，并使得前渊向前陆方向迁移。⑤由于大陆岩石圈构造的复杂性，不同地区岩石圈的流

变性质可能不同，或者表现为弹性，或者表现为黏弹性。在不同的地质背景下，不同的地质历史时期，大陆岩石圈的力学性质不同，但是，在满足一定的精度条件下这并不影响用较简化的力学模型去模拟复杂的盆地演化过程。岩石圈有效弹性厚度（T_e）影响前陆盆地沉降和充填。如何准确确定盆地形成时的岩石圈有效弹性厚度及其变化，对了解盆地形成机制及进行盆地模拟是极其重要的。

第 15 章　前陆盆地的地层模型

前陆盆地的沉降过程是前陆地区岩石圈对造山带负载的挠曲响应。前陆盆地的演化史就是岩石圈的挠曲变形史。前陆盆地的沉降、构造形变，沉积旋回以及隆升剥蚀都直接受到造山带的控制，并受控于冲断作用所形成的构造加载数量、期次及向克拉通方向的迁移速率和幅度。

在前人研究成果的基础上，本章对前陆盆地地层模型的研究进展进行了归纳和总结，包括前陆盆地地层模型的研究现状、前陆盆地的连续形成和波浪式发展模型、前陆盆地的稳态发展模型、逆冲楔临界角模型与幕式逆冲的地层模型、欠补偿-过补偿前陆盆地的地层模型、前陆盆地的拆离变形模型、前陆盆地的平面动力模型、弧后前陆盆地的动力沉降模型、板内应力与陆内前陆盆地沉降模型、前陆盆地系统的地层模型、前陆盆地形成演化的主控因素共 11 个方面的内容。这些研究成果表明，随着前陆盆地研究的不断深入，人们越来越注意到构造和沉积两者间的联系性和统一性，因而前陆盆地地层模型分析成为前陆盆地分析的基本内容。前陆盆地的弯曲下沉主要与造山带的逆冲构造负载和前陆盆地的沉积负载有关。造山带每次挤压逆冲作用均导致相应的前缘沉降及沉积充填，造山带的逆冲动力控制了前陆盆地的沉积响应。由于前陆盆地岩石圈习性、构造环境、沉积环境等方面的差异，导致不同的前陆盆地的构造-沉积演化和地层模型具有不同的特征。

15.1　前陆盆地地层模型的研究现状

由于许多前陆盆地储集了丰富的油气资源，所以，多年来，地质学家一直在寻找合适的地层模型来描述前陆盆地的地层充填特征，从而更清楚地了解盆地的演化历史，合理地预测有利的油气储集层发育区。前陆盆地内地层的充填特征与盆地沉降的控制因素密切相关（图 15.1）。前陆盆地的沉降机理、全球海平面变化、造山构造负载、侵蚀与沉积作用、动力地形（dynamic topography）、俯冲负载（subduction load）及板内应力（intraplate stress）等因素均对盆地地层模型有控制作用。

目前多数研究者将前陆盆地演化模式划分为两个阶段，分别为复理石盆地（flysch）-磨拉石盆地（molasse）（Suess，1883）、欠补偿前陆盆地（underfilled）-过补偿前陆盆地（overfilled）（Allen et al.，1986）、楔状（wedge shaped）前陆盆地-板状前陆盆地（tabular）（Burbank，1992）；Allen 等（1986）用造山楔推进速率变化来解释两个演化阶段的动力机制；Burbank（1992）用造山楔构造负载与剥蚀卸载来解释两个演化阶段的动力机制。

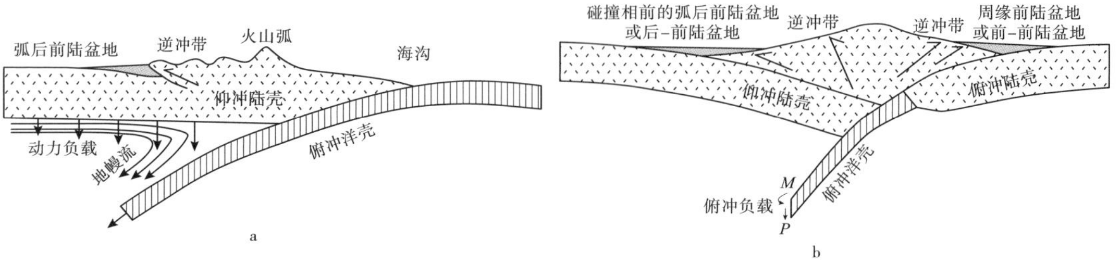

图 15.1　板块构造演化与前陆盆地的形成

（据 Allen et al.，2005）

a—俯冲带与弧后前陆盆地的关系，显示了冷的下降的地幔流造成的动力负载；b—陆-陆碰撞与周缘前陆盆地（前-前陆盆地）及碰撞相关的弧后前陆盆地（后-前陆盆地）的关系，显示了在周缘前陆盆地形成早期由于洋壳俯冲产生的俯冲负载，包括弯曲力矩（*M*）和垂向剪切力（*P*）

15.2　前陆盆地的连续形成和波浪式发展的地层模型

根据由逆冲岩席的迁移所引起的均衡反应，Price（1973）提出了前渊的连续形成和推移发展的概念。在此基础上，Gretener（1979）从造山带逆冲作用提出了前陆盆地连续形成和波浪式发展模式，并认为：①前陆盆地的弯曲下沉主要与造山带的逆冲构造负载有关，逆冲构造负载不仅造成持续的异常压力带，而且也引起地壳的均衡反应；②随着逆冲推覆体向前的推进和扩展，构造负载也将随之向前推移；③地壳对地面负载的增加和减少具敏感的反应，表现为均衡沉降和隆起，而且这种反应在地质上是瞬时的，并具间歇性发展的特点。

15.3　前陆盆地稳态发展地层模型

中国台湾岛是亚洲大陆与吕宋火山弧碰撞位置上的一个活动造山带（图 15.2，图 15.3）。台湾造山带的发育使周围地壳挠曲，并在其西部的克拉通边缘形成一个前陆盆地。

中国台湾地区板块汇聚的速率大约为 70 km/Ma。导致了 160 km 的横向缩短，强烈的地震活动证实形变仍在继续。构造上升速率（据珊瑚礁的测年数据确定）平均为 5.0±0.7 mm/a。实测的剥蚀速率约为 5.5 mm/a。中国台湾的弧-陆碰撞正在斜向地发生。中国大陆被动边缘的北东-南西走向与吕宋火山弧的南北走向呈高角度交切关系。因此，造山作用在台湾以南刚刚开始，而在台湾北部从 4 Ma 前就已开始了。

台湾西部前陆盆地长约 400 km，宽约 100 km。盆地内的沉积物发育于中国大陆被动边缘沉积之上。从被动边缘沉积向前陆盆地沉积转变的标志包括：①古流向由向东变为向西；②首次出现的板岩碎屑来自台湾造山带；③首次出现的再沉积的钙质超微浮游生物也来自台湾造山带。在盆地北部，这个转变发生在约 4 Ma 前，堆积了 4~5 km 厚的沉积物。

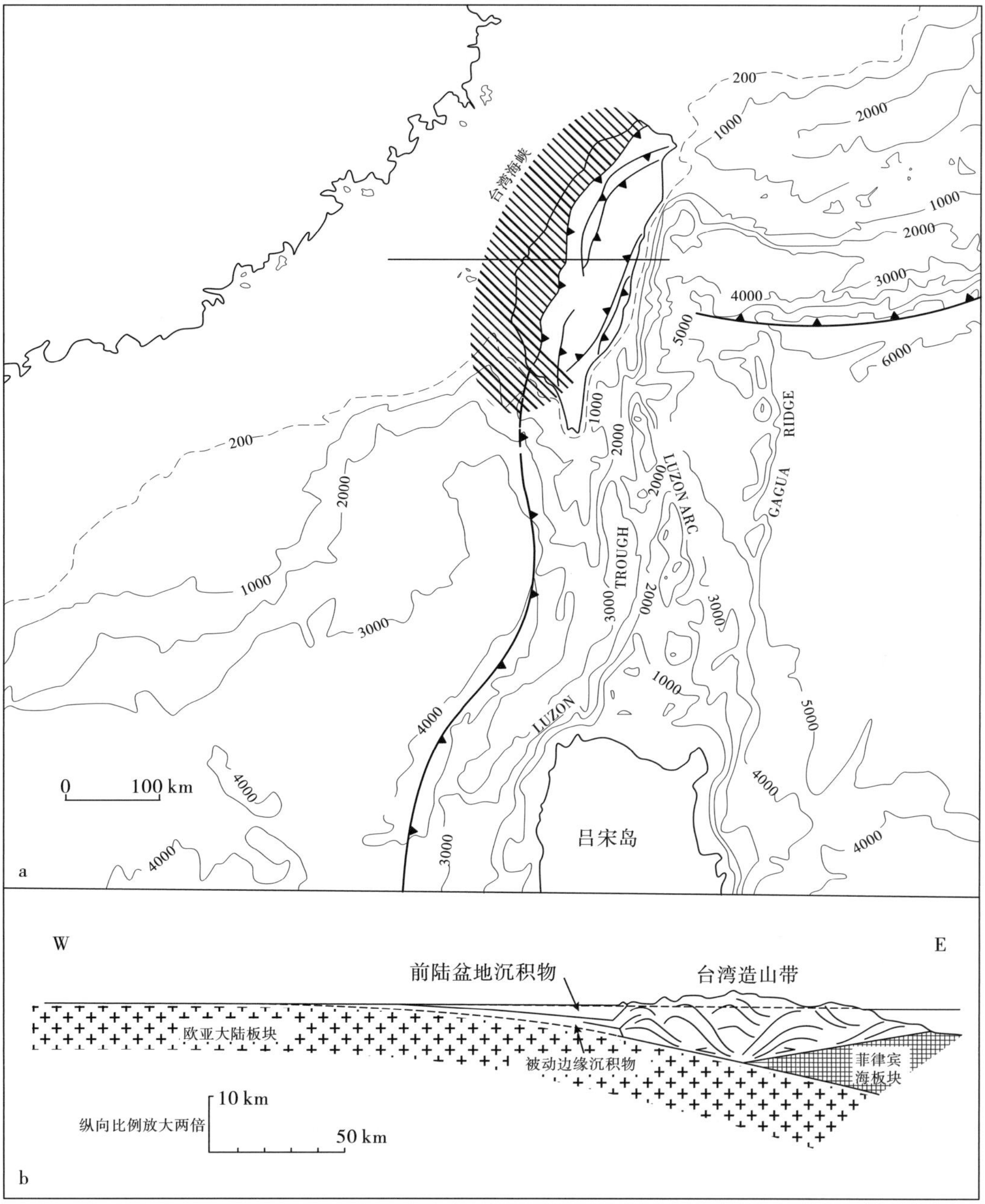

图 15.2 台湾西部前陆盆地的构造背景

（据 Covey，1984）

a—亚洲被动边缘与马尼拉海沟俯冲带在中国台湾碰撞，台湾西部前陆盆地（影线示出）位于该碰撞带以西；b—横穿中国台湾中部的前陆盆地和造山带东西向横剖面示意图

盆地东缘因受造山带的向西迁移而上升，因而前陆盆地的整个上新世-更新世地层沿山脉带的西缘出露。

台湾西部前渊向稳定状态的演化起因于构造与沉积的相互作用。台湾造山带所造成的

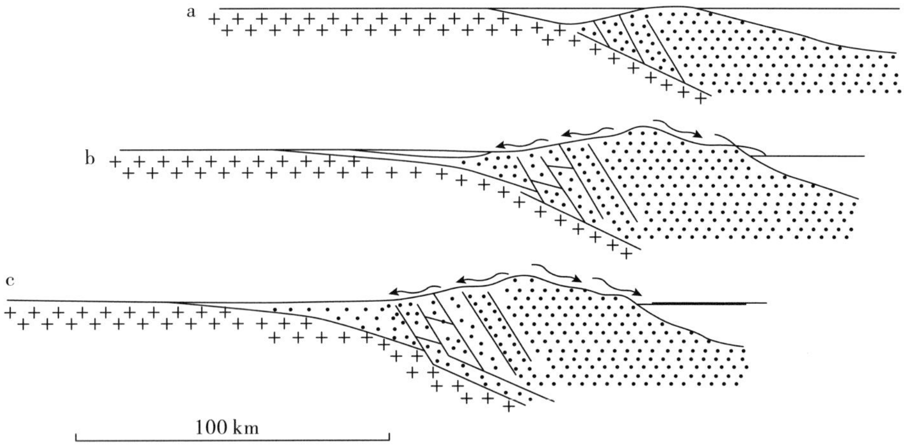

图 15.3　造山带向大陆的推进与前陆盆地发育示意图

（据 Covey，1986）

断层是示意性的，波状箭头表示被侵蚀碎屑的搬运方向。a—造山带位于海底时的早期发育阶段，负载作用引起的地壳挠曲系在重大沉积物产生以前，前陆盆地的特征为深水；b—出露水上的造山带达到稳定状态，侵蚀作用达到最大，前陆盆地因为沉积物负载作用横向生长，当沉积物取代水时，水体变浅；c—前陆盆地被沉积物充填

克拉通的构造负载，触发并维持了邻近前陆盆地的发育。由于台湾的斜向碰撞而引起造山带时代向北变老的事实，可以证明造山带历史过程中构造负载是如何变化的。亚洲被动边缘最初碰撞马尼拉海沟俯冲带时，进入俯冲带的沉积物厚度增大，引起增生楔扩大。随着碰撞的继续，增生楔最终露出海面，成为中国台湾的中央山脉。一旦其高度达到 3.5~4 km，山脉带的宽度和面积就不再增加，表明侵蚀与上升相互平衡，造山带达到处于稳定状态的规模。

Covey（1986）从前陆盆地沉降与沉积作用的关系提出了前陆盆地的稳态发展模式，解释了台湾前陆盆地的形成和演化（图 15.3，图 15.4）。并认为造山带与前陆盆地是一个动力系统，二者受均衡作用的调节；造山带逆冲作用控制了前陆盆地的沉降，提供了沉积物源，同时造山带横向迁移引起了盆地近端抬升、侵蚀和盆地远端的沉降。一旦造山带达到稳定状态，构造负载保持不变，盆地生长的构造动力也就不再发生作用。该类盆地的沉降作用与沉积作用达到平衡状态。随着盆地和其毗邻的造山带仍继续向克拉通方向迁移，但是盆地横剖面保持不变。Covey 将其构造-沉积演化划分为 4 个阶段（图 15.5）：①造山带早期发育阶段，由于与沉降作用相比较，沉积作用有一初始滞后，因此，此时造山带在海平面之下。在大量沉积物产生之前，负载引起地壳挠曲，前陆盆地以深水为特征。②造山带露出海平面，并达到稳定状态，侵蚀达到最大强度。前陆盆地仅因沉积负载做横向生长，随着沉积物充填，盆地不断变浅。③前陆盆地充填的沉积物接近海平面。此时，浅海体系的各种高能作用（潮汐和风暴流），通过盆地敞开的南、北两端把细粒沉积物移出盆地。尽管进入盆地的沉积物超过了沉降所能容纳的数量，但沉积物的漫溢使得沉积物堆积与盆地沉降之间达到平衡。④一旦达到稳定状态，深水沉积物不再沉积，并因造山带的推进，深水沉积物抬升侵蚀，最终被部分移出或全部移出盆地。然而，许多前陆盆地是通过河流的漫溢作用实现稳定状态的，从而建立了盆地的稳定状态。

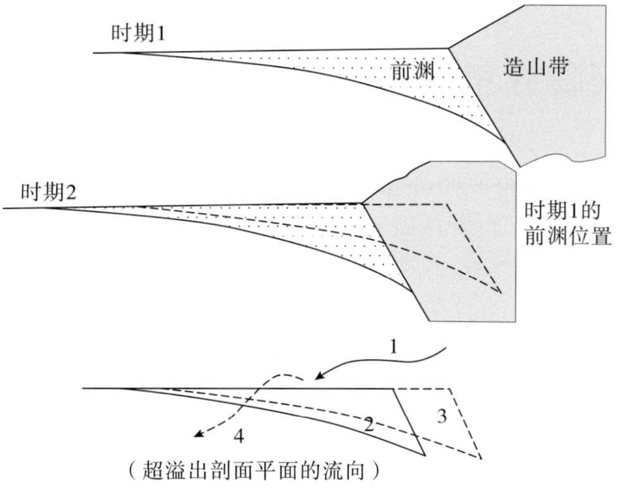

沉积物通量（1）=盆地内增加的体积（2）+浸溢的沉积物（4）；
盆地内增加的体积（2）=消长的体积（3）

图 15.4　前陆盆地的稳定状态与质量平衡

（据 Covey，1986）

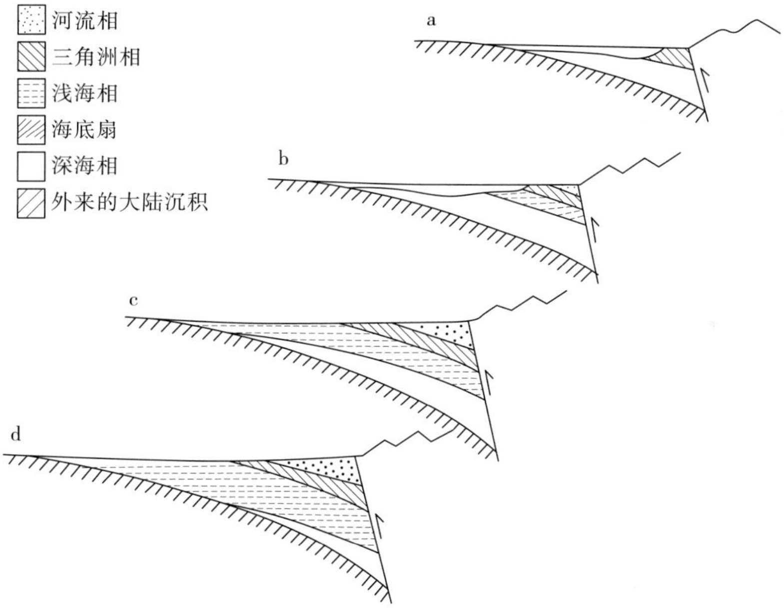

图 15.5　台湾前陆盆地沉积充填的演化

（据 Covey，1986）

a—早期沉积；b—盆地充填；c—达到稳定状态；d—重新排列

稳态前陆盆地沉降和沉积这种平衡是由于造山带与盆地是一个动力系统的缘故，二者受均衡作用调节。因此，前陆盆地稳态发展过程实质上是造山带逆冲、盆地沉降与沉积物充填和漫溢之间相互平衡调节的过程。

15.4 逆冲楔临界角模型与幕式逆冲的地层模型

逆冲楔临界角模型（Davis et al.，1983）很好地提供了造山带幕式逆冲的机理。按照该模型，造山楔总是朝着一个临界角几何形态演化，这个临界角包括楔体顶面坡角（α）和楔体底面倾角（β）（图 15.6）。当楔状体角度小于临界角时（图 15.6a），在挤压应力作用下，楔状体不发生向前的滑动，而是发生内部变形增厚，使得楔状体坡角变陡，并达到临界角状态。当楔状体的角度大于临界角时（图 15.6b），造山楔向前逆冲，楔状体角度降低（图 15.6c）。

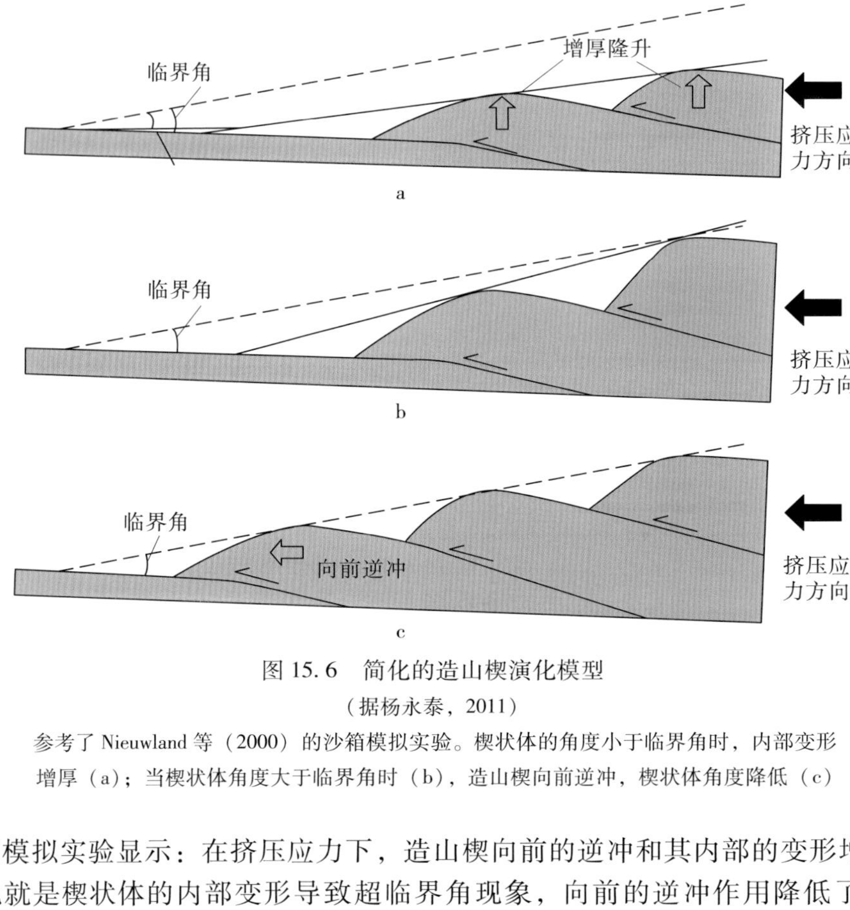

图 15.6 简化的造山楔演化模型

（据杨永泰，2011）

参考了 Nieuwland 等（2000）的沙箱模拟实验。楔状体的角度小于临界角时，内部变形增厚（a）；当楔状体角度大于临界角时（b），造山楔向前逆冲，楔状体角度降低（c）

沙箱模拟实验显示：在挤压应力下，造山楔向前的逆冲和其内部的变形增厚会循环出现，也就是楔状体的内部变形导致超临界角现象，向前的逆冲作用降低了楔状体角度，然后再次发生内部变形增厚，如此循环往复。因此，造山带向盆地方向的逆冲作用呈幕式。在科迪勒拉逆冲带中，DeCelles 等（1995）识别出几个时间尺度小于 10 Ma 的逆冲、剥蚀事件和沉积旋回。Naylor 等（2007）利用多个造山带的实际资料表明逆冲带的幕式活动大致时间范围是 0.1~5 Ma。由于前陆盆地的沉降主要是造山带负载作用的结果，因此，Heller 等（1988）提出，假如逆冲带被完全剥蚀掉，没有了造山带的负载，那么造山带就利用反弹作用重建区域性的均一平衡。造山带遭受持续剥蚀和盆地持续隆升的结果是，盆地最终会被全部剥蚀掉，而留下一个区域性的不整合面。利用这个极端的例子，Heller 等（1988）认为在逆冲带的逆冲作用是幕式的，而不是不连续的，因此在一个大的逆冲作用驱动下，邻近造山带的盆地必然发生两种的盆地演化模式，一种对应于逆冲期，另一种对应于随后的构造运动平静期。因此，提出了“两种地层相模型”（图 15.7），而且，随着幕式的逆冲作用不断发生，盆地内不断交替发育这两种地层。在同造山运动期（synorogenic phase），逆冲作用产生的造山带负载造成山前岩石圈快速沉降，最厚的沉积物堆集在山前，粗粒的冲积扇沉积物聚集在盆地最近源区，朝盆地远源区快速地递变成细粒沉积物。在后造山运动期（post-orogenic phase），逆冲带的剥蚀作用超过了它的隆升作用和向盆地的推进。剥蚀作用造成了造山带负载减小，造山带下部岩石圈反弹，进而引起盆地近源区的抬升和剥蚀，在前陆盆地近源区形成了一个区域性的不整合面。从造山带和盆地近源区剥蚀而来的粗粒沉积物在盆地的远源区沉积下来。

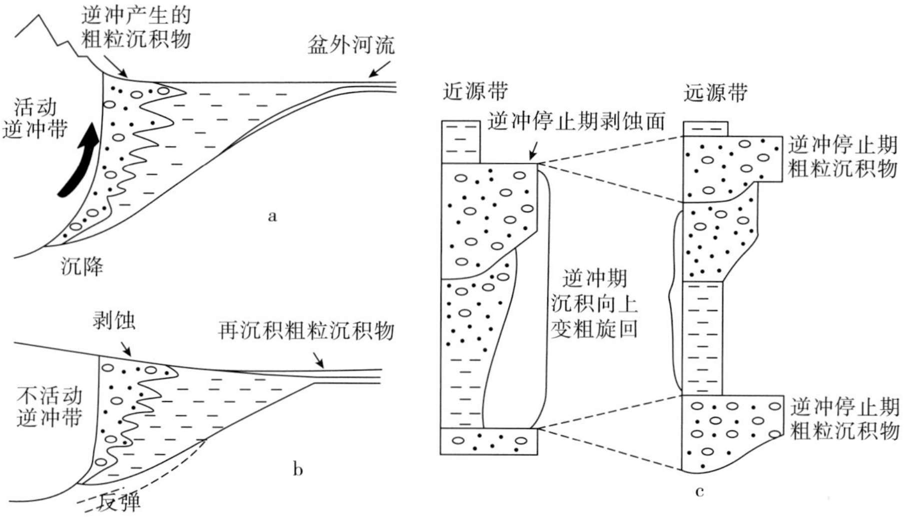

图 15.7　造山带的幕式逆冲作用与地层模式

（据 Heller et al.，1988）

在造山带幕式逆冲作用下，前陆盆地在同造山运动期（a）和后造山运动期（b）的沉积模型及在盆地近端和远端可能发育的地层（c）

Flemings 等（1990）、Jordan 等（1991）用数字模型定量地模拟了逆冲期与平静期交替出现时在前陆盆地内地层的充填状况（图 15.8）。当造山带发生一次逆冲事件时，造山带地壳的增厚很快造成了下部岩石圈弯曲，前陆盆地的近端形成大的可容纳空间，粗粒的陆相沉积物在造山带前快速堆积，而盆地远端的前缘隆起沉积带遭受剥蚀，地层也逐渐向隆起带超覆。当逆冲作用停止时，可容纳空间迅速从造山带前部向前缘隆起沉积带迁移。造山带侵蚀产生的大量碎屑在盆地中分散，造成了由沉积物负载引起的大范围的挠曲沉降。当前渊带的沉积负载中心随海岸线向克拉通方向迁移时，地层不断向克拉通方向进积，前缘隆起沉积带也发生向克拉通方向的不断迁移，而盆地近端的沉积物遭受了剥蚀。

当下一次逆冲事件发生时，盆地的沉降中心又迅速迁移到造山带前缘，盆地开始下一个沉积旋回。这个模拟表明，变化的构造运动状态可以产生两种完全不同的地层充填样式，并分别在盆地的近端、远端发育了两种类型的不整合面。在逆冲期，盆地远端的前缘隆起沉积带形成不整合面；在构造运动平静期，盆地近端发生海退，该区形成一个不整合面，而盆地远端发生海侵。

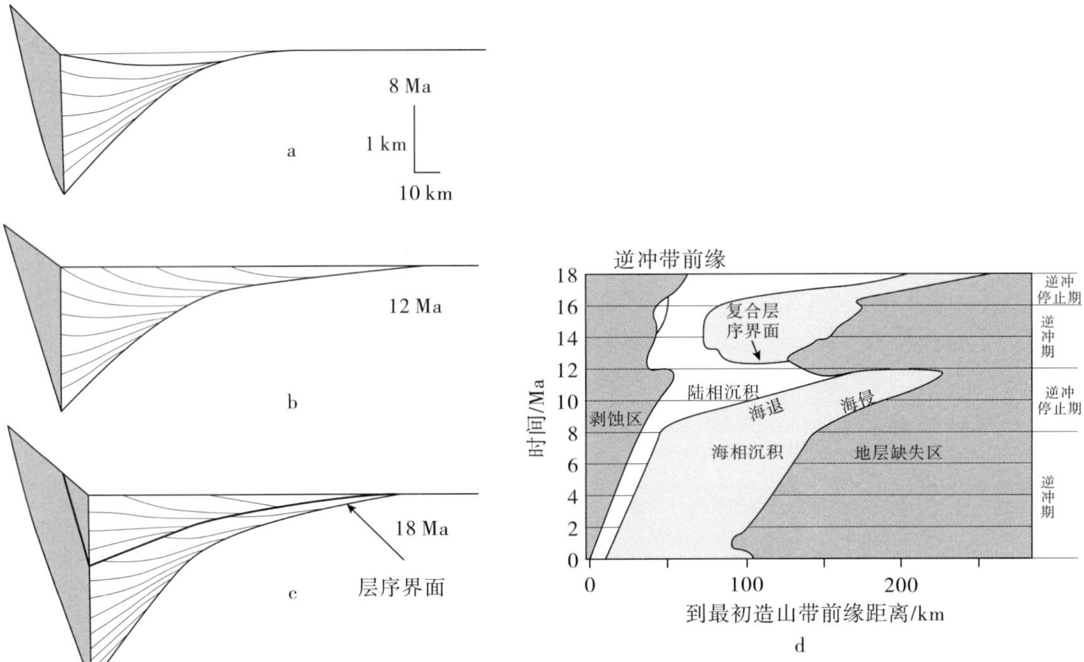

图 15.8　幕式逆冲作用与前陆盆地的地层充填模型

（据 Jordan et al.，1991；转引自杨永泰，2011）

a—0~8 Ma，造山带发生逆冲；b—8~12 Ma，逆冲作用停止；c—12~16 Ma，造山带发生逆冲，16~18 Ma，逆冲作用停止；d—对盆地在 0~18 Ma 演化过程的时代地层学分析

Catuneanu 等（1997）通过对加拿大西部前陆盆地的上白垩统进行测井曲线对比，发现所谓的“互反”地层（reciprocal stratigraphy），即一条在平面上可以追踪的大约只有 5 km 宽的过渡带，这条过渡带两侧的地层发育完全不同的测井相，一边具有海侵相特征，另一边具有海退相特征，而且两边的测井相发生高频（0.01~1 Ma）的转化。Catuneanu 等（1997）提出了“互反”地层模型，解释这种“互反”地层是由于造山带高频的负载和卸载造成的，将过渡带称为挠曲枢纽线。从理论上讲，“互反”地层模型是对 Heller 等（1988）、Jordan 等（1991）地层模型的发展和应用。

此外，Jamieson 等（1988）将逆冲带的临界锥体的内部变形与变形造山带 P-T-t 轨迹研究相结合，变形造山带物质改变速率与前陆盆地沉降速率研究相结合，提出了造山带与前陆盆地系统的 3 种物质平衡状态：①建设状态，加入造山带的物质大于造山带地表被剥蚀的物质，从而导致造山带体积扩大，前陆盆地加速沉降；②稳定状态，加入造山带的物质等于造山带地表被剥蚀的物质，造山带体积不变，前陆盆地稳态发展；③破坏状态，加入造山带的物质小于造山带地表被剥蚀的物质，造山带体积缩小，前陆盆地回跳上升，遭受剥蚀。造山带与盆地处于何种状态，可通过造山带内部变质岩和岩浆岩的 $P-T-t$ 轨迹研究、盆地沉积特征和盆地中不整合面研究等方法进行确定。Jamieson 等将这种概念模型应用于阿巴拉契亚地区，模拟了古老造山带与前陆盆地系统的建设、稳定和破坏过程，再现了造山带内部物质隆升轨迹、前陆盆地充填和剥蚀历史。

15.5 欠补偿-过补偿前陆盆地的地层模型

周缘前陆盆地最初起始于被动大陆边缘，当水下造山楔引起的沉降和从造山楔而来的沉积物影响了被动大陆边缘时，前陆盆地就开始形成。盆地经历了以深水环境为特征的早期聚敛阶段，形成“复理石”盆地；随着造山楔向大陆的推进，又经历了后期聚敛阶段，在陆上造山楔的克拉通方向发育一个浅海相或陆相环境的“磨拉石”盆地。在此基础上，Allen 等（1986）提出了欠补偿（underfilled）和过补偿（overfilled）的概念。

Sinclair（1997）总结了世界上众多周缘前陆盆地在欠补偿阶段的沉积物发育特征。在欠补偿阶段，盆地发育“三位一体”的沉积物：盆地克拉通边缘的碳酸盐沉积物、来自克拉通边缘的半深海泥和靠近造山楔的深水浊积碎屑物。在阿尔卑斯前陆盆地，逆冲速率的减小和逆冲带的剥蚀作用及沉积物供应是盆地从欠补偿向过补偿过渡的主要原因。

Jordan（1995）定义了弧背前陆盆地的欠补偿和过补偿的概念。在欠补偿阶段（图15.9），前陆盆地接受了造山带提供的相对有限的沉积物供应，在造山带和前缘隆起沉积带之间形成湖泊或平行于造山带流动的河流，在前缘隆起沉积带发生的剥蚀作用可以为盆地提供沉积物。在过补偿阶段，造山带提供的大量沉积物对盆地的作用超过了造山带负载造成的沉降（图15.9），导致垂直于造山带走向形成的河流延伸到整个盆地，覆盖了前缘隆起沉积带。但是，Jordan（1995）指出，这个欠补偿-过补偿模型不适用于多数历史上形成的前陆盆地，因为这些盆地普遍发育平行于造山带和前缘隆起带的河流或内陆海，长期处于欠补偿状态。弧背前陆盆地也是长期处于欠补偿状态，盆地轴部发育着平行造山带的沉积相带，在盆地的克拉通方向，总是发育一个遭受剥蚀的前缘隆起带作为物源区。

Yang（2011）提出了北美西部前陆盆地地层充填的定性模型，显示了构造驱动的几百万年规模的欠补偿-过补偿旋回（图15.9）。这个构造驱动的欠补偿-过补偿旋回模型在3个方面发展了以前的地层模型：①Jordan（1995）主要是强调了丰富的沉积物供应对形成盆地欠补偿和过补偿充填样式的重要作用；Yang（2011）建立了造山带活动与盆地欠补偿和过补偿充填特征的对应关系，指出幕式逆冲的决定性作用。②这个模型首次详细地描述了弧后前陆盆地远端的前缘隆起带和隆后带的迁移和充填特征，以前的研究往往忽略了这两个沉积带。③这个模型详细地描述了在不同演化阶段和不同地区可能出现的沉积相类型，对寻找有利的生油岩和储集层具有指导意义（图15.10，图15.11）。

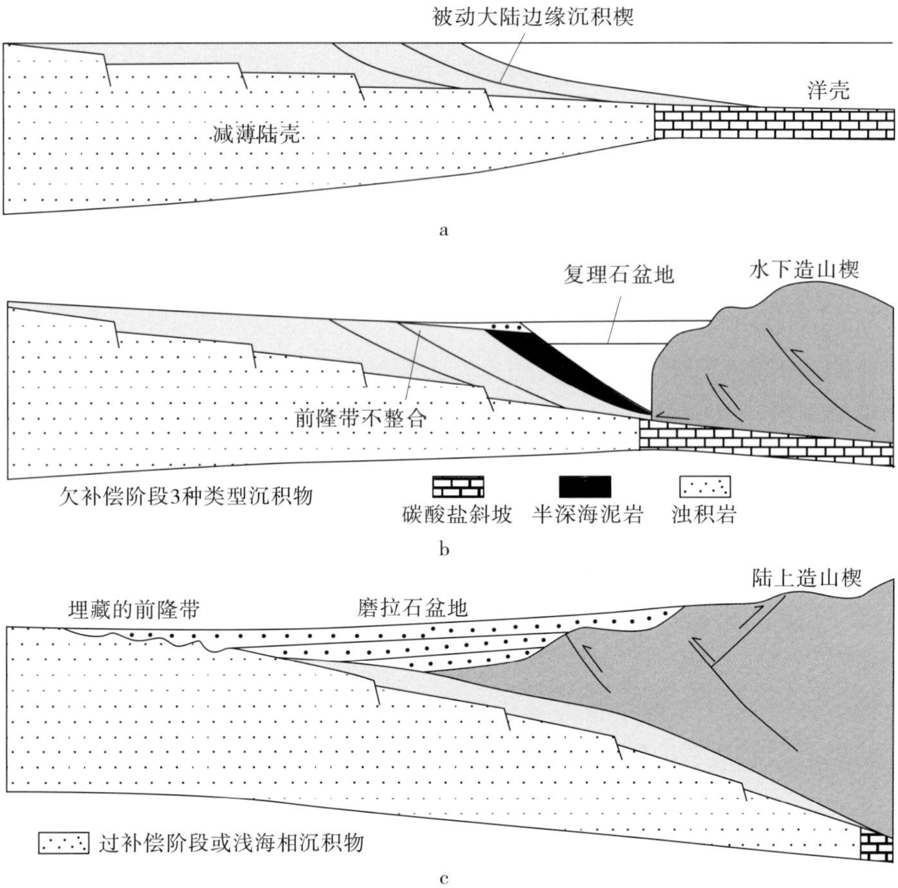

图 15.9　弧背前陆盆地演化和地层充填模型

（据 Yang，2007）

a—被动大陆边缘阶段；b—在早期聚敛阶段（欠补偿阶段）发育的复理石盆地；c—在晚期聚敛阶段（过补偿阶段）发育的磨拉石盆地

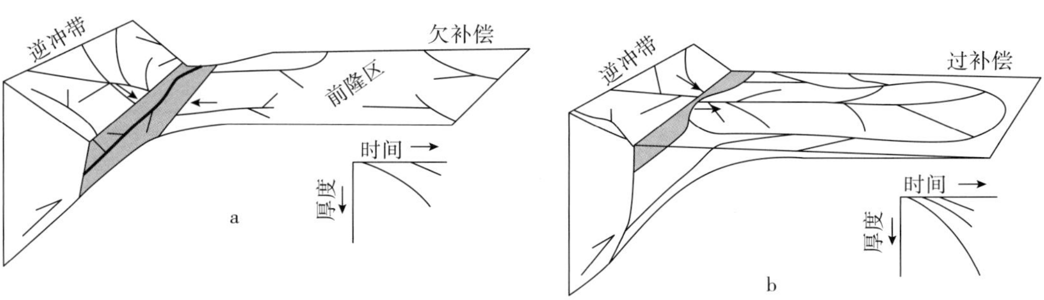

图 15.10　欠补偿和过补偿前陆盆地的几何形态及沉积相特征对比

（据 Yang，2011）

a—在欠补偿盆地，平行于造山带形成河谷，盆地接受逆冲带、前缘隆起沉积带的沉积物供应；b—在过补偿盆地，与逆冲带垂直的河流可以延伸到前缘隆起沉积带

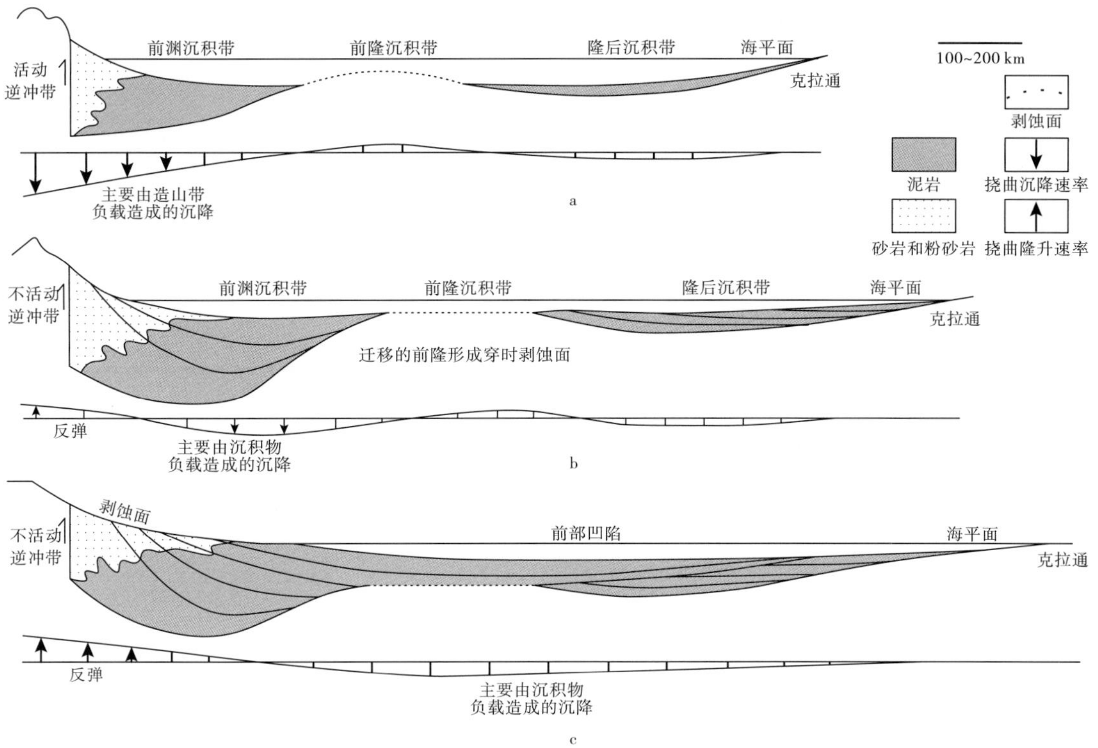

图 15.11　北美西部科迪勒拉前陆盆地构造驱动的百万年级的欠补偿-过补偿旋回

（据 Yang，2011）

显示盆地的沉降曲线和地层充填特征。a—欠补偿阶段早期（逆冲期）；

b—欠补偿阶段晚期（逆冲作用停止）；c—过补偿阶段（逆冲作用停止）

15.6　前陆盆地的拆离变形与地层模型

西班牙比利牛斯南部前陆盆地在盆地底部拆离过程中形成了典型的背驮盆地和前渊（图 15.12）。在盆地中已识别出 9 个沉积层序。它们的特征、演化和沉积中心向南的迁移与比利牛斯南部逆冲岩席的侵位相关。这些逆冲岩席包括上逆冲岩席、中逆冲岩席和下逆冲岩席。Puigdefabregas 等（1986）等根据盆地构造沉积演化分析，认为这些逆冲系统类型的变化与蒸发盐岩沉积有关。根据蒸发盐岩沉积事件可将盆地充填（始新世-渐新世）划分为 3 个主要构造沉积旋回（图 15.12），每个旋回受到不同类型的逆冲岩席的控制。蒸发盐岩沉积事件似乎与断坪运动有关，而碎屑沉积系统向盆地方向的进积作用与断坡的逆冲作用有关。前陆盆地的拆离变形过程实质上反映了盆地整体的迁移过程和盆地内部的分割过程；若盆地基底存在易滑动界面，逆冲带向盆地底部延伸，盆地发生拆离，整个盆地由基底拆离断层发生背驮式的迁移。若逆冲带出露于盆地内部，盆地发生分割，改变了盆地格架。这种盆地拆离过程将导致形成与不同拆离作用相对应的盆地沉积充填序列。

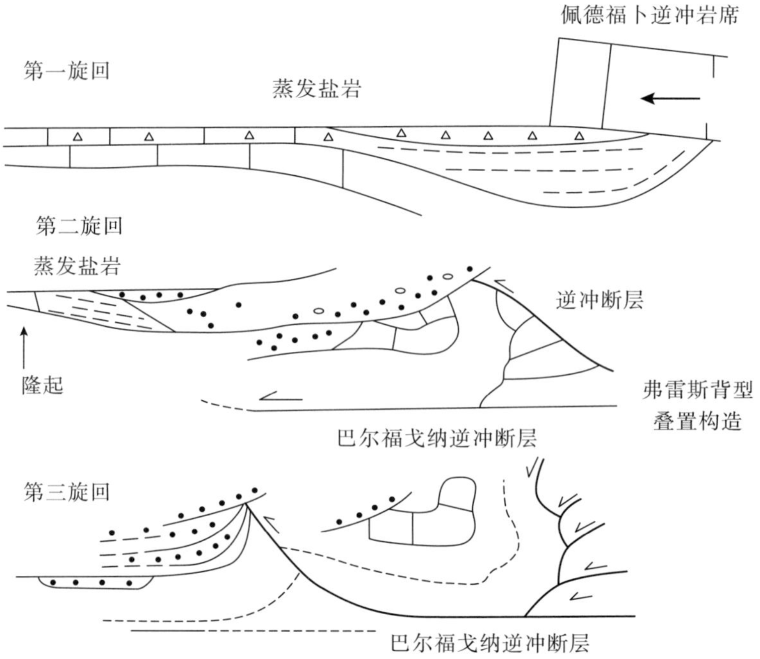

图 15.12　前陆盆地构造-沉积演化示意图

（据 Puigdefabregas et al.，1986）

15.7　前陆盆地平面动力模型与地层模型

Johnson 等（1995）将造山带构造作用、地表地质作用、岩石圈挠曲和海平面变化等因素进行综合研究，提出了一种前陆盆地平面动力模型。在该模型中，将造山带确定为双侧锥体，即前侧锥体（pro-wedge）和后侧锥体（retro-wedge）。与前侧锥体相邻的为前-前陆盆地，与后侧锥体相邻的为后-前陆盆地（见图 3.13）。前侧锥体位于俯冲岩石圈之上，而后侧锥体位于稳定岩石圈之上。地壳物质在前侧锥体前端注入造山带，物质注入量为：

$$Q_T(x,\ y,\ t) = v_T \times d(x,\ y,\ t) \qquad (15.1)$$

式中：v_T 为前侧岩石圈的汇聚速率；$d(x, y, t)$ 为前侧锥体前端厚度。由于后侧锥体稳定，随造山带体积的扩大其前缘被动地向前扩展。双侧锥体地表坡度（a）是锥体内部摩擦系数（μ）、锥体底部拆离面摩擦系数（μ_b）和底部拆离面倾角（β）的函数：

$$\alpha = [(\beta + \mu_b)/(1 + 2\mu)] - \beta \qquad (15.2)$$

锥体的几何形态可利用临界锥体理论进行计算。Johnson 等的平面动力模型具有两种类型：①模式 1，假设两侧大陆边缘彼此平行，汇聚作用不存在走向变化。在双侧前陆盆地中，造山带构造作用的不对称性、双侧锥体及其顺风、背风的差异性控制盆地地层格架。②模式 2，假设两侧大陆边缘以 25°夹角斜向碰撞，汇聚作用存在走向差异。与先期碰撞的、规模相对大的造山带锥体伴生的顺风向前陆盆地首先充填过饱和进入陆相阶段。

由于盆地充填的走向差异，可导致沉积物沿主干纵向河流发生纵向搬运。Johnson 等采用平面与剖面相结合的方法，选用连续的、均一厚度的弹性岩石圈对两种模式进行了模拟。假设岩石圈的汇聚速度为 3.3 cm/a，前侧锥体前端厚度在陆壳俯冲时为 3000 m，在洋壳俯冲时为 1000 m，岩石圈有效弹性厚度为 30 km。图 15.13 仅表示了模式 2 中的 2～10 Ma 期间的剖面模拟结果。

在后侧顺风前陆盆地中，沉积相分布存在走向变化（图 15.13）。在 C–C′剖面，由先期碰撞产生的大量的构造输入（d=3.0 km）导致造山带快速增长，大量的沉积物注入量导致盆地沉积物快速进积，并形成充足的陆相沉积。在 B–B′和 A–A′剖面，由于斜向碰撞作用，碰撞时间相对滞后，造山带物质的注入量不断减少，造山带和盆地规模不断变小。同时，由于盆地沉积物注入量小于盆地均衡沉降量，海相环境不断扩大。虽然随着造山带扩大和盆地加深，可导致海相沉积物相对增加，但是，沉积物注入量与盆地均衡沉降量之比值在走向上的变化，对沉积相分布也产生重要影响。沉积物注入量主要受雨量、风向等气候因素控制。

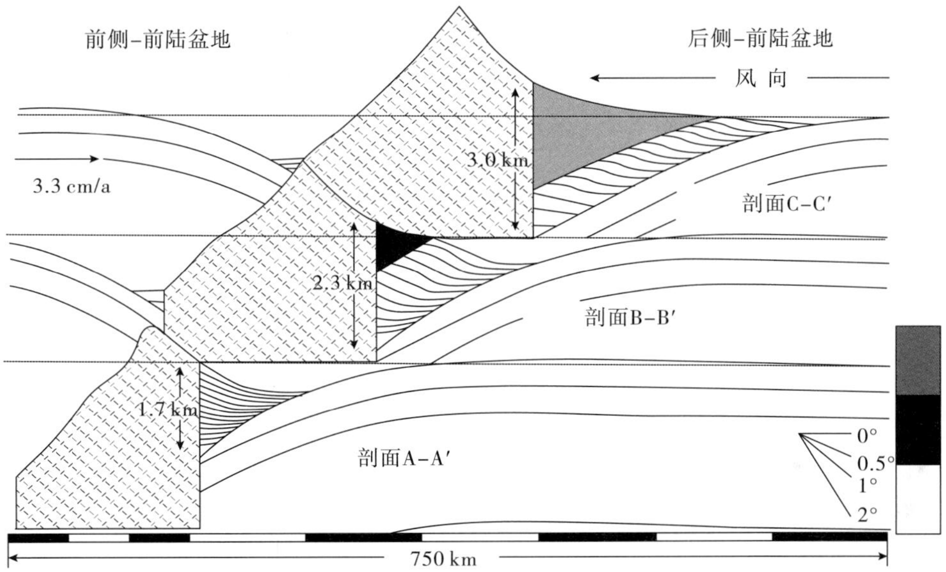

图 15.13　斜向碰撞作用下（模式 2）的前陆盆地的成因模拟结果

（据 Johnson et al.，1995）

15.8　动力地形驱动的弧后前陆盆地动力沉降和地层模型

一般认为，前陆盆地的沉降是由于逆冲带的构造负载和盆地的沉积物负载作用于具有一定有效弹性厚度的地壳之上发生的挠曲沉降，该沉降可采用一个位于弱性流体层之上的弹性薄板在分布性垂直负载作用下的挠曲力学模型进行定量模拟。刘少峰（2008）讨论了叠加于弧后前陆盆地挠曲沉降之上的另一类沉降——动力沉降，认为由于地幔流动的热作用可导致地面的垂直位移，称之为动力地形（dynamic topography）。

在位于洋壳俯冲带边缘的弧后前陆盆地，由于板块俯冲作用诱导的深部地幔流动可产生地表区域性沉降。这种沉降叠加于前陆盆地的逆冲负载和盆地沉积物负载沉降之上应构成的沉降类型，即动力沉降（dynamic subsidence），是对传统关于前陆盆地沉降机制的一种新的补充。

动力沉降的概念是从动力地形的概念演变而来的。动力地形被定义为响应地幔流动而产生的地球表面的垂直位移（Richards et al.，1984）（图 15.14）。动力地形指由于地幔流动而产生的地球表面的垂向移动，既包括地面的隆升（即动力地形高），也包括地面的沉降（即动力地形低），动力沉降仅指后者。

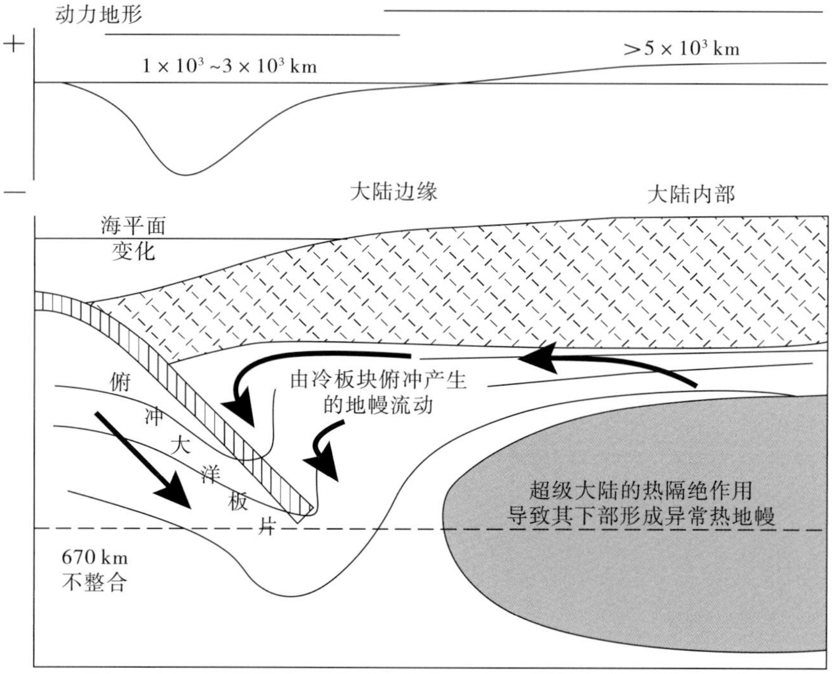

图 15.14　动力地形的成因机制简图

（据 Burgess et al.，1997；转引自刘少峰，2008）

由冷的大洋板片俯冲和超级大陆之下的地幔绝热作用产生的

动力地形，其波长分别为 1×10^3 ~ 3×10^3 km 和>5×10^3 km

动力地形一般认为具有两种成因，一种为与超大陆的汇聚、离散作用有关的动力地形，另一种为与大洋板片俯冲有关的动力地形。弧后前陆盆地动力沉降是一种由深部地幔流动诱发的、具长波长的动力沉降。在活动大陆边缘，洋壳的俯冲作用可造成动力沉降，增加弧后前陆盆地的沉降量和沉降范围。由于厚的陆壳的热绝缘作用，在超大陆壳下部的地幔会产生异常高的温度。当洋壳俯冲时，冷而高密度的洋壳与热的地幔相遇，在俯冲洋壳附近形成冷的向下流动的地幔流。该地幔流的向下牵引导致俯冲带附近发生动力沉降。由于该动力沉降及动力沉降空间中充填的沉积物产生的负载沉降叠加于前陆盆地挠曲沉降之上，从而导致前陆盆地结构发生变化，即在隆后带发生较大幅度和范围的沉降，前缘隆起带也可能沉降于沉积基准面之下，盆地总沉降速率也明显加大。正是由于这种盆地沉降结构的变化也导致盆地充填样式的变化，其中来源于逆冲带的三角洲沉积物可能越过前缘隆起带进积于隆后沉积带。

动力沉降与俯冲洋壳的俯冲倾角有关，俯冲倾角越小，在水平面上沉降的范围越大。从海沟到内陆板块，一般动力沉降的范围可达上千千米。北美西部前陆盆地有1000 km宽，而造山带负载造成的盆地沉降范围一般只有几百千米，因此，Mitrovica等（1989）把北美西部前陆盆地广阔的沉积范围归因于由俯冲带地幔流所导致的区域倾斜。通过对美国西部前陆盆地白垩系进行沉降史分析，并与晚白垩世以来造山带的逆冲历史对比，Liu等（2004）发现盆地发生的沉降远大于造山带负载及沉积负载引起的沉降，由此认为晚白垩世太平洋板块对北美板块的俯冲作用产生了高达800~1800 m的动力沉降。

由大洋板块俯冲产生的动力沉降幅度、波长与板块俯冲角度、俯冲速率、俯冲板块在地幔中通过的位置和俯冲岩石圈的热年代密切相关。一般来说，当岩石圈板块具有相同的热年代时，与陡倾角的俯冲作用对比，缓倾角的俯冲作用可以产生幅度大和长波长的动力地形。当俯冲角度相同时，热年代老的、密度大的板片比热年代年轻的、密度小的板片产生更大幅度的动力地形。动力沉降具有大于数千千米数量级的长波长特征，沉降的波长超过模拟剖面的宽度（600 km），远大于由逆冲负载和盆地沉积物负载引起的沉降的波长（120~180 km），据Bunker等（1988）确定的晚白垩世盆地沉积空间跨过内布拉斯加州和爱达荷州，其波长超过1500~2600 km；一般来说，在不同的俯冲角度情况下，沉降速率范围在220~100 m/Ma之间，沉降幅度可能为400~500 m。

Catuneanu等（1994）认为，岩石圈在静负载（static loads）的作用下产生相邻造山带的下挠（前陆盆地）和一个低振幅长波长的上挠（边缘隆起或前缘隆起）。除了静负载外，由耦合于俯冲板片的地幔黏滞回流（viscous corner flow）的动力负载（dynamic loads）可以叠加长波的沉降。负载机制结合就产生了（图15.15）概念模型。

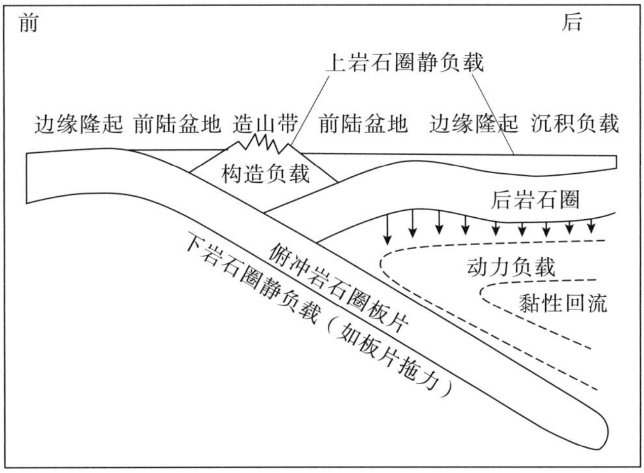

图15.15　作用于造山带-前陆盆地系统的动力负载和静负载

（据Catuneanu et al.，1997）

前和后分别指俯冲和逆掩岩石圈。静负载作用于表面（造山带、前陆褶皱-冲断带、沉积物和水）和系统下面（如板片拖力）。俯冲的前岩石圈在后岩石圈下面产生黏性回流（虚线），黏性回流动态地降低压力导致邻近俯冲区的后岩石圈沉降（垂直的箭头）

15.9 俯冲负载驱动的周缘前陆盆地挠曲沉降和地层模型

温德顺等（2006）对与俯冲有关的前陆盆地的沉降和抬升进行了总结。一些前陆盆地的宽度和深度超过弯曲负载模型所能解释的范围，上地壳负载能解释 400 km 的宽度，而一些前陆盆地的宽度超过这个宽度的 2 倍（图 15.16）。例如，艾伯塔盆地中心部位的宽度超过 1000 km（从冲断带到加拿大地盾边缘），占据大部分的艾伯塔省，还有邻省的南部。Beaumont（1982）提出区域性的地壳向盆地倾斜发生在弯曲负载时期，倾斜是岩石圈对俯冲区地幔对流的响应。

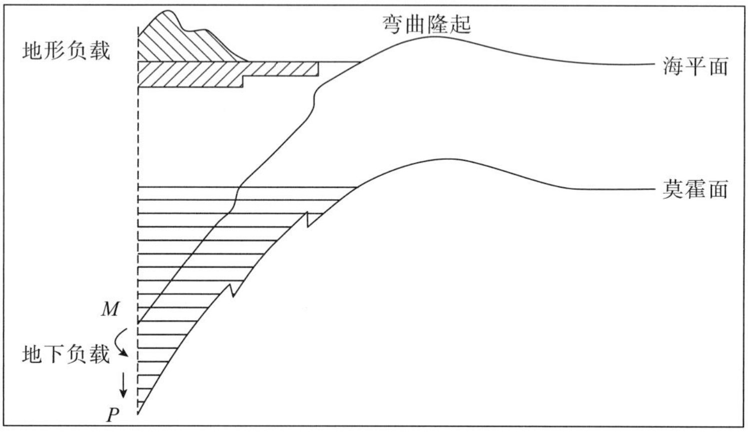

图 15.16　地下负载的力学机制
（据 Royden，1993）

在一些周缘前陆盆地的动力学模拟研究中，弯曲历史的模拟揭示，计算出的上地壳负载数量不足以解释全部的沉降量。在周缘盆地中，冷的俯冲岩石圈的负浮力可以在碰撞早期提供额外的负载，但是这种机制不能解释碰撞中期和晚期的明显不同。此外，俯冲负载对周缘前陆盆地形成早期具有影响。当洋壳向陆壳俯冲发展到陆壳与陆壳碰撞时，周缘前陆盆地发育于俯冲陆块的一侧。Royden（1993）认为：在盆地发育的早期，由于高密度俯冲洋壳的重力牵引作用，会对盆地产生非常强烈的俯冲负载。俯冲负载可能是意大利亚平宁山前的亚得利亚前陆盆地沉降的主要原因。但随着陆-陆碰撞的持续进行，俯冲负载会越来越小。

Hsui 等（1990）提出，俯冲板片的倾角依赖于俯冲速率，俯冲速率的变化导致板片倾角变化，这能产生板片之上的地幔楔的下拉，形成表面坳陷；俯冲结束伴随俯冲速率大的变化，可以将板片旋转到一个新的角度，其上就产生地幔流动。Hsui 等认为板片倾角的变化在一些弧后地区能产生 1 km 的额外沉降。

Roydan（1993）结合地球物理和模拟数据认为，周缘前陆盆地中引起岩石圈挠曲沉降的还有俯冲负载的作用，其作用机制在 50～200 km 的深度，俯冲板片的终端存在一个向下的剪切力（P）和一个弯曲力矩（M）的耦合作用（图 15.15）。

Davies 等（1994）提出一个板片脱落模型（图 15.17），脱落的板片被上涌的软流圈地幔所代替，导致逆冲岩石圈地幔下部边界的温度上升和部分熔融及由此而来的岩浆作用。俯冲板片负载的解除也可产生快速的均衡上升。

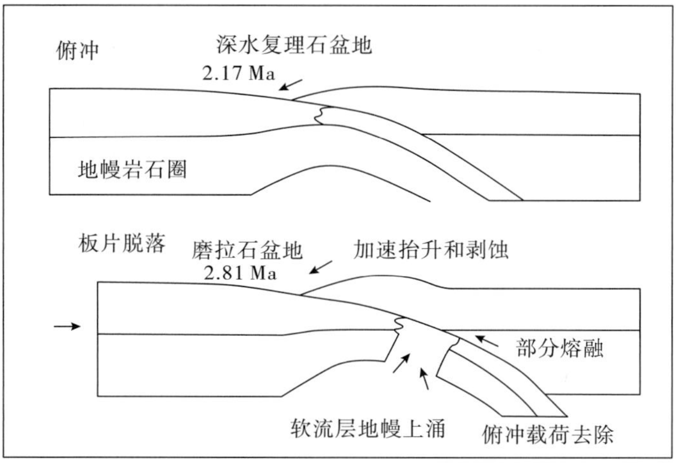

图 15.17　板片脱落模型

（据 Davies et al.，1994）

15.10　板内应力与陆内前陆盆地地层模型

板块边界的构造运动［如洋脊推动（ridge push）和陆-陆碰撞］可以在板块内部产生区域性的水平应力（Zoback，1992）。Molnar 等（1975）把中国西部在新生代的构造变形归因于印度板块和欧亚大陆碰撞和聚敛在欧亚大陆内产生的远程应力作用。Cloetingh 等（1985）首次提出区域应力场对盆地沉降的影响，即应力场在非均一岩石圈内的变化可以使表层地壳产生垂向运动，从而增加或减少盆地的变形幅度。数字模拟显示：板块运动产生的 1～2 kbar 的水平应力可以在板块内局部地区产生高达 100 m 的隆升和沉陷。因此，认为板内应力对盆地沉积的影响也可以产生上超和退覆现象，这些现象不一定是全球海平面升降的产物。

Heller 等（1993）用数字模拟反映了挤压应力作用在非均一弹性岩石圈上的结果。在挤压应力较高时，宽缓而低幅度的隆起和沉降会发育在早先存在的低角度断层附近（图 15.18a）。当岩石圈存在不均匀的高低强度带时，仅需要较小的挤压应力作用，就可在不同强度带的过渡区形成宽缓而低幅度的隆起和沉降（图 15.18b，c）。Heller 等（1993）认为挤压应力在基底较弱部位的作用形成了美国西部前陆盆地内广泛发育的低幅度隆起。

就中国西部的陆内前陆盆地来说，直到现在仍对这些盆地的地层模型类型及沉降机理存在争议。例如，Carroll 等（2010）为中国西部盆地起了个名字“墙挡”（walled）盆地。之所以起这个名字，他们认为中国的这些盆地是被造山带像“墙”一样地给包围起来了，盆地内部长期发育陆相沉积物，而且内部基本没有变形。

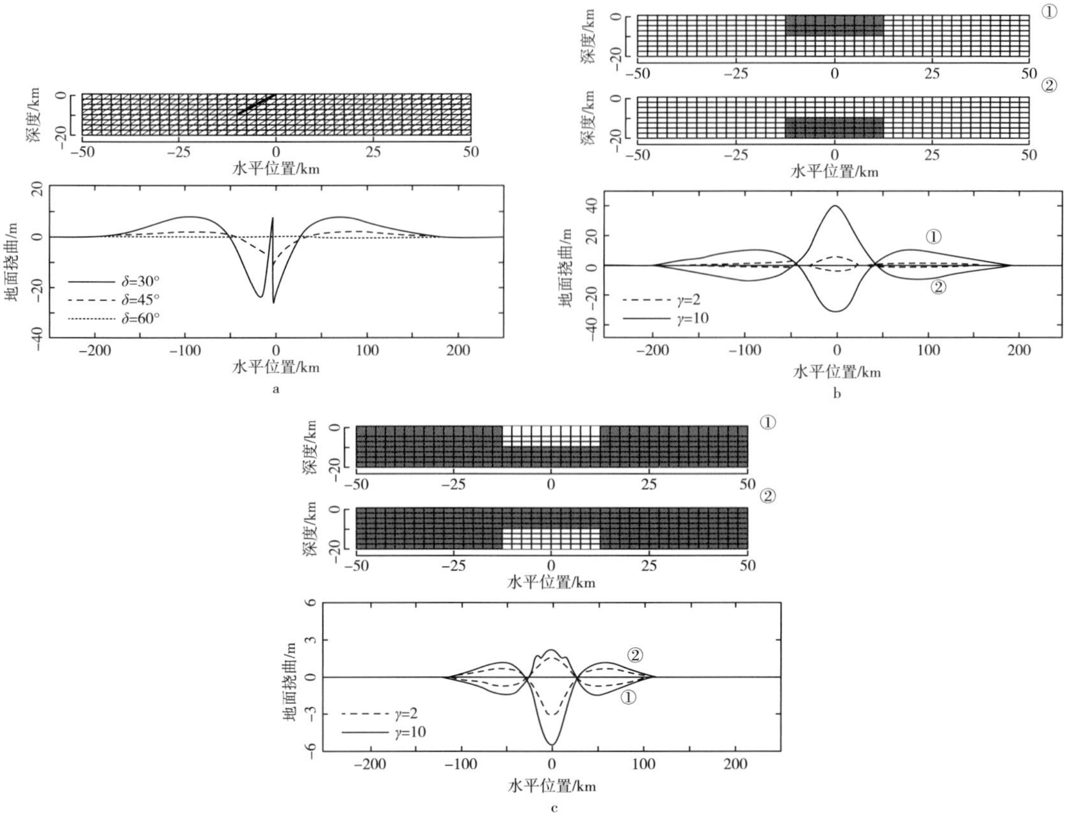

图 15.18　挤压应力作用在不均一弹性平板的有限元数字模拟

（据 Heller et al.，1993；转引自杨永泰，2011）

a—上部：有限元网格中间有倾斜断层穿过；下部：在 3 种不同断层倾角（δ）状况下，弹性平板发生的地面挠曲。中部的尖状陡坡是人为现象，在实际情况下，会在侵蚀作用下变平。有效弹性厚度为 20 km，杨氏模量为 70 GPa，断层深度为 10 km，摩擦系数为 0.5。当断层变陡，挠曲变形快速减小，在断层倾角为 60°时，完全没有了挠曲变形。只有当挤压应力达到~30 MPa 时，断层才开始再活动，只有到 100~150 MPa 时，平板才发生明显的挠曲变形。b—上部：低强度区（阴影部分）在高强度平板内（无充填色）的有限元网格；下部：经历 0.25 Ma 挤压后（挤压应力小于 10 MPa），弹性平板发生的地面挠曲。高强度岩石代表结晶岩或侵入岩，低强度岩石代表沉积岩。模拟分为两种状况：强度比值（平板内强弱区的强度差异）$\gamma=2$ 和 $\gamma=10$。低强度区在上部①时，发生沉降；低强度区在下部②时，发生隆升。强度比值 γ 越大，地面挠曲变形越明显。c—上部：高强度区（无充填色）在低强度平板内（阴影部分）的有限元网格；下部：经历 0.25 Ma 挤压后（挤压应力小于 10 MPa）弹性平板发生的地面挠曲。与 b 相反，高强度区在上部①时，发生隆升；高强度区在下部②时，发生沉降，而且变形幅度远小于 b 的情况

15.11　前陆盆地地层模型的控制因素分析

DeCelles（2012）对地貌负载、沉积负载、俯冲负载作用机制和岩石圈挠曲作用与前陆盆地地层模型的关系进行了讨论，指出 3 种力对岩石圈挠曲作用的影响不同，但有时表现为相互干扰，并减弱了地貌负载所导致的盆地沉降幅度；此外逆冲作用的推进可使推覆体前缘不断抬升，同时 3 种负载作用也可使推覆体向下沉降，使得推覆体可能表现为总体

下降至水下，形成盆地，并接受沉积，表现为楔顶沉积带（wedge-top depozone）。

前陆盆地系统由4个沉积带组成，它们是由地形负载的初始挠曲形成的。叠置在初始挠曲响应的挠曲作用是由俯冲板块拖曳（在周缘前陆系统中）或者是由上覆板块与循环的幔-楔物质的区域黏滞耦合作用（在弧后前陆系统中）造成的。每一沉积带具有独特的沉降和抬升形式，它们由与之毗邻的造山和俯冲系统有关的构造驱动力以及不同波长的挠曲响应的干扰作用引起。

前陆盆地地层模型的控制因素主要包括两个方面的内容：

（1）负载驱动的挠曲沉降作用

1）地形负载引起的挠曲沉降作用。根据定义，它们与冲断-褶皱带有关，故所有的前陆盆地均受相邻冲断带的“地形负载”的影响。一般地讲，即在前陆板块中横向上几百千米的范围内产生挠曲响应。地形负载引起初始挠曲响应是一个挠曲深槽（前渊）、前缘隆起与隆后区内极小（一般挠曲刚度时约为10 m）的挠曲沉降区。研究表明沉积物和水体负载可通过抑制前缘隆起，并促使挠曲进一步扩展到克拉通上来改变这种初始挠曲响应。挠曲沉降速率也可大大地超过造山带前缘抬升速率，由此造就楔顶沉积物的可容纳空间。

2）俯冲负载引起的挠曲沉降作用。一般来说，在前渊沉积带的沉降范围明显要比地形负载、盆地沉积物、水体的范围大得多和（或）广阔得多。例如，在波河-亚得里亚前渊沉积带中，相应深度比亚平宁冲断-褶皱带的相应深度大3~4倍。该前陆盆地内的挠曲沉降主要是由亚平宁山脉之下50~150 km深处密度较大的大洋俯冲板块的下拉作用造成的。因为处在俯冲板块上，所以任何周缘前陆盆地均可能受到大洋岩石圈“俯冲负载”的影响。然而，随着大陆碰撞以及大陆壳或过渡壳的持续俯冲，俯冲负载的影响将减弱，而地形负载将控制主要的沉降剖面。

3）动力俯冲板块引起的挠曲沉降作用。与周缘前陆盆地相反，弧后前陆盆地位于俯冲板块之上的大陆板块，可能受不规则的、与俯冲板块有关的远场沉降的影响。Mitrovica等（1989）曾指出，俯冲的大洋板块会引起快速的长波长（距海沟1000 km）沉降以及上覆大陆板块出现约1 km数量级的抬升。这种“动力板块驱动”效应起因于大陆板块底部与由俯冲板块下拉所致的幔-楔物质间的黏滞耦合作用（图15.19）。由于这种效应在长波长范围上作用，所以，它能够解释远离由造山-冲断楔所致的主挠曲沉降带的克拉通区内异常广布的浅海相与非海相沉积物沉积的原因。

4）挠曲响应的干扰作用。地形、俯冲和动力板块负载的挠曲响应以不同的波长运作，因此，它们既能相长干涉也能相消干涉。例如，Royden（1993）证实，与西欧阿尔卑斯山脉有关的前陆盆地系统的沉降是地形负载剖面与俯冲负载驱动剖面相互干扰的直接结果。阿尔卑斯前渊的深度比预测的由地形负载造成的要浅，这大概与俯冲负载所引起的前缘隆起的抬升与阿尔卑斯山地形负载所引起的前渊的沉降之间的相互干扰有关。类似地，动力板块负载的长波长挠曲响应可与地形负载所引起的短波长挠曲响应相干扰。

（2）沉积物的可容纳空间与地层模型

前陆盆地系统内的沉积物可容纳空间主要受挠曲沉降控制。局部的构造隆起和基准面

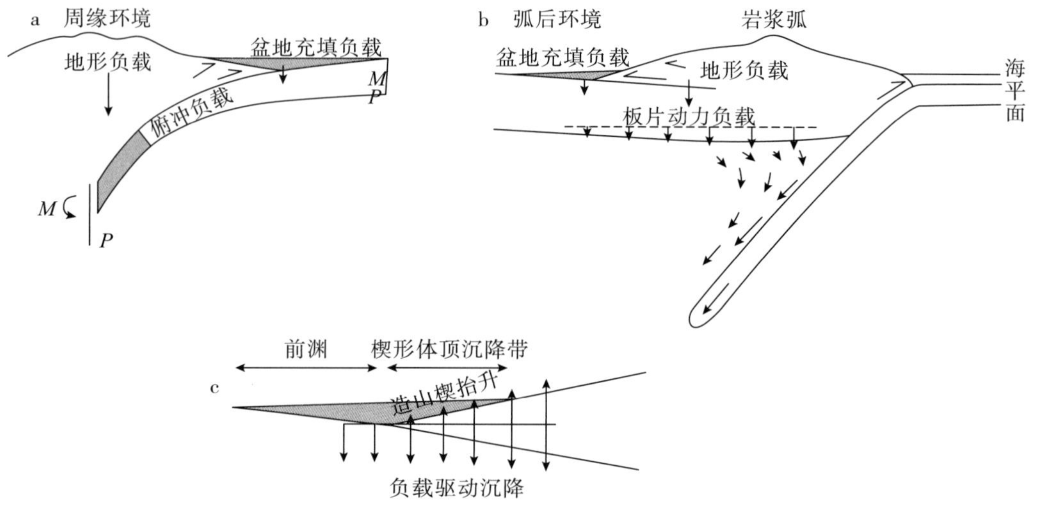

图 15.19 在前陆盆地系统中的主要负载类型示意图

（据 DeCelles et al.，1996）

a—除地形负载和沉积负载外，由垂直剪切力（P）和俯冲板块末端的弯曲力矩（M）造成的俯冲负载可能存在于 50~200 km 深度处；b—弧后前陆盆地系统，包括地形负载和沉积负载以及俯冲板块和上覆幔-楔物质与仰冲大陆板块底面之间的黏滞耦合作用引起的动力板块负载；c—楔顶沉积带中的沉积是在区域性负载驱动的沉降（下指箭头）和造山楔响应于地壳缩短和增厚（上指箭头）所致局部抬升的相互作用影响下发生的

或海平面升降变化对前陆盆地系统中地层所记录的可容纳空间信号也有贡献。每一个沉积带都应以自身特定的沉降方式和可容纳空间为特征，因为它们分别响应于造山带和俯冲体系中的特定过程。

楔顶沉积带中的可容纳空间是区域负载驱动沉降与区域和局部抬升（地壳增厚或均衡回弹）互相作用的结果。此外，局部沉积的楔顶沉积物也可能起因于冲断-褶皱带前缘山麓中背斜脊的抬升造成的上拱作用。在海水通道边缘的楔顶沉积带中，海平面的升降变化也会对可容纳空间的发育和破坏起重要作用。通常，以楔顶沉积带中与冲断有关的同沉积变形及由于侵蚀和沉积物冲刷到前渊沉积带所引起的不整合面为标志来标定造山楔的周期性缩短、抬升。造山楔前缘没有发生缩短的标志是：在楔顶沉积带中发育连续的不整合面和随后的未同沉积变形的沉积物的区域性上超。

前渊沉积带的沉积物可容纳空间主要是由相邻造山楔及其侵蚀物质的负载以及地表负载造就的。此外，前渊沉积带也受到造山体剥蚀导致的区域均衡抬升、造山冲断楔前移或前缘隆起向后迁移有关的抬升的影响。海平面的相对变化也会导致前渊可容纳空间的增大或减小。

前缘隆起沉积带通常为一地表出露和侵蚀区，但许多现代和古代的前陆盆地系统包含被同造山期沉积物埋藏的前缘隆起。必须指出的是，等厚图的形态和分布模式揭示构造型的前缘隆起确实是存在的，尽管它被来自冲断带的沉积物掩埋。这样，即使前缘隆起存在于构造上和（或）地层上是确实无疑的，但它的地形表现可能缺少或者被夷平。前缘隆起沉积带中沉积物可容纳空间的可能起因包括由动力板块引起的区域性长波长的沉降（弧后系统）和加积到基准面或穿过前缘隆起顶部的平衡泄水剖面的加积作用所引起的沉降。现代的波斯湾海沟中，由于现代海平面相对较高，在大珍珠滩障壁坝的前缘隆起抬升区，沉积物仍持续地沉积。

目前对隆后沉积带可容纳空间的形成机制、保存机制认识还是不够。简单的挠曲理论预示了隆后沉积带中有大范围的小幅度沉降，其宽度与前缘隆起沉积带（典型的挠曲刚度为10 m时）大致相当 。然而，以凸出的前缘隆起为界的隆后沉积带在海相和非海相前陆盆地系统中均已被证实，它们拥有厚度达数十米到600 m以上的沉积物。如果可容纳空间只是由挠曲沉降引起，那么厚度将比预想的要大一个数量级。形成如此厚的隆后沉积物的可能机理包括：由动力板块引起的区域性长波长沉降和加积到平衡泄水剖面上或基准面（水下背景中）上的沉积作用所引起的沉降。如果前缘隆起顶上的平衡剖面坐落在前缘隆起沉积层而不是基底之上，或者如果隆后和前缘隆起是水下环境，则隆后沉积带中的可容纳空间将大得多。隆后沉积带的附加沉积物可造成进一步的、少量的沉降。这样挠曲沉降（由地形和俯冲负载引起的）就成为在前渊沉积带可容纳空间的主要控制因素，但在隆后沉积带中前缘隆起的海拔、相对海平面变化和沉积物补给数量则更为重要。在弧后前陆盆地系统中，由动力俯冲板块引起的地台型沉降可能会大大地增大隆后沉积带中现有的可容纳空间。

15.12　对前陆盆地地层模型的讨论

在前陆盆地的沉积-构造演化过程中，不同阶段盆地的位置、结构、沉积、构造特征及下伏地层展布是不完全相同的，其研究内容包括：①盆地演化经历了几个主要阶段和各阶段的基本特征；②各时期前陆冲断带和盆地结构的横向迁移和纵向展布特点；③前陆冲断带总体具层间滑覆的薄皮拆离，还是基底卷入的厚皮褶皱；④是否存在重力滑覆等非压性构造；⑤不同时期盆地结构和构造特征的继承与改造关系等（图15.19）。

15.12.1　前陆盆地地层模型演化

前陆盆地地层的几何形态是楔形的，厚的部分靠近造山体，薄的部分向前陆板块上尖灭。这是从载荷中心到边缘隆起沉降速率逐渐降低的反映。其特征是年轻的地层普遍超覆到前陆之上，大多数前陆盆地的地震剖面证明了这种简单几何形态的存在。前陆盆地的演化是一个动态过程，具有递进式的演变特征。沉积中心和地层尖灭的移动显示了分布载荷的活动性和岩石圈响应的变化，前陆盆地整体的动态演化，随着造山带的隆升，地形负载不断加大，地形挠曲逐渐明显，随着造山带前缘推覆体向前陆推进，盆地的沉降中心和前陆隆起逐步向克拉通方向迁移，形成递进式沉积演化序列。控制盆地中沉积作用的主要因素是造山带的抬升、剥蚀和大陆岩石圈的挠曲沉降速率。

15.12.2　前陆盆地地层模型的控制因素

前陆盆地是挤压体制的产物，是岩石圈受外力作用而发生扭曲所形成的盆地。大陆岩石圈扭曲作用的研究大多是在碰撞造山带（如喜马拉雅造山带与前陆盆地、阿尔卑斯造山带与前陆盆地）进行的，研究表明横穿造山带和前陆盆地的地球物理场剖面均出现明显的梯度带变化，都发现了相似的莫霍面突然变陡的现象，如重力异常在冲断带一侧为正异常、等值线密集，向克拉通方向逐渐变为负异常、等值线稀疏；磁异常等值线图、大地电磁测深也反映出了相似变化，这些现象表明由于地貌负载造山带，从而产生质量过剩、前陆盆地质量不足的情况。因此，经典的前陆盆地动力学模式认为，盆地的沉降主要受两方面的影响：一是区域上的构造挤压应力；二是地貌负载作用，包括相邻造山带的构造负载及盆地内的沉积物和水体。仅地貌负载有时也不足以造成板块的挠曲而形成前陆盆地，许多学者先后注意到，在不少前陆盆地中，前渊沉降的幅度比预测的由地貌负载及沉积负载作用所产生的沉降更大、更广。Roydan（1989）结合地球物理及模拟数据认为，在周缘前陆盆地中，引起岩石圈扭曲沉降的作用还有俯冲负载作用。而 Mitrovica 等（1989）、Gurnis（1992）则证明，在弧背前陆盆地中，动力板块负载作用也对岩石圈的挠曲升降有影响。DeCelles 等（1996）对 3 种作用机制与岩石圈扭曲作用的关系进行了总结，指出 3 种力对岩石圈挠曲作用的影响不同，但有时表现为相互干扰，并减弱了地貌负载所导致的盆地沉降幅度。

15.12.3　前陆盆地层序地层模型与构造控制

盆地中层序地层单元像建造块一样共同构成了盆地层序地层格架。盆地中层序地层构成的几何样式和发育规律受海平面（或相对沉积基准面）变化和盆地构造活动、气候、沉积物供给及物源等多种因素控制。盆地层序地层单元主要受构造或盆地沉降速率、海平面升降速率和沉积物供给速率控制。对一个由不整合界面分隔的原型盆地的全部沉积充填，即一个构造层序或盆地相进行不同级别的层序地层单元的划分，充分认识原型盆地内部充填格架样式，可精细确定盆地低级别幕式构造沉降事件和造山带的逆冲、裂陷或板内应力作用事件。现已证明，前陆盆地充填层序变化反映了造山带的逆冲作用，裂谷盆地沉降事件与层序发育相一致，克拉通盆地由沉积层序揭示的盆地沉降事件与板块边缘构造作用事件具有很好的耦合关系，并且一个块体内不同克拉通内盆地演化具有同时性，反映了它们受到统一的远程构造事件影响。

不同阶段盆地沉积古地理恢复、沉积体系的平面分布是重建山脉构造变形带的扩展和迁移规律的有效方法，同时在沉积古地理恢复时，古流方向准确而精细的测定对确定山脉的构造活动部位也具有重要意义。

研究与不同逆冲断层相伴生的粗碎屑沉积体系与逆冲断层的关系可以确定不同逆冲断层的活动时间，确定逆冲断层的逆冲作用对沉积单元的控制关系。

因此，与造山带相邻或发育于造山带之中的盆地的充填序列除受气候等影响外，主要受造山活动控制，以不整合界面分隔的盆地相及其内部沉积旋回反映不同级别的构造事件，盆地边缘沉积体系与控制性断裂活动有关，盆地演化与造山过程具有密切耦合关系。许多非对称性裂谷活动决定了横向水系切过控制性正断层下盘进入盆地中心，并形成粗碎屑沉积体系。一些学者认为粗碎屑楔进积是盆地边缘构造微弱活动的沉积响应，而细粒的湖相或浅海沉积形成于高沉降速率时期。他们认为沉积供给一定时，进积作用的形成取决于慢速沉降时期可容纳空间的减少。一般来说，前陆盆地充填序列在演化过程中主要为进积式，在初期由于快速挠曲形成海相沉积，后期沉积速率超过沉降速率出现陆相沉积。但是由于响应负载的挠曲变化、盆地下部地壳性质差异、盆地类型（周缘或弧后）不同和前陆盆地之下大陆裂陷边缘年龄等影响盆地不同的沉积带具有不同的沉积方式。

15.12.4 造山楔负载期与卸载期的地层模型

前陆盆地与造山带的构造耦合另一方面表现在逆冲构造活动对盆地的可容纳空间能产生深刻的影响，从而对盆地充填和层序叠置样式起重要的控制作用。在逆冲时期（造山作用）与相对静止期（即卸载时）所形成的盆地充填样式是截然相反的。造山带的负载、卸载作用控制了前陆盆地的发展（图15.20），它们使前陆盆地沉积中心在前渊和前缘隆起之间迁移。在造山负载沉降期，逆冲带近端可容纳空间增加，而远端发生隆起，可容纳空间减小；在卸载期，由于盆地回弹，逆冲带近端可容纳空间减小，而远端的可容纳空间增加。因而造山带的构造过程对盆地沉积层序的发育及沉积中心的迁移都具有控制作用。

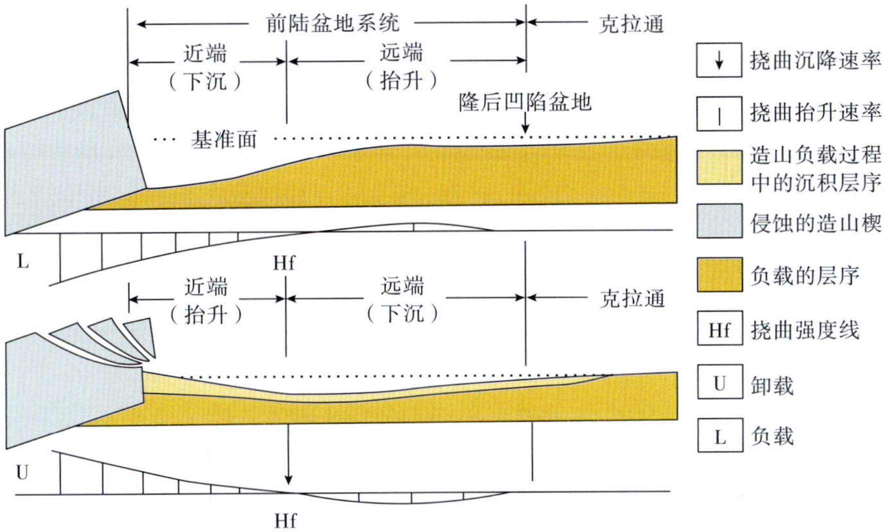

图15.20 造山带负载和卸载阶段的前陆盆地演化
（据Catuneanu et al.，1998）

15.12.4.1 欠补偿与过补偿前陆盆地的地层模型

大陆板块碰撞之后，逆冲楔形体的前部基本为水下沉积，早期的浊积海槽充填物称为复理石，代表了周缘前陆盆地早期阶段的沉积。随着前陆盆地被沉积物充填，盆地的沉积环境变成浅海相和陆相，这些沉积物又称为磨拉石。周缘前陆盆地的欠补偿向过补偿状态的转变，也就是盆地中的复理石向磨拉石的转变记录了逆冲楔形体的迁移。

前陆盆地的充填一般可以分为两阶段，Covey（1986）有关台湾西部前陆盆地的文献证实了这个过程：①早期欠补偿阶段，造山体地形是平缓的，沉积物搬运速率低，盆地保持深水环境。②晚期稳定阶段，在山脉的生长趋于稳定阶段后，强烈的剥蚀与抬升均衡，盆地由碎屑充填到溢出点，形成一个稳定的盆地几何形态。在造山楔中由逆冲构造形成的凸起地貌经过侵蚀为前陆盆地沉积提供物源。前陆盆地演化过程开始经历一个欠补偿阶段，紧接着是一个过补偿阶段，这些沉积过程响应了造山带发展过程中的挠曲沉降和沉积物补偿作用。

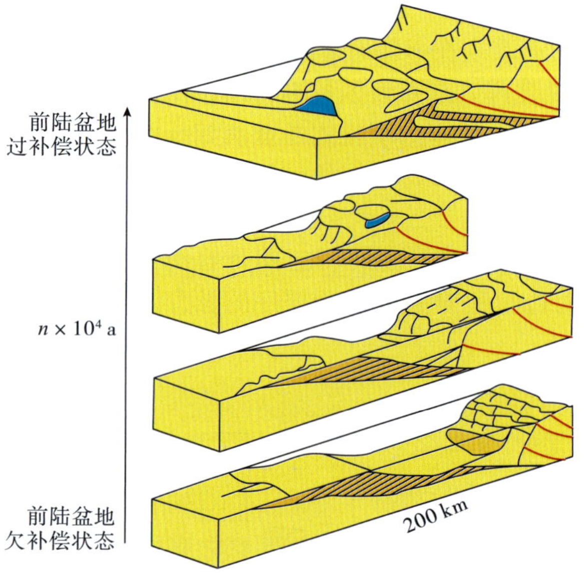

图 15.21　前陆盆地从欠补偿状态向过补偿转换结构示意图
（据 Karner et al.，1983）

欠补偿前陆盆地具有浊积岩或者复理石相，反映了陆上造山带上升速率小于盆地沉降速率，因而促使沉积物供给量不足。较大的盆地沉降速率由初始的逆冲构造在已经断裂的岩石圈上面加载作用而产生。在过饱和状态的沉积过程中，盆地表现为磨拉石沉积模式，以浅海和河流沉积相为主，由于侵蚀作用的增强，卸载也随之增强，提供了大量的沉积物源。

在前陆盆地的过补偿阶段，沉积的显著标志是磨拉石、浅海和河流沉积相，由于造山带抬升，侵蚀进一步加剧，提供沉积物源增多。从欠补偿到过补偿前陆盆地的转化常常被视为简单的过程。图 15.21 显示了以百万年为时间尺度，前陆盆地由欠补偿阶段向过补偿阶段的转化过程。

15.12.4.2　前陆盆地“两阶段”式的地层模型

前陆盆地是一种不对称性的构造沉陷区，向褶皱-冲断带方向，沉降速率显示了不断加大的特点。现代构造模型表明前陆盆地非对称性几何形态的产生与冲断带边界下面的岩石圈挠曲作用和构造载荷作用密切相关。盆地的深度和宽度取决于冲断带临近区域的物源量、几何形态、盆地下面岩石圈的挠曲强度等因素。

Heller 等（1988）认为如果冲断带沉积是非连续的，那么整个前陆盆地区域将会经历两个阶段的盆地发展过程（图 15.22）。第一个阶段（同造山期的）与冲断带负载的侵位驱动的构造沉降相关。沉积物供给在物源附近进行了选择性沉积，在近端的快速沉降导致了厚层的砂砾体的产生。水系模式可以反映前陆盆地沉降的不对称性。横跨盆地的进积作用受到盆地岩石圈挠曲作用所控制。前陆盆地的沉降速率和冲积扇的进积速率控制了湖泊、河流的位置。第二个阶段（造山后的）发生于冲断带的侵蚀期，导致了盆地的再次沉积。侵蚀作用成为主导因素。逆冲带的弹性回跳作用导致了来自逆冲楔的沉积物在盆地内堆积。同时，前陆盆地的近端开始遭受剥蚀，沉积物被运移到盆地远处再次沉积（图 15.22b）。随着前陆盆地的进一步抬升，近端的粗粒沉积物遭受侵蚀，在盆地边缘地区沉积。由于前陆盆地的近端在第二阶段中被抬升，盆地形状的非对称性略减，新堆积的粗粒地层呈现为板状，而不是造山阶段的非对称楔形。

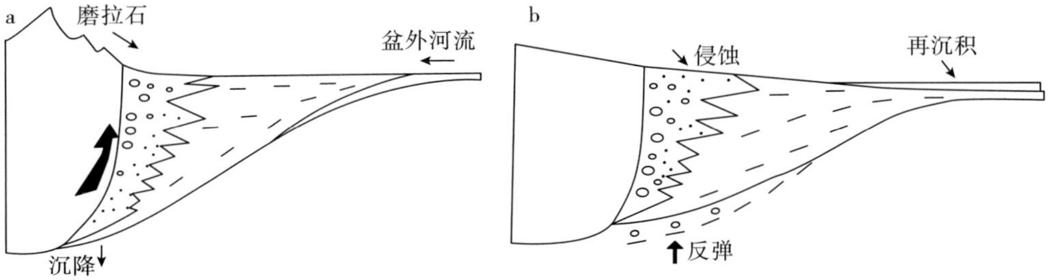

图 15.22　前陆盆地演化过程中的两个阶段
（据 Heller et al.，1988）

Jordan 等（1991）的研究成果，进一步发展了“两阶段”式沉积模式。构造活动时期（第一阶段），造山楔的加载导致了挠曲沉降，增强了盆地远端的挠曲隆升，因而前缘隆起抬升，并向造山楔前缘方向发生迁移。而前缘隆起的前缘正朝冲断层前的方向进行抬升和运移。前陆盆地的河流模式为纵向的，连接着盆地边缘冲积扇和前缘隆起的高部。在构造稳定时期（第二阶段），造山楔发生侵蚀作用，并导致前缘隆起在向盆地外方向运移时规模减小。同时流水系统变为横向的河流。

15.12.5　对前陆盆地地层模型的讨论

前陆盆地地层模型，一方面显示前陆盆地沉降和沉积演化与毗邻造山带逆冲构造负载密切相关，可以根据前陆盆地充填地层推断毗邻造山带变形的历史；另一方面也显示前陆盆地的复杂性和特殊性，尚不能用单一模型概括所有的前陆盆地随构造负载作用而发生的变形、沉降和沉积演化。杨永泰（2011）认为前陆盆地形成的主要原因是造山带负载导致的岩石圈挠曲。逆冲作用造成地壳增厚，造山带的巨大质量又导致下部岩石圈的区域均衡沉降，从而邻近和平行于造山带发育了凹陷。另外，前陆盆地的演化也受到沉积物供应、盆地内沉积物扩散能力、岩石圈强度、造山带逆冲速率、全球海平面变化、与俯冲有关的动力沉降及俯冲负载等众多其他因素的影响。从以上对前陆盆地岩石圈挠曲作用与地层充填模型的总结中，可以归纳出以下特点：

1）在过去的几十年里，前陆盆地的研究经历了一个从最初的宏观模型到现在的精细地层分析的发展过程。Beaumont（1981）、Jordan（1981）让我们从宏观上认识到造山带负载是前陆盆地沉降的决定性因素。Flemings 等（1989）、Sinclair 等（1991）通过模拟使我们看到剥蚀和沉积作用及造山带逆冲速率对前陆盆地的地层充填有重要影响。Heller 等（1988）、Jordan 等（1991）认识到造山带的幕式逆冲可以造成前陆盆地发育两种完全不同的地层。DeCelles 等（1996）进一步细化了弧后前陆盆地的沉积单元，提出了前陆盆地系统的概念。这种从宏观模型到精细地层研究的发展使我们能够更深入地了解前陆盆地的演化历史，对在前陆盆地内的油气勘探更有实际的指导意义。

2）这些典型的前陆盆地地层模型和构造-沉积演化模式，分别说明了沉积、构造及岩石圈习性在前陆盆地演化过程中的作用，并且肯定了构造运动在前陆盆地演化中的中心地位，而沉积作用是对构造作用的响应。一方面，显示了前陆盆地的沉降和沉积演化与造山带构造负裁的相关，可以根据前陆盆地充填地层推断毗邻造山带变形历史，另一方面，也显示前陆盆地的复杂性和特殊性，尚不能用单一的模式概括所有的前陆盆地随构造负载作用而发生的变形、沉降和沉积演化。尽管如此，上述研究已大大地提高了人们对前陆盆地的认识，开拓了研究思路。

3）这些地层模型均肯定了构造作用在前陆盆地演化中的中心地位，前陆盆地沉积作用是对造山带构造作用的响应。造山带的每次挤压-逆冲事件均导致了相应的前陆盆地沉降和沉积物充填，并直接控制前陆盆地沉积响应；造山带的周期性逆冲事件在前陆盆地中造成了幕式沉积作用，活动期和相对静止期不仅在剖面上显示粗碎屑沉积楔的周期性出现，同时在横向上显示沉积体系配置形式和古流向体系的根本改组。因此，构造地层分析成为前陆盆地分析的基本内容，研究前陆盆地中构造对沉积的控制作用和沉积对构造的响应这两个相互制约、相互关联的领域。构造-沉积分析是进行盆地分析的基础，在进行前陆盆地构造-沉积分析的同时，一定不能偏废对板块构造背景及岩石圈习性的分析。板块构造背景决定前陆盆地基底地壳性质、基底构造性质；而岩石圈习性由于受负载、时间、温度等因素的影响，表现出不同特征。

4）随着层序地层学的发展，这种从宏观模型到精细的盆地分析研究成为可能。层序地层学提供了一个追踪等时界面的思路，可以进行高精度的地层对比，并在平面上成图。从而可以看到多个较短时间段内发育的地层在时间上和空间上的变化趋势，进而可以合理地归纳出控制盆地沉降的主要因素，建立合理的盆地充填地层模型，预测有利的储层发育相带。

5）定量模拟和实际地层资料都证实造山带的逆冲作用是前陆盆地沉降的最重要控制因素，造山带的逆冲作用也直接影响了前陆盆地地层充填的几何形态。另外，对某一固定地区来说（岩石圈挠曲刚度不变），造山带的剥蚀作用（即沉积物供应）、沉积物在盆地内的分散能力和造山带的逆冲速率都对盆地内的地层充填状态有着重要的影响。而全球海平面变化只影响盆地是海相或陆相，对盆地的形成和充填没有决定作用。在弧后前陆盆地，和俯冲作用相关的动力地形对盆地沉降可能有影响。在周缘前陆盆地，盆地发育早期，俯冲负载可能会对盆地沉降产生较大影响。

6）前陆盆地地层模型考虑到了造山带的幕式逆冲特点。在逆冲作用下，盆地的近源区发生快速沉降，在盆地中部，前缘隆起沉积带形成并遭受剥蚀。当逆冲作用停止后，盆地近源区发生反弹而遭受剥蚀，粗粒沉积物向盆地内进积，盆地的可容纳空间迅速向克拉通方向迁移。前陆盆地可定义为欠补偿状态和过补偿状态。在欠补偿阶段，弧后前陆盆地发育前缘隆起沉积带；在过补偿阶段，从造山带而来的河流延伸到前缘隆起沉积带。

第 16 章　前陆盆地岩石圈与表面过程的相互作用

自 20 世纪 90 年代早期以来，前陆盆地定量模拟的重要进展之一就是岩石圈挠曲作用与地表过程（剥蚀、河流搬运）间的相互作用。挠曲可能由地形负载与板块拖曳所致，也可能由其他深部过程（如板块拆沉、岩石圈拆沉、弯折作用）所导致。其中最重要的方面包括：①岩石圈弹性厚度、岩石圈流变分层与前陆盆地地层挠曲模拟的相互作用；②岩石圈与构造、河流水系、盆地连通性、表层沉积物再分配的相互作用；③岩石圈内部的横向非均质性与前陆盆地演化的相互作用。

在前人研究成果的基础上，本章总结了前陆盆地岩石圈与表面过程的相互作用方面的主要进展，包括岩石圈与表面过程的相互作用、构造作用与地表过程的相互作用、构造作用与表面过程的耦合关系、造山带构造作用与表面过程的耦合关系、造山带构造作用与表面过程的数字模型、前陆盆地岩石圈与地表过程的相互作用、碰撞造山带岩石圈与表面过程的耦合关系共 7 个方面的内容。这些研究成果表明，岩石圈流变性质的时空变化在盆地的可容纳空间、挠曲前缘隆起的演化、河流袭夺、盆地连通性等方面发挥着关键的控制作用。未来前陆盆地地球动力学研究主要的挑战在于，在对壳内解耦、下地壳横向流动、岩石圈拆沉、地幔拆沉等作用和过程进行区分的基础上，研究在造山过程中地表作用与壳幔（解耦）耦合变形之间的相互作用。

16.1　岩石圈与表面过程的相互作用

板块构造理论不仅成功地解释了原始地貌的形成原因，也使我们理解了为什么会在板块边缘形成山脉和沉积盆地。这一理论主要关注的是离散型、剪切型和聚敛型的板块边界，而这些板块边界又为揭示板块形成过程的物理模型提供了基本框架。如今，板块边缘的构造发展以及在这些地区的地貌演化过程是研究的重点之一，同时还要研究表面过程会产生什么样的反馈结果，例如，需要研究活跃于板块边缘的主要构造作用在其发展过程中，剥蚀和沉积作用会对这一进程产生什么样的影响。

目前大多数人认为，汇聚大陆边缘具有以下两个主要特征：在板块俯冲边界的岩石圈弯曲下沉；大面积的构造抬升形成山脉或高原。如果汇聚型边界是大陆-大陆边界，那么海拔很高的地形就是这种边界上的一种典型表现，这种碰撞带的地貌均表现为小的造山带（如阿尔卑斯山脉）或大的造山带（如喜马拉雅山脉）。海洋-大陆板块的边界也会有突出的地形特征（如安第斯山脉）；而在有些区域，地形的起伏不大（如北美地区位于太平洋西北部的海岸）。

就地球系统而言，虽然现在认为构造运动基本上是由于地幔对流作用于岩石圈而产生的，但由于在构造作用过程中也伴随着的剥蚀作用，因而，这一过程与大气圈-水圈系统也有密切的关系（图16.1，图16.2）。通过山脉地形对气候的反馈，大气圈系统反过来又依赖于构造过程。其他联系存在于这些系统间，例如，气候依赖于海洋循环，海洋循环又反过来依赖大陆的全球分布，最终取决于地幔对流在时间和空间上的模式。大规模的地幔对流模式随岩石圈板块位置的变化而发生变化，并对超大陆形成和裂解的解释发挥了作用。在相互作用、相互依赖的复杂系统中，不能孤立地考虑单个系统，应该进行全面的综合分析。为了进一步加深理解，有必要对部分过程做出更明确的解析，而且这种相互作用关系也是能被量化的。运用动力学和机械模型来解释聚敛型和离散型的板块边界是一种恰当的方法。

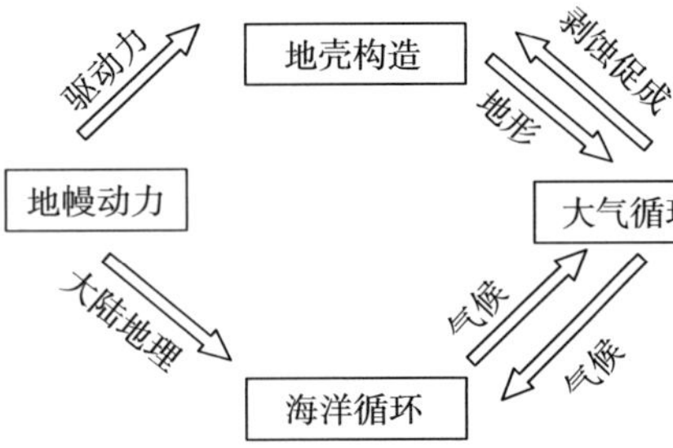

图16.1 构造作用与地表地貌演化之间的相互作用和反馈机制

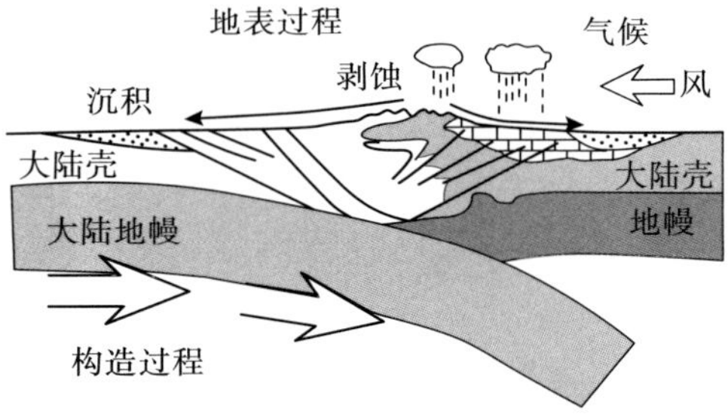

图16.2 造山带构造-气候-地表过程的相互作用
（据TOPO-EUROPE Working Group，2007）

就汇聚板块边界背景而言，现在已经广泛应用了两类连续性的物理模型，这两类模型是应用于二维空间的。

第一类模型是由Bird等（1980）所叙述的薄板模型，是在平面图上模拟岩石圈的变形，并假定地壳、岩石圈、地幔一起变形，并在纯剪切作用下压缩和增厚。这种方法预测了在平面模式下的变形、地壳的增厚、均衡和表面的抬升，但是，除非在特殊情况下（如具复合力耦的薄板模型），它不允许在此模式下的岩石圈在垂直方向上有变形。薄板模型描述的板块的变形，就是板块在平面上的变形，对整个岩石圈变形的表述也大致相似。

虽然薄板模型假设在水平板块上没有简单的剪应变时，可以大体认为这一地区存在一个大区域的相对统一的变形（如青藏高原），但是对于小规模的聚敛造山带（如新西兰南阿尔卑斯山脉和大陆碰撞带）或者区域性的褶皱大高原（如喜马拉雅造山带）而言，这种解释则存在局限性。这些造山带的地壳构造形变清楚地显示了地壳内部近水平的滑脱作用的重要性，以及一个岩石圈板块向另一岩石圈板块之下俯冲的重要性。在早期的构造模型中，Argand（1924）也对地壳变形以不同方式进行了不同层次的解释。通过对位于脱耦层之上的地壳岩层变形的测量，推导出纵向剖面上的应变模型。

Chapple（1978）等提出的平面的应变临界楔形模型是特别有用的，他们预测了在滑动面有摩擦力作用时在滑动面之上发生脆性变形。临界楔形模型的概念为聚敛运动导致了地壳楔形体的变形。如果重力载荷与底部的推力没有达到平衡，那么理想的、均匀的、锥形的楔形体（具摩擦力）表面的坡度会变陡，直到它达到可使重力载荷与底部的推力平衡的最小角度。

临界楔的模型最初被应用于研究俯冲型褶皱带上，在随后的研究中认识到，通过使用数字模型可以揭示造山带的模式，考虑了普遍的边界条件以及相应地质体的性质。在模型中，在刚性板块之间的聚敛是通过一个板块下插到另一个板块之下完成的，这个过程类似于大洋板块的俯冲作用（图 16.3a）。在基底面上所产生的反向剪应力，使地壳断裂发生叠置、增厚和变形。

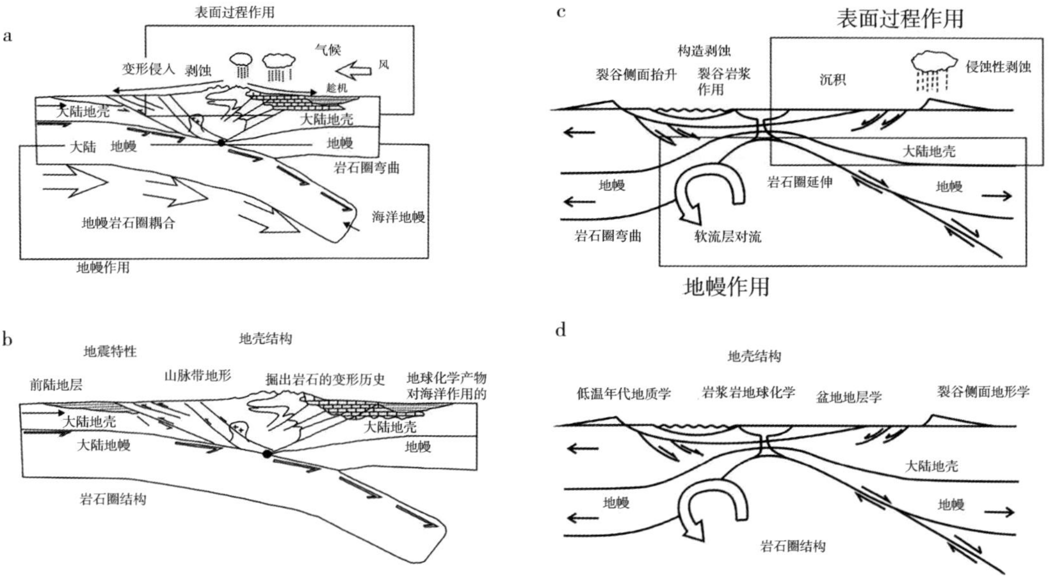

图 16.3　构造作用与地形、地貌及沉积建造的相互联系

（据 Summerfield，2000）

a—主要构造作用过程影响中小尺度的聚敛造山带的地形、地貌及建造；b—来自聚敛造山带的观察结果；c—构造作用过程影响离散型边界或裂谷边缘的地形及地貌的演化；d—从离散型边界观测到的可应用的实例

人们在很久以前就已认识到，剥蚀作用或由地表作用过程导致的大规模物质再分配对这些聚敛造山带模型是很重要的。Adams（1980）在对新西兰南部阿尔卑斯山脉的定性描述中早就强调过剥蚀作用对聚敛的动力模型的重要性，Suppe（1980）在关于中国台湾的临界楔形体模型中也强调过这一点。此后许多研究成果使我们进一步加深了对表面作用与内部过程之间相互作用的理解。这些研究成果均表明，表面过程与地壳变形具有相互作用的关系，在表面过程中，隆升地区的剥蚀作用和盆地的沉积作用使物质重新分配，并且通过这一方式改变了重力。临界楔形体或造山带模型对物质再分配是很重要的。剥蚀作用与驱动聚敛和造山运动的构造作用同样重要，这一点已经在一系列碰撞带（图 16.3b）的研究中得到了证实。

如果构造变形模式发生了变化，那么就可以在地貌演化过程中得到反映；反之，如果地形改变了，那么这一区域内的气候就会随之发生变化，有时这种变化甚至会影响全球气候。最后，气候变化可能在一个造山带内由特定的变形模式表现出来，这种变形模式是由剥蚀作用的变化而产生的。

目前，我们不仅要关注构造作用与表面过程之间的反馈强度与耦合机制，同时还要关注地貌演化过程以及由表面过程产生的物质是如何传输的。因此就必须研究由多个元素所组成的一个动态系统的总体状况及各元素之间相互作用的关系。目前的研究方法是只考虑了部分过程的模型，将这些过程量化，用来研究表面过程-构造作用的耦合作用与动力机制。后面将对目前的表面过程模型（TMS）与构造过程模型（SPMS）之间的耦合机制做出一定的评价。我们将讨论单向耦合的耦合模型，也就是说，无论是TM或者是SPM，其中一个要素是被限定的，并且驱动了其他要素发生变化，在这一过程中，无反馈作用发生。相对而言，在聚敛区构造作用和剥蚀作用是强烈的耦合在一起，而在伸展区域则较复杂。

16.2 构造作用与地表过程的相互作用

16.2.1 构造作用与表面过程

地表的地形抬升导致了侵蚀和沉积过程的发生。因此，构造运动是驱动地表过程的一个重要因素。Summerfield 等（1994）对全球主要河流流域的剥蚀速率进行了研究，结果表明，剥蚀速率主要受盆地地形的影响，在活动构造抬升的区域，剥蚀速率系统性地升高。平均剥蚀速率为0.1~1 mm/a。这样的侵蚀速率通常与在地质时期内沉积物量估计值相一致。然而，热力学研究结果表明，局部的剥蚀速率高达1 mm/a。局部与流域平均值具有差异性，其原因在于在一个流域内的构造隆升，可能在局部地区导致着短期剥蚀速率变化。在没有任何构造反馈的情况下，剥蚀速率会导致像阿尔卑斯山脉或天山这样的主要造山带在几百万年里消失。Pinet 等（1988）论证了剥蚀会导致地形在一个范围内呈指数衰减，其特征时间常数为2.5 Ma。

16.2.2 地壳均衡导致的剥蚀与构造抬升

许多的模型显示了地壳均衡和表面过程之间的耦合。通过侵蚀和沉积重新分配地表负载，这必会引起构造变形以保持地壳均衡。垂直上升的区域会在一定程度上补偿被剥蚀区域的卸载，而在下沉区域通过沉降来响应。

这种反馈机制可能导致剥蚀和构造抬升之间的某些耦合。第一个后果是，侵蚀地貌所需的时间必须考虑到地形增高和地壳根部的移除所需要的时间。假定局部地壳均衡，如果忽略了水平应变，则会通过抬升来补偿剥蚀，地形的衰减特征时间将会是10 Ma。此外，有人认为剥蚀作用可能会产生正向的反馈。如果在河流切割过程中，河谷的斜坡变陡，那么在山脉剥蚀后的静压力可能会导致山峰顶面的净抬升。另外，由于岩石圈的均衡反弹作用，区域均衡补偿也可能导致高原边缘山脉的侵蚀和抬升。因此，侵蚀可能会导致一些地形山峰的抬升，进而导致进一步侵蚀。在过去的几百万年里，喜马拉雅山脉的隆升可能是由于这种耦合机制，而不是来自喜马拉雅山脉逆冲楔的推进。然而，尽管在等静压力调整后，山峰可能达到较高的海拔，但侵蚀的结果是地壳变薄。因此，这些模型尚无法解释长周期的山脉生长。在侵蚀和均衡反应之间的最强烈的反馈是在局部的地壳均衡中获得。在区域补偿的情况下，对于弹性厚度超过60 km的岩石圈，则这种反馈机制可以忽略不计。因此，剥蚀与均衡之间的反馈机制应该发生在碰撞环境中。

16.2.3 表面过程和水平应变之间的耦合

地壳厚度的横向变化应该能推动下地壳水平流动，这一过程在大陆构造中的重要性。例如，Kruse 等（1991）指出下地壳水平流在盆地和山脉延伸过程中具有平衡调节作用。在这个过程中，下地壳会从高地形下挤压出来。Westway（1994）将这种流动称为“向外”流动。另外，Gregory 等（1994）在科罗拉多州拉腊米造山过程中提出了“向内”流动，流向地壳根部。由几千米高、几百千米宽的地形引起的下地壳流动的特征时间大约为百万年。因此，在某一范围内地形的侵蚀衰变和地壳根部侧向塌陷的特征时间具有相同的数量级。由于这两个过程都是由地形坡度驱动的，因此可能会出现一些耦合。这种过程可能会在大陆内部的海拔变化中起重要作用。Westway（1994）在土耳其西部的伸展构造的背景下提出了这种耦合的情况，这种耦合伴随着向内的流动。他提出沉积盆地中的沉积物负载会促使下地壳水平流流向隆起区。这种过程首先由 King 等（1990）进行了模拟，使用覆盖无黏流体（下地壳）之上的薄弹性板（上地壳）模拟地壳的伸展作用。

这种耦合也可能出现在压缩环境中。在区域等静压平衡中加载一些初始地形，然后进行水平压缩。由地形坡度和莫霍面造成的水平应力梯度必然会推动水平流动。

由于地壳厚而热，在造山带中岩石圈减弱，并且由于岩石圈在山体下面的弯曲使其强度降低。因此，可以预测在该范围以下的区域具有较高的应变率。位于高地形下的下地壳低黏度通道流可能横向流动。在没有水平缩短和侵蚀的情况下，Bird（1991）认为下地壳将被横向挤压。如果发生侵蚀，可能会建立一种机制，水平缩短将优先通过地壳增厚来适应：①地表过程从该范围移除物质，供给相邻的挠曲盆地，并引起不平衡；②这种不平衡会使前陆盆地下方的压力暂时超过正常压力，并且降低下地壳流向地壳根部的流量。隆起和盆地消退。最终，这种耦合方式可能会导致一些动态平衡，其中通过侵蚀移除的物质量将通过地下变形来平衡。

16.3 构造作用与表面过程的耦合关系

在许多较早的模型中研究了侵蚀与构造过程之间的关系。然而，对构造响应的考虑不够充分，因为这些模型大多数都利用了地壳或地幔岩石圈的半运动学公式。Avouac 等（1996）开发了第一个全尺寸参数半解析模型，以验证地表和地下之间的耦合机制。该模型解释了耦合关系，包括：①表面过程；②地形负载和地壳厚度变化对岩石圈力学的影响；③下地壳的延展性流动；④岩石圈的深度和应力相关的流变学。此外，他们还提出了构建造山带构造模型所需的组件包括：①现有的地表模型；②岩石圈动力响应所需要的流变数据；③建立岩石圈热模型时需要适当考虑塑流变学。Avouac 等（1996）的半解析模型有一定的局限性，无法解释一些关键的变形模式，比如主要的逆冲断层的形成。Burov（2001）提出了大陆碰撞/俯冲的数值-热力学模型。该模型考虑了收敛板块的几何关系，并考虑了应变和脆性-弹性-黏性流变学，包括局部脆性（断层）和韧性变形。

Ellis 等（1994）曾将地球运动学-表面过程的耦合模型做了很好地归纳和表述，包括：①裂谷边缘的耦合模型（Gilchrist et al.，1994）；②倾斜的碰撞边缘的耦合模型（Koons，1994）；③压缩带的耦合模型（Zhou et al.，1994）；④大陆高原的耦合模型（Gregory et al.，1994）。然而这些模型均具有一定的局限性，因为它们缺乏构造与表面过程之间的动力耦合，而且也没有很好的实例来证明这两个过程之间是相互依赖的。

Barrand 等（1989）曾考虑过临界的库伦（Coulomb）楔形体的特殊案例，该楔形体在被侵蚀时仍然保持均匀的临界的锥形体。就是说，楔形体内部的变形和表面物质的抬升速率，不仅必须满足库伦流变学，而且也要与表面过程的剥蚀速率相匹配。

16.3.1 表面过程模型

SPM 模型（表面过程模型）设计了长时间尺度的地貌演化过程（几万年时间规模），这种地貌演化经历了长时期的物质搬运过程，物质搬运是同时发生的，搬运距离长短不一。短距离搬运代表山坡过程，在模型中使用了沉积物线性扩散方程 $dh/dt=K_s\ \nabla^2 h$，∇ 为扩散能力；K_s 包括气候和下垫面影响，并假定是按比例的。

长距离搬运代表河流搬运，并分布于一维空间的河流网络。河流通过各自最陡的下降路线降低当前模型所代表的地形。在长距离搬运网络中，沉积物的搬运能力与河流的水动力成比例（$q_f^{eqb}=K_f q_r dh/dl$），同时受流量 q_r 和下游坡度 dh/dl 的影响。河水流量由降雨量以及排水网络汇集的降水量控制。局部的河流沉积作用是由沿河流网络的沉积公式［$\partial h/\partial t=-dq_f/dl=-(l/l_f)(q_f^{eqb}-q_f)$］确定的。其中在非移动相与移动相之间的物质交换是由输沙量确定的。

16.3.2 构造驱动的地貌响应

16.3.2.1 稳定状态的地貌

板块学说表明，平面模型是向一个稳定状态演变的过程模型。在稳定状态下，排水网络和地形坡度具有很好的适应性，地貌模型的每个部分以局部岩石抬升的速度进行剥蚀。在这个例子中，在稳定状态地貌时不存在沉积作用。

16.3.2.2 线性的地貌响应时间

线性系统显示总输入量等于所有个体输入量的总和，并等于总输出量。简单的线性系统是用指数方法描述随着输入量（应力）（图 16.4）而产生新的平衡（稳定状态）。指数的时间是一个系统常数，描述了系统的响应。系统响应时间的地质年代表是由它所需要的达到总体响应的一个分数级（1-1/e）的时间表达（其中 e=2.71828）。

该模型对运动的构造应力（抬升）做出的响应是准线性的，这表明抬升的几何体是近似对称，并倾向于使排水系统的排水方式与基准面相联系。从图 16.4 的实验中观察到一个准线性指数的演化结果如下：①平均的抬升速率；②平均的坡度；③平均沉积速率；④平均的剥蚀速率。该地貌模型响应的时间受气候条件和基底条件制约，影响 K_s、q_r 和 l_f 等因素及构造抬升的空间比例。此外，基底抗侵蚀的能力降低、搬运能力加强、响应时间变长等也是其中的影响因素。响应时间大致随抬升过程按比例变化，把 L 写作 L^a，并且把 a 限定在 $1<a<2$ 范围内。例如，实验结果表明，$L=50$ km 的响应时间近似于 6 Ma，相

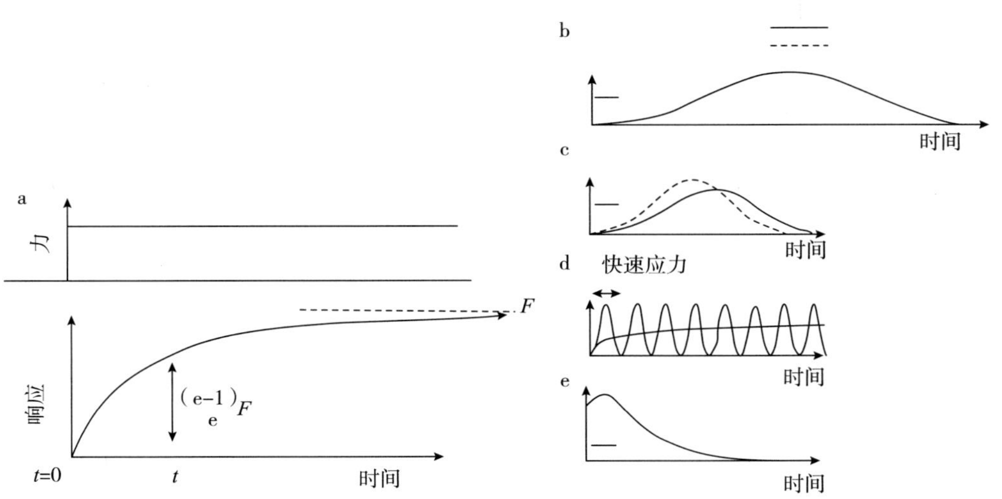

图 16.4　地貌系统对输入量的响应

（据 Summerfield，2000）

a—线形地貌系统对输入量（力）阶跃式变化的响应，这个力可能是由构造作用产生的，也可能是气候因素产生的。不同作用力的函数产生的响应也不同。b—e—准线性的 SPMS 的构造应力（由平均抬升速率得出）与响应（由平均剥蚀速率或边界的沉积量得出）之间的关系。慢的应力（a）状态与稳定状态条件下的演化有关。对中等应力（b）而言，响应弱于应力的作用，并滞后于应力。对快速应力（c）而言，响应由平均条件控制，快速变形迅速减弱。对于非常快的集中应力产生的驱动力（d），响应随之发生，然后减弱并随地形的响应时间衰退

应地，对宽度为 100 km（$a=2$）的造山带而言，响应时间为几百万年。此外，像喜马拉雅-西藏高原这样的巨型造山带，可以有大于 100 Ma 的响应时间。

16.3.2.3　慢速、中速、快速的构造应力与响应

地形的响应时间是描述在任意抬升时期（假定系统是线性的）大规模地形响应的关键。也就是说，响应依赖于构造应力的时间尺度与响应时间的比率 t_T/T（t_T 为当时地壳具一定抬升速率的时间段）。当 $t_T/T\gg 1$ 时，地形的响应变量、沉积物沉积量的响应变量及剥蚀速率的响应变量能很好地反映出当时的抬升速率是否处于稳定的状态（图 16.4）；对于 $t_T/T\ll 1$ 表示的快速应力而言，响应变化不是仅由应力中的较长波长的部分决定。当这些应力确实存在时（图 16.4），响应随之发生，然后减弱，随后随着地形的响应时间而发生衰退。对 $t_T/T=1$ 表示的中等强度的应力而言，响应变量是随着应力中的较长波长的部分变动的，但是振幅是衰减的，并且相对于应力而言，相位还有一个时间段的偏移和滞后（图 16.4c）。对于由构造运动在瞬间建立起的一个地形，相应地响应变化是沿着一个近似指数的（图 16.4）衰退曲线进行。指数最初的偏离反映了由河流冲刷作用造成的成比例的调整，并且表明按宏观比例的线性模拟方法得出的仅仅是一个近似值。

16.3.2.4　非线性行为

非线性行为会出现在以下情况中：①构造作用使一些地区或一定区域产生沉降；②抬升的造山楔体具有强烈的不对称；③抬升的造山楔体倾向于增强内部排水系统。

16.4 造山带构造作用与表面过程的耦合关系

16.4.1 造山带构造作用和表面过程

造山带为板块边界提供了实例。同时，在板块内部构造交汇的地区也是构造和表面过程耦合的区域。构造隆升和剥蚀的物质量的规模都很庞大（图 16.5）。例如，Adams（1980）认为新西兰南阿尔卑斯山是一个稳定状态山脉。在中国台湾岩石受构造作用隆起的隆升速率与剥蚀速率之间近似平衡。Suppe（1981）等认为台湾岛是一个稳定状态的造山带。

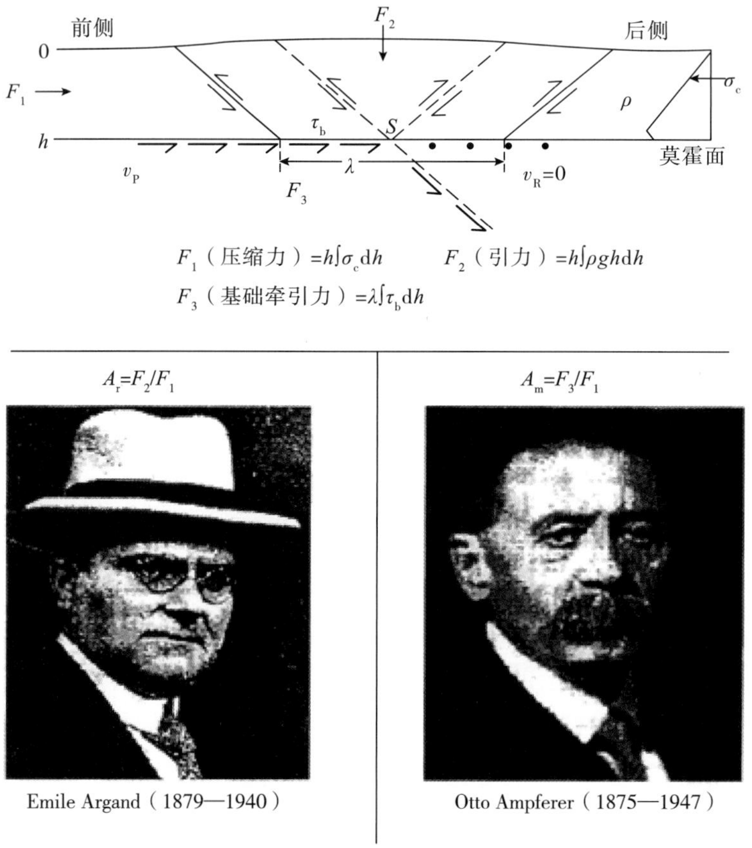

图 16.5　地壳圈层被动变形的简单模式的参数图

（据 Ellis et al.，1995）

S 点的上覆岩层的剥蚀减少约束厚度 h，物质从系统正前方聚敛，合力 F_1、F_2 和 F_3 反映了断层的作用力、重力和总的牵引力。F_2/F_1 值取决于阿尔干数，F_3/F_1 值取决于 Ampferer 数

在很多研究实例中，人们把从造山带估算出的剥蚀量与累积在沉积盆地的沉积通量进行对比。然而，很难精确估计由构造运动产生的物质流量，也很难确切知道聚敛的岩石圈

减少的比例。岩浆物质流动也不确定。因为这些原因或其他各种原因，目前在造山带很难找到能反映构造作用对长期剥蚀做出反馈的直接证据。但是，剥蚀有助于造山带的蚀顶、岩石的隆起和剥露。虽然在许多模型中描述了剥蚀对构造演化的控制作用，但是在造山带，这种控制作用仍然还只是一种推测。

与构造和剥蚀紧密联系的争论，可通过简单的物理分析予以演示。以薄板模型分析时，通过由水平的、来自基底的动力驱动所形成的地壳或岩石圈的变形，是由两个主要的量纲为一的参数 A_r 和 A_m（图 16.5）支配的。A_r 把由地壳（岩石圈）的增厚所形成的重力 F_2 与相应的水平压缩力 F_1 联系起来；A_m 把整体的基底的阻力 F_3 和 F_1 联系起来。在简单的、平面的黏性薄板模型中，地壳或岩石圈增厚区域的分布受控于这些参数，尤其是，在造山带持续的聚敛和缩短期间，A_r 决定了变形传播的趋势。随着变形向外传播和扩展，A_r 对剥蚀作用也有响应。其原因在于 F_2（图 16.5）与一定区域内岩石圈的增厚有直接的关系。当剥蚀速率等于地壳增厚速率时，且其他条件保持不变时，造山带的高度将不再增加。因此，在这类稳定状态的造山带中，从构造的聚敛区输入的造山带物质量就必须与被剥蚀的物质量保持平衡，而且这种机制将促使反作用于地壳增厚及这种增厚向外扩展的剥蚀作用得到进一步加强。

临界库仑楔形体是一个特例。F_1、F_2 和 F_3 是通过库仑（摩擦力）屈服原理相互联系的。其结果是，A_r 和 A_m 也存在相互联系。当剥蚀作用使楔形体的锥度变小，并使之低于临界值时，该造山带变得不稳定，而且在造山带的内部必然要发生变形，也能使 F_2 在向外扩展的变形区恢复到楔形体坡脚时得到增强并恢复到临界值。因此，当造山带是由摩擦力学的因素所控制时，在地表上由侵蚀作用所造成的剥蚀量可以立刻对变形产生重要的影响。然而，当剥蚀速率等于岩石的隆升速率时，物质将通过临界楔形体向造山带外流出，并且呈现为被剥露的剥蚀地貌形态。

虽然造山带的力学特性肯定比这个简单模型所描述的情况要复杂得多，但是 F_1、F_2 和 F_3 之间的关系，以及它们与剥蚀作用之间的关系是最基本的。因此，如模型所演示的，在最大规模的自然造山带上，以类似的方式控制着造山带的演化过程。此外，更困难的问题是如何在小于造山带规模的区域里研究构造作用和表面过程之间的耦合。

目前对碰撞造山带构造演化的研究，不仅成功地解释过去和现在造山带在大尺度上的变形和建造，也演示了构造作用对剥蚀作用、沉积作用所引起的表面物质再分配的响应所具有的敏感性。在大多数情况下，剥蚀过程的剥蚀速率随隆升造成的海拔增高而变大，尤其是在高海拔的造山带。当岩石的高隆升速率和造山带范围内的高剥蚀速率适度结合的时候，就可形成高的地势和高的平均海拔。相反，大陆高原的平均海拔虽然很高，但是由于几乎没有地势，河流和冰川向高原周边地区长距离搬运的效率很低。因此高度变化不大。

16.4.2 造山带构造作用与表面过程的数字模型

早期的数字模型显示了造山带的构造作用（具有平面应变摩擦的造山带被模拟成一个塑性过程）和剥蚀作用［由表面过程模型（SPM）确定］之间的耦合关系，这些数字模型能够演示：模拟的碰撞造山带的几何学和动力学，不仅能敏感地响应于总剥蚀量，而且对造山带前、后两侧的剥蚀作用的响应也特别敏感。这些模型是基于这样的认识建立的，即：在被动大陆边缘，当两个板块相互碰撞时，造山带内的地壳变形是通过一个斜坡发生的逆冲作用来实现的。虽然现在选择的是俯冲模型，但是在斜坡模型中隆升的几何学特征非常类似于俯冲控制模型中的楔形体在早期演化的特征，在这一模型中，地壳与地幔是强烈地耦合在一起发生作用。这些模拟结果的意义在于，它们表明了隆起的山脉可能与通过地形雨带来的降水与气候环境相互作用。例如，它们可以形成一个动力系统。造山带的构造被气候（特别是盛行风所影响的气候）所控制。当山脉系统的动力达到这样一个点时，即：降雨量能够产生足够的降水，这些降水以一个与表面物质隆起速率相等的比率去剥蚀造山带的时候，就可以达到一个稳定状态。表明表面过程对构造演化、剥露、地壳增厚、地壳均衡的重要性。同时也表明，如果在由俯冲作用控制的造山带，表面过程对岩石圈的挠曲也是很重要的。当剥蚀作用消失时，造山带内的物质随着由构造作用所驱动的物质输入（包括隆升和下降，不包括剥露）而增加；当增加的造山带物质被挠性补偿时，前陆盆地产生挠曲沉降。相反，发生在整个区域内的剥蚀作用阻碍了造山带内物质的积累，使得其前缘没有发生构造沉降，那么在这一区域也就不能形成前陆盆地。高剥蚀速率使得地表剥露的速度加快，地表的剥蚀作用使地形高程降低，最快时可以接近于聚敛作用导致的地壳抬升的速率。当构造作用驱动的物质流量与表面被剥蚀掉的物质流量相等时，就能够达到动态的平衡。主要的控制因素是：被剥蚀物质量的增大程度与造山带隆升速率和降水量的增大之间的关系。

在构造地质学上，可以利用一个简单的造山带降水量模型来演示与气候耦合的剥蚀作用的结果，在简单的造山带降水量模型中，降雨量在迎风面斜坡上保持一定的比率，而降雨量在背风面斜坡上却为零，降水汇聚到一维空间的河流中，可以把剥蚀速率与地表斜坡上的河流在一定时间内的排水量看成正比例关系（同样的搬运能力也被运用到 SPM 的河流中）。隆升量和径流量之间的结合使该系统发展成为动态的稳定状态，在这一状态中，被剥蚀的物质量等于聚敛作用所驱动的物质量，而且在造山带表面，被剥蚀物质的最大埋藏深度和地貌状态则没有发生进一步变化。

造山带的剥蚀作用是由地幔俯冲方向控制的。如果主要的风向与俯冲下沉的地幔板块的运动方向相反，剥露倾向于高度集中在造山带前缘的变形区域，而变形则在整个造山带中扩散。相反，如果主要风向与俯冲方向相同，被强化的剥蚀作用与造山带变形作用连接在一起，在造山带内形成新的剪切带，并且还会形成在构造上具有一定稳定性的背风坡。研究实例表明，高级变质岩的裸露并不意味高的剥蚀速率；造山带内部剥蚀速率几乎不变。地表的剥蚀作用在相当程度上依赖于造山带内部变形的运动学与表面剥蚀速率的耦合。

造山带的表面斜坡和地形也反映了剥蚀速率的变化：在每个实例中，在造山带的迎风面所发育的河道纵剖面能够反映这种特别的剥蚀形式。其背风坡更陡峭，因其相对于表面过程而言，它更多地反映了变形的过程。虽然有必要简化反映造山带地貌的这类模型，但是这些模型也表明，把地球动力学模型和反映表面过程的模型与所有潜在的反馈机制相结合，将可以得到一个非常好的效果。

揭示由预测得出的剥露分布区域与地形、剥蚀之间的关系可能在造山带运动学与气候和侵蚀过程上都有重要的意义。虽然模型很简单，不能提供天然的造山带的具体预测和解释，但是在总体上可以进行一些比较。在最大的尺度上，喜马拉雅-西藏高原造山带显示出一些重要特点。喜马拉雅山代表了西藏高原的南部边缘，对印度洋板块和亚洲板块碰撞的响应是形成这一造山带的主要原因。虽然，喜马拉雅山的顶点是世界最高点，但是这一地区的平均海拔并不比西藏高原的平均海拔高。最高点反映了由河流下切和地壳均衡隆升所形成的起伏程度变大的地形，地形的剥蚀下切反映了降水集中在位于西藏板块内部的喜马拉雅山前缘。因此，该地区的剥蚀作用主要集中在喜马拉雅山前缘，而在最高点的北部，剥露程度则要低得多。因此，该造山带反映了导致变形的气候条件和运动学条件是强烈不对称的。

虽然，模型对诸如喜马拉雅-西藏之类的大造山带并不是有效的，但是可以通过把小的造山带构造模型和平面表面过程模型相结合获得一些基本结论。除了已经应用的俯冲边界条件外，SPM 是一个描述型的模型，Beaumont 等（1992）曾描述过它们之间的耦合关系。该模型展示的平面体具有相反的极性。该模型结构表明，有可能将 SPM 耦合到具有俯冲边界条件下的平面应变的 TMS 上。该模型模拟的造山带将类似于新西兰南部的阿尔卑斯山。在该模型的横截面上也显示了 Hovius（1995）所描述的概念特征，均说明了构造与气候-地形之间的关联性（图 16.6）。

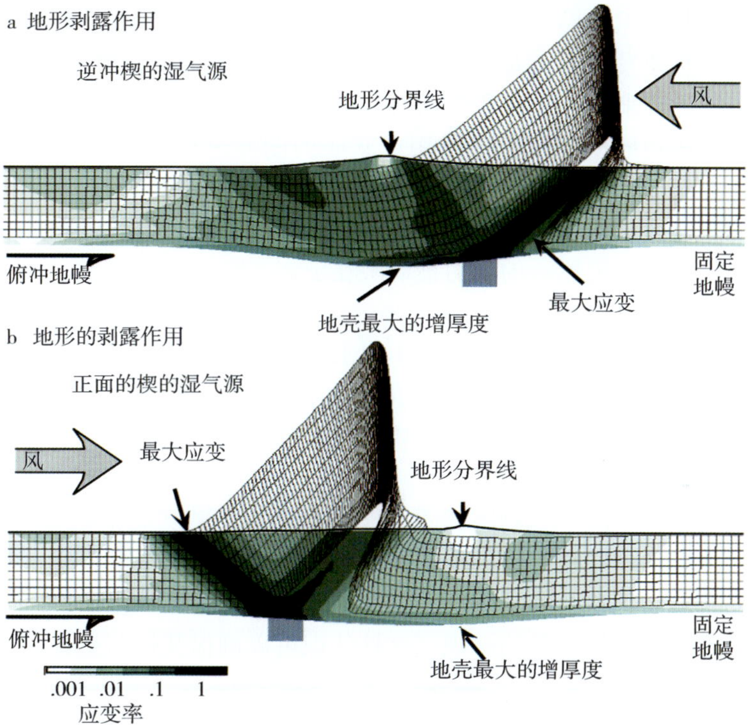

图 16.6　碰撞造山带的地形和地壳横剖面模式图

（据 Burbank et al.，2012）

具有不同风向的地形模式和剥蚀模式的对比。

a—风向与俯冲方向一致；b—风向与俯冲方向相反

利用模型模拟的造山带已经达到了稳定状态的物质平衡（被剥蚀物质量和由构造作用所驱动的物质量之间的平衡），该平衡接近于地形在总体上被剥蚀的极限。达到 10 m/a 的降水降落在造山带迎风面一侧，这些降水足以用与构造抬升速率相似的剥蚀速率（主要是河流剥蚀）的模型来模拟造山带。假定该山脉最高海拔是 4000 m。模型中的扩散是线性的，但是为了代表滑坡的整体效果和给出该山脉的最大临界坡度，它被设计成非线性的。通过这个模型，产生的沉积物沉积在造山带前缘的挠曲前陆盆地内，沉积物大多数都绕过了海岸平原。在这里，以前的沉积作用是以网状河的形式出现，现在则是通过模拟的三角洲系统向深水推进。造山带尺度的构造运动方式类似于背风坡模型，横穿模型的剥露面也在稳定状态下反映了造山带后侧面的变形。在稳定状态下，剥蚀作用并不直接与岩石隆升或剥蚀速率相联系，该模型不像简单模型那样只考虑垂向上的构造，它解释了水平聚敛以及隆升与聚敛之间的相互耦合。获得新进展是板块前缘（太平洋板块）岩石圈的聚敛和其侧面地质体的运动。这一运动非常重要，因为地形演化不仅仅只是垂直运动的结果。因为在造山带，地形是随着板块汇聚运动发生变化的，因此现在还不清楚稳定状态的地貌景观是否存在于模型造山带或相应的自然的造山带中。

16.4.3 造山带构造作用与表面过程的物理模型

数字模型、实验室实验和特殊的沙箱模型实验，加深了我们对造山带地壳变形机制与表面过程之间耦合的认识。模型大体上按一定的比例代表地壳。在沙箱中，表面过程或者是在模拟实验中自然地发生或者是被有目的地叠加起来。虽然侵蚀-变形实验很难实施，但还可以利用沉积过程来描述由沉积作用造成的物质再分配所引起的变形效果。

沙箱模型实验成功地模拟了俯冲作用或基底的俯冲过程，类似于前面所述的数字模型。在俯冲的边界条件下或依托具有坚硬的后挡板式的支持时，沙层均匀地变形，形成一个构造楔。该构造楔代表的是临界楔机制（Dahlen，1984）和数字模型（Willett，1992）所预测的地质几何体。沙层展示的应力被局限在类似于断层的结构中，而不是在分析模型或数字模型中显示的连续体。

虽然这些响应符合了临界楔机制的基本要求，但是在小尺度范围内，各种因素之间的相互作用关系更复杂，而且相互作用关系也反映在沙箱模型的内部变形模式上。如果在模型中加载在河床演变和坡面形成过程中物质再分配过程，那么我们可能会看到有更多形式的表面过程和构造作用的耦合关系。

虽然在由大气圈、水圈、生物圈和固态地球组成的大规模系统中，构造作用和表面过程之间的耦合给未来的研究提供了一个广阔的天地，或许划时代的最重大的成就是我们认识到这是一个具有一定层次的耦合和反馈机制的动力学问题。造山带的研究整合了地形学、地质学、地球物理学等学科的知识，这种认识可以确保我们对造山带进行研究时遵循的方向。

现在的表面过程模型仍然处于初级阶段，要想进一步发展这些模型就必须用到由模拟的比例参数（R）表示的基础物理过程，另外，为了完善河流模型，还应该考虑化学风化、滑坡、冰川的影响。

目前在时间分析上也存在一些问题，物理 SPMS 被设计用来预测物质的搬运、地貌的演化和地形高程的增加，并被耦合到中尺度的 TMS 中。该 TMS 是以 10^4 或更长的时间尺度为参数的。然而，气象事件可以暂时性的在空间尺度上更快地改变 $10^6 \sim 10^7$ 的时间尺度。因此当模型的时间尺度可以精确到 $10^2 \sim 10^3$时，需要建立允许结合 SPMS 中非线性组分的近似尺度的气候模型。

在造山带，当前的耦合模型是最好的，与用来模拟岩石圈变形的 TMS 模型一样有效，表明基于定量数字和实验室研究的热力学物理模型的发展已取得了巨大进步。此外，需要有巨大的运算能力才能在三维空间数字模型中模拟大尺度的变形。大多数模型是基于造山带尺度上的连续变形机制，在该类模型中，通过剥蚀作用损失的物质所起的主要作用是使浮力发生变化。更普遍的是，所有的力都与重力有关。假如它们在中尺度的规模上不与模拟的动力学相耦合，那么在造山带的迎风面上，分散的剥蚀效果或集中的剥蚀效果就相对容易计算一些。

剥蚀作用在空间变化的正反馈作用使变形作用局部化，并产生了变形序列之外的地壳尺度的剪切作用。剥蚀作用以这种集中方式继续进行时，剪切作用保持活跃，并且可以推定其在造山带尺度上具有重要意义。该剪切作用与数字和沙箱实验模拟的沉积作用局部化的剥蚀作用是相当的。

另外，沙箱模型显示了一些数字模型所预料到的困难。主要难点是，均匀的沙层在俯冲边界条件下变形或变形方向背离坚硬的支撑物，表明变形的内部模式不同于简单的物质流动。然而，通过临界楔形体所预测的具有楔形体尺度的几何体，在这些模型中创造了构造楔（Dahlen，1984）。Liu 等（1992）描述了表示沙层内部和基底特征的内部模型特征，并说明了受厚度约束的沙层的变化情况。该模式研究的内容包括逆冲推覆体的发展到一系列柱状隆起的形成，在这一范围内发生的变化依赖于楔形体底部的力。从力学角度对这些内部模式进行解释会提示我们去思考一个被遗漏的部分，即：真实的临界楔形体是如何生长的？在造山带，从力学的角度理解内部变形模式可能是理解中尺度变形的关键，一些研究者也以同样的方法把临界楔应用于大尺度地质体研究之中。

这些结果使我们意识到，连续的、统一的力学模型可能不能解决在自然状态下观察到的离散断层和剪切带的应变局部化问题。任何一个耦合过程都可能产生应变局部化问题，并可能把这一问题放大。同时，耦合过程也可能被局部应力所改变，而并非与精确的、连续的统一力学模型所模拟的结果完全一致。剥蚀和沉积能力的加强或抑制可能导致应变局部化问题，在一些特例中，剥蚀和沉积的相互作用已经被力学模型所模拟。这些效应在什么条件下更显得重要呢？针对耦合的 TM-SPMS 的发展，最大的困难就是确定诸如局部应力形成的阶地及其空间范围和时间尺度。

16.5 造山带构造作用与表面过程数字模拟面临的困难与挑战

在过去 20 年里，地球学家们开始用数字模型作为探索手段。今天，计算机无论在速度或是存储容量方面都有了很大的改善，使得模型可以更加轻松地把现实世界中复杂的演化过程通过离散时间与空间的方法还原出来。这些模型在某种意义上还可以让科学家们对演化过程中的联系有更好的理解。它们提供了一种虚拟的景象，从中可以了解一条山脉是怎样在预先设置好的条件下演化的。同时，又可以记录地貌的演化过程，因为它们必须要嵌入模型中，而且我们还要面对各种各样的问题，诸如这块地貌最初是怎样形成的？最后，也许最重要的，就是要把我们所掌握的地壳和构造过程的知识镶嵌在一个合理的框架中，这些模型使我们探索那些我们还不是很了解的地方成为可能，这些就是未来研究的焦点。

地貌的形成归因于构造和气候的共同作用。以大地水准面为基准，岩石会被向上或向下移动而产生位移。在构造过程中，有些是平稳的（渐变的）位移，有些则是非连续的位移（与地震有关）。岩石的位移不仅改变了当地地表的高程，也影响了因高度变化导致的地貌过程的速率变化。鉴于构造与地貌演化过程之间存在着如此紧密的关系，且形成的地形结果也有着千丝万缕的联系，所以有必要借助地貌模型使抽象的构造信号具体化。事实上，如果构造信号是可知的，那么这种活动构造地貌就可以转化为地貌过程的速率。目前形成了一系列的造山带尺度的模型，并对早期研究成果和 Koons 对南阿尔比斯山的想法进行了扩展。Beaumont 等（1992）不仅增加了对河道间相互作用的研究，而且在复杂的碰撞背景条件下增加了地壳几何结构和地壳流变性等参数。地壳能够通过两种机制变形：浅层地壳表现为在特定的屈服强度下的非黏结性的摩阻-弹性物质的变形机制，而深层变形机制更趋向于符合热活动能量定律的蠕变。在模型中，根据热量和矿物结构确定了两种机制转换的关键面（相当于脆性变形-韧性变形之间的转换面）。在这些模型的表面过程端元中，任意特殊节点上该端元被简单地用边坡过程和河道过程表达。

Koons 等（1996）的重要贡献就是发现了更多成因类型的山脉演化，讨论了早期地质学家提出的古老的概念模型（如 King、Gilbert 和 Davis 模型）。近年来，更加关注双侧造山带，并形成一些理念，地表过程之间存在很强的耦合机制，而且地表过程不仅影响地壳负载量的变化或重组，而且影响一定深度的变形场。将构造原理融入地貌学研究之中。这在 Willett（1999）的研究成果中得到体现，他以中国台湾和喜马拉雅为例建立了一个碰撞造山带模型，是以横断面表示一般的造山带碰撞作用，并界定了碰撞过程中地壳物质的流变性（图 16.6）。

在该模型中，表面过程的端元是简单的一维模式。表面过程的主要表现形式是河流基岩下切和边坡过程。使用了基于河道下切规律的河流-能量（steam-power-based incision rule）指标。对于一条河流而言，逆流而上，能量具有随降雨量降低而降低的空间展布规律，并明确了降雨也是一种造山驱动力（orographic forcing of the precipitation）的存在。更重要的是，这些模型论证了侵蚀速率的空间分布模式与深部地壳的应变速率场之间存在耦合关系。这个级别的耦合机制的真实模型中模拟激发了地球科学家获取一系列野外信息（包括地形、气象学、剥露模式），同时这些信息不但在测试现有的模型中起作用，而且在约束未来模型中也起作用。

虽然在过去的 10 年里取得了巨大的进步，但是现代的模型在很多方面仍有缺陷。例如，对某些特定条件下的关键过程仍缺少适当的对待方法，如何对这些模型进行校正或测试仍然缺乏一致的标准，如何更好地理解真实过程与模拟过程之间在时间与空间上的不匹配性等等。总之，这些数字地形演变模型还须增加地质学、地貌学和地质年代学的数据体等方面的约束条件。也就是说，构建的这些模型不仅能够预测地貌模式、剥露模式，而且还能够预测地球物理场模式（如热流、重力等）。甚至比预测的剥露模式更加有意义的是，这些模型可以而且应该有能力预测裂变径迹年龄模式和径迹长尺度分布的模式。例如，将热端元整合，通过模拟追踪得到地壳的热力轨迹。如何测试成因模型仍然非常困难。由于成因模型不是一个特殊地形仿制品，因此只能利用统计学方法进行测试。目前各种精度的数字高程模型可以将具有高程的表面区域或者真实山脉的坡度表示在模拟地形中。

16.6 前陆盆地岩石圈与地表过程的相互作用

Garcia-Castellanos 等（2012）综述了自 20 世纪 90 年代早期以来前陆盆地定量模拟的重要进展，重点阐述了岩石圈挠曲、剥蚀与河流搬运间的相互作用。挠曲可能由地形负载与板块拖曳所致，然而也可能由其他深部过程导致，比如板块拆沉、岩石圈拆沉以及弯折作用。他们特别强调以下方面的定量模拟：①挠曲模拟，弹性厚度估算以及岩石圈流变分层形式的解释；②详细的盆地充填几何样式/地层建模；③河流袭夺造成的盆地连通性的改变；④构造、河流水系、盆地连通性以及表层沉积物再分配间的相互作用；⑤岩石圈内部横向非均质性的影响，前陆盆地演化期间构造体制随时间的变化。流变性质的时空变化在以下方面发挥着关键的控制作用：①盆地的可容纳空间；②前缘隆起演化；③河流袭夺对盆地连通性的改变。未来前陆盆地地球动力学研究主要的挑战在于，对在造山过程中地表作用与壳幔（解耦）耦合变形间相互作用的复杂动态三维研究。因此，将壳内解耦以及下地壳横向流动与岩石圈地幔拆沉进行区分是很重要的。数值模拟与物理模拟耦合结果显示，构造变形通过其对排水系统的影响从而影响着沉积物的空间再分配，这最终可能会导致沿走向的构造样式改变。在前陆盆地演化的陆相沉积阶段，气候对山间盆地尤其重要，在这些盆地中，内部排水系统可以大大增加沉积量。

目前，在前渊带内沉积物与水的重量、水平挤压、板块拖曳以及板块后撤时侧向软流圈推力都被认为是造成前陆盆地挠曲沉降的重要因素（图 16.7）。

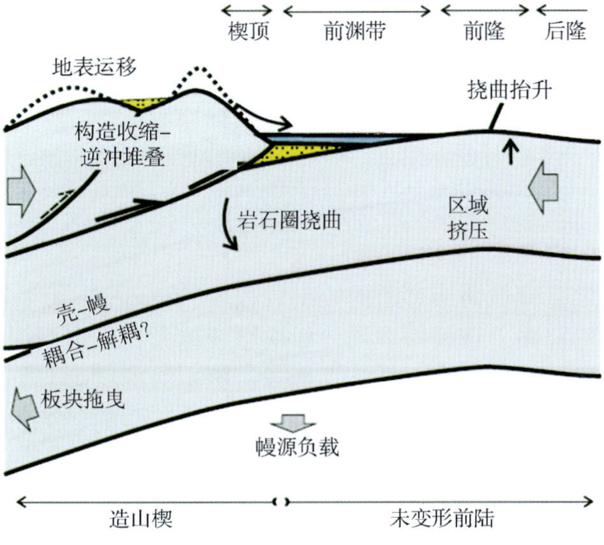

图 16.7　前陆盆地结构和演化过程（未按比例）

（据 Garcia-Castellanos et al.，2012）

地壳/地幔部分主要适用于弧后盆地，而不适用于实际后障的结构

由于挠曲成因，前陆盆地与其他沉积盆地相比，一个普遍的特征是构造沉降加速（即一个凸起的沉降曲线），本质上反映的是逆冲负载的幕式特征，这种特征在后-前陆盆

地中不是那么明显（图 16.8）。许多前陆盆地的演化经历了多期造山前的伸展，这种伸展可能引起古热流升高，沉积速率加快，从而影响前陆盆地演化中的垂直运动。另外，许多前陆盆地经历晚期垂向抬升与剥蚀（如北美科迪勒拉山），抬升可能与太平洋俯冲板块后方的地幔对流有关。阿拉伯、阿尔及利亚北部以及亚平宁山脉也可以找到类似的例子，这些地方的抬升与板块拆沉、弧后软流圈的上涌有关。

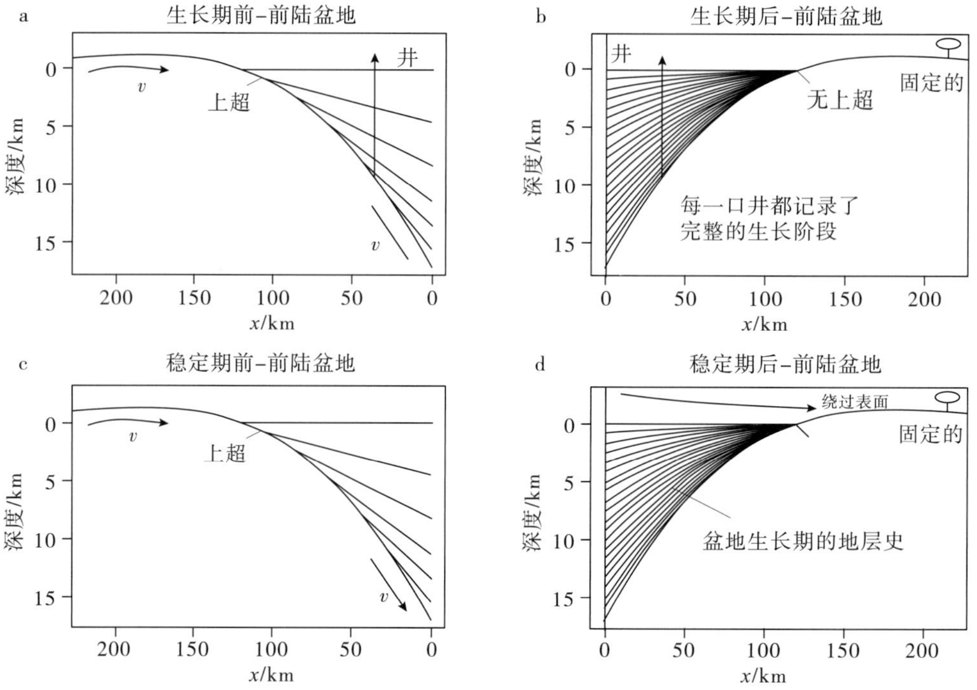

图 16.8　挠曲模型得到的前-前陆盆地与后-前陆盆地典型几何充填样式

（据 Garcia-Castellanos et al.，2012）

发育阶段在 $x=0$ 处加一个垂向的负载（图 a，b），稳态阶段在 $x=0$ 处加一个垂向的负载（图 c，d）。水平层位的间隔是 3.55 Ma，因此每个模拟的总时限是 71 Ma。后-前陆盆地综合钻井记录了完整的发育阶段，而在后-前陆盆地中只记录了盆地近期的水平对流

位于无黏性流体之上弹性薄板弯曲的控制方程（Turcotte et al.，2001）常用来计算位于软流圈之上岩石圈的挠曲。该模拟表明，板块厚度越大，造山楔附近的挠曲沉降范围越宽，深度越浅，而且在前陆区存在一个几百米或者更小的前缘隆起。前缘隆起的高度与邻区挠曲沉积中心的深度之间存在巨大反差。虽然前缘隆起与前陆沉积中心间也存在这样的反差，但地表剥蚀常阻碍对前缘隆起高度的精确估算。

Beaumont（1981）、Jordan（1981）等首次提出，在前陆盆地模拟计算大陆岩石圈“有效弹性厚度”的方法，并用简单挠曲均衡模型建立了沉积充填与构造收缩之间的一般关系。这些简单的方法只能解决地表运移与构造变形相互作用中的一阶问题。Beaumont（1981）提出在进积楔下方的纯弹性岩石圈弯曲通常会产生超覆地层，而岩石圈内部黏性应力松弛可能会导致大规模退积、沉积中心向造山带迁移。然而，采用以上模型预测的盆地充填样式与实际的二维情况并不符合（只模拟了一个垂直截面），在造山带-盆地系统的尺度上也不能满足剥蚀与沉积间的质量守恒。

前陆盆地多期演化特征解释了其几何形状的差异性以及简单挠曲模型所预测的垂向运动。对解释前渊带的几何形态或者利用重力场估计的等效弹性厚度也十分重要。有效弹性厚度会随时空变化，也会随水平应力的时间变化而改变，但是岩石圈等温线的深度则不受这些因素影响。

本节将首先讨论岩石圈或地壳内部耦合或解耦机制的作用，盆地莫霍面几何形态（是否连续弯曲，是否垂向偏移）的重要性。然后讨论弹性挠曲模型在解释有效弹性厚度方面存在的局限性。重要的是，虽然这个概念很好地描述了弹性厚度，但它没有考虑到大陆岩石圈的脆-韧性分层结构。尤其是，当弱的下地壳存在时，它将对地表过程有很重要的影响。同时也指出继承地形与流变性的侧向变化对盆地连通性与同造山期水道的改变起着主要的控制作用。这之后，强调了岩石圈与地表过程间的响应，重点强调了沉积充填几何模型与前缘隆起抬升。最后，综述了水道、气候与盆地演化之间的关系。

16.6.1 岩石圈负载、挠曲与流变性

16.6.1.1 弹性挠曲

在过去的25年里，前陆盆地的挠曲模拟研究致力于：①拟合沉积充填几何形态与造山带的构造历史来研究盆地沉降机制；②寻找薄板挠曲理论与野外实际间差异进一步约束岩石圈力学性质或者深部过程的本质。

为了产生异常沉降，挠曲模拟绝大多数情况下需要增加额外的作用力，有时甚至是约束很差的作用力。这些额外的作用力包括向上与向下的壳下负载（通常称为“隐形负载”），这些负载是由以下原因造成的：①俯冲板块的重量；②地幔拆沉或板块破坏；③岩石圈地幔厚度的侧向变化；④地幔对流动力；⑤水平构造应力；⑥气候变化对造山楔平衡的扰动。如果不考虑这些额外的作用力，挠曲均衡模型中用来解释盆地沉降的造山负载就太小了，或者太大了，或者在不同阶段两者皆有可能。造山前的伸展作用会引起前陆盆地岩石圈有效弹性厚度的横向变化，从而可能影响前渊沉降作用的平面分布（图16.9）。板内形变模型的结果表明水平构造应力造成的岩石圈变化不仅包括挠曲，还包括褶皱与弯曲，但在薄板模型中的岩石圈变化不包括后两种。

至于岩石圈的力学性质，前陆盆地沉降正演模拟是估算大陆岩石圈有效弹性厚度的主要方法。正演模拟指的是通过改变作用于板块的构造应力来重复计算挠曲剖面，直到计算的基底深度与实际基底深度一致。有效弹性厚度定义为与观察到的岩石圈弯曲拟合得最好的均匀弹性板块的厚度。

图16.10展示了通过挠曲的正演模拟获得的全球前陆盆地有效弹性厚度数据汇编。为了方便对比，不同的作者采用不同的弹性厚度时，杨氏模量都折合为7×10^{10} Pa。将进行过挠曲研究的盆地归类并取有效弹性厚度平均值作为沿前陆盆地走向约300 km范围内统一的有效弹性厚度。

16.6.1.2 弹性挠曲模型与大陆岩石圈流变模型之间的联系

与大洋板块有效弹性厚度不同，在大陆板块有效弹性厚度与地震分布深度轻微相关，

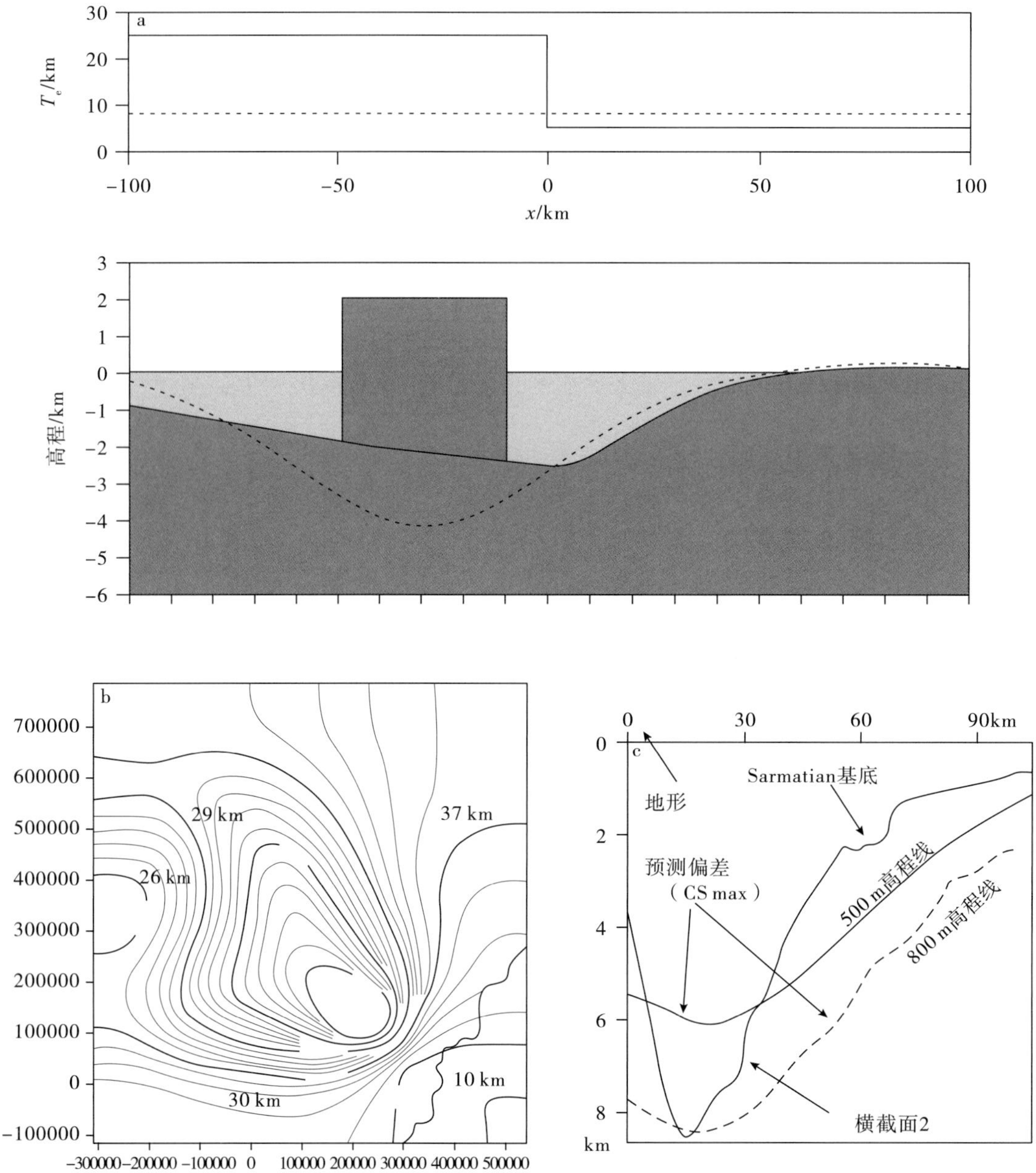

南北向板内应力=2×10¹² Pa·m

图 16.9 前陆盆地的挠曲模型

（据 Garcia-Castellanos et al.，2012）

a—一维挠曲计算结果图，如果 T_e 突变的话，最大沉积可超过区域负载。b—次喀尔巴阡盆地 T_e 横向变化（带下划线的数值）对沉降平面分布的影响。岩石圈内部强度分布造成了喀尔巴阡山脉远离地形负载处的集中沉降。该机制也可以与裂后热冷却以及板块拖曳沉积一起来解释为什么 Focsani 凹陷沉积厚度可以大于 12 km（据 Tarapoanca et al.，2004）。c—横截面展示了一个沉降剖面（Sarmatian 基底）以及两条计算的挠曲剖面

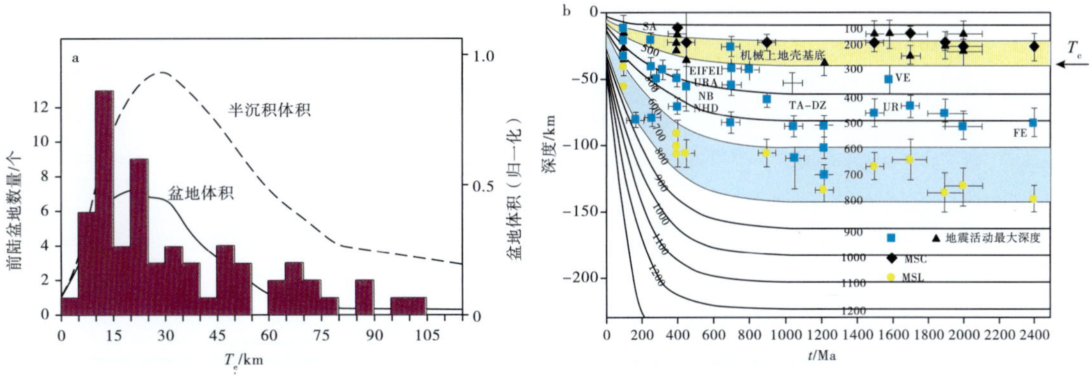

图 16.10　大陆岩石圈 T_e 与深度-时间-温度的相互关系

（据 Cloetingh et al.，1996）

a—现有文献中前陆盆地弹性岩石圈厚度直方图。叠加的是来自地表过程与构造耦合模型中沿走向的每个单位长度的盆地体积（即盆地的横截面积）。b—大陆岩石圈不同负载时间、不同热模型条件下，观测的以及预测的 T_e、大机械强度地壳（MSC）的深度数据以及大岩石圈地幔强度的深度数据汇编

在克拉通内部相关性更大。这就限制了进一步了解大陆板块有效弹性厚度的控制因素。大洋挠曲研究表明有效弹性厚度随构造板块年龄增长而增厚，并且由于黏性应力松弛，板块变弱而在负载停止后逐渐变薄。然而，这些规律通常不适用于大陆岩石圈。由于大陆岩石圈具有石英-辉绿岩-橄榄石这样的组分结构，上地壳、下地壳以及岩石圈地幔的内部强度随深度增加，但同时强度又随地温梯度的增加而弱化。两种现象的同时存在使岩石圈内部出现两个薄弱带，造成上地壳与下地壳，以及下地壳与岩石圈地幔间的力学解耦。Burov 等（1992）提出一个公式来探索有效弹性厚度与板块间耦合度的关系，以及与板块弯曲过程中弹性（塑性）极限间的关系。由于岩石圈是由上地壳、下地壳、岩石圈地幔 3 个弹性板组成的，有效弹性厚度（T_e）是这 3 个厚度的总和：

$$T_e = h_{UC} + h_{LC} + h_{LM} \tag{16.1}$$

式中：h_{UC}、h_{LC}、h_{LM} 分别为上地壳、下地壳与岩石圈地幔的力学厚度，km。如果这 3 层是完全独立的，那么

$$T_e = \sqrt[3]{h_{UC}^3 + h_{LC}^3 + h_{LM}^3} \tag{16.2}$$

地壳与岩石圈地幔间的流变解耦可以影响有效弹性厚度。然而，在精确估计大陆岩石圈有效弹性厚度之前，应该在参考区域参数（如板块年龄/负荷年龄）的前提下先简单估算一个有效弹性厚度。同时，综合考虑岩石圈结构、热体制、组分的岩石圈强度正演模拟已经为当今岩石圈强度计算提供了一个大陆岩石圈尺度上的定量模型。这种方法已经证明了欧洲岩石圈有效弹性厚度的横向分布的不均一性，其新生代裂谷区的有效弹性厚度小，欧洲缝合带向东的有效弹性厚度相对较大。

在挠曲模型中，脆-韧性强度与深度的相关性为阐明弹性板块弯曲、地震带深度以及岩石圈挠曲应力间的关系提供了概念模型。绝大多数大陆岩石圈的地震活动集中在地壳中的观点似乎主要说明了地壳与岩石圈地幔间的流变解耦，而不是岩石圈地幔强度弱。克拉通地区地幔岩石圈强度较大，因此有效弹性厚度更大（图 16.11）。Handy 等（2004）指出长期构造挠曲与地震活动间的相关性复杂，后者为岩石圈对应力的瞬态响应。许多学者

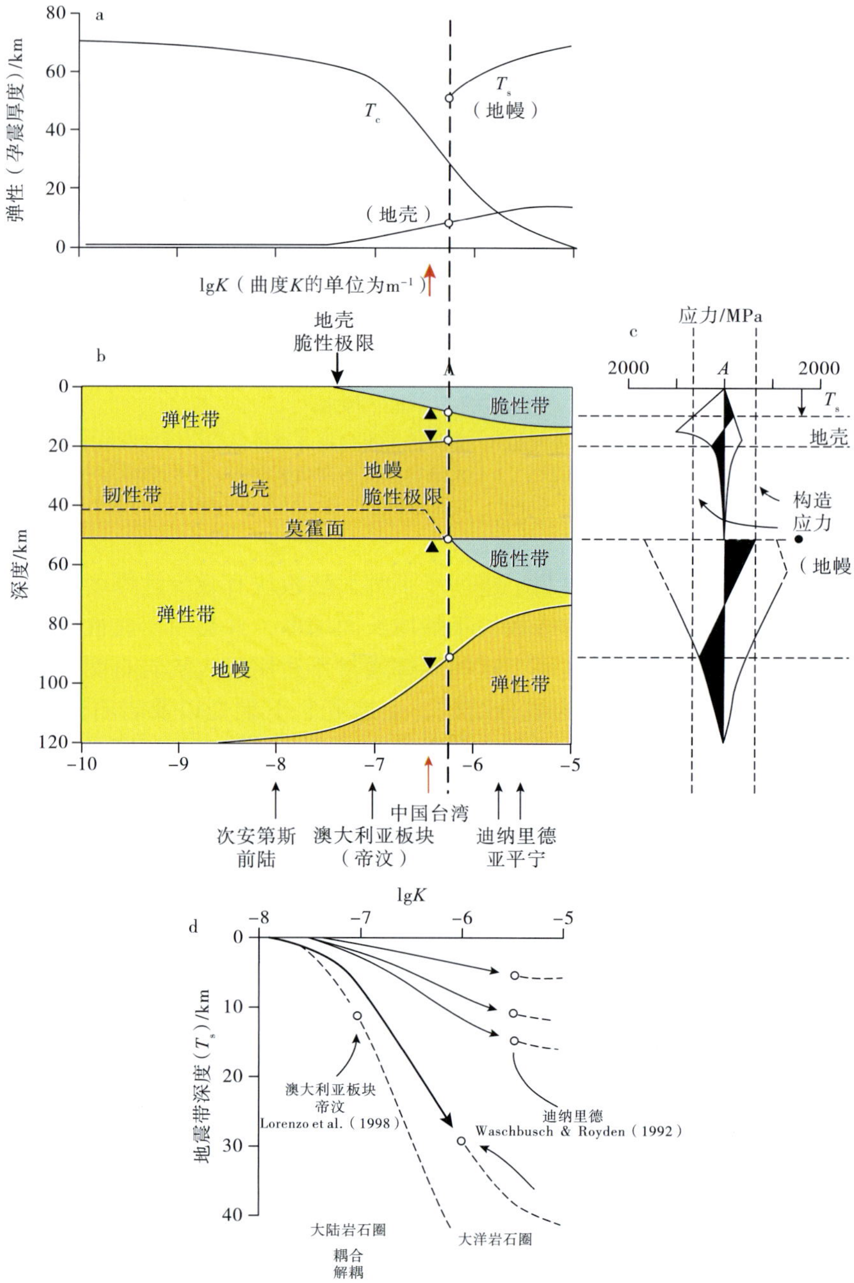

图 16.11　大陆岩石圈与大洋岩石圈地震活动带厚度与弹性厚度、曲度的相互关系

（据 Garcia-Castellanos et al.，2012）

a—弯曲板块地震活动带深度（T_s）与弹性厚度（T_e）与曲度（K）的相关系（曲度是弯曲半径的倒数）；b—板块脆韧性极限深度分布与曲度的关系式；c—A 点以下的应力分布；d—地震带深度与 T_e、板块年龄以及板块曲度的关系。物理与数值模拟结果与实测情况一致。即 T_e 与 T_s 关系不大。“大陆内部缺少深的地幔地震更多的是因为地幔强度大，而不是通常所认为的很软弱”

已运用多层流变分层模型研究了解耦以及随深度变化的应力对前陆盆地演化带来的影响。例如，图 16.12 展示了俯冲到班达弧之下的澳大利亚地壳的内部应力分布，这种分布是由随深度变化的弹塑性流变模型推测而来的。

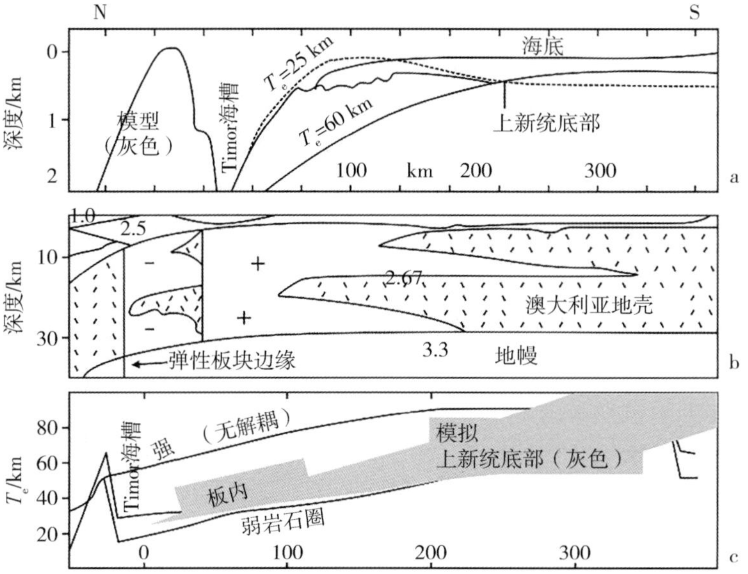

图 16.12　帝汶盆地上新统底部的挠曲模型

（据 Lorenzo et al.，1998）

a—观测值与计算值偏差；b—张应力分布（+）与压应力分布（-）；

c—计算/采用 T_e，来自双层弹-塑性深度相关挠曲模型

16.6.1.3　造山前的伸展作用与后期挤压作用对前渊演化的影响

许多前陆盆地都形成于先存的裂谷或裂陷大陆边缘。这种现象对岩石圈收缩模式、岩石圈沉降史以及热演化有一些重要的影响。图 16.13 展示了阿基坦盆地从裂谷到前渊的演化史，阿基坦盆地是比利牛斯山脉的后-前陆盆地。在前陆盆地形成的初始阶段，比斯开湾地区造山前伸展产生的热效应还没有消退，因此该盆地经历了大量的裂后热沉降（图 16.14）。随后于白垩纪-始新世前陆碰撞前经历了阿尔泌期横向运动。造山前的伸展作用也影响了罗马尼亚喀尔巴阡前渊，造成了黑海盆地西部的开启。

造山前伸展与前陆挠曲的叠加影响导致沉降模式与前陆盆地标准挠曲模型预测的结果有差异。而且，下弯岩石圈流变学性质的横向变化也会强烈影响沉降模式。

除了造山前伸展，晚期收敛速率改变引起的挤压也可能增加前陆盆地的沉降量。在阿基坦盆地与喀尔巴阡盆地、阿尔卑斯皮德蒙特盆地能找到这样的例子。Cleotingh 等（2004）指出，在大陆碰撞末期板块拆沉能强烈改变上覆板块的应力机制，造成高强度的压缩。剖面模拟结果表明盆地形成过程中水平压力的存在显著增强了其顶超沉积（图 16.15）。新的沉积充填物仅仅位于靠近阿尔卑斯的盆地区域，离前陆越远，沉积物越老。

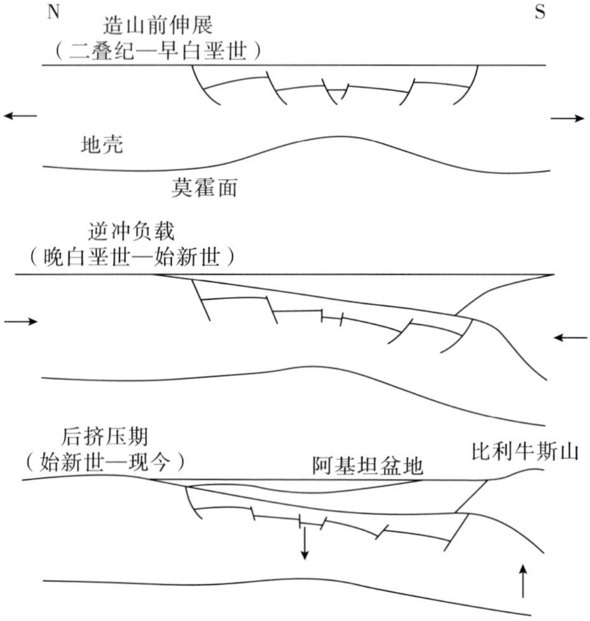

图 16.13　阿基坦前陆盆地演化简图

（据 Desegaulx et al.，1991）

顶部：造山前伸展阶段（二叠纪—早白垩世），欧洲区域裂陷。中部：挤压期（晚白垩世—始新世），阿基坦前渊的形成。底部：后挤压期（始新世—现今），无弯曲

16.6.1.4　地表过程对岩石圈的响应

前人进行了大量的模拟来研究前陆盆地的地貌演化与地表过程，发展了一系列三维地表沉积物运移与盆地动态演化的模型。平面挠曲均衡与三维河流沉积物侵蚀/运移的计算机模拟表明，如果没有挠曲沉降，河流运移仅靠自己的力量不能在前陆产生大量的沉积物聚积。这些结果与经典概念相似，即在造山带前缘大面积岩石圈下弯所引起的千米尺度的构造沉降是形成大容纳空间的前提。更具体地说，如果岩石圈的强度太低或太高，在造山带前缘产生的容纳空间则很小，那么河流将带走这些沉积物。然而，早期的侵蚀扩散模型表明，即使在岩石圈刚度很大的情况下也能产生大量的沉积物。更复杂的模型表明，在刚性非常高的情况下，如果没有差异垂向运动，河流搬运将带走这些沉积物。图 16.13 描绘了这些模型预测的盆地容积与有效弹性厚度间的关系，该图与观察到的有效弹性厚度直方图极其相似。

（1）沉积充填几何样式的模拟

一些学者结合研究基底与沉积层中断裂扩展的简单方法进行了造山带非瞬态负载的数值模拟。研究目的是用沉积模式更好地约束构造演化，或用构造演化更好地约束沉积模式。为了达到这个目的，仅考虑负载瞬间响应的纯弹性板块模型是不足的，还应该考虑岩石圈瞬间黏应力响应。与有效厚度随时间减薄的结果相似，盆地演化过程中的黏性应力松弛会导致盆地变窄变深。瓜达尔基维尔盆地与古近-新近纪皮埃蒙特盆地黏弹性模型研究结果表明，黏性盆地变窄速度可能会超过楔形的运动速度，由此导致造山带沉降区后撤。

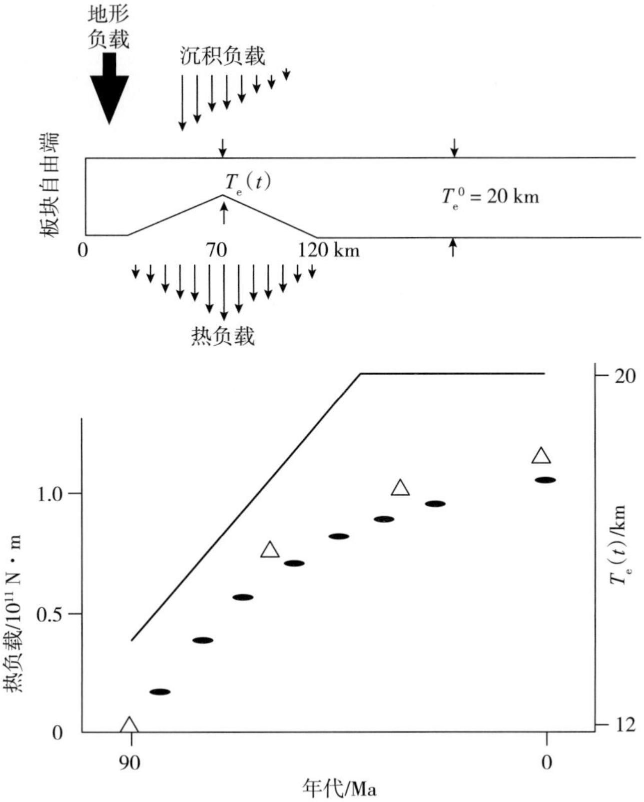

图 16.14 伸展造成的弹性板块减薄与热沉降对前陆盆地沉降的影响

（据 Desegaulx et al.，1991）

顶部：热应力导致弹性板块减薄。使用移动的地形（逆冲）负载。底部：三角形指示板块厚度随时间的变化、前造山带盆地中心的 $T_e(t)$。点线表示热负载演化

因此，考虑了黏应力松弛的模型，仍需要结合这些机制或者前面提到的额外的垂向或水平应力来拟合盆地结构。

野外与三维模拟研究表明，绝大多数前陆盆地系统的纵向（沿走向）沉积物运移决定着非二维充填几何样式与沉积相分布。Clevis 等（2004）开发了三维数值模拟来解释各种构造作用与海平面变化情况下，前陆盆地横向与轴向沉积体系控制的海相与冲积相沉积间的相互贯穿。根据模拟结果，大尺度沉积堆叠的控制机制是沉积供应与挠曲沉降之间的平衡。同时，各种构造活动与海平面波动叠加产生了轴向三角洲的分级模式以及小尺度冲积扇序列。在该系列模型中端元包括了一系列的工具，这些工具可以进行详细的三维盆地地层建模，可以考虑沉积物运移与沉降，还可以结合碎屑与碳酸盐岩沉积。

（2）前缘隆起的抬升

前人曾采用挠曲模型研究前陆盆地的沉降和前缘隆起的隆升，实际上，前缘隆起是很难明确定义的，尤其是在古代系统中前缘隆起更是难以识别。DeCelles 等（1996）指出，如果“额外的沉积负载干扰造山负载的挠曲响应，前缘隆起被埋藏或其形态被抑制”的话，前缘隆起的识别很困难。在一般情况下，由纯弹性挠曲模型预测的前缘隆

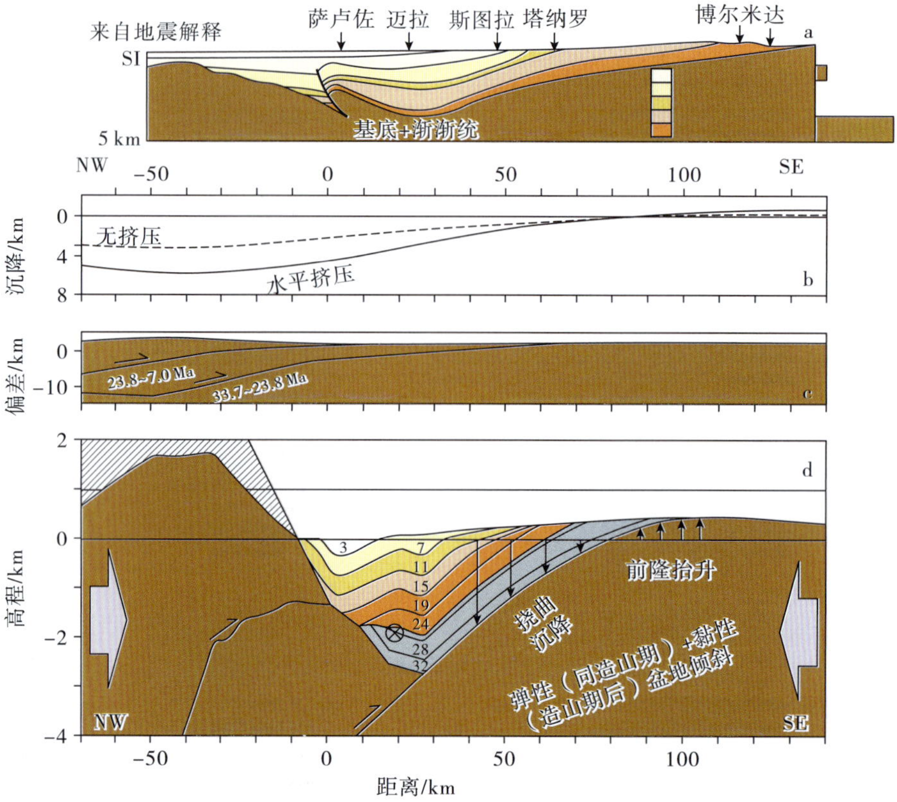

图 16.15　皮德蒙特（Piedmont）盆地沉积充填几何样式

（据 Carrapa et al.，2005）

a—地震研究约束下的皮德蒙特盆地沉积充填几何样式；b—计算垂向运动，虚线为不考虑水平挤压的计算结果；c—黏弹性挠曲模型得到的最终几何充填样式（垂向没有放大）；d—盆地几何样式（垂向放大）

起的高度小于几百千米，距离造山带超过几百千米。因此，前缘隆起两侧的倾斜不会超过 1°。

然而，由于区域应力场、应力积累、逆冲松弛随时间的变化以及前陆盆地岩石圈流变性的空间变化，前缘隆起的幅度也可能随时间波动。数值模拟显示，即使当构造楔的位置稳定向前陆移动时，前缘隆起的位置也不会稳定移动。相反，如果有效弹性厚度横向不均匀时，这种移动会减慢或加快，甚至会由于应力的黏性松弛而反向移向造山带。因此，前缘隆起抬升速率可能会随时空的改变而改变。实际上，目前活动的前缘隆起可能标志着挠曲盆地几何形状所受到的限制，然而盆地充填也可能记录了更老的、埋藏于前渊沉积中心的前缘隆起。

同时，三维计算机实验结果表明，内部固有（挠曲前）地形隆起比前缘隆起造成的垂向抬升对水道系统的形成起着更重要的作用（前缘隆起引起的垂向抬升通常小于200 m），因此，前缘隆起不能简单地作为分水岭。作为前陆前部的变形区域，前缘隆起位置的离散将进一步复杂化它对水道的影响。

沿安第斯山脉东侧的一些前陆盆地中，沉积充填达到了前缘隆起顶部，随后又被沉积盖层覆盖。计算机模拟表明，构造与侵蚀之间平衡的改变（海平面不改变，没有前陆沉降）不能导致活跃前缘隆起沉积物的溢出（构造负载，前缘隆起仍在抬升）。只要盆地是陆相的并且是外流的，水道系统就能适应构造与侵蚀的改变，克服造山带来的沉积物以及盆地容纳空间的减小，沿着走向将多余的沉积物运向开放海洋。因此，盆地沉积物覆盖下的前缘隆起是前期阶段的残留（构造负载离前陆更远时）或者是其他沉降机制造成的降于海平面以下的活跃前缘隆起。后一种解释符合 Davila 等（2007）的说法，他指出幔源动力负载造成了次安第斯周缘隆起的附加沉降，导致它被后来的沉积物覆盖。除了静态负载以外，盆地下部动力负载（如俯冲板块上的黏性地幔角流）可能导致长波沉降以及前缘隆起沉积溢出。前人的研究已经证实了地幔对流造成的这些动力。静态负载（均衡的）与动力（如与地幔流的耦合）间的相互作用也可能参与了叠加模式的形成与保存。叠加模式不符合简单弹性挠曲模型的预测结果。在未来前陆盆地分析中，区域上地幔流详细定量研究可以帮助我们更深入地理解这些系统。

（3）水系、气候与盆地连通性

前陆盆地可以根据水系来分类，区分单向的构造负载（mono vergent）与多向的构造负载（multi vergent）（图 16.16）。前一种是一般的外流盆地。根据沉积充填程度，外流盆地可细分为欠补偿、过补偿、溢出盆地。多数情况下，欠补偿盆地靠近洋-陆过渡带的前方。它们位于海平面以下，但其前缘隆起可能低于海平面，也可能高于海平面。在溢出盆地主河流通常平行于盆地远端部分（靠近前缘隆起）走向。计算机模拟显示，在稳态条件下，这是均衡盆地向造山带倾斜以及河流沉积物向前陆运移两种作用共同引起的地形变化的结果（图 16.17）。早期数值模拟表明，构造与地表过程间的相对速率对确定盆地是欠补偿还是过补偿、盆地沉积相分布以及主要河流水道的位置十分重要。在溢出盆地中，沉积充填与水系超过了前缘隆起高度。当前陆基底反转并将初始前陆盆地分为几个次盆地时，溢出前陆盆地也可能由几个次级前陆盆地组成。

在多方向收敛前陆盆地中，封闭的地形通常指的是一个中央湖泊系统，四周连接着径向的水系。盆地周边的高地形抑制了湖泊水外流，这样就形成内陆流域（如伊比利亚山脉-比利牛斯-埃布罗盆地、四川盆地、塔里木盆地）。早期水道被封闭后，这些盆地的前缘隆起被沉积物覆盖，盆地主要受气候与表面沉积物搬运的控制。

埃布罗盆地是一个多方向收敛盆地，沉积物来源于四周的新生代山脉（比利牛斯山脉、伊比利亚山脉以及加泰罗尼沿海山脉）。该盆地是伊比利亚微板块内的一个沉积区，与海洋隔绝了 37 Ma，至少在 20 Ma 内是一个内陆盆地。周围山脉的构造抬升造成了盆地的隔绝。干燥气候使内陆湖泊水位降低，从而阻止其通向地中海。由于盆地的沉积充填物高出海平面 600~800 m。自中新世开始，埃布罗流域及其支流的切割作用形成了同构造期及后构造期的沉积充填物。

基于磷灰石裂变径迹（AFT）分析，Richardson 等（2008）研究了四川盆地中-新生代演化过程。四川盆地面积 225000 km^2，中-新生代前陆盆地沉积厚度达 4 km。结果表明该盆地从 40 Ma 后经历了加速冷却，大范围的沉积层遭受了 1~4 km 的剥蚀。这种区域剥蚀被认为是内陆河流域通过长江三峡向外河流域转变的结果。即使盆地边界发生了构造收缩，水系的改变也造成了古近-新近纪沉积物的减少。

模拟研究表明，剥蚀与沉积作用强烈影响了构造过程，调节着挤压带的变形。图 16.17a 展示了抬升与剥蚀、前渊沉积物以及下地壳回流之间的响应。地表过程、均衡反

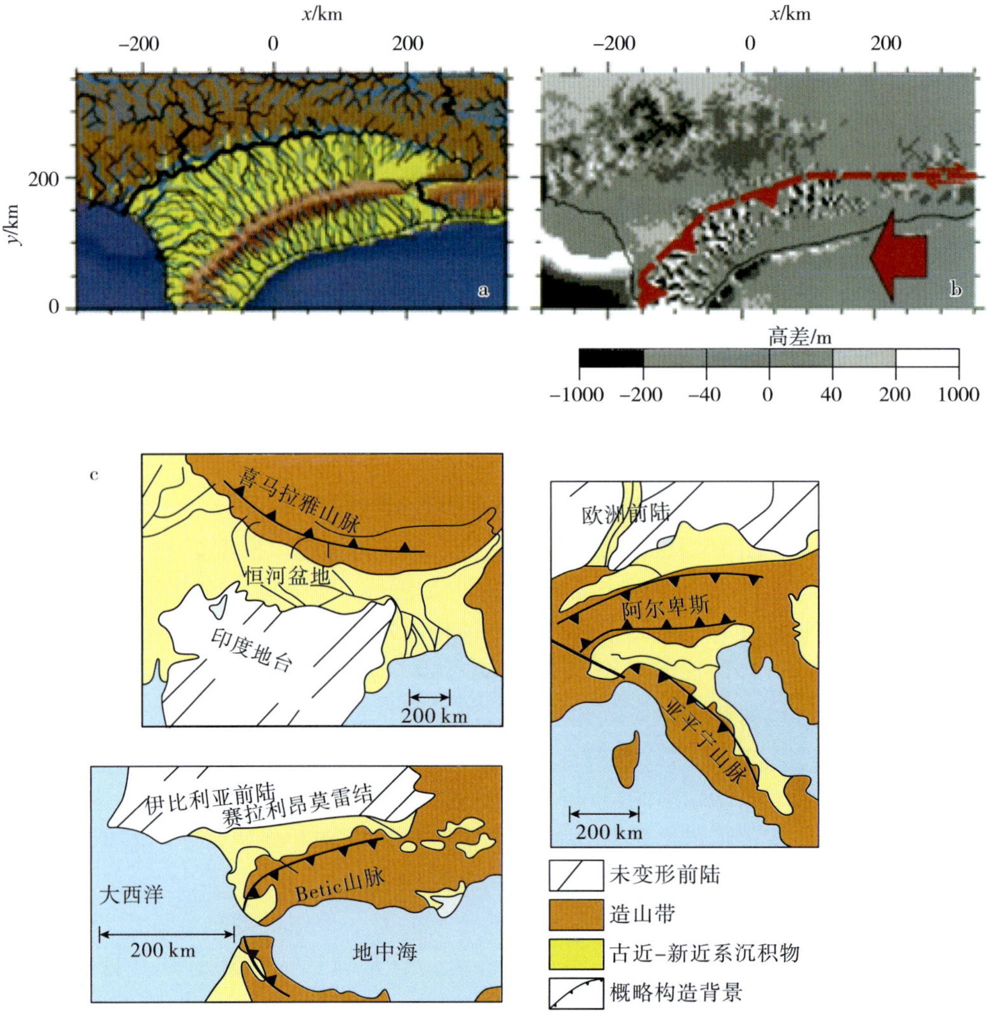

图 16.16　构造迁移、地表河流搬运、挠曲均衡的水系模拟

（据 Garcia-Castellanos，2002）

受瓜达尔基维尔盆地（南伊比利来）的启发，该模拟在初始的东-西走向大陆边缘上叠加了左向移动板块的逆冲。a—最终的水系分布，考虑小于 60 m 的地形干扰（黑线），不考虑小于 60 m 的地形干扰（蓝线）。尽管改变了初始条件，但主要的河流还是系统地沿盆地外部界限流动。彩色阴影表示地表岩性：红层（棕色），同造山期沉积物（黄色），水（蓝色）。b—30 Ma 后两种模拟地形的差异。虚线标出了最后一个容纳块体左向移动的活动逆断层的位置。初始的、任意小的干扰将改变局部的最终地形以及河流的精确位置。虽然大规模的水系格局保存完好，当原始地形（图 a 中的黑线）显著时，前缘隆起作为分水岭的作用就会大大降低。c—4 个前陆盆地（次喜马拉雅盆地、阿尔卑斯磨拉石盆地、宝盆-亚得里亚海前渊、瓜达尔基维尔盆地）水系格局简图。除了有两个方向的构造负载的盆地（根据本文术语称为多方收敛盆地）外，其他 3 个盆地都有一条主河流

应、下地壳流之间的响应能加快地下最强抬升区地形的增长速率。这时，下地壳可被认为是韧性的，流动于脆性上地壳与下伏脆性地幔之间。

逆冲动力与前陆盆地形成以及增生楔间的响应关系也受到大量数值模拟者（图 16.17b，c）与物理模拟者的关注。古构造重建的三维物理模拟技术与地表物质重新分配的三维数值模拟技术有利于数值模拟与物理模拟的结合。模拟结果的验证需要高质量的数

据，包括深地震反射剖面、地震层序解释以及古温标。

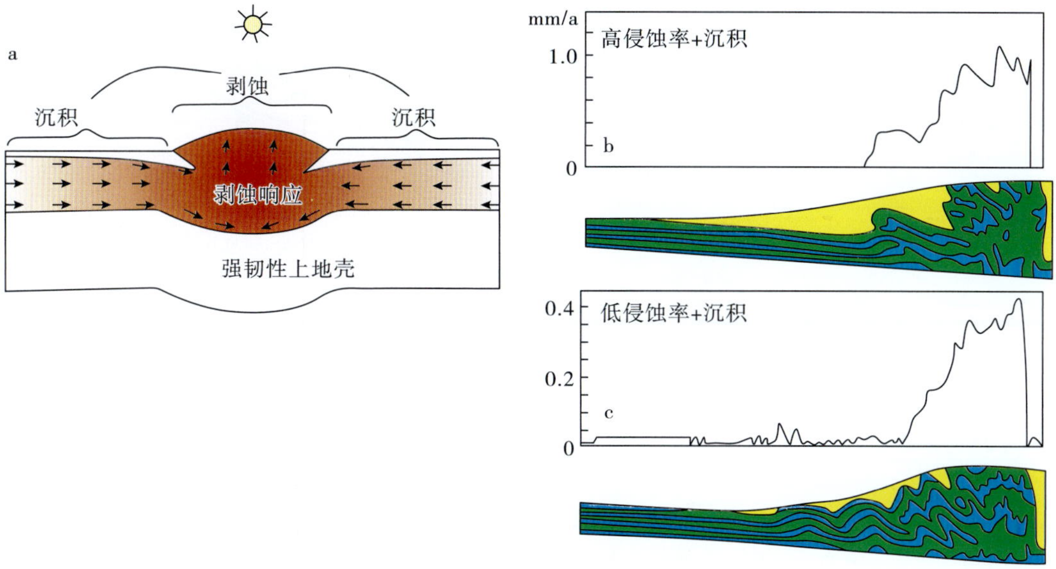

图 16.17　剥蚀-搬运与构造变形的实例

（据 Garcia-Castellanos et al.，2012）

a—Avouac 等（1996）解释了山链抬升、剥蚀、前渊带沉积物以及下地壳回流间的响应（地壳尺度）；b，c—利用造山楔生长动态模型模拟的上地壳脆性变形，以及不同运移速率的地表沉积物运移。黄色部分表示同造山期沉积物

采用数字-物理综合模型研究了地表与构造过程间的相互作用，其结果与物理变形模型（沙箱）以及河流搬运数值模型完全耦合（图 16.18）。在综合模拟中，用一个托架作为上边界层的压头，挤压最初平坦的沙层。收缩过程中，利用扫描仪将沙箱地形数字化，将其缩放后输入到数字化地表过程模型之中。将计算出的剥蚀量与沉积量按比例缩小，然后通过机械向沙箱表面减少或增加沙量来呈现剥蚀量和沉积量。在动态地形顶部的水系演化导致表面沉积物再分配，扰乱了初始的横向（沿走向）对称。

在表面与构造过程的模拟中，认识到了盆地连通性对约束盆地演化史的重要性。气候控制的盆地水量决定了它是开放水系（外流水系的）还是封闭水系（内陆河），还决定了沉积物是沉积于盆地内还是被运移出盆地。虽然水系是否开放主要是由构造变形的空间分布决定的，图 16.17 表明，没有断层存在时，地表沉积物运移导致的垂向运动对主要水系的改变也起着重要的作用。

16.6.2　对岩石圈与地表过程相互作用的讨论

前陆盆地动态系统能为研究岩石圈与地表过程相互作用提供关键信息。多种现象都能约束岩石圈与地表过程的演化，包括构造、古地理、沉积学、古气候、势场（重力场与大地水准面），以及地震数据。从这些数据中可以提取下伏的大陆岩石圈的热力学参数，这些参数对重建大陆古地形至关重要。挠曲均衡是一个简单的模型，也是研究地壳均衡的有效的一阶方法，比如基于模拟实验研究与其他过程的一阶相互作用。就其性质而言，前

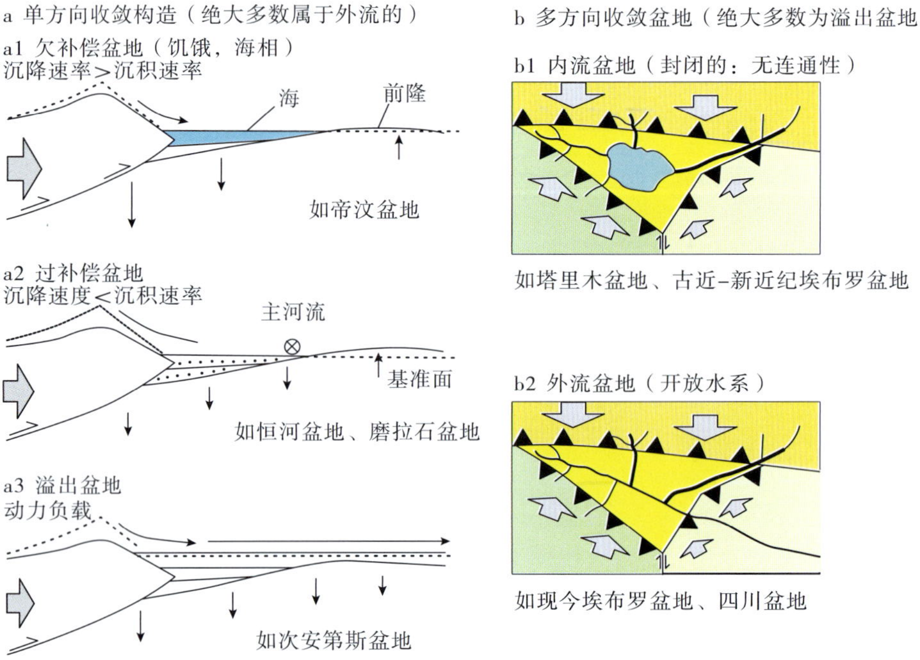

图 16.18　根据构造与水文背景的前陆盆地分类

（据 Garcia-Castellanos et al.，2012）

a—单方向构造负载的盆地（单方向收敛盆地）；b—多方向构造负载的盆地（多方向收敛盆地）。在第一种盆地中饥饿盆地（海相）及过补偿盆地有水系流通。海平面变化、构造负载与剥蚀作用的相对重要性决定了盆地属于饥饿盆地还是过补偿盆地。附加沉降（如幔源力造成的沉降）可能导致沉积物溢出，即地表沉积物运移超过前缘隆起高度，如次安第斯盆地。多方向收敛盆地既可是外流的也可是内流的，但绝大多数多方向收敛盆地属于溢出盆地，它们的前缘隆起被沉积物覆盖

陆盆地一般会经历多期演化，并在很大程度上受控于其整体区域构造背景。尤其重要的是，板块刚度与应力场随时间的变化与横向变化。这些横向变化解释了盆地垂向运动以及盆地几何形态与简单前陆挠曲模型预测结果间的偏差。岩石圈刚度的横向变化也严重影响着前陆盆地的水系演化以及其与相邻弧后区的连通性。造山前伸展引起的刚度随时间的变化严重影响着随后前陆盆地的沉降，因此后-前陆盆地沉降史与挠曲前陆模型的模拟结果很不一致。挠曲前缘隆起对构造体制与岩石圈内部横向非均质性的改变很敏感，前缘隆起强度也可能由于构造负载过程中黏性应力逐步松弛而增加。在某些情况下，前缘隆起可以决定盆地的水系演化史。前陆盆地岩石圈与地表过程间存在很强的响应。数值与物理综合模拟是一种探索造山带-前陆盆地系统构造与气候耦合的有效方法。另外一个强烈影响盆地演化的内在因素是地形。挠曲前地形不仅可以修正挠曲计算中估算的构造负载，还可以叠加构造垂向运动对水系演化的影响。

陆内盆-山系统是早期中生代伸展盆地板内挤压与收缩的结果。在这些系统中，盆地沉降是对横向构造应力的响应。这些横向应力来自岩石圈或地壳褶皱，以及沿断层的少量收缩。前人也提出，在山脉前缘的小沉积中心可以解释为挠曲特征。相反的，一些挠曲前陆盆地反映水平应力的影响。与岩石圈褶皱类似，水平应力能加强盆地倾斜与前缘隆起抬

升。前陆盆地与板内盆地可以作为盆-山系统的两个端元。在前陆盆地中垂向应力相对于水平应力更为重要，这可能是由大陆碰撞过程中地壳不断俯冲决定的。为了区分这些挤压盆地中两种端元盆地的变形，需要具备盆地充填以及深部地壳、岩石圈结构的高品质数据。

前陆盆地水系演化的野外观察与数值模拟表明，盆地是欠补偿还是过补偿可能取决于地表过程与构造位移以及海平面的变化。然而，河流沉积物运移的数值模拟表明，与造山带的重量无关，动力负载是盆地沉积物溢出的前提（沉积物厚度超过了前缘隆起高度）。构造背景在决定其与相邻区域水系连通性方面具有重要性。水系连通性控制了沉积物运移的时间。气候因素对于决定盆地是外流的还是内流盆地也同样重要。

为了进一步了解前陆盆地的动力机制，未来的盆地模拟应该结合岩石圈变形（岩石圈挠曲与褶皱、地壳冲断、沉积变形、岩石圈地幔沉降、下地壳与软流圈流体）与地表过程（结合气候过程）的整体动力机制的模拟。动力构造模拟显著促进了对造山作用的认识，也促进了对盆地的认识。这些模型正在向可以考虑更多实际地表过程的三维模式发展。地表过程模拟显示，在地貌中有大量的信息，这些信息可以帮助更好地定量理解盆-山系统。

16.7 陆内造山带岩石圈与表面过程的耦合关系

陆内造山带（如中亚天山）（图 16.19，图 16.20）是岩石圈与表面过程耦合关系研究的难点。陆内造山带在单位面积内的重力势能为 $0.5\rho gh^2$，h^2 意味着造山带的宽度应比高度更容易增加，h 为平均海拔，ρ 为密度，g 为重力加速度。陆壳会形成准静态水平缩短和增厚，这就会导致在逆冲断层附近的上地壳和山根进入下地壳。山体抬升意味着在断层上垂直压力的增加。这将使断层上的滑动摩擦力增大，从而限制逆冲作用的进行。一个新的断层将在山前形成，导致山体变宽。另外，地表侵蚀和沉积作用及下地壳流将会使地形的起伏度降低，变得更加平坦。在下地壳的温度和压力下，大多数地壳岩石在非常低的偏应力下容易流动。这种偏应力与地形坡度和莫霍面坡度有关，下地壳的黏塑性流会引起地形起伏度的减小。

在陆壳地表上地形高度要保持增长，地壳的强度就要超过偏应力。然而，实验结果表明，在下地壳的温度和压力下，大多数地壳岩石易于流动。由于下地壳的黏塑性流以及随时间产生的流动，地形起伏和莫霍面的起伏随之减小。如天山是世界上最大和最活跃的陆内山脉（图 16.19）。天山中部的宽度为 300~400 km，平均海拔为 3500 m，最高峰可达 7500 m，地壳相对较厚（莫霍面深度 50~70 km）。天山在 10~15 Ma 之前开始不断增长。空间分析和数值模拟表明在未来的几百万年内，天山将停止增长，高度降低一半（图 16.20）。这种预测是基于对下地壳塑性流变的假定，并得到了多方面的数据支持，包括从地震数据到重力挠曲分析。只有短波长地形，通常在几十千米之内，能够依靠上地壳的强度在地质历史时期中得以维持，然而前提是不遭受剥蚀，但实际上短波长地形的剥蚀速度更快。另外，地表作用过程被认为会使地形起伏更快地变得平坦。同样的，在缺少强流变介质或者缺少应变局部化过程的情况下，部分陆壳将水平缩短和增厚，所以没有山脉形

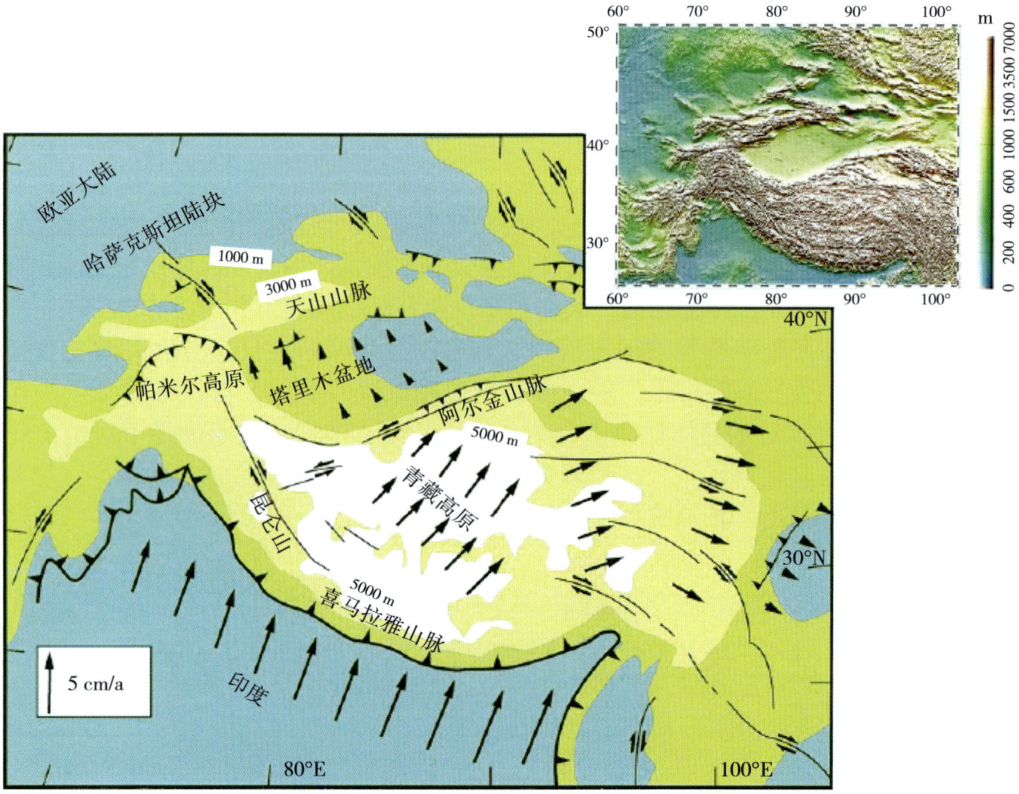

图 16.19　不断增长的活动陆内造山带和高原与印度板块与欧亚板块碰撞图

（据 Avouacet al.，1993）

显示喜马拉雅山脉、青藏高原、塔里木盆地、帕米尔高原、天山山脉等的空间位置、边界断裂和地表运动速率。插图为同一区域的数值高程图。最高海拔为珠穆朗玛峰 8848.86 m，天山的博格达峰为 7500 m

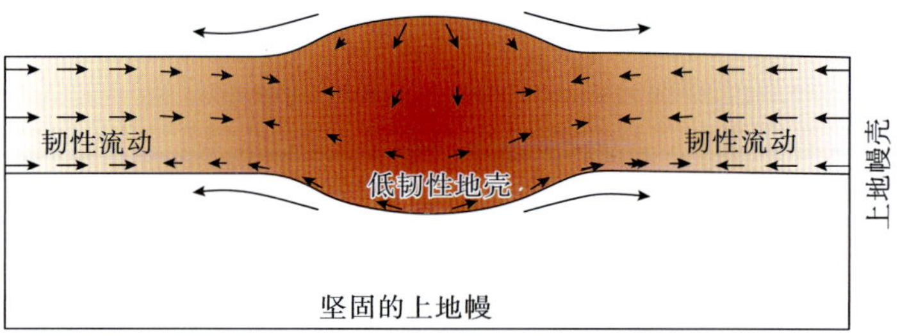

图 16.20　山脉的剥蚀和重力滑塌

（据 G1ratton，1989；Bird，1991）

在这个概念模型中，地表和地下的作用过程没有得到平衡，即使形成了山脉，也无法维持。由于缺乏补偿机制，在 2 Ma 内根部和地形将变得平坦。构造挤压作用只会使地壳增厚；需要其他的局部机制使在狭小范围内分布的山体集中增厚成。陆内山脉的长期的增长和维持是动态的过程，要允许位于山脉之下的岩石应力。

前人已经提出了一些解释主逆冲断层应力集中的机制，主要是通过研究造山带的稳定性指标。岩石内部的应力软化有利于地壳内的逆冲断层的应力集中。或者是由岩石圈逆冲或岩浆动力引起的地壳底部的剪应力形成山脉。这种造山机制与俯冲带或热点有关，但似乎不适用于解释陆内造山带。我们的观点是地表过程与下地壳流的耦合机制或许能更好地解释这个问题。

为了解释陆内造山带长期存在和局部增长，一些研究者强调地表过程和构造演化之间动力反馈的重要性。构造作用改变地形并使沉积物重新分布，这会引起下地壳和岩石圈发生动力负载和卸载，而地表过程则相应接受剥蚀和沉积。因此构造作用是地表过程的主控因素。地表过程和岩石圈热机制的现有模式都是地表对构造负载-卸载的响应。表明地表过程和构造作用之间不是独立的作用过程，而是相互作用的过程。地球表面的物质流动和下地壳流的水平流动与构造水平缩短造成的山体增长之间存在耦合机制。这种机制是经过岩石圈和地表过程相关的地震分析和数值模拟实验验证的（图 16.21）。依据剥蚀速率与水平缩短的比较，下地壳流可以“溢出”（从高地形的地下溢出）或者“流入”（流向高地形的根部）。当“流入”发生时，山脉将增长。

Burov（2007）提出关于侧向地壳流的反馈机制（图 16.20，图 16.21）。根据这个机制，物质从地形高处被剥蚀（卸载）并沉积到前陆盆地内（负载）引起地壳流水平运动，阻碍地壳根部重力的扩展，并最终驱使物质流向造山带。以下 3 个实例可以验证该反馈机制，包括：①较慢的汇聚和剥蚀速率（阿尔卑斯山脉西部）；②中等的汇聚和剥蚀速率（天山、中亚）；③快速的汇聚和剥蚀速率（喜马拉雅山脉、南亚）。

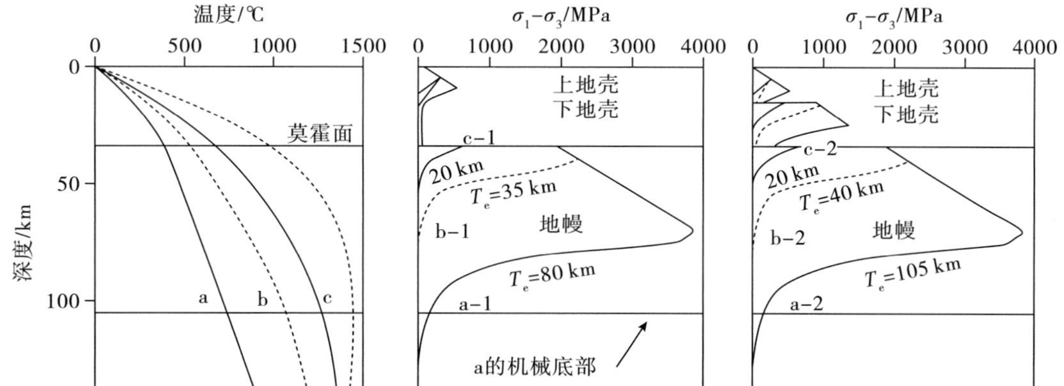

图 16.21 陆-陆碰撞造山带与地表过程的概念模型

（据 Burov，2007）

陆壳岩石圈的典型流变剖面，表明可能存在下地壳流：①地热等温线；②上地壳、下地壳和橄榄岩地幔的流变分层；③富石英上地壳、辉绿岩下地壳、橄榄岩地幔的流变分层。T_e 为推算的岩石圈弹性厚度

第 17 章　全球中-新生代造山带-前陆盆地系统

全球中-新生代造山带-前陆盆地主要分布在北美科迪勒拉造山带及其前缘、南美科迪勒拉和安第斯造山带及其前缘、欧洲阿尔卑斯造山带及其前缘、扎格罗斯造山带及其前缘、喜马拉雅造山带及其前缘、台湾造山带及其前缘、帝汶岛弧带及其前缘（图 17.1）。本章在前人研究成果的基础上，总结了全球中-新生代造山带-前陆盆地系统的主要研究进展，分别对陆-陆碰撞型造山带-前陆盆地系统（包括阿尔卑斯造山带-前陆盆地系统、扎格罗斯造山带-前陆盆地系统、喜马拉雅造山带-前陆盆地系统）、洋-陆碰撞型造山带-弧后前陆盆地系统（包括北美落基山造山带-前陆盆地系统、南美安第斯山造山带-前陆盆地系统）、弧-陆碰撞造山带-前陆盆地系统（台湾造山带-前陆盆地系统、帝汶造山带-前陆盆地系统）和陆内造山带-前陆盆地系统（中国西部天山造山带-前陆盆地系统、龙门山造山带-前陆盆地系统等）的板块构造位置、造山带结构、充填地层序列、沉积-构造演化、油气特征等方面进行了总结和归纳。这些研究成果表明，喜马拉雅造山带-前陆盆地系统是陆-陆碰撞造山带-前陆盆地系统的典型代表，记录了新生代以来的地壳缩短、增厚和低地势腹地的地表隆升历史，并且是收缩构造和周缘前陆盆地概念的实例。科迪勒拉造山带-前陆盆地系统（包括北美落基山、南美安第斯山）是洋-陆汇聚造山带-弧后前陆盆地系统的典型代表，为理解洋-陆汇聚板块边缘俯冲带、岩浆弧、弧后冲断带和弧后前陆盆地提供了实例。台湾造山带-前陆盆地系统是弧-陆碰撞造山带-前陆盆地系统的典型代表，为理解弧-陆汇聚板块边缘俯冲带、岩浆弧、冲断带和前陆盆地提供了实例。中国西部陆内造山带-前陆盆地系统是陆内造山带-前陆盆地系统的典型代表，为理解陆内冲断带和前陆盆地提供了实例。

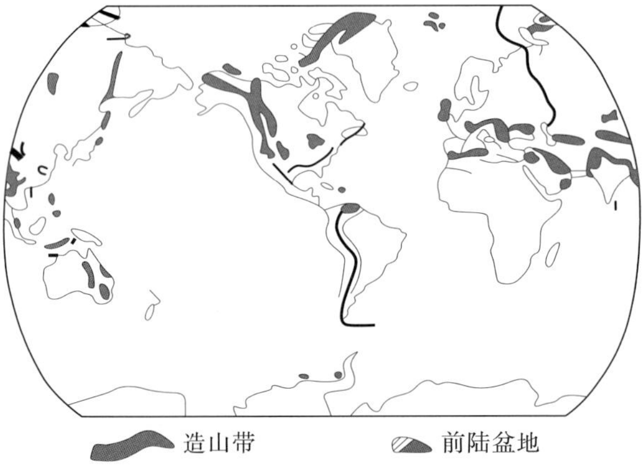

图 17.1　全球造山带和前陆盆地的分布图
（据 Howell et al.，1992）

17.1　中-新生代陆-陆碰撞型造山带-前陆盆地系统

阿尔卑斯-扎格罗斯-喜马拉雅-西藏造山带是陆-陆碰撞的典型实例，并且是收缩构造和周缘前陆盆地的一个实例。

17.1.1 阿尔卑斯造山带-前陆盆地系统

17.1.1.1 阿尔卑斯造山带-前陆盆地系统的概况

阿尔卑斯造山带从阿特拉斯山、伯德山、比利牛斯山经阿尔卑斯、亚平宁、喀尔巴阡、巴尔干和高加索山延伸至亚洲。虽然这些山系的走向大致呈东西向，但却弯曲多变，沿山前、山间地区分布许多前陆盆地，其中充填了陆相碎屑岩。在该前陆盆地群中包括阿尔卑斯山脉前缘的北阿尔卑斯（磨拉石）盆地、喀尔巴阡山脉前缘的喀尔巴阡盆地、亚平宁山脉前缘的亚平宁盆地及波河盆地、阿特拉斯山脉前缘的阿特拉斯盆地、伯德山脉北侧的伯德（Betic）盆地、比利牛斯山脉北侧的阿基坦盆地和南侧的埃布罗（Ebro）盆地（图 17.2，图 17.3）。其中北阿尔卑斯盆地为典型的前陆盆地，分布于阿尔卑斯山脉褶皱-冲断带北侧前缘（图 17.2，图 17.3）。在瑞士西部及邻区的构造单元包括：①前阿尔卑斯褶皱带；②亚阿尔卑斯紧密褶皱-冲断带；③磨拉石盆地；④侏罗山向斜。从南至北依次为海尔微（Helvetic，瑞士）推覆体、前阿尔卑斯、亚阿尔卑斯褶皱-冲断带、磨拉石盆地和侏罗山。

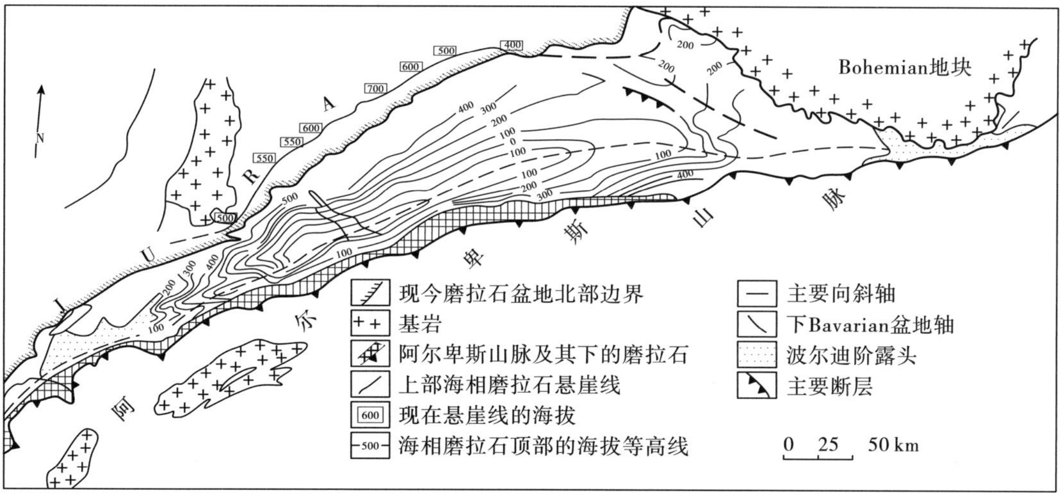

图 17.2 阿尔卑斯造山带与前陆盆地分布图

（据 Allen et al.，1986）

17.1.1.2 阿尔卑斯前陆盆地充填地层

阿尔卑斯前陆盆地（NAFB）地层自下而上包括 7 个地层单元（图 17.3 至图 17.5）：①前陆岩石圈抬升引起的基底不整合面；②货币虫灰岩和抱球虫灰泥岩地层：代表前陆盆地的水侵；③北海尔微地层：代表由活动造山带泻入的浊流沉积体系；④下部海相磨拉石：从陆架搬运到滨岸的沉积；⑤下部淡水磨拉石：第一期河流、湖泊沉积；⑥上部海相磨拉石：代表浅海和海湾、河口湾沉积体系；⑦上部淡水磨拉石：最后充填消亡的陆相粗碎屑沉积。Homeward 等（1986）认为磨拉石盆地及邻区沉积物由两套从老到新水体变浅的巨层序组成，即从早期欠补偿深海沉积到晚期的补偿和过补偿浅海-河流沉积。

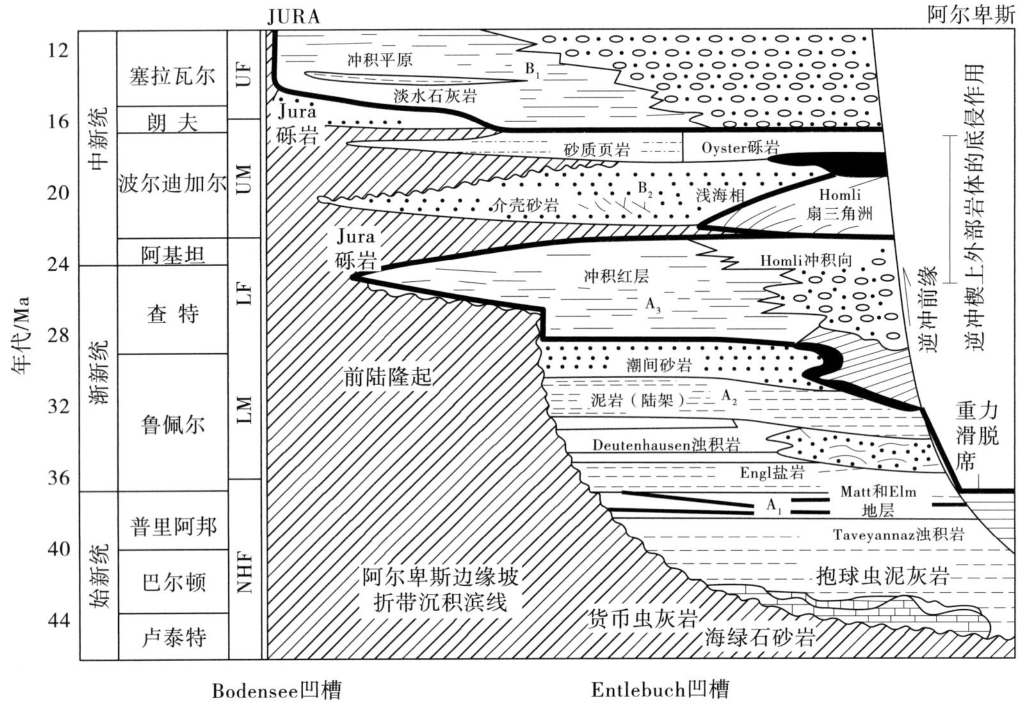

图 17.3　北阿尔卑斯前陆盆地的地层序列（苏黎世附近）

（据 Allen et al.，1990）

该套地层由两个向上变浅变粗的巨层序组成；其中 A_1、A_2、A_3 组成下部层序，B_1、B_2 组成上部层序

应当指出的是，在早期的地槽学说中常常广泛地使用复理石和磨拉石这两个术语即来自该盆地。复理石指的是在造山初始条件下形成的深水海相碎屑沉积物。磨拉石是一种滨、浅海相到陆相的沉积，它们是在从晚期造山到造山期后条件下形成的。

17.1.1.3　阿尔卑斯前陆盆地的沉积演化

阿尔卑斯造山作用开始于中白垩世，伴随着古地中海洋壳的向南俯冲。在古新世时期，欧洲和非洲大陆南-北向的聚合导致了亚得里亚（Adrian）微板块向欧洲南部边缘的碰撞。在欧洲板块的最南部边缘，沉积物证据记录了阿尔卑斯前陆盆地开始形成的时间。这些最老的复理石沉积物（图 17.4，图 17.5）以早中新世浊积岩为代表。欠补偿的复理石沉积一直持续到中渐新世，才被过补偿的磨拉石覆盖，主要为浅海相和陆相沉积物（图 17.6 至图 17.11）。

17.1.1.4　阿尔卑斯前陆盆地的构造演化

早期的浊积充填物被命名为复理石，代表了周缘前陆盆地早期阶段的沉积。随着前陆盆地被沉积物充填，盆地的沉积环境变成浅海相和陆相，这些沉积物被命名为磨拉石（图 17.6 至图 17.11）。

多数学者认为，这种复理石向磨拉石的转变记录了被动大陆边缘的构造界线处逆冲楔形体和前陆盆地的迁移。从复理石至磨拉石的沉积期，阿尔卑斯山的沉积物供给至少增加

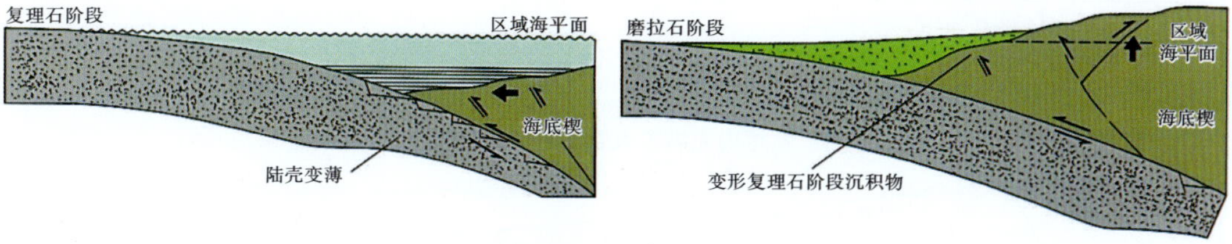

图 17.4　阿尔卑斯前陆盆地复理石阶段和磨拉石阶段的复原图

（据 Allen et al.，1990）

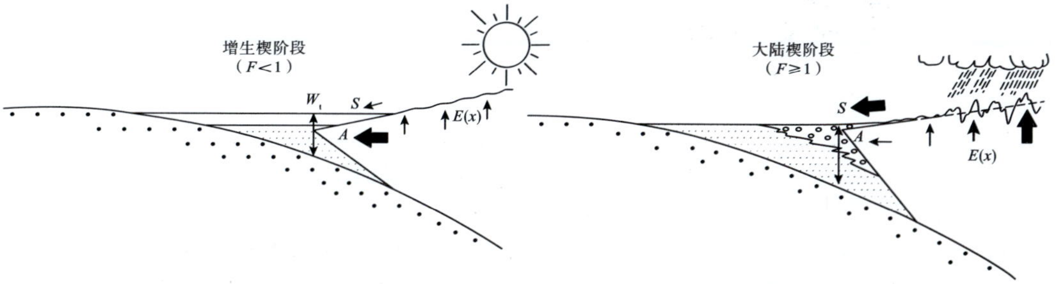

图 17.5　阿尔卑斯前陆盆地充填序列与加积楔阶段-大陆楔阶段的演化

（据 Allen et al.，1990）

在加积楔阶段，逆冲体为低地形，推进速率很快，剥蚀速率［$E_{(x)}$］较低，导致可容纳空间的生长速率大于沉积速率，形成欠补偿的前陆盆地（$F<1$）；在大陆楔阶段，逆冲体为高地形，推进速率很慢，剥蚀速率较高，导致可容纳空间的生长速率小于沉积速率，形成过补偿的前陆盆地（$F\geqslant 1$）。S—沉积物的搬运速率；A—逆冲体的推进速率

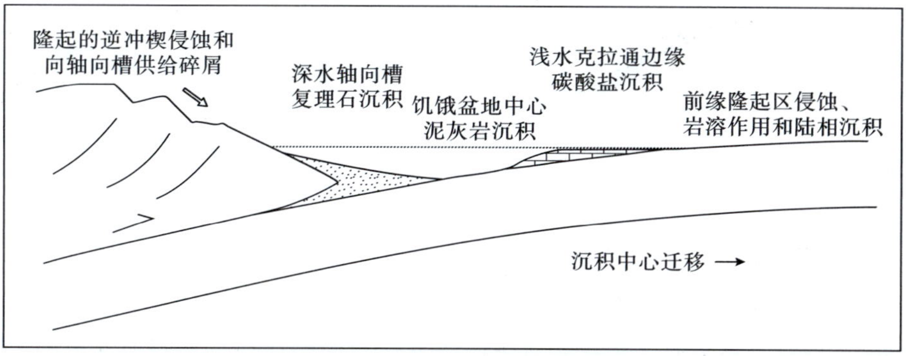

图 17.6　前陆盆地的欠补偿阶段

（据 Sayer，1995）

与沉降速率相关的可容纳空间的生成速率大于沉积速率，盆地深度增大。来自生长造山带的所有碎屑物进入盆地，并堆积在较深的轴向槽（浊积岩沉积物），形成饥饿的盆地中心（泥灰岩沉积物），在远端的克拉通形成适于碳酸盐岩沉积的清水环境，并形成前缘隆起的侵蚀区域。随着造山楔的推进，沉降中心向前陆移动，导致沉积相的后退和垂向序列

了 30%。在复理石向磨拉石转变的同时，造山带内部经历了快速的剥露作用、高压变质岩石的隆升、下部岩石圈的熔融和主逆冲作用的开始。

目前有 3 种机制可以引起逆冲楔形体-前陆盆地的变化，包括：①气候变化引起侵蚀

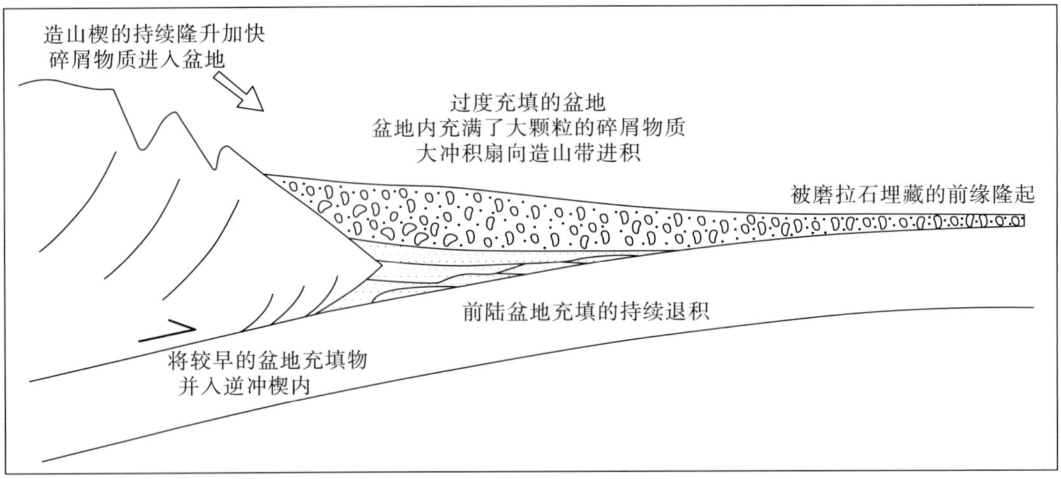

图 17.7　前陆盆地的过补偿阶段

（据 Sayer，1995）

由于造山楔的侵蚀速率增加导致了大量碎屑流入盆地，其速度超过了可容纳空间的形成速率，并填充了盆地。磨拉石以巨厚的冲积扇为主，并向山前推进，掩埋了前缘隆起区域。早期的盆地填充物已被卷入逆冲楔，较晚的沉积物埋在磨拉石之下

速率和沉积物供给的增加；②逆冲楔力学性质的变化导致内部增厚和隆起；③在山脉根部高密度物质的拆离作用引起均衡隆起。

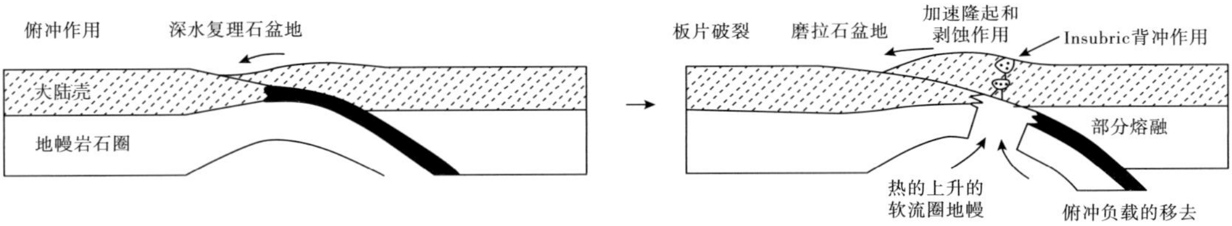

图 17.8　阿尔卑斯造山带的板块破裂模式

（据 Sinclair，1997）

板块位移引起上浮表面均衡隆起、高压变质岩抬升、上覆板块部分熔融和背冲。箭头指示了在盆地演化的两个阶段，最大（复理石）和最小（磨拉石）沉积物从山脉向盆地的排放

Sinclair（1992）认为有关板块裂解事件与复理石向磨拉石的转换有关联（图 17.8）。板块裂解模式对加速的均衡隆起、山脉剥蚀作用的加剧以及沉积物产量增加均具有加强作用。因此，板块裂解模式被认为是导致阿尔卑斯前陆盆地充填物（复理石-磨拉石）发生转换的控制因素。

17.1.1.5　阿尔卑斯前陆盆地的油气特征

Pytlak 等（2017）介绍了阿尔卑斯前陆盆地油气特征（图 17.9，图 17.11）。在阿尔卑斯前陆盆地东段（奥地利）发育两个含油气系统，下部为位于阿尔卑斯山之下的中生代-始新世储层中的石油和热成因气，烃源岩为下渐新统；上部为渐新世-中新世碎屑岩（属于深海盆地-轴向河道系统的沉积物），发育相对较干的气，为微生物来源气和热成因气的混合。

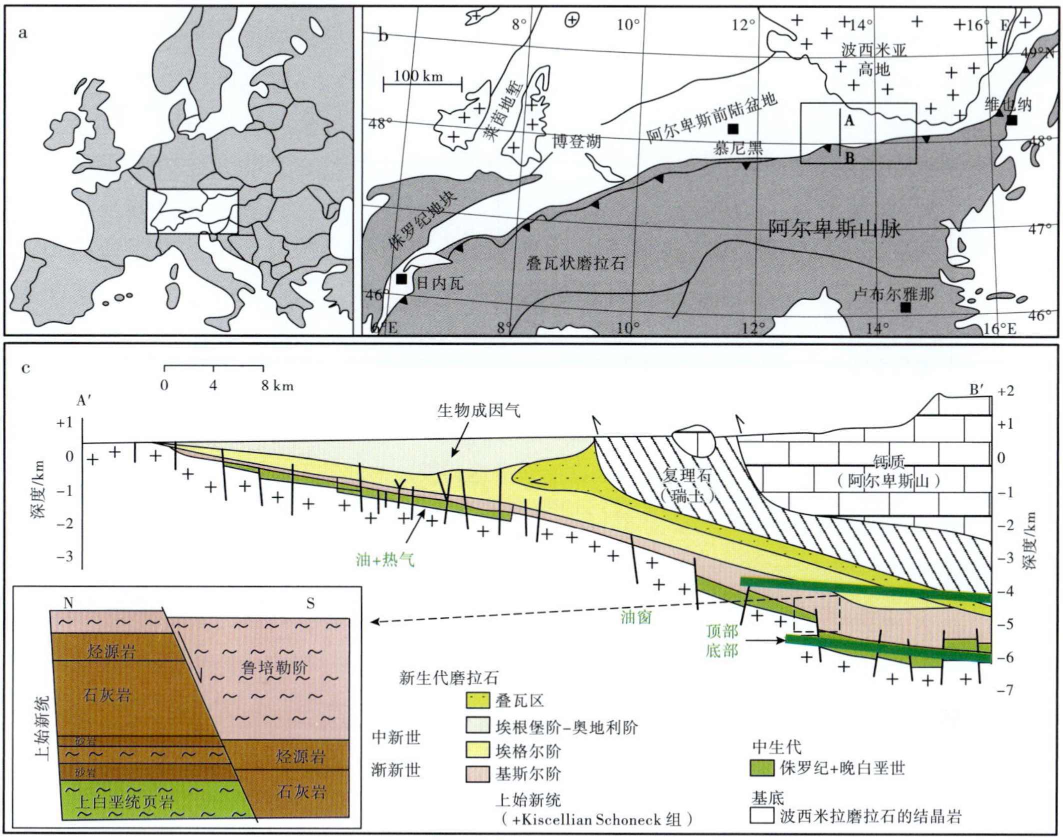

图 17.9 阿尔卑斯前陆盆地（奥地利段）油气特征简图

（据 Pytlak et al.，2017）

a，b—阿尔卑斯前陆盆地（奥地利段）的位置图；c—横穿阿尔卑斯前陆盆地的横剖面，其中的插图表示油气从烃源岩通过正断层运移到下伏更深的储集层

此外，在喀尔巴阡山前陆盆地也是重要的含油气区。喀尔巴阡山山前冲断带叠加于欧洲板块之上。侏罗系、白垩系和古近系泥页岩为其主要生油岩，储集层主要为侏罗系、白垩系和古近系砂岩，物性较好，孔隙度一般为 10%～14%，渗透率为 2×10^{-3}～100×10^{-3} μm^2。盖层为白垩系和古近系泥页岩和中新统蒸发岩。喀尔巴阡山山前冲断带的构造变形相当复杂，具多期变形特征，在推覆体下的油气圈闭形式多样，有背斜型、双冲构造型、叠瓦构造型、岩性尖灭型、不整合面型等。

17.1.2 扎格罗斯造山带-前陆盆地系统

17.1.2.1 扎格罗斯造山带-前陆盆地系统的概况

在亚洲中东地区分布有北部的近东西向展布的厄尔布尔士山脉和南部的北东-南西向展布的扎格罗斯山脉。在两大山脉之间发育伊朗中部的新近纪山间盆地，在扎格罗斯山脉褶皱-冲断带和阿拉伯地台之间发育扎格罗斯（或波斯湾）新近纪-第四纪前陆盆地（图 17.11，图 17.12）。

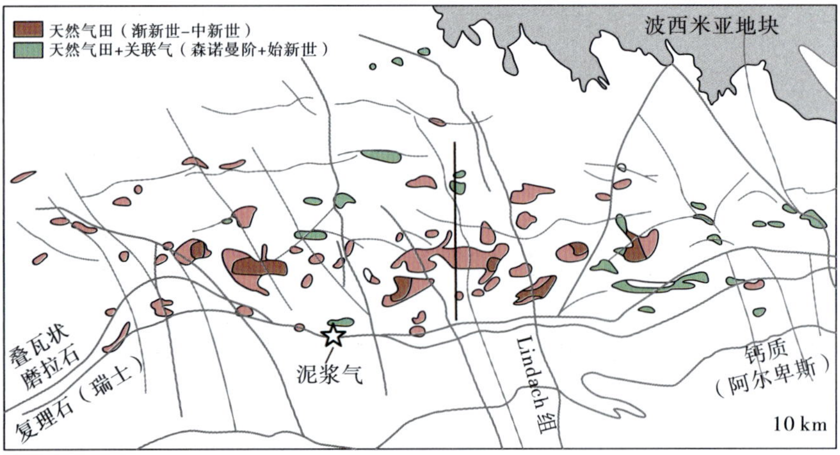

图 17.10 阿尔卑斯前陆盆地（奥地利段）的油气田分布图

（据 Pytlak et al.，2017）

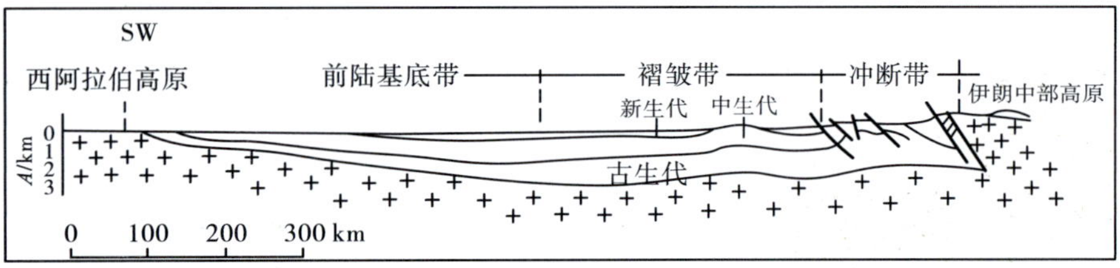

图 17.11 扎格罗斯前陆盆地的剖面结构

（据 Stonley，1981）

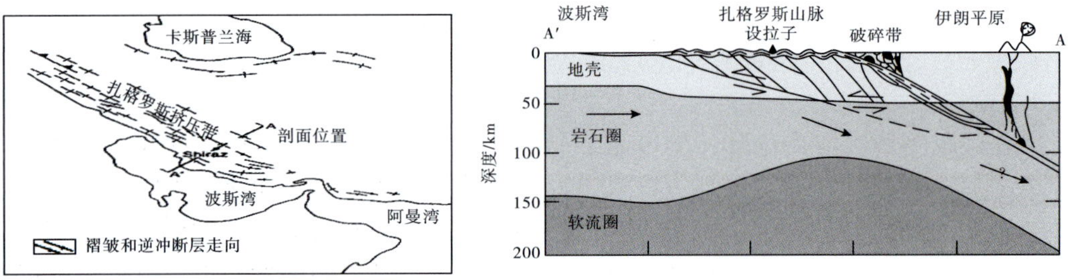

图 17.12 扎格罗斯造山带-前陆盆地构造剖面图

（据 Stonley，1981）

扎格罗斯盆地为典型的新近纪-第四纪周缘前陆盆地，在古生代、中生代和新生代初期，在扎格罗斯洋和阿拉伯地台之间分布被动大陆边缘。沉积物包括古生代-中生代巨厚的海相碳酸盐岩和碎屑岩地层，古近纪非洲-阿拉伯板块开始向北漂移，中新世阿拉伯板块与欧亚板块碰撞。扎格罗斯山脉形成并向阿拉伯板块逆冲，在扎格罗斯山脉前缘形成残留海-前陆盆地，其中充填了潟湖-蒸发岩相沉积物、海相杂色泥灰岩、砂泥岩和山麓冲积扇砂砾岩。

值得指出的是，波斯湾盆地属于新特提斯域，其发育受控于阿拉伯板块的演化，与典型的威尔逊大洋旋回一致，可分为3个阶段：①离散期，前寒武纪泛非运动后，在阿拉伯板块上出现裂谷带，为砂砾粗碎屑岩及火山岩充填；②漂移期，阿拉伯板块热沉降，形成古生代-中生代克拉通盆地及大陆边缘盆地，发育砂页岩-碳酸盐-蒸发岩沉积层序，构成有效的油气系统；③聚合期，新近纪阿拉伯板块与非洲大陆分裂，形成红海裂谷与亚丁湾，同时向亚洲大陆碰撞，形成扎格罗斯造山带，并发育周缘前陆盆地，构成有效的成藏区带及油气圈闭。

17.1.2.2 扎格罗斯造山带-前陆盆地的结构

扎格罗斯盆地位于阿拉伯板块东北部，总体上为北西-南东向展布的前陆盆地。扎格罗斯褶皱区由东北至西南，可划分为4条走向平行的北西-南东向构造带，依次为缝合带（破碎带）、推覆带、简单褶皱带和前渊带（图17.13，图17.14）。

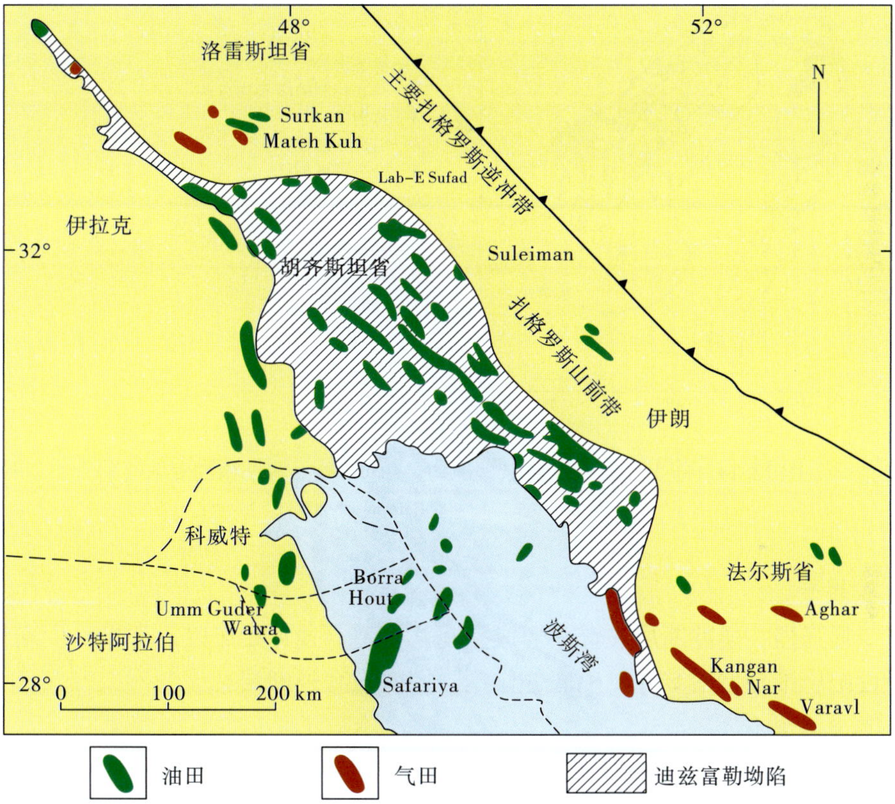

图17.13 扎格罗斯前陆盆地油气田分布图

（据Ala，1982）

（1）缝合带

该带又被称为破碎带，是阿拉伯板块与伊朗板块碰撞造山的缝合带，由强烈变形、破碎的石灰岩、放射虫岩、超基性岩和变质岩组成。该带还包括向西南方向推覆的两条右行走滑的逆冲断层，两者均形成于上新世-更新世，其中推覆的距离和走滑的距离分别为45 km和60 km。沿该带有蛇绿岩分布，两侧古生代地层岩性类似、化石相同。

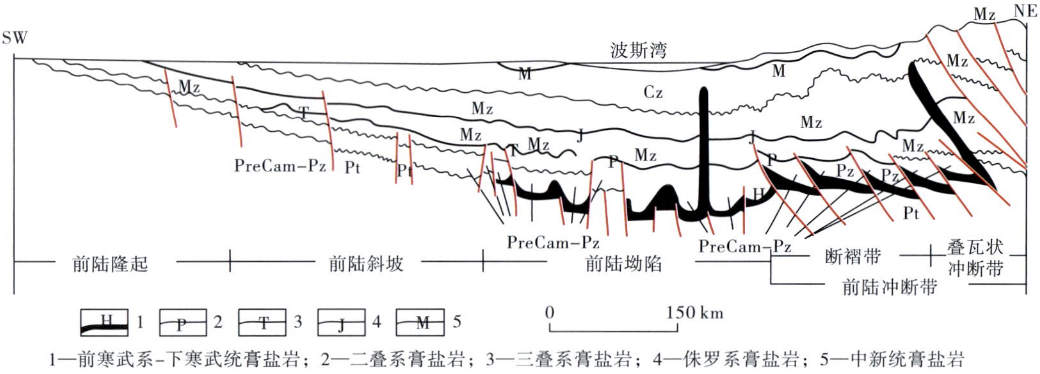

a

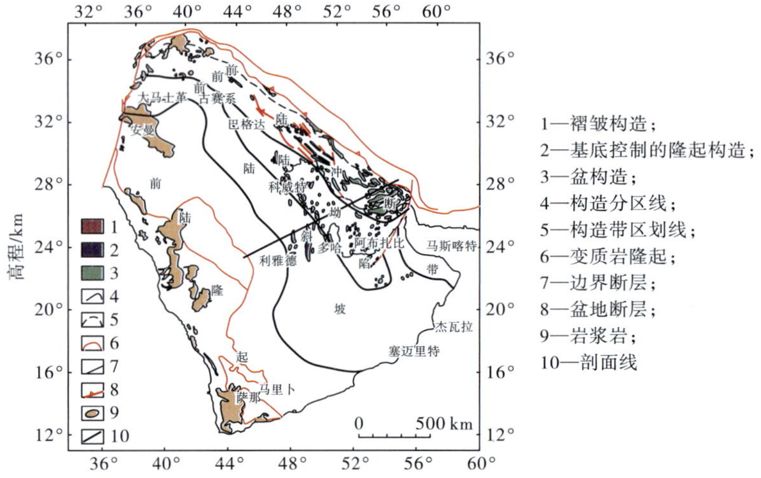

b

图 17.14 新生代波斯湾前陆盆地构造单元（a）与结构剖面图（b）

（据 Beydoun，1998；Bahroudi，2003）

（2）推覆带

该带变形强烈，逆冲断层发育，形成叠瓦状构造。逆冲始于晚白垩世，中新世后仍在继续。新近纪该带开始褶皱并发生底辟作用，同时发育逆断层。

（3）简单褶皱带

该带是扎格罗斯造山带的主体部分，褶皱极为发育且形态完整，背斜成山，向斜成谷，反映形成时间很晚，断层不发育。由东北至西南，褶皱形态由紧闭、倒转的不对称形态逐渐转变为宽缓的对称形态，西南与阿拉伯地台内的大单斜构造相连。

（4）前渊凹陷带

扎格罗斯前渊凹陷带介于山前断层和稳定的克拉通地台之间，呈北西-南东向展布（图 17.14）。主要的构造类型包括基底卷入型褶皱、断弯褶皱、断展褶皱和滑脱褶皱。这些低幅度构造变形波长更大且分布较为分散，区域内无大角度构造刺穿。沿盆地轴向，扎格罗斯盆地被盆内隆起细分为 3 个次级坳陷：北部的基尔库克（Kirkuk）坳陷、中部的迪兹富勒（Dezful）坳陷和南部的帕卜德赫（Pabdeh）坳陷。

17.1.2.3 扎格罗斯前陆盆地的沉积-构造演化史

扎格罗斯盆地经历了5个构造演化阶段（图17.13，图17.14），即前寒武纪基底拼合阶段、寒武纪-晚泥盆世克拉通阶段、早石炭世-中二叠世弧后活动大陆边缘阶段、晚二叠世-晚白垩世被动大陆边缘发育阶段、晚白垩世-现今前陆盆地发育阶段。扎格罗斯盆地的构造活动一直持续到今天，现今仍处于挤压应力状态。

晚白垩世阿拉伯板块东北部被动陆缘转化为活动边缘，特提斯洋开始闭合，阿曼扎格罗斯盆地南部的蛇绿岩发生逆冲作用，在该褶皱带托罗斯段的南部发生了陆-陆碰撞作用。晚始新世新特提斯洋闭合，扎格罗斯造山运动开始，在前陆盆地主要沉积浅海碳酸盐岩和富有机质泥页岩。中新世-上新世扎格罗斯造山带抬升，沉积石膏和碎屑岩，阿拉伯板块南缘亚丁湾和红海分离。

17.1.2.4 扎格罗斯前陆盆地油气特征

扎格罗斯盆地是油气最富集的前陆盆地。在盆地内已发现422个油气田（图17.13，图17.14），其中大油田48个，大气田29个，油气田沿构造线呈条带状展布。油田主要分布于前渊，气田则多分布于隆起区，探明和控制石油、天然气和凝析油可采储量分别为260.8×10^8 t、17.1×10^{12} m^3 和12.5×10^8 t，合计为410.5×10^8 t油当量。作为一个经历了被动陆缘演化阶段的前陆盆地，扎格罗斯盆地的油气成藏时空匹配条件优越，油气资源异常丰富。在区域上，油气主要分布于迪兹富勒坳陷、基尔库克坳陷、胡齐斯坦隆起；其次是法尔斯隆起、托罗斯褶皱带和洛雷斯坦隆起。在层系上，油气高度富集于古近系和新近系，其次是白垩系。

17.1.3 喜马拉雅造山带-前陆盆地系统

17.1.3.1 喜马拉雅造山带-前陆盆地系统的概况

喜马拉雅山脉发育典型的终极缝合的（terminal suturing）雅鲁藏布江缝合带，碰撞、缝合作用发生在亚洲大陆与印度次大陆之间（图17.15，图17.16）。与微大陆之间的碰撞和大陆与岛弧之间的软碰撞不同，这种终极缝合的硬碰撞导致构造变形强烈，造山带地势高，地形起伏高差大，在前陆盆地充填了巨厚的粗碎屑沉积物。

喜马拉雅山脉及其前缘自北西向南东可分为5个地貌构造单元，包括：西藏喜马拉雅、高喜马拉雅、小喜马拉雅、低喜马拉雅和恒河冲积平原（图17.15）。

从板块构造学说观点分析，白垩纪在雅鲁藏布江地区拉开形成大洋和被动大陆边缘，在白垩纪末-新近纪印度板块向北俯冲，在喜马拉雅地区发育由蛇绿岩、变质岩和侵入岩组成的缝合带。在渐新世-中新世早期，印度次大陆与欧亚大陆碰撞，地壳缩短增厚，发育主中央逆冲断层（main central thrust，MCT），控制了自小喜马拉雅区向北增厚的三角洲相沉积楔状体（穆里组），厚度达2000 m。在中新世晚期-上新世，进一步挤压作用使地壳缩短，形成主边界逆冲断层（main boundary thrust，MBT），形成小喜马拉雅山脉，并在其前缘沉积了锡瓦利克组，为5 km厚的陆相砂砾岩沉积单元。在第四纪盆地的沉降中心向东迁移至恒河平原。

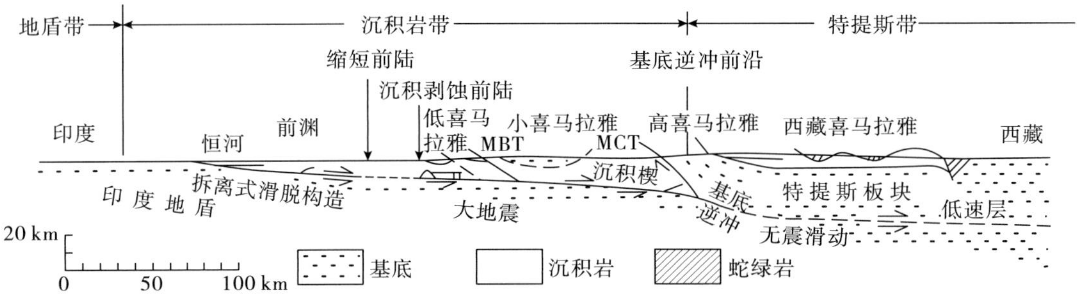

图 17.15　喜马拉雅山-恒河平原构造剖面图

(据 Seeder et al.，1981)

MBT—主边界逆冲断层；MCT—主中央逆冲断层

应当指出的是，从喜马拉雅碰撞缝合带往东至孟加拉湾地区，大洋没有完全闭合，形成残留洋。因此，在喜马拉雅造山带前缘，在俯冲板块地壳下沉形成周缘前陆盆地的同时，在俯冲（消减）带一侧形成残留洋盆地，发育大型三角洲和海底扇（图 17.16）。

17.1.3.2　喜马拉雅造山带-前陆盆地系统的构造特征

印度-雅鲁藏布缝合带（Indus-Zangbo suture）（图 17.16）以南的青藏高原南部地区被认为是印度板块北部边缘的变形带。古生代-中生代的沉积岩（特提斯或青藏高原沉积序列）覆盖于缝合带和高喜马拉雅山之间的大部分地区。虽然这些岩石已强烈变形，但并没有发生变质。在印-亚碰撞和特提斯洋关闭之前，印度板块北部属于被动边缘的特提斯沉积地层，并一直位于海平面之下。特提斯沉积序列与其南面的高喜马拉雅结晶岩地区为断层接触，Burg（1983）首先将其称为北喜马拉雅正断层。在大多数地区，这是一个低角度的、向北倾的断层，并显示为青藏高原南部的拆离系统（south tibetan detachment system，STDS）。中新世，这个断层系统开始显示为向北倾的正断层变形（Burchfiel et al.，1992）。

高喜马拉雅山（hight Himalaya ranges）的结晶岩序列是含有中新世花岗岩侵入体的高级变质岩。该变质岩构成了喜马拉雅地区的主要山脉。主中央逆冲断层把高变质岩推覆于低变质沉积岩和火山岩序列之上。通过主边界逆冲断层，低喜马拉雅层序（其构成了低喜马拉雅山脉）逆冲于新近系西瓦利克（Siwaliks）磨拉石沉积物之上。受到扩展到印度-恒河前渊带的隐伏逆冲断层的影响，中新世-全新世西瓦利克前陆盆地沉积物已经变形。构造剖面显示，从西瓦利克到主中央逆冲断层的喜马拉雅逆冲带向深处汇入（root into）一个主滑脱层，它被称为主喜马拉雅逆冲断层（main Himalaya thrust，MHT）。主喜马拉雅逆冲断层带是印度板块向喜马拉雅山脉和青藏高原南部下冲作用（underthrusting）形成的活动构造，吸收了印-亚汇聚作用的大部分。地震反射资料显示，在青藏高原南部（拉萨西南）主喜马拉雅逆冲带向下延伸的深度达到 40 km，印度板块向北下插到印度-雅鲁藏布（Indus-Zangbo）缝合带的位置。

主中央冲断层控制了来自下地壳或中地壳的高喜马拉雅结晶岩的隆升作用。主中央逆冲断层的早期运动发生于 22 Ma 前，其后该断层在晚中新世和上新世复活，该断层的晚期变形发生于晚上新世。

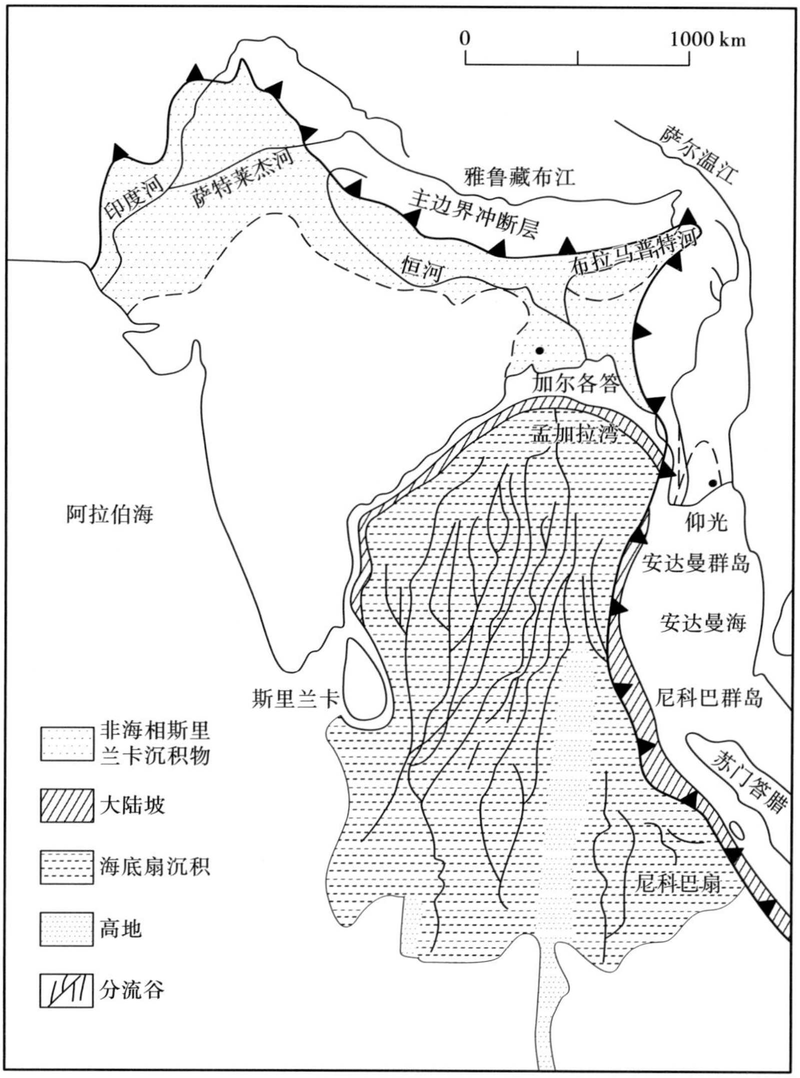

图 17.16　恒河-印度河前陆盆地与孟加拉湾残留洋盆分布图
（据 Miall et al., 1984）

大地测量结果表明，仍在持续隆升的高喜马拉雅山位于主中央逆冲断层之上。该断层的长波变形与深部构造变形具有一致性，显示为下盘的断坡结构。地震也集中于这个带。以上这些观测证据表明，现今喜马拉雅山的隆升可能是由位于主中央逆冲断层之上的断坡背斜（ramp anticline）所导致的。

藏南拆离系统是近年来识别出的低角度正断层系统。它控制着北喜马拉雅的大部分地区。其可能与中新世浅色花岗岩侵入高喜马拉雅结晶岩系的事件在时间上和空间上具有一致性。Burchfiel 等（1985）认为藏南拆离系统和主中央逆冲断层的活动是藏南与印度平原之间高地形落差的重力垮塌。另外一种可能性是在高原南部边缘的中新世剥蚀作用驱动了印度大陆开始向西藏的下冲。以上两个理论均预测了喜马拉雅山和西藏在中新世已具有高海拔。

主边界逆冲断层的逆冲作用发生于主中央逆冲断层形成之后，切割了西瓦利克群中的第四纪地层。因此主边界逆冲断层的活动一直持续到第四纪，具有全新世的变形。

17.1.3.3 喜马拉雅造山带-前陆盆地系统的构造模型

Argand（1924）最早提出了青藏高原隆升的构造机理。目前大多数的构造模型都致力于解决有关青藏高原的3个基本构造问题：①青藏高原地壳厚度为50~75 km，其两倍于普通的大陆地壳厚度是如何形成的？②什么机制导致了曾相隔2500 km距离的印度板块与欧亚板块之间发生了碰撞？③青藏高原在什么时候达到现在海拔5 km的高度？因此，一个完整的青藏高原隆升理论应该包含以上3个方面的内容。如果能够正确回答前两个问题，那么其结果将决定第3个问题的答案。其原因在于地壳均衡机制把地表地形构建与岩石圈构造（厚度、密度等）连接起来了。

第一类假说为青藏高原地壳加厚学说，认为青藏高原地壳厚度双倍于普通大陆地壳厚度的原因是，整个亚洲地壳沿南北方向缩短，从而增大了青藏高原地壳的厚度。此外，其他的一些假说则认为印度地壳的俯冲作用（或下冲作用）才是双倍厚度地壳的形成原因。Zhao等（1985）曾提出一个下冲作用（俯冲）模型，认为印度地壳插入具有黏滞性、韧性的青藏高原的下地壳。这种机制需要在印-亚之间或青藏高原之下吸收汇聚的主体物质（也许宽度超过1000 km）。第二类假说为印-亚汇聚作用受到走滑断层运动调整，并导致了块体的侧向挤出（extruding）（Molnar et al.，1975）。其对青藏高原地壳加厚没有贡献。以上这些早期的假说表明，自从印-亚碰撞发生以来，这些机制可能都在起作用，只不过这些机制发生的具体时间和阶段等方面，不同而已。

Houseman等（1981）提出另外一种构造模型，认为在不改变地壳厚度的条件下也能引起隆升。青藏高原的部分岩石圈地幔物质已经被移走或被更热的、密度更低的软流圈物质所替代，使得岩石圈物质减少，并导致地表1~3 km高的地壳均衡隆升幅度。

最近提出的理论认为，自从第一次印-亚碰撞作用发生以来，不同的机制可能在不同的阶段发挥作用。由于最初“碰撞”的精确时间对塑造现今青藏高原的构造作用和剥蚀作用所起的作用很小，多数学者用50 Ma描述青藏高原的隆升过程。已有的证据显示，50 Ma以来的某些时段里构造活动是相当活跃的。卫星照片和地震数据的积累有助于对青藏高原及其周边地区的构造活动进行新的探索。利用地震波速率的衰减可以标定地壳和地幔的界面，同时利用震源机制也可以了解现今地壳、地幔变形的信息。野外制图、航片和陆地卫星影像解析结果表明，当前青藏高原构造特征明显表现为东西向的伸展结构。

17.1.3.4 喜马拉雅造山带-前陆盆地系统的构造地貌演化

青藏高原的最大高程取决于岩石圈减薄过程的类型，例如后期对流型热边界的消退或消除。火山喷发的证据显示，岩石圈减薄事件可能发生于8 Ma之前，甚至14 Ma之前。而冈底斯逆冲断层、主中央逆冲断层和藏南拆离系形成的时间大约为25 Ma前。Fielding（1996）曾推测，在8~25 Ma之间，变形主要集中于青藏高原南部和喜马拉雅山脉，而在青藏高原内部地壳一直保持着相同的厚度。如果这个假设是正确的，那么在地壳减薄的区域一定新产生了3.2 km的隆升量来维持这一不变的厚度，这与England等（1989）的计算是一致的。

如何才能把这个假定与青藏高原低地势区域联系起来呢？从几十到几百千米的中长波数字高程图来看，青藏高原的中部相当平坦。长波段地势的缺失可能是由于青藏高原巨厚地壳及其产生的热量所形成的下地壳流的流动或者是低黏度的岩石圈导致的。在一些青藏高原地堑系统的挠曲模型中显示出非常薄的有效弹性厚度（<10 km），其与青藏高原中的低黏度地壳的分布区域一致。青藏高原中部缓慢的河流下切和填充过程不能抹平由中等波长的构造隆起。也许晚新生代以来上地壳变形较弱，或者下地壳的黏性流动也有可能改变了中等波长的地貌。

与青藏高原中部地区不同，喜马拉雅山和喀喇昆仑山受降雨量的影响很大，在新近纪该区域被迅速剥蚀，许多地方的剥蚀厚度为20~25 km。在喜马拉雅山的变质核杂岩区可能大约有35 km厚的岩层被剥离了。在高原边缘地区，降雨量集中，剥蚀作用强烈，外流水系把这些被剥蚀物质搬离出了造山带。造山带挤压形成的物质被剥蚀、搬运。从另一个方面来说，喜马拉雅山通过持续汇聚作用所产生的构造物质输入量与剥蚀物质输出量达到了平衡（图17.17），从而保持了山脉高度不变，因此在喜马拉雅山地区的岩石隆升幅度高于青藏高原其他地区。

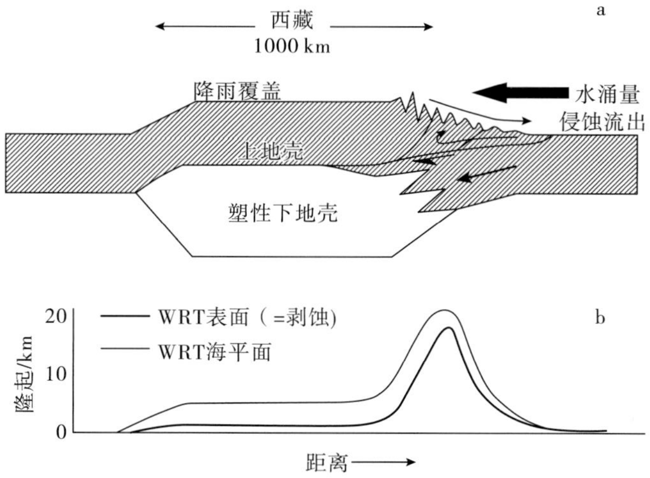

图17.17　青藏高原的物质输入与物质输出的相互关系图解

（据Summerfield，1999）

a—大量陆相高原物质通过构造方式进入高原、通过剥蚀方式从高原流失，该图为两者的相互关系图解；b—图a中假想高原隆升曲线，岩石的隆升与剥蚀主要集中于高原的边缘地区。在图a中，表面隆升指现代地表的升高，实际上，表面隆升量是岩石隆升量与剥蚀量之差

在一些剥蚀模型中，前人假定剥蚀速率与高程成正比。这种假定可以应用于潮湿的、狭窄的、具外流水系的山脉（如南阿尔卑斯山和台湾山脉），但是显然不能应用于广阔的青藏高原。在广阔的青藏高原内陆（可能几百万年前就形成了），尽管有很高的高程（5 km），但是剥蚀速率却很低。由于降雨量强烈地影响着剥蚀速率，而降雨量又主要集中于中等高度（2 km）的山前地带。例如，在喜马拉雅山脉，剥蚀最强烈的位置是山峰以下的区域。不仅当地气候和水系网络的空间变化会引起剥蚀速率的变化，而且新生代的全球气候变化也会影响剥蚀速率的变化。考虑到这些因素，就可以建立剥蚀速率、表面隆升和海平面变化之间的直接关系。

17.1.3.5 喜马拉雅-青藏高原的隆升机制

青藏高原大陆动力学演化模型较多，自从 Argand（1924）提出青藏高原的隆升和加厚与 55～50 Ma 印-亚碰撞相关以来，业已提出了许多理论假定和成因机制，如：双层地壳（Beghoul et al.，1993）、岩石圈深俯冲（Coward et al.，1985）、大陆滑移线场理论（Tapponnier et al.，1982）等模型。目前将青藏高原的隆升机制归纳为 4 种类型：①地壳缩短与增厚机制（England et al.，1986），强调南北向缩短和地壳加厚；②侧向挤出机制（Tapponnier et al.，2010），强调上地壳的刚性变形，认为青藏高原东部的块体是沿主干的走滑断裂向东挤出去的；③下地壳流机制（Burchfiel et al.，1992），强调中下地壳的塑性流变导致上地壳的向东挤出，解释了青藏高原东部挤出块体的动力学成因机制；④地壳缩短和地壳均衡机制（Hatzfeld et al.，2010），强调地壳缩短和地壳均衡作用是支撑起现在青藏高原高度的主要机制。

值得指出的是，随着地球物理探测和对高原边缘造山带特别是藏南喜马拉雅山脉的研究，越来越多的研究者注意到高原中下地壳的塑性流变在高原演化过程中起着重要的贡献。在高原南部和北部下地壳普遍存在部分熔融或富含水（>10%）的高塑性流变物质，如此软弱的下地壳物质在重力梯度下易于流动，Zhao 等（1987）认为俯冲下插，并部分熔融的印度地壳物质注入青藏高原中部地壳，可引起高原地表一致性的上升，这种模型称为注入模型和液压机模型；用塑性流变的下地壳物质的通道流（channel flow）模式解释高喜马拉雅山隆升机制和藏南拆离系（Burchfiel et al.，1992）的动力学成因。同样的机制被用于解释高原东缘晚新生代龙门山的隆升和 2008 年汶川地震的发生机制（Royden et al.，2008）。Clark 等（2000）提出，青藏高原的下地壳流变物质可以发生大范围的流动，自藏南向北东、南西方向分别流出青藏高原，并获得在流动过程中是否受到强硬地块的阻挡而产生不同的地势梯度，解释了青藏高原及其周边不同地区地貌的形成机制。既然青藏高原塑性流变的地壳物质可以流出高原内部，必然可以计算流出速率（v_{out}，单位时间内流出地壳物质的量）。而俯冲并部分熔融的印度地壳物质进入青藏高原中下地壳，必然存在一个注入速率（v_{in}）。这两个速率的相对大小、流出速率的变化，将直接影响高原隆升和扩展的历史，而流出速率的变化，受到流出通道的打开、关闭和宽度等因素的影响。通过讨论流出通道的演化历史，就可能对高原隆升和扩展的机制加以讨论。

17.2 中-新生代洋-陆碰撞型造山带-前陆盆地系统

科迪勒拉山脉（包括北美落基山、南美安第斯山）是典型的洋-陆汇聚板块边缘，为理解俯冲带、岩浆弧、弧后冲断带和弧后前陆盆地提供了实例。

17.2.1 北美板块西部科迪勒拉山造山带-前陆盆地系统

17.2.1.1 科迪勒拉山造山带-前陆盆地系统的概况

北美大陆被 3 个造山带所环绕，西缘为科迪勒拉（Cordillera）造山带，形成于中-新生代；北缘为帕里群岛（Perry Islands）褶皱带；东南缘为阿帕拉契亚-沃希托（Appalachian-Ouachita）造山带，形成于古生代（图 17.18，图 17.19）。北美地形结构呈南北向的三大纵列带分布：①西部是科迪勒拉山系的北段，其中以落基山山脉纵贯北美西部；②东部是较低矮的山地，即主要是阿巴拉契亚山地；③中部是广阔的大平原。北美大陆以前寒武纪古陆台为核，通过不同地质时期与相邻板块的相互作用以及伴随的地壳构造运动，经历了与其他古陆块（如欧洲、非洲）分、合、再分的漫长过程，环绕古陆台周围的褶皱带相继形成，最终奠定了北美大陆的地质构造基础。

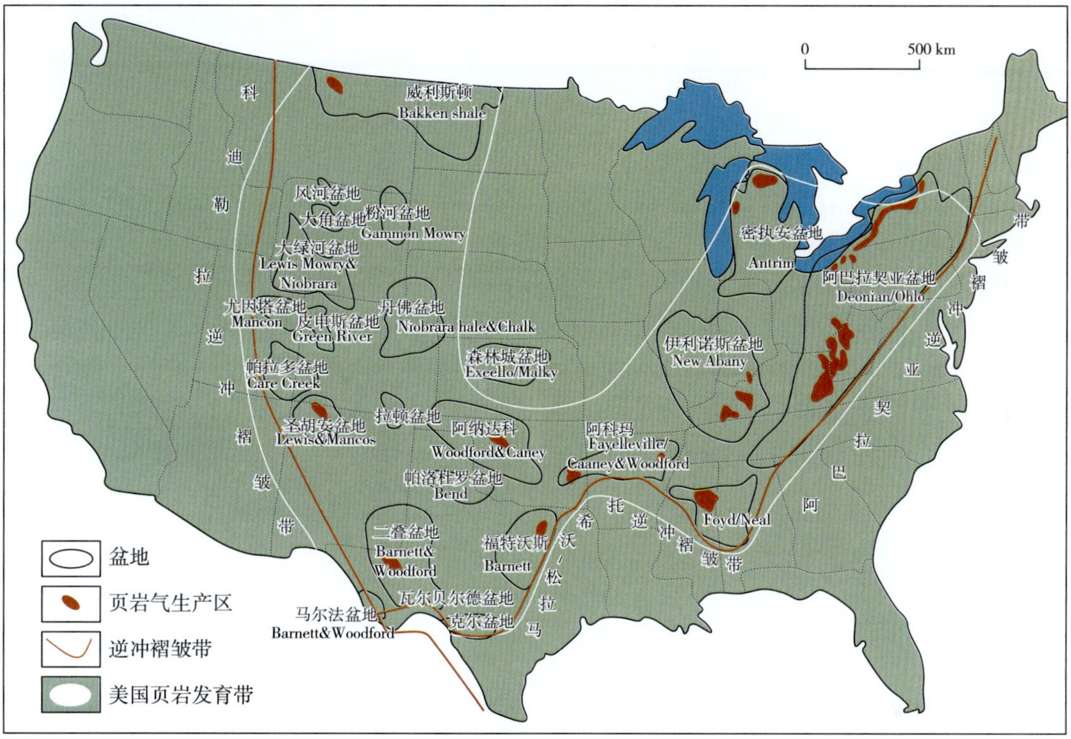

图 17.18 北美板块边缘造山带-前陆盆地系统与富含页岩气盆地

（据 USGS，2012）

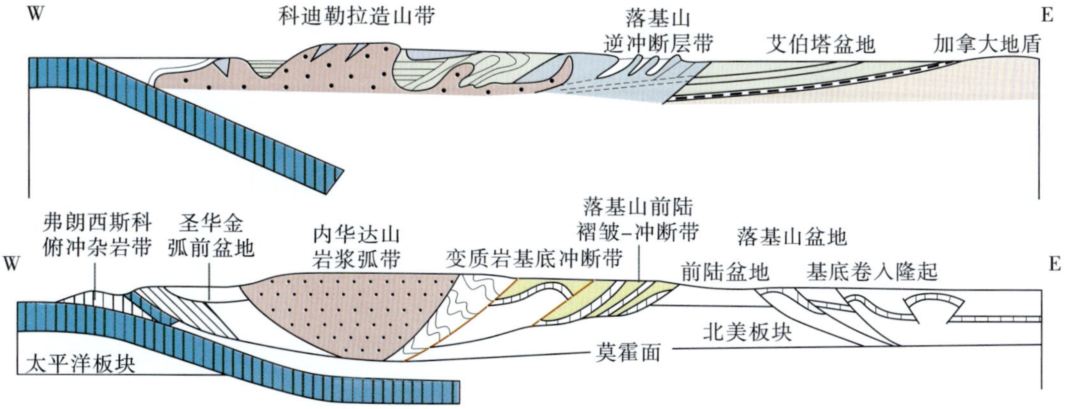

图 17.19 北美板块西部构造剖面图

（据刘和甫，2004）

北美西部的前陆盆地群位于科迪勒拉山脉和北美克拉通前陆之间（图 17.18），系于晚白垩世形成的山前坳陷，主要充填陆相碎屑岩。该弧后前陆盆地从加拿大向南延伸到美国。

该前陆盆地位于大陆边缘造山带的弧后陆内一侧，大洋板块俯冲产生火山岩浆弧，在造山带后侧发育弧后前陆盆地。由于大洋板块俯冲角度不同，在弧后前陆盆地中可以产生不同的构造样式：在加拿大西部主要发育薄皮冲断带，而在美国西部则发育厚皮冲断带，并形成基底隆起。

17.2.1.2 科迪勒拉山造山带-前陆盆地系统的构造演化与造山运动

北美西部科迪勒拉造山带是由多期次、复杂的构造运动所形成的造山带（图 17.19，图 17.20），分为 5 个主要造山运动，包括安特略造山运动（D–C）、索诺马造山运动（Sonoman，P–T）、内华达造山运动（Nevadan，J_{2-3}）、塞维尔造山运动（Sevier，140～50 Ma）和拉拉米造山运动（Laramide，35～55 Ma），这些造山运动影响着北美西部盆地的演化。科迪勒拉造山运动是北美板块的增生过程，开始于泥盆纪。

Oldow 等（1990）认为，经过长期的地质演化，整个科迪勒拉造山带成为压在北美地台上的一个“造山浮置体”（orogenic float）。在晚中生代-新生代时期，太平洋板块向北美大陆斜向俯冲过程中发生向东的 B 型俯冲滑移及断块体间的右旋走滑位移。在这个构造背景下形成了北美落基山东侧山前前陆盆地。

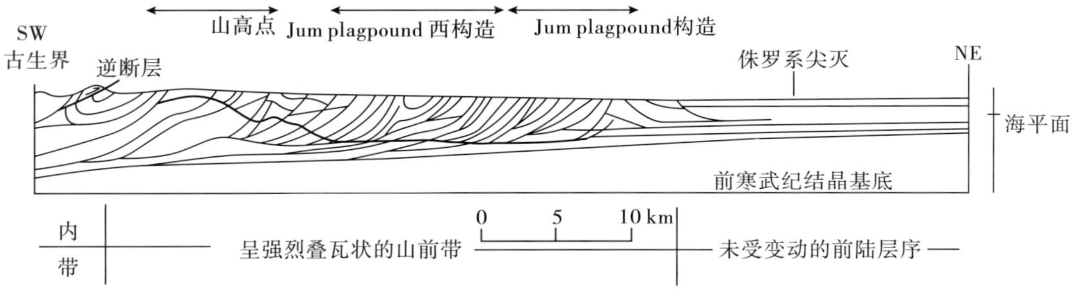

图 17.20　加拿大落基山脉前缘带的构造横剖面图

（据 Ollerenshaw，1975）

山前的前陆盆地发育强烈的叠瓦状构造，而在北东方向的地层保持原状

17.2.1.3 加拿大科迪勒拉造山带与艾伯塔前陆盆地

加拿大落基山前陆褶皱-冲断带与艾伯塔前陆盆地含有丰富的油气，其储量及产量占加拿大油气储量和产量的 90%（图 17.20，图 17.21）。艾伯塔盆地是加拿大西部前陆盆地的主要组成部分，面积 98×10^4 km^2。盆地西部以落基山为界，东部以前寒武纪北美地盾为界，前寒武纪基底向西延伸并插入盆地之下，到落基山前深达 6000 m 以上。由于落基山脉新生代以来向盆地方向大规模冲断，盆地总体呈前陆冲断带的构造样式。前陆盆地沉积体的宽度（东西向）为 600～120 km，沉积体厚度向科迪勒拉造山带之下急剧增厚，往地盾的方向逐渐减薄，从 3～5 km 厚减薄到零。

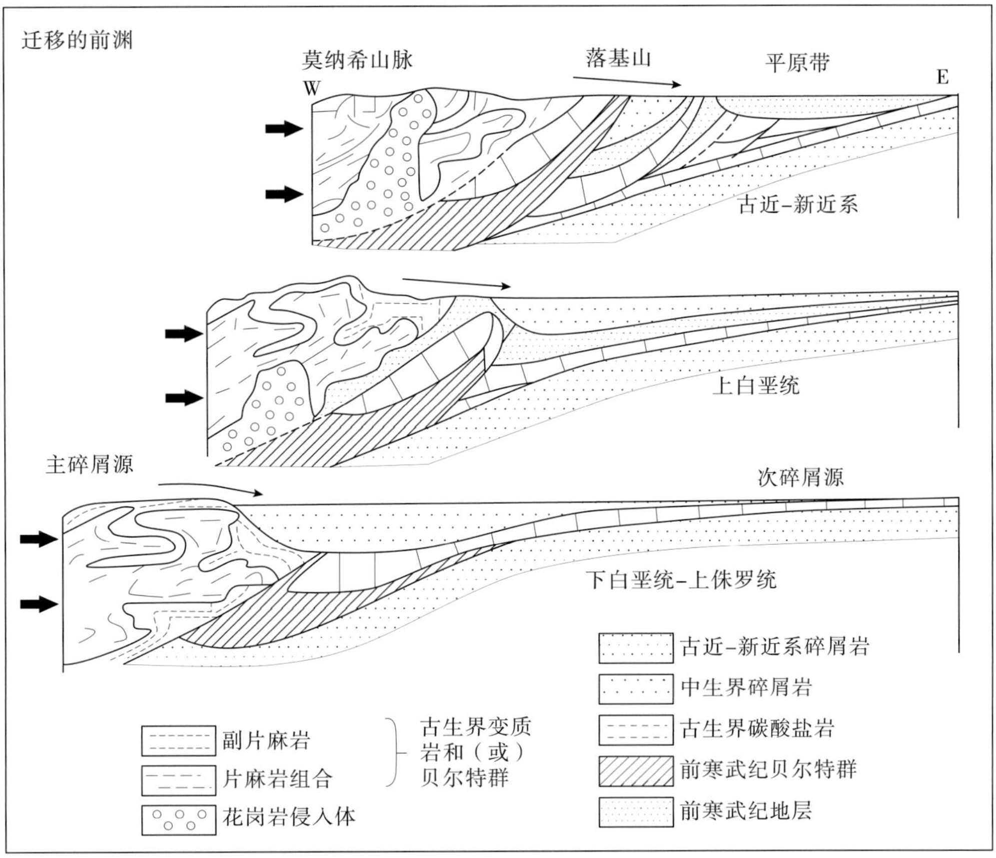

图 17.21　艾伯塔前陆盆地的迁移

（据 Bally，1995）

晚侏罗世到古新世，随着落基山山脉造山作用的加强，山前前陆盆地特征越来越显著。来自西部造山带的大量碎屑物堆积在落基山山前前陆盆地中，渐进的逆冲作用使造山楔构造负载向前陆地区移动，并引起前陆盆地向克拉通方向迁移。晚侏罗世—白垩纪前陆盆地的沉积物还表现出海侵和海退的旋回性，古新世是海退的高潮，可能也是造山作用的“主变形期”，表现为靠近前陆逆冲带，早期前陆盆地的沉积层卷入后续的逆冲变形构造中

（1）加拿大科迪勒拉造山带

加拿大科迪勒拉造山带可分为两个带：①西部为具有岩浆活动的褶皱带，伴有火山-岩浆侵入及变质作用，发育强烈劈理化及平卧褶皱；②东部为无岩浆活动的褶皱带，以发育冲断-褶皱为特征，主要由前寒武系及古生界褶皱带组成。

（2）加拿大西部艾伯塔前陆盆地

总体上加拿大西部艾伯塔盆地可以划分为 3 个带：①落基山麓褶皱-冲断带，由叠瓦状逆冲断层组成，冲断带由古生代碳酸盐岩组成，上覆中生代碎屑岩，发现了特纳河谷（Turner Valley）油田；②深坳陷带，在古生代碳酸盐-蒸发岩层序之上叠置中-新生代碎屑岩，沉积厚度达 6000 m 以上，发现有埃尔姆沃斯（Elmworth）深盆气，解释为水封圈闭；③前隆带，为前陆盆地至克拉通斜坡区，以地层岩性为主，发现霍德雷（Hoadly）气田，天然气储量达 2000×10^{8} m^{3} 以上。

（3）构造演化

从加拿大落基山到山前地区的构造变形是逐渐减弱的，西部前缘山脉的构造变形强度明显比东部山前地区强烈，由发生强烈劈理化的褶皱-逆冲构造带到由逆冲岩席构成的叠瓦状逆冲构造带。构造演化大致分为 3 个阶段，包括：被动大陆边缘盆地阶段（前寒武纪-志留纪）、弧后盆地阶段（泥盆纪-三叠纪）和前陆盆地阶段（侏罗纪-新近纪）。从侏罗纪开始，由于潘基亚大陆的裂解，北美板块开始向西运动，这使得太平洋板块俯冲北美板块之下，形成了一系列的岛弧体系，这些岛弧与北美西部边缘碰撞，开始了科迪勒拉造山运动，艾伯塔盆地开始向前陆盆地转变，沉积类型也逐渐转向陆相沉积。

17.2.1.4 美国科迪勒拉造山带与前陆盆地

科迪勒拉造山带为大型褶皱-冲断带，南北延伸达 5000 km，20 世纪 70 年代开始美国掀起前陆褶皱-冲断带及前陆盆地勘探高潮，探明可采石油储量 20×10^8 t 以上，天然气储量 100×10^8 m^3。

（1）美国科迪勒拉造山带

美国科迪勒拉造山带西侧为大洋岩石圈俯冲（B 型俯冲）所产生的弧前褶皱-冲断带及弧前盆地；东侧为大陆结晶基底俯冲（A 型俯冲）所产生弧后褶皱-冲断带及弧后前陆盆地，两者之间被火山-岩浆弧所分隔（图 17.22，图 17.23）。

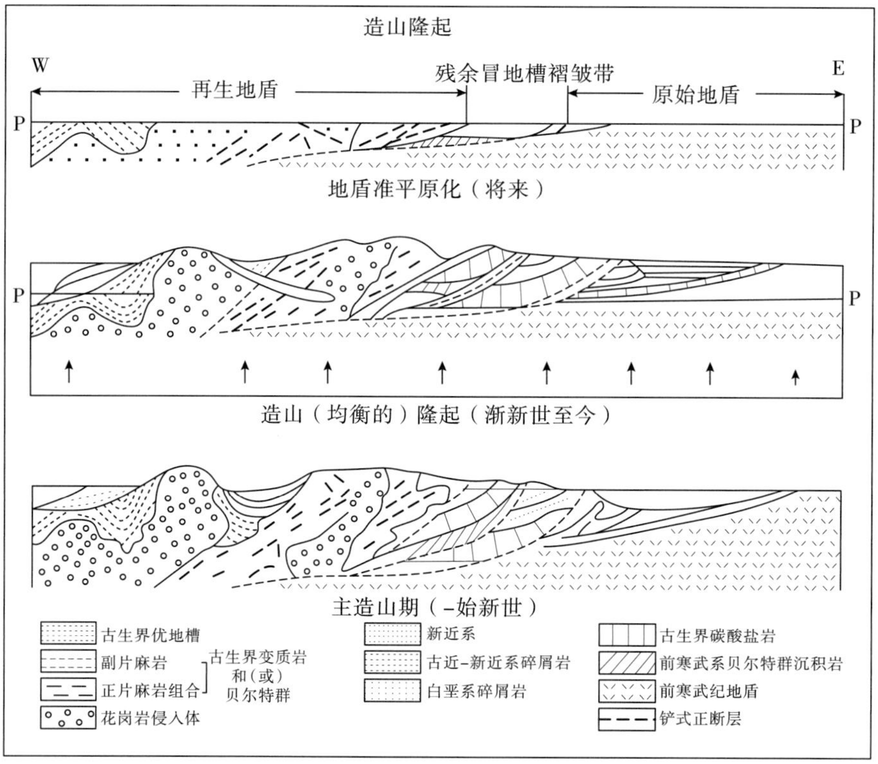

图 17.22　落基山造山带的地貌隆起

（据 Bally，1995）

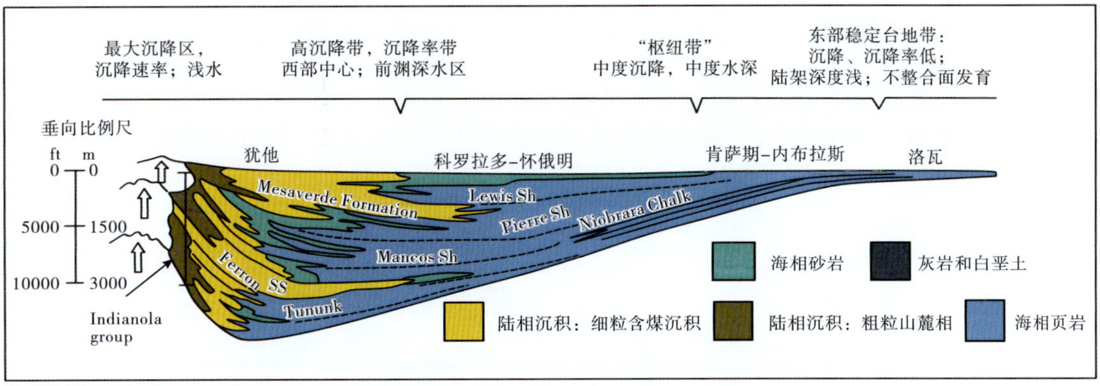

图 17.23　北美板块西部前陆盆地系统的结构与地层厚度分布图

（据 Birgenheier et al.，2017）

北美板块西部前陆盆地上白垩统分布图，Mancos 页岩位于西部的陆相-海相砂岩和东部的富碳酸盐页岩、泥灰岩、白垩的转换带

（2）落基山前陆盆地

落基山弧后前陆盆地为卷入基底的厚皮构造，逆断层及上冲断层形成基底断块隆起，因此也称为破裂前陆盆地（broken foreland basin）。基底隆起和冲断带大致是同时形成，构成基底穹隆与前陆盆地相间的交织结构。盆地具有不同走向，逆断层倾向也不一致，为陆相沉积所充填，边缘为粗碎屑沉积物，轴部为湖沼相沉积。在落基山造山带东侧发育两种类型弧后前陆盆地，包括：①陡倾角俯冲时产生薄皮构造样式的前陆盆地；②平缓俯冲作用产生厚皮构造样式的前陆盆地。

（3）落基山前陆盆地油气

在落基山山前冲断带共发现 5 排向东逆冲的冲断构造带，呈自西向东呈背驮式发展过程。油气田主要发现于逆冲带向东突出的部分，紧靠断层分布，长轴略平行于断层。主要生油岩为白垩系海相页岩，产层为二叠系-侏罗系灰岩，孔渗较低，为裂缝型储集层。圈闭类型通常为位于逆掩断层上盘断层相关褶皱构造，怀俄明-犹他州的油气田大多属此种类型。Waterton 气田属发育于上冲断层之上的背斜油气藏，位于落基山冲断层的边缘，圈闭由北东向逆冲的岩片叠置而成，向西南倾伏，平面上呈 40 km×80 km 的椭圆形背斜。储集层为泥盆系和密西西比系块状碳酸盐岩，埋深 300 m。该气田有 $100\times10^8\ m^3$ 的储量，是山前最大的油气田。这充分说明在冲断带复杂构造区仍有可能存在较好的油气远景。

（4）落基山前陆盆地页岩气

在该前陆盆地（以圣胡安盆地侏罗系-白垩系 Lewis 页岩为代表）内蕴藏着大量的页岩气资源。这一类盆地主要有圣胡安、帕拉多、丹佛、尤因塔、大绿河等。其中，在圣胡安、丹佛和尤因塔等盆地的白垩系海相-海陆过渡相黑色页岩层发现了页岩气藏。其中最具代表性、储量和产量最大的是圣胡安盆地，该盆地是典型的不对称盆地，南部较缓，北部较陡。按照地质时代和商业开发时间，该盆地的 Lewis 页岩气藏是美国形成年代最新的页岩气藏。

17.2.2 南美板块西部科迪勒拉造山带-前陆盆地系统

南美板块蕴藏着丰富的石油资源，共有沉积盆地 126 个（图 17.24，图 17.25），已探明的石油储量约为 184×10^8 t。石油储量居世界第三位。据 USGS（2000）预测，南美板块待发现可采储量为石油 202×10^8 t、天然气 15.2×10^{12} m^3。

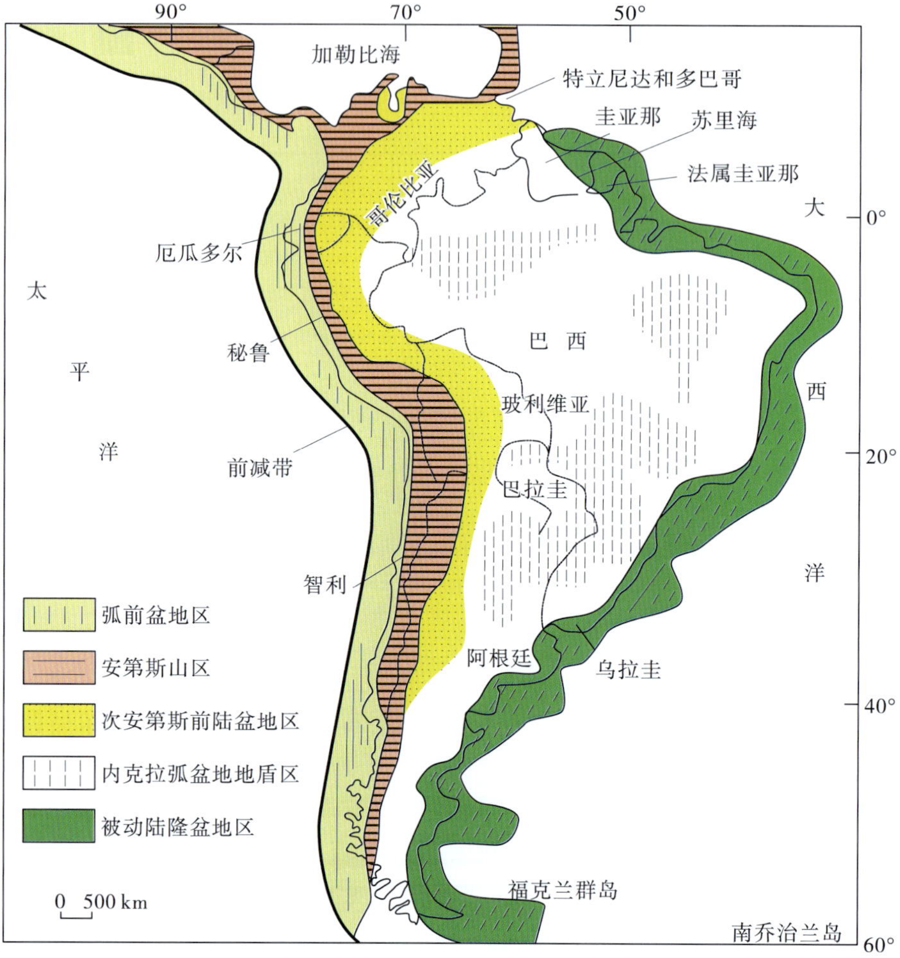

图 17.24 南美大陆的构造分区

（据谢寅符等，2012）

安第斯褶皱山系向东的逆冲隆升，南部早于北部，普奥马盆地始于中白垩世；西委内瑞拉和哥伦比亚北部地区始于始新世早期；加勒比板块沿委内瑞拉北部自西向东运动的走滑-挤压，始于中新世并一直持续到现在，伴随加勒比板块自西向东的俯冲，发育走滑、挤压。新生代是火山活动频繁和强烈的时期，安第斯带急剧上升，至上新世形成现今的地貌特征

17.2.2.1 南美板块科迪勒拉造山带与前陆盆地系统的概况

在南美板块西侧为中、新生代科迪勒拉褶皱体系，东部为前寒武系的圭亚那-巴西-乌拉圭地盾。科迪勒拉褶皱体系从北美洲向南延伸至南美板块西部。圭亚那-巴西-乌拉

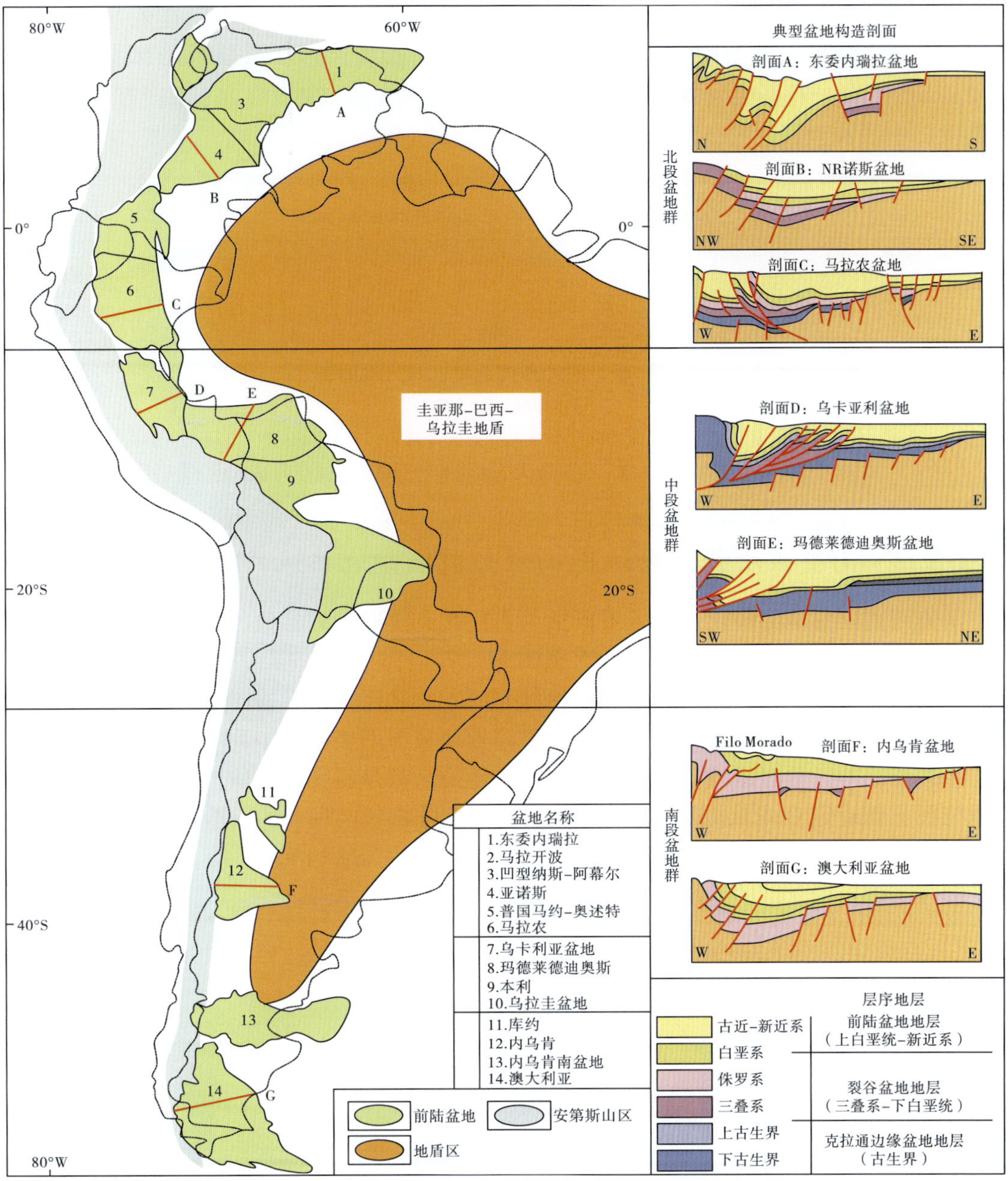

图 17.25 南美西缘前陆盆地平面展布及剖面结构

（据马振中等，2014）

圭地盾由前寒武纪结晶岩系组成，内部有一些沉降盆地，沉积了古生界及部分中、新生界。地盾东侧的大西洋沿岸，由于大陆分离而形成许多中、新生代裂谷盆地。在褶皱山系和地盾之间，主要为中生代的稳定区边缘沉降盆地。总体上，南美板块可以划分为南北走向的5个构造区，从西向东依次为：西海岸弧前盆地区、安第斯山区、次安第斯前陆盆地区、内克拉通盆地区（地盾区）及东海岸被动边缘盆地区（图 17.24 至图 17.26）。南美洲发育的沉积盆地可划分为5种类型：弧前盆地、山间盆地、前陆盆地、克拉通盆地、被动边缘盆地。平面上不同类型盆地也基本呈南北走向展布。其中前陆盆地群位于安第斯山脉东侧，圭亚那-巴西-乌拉圭地盾西侧，盆地群整体呈近南北向的“S”形展布。马振中（2014）将南美西缘划分为3段（图17.25，图17.26），分别为北段、中段和南段。

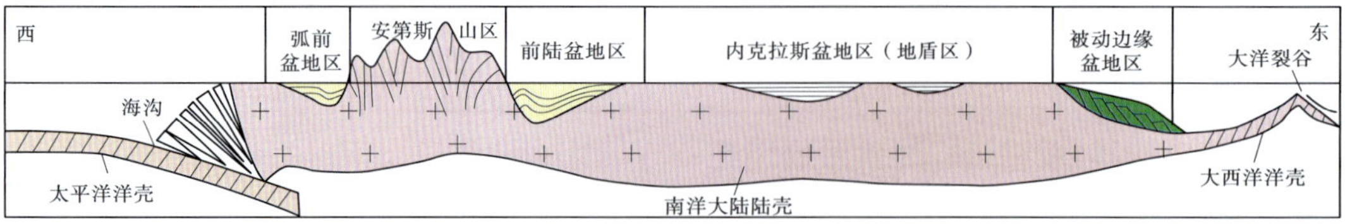

图17.26 南美洲构造单元划分剖面图

（据谢寅符等，2009）

安第斯山前陆盆地的基底由圭亚那地盾高度变质和变形的片麻岩、花岗岩组成，沉积盖层的构造演化大体可分为古生代克拉通边缘、中生代大陆边缘裂谷和新生代弧后前陆盆地3个阶段

17.2.2.2 南美板块科迪勒拉造山带与前陆盆地系统的构造演化

南美洲前陆盆地的演化总体上可概括为古生代克拉通边缘盆地、中生代裂谷盆地和新生代前陆盆地3个演化阶段（图17.25至图17.27）。

在晚白垩世末期，西面的太平洋板块和北面的加勒比板块开始向南美板块聚敛，开始安第斯造山运动，形成前陆盆地。由于太平洋板块只与南美大陆中部的秘鲁南部和玻利维亚、智利北部地区垂直碰撞，在南美西部的其他地区都是斜交的，所以前陆盆地多表现出走滑特征。新近纪Quechua运动形成了次安第斯前陆盆地区现今的构造格局，安第斯造山运动一直持续至今。整个次安第斯前陆盆地区新生界均为陆相沉积，其南部的地层在后期遭受剥蚀，而位于北部的地层大部分得以保存。

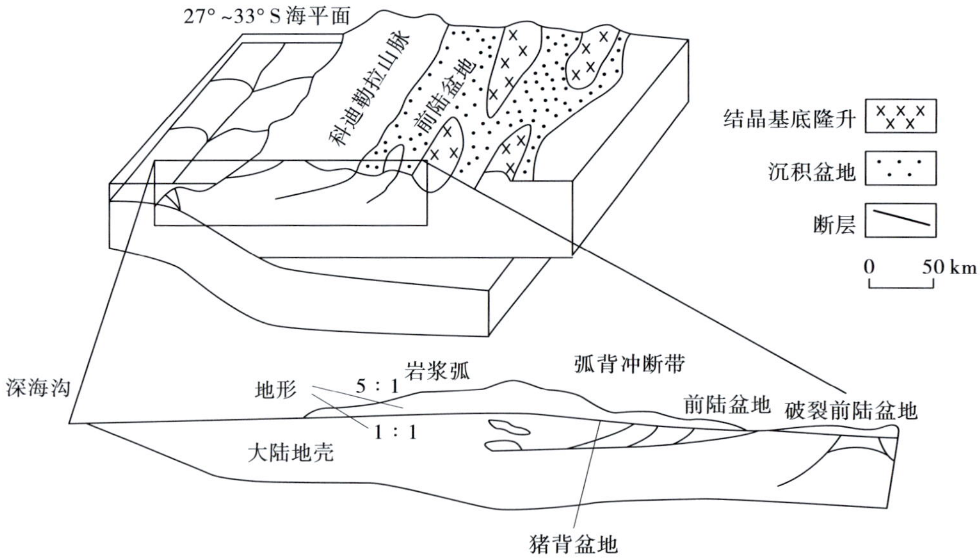

图17.27 南美洲科迪勒拉造山带-前陆盆地系统

17.2.2.3 南美板块科迪勒拉前陆盆地的沉积演化

南美北部地区发育巨型油气聚集带，一个是马拉开波盆地，另一个是东委内瑞拉盆地。该地区受太平洋板块、加勒比洋板块的共同作用，形成了受“安第斯型”和“加勒比型”变形影响的复杂盆地群（图17.25至图17.28）。

南美板块的前陆盆地主要分布在安第斯山向大陆一侧，该区域通常被称为次安第斯山（sub-Andean）前陆盆地区。由于受到外侧造山挤压作用和造山前缘负载作用的影响，形成前陆盆地。因其发育于原来的被动大陆边缘盆地之上，所以多具有双层结构：下层为来自大陆的被动边缘沉积物，上层为来自造山带的前陆沉积物，沉积中心随着造山作用的进行不断向大陆推进。这类盆地包括委内瑞拉的东委内瑞拉盆地、马拉开波（Maracaibo）盆地、巴里纳斯-阿普尔（Barinas Apure）盆地，哥伦比亚的普图马约（Putomayu）盆地、亚诺斯（Llanos）盆地，厄瓜多尔的奥连特（Oriente）盆地，秘鲁的马拉农（Maranon）盆地、乌卡亚利（Ucayali）盆地、马德雷德迪奥斯（Madre de dios）盆地，阿根廷的内乌肯（Neuquen）盆地等。这些盆地是各个国家最主要的产油气盆地。

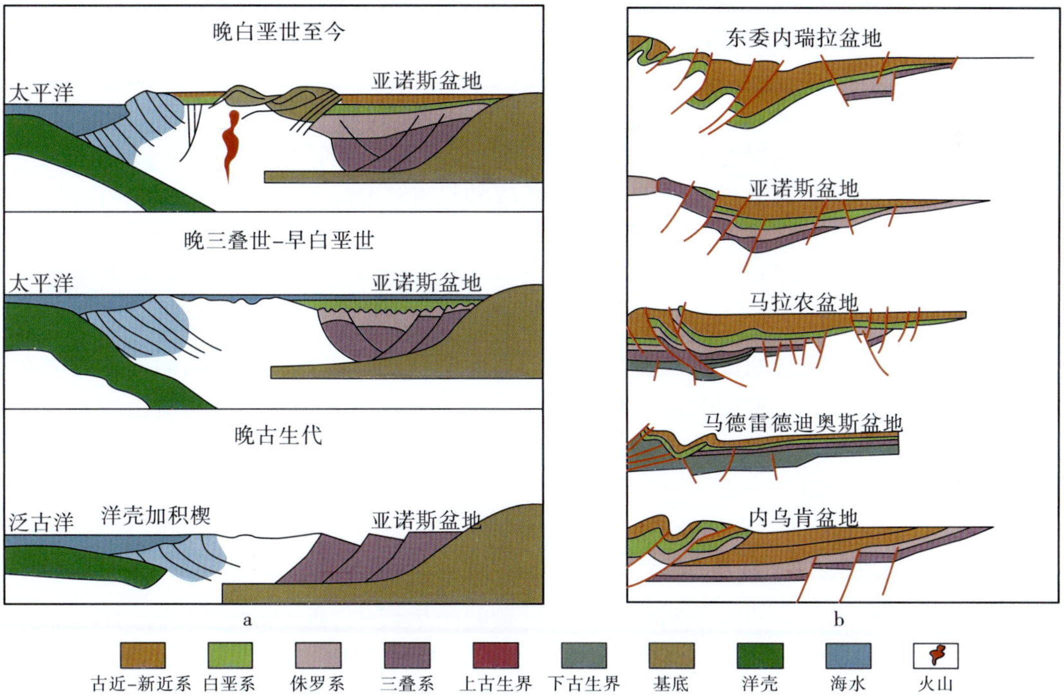

图17.28 南美洲前陆盆地演化模式及构造剖面

（据赵明章等，2013）

a—盆地演化模式；b—不同区域的前陆盆地对比剖面

17.2.2.4 破裂前陆盆地模式

南美西缘的弧背破裂前陆盆地与周缘前陆盆地具有明显的不同（图17.28，图17.29）。

Strecker 等（2012）讨论了南美弧背破裂前陆盆地的地形地貌和沉积发育。利用北部玻利维亚 Chaco 前陆盆地中所保存下来的沉积体系来研究其演化（图 17.29）。

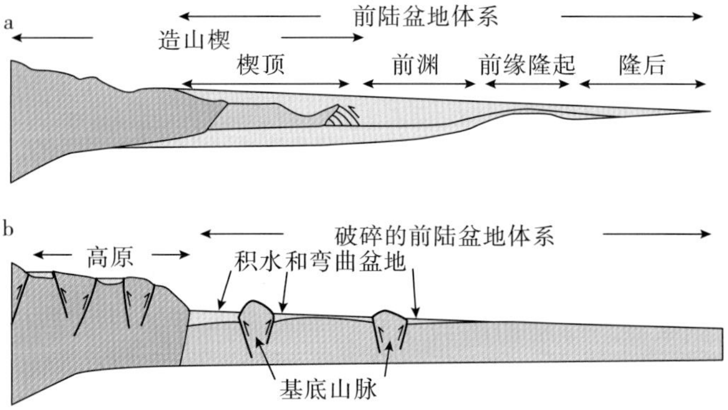

图 17.29　典型前陆盆地系统（a）与破裂前陆盆地系统（b）模型对比图

（据 Strecker et al.，2012）

a—前陆盆地系统由楔顶发育的同变形沉积，在扩展的褶皱-冲断带前缘挠曲而成的前渊沉积中心、在挠曲隆起带上发育的前隆沉积中心以及在挠曲隆后带之后发育的隆后盆地组成；b—破裂前陆盆地，由挠曲盆地、基底隆起和沉积洼地组成

在此基础上，Strecker 等（2012）对比了前陆盆地系统与破裂前陆盆地系统的差异性，包括：①前陆盆地沉积充填厚度主要由构造控制的可容纳空间的控制，并伴随褶皱-逆冲带在横向、垂向上的生长。②前陆盆地系统的标准模型能够很好解释现代与古代周缘与弧后前陆盆地的主要特征。当在造山带沉积盆地中的挤压作用受不同位置、穿时的、逆冲断层限制的基底抬升控制，而不受薄皮的褶皱-逆冲带的控制时，该模型并不适合。前陆盆地演化的这个模式将先前连续的沉积盆地最终分隔开，并会导致岩石抬升模式与沉降模式不能利用标准前陆盆地模型来加以预测。这种基底变形以及破裂前陆的变形可能在造山带边缘内侧发育较好。重要的是，这种基底抬升会导致挠曲响应与生长造山楔有关的典型前陆盆地的预期不同。因此，伴随的沉积体系演化可能从根本上就与毗邻的褶皱-逆冲带、前陆盆地存在不同。

17.2.2.5　安第斯前陆盆地油气成藏特征

南美洲大陆西部狭长的安第斯山脉，为复杂的中生代-古近纪褶皱山系，其东部为前寒武纪的圭亚那-巴西-乌拉圭地盾，在造山带与地盾之间发育了一系列的含油气盆地，是委内瑞拉、哥伦比亚、厄瓜多尔、玻利维亚和阿根廷等国重要的产油气区。南美西缘的次安第斯山前陆盆地群是全球最重要的油气富集带之一，在该盆地群中包括 14 个主要的前陆盆地（图 17.29，图 17.30），总勘探面积 245×10^4 km^2。累计发现油气可采储量 417×10^8 t。平均每年发现的油气可采储量都在 1900×10^4 t 以上，是世界上重要的油气储量增长区。南美洲前陆盆地的演化经历了克拉通边缘盆地、裂谷盆地和前陆盆地 3 个阶段。前陆盆地的演化过程不仅控制盆地烃源岩、储层和盖层的发育类型和程度，而且影响了次安第斯前陆盆地的油气分布规律。平面上，南部以油为主，中部以气为主，北部油气并重；垂向上，新生界以油为主，中生界油气并举，古生界以气为主；油气自南向北富集程度越来越强。

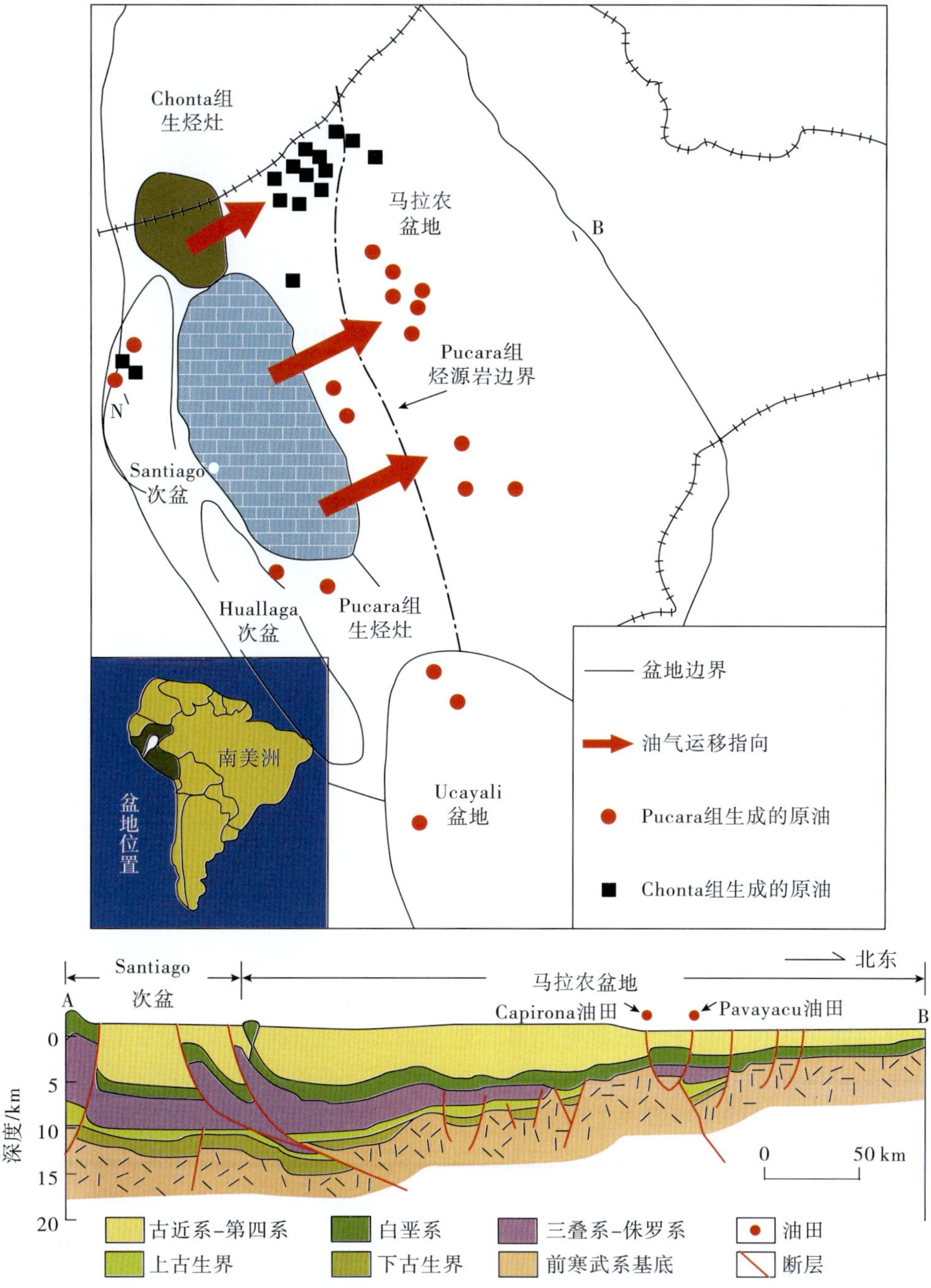

图 17.30　马拉农盆地地理位置、盆地剖面图及其主要生烃灶分布图

（据 Von der Dick，2000；Higley，2001；转引自王青等，2006）

马拉农前陆盆地内的圈闭以构造圈闭为主。从晚白垩世开始，太平洋板块持续向南美板块俯冲，强烈的挤压应力在盆地西部得到释放，形成逆冲断层/褶皱圈闭和基底卷入圈闭。剩余挤压应力向东传递，盆地中部所受的挤压作用最弱，在早期正断层的基础上形成挤压或披覆背斜。在盆地东部，从西面传递过来的挤压应力受到冈瓦纳地盾的阻挡，导致该区域所受的挤压作用强于盆地中部，使早期正断层反转，形成牵引背斜圈闭。各种类型的圈闭沿着北西-南东走向，呈带状分布。此外，在盆地的中部和东部可能发育岩性圈闭和地层圈闭

（1）烃源岩

南美洲发育两个时代（古生代和中生代）、两种类型（海相和湖相）的烃源岩。南美西缘前陆盆地的烃源岩均为海相，包括古生代海相烃源岩和中生代海相烃源岩。其中北部和南部盆地主要发育中生代海相烃源岩，中部盆地则主要发育古生代海相烃源岩。整体呈现“中部盆地烃源岩老、南北两侧盆地烃源岩新”的特点（图 17.29，图 17.30）。

（2）储盖组合

南美洲含油气盆地的储层类型比较单一，以砂岩为主，砂岩储层中发现的油气占总发现油气的 96%以上。部分盆地中发育碳酸盐岩和灰岩储集层。油气集中赋存在白垩系和古近-新近系两个层系的砂岩储层中（图 17.29，图 17.30）。

（3）构造-岩相带与圈闭类型

几乎所有的已知油气藏类型在前陆盆地中都有发现，如构造型油气藏、地层型油气藏、岩性型油气藏和复合型油气藏等。其中构造型油气藏以各种背斜型油气藏和断层型油气藏为主，地层型油气藏以地层不整合剥蚀型和不整合遮挡型为主，岩性型油气藏主要为储集层上倾尖灭和“浊积岩”透镜体油气藏。前陆褶皱-冲断带的构造样式多样，具有分层、分带和分段特征。根据其结构特征可划分出造山楔、前渊、稳定前陆斜坡和前缘隆起 4 个构造-岩相带，包括：①造山楔的底部断层面沿推进方向迅速爬升，层位变浅，发育高角度逆冲断层为特征，主要由前冲断作用层序（成盆期前层序）组成，也可以卷入同冲断作用前期地层，构成前陆盆地物源区及构造圈闭。②前渊为最深的沉降区，以深水相细粒沉积为主，物源来自褶皱-冲断带及前隆带，形成双物源欠补偿沉积物，构造不发育。③稳定前陆斜坡，为克拉通与造山带之间过渡带，是沉降速率变化带或相变带，常见超覆及不整合面，可形成构造-地层圈闭。④前缘隆起带为沉积与侵蚀交替区，沉积速率较低，厚度较薄。

（4）油气运移

南美洲前陆盆地具有在盆地内的油气长距离运移和阶梯式运移的特征（如马拉农盆地、东委内瑞拉盆地等）（图 17.31）。

法贵方等（2010）提出斜坡降解型和构造抬升型两种油砂成矿模式（图 17.32）。东委内瑞拉盆地形成大型油砂矿的基本前提是盆地经历了从被动大陆边缘到前陆盆地的构造变革，这一变革为油砂成矿提供了基本条件。随着前渊-前陆斜坡-前缘隆起的构造格局的形成，油气运移的动力（主要是浮力）也不断加强，为油气远距离运移提供了动力条件。油气经历了 150~325 km 的长距离运移。远距离运移的油气在前陆斜坡的高部位，因地层埋藏浅，在相对开放和氧化的地下环境中，经过水洗、生物降解等作用形成油砂矿。同时，前陆盆地沉积了大范围连通砂体，成为油气大规模向斜坡带、前缘隆起区运移的主要通道。奥里诺科重油带就是在这一时期聚集成藏。

（5）油气分布

以 IHS2009 数据库资料为基础，马中振等（2014）对南美西缘前陆盆地油气进行整体分析，挑选了 14 个主要油气盆地发现，以这 14 个前陆盆地 4400 余个已发现油气藏的储量数据、油藏储集层层位数据资料为基础，对南美西缘前陆盆地油气平面展布和纵向展布规律进行分析，总结了南美西缘前陆盆地油气聚集特征，并对油气差异富集因素进行了

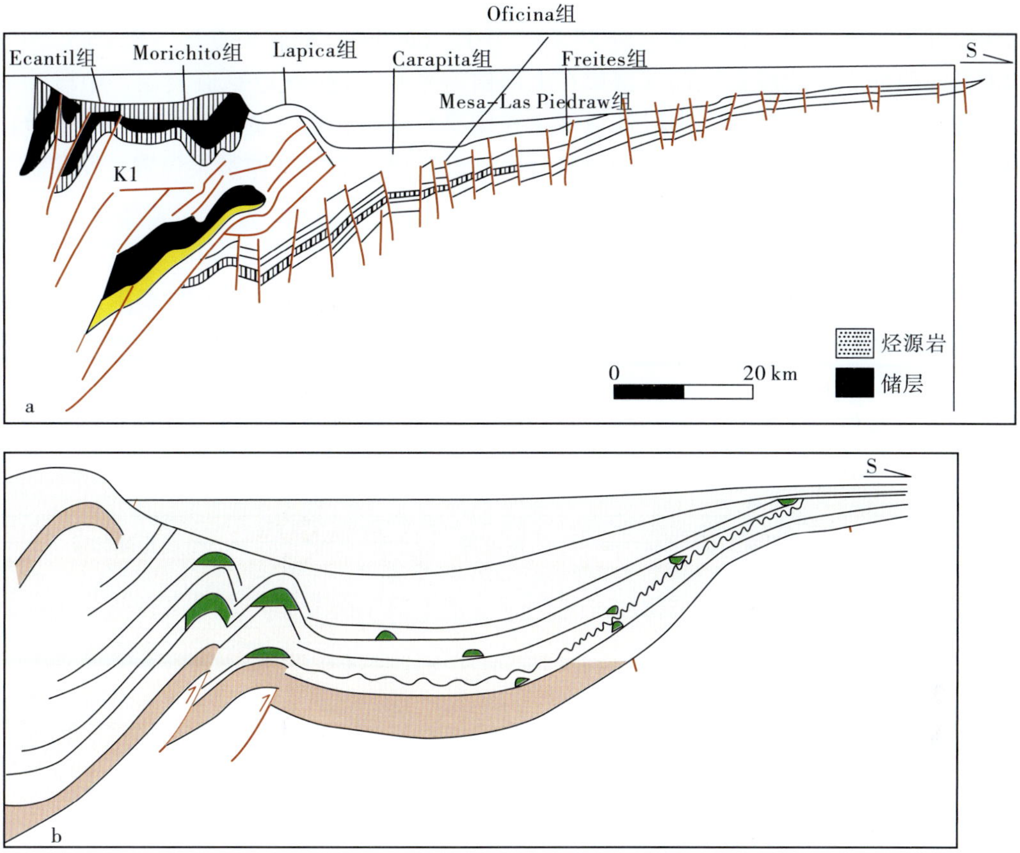

图 17.31　东委内瑞拉盆地的油气成藏模式

（据 Parnaud et al.，1995；秦雁群等，2012）

a—油气成藏要素剖面；b—油气运移与成藏模式

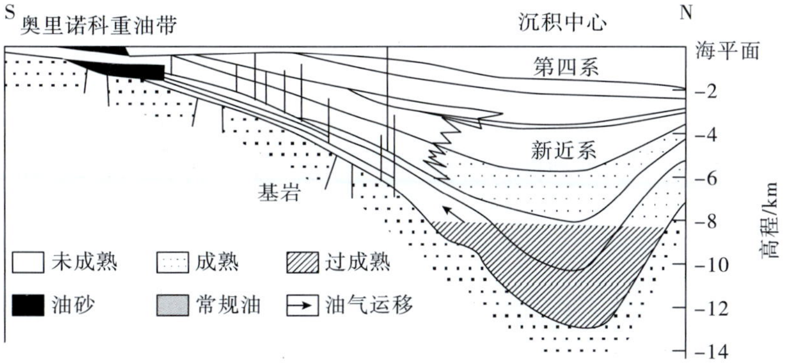

图 17.32　东委内瑞拉盆地斜坡降解型成矿模式示意图

（据法贵方等，2010）

成矿模式可以划分为两种类型：斜坡降解型—奥里诺科重油带；构造抬升型—北部构造带油砂矿。奥里诺科重油带成矿模式发生在构造相对简单的大型斜坡带、前缘隆起区浅部位，形成的油砂矿规模通常很大分析，结果表明：①南美前陆盆地油气具有明显的分段性差异富集特征：平面上，油气主要富集在北段盆地（可采储量占总量85%），中段（6.9%）和南段盆地（8.1%）油气富集程度低；纵向上，北段盆地油气富集在上部白垩系和古近-新近系储集层，中段盆地油气富集在侏罗系以下储集层，南段盆地富集在侏罗系和白垩系。②石油地质特征的分段性是油气差异聚集的主要控制因素：烃源岩分段性发育决定油气平面富集位置；储盖组合的层位的分段性决定油气纵向富集层段。

（6）油气成藏模式

谢寅符等（2012）提出了南美前陆盆地的成藏模式，包括陡坡短距离垂向运移和缓坡长距离侧向运移2种成藏模式（图17.33）。前者油气自在盆地前渊中生成后沿冲断带内发育的油源断裂直接向上部进行短距离垂向运移并在合适的圈闭中聚集成藏；后者油气生成后沿盆地缓坡通过不整合面和砂岩疏导体系进行长距离侧向运移，在运移过程中遇到合适圈闭则聚集成藏。

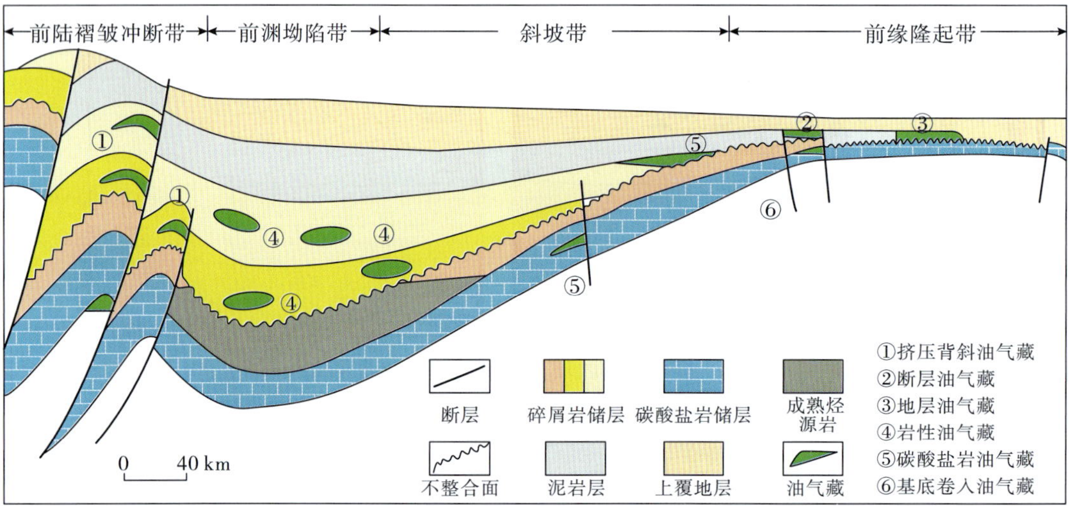

图17.33 南美前陆盆地成藏模式图（以东委内瑞拉盆地为例）
（据谢寅符等，2012）

17.3 中-新生代弧-陆碰撞型造山带-前陆盆地系统

台湾造山带-前陆盆地系统、帝汶造山带-前陆盆地系统、新西兰Taranaki造山带-前陆盆地等是弧-陆碰撞型造山带-前陆盆地系统的典型代表，为理解弧-陆汇聚板块边缘俯冲带、岩浆弧、冲断带和前陆盆地提供了实例。

17.3.1 台湾造山带-前陆盆地系统

17.3.1.1 台湾造山带与前陆盆地系统的概况

台湾造山带与前陆盆地系统属于典型的弧-陆碰撞造山带与前陆盆地系统（图17.34

至图 17.36)。中国台湾西部新近纪前陆盆地位于台湾岛的西侧，是吕宋岛弧与亚洲大陆碰撞造山带俯冲板块上的一个周缘前陆盆地。台湾岛中央山脉是古近-新近纪碰撞造山带，造山带的发育使台湾西部克拉通边缘产生前陆盆地。

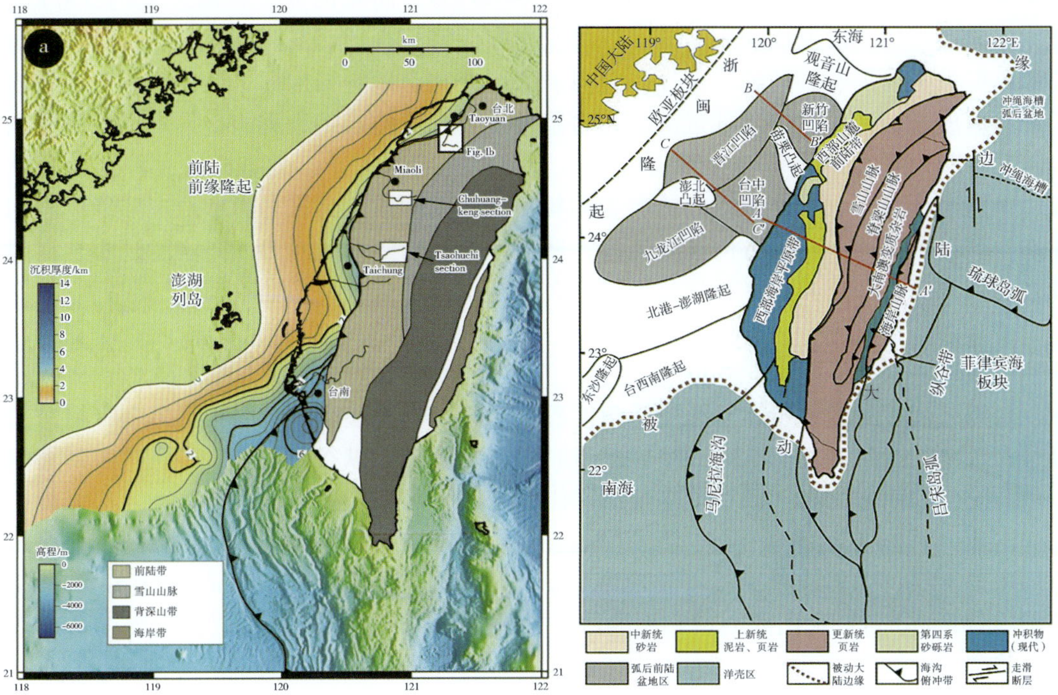

图 17.34 台湾造山带-前陆盆地系统地质地貌和板块构造图

(据 Pan et al., 2015；许淑梅等，2017)

带阴影的地势图显示了相对于前陆盆地沉积基底的深度等值线

台湾的弧-陆碰撞是斜向发生的。中国大陆被动边缘为 NE-SW 方向，与南北向的吕宋岛弧呈高角度相交。由于这种斜向的岛弧-大陆碰撞，造山作用在台湾南、北部分的时间不同，即造山作用从台湾北部开始，向台湾南部蔓延。同时造成在缝合带的断层的左旋走滑位移（台东纵谷附近的走滑断层）。在中生代-新生代早期，台湾与大陆之间可能存在一个弧-沟系统。随着俯冲作用的持续进行，弧-沟系统演化成为弧-陆碰撞带。台湾北部的碰撞造山是在更新世开始的，使现在的前陆地区从被动大陆边缘沉积物变为前陆盆地沉积物。其标志有：①向东指向的古水流（被动边缘来自大陆的水流）变为向西指向的古水流（前陆盆地来自东部造山带的水流）；②开始出现来自台湾造山带的板岩碎屑和再沉积的钙质超微体化石。台湾地区的板块聚敛速率大致为 70 km/Ma，据此聚敛速率推算，横穿台湾的变形造成至少 160 km 的缩短量。

17.3.1.2 台湾造山带与前陆盆地系统的板块构造位置与弧-陆碰撞

台湾位于欧亚大陆的东南缘，活动的台湾造山带东邻 3 条俯冲带，即：东北部的琉球岛弧俯冲带、中部的菲律宾俯冲带和南部的马尼拉俯冲带。台湾造山带是地球上最年轻的造山带，属于菲律宾海板块的洋内吕宋岛弧（火山岛弧）与欧亚大陆之间发生弧-陆碰撞，是造成台湾造山带的主因。多个块体俯冲于台湾岛之下，因而台湾地区弧-陆汇聚特征比西太平洋其他地区的弧-陆碰撞体系更为复杂。层析成像结果表明，除了多个岛弧带向台湾岛汇聚俯冲外，巨大的欧亚板块的大陆岩石圈板块也向台湾岛弧之下俯冲，减薄的欧亚板块岩石圈呈现地震高速体特征，厚65～80 km，向东俯冲于台湾之下约300 km深处；在该过程中，欧亚板块东南部的陆缘发生撕裂和形变，为弧-陆碰撞导致台湾造山带的形成提供了更加有利的地质条件。台湾地区地壳和上地幔结构异向性表明，台湾中部造山带的形成过程、台湾东北部近海岛弧岩浆过程、台湾地区的地震构造等均可归因于欧亚大陆岩石圈边界特性和菲律宾海板块大洋岩石圈边界的俯冲、碰撞样式，并伴随山脉形成、弧岩浆作用、强烈壳源地震的产生和相关盆地的形成。吕宋岛弧和欧亚陆缘的斜向碰撞迄今仍在持续并向西南方向拓展迁移，造成形变和前陆盆地向西、向南的迁移，同时导致在台湾北部形成成熟的过补偿盆地，而在台湾南部形成欠补偿盆地。

17.3.1.3 台湾造山带

台湾岛构造非常复杂，从地质学角度看，台湾岛具有显著的经向构造分带，自东向西可分为5个构造带（图17.34，图17.35）：海岸山脉带、纵谷断裂带、中央造山带、西部山麓前陆带和西部海岸平原带。东部海岸山脉带属于吕宋岛弧与欧亚被动大陆边缘碰撞形成的沟弧体系，发育海沟-沟坡盆地；纵谷断裂带属于板块缝合带，主要由古近纪火山碎屑岩和碎屑状沉积岩堆积而成，为典型的活动陆缘沉积，厚达5300 m，包括中新世都兰山组（Tuluanshan）火山碎屑岩和大港口（Takankou）组的深海浊积岩，为弧前盆地发育区，其岩石粒度粗而不均匀，岩相变化亦大，多为外来岩块的混杂堆积，如利吉（Lichi）混杂岩，被上覆的上新统和更新统不整合覆盖。它和西部山麓-平原地质区虽同属新近纪沉积，但两地岩相和地质发育史截然不同。

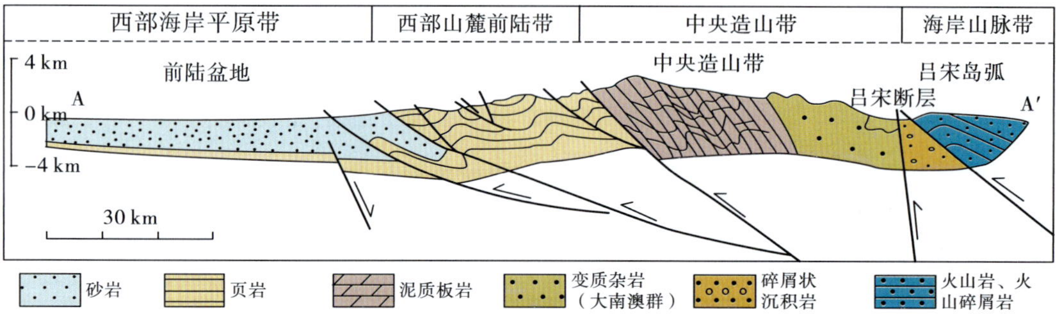

图17.35 台湾造山带-前陆盆地系统地质剖面图

17.3.1.4 台湾前陆盆地的几何形态

台湾西部前陆盆地自台湾西部麓山外侧延伸到台湾海峡西半部，大约350 km长和150 km宽，为介于台湾造山带和中国克拉通之间的一个狭长的、近乎平行于台湾造山带的深凹（图17.36），中-晚新近纪以来的沉积体呈造山带一侧巨厚，向克拉通方向迅速减薄的楔形，沉积了晚中新世末以来的约5 km厚的上新世深海复理石相和更新世河流磨拉石相，是典型的前陆充填序列；台湾西部前陆的挠曲前隆为狭长的低缓状地形特征，宽约

150 km，长约 300 km（图 17.34），高度从数十至最大 200 m 不等。其中最大的隆升出现在距台湾造山带的变形前锋大约 100 km 处，幅度大约 200 m。此外，前缘隆起区还是台湾西部前陆盆地中唯一有珊瑚礁碎屑沉积物发育的场所，其碳酸盐岩碎屑和砂粒均得到了良好的分选，但分布很局限。在距离前隆不远的斜坡区域，碳酸盐沉积就明显缺乏，以硅质碎屑沉积物为主。

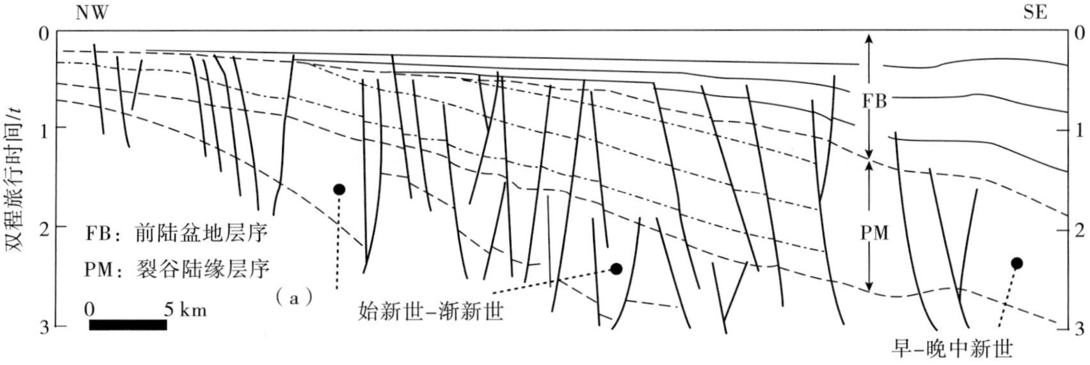

图 17.36 台湾前陆盆地地震反射剖面解释图

（据 Yu et al.，2001；据王海荣等，2007）

台湾西部前陆盆地的沉降时期主要为古近纪中晚期和新近纪早期，

中国陆缘为热年龄较小的低挠曲刚度的（新）陆缘

台湾西部前陆盆地的地层从老到新大致有 5 种沉积环境，反映了从深海至河流的沉积环境的变迁：①深水环境。②海相沉积物，厚度为 100～2000 m。③滨海环境。④和⑤为河流环境。沉积物以粗砾、砂为主的河流体系，是巨厚的磨拉石建造。

此外，由于亚洲大陆与台湾岛弧的斜向碰撞，前陆盆地的南部沉积环境与北部有差别。南部盆地形成时时代较新，上新统和更新统仍然是以深水海相沉积物为主；北部盆地形成时代较早，上新统有些深水海相沉积物，更新统只有少量浅水海相沉积，主要为河流沉积物。

17.3.1.5 台湾西部前陆盆地的构造演化

台湾山脉带和台湾西部前陆盆地在环太平洋盆-山系统中具有显著特色，其一体现在造山作用，即逆冲作用的强度最烈，造就了自西菲律宾海盆西北端的深海盆与中国台湾中央山脉带的最为陡峻的地形；其二体现在，中国大陆的被动边缘为 NE-SW 方向，与南北向的吕宋岛弧呈高角度相交。中国台湾的弧-大陆的斜向碰撞致使集中体现在台湾地区的碰撞具有自北而南逐渐依次、有序传递的特性，碰撞的这种特点造就了在以台湾岛为中心的狭小一隅内，具有完整的俯冲、造山和伸展坍塌序列，即自台湾西南海域向其东北，依次为洋内的俯冲带、初始的弧-陆碰撞带、成熟的弧-陆碰撞带、岛弧陷落/俯冲带（图 17.37）。

王海荣等（2006）依据该前陆盆地的沉积类型、盆地几何外观、逆冲变形强度、构造楔演变，尤其前陆演化进程中的物源方向的重大变化，提出如图 17.37 所示的前陆盆地的演化阶段和模式。

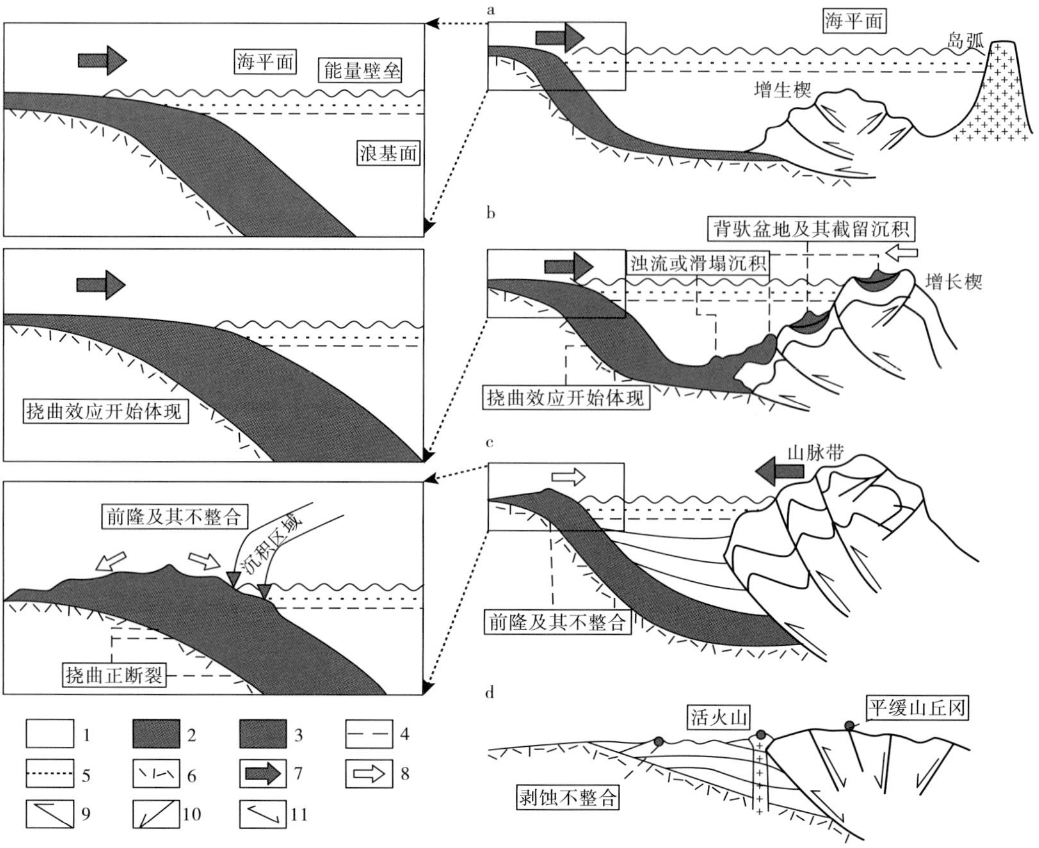

图 17.37　台湾西部前陆盆地演化的 4 个阶段

（据王海荣等，2006）

a—增生楔发育-单向物源阶段；b—挠曲响应-双向物源阶段；c—前陆盆地系统形成阶段；d—造山带坍塌-前陆衰退阶段。1—增生楔；2—截留沉积；3—陆缘沉积；4—浪基面；5—能量壁垒；6—基底；7—主要物源；8—次要物源；9—逆断裂；10—正断裂；11—反转断裂

（1）增生楔发育-单向物源阶段

台湾西部前陆盆地起始于南海洋壳的俯冲消减，上冲的菲律宾海板块通过对下冲的南海板块表层沉积物的刮落、堆叠和变形，造就幅度和宽度均渐增的增生楔体。该增生楔逐渐上冲、覆压于大陆边缘沉积之上。在此阶段，盆地以复理石沉积类型为主；向陆缘方向，具备清洁透彻水体的浅水区域，可有碳酸钙类的礁体发育。此外，此阶段的另一显著特点在于增生楔后方（或后陆方向的）火山岛弧的存在。

（2）挠曲响应-双向物源阶段

随俯冲作用的持续进行，增生楔的规模和幅度持续增长，超越了“浪基面”乃至出露海面，但尚未达到山脉带的程度，板块之间依然处于俯冲消减和增生楔形成。此时的增生楔已可在波浪、潮汐、海流等水动力的作用下，向大洋盆地提供相当数量的沉积物质，且这些被输送物质多被背驮盆地层层截留。此阶段依然以复理石沉积为主，另在盆地的增生楔一侧可有滑塌、池截型（ponded）沉积发育。

（3）前陆盆地系统形成阶段

在板块的持续碰撞、聚敛作用下，位于前陆方向的增生楔开始向碰撞楔转化，逆冲作用开始由基底卷入性的深大逆断裂所主导；而在后陆方向，新生的增生楔物质持续向老的增生楔拼贴、叠合，逆冲作用快速进行，通过叠瓦、增厚和缩短，造山带迅速形成，地形急剧陡峻，继而对前陆方向的大陆板块施加强大的挠曲负载，迅速形成典型的前陆盆地形式（前渊-前缘隆起-隆后体系）。在此阶段，由于强大的挠曲响应，会在前期陆缘层序中形成强迫性的挠曲型正断裂。在此阶段，物源方向发生重大变化，大陆方向因前隆的阻隔而丧失向前渊提供物质的能力，因此在后陆方向的造山带成为前渊的唯一物质来源区。此阶段，沉积类型由早期的复理石沉积迅速向磨拉石沉积转变，前隆处因较强的水动力作用和清澈水体有碳酸盐沉积发育，但该型沉积物可在本阶段后期因来自造山带物质的搅混而逐渐停止。在此阶段，吕宋岛弧的一部分以海岸山脉的形式拼贴至台湾造山带，进一步加剧了对下覆板块的负载。

（4）造山带坍塌-前陆衰退阶段

造山作用高峰之后，为造山平静期乃至衰退期。由于重力和浮力作用，山脉带的逐渐夷平会减小对大陆板块的载荷，而大陆板块在前期的快速被动挠曲作用在造山平静期又倾向于挠曲回弹。这种综合效应会导致前陆盆地进入前陆衰退期。前陆层序被逐渐抬升，遭受差异性的剥蚀作用。此阶段的一个特点是火山活动频繁，另一特点为山丘区出现数量渐增的反转正断裂和正断裂，并逐步向前陆区域扩展。

17.3.2 帝汶造山带-前陆盆地系统

王海荣等（2007）认为台湾西部前陆盆地和帝汶海前陆盆地均是新生代环太平洋巨型沟-弧-盆体系的一部分。Huang 等（2000）认为，帝汶海前陆盆地目前相当于台湾南部陆海域所处的弧-陆碰撞的初始阶段。

17.3.2.1 帝汶海前陆盆地的几何形态

帝汶海前陆盆地指介于作为增生楔的帝汶群岛和澳大利亚前陆之间的广大区域。盆地宽约 470 km（图 17.38 至图 17.40），最大沉降深度约 3500 m。帝汶海前陆的前隆在早上新世末以来，除其位置随碰撞的进行而持续向东南方向移动外，其外形变化不大，宽度介于 269~310 km 之间，高度约 261 m。晚中新世以来，澳大利亚西北陆架为碳酸盐斜坡。在其前陆序列中业已识别出两个不整合面，底部不整合面位于中中新世灰岩顶部之上，其上为晚中新世深水碳酸盐沉积所覆盖；第二个不整合面则分隔了晚上新世浅水白云岩和早上新世浅水碳酸岩。

17.3.2.2 帝汶海前陆盆地的构造特征

帝汶海前陆沉降中心具有相应的迁移。在下部层序 A 时期（6.6~3.4 Ma），帝汶海的西部较其东部经历了更为显著的挠曲；相反，在上部层序 B 沉积期（3.4~1.6 Ma），东帝汶海比西帝汶海具有更大的挠曲沉降的幅度。帝汶海前陆盆地发育丰富的正断裂作用。其中，新生的挠曲型正断裂具有阶段发育的特点，在层序 A 和 B 沉积时期，西帝汶海的位移绝对量（120 m）最大可高出东帝汶海（最大 50 m）两倍多。

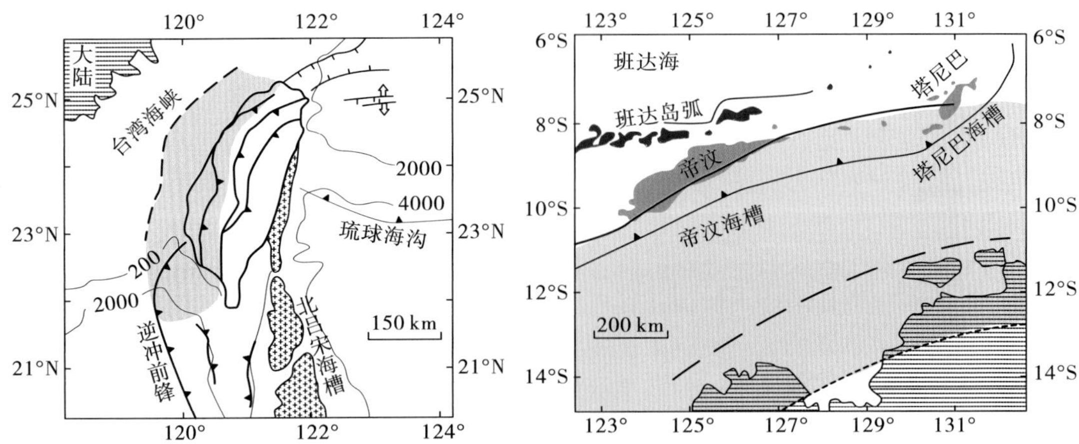

图 17.38　台湾造山带-前陆盆地与帝汶岛弧-前陆盆地对比图

（据王海荣等，2007）

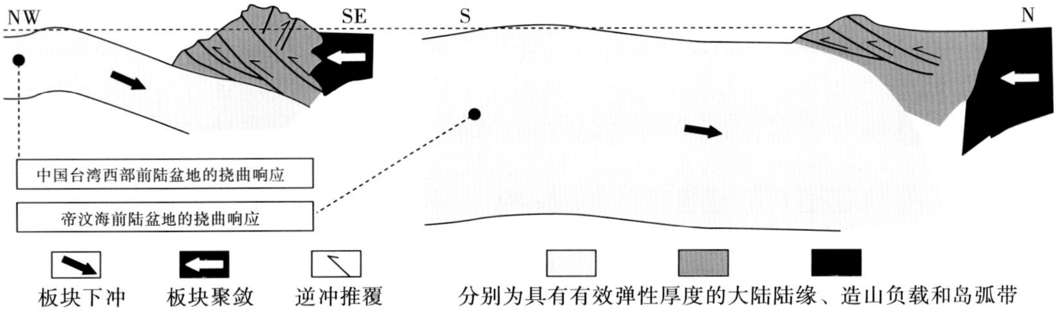

图 17.39　台湾造山带-前陆盆地与帝汶岛弧-前陆盆地对比图

（据王海荣等，2007）

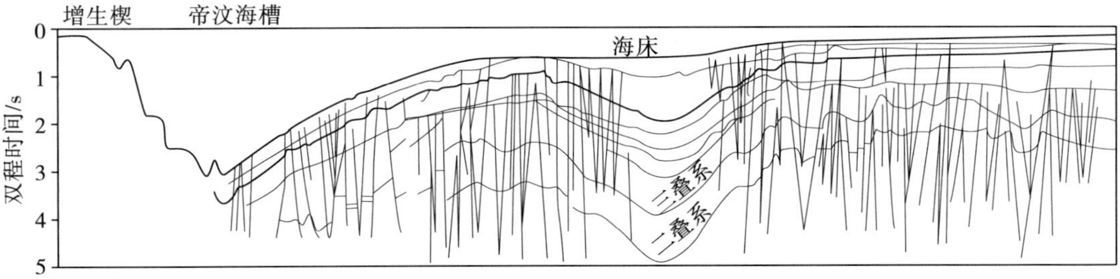

图 17.40　帝汶海前陆盆地地震剖面的解释成果图

（据 Petkovic et al.，2000；王海荣等，2007）

帝汶海前陆盆地的主要裂陷期主要为三叠纪-侏罗纪，澳大利亚陆缘为热年龄古老的、高挠曲刚度的（老）陆缘

17.3.3　弧-陆碰撞造山带-前陆盆地的主要特征

通过上述实例，可以将台湾前陆盆地、帝汶前陆盆地理解为多岛洋体制下的岛弧-大陆之间的碰撞与前陆盆地形成机制，岛弧加载于大陆板块上形成的前陆盆地，该类前陆盆

地可能具有下特点：

1）在多岛洋体制下，可以同时形成多个前陆盆地，哪里有碰撞，哪里就可以形成前陆盆地，因此，前陆盆地在空间上可以是分散的，其长轴方向可以是变化的，但其与具体的碰撞方向有关。

2）在多岛洋体制下，前陆盆地形成的大体时间是一致或相似的，但其盆地样式、充填序列、沉积相类型均可能不同。

3）岛弧的类型、大小（体积）决定了构造负载的大小，进而决定了前陆盆地挠曲沉降的初始动力；岛弧推进的速度决定了水平挤压力的大小，控制了造山楔的推进速率、前陆盆地沉降中心迁移速率、前缘隆起迁移速率等方面。在相似的大陆板块的面积量的情况下，①岛弧的面积（或体积）对前陆盆地具有控制作用，岛弧的面积越大，越能够形成大型（或开阔的）前陆盆地；岛弧的面积越小，越能够形成小型（或狭窄的）前陆盆地。②岛弧推进的速度对前陆盆地具有控制作用，岛弧推进的速度越大，越能够形成大型（或开阔的）前陆盆地；岛弧推进的速度越小，越能够形成小型（或狭窄的）前陆盆地。

4）大陆板块的大小（体积、面积）、刚性等决定了挠曲沉降的类型和幅度。在相似的岛弧负载量的情况下，①大陆板块的面积（或体积）对前陆盆地具有控制作用，表现在大陆板块的面积越大，越能够形成大型（或开阔的）前陆盆地；大陆板块的面积越小，越能够形成小型（或狭窄的）前陆盆地。②大陆板块的刚性对前陆盆地具有控制作用，表现在大陆板块的刚性越大，越能够形成大型（或开阔的）前陆盆地；大陆板块的刚性越小，越能够形成小型（或狭窄的）前陆盆地。

5）前陆盆地大小对充填物质类型具有控制作用，表现在：①大型（或开阔的）前陆盆地发育碎屑岩与碳酸盐岩，其特征是碳酸盐岩相对发育；复理石旋回不发育，显示为大套的碎屑岩与碳酸盐岩互层，发育大套的黑色页岩。前陆盆地充填序列的“二元结构”不明显。地貌缓，落差小（如帝汶前陆盆地）。②小型（或狭窄的）前陆盆地发育碎屑岩，其特征是碳酸盐岩不发育。复理石旋回发育，磨拉石旋回发育，具有典型的前陆盆地充填序列。黑色页岩有，但不是大套的发育。地貌陡，落差大（如台湾前陆盆地）。

17.4 中-新生代陆内造山带-陆内前陆盆地系统

中国西部地区新近纪-第四纪发育一类陆内前陆盆地，这类盆地与周缘前陆盆地和弧后-前陆盆地既有相同点，也有很大的差异。其相同点是它们均邻近造山带，位于造山带与克拉通之间，属于在造山带活动前缘受到挤压挠曲作用形成的前陆盆地。不同点则是中国西部地区新近纪-第四纪前陆盆地（如准噶尔盆地南缘、塔里木盆地北缘、吐鲁番-哈密盆地北缘、酒泉盆地南缘等）在时间上不是发生在紧接古生代洋壳消亡和陆-陆或弧-陆碰撞之后，而是在碰撞后间隔了较长时间由于造山带再活动产生的；在空间上不是位于喜马拉雅期缝合带的附近，而是位于远离喜马拉雅期缝合带的大陆内部。由于这种相似和不同，中国地质学家将其称为类前陆盆地（陈发景等，1996）、再生前陆盆地（Lu et al.，1994）或陆内前陆盆地（孙肇才等，2001；罗志立等，2001）。Bally 等（1980）称之为中国型盆地。Graham 等（1993）、Hendrix 等（1992）称之为碰撞后继盆地（collisional successor basin），其特征是发育高度变化的砂岩成分，反映了碰撞前历史可能为多个小地体的增生-拼贴。每期远距离的陆-陆（或弧-陆）碰撞效应使前期已拼贴的老地体的边界再活动并保持盆-山体系。这类碰撞事件包括塔里木碰撞（290~250 Ma）、羌塘碰撞（230~200 Ma）、拉萨碰撞（140~125 Ma）、科希斯坦碰撞（80~70 Ma）和喜马拉雅碰撞（45 Ma 至今）。碰撞后继盆地这一术语尽管反映了碰撞前老地体拼贴后组成的基底特征，颇具新意，但仍不能说明盆地形成的地球动力学背景。最近 Carroll 等（2010）又为中国西部盆地起了个名字“墙挡”（walled）盆地。之所以起这个名字，是因为他们认为中国这些盆地是被造山带像一堵墙一样围起来，盆地内部长期发育陆相沉积物，而且内部基本没有变形。

17.4.1 中国西部的中生代前陆盆地

川西晚三叠世周缘前陆盆地即俗称的龙门山山前带或龙门山前陆盆地（李勇等，1995）（图 17.41，图 17.42）。按现今（N-Q）的构造属性为陆内前陆盆地。因其在晚三叠世是与松潘-甘孜印支地槽紧邻的上扬子克拉通边缘上的同步盆地，属于历史上的周缘前陆盆地。

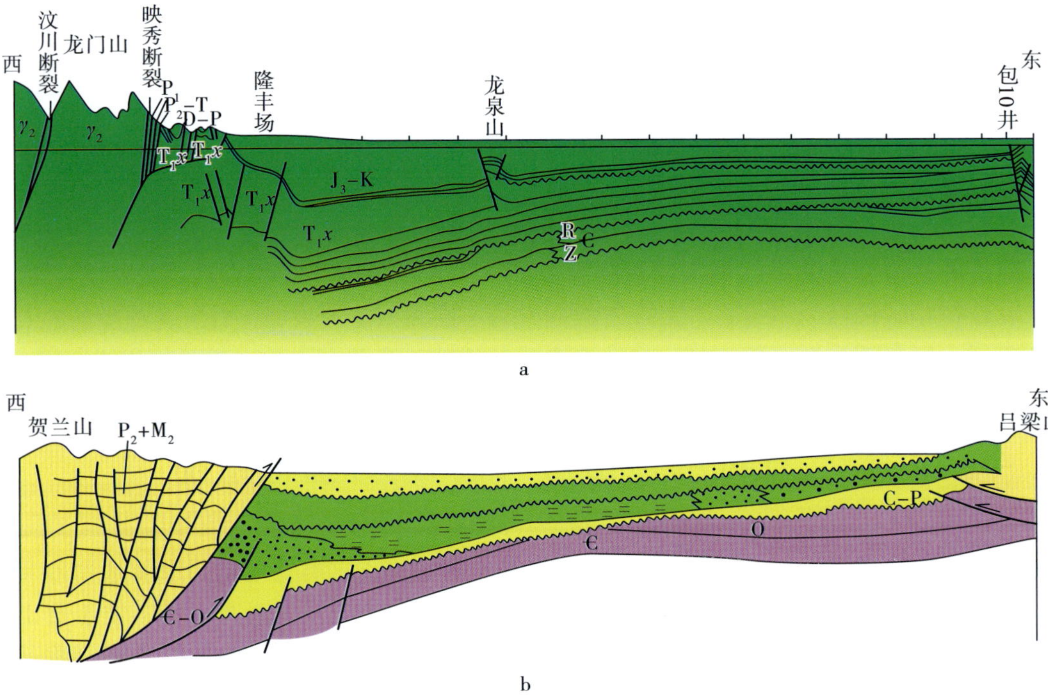

图 17.41 四川盆地和鄂尔多斯盆地构造剖面图

（据西南及长庆油田分公司；转引自彭希龄等，2006）

a—川西前陆盆地东西向构造横剖面；b—鄂尔多斯前陆盆地东西向构造横剖面

在侏罗纪川西前陆盆地停止发展，变成一个以川中为沉积中心的大盆地（李勇等，1995）。在喜山期龙门山冲断复活，在山前形成了新近纪-第四纪的前陆盆地。

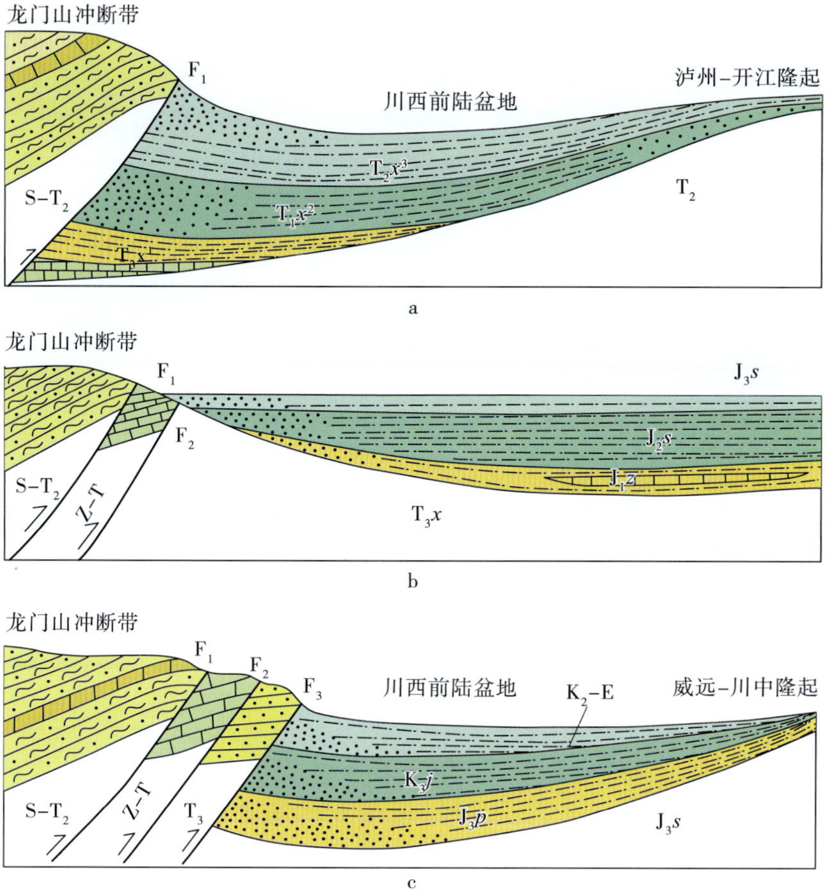

图 17.42　龙门山前陆盆地构造演化剖面

（据李勇等，1995）

17.4.2　中国西部的中-新生代陆内前陆盆地

中-新生代陆内前陆盆地为中国西部的几个大型山前坳陷（图 17.43）。这些坳陷均位于古生代老褶皱造山带的山前区，但大多又不是主造山旋回的产物，而是滞后了长短不一的时间以后才出现的。磨拉石至少有两个期次，表明坳陷为多次叠合，属于陆内再生坳陷。中-新生代陆内前陆盆地的位置都在造山带与克拉通之间，基本都是中-新生代的条形坳陷。新近系的磨拉石前陆层序中均无烃源层，其成藏完全依赖于下伏的老前陆层序提供油气。这些坳陷的内部结构也各不相同。如库车中-新生代陆内前陆盆地、准噶尔南缘中-新生代陆内前陆盆地、塔西南中-新生代陆内前陆盆地、喀什中-新生代陆内前陆盆地等。

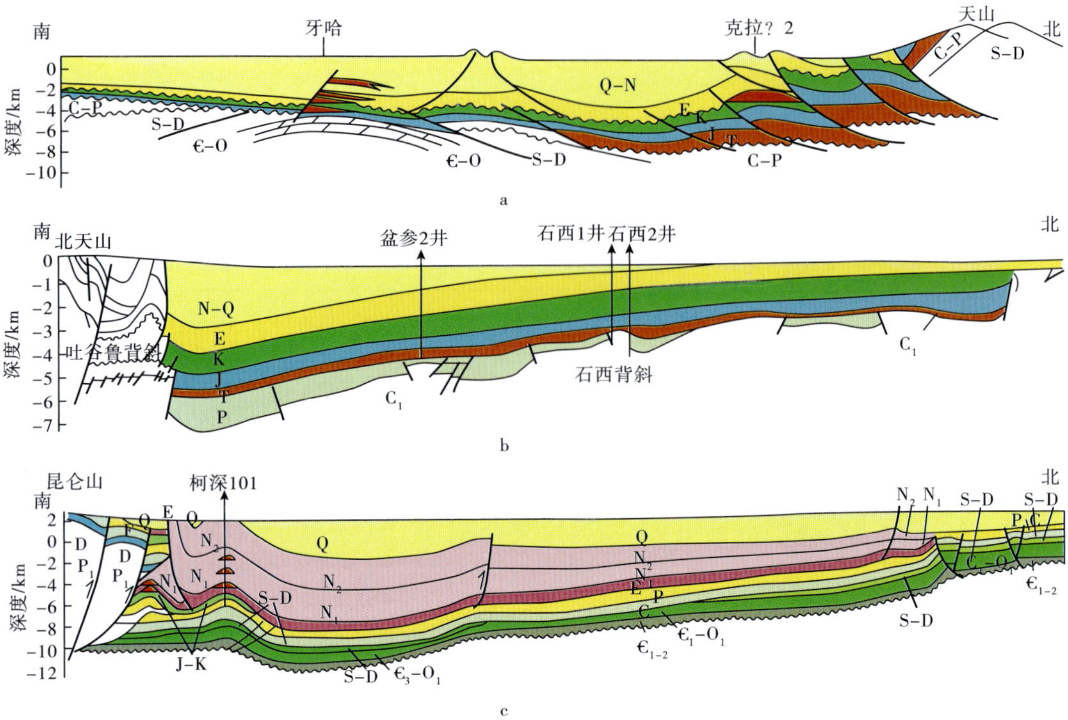

图 17.43　中国西部中-新生代陆内前陆盆地的构造横剖面

（据塔里木及新疆油田分公司，2006）

a—库车前陆盆地；b—准噶尔前陆盆地；c—塔西南前陆盆地

第 18 章　全球古生代造山带-前陆盆地系统

21 世纪以来由于油气勘探技术的提高，在全球识别出许多古老的前陆盆地，如前寒武纪前陆盆地（如巴西前陆盆地）、古生代前陆盆地（北美板块东缘古生代阿巴拉契亚前陆盆地、扬子板块东缘古生代前陆盆地、南非板块南缘古生代开普前陆盆地、俄罗斯板块古生代乌拉尔前陆盆地等）。本章在前人研究成果的基础上，总结了全球典型的古生代前陆盆地的研究进展，对俄罗斯板块古生代乌拉尔造山带-前陆盆地系统、非洲板块南部古生代开普造山带-前陆盆地系统、北美板块东部古生代阿巴拉契亚造山带-前陆盆地系统、北美板块东南部古生代沃希托造山带-前陆盆地系统和扬子板块东缘古生代造山带-前陆盆地系统的板块构造位置、造山带结构、充填地层序列、沉积-构造演化、油气特征等方面进行了总结和归纳。研究成果表明，在古生代前陆盆地演化过程中，盆地本身就以遭受强烈改造为特色。在盆地内部，改造与建造同步、改造和迁移共存。古生代前陆盆地经晚期和后期的强烈改造，其原始面貌已大为改观，甚至面目全非。因此切不可简单地标定前陆盆地及其演化过程。所以，剔除后期改造的影响，恢复古生代前陆盆地的原始面貌，是古生代前陆盆地研究不可或缺的内容，主要包括以下 3 个方面：①古生代前陆盆地的原始沉积边界的标定，特别是邻近造山带一侧后期遭到强烈改造的不同时期的盆地沉积边界。②古生代前陆盆地的几何形态与盆地结构恢复，包括原始前陆盆地的展布长度、宽度和基底埋藏深度（即沉积充填物的厚度）及其内部变化和不同时期的演变。查明是否具明显的不对称结构？不对称结构是相对简单的还是较为复杂的？是何时形成的？沉积建造与盆地结构是否具有协调性？③古生代前陆盆地与相邻造山带和克拉通在结构上是否具有耦合关系？其与相邻造山带规模及特征是否具有匹配性？在物源上有何联系？

由于北美板块东部古生代阿巴拉契亚造山带-前陆盆地系统、北美板块东南部古生代沃希托造山带-前陆盆地系统和扬子板块东缘古生代造山带-前陆盆地系统将在前陆盆地黑色页岩和页岩气富集机制中详细讨论，因此在本章重点讨论俄罗斯板块古生代乌拉尔造山带-前陆盆地系统和非洲板块南部古生代造山带-前陆盆地系统。

18.1　俄罗斯板块古生代乌拉尔造山带-前陆盆地系统

18.1.1　乌拉尔造山带-前陆盆地系统

乌拉尔造山带是西伯利亚板块与俄罗斯板块之间的一条大型海西期碰撞造山带（图 18.1，图 18.2）。它由一系列平行于俄罗斯板块东缘的构造带组成。最西部的构造带纵贯整个乌拉尔山脉；东部的构造带仅见于乌拉尔造山带的中部和南部，向北依次消失于中-

新生代盖层之下。前人将乌拉尔造山带由西向东分为外乌拉尔前渊（即乌拉尔前陆盆地）、西乌拉尔带、中乌拉尔带、主乌拉尔缝合带、玛格尼托果尔斯克带、东乌拉尔带和乌拉尔转换带等。其中，主乌拉尔缝合带以东为西伯利亚板块西侧活动大陆边缘的增生弧造山带，总体上可以视作西伯利亚活动大陆边缘上的一个宽大的增生楔。

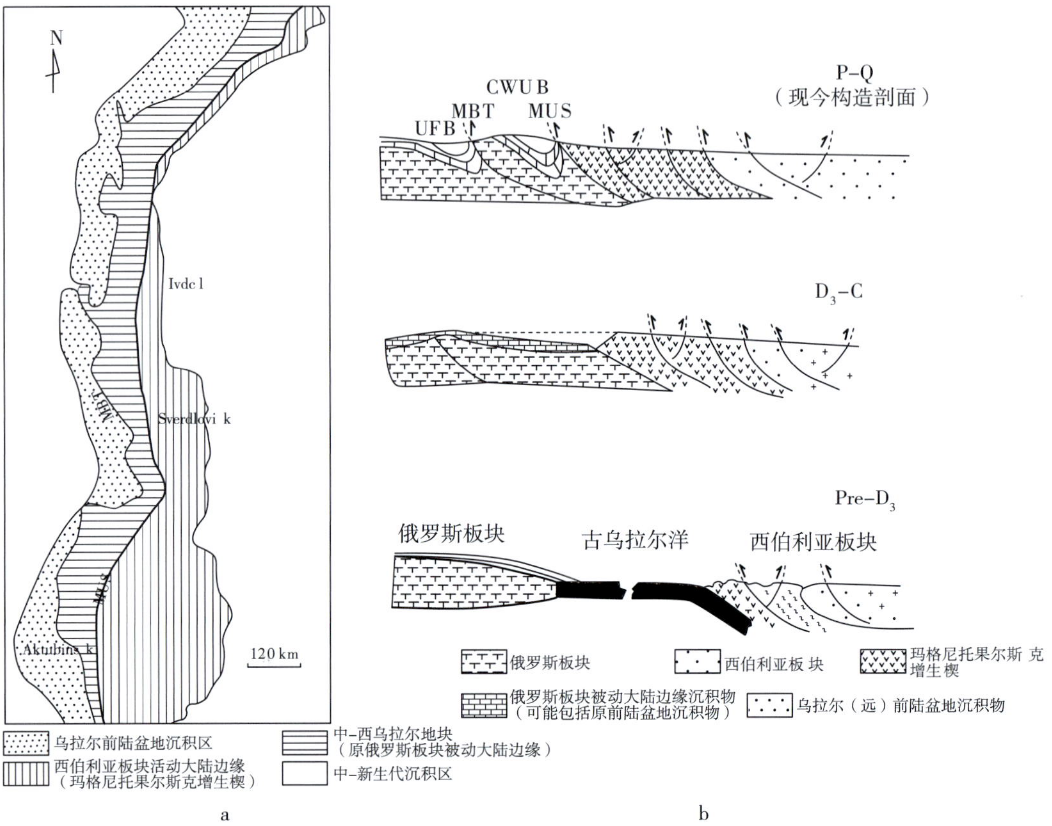

图 18.1　乌拉尔造山带地质构造简图（a）与构造演化示意图（b）

（据李日俊等，2000）

MUS—主乌拉尔缝合带；MBT—边界断裂；UFB—乌拉尔（远）前陆盆地；CWUB—中-西乌拉尔地块-俄罗斯板块

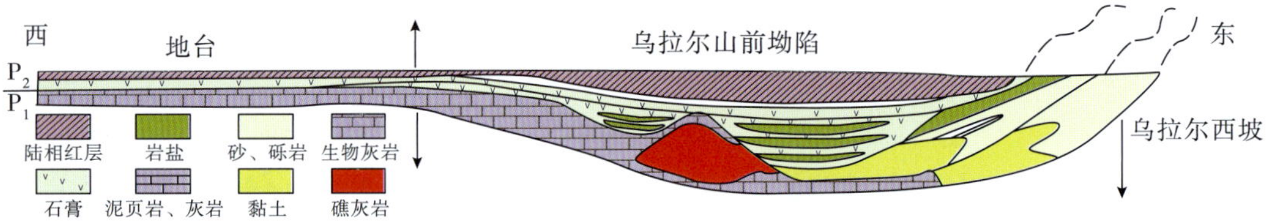

图 18.2　乌拉尔山西坡至俄罗斯地台下二叠统沉积相剖面图

（据斯特拉霍夫，1954；转引自彭希龄等，2006）

主乌拉尔缝合带是西伯利亚和俄罗斯古陆间的乌拉尔主洋盆闭合的遗迹，发育志留-泥盆纪蛇绿岩。俄罗斯板块被动大陆边缘与西伯利亚大陆边缘的碰撞起始于晚泥盆世。中乌拉尔带主要出露俄罗斯板块陆壳的基底杂岩。西乌拉尔带主要出露奥陶纪-石炭纪俄罗斯古陆东侧被动大陆边缘沉积，局部见元古宇基底岩系；其中发育一系列由东向西的逆冲构造，构成一系列由东往西的逆冲岩片。乌拉尔前渊（乌拉尔前陆盆地）又被称为乌法前陆盆地。该前陆盆地为二叠纪磨拉石所充填。西乌拉尔带和中乌拉尔带都是俄罗斯古陆东侧被动大陆边缘的组成部分，可视作同一地块，称为中-西乌拉尔地块。乌拉尔前陆盆地是伴随中-西乌拉尔地块沿西乌拉尔主边界断裂与俄罗斯板块汇聚，并逆冲-推覆于俄罗斯板块之上的过程中所形成的磨拉石盆地。发育于俯冲板块（俄罗斯板块）内部，是在碰撞造山后期的陆内逆冲阶段形成的前陆磨拉石盆地。

18.1.2 乌拉尔前陆盆地

乌拉尔前陆盆地又被称为伏尔加-乌拉尔盆地（Volga-Ural Basin），是俄罗斯地台向乌拉尔褶皱带过渡的前陆盆地。乌拉尔含油气盆地面积约 90×10^4 km^2，位于俄罗斯欧洲部分的东部，并延伸到哈萨克斯坦北部，由北部、中部、南部和乌拉尔前缘坳陷 4 部分组成。该盆地是俄罗斯地台向乌拉尔褶皱带过渡的一个宽缓斜坡带，也可认为是滨里海盆地向北延伸的宽缓斜坡带。

盆地内丰富的油气资源与前陆盆地的演化密切相关，在该盆地中发育前寒武纪的里菲纪-第四纪地层，包括元古宇碎屑岩、下古生界碎屑岩及上古生界碳酸盐岩及中生界碎屑岩。从地层序列上分析，上古生界发育厚层的碳酸盐岩、膏盐，具有被动陆缘碳酸盐岩陆棚-台地的典型沉积特征，该地层序列中发育完整的生储盖组合（图 18.1 至图 18.3）。乌拉尔构造挤压阶段发生在晚二叠世-三叠纪，该时期哈萨克斯坦板块、西伯利亚板块与东欧地台发生第二次碰撞，最终形成高大的乌拉尔山脉，在乌拉尔山的西侧形成前陆盆地，并沉积了陆相磨拉石。

上古生界海相碳酸盐岩地层中发育良好的生、储、盖组合，形成巨型富油气区，具有广阔的油气资源前景。盆地内丰富的油气资源是广泛发育的优质烃源岩、良好的储盖组合、圈闭条件的结果。二叠纪，随着乌拉尔山隆起，前陆盆地形成，烃源岩成熟并达到生烃高峰，大量油气运移至附近的构造高点，形成多个大规模油气田。

18.1.3 乌拉尔前陆盆地的沉积-构造演化

盆地结晶基底顶面整体向东南方向倾斜。盆地内部有小幅度的起伏，形成隆起和坳陷，隆起之间一般有鞍部相连。从北西-南东向区域剖面上可以看到（图 18.4，图 18.5），鞑靼隆起以西结晶基岩起伏变化不大，经过一个浅坳陷带以后，抬升为隆起形态。在鞑靼隆起以东，结晶基岩顶面埋深逐渐增大，到乌拉尔前缘坳陷中，埋深为 6000~11000 m。盆地的沉积盖层可划分为 3 个构造层：①下构造层，即结晶基底，有片麻岩、结晶片岩、高变质岩类及侵入岩等，形成于太古宙-早元古代；②中构造层，为坳拉谷沉积，分布在结晶基底的坳陷或断陷之中，由上元古界和下古生界组成，包括里菲系、文德系、奥陶-志留系；③上构造层，为地台盖层，由广泛分布的泥盆-二叠系以及部分地区分布的中新生界组成，以近海相、浅海相和蒸发相为主，盆地内大部分油气聚集在该层中。

乌拉尔盆地演化过程复杂悠久，可以划分为 6 个阶段：基底形成阶段、贝加尔运动

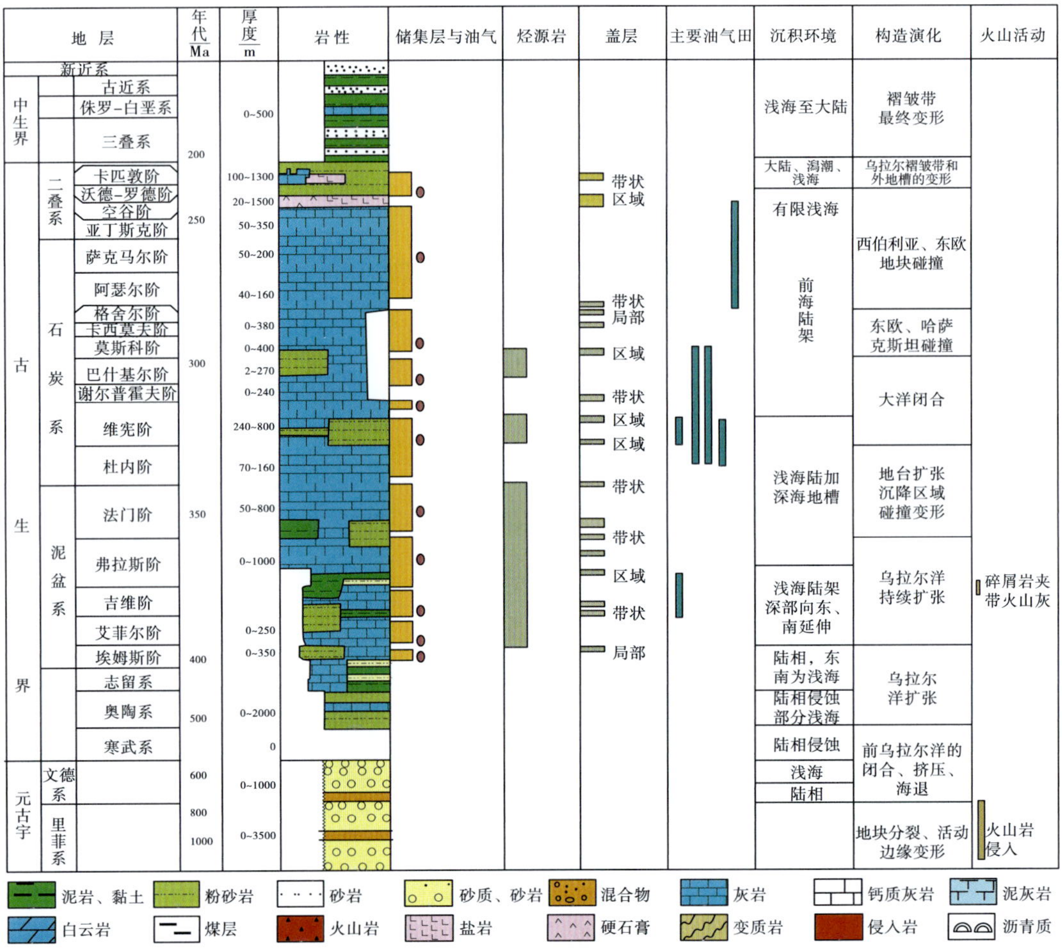

图 18.3 乌拉尔前陆盆地综合地层柱状图

（据李斌等，2012）

阶段、加里东运动阶段、伸展作用阶段、乌拉尔洋闭合阶段、乌拉尔挤压及前陆盆地形成阶段。其中前 3 个阶段为盆地的孕育阶段，仅有少量沉积保存下来；第 4 和第 5 个阶段为盆地的繁盛阶段，是盆地内烃源岩及区域性储集层主要沉积阶段；第 6 个阶段为前陆盆地形成、大量生烃阶段，形成多个大规模油气田。中石炭世末期，东欧地台与哈萨克斯坦和西伯利亚板块开始碰撞，持续到二叠纪中期。盆地内发生海退，发育成一个孤立的蒸发岩盆地，沉积了厚层的蒸发岩。晚二叠世，乌拉尔地槽褶皱回返，乌拉尔山脉开始隆起，乌拉尔前陆盆地发育。三叠纪以后主要是陆相沉积，仅在部分地区发现薄层沉积物。

综上所述，乌拉尔前陆盆地具有以下特点：①该盆地为一典型的前陆盆地。其先后经历了早古生代被动大陆边缘阶段和晚古生代前陆盆地形成、定型阶段，发育典型的二元结构。下部为被动陆缘碳酸盐台地阶段，沉积了厚层的灰岩、泥灰岩及生物礁，生物发育，具有生烃的良好条件；上部为前陆盆地复理石-磨拉石阶段。晚古生代末期，由于乌拉尔洋的闭合，西伯利亚板块与东欧地台碰撞，形成乌拉尔褶皱带。②乌拉尔前陆盆地是典型

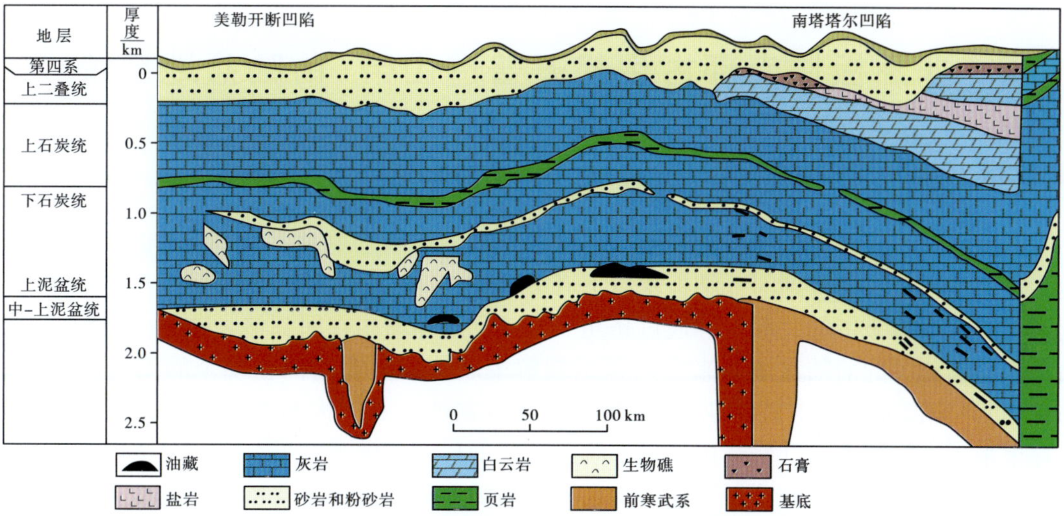

图 18.4　乌拉尔前陆盆地地层-构造圈闭

（据李斌等，2012）

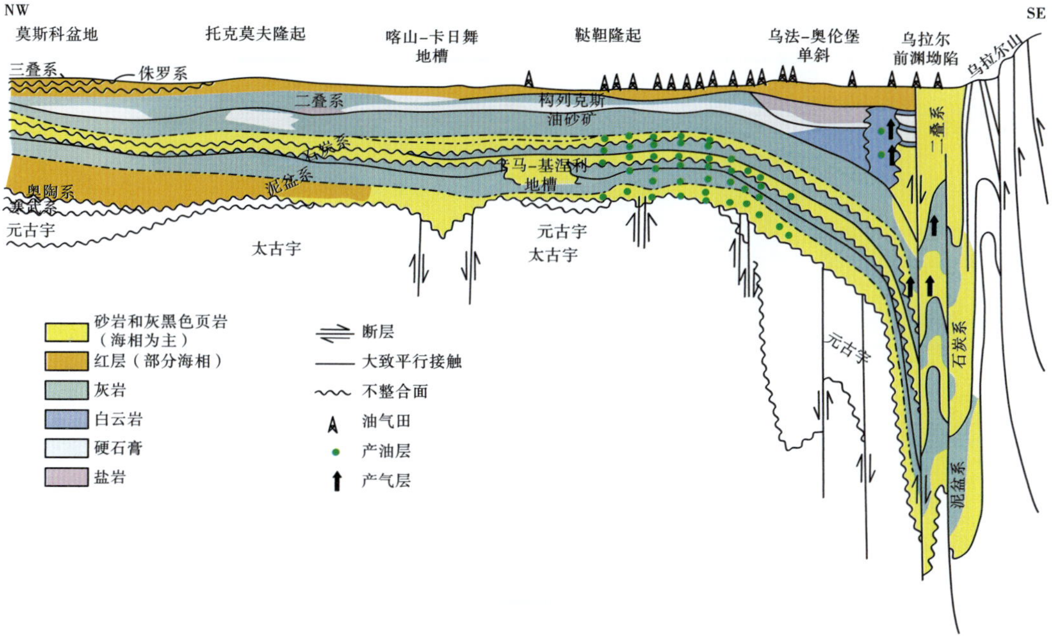

图 18.5　乌拉尔前陆盆地横剖面图（北西-南东向）

（据法贵方等，2012）

的前陆盆地，具有广阔的油气资源远景，可以形成特大型油气田。③乌拉尔前陆盆地丰富的油气资源与前陆盆地的演化密切相关。二叠纪随着乌拉尔山隆起，前陆盆地形成，盆地内烃源岩的生烃达到高峰，大量油气运移至附近的构造高点，形成多个大规模油气田。④被动陆缘阶段的沉积地层为前陆盆地勘探的主要方向，不仅在盆地中可以形成地层-构造圈闭，而且在褶皱带地区也可形成良好构造型圈闭，有必要扩展前陆盆地的勘探范围，褶皱带局部地区可以成为今后重要的勘探方向。

18.2 非洲板块南部古生代开普造山带-前陆盆地系统

18.2.1 开普造山带-前陆盆地系统的概况

卡鲁盆地是在开普褶皱带（CFB）前缘发育的弧后前陆盆地，其与在晚古生代-早中生代古太平洋板块俯冲到冈瓦纳板块以下有关（图 18.6）。在区域范围内，开普褶皱带是泛冈瓦纳活动褶皱带的一部分，通过挤压、碰撞和地体增生在冈瓦纳大陆的南缘形成的活动带。虽然相关的前陆盆地后来在冈瓦纳裂解中破碎，但它们仍在现今的南美洲（巴拉那盆地）、南部非洲（卡鲁盆地）、南极洲（比肯盆地）和澳大利亚（鲍文盆地）等地区保存下来了。空间上，开普造山作用在晚元古代的构造带继承发展，它们是大陆岩石圈最弱和最变形的区域。在此背景下，卡鲁前陆盆地的形成是由于开普褶皱带的地壳缩短和增

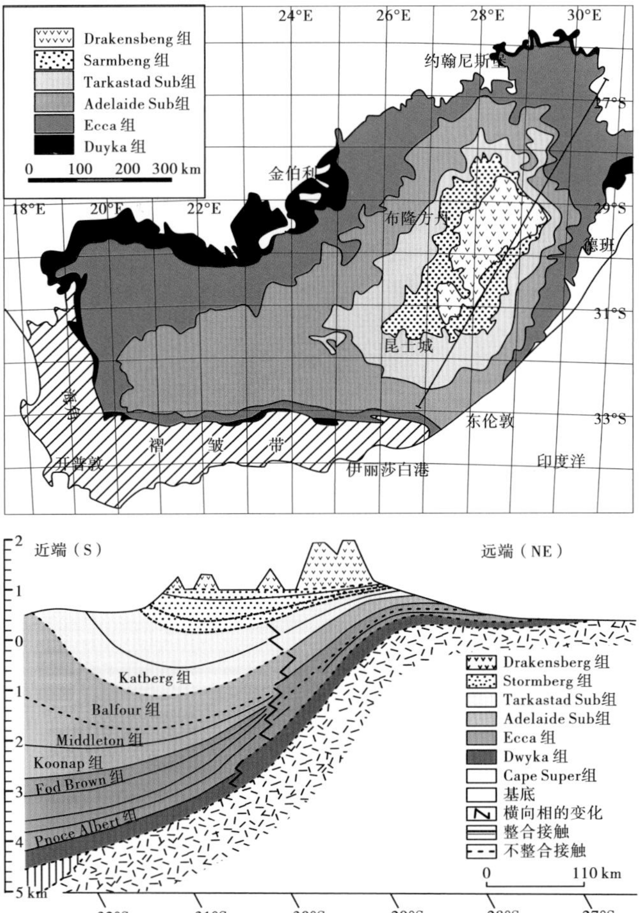

图 18.6 南非卡鲁超群中主要岩石地层单元的露头分布图和横剖面图

（据 Catuneanu et al.，1998）

横剖面连接了前陆盆地的近端（南侧）和远端（北东）

厚而产生的岩石圈加载（图 18.6）。当俯冲发生在盆地下方时，卡鲁盆地可被定义为弧后前陆盆地或后-前陆盆地。

在冈瓦纳西南地区几个石炭-二叠-侏罗纪沉积体中，卡鲁盆地（图 18.6）形成最厚的地层，具有最完整的超层序。与开普褶皱带相邻区域保存的最大厚度超过 6 km，其沉积序列反映了从冰川到深海、三角洲、河流和风成的环境变化。盆地充填序列与开普褶皱带造山作用有内在联系，开普褶皱带被认为是具有单边的、多事件的造山带。已识别出 8 个同轴的缩短变形事件，并确定了发生的年代。这些事件在前陆背景下产生了不同的沉积响应。

18.2.2 卡鲁盆地的岩石地层

卡鲁（Karoo）超群被细分为 5 个群：Dwyka 群、Ecca 群、Beaufort 群（包括 Adelaide 和 Tarkastad 亚群）、Stormberg 群和 Drakensberg 群（图 18.6，图 18.7）。除了 Drakensberg 群为岩浆岩外，卡鲁超群的其余部分由沉积岩组成，并被称为卡鲁沉积序列。安妮期晚期-拉丁期的地层间断面将 Dwyka 群、Ecca 群、Beaufort 群与上覆地层 Stormberg 群分开。在倾向剖面上，卡鲁沉积层序的复合厚度向开普褶皱带方向明显增大。卡鲁超群主要岩性地层单位的分布及年代关系如图 18.7 所示。在具有生物地层对比的爬行动物组合带分辨率范围内，卡鲁沉积序列的相对年龄及其边界得到了很好的约束。基于 ^{40}Ar-^{39}Ar 和 U-Pb 方法，Drakensberg 群的年龄最近被修订为（183～179）±1 Ma 之间。从岩石地层学角度看，卡鲁盆地可细分为 3 个不同的区域，它们在物源、搬运方向和堆积模式方面具有差异性。包括西部地区（即东经 24°以西的地区）、南部地区（即东经 24°以东的地区）（两者都与开普褶皱带相邻，代表近端的卡鲁相）和东北部地区（远离开普褶皱带，代表了远端的卡鲁相）。这些区域被相对狭窄的过渡带分隔开，在过渡带中发生了显著的横向相变化。近端的西部和南部地区在开普褶皱带的两个分支的前缘发育，其特征是具有不同的造山带走向（分别为北北西-南南东向和东西向），因此，它们向前渊沉降中心提供了不同的沉积物来源。

18.2.3 卡鲁盆地的沉积-构造演化

南非主要的卡鲁盆地为晚石炭纪-中侏罗世弧后前陆盆地充填体，发育于开普（Cape）褶皱带（CFB）前缘，其与古太平洋板块俯冲到冈瓦纳板块之下的过程有关（图 18.7）。卡鲁盆地沉积充填层序显示为一级层序，底部界面和顶部界面标志着构造环境的深刻变化，分别由伸展到前陆，然后由前陆到伸展。

卡鲁前陆盆地内的沉积作用受到开普褶皱带造山作用的加载、卸载旋回密切控制。在造山作用期间，靠近造山带的沉降和可容纳空间的增加与褶皱带的隆升相关，远离逆冲-褶皱带可容纳空间减少。在造山带卸载过程中，则显示为相反的过程。因此，卡鲁盆地的沉降中心具有交替变化的特点，在造山带负载期出现在近端，在造山带卸载期出现在远端。

造山带负载主要集中在晚石炭世-中三叠世之间，导致前渊地层较厚，前缘隆起区地层较薄。晚三叠世-中侏罗世以造山卸载为主，沉积物分布于前陆盆地的远端，前渊以老

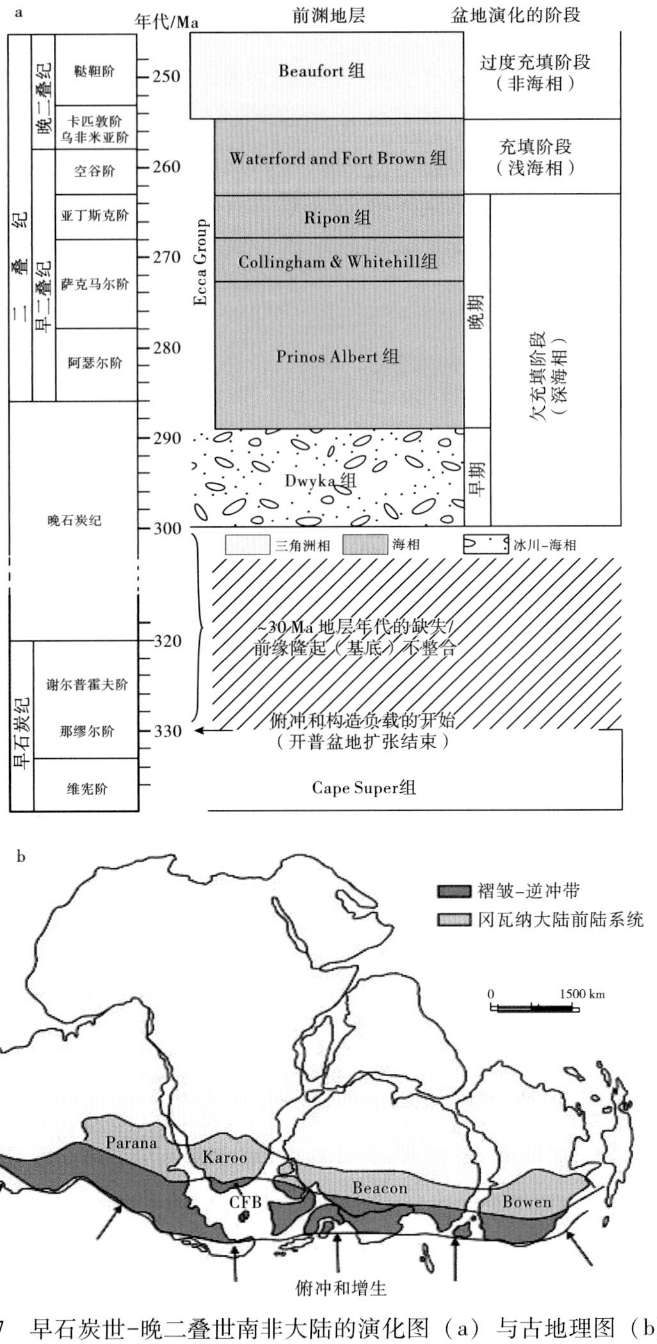

图 18.7 早石炭世-晚二叠世南非大陆的演化图（a）与古地理图（b）

（据 Catuneanu et al.，1999，2004）

早石炭世-晚二叠世南非大陆演化图（a）显示了从伸展到缩短的转化、卡鲁前陆盆地的挠曲作用及构造演化阶段；重建的冈瓦纳大陆的古地理图（b）显示了古太平洋板块由南到北俯冲到古超级大陆（冈瓦纳大陆）之下，由于挤压和地体增生，在冈瓦纳大陆南缘形成了约 6000 km 长的褶皱-逆冲带，其北部形成相应的弧后前陆系统。在冈瓦纳大陆解体后，这个前陆系统的部分现在位于南美洲、南非、南极洲和澳大利亚。CFB—开普褶皱带地层的同期改造和路过为主。以地层枢纽线为界，前陆盆地系统的近端和远端区域之间的地层对比可以确定基准面变化的非相位历史（out of phase history），在晚石炭纪-二叠纪期间，造山带前缘推进作用导致挠曲的前缘隆起向克拉通方向移动。三叠纪-中侏罗世，前陆盆地系统向造山带方向迁移的记录可能与造山带负载期（早-中三叠世）的背驮式逆冲作用和造山带重量中心的后退有关，或者与造山带卸载期（晚三叠世-中侏罗世）通过造山带前缘的剥蚀导致的造山带负载的回退有关。

Catuneanu 等（1998）研究了南非古生代前陆盆地层序地层模式（图 18.8 至图 18.10），成果表明，构造作用对前陆盆地可容纳空间的控制作用。南非卡鲁前陆盆地的充填过程受造山负载和卸载旋回的控制。造山负载沉降期，逆冲带近端可容纳空间增加，

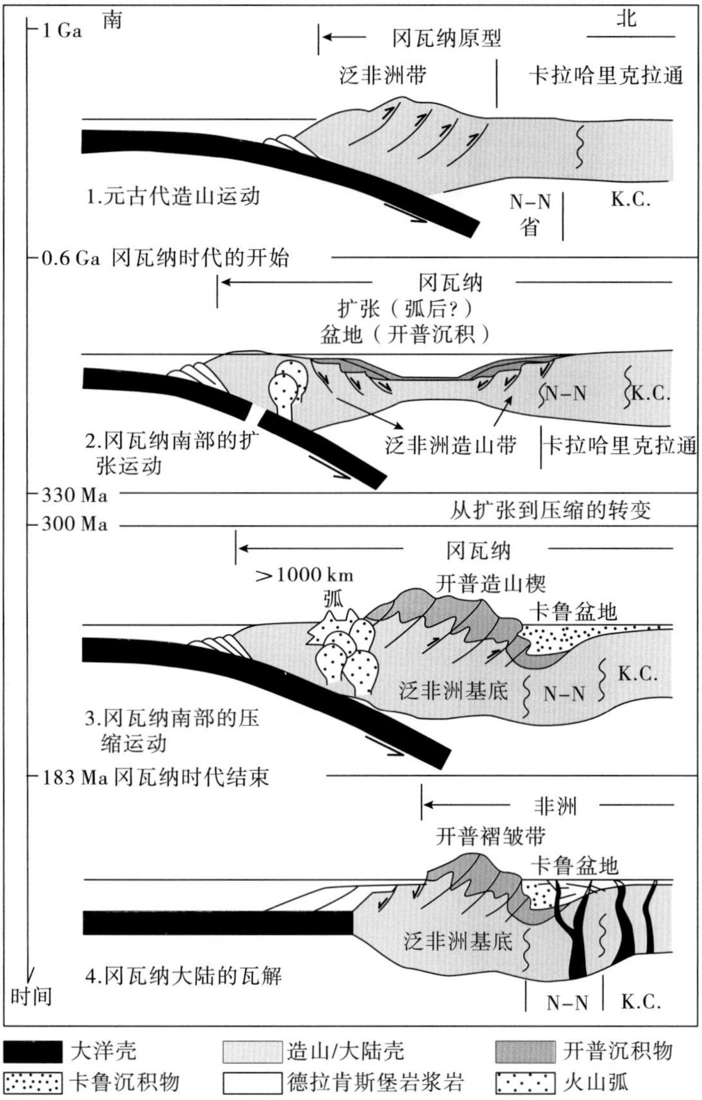

图 18.8 南非地壳演化图

（据 Catuneanu et al.，1998）

N-N—Namaqua-Natal；K. C. —Kaapvaal 克拉通

而在远端隆起，可容纳空间减小；卸载期，由于盆地回弹，逆冲带近端可容纳空间减小，而远端的可容纳空间增加。这一过程对层序的发育及其沉积中心的迁移起重要的控制作用。

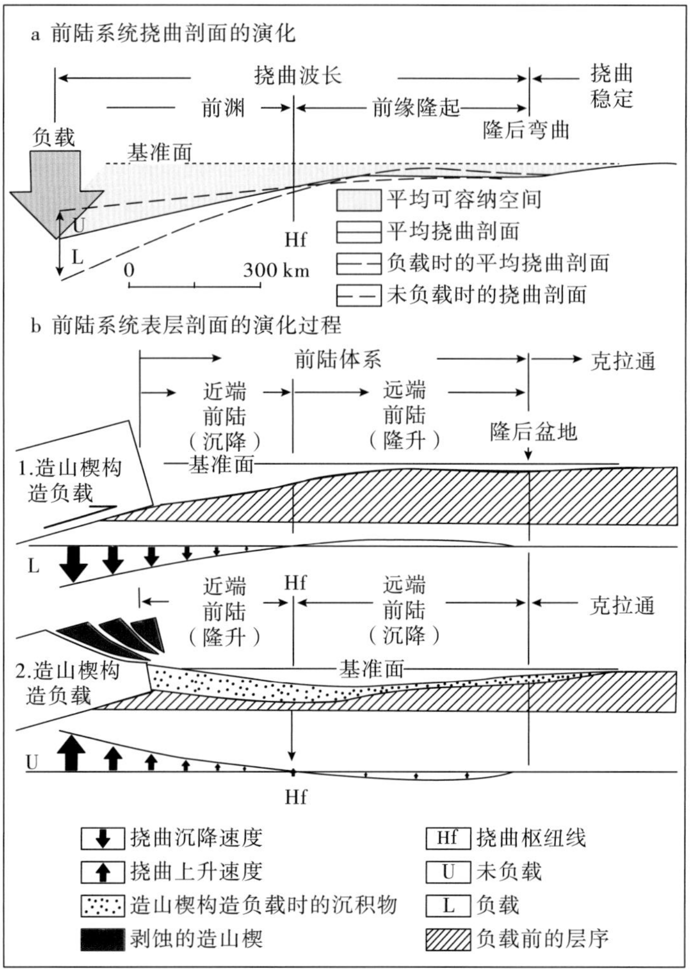

图 18.9　造山带加载和卸载作用与前陆盆地系统的挠曲剖面和表面剖面的演化
（据 Catuneanu et al.，1998）

无垂直比例。挠曲波长取决于岩石圈的流变学和弹性厚度、基底构造、负载的质量和分布。给出的水平标度表明大陆岩石圈具有高的挠曲刚度。如果前陆盆地系统发育在不坚硬和破裂的基底上，前渊的宽度小于 150 km（如阿尔卑斯磨拉石盆地）。a—受造山带加载和卸载影响，挠曲的前渊、前缘隆起发生外相（out of-phase）的沉降和隆升。在每一个挠曲阶段，表面过程（沉积、剥蚀）将前陆地形倾向于接近邻近克拉通（基准面）的高程，从而使随后的地表剖面发生镜像反弹。b—近端的前陆显示了沉积的前渊（加载期）和向远离造山带载荷的地形斜坡（卸载期）。远端的前陆为前缘隆起地形（加载期）和沉积的前缘凹陷（foresag）（卸载期）。前陆系统的沉降中心在沉积的前渊（加载期）和沉积前缘凹陷（卸载期）之间交替变化。挠曲枢纽线上的同时期沉降和隆升可能在前陆系统的近端和远端区域之间形成不同的相和地层模式。近端相和远端相之间由一条地层枢纽线分隔，该枢纽线的位置不一定重合，但在很大程度上受挠曲枢纽线的控制。挠曲枢纽线的迁移由于造山带负载的再分配的控制

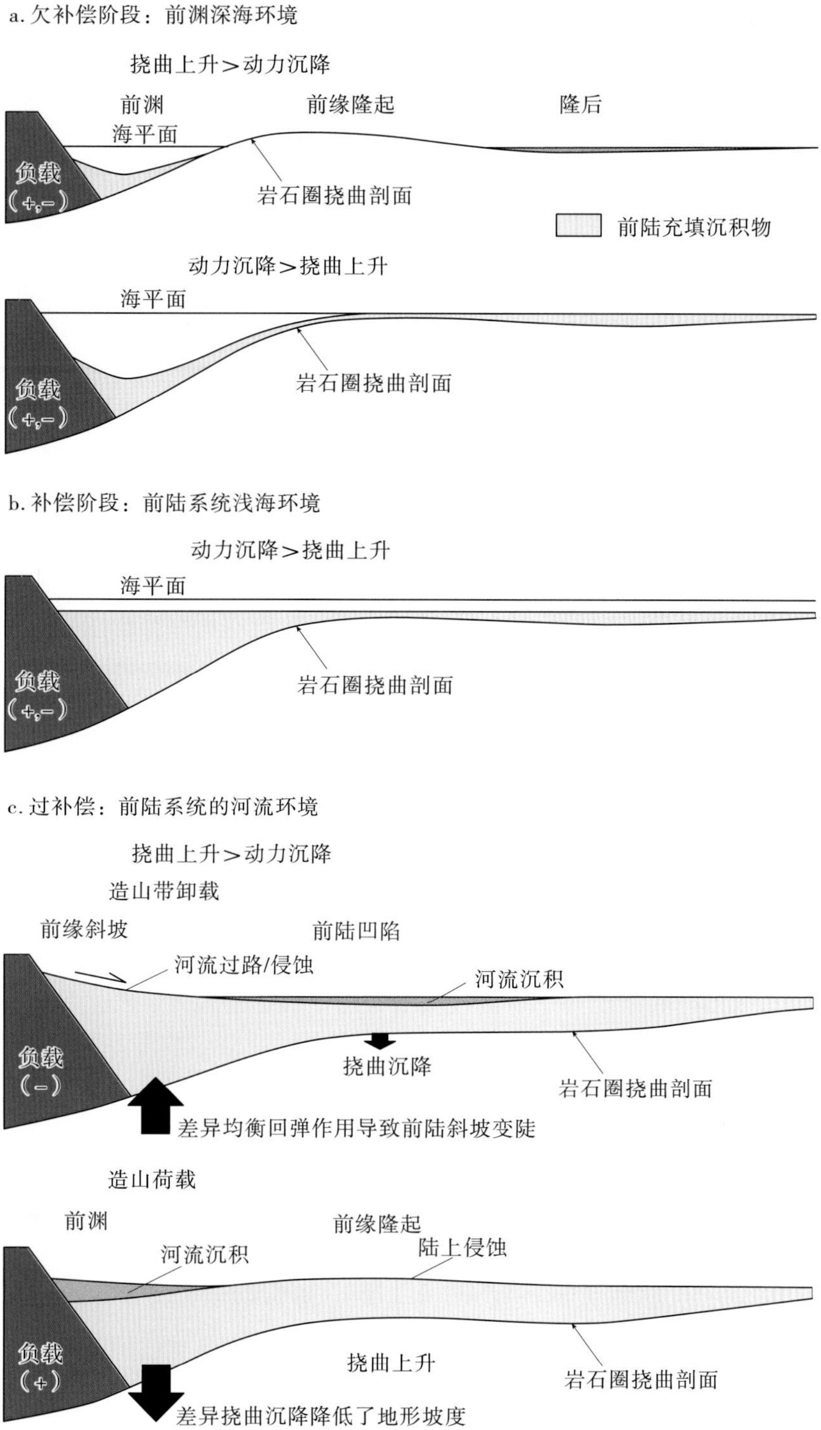

图 18.10　前陆盆地系统的欠补偿期、补偿期、过补偿期的演化过程

（据 Catuneanu et al.，2004）

前陆盆地系统充填序列对应于一级旋回，其与挠曲构造和动力沉降的动态平衡有关。请注意水深/地形剖面与岩石圈挠曲剖面的差异性。+和−代表造山负载量的增加和减少

Catuneanu 等（2002）认为相对于其他的盆地类型，弧后前陆系统具有独特的地层格架，主要体现在挠曲枢纽处的基准面的移动方向和（或）幅度的差异性。前渊、前缘隆起具有的相反的挠曲构造模式导致这两个挠曲带的可容纳空间相对数量的差异性，也导致了近端到远端的地层之间的不协调性。根据前陆系统基准面变化的模式，Catuneanu 等（1999）定义了两种类型的地层样式。第一种类型是指基准面的变化仅表现在速率方面（如沿枢纽线的高沉降速率或低沉降速率），显示为由相关的海侵和正常的海退体系域组成的整合序列。这种情况需要连续的盆地规模的沉积作用，沉积速率处于基准面上升速率变化范围内。第二种类型的地层样式是指基准面的变化表现在方向方面（沿挠曲枢纽线发生相反方向的变化），从而导致具有相应年龄的地层间断（层序边界）的层序，其与同期的基准面的上升和下降相关。在盆地演化过程中，可以从一种类型转变为另一种类型，其与挠曲构造速率和长波长速率对容纳空间的控制平衡及其变化有关。例如，动力沉降和海平面变化的平衡。这种平衡导致了地层框架中的旋回变化，可能导致前陆系统内的主要（二级）海侵-海退岸线的迁移，并可能导致海相与非海相沉积物之间的变化。基准面变化和沉积物供给的相互作用控制着可容纳空间被沉积物充填的程度。因此这一结果也定义了在前陆系统演化过程中出现的欠补偿期、补偿期和过补偿期等 3 种类型，其中的沉积过程分别由深海、浅海或河流沉积主导。前渊是分析欠补偿期到过补偿期变化过程的最好的区域，因为在缺乏（足够）动力负载的情况下，前缘隆起可能会受到侵蚀，或者说，即便是前渊处于欠补偿期，前缘隆起也最多只能充填浅海到河流环境的沉积物。这一阶段演化的序列由卡鲁盆地的案例研究得到了证明（图 18.10 至图 18.12）。

因此，在一定程度上任何前陆盆地的演化是可以预测的，从欠补偿阶段（复理石式沉积）开始，到过补偿期结束（磨拉石）。早期的前陆由于构造（造山）开始通常没有被沉积物补偿而倾向于欠补偿期，其原因是年轻的造山带结构处于低海拔。同时，与前陆早期有关的前缘隆起总是受到侵蚀，表现为前陆盆地充填序列的底部不整合面（底部/前缘隆起不整合面）。这是因为动力负载的开始时间滞后于俯冲开始和构造负载的时间，由于俯冲板片需要较长的时间才能到达上覆板块下方的足够远的地方，产生黏性拐角流。当动力沉降幅度超过前陆系统中前缘隆起挠曲抬升的高度时，整个前陆系统可能低于基准面。在盆地演化的欠补偿期，前缘隆起可能由侵蚀区转变为沉积区（如卡鲁盆地）。最早期的卡鲁前陆系统构造解释了在德维卡期发育高于基准面的前缘隆起（图 18.9，图 18.10 中的早期欠补偿期），随后在 Ecca 期，整个系统都经历了广泛的、全覆盖的（前陆盆地系统宽度）沉积阶段（图 18.10 的晚期欠补偿期）。这一转变可以用古太平洋板块俯冲到冈瓦纳板块之下导致的动力负载作用来解释。在这个例子中，俯冲和构造负载的开始时间（石炭纪纳穆尔阶）与动力负载的时间（二叠纪初始阶段）之间的滞后时间至少为 40 Ma，其过程对应于整个晚石炭世时期（图 18.10）。

以河流沉积为主的过补偿期标志着前陆系统演化的最后阶段。沉积物供给充足，在相邻的褶皱-冲断带的前缘发育造山负载驱动的沉降作用，也有动力负载驱动的沉降作用。图 18.10 总结了弧后前陆系统从欠补偿期到过补偿期的总体演化过程。由于最早的构造负载可能位于海平面以下，因此，欠补偿期在前渊出现通常是必然的，因此几乎不受剥蚀。随着褶皱-冲断带的抬升，沉积物供给随之增加，沉积物充填速率赶上有效可容纳空间的形成速率，深海演变为浅海，而浅海最终后退，为占主导地位的大陆环境腾出空间。

综上所述，前陆演化和沉积的一级旋回与动力沉降速率的整体上升和下降旋回有关。因为在挤压开始时俯冲速率从零开始增加，然后到挤压-拉张转换期，俯冲速率又从上升阶段减少到零。因此，可以预测，在盆地演化的最早阶段和最晚阶段，挠曲隆升超过动力沉降，而在全盆地分布着浅海沉积物的中间阶段，动力负载则占主导地位（图 18.10）。一级旋回一般只描述总体趋势，而二级旋回（在一级旋回上叠加了高频旋回）则反映了挠曲构造速率与动力沉降、海平面变化之间的平衡及其波动变化。前陆沉积作用可以解释这种沉积体系随时间演变的复杂性。这种变化的正演模型已经被用来模拟在特定的沉积物供给和容纳空间下的前陆系统演化的地层模型。

18.3 北美板块东部古生代阿巴拉契亚造山带-前陆盆地系统

18.3.1 阿巴拉契亚前陆盆地的概况

阿巴拉契亚盆地位于美国东部，盆地长 112 km，宽 400 km，面积 53×10^4 km^2。该盆地属于北美地台与阿巴拉契亚褶皱带间的山前坳陷带，呈北东-南西向延伸。盆地西部以辛辛那提隆起为界，东部以阿巴拉契亚山脉为界。主要由 3 次构造事件（Taconic、Acadian 和 Alleghanian 构造运动）驱动形成了相应的 3 期前陆盆地（晚奥陶世、中晚泥盆世、中石炭世前陆盆地）。前陆盆地内地层沉积均向东倾斜，呈东厚、西薄的不对称楔形体（最大厚度 12000 m）。向东过渡为红色陆相沉积，向西为海相暗色泥岩，其间砂页岩互层成为常规油气聚集的有利地带，内部发育裂缝性黑色页岩气藏。垂向上，该盆地充填序列由 3 个巨型的沉积旋回组成，每一旋回的底部为页岩，中部为碎屑岩，顶部为碳酸盐岩。其中页岩约占一半，具有多期页岩（奥陶系、志留系、泥盆系）的发育，具备形成页岩气藏良好的物质基础（图 18.11 至图 18.13）。

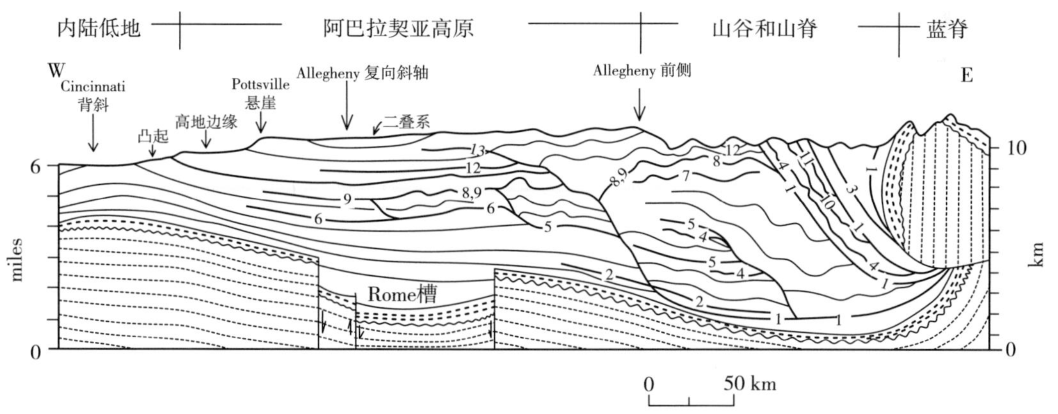

图 18.11 阿巴拉契亚前陆盆地的剖面图（东西向）

（据 Ettensohn，2008）

该前陆盆地曾是美国最早开发页岩气的盆地（如 Big Sandy 页岩气田发现于 1915 年，1921—1985 年期间钻了 1 万多口页岩气井，生产了超过 708×10^8 m^3 的天然气）。1994 年

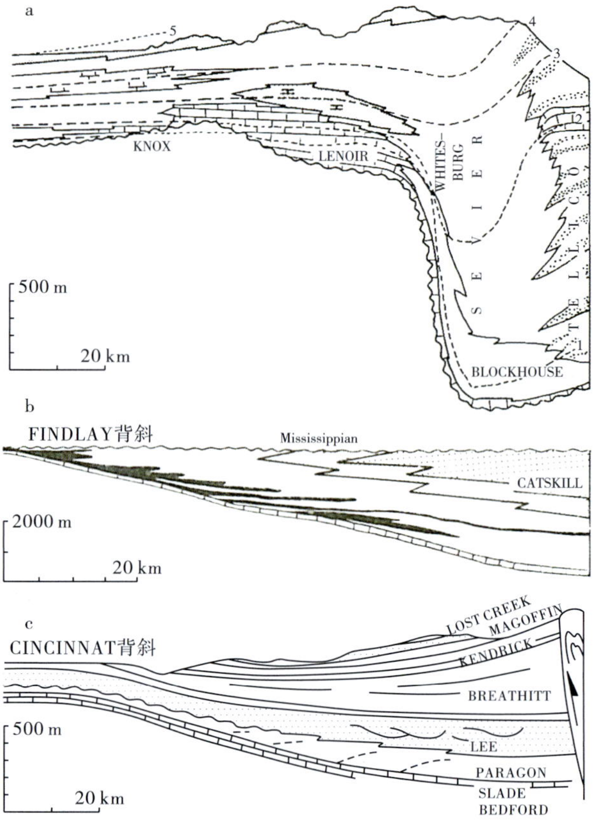

图 18.12　阿巴拉契亚前陆盆地由 3 次造山幕分别形成的 3 个沉积楔

（据 Tankard，1986）

a—塔康期（中奥陶世）；b—阿卡德期（泥盆纪）；c—阿卡德阶-阿勒格尼阶的过渡期（晚密西西比世-早宾夕法尼亚世）

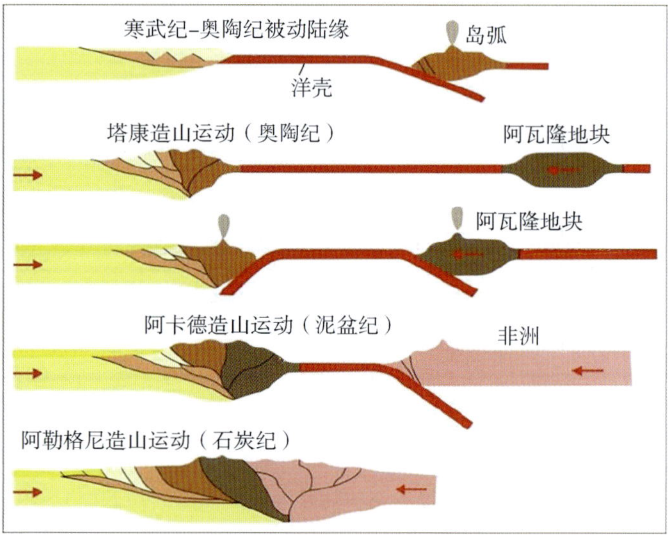

图 18.13　北美东部造山运动示意图

（据 Marshak，2001）

以前，上泥盆统 Ohio 页岩层曾是美国主要产气层，形成了早期页岩气形成理论（即页岩气产量的主要控制因素为有机质含量、热成熟度、天然裂缝和黑色页岩与灰色页岩之间的关系）。自 1994 年以来，中泥盆统 Marcellus 页岩层成为该盆地的页岩气主要产层，其黑色页岩比例、有机碳含量和页岩储层产气能力均好于 Ohio 页岩层。

18.3.2 阿巴拉契亚前陆盆地的构造演化

北美东部在古生代形成了一个非常重要的山脉——阿巴拉契亚山脉，该山脉的形成过程相当漫长，持续于古生代的大部分时期。它形成于潘基亚超大陆的汇聚过程中，开始于奥陶纪，结束于二叠纪，反映着一个大陆汇聚的过程。该山脉的形成归因于 3 个主要造山运动：奥陶纪开始的塔康造山运动，泥盆纪的阿卡德造山运动，石炭纪-二叠纪期间的阿勒格尼造山运动。

北美东部前陆盆地发育在北美克拉通与阿巴拉契亚山脉之间，是典型的周缘前陆盆地，古生代的 3 次重要造山运动控制前陆盆地的演化（图 18.14 至图 18.17）。发生于中奥陶世的塔康造山运动是显生宙北美东部的首次造山运动，在该运动之前，北美东部边缘在奥陶纪期间沉积盆地性质经历了被动陆缘盆地和弧后盆地阶段，在造山运动之后就进入了前陆盆地演化阶段。塔康造山运动是由于塔康岛弧与北美东缘碰撞形成的，此时形成的为弧后前陆盆地，而第二次造山运动（阿卡德运动）是由于阿瓦隆地块与北美碰撞形成的造山运动，所以这时期形成的主要为周缘前陆盆地，并且一直发展演化下去。

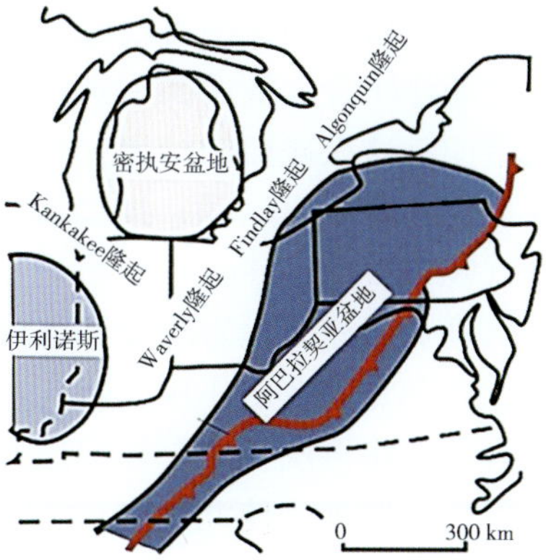

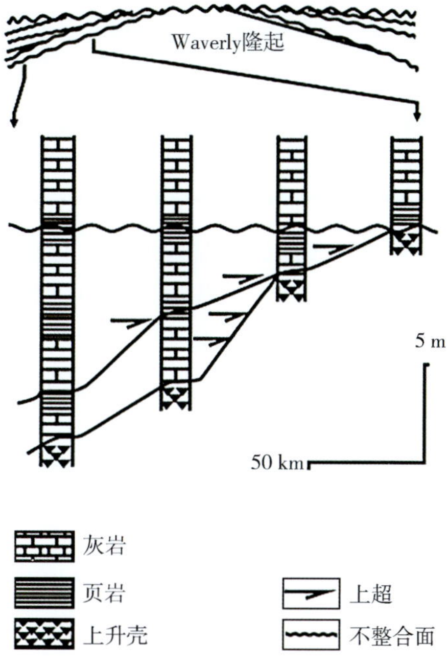

图 18.14 阿巴拉契亚前陆盆地与前缘隆起
（据 Tankard，1986）

18.3.2.1 阿巴拉契亚前陆盆地的板块构造事件

北美洲的古生代褶皱带以阿巴拉契亚山为主体，向西南延伸为沃希托山。它的形成与古大西洋的闭合以及伴随的板块活动直接相关。从奥陶纪开始，古大西洋两侧出现消亡带，在洋壳俯冲作用下，古大西洋逐渐收缩合拢。到泥盆纪，劳伦古陆与古欧洲板块碰撞，镶合成古欧美大陆，形成了绵延于北阿巴拉契亚、格陵兰岛东岸和西北欧的加里东褶皱带。泥盆纪以后，冈瓦纳古陆做顺时针方向转动，冈瓦纳古陆与古欧美板块逐渐靠拢，前阿巴拉契亚洋闭合，最后在石炭纪末两者相撞缝合，南阿巴拉契亚、沃希托、西北非的海西褶皱带便是这次碰撞的结果。在上述板块活动的漫长过程中，阿巴拉契亚地槽先后掀起3次规模较大的造山运动，即奥陶纪末的塔康运动（Taconic Orogeny）、泥盆纪末的阿卡德运动（Acadian Orogeny）和石炭纪末的阿勒格尼运动（Alleghanian Orogeny）或称阿巴拉契亚运动。地槽沉积岩层受到强烈挤压变形，形成一系列平行褶皱和逆冲断层，东部还受岩浆侵入和热力变质作用影响。三叠纪末，阿巴拉契亚山东侧发生南北向断裂作用，预示着联合大陆将再次分裂。侏罗纪开始出现大西洋，北美与非洲先行分离；白垩纪时，大西洋裂谷向北伸延，使北美与欧洲分离。最终使同源的古生代褶皱带分居在不同的大陆上。

18.3.2.2 阿巴拉契亚前陆盆地的构造演化阶段

（1）裂谷阶段

最初的阿巴拉契亚边缘形成于新元古代晚期罗迪尼亚超大陆裂解中的裂谷作用［前寒武纪晚期-早寒武世（765~535 Ma）］。此时，劳亚古陆远离冈瓦纳大陆西缘，这时期一系列的内克拉通裂谷盆地形成。这时期的岩石以不整合面的方式覆盖在格林威尔（Grenvillian）基底之上，沉积厚度为0~16000 m。

（2）被动大陆边缘阶段

寒武纪-早奥陶世晚期（上Sauk层序，535~472 Ma），阿巴拉契亚盆地处于稳定的被动大陆边缘环境之中，主要沉积了浅海砂岩和碳酸盐岩。从东部陆地向西水深逐渐加深。

（3）前陆盆地阶段

中奥陶世-志留纪，由于塔康造山运动的影响，盆地开始进入前陆盆地演化（图18.17，图18.18）。由于受到构造造山运动影响，开始出现陆相沉积物，在靠造山带一侧，从东向西主要是冲积相到浅海相的沉积，出现了陆相砾岩、火山岩、浅海相砂岩。

A. 加里东造山旋回：中奥陶世-早泥盆世（Tippecanoe层序，472~411 Ma）

由于古大西洋（Iapetus）闭合，盆地边缘受到俯冲作用以及碰撞造山运动影响，这一时期主要产生了加里东运动，该构造运动包括两次造山运动：①塔康造山运动，该造山运动是北美克拉通东部边缘在古生代首次的碰撞造山运动，该运动是从南向北进行的，影响了阿巴拉契亚南部和中部地区；劳伦古陆东缘的开始碰撞，标志着塔康造山运动的开始。在阿巴拉契亚地区，底部不整合面反映着塔康造山运动的开始，也表示由被动陆缘转变为汇聚边缘，阿巴拉契亚前陆盆地开始形成。②早志留世，在阿巴拉契亚北部的Salnic造山运动，包括至少两个向西南方向的移动，该造山运动说明了来自波罗地的阿瓦隆（Avalonian）地块与阿巴拉契亚北部的碰撞。

B. 华力西-海西造山旋回：早泥盆世-二叠纪（Kaskaskia和Absaroka层序，411~251 Ma）

该造山旋回是由于瑞亚克洋（Rheic）闭合产生的，此时冈瓦纳与劳伦古陆碰撞，形成了潘基亚超大陆。该造山旋回包含两次造山运动：阿卡德造山运动（Acadian）和阿勒格尼造山运动（Alleghanian）（图 18. 15）。阿勒格尼造山运动代表劳伦古陆与冈瓦纳古陆碰撞的结束，该运动开始于早石炭世，从南部一直向北持续，反映不规则陆缘的穿时接触。阿勒格尼造山运动是阿巴拉契亚盆地最后的一个挤压阶段，代表瑞亚克洋的关闭，此时，冈瓦纳大陆与劳亚古陆合并。

18. 3. 3 阿巴拉契亚前陆盆地黑色页岩

阿巴拉契亚前陆盆地系统由阿巴拉契亚造山带-古生代前陆盆地-前缘隆起-隆后盆地组成。在前陆盆地（以 Marcellus 页岩和 Ohio 页岩为代表）和隆后盆地（以密执安盆地 Antrim 页岩和伊利诺斯盆地 New Albany 页岩为代表，也有人将其称为克拉通盆地）内蕴藏着大量的页岩气资源。主要由 3 次构造事件（包括塔康、阿卡德和阿勒格尼构造运动）驱动形成了相应的 3 期前陆盆地。在 3 期前陆盆地内，地层沉积均向东倾斜，呈东厚、西薄的巨大楔形体（最大厚度 12000 m），埋藏于不对称的、向东变深的前陆盆地中。向东过渡为红色陆相沉积，向西为海相暗色泥岩，其中的砂、页岩互层，成为常规油气聚集的有利地带，内部发育裂缝性黑色页岩气藏。垂向上，该盆地充填序列由 3 个巨型的沉积旋回组成，每一旋回的底部为页岩，中部为碎屑岩，顶部为碳酸盐岩。其中页岩约占一半，具有多期页岩的发育［包括 Utica 页岩层（奥陶系）、Rochester 和 Sodus/Williamson 页岩层（志留系）和 Marcellus/Millboro、Geneseo、Rhinestreet、Dunkirk 和 Ohio 页岩层（泥盆系）］，具备形成页岩气藏良好的物质基础。

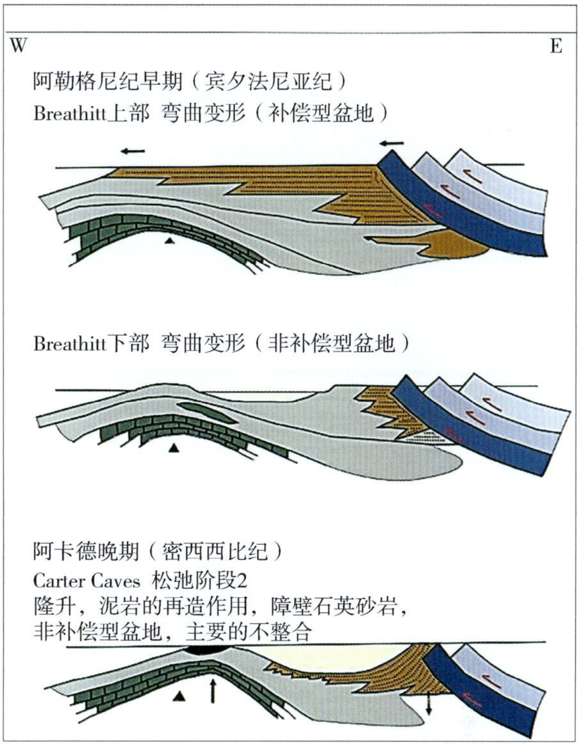

图 18. 15 阿巴拉契亚前陆盆地构造演化与逆冲作用（据 Tankard，1986）

中-上泥盆统（厚度为 1100~2800 m，距今 380 Ma）是该前陆盆地中产油气最多的层位，占盆地油气可采储量 52%以上。该套地层总体上由富有机质泥页岩（主要为碳质页岩）、粉砂质页岩、粉砂岩、砂岩和碳酸盐岩等形成 3~4 个沉积旋回构成，每个旋回底部通常为富有机质页岩，中部为碎屑岩，上部为碳酸盐岩。下部的黑色页岩（厚度约 300 m，包括 Marcellus 页岩和 Ohio 页岩）为主要产页岩气层，中部的厚层的三角洲砂岩为主要产常规油气层。上泥盆统 Ohio 页岩层（上部页岩层）位于盆地的西部，呈舌状分布于阿卡迪亚碎屑岩楔形体之内。有机质以陆源为主，含量丰富，有机碳含量一般在 1. 8%以上（0~4. 7%），演化程度低（R_o = 0. 52% ~ 0. 71%），测井孔隙度为 1. 5% ~ 11%。中泥盆统 Marcellus 页岩层（下部页岩层）位于盆地的东部，由东向西厚度变薄，主要由砂岩、粉砂岩和页岩组成，页岩最大厚度为 274.32 m，平均厚度为 15.24~60 m。因其埋深较大、热成熟度较高已进入裂解成气阶段（图 18.16，图 18.17）。

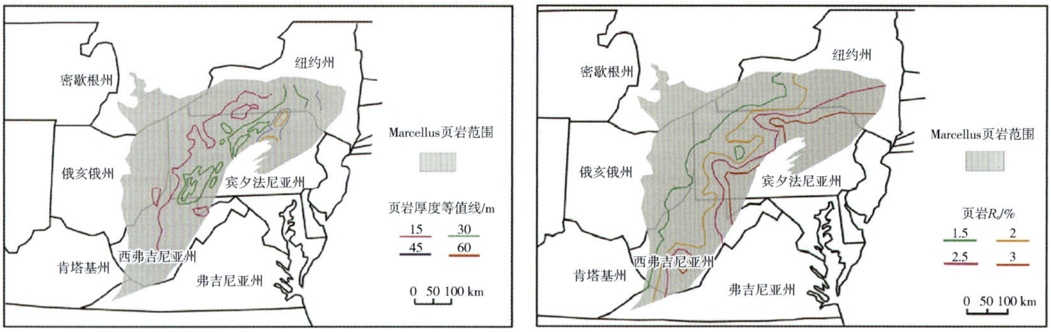

图 18.16　阿巴拉契亚前陆盆地 Marcellus 页岩等厚图与有机质 R_o 等值线图

（据 Wrightstone，2009；转引自孟庆峰等，2012）

Marcellus 页岩厚度为 15~61 m，自西向东厚度增大；Marcellus 页岩干酪根为 Ⅱ 型，其 R_o 为 1.5%~3%，自西向东增大，有机质处于高成熟和过成熟阶段，生成的天然气为热成因气

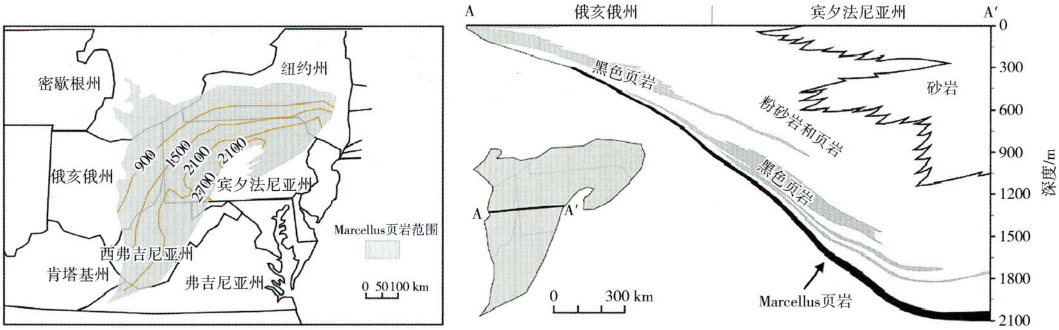

图 18.17　阿巴拉契亚前陆盆地 Marcellus 页岩层顶部等深线图与剖面图（东西向）

（据 Wrightstone，2009；Soeder et al.，2009；转引自孟庆峰等，2012）

Marcellus 页岩顶部深度为 914~2591 m，平均深度超过 1524 m，自盆地西北部向东南部逐渐加深

18.3.4　阿巴拉契亚前陆盆地黑色页岩的形成机制

18.3.4.1　造山楔加载-松弛旋回与前陆盆地黑色页岩的形成机制

Ettensohn 等（2015）认为黑色页岩是大多数前陆盆地沉积的重要组成部分，由于它们通常反映盆地的最大沉降量，其分布可以作为前陆盆地发育程度的指标。了解前陆盆地形成的出发点是前陆盆地的变形负载以变形造山带高地的形式存在，由于负载的挠曲作用在前陆产生盆地可容纳空间，这种负载会产生松弛应力，导致克拉通前陆的相邻部分在长波长的高点和低点发生变形，这一过程称为岩石圈挠曲（图 18.18，图 18.19）。

许多与俯冲有关的前陆盆地表现出典型的不整合面限定的地层序列，在一个构造期，造山带通常是在一系列脉冲或构造运动中形成的，每个脉冲或构造运动持续时间约为 10^6~10^7 a，每个加载-松弛旋回（loading-relaxation cycle）将在构造相（tectophase）生成一个

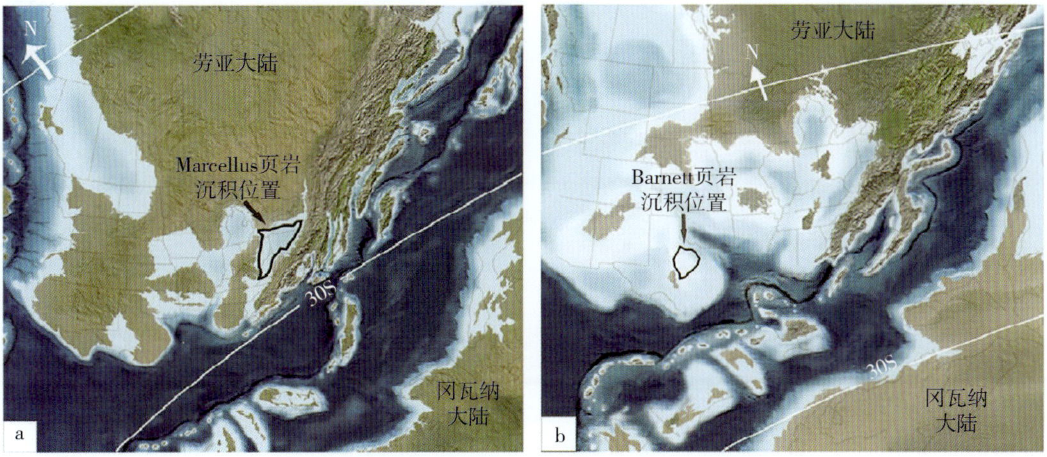

图 18.18　中泥盆世、早密西西比世劳亚大陆古地理图

（据 Ron Blakey，2009；转引自孟庆峰等，2012）

a—中泥盆世 Marcellus 页岩沉积古地理图；b—早密西西比世 Barnett 页岩沉积古地理图

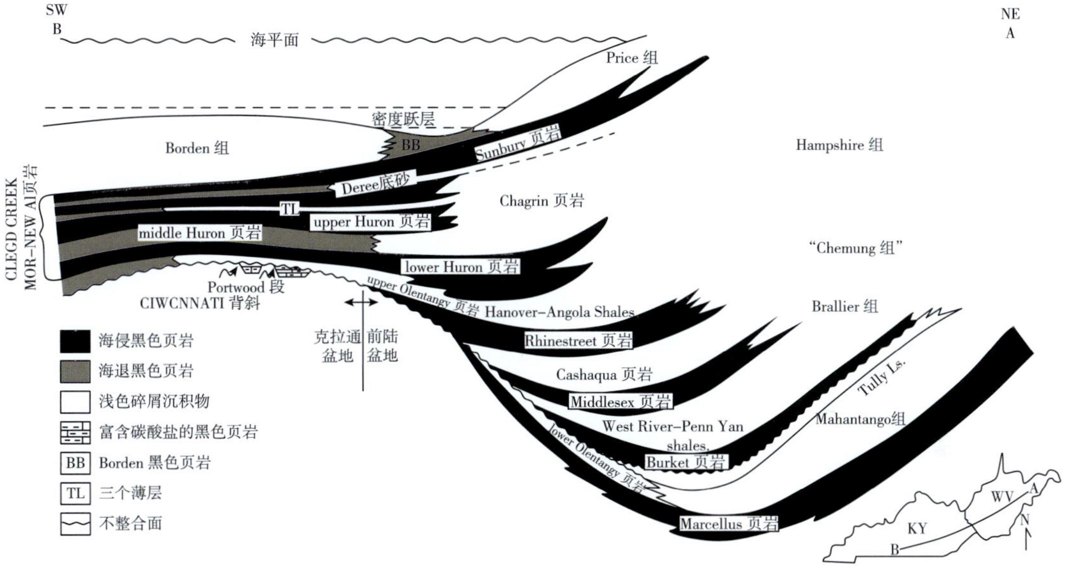

图 18.19　阿巴拉契亚前陆盆地北部的剖面图（东西向）

（据 Ettensohn，2008）

中泥盆世-早密西西比纪阿卡德构造相第 2~4 旋回中的每个旋回的位置、黑色页岩和其间的碎屑楔

典型地层序列（图 18.20，图 18.21），一个典型的旋回包含 7 个部分（图 18.21），每个旋回都以不整合面开始（图 18.22），该不整合面反映了造山带构造载荷的开始，以及伴随的前缘隆起的隆起和移动。当逆冲载荷向克拉通方向移动时，不整合面也随着前陆盆地的扩张向克拉通方向移动（图 18.22）。

这些不整合面通常局限于或更好地发育在汇聚的岬角附近，并平行于造山带的走向。初始载荷导致前陆盆地快速沉降，浅水海侵开始侵入盆地。一般沉降作用很快，浅水沉积物非常薄或凝缩。大部分的初始加载可能沿着基底断坡发生，产生可达一个新增的、20 km

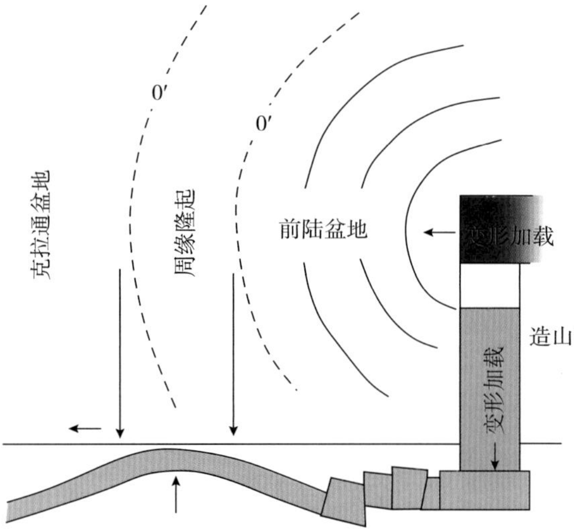

图 18.20 克拉通边缘造山带构造载荷的大尺度长波长的岩石圈挠曲响应示意图

（据 Quinlan et al.，1984；Ettensohn，2015）

须注意，前缘隆起被严重夸大了，因为前缘隆起的高度通常仅为盆地最大沉降量的 4.3%~6.7%。上部为平面图；下部为剖面图。断裂带的岩石圈上部块体可能促进挠曲作用

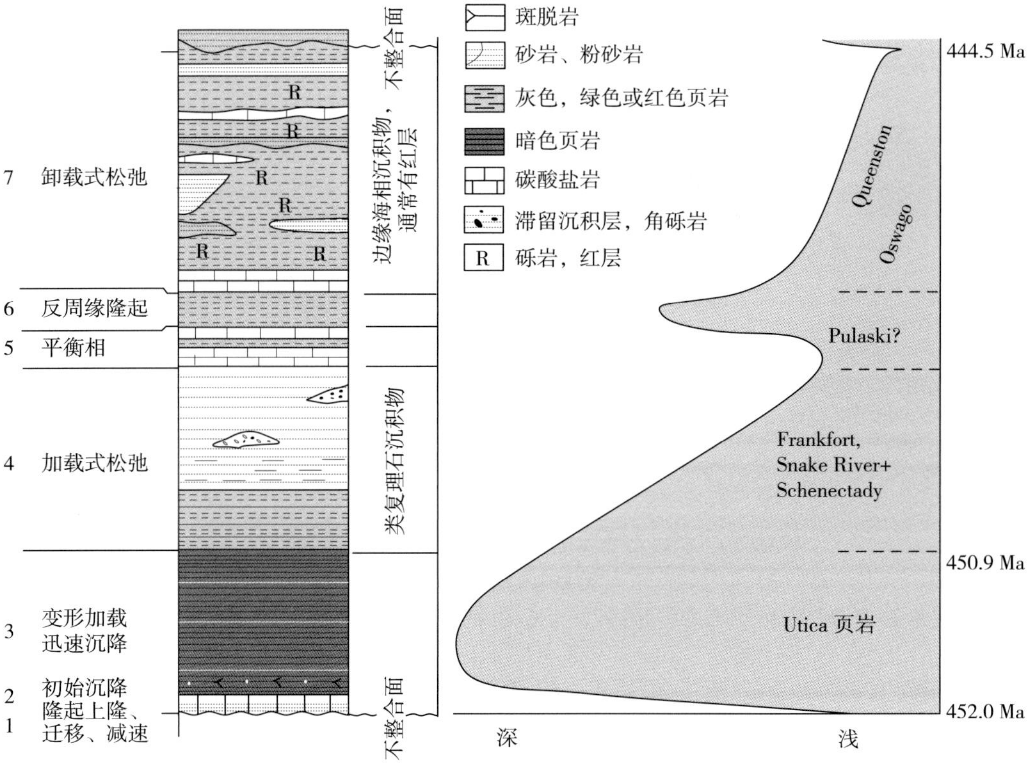

图 18.21 与俯冲型造山作用相关的理想的、以不整合面为界的构造相序列及其挠曲事件、岩性、相对海平面序列示意图

（据 Ettensohn，2008）

叠加在曲线上的单元名称是塔康构造相中具有代表性的纽约单元。年龄为基于生物地层学的晚奥陶世的实际年龄，表明造山带负载作用和相应的黑色页岩沉积作用的时间只占构造相持续时间的很少部分

高的垂直变形，但是仍没有导致陆上地形或沉积物来源。因此，最初的大部分构造负载一定是在地下或水下环境中以埋藏的、俯冲的块体和薄片的形式发生，这些变形很少或没有产生陆上的地形起伏。在缺乏外部沉积物供给的情况下，前陆盆地最初经历了沉积物饥饿时期（sediment starvation），而陆表海（epicontinental seas）中几乎总是存在丰富的有机质以及悬浮黏土和风生粉砂，并构成当时盆地沉积的主要成分（图 18. 21）。由于前陆盆地的沉降速度很快，沉积速度跟不上，很快就形成分层的水柱（stratified water column），确保了富有机质沉积物在随后的缺氧环境中被保存为暗色或黑色页岩（图 18. 21）。

此外，在特定时间和地点短暂的构造、古气候和古地理方面的因素也可能促进有机物的产生。在俯冲和汇聚最活跃的阶段富有机质泥沉积物持续发育，但是当陆上负载最终形成时，富有机质泥沉积物就停止了（图 18. 22b）。当负载沿边缘斜坡上升时，它开始向克拉通方向移动，形成叠加的褶皱-冲断带，同时载荷作用于克拉通岩石圈。因此，岩石圈弯曲刚度和活化的基底结构也可能影响盆地范围。从时间上看，这段活动载荷期及其所产

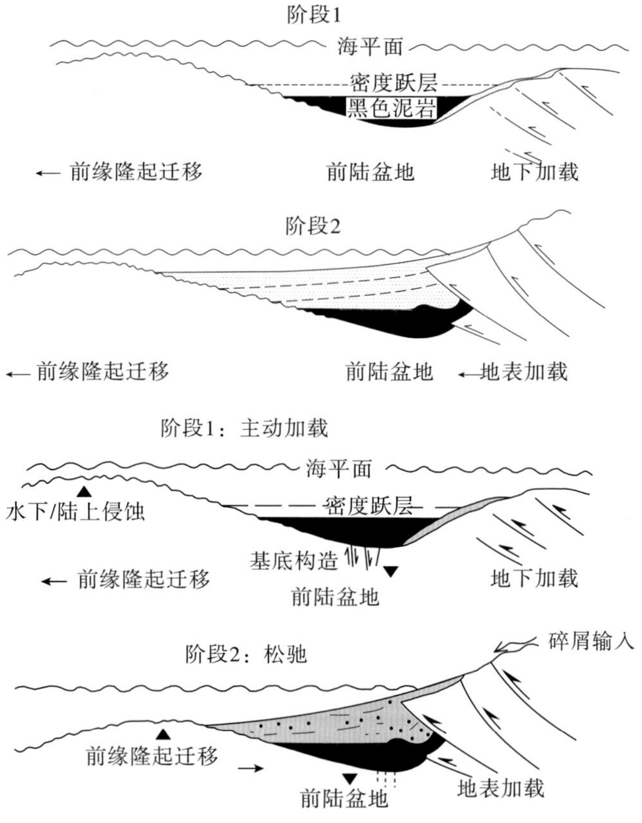

图 18. 22　前陆盆地形成、沉积物充填与构造负载之间的相互关系示意图

（据 Ettensohn，1997）

填充的正三角形（▲）和倒三角形（▼）分别表示前缘隆起和盆地中心的迁移。基底断裂作用表明，基底块体的移动可能促进了挠曲运动。在构造旋回早期的短时期内，前缘隆起和水下负载形成，仅有少量的碎屑输入；当沉降进入缺氧水域（O_2-deficient waters）时，黑色页岩发育。密度跃层是较深盆地中的热-盐密度分层带，导致含氧量下降。阶段 2 是一个典型序列，显示了负载型的静态松弛，地表负载具有发达的排水网；盆地和隆起具有迁移，发育黑色的富含有机质泥岩、大型波痕、粗的碎屑沉积物、波浪线、不整合面等

生的前陆盆地的沉降时间仅占据了典型的构造相旋回的很少的时间段，仅占旋回持续时间的10%~20%或几个百万年（图18.22）。旋回的大部分时间为松弛部分的时间和相关的碎屑充填的时间。由于需要时间发育必要的排水网提供盆地碎屑沉积物，即使出现相邻地表上的沉积物来源，也不能确保立即转换为粗碎屑沉积物充填的前陆盆地。

然而，陆上负载的发展并不一定意味着逆冲系统已经停止移动，因为在大多数现代前陆盆地中，近端碎屑沉积物通常参与了逆冲过程。然而，当主要碎屑沉积作用到达盆地中心时，沉积速率开始超过沉降速率，负载作用开始减弱，负载变为静态（图18.22b）。岩石圈对这种新的负载状态的响应是通过松弛应力使负载区域和前陆盆地近端区域下沉，而前缘隆起则隆起上升并向负载方向迁移（图18.22a）。随着加载式松弛作用（loading-type relaxation）的形成，排水网变得很发达，以至于原来的负载发生侵蚀，由此产生的碎屑被运送到变深的沉积盆地中，如三角洲远端的类复理石、浊积岩、等深岩和碎屑流，在近岸区域演变为风暴流和浅水作用的再沉积物。这些作用出现于旋回的海退部分，并一直持续到盆地填满或地表负载被大量侵蚀（图18.22a）。

随着盆地的填满和物源区域的降低，碎屑沉积物的供给量下降，出现了分布广泛的、薄毯式的碳酸盐岩或碳酸盐岩和页岩的混合沉积物。这种横跨盆地和源区的高程平衡（elevational equilibrium）通常是非常短暂的，当作为原来的负荷区和近端前陆盆地以向上的均衡反弹响应失去的负载时，这种高程平衡就消失了（图18.22b）。在这种卸载型松弛（unloading-type relaxation）过程中，前陆盆地的原来的侵蚀高地和附近区域发生了回弹，补偿的反-前缘隆起（anti-peripheral bulge）或前缘凹陷（peripheral sag）向回弹区推进。由开阔海相页岩或页岩和碳酸盐沉积物组成的海侵序列将在前缘凹陷中短暂发育，但它很快就被向克拉通方向推进的海相-陆相的硅质碎屑楔所覆盖。这通常被描述为后造山期或类磨拉石沉积物（图18.23，图18.24）。

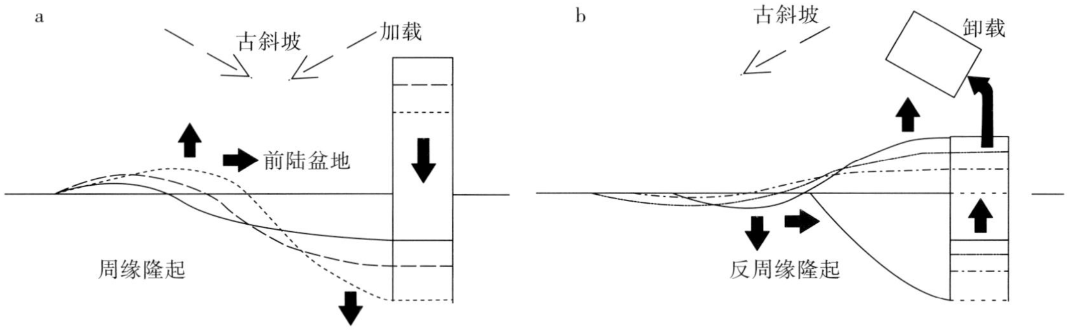

图18.23　岩石圈应力松弛作用的连续挠曲响应

（据Beaumont，1988；Ettensohn，2015）

垂直比例尺放大。与盆地深度相比，前缘隆起及其凹陷非常小，几乎微不足道。a—当逆冲作用迁移停止时，导致负载松弛作用（loading-type relaxation）和沉降型松弛作用；b—当剥蚀卸载引起原有高地和前陆盆地邻近地区的回弹时，导致卸载型松弛作用（unloading-type relaxation）

因为反弹负载区域由原来的切割高地或前陆盆地沉积物组成，因此以细粒沉积物为主；此外，在低梯度的近海环境通常由许多横向和纵向沉积环境的变化导致了沉积相的镶嵌，包含红层、古土壤、煤、薄层碳酸盐岩，均与细粒硅质碎屑沉积物密切相关。由于在这一阶段出现了海拔或近海平面的高度平衡，它产生了一个单一的、向克拉通倾斜的三角洲复合体，并溢出到邻近的克拉通。不完整的构造相旋回是常见的，通常反映了后续构造相的侵蚀和不整合面的发育。在阿巴拉契亚盆地被确认13个这种旋回并跨越了4个连续的造山作用。然而，对于识别盆地来说，构造相旋回的黑色页岩部分是最有说服力的。

黑色页岩代表了最活跃的构造加载的时间，因此，它们在任何一种构造相中的分布都能很好地逼近盆地的最大范围。页岩也是最有可能被保存下来的生物圈的一部分，由于其黑色、富含有机物的性质，它们很容易在野外和地球物理测井中被识别出来，因此很容易在地表和地下被绘制出来。对这些页岩盆地的测绘结果表明，在与汇聚作用相关的海岬后面黑色页岩发育得最好。随着变形的迁移，它们沿着垂直于变形带走向的方向迁移（克拉通方向）；在穿时的、斜向汇聚过程中，它们沿着平行于变形带走向的方向迁移（克拉通方向）。在向克拉通方向迁移期间，由前缘隆起定义的盆地边缘可能是以建设性或破坏性的方式交互进行，其中建设性作用是前缘隆起合并、扩大和加高，破坏性作用使得前陆盆地与克拉通内部盆地连接（图18.25）。流变模型和黑色页岩填图结果均表明，这种结合作用确实发生过，而且在盆地之间的中间区域，通常会重新激活基底结构，从而促进这一过程。因此，前陆盆地黑色页岩不仅可以追踪盆地的连接，而且还可以追踪盆地迁移的垂直走向的分量和平行走向的分量，并间接地追踪造山作用的其他方面。

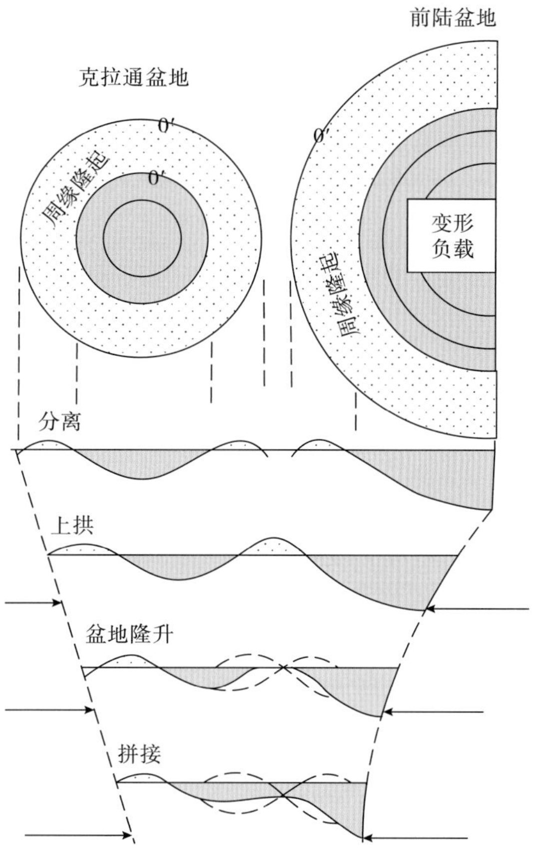

图18.24　造山作用导致的挠曲变形与建造-破坏相互作用

（据Quinlan et al.，1984；Ettensohn，2015）

在克拉通边缘的造山作用中主要变形负载作用导致的前陆盆地和克拉通内部盆地边界的岩石圈长波长的挠曲变形与建造-破坏相互作用（constructive-destructive interactions）。与盆地的沉降作用相比，前缘隆起被大大夸大。顶部为平面视图；下部为被夸大的剖面图

18.3.4.2　前陆盆地底层水缺氧与黑色页岩的形成机制

Hoffman等（1998）研究了美国东部宾夕法尼亚纪晚期在陆架上分布的海相页岩，分析了区域性的底层水缺氧的变化和地层变化，提出了阿巴拉契亚前陆盆地黑色页岩形成的模式（图18.26）。

该模式显示了有机碳、铁-硫、磷、对氧化-还原反应敏感的痕量元素（如Mo、U和

图 18.25 美国阿巴拉契亚前陆盆地和前缘隆起的演化与造山带动力负载导致的不整合面

（据 Ettensohn，2015）

点状区域为粗粒的硅质碎屑岩沉积物；线状区域为黑色页岩

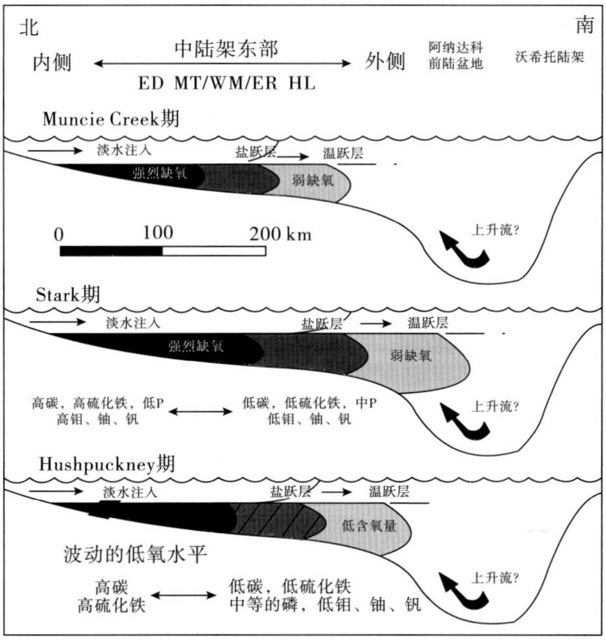

图 18.26 美国宾夕法尼亚纪晚期中大陆（Midcontinent）的横断面图

（据 Hoffman et al，1998）

V 等）浓度的区域性变化趋势，反映了氧化-还原反应梯度的侧向变化。淡水径流来自北侧，产生明显的近端盐跃层和一个远端温跃层。显示了缺氧指标的变化，表明在最大海侵期旋回层内氧化-还原条件具有长期变化。据此，他们将阿巴拉契亚前陆盆地黑色页岩形成模式分为 3 个阶段（图 18.26）：①Muncie Creek 期，为最小耗氧期；②Stark 期，为最强的缺氧期；③Hushpuckney 期，为波动的低氧水平，近端有磷结核形成。

18.4 北美板块东南部古生代沃希托造山带-前陆盆地系统

沃希托造山带-前陆盆地系统位于北美板块的东南缘，由造山带、前陆盆地（以福特沃斯前陆盆地 Barnett 页岩为代表）和隆后盆地（Anadarko 盆地的 Woodford 页岩、Arkoma 盆地的 Fayetteville 页岩）组成。沃希托前陆盆地分布于造山带和前陆隆起之间，并与它们的走向平行，其与石炭纪北美板块与南美板块汇聚有关，主要是沃希托造山运动形成的。沉积充填体呈楔状，具有不对称结构，靠近造山带一侧较厚，近克拉通一侧较薄。沉积充填物具有双物源，但物源供给形式主要受冲断造山有关的地形起伏影响。主要包括福特沃斯、黑勇士、阿科马、二叠、阿纳达科等盆地，均在泥盆系和石炭系黑色页岩中有页岩气藏或页岩气显示，资源量很大。福特沃斯盆地是美国最具有代表性的前陆盆地型页岩气盆地，其中的 Barnett 页岩是美国页岩气的主产区。产层位于地下 1981～2895 m 处，其储层厚度为 35 m，孔隙度为 4.5%，渗透率为 $250\times10^{-3}\ \mu m^2$，产气量为 $1.4\times10^{10}\ m^3/km^2$。

18.4.1 福特沃斯前陆盆地的地层序列

福特沃斯盆地是南、北美板块汇聚和碰撞阶段形成的前陆盆地（图 18.27 至图

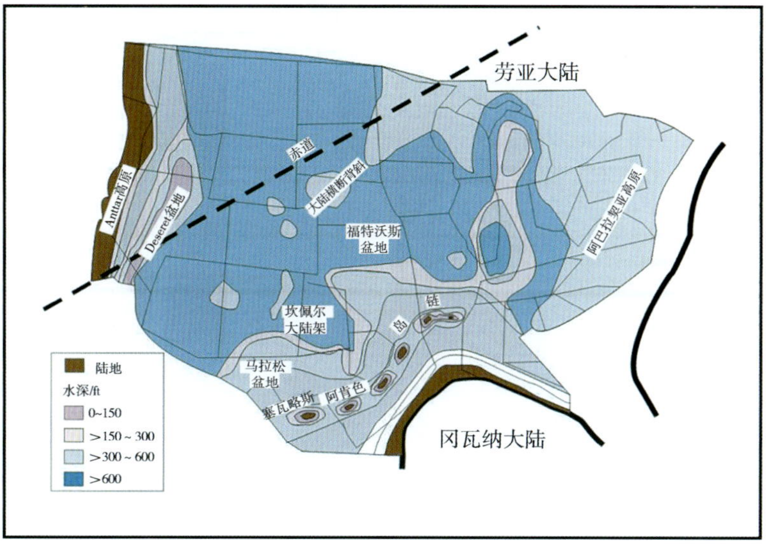

图 18.27 早石炭纪中期北美板块和冈瓦纳板块碰撞期间的古地理图

（据 Loucks et al.，2007）

中密西西比世陆-陆碰撞作用形成的造山楔-前陆盆地系统，造山楔显示为北东向延伸的岛链。1 ft=30.48 cm

18.29）。它是晚古生代沃希托造山运动期间形成的若干前陆盆地中的一个。福特沃斯盆地是一个楔状凹陷，向南东逐渐变深。盆地轴与 Muenster 背斜大致平行，与沃希托逆冲带前缘平行。Barnett 页岩向东变厚，表示物源在东部或东北部。黑色含油、气页岩和局部出现的海绿石以及磷酸物质的出现，表示属于还原环境下相当缓慢的沉积。

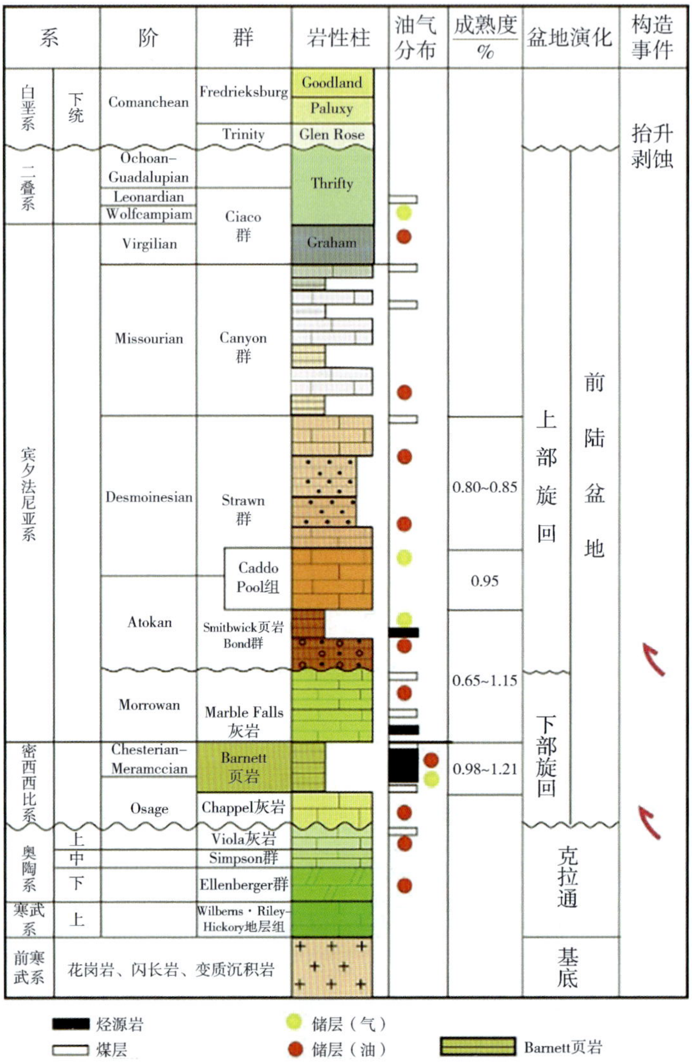

图 18.28 福特沃斯前陆盆地充填序列与油气分布图

（据 Loucks et al.，2009）

18.4.1.1 被动大陆边缘盆地的沉积序列

福特沃斯盆地的被动大陆边缘沉积岩位于前寒武纪花岗岩和闪长岩基底之上，最大厚度为 3660 m 左右。在寒武-奥陶纪时期，福特沃斯盆地曾经是稳定克拉通陆架的一部分，主要沉积碳酸盐岩。Ellenburger 群碳酸盐岩代表了大范围分布的碳酸盐岩地台。在 Ellenburger 群沉积期结束时，海平面显著下降，导致了地台的暴露，造成碳酸盐岩层序上部的大面积喀斯特地貌。而且，后来的侵蚀事件使得该地区本来存在的志留系和泥盆系被剥蚀

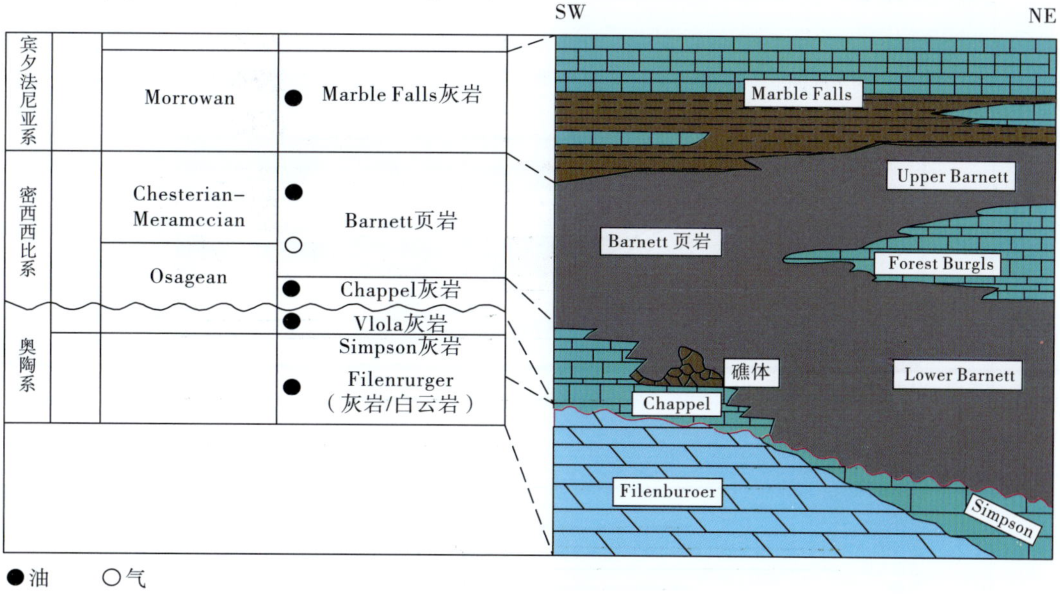

图 18.29 福特沃斯前陆盆地古生代地层序列

（据 Loucks et al.，2009）

典型的由被动大陆边缘盆地到前陆盆地的演化过程；被动大陆边缘盆地为碳酸盐台地；前陆盆地黑色页岩夹碳酸盐岩；典型的楔形前陆盆地充填序列：底部不整合面（风化壳型岩溶储层）-礁滩相（礁滩相储层）-黑色页岩（页岩气储层）-碎屑岩夹碳酸盐岩

掉了。结果在福特沃斯盆地的大部分地区形成了不整合面，Barnett 页岩沉积在该不整合面上。在 Chappel 陆架地区，Chappel 灰岩沉积在 Ellenburger 不整合面之上，大部分为海百合灰岩，局部含有塔礁型礁体，厚度为 91 m。

18.4.1.2 前陆盆地的沉积序列

福特沃斯前陆盆地充填序列由下部旋回和上部旋回组成（图 18.28 至图 18.30）。

1）下部旋回。由密西西比系组成，包括浅海灰岩和黑色富含有机质的页岩交互层。Barnett 页岩被非正式地划分为上、下两个层段，被俗称为“Forestburg 灰岩”的碳酸盐岩层分隔。靠近 Muenster 背斜，Forestburg 灰岩的厚度超过 61 m，但向南和向西快速变薄并尖灭。这一致密的石灰岩层并非勘探目标，但由于它形成了不渗透的隔层，当缺失 Forestburg 灰岩时，在测井图和其他图件上无法区分上、下 Barnett 页岩层。在 Newark East 气田的西部和西南部，Barnett 页岩快速变薄，只见到下 Barnett 页岩。在该地区，上 Barnett 页岩从页岩变为石灰岩。

2）上部旋回。由宾夕法尼亚系组成。Marble Falls 灰岩覆盖在 Barnett 页岩的上方，包含一个上灰岩段和一个暗黑色灰岩与灰黑色页岩的交互层。在 Marble Falls 层上方为碎屑岩和碳酸盐岩。

该前陆盆地沉积后的地层序列保存较少。福特沃斯盆地的某些部位存在二叠系，但没有发现三叠系或侏罗系，盆地东部有薄层白垩岩，可能是发生了前白垩纪的侵蚀作用。在早白垩世海侵前，上宾夕法尼亚统和二叠系（大于 1220 m）曾被侵蚀。

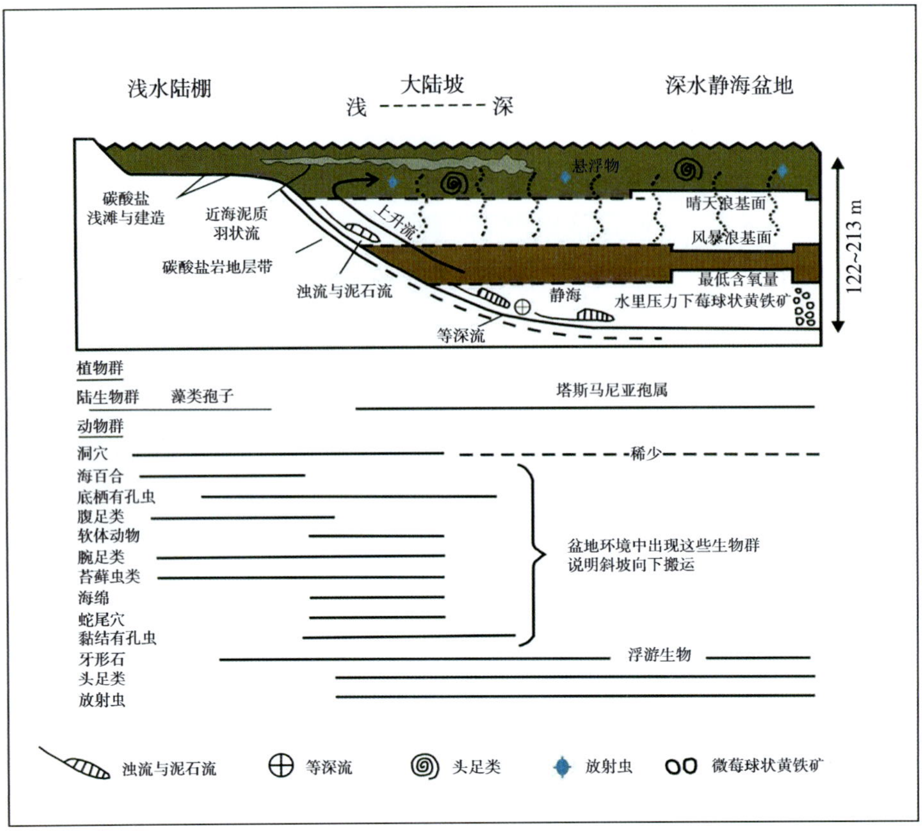

图 18.30　Barnett 地层的沉积剖面、沉积过程以及生物分布的模型

（据 Loucks et al.，2007）

当高密度流携带含氧水进入福特沃斯盆地时，盆地大部通常解释为静海相（但短期事件除外）

18.4.2　福特沃斯前陆盆地黑色页岩的沉积模式

18.4.2.1　福特沃斯前陆盆地黑色页岩的岩相类型

Barnett 地层包含多种岩相。根据岩石矿物学、生物群和结构，该岩层主要存在 3 种岩相：①非层状-层状硅质泥岩；②层状黏土灰泥岩（泥灰岩）；③骨架泥晶泥粒灰岩。还包含多种次要的岩石类型及其结核体和硬灰岩层。

Blakey（2005）的全球板块重建结果表明，密西西比纪福特沃斯盆地是劳亚大陆和冈瓦纳大陆之间快速接近时的一个狭窄内陆航道（图 18.27）。该航道西部以宽阔的浅水碳酸盐岩陆棚为界，东部以岛弧链为界。Gutschick 等（1983）研究了内华达州的密西西比系，重现了劳亚大陆密西西比纪的古地理图，描述了大陆架和盆地的区域分布以及推测的水深。研究成果表明，福特沃斯盆地是劳亚古大陆前缘（南部）的前陆盆地。密西西比纪内陆航道沿劳亚古大陆的南部和东南边缘延伸，并穿过当前美国的整个南部区域。由于航道内部海洋环流受限，造成了 Barnett 地层出现缺氧环境。Barnett 沉积物的水深估计在 120~215 m 之间。福特沃斯盆地内部的变化可能是海平面上升、地壳沉降以及造山运动联合作用的结果。

根据沉积构造、岩相、有机地球化学、植物群以及动物群，Loucks 等（2009）提出了一个解释 Barnett 地层沉积与成岩过程以及产物的沉积模型（图 18.30）。在福特沃斯盆地中部，Barnett 沉积形成于深水斜坡-盆地环境，该盆地在风暴浪基面和最小含氧层的下部形成贫氧-厌氧底部环境。盆地的沉积作用主要源自两个过程——悬浮沉降和密度流。此外，其他证据还表明沉积物有时局部遭受等深流作用。虽然植物群和动物群化石在 Barnett 地层较为常见，但这些化石主要来自附近的大陆架和上倾环境。

18.4.2.2 福特沃斯前陆盆地黑色页岩的沉积环境

福特沃斯盆地是一个与外海连通性较差的狭长深水前陆盆地。这种形状及其与外海有限的连通性最可能源自水柱成层作用。据推断，Barnett 岩相的主要沉积过程和沉积构造包括悬浮沉降、浊流、岩屑流以及等深流（图 18.29 至图 18.31）。悬浮沉降主要形成层状硅质泥岩和层状灰泥岩。这种沉积过程的证据包括极细薄层、细粒以及缺乏较大的骨架碎屑。这些悬浮沉积物主要有两种来源：来自浅水大陆架的近海泥柱以及来自水柱内部的骨架壳。与风暴流相关的泥柱、三角洲相关的低密度流或者层状盆地内较稀的大陆架水流延伸到中等高黏液层，造成黏土粒度的极细粉砂颗粒运移到盆地内部。黏土粒度物质可以在水柱内部絮凝形成球粒，因此比个体黏土颗粒更快地沉降到海底。球粒在 Barnett 页岩中较为常见。盆地上升流的产生有助于悬浮沉降作用的出现。

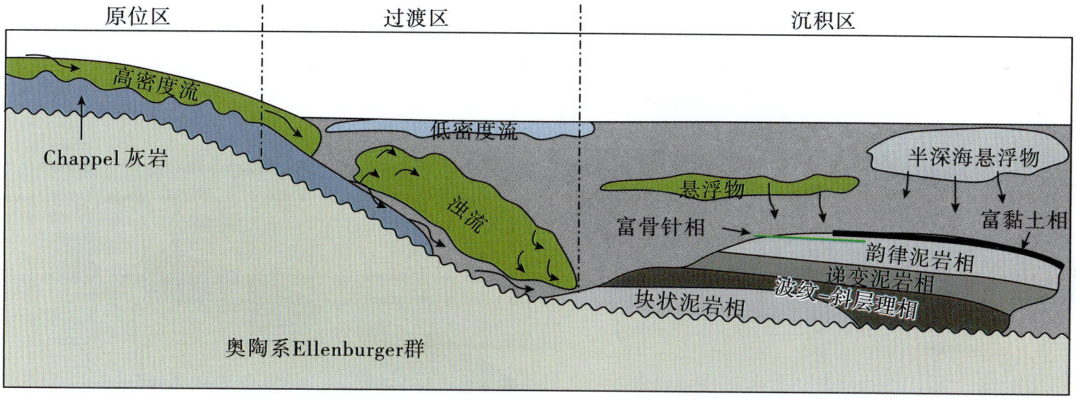

图 18.31 美国福特沃斯盆地 Barnett 页岩沉积过程模式
（据 Dimberline et al.，1990）

上升流可以促进放射虫增殖，并有助于前陆斜坡磷酸盐颗粒的形成。Barnett 岩芯的大量薄层粉砂岩由盆地外部物质和盆地内部物质组成，盆地外部物质包括黏土、石英和长石粉砂，盆地内部物质包括来自大陆架和大陆斜坡的碳酸盐碎屑以及生存在含氧水柱中的碳酸盐有机物。这些沉积物颗粒表明了从较浅水源到较深盆地底部存在运移作用。稀释的浊流可以携带细粒物质运移几百千米进入盆地，这可能是大陆架和大陆斜坡的运移机理。Barnett 骨架粒灰岩被解释为岩屑流。硅质、碳酸盐以及极少量的磷酸盐粉砂组成的缓倾角不补偿沙纹层理形成于局部作用于海底的等深流。等深流可能存在于较深的盆地。Stow 等（2002）认为等深流通常可以获得 10~20 cm/s 的速度，但速度可能超过 1~2 m/s。此外，他们还指出这些等深流可以侵蚀、运移和聚集从泥岩到细砂等级的沉积物甚至较粗的物质（如砂粒和砾石）。在 Barnett 地层中发现的磷酸盐质硬灰岩层也表明了较深水体中的沉积作用，证实了因非沉积事件造成的裂缝。沉积序列具有外来细粒沉积物阶段性地运移和沉降到远处深水盆地的特点，硬灰岩层及其代表的裂缝就是这种沉积序列的常见特征。Barnett 岩层的平均沉积速率约为 14 mm/a。按照这种低沉积速率，出现多个硬灰岩层的形成期就毫不意外。

18.4.3 福特沃斯前陆盆地 Barnett 黑色页岩及页岩气

福特沃斯页岩气盆地是美国最具有代表性的前陆盆地型页岩气，其中的 Barnett 页岩是美国页岩气的主产区。产层位于地下 1981～2895 m，其储层厚度为 35 m，孔隙度为 4.5%，渗透率为 250×10^{-3} μm^2，产气量为 1.4×10^{10} m^3/km^2。Barnett 页岩为缺氧和上升流发育的正常盐度下的海相深水沉积物。Barnett 富有机质黑色页岩主要由含钙硅质页岩和含黏土灰质泥岩构成。页岩的主要测井响应为低电阻率和高自然伽马。平均孔隙度为 6%。有机碳含量高（4.0%～8.0%，平均 4.5%），干酪根以Ⅱ型为主。属于典型的热成因气。Barnett 页岩气分布在镜质体反射率 R_o 为 0.7%～3.0%范围内，主要产气井分布于 $R_o\geqslant1.1\%$，$R_o=1.1\%\sim1.4\%$ 为主要产区。Barnett 页岩气成藏厚度为 15 m。TOC 越高，含气量越大，TOC≥2.0%才具商业价值。福特沃斯前陆盆地是典型的楔形前陆盆地，向东越靠近冲断带地层和页岩层越厚（图 18.32）。页岩沉积以后，经历了来自东侧的宾夕法尼亚纪的逆冲，此次构造热事件为页岩的成熟提供了热源，达到生气门限。页岩的平均

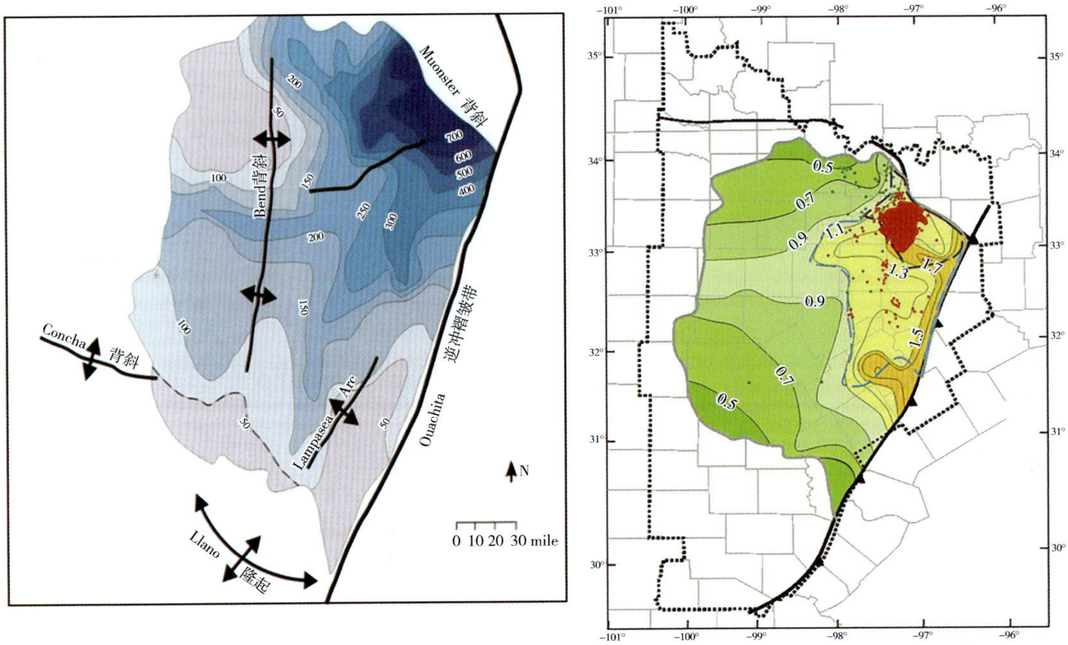

图 18.32 福特沃斯前陆盆地 Barnett 页岩厚度、镜质体反射率（R_o）等值线对比图

（据 Loucks et al.，2009）

根据 Barnett 页岩的 R_o 确定的热成熟度等值线，箭头标出了可能的高热液加热区和 R_o 异常高值区。1 mile=1609.344 m

镜质体反射率的分布区与其厚度相一致，R_o = 1.1% ~ 3.0%为有利页岩气成气区；页岩高成熟区的分布与断层和逆冲推覆带近平行，其原因可能是逆冲断裂为热液上升提供了通道，促进了页岩气富集。

18.5　华南板块古生代造山带-前陆盆地系统

18.5.1　古生代扬子前陆盆地概况

近年来，我国在华南板块古生代扬子前陆盆地龙马溪组页岩气获得突破。虽然目前对华南板块早古生代晚期前陆盆地的空间展布、底部不整合面、顶部不整合面、地层充填序列、地层格架、沉积体系的类型和空间展布、物源区分布、黑色页岩在地层序列中的位置、黑色页岩的厚度变化、隆起区与冲断带的位置及空间配置关系等方面均存在争论和分歧（图18.33，图18.34），但是多数研究者认为该前陆盆地是扬子陆块与华夏陆块的汇聚作用导致在扬子陆块东缘形成的晚奥陶世-早志留世前陆盆地（王鸿祯，1986；刘宝珺等，1993；许效松等，1996；尹福光等，2001；郭英海等，2004；苏文博等，2007；王剑等，2012；汪正江等，2012）。

该造山带-前陆盆地系统自东向西由造山带（华夏造山带）、前渊和前陆隆起等构造单元组成。该前陆盆地呈现北东-南西展布的长条线形盆地，并发育两个斜列的北东-南

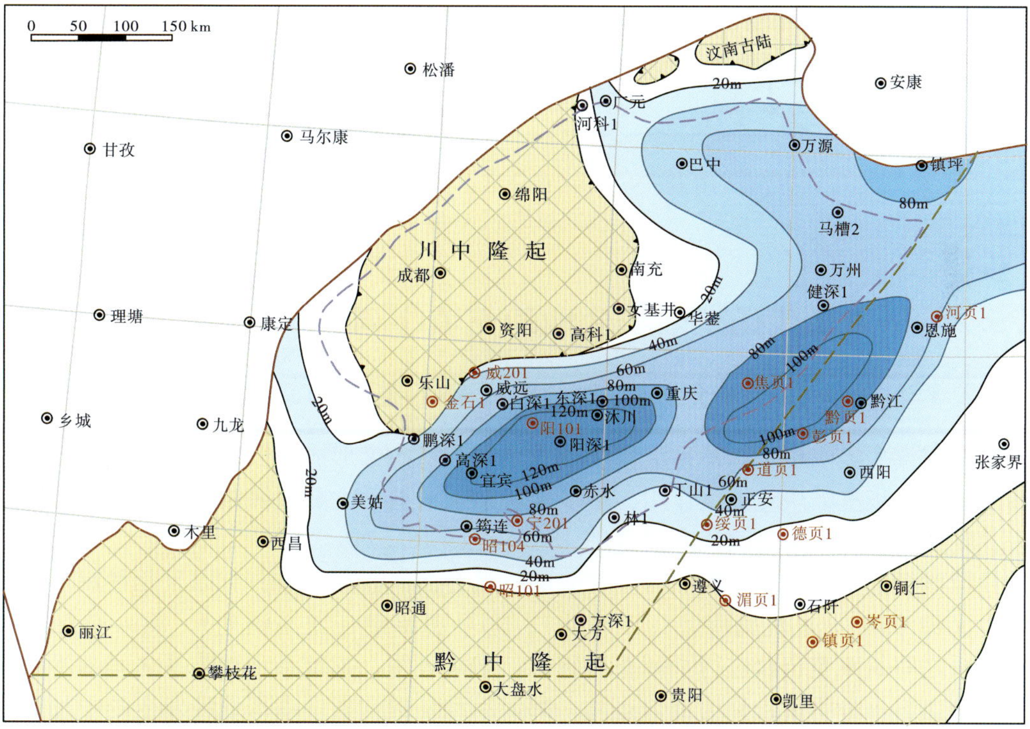

图18.33　扬子块体东缘古生代前陆盆地早志留世黑色页岩的厚度分布图
（据余谦，2015）

西向展布的沉降中心和沉积中心。地层和黑色页岩层的厚度等厚线图显示，其分布趋势呈现东南厚、北西薄和东南深、西北浅的特征，地层充填体呈楔状体。该盆地具有双物源（东南侧的造山带和西北侧前陆隆起），主体物源来自东南侧的造山带，自南东向北西依次出现山前碎屑岩楔状体（细砂岩或泥质粉砂岩，复理石）-前渊型深水相（黑色页岩）-前陆斜坡型浅水陆棚相。苏文博等（2007）认为自南东向北西的华夏地块与扬子地块幕式汇聚过程所产生的岩石圈板块挠曲、周缘前陆盆地的同向迁移，以及该阶段两次全球性的三级海平面变化快速上升阶段导致了缺氧及欠补偿水体控制黑色岩系的时空展布格局。

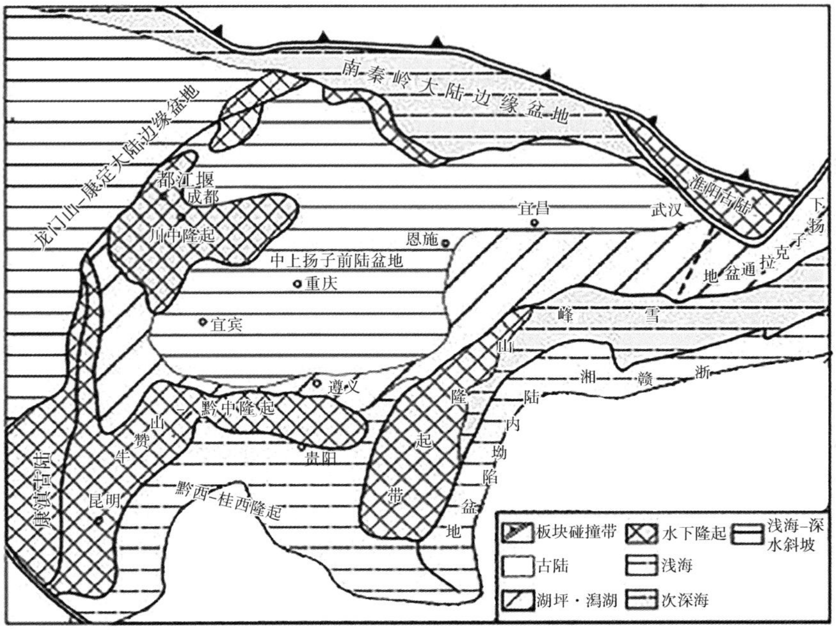

图 18.34　华南板块早志留世古地理图

（据陈洪德等，2012）

18.5.2　早古生代扬子前陆盆地的充填序列

18.5.2.1　早古生代扬子前陆盆地的底部不整合面

中国南方上奥陶统—志留系沉积物形成于华南造山带形成阶段，在中奥陶世晚期，由于扬子陆块和华夏陆块的汇聚作用，扬子板块结束了被动大陆边缘镶边碳酸盐台地的发育阶段，转入前陆盆地构造演化阶段（图 18.35 至图 18.37）。

目前对扬子前陆盆地的起始时间和底部不整合面尚存在分歧，有以下几种观点：①中奥陶世（湄潭期）；②晚奥陶世（五峰期）；③早志留世（龙马溪期）。前人曾对志留系和奥陶系之间的不整合面进行了调查和研究，结果表明，志留系和奥陶系之间的不整合面在贵州中南部十分明显，称为都匀运动。都匀运动是贵州省中南部地区发生的中加里东运动，也是该区加里东期相对最为强烈的一幕构造运动。在黔中和黔南地区普遍缺失上奥陶统，并且在很多地区缺失下奥陶统的不同层位，在贵阳施秉附近见残存的中奥陶统被中-

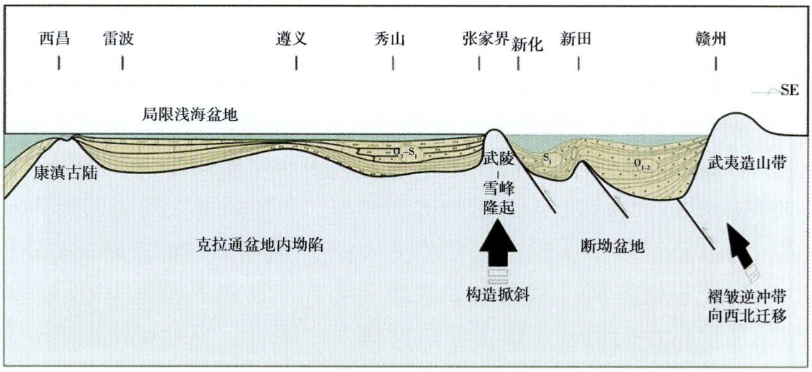

图 18.35 华南板块古生代造山带-前陆盆地系统的沉积模式

（据张海全，2013）

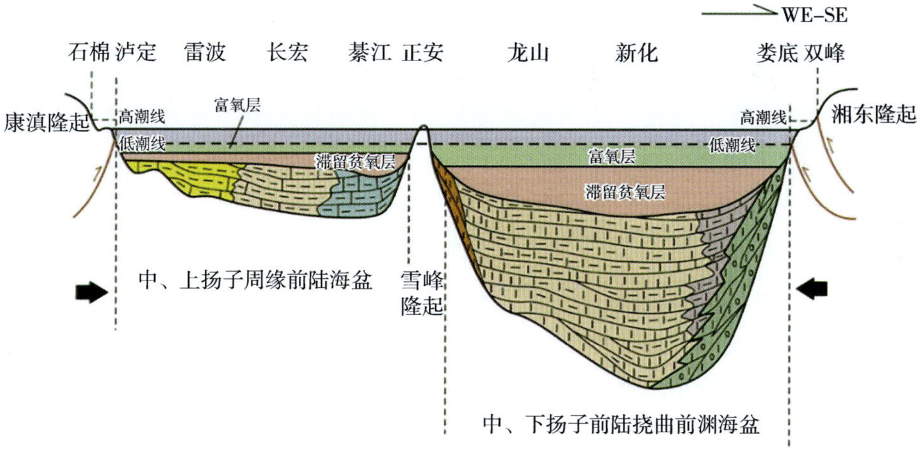

图 18.36 华南板块古生代造山带-前陆盆地系统的沉积模式

（据徐政语，2015）

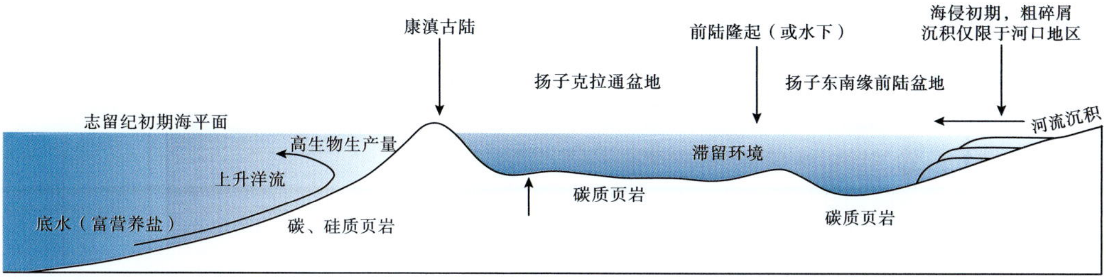

图 18.37 华南板块五峰组-龙马溪组黑色页岩的沉积模式图

（据李双建，2008）

下志留统不整合面覆盖；在贵阳-施秉一线以南的黔南地区，中-下志留统超覆不整合于下奥陶统的不同层位之上，常见厚度数十厘米至数十米的底砾岩，局部可见数十厘米厚的风化壳，在区域上，上、下地层为小角度相交，并形成一些极为宽缓的褶皱和断层。因此，从地层接触关系看，都匀运动主要发生于中奥陶世末-晚奥陶世末之间，大致与北流运动相当。根据中-下志留统超覆不整合于中、下奥陶统的不同层位之上，发育底砾岩和风化壳，可以推定，前陆盆地的起始时间和底部不整合面为晚奥陶世初期，相当于五峰组的底部。

北流运动也是指奥陶系与志留系之间的不整合面，出露在钦防海槽北东的北流市安民水库。在早志留世灵山群下部有一套数十米至数百米厚的由粗砂岩、含砾砂岩和砾岩组成的滑塌浊积岩系，以不整合面超覆在中-晚奥陶世地层之上。早奥陶世深海槽及大陆边缘沉积范围很广，中-晚奥陶世显示为海退，海槽的范围缩小。晚奥陶世末期地壳上升为陆地。

综合上述，可以获得以下认识：①在晚奥陶世中国南方大陆演化为挤压构造环境，它反映华夏板块与扬子板块汇聚，因而大多数地区上升，只剩下晚奥陶世残留海；②在晚奥陶世末，强烈的加里东造山运动使得古钦防海槽发生闭合，奥陶纪地层遭受挤压形成褶皱和逆冲断裂并上升为陆，遭受剥蚀；③早志留世底砾岩和地层超覆以及钦防海槽受断裂控制，推测为造山期后再生裂陷海槽，而非加里东运动造成的残余海槽。

18.5.2.2 早古生代扬子前陆盆地的充填序列

该前陆盆地充填序列包括五峰组、观音桥组、龙马溪组、新滩组、石牛栏组、韩家店组，上覆地层为泥盆系五通组，为不整合面接触。其中五峰组、观音桥组、龙马溪组为下部旋回，石牛栏组、韩家店组为上部旋回。

18.5.3 早古生代扬子前陆盆地的结构

该前陆盆地系统划分为前陆推覆体、前陆前渊、前陆隆起和隆后盆地 4 部分。川中古隆起为前缘隆起，威远-雪峰山之间的上扬子地区（现今四川盆地东部）为前陆斜坡。前渊沉降带位于湘西及其以东地区，由千余米的浊积岩组成（图 18.38）。

该前陆盆地具有 7 个特征（图 18.35 至图 18.38）：①晚奥陶世-早志留世为大陆边缘挤压构造背景；该前陆盆地系统自东向西由造山带（华夏造山带）、前渊、前陆斜坡和前陆隆起等构造单元组成。②在该前陆盆地的西侧发育川中古隆起，西南侧发育黔中古隆起。③该前陆盆地地层和黑色页岩层的厚度等厚线图显示，其分布趋势呈现东南厚北西薄和东南深西北浅的特征，地层充填体呈楔状体，显示为西北缓、东南陡的不对称结构。④该前陆盆地为北东-南西展布的长条线形盆地，沉降中心至少 3 个，呈北东向雁行排列、深浅相间，具有一定的走滑分量，并发育两个斜列的北东-南西向展布的沉降中心和沉积中心。⑤该盆地具有双物源（东南侧的造山带和西北侧前陆隆起），主体物源来自东南侧的造山带，自南东向北西依次出现山前碎屑岩楔状体（细砂岩或泥质粉砂岩，复理石）-前渊型深水相（黑色页岩）-前陆斜坡型浅水陆棚相（黑色页岩）。⑥在前陆演化阶段没有发育稳定碳酸盐台地，仅具有碳酸盐岩夹层（观音桥组）。⑦该前陆盆地已被后期强烈改造，雪峰山及

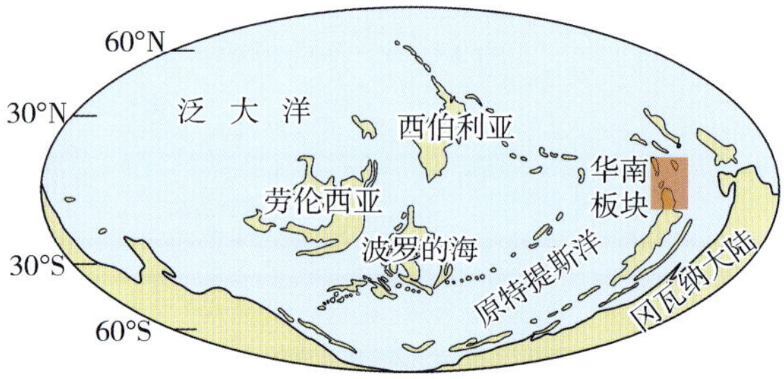

图 18.38　全球志留纪板块构造图
（据 Zhao & Li et al.，2019）

其以东的前渊盆地沉积物被卷入造山带，目前在四川盆地残留的地层，为前缘隆起东侧的前陆斜坡沉积物。

18.5.4 早古生代扬子前陆盆地的构造演化

在中国南方大陆，于震旦世发生裂陷作用，寒武纪-中奥陶世演化为被动大陆边缘。晚奥陶世五峰期华夏板块与扬子板块不断汇聚，形成造山带和前陆盆地系统。造山带的逆冲及盆地挠曲沉降作用分为两个幕次，分别为晚奥陶世-早志留世龙马溪期的持续沉降，以及早志留世石牛栏期的沉降。

龙马溪期是中国南方挤压阶段非常强烈的时期，在区域上，华南海成为褶皱带，产生强烈的向北西方向的挤压作用；华夏古陆急剧扩大，并与川滇古陆、滇黔桂古陆连成一片，形成面积巨大的江南古陆，构成了志留系沉积的主要物源区，也导致了前陆盆地的演化和发展，以及区域性差异升降形成的隆起-凹陷相间的地形特征以及伴随的沉积分异。伴随着奥陶纪末期短暂的海退，以及龙马溪早期大规模的海侵，形成了龙马溪早期闭塞、半闭塞的滞流海盆环境，尤其在四川盆地及其周缘地区远离造山带，前陆斜坡稳定沉降，发育了黑色碳质、硅质页岩，形成了广泛的烃源岩层系。在志留系沉积过程中，海域逐渐缩小、水体不断变浅，沉积速率逐渐变大。龙马溪期古地理演化总体上由早期的以深水陆棚为主，到晚期的深水陆棚逐渐缩小、浅水陆棚范围不断扩大，至石牛栏期，完全由浅水陆棚的沉积环境所取代。

目前对该前陆盆地的结构和构造演化过程仍存在分歧：①后期构造变形改造强烈，前陆盆地结构保存不完整，原型恢复困难；因此在总体上，很多研究者将其归属于前陆盆地，但是将其归属于前陆盆地系统的哪一个单元仍有明显的分歧，许效松等（1996）将其归属于隆后盆地；徐政语等（2015）、李双建（2008）等将其归属于前陆斜坡，将西侧的川中古隆起理解为前缘隆起，东侧的深水浊积岩理解为前渊（图 18.36，图 18.37）。当时的造山楔或褶皱-冲断带在哪里？是武陵-雪峰古隆起吗？还是更东、更远的华夏古陆？②该前陆盆地与北美东南部的福特沃斯前陆盆地具有一定的相似性，表现在：不发育复理石阶段，而是以黑色页岩出现作为前陆盆地形成的标志。将底部不整合面置于五峰组底部较为合理。上部没有磨拉石序列或者上部地层几乎被剥蚀殆尽，剥蚀厚度至少大于 1000 m以上（目前缺乏具体依据）。③后期抬升和剥蚀强烈，前陆盆地充填序列不完整。底部不整合面是位于五峰组底部还是龙马溪组底部？是否发育下部的复理石阶段？是否发育上部的磨拉石阶段？顶部的不整合面在哪里？④在川中古隆起、康滇古陆以西沉积了厚度较大的志留系，如龙门山的茂县群，盐源地区的黑色页岩和碳酸盐岩？它们属于哪种构造背景？是伸展的被动大陆边缘？还是收缩的前陆盆地？目前仍缺乏资料和依据。

18.5.5 早古生代扬子前陆盆地黑色页岩的沉积特征

18.5.5.1 早古生代扬子前陆盆地黑色页岩的沉积序列

在扬子前陆盆地底部发育两套黑色页岩，下部为五峰组黑色页岩，上部为龙马溪组黑色页岩。五峰组黑色页岩为碳质页岩和硅质页岩，厚度仅为几米；龙马溪组下部为富含笔石的黑色钙质和硅质泥页岩、砂质泥岩或薄层状粉砂岩，黄铁矿比较丰富，其厚度比较大，有机质丰度较高，有机质类型好，热演化程度高。刘树根等（2011）认为龙马溪组的沉积作用主要有两个类型：悬浮沉积物和密度流沉积物。其中，悬浮沉积物主要是指由于风暴浪从大陆架带来的大量泥质在相对较深的盆地斜坡和盆地沉积；粉砂质纹层以及鲍马序列的 B 和 C 段发育表明，龙马溪组具有密度流沉积特征。

18.5.5.2 早古生代扬子前陆盆地黑色页岩的厚度及埋深

由于龙马溪组黑色页岩在沉积、埋藏和成岩过程中，经历了多期构造演化，在不同地区地层厚度及埋深变化较大。在四川盆地东部地区，龙马溪组厚度向东增大，厚度为 65~516 m，砂质含量向东明显增多，其下部主要是黑色、灰黑色富含笔石碳质页岩夹浊积成因的粉砂岩，厚度为 20~120 m。在川南地区龙马溪组主要为笔石页岩，与下伏上奥陶统五峰组页岩整合接触，沉积厚度一般为 100~600 m，沉积中心位于蜀南自贡-泸州-永川-隆昌一带，厚度 500~600 m，局部可达 700 m。因川中古隆起的后期隆升，在威远构造顶部及其以北地区龙马溪组剥蚀殆尽。在川南及其邻区龙马溪组下部黑色页岩沉积厚度大，分布稳定，沉积中心厚度一般为 135~201 m。川南地区龙马溪组顶界埋深在 1600~3000 m 之间，其中，在局部范围内，龙马溪组顶界的埋深浅于 2000 m，在内江-隆昌-泸县-长宁埋深浅于 3000 m。在川东北地区龙马溪组顶界的埋深较深（大于 3800 m），由西南至东北埋深逐渐增大，最深可达 5000 m 以上。

18.5.5.3 早古生代扬子前陆盆地黑色页岩的有机质特征

通过对焦页 1 井龙马溪组下段 152 个样品的全岩矿物 X 衍射测试数据的统计，石英质量分数高达 54%，黏土矿物质量分数 30%，长石、碳酸盐矿物以及黄铁矿等的质量分数均低于 10%。李国亮等（2014）对湖南龙马溪组页岩样品进行了分析，测得 $\delta^{13}C$ 主要为-31.4‰~-27.1‰，均值为-29.6‰，依据干酪根类型划分参数指标 $\delta^{13}C_{PDB}$ 小于-28‰者划分为Ⅰ型。龙马溪组页岩的干酪根显微组分显示其腐泥质成分在 65%~81%之间，均值为 73%，惰质组在 20%~55%之间，均值为 31%，无壳质组和镜质组，其腐泥质占据主要成分，说明其成烃母质以低等水生生物为主，生油母质类型较好，为典型的Ⅰ型干酪根。王庆波等（2012）对四川盆地及周缘龙马溪组露头采样分析结果显示，烃源岩干酪根碳同位素主要分布在-31‰~-28‰之间，有机质类型以Ⅰ型为主，含少量 $Ⅱ_1$ 型，均为生成页岩气的有利类型。

黄金亮等（2012）对川南地区龙马溪组页岩采样分析，结果显示龙马溪组页岩 TOC 含量高，介于 0.35%~18.40%之间，平均为 2.52%，自下而上随着页岩颜色逐渐变浅，砂质逐渐增加，TOC 逐渐减少。王淑芳等（2015）测得龙马溪组 TOC 为 1.5%~4.0%，平均为 2.1%。龙马溪组热演化程度整体较高，但在不同地区热演化程度有所差别。在中-上扬子地区，龙马溪组页岩热成熟度介于 2.5%~4.0%之间，其中在川南地区，龙马溪组热成熟度一般为 1.8%~3.8%，成熟度呈现由西北向东南方向增大的变化趋势，整体达到过成熟阶段。

18.5.5.4 早古生代扬子前陆盆地黑色页岩的形成机制

该前陆盆地海相页岩广泛分布于上扬子区和中-下扬子区，以黑色页岩、碳质页岩、黑色笔石页岩、钙质页岩为主，平均厚度为 120 m。岩石类型包括：①碳质页岩、页岩相；②页岩、碳质页岩相；③硅质岩、页岩相；④页岩、粉砂质页岩相；⑤砂岩、页岩相；⑥泥岩、长石石英砂岩相；⑦砂岩、泥岩相。目前对其黑色页岩的形成机制有分歧，主要有上升洋流机制（李双建，2008；Zhao et al.，2019）、闭塞陆棚机制（徐政语等，2015）、前陆盆地海侵黑色页岩机制（Li et al.，2014）。

18.5.6 早古生代扬子前陆盆地页岩气勘探开发条件的评价

该前陆盆地海相页岩有机质丰度高（TOC 平均值为 4%），为古生代最主要的烃源岩，干酪根为腐泥型，镜质组反射率为 1.9%~3.21%，有机质处于过成熟阶段，天然气类型为热成因气，含气量为 1.73~3.28 m^3/t，与北美多数页岩气藏含气量大致持平。烃源岩高成熟度区主要分布在盆地东南部的沉降中心，镜质体反射率东南高西北低，最高值在东南部。

根据中国页岩气地质与勘探开发条件，前人曾结合美国标准，提出了中国页岩气形成与富集有利区评价的条件和标准。认为龙马溪组页岩储层主体埋深范围为 2000~4500 m；龙马溪组底部 TOC 大于 2%的黑色页岩段分布稳定，厚度 30~100 m；页岩处于高成熟生气阶段，R_o 为 2.5%~4%。按照美国页岩气储层评价指标，从页岩储层参数指标来看，龙马溪组富有机质页岩在埋深、厚度和总有机碳含量等方面基本与美国主要页岩气储层相当。就成熟度而言，龙马溪组与阿巴拉契亚盆地 Marcellus 页岩均达到了过成熟阶段。程鹏等（2013）认为高成熟度并不会影响页岩产气性，富有机质页岩演化到高成熟阶段仍会保持一定的孔隙度，同时由于有机质孔隙的增加，其比表面积与纳米孔隙度还会一直增加（直到 R_o 高达 3.5%~4.0%）。由此来看，龙马溪组页岩高成熟度是形成页岩气藏的有利条件之一。

但是该前陆盆地沉积之后经历了复杂的、多期的构造变形和隆升剥蚀，原型盆地结构已被严重破坏，大部分（原型盆地的东部）已卷入江南-雪峰造山带或强构造变形带。目前仅有少部分（原型盆地的西部）仍保存于现今四川盆地内部，但埋深较大。中国石油天然气集团有限公司在四川长宁-威远，以及中国石油化工集团公司在涪陵等海相页岩气田勘探开发取得重大进展，其中焦石坝龙马溪组页岩气田在 2013 年日产气已突破 150×10^4 m^3，年产 5×10^8 m^3 产能，2015 年总产能达到 50×10^8 m^3。同时根据对川南的研究成果，仅威远地区和泸州地区页岩气资源量就高达 6.8×10^{12}~8.4×10^{12} m^3，其相当于整个四川盆地常规天然气资源总量。该古生代前陆盆地海相页岩气勘探开发的突破是“标志性里程碑”，证实了我国古生代海相页岩气的存在和勘探开发前景。

18.5.6.1 龙马溪组黑色页岩与页岩气的保存条件

龙马溪组黑色页岩沉积之后，在埋藏和成岩过程中，经历了多期构造演化，具有多旋回、多构造期次构造叠加的特征。加里东期，志留纪地层广泛抬升遭受剥蚀，大部分地区缺失上志留统，部分地区中-下志留统不同程度地遭受剥蚀。在海西期-印支期，海进海退、抬升与剥蚀频繁，因此在区域上龙马溪组黑色页岩埋藏深度差异较大。至中-晚三叠世，华北-秦岭大别、南华等地区完成拼接，海相沉积结束。在燕山期，受太平洋板块俯冲作用的影响，褶皱改造和挤压作用强烈，大部分地区抬升遭受剥蚀，仅部分地区继续接受晚白垩世-古近纪坳陷型沉积，埋藏深度达到最大；晚期，在东西向构造挤压应力作用下该地区整体抬升遭受剥蚀。现今龙马溪组顶界埋深的等值线为 2000~4000 m。受燕山运动-喜马拉雅运动影响，地层褶皱断裂，容易产生裂缝网络，扩大了储集空间，提高了页岩层的物性。由于构造改造，上扬子地区龙马溪组黑色页岩埋深较浅，地层减压有利于页岩气解析，形成较好的页岩气藏。川东南及黔北地区断裂活动强烈，热流体活动频繁，保存条件相对较差。

18.5.6.2 华南板块古生代前陆盆地页岩气与北美板块古生代前陆盆地页岩气的对比

中国南方志留系龙马溪组页岩与阿巴拉契亚盆地 Marcellus 页岩在形成构造背景、沉积环境以及后期构造运动改造等方面具有一定的相似性，二者均沉积于陆棚-斜坡浅海环境，又在形成后经历了挤压、抬升等一系列改造。同时，二者也具有明显的差异性。Marcellus 页岩沉积形成于前陆盆地早期斜坡背景下，属局限的海湾浅海环境，由于快速沉降、海平面上升等因素沉积并保存了富有机质页岩。根据 Marcellus 页岩形成的构造背景及沉积环境特征，前陆盆地中的斜坡带构造变形相对较弱，即使受到挤压，一般应力也以水平方向为主，不影响连续型气藏的形成，而且斜坡位置具有形成富有机质页岩的沉积环境条件。而中国南方龙马溪组页岩沉积形成于前陆盆地幕式挤压挠曲沉降背景下，由于前陆隆起露出水面，物源方向和性质发生改变，并造成前陆盆地开放性环境发生变化，尤其是四川盆地所处的前陆斜坡位置，由开放环境逐渐变为半闭塞浅海环境。龙马溪组沉积环境为广阔的陆棚-斜坡浅海，海平面上升、持续沉降以及繁盛的生物生产力等是富有机质页岩形成的主要条件。龙马溪组沉积后经历了海西-印支、燕山-喜马拉雅等一系列的复杂构造改造活动。然而在四川盆地，由于处于距离造山带较远的前陆斜坡构造位置，除了发生频繁的升降运动外，其挤压、拉张作用的改造相对其周缘地区较弱。因此，在龙马溪组的后续勘探工作中，应对形成于陆棚-斜坡环境下并在埋藏演化中相对稳定的地区，尤其是对川中、川东-黔北等地区进行重点研究。

扬子区古生界海相前陆盆地页岩气的发现，证实了我国古生代海相前陆盆地具有生成和保存页岩气的构造条件。与美国主要产页岩气前陆盆地相比，我国的古生代前陆盆地经历了加里东、海西两大构造旋回，又经历了中生代构造运动的改造，原有的前渊沉积物及下伏的地台沉积一起被卷入冲断、褶皱变动改造之中，被后期构造运动改造得面目全非。如在扬子地台东缘的古生代前陆盆地本质上已完全转成褶皱-冲断构造带。古生代的江南-雪峰山北缘前陆区也被改造得面目全非。在这样的构造背景之下，常规油气难以保存，页岩和页岩气具有抗破坏能力较强的特点，在常规油气不能发育的地区，其仍有很好的发育条件。因此，在这些地区，寻找局部的、“鸡窝状”页岩气可能是进行勘探的关键所在。中国古生代前陆盆地页岩气与北美古生代前陆盆地页岩气对比具有以下特殊性：一是，中国南方地质条件复杂，尤其是构造演化、沉积环境、热演化程度等不同，使得中国南方早古生代晚期前陆盆地与北美板块东部古生代前陆盆地页岩气的形成和富集条件存在明显的差异性；二是，海相前陆盆地富有机质页岩分布范围广、连续厚度大、有机质丰度高，演化程度高、构造变动多，埋深变化较大；三是，古生代前陆盆地海相页岩具有“一老二杂三高”的特点，时代老、层系多，多期复杂构造运动、破坏强度大，热演化史复杂、成熟度高；四是，原型盆地已破坏和解体，残留地层保存在一些局部构造单元中，且地面多为山地和丘陵，需要避开露头和断裂破坏区，寻找局部保存条件有利的地区，克服复杂地表、埋藏深度、后期保存的特殊地质条件。

第 19 章　前陆盆地油气系统与成藏动力学

众所周知，前陆盆地是全球常规油气资源最丰富的一类盆地，占世界常规油气总量的45%。其油气资源丰富，在全世界已发现的大油气田中发育于前陆盆地当中的油气田不仅数量最多，而且储量也最大。到目前为止，由于盆地结构复杂，虽然投入了相当的工作量，但各盆地之间的收效不一，存在较大勘探风险。20 世纪 70 年代以后，国外掀起了研究前陆盆地的热潮，其原因在于前陆盆地中油气勘探取得了重大突破。表明前陆盆地为一类重要的含油气盆地，具有油气生成的物质条件和油气的保存条件。随着在美国落基山地区逆冲断裂带上几个大型油气田的发现，兴起了前陆盆地找油热，吸引了全世界石油地质学家的目光；80 年代，随着东委内瑞拉盆地北部发现富里尔油田高产带，哥伦比亚东科迪勒拉山前缘发现库西亚纳大油田，人们认识到前陆盆地是常规油气资源最丰富的一类盆地，是常规油气聚集的重要场所，在前陆冲断带区仍然有可能取得重大发现。

自 Dickinson（1974）引入“前陆盆地”这一术语以来，前陆盆地一直得到国内外学者的广泛关注。前陆盆地中油气勘探的突破加快了前陆盆地的研究进程，同时前陆盆地研究中的新理论和新方法又促进了油气勘探。我国学者对中国西部中-新生代陆内前陆盆地开展了深入研究，不仅对前陆盆地的类型、形成演化、沉积充填及层序结构进行过详细研究，而且对沉积、构造演化对油气分布及油气成藏的控制作用也有较深入的研究。此外，近年来我国原油对外依存度逐年增加，几大石油公司的勘探活动也不断向海外扩展，而波斯湾盆地、东委内瑞拉盆地和西加盆地是重要的投标区，在此基础上，我国学者开始了对国外前陆盆地的研究，如中东的波斯湾盆地、南美的东委内瑞拉盆地、俄罗斯乌拉尔前陆盆地等，取得很多重要的理论成果和油气勘探开发成果。

在前人研究成果的基础上，我们利用最新的基础地质和油气地质资料对富油气前陆盆地的油气分布特征进行对比，本章总结了前陆盆地油气系统与成藏动力学方面的研究进展，从前陆盆地油气系统与成藏动力学、前陆盆地的含油气性、前陆盆地油气成藏模式与分布规律、前陆盆地油气系统的类型、前陆盆地系统的构造单元与油气分布、前陆盆地的地层单元与油气分布、前陆盆地的油气成藏特征、前陆盆地油气勘探面临的挑战与勘探前景共 8 个方面论述了全球前陆盆地的构造、地层演化及其油气分布特征，以期对前陆盆地的油气勘探有所启示。

19.1　前陆盆地油气系统与成藏动力学

美国石油地质家协会于 1990—1993 年先后以 AAPG 论文专辑的形式，系统出版了《离散或被动大陆边缘盆地》《内克拉通盆地》《活动大陆边缘盆地》《前陆盆地、褶皱带》和《内裂谷盆地》5卷世界沉积盆地的系列丛书，分别讨论和研究了世界上具有代表性的和最主要的沉积盆地形成、演化及油气分布规律。Busby等（1995，2012）在系统对板块构造理论提出以来几十年间关于沉积盆地动力学研究成果进行分析的基础上，对板块构造和地幔对流格架中的盆地形成演化进行了卓有成效的总结，代表了国际上关于沉积盆地动力学研究的现状。

20世纪90年代以后，中国石油地质学家开始用系统论的观点研究沉积盆地及其能源矿产富集。赵重远等（1998）提出用含油气盆地系统的概念研究含油气盆地，并将之分为盆地地质、油气藏形成和资源评价3个子系统，将整体、动态和综合分析作为盆地研究的3项基本原则。李思田等（1995）讨论了盆地动力学研究的基本思路与方法，对研究中国大陆地壳的盆地形成起到了推动作用，并广泛应用于能源和矿产资源的勘探。

19.1.1 前陆盆地石油天然气地质学理论

石油天然气地质学（Geology of Petroleum）是研究地壳中油气成因、成藏原理和油气分布规律的应用基础学科，是油气勘探开发的理论基础。石油天然气地质学作为石油与天然气勘探开发的理论，是随着人类大量的油气勘探和开发实践活动，不断积累有关油气生成、聚集与分布规律等知识，逐渐形成的一门集理论性与应用性于一体的学科。它既是人类在油气勘探开发中对油气形成、分布规律认识的总结，又是指导人类进行油气勘探开发活动的理论指南。

虽然人类认识和利用油气的历史由来已久，但现代油气勘探开发一般以1859年美国成功钻探的世界上第一口工业油井作为标志。1917年美国石油地质学家协会（AAPG）成立，并出版了《美国石油地质学家协会通报》（AAPG Bulletin），Emmons（1921）出版了*Geology of Petroleum*，标志着石油天然气地质学成为一门独立的学科。McCollough（1934）正式提出“圈闭学说”，成为常规油气地质理论的核心内容。Levorsen（1956）的*Geology of Petroleum*问世，实现了石油天然气地质学理论的系统化、科学化，推动了世界石油工业的快速发展。石油天然气地质学是地质学的分支学科，它既遵循构造地质学、矿物岩石学、沉积学、地球化学与地球物理学等基础学科揭示的地学基础原理，又建立了聚焦于油气生成、成藏、分布和开发的理论。石油天然气地质学历经百年历史，其发展历史深受石油工业勘探开发实践、地质学相关基础学科进展和探测与计算机技术发展的推动。石油工业油气勘探从背斜圈闭油气藏发展到岩性地层油气藏；从陆地推进到海洋，进而到深水；从常规发展到非常规，这些都推动了石油天然气地质学理论的重大突破和新理论、新概念的出现。而地质学基础学科不断出现的重大进展，包括板块构造理论、层序地层学理论、有机质生烃理论都被及时融入石油天然气地质学核心理论之中。地震与测井等地球物理学勘探技术、地球化学分析技术与计算机技术的飞速发展推动了油气勘探开发技术进步，也推动了石油天然气地质学理论的进步与完善。纵观百年前陆盆地石油天然气地质学发展历史，可以归纳出4个理论：①背斜与圈闭理论（19世纪80年代至20世纪30年代）；②有机质生烃与油气系统理论（20世纪60~70年代）；③油气储集层理论；④前陆盆地油气聚集理论。

19.1.1.1 有机质生烃与油气系统理论

20世纪60年代，随着有机地球化学的发展和现代分析测试技术的进步，地球化学家们对油气有机成因的认识取得重要发展，形成了干酪根热降解生油说。以 Tissot（1978）为代表的干酪根热降解生烃理论认为，原始有机质沉积以后，经过复杂的生物化学作用和聚合缩合作用形成不同类型干酪根，干酪根在达到一定的埋藏深度后，在温度的作用下发生热降解作用逐渐生成石油，石油生成于一定的温度范围内（称为“液态石油窗”）。在干酪根热降解生烃理论指导下，根据有机地球化学和光学测定结果，总结出了一套反映有机质热成熟度的参数，如最高热解峰温、镜质体反射率、热埋藏指数等，可直接用于识别干酪根类型、成熟度、生烃潜力。有机质成烃理论为烃源岩的定量评价、生烃量的定量计算奠定了基础。随着油气工业的发展，石油地质学家开始关注油气从烃源岩到储集层再到圈闭的成藏全过程。这一时期的板块学说、含油气盆地构造学、沉积储层学、层序地层学等相关学科的重大进展，以及干酪根热降解生烃理论与油气运移的创新性理论，促进了含油气系统研究的快速发展。油气动态成藏过程由 Dow 等（1972）首次在“Oil System”的概念中提出，Magoon 等（1994）丰富和完善了“Petroleum System”的概念，强调油气“从源岩到圈闭”，通过地质作用过程将各成藏要素链接为一个有机的整体。含油气系统理论立足于沉积盆地整体，在静态地质要素分析基础上，详细刻画油气生成、运移、聚集、成藏的整个动态过程，全面深入了解油气藏形成机理及分布规律。

在有机质生烃与油气系统理论的基础上，形成了盆地沉降增温增压、有机质干酪根生烃理论。沉积盆地沉降增温增压是油气生成与成藏的地球动力学背景，有机质干酪根生烃是油气主要来源，含油气系统包括油气生成、运移、成藏、调整破坏的全动态过程与温压流体环境。

19.1.1.2 油气储集层理论

油气储集层由岩石骨架、有效孔隙及充注的可动流体构成。油气储集层物性由孔隙度和渗透率描述。渗透率受孔隙结构、流体相态和表面亲和性影响。地层压力指可动流体压力，是油气藏最重要的地质特征与产能指标，地应力场主要由岩石骨架承受。

19.1.1.3 背斜与圈闭理论和油气藏的油气分布理论

在背斜与圈闭理论的基础上，形成了含油气盆地、区带、圈闭与油气藏的油气分布理论。油气与含油气系统均赋存于含油气沉积盆地之中。区带（play，又译作成藏组合），指储集层特征相似、空间相关的一批圈闭和油气藏，揭示油气藏空间分布的基本规律。圈闭是具有储集层和封堵条件的油气聚集场所，油气藏是油气分布的基本单元，具有统一的储集层、压力与油气水边界。White 等（1885）第一次系统地阐述了背斜油气藏理论，并将其成功地应用于井位部署。背斜油气藏理论认为：石油和天然气聚集于背斜构造中，石油、天然气和地层水按密度分异，石油、天然气密度低，占据背斜的顶部，地层水密度高，位于背斜底部，背斜褶皱的顶部被认为是勘探油气的最佳对象。在背斜油气藏理论指导下发现了一大批大型、特大型油气田，推动了世界石油工业的发展。McCollough（1934）正式提出“圈闭学说”，认为圈闭需具备 3 个条件，即储集层、盖层和遮挡条件，具有统一的油、气、水界面，储量严格按圈闭面积、闭合度、孔隙度等计算。Wilson（1934）将油气藏分为闭合油气藏和开放油气藏两大类，其分类涵盖了构造、岩性地层及复合油气藏类型。Levorsen（1956）在其所著的 *Geology of Petroleum* 中建立了较为完善的圈闭分类体系，将圈闭划分为构造、地层和复合圈闭，其中地层圈闭包括原生地层圈闭和次生地层圈闭两类。圈闭学说指出储集层、盖层和遮挡条件是油气藏形成的必要条件，背斜是最简单的特例，圈闭油气成藏是常规油气聚集机理的理论。

19.1.1.4 前陆盆地油气聚集理论

自20世纪80年代以来，前陆盆地油气勘探取得重大进展，形成了前陆盆地及冲断带控油气藏等地质理论。

19.1.2 前陆盆地油气系统与成藏动力学

19.1.2.1 前陆盆地常规油气系统

前陆盆地油气源层、储盖层的分布在空间上具有一定的斜列性、迁移性，因此油气储-盖组合的配置、空间展布是关键，它是建立成藏模式、演化的基础。含油气系统的正确应用及成藏动力学分析更是判断油气运移通道和聚集区的重要一环。研究内容包括：①前陆盆地的构造样式与圈闭类型及其发育的特点；②生油岩的空间展布特征及盆地演化与成熟度的关系；前陆盆地盖层的组合类型、发育特点及储集层的储集性能、影响因素及其展布与评价，盖层的封闭性能和储盖组合配置关系分析；③前陆盆地油气的运移与聚集分析，包括运移时期的确定，运移通道研究；④流体势分析与成藏模式、成藏演化等研究；⑤前陆盆地油气田的分布特征研究，包括层位分布、平面展布及对勘探预测有利的油气远景区带。

由于前陆盆地纵向上双层结构明显，其下常发育克拉通边缘裂陷型及坳陷型盆地原型。这就在油源岩上提供了两套物质基础，一套是下部被动大陆边缘上经历长期稳定的沉积物，常发育海相腐泥型烃源岩，其上第二套则是前陆背景下发育的沉积充填物，可发育陆相腐殖型烃源岩。在储层条件上，亦同样与前陆盆地的上、下两套沉积充填序列相关联，通常是下部以被动大陆边缘稳定沉积相即以碳酸盐岩为主的储集体，上部以前陆盆地充填的粗碎屑岩为主的储集体。上部储集层的展布受到造山带构造活动性的控制，其中近端的冲积扇砂体、浊积岩砂体和远端的河道砂体、三角洲砂体构成了较好的储集层。前陆盆地楔状体的几何形态、内部地层构成模式的独特性控制着油气的运移与聚集，侧向运移常成为重要的运移方式，并常在近克拉通一侧形成地层-岩性类油气藏；而在近造山带一侧，由于冲断带的逆冲作用形成一些构造圈闭类油气藏。

19.1.2.2 前陆盆地常规油气成藏理论

20世纪90年代以来，石油地质学、板块构造学、有机地球化学、地震地层学、层序地层学、数学地质与计算机技术等边缘学科新技术取得了快速发展。这些学科在油气勘探实践中相互渗透融合，使油气成藏理论成为一门综合性学科，并滋生了许多分支学科。

成藏理论与层序地层学的结合可以从全盆地角度研究生储盖组合的空间分布，对预测油气藏的类型、数量、有利分布地区具有重要的贡献。在层序地层格架中各种地层反射特征和关键面的识别有助于揭示沉积体系空间分布、油气藏的构造样式、生储盖组合类型，从而更好地预测有利的生油层段、储层、盖层及圈闭的发育位置和时期。

成藏理论与系统科学的结合产生了含油气系统、成藏系统等油气地质理论。含油气系统是指由有效烃源岩及其所形成的全部油气构成的油气生-运-聚系统，包括活跃的烃源岩扁豆体（或生烃凹陷）、所有有关的油气藏和油气显示以及油气聚集所必需的一切地质要素和作用。其核心是“源”，同一个含油气系统具有共同的烃源灶，强调的是系统内的共源性，它与其他含油气系统以烃源灶的不同而区别。成藏系统隶属于含油气系统，又可称为运-聚系统，是含油气区内相对独立的油气运-聚单元。赵文智（2001）指出运-聚单元是含油气系统内部由一组汇聚流线确定的，并由油气运移分隔槽与油气运移最大空间外边界圈定的可供油气聚集的三维地质单元。成藏系统强调的是系统内油气运移和聚集成藏特征的共同性或相似性，在同一个成藏系统内各油气藏具有相近的成藏条件、成藏动力、运-聚机制和成藏模式。

成藏理论与动力学理论的结合产生了油气成藏动力学。它研究的是流体压力封存箱、油气系统、“三场”（地温场、地压场、地应力场）与油气聚集形成分布的关系。重点强调成藏动力系统，即具有统一的油气运移和聚集动力源的地质单元。

总之，油气成藏理论研究的总体趋势是研究含油气盆地从成盆、沉积、成岩，再至成藏的整个过程，包括生、储、盖、圈、运、保各要素的静态、动态关系。

19.1.2.3　前陆盆地的流体与成藏作用

前陆盆地流体的运动与循环样式直接影响涉及油气与成矿物质运移的方向，因此揭示或重建这一循环体系是研究盆地流体的重要目标。这项研究首先涉及流体的驱动机制，包括重力和地形驱动、压实及超压体系驱动、热驱动、构造应力驱动、地震驱动等多种因素。因此前陆盆地流体的研究需要从更为宏观的尺度，即综合考虑造山带-前陆盆地系统。在流体的驱动因素研究中应特别注意异常高压体系。据统计，世界上 180 个具超压体系的盆地中有 160 个是重要的油气藏，烃类在此体系中形成，并由于同生断裂、水力压裂过程发生流体的幕式突破和运移，已成为油气勘探的热点研究领域。

北美板块最重要的油气产地和油气资源主要分布在前陆盆地沉积物中。例如，阿巴拉契亚前陆盆地，位于美国东部，面积约 28×10^4 km^2，世界上第一口页岩气井（1821 年）在该盆地实施，1871 年发现大油田，是美国油气工业的发源地和重要产区。常规油气资源包括两个领域，分别为下伏的被动大陆边缘盆地含油气领域和前陆盆地领域；主要有两种储层类型：碎屑岩型、碳酸盐岩型（礁滩型和不整合面型）。Howell 等（1992）根据美国大陆碰撞和板内挤压构造环境与含油气区域的相互关系，提出了挤压构造环境的油气预测模式。Rowan 等（1980，1984）通过对流体包裹体的古温度和化学分析研究，证明沿造山带方向，热流场水平热梯度和温度是逐渐增高的，从而形成了前陆盆地常规油气（砂岩气、礁滩气和风化壳气）的成藏理论。在阿巴拉契亚地区天然气通常出现在造山带附近，而所有的油气田都分布在碰撞构造带的前陆一侧。油田则离造山带有一定距离。同样，在科迪勒拉造山带地区天然气田均靠近造山带，而油藏区则分布在离造山带相对较远的前陆地区。这说明构造流体运移机制是形成这些油气田的成因机制之一。

20 世纪 90 年代以后，国内掀起了研究前陆盆地的热潮，其原因在于我国中西部造山带前缘的山前冲断带和前陆盆地中油气勘探取得了重大突破。中国西部山前冲断带数量众多、领域广阔，据初步研究，中国西部有 15 个主要的山前冲断带，有利面积达 50×10^4 km^2，具有十分良好的油气勘探远景，因此，中国中西部山前冲断带是勘探的热点。例如，在天山南侧山前冲断带和库车坳陷、祁连山山前冲断带和酒西盆地、天山北侧山前冲断带和准噶尔盆地南缘、昆仑山山前冲断带和塔西南盆地、祁连山山前柴达木盆地北缘、龙门山山前冲断带和四川盆地西部等山前冲断带都陆续发现了油气田和高产工业气流井。在此基础上，国内掀起了前陆盆地油气理论研究热潮，主要是对成山（造山带）-成盆（沉积盆地）-成藏（油气藏）动力学的研究。

（1）前陆盆地流体系统动力学

这一领域的研究是油气成藏动力过程研究的核心问题，也是以往研究中未能很好突破的问题。这一领域需关注的重点是：

1）建立盆地级别的地下水流动的水文场和驱动机制。对于油气成藏则需要追踪和恢复盆地中的古流场。Gaven（1995）曾概括了6种驱动要素模型：①前陆盆地中的重力驱动流；②热驱动的自由对流；③褶皱-冲断带的构造驱动流；④超压体系引起的压力驱动流；⑤与地震有关的、深部流体的泵吸作用；⑥深部无区域性流动的压力封存箱。

2）对含油气盆地异常超压体系的研究引起了石油地质学家的注意，在许多快速沉降盆地中存在着异常超压体系，其中既产生了生烃动力过程的特殊性，又在流体自压力囊向外突破时成为油气运移的强大驱动力，并显示幕式突破、幕式充注的特征。

3）流体的化学动力学过程。Anderson等（1992）提出“沉积盆地是天然热-化学反应器”这一十分形象的概念，将盆地视为巨大的天然热-化学反应器，这一反应器中最活跃的是热流体与岩石中有机物质和金属化合物的相互作用，提出研究金属-烃类-水-岩石的相互作用，即MHWR（metal-hydrocarbon-water-rock）系统。流体系统是一个物理-化学系统，揭示其化学动力学过程具有重要的理论与实际意义，需要研究水和各种化学物质相互作用的过程及化学搬运和沉淀的机理。

4）研究孔隙型和裂隙型岩层、不整合面和断裂的渗透性及其对流体的存储能力。这一领域的工作既包括对储层的研究，也包括对输导系统的研究。前陆盆地中的流体主要在高孔、渗的输导层、古间断面和断裂及裂隙系统中运动，因此研究流体的动力学实际上是研究其在输导系统中渗流的过程和行为。输导体系识别特别是主输导通道的识别对找油有重要意义。流体运动与断裂活动均为相互作用的动态过程，同生断裂可以引起高压流体从压力囊中大规模突破，而高压的流体又可造成水力破裂（hydro-fracturing），形成由断裂和裂隙组成的运移通道。

5）通过矿物、岩石、地球化学方法追踪古流体的技术已有很大发展，但应用最广泛的是流体包裹体和同位素。关注的焦点集中于流体包裹体定年技术，这一技术的进展将对流体活动史与成藏、成矿年龄的确定有很大帮助。黏土矿物转化与其他成岩标识在追踪热流体影响上也被普遍应用。

6）在含油气盆地中反射地震技术是识别流体有效的手段。通过地震波反演识别孔隙流体的异常压力系统在年轻的盆地中也有很好的效果。对于盆地演化过程中的古流体压力系统的演化过程则需要计算机定量动力学模拟技术。

（2）前陆盆地油气系统和成矿系统的结合

油气系统和成矿系统使盆地研究与成藏、成矿研究更为紧密地结合，具有以下特点：

1）含油气系统（petroleum system）是一个重要的概念及方法体系，它试图将油气生成到成藏的各种静态要素和动态要素联系为一个整体系统进行研究。油气系统的许多内容是石油地质勘探多年的经验积累，提出者将其系统化，并将静态要素和动态过程结合成一整体。其概念体系既包括油气成藏的基本构成要素，如烃源岩、储层、盖层和上覆岩系，也包括成藏的各种作用，包括油气的生成、运移、圈闭形成和聚集。其核心问题是含烃流体的生成、排出、运移和聚集过程，上述基本要素和作用必须在时空上合理匹配才能形成油藏。我国一些学者近年常使用成藏动力学这一术语，其目的是突出流体运动学和动力学过程的研究。在应用油气系统的概念和方法研究、描述和评价一个区域中油气从有效的烃源岩运移到圈闭的全过程时，其难度最大的部分是油气运移和成藏年代学部分。油气系统的研究目前还是初始阶段，对动态过程研究仍十分薄弱，今后应成为重要的研究领域。

2）成矿系统的概念是金属矿床成矿中的一个重要的概念及方法体系。其核心是成矿流体动力学。涂光炽率先强调盆地中富有机质热水在层控矿床形成中的重要性，并在金、银、铅、锌、锰等层控矿床的研究中得到了证实。翟裕生（1999）对成矿系统的理论和方法有重要发展，阐述了成矿要素、成矿作用过程、产物和类型划分以及成矿系统的后期变化和保存。於崇文（1998）从复杂性科学角度探讨了成矿系统的自组织临界性，指出“成矿系统是多组成耦合和多过程耦合的动力学系统”，“总体上是远离平衡、时空延展的复杂耗散系统”。许多大型、超大型层控矿床需要有特定的沉积盆地背景，含烃的盆地流体常常是成矿流体的主要构成。值得指出的是，在《沉积盆地动力学》中提出盆地流体研究的一个重要目的是“开发运用于沉积盆地形成、成岩作用、成矿作用和油气运移方面的综合性水文地热地质力学模型”（Dickinson，1997）。近10余年来，已有不少学者认识到金属成矿与油气的密切关系，含烃类流体在金属的活化、迁移与沉淀中起着十分重要的作用，这方面已成为重要的多学科研究交叉点。

综上所述，前陆盆地油气（常规）成藏动力学的研究进展主要体现在以下几个方面：

1）该研究方向主要体现在对成山（造山带）-成盆（沉积盆地）-成藏（油气藏）动力学的研究。美国地质调查局在研究过程中借鉴和应用了成矿系统的概念，试图运用系统观和历史观综合研究复杂的含油气系统，深入认识油气成藏规律。研究内容包括烃类物质来源、流体运移通道、油气富集或成藏场所等一系列地质体、地质现象和地质作用。对能源系统、矿产系统及能源和矿产系统的耦合区进行研究，打破了能源和矿产在成因理论上的界线，从成矿系统的共性上为资源评价提供依据。

2）根据美国大陆碰撞和板内挤压构造环境与含油气区域的相互关系，提出了挤压构造环境的油气预测模式，具体包括：①两个油气领域，分别为下伏的被动大陆边缘盆地含油气领域和前陆盆地领域；②两种储层类型，分别为碎屑岩型、碳酸盐岩型（礁滩型和不整合面型）；③三种油气类型，分别为砂岩油（气）、礁滩油（气）和风化壳油（气）。

3）建立了造山带-前陆盆地系统的流体系统。前陆盆地流体的运动与循环样式直接影响涉及油气与成矿物质运移的方向，因此揭示或重建这一循环体系是研究盆地流体的重要目标。流体的驱动机制包括重力和地形驱动、压实及超压体系驱动、热驱动、构造应力驱动、地震驱动等多种因素。构造应力驱动最常见于前陆逆冲带，应特别注意异常高压体系。

4）通过对流体包裹体的古温度和化学分析研究，证明沿造山带方向热流场的水平热梯度和温度是逐渐增高的，表明构造流体运移机制是形成这些油气田的成因机制之一。

19.2 前陆盆地含油气性

前陆盆地是指位于造山带前沿及相邻克拉通之间的、平行于造山带展布的沉积盆地。前陆盆地是世界上油气最丰富、大油气田最多的一种盆地类型，也是世界上较早油气勘探开发的领域，例如，阿巴拉契亚盆地 Bradford 油田（1871）、扎格罗斯盆地 Gach Saran 油田和伏尔加-乌拉尔盆地 Tuymazy 油田（1937）等。

由于前陆盆地油气资源潜力巨大，受到国内外石油界重视（表 19.1）。目前已在世界 21 个前陆盆地中发现了 182 个大型油气田，占石油工业发展以来所发现大油气田总量的 19.26%；在 22 个前陆盆地中发现了中小型油气田。从全球前陆盆地油气勘探成果来看，其勘探领域不断拓展，勘探趋势向着深层、冲断夹片复杂构造等方向发展。伊朗扎格罗斯山前陆冲断带油气资源丰富，早期围绕该区域西北部浅层构造寻找大油藏效果不佳，近年来转变勘探思路，逐渐向东南部深层（P-T）寻找天然气，于 2005 年发现了塔巴纳克（Tabnak）大气田，成为近十年伊朗最重要发现之一。在塔巴纳克大气田发现后，近年向盆地深层继续扩展，仍不断有重大发现。

表 19.1 前陆盆地的油气储量及丰度

盆 地	最终可采储量/10^9 桶	面积/10^3 $mile^2$	丰度/(千桶 · $mile^{-1}$)
阿基坦盆地（法）	2.6	39	66.7
奥连特盆地（南美）	4.7	80	30.0
西加拿大盆地	77.0	348	132.0
东委内瑞拉盆地	37.0	56	661.0
扎格罗斯盆地	730.0	867	842.0
北加里曼丹盆地（印度尼西亚）	7.5	80	93.8
阿巴拉契亚盆地（美）	10.0	132	75.8

注：1 mile = 1609.344 m。 （据 Macgueen et al.，1992）

南美西部前陆盆地群中的亚诺斯盆地面积 37.8×10^4 km^2，属古近纪前陆盆地，目前发现油气田 144 个，储量达 9.22×10^8 t。20 世纪 60 年代开始投入勘探工作，主要以寻找常规构造背斜为主。一直到 20 世纪 80 年代，除发现产油 73 t/d 的 Guavio 1 井、储量为 200×10^4 t 的坎诺利蒙小油田外，多家公司参与勘探，但均遭失利。20 世纪 90 年代，随着钻井和地震勘探技术的进步，将勘探目标定为冲断断裂之间的夹片构造（冲断系统的下盘构造），库西亚纳 2A 井获得突破，发现大油田，测试产凝析油 886.8 t/d，天然气 3.25×10^4 m^3/d。21 世纪以来，通过地震攻关，深化构造建模，落实冲断带下盘断片构造及深层目标，沿冲断带的走向，向下盘、深层扩展，不断取得大发现。

19.2.1 前陆盆地含油气性

根据 Carmalt 等（1994）统计（表 19.2），世界上大型油气田的数量和储量分布与盆地类型有密切的联系。大型油气田总数为 509 个，储量为 1412×10^9 桶，其中在 A 型俯冲型前陆盆地（前渊）和下伏的地台沉积物中大型油气田数目最多，为 211 个，约占 41.4%；大型油气田油气储量也最多，为 730×10^9 桶，占 51.7%。大多数油气富集区分布在陆壳上以及与 A 型俯冲和碰撞有关的前陆盆地和褶皱-冲断带中，但是在不同类型前陆盆地和褶皱-冲断带之间，油气丰度有很大差别。前陆盆地中的油气分布极不平衡，包括从含油气极为丰富的扎格罗斯盆地到含油气很少的阿基坦盆地。

表 19.2　前陆盆地的油气储量

盆地	时代	位置	规模	储量
西加拿大盆地	晚侏罗世-白垩纪	加拿大马尼托巴、萨斯喀彻温、艾伯塔、不列颠哥伦比亚和西北领地	东西宽 1600 km， 南北长 1200 km	5.6×10^9 桶（油） 1.5×10^9 桶（凝析油） 6.7×10^{12} ft^3（天然气） 1.7×10^{12} 桶（重油） 17×10^{12} ft^3（煤层气）
扎格罗斯盆地	晚始新世至今	中东伊拉克的东北和海湾海域的东部	长 1800 km，宽 250～300 km， 面积（450～540）$\times10^3$ km^2	150×10^9 桶（油） （600～650）$\times10^{12}$ ft^3（气）
东委内瑞拉瓜里科次和马图林亚盆地	早始新世至今	委内瑞拉东部	面积 210000 km^2 瓜里科次亚盆地面积 480 km×260 km 马图林亚盆地面积 520 km×170 km	20×10^9 桶（油） 66×10^{12} ft^3（气） 1.2×10^{12} 桶（重油）
阿拉斯加北坡盆地	中侏罗世-新近纪	阿拉斯加北坡	面积 240000 km^2 1000 km×（50～350）km	100×10^9 桶（油） 400×10^9 ft^3（气） 数十亿桶（重油）
美国落基山盆地	中侏罗世-新近纪	美国西部	面积 1000 km×1400 km^2	15.9×10^9 桶（油）
沃希托盆地	早宾夕法尼亚世-早二叠世	北美东部的亚拉巴马至墨西哥	长 2250 km	500×10^9 桶（油） 10×10^{12} ft^3（气）

注：1 ft=30.48 cm。　　　　（据 Carmalt et al.，1994）

据 Macgueen 等（1992）统计（表 19.1），前陆盆地中油气丰度也不尽相同，即使与落基山山脉有关的西加拿大（或称艾伯塔）盆地和美国落基山盆地，前者的油气（包括重油）储量比后者要多。据中国中西部 9 个前陆盆地、2 个冲断带（准噶尔西北缘、柴达木北缘）和 1 个走滑挤压褶皱-冲断带（柴达木西南缘）的油气田数目和油气资源量丰度统计（表 19.3），前陆盆地及褶皱-冲断带的油气分布也是不均衡的，目前已探明的大油田数和石油资源主要分布于准噶尔盆地西北缘，其次是吐哈盆地和酒西盆地，但多为中、小油田。大气田和天然气资源主要分布于库车坳陷和川西盆地、川北盆地。

表 19.3 中国西部前陆盆地的油气田数目和资源量丰度

陆内前陆盆地或冲断带	名称	面积 10^4 km^2	前陆盆地形成期或逆冲断层活动期（主力烃源岩）	大油气田数（油气田数）	资源量丰度 10^4 t·km^{-2}
新近纪-更新世陆内前陆盆地	①库车	3.94	N-Q_1（J_{1-2}，T_3）	4（11）	8.1
	②喀什	1.00	N-Q_1（J_{1-2}，C）	0（1）	1.3
	③叶城	3.13	N-Q_1（J_{1-2}，P）	1（1）	4.0
	④准噶尔盆地南缘	3.19	N-Q_1（J_{1-2}，P）	0（7）	6.4
	⑤酒泉	1.11	N-Q_1（K_1）	0（6）	4.9
	⑥吐哈	3.50	N-Q_1（J_{1-2}，P）	0（21）	2.8
晚三叠世、侏罗纪、白垩纪前陆盆地和陆内前陆盆地	⑦川西	4.20	T_3，J_3，K（T_3）	4（19）	3.4
	⑧川北	3.25	T_3，J_3，K（S_1、P）	1	
晚侏罗世陆内前陆盆地	⑨鄂尔多斯西缘	5.00	J_3（O，C-P_1，T_3）	0（12）	
海西末期、印支晚期和燕山中期逆冲断阶带	⑩准噶尔盆地西北缘	5.49	冲断层活动时间为 P 末、T 末和 J 末（P）	2（6）	5.9
中侏罗世末、白垩纪末逆冲断阶带和上新世末褶皱-冲断带	⑪柴达木北缘	3.00	冲断层活动时间为 J_2 末、K 末、E 末和 N 末（J_{1-2}）	0（6）	3.3
新近纪走滑-挤压冲断褶皱带	⑫柴达木西南	1.30	冲断层活动时间为 E 末、N^2 末（E）	0（11）	1.4

（据王昌贵，2004）

据 IHS 油气储量数据统计分析（表 19.4），全球探明和控制油气可采储量最丰富的十大含油气盆地依次为波斯湾盆地、西西伯利亚盆地、东委内瑞拉盆地、西加拿大盆地、墨西哥湾盆地、卡拉库姆盆地、尼日尔三角洲盆地、北海盆地、伏尔加-乌拉尔盆地和马拉开波盆地，它们富集了全球 70.8%的油气（包括非常规油气）可采储量。基于 Mann 等、Klemme 的盆地分类，其中 5 个盆地归类为前陆盆地。波斯湾盆地、东委内瑞拉盆地和西加拿大盆地是全球油气最富集的前陆盆地，它们的石油、天然气和凝析油可采储量分别占全球石油、天然气和凝析油总量的 55.1%、33.2% 和 46.5%，按油当量计，占全球油当量的 46.1%。

表 19.4 全球十大含油气盆地油气探明和控制可采储量分布

编号	盆地名称	盆地类型	盆地面积 10^4 km^2	原油 10^8 m^3	天然气 10^{22} m^3	凝析油 10^8 m^3	油当量 10^8 m^3	油气丰度 10^4 m^3/km^2
1	波斯湾盆地	前陆盆地	305.0	1548.3	90.5	127.8	2523.8	8.3
2	西西伯利亚盆地	裂谷盆地	350.0	253.1	49.2	16.9	730.4	2.1
3	东委内瑞拉盆地	前陆盆地	42.8	394.1	5.1	4.5	445.9	10.4
4	西加拿大盆地	前陆盆地	85.0	309.7	5.3		359.8	4.2
5	墨西哥湾盆地	被动陆缘盆地	110.0	152.7	6.3	7.7	219.5	2.0
6	卡拉库姆盆地	裂谷盆地	40.0	1.9	20.8	4.0	200.6	5.0
7	尼日尔三角洲盆地	被动陆缘盆地	21.3	100.1	6.5	7.9	168.8	7.9

续表

编号	盆地名称	盆地类型	盆地面积 10^4 km^2	原油 10^8 m^3	天然气 10^{22} m^3	凝析油 10^8 m^3	油当量 10^8 m^3	油气丰度 10^4 m^3/km^2
8	北海盆地	裂谷盆地	62.5	93.8	5.4	10.8	155.3	2.5
9	伏尔加-乌拉尔盆地	前陆盆地	69.0	120.3	3.0	1.7	149.8	2.2
10	马拉开波盆地	前陆盆地	6.1	101.9	2.0	0.7	121.2	19.9

注：据 IHS 和 ERCB 资料整理；1068.55 m^3 天然气相当于 1 m^3 原油。（据张明辉等，2013）

19.2.2 前陆盆地含油气的差异性

前陆盆地及与之毗邻的褶皱-冲断带蕴藏着丰富的油气资源。自 20 世纪 80 年代以来，在南美委内瑞拉和哥伦比亚地区的前陆盆地中发现的大油气田，进一步增强了人们在前陆盆地进行油气勘探的信心。前陆盆地中油气分布不一致的原因是多方面的，主要取决于下列因素：

1）前陆盆地是世界上油气最丰富的盆地体系，但并不是每个前陆盆地都含油，更不是都有可能找到大油气田，在碰撞的前渊、已经逆转破坏的前陆盆地基本上没有前景。

2）在前陆盆地与油气分布关系的统计中，有时会把一些不是前陆盆地中的油气统计在前陆盆地范围内，因而误导了人们，以为凡是前陆盆地都会有丰富油气的错误看法。

3）在上述统计中的所谓前陆盆地并非整个时期都是前陆盆地，而是早期被动陆缘、残留洋、地台与晚期前陆盆地的叠加，或者是早期大陆内裂谷、伸展或弱伸展坳陷、稳定大陆内坳陷与晚期陆内前陆盆地的叠加。前陆盆地一般不发育烃源岩，烃源岩主要位于前陆盆地下伏的被动陆缘等层序中，由于下伏层序的构造和沉积环境的差异，烃源岩的数量和质量有很大不同。前陆盆地对油气分布的意义仅仅在于其下降幅度大，使下伏烃源岩埋藏加深，促使其进入成熟、高成熟阶段。

4）储层可以在前陆盆地和下伏前陆盆地期前盆地中发育，它与伸展-缩短作用控制的海（湖）进旋回初期，海（湖）退旋回和海（湖）进期受海（湖）平面升降控制的次一级海（湖）退旋回以及平面上受古地形控制的海相沉积分异有密切的联系，而区域盖层则与海（湖）进泥质岩和潮湿条件下沉积的煤层以及干旱条件下发育的膏盐层有关。

5）前陆盆地层序和下伏的层序因受到前陆盆地晚期构造变形产生的褶被-冲断带的构造样式控制着油气运移、聚集和保存条件。没有构造变动就不会有油气运移和聚集的条件。但如果是构造变动剧烈，油气藏暴露地表或发育与其连通的通天（或称散逸）断层则会使油气部分或全部散失。

6）前陆盆地具有良好烃源岩和储集岩的地质条件。主要烃源岩有奥陶系、泥盆系、三叠系、侏罗系、白垩系的黑色页岩和煤层，特别是海陆交互相的煤系地层，有利于盆地含气。储集岩诸如石英砂岩、碳酸盐岩和生物礁等。跨越古地台和被动大陆边缘的褶皱造山带的叠置作用是大多数油气形成的重要因素。推覆的造山带可促进烃源岩的成熟并为油气运移和圈闭提供构造条件。前缘隆起及其外缘地带往往成为油气聚集的有利场所，同时盆地中快速沉积和横向不连续的碎屑岩又可形成良好的地层、岩性圈闭。

7）虽然前陆盆地系列是世界上油气最丰富、大油气田最多的盆地体系，但是前陆盆地的油气聚集规律却十分复杂。从全球性盆地统计分析结果看，作为前陆盆地系列而言，人们普遍看好由B型俯冲转变为A型俯冲的前陆盆地。此类前陆盆地在由被动离散陆缘转变为活动聚敛边缘时，往往出现半闭塞的深水盆地沉积物，有利于形成良好的生油岩沉积环境，晚期盆地关闭萎缩期可发育蒸发岩层序，构成理想的区域性盖层。

19.3 前陆盆地油气成藏模式

前陆盆地是许多矿产资源的聚集场所，已经发现油气、铅、锌、铜、金、盐类矿床及煤田等矿产资源，其中分布在前陆盆地和褶皱带沉积中的油气具有极其重要的经济价值。但是常规石油储量在前陆盆地中的分布是极不平衡的，有些前陆盆地的油气极其富集，而有些前陆盆地则含油极少。

19.3.1 前陆盆地油气成藏模式

前陆盆地具有丰富的矿质来源。在两个板块的碰撞过程中，部分盆地边缘的含水、多孔隙沉积物被掩埋于逆冲片之下，由于上覆岩体的挤压，从孔隙挤出含有很多矿质流体，它们既可向上刺穿形成矿脉或岩脉，又可形成热矿泉；另一部分被挤出的流体沿着应力薄弱带流入前陆盆地和克拉通台地的渗透层中，使得这些含矿质、矿液、烃组分及热量的流体进入前陆盆地建造或进入前陆区域的沉积层序中。在运移过程中，会使前陆盆地建造加热并使之活化，当沸腾或冷却时，就会在适当地段形成矿床，流体中碳水化合物-烃类停滞在岩性或构造圈闭中即形成石油、天然气藏。

Wilkerson（1982）编制的美国及其邻近地区的油气分布图，表明所有的油气田都分布在碰撞构造带的前陆一侧。在阿巴拉契亚地区，天然气通常出现在造山带附近，而油田则离造山带有一定距离。这说明构造流体运移机制是形成这些油气田的成因机制之一。构造流体不仅含有大量的烃组分，而且还可以搬运矿质组分。

Howell 等（1992）据美国大陆碰撞和板内挤压构造环境与含油气区域的相互关系，提出了挤压构造环境与含油气预测的模式（图19.1）。指出世界上主要油气资源（包括沥青砂和重质油）在前陆盆地中的油气分布主要受热构造作用的控制。根据全球古大陆板块的挤压造山带及前陆盆地的分布，认为在地史发展时期全球发生了两期挤压事件：①陆-陆碰撞和晚古生代冈瓦纳联合古陆拼接有关的造山带，其实例包括北美的阿巴拉契亚山、沃希托构造带和欧亚大陆中西部的乌拉尔山脉；②侏罗纪后的造山带与泛大陆的解体和紧随其后的微陆块之间的碰撞有关，诸如中东的扎格罗斯断山系，以及较大的陆块与火山岛弧拼接的北美和南美的科迪勒拉、布鲁克山系。上述碰撞带产生的挤压力向陆内传递，并导致陆内收缩，于是就产生了我国西部各种以造山带为边界的盆地，如四川、塔里木、准噶尔、鄂尔多斯盆地；围绕安第斯山型的陆内收缩作用形成了库约、奥兰和麦哲伦盆地；在北美落基山地区则有美国的粉河、绿河、皮申斯、尤因塔、圣胡安等盆地；加拿大的艾伯塔盆地。

Rowan 等（1980）通过对样品流体包裹体的古温度和化学分析研究，证明沿造山带方向，热流场水平热梯度和温度是逐渐增高的。美国东部和中部分布有众多的铅锌矿床，

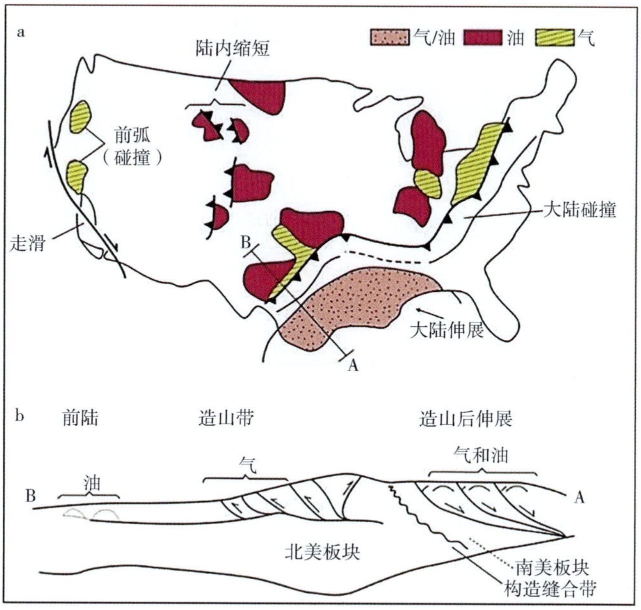

图 19.1　美国前陆盆地的构造环境与常规油气分布
（据 Howell et al.，1992）

它们的分布与烃类分布格局十分相似，表明这些前陆盆地沉积对铅锌矿的形成和分布起着明显的控制作用。Leach 等（1984）证实，从沃希托前陆盆地被挤压出的流体扩展到陆中区域（流体的温度为 200~300℃），并形成密西西比型铅锌矿床。前陆盆地不仅具有丰富的矿质来源，而且有良好的控矿构造（图 19.2）。除了复理石和磨拉石中的碎屑沉积物可作为油气或金属矿层的储层外，层序间的不整合界面也是一种重要的控矿构造、运移通道和储集空间。特别是在前陆盆地形成的早期，由于受碰撞挤压的影响，在接近稳定大陆边缘部位的沉积层序部分隆起、暴露和褶皱，形成一系列不整合的接触关系，仔细辨认这些不整合面特征对于勘探油气和金属矿床资源有着十分重要的意义。此外，背斜构造是前陆盆地的主要圈闭类型，如扎格罗斯前陆盆地的巨型背斜圈闭长度大于 190 km，幅度可达 6~10 km，该大型构造形成了极度富集的油气资源，与盆地中丰富的生油岩相、有利的生油岩成熟度、有效的蒸发岩盖层和构造演化史的适当配置有关。

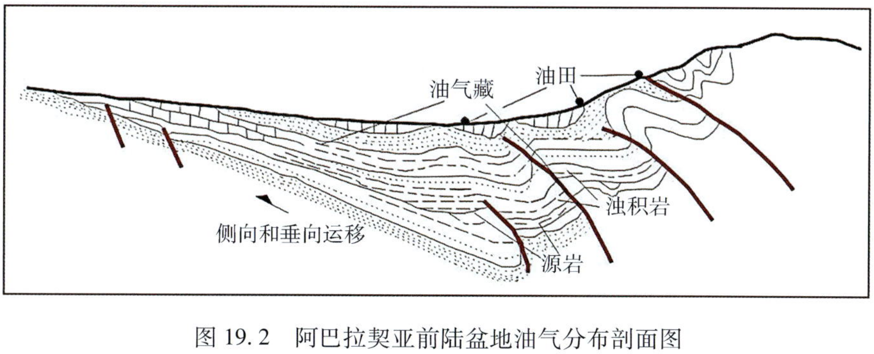

图 19.2　阿巴拉契亚前陆盆地油气分布剖面图
（据 Perrod，1992）

19.3.2 前陆盆地常规油气的分布规律

前陆盆地油气分布规律主要表现在以下几个方面：①油气围绕着生烃中心呈不对称性带状分布。生烃中心控制着油气藏的分布，使得油气围绕着生烃中心呈不对称性带状分布。②远端油近端气。围绕生烃中心，油气分布具有近端为气藏而远端为油藏的特点。其原因一方面是由于石油生成早而天然气生成晚，另一方面是天然气易于散失难于长距离运移成藏所致。不过在褶皱-冲断带一侧构造活动强烈，早期形成的油藏往往被破坏，并发育一系列的油气苗。这就使得靠近造山带一侧以气田为主，而油田则离造山带有一定的距离。在西加拿大盆地、库车坳陷中这种类型的油气田分布规律尤为明显。③油气富集程度差异大。前陆盆地不同构造单元油气富集程度差异较大。褶皱-冲断带一般是油气最富集的地区，大中型油气田主要分布在这个构造带，斜坡带及前隆油气富集程度较差。造成油气富集程度差异的原因主要是运移通道，冲断带断裂发育并具多期活动，油气排运充分且充注效率高。④不同构造单元都有不同的油气藏类型。褶皱-冲断带以背斜构造油气藏圈闭为主，前渊坳陷存在深盆致密砂岩圈闭，前陆斜坡带主要为地层及岩性油气藏，而在前缘隆起发育披覆背斜油气藏、断块油气藏、断背型油气藏。⑤具有多套含油层系。前陆盆地拥有两类油源层系供油，油源基础良好。每类油源层序的多套生储盖组合决定了盆地内有多套含油气层系。前陆盆地发育的后期往往出现蒸发岩沉积，膏盐（或膏泥岩）形成优质的区域性封盖层，对构造活动强烈的前陆盆地的油气保存起着至关重要的作用。⑥天然气藏存在异常压力。我国中西部前陆盆地的天然气藏多具有异常高压的特点，深部超压体系不仅为油气运移提供了动力，同时也导致了沿断裂周期性脉冲式垂向排烃，这也从侧面反映，断裂带周围油气富集的原因。然而在典型前陆盆地却发现低压的深盆致密砂岩气藏，如西加拿大前陆盆地、沃希托前陆盆地等，对这种特殊气藏的成因还有不同的看法，有的认为是动力气藏，有的认为是静态气藏。⑦趋于生气盆地。无论是前-前陆期的被动大陆边缘阶段还是前陆阶段，在其每个演化阶段都不同程度地发育煤系地层，为天然气的生成奠定了物质基础。另一方面，前陆盆地烃源岩的热演化程度普遍较高，达到成熟-过成熟阶段，前渊深坳陷多数已进入生气窗。所以前陆盆地趋于生气盆地。总之，前陆盆地是世界上油气资源最为丰富的盆地类型。其油源是基础，不仅自身具有油源，更为重要的是它汇聚或吸取了被动陆缘地层中巨量的油气资源；前陆盆地的地温梯度虽然低，但在前陆阶段的逆冲掩覆及巨厚的堆积使烃源岩迅速深埋，足以克服低地温梯度的缺陷，同时烃源岩的快速生烃也避免了在生烃过程中油气散失；冲断带多期的断裂活动，不仅是油气运移的通道，同时也形成断层相关的褶皱构造，为油气的聚集创造良好的构造圈闭条件，也改善了储层的物性条件。挤压挠曲形成的、占前陆盆地面积大部分的前陆斜坡为油气的侧向运移奠定了构造环境，在该带形成一系列岩性或地层油气藏；在前陆盆地晚期阶段的蒸发岩沉积物无疑是区域性的优质封盖层。

19.4 前陆盆地油气系统的类型

前陆盆地在剖面上的形态是一个楔形，靠造山带一侧下拗，向克拉通方向超覆，形成具有双层结构的斜坡带。下部被动大陆边缘稳定性沉积物和上部受造山活动影响的冲断期间及冲断活动之后叠置在被动大陆边缘之上的前陆沉积物，决定了前陆盆地在纵向上有多套油源岩，储集层发育。总体上分为两大生油-储油体系，即下部以台地相碳酸盐岩为主体的生-储体系和上部以陆相页岩-砂岩为主体的生储体系。由构造冲断作用控制的背斜圈闭和块断圈闭，是前陆盆地内最为普遍的，也是最为重要的一类圈闭。在前陆盆地中，最有利于油气富集的构造部位是双冲构造带的底面逆冲断层上的断展背斜、滑脱背斜，隐伏逆冲前缘的断层扩展褶皱，以及被动顶板双冲构造所夹持的“三角带”。

刘和甫等（2004）按盆-山系统-油气系统-成藏系统-圈闭系统分析前陆盆地油气远景（表 19.5；图 19.3，图 19.4）。前陆盆地常常叠置在大陆边缘或克拉通盆地之上，同时侧向与前陆褶皱-冲断带（FTB）过渡，因此从油气系统及成藏区带来看，不能局限于狭义的前陆盆地，在空间上应将褶皱-冲断带与前陆盆地构造样式作为整体分析；在时间上应将区域内巨层序（megasequence）进行统一分析，即将前冲断作用层序、同冲断作用层序和后冲断作用层序作为预测烃源岩、储层和盖层的基础。从前陆盆地演化来看主要有 3 种模式，分别为周缘前陆盆地、陆内前陆盆地（或再生前陆盆地）和弧后前陆盆地。

表 19.5　前陆盆地类型与油气远景的对比

前陆盆地类型	位置	充填方式	含油气远景
周缘前陆盆地	俯冲板块上	双层结构，早期复理石沉积，发育厚的生油岩，晚期发育磨拉石沉积，发育较厚的储油层	极好
弧后前陆盆地	仰冲板块上	双层或单层结构，早期发育火山复理石盆地，有较厚生油层，晚期为火山磨拉石沉积	较好
再生前陆盆地	板内	双层或单层结构，以发育磨拉石盆地为主，早期复理石不发育	一般

（据刘和甫等，2004）

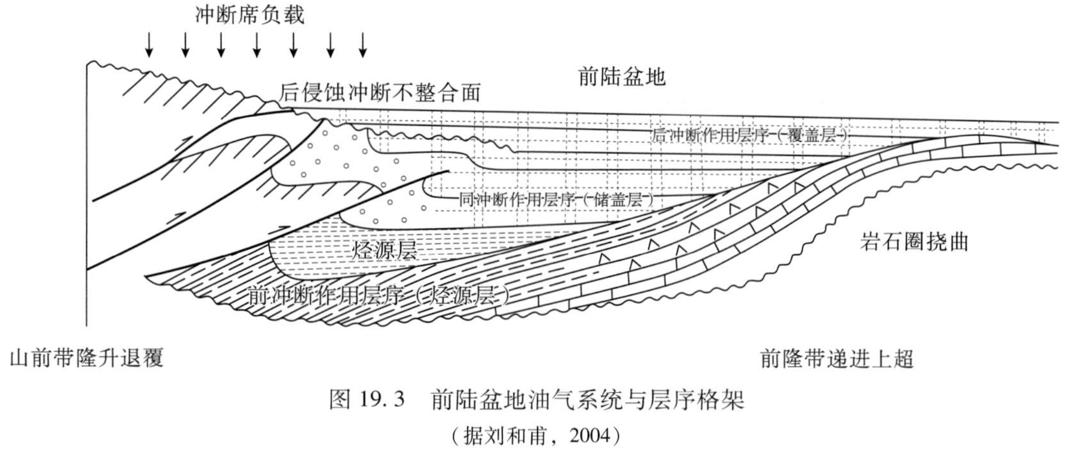

图 19.3　前陆盆地油气系统与层序格架

（据刘和甫，2004）

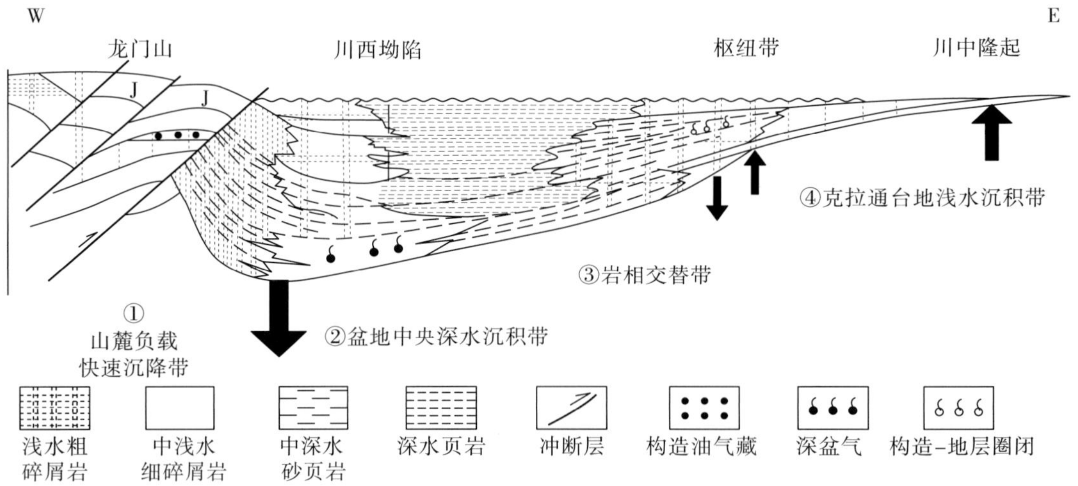

图 19.4　龙门山前陆盆地油气成藏区带的模式图
（据刘和甫，2004）

19.4.1　周缘前陆盆地油气系统

周缘前陆盆地发育与被动大陆边缘有关，可以划分为 4 个阶段，分别为：①大陆裂解阶段。大陆裂解以三叉裂谷开始，由裂谷盆地进一步演化为大陆边缘盆地。②被动大陆边缘与洋盆阶段。被动大陆边缘沉积相分布受控于坡折带（或枢纽带），坡折点以下为浪基面以下的静海环境，有利于烃源岩形成；坡折点以上为浅海碳酸盐台地沉积及碎屑岩沉积，有利于储集岩发育。③残留洋盆与复理石前陆盆地阶段。随着俯冲作用，被动大陆边缘伸展断层反转为逆冲断层，由残留洋盆转化为复理石前陆盆地，发育大型海底的浊积扇沉积物，两者在垂向上或侧向上都呈现为过渡关系。④磨拉石前陆盆地阶段。当冲断作用使造山带强烈隆升时，发育内陆河湖相及冲积相碎屑沉积。在周缘前陆盆地演化中，碳酸盐岩与页岩以及夹于陆源碎屑楔中的页岩共同构成了烃源岩，构成复合油气系统。

19.4.2　弧背前陆盆地油气系统

弧背前陆盆地演化与周缘前陆盆地演化有着类似情况，从动力学上看也是从伸展环境转化为挤压环境。可以划分为 4 个阶段，分别为：①弧后裂谷。随着大洋俯冲作用，弧后克拉通岩石圈变薄出现弧后裂谷，发育同裂谷期的大陆碎屑沉积层序，并出现钙碱性火山岩及深成岩。随之出现海侵层序，超覆在掀斜断块。②弧后边缘海-洋盆阶段。随着弧后进一步扩张，出现蛇绿岩侵位，发育深水沉积及浅海陆架沉积。③复理石前陆盆地阶段。弧后盆地随着聚合开始，水下冲断带和前渊形成，发育深水海底扇，由浊积岩及泥岩组成。④磨拉石盆地阶段。随着造山带隆升，大量粗碎屑泻入前渊，但盆地远端沉积物来自克拉通隆起，碎屑成分随之变细。

19.4.3　陆内前陆盆地油气系统

金之钧等（2004）开展了陆内前陆盆地含油气性对比（表 19.6），讨论了影响前陆盆地含油气性的主要因素，分别为前-前陆盆地沉积层序、沉积结构、海相沉积、盆地结构等，认为陆缘和陆内前陆盆地的含油气性差异表现在烃源岩、储盖组合和圈闭类型诸方面。在含油气性上，双套烃源岩的陆缘前陆盆地和单套烃源岩的陆内前陆盆地必然带来含油气性及油气分布规律上的差异。尽管陆缘前陆盆地在成盆期可以生成一定的烃源岩，但主力烃源岩是在成盆期前生成的；陆缘前陆盆地的油气绝大多数来自下伏的大陆边缘沉积。这些烃源岩在陆内构造发展阶段也可能是有效的烃源岩，但要取决于后期破坏、改造的程度。陆内前陆盆地的烃源岩大多为下伏的伸展期陆相沉积，其分布范围、发育质量和油气潜力与陆缘前陆盆地的烃源岩相比均有明显差异。尽管如此，在中国中西部中-新生代陆内前陆盆地显示，在陆相烃源岩和储盖组合上具有一定的优势。

表 19.6　陆缘前陆盆地与陆内前陆盆地含油气性对比

含油气性特征	陆缘前陆盆地		陆内前陆盆地
	弧后前陆盆地	周缘前陆盆地	
烃源岩	成盆前大陆边缘海相油源岩与成盆期陆相煤系气源岩	主要是成盆前大陆边缘沉积的海相烃源岩	成盆前陆相煤系烃源岩
储盖组合	主要储集层是成盆前沉积的与滨线有关的砂岩、河流相砂岩以及碳酸盐岩；盖层是山前褶皱-冲断带	储层主要是成盆前发育的碳酸盐岩；盖层是中新统蒸发岩沉积	储层以成盆前陆相砂体为主；最好的盖层是弱伸展期发育的膏泥岩沉积
圈闭类型	多以构造圈闭为主	远离褶皱-冲断带；砂岩地层圈闭增多	以沉积尖灭为主
典型实例	西加拿大盆地	扎格罗斯山前盆地	库车坳陷

（据金之钧等，2004）

19.5　前陆盆地系统的构造单元与油气分布

刘和甫等（2004）划分了3类成藏区带，即褶皱-冲断带（以构造圈闭为主）、深坳陷（以深盆气圈闭为主）、前隆带（以构造-地层圈闭为主）。认为成藏区带及圈闭形成与褶皱-冲断带滑脱层或拆离面有关，构成厚皮构造与薄皮构造样式：盖层滑脱（detachment）形成薄皮构造样式；基底拆离（decoupling）形成厚皮构造样式；壳幔拆层（delamination）形成大洋俯冲或大陆碰撞，因此在前陆盆地勘探中应将褶皱-冲断带与前陆盆地作为整体进行研究。在此基础上，刘和甫（2004）以前陆盆地结构特征为依据将其划分为5个构造-岩相带：褶皱-冲断带、前麓坳陷带、中央坳陷带、枢纽带和前隆带。汤济广等（2006）认为前陆盆地系统不同结构单元具有不同的成藏模式和分布特征（表19.7；图19.5）。下面将分别对褶皱-冲断带、前渊坳陷带、斜坡带和前缘隆起带的油气成藏模式和分布特征进行论述。

表 19.7　前陆盆地系统的油气分布特征

区带	圈闭类型	运移通道	运移方式	成藏有利条件	成藏关键	油气藏类型	典型盆地
褶皱-冲断带	以与挤压和冲断有关的背斜圈闭为主	断层、裂缝	以垂向运移为主	上覆的逆掩岩体有利于下伏烃源岩的成熟和油气的保存	油气保存	以背斜或断背斜油气藏为主	扎格罗斯前陆盆地
前渊坳陷带	以岩性圈闭为主	砂体、不整合面	以侧向运移为主	烃源岩厚度大、演化程度高，为主力的生烃中心，保存条件好	储集体发育	以岩性油气藏为主	东委内瑞拉盆地、西加拿大前陆盆地
斜坡带	以地层圈闭为主	不整合面	以侧向运移为主	前渊的生烃中心及斜坡下倾部位油气运移的主要指向区带	油气保存	以地层油气藏为主	西加拿大前陆盆地
前缘隆起带	以与正断层相关的构造圈闭和不整合圈闭为主	不整合面、正断层	侧向运移、垂向运移	油气运移的有利指向区	油气保存	与正断层相关的构造油气藏、地层油气藏	东委内瑞拉盆地、西加拿大前陆盆地

（据汤济广等，2006）

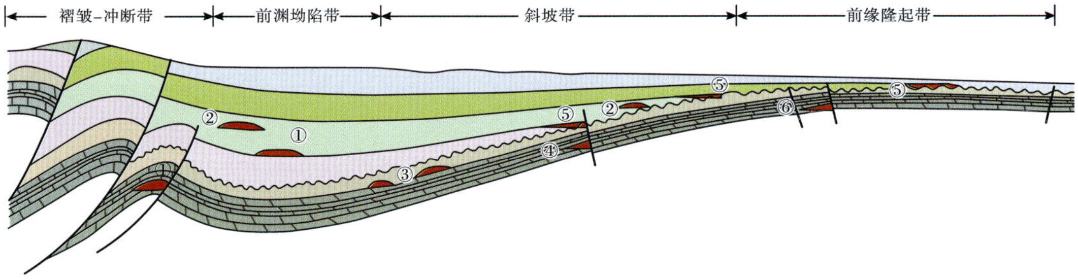

图 19.5　前陆盆地系统的构造单元与油气藏分布模式图

（据汤济广等，2006）

①背斜油气藏；②岩性油气藏；③生物礁油气藏；④断背斜油气藏；⑤地层油气藏；⑥断块油气藏

19.5.1　褶皱-冲断带的油气分布

阿巴拉契亚-沃希托造山带是北美乃至世界著名的大陆边缘挤压碰撞造山带，是地质学研究的经典地区之一，也是许多经典地学理论和概念的发源地。其中，对地质学影响最大的当属地槽学说。继 20 世纪 60 年代由 COCORP 实施的地震反射剖面和深钻揭示了该造山带存在着巨大的推覆构造。人们惊奇地发现，在巨大推覆体之下的大陆边缘，广泛分布着古生代浅水碳酸盐岩地层并具有巨大油气潜力。于是很多油气公司调整了这些地区油气勘探的战略部署，很快在推覆体之下早古生代地层中得到油气勘探的突破。其中，威尔伯顿（Wilburton）油气田就是当时美国发现的最大油气田之一，其单井天然气日产量有的超过 1×10^8 ft^3（$1ft^3\approx0.028$ m^3）。此后，全世界出现褶皱-冲断带油气勘探的热潮。

褶皱-冲断带是前陆盆地的油气主要富集区，其油气藏类型以背斜或断背斜油气藏为主，如扎格罗斯盆地 Mokhtar 背斜、东委内瑞拉盆地 Jusepin 与 El Furrial 油田（图 19.6）

和库车盆地克拉 2 气田等。受造山带的强烈挤压作用，在褶皱-冲断带中逆冲推覆构造发育，有利于下伏烃源岩的成熟，且上覆的逆掩岩体对下伏岩层中的油气能起到很好的封盖作用。挤压作用使得该构造带发育大量与挤压和冲断相关的背斜构造（挤压背斜、断背斜、断层相关褶皱背斜等），从厚皮构造带到薄皮构造带中均有分布，但主要集中于薄皮构造带中。在挤压过程中发育的断裂和裂缝为很好的运移通道，其油气运移方式以垂向运移为主。由于褶皱-冲断带的构造活动强烈、断裂发育，使得油气易于散失，如在东委内瑞拉盆地山前带具有大量的油气显示。因此，保存条件是褶皱-冲断带油气成藏的关键。

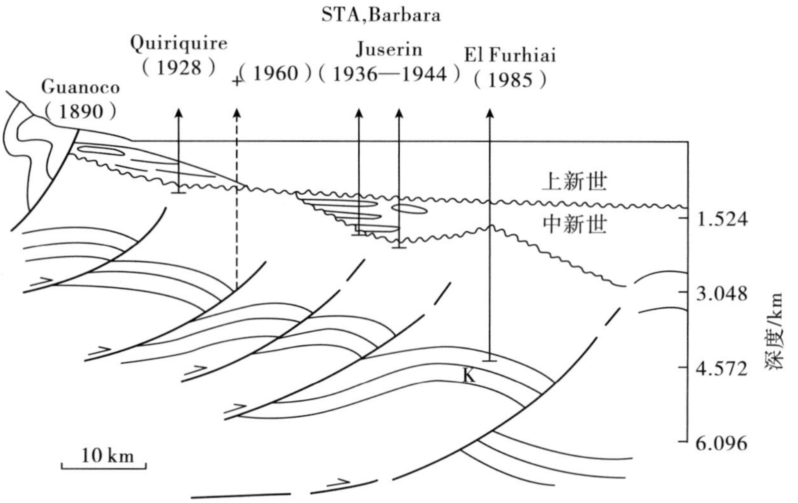

图 19.6　东委内瑞拉盆地富里尔油田带的构造剖面
（转引自甘克文，2004）

受造山带向前陆方向的持续性挤压、前成盆期和成盆期沉积层序以及基底岩石组成等的影响，前陆褶皱-冲断带油气聚集具有不均一性。根据构造变动特征，从造山带的内带到外带直至盆地的山麓带都属于挤压构造变形的范畴，可划归褶皱-冲断带，而造山带内多个沉积成盆期前的层序，如果烃源岩在前成盆期已成熟，则经过成盆期的冲断褶皱破坏，油气难于保存。因此，最可能有油气聚集的是为推覆体所覆盖，且靠近盆地一侧成盆期沉积层序部分。

中国西部陆内前陆盆地多经历过多次构造旋回及多幕次的构造运动，因此前陆褶皱-冲断带在时间上具有多期成藏、晚期为主的成藏特征；在空间上，中国西部陆内前陆盆地具有多套生储盖组合，其中前成盆期和成盆期的两套生储盖组合在此前陆褶皱-冲断带中可具有不同成藏规律。

19.5.2　前渊坳陷带的油气分布

前渊坳陷带是前陆盆地最大的沉积和沉降地区，其烃源岩厚度大、埋藏深，是主力的生烃中心。油气藏类型以岩性油气藏为主，如西加拿大盆地前渊带的岩性油藏、东委内瑞拉盆地的 Amarilis 油藏等。前渊坳陷带构造变形较弱，进积层序顶部的海岸相及河流相砂岩和砾岩是主要的储集砂体，且较弱的构造活动导致断裂及裂缝较不发育，使得油气运移以侧向运移为主，沿着砂体输导层或不整合面向前缘隆起带运移。由于前渊坳陷带的岩性油气藏分布受控于沉积相带，因此，成藏预测的关键是对沉积相及成岩作用的准确分析。对于复杂前陆盆地，由于构造活动的影响，前渊坳陷带中可发育褶皱和断裂，形成低幅度的背斜构造，从而形成构造油气藏（图 19.7）。

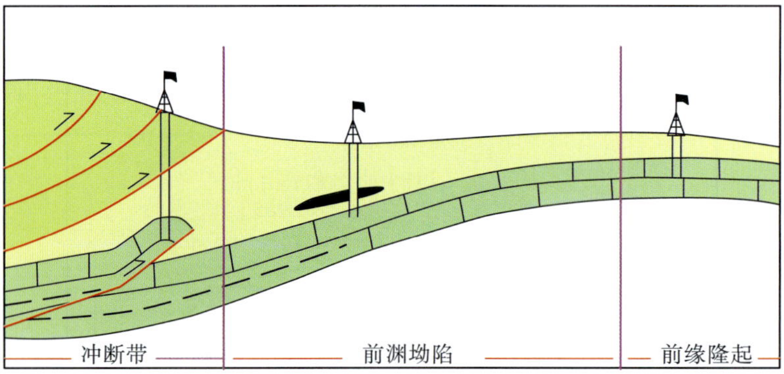

图 19.7　前陆盆地结构剖面示意图

（据李本亮等，2009）

19.5.3　斜坡带的油气分布

斜坡带（枢纽带）为克拉通与造山带之间变动带，前渊向前隆方向过渡的斜坡带，是前渊生烃中心油气的主要运移指向区带。随着造山带推进，斜坡带向克拉通方向迁移，成为沉降速率变化带或相变带，以细碎屑沉积为主，常见超覆及不整合面，可以形成构造-地层圈闭，为有利油气聚集带，油气藏类型以地层油气藏为主，其次为岩性油气藏，如西加拿大前陆盆地斜坡带地层及岩性油气藏。

斜坡带一般显示为缓坡型层序地层特征，具有上超型不整合面发育、沉积物粒度较细、物性较好、沉积类型多样、层序结构不完整、低位体系域不发育、层序分布不连续等特点，因此该缓坡带是前陆盆地常规油气勘探的有利地区之一，并具有以下特征：①斜坡带的常规油气藏类型以地层油气藏、岩性油气藏为主。在斜坡上沉积了超覆和退覆层序，加之底部不整合面，使斜坡带地层层序内地层圈闭极为发育，同时斜坡带砂岩透镜体及砂岩上倾尖灭亦发育，形成岩性圈闭。如西加拿大前陆盆地斜坡带地层及岩性油气藏。此外，受岩石圈挠曲变形的影响，斜坡带有可能发育正断层，从而形成构造油气藏，如东委内瑞拉前陆盆地 Oficina 油田。②斜坡带的上倾部位可能发育生物礁，因而亦可形成生物礁油气藏。③由于大量不整合面在斜坡带收敛或合并，从而为前渊的生烃中心及斜坡下倾部位油气运移提供运移通道，其油气运移方式以侧向运移为主。④斜坡带的页岩气藏。北美沃希托前陆盆地 Barnett 页岩的页岩气藏是典型的斜坡带页岩气藏，显示为两层碳酸盐岩夹页岩的页岩气藏模式。

南美前陆盆地的斜坡带是最重要的油气勘探区，早期勘探实践表明，在该盆地低幅度构造（圈闭幅度不超过 15 m）中大多数都能获得工业油流，具有很好的勘探前景。低幅度构造一般与古构造、构造运动、沉积作用三大因素有关，南美前陆盆地斜坡带低幅度构造由构造运动和沉积作用形成。构造运动表现为弱挤压应力，沉积作用表现为差异压实。在白垩纪，强烈的挤压应力在盆地西部逆冲断裂带得到释放，在斜坡带则形成向东传递的弱挤压应力。白垩系储层为一套不稳定的砂岩，局部受废弃河道影响，砂岩较薄或缺失，在沉积过程中受弱挤压应力与不均衡差异压实作用的共同影响，形成一系列低幅度构造（图 19.8）。

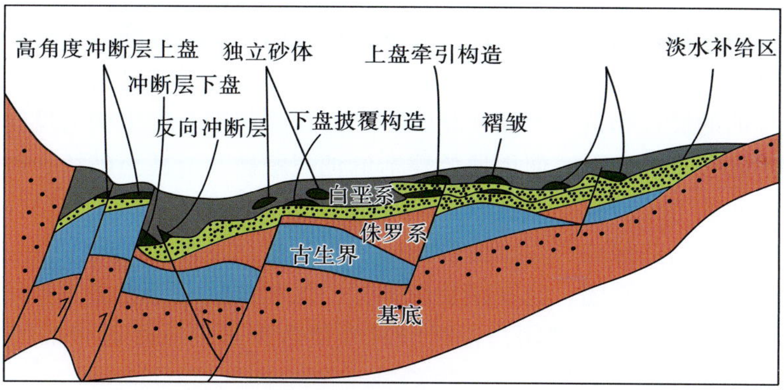

图 19.8 南美前陆盆地斜坡带的低幅度构造成因示意图

（据方光建等，2010）

在南美西北部前陆盆地（如厄瓜多尔的奥连特盆地）斜坡带低幅度构造-岩性复合圈闭隐蔽性强。该类圈闭面积小、幅度低、识别难度大。根据油气藏圈闭特征、分布规律、油气水关系以及形成机理的不同，将隐蔽油气藏进一步划分为泥岩隔挡型、低幅构造背景型、岩性尖灭型和地层岩性型等类型，其中低幅度构造圈闭是最主要的含油气圈闭类型。识别隐蔽油气藏通常难度很大，必须综合多种地质和地球物理识别和描述方法。因此，研究前陆盆地斜坡带复合型隐蔽油气藏的成藏规律，形成一套适用于低幅度构造及地层-岩性圈闭的识别和描述技术，对于加快剩余油气资源的勘探步伐，提高钻探成功率，具有重要的理论和现实意义。

19.5.4 前缘隆起带的油气分布

前缘隆起带可以与克拉通古隆起叠合，为沉积与侵蚀交替区，沉积速率较低，厚度较薄，因此可以将勘探层位延深至前隆带下伏的碳酸盐-蒸发岩层序中，如塔里木盆地的塔北隆起与四川盆地的川中古隆起。

前缘隆起带是油气运移的有利指向区，可形成与正断层相关的断背斜、断块等构造油气藏以及不整合面油气藏等。它是在整体挤压构造背景下，作为对岩石圈受构造侵位产生挠曲变形的均衡补偿而发育的正向张性构造单元，如台湾前陆盆地、喜马拉雅前陆盆地、库车前陆盆地前缘隆起带发育的正断层，从而发育与正断层相关的构造圈闭，如塔北隆起断鼻、断背斜油藏，且在接受沉积时，沉积地层直接覆盖于被动大陆边缘倾斜的基底之上，形成不整合面圈闭，如在东委内瑞拉盆地中的地层油藏 Orinoco 重油带。正断层及不整合面是前缘隆起带油气运移的主要通道，油气可发生侧向和垂向运移。

由于前陆盆地系统在演化过程中，前缘隆起带往往会发生迁移且被夷平，加之上覆地层厚度较小，因此成藏的关键是有良好的封盖和保存条件，否则，运移至此的油气易遭受氧化、生物降解。如在东委内瑞拉盆地 Orinoco 重油带上覆地层厚度小，在最浅处地层厚度才 610 m，其主要储集层（中新统 Oficina 砂岩）未完全成岩，因此易遭水洗、氧化；西加拿大盆地的 McMurray/Wabiskaw 重油油矿成因与东委内瑞拉盆地 Orinoco 重油带相似，McMurray 组和 Wabiskaw 段埋深浅，甚至暴露于地表，且其成岩性差，原油易于氧化、降解。

前缘隆起的迁移使得油气运移指向区不断变化，因而需恢复油气运移时期前缘隆起的位置，以明确其对油气聚集的控制作用，且由于前缘隆起的迁移是对地壳挠曲形状变化的响应，而地壳挠曲的波长和振幅不断变化，因而前缘隆起带会发生构造反转，且在迁移过程中，隆起会不断被剥蚀夷平，使得原始建造的油气藏被改造甚至破坏，因此对前缘隆起带的成藏研究还必须考虑后期的构造改造。综上所述，前缘隆起带是在整体挤压构造背景下，作为对岩石圈受构造侵位产生挠曲变形的均衡补偿而发育的正向张性构造单元，从而发育与正断层相关的构造圈闭，且在接受沉积时，沉积地层直接覆盖于被动大陆边缘倾斜的基底之上时，形成不整合面圈闭，正断层及不整合面是前缘隆起带油气运移的主要通道，油气可发生侧向和垂向运移。

值得指出的是，张明辉等（2013）将前陆盆地分为逆冲-褶皱带和前渊-斜坡带两个构造单元进行油气储量统计，结果表明波斯湾盆地、东委内瑞拉盆地和西加拿大盆地的逆冲-褶皱带、前渊-斜坡带均有油气分布，但主要分布于前渊-斜坡带。波斯湾盆地逆冲-褶皱带内仅富集盆地 4.6%的油气可采储量，东委内瑞拉盆地 8.7%的油气可采储量分布于逆冲-褶皱带，西加拿大盆地也仅有少量油气分布于逆冲-褶皱带。

19.6 前陆盆地的地层单元与油气分布

解国军等（1999）讨论了前陆盆地油气在时间上的分布，认为从盆地演化周期的角度来分析，前陆盆地的演化可分为前-前陆盆地阶段、前陆盆地阶段和后-前陆盆地阶段。前-前陆盆地演化阶段一般为被动陆缘沉积的特点，沉积速率较低，油气成藏条件不活跃，不利于油气藏形成；前陆盆地演化阶段是前陆盆地的定型期，盆地沉降和沉积速率高，沉积厚度大，是油气的主要成藏期，油气成藏的建造与破坏过程共存；后-前陆盆地演化阶段，盆地的建造过程停止，表现为区域性抬升剥蚀，油气成藏的主要特点是油气的内部调整和保持。基于油气成藏期和前陆盆地的演化特点，现今活动的前陆盆地以晚期成藏为主，对于早期形成的稳定的前陆盆地，以早期成藏为主。中国西部前陆盆地晚期成藏特点明显，但在相对稳定的构造单元中可能保存早期形成的油气藏。

19.6.1 前陆盆地演化的生命周期与油气分布

油气藏的存在是一种动态的地质现象，是建造与破坏过程的统一体。从盆地演化的角度分析，盆地中油气藏的建造与破坏过程是认识盆地中油气藏形成与分布规律的关键。以前陆盆地为例，应从它的生命演化周期来探讨油气成藏的规律。从石油地质的角度认识一个前陆盆地，应把它看作复合构造与沉积演化的统一体。依此，一个完整的前陆盆地生命演化周期应历经前-前陆盆地演化阶段（孕育阶段）、前陆盆地演化阶段（发展阶段）以及后-前陆盆地演化阶段（停滞阶段）。

19.6.1.1 前-前陆盆地演化阶段

前-前陆盆地演化阶段是前陆盆地演化发展的孕育期，普遍表现为伸展环境下的被动大陆边缘沉积。北美西部的落基山区从前寒武纪到中侏罗世期间一直处于这一阶段，形成了一个分布广泛的以碳酸盐岩为主的大陆架冒地斜沉积体系；北美东部的阿巴拉契亚盆地从前寒武纪到早奥陶世也为被动大陆边缘环境，沉积以陆架碳酸盐岩和泥质斜坡相为主；阿拉伯地台东北部从寒武纪到始新世一直处于比较稳定的陆棚沉积环境中，是构成扎格罗斯前陆盆地至关重要的物质基础。此阶段的主要特点是构造环境稳定，沉积速率不高。根据单旋回盆地论的观点来看，这一阶段应是一个单独发展的完整的沉积盆地，然而，之所以把这一阶段称为前陆盆地演化发展的孕育期，是因为这一阶段与以后前陆盆地的发展有着紧密的联系，它提供了随后发育的前陆盆地油气生成的物质基础（前陆盆地中一半以上的源岩层位于前-前陆盆地沉积中，同时，前陆盆地中油气聚集的许多重要储层也位于这一沉积建造中）。

19.6.1.2 前陆盆地演化阶段

当外来地体或造山楔加积于被动大陆边缘时，构造环境由张性开始转变为压性，从此便进入前陆盆地演化阶段。这一时期是前陆盆地的发展阶段。当冲断楔推进，并位于大陆边缘时，导致岩石圈下弯，在克拉通的一侧产生挠曲沉降。在初始阶段，一般形成深水前渊，冲断带上的剥蚀产物被带向盆地并在前渊内形成以深水沉积为主的复理石建造。随着挤压和造山作用的不断进行，造山楔推向盆地方向，形成一系列逆掩断层控制的逆冲楔。来自造山带的大量剥蚀产物迅速堆积在盆地内，使盆地逐渐变浅，开始是浅海磨拉石相沉积，最终形成陆相磨拉石相的河流与煤系地层。在前陆盆地的发展阶段，盆地以快速的沉降和沉积为特征。

19.6.1.3 后-前陆盆地演化阶段

当引起前陆盆地发展的构造运动结束时，盆地便进入后-前陆盆地演化阶段。由于引起前陆盆地发展的积极因素——构造挤压力的解除，盆地由演化的建造阶段过渡到停滞阶段。后-前陆盆地演化阶段的特点是盆地受后期构造运动的影响微弱，整个盆地均衡抬升，遭受剥蚀；仅局部地区接受沉积，但沉积厚度一般很小，并常被不整合面所分割，总体上对盆地影响不大。美国的阿巴拉契亚前陆盆地、沃希托前陆盆地及俄罗斯的伏尔加-乌拉尔前陆盆地自海西运动结束后，便进入后-前陆盆地的演化阶段；北美的落基山前陆盆地在拉拉米造山运动结束后也进入这一演化阶段。这一阶段是前陆盆地走向自然衰亡的阶段。在理想的情况下，盆地持续抬升的结果是构成前陆盆地的物质基础会剥蚀殆尽，从而走完一个前陆盆地的整个生命历程。然而由于地壳是时刻活动着的，所以经过后-前陆盆地演化阶段而走向生命尽头的前陆盆地并不常见，最有可能的情况是在后-前陆盆地演化阶段的某一时刻，盆地的自然消亡过程被新的构造运动打破。

综上所述，按前陆盆地演化阶段，典型前陆盆地的油气潜力具有如下特点。

（1）在前陆盆地形成之前有被动陆缘发育阶段

典型的前陆盆地都有一个从伸展陆缘到聚敛、碰撞的演化过程。因而都发育在被动陆缘之上。被动陆缘一般为良好的深水页岩和浅海碳酸盐岩的沉积场所，有着良好的烃源岩，对前陆盆地的油气丰度有重要的控制作用。

（2）具有3个完整的沉积演化阶段

在早期深海-半深海复理石沉积阶段，主要为深海-半深海泥质和浊积岩沉积物，是良好的烃源岩发育阶段。在中期海相磨拉石沉积阶段，主要发育滨-浅海相的碎屑岩沉积物及在闭塞环境下的碳酸盐岩、蒸发岩沉积物，可形成良好的储集层和盖层。在晚期陆相磨拉石沉积阶段，主要发育陆相的冲积沉积物和河湖沉积物。

（3）海相沉积物在演化中占据重要地位

海相沉积物存在与否是影响前陆盆地油气潜力的重要因素之一。

（4）逆冲带的多旋回逆冲作用控制了沉积旋回

前陆盆地沉降为相邻构造带冲断负载引起的挠曲下沉。逆冲作用可以是多期的，造成前陆盆地存在多个沉积旋回，从而可形成多套生储盖组合。

（5）盆地剖面具不对称性的结构单元

前陆盆地从造山带向克拉通依次由4部分组成：褶皱-冲断带、前渊、前陆斜坡、前缘隆起。这些部分对前陆盆地的油气生成与聚集具有不同的作用。

（6）前陆盆地的油气潜力主要取决于下伏的被动边缘沉积物发育程度和保存条件

在大多数前陆盆地，其油气主要集中于下伏的被动陆缘沉积中。如西加拿大盆地，55%的油气聚集在下伏的泥盆系碳酸盐岩生物礁层系中，其中大约12%分布于密西西比系中，石炭系和二叠系占15%，三叠系和下侏罗统占7%，几乎占了盆地油气的绝大多数；在碰撞之后的中侏罗统-古近系仅占极小部分，且多为小规模油气田。

（7）在盆地晚期形成的前渊沉积物有利于早期沉积物的埋藏、成熟和保存

在一些发育完整的前渊层序的盆地中，前渊阶段的沉积物对油气的形成也具有较大贡献。前渊阶段初期的快速沉降和中期的进一步加深，以及这两个阶段形成的浅水至深水沉积有利于早期沉积的迅速埋藏、成熟和保存。盆地晚期快速沉积形成的磨拉石建造更加强了这一作用，同时也提供了形成良好地层圈闭的沉积环境，特别是前渊内侧的克拉通斜坡上的沉积环境，除少数基底隆起的影响之外，大部分为平缓倾斜的斜坡，随海平面升降变化和岩相、岩性变化，易形成地层圈闭。

19.6.2 前陆盆地的演化周期与油气藏的建造和破坏

油气藏的形成与分布特征和盆地的演化阶段密切相关，在盆地的不同演化阶段，油气藏的建造与破坏特征是不相同的。现在呈现在我们眼前的前陆盆地所处的演化阶段并不相同，有些早期发育的已进入后-前陆盆地的发展阶段，而新生代才开始建造的前陆盆地还正处于前陆盆地的发展阶段。由于盆地在演化的动态过程中成藏的基础和条件在不断变化，因而使得现今处于不同演化阶段的前陆盆地油气特征不尽相同。在前陆盆地发展的孕育期，由于被动边缘区地热流较低，使得此阶段沉积的源岩基本上没

有达到成熟，油气成藏条件不活跃。在前陆盆地发展期的构造运动中，先期形成的油气藏被卷入后期的变动中而遭受调整和破坏，所以存在于前陆盆地中的前-前陆盆地演化阶段形成的油气藏是不常见的。对于前陆盆地中油气藏的特征影响深刻的时期是前陆盆地演化的后两个阶段，并且在这后两个阶段中油气藏的建造和破坏特征也各有不同侧重。

19.6.2.1 前陆盆地发展阶段的油气成藏特点

源岩的成熟特点和圈闭形成的特点决定了前陆盆地内的油气藏主要形成于前陆盆地的发展阶段。

（1）圈闭

前陆盆地内的圈闭主要有位于褶皱-冲断带地区的与逆冲挤压有关的构造圈闭，以及形成于前陆斜坡及前缘隆起区的地层圈闭、构造圈闭及地层-构造复合圈闭。而这些圈闭大部分都形成于盆地的前陆发展阶段。在山前褶皱-冲断带地区，被卷入挤压构造的地层既可以是后-前陆盆地发展阶段的，也可以是前-前陆盆地发展阶段的，然而这些圈闭无疑都是前陆盆地发展时造山带向前陆区逆冲挤压的结果，而且有意义的圈闭形成的时间趋于年轻化。在前陆斜坡及前隆区，形成的圈闭多数也是前陆发展作用的结果，如由于前陆板块的向下挠曲及相对海平面变化建造的超覆-退覆层序中的地层圈闭，由于前隆剥蚀并被后来地层覆盖的超覆不整合圈闭，以及由于前陆板块向上挠曲引起的正断层圈闭。当然，在前陆盆地中也会存在形成较早的圈闭，如西加拿大前陆盆地中泥盆系生物礁圈闭以及扎格罗斯前陆盆地中的盐拱构造圈闭、披盖压实构造圈闭。然而这些圈闭都会或多或少地受到后期盆地发展演化的影响。

（2）源岩

前陆盆地发展的地质动力学特点直接影响了盆地埋藏史和热演化史。前陆盆地的演化从早期的被动大陆边缘沉积阶段到后期的前陆盆地发展阶段，反映在埋藏史曲线上，为初始的缓慢沉降和沉积到后来的快速沉降和沉积。最具影响力的活动事件是引起构造环境发生根本转变的造山运动，造山楔的加积和冲断引起了前陆板块快速沉降及随之而至的快速充填。盆地内源岩在快速埋藏的条件下迅速达到成熟。根据传统的源岩演化、油气生成理论，认为有机质向烃类转化是时间和温度的函数，两个变量间存在互补的关系，温度不足可以由延长时间来补偿，而温度升高可以缩短源岩达到成熟所需的时间。Yukle 等（1984）认为盆地的增温率（温度随时间的变化率）是有机质成熟度和烃类生成的决定性因素，生油层的增温率大，则达到生油高峰的时间变短，且所需的源岩成熟度降低。Akgul 等（1992）研究安纳托利亚东南前陆地区时发现盆地增温率在中始新世之前是低的，之后（处于前陆盆地发展阶段）才增大。这一现象是前陆盆地发展演化的普遍规律，即前陆盆地在其前陆发展过程中，地层温度具有随盆地演化快速升高的特点。这一特点决定了前陆盆地中的源岩在前陆演化这一相对短的时间段内能够迅速地成熟，形成集中的生排烃期，从而形成了前陆盆地阶段油气大规模运聚的条件基础。

（3）油气成藏

从前陆盆地发展阶段圈闭形成特点和源岩成熟特点可知，这一阶段是前陆盆地的主要成藏期。同时应当认识到，在前陆盆地发展阶段，盆地是处在一个不断向克拉通方向运动的过程中，活跃的构造运动使油气藏一直处于一种建造、调整与破坏的动态演化过程中。在造山楔向克拉通方向推进的过程中会不断地产生新的圈闭（尤其在褶皱-冲断带的前缘），在其形成过程中得到油气的供应，形成新的油气藏（建造过程），与造山推覆有关的褶皱-冲断带中先期形成的油气藏会被不断地卷入更强烈的褶皱变形中，其中所储存的油气或是向上运移并消失于地表，或是以再运移的方式聚集于新近形成的圈闭中（破坏过程），同时还存在着破坏与建造相统一的油气藏调整过程。

19.6.2.2 后-前陆盆地阶段的油气成藏

在前陆盆地中圈闭的定型期、源岩的主要成熟期是在前陆盆地的发展阶段。应该说，前陆盆地的演化从发展阶段过渡到停滞阶段的时刻起，圈闭的建造过程就几乎停止了，然而，源岩的热演化却没有停止，尽管由于盆地埋深停止并有所抬升而使源岩热演化速度变慢，但并不能阻止盆地深部源岩热成熟的进一步深化，同时盆地中比较靠上的层段及埋藏较浅的前陆斜坡区的成熟相对滞后的源岩，在后-前陆盆地演化阶段时间因子的作用下逐渐成熟。后-前陆盆地演化阶段油气成藏的主要特点是气藏的建造及相应的油藏的破坏。其主要作用机理为：①前陆盆地演化的停滞阶段，随着盆地深部源岩成熟度的升高而进入生气窗，生成的烃类气体由于差异聚集作用会排掉靠近生气窗区域的油藏中的油。②深部油藏中的石油在持续高温作用下裂解成气。③由于抬升作用，溶解于地层水中的天然气在压力降低的情况下会析出成为游离态的气体。由于上述3个方面的原因，使得进入后-前陆盆地演化阶段的前陆盆地明显地以富气为特征，且由前陆斜坡区向前渊区甲烷组分的比例逐渐增加。同时烃类在相态分布上表现为斜坡和前隆区聚油，前渊区聚气的特征。另外，由于盆地的整体抬升剥蚀作用，使得盆地中油气藏不能很好保存下来，有遭受破坏的危险。

19.6.2.3 前陆盆地油气成藏期与油气保存

油气是流体，特点是活动性强。条件符合，它们汇聚成藏；若条件改变，它们也非常容易散失。板块构造理论认为，地壳的活动性是一般的规律，活动的地壳性质使得某特定的油气藏成为一种短暂地质现象存在。Macgregor（1996）认为世界上的绝大多数石油储量（>75%）是在最近的75 Ma期间形成的，如果只考虑非降解的轻质油资源，那么比例可达到90%。对这个事实，合理的解释是许多先期存在的油田在全球构造活动中受到了破坏。Miller（1992）把世界内油气藏比作放射性物质，认为油气藏的破坏过程类似于放射性物质的衰变过程，并认为最近的3个半衰期平均为29 Ma。所有这些均说明了一点，世界上现存的油气大多具有晚期成藏的特点。从保持油气的角度看，油气晚期成藏无疑是十分有利的。从现今的前陆盆地来看，晚期成藏作用是十分明显的，如扎格罗斯前陆盆地分布的新近纪-第四纪构造中油气的聚集，以及白垩系储层中的油气通过裂缝向渐新统-下中新统阿斯玛里群碳酸盐岩储层中的运移现象都说明了这一点。另一方面，晚期成藏的有利性并不排斥早期形成油气藏的保持。

我们所说的现今油气大多存在于晚期形成的油气藏中只是从统计学的角度来考虑的，这并不能排除有一部分早期形成的油气藏在条件符合的盆地中被保留下来。Perrodon

（1995）认为大多数最富的油气系统以具有非常有效的盖层或比较晚的油气供应期为特征。所以说油气得以保持的根本是保存因素，如果不考虑盖层因素，则晚期成藏的优越性是明显的；如果不考虑成藏期，那么稳定的构造环境及良好的盖层条件对于油气的保持是至关重要的。进入后-前陆盆地演化阶段的前陆盆地构造活动比较微弱，如果再加之以良好的盖层条件（如盐岩盖层），大量早期形成的油气藏将会得到很好的保存（如海西期的伏尔加-乌拉尔前陆盆地及美国的二叠盆地）。能够自然地经历完整的演化周期并消亡的前陆盆地极其少见，绝大多数会由于后期构造运动的影响而消亡。在这种情况下，原有的油气藏在新一轮的构造运动影响下比较容易被破坏掉，这使得寻找被卷入新的构造运动中的前陆盆地残余原生油气藏十分艰难。针对我国西部前陆盆地的特点，前人曾提出后期构造运动对原生油气藏的破坏作用包括以下几个方面。

（1）充注断层和散逸断层

充注断层是指连接烃源岩与储集层之间的断层，散逸断层是指穿过最浅处区域盖层的断层。前者保证油气有良好的运移通道，后者则影响区域盖层被断穿，导致油气部分或全部散失。

（2）地壳抬升和区域盖层遭剥蚀的状况

如构造运动剧烈，地层抬升过高，区域盖层遭受剥蚀，油气藏则遭受破坏，如龙门山、祁连山、南天山、北天山褶皱-冲断带，老地层出露地表，油气已不复保存。在前陆盆地缓坡区，油气沿单斜层上倾方向运移至地表，地表水进入储层使原油遭受生物降解和氧化，可形成沥青封闭油藏。

（3）生储盖层组合的时空跨越

这种跨越是指烃源岩成熟期与圈闭形成期的时间间隔长短和烃源岩至储、盖层的空间距离。显然自生、自储、自盖的油气藏时空跨距小，有利于油气的聚集和保存。相反，下生的和多期上储的油气藏时空跨距大，特别是其中烃源岩成熟期后遭遇剥蚀，会导致少部分或部分油气散失，现存的油气量部分是靠烃源岩剥蚀后再埋藏二次生成的。

（4）油气藏的形成时间与油气聚集、保存的动态平衡

薛良清等（2005）曾指出，在中国中西部前陆盆地寻找油气藏，要特别注意新近纪以来定型的大型圈闭，晚期成藏的圈闭油气受破坏程度要相对低一些，特别有利于形成大规模的天然气藏。

19.7 前陆盆地的油气成藏特征

前陆盆地和非前陆盆地沉积演化叠加形成了前陆盆地不同的盆地组合类型。前陆盆地构造作用动力、滑脱层、岩层组合、边界条件控制了冲断构造位移量的传播和消减方式，也控制了构造变形样式。不同类型的盆地演化控制了烃源岩、储集层分布的差异性以及油气资源的富集程度。全球在前寒武纪和古生代发育克拉通盆地，在中-新生代发育裂谷、被动大陆边缘盆地和前陆盆地。从盆地类型上看，美国地质调查局年公布的数据，前陆盆地油气资源非常大，石油资源量约占46%，天然气占29%（表19.8）。

表 19.8　三大富油气前陆盆地可采储量层系分布统计

盆地名称	储集层	原油 $10^8\ m^3$	天然气 $10^{22}\ m^3$	凝析油 $10^8\ m^3$	油当量 $10^8\ m^3$	所占比例 %
波斯湾盆地	新生代前陆盆地层系	116.4	3.8	2.5	154.3	6.1
	中生代被动陆缘层系	1408.7	82.4	116.9	2297.2	91.0
	前中生代被动陆缘层系	23.2	4.4	8.3	72.3	2.9
东委内瑞拉盆地	前陆盆地层系	379.3	0.4	3.7	424.0	95.1
	被动陆缘层系	14.8	0.1	0.7	22.0	4.9
西加拿大盆地	前陆盆地层系	292.6	0.3		323.1	90.3
	被动陆缘层系	17.1	0.2		34.9	9.7

（张明辉等，2013）

19.7.1　前陆盆地的构造背景及其对油气成藏的控制作用

前陆盆地的板块部位，尤其是板块边缘的作用可能与前陆盆地及褶皱带的形变类型有较大的成因关系。前陆盆地聚集沉积物的时间长度也是不同的，部分前陆盆地的沉积集中在较短的时间段内（如东委内瑞拉前陆盆地和扎格罗斯盆地），而其余的则时间相对较长。现存的大多数前陆盆地都是中生代和新生代盆地，并与现存的山脉相伴随。这类山脉带有些目前仍在进行挤压形变和逆冲推覆活动，属这种类型的有与东委内瑞拉前陆盆地有关的科迪勒拉山脉、与扎格罗斯前陆盆地有关的扎格罗斯山脉等；而有些山脉带目前已经不再活动了，如西加拿大和美国落基山山脉。有一点相当重要，即扎格罗斯以及东委内瑞拉这两个石油储量最丰富的前陆盆地，在发育阶段都位于低纬度区域。其余的条件都相似（如陆源碎屑输入量都较低），低纬度位置条件可能以快速的有机质生成以及高保存能力为特征。Ⅱ型海相有机质类型、破裂的碳酸盐岩储层和广泛发育的蒸发岩盖层组合在一起，再加上有非常大规模的储层，这些条件的综合使扎格罗斯前陆盆地成为具有目前这种规模的石油产能。

19.7.2　前陆盆地的地层序列及其对油气成藏的控制作用

前陆盆地地层序列是指典型的上覆于被动型大陆边缘之上的沉积物。根据前人研究成果可以获得如下初步认识：①富油气的前陆盆地的早期充填都由较深水的海相页岩和浊流沉积组成。这些沉积向上都变成受造山带构造活动与全球性海平面变化控制的重复的旋回性地层。它们是控制前陆盆地烃源岩和储集层特性、质量和分布范围的主要因素。②富油气的前陆盆地均为被动陆缘之上发育的前陆盆地，被动陆缘层系和前陆盆地层系内均有产层。③新生界前陆盆地中 94.0%的油气分布于扎格罗斯盆地，这些油气主要源自被动大陆边缘期的烃源岩，少量源自前陆期烃源岩。④东委内瑞拉盆地和西加拿大前陆盆地（图 19.9）的油气层系分布于前陆盆地层系。

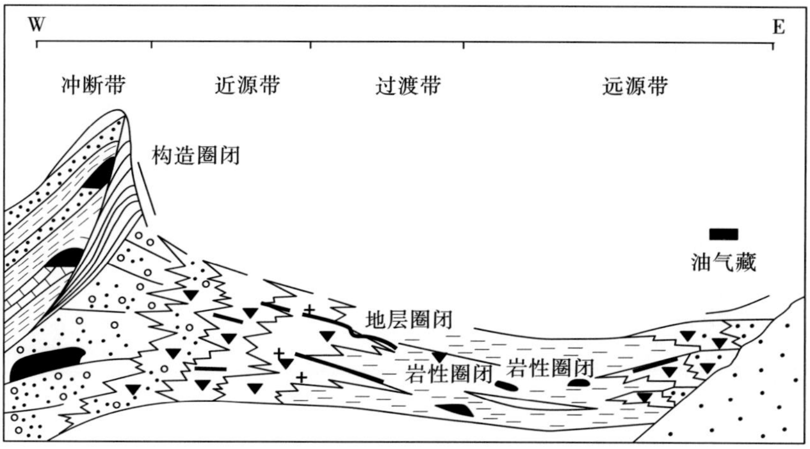

图 19.9　西加拿大前陆盆地油气藏类型分带模式图
（据 Barsly et al.，1992）

19.7.3　前陆盆地的烃源岩

烃源岩层的特性（包括类型、丰度、厚度、分布范围和成熟度）是盆地油气生产能力的关键因素。前陆盆地的烃源岩主要来自两个方面：一是前陆盆地沉积层序的烃源岩；二是前陆盆地形成前沉积层序中的烃源岩。多数前陆盆地的烃源岩发育在前陆盆地前期地层内，主要是在被动边缘沉积以及前陆盆地本身的层系中生成的。前陆盆地中最富的烃源岩是在缺氧环境中形成的海相页岩凝缩层段，通常为Ⅱ型海相有机质，总有机碳含量达到3%~30%。此外，烃源岩常与前陆盆地类型有关。如在弧后前陆盆地中烃源岩主要来自前期弧后裂谷盆地中细粒烃源岩，在周缘前陆盆地中烃源岩则来自前期被动大陆边缘沉积的烃源岩，陆内前陆盆地中烃源岩则来自克拉通盆地内的烃源岩及陆相沉积的烃源岩。

19.7.4　前陆盆地的储层

Macqueen（1992）曾对比了6个典型前陆盆地的圈闭、储集岩相和盖层。结果表明：①砂岩是大多数前陆盆地的储层，并形成地层圈闭。如西加拿大前陆盆地（图 19.10）、美国落基山前陆盆地、阿拉斯加北坡前陆盆地、东委内瑞拉前陆盆地等，这些圈闭的几何形态、地层部位、分布等均受海进、海退、低水位期河流深切作用等因素相互作用的控制，同时还受到各期造山事件控制的构造作用的影响。②碳酸盐岩是一些前陆盆地的储层。如扎格罗斯前陆盆地与褶皱带内的所有储层分布在宽阔的背斜内，这类背斜是新近纪至第四纪挤压褶皱期形成的。最大的 Kabir Kuh 山背斜（长 190 km，宽度 6~10 km），它是真正的巨型构造。褶皱引起的破裂也在碳酸盐岩层系中形成了连通性好的储集层，这类破裂作用对沉积岩产生强烈的改造。而上覆的蒸发岩层是非常好的盖层。大范围的碳酸盐岩分布，碳酸盐岩层有效的孔隙度和渗透性，以及蒸发岩层有效的封堵，这些因素的结合使其成为世界各盆地中产量最高的油气藏。

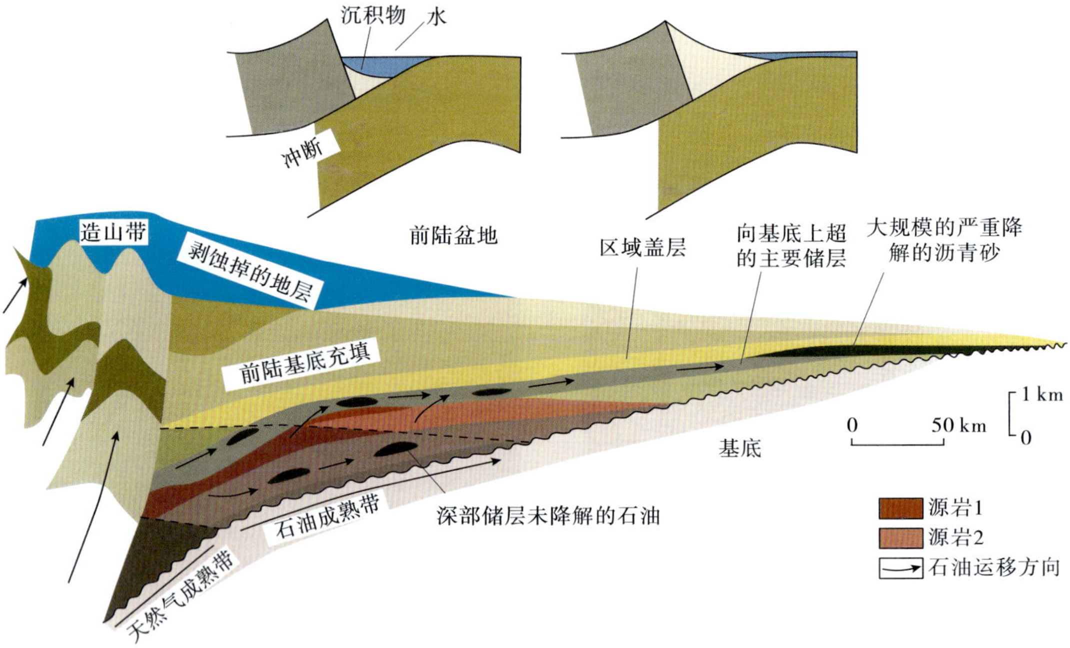

图 19.10 西加拿大前陆盆地非常规油气资源分布图
（转引自吴因业等，2011）

19.7.5 前陆盆地的盖层

有无良好的区域性盖层是石油天然气能否保存下来的根本保证。如在扎格罗斯前陆盆地中中新统下法尔斯组蒸发岩，西加拿大盆地中白垩统 Jolifou 泥岩，库车坳陷古近系库姆格列木群、新近系吉迪克组膏盐层等区域性盖层是大、中型油气田存在的重要因素。区域性盖层对于油气封存比直接盖层还要重要，如果有区域性盖层，直接盖层的好坏是次要问题，它不会造成油气散失，而只是造成油气在垂向上的多层分布（表 19.9；图 19.11，图 19.12）。

表 19.9 三大富油气前陆盆地油气可采储量与储层岩性分布

盆地名称	碳酸盐岩		碎屑岩		其他
	可采储量 $10^8\ m^3$	比例 %	可采储量 $10^8\ m^3$	比例 %	可采储量 $10^8\ m^3$
波斯湾盆地	2054.7	81.4	459.0	18.2	10.1
东委内瑞拉盆地	0.3	0.1	445.6	99.9	0.0
西加拿大盆地	34.9	9.7	323.1	90.3	0.0

（张明辉等，2013）

在前陆盆地中区域性盖层是不均衡的，在缺失区域盖层的地区，油气易散失，不能聚集。

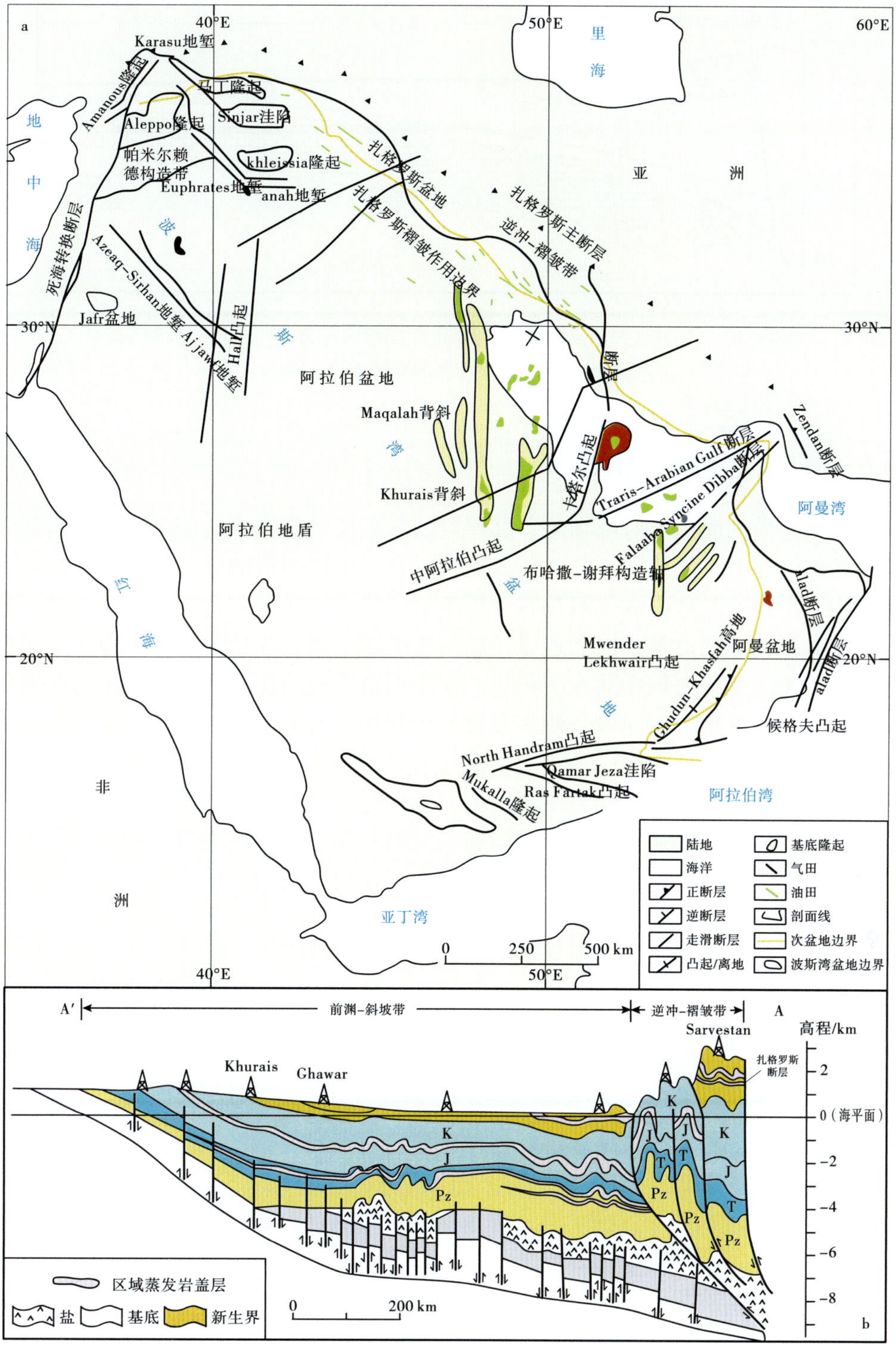

图 19.11　波斯湾盆地主要构造带和油气田分布（a）及北东-南西向剖面图（b）

（据 Beydoun，1991；转引自张明辉等，2013）

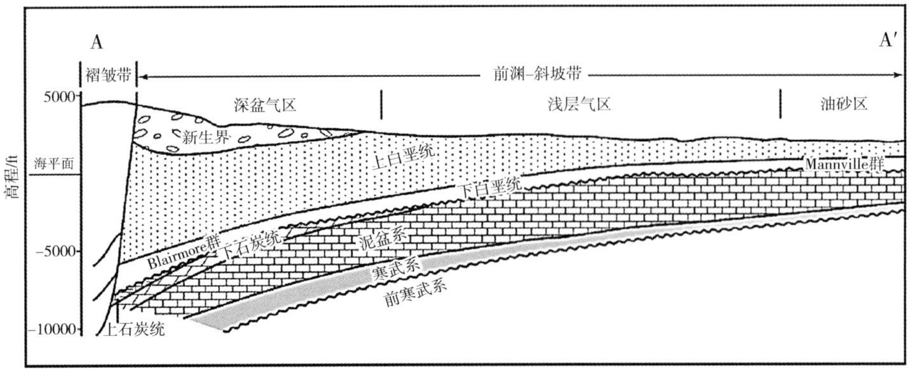

图 19.12　西加拿大前陆盆地油气分布和东西向剖面图（1 ft=30.48 cm）

（据 Masters，1984；转引自张明辉等，2013）

19.7.6　前陆盆地的圈闭

前陆盆地的横剖面呈不对称坳陷，其厚层的沉积区紧靠构造变形带，并向远源方向逐渐变薄。然而，在更小的范围，各前陆盆地都有自己独特的构造样式。因此，前陆盆地的地质构造特征决定了盆地内油气藏具有多种类型的特点，在前陆盆地靠近造山带一侧受构造活动影响，是构造扰动带；而靠近克拉通一侧平缓上倾，逐层向克拉通斜坡上超覆；在盆地之下被覆盖的是早期被动陆缘沉积物，未受构造影响的部分仍保持原来的区域分布特征，一般来说，邻近构造活动带一侧多发育与冲断作用有关的构造圈闭，而在另一侧则多发育岩性、地层圈闭。

背斜构造圈闭、断层圈闭和地层圈闭是前陆盆地最普遍和最为重要的圈闭（图 19.13）。背斜构造圈闭主要为一些逆冲断层相关褶皱，分布在靠近逆冲断裂带一侧。断层圈闭既有在裂陷阶段形成的由正断层构成的断块圈闭，亦有在后期造山阶段逆冲作用形成的冲断层

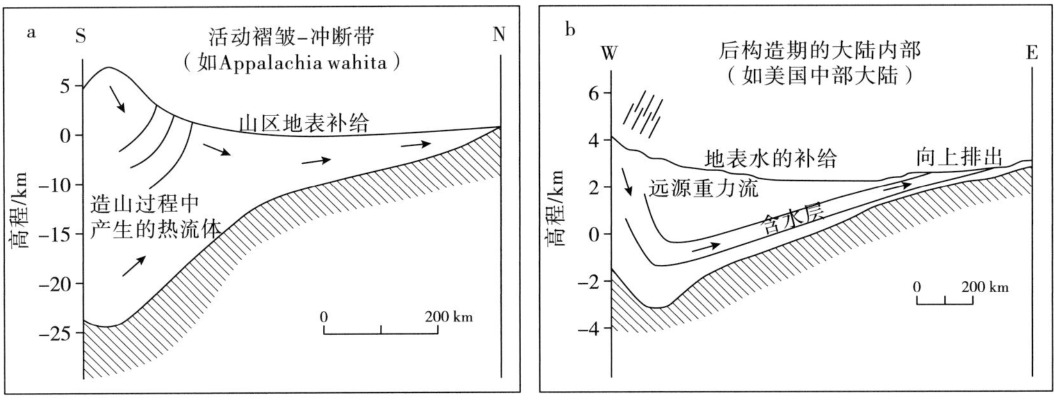

图 19.13　前陆盆地流体的迁移模式

（据 Moore，2001）

a—活动的褶皱-冲断带引起的上侵式热流体迁移（up-dip migration of hot fluids）；

b—后构造环境（post-tectonic environment）的流体迁移模式，在重力作用驱动下沿含水层的长距离流体迁移

构成的断层圈闭，以及由早期正断层反转形成的断块或在前缘隆起轴部张扭性断裂形成的圈闭等。与逆冲断层有关的断层圈闭主要发育在山前地带；与正断层活动有关的断层圈闭，一是发育在早期的裂谷盆地内，二是发育在晚期靠近地台一侧。地层圈闭主要发育在靠近克拉通一侧，因多期升降会形成多个不整合面，其地层总是向克拉通方向逐渐超覆，因此不整合类地层圈闭也是前陆盆地常见的一种重要圈闭。

19.7.7 前陆盆地的流体运移

前陆盆地的形态总体上为楔形（向着克拉通内尖灭），自造山带向克拉通方向常可划分出几个带，因逆冲断层活动、基底岩系隆起而使盆地内部结构复杂化，当基底岩系冲出地表使某个次级盆地发育于冲断层上盘时，形成背驮盆地。随冲断作用不断地向克拉通内扩展，前陆盆地（位于冲断带的下盘）不断地向克拉通方向迁移。这些特征决定了前陆盆地内的含油气带有规律地展布，这决定了盆地内含油气系统的划分。

划分盆地内的含油气系统只是指出油气可能富集成藏的趋势，常不具有直接指导勘探的意义。因为在同一个含油气系统中的不同部位（如前陆冲断带的陡坡与前隆带的缓坡），成藏条件、油气藏类型和保存条件可能截然不同。因此，除了前陆盆地的次级构造单元的划分及相应的含油气系统的划分方案外，还需要一个直接为寻找油气藏服务的、能用于指导勘探的实用性的划分方案。油气运聚单元（hydrocarbon migration-accumulation units）的概念应运而生，强调的是以一组油气藏和圈闭为中心的成藏要素和地质作用的有机组合和时空演化（图 19.14）。

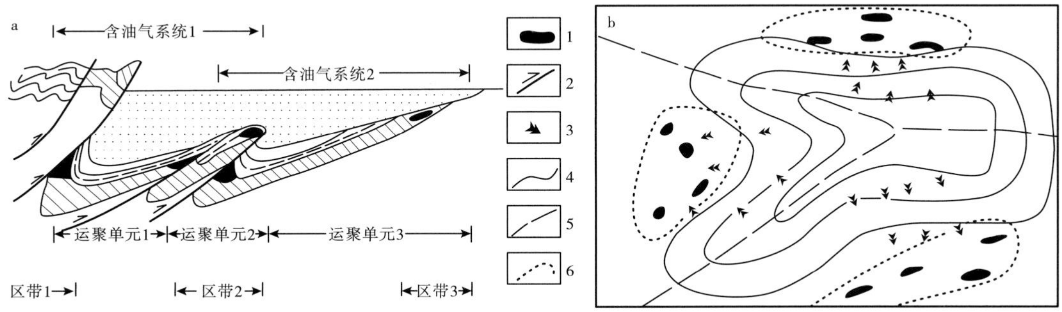

图 19.14　含油气系统与油气运聚单元

（据 Bachu，1999；转引自吴根耀等，2004）

a—以前陆盆地为例；b—一个含油气系统内包含了 3 个油气运移单元。1—油气藏；2—逆冲断层；3—油气运移方向；4—流体势等值线；5—运聚单元边界；6—区带边界

油气运聚单元具有两种不同类型的边界：一是由各种地质界线（如断裂、岩性岩相变化带、地层剥蚀尖灭带和盆地边界等）构成的自然界线；二是油气运移的“分割槽”构成的流动边界。“分割槽”据油气主成藏期主含油气层系顶面流体势图上的高势面确定，其两侧分属两个不同的油气运聚单元。即：在前陆盆地的研究中，既可以结合次级构造单元的识别划分含油气系统，也可以更强调油气运移和聚集特征而划分油气运聚单元。前陆褶皱-冲断带的变形具有十分明显的空间规律。它可分为基底变质岩系已被卷入变形的厚皮构造带（靠近地缝合线一侧）和仅有盖层沉积卷入的薄皮构造

带（靠近克拉通一侧）。据褶皱样式常可把薄皮构造带再分为箱状背斜带、梳状背斜带、挠曲褶皱带等，反映向着前陆方向变形减弱；相应地，被卷入褶皱的地层变得年轻（即层间滑动面的层位变高）。区域尺度的强烈变形只能使已生成的油气资源遭到破坏，所以油气勘探的方向应是低应变的挠曲褶皱带及梳状背斜带。具体的构造圈闭的识别则需在区域构造解析的基础上做进一步的工作，分析在地段活动强度具有有限的穿层断层和层间滑动断层及其控制的各种构造圈闭的特征。除断层传播褶皱和断层转折褶皱外，因逆冲作用形成的构造圈闭可能还有断滑褶皱、断弯褶皱、断展褶皱、背冲背斜、叠瓦褶皱和断层转折叠加褶皱等，构成一个以油气勘探为目标的应用性的褶皱分类方案。

油气运移通道是油气二次运移的关键。前陆盆地为构造活动区盆地，构造作用在盆地的形成过程中起着重要的作用。由此形成的不整合面以及断层就是层序格架内油气运移的主要通道。不整合面主要在低位体系域的底面，油气沿此面向上运移至各种体系域内的储集砂体中，因而在这一基本的运移方式下，低位体系域具有“近水楼台先得月”的优势，常成为油气优先进入的场所而富集了大量油气，而断层在形成油气藏的过程中也具有较大的意义，尤其在前陆褶皱-冲断带和前缘隆起带内，受造山带强烈挤压形成的断层也成为油气运移的主要通道而控制了油气藏的形成。而在烃源岩发育的前渊坳陷带内部的透镜状砂岩中，油气富集模式大多具有自生自储的特征，多是在同期的烃源岩中的油气进入该类砂体内而成为岩性油气藏（图 19.15，图 19.16）。

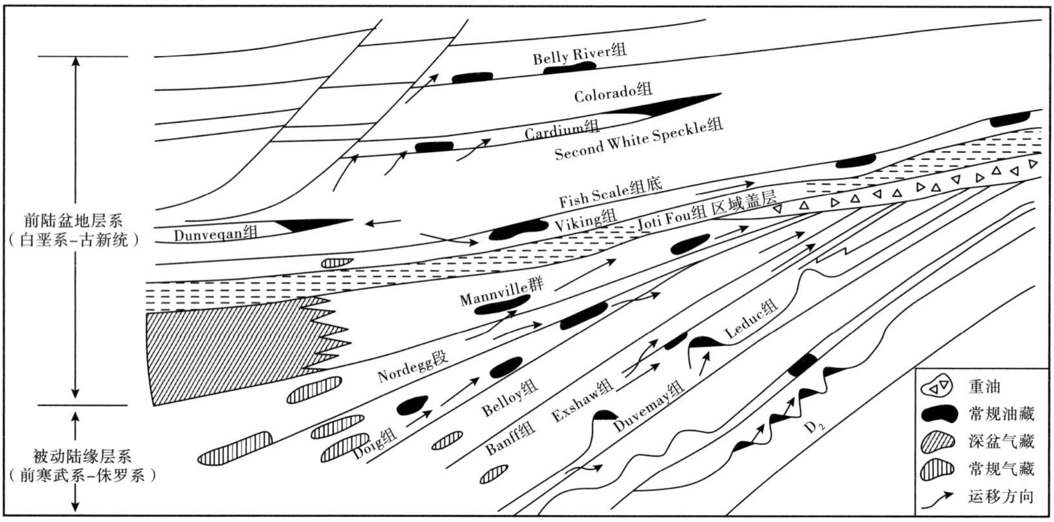

图 19.15　西加拿大前陆盆地油气运移剖面图

（据 Creaney et al.，1992；转引自张明辉等，2013）

19.7.8　前陆盆地的油气成藏特征

前陆盆地具有丰富的含油气性。世界前陆冲断带的油气勘探已有 100 多年的历史。勘探实践证明前陆冲断带的油气分布极不平衡，在某些褶皱-逆冲带（如落基山山前）已发现众多油气田或超大型油气田。在前陆冲断带复杂的地质构造背景造成了油气勘探难度

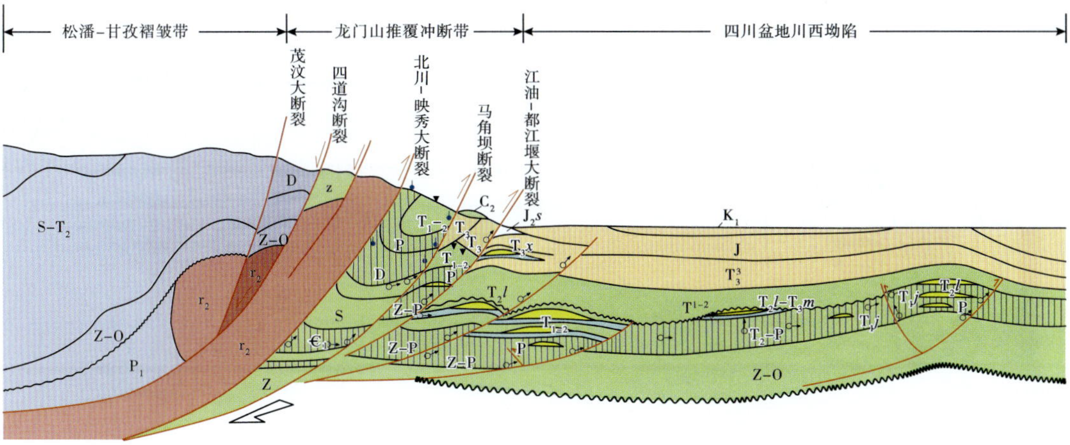

图 19.16　龙门山前陆盆地油气运移通道与油气藏预测图

大、费用高等不利因素，但并不意味着其无勘探的价值。随着勘探技术手段和认识程度的不断提高，前陆冲断带将成为未来油气勘探的新领域。

19.7.8.1　前陆盆地的油气来源

前陆盆地的主要油气源来自前-前陆盆地层序和前陆盆地层序中。波斯湾盆地 91.0% 以上的油气储量分布于被动陆缘层系，油气资源以常规油气为主；东委内瑞拉盆地和西加拿大盆地的油气则主要富集于前陆盆地层系，以非常规重油和天然沥青最为富集。区域性盖层与输导体系的配置关系是控制前陆盆地油气资源结构的主要因素。此外，由被动陆缘盆地演化而成的前陆盆地油气十分富集，具有这种演化特征的波斯湾盆地、东委内瑞拉盆地和西加拿大盆地构成了全球油气最富集的第一大、第三大和第四大盆地，这 3 个盆地拥有全球 46.1%的油气可采储量。如扎格罗斯盆地有 33 个大油田，西加拿大盆地有 10 个大油田都分布于碰撞前的被动大陆边缘地层中。中国中西部前陆冲断带前渊阶段的沉积序列中也发现了众多的大油气田，如库车盆地、准噶尔盆地西北缘等。

19.7.8.2　油气分布与褶皱-冲断带的发育特征有关

逆冲带的逆冲距离、构造活动强度与油气的分布和丰度有一定的关系（图 19.16，图 19.17），具体包括：①构造发育弱型。造山带向盆地的逆掩推覆不太强烈，推覆的原地层序不多，褶皱构造多为大型长条状同心褶皱，石油可以较好地保存于其中，如扎格罗斯山前褶皱带的丰富石油资源。②构造中等发育型。造山带向盆地的逆掩推覆距离在几十千米范围内，可有原地层序，可见双重构造和其他叠加构造。在推覆体上既可能有油也可能有气的存在，如西加拿大盆地西南麓及喀尔巴阡山。③构造发育强烈型。造山带向盆地的逆冲推覆距离在 100 km 以上，多期挤压、冲断、缩短，叠加构造和破裂构造广布，多期次变形导致早期的圈闭和盖层已遭受破坏。

19.7.8.3　油气分布与前陆盆地的结构有关

全球油气最富集的前陆盆地的油气分布特征存在明显差异，在前陆盆地的褶皱-逆冲

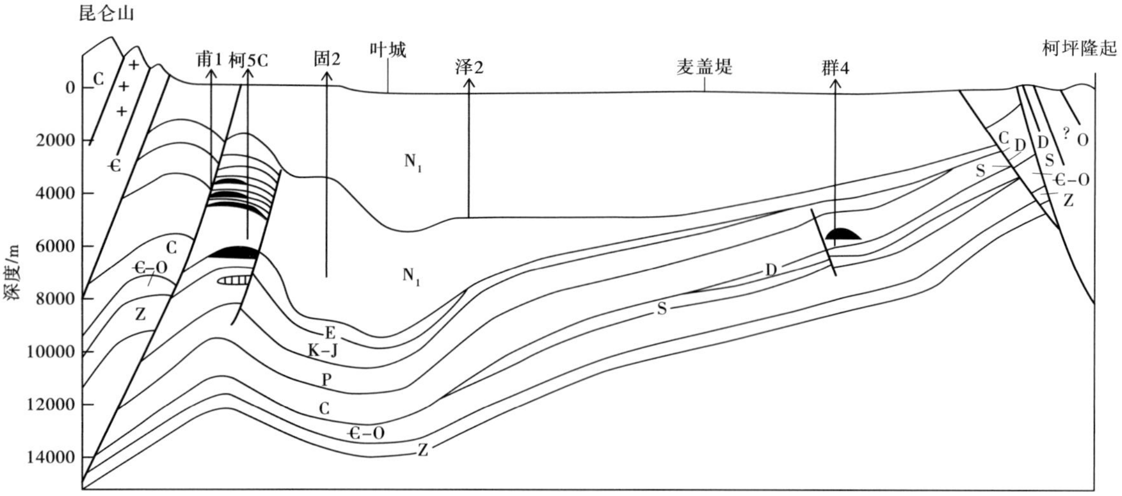

图 19.17　塔里木盆地塔西南陆内俯冲型前陆盆地构造和油气藏分布模式图
（据何登发等，1996）

带和前渊-斜坡带均有油气分布，但油气主要分布于前渊-斜坡带。前陆冲断带油气勘探表明，在构造成熟的褶皱-冲断带内，在造山带靠盆地一侧一般为石油聚集带，而在另一侧为天然气聚集带。

19.7.8.4　区域性盖层与输导体系的配置关系控制着前陆盆地的油气资源结构

在东委内瑞拉盆地和西加拿大盆地内发育适合长距离侧向运移的优质输导层（砂岩层和不整合面），使得石油可长距离运移至近地表或缺乏有效盖层的斜坡带而遭受生物降解、水洗、氧化等破坏，最终形成重油和天然沥青。

19.7.8.5　中国西部陆内前陆盆地与典型的前陆盆地具有差异性

国外典型前陆盆地经历了裂谷被动陆缘或弧后裂谷阶段，前陆盆地发育过程可以作为一个完整威尔逊旋回的重要组成部分，中国西部陆内前陆盆地则是后继的、非威尔逊旋回的陆内造山旋回产物。与世界范围内的克拉通相比，中国克拉通面积小，块体破碎，抗挤压能力差，冲断带变形强，使前陆坳陷或前陆斜坡卷入冲断褶皱变形系统，导致前陆冲断带与前陆坳陷界线不分明，代之以一系列断层相关褶皱带，从而构成与常见前陆冲断带地质结构上的明显差异。

19.8　前陆盆地油气勘探面临的挑战与勘探前景

19.8.1　前陆盆地油气勘探面临的挑战

19.8.1.1　逆冲-褶皱带与前陆盆地的形成和演化

主要是增加对前陆盆地及褶皱带的形成和演化等有关基础问题的理解。

（1）板块构造对前陆盆地的控制作用

板块构造的部位是如何具体影响前陆盆地发展的，即有关沉积楔状体的构造脉动、沉降和载荷演变史、层序变形事件、地体并入事件以及褶皱作用和断裂作用的形式和几何形状等方面的问题。在有些前陆盆地和褶皱带中，板块边缘作用对这些因素起到了极强的控制作用。前陆盆地沉积楔状体与地体并入事件对应关系的模式尚有待证实。前陆盆地沉积楔状体与板块俯冲和动力地形负载之间的关系有待进一步研究。

（2）岩石圈对前陆盆地的影响

所有的沉积盆地是岩石圈的地貌。因此，对沉积盆地的起源以及演化的完整理解，包括对前陆盆地和褶皱带，必须考虑岩石圈所起的作用，诸如应力、各种物理的和化学的特性，与深度和时间有关的流变学特性、热演化以及其他因素。深层反射和折射地震剖面以及各种可用的技术（重力、电磁场、大地电磁测量法等）为阐明沉积盆地之下岩石圈的目前状况提供依据。更深入的研究是以更逼近深部特性为特征，尤其是在模拟沉积盆地成因和发展中要考虑岩石圈的特性及其在整个盆地形成过程中的作用。

（3）下伏的地壳对前陆盆地的影响

在前陆盆地发展过程中，特定的前陆盆地下伏的地壳所起的作用与产生的影响（和贡献）是什么？在油气充注过程中，下伏岩系对于前陆盆地起到了重要作用。沉降史以及断层位置和其性质等因素起到了什么作用呢？有证据说明下伏前寒武纪克拉通的构造演化和构造发育可能对前陆盆地中断层发育的位置和时间有影响，甚至对碎屑沉积时海岸线分布位置也有影响。所有的前陆盆地都存在类似亟待回答的难题。

（4）前陆盆地与同期造山带的关系

古老前陆盆地与盆地外同期造山带的横向关系如何？这是一个难于解决的问题，因为大多数古老前陆盆地和同期造山带已经被新的地层或构造所掩盖或破坏。

（5）前陆盆地层序地层与全球海平面变化、构造事件之间的关系

在前陆盆地层序地层框架的形成过程中，全球海平面变化与（相对的）局部构造事件之间是什么关系？地震地层学促进了层序地层学中一些概念的产生，而在鉴别、对比以及改进方面仍有许多概念有待提供。这类调查研究的关键之一是应用生物地层学、放射性数据、地磁反向时序等方法，对层序界面的时间意义进行更好的认识。

（6）前陆盆地沉降中心迁移及其控制因素

板块构造和区域构造活动是如何控制前陆盆地发育，并使盆地的沉积中心在发育过程中不断迁移的呢？在前陆盆地中油气聚集区的迁移已经引起注意，很明显，要明确这些问题只有在勘探中获得更多的全球和区域事件及这些事件发生时间等方面的资料。

（7）前陆盆地的沉降史、热演化史和流体流动史及其控制因素

可以从前陆盆地的沉降、热演化以及流体流动等状态方面了解到什么？尚需加强成熟度和流体流动等领域的研究，包括裂变径迹研究，以便更好地约束热演化和沉降史。前陆盆地内经过地貌驱动流体流动的热传递数据方面目前尚无一致结论。但它对已经发生的油气成熟和运移有影响。

19.8.1.2 前陆盆地油气生成和分布

Carmalt 等（1986）在列出的509个巨型油气田（具有可采石油储量 $79.5\times10^6\ m^3$ 或相当于这些石油的天然气藏为巨型油气田）表中，将其中211个油气田归入“前渊和下伏地台型沉积”类型，包括前陆盆地型。Carmalt 等（1986）认为最有利的油气区位于：“陆壳之上，但分布在与碰撞带有关的活动带。”这些巨型油气田代表了所有的或大多数控制常规石油（或天然气）分布因素的最佳配置状态。控制这些分布的因素是什么？这些因素同样的配置是否会在其他地区重现？还是目前没有识别出？因此，建议以能代表新世纪水平的地质、地球物理、有机地球化学方面的新认识来补充完善控制巨型油田的成藏条件，这无疑是有指导性的并将对未来的勘探具有重要意义。

19.8.2 中国前陆盆地的油气勘探前景

（1）中国前陆盆地油气勘探现状

中国处于亚洲板块东缘，经历了长期的构造发展演化，由于它所处的大地构造位置特殊，所发育的前陆盆地也具有特殊性。由于中国的克拉通规模一般不大，在其边缘发育的前陆盆地其规模一般也不太大，但构造变形却别具特色，这就决定了中国前陆盆地油气聚集与油气田分布的特点（图19.18）。中国的前陆盆地具有自己的独特特性，在时代上主要是中、新生代的盆地，在空间展布上，南方地区和中西部地区的前陆盆地有一定的差异。南方海相含油气区的前陆盆地主要为印支期的，发育在华南板块的南、北缘，分别称为南、北前陆盆地带，如苏北盆地、南盘江和十万大山盆地等。其中北前陆盆地带的前陆盆地位于秦岭-大别-苏北造山带以南，具有古生代被动大陆边缘之基底。南前陆盆地带的前陆盆地位于滇、桂一带，下伏的弧后盆地为巨厚复理石沉积物。因此，从某种意义上讲，南方的前陆盆地具构造样式和沉积层序的双重性，特别是南前陆盆地有早期前陆盆地巨厚的复理石建造，油气勘探领域广阔。中国中西部地区的前陆盆地与陆内造山带关系密切，盆地演化时间长，包括印支-燕山期、喜马拉雅期，具有明显的阶段性。主要的前陆

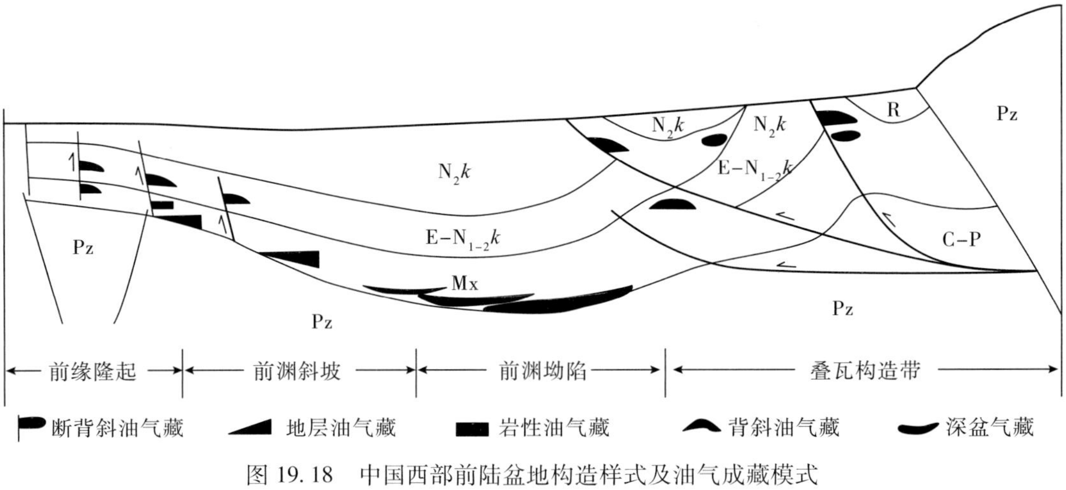

图19.18 中国西部前陆盆地构造样式及油气成藏模式

（据贾承造，1997）

盆地有川西前陆盆地、鄂尔多斯前陆盆地、塔里木盆地北缘的库车前陆盆地、塔西南前陆盆地（图 19. 18）、准噶尔南缘前陆盆地、酒西前陆盆地和吐鲁番前陆盆地等。在这些前陆盆地中，在沉积上，除短期的海侵外，前陆盆地主要接受陆相沉积物，以磨拉石建造为主，一般缺乏典型前陆盆地早期的复理石建造。在构造上，由于后期构造的叠加作用，增加了恢复前陆盆地形成和演化历程的难度。前陆盆地曾是中国油气勘探的发源地，早在 1939 年就在酒西盆地发现了老君庙油田。到目前为止，油气勘探程度较高的是四川盆地，其次为鄂尔多斯盆地，其他前陆盆地的油气勘探工作做得很少或正在开始。从整体上看，我国的前陆盆地油气勘探程度偏低，而且对前陆盆地地质特征及油气聚集规律也研究不够，前陆盆地是我国油气勘探的新领域，需要进一步探索。

（2）中国西部前陆盆地常规油气勘探领域

中国现存的大多数前陆盆地应划归陆内前陆盆地，除了大地构造位置和剖面的沉积、构造特征外，不具备典型前陆盆地的特征。与典型的前陆盆地相比，中国西部前陆盆地具有以下特点：①中国中西部在海西运动之后大洋均已关闭，已转入板内构造演化体制。发育的前陆盆地只能划归陆内前陆盆地。②在前陆盆地发育之前，多无典型的被动陆缘沉积物，或者被动陆缘层序保存不好，在前陆盆地发育之前已受到剥蚀、破坏。③在前陆盆地发育时，多已无海相沉积。④新构造运动强烈，山前拗陷堆积巨厚的磨拉石沉积，使前陆盆地深埋，不利于油气勘探。⑤中国的前陆盆地油气潜力主要受控于油源丰度和后期的保存条件。要加强对前陆盆地下伏地层油气潜力的研究，确定其生油阶段与前陆盆地演化阶段之间的配置关系。前陆盆地的油气勘探应避开现今巨厚的磨拉石堆积区。有勘探远景的地区是在逆冲带中由前陆盆地沉积卷入变形的部分、斜坡及前缘隆起区。

郑民等（2010）认为中国中西部地区前陆盆地油气资源丰富，加强前陆盆地新勘探领域的研究具有重要意义（图 19. 19）。提出了造山带变质岩推覆体之下的“隐伏层序”、前陆冲断“下盘冲断夹片构造”、前陆坳陷深层 3 个潜在油气接替区。

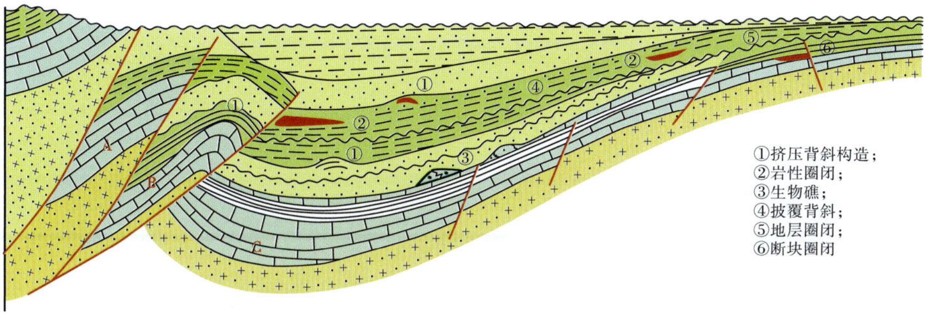

图 19. 19　前陆盆地油气藏分布模式及勘探领域
（据郑民等，2010）

吴因业等（2011）认为中国西部前陆盆地具有以下油气特征，包括：①前陆盆地是一个多旋回演化的过程，可以分为前前陆期、前陆期和前陆间期。在构造活动期形成了同构造冲积扇相砾岩沉积，在构造间歇期形成湖相泥岩等细粒沉积。②前陆期层序受控于前陆构造活动，体系域发育不完整，以低位和高位的粗粒冲积体系域为主。③在构造层序的下部发育同逆冲构造期加载引起快速挠曲沉降，导致了区域性的水进。随后由于逆冲造山作用减弱，以河流和河流三角洲为主形成了构造层序上部的水退序列。④在前陆盆地，强压实、压溶和胶结成岩相分布广泛，是低孔低渗储集层、致密超致密储层形成的关键因素，破裂裂缝成岩相主要沿冲断带的前缘分布。⑤构造隆升作用将陡岸的地层抬升，目的层的埋藏变浅，使压实作用相对变弱，原生孔隙和早期溶蚀孔隙得以保存。在区域上，隆起带砂岩物性好于坳陷带的砂岩物性。⑥盆地紧邻造山带一侧的“薄皮”逆掩断层带内发现了一定的油气潜力。油气大多位于主冲断层上盘冲断席上，沿断层走向成带分布，油气圈闭为冲断席沿断层滑动时在其前缘形成的拖曳背斜。其油气潜力取决于盆地和后期的逆掩断层带的破坏程度及保存条件。

（3）中国西部前陆盆地非常规油气勘探领域

就中国前陆盆地的非常规油气资源研究和勘探而言，全球前陆盆地特别是西加拿大前陆盆地给我们的启发可以归纳为以下几点：

1）重油和油砂资源在前陆盆地的赋存与分布。前陆盆地造山带和前缘隆起带是重油和油砂资源的发育带。由于原油密度大、黏度大、流动性差，核心问题是开发开采技术。重油沥青和焦油砂的形成和展布与中、新生代构造运动密切相关。中国西部前陆盆地的重油沥青和焦油砂分布类似于阿尔卑斯富集带。

2）致密砂岩油和致密砂岩气在前陆盆地的赋存与分布。前陆盆地前渊带深水湖盆沉积相带是重要的致密砂岩油和致密砂岩气发育区。主要表现为烃源岩和储集层紧密相连，油气水关系复杂。前陆盆地前缘斜坡带的三角洲砂体可以发育大规模的致密砂岩油，储集层表现为大范围分布、低孔低渗或特低孔低渗，无统一的油水界面。特别是低角度的前缘斜坡带，发育大量三角洲前缘席状砂和河口坝沉积微相的地区，对致密砂岩油的分布更为有利。

3）煤层气在前陆盆地的赋存与分布。煤层气的勘探以前-前陆期的沉积层序为重点。前陆盆地的沉积充填可以划分为前陆期层序和前-前陆期层序，前陆期层序常常表现为以碎屑岩沉积为主，煤层主要在前-前陆期层序发育。以物性边界和岩性边界为界的煤层气发育区常常与煤层尖灭带有关，尖灭带的岩性具有较低的渗透性，有利于煤层气的保存。

19.8.3 前陆盆地油气勘探的新领域

（1）前陆盆地深盆气

深盆气（deep basin gas）是20世纪70年代以来天然气勘探开发的最重要发现之一，深盆气这一概念和理论最早是由Masters（1976）提出，认为艾伯塔盆地深部（深盆区）可能是一个巨大的天然气聚集区。按Masters的理论，于1976年2月在艾伯塔西部内埃尔姆沃斯成功地获得了第一口工业气井，从而揭开了深盆气研究的新篇章，同时也开辟了一个新的找气领域。如果说以往的深盆气概念仅指加拿大西部坳陷深部的天然气聚集，而现今所指的深盆气则是一类具有特殊产出位置和储层物性的天然气藏，有其特殊的勘探方法。具体而言，深盆气是产于前陆盆地坳陷（向斜部位）深部，以致密砂岩为主要储层的天然气藏；另外，深盆地类型不但在盆地深坳陷中发现，在盆地的缓坡上也同样存在，因此，深盆地一词，已不足以表明这类气藏的内涵，实际上就是一种致密砂岩气藏。由于这类气藏主要产于致密砂岩中，因此在美国更强调其储层的特殊性和开采方法的非常规性，同时发展了从这类气藏中提高天然气产量和采收率的增产措施和工艺技术。这类气藏的特点有：①储层致密。天然气储集在低孔渗的砂岩储层中。渗透率一般小于 0.1×10^{-3} μm^2；孔隙度一般小于 12%，通常称为致密砂岩气。②煤系地层为深盆气的主要烃源岩。③气水关系倒置。该类气藏的气水关系与常规气藏不同，气蕴藏在含水层下倾方向的致密砂岩中，水则占据了上倾方向孔渗性较好的层带。④气藏规模较大，地质储量可观，但产能较低。

（2）前陆逆冲带的油气

前陆冲断层（thrust）或逆掩断层（overthrust）带找油热是 1975 年美国在落基山前缘发现 Pineview 油田后，接着在附近又发现了几个较大油气田而引起的。在 20 世纪 80 年代后期，东委内瑞拉盆地北部发现富里尔高产油田带和哥伦比亚在东科迪勒拉山前缘发现库西亚纳大油田后，使人们理解到在前陆冲断带区仍存在重大发现的机会。近年来，我国有许多前陆盆地，其前缘的逆冲断层构造发育，所以有极大的油气资源潜力。在勘探过程中，于塔里木盆地的库车坳陷和酒泉盆地的青西洼陷分别发现了克拉 2 号和青西大型油气聚集，更促使人们认为在我国逆冲推覆构造带找油大有希望。

（3）前陆盆地页岩气

页岩气在前陆盆地的赋存与分布具有明显的规律性。富有机质黑色页岩和碳质页岩是形成页岩气的主要岩石类型。未来前陆盆地页岩气的勘探目标是有机质丰富的海相页岩，这些页岩一般是凝缩层段沉积。在盆地合适部位的热成熟区，强烈破裂的页岩既可以是烃源岩，又可以是储集岩层。当页岩与薄层状致密胶结砂岩呈互层状时，勘探的潜力增大。

第 20 章　前陆盆地页岩气的富集机制

黑色页岩是沉积盆地中碳氢化合物的重要来源和盖层，它们不仅构成了沉积岩记录的 2/3，而且这些黑色页岩通常作为烃源岩、储层和盖层。值得指出的是，全球大量页岩气、页岩油的发现，促使人们了解页岩储层性能。含气和含油页岩是富含有机质的细粒沉积岩，能够在人工压裂过程中产生大量碳氢化合物。虽然黑色页岩可以在很多不同的盆地类型（如克拉通盆地、裂谷、被动大陆边缘和主动大陆边缘盆地等）中形成和发育，但是近年来在前陆盆地中发现了大量页岩气，为人类未来 100 年的能源需求奠定了基础。

在前人研究成果的基础上，本章以阿巴拉契亚前陆盆地、沃希托前陆盆地、落基山前陆盆地和扬子前陆盆地为例，介绍了在前陆盆地黑色页岩与页岩气富集机制等方面的研究成果，主要包括前陆盆地页岩气勘探开发现状、前陆盆地页岩气的地质特征、前陆盆地黑色页岩的孔隙类型、前陆盆地页岩气的富集机制、前陆盆地页岩气的保存条件、前陆盆地页岩气评价、常规-非常规油气融合的前陆盆地全油气系统理论与方法共 7 个方面。以上研究成果表明，前陆盆地所具有的特殊地质条件使得黑色页岩不仅能够形成而且能够保存，导致了前陆盆地成为页岩气富集的盆地类型。其原因在于：其一，位于造山带前缘古地貌条件导致前陆盆地具有封闭-半封闭的缺氧滞留环境使黑色页岩得以形成；其二，造山带构造负载驱动的挠曲沉降导致前陆盆地具有可容纳空间使黑色页岩得以持续沉降和埋藏；其三，坐落于具有一定抗压性（或刚性）的稳定大陆板块边缘的前陆盆地使得黑色页岩能够较好地保存下来。因此前陆盆地不仅是常规油气聚集的盆地类型，而且也是页岩气富集的盆地类型。在北美板块前陆盆地和扬子板块前陆盆地中发现了大量的页岩气，使得前陆盆地动力学与页岩气富集作用成为地质学家面临的重大挑战。前陆盆地页岩气勘探开发成功的主要贡献在于：其一，拓展了人们对油气资源的认识，在烃源岩（页岩）开发油气，增加了油气资源量［烃源岩中已运移的油气（常规）仅为 10%~15%；未运移的或原地的油气（非常规）达 85%~90%］，常规油气资源量越高的地区，非常规油气资源量也越高，推动常规-非常规油气整体研究、整体开发。其二，增加了油气供给，延长了油气使用寿命。

20.1　前陆盆地页岩气勘探开发现状

近年来，在前陆盆地中发现了大量的页岩气，前陆盆地页岩气不仅改变了美国能源结构，对世界天然气供应格局也产生了重大影响，而且在全球掀起一场“页岩气革命”。

美国“页岩气革命”实现了页岩气产量的高速增长，推动非常规油气发展进入了全新阶段。早在1821年美国就在阿巴拉契亚前陆盆地钻探了第一口页岩气井；1914年美国在前陆盆地发现了第一个页岩气田 Big Sandy；米歇尔在1981年采用了大型的水力压裂技术实现了福特沃斯前陆盆地 Barnett 页岩气的商业开发；2000年美国实现了 Antrim、Barnett 等一批页岩气的规模开发，总产量 $230\times10^8\ m^3$；2005年水平井分段压裂技术日趋成熟，页岩气产量快速增长；随着阿巴拉契亚前陆盆地 Marcellus 等大型页岩气田开发，2015年美国页岩气产量达到 $4250\times10^8\ m^3$（IEA，2016）。

从世界范围看，泥页岩约占全部沉积岩的60%，页岩气资源前景巨大。全球页岩气资源量为 $456.24\times10^{12}\ m^3$，主要分布在北美、中亚、中国、拉美、中东、北非、俄罗斯等地。目前，除美国和加拿大外，澳大利亚、德国、法国、瑞典、波兰等国家也开始了页岩气的勘探开发。在南美板块西侧的安第斯造山带前陆盆地（阿根廷）页岩气勘探开发也获得成果。加拿大、中国和巴西也实现了页岩气的商业开发，2015年全球页岩气产量 $4693\times10^8\ m^3$（IEA，2016）。

世界上页岩气勘探开发时间最长、程度最高、研究工作开展最多的国家为美国，其次为加拿大，其他许多国家页岩气的勘探开发和研究普遍还处于刚起步阶段。因此，了解北美地区特别是美国前陆盆地页岩气的勘探开发现状对于我国页岩气勘探开发具有重要借鉴意义。近年来，我国相关政府部门和企业高度重视页岩气的勘探开发，据2010年国土资源部发布的《全国页岩气资源潜力调查评价及有利区优选》，中国陆域页岩气地质资源潜力为 $134.42\times10^{12}\ m^3$，可采资源潜力为 $25.08\times10^{12}\ m^3$，表明中国页岩气资源量超过了目前全球第一大页岩气生产国美国的储量（$24.41\times10^{12}\ m^3$）。我国古生代志留纪海相前陆盆地和中生代陆相前陆盆地中均发育黑色页岩，分布稳定，埋藏深度浅，有机质丰度高，在保存条件好的地区，有利于页岩气的形成与富集。

20.1.1 美国前陆盆地页岩气勘探开发的现状

美国是世界页岩气开发最早、最成功的国家。前陆盆地页岩气最早发现于北美板块东部阿巴拉契亚前陆盆地（1821年全球第一口商业性页岩气井在阿巴拉契亚前陆盆地完钻，井深8.23 m），开发最成功的也是北美板块东部的前陆盆地（阿巴拉契亚前陆盆地、沃希托前陆盆地）。“二战”后，天然气成为重要能源，极大地推动了美国包括页岩气在内的天然气开采。到20世纪70年代后期，美国页岩气开发已步入规模化产业发展阶段，年产页岩气 $20\times10^8\ m^3$ 左右。从1999年的 $100\times10^8\ m^3$ 到2011年的 $1800\times10^8\ m^3$，使美国天然气储量增加了40%~50%。

目前，美国页岩气开发主要集中在五大页岩气区（图20.1），包括 Woodford、Barnett、Fayetteville、Antrim + New Albany、Haynesville。其中，位于美国的福特沃斯前陆盆地的巴纳特（Barnett）页岩气区，截至2008年底完钻页岩气生产井11271口，获得页岩气可采储量 $2.7\times10^{12}\ m^3$，同年生产页岩气 $366\times10^8\ m^3$，其核心产区 Newark East 气田页岩气产量超过 $110\times10^8\ m^3$，成为美国境内12个大气田之一。

目前美国页岩气开发主要集中的五大页岩气盆地均为前陆盆地，分布于东部的阿巴拉契亚-沃希托逆冲断裂带与落基山逆冲断裂带之间夹持的北美板块稳定地块的边缘，并集中分布于两个逆冲断裂带前缘的前陆盆地群中，包括靠近冲断带（近端）的前陆盆地（位于冲断带与前缘隆起之间的前渊、前缘斜坡）和远离冲断带（远端）的隆后盆地（位

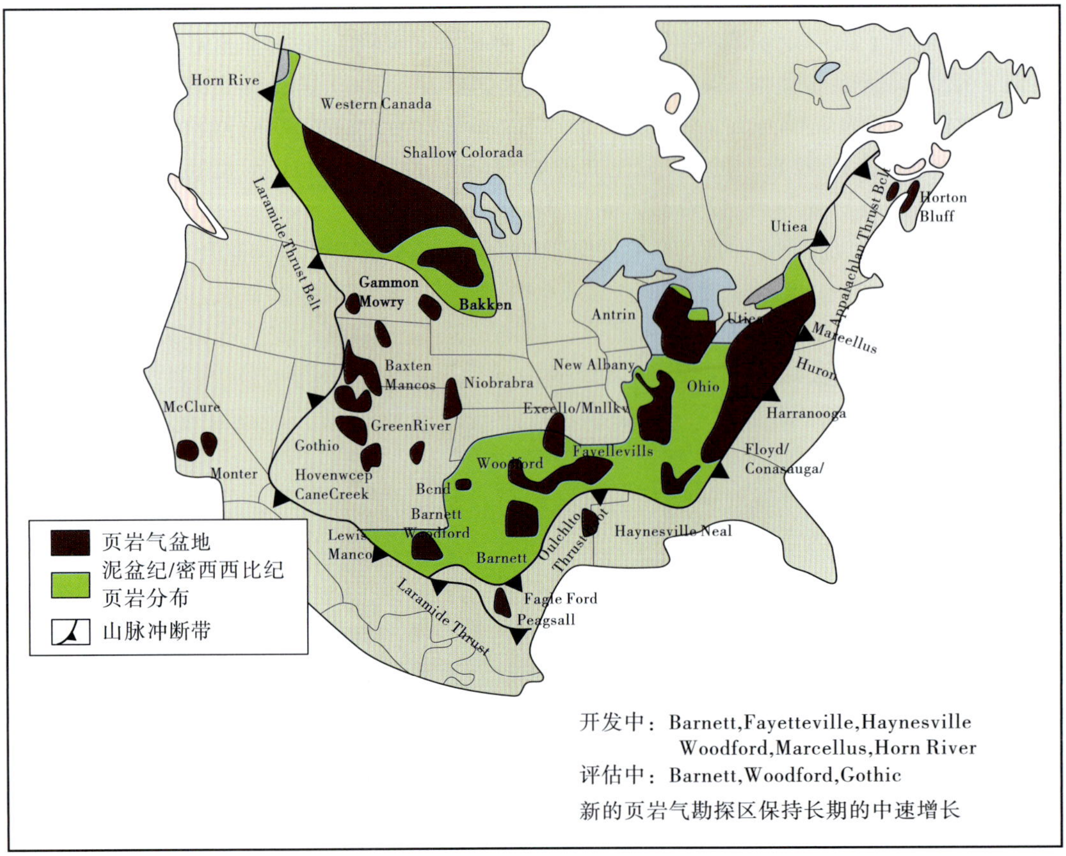

图 20.1　北美板块边缘造山带-前陆盆地系统与页岩气分布图
（据 USGS，2012）

于前缘隆起与大陆之间的稳定地台）。黑色页岩在泥盆系、密西西比系及白垩系中广泛发育，页岩气资源潜力巨大。据评价，仅密歇根盆地 Antrim 页岩、阿帕拉契亚盆地 Ohio 页岩、福特沃斯盆地 Barnett 页岩、伊利诺斯盆地 New Albany 页岩和圣胡安盆地 Lewis 页岩五大页岩系统的页岩气资源量达（12.85～25.14）$\times10^{12}$ m^3（图 20.1）。表明北美富有机质产气页岩主要分布于前陆盆地和隆后盆地，主要为与外海流动性较差的前陆盆地型深水页岩沉积物，显示北美板块的前陆盆地不仅是常规油气聚集的重要场所，而且也是页岩气富集的主要场所。

20.1.1.1　阿巴拉契亚前陆盆地页岩气

阿巴拉契亚前陆盆地位于在北美板块东缘，由阿巴拉契亚造山带-古生代前陆盆地-前缘隆起-隆后盆地组成，是古生代北美板块和南美板块汇聚和碰撞形成的（图 20.1）。前陆盆地的面积约 53.2×10^4 km^2，东邻阿巴拉契亚山脉，西濒中部平原，构造上属于阿巴拉契亚褶皱带的山前坳陷，伴随北美古陆经历了由被动边缘型向前陆盆地的演化过程。该前陆盆地及隆后盆地呈北东-南西向展布。在前陆盆地（以 Marcellus 页岩和 Ohio 页岩为代表）和隆后盆地（以密歇根盆地 Antrim 页岩和伊利诺斯盆地 New Albany 页岩为代表，也有人将其称为克拉通盆地）内蕴藏着大量的页岩气资源。中上泥盆统（厚度为1100~2800 m，距今380 Ma）是该前陆盆地中产油气最多的层位，占盆地油气可采储量52%以上。该套地层总体上由富有机质泥页岩（主要为碳质页岩）、粉砂质页岩、粉砂岩、砂岩和碳酸盐岩等形成3~4个沉积旋回构成，每个旋回底部通常为富有机质页岩，中部为碎屑岩，上部为碳酸盐岩。下部的黑色页岩（厚度约300 m，包括Marcellus页岩和Ohio页岩）为主要产页岩气层，中部的厚层的三角洲砂岩为主要产常规油气层。该前陆盆地曾是美国最早开发页岩气的盆地（如Big Sandy页岩气田发现于1914年）。1994年以前，上泥盆统Ohio页岩层曾是美国主要产气层，并形成了早期页岩气形成理论（即：页岩气产量的主要控制因素为有机质含量、热成熟度、天然裂缝和黑色页岩与灰色页岩之间的关系）。1994年以来，中泥盆统Marcellus页岩层成为该盆地的页岩气主要产层，其黑色页岩比例、有机碳含量和页岩储层产气能力均好于Ohio页岩层。

20.1.1.2 沃希托前陆盆地页岩气

沃希托前陆盆地系统位于北美板块的东南缘，由造山带、前陆盆地（福特沃斯前陆盆地Barnett页岩为代表）和隆后盆地（Anadarko盆地的Woodford页岩、Arkoma盆地的Fayetteville页岩）组成。其与石炭纪北美板块与南美板块汇聚有关，主要是在马拉松-沃希托造山运动形成的。沃希托前陆盆地具有不对称结构，沉积充填体呈楔状，靠近造山带一侧较厚，近克拉通一侧较薄。沉积充填物具有双物源，但物源供给形式主要受冲断造山有关的地形影响。主要包括福特沃斯、黑勇士、阿科马、二叠、阿纳达科等盆地。这些盆地均在泥盆系和石炭系黑色页岩中有页岩气藏，资源量很大，其中最具有代表性的盆地是福特沃斯盆地。

福特沃斯页岩气盆地是美国最具有代表性的前陆盆地型页岩气，其中的Barnett页岩是美国页岩气的主产层。随着勘探技术的不断提高，其可采储量逐年增长。2007年Barnett页岩为美国提供了25×10^8 m^3页岩气。产层位于地下1981~2895 m，其储层厚度为35 m，孔隙度为4.5%，渗透率为250×10^{-3} μm^2，产气量为1.4×10^{10} m^3/km^2。Barnett页岩为缺氧和上升流发育的正常盐度下形成的海相深水沉积物。富有机质黑色页岩主要由含钙硅质页岩和含黏土灰质泥岩构成。页岩的主要测井响应为低电阻率和高自然伽马，平均孔隙度为6%，有机碳含量高（4.0%~8.0%，平均4.5%），干酪根以Ⅱ型为主，属于典型的热成因气。页岩气分布在R_o=0.7%~3.0%范围内，主要产气井分布于$R_o\geq1.1\%$，R_o=1.1%~1.4%为主要产区。页岩气成藏厚度为15 m。有机碳含量越高，含气量越大，TOC≥2.0%才具商业价值。

20.1.1.3 落基山前陆盆地页岩气

落基山前陆盆地系统位于北美板块西缘。该前陆盆地系统由落基山褶皱-逆冲带-中生代前陆盆地-前缘隆起-隆后盆地组成，是在太平洋板块与北美板块汇聚、碰撞过程中形成的弧背前陆盆地，其中蕴藏着大量的页岩气资源，以圣胡安盆地侏罗系-白垩系Lewis页岩为代表。这一类盆地主要有圣胡安盆地、帕拉多盆地、丹佛盆地、尤因塔盆地、大绿河盆地等。其中，在圣胡安盆地、丹佛盆地和尤因塔盆地的白垩系海相-海陆过渡相黑色页岩层发现了页岩气藏。其中最具代表性、储量和产量最大的是圣胡安盆地，该盆地是一个典型的不对称盆地，南部较缓，北部较陡。按照地质时代和商业开发时间，该盆地的 Lewis 页岩气藏是美国形成年代最新的页岩气藏。

20.1.2 加拿大前陆盆地页岩气勘探开发现状

加拿大页岩气资源分布广、层位多，预测页岩气资源量超过 28.3×10^{12} m^3，其西部地区有 15.6×10^{12}~24.4×10^{12} m^3 的页岩气储量，其中不列颠哥伦比亚地区的白垩系、侏罗系、三叠系和泥盆系的页岩气资源量约 7.1×10^{12} m^3。加拿大西部的沉积盆地大部分由页岩组成，据艾伯塔地质调查局研究表明，该地区存在 15 个有利的页岩气储层。

加拿大非常规天然气协会（CSUG）认为西部 Colorado 页岩段、侏罗系及古生界页岩和东南部的泥盆系页岩具有开发的潜力。加拿大页岩气开发还处于初级阶段，只有有限的资源被开发利用，大规模的商业性开采尚未进行。目前许多公司应用先进技术对艾伯塔、不列颠哥伦比亚、萨斯喀彻温省、魁北克、安大略、新斯科舍等地区的页岩气资源进行勘探，其中 Horn River 盆地和 Montney 盆地为最重要盆地。页岩气有望成为加拿大重要的天然气资源之一。

20.1.3 中国前陆盆地页岩气勘探开发现状

近年来，我国相关政府部门和企业高度重视页岩气的勘探开发，中国页岩气勘探与开发也获得成功，其中开发最成功的也是前陆盆地页岩气。我国古生代志留纪海相前陆盆地和中生代陆相前陆盆地中均发育黑色页岩，分布稳定，埋藏深度浅，有机质丰度高，在保存条件好的地区，有利于页岩气的形成与富集。目前我国前陆盆地页岩气勘探开发获得突破，包括扬子板块东缘前陆盆地（下志留统龙马溪组富有机质页岩）、华北板块西缘鄂尔多斯前陆盆地（上三叠统延长组富有机质页岩）等。表明中国的前陆盆地是页岩气富集的主要场所。至 2011 年底，已设立威远等 5 个页岩气先导试验区，完钻页岩气井 50 余口，获气 15 口，其中 9 口井初期日产量超过 1×10^4 m^3。目前页岩气被批准列为单独矿种，自然资源部已组织多轮区块招标，在全国掀起“页岩气热”。

扬子前陆盆地海相页岩广泛分布于扬子地区，以黑色页岩、碳质页岩、黑色笔石页岩、钙质页岩为主，平均厚度为 120 m，TOC 平均值为 4%，干酪根为腐泥型，镜质组反射率为 1.9%~3.21%，有机质处于过成熟阶段，天然气类型为热成因气，含气量为 1.73~3.28 m^3/t。烃源岩高成熟度区主要分布在盆地东南部的沉降中心，镜质体反射率具有东南高西北低，最高值在东南部。但是该前陆盆地沉积之后经历了复杂的、多期的构造变形和隆升剥蚀，原型盆地结构已被严重破坏，大部分（原型盆地的东部）已卷入江南-雪峰造山带或强构造变形带。目前仅有少部分（原型盆地的西部）仍保存于现今四川盆地内部，但埋深较大。目前，中国石油天然气集团有限公司在四川长宁-威远、中国石油化工集团公司在涪陵等海相页岩气田勘探开发取得重大进展，其中焦石坝龙马溪组页岩气田在 2015 年总产能达到 50×10^8 m^3。同时仅威远地区和泸州地区页岩气资源量就高达 6.8×10^{12}~8.4×10^{12} m^3，相当于整个四川盆地常规天然气资源总量。该古生代前陆盆地海相页岩气勘探开发的突破是“标志性里程碑”，证实了我国古生代海相页岩气的存在和勘探开发前景。

根据中国前陆盆地页岩气勘探开发成果，我国前陆盆地页岩气具有以下特征。

（1）扬子区古生代海相前陆盆地页岩气的发现证实了我国古生代海相前陆盆地具有生成和保存页岩气的构造条件

扬子古生代前陆盆地经历了加里东、海西两大构造旋回，又经历了中生代构造运动的改造，原来的前渊与下伏的地台一起被卷入褶皱-冲断变形和改造之中，并被后期构造运动改造得面目全非。如在扬子地台东缘的古生代前陆盆地本质上已完全转成褶皱-冲断构造带。古生代的前陆区也被改造得面目全非。在这样的构造背景之下，常规油气难以保存。在常规油气不能发育的地区，由于页岩气藏具有抗破坏能力强的特点，仍有很好的发育条件。因此，在这些地区，寻找局部的、“鸡窝状”页岩气可能是进行勘探的关键所在。尽管中国南方早古生代晚期前陆盆地海相富有机质页岩分布范围广、连续厚度大、有机质丰度高，但演化程度高、构造变动多；富有机质页岩发育规模、页岩质量和成熟度等与北美板块东部古生代前陆盆地有一定可比性。

（2）鄂尔多斯陆相页岩气的突破证实了我国中生代陆相前陆盆地具有生成和保存页岩气的构造条件

鄂尔多斯陆相页岩气的突破是“标志性里程碑”，证实了我国陆相前陆盆地页岩气的存在。在中生代前陆盆地中湖相的富有机质页岩具有横向变化大，以厚层泥岩或砂、泥互层为主，因此深湖-半深湖相的厚层暗色泥页岩夹薄层细砂岩或泥质粉砂岩是寻找页岩气的有利岩性单元；在中生代前陆盆地中湖相的富有机质页岩的有机质丰度中等、热演化程度低。因此靠近造山带的高成熟度区是寻找页岩气的有利地区。

（3）我国中生代陆相前陆盆地群具有油气资源（常规）和页岩气（非常规）共生的特点

我国中生代陆相前陆盆地群是油气资源（常规）和页岩气（非常规）聚集最丰富的一类盆地，发育特殊的前陆盆地油气系统，形成了砂岩气、碳酸盐岩气（如礁滩气、风化壳气等）和页岩气等油气藏类型共生的典型特征，具有良好的油气构造和保存条件，后期造山带逆冲的挤压作用所导致的构造热事件为页岩的有机质成熟和页岩层天然裂缝的产生提供了热力学条件，显示独特的中生代陆相前陆盆地油气成藏模式。

20.2 前陆盆地页岩气的地质特征

前陆盆地不仅是常规油气聚集的重要场所，而且也是页岩气富集的主要场所。美国目前开采的页岩气主要分布在美国东部的阿巴拉契亚逆冲断裂带西侧的前陆盆地群中。潜在的页岩气主要分布在美国西部的落基山逆冲断裂带东侧的前陆盆地群中。其中86%的页岩气资源量分布于福特沃斯前陆盆地，2009年页岩气产量占了美国的一半以上。前陆盆地的下部地层通常为厚度较大的富含有机质的细粒沉积物，为页岩气的形成提供了充足的物质基础；前陆盆地的上部地层通常受后期冲断褶皱的挤压，构造热事件为下部烃源岩的成熟和页岩层天然裂缝的产生提供了热力学条件。

前陆盆地页岩气是由美国最早发现的，开发最成功的也是美国。目前美国页岩气开发主要集中在五大页岩气盆地，具有明显的地质规律，北美富有机质产气页岩主要分布于前陆盆地和隆后盆地，主要为与外海流动性较差的前陆盆地型深水页岩沉积物。

虽然黑色页岩可以在很多不同的盆地类型（如克拉通盆地、裂谷、被动大陆边缘和主动大陆边缘盆地等；图 20.2）中形成和发育，但是前陆盆地所具有的特殊地质条件使得黑色页岩不仅能够形成而且能够保存，导致前陆盆地成为页岩气富集的盆地类型。初步研究成果表明，前陆盆地所具有的有利沉积环境（可形成有机质页岩的环境）、挠曲沉降产生的可容纳空间和持续沉降与埋藏导致的较高的热成熟度使得前陆盆地不仅具备了形成页岩气藏良好的物质基础，也具备了页岩气富集和保存条件。近年来在前陆盆地发现了大量的页岩气，使得前陆盆地动力学与页岩气富集作用成为国际地质学家面临的重大挑战。目前地质学家对前陆盆地的构造作用、沉积充填和盆地模拟开展了大量研究，但是对前陆盆地页岩气的关注程度却才开始，而且目前国内的研究者注重对页岩储层特征的研究，而对前陆盆地黑色页岩的形成作用、保存作用和页岩气的富集作用也常常被忽视。本书的研究目标旨在以前陆盆地系统动力学机制为基础理论模型，以典型的前陆盆地页岩气盆地为研究对象，以前陆盆地富有机质页岩空间展布为依据，讨论前陆盆地页岩气富集机理。其一，通过对前陆盆地富有机质页岩空间展布（如页岩沉积学、页岩几何形态、页岩储集性等），总结前陆盆地富有机质页岩空间展布规律；其二，通过对前陆盆地富有机质页岩形成的构造条件、气候条件研究，总结前陆盆地富有机质页岩形成的动力机制。

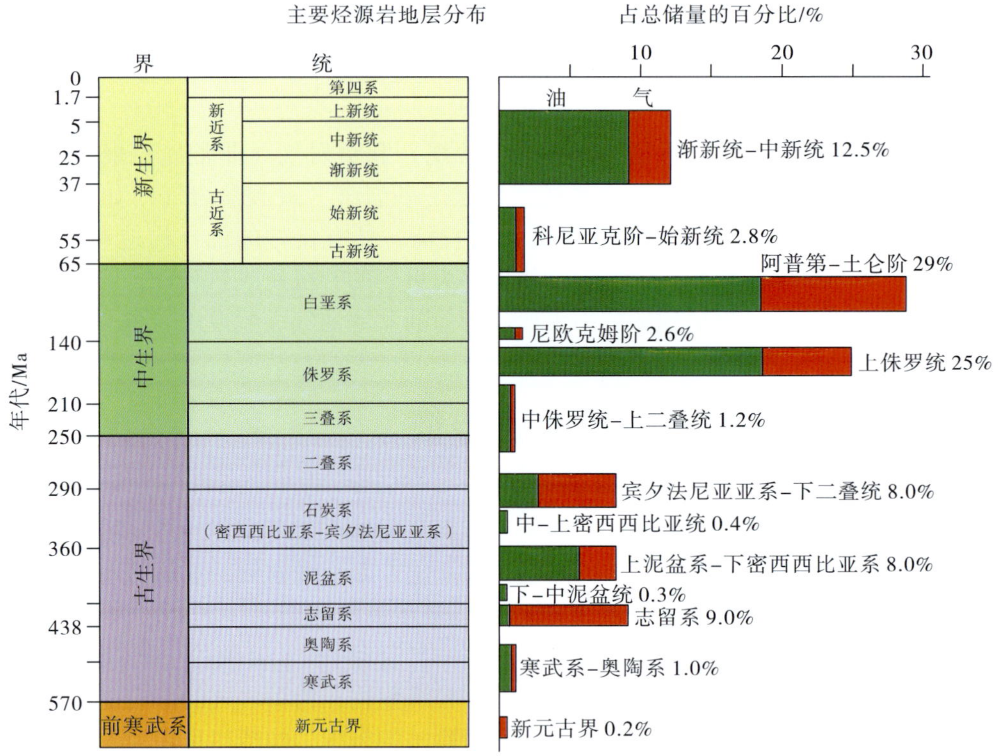

图 20.2　地质历史时期主要烃源岩的地层分布

（据 Umishek，Klemme USGS Bul.，1990）

20.2.1 前陆盆地页岩气的地质特征

页岩气是泛指赋存于富含有机质的暗色页岩或高碳泥页岩中，主要以吸附或游离状态存在的非常规天然气资源。在埋藏温度升高或有细菌侵入时，暗色泥页岩中的有机质，甚至包括已生成的液态烃，就裂解或降解成气态烃，游离于基质孔隙和裂缝中，或吸附于有机质和黏土矿物表面，在一定地质条件下就近聚集，形成页岩气藏。页岩气的形成和富集有着自身独特的特点，与常规天然气相比，页岩气开发具有开采寿命长和生产周期长的优点，大部分产气页岩分布范围广、厚度大，且普遍含气，这使得页岩气井能够长期地以稳定的速率产气。

20.2.1.1 近源或源内成藏，具自生自储特征

页岩气藏与煤层气相似，具有自生自储的特点，页岩既是烃源岩，又是储层，没有或仅有极短距离的运移，通常就近聚集成藏，表现为天然气在源岩中大量滞留的结果。不受构造、圈闭控制，无清晰的气水界面。

20.2.1.2 靠近沉降-沉积中心，大面积连续分布

一般页岩气在页岩厚度较大的地区形成，这个地区就是盆地沉积中心的位置。因此，富有机质页岩的空间展布规律和厚度变化对页岩气有着很重要的意义。富有机质页岩要形成一定的规模，并且能在区域上连续而稳定的分布，其有效厚度须大于 15 m，若 TOC 含量较低，页岩厚度须在 30 m 以上。页岩气成藏不需要在构造的高部位（与常规油气藏的不同），与页岩烃源岩关系密切，为一连续式富集过程。页岩气藏属于典型的连续型气藏，页岩气藏分布受暗色页岩分布控制，面积大、范围广，常呈区域性、连续性分布，往往是盆地内厚度较大、分布广的区域性主力烃源岩，与相当大比例的常规油气储量具有成因关系。页岩气形成温度范围大，在暗色泥页岩热演化的各阶段均可形成；埋藏深度范围大，从浅于 200 m 到深于 3000 m 都可能有页岩气藏。

20.2.1.3 多种赋存形式，成因类型多样

页岩气主要由吸附气和游离气两部分组成。其中基质孔隙和裂缝中的游离气的储集方式与常规天然气储层相似；有机质与黏土颗粒表面的吸附气的储集方式与煤层气相似。页岩气主要以吸附或游离状态赋存于页岩储层中，其吸附气含量为 20%~85%；少量页岩气以溶解状态存在，一般不超过 10%。在不同地质条件下游离气与吸附气的相对比例有很大差别。气源成因有 3 种，即生物成因、热成因或二者混合成因，以热成因为主。热成因气的形成有 3 个途径，一是干酪根分解成气体和沥青，二是沥青分解成油和气体（初次裂解），三是原油分解成气体和高含碳量的焦炭或者沥青残余物（二次裂解）。

20.2.1.4 典型的低孔低渗型储层特征

页岩气藏储层具典型的低孔低渗物性特征，页岩产层厚度一般为 15~100 m，气藏储层孔隙度一般为 4%~6%，渗透率一般低于 $0.001\times10^{-2}\mu m^{-2}$。若处于断裂带或裂缝发育

带，页岩孔隙度、渗透率增加。孔隙度最高可达 11%，渗透率可达 $1\times10^{-3}\mu m^2$ 左右。据美国主要页岩气产层储层物性统计，孔隙度为 4.22%~6.51%，渗透率为 $40.9\times10^{-6}\mu m^2$。页岩气藏储层具有典型的低孔、低渗特征，随着埋深加大，物性变差。随全球页岩气的勘探开发，细粒沉积物已成为国内外学者研究的前沿领域。

20.2.1.5　页岩气的赋存机理和保存机理

页岩气没有从烃源岩运移到常规圈闭并在其中赋存的过程，只在页岩中赋存了大量气体，初次运移是控制页岩气聚集和分布的重要因素。页岩超低的孔渗性使得页岩气对于盖层的要求不像常规气藏那么苛刻，由于页岩的颗粒比较致密，它本身就可以作为页岩气的盖层。在盆地发育过程中，页岩盖层的质量极不稳定。页岩在中-高成熟阶段显示为渗漏的，并且有石油和热成因气生成，排驱到周围地层中遇到其他合适的盖层重新聚集。所以，页岩气的盖层多变，既包含页岩本身（阿巴拉契亚盆地和福特沃斯盆地），也包括页岩周围的细粒致密岩层，如斑脱岩（圣胡安盆地）、冰渍物（密歇根盆地）和页岩/碳酸盐岩（伊利诺斯盆地）。

页岩中的天然气生成机理覆盖了生物化学、热解和裂解等几乎所有可能的有机生气作用机理，从未成熟到成熟均有发现，不同成熟度的页岩气藏，特征差别较大，准确判断页岩气成因是认识一个页岩气藏的关键。

页岩气生烃过程与常规油气并无区别，但储集方式、富集条件以及气藏宏观分布差异较大。从天然气赋存状态来看，页岩气包含了吸附气部分，并且不同地质条件下游离气、吸附气二者相对含量变化大，开采方案、生产曲线也呈现不同特征；从油气成藏动力条件以及宏观特征上看，常规油气运移过程中需要上倾方向存在与输导体系相关的构造高部位，离散分布的低势能区域是成藏有利目标，浮力是天然气运移的主要动力，天然气不断运聚，气水界面随之下移，所以下倾方向往往是水层，而连续式富集的页岩气不受水动力影响，多区域性分布于坳陷中，属于自生自储岩性气藏，没有明显的气水界面。有机质丰度高低决定了页岩含气量的大小及其分布，页岩中有机碳的含量与页岩产气率之间呈线性关系，有机碳含量越高，吸附气量增加。

综上所述，页岩气具有与常规油气不同的生成机理、运移机理、赋存机理和保存机理，包括：①页岩中的天然气生成机理覆盖了生物化学、热解和裂解等几乎所有可能的有机生气作用机理，从未成熟到成熟均有发现，不同成熟度的页岩气藏，特征差别较大，准确判断页岩气成因是认识一个页岩气藏的关键；②页岩气没有从烃源岩运移到常规圈闭并在其中赋存的过程，只在页岩中赋存了大量气体，初次运移是控制页岩气聚集和分布的重要因素；③在页岩气藏中天然气主要以 3 种状态赋存在页岩中，研究天然气的赋存类型和比例，是估算气田深部或未勘探区页岩含气量、资源评价的重要依据，也是评价页岩气可采性和进行产能预测的主要参数之一；④页岩气的保存机理主要以岩性变化、水力封闭等机理对天然气进行封闭，保存条件的优劣主要取决于页岩本身的质量和构造运动的强度，前者主要与页岩的宏观发育、物性特征和微观封盖能力有关，而后者由构造运动所导致的裂缝发育及抬升、剥蚀程度来反映。另外，页岩和上覆、下伏地层的岩性、物性特征也是影响保存的主要因素。

20.2.2 前陆盆地黑色页岩在时间和空间上的展布

20.2.2.1 前陆盆地的结构与黑色页岩的空间展布

前陆盆地具有典型的楔形几何形态，前渊为沉降-沉积中心，是页岩气富集区（图20.3）。前陆盆地系统具有冲断带-前渊-前陆斜坡-前缘隆起-隆后盆地的地质结构，易形成相对封闭的古构造和古地理环境。造山带往往呈岛链状，成为分割前渊地区海域与大洋联系的地貌屏障；前渊也往往呈现为平行于造山带的狭长水道或航道，不利于洋流的活动，从而形成了封闭缺氧的沉积环境，易形成黑色页岩。就前陆盆地系统内部而言，富有机质页岩主要分布于前陆斜坡和前渊，表现为：

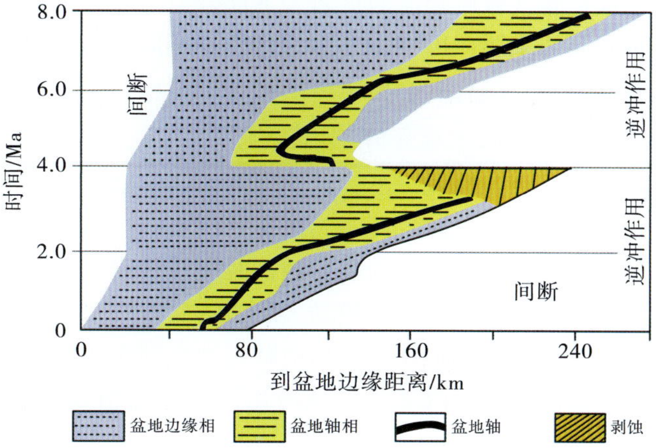

图 20.3 前陆盆地年代地层与黑色页岩分布图
（据 Fleming，1990）

1）富有机质页岩厚度大，埋深大。向造山带方向，页岩的单层厚度和累积厚度均增大，埋深也随之增大；向斜坡和前缘隆起方向，页岩的单层厚度和累积厚度均减小，埋深也随之减小。

2）富有机质页岩分布范围大，总体呈条带状沿着前渊的长轴展布，平行于造山带。

3）以海相富有机质页岩为主，有机碳含量高（一般大于4%），成熟度大（一般大于4%）。

4）前陆盆地为典型的楔形前陆盆地，越靠近冲断带地层，页岩层越厚。页岩气藏为典型的“自生自储”式气藏，根据页岩厚度及其分布范围可判断页岩气藏的边界，页岩厚度在一定程度上控制着页岩气藏的规模及经济效益。一般页岩气的工业聚集需要足够的厚度，沉积厚度是保证足够的有机质及充足的储集空间的前提条件。厚度越大，也越能增强页岩的封盖能力，有利于气体的保存。一般地，页岩的厚度为91.5～183.0 m。目前已成功开发的页岩气藏中，Ohio 页岩厚度最小，为9～30 m。一般认为，具有工业价值的含气页岩厚度下限为15 m，具有良好经济效益的优质页岩气藏的页岩厚度应大于30 m。通常应该开展以下研究工作：其一，综合野外调查、钻井资料统计富有机质页岩层在垂向上的厚度变化；其二，综合野外调查、钻井资料统计富有机质页岩层在前陆隐伏冲断带、前渊坳陷和前缘隆起和隆后盆地中的厚度变化，查明盆内及周缘地区的主要页岩层系的时空分布情况。

20.2.2.2 前陆盆地充填序列与黑色页岩的层位分布

前陆盆地富有机质页岩在时间上的分布是有规律的，富有机质页岩分布于前陆盆地的底部或前陆盆地构造旋回的底部，因此可以在前陆盆地中标定富有机质页岩在层序地层结构中的位置和稳定性。

（1）前陆盆地充填序列的下部旋回和上部旋回均发育富有机质产气页岩层，为页岩气的形成提供了充足的物质基础

前陆盆地均存在早期和晚期两个演化阶段。前陆盆地充填序列的下部旋回和上部旋回均发育富有机质产气页岩层，为页岩气的形成提供了充足的物质基础，表明前陆盆地有利于形成页岩气藏所必需的页岩。下部岩系与造山带主造山幕同龄，是前陆盆地富有机质产气页岩层的主要产出层位（如福特沃斯前陆盆地的 Barnett 页岩）；上部沉积岩系为冲断和抬升的产物，也有富有机质产气页岩层产出，呈舌状分布于三角洲碎屑岩楔状体之内。

（2）前陆盆地底部的黑色页岩

对于只有一期或一个构造旋回的前陆盆地而言，前陆盆地具有页岩气富集的底部效应主要表现在 5 个方面：其一，富有机质页岩主要分布于前陆盆地充填序列的底部，与造山带的主造山幕同龄，是前陆盆地富有机质页岩层的主要产出层位。其二，典型的富含页岩气的前陆盆地均经历了由被动大陆边缘盆地到前陆盆地的演化过程，下伏被动大陆边缘盆地的碳酸盐台地沉积层序，而前陆盆地底部沉积物均为黑色页岩夹碳酸盐岩。其三，富有机质页岩的出现与海进体系域的初始海泛面相对应。其四，具有底部不整合面（风化壳型岩溶储层）-礁滩相（礁滩相储层）-黑色页岩（页岩气储层）-碳酸盐岩沉积序列。其五，在前陆盆地早期发育厚度较大的富含有机质黑色页岩，为页岩气的形成提供了充足的物质基础，富集了大量的页岩气资源。

（3）前陆盆地构造旋回层底部的黑色页岩

对于具有多期或多个构造旋回的前陆盆地而言，每个构造旋回的底部是富有机质页岩出现的位置。前陆盆地页岩气富集具有构造旋回底部效应，以阿巴拉契亚山前陆盆地为例，页岩气富集于 3 个旋回的底部，也有富有机质产气页岩层产出（如阿巴拉契亚前陆盆地 Ohio 页岩层），呈舌状分布于三角洲碎屑岩楔状体之内。自下而上为黑色页岩-碎屑岩-碳酸盐岩，宏观上，黑色页岩夹于碎屑楔之间，是每次冲断构造作用的产物。

（4）前陆盆地的海进黑色页岩与密集段

前人研究成果表明，阿巴拉契亚前陆盆地产气页岩均发育于海进体系域，因此，开展前陆盆地富有机质页岩与海（湖）进体系域对应关系研究，有利于标定富有机质页岩在层序地层结构中的位置和稳定性。海进体系域多发育高质量倾油烃源岩，这与陆源碎屑少和低沉积速率、高有机质产率有关。因此，倾油有机质沉积环境和热成熟度是页岩气富集带主要的区域控制因素。页岩分布范围广、有效厚度大、有机质丰富、含气量大、裂缝系统发育、原始地质储量丰厚，黏土含量相对较少的岩石类型有利于实施水力压裂，规模生产效果比较好。

在层序地层学研究中，将密集段（又称凝缩段、饥饿段等，condened section）作为一个特殊的地层段，其具有岩性特殊、古生物特殊、厚度薄、出现频率低等特点，并将其作为识别海进体系域和海泛面的标志。密集段主要出现在海进体系域的远端，是一种由半深海-深海相的沉积速率非常缓慢的薄层沉积物组成的岩相。在滨线区的区域性海进期间凝缩段分布最广。因此，在地层学上是指厚度相对较薄、沉积速率极低的一段地层。一般认为它是相对海平面在最高时期的沉积物。由于沉积物供给不足，经常有海底间断相伴出

现。识别标志有：具强烈的生物扰动和钻孔的纹层-薄层泥灰岩-页岩-灰泥韵律，浮游生物化石凝聚的瘤状泥质灰岩层，富有机质或深色的黏土岩，某些斑脱岩层、磷、锰、菱铁矿等结核或自生海绿石相对富集的较深水沉积层，多元素（特别是钼族和放射性元素）的地球化学异常层。物理标志有：海底间断面（硬底）的频繁出现，上覆岩层（或高位沉积物）的下超等。

北美前陆盆地黑色页岩沉积于局限深水的低能缺氧环境，一般位于海进体系域密集段，如加拿大西部沉积盆地（WCSB）Bakken 黑色页岩、阿巴拉契亚前陆盆地 Ohio 页岩、福特沃斯盆地 Barnett 页岩等。在这种沉积环境中，沉积速率较低，藻类等有机质丰富，生物扰动少，有机质保存良好。其生油相是在缺氧、强海流涌升和正常矿化度条件下沉积的海相页岩。沉积物主要为半远洋软泥（来自浅水陆棚）和生物骨架残骸，沉积营力主要是浊流、密度流等机制；生物产率高、有机质保存好、有机碳含量高，有利于页岩气的富集和生产。因此，前陆盆地的海进体系域密集段通常为厚度较大的富含有机质的细粒沉积物，自生黄铁矿的出现，通常代表水流微弱或停滞的缺氧还原环境。含气页岩通常为常规油气藏的烃源岩或盖层。因此，前陆盆地大多数黑色页岩沉积之初海平面位置较高，富含养分的上升洋流夹带着来自深海动植物残骸的充足养分，使生物产率高，形成较强还原环境。而赤道附近海域发育的放射虫，为细粒沉积岩创造了良好力学性质，有利于裂缝网络发育。

综上所述，北美前陆盆地盛产富有机质页岩，其发育的“位置”具有明显的规律。主要发育在两个阶段，其一，富有机质页岩发育在前陆盆地形成的最早期，覆盖于底部不整合面和碳酸盐岩礁滩之上（如福特沃斯前陆盆地的 Barnett 页岩），即位于下部旋回的底部，页岩层的顶板和底板均为致密碳酸盐岩；其二，富有机质页岩发育在前陆盆地形成的中期，夹于粗碎屑楔状体之间（如阿巴拉契亚前陆盆地的 Ohio 页岩），即位于下部旋回的上部，页岩层的顶板和底板均为致密砂岩。

20.2.3 前陆盆地黑色页岩形成的地质条件

前陆盆地是黑色页岩和页岩气富集的盆地类型。虽然黑色页岩可以在很多不同的盆地类型（如克拉通盆地、裂谷、被动大陆边缘和主动大陆边缘盆地等；图 20.4，图 20.5）中形成和发育，但是前陆盆地所具有的特殊地质条件使得富有机质页岩不仅能够形成而且能够保存，导致了前陆盆地成为页岩气富集的盆地类型（图 20.4，图 20.5）。原因在于：其一，位于造山带前缘古地貌条件导致前陆盆地具有封闭-半封闭的缺氧滞留环境，使黑色页岩得以形成。其二，造山带构造负载驱动的挠曲沉降导致前陆盆地具有可容纳空间，使黑色页岩得以持续沉降和埋藏。其三，坐落于具有一定抗压性（或刚性）的稳定大陆板块边缘的前陆盆地，使得黑色页岩能够较好地保存下来。前陆盆地不仅是常规油气聚集的盆地类型，而且也是页岩气富集的盆地类型。因此，前陆盆地所具有的有利沉积环境（可形成有机质页岩的环境）、挠曲沉降产生的可容纳空间与持续沉降和埋藏导致的较高的热成熟度，使得前陆盆地不仅具备了形成页岩气藏良好的物质基础，也具备了页岩气富集和保存条件。

20.2.3.1 前陆盆地是页岩气富集的盆地类型

近 10 年在前陆盆地中所发现的页岩气储量占页岩气总储量的 52%。这些前陆盆地

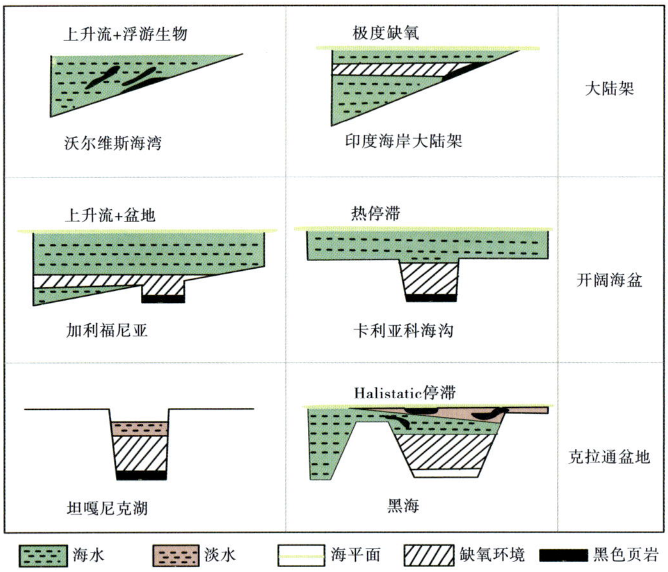

图 20.4　近代各类沉积盆地中黑色页岩与缺氧环境的发育条件与沉积模式

（转引自陈振林等，2011）

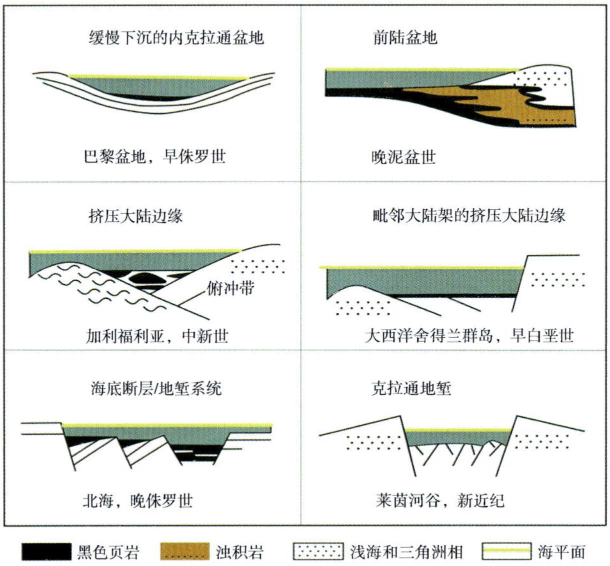

图 20.5　不同盆地类型中黑色页岩的发育特征

（转引自陈振林等，2011）

按时代可分为早古生代、晚古生代和中生代，表明前陆盆地为页岩气的富集和保存提供了地质基础条件。对美国在采页岩气赋存场所的盆地类型对比分析的结果表明，页岩气全部都分布在由东部阿巴拉契亚逆冲断裂带、南部沃希托逆冲断裂带和西部拉腊米逆冲断裂带所围的前陆盆地（前渊）和隆后盆地中，说明前陆盆地是页岩气成藏的最有利场所。更为重要的是，因造山带的构造负载驱动了前陆盆地的挠曲沉降，而前陆盆地持续地挠曲沉降作用不仅为页岩的沉积作用提供了可容纳空间（奠定了页岩气成藏的物质基础），为页岩沉积后的持续沉降和埋深提供了可容纳空间，而且为页岩的不间断受热、生烃提供了热力学条件。前陆盆地是一个与外海连通性较差的狭长深水盆地，具有半封闭-封闭的古地理，发育具有水流微弱或停滞的缺氧还原环境，有利的沉积环境和较高的热成熟度是页岩气富集区带的主要控制因素，而前陆盆地恰好可以形成这样的沉积环境，并提供热源促进有机质的成熟，使前陆盆地具备形成页岩气藏良好的物质基础（图 20.4）。

20.2.3.2 盆-山系统是前陆盆地黑色页岩形成的构造条件

前陆盆地页岩气富集的地质理论的核心在于在板块汇聚过程中形成的盆-山系统，造山楔隆升为山脉或岛链，形成地理屏障，将前陆盆地海域与外海分割，形成半封闭的缺氧滞留环境。造山带前缘古地貌条件导致前陆盆地具有封闭-半封闭的缺氧滞留环境，使黑色页岩得以形成。具体特征如下：①造山楔逆冲隆升并暴露剥蚀，呈现为条带山脉或岛链，为前陆盆地的第一物源区（主要物源区），造成了其与外海之间的相对封闭，阻止了水的侧向流动。②前渊地区（近端）强烈挠曲沉降，为海水大面积淹没区，呈带状延伸的前渊滞留盆地，海水的侧向流动受到阻隔，表层含氧水与深层水的混合受阻，有利于还原环境的形成。③前缘隆起挠曲隆升并大面积暴露，并发生岩溶作用；处于暴露和剥蚀状态，显示为带状延伸的、串珠状岛链。④隆后盆地微弱挠曲沉降，局部地区海水淹没，通过前缘隆起的水道与前陆盆地海水相通，接受海相-海陆过渡相沉积物。隆后盆地是前陆盆地系统中靠大陆一侧最远端的沉积盆地，其与前陆斜坡以前缘隆起为界。

20.2.3.3 造山带构造负载驱动的挠曲沉降是前陆盆地黑色页岩持续沉降和埋藏的动力条件

造山带构造负载驱动的挠曲沉降导致前陆盆地具有可容纳空间，使黑色页岩得以持续沉降和埋藏。前陆盆地沉降机制与造山楔构造负载、缩短机制之间的耦合模型是当前大陆动力学研究中最重要的概念模型。该模型是当前在造山带与沉积盆地动力学模拟方面较为成熟的理论和模拟方法。近年来，对前陆盆地的理解更加深入，注重探讨造山楔的冲断负载、剥蚀卸载与前缘挠曲沉降之间的动力学。其基本理论是利用加载于弹性板片上构造负载侵位来模拟前陆盆地的沉降。该模型显示了前陆盆地是由于板块俯冲或碰撞引起造山带的地壳增厚和构造负载导致了造山带与克拉通之间的岩石圈产生挠曲沉降，同时沉积负载作用加大了前陆盆地的沉降幅度。因此，前陆盆地的宽度和深度与造山冲断楔和沉积楔的大小和形态有关，同时也受控于岩石圈的挠曲刚度和厚度。前陆地区的持续沉降是前陆盆地页岩气成藏的关键。前陆盆地持续的挠曲沉降为富有机质页岩的沉积、埋深和保存提供了可容纳空间，也为其不间断受热和生烃提供了热力学条件。

前陆盆地的挠曲沉降作用导致了快速的沉降速率，为黑色页岩的堆积提供了可容纳空间。造山带的构造负载驱动了前陆盆地的挠曲沉降，而前陆盆地持续地挠曲沉降作用导致了 4 个方面效应：①为黑色页岩沉积物的堆积提供了可容纳空间，前陆盆地的沉积、沉降中心（盆地轴相）为黑色页岩的主要分布区。②前陆盆地的挠曲沉降作用导致了快速的沉降速率，沉降速率远大于沉积速率，处于非补偿的饥饿状态，形成三位一体的沉积体系组合（不整合面-碳酸盐缓坡-黑色页岩），为富有机质页岩的沉积作用提供了条件，奠定了页岩气成藏的物质基础。黑色页岩主要分布于前陆盆地的沉积、沉降中心（盆地轴相）。③为黑色页岩沉积后的持续沉降和埋深提供了可容纳空间。④持续的沉降作用为黑色页岩的不间断受热、生烃作用提供了热力学条件。

值得指出的是，在前陆盆地下部旋回中大套细粒沉积物的出现表明了该时期为前陆盆地的最大沉降时期，代表了造山楔的最大逆冲构造负载期。因此细粒沉积物是标定前陆盆地最大逆冲构造负载期的标志，进而可标定造山带构造负载的规模、造山楔侵位和推进过程。因此，对黑色页岩的几何形态、空间展布等方面的研究成果，不仅有助于标定造山楔构造加载事件，也有助于标定造山楔构造加载事件与富有机质页岩之间的形成机理。

按照前陆盆地系统形成的动力机制，隆后盆地与前陆盆地同时形成，共用一个前缘隆起，海水相通，是一个动力系统的产物。在北美板块阿巴拉契亚冲断带和沃希托冲断带的远端均发育隆后盆地，如密歇根盆地和伊利诺斯盆地等，其与前陆盆地之间发育北东向展布的前缘隆起，包括 Waverly 隆起、Findlay 隆起和 Algonquin 隆起等，两侧地层均向其上超和超覆，形成多重不整合面。有些研究者将这类盆地归属为克拉通盆地，未考虑到这些盆地与前陆盆地是在同一个动力系统和动力机制下同时形成的。隆后盆地的充填序列与相邻前陆盆地相似，但地层的总体厚度比相邻的前陆盆地薄，地层序列相对完整，稳定性强。隆后盆地的沉积速率较缓慢，受前缘隆起阻隔，显示为较封闭的海湾，沉积了富含有机质的黑色页岩。这些盆地与前陆盆地海水是相通的，具有相似的沉积过程、古气候和古地理环境。

20.3 前陆盆地黑色页岩的孔隙类型

由于页岩具有小的孔径和毛细管特性，因此烃类在页岩中的储存和迁移是复杂的、缓慢的，甚至我们对其不完全了解。正是由于这个原因，几乎所有的页岩都需要人工压裂来获得商业性的油气流量。水平井中的峰值流量通常发生在第一个月或第二个月内，之后流量会迅速下降，保持低水平并会持续几年。

通过标准技术获得准确的、可再现的页岩基质孔隙度和渗透率测量值是困难的。最近利用场发射扫描电子显微镜（FESEM）、页岩表面增量氩（Ar）-离子铣削方法的研究结果表明，在干酪根内部有明显的“有机孔隙”。在有机质的成熟过程中伴随着埋藏和生烃。有机孔隙并不是页岩内的唯一的孔隙类型，氩离子研磨也不是页岩气孔成像的唯一方法。使用 FESEM 和标准 SEM 技术可以确定以下的孔隙类型：①类似于实验室诱导的絮状物；②多孔的粪粒，微孔隙率高达 15%；③化石碎屑中的孔隙（如孢子、海绵状骨针、有孔虫等，其原始中空的中央腔室在埋藏后可部分或完全保留）；④矿物颗粒间孔隙（如黄铁矿胞核）；⑤页岩基质中的微通道，其可能是微洞穴和（或）边界冲刷或微沉积结构的表面；⑥以微米或更大尺度出现的骨骼破裂缝。这些孔隙类型中的一些类型（如在许多页岩中常见的絮状物）可能与有机孔隙具有同样的重要性，并能够为烃分子的储存和迁移提供路径。

20.3.1 Loucks 等（2012）的孔隙分类

纳米到微米尺寸的孔隙可以连接基质相关孔隙（matrix-related pore）形成流动的网络，其与存在的裂缝的连接为页岩储层中的气体流动提供了天然渗透的通道。最近几年的研究成果已经确定了泥岩中的各种孔隙类型。Loucks 等（2012）提出一种简单、相对客观的描述性的方法，按照它们与颗粒的关系将泥岩基质相关孔隙类型分为 3 类（图 20.6），即粒间（inter P）矿物孔隙、粒内（intra P）矿物孔隙、粒内有机孔隙（organic matter，OM）。这种孔隙分类方案与传统的砂岩、碳酸盐岩储层系统中使用的孔隙细分的方案一致。虽然是描述性的，但是它提供了将孔隙与储层特性相关联的第一步。例如，孔隙的类型、大小和排列不仅影响碳氢化合物的储存，而且影响密封的能力。此外，孔隙类型的起源和分布的差异性对渗透性和湿润性具有不同的影响。这 3 种类型的孔隙可以绘制在三元图上，并用来比较不同比例的样品（如对扫描电子显微镜样品的不同区域的对比、对单个页岩层的不同区间的对比、对不同盆地页岩层的对比）。

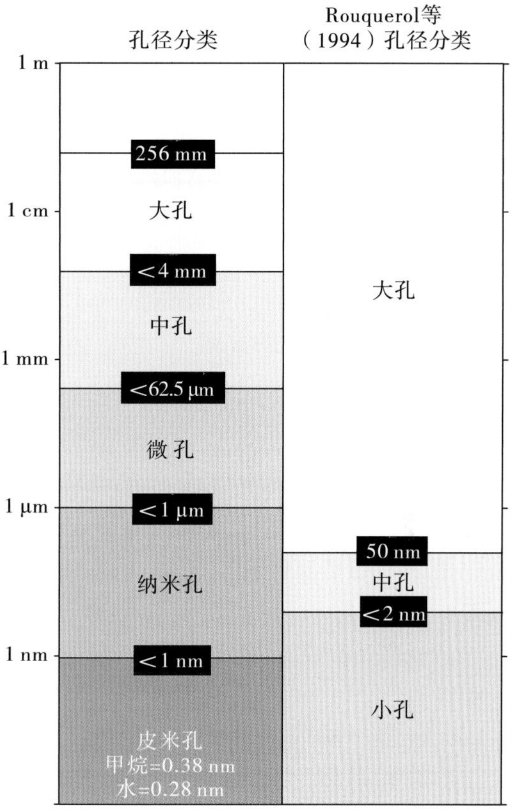

图 20.6 泥岩孔隙的孔径分类

（据 Loucks et al.，2012）

该分类依据 Choquette 等（1970）分类方案修改而来。新的孔隙类型类包括定义为小于 1 nm 的皮米孔和定义为等于或大于 1 nm 且小于 1 μm 的纳米孔。图中展示的 Rouquerol 等（1994）孔隙大小的分类方案，被认为是泥岩的孔隙分类方案。图中展示的甲烷和水分子的大小，供参考

页岩中基质相关的孔隙网络由纳米至微米尺寸的孔隙组成。在页岩气系统中，这些孔隙与天然裂缝一起形成流动通道（渗透率）网络，允许气体从生产过程中的泥岩流到诱发裂缝。Loucks 等（2012）提出了由 3 种主要与基质相关的孔隙类型组成的孔隙分类，其可用于量化基质相关的孔隙，并将它们与孔隙网络相关联。两种孔隙类型与矿物基质有关；第三种孔隙类型与有机质（OM）有关。裂缝孔不受单个基质颗粒控制，不属于该分类。有机质孔隙是位于有机物内的孔隙。颗粒间的矿物孔隙是有效孔隙网络的一部分。由于有机物颗粒的互连性，它们也很可能是互联网络的一部分。

Loucks 等（2012）以简单、系统的方式记录了存在于泥岩中的各种基质相关孔隙，并根据基本的描述属性对这些孔隙进行分类。具体目标是：①提供一个孔隙类型的分类，该分类能够总结在泥岩储层中所见的孔隙类型及其范围，并且还能够捕获孔隙的一些重要的岩石物理性质；②引入三元分类方法，允许含有不同孔隙类型的泥岩的对比；③开展古老的、埋藏较深、岩石化的泥岩孔隙与未经石化的、浅层泥岩孔隙之间的对比；④探索不

同孔隙类型对泥岩中有效的基质-流动通道（effective matrix-flow pathways）的贡献；⑤对比其他作者所使用的不同术语来命名和分类孔隙类型。

20.3.2 页岩孔隙的孔径范围

页岩中的孔径范围的上限通常小于几微米，大部分的孔隙小于 1 μm。Chalmers 等（2009）建议从事页岩研究的地球科学家使用由国际纯化学-应用化学联合会（the International Union of Pure and Applied Chemistry）发布的有关孔径大小的术语（Rouquerol et al.，1994）。其中的微孔（micropores）具有小于 2 nm 的宽度，中孔（mesopores）具有 2 nm 至 50 nm 的宽度，大孔（macropores）具有大于 50 nm 的宽度（图 20.6）。在 Loucks 等（2012）的分类中，微微孔（picopore）小于 1 nm，纳米孔（nanopore）的范围为 1 nm～<1 μm，微孔（micropores）的范围为 1 μm～<62.5 μm，中孔（mesopores）的范围为 62.5 μm～<4 mm，大孔（macropores）为>4 mm。图 20.6 对比了 Loucks 等（2012）与 Rouquerol 等（1994）的方案。

20.3.3 页岩的孔隙类型

在沉积和成岩过程中形成了泥岩基质相关孔隙，它们的形状和来源从简单到复杂都有。此外，孔隙还显示出沉积、压实、胶结和溶解等多个阶段的成因。孔隙和相关的孔隙网络也是原始的基质矿物、组构（颗粒排列）、结构（颗粒的大小和分选）和有机孔组成的函数。

页岩孔隙的分类应该是很简单的，并且应该尽可能地包含一些固有特性（如渗透性和润湿性）。

Loucks 等（2012）对页岩孔隙进行了简单和客观的分类，包括 3 种基本类型，分别为：①颗粒和晶体之间的粒间孔；②矿物颗粒内的粒内孔；③有机质内的有机孔（图 20.7，图 20.8）。

20.3.3.1 粒间孔

在年轻或浅埋的沉积物中粒间孔隙丰富，连接性良好，并且通常形成有效（可渗透）的孔隙网络。然而，随着覆盖层压力和成岩作用的增加，这种孔隙网络随埋藏而发生演变。沉积时，粒间孔可以出现在从柔软的韧性颗粒到坚硬的刚性颗粒等不同类型的颗粒之间。韧性颗粒包括黏土絮凝体、泥状颗粒（来源不明的微晶颗粒）、粪便颗粒和有机颗粒；刚性颗粒包括石英、长石、自生黄铁矿和骨架材料。在埋藏期间，韧性颗粒发生扭曲，关闭孔间隙，甚至堵塞孔喉。

在年轻的浅埋泥土中，粒间孔具有多种形状。在较老的更深埋的泥岩中，粒间孔通常通过压实和胶结作用而大量减少。除局部区域外，毛孔通常是分散的，几乎没有优先取向。大多数孔隙的长度在 1 mm 范围内，但范围可以从 50 nm 到几微米。一些粒间孔形成于韧性颗粒在刚性颗粒周围弯曲或保留在刚性颗粒簇形成遮蔽效应的位置，抑制了韧性颗粒的压实作用。

使用术语“粒间”描述颗粒和晶体之间发生的孔隙。这些孔隙的来源是多种多样的，

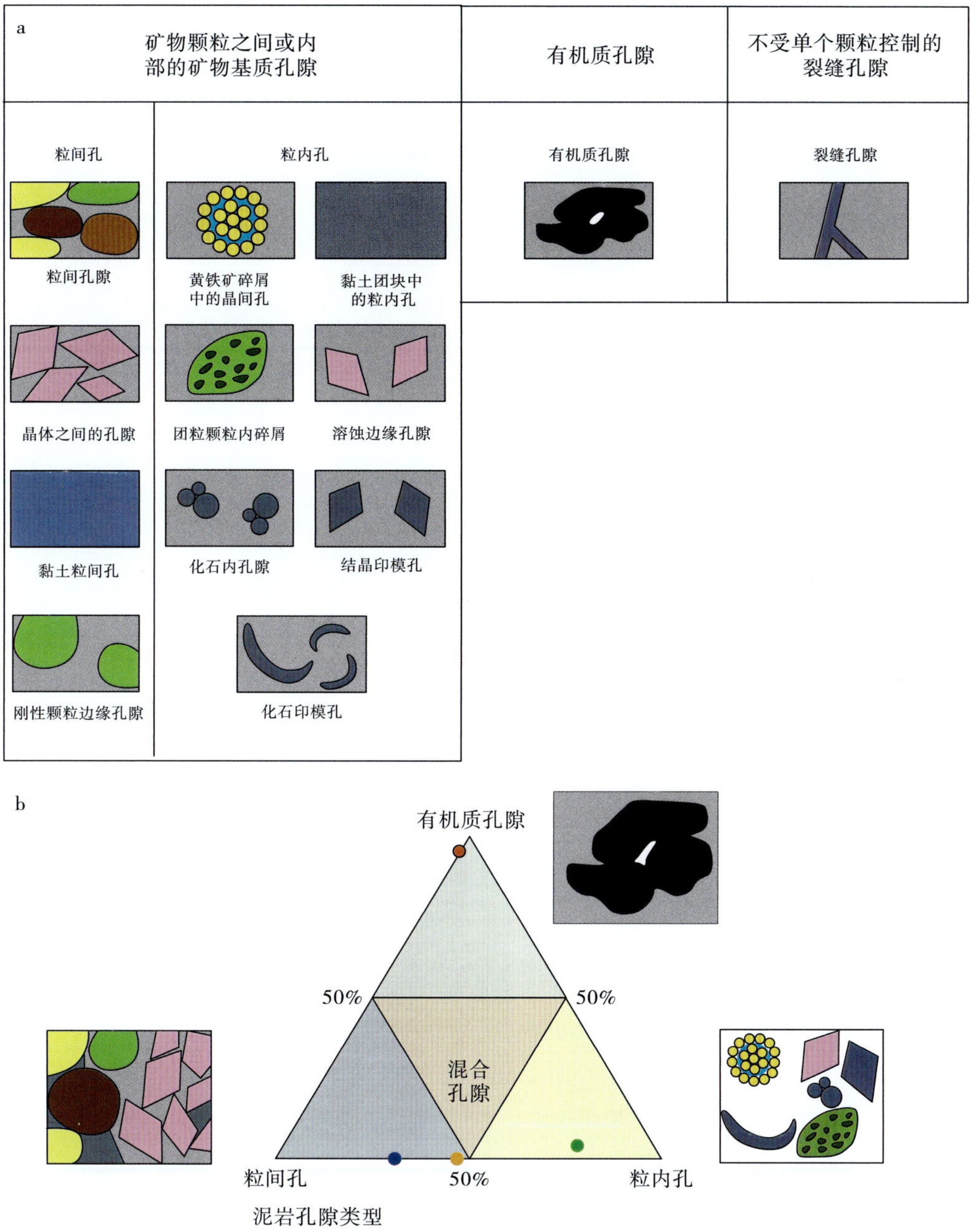

图 20.7　页岩的孔型类型

（据 Loucks et al.，2012）

a—泥岩内发生的孔隙类型，包括：①与矿物基质相关的粒间孔和粒内孔；②与有机物相关的有机物孔隙及切割基质和颗粒的裂缝孔隙。图中给出了常见孔隙类型的实例，但并不意味着表示了正式的亚型或术语。图中只显示了裂缝孔隙（fracture pores），以强调它们的重要性。但不认为，它们是与基质相关的孔隙，并且不是与基质相关分类的一部分。b—Loucks 等（2010）等对泥岩孔隙分类三元图进行了修改。如果一个孔隙网络主要是一种孔隙类型并超过 50%或更多，就可以确定孔隙类型的名称。如果没有一种孔隙类型占主导地位，那么它就是一个混合的孔隙网络。图中绘制了 Barnett 页岩（红圈），Bossier 页岩（绿圈），Pearsall 组（蓝圈）和上新世-更新统泥岩（橙圈）的孔隙网络示例。其中 Barnett、Bossier 和 Pearsall 页岩的孔隙类型的比例是通过 2000 点的计算获得的，而上新世-更新世的点的计数则是 1000 点

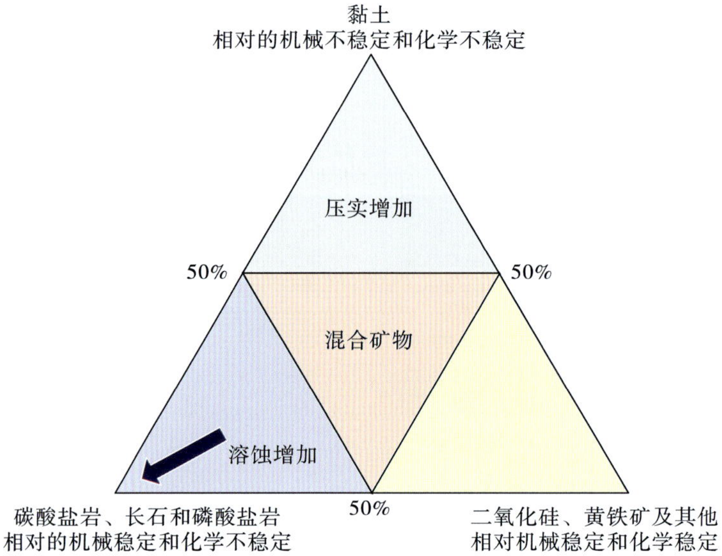

图 20.8　泥岩的成分组成图

（据 Loucks et al.，2012）

矿物端元组分之间的稳定关系

它们的几何形状与初级孔隙保存和成岩蚀变的能力有关，差异显著。图 20.7a 中显示了一些最常见的粒间孔隙类型。

20.3.3.2　粒内孔

在图 20.7a 显示了粒内孔的常见类型。在颗粒的内部有颗粒内的孔隙。其中大部分是粒内孔隙，但是在局部晶间孔也是常见的。虽然这些孔隙的一部分是原生的，但是大多数是成岩作用的产物。例如，①部分或完全溶解作用而形成的模孔；②保存在化石内的孔隙；③黄铁矿球粒的晶间孔；④黏土和云母矿物颗粒内的解理面；⑤球粒内孔隙（intragrain pores），即在似球粒（peloids）和粪球粒（fecal pellets）内的孔隙。

粒内孔的相对丰度似乎随着年龄而变化。在年轻的泥土和泥岩中，它们可能非常丰富。在较老的泥岩中，它们变得很少。

20.3.3.3　有机物粒内孔

有机物孔隙是在有机物内部发育的粒内孔隙。在有机物孔隙开始形成之前，热成熟度必须达到约 0.6%或更高的 R_o 水平。在成熟度低于 0.6%的情况下，有机物孔隙不存在或极其罕见。有机物孔隙具有不规则的形态（如泡状的椭圆形横截面），长度通常在 5~750 nm 之间。值得注意的是，并非所有的有机物类型都倾向于有机物孔发育，有机物的类型可以控制在岩石的热成熟过程中有机物孔隙的形成，Ⅱ型干酪根可能比Ⅲ型干酪根更易于形成有机物孔。

20.3.4 前陆盆地黑色页岩孔隙命名和分类方案的比较和讨论

20.3.4.1 孔隙命名和分类方案的比较

Loucks 等（2012）提出的泥岩孔隙分类方案是一个描述性的方案，在 3 种系统中对于描述特定的孔隙亚型是很有用的，故可将前人已经使用的各种描述性的泥岩孔隙类型的名称归入此方案。

20.3.4.2 与裂缝相关的孔隙

与裂缝相关的孔隙（fracture-related pores）没有列入页岩孔隙（matrix related pore）的分类中。然而，这些未充填的非基质孔隙（nonmatrix pores）在页岩气系统中是非常重要的。在泥岩储层中天然裂缝的存在对油气的生产产生显著的影响。泥岩中的天然裂隙具有开放的模式。虽然在一些泥岩储层中裂缝是被胶结的，渗透性不好，但是它们仍然可以对裂缝扩展产生很大的影响。

20.3.4.3 孔隙类型和有效孔隙网络

页岩可能含有一种主要孔隙类型或多种孔隙类型的组合。了解每种孔隙类型的丰度、分布和空间相互关系是非常重要的，因为每一种孔隙类型对渗透率的贡献率可能不同，因此需要了解孔隙的分布并建立其连通性。泥质储层的固有特征就是具有低渗透性，需要裂缝来改善油气的流动状况。因此，必须认识泥岩基质内的渗透通道以及裂缝。

虽然孔隙连接原理适用于泥岩中的孔隙，但是对有效的孔隙网络而言，粒间孔隙比粒内孔隙具有更大的贡献率。有机物孔隙（粒内孔隙的一种形式）的相对连通性与基质粒内孔隙是不匹配的。在连续的有机骨架中，有机物孔可以形成有效的孔隙系统，并且可以形成主要的流动路径。

20.3.4.4 矿物结构对孔隙发育和保存的影响

矿物组成对泥岩孔隙发育和保存具有重要性。利用物理和化学稳定性对主要的泥岩矿物进行分组。三元图的 3 个端点分别为：①页状的硅酸盐黏土；②硅+黄铁矿；③碳酸盐+长石+磷酸盐。每个端点反映了成岩过程中不同的机械和化学稳定性参数。

虽然三端元是泥岩孔隙类型的重要控制因素，但是复活的干酪根（reactive kerogen）的添加也会显著地影响孔隙网络系统，大量的干酪根可能会导致连续的孔隙网络的形成。

20.3.4.5 泥岩孔隙在埋藏过程中的演化

目前已经确定的是，随着时间的推移，泥岩被埋藏后会经历更高的温度和压力，它们的体积随之减小并岩石化。在沉积时，泥岩的初始孔隙率在 60%~80%之间，这些孔隙度在地下则下降到百分之几。根据生产页岩气储层孔隙度的实例，Txco（2009）指出了几种页岩气体系中的孔隙度范围：①Barnett 页岩孔隙度为 4.0%~9.6%；②Haynesville 组孔隙度为 8%~15%；③Fayetteville 页岩孔隙度为 4.0%~5.0%；④Pearsall 组孔隙度为 6.0%~11.5%；⑤Eagle Ford 孔隙度为 3.4%~14.6%。埋藏成岩作用中泥向泥岩的转化作用是一个由多种变量组成的复杂过程，控制因素包括原始矿物、组构、结构、有机质含量、流体、水文、埋藏速率和埋藏深度。图 20.9 显示了泥向泥岩的演化过程。

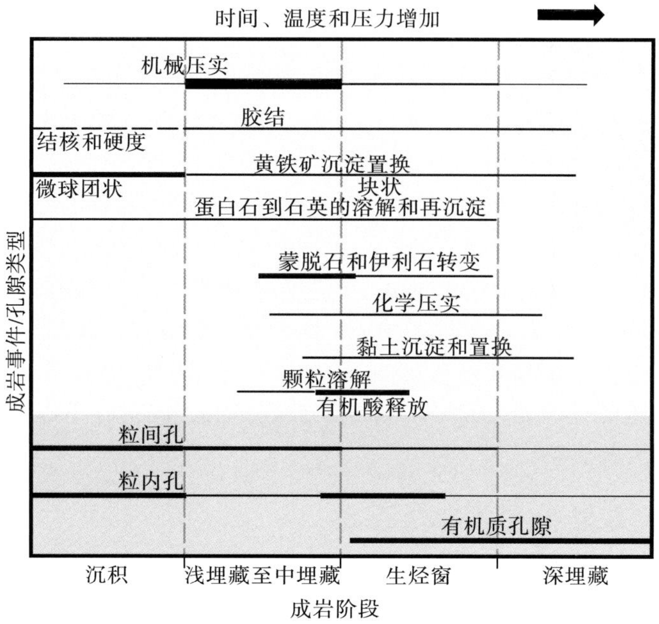

图 20.9　泥岩的埋藏成岩阶段及其孔隙演化之间的关系
（据 Loucks et al.，2012）

在图 20.9 中总结了与埋藏成岩作用有关的泥岩的孔隙演化史。对于相对年轻的泥岩，位于地下的浅层，孔隙是粒间孔隙和粒内孔隙。在初始埋藏到几千米时，粒间孔隙和粒内孔隙受到化学成岩作用的压缩和影响，使得粒间孔隙和粒内孔隙的孔隙体积大大减少。孔隙度-深度曲线表明，埋藏深度为 2.5 km 时孔隙度可降至 10%以下，表明 50%~70%的孔隙度和 83%~88%的体积损失是由压实作用和成岩作用导致的。与埋藏相关的胶结物是可变的。它可以黏土形式在孔隙中沉淀，石英、碳酸盐或长石可以在颗粒上以胶结物形式生长，或者作为胶结物填充孔隙。此外，在经历热成熟的有机物中可以形成丰富的孔隙。有机质孔隙的发育开始于有机物热成熟的出现，基于对 Barnett 页岩样品的分析结果，Loucks 等（2012）认为有机质孔隙的发育与成熟度增加之间没有线性关系。虽然这些样品涵盖了一系列的 R_o（0.5%~3.17%），但是在泥岩中最终孔隙网络可以是很多种孔隙类型的组合。

20.4　前陆盆地页岩气的富集机制

20.4.1　前陆盆地连续型页岩气富集

众多学者和机构投入页岩气等非常规油气地质研究。如果说 McCollough（1934）提出的“圈闭学说”是常规油气地质理论形成的重要标志，那么 Schmoker 等（1995）提出的

“连续型油气富集”观点则是非常规油气理论开启的里程碑。Law 等（2002）提出了非常规油气系统概念，初步形成了连续性油气富集与非常规油气地质理论，核心内容包括：①非常规油气连续型富集，大面积分布，只有“甜点区”和非“甜点区”之分，没有明显的油气水圈闭边界。②储集层致密（孔隙度4%~12%，渗透率小于$1\times10^3\ \mu m^2$），微-纳米级孔喉系统发育，需水平井和压裂技术改造才能产出，是一种“人工油气藏”。③多种相态共存（固、液、气相及游离态、吸附态等）。④“近源”或“源内”成藏，源-储一体，油气受层系控制、分布稳定、资源规模大。⑤具有特殊的油气富集机理和流动机理。

在此基础上，有关页岩气地质理论方面获得了以下新认识：①表征致密储集层中纳米级孔喉系统，建立油气富集微纳米孔喉结构模式，突破了页岩、致密砂岩无储集空间的局限认识。②揭示页岩气“连续型”富集规律，提出其与常规圈闭油气藏10个特征差异，并提出含油气盆地常规-非常规油气“有序富集”规律。③揭示非常规油气富集中“非浮力作用”起主导作用，并提出非浮力作用机理，指出该作用的顶底深度界限。④针对五峰组-龙马溪组海相地层页岩气，在笔石生物层对比、页岩储集空间表征、赋存特征及富集机理、资源评价及选区选段、“甜点区”评价预测等方面取得重大进展，初步形成了中国热高演化程度海相页岩气地质理论体系。

20.4.2 前陆盆地黑色页岩富集的地质条件

20.4.2.1 前陆盆地具有封闭缺氧的沉积环境，易于形成黑色页岩

前陆盆地具有有利的沉积环境（可形成有机质页岩的环境）、挠曲沉降产生的可容性空间、持续沉降和埋藏导致的较高的热成熟度，使得前陆盆地具备形成页岩气藏良好的物质基础。前陆盆地系统具有冲断带-前陆盆地-前缘隆起-隆后盆地的地质结构，易于形成相对封闭的古构造和古地理环境。造山带在地貌上呈岛链状分布，显示为分割了前渊水域与大洋之间联系的地貌屏障；前渊表现为平行于造山带走向的狭长水道（或航道），不利于洋流的活动，从而形成了封闭缺氧的沉积环境，易于形成黑色页岩。因此，在板块汇聚过程中形成的盆-山系统中，造山楔（岛链）将前陆地区其与外海隔离，形成与外海连通性较差、狭长的半封闭-封闭的缺氧滞留盆地（内陆海峡通道），导致前陆盆地具有富有机质页岩形成的古地貌、古地理和古构造条件；特别是位于低纬度的热带、古大陆东岸（或西岸），而且古季风、古上升洋流发育的前陆盆地更有利于富有机质页岩的形成。

20.4.2.2 前陆盆地黑色页岩层为页岩气的形成提供了充足的物质基础

前陆盆地充填序列的下部旋回和上部旋回均发育富有机质产气页岩层，为页岩气的形成提供了充足的物质基础。下部岩系与造山带主造山幕同龄，是前陆盆地富有机质产气页岩层的主要产出层位（如福特沃斯前陆盆地的Barnett页岩）；上部沉积岩系为冲断和抬升的产物，也有富有机质产气页岩层产出，呈舌状分布于三角洲碎屑岩楔状体之内。因此，在前陆盆地的下部地层通常发育厚度较大的富有机质页岩，主要有两种垂向的地层结构类型：①富有机质页岩分布于前陆盆地早期海侵期和上升洋流发育期（以福特沃斯前陆盆地的Barnett页岩为典型），具有“三元地层结构”，由底部的不整合面、中部的富有机质页岩夹碳酸盐岩和生物礁、顶部的大套碳酸盐岩组成，即：富有机质页岩具有很好的以碳

酸盐岩为标志的顶板和底板。②富有机质页岩呈舌状分布于碎屑岩楔形体内（以阿巴拉契亚前陆盆地的 Marcellus 页岩和 Ohio 页岩为典型），每个旋回由下部的富有机质页岩、中部的碎屑岩、上部的碳酸盐岩（为主要的隔层）组成，显示为夹于大套碳酸盐岩之间的富有机质页岩和碎屑岩。在空间上，由前缘隆起经前陆斜坡到前渊，富有机质页岩的厚度逐渐增大，即越靠近冲断带页岩层的厚度越大，表明页岩沉积物的物质主要来源于造山带。

20.4.2.3 前渊（沉降-沉积中心）是页岩气富集区域

虽然富有机质页岩可以在不同的盆地类型（如克拉通盆地、裂谷、被动大陆边缘和主动大陆边缘盆地等）中形成和发育，但是前陆盆地所具有的特殊地质条件使得富有机质页岩不仅能够形成而且能够保存，使得前陆盆地成为页岩气富集的盆地类型。前陆盆地系统分布于造山带和前陆隆起之间，并与它们的走向平行，具有不对称结构，具有典型的楔形几何形态，前渊是沉降-沉积中心，发育较厚的黑色页岩，是页岩气富集区。

20.4.3 前陆盆地的挠曲沉降、热事件与增温增压、有机质生烃

20.4.3.1 前陆盆地持续的挠曲沉降与增温增压和有机质生烃

前陆盆地持续的挠曲沉降为富有机质页岩的沉积、埋深和保存提供了可容纳空间，也为其不间断地受热、生烃提供了热力学条件。前陆地区处于造山带与克拉通的过渡地区，其地壳结构属于克拉通型，因此，相对于造山带或缝合带而言，属于相对稳定的构造环境。相对于克拉通内部或腹地，则属于受造山带逆冲作用影响的地区，具有一定的活动性。因此，前陆地区属于具有一定活动性的稳定地区。更为重要的是，因造山带的构造负载驱动了前陆盆地的挠曲沉降，而前陆盆地持续地挠曲沉降作用不仅为页岩的沉积作用提供了可容纳空间（奠定了页岩气成藏的物质基础），为页岩沉积后的持续沉降和埋深提供了可容纳空间，而且为页岩的不间断地受热、生烃提供了热力学条件。

20.4.3.2 造山带挤压事件为前陆盆地黑色页岩的有机质成熟提供了热力学条件

前陆地区的主体背斜构造与冲断带近平行，表明前陆盆地形成后经历了来自造山带逆冲作用及其导致的挤压作用。前陆盆地的地层通常受后期冲断褶皱的挤压，构造热事件为烃源岩的成熟和页岩层天然裂缝的产生提供了热力学条件。在冲断带被挤出的流体将沿着应力薄弱带流入前陆盆地的渗透层中，使得这些含矿质、矿液、烃组分及热量的流体进入前陆盆地建造或进入陆块区沉积层序中。前陆盆地页岩成熟度较高，天然气均为热成因来源，裂缝有助于页岩层中吸附于矿物和（或）有机质表面的天然气吸附。前陆盆地的 R_o 分布不仅与构造单元具有相关性，而且与逆冲断层也具有相关性（福特沃斯盆地 Barnett 页岩高成熟区的分布与断层和逆冲推覆带近平行），表明造山运动所导致的区域性地质热事件为页岩的成熟提供了热源，逆冲断裂为热液上升提供了通道，使烃源岩多数达到生气门限，促进了页岩中天然气的生成，产生了大量天然气，形成了页岩气富集区带。

20.4.3.3 页岩高成熟区分布于紧邻冲断带的前渊

页岩高成熟区分布于紧邻冲断带的前渊，其原因在于前陆盆地通常受到后期冲断带的挤压，构造热事件为烃源岩的成熟和页岩层天然裂缝的产生提供了热力学条件和热液上升的通道。

20.4.3.4 前陆盆地后期的抬升与剥蚀作用使高成熟度的黑色页岩具有较浅的埋藏深度

前陆盆地的古地温远高于目前的温度（如福特沃斯盆地等）。在重建的埋藏史中，表明这些前陆盆地均存在后期侵蚀作用。虽然后期的构造变形导致了这些前陆盆地的破裂和剥蚀，黑色页岩就分布于这些残留前陆盆地内，使得曾经埋深较大的黑色页岩的现今埋藏深度较浅，但成熟度较高。

20.4.4 造山带挤压事件与前陆盆地页岩气的富集

20.4.4.1 造山带的挤压事件为前陆盆地黑色页岩的有机质成熟提供了热力学条件

初步研究成果表明，造山带的挤压与热事件为前陆盆地黑色页岩的有机质成熟提供了热力学条件。前陆地区的主体背斜构造与冲断带近平行，表明前陆盆地形成后经历了来自造山带的逆冲作用及其导致的挤压作用。前陆盆地的上部地层通常受后期冲断褶皱的挤压，构造热事件为下部烃源岩的成熟和页岩层天然裂缝的产生提供了热力学条件（图20.10）。在冲断带被挤出的流体沿着应力薄弱带流入前陆盆地的渗透层中，使得这些含矿质、矿液、烃组分及热量的流体进入前陆盆地建造或进入克拉通区沉积层序中。前陆盆地页岩成熟度较高，天然气均为热成因来源，裂缝有助于页岩层中吸附于矿物和（或）有机质表面的天然气吸附。前陆盆地的 R_o 分布不仅与构造单元具有相关性，而且与逆冲断层也具有相关性（如福特沃斯前陆盆地页岩高成熟区的分布与造山带的断层和逆冲推覆带近平行），表明造山运动所导致的区域性地质热事件为页岩的成熟提供了热源，逆冲断裂为热液上升提供了通道，使多数的源岩达到生气门限，促进了页岩中天然气的生成，产生了大量天然气，形成页岩气富集区带。由此可见，页岩气藏中足够高的页岩成熟度是页岩气藏发育的关键，页岩的高成熟度（$R_o>2\%$）是制约页岩气成藏的主要因素。成熟度越高，越有利于页岩气藏的发育和开发。换言之，如果没有造山带造山作用引发的全盆地的热事件，页岩就不可能达到生气门限，就不可能有气产出。虽然前陆盆地的构造运动比较强，有时常规油气难以保存，而页岩气藏具有抗破坏能力强的特点，在前陆盆地即使没有常规油气发现的区域也可能会发现大量页岩气资源。前陆盆地的挤压作用为页岩气的成熟和富集提供了条件。

因此，开展前陆盆地黑色页岩 R_o 的分布规律与造山带的挤压-热事件及其控制作用的研究是必要的，应特别注意页岩 R_o 分布与异常压力、地层压力、构造单元、逆冲断层和流体运移等方面的对比和相关性研究，探讨前陆盆地黑色页岩 R_o 的分布规律与造山带的挤压-热事件的关系。

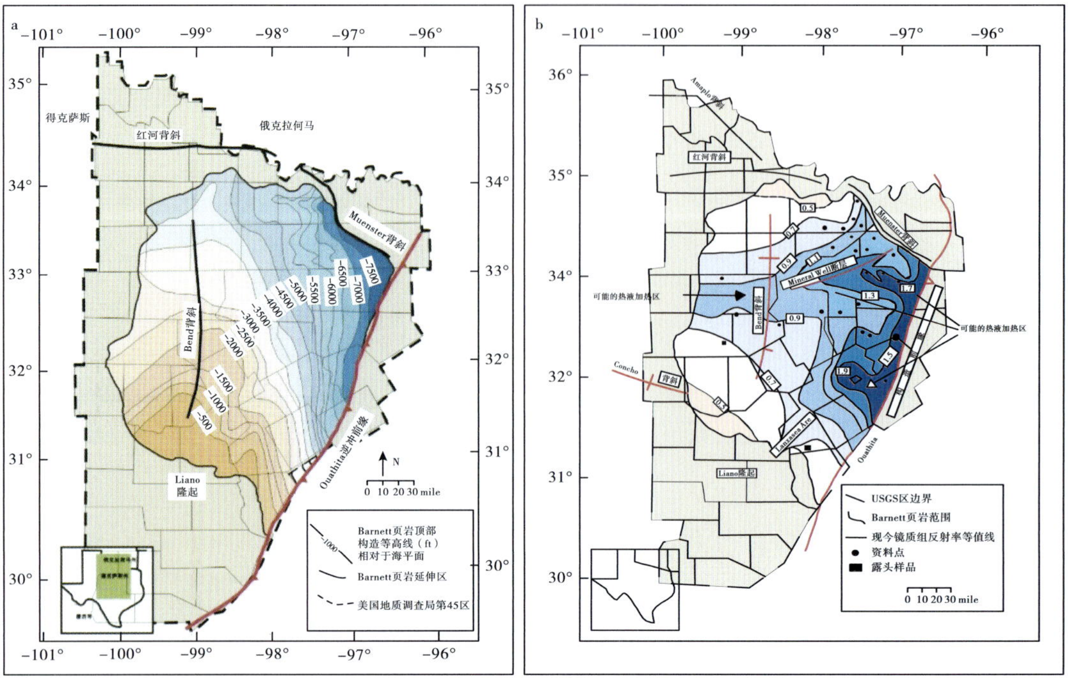

图 20.10 福特沃斯前陆盆地地层厚度分布图和热成熟度等值线图

（据 Loucks et al.，2007）

a—Bend 背斜-福特沃斯盆地 Barnett 页岩顶部的测井解释构造等高线图（等高线间隔 152 m）；b—根据 Barnett 页岩的 R_o 确定的热成熟度等值线，数据取自得克萨斯 Humble 地球化学服务公司，箭头标出了可能的高热液加热区和 R_o 异常高值区。1 mile = 1609.344 m；1 ft = 30.48 cm

（1）前陆盆地黑色页岩 R_o 分布与异常压力、地层压力的相关性

页岩气藏中通常具有异常压力，热成因的页岩气藏一般以高压为主要特征，而生物成因的页岩气藏则一般以低压为主要特征。热成因气是在足够的埋深下，并在温度和压力的共同作用下生成，具有热成因气的页岩气藏通常都是在经历过足够的埋藏作用、压实作用、上覆地层压力的作用、流体热增压及有机质向烃类转化过程中由于体积的膨大等引起了高异常地层压力；而生物成因气埋藏深度比较浅，易形成异常低压。此外，地层压力的大小也影响页岩层中吸附气量的大小。在 Barnett 页岩岩芯甲烷等温吸附关系曲线中发现，吸附气量与地层压力成正比，页岩中的地层压力越大，其吸附能力越强。许多学者认为，不同地区有机质含量、产气量及周围页岩封存能力的不同会引起压力梯度的差异；有些地质学家还认为，天然裂缝也可能会是原因之一。

前陆盆地普遍具超压的特点，保存条件控制了页岩气藏的分布，异常高压区、页岩脆性好、微裂隙发育区是寻找页岩气的有利地区；生烃潜力大，保存条件好的地区也是寻找页岩气的有利地区。

（2）前陆盆地黑色页岩 R_o 分布与构造单元的相关性

综合野外调查、钻井资料统计富有机质页岩层 R_o 在造山带前山带、前陆盆地（前渊-前陆斜坡）、前缘隆起和隆后盆地等构造单元上的分布，揭示前陆盆地页岩的 R_o 分布规律及其与构造单元的相关性。

（3）前陆盆地黑色页岩 R_o 分布与逆冲断层的相关性

前陆盆地页岩的热成熟度与逆冲断层的分布具有明显的相关性。在编制前陆盆地黑色页岩 R_o 分布与逆冲断层分布图的基础上，开展以下研究内容：①对比黑色页岩 R_o 的区域分布特征与逆冲断层分布的对应性，分析 R_o 与逆冲断层空间的对应关系，判断 R_o 等值线与主要构造走向（包括现在的盆地中心线、背斜轴、断层线的走向）的关系（正交或横穿）；②特别关注页岩高成熟区（R_o 为 1.1%~3.0%，为有利页岩气成气区）的分布与断层和逆冲推覆带的关系，分析 R_o 是否具有与逆冲断层近平行的分布特点；③分析 R_o 是否有异常点，判断是否存在沿造山带逆冲断层前缘的热流加热作用引起的局部异常过高古温度的模式，探索其原因，确定是否是逆冲断裂为热液上升提供了通道，断层的单向运动以及热流加热作用可能引起古温度升高，促进了页岩的成气；④分析造山带热流体对前陆盆地页岩有机质成熟度的影响。

例如，福特沃斯盆地 Barnett 页岩镜质组反射率等值线图（图 20.10）表明：①从 Palo Pinto 县到 Jones 县正交于 Bend 背斜的东西走向热成熟度较高；②该走向线的北部和南部热成熟度下降；③沃希托构造前缘附近的热成熟度上升；④盆地内不同构造的热成熟度出现局部上升或下降。Blackwell 等（2004）认为沿沃希托构造前缘福特沃斯盆地区域的热流较高，与该盆地的高热成熟度极为一致。

20.4.4.2 前陆盆地持续的挠曲沉降为黑色页岩不间断受热和生烃提供了热力学条件

因造山带的构造负载驱动了前陆盆地的挠曲沉降，而前陆盆地持续地挠曲沉降作用不仅为页岩的沉积作用提供了可容纳空间（奠定了页岩气成藏的物质基础），为页岩沉积后的持续沉降和埋深提供了可容纳空间，而且为页岩的不间断地受热、生烃提供了热力学条件。因此，前陆地区的持续沉降是前陆盆地页岩气成藏的关键。此外，由于埋深较大，前陆盆地具有较高的地层压力与温度，页岩气的原始地层压力应为高异常。地层超压区的页岩气更易开采且具有更高的最终采收率。含气页岩的地层超压不仅利于裂缝发育及天然气开发，且可增加页岩吸附气含量，但当地层压力增加到一定程度时，页岩含气量增速会逐渐变缓。以福特沃斯前陆盆地为例，页岩气产量主要来自热成因气，占 85%以上，R_o 分布与页岩异常压力、地层压力、页岩厚度、页岩埋深均具有正相关性与成熟度的相关性，表明页岩的成熟度受到地层埋深作用的控制，显示了前陆盆地页岩气的独特性。

前陆盆地黑色页岩热成熟度与盆地当前的埋藏深度是否存在关联性是需要确定的科学问题。初步研究成果表明：①前陆盆地页岩气层的埋深较大，一般超过 2000 m。②前陆盆地为典型的楔形前陆盆地，越靠近冲断带页岩层的埋深越大，前陆盆地页岩的平均镜质体反射率的分布区与其埋深一致，说明前陆盆地页岩的埋深与成熟度具有明显的相关性。虽然埋藏深度不是控制页岩气成藏的决定性因素，但其关系着页岩气藏开发的难度和经济效益。生物成因气埋藏相对较浅（<1500 m），开发难度小且经济效益高；热成因气埋藏相对较深（多大于 1500 m），但资源量大且分布广泛。目前已进行工业性开发的页岩气藏的埋藏深度一般低于 3000 m，但随着天然气价格的抬升及页岩气钻采工艺的进步，埋藏深度更大的页岩气藏将得以开发。研究表明，泥盆纪页岩及更老的岩石在抬升到现在的海拔之前经历过很深的埋藏。这个构造历史创造了有机质大量生成的环境和能够储集经济可

采油气的圈闭机理。

20.4.5 前陆盆地页岩气的富集模式

从产页岩气盆地分布的大地构造位置和盆地类型来看，在构造运动较强的前陆盆地和构造活动较弱的隆后盆地都有页岩气藏发育。前陆盆地系统具有前渊和隆后盆地两种页岩气富集的盆地成藏模式。隆后盆地与前陆盆地同时形成，共用一个前缘隆起，海水相通，是一个挠曲动力系统的产物。发育过程具有同步性。通过对北美含页岩气盆地（阿巴拉契亚前陆盆地、密歇根盆地、伊利诺斯盆地和德拉华盆地）的岩性特征、有机质类型、生气方式、埋深、热成熟度、吸附气含量、裂缝对页岩气成藏的作用进行对比，我们认为前陆盆地页岩气存在两种成藏的盆地模式，分别为前渊-斜坡型页岩气富集模式和隆后盆地型页岩气富集模式。

20.4.5.1 前陆盆地黑色页岩的隔层与页岩气的富集模式

前陆盆地页岩气属于近源（或源内）成藏，具自生自储特征，在黑色页岩的顶板和底板存在致密的隔板层，有利于烃类气体的保存。前陆盆地的碳酸盐岩层、碎屑岩是黑色页岩的隔层，形成了前陆盆地页岩气的区域富集模式——大套区域性的致密灰岩或砂岩层上、下“封闭”的页岩层。目前已发现两种气藏模式（图 20.11，图 20.12）：①黑色页

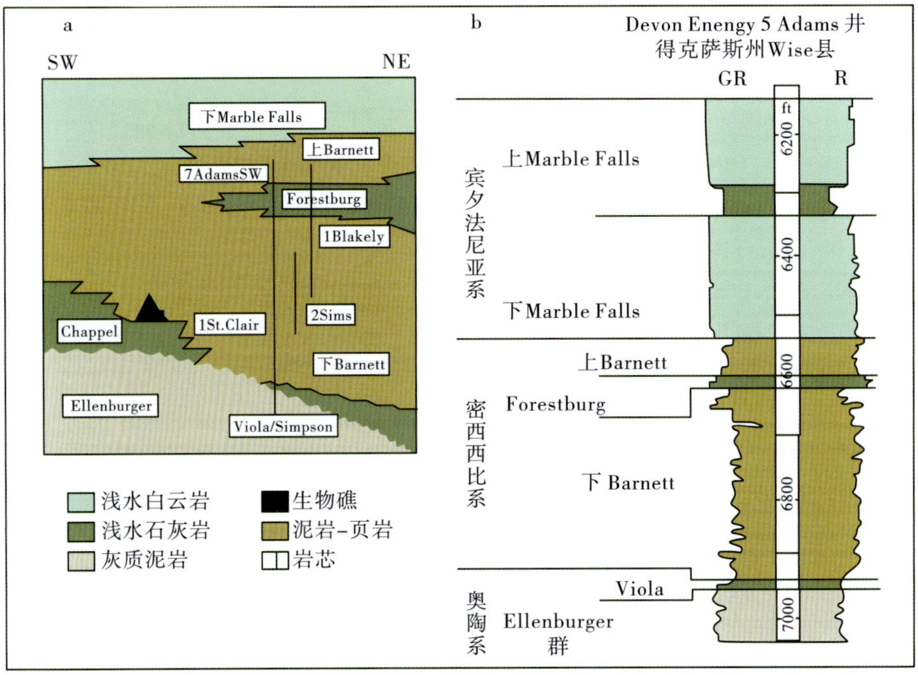

图 20.11 福特沃斯前陆盆地奥陶系-宾夕法尼亚系主要地层

（据 Loucks et al.，2007）

a—福特沃斯盆地地层剖面示意图；b—主要地层单元的电缆测井图。该图描述了 Barnett 的地层环境。根据其位置，Barnett 页岩的下伏地层为密西西比系 Chappel 灰岩、中-上奥陶统 Viola 地层、Simpson 碳酸盐层、下奥陶统 Ellenburger 群。在盆地的大部分地区，Barnett 地层位于时间跨越至少 0.1 Ga 的不整合面上，上覆地层为宾夕法尼亚系 Marble Falls 序列。根据 Forestburg 灰岩可将 Barnett 地层分为 2 层，但是如果没有灰岩，Barnett 地层通常可作为一个单元

岩的顶板和底板为致密灰岩隔板层，以福特沃斯盆地 Barnett 页岩气藏和阿巴拉契亚盆地 Marcellus 页岩气藏为代表，下伏的碳酸盐岩底板为前陆盆地底部的不整合面和碳酸盐岩及被动大陆边缘盆地的碳酸盐岩；上覆的碳酸盐岩顶板为碳酸盐岩（如福特沃斯前陆盆地 Barnett 页岩顶部的 Foresburg 灰岩和 Marble 灰岩。②黑色页岩的顶板和底板为致密砂岩隔板层，以阿巴拉契亚盆地 Ohio 页岩气藏为代表，这些致密灰岩层或砂岩在一定程度上起到了“盖层”或“隔层”的作用，阻止页岩排烃，致使在页岩中保存了大量的烃类气体。这些致密层一方面阻止了油气垂向运移，使之在黑色页岩层系中得以保存，一方面也有助于大型水力压裂的裂缝控制。因此，前陆盆地的致密碳酸盐岩与页岩组合、致密砂岩与页岩组合为页岩气的富集提供了条件。

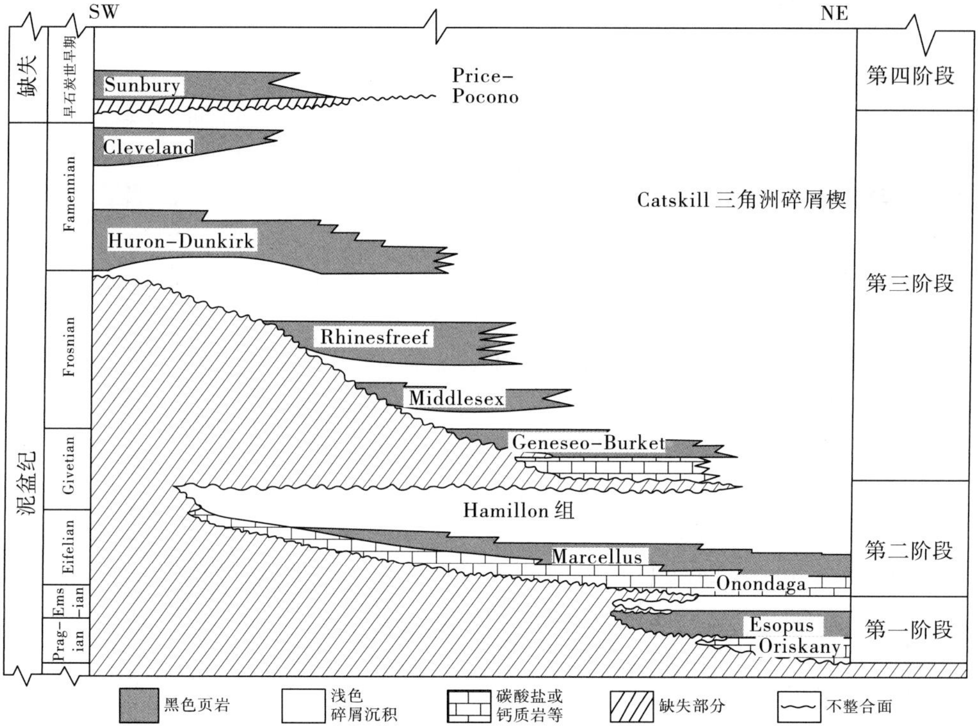

图 20.12　阿巴拉契亚前陆盆地北部剖面图（东西向）

（据 Ettensohn，2008）

显示 4 个构造相旋回、黑色页岩、碎屑楔、碳酸盐岩、地层缺失和不整合面在年代地层格架中的分布

20.4.5.2　前渊-斜坡型页岩气富集模式

前渊和斜坡位于逆冲褶皱带的前缘区域，构造相对复杂，页岩气藏埋藏较深，压力和成熟度较高，以热成因天然气为主，具有高气体饱和度、低吸附气含量、低孔渗、平缓的等温吸附线和较高的开采成本等特点。“原地”生成聚集，在不同成熟度的区域，产出不同热成因类型的天然气。前渊-斜坡型页岩气成藏模式以福特沃斯前陆盆地 Barnett 页岩气成藏模式、阿巴拉契亚前陆盆地 Ohio 页岩气成藏模式和德拉华盆地 Barnett 页岩气成藏模式为代表。

20.4.5.3 隆后盆地型页岩气富集模式

隆后盆地位于前缘隆起的靠克拉通一侧的稳定地台之上，构造简单，页岩气藏埋藏较浅，压力和成熟度较低，以生物成因或混合成因天然气为主。具有低气体饱和度、高吸附气含量、高孔渗、陡峭的等温吸附线、较低的开采成本等特点。隆后盆地页岩气成藏模式以密歇根盆地 Antrim 页岩气成藏模式为代表。主要特征为：从盆地周缘较浅至较深部位赋存着具有生物成因和热成因的“二元”成因结构的天然气，依次从生物气过渡到混合气，最后为热成因气。

20.4.6 前陆盆地页岩气富集的特征

最早发现页岩气的盆地类型是前陆盆地（阿巴拉契亚前陆盆地），开发页岩气最成功的盆地类型也是前陆盆地，如阿巴拉契亚前陆盆地，沃希托前陆盆地，落基山前陆盆地，加拿大东部、西部的前陆盆地，扬子板块东缘前陆盆地（早志留世），华北板块西缘鄂尔多斯前陆盆地等。因此，前陆盆地页岩气的研究目的不仅在于了解前陆盆地为什么会形成，在哪里形成以及为什么在那个时间发生沉降并形成前陆盆地，还在于评价盆地充填物及其所含流体的过程及其相关分布。鉴于此，近年来我们对前陆盆地页岩气形成的基本地质条件、黑色页岩的形成作用、黑色页岩沉积特征、黑色页岩储集性、页岩气富集作用和页岩气保存条件进行了研究。初步研究成果表明：①虽然富有机质页岩可以在不同的盆地类型（如克拉通盆地、裂谷、被动大陆边缘和主动大陆边缘盆地等）中形成和发育，但是前陆盆地所具有的特殊地质条件使得富有机质页岩不仅能够形成而且能够保存，使得前陆盆地成为页岩气富集的盆地类型。②在前陆盆地的下部地层通常发育厚度较大的富有机质页岩，主要有两种垂向的地层结构类型。在空间上，由前缘隆起经前陆斜坡到前渊，富有机质页岩的厚度逐渐增大，即越靠近冲断带页岩层的厚度越大，表明页岩沉积物的物质主要来源于造山带。③板块汇聚过程形成的盆-山系统中，造山楔（岛链）将前陆地区其与外海隔离，形成与外海连通性较差的、狭长的半封闭-封闭的缺氧滞留盆地（内陆海峡通道），导致前陆盆地具有富有机质页岩形成的古地貌、古地理和古构造条件；特别是位于低纬度的热带及古大陆东岸或西岸的古季风、古上升洋流发育的前陆盆地，有利于富有机质页岩的形成。④前陆盆地页岩气主要分布于前陆盆地（斜坡-前渊）和相邻的隆后盆地。⑤坐落于稳定大陆板块（具刚性或抗压性）边缘的前陆盆地具有一定的抗压性或抗后期构造破坏的能力，使得富有机质页岩能够较好地保存下来。这就是为什么多数的裂谷、被动大陆边缘和主动大陆边缘盆地的富有机质页岩难以保存或已强烈变形的地质原因。⑥页岩高成熟区分布于紧邻冲断带的前渊，其原因在于前陆盆地通常受到后期冲断带的挤压，构造热事件为烃源岩的成熟和页岩层天然裂缝的产生提供了热力学条件和热液上升的通道。因此，前陆盆地具有的有利于有机质页岩形成的沉积环境、挠曲沉降产生的可容纳空间、持续沉降和埋藏导致的较高的热成熟度，导致前陆盆地不仅具备了形成页岩气的物质基础，而且也具备了页岩气富集和保存的条件。

20.5 前陆盆地页岩气的保存条件

20.5.1 前陆盆地位于大陆板块边缘为黑色页岩提供了保存条件

前陆系指与造山带相毗邻的稳定地区，位于克拉通或地台区的边缘，是大陆地壳的一部分。前陆盆地的地壳结构属于克拉通型，显示为相对稳定的构造环境，为页岩和页岩气提供了保存条件（宏观保存模式——前渊盆地和隆后盆地）。虽然在造山带或缝合带中也残留黑色页岩，但是变形严重。相对于克拉通内部或腹地，前陆属于受造山带逆冲作用影响的地区，具有一定的活动性。因此，前陆地区属于具有一定活动性的稳定地区。

隆后盆地与前陆盆地同时形成，共用一个前缘隆起，海水相通，是一个挠曲动力系统的产物，发育过程具有同步性。

此外，前陆盆地后期的抬升与剥蚀作用使高成熟度的黑色页岩具有较浅的埋藏深度。例如，前陆盆地的古地温远高于目前的温度（如福特沃斯盆地等）。重建的埋藏史也表明这些前陆盆地均存在后期侵蚀作用（>1200 m）。虽然后期的构造变形导致了这些前陆盆地的破裂和剥蚀，但黑色页岩就分布于这些残留前陆盆地内，使得曾经埋深较大的黑色页岩的现今埋藏深度较浅，但成熟度较高。前陆地区构造隆升幅度相对较小，为页岩气的保存提供了的保障。因此，我们认为前陆盆地页岩气成藏的关键要素有以下方面：①前陆地区的持续沉降是前陆盆地页岩气成藏的关键。稳定的构造环境为泥、页岩的持续沉降和有机质的保存提供了条件，奠定了前陆盆地页岩气成藏的物质基础。②页岩气成藏的关键可能与持续沉降有关，持续沉降的时间、泥页岩持续沉降的最大埋藏深度、持续沉降时物源与沉降中心的距离以及物源岩性等的不同都会造成泥页岩在成分、成熟度、原生裂缝以及后生诱发裂缝等方面的差异，进而影响页岩气藏的勘探和开发。③前陆盆地持续沉降时间长和后期隆升幅度小有利于页岩气藏的形成和保存。持续沉降的时间长有利于页岩中的有机质不间断受热而连续生烃，隆升幅度小有利于保存已形成的天然气。

20.5.2 前陆盆地的后期抬升作用与页岩气的保存条件

初步研究成果表明，前陆盆地富有机质页岩的古地温远高于目前的温度。重建的埋藏史也表明这些前陆盆地均存在后期侵蚀作用，如福特沃斯前陆盆地在二叠纪沉积后至早白垩世海侵前，曾有1220 m厚地层被侵蚀掉了，使得页岩层具有较高的成熟度和较浅的埋深，页岩层古地温远高于目前的埋深温度。

另外，应特别注重黑色页岩沉积后构造运动对油气的保存条件的影响，基于构造样式、褶皱系数、分数维、盖层分布、地层水型和矿化度等，开展前陆盆地页岩气保存条件的研究，主要包括：①构造作用能够直接影响泥页岩的沉积作用和成岩作用，进而对泥页岩的生烃过程和储集性能产生影响，开展盆地的演化史研究，恢复不同时期的盆地原型，动态地反映盆地改造过程，从而在区域上对页岩气的发育条件进行控制；②构造作用还会造成泥页岩层的抬升和下降，从而控制页岩气的成藏过程；③构造作用可以产生裂缝，可以有效改善泥页岩的储集性能，对储层渗透率的改善尤其明显；④页岩自身的非均质性是页岩封闭天然气的先决条件，致密的硅质层或石灰岩层可以把天然气封闭在相对较软弱的碳质页岩层内，因而要开展岩性组合分析；⑤在通天断裂和淡水注入的条件下，可能使页岩气藏破坏掉，因此要加强从区域范围内寻找较好的压力封闭区，有利于页岩气成藏和保存，尤其是目前处在微超压和超压状态的，是页岩气勘探值得关注的领域和地区。

20.6 前陆盆地页岩气评价

前陆盆地位于造山带前缘，坐落于克拉通边缘，属于靠近活动造山带（构造活动较为强烈的地区）的相对稳定区。对于页岩气的成藏地质条件，只要有足够大的面积与页岩厚度，多数黑色页岩可形成页岩气藏。

前陆盆地页岩气藏形成的地质条件及评价要素包括页岩厚度、埋藏深度、有机碳及吸附气含量、有机质类型及成熟度、脆性矿物含量、地层压力与温度、储层物性、天然裂缝发育程度和含气量等。目前主要从以下方面进行评价：①富有机质页岩地球化学指标和参数的分布规律研究，根据实测地球化学参数和电测井响应特征，建立 TOC 和 R_o 的解释模型。编制主要富有机质页岩的地球化学指标平面分布图，包括有机质类型分布图、有机质含量分布图和热演化分布图等。确立前陆盆地页岩气的成藏地质条件，评价页岩气富集机理，分析页岩气（油）分布规律和富集模式，从而为进一步评价前陆盆地页岩气资源总量和优选页岩气（油）有利区奠定基础。②前陆盆地的有利沉积相带控制了富有机质页岩的宏观分布，其中海相富有机质页岩主要形成于封闭-半封闭的前渊盆地相和陆棚-斜坡相，富有机质页岩一般具有分布广、厚度大、沉积稳定的特点。③富有机质页岩厚度大小控制了页岩气藏的规模，富有机质页岩的厚度和面积是保证页岩气藏有足够有机质及充足的储集空间的重要条件；通常在富有机质页岩厚度大于 15 m 的基本条件下，页岩厚度越大，所含有机质就越多，生成和滞留的天然气量也就越大，页岩气藏的含气丰度也就越高。④有机质丰度高低决定了含气量的大小及其分布。北美前陆盆地页岩中有机碳的含量与页岩产气率之间呈线性关系，有机碳含量越高，吸附气量增加。⑤保存条件控制了页岩气藏的分布，异常高压区，页岩脆性好、微裂隙发育区，生烃潜力大、保存条件好的地区是页岩气的有利地区。

20.7 常规-非常规油气融合的前陆盆地全油气系统理论与方法

20.7.1 前陆盆地常规油气聚集与页岩气富集的相互关系

前陆盆地不仅是常规油气聚集的盆地类型，而且也是页岩气富集的盆地类型。前陆盆地富有机质页岩是常规油气的烃源岩或源岩（source rock），也是页岩气的源岩和储层，常规油气与页岩气共存的成藏特点是前陆盆地油气系统的重要特点。

20.7.2　常规-非常规油气融合的前陆盆地全油气系统理论与方法

近10年来，非常规油气规模快速发展，带来全球能源行业资源供需格局、开采方式、技术创新等方面的重大转变，贾承造（2017）深入思考了非常规油气革命对传统石油天然气地质学理论的革新，重新审视成藏要素地质概念和油气系统理论框架，赋予石油天然气地质学全新的学科内涵；归纳了经典石油天然气地质学生烃、储集层、分布和开发4方面的理论核心内容，回顾了石油天然气地质学理论发展历史中的5个重要节点，即背斜与圈闭理论、有机质生烃与油气系统理论、陆相油气地质、海洋深水油气地质、连续型油气聚集与非常规油气地质理论，认为非常规油气对经典石油天然气地质学在圈闭、储集层、盖层、资源分布、富集规律等基本理论概念方面产生了重大突破，推动油气地质基础研究向全过程的生烃、全类型的储集层、全成因机制、全种类油气资源转变，深化非常规油气地质理论研究，推动石油天然气地质学理论体系发展与重构，对中国乃至世界油气从常规向非常规战略发展具有重要意义。

20.7.2.1　前陆盆地非常规油气理论的突破

非常规油气理论突破对石油天然气地质学创新和世界石油工业发展均具有重大战略影响。贾承造（2017）认为，发现致密储集层纳米孔喉系统、建立“甜点区”评价方法、创新“连续型”油气聚集、提出“人工油气藏”等为核心的非常规油气地质学理论的建立，是对经典石油天然气地质学的重大突破，也为中国乃至世界油气从常规向非常规发展战略提供了理论指导，有重大的科学价值和经济意义。

非常规油气突破了经典石油天然气地质学中的许多认识局限，主要体现在5个方面：①连续型油气聚集理论，层状的储集体可以储存油气，大面积连续分布，没有明显的圈闭界限，突破了储集层界限，也打破了传统圈闭成藏的概念；②致密储集层中发现纳米级孔喉系统，突破了传统的储集层界限，打破了页岩、致密砂岩“磨刀石”基本无储集空间的局限认识，开辟致密砂岩、致密碳酸盐岩和页岩等非常规油气储集层新类型；③非常规油气源储一体，致密储集层、泥页岩本身具有盖层功能，不需要盖层封堵；④非常规油气聚集，其运聚动力少数为浮力作用、多数为非浮力作用，油气运聚并不遵循传统的生烃灶、运聚系统、汇聚域的油气系统模式，源内成藏表明残留烃也可成为有效资源；⑤非常规油气生烃层系，控制油气大面积连续分布，局部“甜点区”富集，突破了传统区带聚集概念，非常规油气分布受原型盆地生油岩层系、相带的控制，多数分布在盆地斜坡、中心等构造部位。

20.7.2.2　前陆盆地常规油气理论与非常规油气理论的差异性

贾承造（2017）指出了常规油气理论与非常规油气理论之间的差异性，包括：①生烃。常规的生烃注重生烃高峰期研究，非常规的生烃注重生烃全过程的研究，烃源不仅来自有效烃源岩，也包括滞留烃源岩中的可能有机质生烃。聚焦于所有富有机质岩石，强调全过程含油气系统理念，重视全过程的生-排烃过程及其对在源内滞留页岩油气、近源充注的致密油气、二次运移的致密油气分布的控制作用。②储集层。在常规的储集层中注重微米-毫米级孔喉的优良储集层，而在非常规储集层中注重纳米级孔喉的储集层描述、认识与评价，不仅包括油气运移终端的高孔渗的储集体，也包括生烃层系、运移路径上的致密储集体，在供烃的范围内聚焦于所有储集空间，重视细粒沉积体系的源-储配置关系、细粒沉积体系的整体研究和综合勘探等方面的研究。③油气成因机制。常规的油气运-聚注重了具有碳酸盐岩缝洞储集层的“管流”聚集、微米-毫米的孔喉储集层的“渗流”运聚，非常规油气关注致密条件的纳米级孔喉储集层的“滞留”储集，油气资源从常规圈闭油气扩展到滞留烃形成的非常规资源，包括页岩气、页岩油、致密油等。④油气运移动力。孔喉直径大小决定油气聚集方式和流体相态，常规的运移动力局限于浮力驱动，而非常规油气则关注压差驱动、扩散等作用，揭示出不同类型的油气资源具有不同的孔喉分布下限与常规-非常规油气分布规律。⑤油气聚集。非常规油气揭示了连续性油气聚集基本规律及甜点代表的非均质性。同时在含油气盆地中揭示常规-非常规不同类型油气资源空间共生与伴生分布规律，提出重视常规-非常规油气整体研究、立体勘探。⑥资源分布。非常规油气更注重技术可采资源量与经济可采资源量空间预测，应从地质评价、物探资料、开发数据、参数标准、方法优选等方面综合研究，合理评价非常规油气的可采资源量。⑦非常规油气是经人工压裂才形成的“人工油气藏”，其油气开发流动机理与提高采收率途径极为复杂，尚待更深入研究；人工干预技术尚待进一步发展。

20.7.2.3 前陆盆地烃类物质流分析的理论和方法

美国前陆盆地群是油气资源（常规）和页岩气（非常规）聚集最丰富的一类盆地，发育特殊的前陆盆地油气系统，形成了砂岩气、碳酸盐岩气（如礁滩气、风化壳气等）和页岩气等油气藏类型，具有良好的油气构造和保存条件，后期造山带逆冲推覆的挤压作用所导致的构造热事件为页岩的有机质成熟和页岩层天然裂缝的产生提供了热力学条件，显示独特的前陆盆地油气成藏模式，为全球寻找前陆盆地页岩气提供了样板和实践经验。美国地质调查局在研究含油气系统时借鉴了物质流分析的理论和方法，以研究烃类的形成、分布、运移（通道）和富集（或成藏），打破了常规油气地质理论与非常规油气地质理论的界限。虽然常规油气与非常规油气（如页岩气）通常（但并非总是）处于不同的储层和地质环境中，但是在前陆盆地中常规油气系统与非常规油气系统却是前陆盆地动力系统的两个相互关联的子系统，因此应注重常规油气系统与非常规油气系统之间的叠合区或耦合区问题的研究。一个可开发的前陆盆地油气系统包含源岩、与源岩毗邻的岩石、运移路径和常规储层。源岩不仅作为常规油气生成的母岩，而且是非常规油气（页岩气和页岩油）的居所（储层），成为可开发（以前不开发）的资源。与源岩毗邻的不渗透岩石（致密油气）中的油气成为可开发（以前不开发）的资源。因此，这两种类型的连续型油气系统已成为快速扩张的烃类来源。虽然目前人们对常规（浮力）油气藏的产出的主要控制因素已有很好地认识，但是对这两种类型的连续型油气系统中流体迁移路径、充填机制和产出的控制因素认识较差。因此，通过对总生烃量（类似于“总储量”）、残留的烃量（潜在的页岩气或页岩油资源量，类似于“库存量”）、已迁移的烃量（潜在的常规油气资源量，类似于“消费量”）、产量（目前常规油气产量）的计算和统计分析，开展前陆盆地系统中烃类物质流和供给链的分析和研究。

20.7.2.4　前陆盆地油气系统的生命周期理论与分析方法

生命周期主要用于分析某生物体从出生到成长、衰老直至死亡所经历的各个阶段和整个过程。随着这一概念的内涵逐步扩展，该理论被广泛应用于地质学、地貌学、经济学、管理学等各个领域。美国地质调查局在能源和矿产资源战略制定过程中也借鉴了生命周期理论。

戴维斯曾将生命周期理论成功地运用于地貌演化过程分析，将地貌演化过程分为幼年期、壮年期和老年期，影响了一百多年来的地质学发展。对前陆盆地系统而言，其生成到结束也是有时间周期的。一个典型的前陆盆地的生命周期约为 30 Ma，并可分为早期阶段和晚期阶段，分别对应于下部旋回（复理石阶段）和上部旋回（磨拉石阶段）。对于前陆盆地油气系统而言，也显示了前陆盆地油气资源的生命周期，包括：①烃源岩的生成阶段（前陆盆地生成阶段）；②烃源岩的埋藏阶段（烃类物质的成熟阶段，对应于前陆盆地的埋深阶段）；③烃源岩的被抬升阶段（烃类物质的运移和富集或散失阶段，对应于前陆盆地后期被抬升阶段），因此追随着前陆盆地烃类资源的流向，从生成和产出，经过与构造演化和热演化的相互作用，直到最终的保存位置。因此，每个研究目标都对应着前陆盆地烃类资源生命周期的不同阶段。例如，针对第一个周期的研究，会扩展关于前陆盆地烃类物质（以富有机质页岩为载体）的形成及其与当时大气圈（古气候）、生物圈（古生物）和水圈（古地理）相互作用的认识。针对第二个周期的研究，会扩展对前陆盆地烃类物质（以富有机质页岩为载体）的成熟过程及其与当时盆地的构造沉降过程和加热过程相互作用的认识。针对第三个周期的研究，会扩展对前陆盆地烃类物质（以富有机质页岩为载体）的保存过程及其与当时构造变形和构造抬升相互作用的认识。

20.7.2.5　常规-非常规油气一体化的全油气系统理论与方法

贾承造（2017）认为未来石油天然气地质学着眼于油气全过程勘探开发，重新定义生、储、盖、圈、运、保等关键地质要素内涵，常规油气与非常规油气在分布特征、储集层特征、源-储组合、聚集单元、运移方式、聚集机理、渗流特征、流体特征、资源特征等方面的显著区别，推动常规-非常规油气整体研究、整体开发。未来石油天然气地质学，应是一个新的全油气系统理论模型，不局限于“从烃源岩到圈闭”的视角，而是从“源储耦合、有序聚集”的新视角，长距离运移烃、近距离运移烃、滞留烃，常规与非常规油气两种资源，从烃类生-排-运-聚的全过程定量化研究的 4 个关键问题出发，分析常规-非常规油气聚集机理，实现油气生、运、聚的全过程分析，发现全部类型的油气资源，勘探、开发、工程、集输等所有油气上游领域，整体研究评价，立体勘探开发，最终实现整个含油气单元内常规-非常规油气最大限度的经济性采出。

参考文献

ALLEN P A，HELLER P L. 2016. 沉积盆地内构造成因的冲积相砾石的搬运与保存//Cathy Busby，Antonio Azor. 沉积盆地构造学进展. 张功成等，译. 北京：石油工业出版社：133-156.

DECELLES P G. 2016. 前陆盆地系统综述：不同构造背景下响应的多样性//Cathy Busby，Antonio Azor. 沉积盆地构造学进展. 张功成等，译. 北京：石油工业出版社：475-500.

DRAULT A E，CLIFT P D. 2016. 弧-陆碰撞背景下的盆地特征//Cathy Busby，Antonio Azor. 沉积盆地构造学进展. 张功成等，译. 北京：石油工业出版社：406-432.

GARCIA-CASTELLANOS D，CLOETINGH S. 2016. 前陆盆地中岩石圈与地表地质作用的模拟//Cathy Busby，Antonio Azor. 沉积盆地构造学进展. 张功成等，译. 北京：石油工业出版社：182-220.

HORTON B K. 2016. 安第斯山和青藏高原腹地新生代盆地演化//Cathy Busby，Antonio Azor. 沉积盆地构造学进展. 张功成等，译. 北京：石油工业出版社：3-60.

INGERSOLL R V. 2016. 沉积盆地的构造特征及其术语修正//Cathy Busby，Antonio Azor. 沉积盆地构造学进展. 北京：石油工业出版社：3-60.

Macqueen R W，Leckie D A. 2001. 前陆盆地和褶皱带. 黄忠范等，译. 北京：石油工业出版社：1-100.

SINCLAIR H D. 2016. 逆冲楔-前陆盆地系统//Cathy Busby，Antonio Azor. 沉积盆地构造学进展. 张功成等，译. 北京：石油工业出版社：613-630.

白国平. 2007. 中东油气区油气地质特征. 北京：中国石化出版社.

蔡立国，刘和甫. 1994. 四川前陆褶冲带构造样式与特征. 石油实验地质，19（2）：115-120.

蔡立国，刘和甫. 1996. 扬子周缘前陆盆地演化及类型. 地球科学，21（4）：433-440.

曹守连，何惠生，黄先雄. 1997. 前陆盆地构造研究的现状和存在的问题. 国外油气勘探，9（3）：279-282.

陈发景，汪新文，张光亚，等. 1996. 中国中新生代前陆盆地的构造特征和地球动力学. 地球科学，21（4）：366-372.

陈发景，王新文，陈昭年，等. 2007. 前陆盆地分析. 北京：地质出版社.

陈更生，董大忠，王世谦，等. 2009. 页岩气藏形成机理与富集规律初探. 天然气工业，29（5）：17-21.

陈焕疆. 1990. 论板块大地构造与油气盆地分析. 上海：同济大学出版社.

陈建文. 1999. 能源地质学的前缘科学——沉积盆地动力学. 海洋地质动态（6）：1-21.

陈孟晋，汪泽成，孙粉锦. 2006. 鄂尔多斯西缘前陆盆地油气地质. 北京：石油工业出版社.

陈振林，王华，何发崎等，译. 2011. 页岩气形成机理、赋存状态及研究评价方法. 武汉：中国地质大学出版社.

戴金星，裴锡古. 1996. 中国天然气地质学. 北京：石油工业出版社.

邓宾，刘树根，李智武，等. 2008. 青藏高原东缘及四川盆地晚中生代以来隆升作用对比研究. 成都理工大学学报（自然科学版），35（4）：477-487.

邓飞，贾东，罗良，等. 2008. 晚三叠世松潘甘孜和川西前陆盆地的物源对比：构造演化和古地理变迁的线索. 地质论评，54（4）：561-573.

邓宏文，王红亮，祝永军，等. 2002. 高分辨率层序地层学——原理及应用. 北京：地质出版社.

邓辉，刘池阳，王建强. 2012. 前陆盆地盆-山耦合及其物质交换. 西北地质，47（2）：138-146.

邓康龄. 1992. 四川盆地形成演化与油气勘探领域. 天然气工业，12（5）：7-12.

董大忠，邹才能，李建忠，等. 2011. 页岩气资源潜力与勘探开发前景. 地质通报，30（2-3）：324-335.

董云鹏，张国伟. 1997. 造山带与前陆盆地结构构造及动力学研究思路和进展. 地球科学进展，12（1）：1-6.
杜远生，1995. 造山带沉积地质学研究的思想、内容与方法. 岩相古地理，14（3）：53-61.
法贵方，袁圣强，王作乾. 2012. 伏尔加—乌拉尔盆地石油地质特征及勘探潜力分析. 特种油气藏，5：46-50.
符超峰，方小敏，宋友桂，等. 2005. 盆山沉积耦合原理在定量恢复造山带隆升剥蚀过程中的应用. 海洋地质与第四纪地质，25（1）：105-112.
甘克文. 1992. 世界含油气盆地说明书. 北京：石油工业出版社.
甘克文. 2006. 论前陆盆地、冲断褶皱与油气聚集的关系. 石油科技论坛，1：21-25.
高抒. 2005. 美国《洋陆边缘科学计划2004》述评. 海洋地质与第四纪地质，25（1）：119-123.
顾家裕，张兴阳. 2003. 油气沉积学发展回顾和应用现状. 沉积学报，21（1）：137-140.
关士聪，渲怀玉，丘东洲，等. 1984. 中国海陆变迁海域沉积相与油气. 北京：科学出版社.
郭安林，张国伟，程顺有. 2004. 超越板块构造-大陆地质研究新机遇评述. 自然科学进展，14（7）：729-733.
郭正吾，邓康龄，韩永辉，等. 1996. 四川盆地形成与演化. 北京：地质出版社.
何登发，李德生. 1995. 沉积盆地动力学研究的新进展. 地学前缘，2（3-4）：53-58.
何登发，吕修祥，林永汉，等. 1996. 前陆盆地分析. 北京：石油工业出版社.
何登发，杨庚，管树巍，等. 2005. 前陆盆地构造建模的原理与基本方法. 石油勘探与开发，32（3）：7-14.
胡明卿，刘少峰. 2012. 前陆盆地挠曲沉降和沉积过程3-D模型研究. 地质学报，86（1）：181-187.
黄汲清，陈炳蔚. 1987. 中国及邻区特提斯海的演化. 北京：地质出版社.
贾承造，何登发，等. 2000. 前陆冲断带油气勘探. 北京：石油工业出版社.
贾承造，魏国齐，李本亮，等. 2003. 中国中西部两期前陆盆地的形成及其控气作用. 石油学报，24（2）：13-17.
贾承造，郑民，张永峰. 2014. 非常规油气地质学重要理论问题. 石油学报，35（1）：1-10.
贾承造. 2017. 论非常规油气对经典石油天然气地质学理论的突破及意义. 石油勘探与开发，44（1）：1-11.
贾东，陈竹新，贾承造，等. 2003. 龙门山前陆褶皱冲断带构造解析与川西前陆盆地的发育. 高校地质学报，9（3）：402-410.
姜在兴. 1996. 层序地层学原理及应用. 北京：石油工业出版社.
姜在兴. 2003. 沉积学. 北京：石油工业出版社.
姜在兴，梁超，吴靖，等. 2013. 含油气细粒沉积岩研究的几个问题. 石油学报，34（6）：1031-1039.
姜福杰，姜振学，庞雄奇，等. 2007. 中国西部前陆盆地油气藏条件及有利勘探方向. 新疆石油地质，28（1）：1-6.
金之钧，汤良杰，杨明慧. 2004. 陆缘和陆内前陆盆地主要特征及含油气性研究，石油学报，1：8-12.
李斌，朱筱敏. 2012. 伏尔加-乌拉尔典型前陆盆地石油地质特征及勘探前景分析. 石油实验地质，1：47-52.
李国玉，金之钧. 2005. 世界含油气盆地图集. 北京：石油工业出版社.
李继亮，肖文交，闫臻. 2003. 盆山耦合与沉积作用. 沉积学报，21（1）：52-60.
李建忠，李登华，董大忠，等. 2012. 中美页岩气成藏条件、分布特征差异研究与启示. 中国工程科学，14（6）：56-62.
李江海. 2013. 全球古板块再造、岩相古地理及古环境图集. 北京：地质出版社.
李景明. 2006. 中国西部C-型前陆盆地形成演化与油气聚集. 北京：石油工业出版社.
李思田. 1988. 断陷盆地分析与煤聚积规律. 北京：地质出版社.
李思田. 1995. 沉积盆地动力学分析. 地学前缘，2（3-4）：1-8.
李思田，王华，陆凤香. 1999. 盆地动力学基本思路与若干研究方法. 武汉：中国地质大学出版社.
李思田，解习农，王华，等. 2004. 沉积盆地分析基础与应用. 北京：高等教育出版社.
李思田. 2015. 沉积盆地动力学研究的进展、发展趋向与面临的挑战. 地学前缘，22（1）：1-8.
李新景，吕宗刚，董大忠，等. 2009. 北美页岩气资源形成的地质条件. 天然气工业，29（5）：27-32.
李勇. 1994. 活动性边缘盆地层序地层模式//钱奕中，等. 层序地层学理论和研究方法. 成都：四川科技出版社：96-106.
李勇，曾允孚．1994a．试论龙门山逆冲推覆作用的沉积响应——以成都盆地为例．矿物岩石，14（1）：58-66.
李勇，曾允孚．1994b．龙门山前陆盆地充填序列．成都理工大学学报，21（3）：46-55.
李勇，曾允孚．1995a．龙门山逆冲推覆作用的地层标识．成都理工大学学报，22（2）：1-10.
李勇，曾允孚，伊海生．1995b．龙门山前陆盆地沉积及构造演化．成都：成都科技大学出版社.
李勇．1998．论龙门山前陆盆地与龙门山造山带的耦合关系，矿物岩石地球化学通报，17（2）：77-82.
李勇，孙爱珍．2000a．龙门山造山带构造地层学研究．地层学杂志，24（3）：201-206.
李勇，王成善，曾允孚．2000b．造山作用与沉积响应．矿物岩石，20（2）：49-56.
李勇，王成善，伊海生，等．2000c．青藏高原中侏罗世-早白垩世羌塘复合型前陆盆地充填模式．沉积学报，19（1）：20-27.
李勇，王成善，伊海生．2002．西藏晚三叠世北羌塘前陆盆地构造层序及充填样式．地质科学，37（1）：27-37.
李勇．2003．与碰撞造山有关的盆地//王成善，等．沉积盆地分析原理与方法．北京：高等教育出版社：296-321.
李勇，王成善，伊海生．2003．西藏金沙江缝合带西段晚三叠世碰撞作用与沉积响应．沉积学报，21（2）：192-197.
李勇，Densmore A L，周荣军，等．2005a．青藏高原东缘龙门山晚新生代剥蚀厚度与弹性挠曲模拟．地质学报，79（5）：608-614.
李勇，徐公达，周荣军，等．2005b．龙门山均衡重力异常及其对青藏高原东缘山脉地壳隆升的约束．地质通报，24（12）：1162-1169.
李勇，曹叔尤，周荣军，等．2005c．晚新生代岷江下蚀速率及其对青藏高原东缘山脉隆升机制和形成时限的定量约束．地质学报，79（1）：28-37.
李勇，周荣军，Densmore A L，等．2006a．青藏高原东缘大陆动力学过程与地质响应．北京：地质出版社：1-100.
李勇，Allen P A，周荣军，等．2006b．青藏高原东缘中新生代龙门山前陆盆地动力学及其与大陆碰撞作用的耦合关系．地质学报，80（8）：1101-1109.
李勇，周荣军，Densmore A L，等．2006c．青藏高原东缘龙门山晚新生代走滑-逆冲作用的地貌标志．第四纪研究，26（1）：41-51.
李勇，黎兵，周荣军，等．2007．剥蚀-沉积体系中剥蚀量与沉积通量的定量对比研究——以岷江流域为例．地质学报，81（03）：332-343.
李勇，贺佩，颜照坤，等．2010．晚三叠世龙门山前陆盆地动力学分析．成都理工大学学报，37（4）：401-412.
李勇，苏德辰，董顺利，等．2011a．晚三叠世龙门山前陆盆地早期（卡尼期）碳酸盐缓坡和海绵礁的淹没过程与动力机制．岩石学报，27（11）：3460-3470.
李勇，苏德辰，董顺利，等．2011b．龙门山前陆盆地底部不整合面：被动大陆边缘到前陆盆地的转换．岩石学报，27（8）：2113-2422.
李勇，苏德辰，孙玮，等．2012．印支期龙门山造山楔推进作用与前陆型礁滩迁移过程研究．岩石学报，27（8）：2413-2422.
李智武，刘树根，陈洪德，等．2008．龙门山冲断带分段-分带性构造格局及其差异变形特征．成都理工大学学报（自然科学版），35（4）：440-454.
连丽霞，尹太举，王磊，等．2011．晚三叠世川西前陆盆地形成及沉积充填．石油天然气学报，33（3）：12-16.
林畅松，刘景严，张燕梅．1998．沉积盆地动力学与模拟研究．地学前缘，5（1）：119-125.
林畅松．2006．沉积盆地的构造地层分析——以中国构造活动盆地研究为例．现代地质，20（2）：185-194.

林畅松，夏庆龙，施和生，等. 2015. 地貌演化、源-汇过程与盆地分析. 地学前缘，22（1）：9-20.
林畅松. 2016. 沉积盆地分析原理与应用. 北京：石油工业出版社.
刘宝珺，曾允孚. 1985. 岩相古地理基础和工作方法. 北京：地质出版社.
刘宝珺，许效松. 1994. 中国南方岩相古地理图集. 北京：科学出版社.
刘池洋，赵红格，杨兴科，等. 2002. 前陆盆地及其确定和研究. 石油与天然气地质，23（4）：307-313.
刘池洋. 2008. 沉积盆地动力学与盆地成藏（矿）系统. 地球科学与环境学报，30（1）：1-23.
刘和甫，梁惠社，蔡立国. 1994. 川西龙门山冲断系构造样式与前陆盆地演化. 地质学报，68（2）：101-118.
刘和甫. 1995. 前陆盆地类型及褶皱-冲断层样式. 地学前缘，2（3-4）：59-68.
刘和甫. 1999. 大陆造山带与盆地耦合机制之一——连锁断层系统. 地学前缘，6（3）：13-14.
刘和甫，汪泽成，熊保贤，等. 2000. 中国中西部新生代前陆盆地与挤压造山带耦合分析. 地学前缘，7（3）：55-72.
刘和甫，李晓清，刘立群，等. 2004. 盆山耦合与前陆盆地成藏区带分析. 现代地质，18（4）：389-403.
刘家铎，周文，李勇，等. 2005. 青藏地区油气资源潜力分析与评价. 北京：地质出版社.
刘建明. 2000. 沉积盆地动力学与盆地流体成矿. 矿物岩石地球化学通报，19（2）：76-84.
刘金华，张世奇，孙耀庭，等. 2006. 川西前陆盆地层序地层模式与油气成藏. 石油学报，27（5）：35-41.
刘亢，曲国胜，许华明. 2008. 前陆盆地构造作用的沉积响应. 新疆石油地质，29（6）：778-782.
刘少峰. 1991. 前陆盆地几种构造-沉积演化模式综述. 地质科技情报，10（4）：41-46.
刘少峰. 1993. 前陆盆地的形成机制和充填演化. 地球科学进展，8（4）：30-37.
刘少峰. 1995. 前陆盆地挠曲过程模拟的理论模型. 地学前缘（03）：69-77.
刘少峰，李思田. 1996a. 前陆盆地形成的力学机制. 地球科学——中国地质大学学报，2（1）：57-62.
刘少峰，李思田，庄新国，等. 1996b. 鄂尔多斯西南缘前陆盆地沉降和沉积过程模拟. 地质学报，70（1）：12-22.
刘少峰，张国伟. 2005. 盆山关系研究的基本思路、内容和方法. 地学前缘，12（3）：101-111.
刘少峰. 2008. 叠加于弧后前陆盆地挠曲沉降之上的另一类沉降——动力沉降. 地学前缘，15（3）：178-185.
刘少峰，王成善. 2016. 构造古地理重建与动力地形. 地学前缘，23（6）：61-79.
刘树根. 1993. 龙门山冲断带与川西前陆盆地的形成演化. 成都：成都科技大学出版社.
刘树根，罗志立，赵锡奎，等. 2003. 中国西部盆山系统的耦合关系及其动力学模式——以龙门山造山带—川西前陆盆地系统为例. 地质学报，69（3）：204-214.
刘树根，邓宾，李智武，等. 2012. 盆山结构与油气分布. 岩石学报，27（3）：621-635.
刘贻军. 1988. 前陆盆地层序地层学研究中的几个问题. 地球学报，19（1）：90-96.
刘增乾，徐宪，潘桂棠. 1990. 青藏高原大地构造与形成演化. 北京：地质出版社.
罗志立. 1984. 试论中国型（C-型）冲断带及其油气勘探问题. 石油与天然气地质，4（5）：315-323.
罗志立，童崇光. 1989. 板块构造与中国含油气盆地. 北京：中国地质大学出版社.
罗志立，龙学明. 1992. 龙门山造山带崛起和前陆盆地沉降. 四川地质学报，12（1）：1-17.
罗志立，刘树根. 2002. 评述“前陆盆地”名词在中国中西部含油气盆地中的引用——反思中国石油构造学的发展. 地质论评，48（4）：398-407.
罗志立，李景明，刘树根，等. 2005. 中国板块构造和含油气盆地分析. 北京：石油工业出版社.
吕红华，周祖翼. 2010. 前陆盆地陆源沉积序列的特征与成因机制. 地球科学进展，25（7）：706-715.
马永生. 1999. 碳酸盐岩储层沉积学. 北京：地质出版社.
梅冥相. 2014. 上扬子地区晚三叠世层序地层格架：扬子地台消亡与上扬子前陆盆地形成的地层学效应. 地质学报，88（10）：1944-1969.
孟庆峰，侯贵廷. 2012. 页岩气成藏地质条件及中国上扬子区页岩气潜力. 油气地质与采收率，19（1）：11-14.
聂海宽，张金川. 2010. 页岩气藏分布地质规律与特征. 中南大学学报（自然科学版），41（2）：700-708.
聂海宽，何发岐，包书景. 2011. 中国页岩气地质特殊性及其勘探对策. 天然气工业，31（11）：111-116.

潘桂棠，王培生，许耀荣，等．1990．青藏高原新生代构造演化．北京：地质出版社．
潘钟祥．1983．不整合对油气运移聚集的重要性．石油学报，4（4）：1-10．
庞雄奇，陈章明，等．1993．含油气盆地地史、热史、生留排烃史数值模拟研究与烃源岩定量评价．北京：地质出版社．
彭希龄，梁狄刚，王昌桂，等．2006．前陆盆地理论及其在中国的应用．石油学报，27（1）：132-144．
蒲泊玲，包书景，王毅，等．2008．页岩气成藏条件分析——以美国页岩气盆地为例．石油地质与工程，22（3）：33-39．
钱奕中，陈洪德，刘文均．1994．层序地层学理论和研究方法．成都：四川科技出版社．
邱楠生，胡圣标，等．2004．沉积盆地热体制研究的理论与应用．北京：石油工业出版社．
任纪舜．1999．从全球看中国大地构造——中国及邻区大地构造图简要说明．北京：地质出版社．
任纪舜，邓平，肖藜薇，等．2006．中国与世界主要含油气区大地构造比较分析．地质学报，80（10）：1491-1500．
施雅风，李吉均，李炳元．1998．青藏高原晚新生代隆升与环境变化．广州：广东出版社．
施振生，王志宏，郝翠果，等．2015．四川盆地上三叠统马鞍塘组沉积相．古地理学报，17（6）：771-786．
时志强，钱利军，熊兆军，等．2010．中国西南部地区卡尼期危机及其成因探讨．矿物岩石地球化学通报，29（3）：227-232．
宋岩，赵孟军，柳少波，等．2006．中国前陆盆地油气富集规律．地质论评，52（1）：85-92．
宋岩．2007．中国中西部前陆盆地石油地质特征．北京：科学出版社．
宋岩，柳少波，赵孟军，等．2008．中国中西部前陆盆地油气分布规律及主控因素．北京：石油工业出版社．
孙萍，侯贵卿．2000．沉积盆地研究的新理论及其应用．世界地质，19（2）：125-131．
孙赞东，贾承造，李相方，等．2011．非常规油气勘探与开发．北京：石油工业出版社．
孙肇才．1993．碰撞造山带与前陆盆地的演化//赵重远，等．含油气盆地地质学研究进展．西安：西北大学出版社：85-95．
孙肇才．1998．中国中西部中新生代前陆类盆地及其含油气性．海相油气地质，3（4）：16-30．
孙肇才．2007．前陆类含油气盆地共性与案例分析．北京：地质出版社．
谭富文，罗建宁．1999．前陆盆地研究进展综述．四川地质学报，19（3）：34-40．
汤济广，梅廉夫，沈传波，等．2006．前陆盆地结构单元与油气成藏响应．新疆石油地质，27（2）：242-245．
田在艺，张庆春．1996．中国含油气沉积盆地论．北京：石油工业出版社．
汪品先．2009a．深海沉积与地球系统．海洋沉积与第四纪地质，29（4）：1-11．
汪品先．2009b．全球季风的地质演变．科学通报，54（5）：535-556．
汪泽成，刘和甫，熊宝贤，等．2001．从前陆盆地充填地层分析盆山耦合关系．地球科学——中国地质大学学报，26（1）：33-39．
王成善，伊海生，李勇，等．2002．西藏羌塘盆地地质演化与油气远景评价．北京：地质出版社．
王成善，李祥辉．2003．沉积盆地分析原理与方法．北京：高等教育出版社：296-322．
王二七．2004．山盆耦合的一种重要形式：造山带及其侧陆盆地．科学通报，49（4）：370-374．
王二七，孟庆任．2008．对龙门山中生代和新生代构造演化的讨论．中国科学：D 辑：地球科学，38（10）：1221-1233．
王国灿，杨巍然．1998．地质晚近时期山脉地区隆升及剥露作用研究．地学前缘，5（1-2）：151-156．
王鸿祯．1985．中国古地理图集．北京：地图出版社．
王华，吴巧生，李绍虎，等．1998．前陆盆地类型及其沉积动力学研究综述．地质科技情报，17（3）：13-19．
王金琪．1990．安县构造运动．石油与天然气地质，11（3）：223-234．
王清晨，李忠．2003．盆山耦合与沉积盆地成因．沉积学报，21（1）：24-30．
王香增．2014．陆相页岩气．北京：石油工业出版社．
王岳军，范蔚茗，林舸．1999．盆地沉积物示踪源区山脉隆升剥露的几种方法．地质科技情报，18（2）：85-90．

魏国齐. 2008. 中国中西部前陆盆地构造特征研究. 北京：石油工业出版社.
温德顺. 2006. 前陆盆地的沉降和抬升机制研究进展. 天然气地质学，17（3）：385-341.
吴根耀. 1996. 构造层序地层学. 地球科学进展，11（3）：310-313.
吴根耀，马力. 2004. “盆”“山”耦合和脱耦：进展、现状和努力方向. 大地构造与成矿学，28（1）：81-97.
吴勘，邱文弦. 2009. 基于盆地动力学的油气成藏研究进展. 石油天然气学，31（5）：219-221.
吴时国，殷鸿福，费琪. 1994. 造山带古地理重建的研究方法综述. 岩相古地理，14（5）：56-61.
吴因业，陈丽华，等. 2008. 中国中西部前陆盆地油气储层层序地层学. 北京：石油工业出版社.
伍杨洋，冯军. 2003. 前陆盆地研究进展. 新疆石油地质，24（1）：87-91.
肖庆辉，李晓波，贾跃明，等. 1995. 当代造山带研究中值得重视的若干前沿问题. 地学前缘，2：43-50.
解习农，任建业. 2013. 沉积盆地分析基础. 武汉：中国地质大学出版社.
许效松，刘宝珺，徐强，等. 1997a. 中国西部大型盆地分析及地球动力学. 北京：地质出版社.
许效松，刘宝珺，赵玉光，等. 1997b. 上扬子西缘二叠纪-三叠纪层序地层与盆山转化耦合. 北京：地质出版社.
许志琴，侯立玮，王宗秀. 1992. 中国松潘-甘孜造山带的造山过程. 北京：地质出版社.
许志琴，杨经绥，李海兵，等. 2007. 造山的高原——青藏高原的地体拼合、碰撞造山及隆升机制，北京：地质出版社.
许志琴，李廷栋，杨经绥，等. 2008. 大陆动力学的过去、现在和未来——理论与应用. 岩石学报，24（7）：1433-1444.
许志琴，杨经绥，嵇少丞，等. 2010. 中国大陆构造及动力学若干问题的认识. 地质学报，84（1）：1-29.
许志琴，杨经绥，李海兵，等. 2011. 印度-亚洲碰撞大地构造. 地质学报，85（1）：1-29.
许志琴，杨经绥，李化启，等. 2012. 中国大陆印支碰撞造山系及其造山机制. 岩石学报，28（6）：1697-1706.
徐长贵，杜晓峰，徐伟，等. 2017. 沉积盆地“源-汇”系统研究新进展. 石油与天然气地质，38（1）：1-11.
薛良清，赵孟军，张光亚. 2005. 中国中西部前陆盆地油气地质与勘探. 北京：地质出版社：1-309.
颜佳新，赵坤. 2002. 二叠-三叠纪东特提斯地区古地理、古气候和古海洋演化与地球表层多圈层事件耦合. 中国科学：D辑：地球科学，32（9）：751-758.
颜仰基，吴应林. 1996. 巴颜喀拉-川西边缘前陆盆地演化. 岩相古地理，16（3）：16-29.
颜照坤，李勇，董顺利，等. 2010. 龙门山前陆盆地晚三叠世沉积通量与造山带的隆升和剥蚀. 沉积学报，28（1）：91-101.
杨景春，李有利. 2011. 活动构造地貌学. 北京：北京大学出版社.
杨克明，朱彤，何鲤. 2003. 龙门山逆冲推覆带构造特征及勘探潜力分析. 石油实验地质，25（6）：686-694.
杨森南. 1990. 华北与扬子陆块碰撞带构造古地理的特征与发展//王鸿桢，杨森南，刘本培，等. 中国及邻区构造古地理和生物古地理. 武汉：中国地质大学出版社：165-182.
杨巍然，王国灿. 1999. 造山带中、新生代隆升作用构造年代学研究新进展. 地质科技情报，18（4）：19-22.
杨永泰. 2011. 前陆盆地沉降机理和地层模型. 岩石学报，27（2）：531-544.
杨振恒，李志明，王果寿，等. 2010. 北美典型页岩气藏岩石学特征、沉积环境和沉积模式及启示. 地质科技情报，29（6）：59-65.
叶连俊，孙枢. 1980. 沉积盆地的分类. 石油学报，1（3）：1-6.
《页岩气地质与勘探开发实践丛书》编委会. 2009. 北美地区页岩气地质勘探开发新进展. 北京：石油工业出版社.
於崇文，岑况，鲍征宇. 1998. 成矿作用动力学. 北京：地质出版社.
于福生，漆家福，陈书平. 2000. 前陆盆地与造山带耦合过程及其对含油气系统的控制作用研究进展. 地质科技情报，19（4）：50-54.
曾允孚，李勇. 1995. 龙门山前陆盆地形成与演化. 矿物岩石，1：40-49.
翟裕生. 1999. 论成矿系统. 地学前缘，6：13-27.

张传恒，孙玉建，汪剑，等. 2003. 标定碰撞构造的地层学线索——欠补偿周缘前陆盆地结构与充填序列. 地质科技情报，22（1）：36-40.
张金川，薛会，张德明，等. 2003. 页岩气及其成藏机理. 现代地质，17（4）：466.
张明利，金之钧，汤良杰，等. 2002. 前陆盆地研究的回顾与展望. 地质论评，48（2）：214-220.
张渝昌. 1997. 中国含油气盆地原型分析. 南京：南京大学出版社.
张明辉，白国平，潘龙，等. 2013. 全球三大富油气前陆盆地油气分布特征对比. 现代地质，5：1233-1243.
张国伟，郭安林，董云鹏，等. 2011. 大陆地质与大陆构造和大陆动力学. 地学前缘，183（1）：1-12.
赵红格，刘池洋. 2003. 物源分析方法及研究进展. 沉积学报，21（3）：409-416.
赵靖州. 2003. 前陆盆地天然气成藏理论及应用. 北京：石油工业出版社.
赵文智，张光亚，何海清，等. 2002. 中国海相石油地质与叠合含油气盆地. 北京：地质出版社.
赵重远，周立发. 2000. 成盆期后改造与中国含油气盆地地质特征. 石油与天然气地质，21（1）：7-10.
郑德文，张培震，万景林，等. 2000. 碎屑颗粒热年代学——一种揭示盆山耦合过程的年代学方法. 地震地质，22（b12）：25-36.
郑荣才，李国晖，戴朝成，等. 2012. 四川类前陆盆地盆-山耦合系统和沉积学响应. 地质学报，86（1）：170-180.
钟怡江，陈洪德，林良彪，等. 2011. 川东北地区中三叠统雷口坡组四段古岩溶作用与储层分布. 岩石学报，27（8）：2272-2280.
周立宏，李勇，王振升，等. 2011. 陆相断陷盆地缓坡带沉积体系与成藏动力学. 北京：科学出版社.
周名魁，王汝植. 1993. 中国南方奥陶-志留纪岩相古地理与成矿作用. 北京：地质出版社.
周新源. 2002. 前陆盆地油气分布规律. 北京：石油工业出版社.
朱红涛，徐长贵，朱筱敏，等. 2017. 陆相盆地源-汇系统要素耦合研究进展. 地球科学，42（11）：1851-1870.
朱夏，陈焕疆. 1980. 论中国油气盆地的构造演化. 北京：地质出版社.
朱志澄. 1991. 逆冲推覆构造. 武汉：中国地质大学出版社.
邹才能，陶士振，侯连华，等. 2011. 非常规油气地质. 北京：地质出版社.
邹才能，潘松圻，荆振华，等. 2020. 页岩油气革命及影响. 石油学报，41（1）：1-12.
ABOUELRESH M O，SLATT R M. 2012. Lithofacies and sequence stratigraphy of the Barnett Shale in east-central Fort Worth Basin，Texas. AAPG Bulletin，96（1）：34-43.
ALGEO T J，LIU J. 2020. Are-assessment of elemental proxies for paleoredox analysis. Chemical Geology，540（5）：119549.
ALLEGRE C J，COURTILLAT V，TAPPONNIER P，et al. 1984. Structure and evolution of Himalaya-Tibet orogenic belt. Nature，307：17-22.
ALLEN P A，HOMEWOOD P. 1986. Foreland basins. Oxford，United Kingdom：Blackwell Science Publications.
ALLEN P A，CRAMPTON S L，SINCLAIR H D. 1991. The inception and early evolution of the North Alpine foreland basin. Basin Res.，4：143-163.
ALLEN P A. 1997. Earth Surface Processes. Blackwell Science.
ALLEN P A，BURGESS P M，Galewsky J，et al. 2001. Flexural-eustatic numerical model for drowning of the Eocene perialpine carbonate ramp and implications for Alpine geodynamics. Geological Society of America Bulletin，113（8）：1052-1066.
ALLEN P A. 2008a. Landscape evolution：denudation，climate and tectonics over different time and space scales. Geol. Soc. Spec. Pub.，296：7-28.
ALLEN P A. 2008b. From landscapes into geological history. Nature，451：274-276.
ALLEN P A，Allen J R. 2013. Basin Analysis：principle sand application to petroleum play assessment. 3rd ed. Oxford：Wiley-Blackwell.
ALLEN P A. 2017. Sediment routing systems-the fate of sediment from source to sink. Cambridge：Cambridge Univer-

sity Press.

ANTHONY E J, JULIAN M. 1999. Source-to-sink sediment transfers, environmental engineering and hazard mitigation in the steep Var River catchment, French Riviera, southeastern France. Geomorphology, 31 (1): 337-354.

APLIN A C, MACQUAKER J S H. 2011. Mudstone diversity: origin and implications for source, seal and reservoir properties in petroleum systems. AAPG Bulletin, 95 (12): 2031-2059.

ARTHUR M A, SAGEMAN B B. 1994. Marine black shales: depositional mechanisms and environments of ancient deposits. Ann Rev Earth Planet Sci, 22: 499-551.

AVOUAC J P, TAPPONNIER P. 1993. Kinematic model of active deformation in central Asia. Geophysical Research Letters, 20: 895-898.

BALLY A W. 1980. Basin and subsidence-a summary, dynamics of plate interiors. Geodynamics Series 1, B. I. O. C. G., U. S. A.

BEAUMONT C. 1981. Foreland basins. Royal Astronomical Society Geophysical Journal, 65: 291-329.

BEAUMONT C, QUINLAN G. 1984. Appalachian thrusting, lithosperic flexural, and the Paleozoic stratigraphy of the estern interior of north American. CanJ. Earth Sci., 21: 973-996.

BEAUMONT C, TANKAND A J. 1987. Sedimentary Basin-forming mechanism. Canadian Society of Petroleum Geologists Memoir, 12: 527.

BEANMONT C, QUINLAN G, HAMILTON J. 1988. Orogeny and stratigraphy numerical models of the Paleozoic in the Eastern interior of North Amerira. Tectonics, 7 (3): 389-416.

BEAUMONT C, KOOI H, WILLETT S. 2000. Coupled tectonic-surface process models with applications to rifted margins and collisional orogens//SUMMERFIELD M. Geomorphology and Global Tectonics. John Wiley and Sons Ltd: 29-55.

BHATIA M R. 1983. Plate tectonics and geochemical compositon of sandstones. The Journal of Geology, 91 (6): 611-627.

BIRD P. 1991. Lateral extrusion of lower crust from under high topography in the isostatic limit. Journal of geophysical research, 96 (B6): 10275-10286.

BLAIR T C. 1988. Development of tectonic cydothems in rift, pull-apart, and foreland basins: sedimentary response to episodic tectonism. Geology, 16: 517-520.

BRETT C E, GOODMAN W M, LUDUCA S T. 1990. Sequences, cycles, and basin dynamics in the Silurian of the appalachian foreland basin. Sedimentary Geology. 69 (3/4): 191-244.

BURBANK D W, REYNOLDS R G H. 1984. Sequential late Cenozoic structural disrupition of the northern Himalayan foredeep. Nature, 311: 114-118.

BURBANK D W, RAYNOLDS R G H. 1988a. Stratigraphic keys to the timing of thrusting in terrestrial foreland basins: applications to the northwester Himalaya//Kleimspehn K L, et al. New perspective in basin analysis. Springerverlag.

BURBANK D W, BECK R A, RAYNOLDS R G H, et al. 1988b. Thrusting and gravel progradation in foreland basins: a test of post-thrusting gravel dispersal. Geology, 16 (2): 1143-1146.

BURBANK D W. 1992. Causes of recent Himalayan uplift deduced from depositional patterns in the Ganges basin. Nature, 357: 680-682.

BURBANK D W. 2003. Decoupling of erosion and precipitation in Himalayas. Nature, 426: 652-655.

BURBANK D W, ANDERSON R S. 2011. Tectonic Geomorphology. Wiley-Blackwell.

BURCHFIEL B C, CHEN Z, LIN Y. 1995. Tectonics of the Longmenshan and adjacent regions, central China. International Geology Review, 37: 661-735.

BURCHFIEL B C, ROYDEN L H, VANDER R D, et al. 2008. A geological and geophysical context for the Wenchuan earthquake of 12 May 2008, Sichuan, People's Repulic of China. GSA Today, 18 (7): 4-11.

BUROV E B, DIAMENT M. 1996. Isostasy, equivalent elastic thickness, and in elastic rheology of continents and oceans. Geology, 24: 419-422.

BUSBY C, INGESOLL R. 1995. Tectonics of sedimentary basins. Blackwell Science Inc. Cambridge, Massachusell.

BUSBY C, AZOR A. 2012. Tectonics of sedimentary basins. Wiley-Blackwell.

CANT D J, STOCKMAL G S. 1989. The Alberta foreland basin: relationship between stratigraphy and Cordirleran terrane-accretion events. Canadian Journal of Earth Sciences, 26: 1964-1975.

CARDOZO N, JORDAN T. 2001. Causes of spatially variable tectonic subsidence in the Miocene Bermejo foreland basin, Argentina. Basin Research, 13: 335-357.

CARROLL A R, GRAHAM S A, SMITH M E. 2010. Walled sedimentary basins of China. Basin Research, 22: 17-32.

CARTER L, ORPIN A, KUEHL S. 2010. From mountain source to ocean sink-the passage of sediment across an active margin, Waipaoa Sedimentary System, New Zealand. Marine Geology, 270: 1-10.

CASTLE J W. 2001a. Foreland-basin sequence response to collisional tectonism. Geological Society of America Bulletin, 113: 801-812.

CASTLE J W. 2001b. Appalachian basin stratigraphic response to convergent-margin structural evolution. Basin Reasearch, 13: 397-417.

CATUNEANU O, HANCOX P J, RUBIDGE B S. 1998. Reciprocal flexural behaviour and contrasting stratigraphies: a new basin development model for the Karoo retroarc foreland system, South Africa. Basin Research, 10: 417-439.

CHANG J H, YU H S, HSU H H, et al. 2012. Forebulge migration in late Cenozoic western Taiwan foreland basin. Tectonophysics, 578: 117-125.

CHARLES A, VER STRAETEN, CARLTON E, et al. 2011. Mudrock sequence stratigraphy: a multi-proxy (sedimentological, paleobiological and geochemical) approach, Devonian Appalachian Basin. Palaeogeography, Palaeoclimatology, Palaeoecology, 304: 54-73.

CHEN H, ZHU M, CHEN S, et al. 2020. Basin-Orogen patterns and the late Triassic foreland basin conversion process in the western Yangtze Block, China. Journal of Asian Earth Sciences, 104311.

CHEN R, SHARMA S. 2016. Role of alternating redox conditions in the formation of organic-rich interval in the Middle Devonian Marcellus Shale, Appalachian Basin, USA. Palaeogeography, Palaeoclimatology, Palaeoecology, 446: 85-97.

CHEN S F, WILSON C J L, LUO Z L, et al. 1994. The evolution of the western Sichuan foreland basin, southwestern China. Journal of Southeast Asian Earth Sciences, 10 (3-4): 159-168.

CHIANG C S, YU H S, CHOU Y W. 2004. Characteristics of the wedge-top depozone of the southern Taiwan foreland basin system. Basin Research, 16: 65-78.

CLARK M K, ROYDEN L H. 2000. Topographic ooze: building the eastern margin of Tibet by lower crustal flow. Geology, 28: 703-706.

CLARK M K, SCHOENBOHM L M, ROYDEN L H, et al. 2004. Surface uplift, tectonics, and erosion of easternTibet from large-scale drainage patterns. Tectonics, 23, TC1006, doi: 10. 1029/2002TC001402.

CLEVIS Q. 2003. Three-dimensional modeling of thrust-controlled foreland basin stratigraphy. Universiteit Utrecht, 11-16.

CLIFT P D. 2006. Controls on the erosion of Cenozoic Asia and the flux of clastic sediment to the ocean. Earth and Planetary Science Letters, 241: 571-580.

CLOETINGH S. 1988. Intraplate stress: a new elements in basin analysis// Kleinspehn K L, Paola C. New prospective in basin analysis. NewYork: Springer-Verlay.

CLOETINGH S, ZIEGLER P A, BOGAARD P J F, et al. 2007. TOPO-EUROPE: the geoscience of coupled deep earth-surface processes. Global and Planetary Change, 58 (1/2/3/4): 1-118.

CLOETINGH S, BUROV E. 2011. Lithospheric folding and sedimentary basin evolution: a review and analysis of formation mechnisms. Basin Research, 23: 257-290.

COLEMAN M, HODGES K. 1995. Evidence for Tibetan plateau uplift before 14 Myr ago from a new minimum age for east-west extension. Nature, 374 (6517): 49-52.

COLOMBO F. 1994. Normal and reverse unroofing sequences in syntectonic conglomerates as evidence of progressive basinward deformation. Geology, 22 (3): 235-238.

COVEY M. 1986. The evolution of foreland basins to steady state: evidence from the Western Taiwan foreland basins. Spec Publ Int Asso Sediment, 8: 77-90.

CRAMPTON S L, ALLEN P A. 1995. Recognition of flexural forebulge unconformities associated with early stage foreland basin development: example from the North Alpine foreland basin. AAPG Bulletin, 79 (10): 1495-1514.

CREANEY S, ALLAN J. 1992. Petroleum systems in the foreland basin of Western Canada //MACQUEEN R W, LECKIE D A. Foreland basins and fold belts. AAPG Memoir 55. Tulsa: AAPG: 279-308.

CROMBEZ V, BAUDIN F, ROHAIS S, et al. 2017. Basin scale distribution of organic matter in marine fine-grained sedimentary rocks: insight from sequence stratigraphy and multi-proxies analysis in the Montney and Doig Formations. Marine and Petroleum Geology, 83: 382-401.

CURTIS J B. 2002. Fractured shale gas systems. AAPG Bulletin, 86 (11): 1921-1938.

DADSON S, HOVIUS N, CHEN H, et al. 2003. Links between erosion, runoff variability and seismicity in the Taiwan Orogen. Nature, 426: 648-651.

DAHLEN F A. 1984. Nomcohesive critical Conlomb wedges: an exact solution. J Geophys Res, 89: 125-133.

DAHLEN F A, SUPPER J. 1988. Mechanics, growth and erosion of mountain belts, inprocesses in continental lithospheric deformatiom. Spec Publ Geol Soc Am, 218: 161-178.

DAHLEN F A. 1990. Critical taper model of fold-and-thrust belts and accretionary wedges. Annual Review of Earth and Planetary Sciences, 18: 55-90.

DAVID F MARTINEAU. 2007. History of the Newark East field and the Barnett Shale as a gas reservoir. AAPG Bulletin, 91 (4): 399-403.

DAVIS D M, SUPPE J, DAHLEN E A. 1983. Mechanics of fold-and-thrust belts and accretionary wedges. Journal of Geophysical Research, 88: 1153-1172.

DECELLES P G, MITRA G. 1995. History of the Sevier orogenic wedge in terms of critical taper models, Northeast Utah and Southwest Wyoming. Geological Society of America Bulletin, 107: 454-462.

DECELLES G, GI1ES K A. 1996. Foreland basin systems. Basin Research, 8: 105-123.

DEMAISON G J, MOORE G T. 1980. Anoxic environments and oil source bed genesis. AAPG Bulletin, 64 (8): 1179-1209.

DENG B, LIU S, JANSA L, et al. 2012. Sedimentary record of Late Triassic transpressional tectonics of the Longmenshan thrust belt, SW China. Journal of Asian Earth Sciences, 48: 43-55.

DENG B, LIU S G, LI Z, et al. 2013. Differential exhumation at eastern margin of the Tibetan plateau, from apatite fission track thermochronology. Tectonophysics, 591: 98-115.

DENG T, LI Y, WANG Z J, et al. 2019. Geochemical characteristics and organic matter enrichment mechanism of black shale in the Upper Triassic Xujiahe Formation in the Sichuan basin: implications for paleoweathering, provenance and tectonic setting. Marine and Petroleum Geology, 109 (11): 698-716.

DENSMORE A L, LI Y, ELLIS M A, et al. 2005. Active Tectonics and erosional unloading at eastern margin of the Tibetan Plateau, Journal of Mountain Science, 2 (2): 146-154.

DENSMORE A L, ELLIS M A, LI Y, et al. 2007. Active tectonics of the Beichuan and Pengguan faults at the eastern margin of the Tibetan Plateau. Tectonics, 80 (8): 113-127.

DENSMORE A L, LI Y, RICHARDSON N J, et al. 2010. The role of late Quaternary upper-crustal faults in 1 the 12 May 2008 Wenchuan. Bull. Seismol. Soc. Am. 100 (5B): 2700-2712.

DESEGAULX P, KOOI H, CLOETINGH S. 1991. Consequences of foreland basin development on thinned continental lithosphere: application to the aquitane basin (SW France). Earth Planetary Science Letters, 106.

DICKINSON W R. 1974. Plate tectonics and sedimentation//DICKINSON W R. Tectonics and sedimentation. Tulsa:

Society of Economic Paleontologists and Mineralogists: 1-27.

DICKINSON W R. 1993. Basin Geodynamics. Basin Research, 5: 195-196.

DICKINSON W R. 1997. The dynamics of sedimentary basins. USGC, National Academy Press: 43.

DOROBEK S L. 1995. Synorogenic carbonate platforms and reefs in foreland basins: controls on stratigraphic evolution and platform/reef morphology//DOROBEK S L. ROSS G M. Stratigraphic evolution of foreland basins. Spec. Publ.

EINSELE G, RATSCHBACHER L, WETZEL A. 1996. The Himalaya-Bengal fan denudation-accumulation system during the past 20 Ma. Journal of Geology, 104: 163-184.

EINSELE G. 2000. Sedimentary basins evolution facies and sediment budget. 2nd ed. Berlin, Heidelberg, New York: Springer.

ENGLAND P C, MOLNAR P. 1990. Right-lateral shear and rotation as the explanation for strike-slip faulting in eastern Tibet. Nature, 344: 140-142.

ENKELMANN E, RATSCHBACHER L, JONCKHEERE R, et al. 2006. Cenozoic exhumation and deformation of northeastern Tibet and the Qinling: is Tibetan lower crustal flow diverging around the Sichuan Basin? Geological Society of America Bulletin, 118 (5-6): 651-671.

ENKELMANN E, WEISLOGEL A, RATSCHBACHER L, et al. 2007. How was the Triassic Songpan-Ganzi (Garze) basin filled: a provenance study. Tectonics, 26: TC4007.

ETTENSOHN F R. 1994. Tectonic control on formation and cyclicity of major Appalachian unconformities and associated stratigraphic sequences//Dennison J M, Ettensohn F R. Tectonic and eustatic controls on sedimentary cycly.

ETTENSOHN F R, BRETT C E. 2002. Stratigraphic evolution from the Appalachian Basin for continuation of the Taconian orogeny into Early Silurian time. Physics and Chemistry of the Earth, 27: 279-288.

ETTENSOHN F R. 2008. The Appalachian foreland basin in eastern United States//Miall A D. Sedimentary basins of the world, 5: 105-179.

ETTENSOHN F R, LIERMAN R T. 2012. Large-scale tectonic controls on the origin of paleozoic dark-shale source-rock basins: examples from the Appalachian foreland basin, Eastern United States. Journal of Sedimentary Research, 11 (2): 95-114.

ETTENSOHN F R, LIERMAN R T. 2015. Using black shales to constrain possible tectonic and structuralinfluence on foreland-basin evolution and cratonic yoking: late Taconian Orogeny, Late Ordovician Appalachian Basin, eastern USA//GIBSON G M, ROURE F, MANATSCHAL G. Sedimentary basins and crustal processes at continental margins: from modern hyper-extended margins to deformed ancient analogues. Geological Society, London, Special Publications, 413: 119-141.

EVGUENI BUROV. 2007. Coupled lithosphere-surface processes in collision context (in Thrust belts and foreland basins, eded by O. Lacombe J, Lave, et al. Springer).

FACCENNA C, ONCKEN O, HOLT A F, et al. 2017. Initiation of the Andean orogeny by lower mantle subduction. Earth and Planetary Science Letters, 463: 189-201.

FIELDING E J. 2000. Morphotectonic evolution of the Himalayas and Tibetan Plateau//SUMMERFIELD M. Geomorphology and global tectonics: 57-75.

FIELDING E J, DAN M K. 2012. Lithospheric flexure in the Sichuan basin and Longmen Shan at the eastern edge of Tibet. Geophysical Research Letters, 39 (9): L09311.

FLEMINGS P B, JORDAN T E. 1989. A synthetic stratigraphic model of foreland basin development. J. Geophys. Res., 94: 3851-3866.

FLEMINGS P B, JORDAN T E. 1990. Stratigraphic modelling of foreland basins: interpreting thrust deformation and lithospheric rheology. Geology, 18: 430-435.

GALEWSKY J, SILVER E A, GALLUP C D, et al. 1996. Foredeep tectonics and carbonate platform dynamics in the Huon Gulf, Papua New Guinea. Geology, 24: 819-822.

GALEWSKY J. 1998. The dynamics of foreland basin carbonate platforms: tectonic and eustatic controls. Basin Research, 10 (4): 409-416.

GALLOWAY W E. 1989. Genetic stratigraphic sequences in basin analysis (Ⅰ): architecture and genesis of flooding-surface bounded depositional units. AAPG Bulletin, 73: 125-142.

GAMBACORTA G, TRINCIANTI E, TORRICELLI S. 2016. Anoxia controlled by relative sea-level changes: an example from the Mississippian Barnett Shale Formation. Palaeogeography, Palaeoclimatology, Palaeoecology, 459: 306-320.

GARCIA-CASTELLANOS D. 2002. Interplay between lithospheric flexure and river transport in foreland basins. Basin Research. 14 (2): 89-104.

GERALD. 1995. Stratigraphic evolution of foreland basins. SEPM (Society for Sedi- mentary Geology) Special Publication, 52: 310.

GILCHRIST A R, SUMMERFIELD M A, COCKBURN H A P. 1994. Landscape dissection, isostatic uplift, and morphologic development of orogens. Geology, 22: 963-966.

GOLONKA J M, ROSS I, SCOTESE C R. 1994. Phanerozoic paleogeographic and paleoclimatic modeling maps. Canadian Society of Petroleum Geologists Memoir, 17: 1-47.

GOODBRED S L J. 2003. Response of the Ganges dispersal system to climate change: a source-to-sink view since the last interstade. Sedimentary Geology, 162: 83-104.

GRAHAM S A, HENDRIX M S, WANG L B, et al. 1993. Collisional successor basins of western China: impact of tectonic inheritance on sand composition. Geological Society of America Bulletin, 105 (3): 323-344.

GREGORY E, TUCHER R, RUDY S. 1996. Predicting sediment flux from fold and thrust belts. Basin Research, 8 (3): 329-349.

GRETENER P E. 1981. Pore pressure, discotinuities, isostasy and overthrust//MCCLAY K R, PRICE N J. Thrust and nappe. London: Blackwell Scientific Publication: 33-39.

GUPTA S. 1997. Himalayan drainage patterns and the origin of fluvial megafans in the Ganges foreland basin. Geology, 25 (1): 11-14.

GUTSCHER M A, KUKOWSKI N, MALAVIEILLE J, et al. 1996. Cyclical behavior of thrust wedges: insights from high basal frictions and box experiments. Geology, 24: 135-138.

HALBOUTY M T, MEYERHOFF A A, KING R E, et al. 1970. World's giant oil and gas fields, geologic factors affecting their formation, and basin classification//HALBOUTY M T. Geology of Giant Petroleum Fields. AAPG Memoir, 14.

HAQ B U, SCHUTTER S R. 2008. A Chronology of Paleozoic sea-level changes. Science, 322 (5898): 64-8.

HAQ B U. 2018. Triassic eustatic variations reexamined. GSA Today, 28 (2): 1-6.

HAUGHTON P D W, TODD S P, MORTON A C. 1991. Sedimental provenace studies. Geological Society, London, Special Publications, 57: 1-11.

HAY W W, SHAW C A, WOLD C N. 1989. Mass-balanced paleogeograghic reconstructions. Geologische Rundschau, 78: 207-242.

HEERMANCE R V, CHEN J, BURBANK D W, et al. 2007. Chronology and tectonic controls of Late Tertiary deposition in the southwestern Tian Shan foreland, NW China. Basin Research, 19: 599-632.

HELLAND-HANSEN W, HAMPSON G J. 2009. Trajectory analysis: concepts and applications. Basin Research, 21: 454-483.

HELLAND-HANSEN W, SØMME T O, MARTINSEN O J, et al. 2016. Deciphering earth's natural hourglasses: perspectives on source-to-sink analysis. Journal of Sedimentary Research, 86: 1008-1033.

HELLER P L, ANGEVINE C L, WINSLOW N S, et al. 1988. Two phase stratigraphic model of foreland basin sequences. Geology, 16: 501-504.

HENDRIX M S, DUMITRU T A, GRAHAM S A. 1994. Late Oligocene-Early Miocene unroofing in the Chinese Tian Shan: an early effect of the India-Asia collision. Geology, 22 (6): 487-490.

HENRY P, DELOULE E, MICHARD A. 1997. The erosion of the Alps: Nd isotopic and geochemical constraints on the sources of the peri-Alpine molasse sediments. Earth & planetary Science Letters, 146: 627-644.

HOMEWOOD P, ALLEN P A, WILLIAMS G D. 1986. Dynamics of the molasse basin in western Switzerland// ALLEN P A, HOMEWOOD P. Foreland Basins. Oxford: , Special Publication International Association of Sedimentologists 8, Blackwell Science, : 199-217.

HORTON B K, CONSTENIUS K N, DECELLES P G. 2004. Tectonic control on coarse-grained foreland-basin sequences, an example from the Cordilleran foreland basin, Utah. Geology, 32: 637-640.

HOUSEKENECHT D W. 1986. Evolution from passive margin to foreland basin: the Atoka formation of the Arkoma Basin, South central U. S. A. Spec. Pub. Int. Ass. Sediment. , 8: 327-345.

HUANG C Y, YUAN P B, LIN C W, et al. 2000. Geodynamic processes of Taiwan arc-continent collision and comparison with analogs in Timor, Papua New Guinea, Urals and Corsica. Tectonophysics, 325: 1-21.

HUANG F F W, LIANG S C, JUANG H J. 1998. Depositional model for the Oligocene sandstone in the southwesternTaiwan off shore. Petroleum Geology of Taiwan (32): 69-86.

HUBBARD J, SHAW J H. 2009. Uplift of the Longmen Shan and Tibetan plateau, and the 2008 Wenchuan (M=7.9) earthquake. Nature, 458: 194-197.

INGALL E D, BUSTIN R M, VAN CAPPELLEN P. 1993. Influence of water column anoxia on the burial and preservation of carbon and phosphorus in marine shales. Geochimica et Cosmochimica Acta, 57 (2): 303-316.

INGERSOLL R V. 1988. Tectonics of sedimentary basin. Geological sociecty of America bulletin, 100: 1704-1719.

INGERSOLL R V. 2012. Tectonics of sedimentary basins//BUSBY C, AZOR A. Tectonics of sedimentary basins recent advances. 2nd ed. Oxford: Wiley-Blackwell: 1-647.

JACOBI R D. 1981. Peripheral bulge-a causal mechanism for the lower/middle Ordovician unconformity along the western margin of the northern Appalachians. Earth Planet. Sci. Lett. , 56: 245-251.

JAMES W C. 2000. Recognition of facies, bounding surfaces, and stratigraphic patterns in foreland-ramp successions: an example from the upper Devonian, Appalachian Basin. Journal of Sedimentary Research, 70 (7): 896-912.

JAMES W, SCHMOKER J W. 2002. Resource-assessment perspectives for unconventional gas systems. AAPG Bulletin, 86 (11): 1993-1999.

JAMIESON R A, BEAUMONT C. 1988. Orogent and metamorphism model for deformation and pressure-temperature-time paths with applications to the central and south in Appalachians. Tectonics, 7: 417-445.

JARVIE D M, HIU R J, RUBLE T E, et a1. 2007. Unconventional shale-gas system: the Mississippi Barnett Shale of north-central Texas as one model for thermogenic shale-gas assessment. AAPG Bulletin, 91 (4): 475-499.

JIA C Z, LI B L, LEI Y L, et al. 2013. The structure of Circum-Tibetan Plateau Basin-Range System and the large gas provinces. Science China: Earth Sciences, 56: 1853-1863.

JIA D, WEI G, CHEN Z, et al. 2006. Longmen Shan fold thrust belt and its relation to the western Sichuan Basin in central China: new insights from hydrocarbon exploration. AAPG Bulletin, 90 (9): 1425-1447.

JIANG X. 2014. Dynamic support of the Tien Shan lithosphere based on flexural and rheological modeling. Journal of Asian Earth Sciences, 93: 37-48.

JING L Z, LI W, OSKIN M, et al. 2011. Focused modern denudation of the Longmen Shan margin, eastern Tibetan plateau. Geochemistry, Geophysics, Geosystems, 12 (11): Q11007.

JOHNSON D D, BEAUMONT C. 1995. Preliminary results from a planform kinematic model of orogen evolution, surface processes and the development of clastic foreland basin stratigraphy//DOROBEK SLAND ROSS GM. Stratigraphic Evolution of Foreland Basins. SEPM (Society for Sedi- mentary Geology) Special Publication, 52: 3-24.

JONES B, MANNING D A C. 1994. Comparison of geochemical indices used for the interpretation of palaeoredox conditions in ancient mudstones. Chemical Geology, 111 (2): 111-129.

JORDAN T A, WATTS A B. 2005. Gravity anomalies, flexure and the elastic thickness structure of the India-Eurasia collisional system. Earth and Planetary Science Letters, 236: 732-750.

JORDAN T E. 1981. Thrust loads and foreland basin evolution, Cretaceous, western United States. AAPG Bulletin, 65 (12): 2506-2520.

JORDAN T E. 1988. Dating thrust-fault activity by use of forland basin strata//KLEIMSPHEHN K L, et al. New perpective in basin analysis. Springer-Verlag.

JORDAN T E, FLEMINGS P B. 1991. Large-scale stratigraphic architecture, eustatic variation, and unsteady tectonism: a theoretical evaluation. Journal of Geophysical Research, 96: 6681-6699.

JORDAN T E. 1995. Retroarc foreland and related basins//BUSBY C J, INGERSOLL R V. Tectonic of sedimentary basins. Blackwell Science: 150-236.

KARNER G D, WATTS A B. 1983. Gravity anomalies and flexure of the lithosphere at mountain ranges. Journal of Geophysical Research, 88: 10449-10477.

KING R E, DISHROOM C P, WILLIAM P A. 1983. Global basin classfication system. AAPG Bulletin, 67 (12): 2175-2193.

KINGSTON D R, DISHROOM C P, WILLIAM P A. 1983. Global basin classification system. AAPG Bulletin, 67 (12): 2175-2193.

KLEINSPEHN K L, PAOLA C. 1988. New perspectives in basin analysis. New York: Springer.

KLEMME H D. 1980. Petroleum basins: classification and characteristics. Journal of Petroleum Geology, 3 (2): 187-207.

KNAPP L J, HARRIS N B, MCMILLAN J M. 2019. A sequence stratigraphic model for the organic-rich Upper Devonian Duvernay Formation, Alberta, Canada. Sedimentary geology, 387: 152-181.

KOONS P O. 1990. Two-sided orogen: collision and erosion from the sandbox to the southern Alps, Zew Zealend. Geology, 18: 679-682.

KÜHNI A, PFIFFNER O A. 2001. Drainage patterns and tectonic forcing: a model for the Swiss Alps. Basin Research, 13: 169-198.

KUEHL S A, ALEXANDER C R, BLAIR N E, et al. 2016. A source-to-sink perspective of the Waipaoa river margin. Earth-Science Reviews, 153: 301-334.

LACOMBE O, LAVÉ J, ROURE F M, et al. 2007. Thrust belts and foreland basins: from fold kinematics to hydrocarbon systems. Berlin, Heidelberg: Springer-Verlag.

LAGRANGE M T, KONHAUSER K O, CATUNEANU O, et al. 2020. Sequence stratigraphy in organic-rich marine mudstone successions using chemostratigraphic datasets. Earth-Science Reviews, 203: 103137.

LAMB S, DAVIS D. 2003. Cenozoic climate chang as a possible cause for the rise the the Andes. Nature, 425: 792-797.

LAROWE D E, ARNDT S, BRADLEY J A, et al. 2020. The fate of organic carbon in marine sediments —New insights from recent data and analysis. Earth-Science Reviews, 204: 103146.

LARZAR O R, BOHACS M K, MACQUAKER J H S. et al. 2015. Capturing key attributes of fine-grained sedimentary rocks in outcrops, cores, and thin sections: nomenclature and description guidelines. Journal of Sedimentary Research, 85: 230-246.

LAW B E, CURTIS J B. 2002. Introduction to unconventional petroleum systems. AAPG Bulletin, 86 (11): 1851-1852.

LEEDER M R. 1997. Sedimentary basins: tectonic recorders of sediment discharge from drainage catchments. Earth Surface Processes and Landforms, 22 (3): 229-237.

LERCHE I. 1990. Basin analysis: quantitative methods. San Diego: Academic Press.

LI S. 2015. Advancement, trend and new challenges in basin geodynamics. Earth Science Frontiers, 22 (1): 1-8.

LI Y, DENSMORE A L, ALLEN P A. 2001. Sedimentary responses to thrusting and strike-slipping of Longmen Shan along eastern margin of Tibetan Plateau, and their implication of Cimmerian continents and India/Eurasia collision. Scientia Geologica Sinica, 10 (4): 223-243.

LI Y, ALLEN P A, DENSMORE A L, et al. 2003. Geological evolution of the Longmen Shan foreland basin (western Sichuan, China) during the Late Triassic Indosinian Orogeny. Basin Research, 15: 117-136.

LI Y, LI H B, ZHOU R J, et al. 2013. Crustal thickening or isostatic rebound of orogenic wedge deduced from tectonostratigraphic units in Indosinian foreland basin, Longmen Shan, China. Tectonophysics. online. http//dx. doi. org/10. 1016/j. tecto. 2013. 05. 031.

LI Y, YAN Z, LIU S, et al. 2014. Migration of the carbonate ramp and sponge buildup driven by the orogenic wedge advance in the early stage (Carnian) of the Longmen Shan foreland basin, China. Tectonophysics, 619-620: 179-193.

LI Y, YAN L, SHAO C, et al. 2017. The coupling relationship between the uplift of Longmen Shan and the subsidence of foreland basin, Sichuan, China. Acta Geologica Sinica, 91 (2): 379-395.

LI Y, YAN Z, ZHOU R, et al. 2018. Crustal uplift in the Longmen Shan mountains revealed by isostatic gravity anomalies along the eastern margin of the Tibetan Plateau. Acta Geologica Sinica, 92 (1): 56-73.

LIN A T, WATTS A B. 2002. Origin of the west Taiwan basin by orogenic loading and flexure of a rifted continental margin. Journal of Geophysical Research, 107: 2185.

LIU S F. 1998. The coupling mechanism of basin and orogen in the western Ordos Basin and adjacent regions of China. Journal of Asian Earth Sciences, 16 (4): 369-383.

LIU S F, NUMMEDAL D. 2004. Late Cretaceous subsidence in Wyoming: quantifying the dynamic component. Geology, 32 (5): 397-400.

LIU S G, YANG R J, WU X C, et al. 2009. The Late Triassic transition from marine carbonate rock to clastics in the western Sichuan Basin. Oil and Gas Geology, 30 (5): 556-566.

LIU S G, DENG B, LI Z W, et al. 2012. Architectures of basin-mountains systems and their influences on gas distribution: a case study from Sichuan Basin, south China. Journal of Asian Earth Science, 47: 204-215.

LONDOÑO J, LORENZO J M. 2004. Geodynamics of continental plate collision during late Tertiary foreland basin evolution in the Timor Sea: constraints from foreland sequences, elastic flexure and normal faulting. Tectonophysics, 392: 37-54.

LOUCKS R G, RUPPEL S C. 2007. Mississippian Barnett Shale: lithofacies and depositional setting of a deep-water shale-gas succession in the Fort Worth Basin, Texas. AAPG Bulletin, 91 (4): 579-601.

LOUCKS R G, REED R M, RUPPEL S C, et al. 2012. Spectrum of pore types and networks in mudrocks and a descriptive classification for matrix-related mudrock pores. AAPG Bulletin, 96 (6): 1071-1098.

LU H, HOWELL D G, JIA D, et al. 1994. Rejuvenation of Kuqa foreland basin, northern flank of the Tarim basin, Northern China. International Geology Review, 36: 1151-1158.

MACDONALD A S D. 1991. Sedimentation and tectonics and eustacy within active continental magine. Berlin: Springer-Verlag: 13-231.

MACQUAKER A. 2011. Mudstone diversity: origin and implications for source, seal, and reservoir properties in petroleum systems. AAPG Bulletin, 95 (12): 2031-2059.

MACQUAKER J H S, ADAMS A E. 2003. Maximizing information from fine-grained sedimentary rocks: an inclusive nomenclature for mudstones. Journal of Sedimentary Research, 73 (5): 735-744.

MACQUEEN R W, LECKIE D A. 1992. Foreland basins and fold belts. AAPG Memoir 55. Tulsa: AAPG: 1-460.

MAGOON L B, DOW W G. 1994. The petroleum system-from source to trap. Tulsa: AAPG: 2-24.

MANN P, GAHAGAN L, GORDON M B. 2003. Tectonic setting of the world's giant oil and gas fields //HALBOUTY M T. Giant oil and gas fields of the decade 1990—1999. AAPG Memoir 78. Tulsa: AAPG: 15.

MARTIN-MARTIN. 2001. Tectonic controls on the deposits of a foreland basin: an example from the Eocene Corbières-Minervois basin, France. Basin Research. 13 (13): 419-433.

MARTINSEN O J, SØMME T O, THURMOND J B, et al. 2010. Source-to-sink systems on passive margins: theory and practice with an example from the Norwegian continental margin. Petroleum Geology Conference Series, 7: 913-920.

MASCLE A, PUIGDEFABREGAS C, LUTERBACHER H P, et al. 1998. Cenozoic foreland basins of western Europe. London: Geological Society.

MASEK J G, ISACKS B L, GUBBELS T L, et al. 1994. Erosion and tectonic at the margin of continental plateaus. Journal of Geophysical Research, 99 (B7): 13941-13956.

MATTHIAS HINDERER. 2012. From gullies to mountain belts: a review of sediment budgets at various scales. Sedimentary Geology, 280: 21-59.

MCCLAY K R, PRICE N J. 1981. Thrust and nappe tectonics. London: Geological Society.

MEADE R H. 1982. Sources, sinks and storage of river sediment in the Atlantic drainage of the United States. The Journal of Geology, 90 (3): 235-252.

MÉTIVIER F, GAUDEMER Y. 1997. Mass transfer between eastern Tien Shan and adjacent basins (central Asia): constraints on regional tectonics and topography. Geophysical Journal International, 128 (1): 1-17.

MÉTIVIER F, GAUDEMER Y, TAPPONNIER P, et al. 1999. Mass accumulation rates in Asia during the Cenozoic. Geophysical Journal International, 137: 280-318.

MIALL A D. 1995. Collision-related foreland basins//BUSBY C, INGERSOLL R. Tectonics of sedimentary basins. Blackwell Scientific Publications: 393-424.

MIALL A D. 2000. Principles of sedimentary basin analysis. Berlin, Heidelberg: Springer-Verlag: 253-257.

MILLIKEN K. 2014. A compositional classification for grain assemblages in fine-grained sediments and sedimentary rocks. Journal of Sedimentary Research, 84 (12): 1185-1199.

MITRA S, MOUNT V S. 1998. Foreland basement-involved structures. AAPG Bulletin, 82 (1): 70-109.

MOLNAR P, ENGLAND P. 1990. Late Cenozoic uplift of mountain ranges and global climate change: chicken or egg? Nature, 346: 29-34.

MOLNAR P. 2003. Nature, nurture and landscape. Nature, 426: 612-614.

MOLNAR P. 2012. Isostasy can't be ignored. Nature Geoscience, 5 (2): 83-83.

MONTGOMERY D R. 1994. Valley incision and uplift of mountain peaks. JGR, 99: 13913-13921.

MONTGOMERY S L, JARVIE D M, BOWKER K A, et a1. 2005. Missiippian Barnett Shale, Fort Worth basin, north-central Texas: gas-shale play with multi-trillion cubic foot potential. AAPG Bulletin, 89 (2): 155-175.

MOSS S T, MCCARTHY A J. 1997. Foreland basin systems (discussion). Basin Research, 9: 171-176.

MUNOZ-JIMENEZ A, CASAS-SAINS A M. 1997. The Rioja Trough (N Spain): tectosedimentary evolution of a symmetric foreland basin. Basin Research, 9: 65-85.

NAGEL S, CASTELLTORT S, WETZEL A, et al. 2013. Sedimentology and foreland basin paleogeography during Taiwan arc-continent collision. Journal of Asian Earth Science, 62: 180-204.

NAYLOR M, SINCLAIR H D. 2007. Reconciling punctuated thrust deformation in the context of orogenesis: implications for the localization of uplift and exhumation. Geology, 35: 559-562.

NAYLOR M, SINCLAIR H D. 2008. Pro-vs. retro-foreland basins. Basin Research, 20: 285-303.

NIE J. 2012. Integrated provenance analysis of a convergent retroarc foreland system: U-Pb ages, heavy mineral, Nd isotopes, and sandstone compositions of the Middle Magdalena Valley basin, northern Andes, Colombia. Earth-Science Reviews, 110: 111-126.

NIEUWLAND D A, LEUTSCHER J H, GAST J. 2000. Wedge equilibrium in fold-and-thrust belts: prediction of out-of-sequence thrusting based on sandbox experiments and natural examples. Netherlands Journal of Geosciences, 79: 81-91.

ORI G G, FEIEND P Z. 1984. Sedimentary basins formed and carried piggyback on active thrust sheets. Journal of Geology, 10: 475-478.

PANG M, NUMMEDA L D. 1995. Flexural subsidence and basement tectonics of the Cretaceous Western Interior basin, United States. Geology, 23: 173-176.

PEDERSEN T F, CALVERT S E. 1990. Anoxia vs. productivity: what controls the formation of organic-carbon-rich sediments and sedimentary rock? AAPG Bulletin, 74 (4): 454-466.

PERRODON A. 1983. Dynamics of oil and gas accumulation. Bulletin Des Centres De Recher ches Exploration-Production El f-Aquitaine, MEMS (English Edition): 1-80.

PIGRAM C J, DAVIES P J, FEARY D A, et al. 1989. Tectonic controls on carbonate platform evolution in southern Papua New Guinea: passive margin to foreland basin. Geology, 17: 199-202.

PINTER N, BRANDON M T. 1997. How erosion builds mountains. Scientific American, 276 (4): 74-79.

PIPER D Z, CALVERT S E. 2009. A marine biogeochemical perspective on black shale deposition. Earth-Science Reviews, 95: 63-96.

PIROUZ M, SIMPSON G, BAHROUDI A, et al. 2011. Neogene sediments and modern depositional environments of the Zagros foreland basin system. Geological Magazine, 148: 838-853.

PLATT J P. 1986. Dynamics of orogenic wedges and the uplift of high-pressure metamorphic rocks. Geological Society of America Bulletin, 97: 1037-1053.

POLLASTRO R M. 2007. Total petroleum system assessment of undiscovered resources in the giant Barnett shale continuous (unconventional) gas accumulation, Fort Worth Basin, Texas. AAPG Bulletin, 91 (4): 551-578.

POLLASTRO R M, JARVIE D M, HILL R J, et al. 2007. Geologic framework of the Mississippian Barnett Shale. AAPG, 91 (4): 405-436.

POPE M C, HOLLAND S M, PATZKKOWSKY M E. 2009. The Cincinnati Arch: a stationary peripheral bulge during the Late Ordovician. Int. Assoc. Sedimentol. Spec. Publ., 41: 255-275.

POSAMENTIES H W, ALLEN G P. 1993. Siliciclastic sequence stratigraphic pattern in foreland ramp-type basins. Geology, 21: 455-458.

POTTER P E, PETTIJOHN F J. 1977. Paleocurrents and basin analysis. Berlin: Springer-Verlag.

PRICE R A. 1981. The Cordilleran foreland basin thrust and fold belt in the southern Canadian Rocky Mountains//MCCLAY K R, PRINCE N J. Thrust and nappe tectonics. Geol. Soc. of London Special Publs. (9): 427-448.

PUIGDEFAREGAS C. 1986. Thrust belt development in the eastern Pyrenees and related depositional sequences in the southern foreland basin//ALLEN P A, HOMEWOOD P. Foreland basin. International Association of Sedimentologists Special Publication, 8: 229-246.

QUINLAN G M, BEAUMONT C. 1984. Appalachian thrusting, lithospheric flexure, and the Paleozoic stratigraphy of the eastern interior of North American. Canadian Journal of Earth Sciences, 21: 973-996.

READ J F. 1980. Carbonate ramp to basin transition and foreland basin evolution, Middle Ordovician, Vinginia, Appalachians. AAPG Bulletin, 64 (10): 1575-1612.

READING H G. 2006. Sedimentary environments process facies and stratigraphy. 3rd ed. Oxford: Blackwell Science: 1-688.

REIS H L S, SUSS J F. 2016. Mixed carbonate-siliciclastic sedimentation in forebulge grabens: an example from the Ediacaran Bambuí Group, São Francisco Basin, Brazil. Sedimentary Geology, 339: 83-103.

RICCI-LUCCHI F. 1986. The Oligocene to recent foreland basins of the northern Apennines. Spec. Publs. Int. Ass. Sediment., 8: 105-139.

RICHARDSON N J, DENSMORE A L, SEWARD A, et al. 2008. Extraordinary denudation in the Sichuan Basin: insights from low-temperature thermochronology adjacent to the easten margin of the Tibetan plateau. Journal of Geophysical Reserch., 113: B04409. doi: 10. 1029/2006JB004739.

RICHARDSON N J, DENSMORE A L, SEWARD D, et al. 2010. Did incision of the Three Gorges begin in the Eocene? Geology, 38 (6): 551-554.

ROBERT G, RUPPEL S C. 2007. Mississippian Barnett Shale: lithofacies and depositional setting of a deep-water shale-gas succession in the Fort Worth Basin, Texas. AAPG Bulletin, 91 (4): 579-601 .

ROGER F, JOLIVET M, CATTIN R, et al. 2011. Mesozoic-Cenozoic tectonothermal evolution of the eastern part of the Tibetan Plateau (Songpan-Garzê, Longmen Shan area): insights from thermochronological data and simple thermal modelling. Geological Society, London, Special Publications, 353 (1): 9-25.

ROSS J K, BUSTIN R M. 2009. Investigating the use of sedimentary geochemical proxies for paleoenvironment interpretation of thermally mature organic-rich strata, examples from the Devonian-Mississippian shales, western Canadian sedimentary basin. Chemical Geology, 260: 1-19.

ROURE F, CLOETINGH S. 2010. Achievements and challeng es in sedimentary basin dynamics: a review. New Frontiers in Integrated Solid Earth Science. 145-233.

ROYDEN L H, BURCHFIEL B C, KING R W, et al. 1997. Surface deformation and lower crustal flow in eastern Tibet. Science, 276: 788-790.

RUTH D, GARCÍA-GILS, DIEZ R, et al. 2007. Stratigraphic framework of gas accumulations in the Ríade Pontevedra (NW Spain). Geo-Mar Lett, 27: 77-88.

SAYER Z R. 1995. The Nummulitique: carbonate deposition in a foreland basin setting; Eocene, French alps, Durham theses, Durham University. Available at Durham E-Theses Online.

SCHIEBER J, ZIMMERLE W. 1998. The history and promise of shale research//SCHIEBER J, ZIMMERLE W, SETHI P. Shales and mudstones (vol. 1): basin studies, Sedimentology and Paleontology, Schweizerbart' sche Verlagsbuchhandlung, Stuttgart: 1-10.

SCHIEBER J. 1999. Distribution and deposition of mudstone facies in the Upper Devonian Sonyea Group of New York. Journal of Sedimentary Research, 69 (4): 909-925.

SCHIEBER J. 2011. Marcasite in Black Shales—a mineral proxy for oxygenated bottom waters and intermittent oxidation of Carbonaceous Muds. Journal of Sedimentary Research, 81 (7): 447-458.

SCHLUNEGGER F, WILLETT S D. 1999. Spatial and temporal variations in exhumation of the central Swiss Alps and implications for exhumation mechanisms. Geological Society of London Special Publication, 154: 157-179.

SCHLUNEGGER F, MELZER J, CLARK M K, et al. 2000. Topographic ooze: building the eastern margin of Tibet by lower crustal flow. Geology, 28: 703-706.

SCHOEPFER S D, SHENB J, WEI H, et al. 2015. Total organic carbon, organic phosphorus, and biogenic barium fluxes as proxies for paleomarine productivity. Earth-Science Reviews, 149: 23-52.

SHANLEY K W. 1994. Perspectives on the sequence stratigraphy of continental strata. AAPG, 78: 544-568.

SHI Z, PRETO N, JIANG H, et al. 2016. Demise of Late Triassic sponge mounds along the northwestern margin of the Yangtze Block, South China: related to the Carnian Pluvial Phase? Palaeogeography, Palaeoclimatology, Palaeoecology.

SIBUET J C, HSU S K. 1997. Geodynamics of the Taiwan arc collision. Tectonophysics, 274: 221-251.

SIBUET J C, HSU S K. 2004. How was Taiwan created? Tectonophysics, 379: 159-181.

SIBUET J C. 2012. East Asia plate tectonics since 15 Ma: constraints from the Taiwan region. Tectonophysics, 344: 103-134.

SINCLAIR H D, COAKLEY B C, ALLEN P A, et al. 1991. Simulation of foreland basin stratigraphy using a diffusion model of mountain belt uplift and erosion: an example from the Central Alps, Switzerland. Tectonics, 10: 599-620.

SINCLAIR H D, ALLEN P A. 1992. Vertical versus horizontal motions in the Alpine orogenic wedge: stratigraphic response in the foreland basin. Basin Research, 4: 215-232.

SINCLAIR H D. 1997a. Tectonostratigraphic model of underfilled peripheral foreland basins: an Alpine perspective. Geological Society of America Bulletin, 109: 323-346.

SINCLAIR H D. 1997b. Flysch to molasses transition in peripheral foreland basins: the role of the passive margin versus slab breakoff. Geology, 25 (12): 1123-1126.

SINCLAIR H D, SAYER Z R, TUCKER M E. 1998. Carbonate sedimentation during early foreland basin subsidence: the Eocene succession of the French Alps (in Carbonate ramps). Geological Society Special Publications, 149: 205-227.

SINGH P. 2008. Lithofacies and sequences stratigraphic framework of the Barnett Shale, Northeast Texas. Oklahoma,

University of Oklahoma, 28.

SLATT R M. 2011. Important geological properties of unconventional resource shales. Journal of Geosciences, 3 (4): 435-448. DOI: 10. 2478/s13533-011-0042-2.

SMITH L B, SCHIEBER J, WILSON R D. 2019. Shallow-water onlap model for the deposition of Devonian black shales in New York, USA. Geology, 47 (3): 279-283.

SOBEL E R, DUMITRU T A. 1997. Thrusting and exhumation around the margins of the western Tarim Basin during the India-Asia collision. Journal of Geophysical Research, 102: 5043-5063.

SOBOLEV S V, BABEYKO A Y, KOULAKOV I, et al. 2006. Mechanism of the Andean orogeny: insight from numerical modeling//ONCKEN O, CHONG G, FRANZ G, et al. The Andes: active subduction orogeny. Berlin, Heidelberg: Springer: 513-535.

SØMME T O, HELLAND-HANSEN W, MARTINSEN O J, et al. 2009. Relationships between morphological and sedimentological parameters in source-to-sink systems: a basis for predicting semi-quantitative characteristics in subsurface system. Basin Research, 21 (4): 361-387.

SØMME T O, JACKSON C A L, VAKSDAL M. 2013. Source-to-sink analysis of ancient sedimentary systems using a subsurface case study from the MØr-TrØndelag area of southern Norway: Part 1-depositional setting and fan evolution. Basin Research, 25 (5): 489-511.

STEWART J, WATTS A B. 1997. Gravity anomalies and spatial variations of flexural rigidity at mountain ranges. Journal of geophysical research, 102 (B3): 5327-5352.

STOCKMAL G S, BEAUMONT C, BOUTILLIER R. 1986. Geodynamic models of convergent margin tectonics: transition from rifted margin to overthrust belt and consequences for foreland-basin development. AAPG Bulletin, 70: 181-190.

STOCKMAL G S, BEAUMONT C. 1987. Geodynamic models of convergent margin tectonics: the southern Canadian Cordillera and the Swiss Alps. Canadian Society Pteroleum Geologists Memoir, 12: 393-411.

SUMMERFIELD M A. 2000. Geomorphology and global tectonics. London: John Wiley and Sons, Ltd. Press: 1-20.

SUN J M, XU Q H, HUANG B C. 2007. Late Cenozoic magnetochronology and paleoenvironmental changes in the northern foreland basin of the Tian Shan Mountains. Journal of Geophysical Research, 112: B04107.

SUPPE J. 1983. Geometry and kinematics of fault-bend folding. American Journal of Science, 283 (3): 684-721.

SWENNEN R, ROURE F, GRANATH J W. 2004. Deformation, fluid flow, and reservoir appraisal in foreland fold and thrust belts. AAPG. Heldberg Series, 1: 51-67.

SWIFT D J P. 1987. Shelf construction in a foreland basin, storm beds, shelf sandbodies, Cretacoous Mesaverda Group, Book Cliffs. Utah. Sedimentology, 34.

TAN X, XIA Q, CHEN J, et al. 2013. Basin-scale sand deposition in the Upper Triassic Xujiahe formation of the Sichuan Basin, Southwest China: sedimentary framework and conceptual model. Journal of Earth Science, 24: 89-103.

TANG J C, CHEMENDA A I. 2000. Numberical modeling of arc-continent collision: application to Taiwan. Tectonophysics, 325: 23-42.

TANKARD A J. 1986a. Deposition response to foreland deformation in the Carboniferous of Eastern Kentucky. AAPG Bulletin, 70 (7): 853-868.

TANKARD A J. 1986b. On the depositional response to thrusting and lithospheric flexure: examples from the Appalachian and Rocky Mountainbasin, foreland basin. Spec Publs. int. Ass. Sediment.

TAPPONNIER P, PELTZER G, LE DAIN A Y, et al. 1982. Propagating extrusion tectonics in Asia: new insights from simple experiments with plasticine. Geology, 10: 611-616.

TAPPONNIER P, XU Z Q, ROGER F, et al. 2001. Obligue stepwise rise and growth of the Tibet Plateau. Science, 294 (5547): 1671-1677.

TENG L S. 1990. Geotectonic evolution of the late Cenozoic arc-continent collision in Taiwan. Tectonophysics, 183:

57-76.
TISSOT B P, WELTE D H. 1978. Petroleum formation and occurrence. Berlin: Springer-Verlag.
TOMAS N C, BRIAN K H, MCKENZIE N R, et al. 2017. Sediment provenance in contractional orogens: the detrital zircon record from modern rivers in the Andean fold-thrust belt and foreland basin of western Argentina. Earth and Planetary Science Letters, 479: 83-97.
TRABUCHO-ALEXANDRE J, HAY W W, DE BOER P L. 2012. Phanerozoic environments of black shale deposition and the Wilson Cycle. Solid Earth, 3: 29-42.
TUCKER G E, SLINGERLAND R. 1996. Predicting sediment flux from fold and thrust belts. Basin Research, 8: 329-350.
TURCOTTE D L, SCHUBERT G. 1982. Geodynamics: applications of continuum physics to geological problem. New York: John Wiley & Sons.
TYSON R V. 1995. Sedimentary organic matter: organic facies and palynofacies. London: Chapman and Hall: 615.
VAIL P R. 1991. The stratigraphic of tectonic, eustay and sedimentology-an overview// EINSELE, et al. Cycles and event in stratigraphic. Springer-Verlag.
VAN WAGONER J C, BERTRAM G T. 1995. Sequence stratigraphy of foreland basin deposits: outcrop and subsurface examples from the Cretaceous of North America. AAPG Memoir 64. Tulsa: AAPG: 1-490.
WAGONER. 1995. Sequence stratigraphy of foreland basin deposits. AAPG Memoir 64, USA, The American Association of petroleum Geologists.
WALSH J P, WIBERG P L, AATO R, et al. 2016. Source-to-sink research: economy of the earth's surface and its strata. Earth-Science Reviews, 153: 1-6.
WANG C, ZHAO X, LIU Z, et al. 2008. Constrains on the early uplift history of the Tibetan plateau. PNAS, 105: 4987-4992.
WANG E, KIRBY E, FURLONG K P, et al. 2012. Two-phase growth of high topography in eastern Tibet during the Cenozoic. Nature Geoscience, 5 (9): 640-645.
WANG X, ZHANG G, FANG H, et al. 2014. Crust and upper mantle resistivity structure at middle section of Longmenshan, eastern Tibetan plateau. Tectonophysics, 619-620: 143-148.
WANGEN M. 2010. Physical principles of sedimentary basin analysis. Cambridge, UK: Cambridge University Press.
WATT A B, KARNER G D, STECKLERM S. 1982. Lithospheric flexure and the evolution of sedimentary basins. Philosophical Transactions of the Royal Society of London, 310: 249-281.
WATTS A B. 1989. Lithospheric flexure due to prograding sediment loads-imphcations for the origin of offalp/onlap patterns in sedimenfary basins. Basin Research, 2: 133-144.
WATTS A B. 1992. The effective elastic thickness of the lithosphere and the evolution of foreland basins. Basin Research, 4: 169-178.
WATTS A B. 2001. Isostasy and flexure of the lithosphere, Cambridge: Cambridge University Press.
WHEELER H E. 1999. Time Stratigraphy. AAPG, 42: 1047-1063.
WHITE T, FURLONG K, ARTHUR M. 2002. Forebulge migration in the Cretaceous Western Interior basin of the central United States. Basin Research, 14: 43-54.
WHITING B M, THOMAS W A. 1994. Three-dimensional controls on subsidence of a foreland basin associated with a thrust belt process: Black Warrior Basin, Alabama and Mississippi. Geology, 22: 727-730.
WIGNALL P B. 1991. Model for transgressive black shales? Geology, 19 (2): 167-170.
WIGNALL P B, NEWTON R. 2001. Black shales on the basin margin: a model based on examples from the Upper Jurassic of the Boulonnais, northern France. Sedimentary Geology, 144 (3-4): 335-356.
WILLETT S, BEAUMONT C, FULLSACK P. 1993. Mechanical model for the tectonics of doubly vergent compressional orogens. Geology, 21 (4): 371-374.
WITTMANN H, MALUSA M G, RESENTINI A, et al. 2016. The cosmogenic record of mountain erosion transmitted

across a foreland basin: source-to-sink analysis of in situ 10Be, 26Al and 21Ne in sediment of the Po river catchment. Earth and Planetary Science Letters, 452: 258-271.

WU F T, RAU R J, SALZBERG D. 1997. Taiwan orogeny: thin skinned or lithospheric collision? Tectonophysics, 274: 191-220.

YAN D P, QIU L, WELLS M L, et al. 2018. Structural and geochronological constraints on the early Mesozoic north Longmen Shan Thrust Belt: foreland fold-thrust propagation of the SW Qinling orogenic belt, northeastern Tibetan plateau. Tectonics, 37 (12): 1-30.

YAN Z, LI Y, SHAO C, et al. 2016. Interpreting the coseismic uplift and subsidence of the Longmen Shan foreland basin system during the Wenchuan Earthquake by a elastic flexural model. Acta Geologica Sinica (English Edition), 90 (2): 555-566.

YANG K M, WU J C, CHENG E W, et al. 2014. Development of tectonostratigraphy in distal part of foreland basin in south western Taiwan. Journal of Asian Earth Sciences, 88: 98-115.

YANG Y T. 2011. Tectonically-driven underfilled-overfilled cycles, the Middle Cretaceous in the northern Cordilleran foreland basin. Sedimentary Geology, 233: 15-27.

YIN A, NIE S. 1996. A Phanerozoic palinspastic reconstruction of China and its neighboring regions//Yin A, Harrison T M. The tectonic evolution of Asia. Cambridge: Cambridge University Press: 442-485.

YU H S, CHOU Y W. 2001. Characteristics and development of the flexural forebulge and basal unconformity of western Taiwan foreland basin. Tectonophysics, 333: 277-291.

ZENG Y F, LI Y. 1994. Sedimentary and tectonic evolution of the Longmen Shan foreland basin, Western Sichuan, China. Scientia Geologia Sinica, 3: 377-387.

ZHANG Y, JIA D, SHEN L, et al. 2015. Provenance of detrital zircons in the Late Triassic Sichuan foreland basin: constraints on the evolution of the Qinling Orogen and Longmen Shan thrust-fold belt in central China. International Geology Review, 57 (14): 1806-1824.

ZHOU D, GRAHAM S A. 1996. The Songpan-Ganzi complex of the West Qinling Shan as a Triassic remnant ocean basin//Yin A, Harrison T M. The tectonic evolution of Asia. Cambridge: Cambridge University Press: 281-299.

ZHOU R J, LI Y, DENSMORE A L, et al. 2007. Active tectonics of the Longmenshan region on the eastern margin of the Tibetan plateau. Acta Geologica Sinica, 81 (4): 593-604.

ZHU M, CHEN H, ZHOU J, et al. 2017. Provenance change from the Middle to Late Triassic of the southwestern Sichuan basin, southwest China: constraints from the sedimentary record and its tectonic significance. Tectonophysics, 700-701: 92-107.